EUROPA LEHRMITTEL

EUROPA-FACHBUCHREIHE
für metalltechnische Berufe

W0318341

Horst Herr

Tabellenbuch Wärme • Kälte • Klima

3. überarbeitete Auflage

Europa-Nr.: 1731X

VERLAG EUROPA-LEHRMITTEL · Nourney, Vollmer GmbH & Co. KG
Düsselberger Straße 23 · 42781 Haan-Gruiten

Grundlagen

Mathematik

Technische Physik

Technische Mechanik

Technische Kommunikation

Stoffkunde

Fertigungs-technik

Anlagen-technik

Autor:
Horst Herr — Dipl.-Ing., Fachoberlehrer VDI, DKV
unter Mitwirkung von Dipl.-Ing. Walter Bierwerth, Studiendirektor
Dr.-Ing. Klaus-Peter Schmidt

Umschlaggestaltung:
Petra Gladis-Toribio

Bildbearbeitung:
Petra Gladis-Toribio
Michael M. Kappenstein
Zeichenbüro des Verlages Europa-Lehrmittel

Das vorliegende Buch wurde auf der **Grundlage der neuen amtlichen Rechtschreibregeln** erstellt.

Diesem Tabellenbuch wurden die neuesten Ausgaben der DIN-Normen und der sonstigen Regelwerke zugrunde gelegt. Es wird jedoch darauf hingewiesen, dass nur die DIN-Normen selbst verbindlich sind. Diese können in den öffentlichen DIN-Normen-Auslegestellen eingesehen oder durch die Beuth Verlag GmbH, Burggrafenstraße 6, 10787 Berlin, bezogen werden.

Obwohl die DIN-Normen mit großer Sorgfalt recherchiert wurden, können Autor und Verlag keinerlei Gewährleistung übernehmen.

Bei den anderen in diesem Tabellenbuch genutzten technischen Regelwerken gilt dies sinngemäß.

3. Auflage 2005
Druck 5 4 3 2 1
Alle Drucke derselben Auflage sind parallel einsetzbar, da sie bis auf die Behebung von Druckfehlern untereinander unverändert sind.

ISBN 3-8085-1733-6

http://www.europa-lehrmittel.de

Satz und Druck: Tutte Druckerei GmbH, Salzweg

Vorwort

Die Summe unserer Erkenntnis besteht aus dem,
was wir gelernt, und dem, was wir vergessen haben.
Marie von Ebner-Eschenbach

Die Zusammenhänge zwischen den berechenbaren und messbaren Größen in Naturwissenschaft und Technik werden fast immer in ihrer kürzesten Ausdrucksweise, durch **Formeln**, repräsentiert. Somit liegt es auf der Hand, diese in Formelsammlungen zusammenzustellen, denn wegen der großen Anzahl der notwendigen Informationen ist es unmöglich, jede in einem bestimmten Fachgebiet benötigte Formel abrufbereit im Kopf zu haben. Das diesem Vorwort vorangestellte Motto von Marie von Ebner-Eschenbach unterstreicht dies sehr deutlich. Aus diesem Motto ist auch herauszulesen, dass die Benutzung von Formelsammlungen immer voraussetzt, dass man irgendwann einmal die naturwissenschaftlichen und technologischen Gesetze und Regeln in ihrem Zusammenhang verstanden hat.

Neben den vielfältigen Formeln werden in jedem technischen Fachgebiet auch umfangreiche **Tabellen**, oft auch in der Form von **DIN-Blättern** und sonstigen technischen Regeln, benötigt. In allen technischen Hauptrichtungen – wie etwa im Maschinenbau, der Elektrotechnik oder der Bautechnik – gehört es seit langem zur guten Tradition, die benötigten Formeln und Tabellen in einem **Tabellenbuch** zusammenzufassen. Hauptorientierungsmerkmale sind dabei die entsprechenden **Verordnungen über die Berufsausbildung** sowie die **Lehrpläne für die Meister- und Technikerausbildung**. Sowohl vom Autor als auch vom Verlag wurde diesbezüglich in den Bereichen allgemeine **Wärmetechnik** sowie der **Kälte- und Klimatechnik** ein sehr deutliches Defizit empfunden. Dies führte zu dem vorliegenden

Tabellenbuch Wärme • Kälte • Klima

Orientierungsgrundlagen waren dabei vor allem die oben bereits erwähnten Verordnungen über die Berufsausbildung, und zwar für **Kälteanlagenbauer, Gas- und Wasserinstallateure** sowie **Zentralheizungs- und Lüftungsbauer**. Die Lerninhalte der **beruflichen Erstausbildung** wurden durch solche der **Meister- und Technikerausbildung** ergänzt. Von vornherein war also beabsichtigt, ganze Berufsfelder und nicht nur deren Kernbereich zu erfassen. Des Weiteren wurde versucht – dem Buchtitel gemäß – mehrere Berufsfelder zu verbinden. Damit wurde auch dem Trend in Richtung Universalität der Berufsausübung bzw. Berufsausbildung Rechnung getragen.

Bei der Festlegung der Buchinhalte wurde also strikt darauf geachtet, dass auch das *„was man sonst noch braucht"* seinen Platz gefunden hat. Exemplarisch sind hier die *Mathematik*, die *Technische Kommunikation*, die *Stoffkunde* und die *Fertigungstechnik* zu nennen. Im Bereich der *Technischen Physik* sind bereits viele Lehrinhalte aus der *Anlagentechnik* enthalten bzw. solche Lehrinhalte, die in der Anlagentechnik vorausgesetzt werden. Mit den **acht Hauptabschnitten** (s. Seite 4) wird zwar eine grobe Gliederung der Lehrinhalte erreicht, manche Themenbereiche sind jedoch dort eingegliedert, wo man sie bei der praktischen Anwendung sucht.

Die große Stofffülle bringt es mit sich, dass die Erforderlichkeit einiger Themenbereiche sicherlich umstritten bleibt. Vielleicht werden aber auch andere Themenbereiche vermisst oder als unterrepräsentiert empfunden. Wie sich dieses Buch in seinen späteren Auflagen entwickelt, wird ganz wesentlich durch die Reaktionen der Leser und Fachkollegen – worum ich ausdrücklich bitte – beeinflusst.

Das vorliegende Tabellenbuch wendet sich an alle in den Bereichen Wärme • Kälte • Klima in der Berufsausbildung stehenden Personen, d.h. an

Auszubildende und Meisterschüler,
Studenten an Technikerschulen, Fachhochschulen und Hochschulen.

Auch bereits im Beruf stehende **Gesellen, Meister, Techniker** und **Ingenieure** werden dieses Buch als eine wertvolle Hilfe empfinden.

Mein besonderer **Dank** gilt meinem bereits im Impressum genannten Kollegen, **Herrn Studiendirektor Dipl.-Ing. Walter Bierwerth**. Er ist der Verfasser des *Tabellenbuches Chemietechnik* (Europa-Nr.: 70717) und ich durfte auf seine Erfahrungen und seine Mitwirkung durch die Übernahme von über einhundert Seiten seines Buches zurückgreifen. Insbesondere geschah dies in den Bereichen Mathematik, Technische Kommunikation, Anlagentechnik und Stoffkunde.

Dankenswerter Weise wurde durch die Mitwirkung von Herrn **Dr.-Ing. Klaus-Peter Schmidt** diese 3. Auflage in den Bereichen Stoffkunde und Anlagentechnik wesentlich erweitert und dem Stand der Technik angepasst.

Dank gebührt auch Frau Petra Gladis-Toribio. Mit viel Kreativität hat sie den größten Teil der Zeichenarbeiten ausgeführt und die Titelseite gestaltet. Danke auch an die Mitarbeiter des Zeichenbüros des Verlages Europa-Lehrmittel, insbesondere an Frau Nühs und an Herrn Maier. Sie haben stets mit Rat und Tat zur Seite gestanden. Herrn Oberstudienrat Dr. Ulrich Maier, Heilbronn danke ich für den „Beistand" im Bereich Elektrizitätslehre.

In dieser 3. Auflage ist die nun aktuelle Normung berücksichtigt und die erkannten Druckfehler wurden beseitigt.

Kelkheim im Taunus, Frühjahr 2005

Horst Herr

Hinweise zur Arbeit mit diesem Tabellenbuch

Das Tabellenbuch ist in **acht Hauptabschnitte** eingeteilt, und zwar

1	Grundlagen	**GR**	5	Technische Kommunikation	**TK**
2	Mathematik	**MA**	6	Stoffkunde	**SK**
3	Technische Physik	**TP**	7	Fertigungstechnik	**FT**
4	Technische Mechanik	**TM**	8	Anlagentechnik	**AT**

Das **Inhaltsverzeichnis** ist in nebenstehender Reihenfolge geordnet.

Die Hauptabschnitte werden dort nochmals in **Unterabschnitte** unterteilt.

Aus den Unterabschnitten sind die **Themenüberschriften** mit den entsprechenden Seitenzahlen zu ersehen.

Der Wert eines Fachbuches hängt auch sehr stark vom Umfang des **Sachwortverzeichnisses** ab. Hierauf wurde sehr geachtet. Das Sachwortverzeichnis dieses Tabellenbuches enthält *weit über 2200 Begriffe*.

Orientieren Sie sich in diesem Tabellenbuch vor allem mit Hilfe des Sachwortverzeichnisses.

Es ist ganz normal, dass in einem Fachbuch zum gleichen Begriff an mehreren Stellen Aussagen gemacht werden. Dies geht auch aus den Seitenzahlen im Sachwortverzeichnis hervor.

Eine **Besonderheit dieses Tabellenbuches** besteht jedoch darin, dass durch rote **Hinweispfeile** (→) die Sachverhalte miteinander verkettet wurden. Diese Hinweispfeile zeigen Ihnen also, wo Sie noch weitere Informationen zu der von Ihnen gewünschten Formel, Tabelle oder einem bestimmten Begriff finden können.

Ein roter Pfeil bedeutet:
→ → → → → → → →
dort finden Sie noch weitere Informationen!

Inhaltsverzeichnis

Inhaltsverzeichnis

Inhaltsverzeichnis

TM TECHNISCHE MECHANIK

Statik

Festigkeitslehre

TK TECHNISCHE KOMMUNIKATION

Allgemeine Grundlagen des technischen Zeichnens

Fließschemata verfahrenstechnischer Anlagen

Fließbilder für Kälteanlagen und Wärmepumpen

Elektrische Schaltpläne

Sinnbilder für Schweißen und Löten

Bauzeichnungen

SK STOFFKUNDE

Werkstoffe

Korrosion, Korrosionsschutz

Normbenennung der Werkstoffe

Inhaltsverzeichnis

Inhaltsverzeichnis

Allgemeine Grundlagen

Griechisches Alphabet

Groß-buchstabe	Klein-buchstabe	Bedeu-tung	Name	Groß-buchstabe	Klein-buchstabe	Bedeu-tung	Name
A	α	a	Alpha	N	ν	n	Ny
B	β	b	Beta	Ξ	ξ	x	Xi
Γ	γ	g	Gamma	O	o	o	Omikron
Δ	δ	d	Delta	Π	π	p	Pi
E	ε	e	Epsilon	P	ϱ	rh	Rho
Z	ζ	z	Zeta	Σ	σ	s	Sigma
H	η	e	Eta	T	τ	t	Tau
Θ	ϑ	th	Theta	Y	υ	y	Ypsilon
I	ι	i	Jota	Φ	φ	ph	Phi
K	$\varkappa$	k	Kappa	X	χ	ch	Chi
Λ	λ	l	Lambda	Ψ	ψ	ps	Psi
M	μ	m	My	Ω	ω	o	Omega

Römische Ziffern

Römische Ziffern	Arabische Ziffern	Römische Ziffern	Arabische Ziffern	Römische Ziffern	Arabische Ziffern
I	1	XX	20	CC	200
II	2	XXX	30	CCC	300
III	3	XL	40	CD	400
IV	4	L	50	D	500
V	5	LX	60	DC	600
VI	6	LXX	70	DCC	700
VII	7	LXXX	80	DCCC	800
VIII	8	XC	90	CM	900
IX	9	C	100	M	1000
X	10				

B 86 = LXXXIV 99 = XCIX 691 = DCXCI 2016 = MMXVI

Um Verwechslungen zu vermeiden, darf vor einem Zahlzeichen immer nur **ein** kleineres stehen (z. B. für die Zahl 48: XLVIII und nicht IIL).

Basisgrößen und Basiseinheiten (SI-Einheiten[1])

Basisgrößen und Basiseinheiten nach DIN 1301-1, 10.02

Basisgrößen		Basiseinheiten	
Name	Formel-zeichen	Name	Einheiten-zeichen
Länge	l, s, d	Meter	m
Masse	m	Kilogramm	kg
Zeit	t	Sekunde	s
Elektrische Stromstärke	I	Ampere	A
Thermodynamische Temperatur	T	Kelvin	K
Stoffmenge	n	Mol	mol
Lichtstärke	I, I_v	Candela	cd

[1] SI ist die Abkürzung für Systeme International d'Unitès (Internationales Einheitensystem)

GR Allgemeine Grundlagen

Vorsätze vor Einheiten

(nach **DIN 1301-1**, 10.02)

Vorsatzzeichen	Vorsatz	Bedeutung	Vorsatzzeichen	Vorsatz	Bedeutung
Y	Yotta	10^{24}	d	Dezi	10^{-1}
Z	Zetta	10^{21}	c	Zenti	10^{-2}
E	Exa	10^{18}	m	Milli	10^{-3}
P	Peta	10^{15}	µ	Mikro	10^{-6}
T	Tera	10^{12}	n	Nano	10^{-9}
G	Giga	10^{9}	p	Pico	10^{-12}
M	Mega	10^{6}	f	Femto	10^{-15}
k	Kilo	10^{3}	a	Atto	10^{-18}
h	Hekto	10^{2}	z	Zepto	10^{-21}
da	Deca	10^{1}	y	Yokto	10^{-24}

Der Vorsatz gibt den Faktor an, mit dem die Einheit zu multiplizieren ist.

B $1\ \text{kW} = 1 \cdot 10^3\ \text{W} = 1000\ \text{W}$ $1\ \mu\text{m} = 1 \cdot 10^{-6}\ \text{m} = 0{,}000\ 001\ \text{m}$

Formelzeichen und Einheiten

(nach **DIN 1304-1**, 03.94 und **DIN 1301-1**, 10.02)

Name/Bedeutung	Formelzeichen	SI-Einheit Zeichen	SI-Einheit Name	Bemerkung/wichtige Beziehungen
Raumgrößen und Zeitgrößen				
Abklingkoeffizient	δ	1/s		
Ausbreitungsgeschwindigkeit einer Welle	c	m/s		Im leeren Raum: c_0
Beschleunigung	a	m/s^2		$a = v/t$ bzw. $a = \Delta v/\Delta t$; für örtliche Fallbeschleunigung: g Örtliche Normalfallbeschleunigung: $g_n = 9{,}806\ 65\ \text{m/s}^2$
Breite	b	m		
Dehnung (relative Längenänderung)	ε	1		$\varepsilon = \Delta l / l$ bzw. ε (in %) $= \Delta l \cdot 100 / l$
Dicke, Schichtdicke	δ, d	m		
Durchbiegung, Durchhang	f	m		
Durchmesser	d, D	m		
Ebener Winkel, Drehwinkel (bei Drehbewegungen)	α, β, γ	rad	Radiant	1 rad ≈ 57,3°
Flächeninhalt, Fläche, Oberfläche	A, S	m^2		
Frequenz, Periodenfrequenz	f, ν	Hz	Hertz	$f = 1/T$; T = Schwingungsdauer
Geschwindigkeit	v, u, w, c	m/s		$v = s/t$ Lichtgeschwindigkeit: c Lichtgeschwindigkeit im leeren Raum: c_0
Höhe, Tiefe	h, H	m		H: Höhe über Meeresspiegel bzw. über Normal-Null
Kreisfrequenz, Pulsatanz (Winkelfrequenz)	ω	1/s		$\omega = 2 \cdot \pi \cdot f$
Länge	l	m		

Formelzeichen und Einheiten (Fortsetzung)

Name/Bedeutung	Formelzeichen	SI-Einheit Zeichen	SI-Einheit Name	Bemerkung/wichtige Beziehungen
Raumgrößen und Zeitgrößen (Fortsetzung)				
Periodendauer, Schwingungsdauer	T	s		
Phasenverschiebungswinkel	φ	rad	Radiant	
Phasenwinkel	$\varphi(t)$	rad	Radiant	
Querschnittsfläche, Querschnitt	S, q	m^2		
Radius, Halbmesser, Abstand	r	m		
Repetenz (Wellenzahl)	σ	1/m		$\sigma = 1/\lambda$
Ruck	r, h	m/s^3		
Umdrehungsfrequenz (Drehzahl)	n, f_r	1/s		Kehrwert der Umdrehungsdauer T: $n = 1/T$
Volumen, Rauminhalt	V, τ	m^3		
Volumenstrom, Volumendurchfluss	$\dot{V}, q_v,$	m^3/s		$\dot{Q} = V/t$ bzw. $\dot{Q} = A \cdot v$
Weglänge, Kurvenlänge	s	m		
Wellenlänge	λ	m		
Winkelbeschleunigung, Drehbeschleunigung	α	rad/s^2		$\alpha = \omega/t$ bzw. $\alpha = \Delta\omega/\Delta t$
Winkelgeschwindigkeit, Drehgeschwindigkeit	ω	rad/s		$\omega = 2 \cdot \pi \cdot n$
Zeit, Zeitspanne, Dauer	t	s		Auch Abklingzeit
Zeitkonstante	τ, T	s		
Mechanische Größen				
Absoluter Druck	p_{abs}	Pa	Pascal	$1\ Pa = 1\ N/m^2$
Arbeit	W, A	J, Nm	Joule	$W = F \cdot s$, 1 J = 1 Nm
Arbeitsgrad, Nutzungsgrad	ζ	1		Arbeitsverhältnis, Energieverhältnis
Atmosphärische Druckdifferenz, Überdruck	p_e	Pa	Pascal	$p_e = p_{abs} - p_{amb}$
Bewegungsgröße, Impuls	p	kg · m/s		
Biegemoment	M_b	N · m		
Dehnung, relative Längenänderung	ε	1		$\varepsilon = \Delta l/l$ $l = l_o$ = Ausgangslänge
Dichte, Massendichte, volumenbezogene Masse	ϱ, ϱ_m	kg/m^3		$\varrho = m/V$
Direktionsmoment, winkelbezogenes Rückstellmoment	D	N · m/rad		$D = M_T/\varphi$ (φ = Torsionswinkel)
Drall, Drehimpuls	L	$kg \cdot m^2/s$		
Drehstoß	H	N · m · s		
Drillung, Verwindung	$\Theta, \varkappa$	rad/m		
Druck	p	Pa	Pascal	$p = F/A$; $1\ Pa = 1\ N/m^2$
Dynamische Viskosität	η	Pa · s		$\eta = \tau/D$ τ = Schubspannung D = Schergeschwindigkeit

Formelzeichen und Einheiten (Fortsetzung)

Name/Bedeutung	Formelzeichen	SI-Einheit Zeichen	SI-Einheit Name	Bemerkung/wichtige Beziehungen
Mechanische Größen (Fortsetzung)				
Elastizitätsmodul	E	N/m^2, N/mm^2		$E = \sigma/\varepsilon$ $1\ N/mm^2 = 10^6\ N/m^2$
Energie	E, W	J	Joule	1 J = 1 Nm = 1 Ws
Energiedichte, volumenbezogene Energie	w	J/m^3		
Flächenbezogene Masse, Flächenbedeckung	m''	kg/m^2		$m'' = m/A$
Flächenmoment 1. Grades	H	m^3		
Flächenmoment 2. Grades	I	m^4, mm^4		Früher: Flächenträgheitsmoment
Gewichtskraft	F_G, G	N	Newton	
Gravitationskonstante	G, f	$N \cdot m^2/kg$		$F = G \cdot m_1 \cdot m_2/r^2$ $G = 6{,}67259 \cdot 10^{-11}\ m^3/(kg \cdot s^2)$
Grenzflächenspannung, Oberflächenspannung	σ, γ	N/m		
Isentropische Kompressibilität	χ_S, $\varkappa$	1/Pa		
Isothermische Kompressibilität	χ_T, $\varkappa$	1/Pa		
Kinematische Viskosität	ν	m^2/s		$\nu = \eta/\varrho$
Kinetische Energie	E_{kin}, W_{kin}	J	Joule	$E_{kin} = {}^1/_2 \cdot m \cdot v^2$
Kompressionsmodul	K	N/m^2		$K = -p/\vartheta$ (ϑ = relative Volumenänderung)
Kraft	F	N	Newton	$F = m \cdot a$
Kraftmoment, Drehmoment	M	$N \cdot m$		$M = F \cdot r$ F = Tangentialkraft r = senkrechter Abstand zwischen Drehpunkt und Wirkungslinie der Kraft
Kraftstoß	I	$N \cdot s$		
Längenbezogene Masse	m'	kg/m		$m' = m/l$
Leistung	P	W	Watt	$P = W/t$
Leistungsdichte, volumenbezogene Leistung	φ	W/m^3		$\varphi = w/t$ w = Energiedichte
Masse, Gewicht als Wägeergebnis	m	kg		
Massenstrom, Massendurchsatz	$\dot{m}$, q_m	kg/s		$\dot{m} = m/t$
Massenstromdichte	I	$kg/(m^2 \cdot s)$		$I = \dot{m}/S = \varrho \cdot v$
Normalspannung, Zug- oder Druckspannung	σ	N/m^2, N/mm^2		
Poisson-Zahl	μ, ν	1		$\mu = \varepsilon_q/\varepsilon$
Potentielle Energie	E_{pot}, W_{pot}	J	Joule	$E_{pot} = m \cdot g \cdot h$
Querdehnung	ε_q	1		$\varepsilon_q = \Delta d/d$ (bei kreisförmigem Querschnitt)

1

Formelzeichen und Einheiten (Fortsetzung)

Name/Bedeutung	Formelzeichen	SI-Einheit Zeichen	SI-Einheit Name	Bemerkung/wichtige Beziehungen
Mechanische Größen (Fortsetzung)				
Reibungszahl	μ, f	1		$\mu = F_R / F_N$ F_R = Reibungskraft F_N = Normalkraft
Relative Dichte	d	1		
Relative Volumenänderung, Volumendilatation	ϑ, η	1		$\vartheta = \Delta V / V$ bzw. ϑ (in %) $= \Delta V \cdot 100\,\% / V$
Rohrwiderstandszahl Rohrreibungszahl	λ	1		$\lambda = (p_1 - p_2) \cdot 2 \cdot d / (\varrho \cdot l \cdot v^2)$ (bei geradem Rohr mit kreisförmigem Querschnitt)
Schiebung, Scherung	γ	1		
Schubmodul	G	N/m², N/mm²		$G = \tau / \gamma$ (γ = Schiebung)
Schubspannung	τ	N/m², N/mm²		
Spezifische Arbeit, massenbezogene Arbeit	Y	J/kg		$Y = W/m$
Spezifisches Volumen, massenbezogenes Volumen	v	m³/kg		$v = V/m$
Torsionsmoment, Drillmoment	M_t, T	N · m		
Trägheitsmoment, Massenmoment 2. Grades	J	kg · m²		Früher: Massenträgheitsmoment
Trägheitsradius	i, r_i	m		
Umfang	U, l_u	m		
Umgebender Atmosphärendruck	p_{amb}	Pa, N/m²	Pascal	
Volumenstrom, Volumendurchfluss	$\dot{V}$, q_v	m³/s		
Widerstandskraft	F_w	N	Newton	
Widerstandsmoment	W	m³, mm³		
Wirkungsgrad	η	1		Leistungsverhältnis
Größen der Thermodynamik, Wärmeübertragung und physikalischen Chemie				
Anzahl Teilchen, Teilchenzahl	N	1		
Affinität einer chemischen Reaktion	A	J/mol		
Avogadro-Konstante	N_A, L	1/mol		$N_A = N / n$ (n = Stoffmenge) $N_A = 6{,}022\,136\,7 \cdot 10^{23}$ mol^{-1}
Boltzmann-Konstante	k	J/K		$k = R / N_A = 1{,}380\,658 \cdot 10^{-23}$ J/K (R = universelle Gaskonstante)
Celsius-Temperatur	t, ϑ	°C		$t = T - T_0$ $T_0 = 273{,}15$ K
Chemisches Potential eines Stoffes B	μ_B	J/mol		
Diffusionskoeffizient	D	m²/s		
Dissoziationsgrad	α	1		$\alpha = N_{diss} / N_{ges}$ (Anzahl der dissoziierten Moleküle zur Gesamtzahl der Moleküle)

Formelzeichen und Einheiten (Fortsetzung)

Name/Bedeutung	Formelzeichen	SI-Einheit Zeichen	SI-Einheit Name	Bemerkung/wichtige Beziehungen
Größen der Thermodynamik, Wärmeübertragung und physikalischen Chemie (Fortsetzung)				
Enthalpie	H	J	Joule	
Entropie	S	J/K		
Faraday-Konstante	F	C/mol		$F = N_A \cdot e$ (e = Elementarladung) F = 96 485,309 C/mol
Individuelle (spezielle) Gaskonstante des Stoffes B	R_B	J/(kg · K)		$R_B = R / M_B$ (R = universelle Gaskonstante)
Innere Energie	U	J	Joule	
Isentropenexponent	$\varkappa$	1		Für ideale Gase: $\varkappa = c_p / c_V$
Ladungszahl eines Ions, Wertigkeit eines Stoffes B	z_B	1		
Molalität einer Komponente B	b_B, m_B	mol/kg		
Relative Atommasse eines Nuklids oder eines Elementes	A_r	1		Zahlenwert gleich dem Zahlenwert für die Atommasse in der atomaren Masseneinheit u und gleich dem Zahlenwert der stoffmengenbezogenen Masse M in g/mol
Relative Molekülmasse eines Stoffes	M_r	1		Zahlenwert gleich dem Zahlenwert für die Atommasse in der atomaren Masseneinheit u und gleich dem Zahlenwert der stoffmengenbezogenen Masse M in g/mol
Spezifische Enthalpie, massenbezogene Enthalpie	h	J/kg		
Spezifische Entropie, massenbezogene Entropie	s	J/(kg · K)		
Spezifische innere Energie, massenbezogene innere Energie	u	J/kg		
Spezifischer Brennwert, massenbezogener Brennwert	H_o, $H_{o,n}$	J/kg, J/m_n^3		Früher: oberer Heizwert $H_{o,n}$ und $H_{u,n}$ sind volumenbezogen
Spezifischer Heizwert, massenbezogener Heizwert	H_u, $H_{u,n}$	J/kg, J/m_n^3		Früher: unterer Heizwert
Spezifische Wärmekapazität, massenbezogene Wärmekapazität	c	J/(kg · K)		$c = C_{th} / m$
Spezifische Wärmekapazität bei konstantem Druck	c_p	J/(kg · K)		
Spezifische Wärmekapazität bei konstantem Volumen	c_V	J/(kg · K)		
Spezifischer Wärmewiderstand	ϱ_{th}	K · m/W		$\varrho_{th} = 1/\lambda$ (λ = Wärmeleitfähigkeit)
Stöchiometrische Zahl eines Stoffes B in einer chemischen Reaktion	ν_B	1		
Stoffmenge	n, ν	mol		$n_B = m_B / M_B$ (m_B = Masse des Stoffes B, M_B = stoffmengenbezogene Masse des Stoffes B)

Formelzeichen und Einheiten (Fortsetzung)

Name/Bedeutung	Formelzeichen	SI-Einheit Zeichen	SI-Einheit Name	Bemerkung/wichtige Beziehungen
Größen der Thermodynamik, Wärmeübertragung und physikalischen Chemie (Fortsetzung)				
Stoffmengenbezogene (molare) Masse eines Stoffes B	M_B	kg/mol		$M_B = m_B / n_B$ (m_B = Masse des Stoffes B, n_B = Stoffmenge des Stoffes B)
Stoffmengenkonzentration eines Stoffes B	c_B	mol/m³		$c_B = n_B / V$ (V = Volumen der Mischphase)
Stoffmengenstrom	$\dot{n}$	mol/s		
Temperatur, thermodynamische Temperatur	T, ϑ	K	Kelvin	
Temperaturdifferenz	$\Delta T, \Delta t, \Delta\vartheta$	K	Kelvin	in der Praxis auch °C
Temperaturleitfähigkeit	a	m²/s		
(Thermischer) Längenausdehnungskoeffizient	α_l, α	1/K		$\alpha_l = \Delta l / (l \cdot \Delta T)$
Thermischer Leitwert	G_{th}	W/K		$G_{th} = 1/R_{th}$
(Thermischer) Spannungskoeffizient	α_p	1/K		$\alpha_p = \Delta p / (p \cdot \Delta T)$
(Thermischer) Volumenausdehnungskoeffizient	α_V, γ	1/K		$\alpha_V = \Delta V / (V \cdot \Delta T)$
Thermischer Widerstand, Wärmewiderstand	R_{th}	K/W		$R_{th} = \Delta T / \dot{Q}$ ($\dot{Q}$ = Wärmestrom)
(Universelle) Gaskonstante	R	J/(mol · K)		R = 8,314 510 J/(mol · K)
Verhältnis der spezifischen Wärmekapazitäten	$\gamma, \varkappa$	1		$\gamma = c_p / c_V$ in der Praxis meist $\varkappa$
Wärme, Wärmemenge	Q	J	Joule	
Wärmedichte, volumenbezogene Wärme	w_{th}	J/m³		
Wärmedurchgangskoeffizient	k	W/(m² · K)		k-Wert
Wärmestrom	$\dot{Q}, \Phi_{th}, \Phi$	W	Watt	
Elektrische und magnetische Größen				
Elektrische Durchflutung	Θ	A	Ampere	
Elektrische Feldkonstante	ε_0	F/m		ε_0 = 8,854 187 817 pF/m
Elektrische Feldstärke	E	V/m		
Elektrische Flussdichte	D	C/m²		
Elektrische Kapazität	C	F	Faraday	$C = Q / U$
Elektrische Ladung	Q	C	Coulomb	
Elektrische Leitfähigkeit, Konduktivität	$\gamma, \sigma, \varkappa$	S/m		$\gamma = 1/\varrho$ (ϱ = spezifischer elektrischer Widerstand)
Elektrische Spannung, elektrische Potentialdifferenz	U	V	Volt	
Elektrische Stromdichte	J	A/m²		$J = I / S$ (S = Leiterquerschnitt)
Elektrische Stromstärke	I	A	Ampere	
Elektrischer Fluss	Ψ, Ψ_e	C	Coulomb	
Elektrischer Leitwert	G	S	Siemens	

Formelzeichen und Einheiten (Fortsetzung)

Name/Bedeutung	Formelzeichen	SI-Einheit Zeichen	SI-Einheit Name	Bemerkung/wichtige Beziehungen
Elektrische und magnetische Größen (Fortsetzung)				
Elektrischer Widerstand, Wirkwiderstand, Resistanz	R	Ω	Ohm	
Elektrisches Dipolmoment	p, p_e	C · m		
Elektrisches Potential	φ, φ_e	V	Volt	
Elementarladung	e	C	Coulomb	Ladung eines Protons, $e = 1{,}602\,177\,33 \cdot 10^{-19}$ C
Energie, Arbeit	W	J, Ws	Joule	1 J = 1 Nm = 1 Ws
Flächenladungsdichte, Ladungsbedeckung	σ	C/m^2		
Induktivität, Selbstinduktivität	L	H	Henry	
Magnetische Feldkonstante	μ_0	H/m		$\mu_0 = 1{,}256\,637\,061\,4...$ µH/m
Magnetische Feldstärke	H	A/m		
Magnetische Flussdichte	B	T	Tesla	$B = \varphi / S$
Magnetische Spannung	V, V_m	A		
Magnetischer Fluss	Φ	Wb	Weber	
Permeabilität	μ	H/m		
Permeabilitätszahl, relative Permeabilität	μ_r	1		$\mu_r = \mu / \mu_0$
Permittivität	ε	F/m		$\varepsilon = D / E$
Permittivitätszahl, relative Permittivität	ε_r	1		$\varepsilon_r = \varepsilon / \varepsilon_0$
Raumladungsdichte, Ladungsdichte, volumenbezogene Ladung	ϱ, ϱ_e, η	C/m^3		
Spezifischer elektrischer Widerstand, Resistivität	ϱ	Ω · m		1 Ω · m = 100 Ω · cm 1 Ω · m = 10^6 Ω · mm^2/ m
Windungszahl	N	1		
Wirkleistung	P, P_p	W	Watt	
Größen elektromagnetischer Strahlungen				
Absorptionsgrad	α, a	1		
Beleuchtungsstärke	E_v	lx	Lux	
Brechwert von Linsen	D	1/m		$D = n / f$
Brechzahl	n	1		$n = c_0 / c$
Brennweite	f	m		
Emissionsgrad	ε	1		
Leuchtdichte	L_v	cd/m^2		
Lichtgeschwindigkeit im leeren Raum	c_0	m/s		$c_0 = 2{,}997\,924\,58 \cdot 10^8$ m/s
Lichtmenge	Q_v	lm · s		
Lichtstärke	I_v	cd	Candela	

Formelzeichen und Einheiten (Fortsetzung)

Name/Bedeutung	Formelzeichen	SI-Einheit Zeichen	SI-Einheit Name	Bemerkung/wichtige Beziehungen
Größen elektromagnetischer Strahlungen (Fortsetzung)				
Lichtstrom	Φ_v	lm	Lumen	
Reflexionsgrad	ϱ	1		
Stefan-Boltzmann-Konstante	σ	$W/(m^2 \cdot K^4)$		$\sigma = 5{,}670\ 51 \cdot 10^{-8}\ W/(m^2 \cdot K^4)$
Strahlungsenergie, Strahlungsmenge	Q_e, W	J	Joule	
Strahlungsenergiedichte, volumenbezogene Strahlungsenergie	w, u	J/m^3		
Strahlungsleistung, Strahlungsfluss	Φ_e, P	W	Watt	
Transmissionsgrad	τ	1		
Größen der Atom- und Kernphysik				
Äquivalentdosis	H	Sv	Sievert	
Aktivität einer radioaktiven Substanz	A	Bq	Bequerel	
Atommasse	m_a	kg		
Bohr-Radius	a_0	m		$a_0 = 0{,}529\ 177\ 249 \cdot 10^{-10}$ m
Energiedosis	D	Gy	Gray	
Gyromagnetischer Koeffizient	γ	$A \cdot m^2/(J \cdot s)$		
Halbwertszeit	$T_{1/2}$	s		$T_{1/2} = \tau \cdot \ln 2$
Ionendosis	J	C/kg		
Kerma	K	Gy	Gray	
Magnetisches (Flächen-) Moment eines Teilchens	μ	$A \cdot m^2$		
Mittlere Lebensdauer	τ	s		
Neutronenzahl	N	1		
Nukleonenzahl, Massenzahl	A	1		$A = Z + N$
Planck-Konstante, Planck'sches Wirkungsquantum	h	$J \cdot s$		$h = 6{,}626\ 075\ 5 \cdot 10^{-34}\ J \cdot s$
Protonenzahl	Z	1		
Reaktionsenergie	Q	J	Joule	
Ruhemasse des Elektrons	m_e	kg		$m_e = 9{,}109\ 389\ 7 \cdot 10^{-31}$ kg
Rydberg-Konstante	R_∞	1/m		$R = 10\ 973\ 731{,}534\ m^{-1}$
Sommerfeld-Feinstruktur-Konstante	α	1		$\alpha = 7{,}297\ 353\ 08 \cdot 10^{-3}$
Teilchenstrom	I	1/s		
Zerfallskonstante	λ	1/s		$\lambda = 1 / \tau$
Größen der Akustik				
Schalldruck	p	Pa, N/m^2	Pascal	
Schallgeschwindigkeit	c, c_0	m/s		
Schallintensität	I, J	W/m^2		
Schallleistung	P, P_a	W	Watt	

Formelzeichen und Einheiten außerhalb des SI (nach **DIN 1301-1**, 10.02)

Name/Bedeutung	Formelzeichen	Einheitenzeichen	Einheitenname	Bemerkung
Ebener Winkel	α, β, γ	Bisher kein genormtes Zeichen	Vollwinkel	1 Vollwinkel = $2 \cdot \pi \cdot$ rad
		gon	Gon	1 gon = $(\pi/200)$ rad
		°	Grad	1° = $(\pi/180)$ rad
		′	Minute	1′ = $(\pi/60)$°
		″	Sekunde	1″ = $(\pi/60)$′
Volumen	V	l, L	Liter	Die beiden Einheitenzeichen sind gleichberechtigt 1 l = 1 dm^3 = 1 L
Zeit	t	min h d	Minute Stunde Tag	1 min = 60 s 1 h = 60 min 1 d = 24 h
Masse	m	t g	Tonne Gramm	1 t = 1000 kg = 1 Mg 1 g = 10^{-3} kg
Druck	p	bar	Bar	1 bar = 10^5 Pa

Einheiten außerhalb des SI, mit beschränktem Anwendungsbereich (nach **DIN 1301-1**, 10.02)

Größe	Einheitenname	Einheitenzeichen	Definition, Beziehung
Brechwert von optischen Systemen	Dioptrie	dpt (nicht international genormt)	1 Dioptrie ist gleich dem Brechwert eines optischen Systems mit der Brennweite 1 m in einem Medium der Brechzahl 1; 1 dpt = 1/m
Fläche von Grund- und Flurstücken	Ar Hektar	a ha	1 a = 10^2 m^2 1 ha = 10^4 m^2
Wirkungsquerschnitt (Atomphysik)	Barn	b	1 b = 10^{-28} m^2
Masse in der Atomphysik	Atomare Masseneinheit	u	1 atomare Masseneinheit ist der 12te Teil der Masse eines Atoms des Nuklids ^{12}C. 1 u = 1,660 538 73 · 10^{-27} kg Standardabweichung: s = 1,3 · 10^{-34} kg
Masse von Edelsteinen	Metrisches Karat	Kt (nicht international genormt)	1 metrisches Karat = 0,2 g
Längenbezogene Masse von textilen Fasern und Garnen	Tex	tex	1 tex = 1 g/km
Blutdruck und Druck anderer Körperflüssigkeiten (Medizin)	Millimeter Quecksilbersäule	mmHg (keine Vorsätze erlaubt)	1 mmHg = 133,322 Pa
Energie (Atomphysik)	Elektronvolt	eV	1 Elektronvolt ist die Energie, die ein Elektron beim Durchlaufen einer Potentialdifferenz von 1 Volt im leeren Raum gewinnt. 1 eV = 1,602 176 462 · 10^{-19} J Standardabweichung: s = 6,3 · 10^{-27} J
Blindleistung (elektrische Energietechnik)	Var	var	1 var = 1 W

Umrechnung von britischen und US-Einheiten in SI-Einheiten

Britische bzw. US-Einheit	Name/Bedeutung	Land	SI-Einheit
Länge (→ Grundlegende mechanische Größen)			
1 mil			0,0254 mm
1 in bzw. 1″	inch (Zoll)		25,40 mm
1 ft bzw. 1′	foot (Mehrzahl: feet)		0,3048 m
1 yd	yard		0,9144 m
1 statute mile	Landmeile		1,609 km
1 nautical mile	Seemeile	international	1,852 km
Fläche (→ Grundlegende mechanische Größen)			
1 sq in	square inch		6,452 cm^2
1 sq ft	square foot		0,0929 m^2
1 ft^2	square foot		0,0929 m^2
1 sq yd	square yard		0,8361 m^2
1 A	acre		4047 m^2
Volumen (→ Grundlegende mechanische Größen)			
1 cu in	cubic inch		16,39 cm^3
1 cu ft	cubic foot		0,028317 m^3
1 ft^3	cubic foot		0,028317 m^3
1 cu yd	cubic yard		0,7646 m^3
1 RT	register ton	international	2,832 m^3
1 Imp. pt	Imperial-pint	GB	0,5683 dm^3
1 U.S. pt	U.S.-pint	USA	0,4732 dm^3
1 Imp. qt	Imperial-quart	GB	1,1365 dm^3
1 U.S. qt	U.S.-quart	USA	0,9464 dm^3
1 Imp. gal	Imperial-gallon	GB	4,546 dm^3
1 U.S. gal	U.S.-gallon	USA	3,785 dm^3
1 U.S. oil-barrel		USA	0,159 m^3
Masse (→ Grundlegende mechanische Größen)			
1 gr	grain		64,80 mg
1 dwt	pennyweight (t für Karatgewicht)		1,555 g
1 dm bzw. dm av	dram (av für Handelsgewicht)		1,772 g
1 oz bzw. oz.av	ounce (av für Handelsgewicht)		28,35 g
1 oz.t	ounce (t für Karatgewicht)		31,10 g
1 lb.t	pount (t für Karatgewicht)		0,3732 kg
1 lb bzw. lb.av	pound (av für Handelsgewicht)		0,4536 kg
1 quarter		GB	12,70 kg
1 quarter		USA	11,34 kg
1 cwt	hundredweight	GB	50,80 kg
1 cwt	hundredweight	USA	45,36 kg

Umrechnung von britischen und US-Einheiten in SI-Einheiten (Fortsetzung)

Britische bzw. US-Einheit	Name/Bedeutung	Land	SI-Einheit
Masse (Fortsetzung)			
1 shtn	short ton	USA	907,2 kg
1 ton		GB	1016 kg
1 ltn	long ton	USA	1016 kg
Dichte (→ Grundlegende mechanische Größen)			
1 oz/cu ft	ounce per cubic-foot		1,001 kg/m³
1 lb/cu ft	pound per cubic-foot		16,02 kg/m³
1 lb/ft²	pound per cubic-foot		16,02 kg/m³
1 shtn/cu yd	short ton per cubic-yard	USA	1187 kg/m³
1 ltn/cu yd	long ton per cubic-yard	USA	1329 kg/m³
1 oz/cu in	ounce per cubic-inch		1730 kg/m³
1 lb/cu in	pound per cubic-inch		27 680 kg/m³
1 lb/gal	pound per gallon	GB	99,76 kg/m³
1 lb/gal	pound per gallon	USA	119,8 kg/m³
Geschwindigkeit (→ Gleichförmige geradlinige Bewegung)			
1 ft/min	foot per minute		$5{,}080 \cdot 10^{-3}$ m/s
1 yd/min	yard per minute		0,01524 m/s
1 ft/s	foot per second		0,3048 m/s
1 yd/s	yard per second		0,9144 m/s
Beschleunigung (→ Ungleichförmige geradlinige Bewegung)			
1 ft/s²			0,3048 m/s²
Volumenstrom, Volumendurchfluss (→ Kontinuitätsgleichung)			
1 gpm	gallon per minute	GB	0,07577 l/s[1)]
1 gpm	gallon per minute	USA	0,06309 l/s[1)]
1 gps	gallon per second	GB	4,546 l/s[1)]
1 gps	gallon per second	USA	3,785 l/s[1)]
1 cu sec bzw. cu ft/s	cubic foot per second		28,32 l/s[1)]
1 cu yd/s	cubic yard per second		0,7646 m³/s
Massenstrom, Massendurchfluss (→ Kontinuitätsgleichung)			
1 oz/min	ounce per minute		0,4725 g/s
1 oz/s	ounce per second		28,35 g/s
1 lb/min	pound per minute		0,00756 kg/s
1 lb/s	pound per second		0,4536 kg/s
1 shtn/h	short ton per hour	USA	0,2520 kg/s
1 ltn/h	long ton per hour	USA	0,2822 kg/s
1 ton/h	ton per hour	GB	0,2822 kg/s

[1)] l (Liter): anwendbare Einheit außerhalb des SI (**DIN 1301**)

1

Umrechnung von britischen und US-Einheiten in SI-Einheiten (Fortsetzung)

Britische bzw. US-Einheit	Name/Bedeutung	Land	SI-Einheit
Kraft, Gewichtskraft [→ Statik (Grundgesetze), Dynamisches Grundgesetz]			
1 oz bzw. ozf	ounce force		0,2780 N
1 lb bzw. lbf	pound force		4,448 N
1 shtn	short ton fource	USA	8,896 N
1 ltn	long ton force	USA	9,964 N
1 pdl	poundel		0,1383 N
Kraftmoment, Drehmoment (→ Drehleistung)			
1 in-lb	inch-pound		0,113 N · m
1 ft-lb	foot-pound		1,356 N · m
Druck (→ Hydrostatischer Druck)			
1 lb/ft^2			47,88 N/m^2
1 lb/in^2			6894,76 N/m^2
1 atm	atmosphare		1,013 · 10^5 hPa
1 lb.av/ (sq ft)			0,4788 hPa
1 in H_2O	inch water		2,491 hPa (bei 4 °C)
1 ft H_2O	foot water		29,89 hPa (bei 4 °C)
1 in Hg	inch mercury		33,87 hPa (bei 0 °C)
1 psi bzw. 1 lb.av/ (sq in)			68,95 hPa
Arbeit, Energie, Wärme (→ Arbeit und Energie, Wärmekapazität)			
1 ft lb bzw. ft lbf	foot pount		1,356 J
1 yd lb bzw. yd lbf	yard pound		4,067 J
1 btu bzw. Btu	British thermal unit		1,056 kJ
1 ctu	centigrad thermal unit		1,899 kJ
1 hph bzw. Hph	horse power hour		2684,5 kJ
Leistung, Energiestrom, Wärmestrom (→ Mechanische Leistung, Wärmeleitung)			
1 hp bzw. Hp	horse power		0,7457 kW
1 btu/s bzw. Btu/s	British thermal unit per second		1,055 kW
1 ctu/s bzw. Ctu/s	centigrad thermal unit per second		1,8987 kW
1 ft lb/s	foot pound per second		1,353 kW
Spezifische Wärmekapazität (→ Wärmekapazität)			
1 btu/ (lb deg F)			4,1886 kJ/(kg · K)
1 btu/ (lb · °F)			4,1886 kJ/(kg · K)
1 ctu/ (lb · °C)			4,1886 kJ/(kg · K)
Wärmeleitfähigkeit (→ Wärmetransport)			
1 btu/ (ft h deg F)			1,7306 W/(m · K)
1 btu/ (ft h · °F)			1,7306 W/(m · K)
1 ctu/ (ft h · °C)			1,7306 W/(m · K)

Umrechnung von britischen und US-Einheiten in SI-Einheiten (Fortsetzung)

Britische bzw. US-Einheit	Name/Bedeutung	Land	SI-Einheit
Wärmeübergangskoeffizient, Wärmedurchgangskoeffizient (→ Wärmetransport)			
1 btu / (sq ft h °F)			5,68 W / (m^2 · K)
1 btu / (ft^2 h · °F)			5,68 W / (m^2 · K)
1 ctu / (sq ft h · °C)			5,68 W / (m^2 · K)
1 ctu / (ft^2 h · °C)			5,68 W / (m^2 · K)
Temperatur (→ Atmosphäre, Temperatur und Temperaturmessung)			
1 deg F bzw. °F	degree Fahrenheit Umrechnungsformel: $\vartheta = (5/9) \cdot (t_F - 32)$ mit ϑ in °C und t_F in °F 32 °F: Gefrierpunkt des Wassers 212 °F: Siedepunkt des Wassers		0,5556 °C
Dynamische Viskosität (→ Viskosität)			
1 lb/(ft s) bzw. 1 lb (mass)/(ft s)	pound per foot and second bzw. pound (mass) per foot and second		1,488 Pa · s
1 lb (force) s/(sq ft)	pound (force) second per square foot		47,89 Pa · s
Kinematische Viskosität (→ Viskosität)			
1 ft^2/s bzw. 1 sq ft/s	square foot per second		0,09290 m^2/s

Umwandlungstabelle englische (britische) Zoll in mm:

1 englischer Zoll = 25,400 mm

Engl. Zoll	mm	Engl. Zoll	mm	Engl. Zoll	mm	Engl. Zoll	mm
1/32	0,7938	17/32	13,4938	1	25,4000	17	431,8000
1/16	1,5875	9/16	14,2875	2	50,800	18	457,2000
3/32	2,3812	19/32	15,0812	3	76,2000	19	482,6000
1/8	3,1750	5/8	15,8750	4	101,6000	20	508,0000
5/32	3,9688	21/32	16,6688	5	127,0000	25	635,0000
3/16	4,7625	11/16	17,4625	6	152,4000	30	762,0000
7/32	5,5562	23/32	18,2562	7	177,8000	35	889,0000
1/4	6,3500	3/4	19,0500	8	203,2000	40	1016,0000
9/32	7,1438	25/32	19,8438	9	228,6000	45	1143,0000
5/16	7,9375	13/16	20,6375	10	254,0000	50	1270,0000
11/32	8,7312	27/32	21,3412	11	279,4000		
3/8	9,5250	7/8	22,2250	12	304,8000		
13/32	10,3188	29/32	23,0188	13	330,2000		
7/16	11,1125	15/16	23,8125	14	355,6000		
15/32	11,9062	31/32	24,6062	15	381,0000		
1/2	12,700			16	406,4000		

Sonnenstrahlung (→ Wärmestrahlung, Wellenoptik)

Solar ..., in zusammengesetzten Begriffen als Silbe für **Sonnen** ... verwendet.

Begriffe (alphabetisch)	**Bedeutung**
Solargenerator	**Sonnenbatterie**, Gesamtheit miteinander verbundener Solarzellen
Solarimeter	**Pyranometer**, Geräte zur Messung der Sonnenstrahlung und diffusen **Himmelstrahlung (Globalstrahlung)**
Solarkollektor	Einrichtung, die Sonnenstrahlung absorbiert, diese in Wärme umwandelt und an einen strömenden Wärmeträger abgibt.
Solarkonstante	Energiemenge, die bei mittlerer Entfernung Erde/Sonne von der Sonne je Zeiteinheit auf die Flächeneinheit einer senkrecht zu den Sonnenstrahlen orientierten, an der Grenze der Erdatmosphäre liegenden Fläche eingestrahlt wird. Sie beträgt ca. $1{,}37\ \frac{kW}{m^2} \approx 33\ \frac{kWh}{m^2 \cdot d} \approx 118\,000\ \frac{kJ}{m^2 \cdot d}$ Dieser Wert wurde mit einer Unsicherheit von 3 bis 4% gemessen. Innerhalb der Atmosphäre verringert sich der Wert durch Teilabsorption. Ein Maß hierfür ist der **Trübungsfaktor** *T* (→ Atmosphäre). Auch der Standort, der den **Einstrahlungswinkel** (→ Kühllastberechnung) beeinflusst, ist für die Einstrahlwerte von Bedeutung. In der BRD werden Einstrahlwerte von 0,9 bis 1,1 kW/m² erreicht.
Solarkühlung	Nutzung der Sonnenenergie zur **Kälteerzeugung**. Als wirtschaftlichstes und betriebssicherstes System bietet sich die **Absorptionskältemaschine** an, die zum Antrieb Wärmeenergie benötigt.
Solarzelle	**Sonnenzelle**, großflächige Ausführung eines **Photoelementes**.
Sonnenenergie	Durch **Kernfusion** im Innern der Sonne freigesetzte Energie, die durch Strahlungstransport an die Sonnenoberfläche gelangt und in den Weltraum abgestrahlt wird. Auf die Erdoberfläche werden jährlich ca. $1{,}5 \cdot 10^{18}$ kWh eingestrahlt. Dies entspricht etwa dem 20000-fachen des Weltprimärenergieverbrauchs (→ Wärmestrahlung).
Sonnenheizung	Nutzung der Sonnenenergie zur **Raumheizung** mit Hilfe von Solarkollektoren.
Sonnenscheindauer	Zahl der Stunden, an denen die direkte Sonnenstrahlung durch Wolken kaum oder ungeschwächt den Boden erreicht. Die durchschnittlichen Werte können aus meteorologischen Karten entnommen werden, so z. B. für das Ruhrgebiet: 1200 h/a die Bergstraße: 2000 h/a Für große Bereiche der BRD gilt ein Mittelwert von 1500 h/a.

Strahlungsanteile:

In der → **Kühllastberechnung (VDI-Richtlinie 2078**, 07.96) wird zwischen den Strahlungsanteilen der **direkten Strahlung** (gerichtete Strahlung) und der **diffusen Strahlung** (ungerichtete Strahlung) unterschieden. Nebenstehendes Diagramm zeigt den durchschnittlichen Anteil der diffusen und der direkten Sonneneinstrahlung (→ Optik) in der BRD.

Die **Gesamtstrahlung** wird als **Globalstrahlung** bezeichnet. Sie ergibt sich aus der Summe von diffuser Strahlung und direkter Strahlung der Sonne.

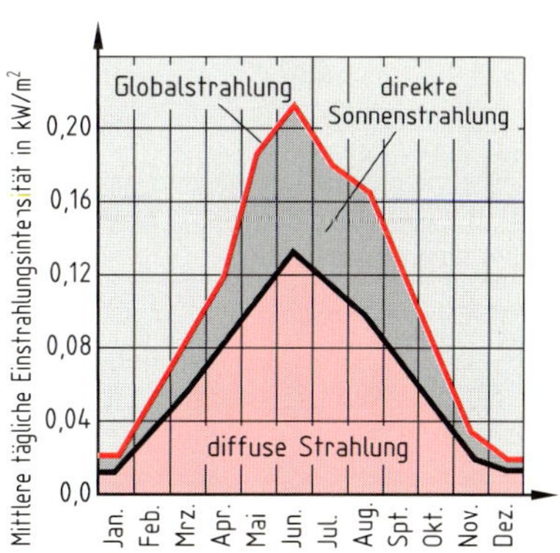

Einheit der **Strahlungsintensität** ist kW/m² bzw. W/m² (→ Wellenoptik, Kühllast).
Für die kritischen Auslegungstage müssen Tagesgänge der
- Außenlufttemperatur
- Sonnen- und Himmelsstrahlung
- Strahlungsreflexion der Umgebung

bekannt sein, gegebenenfalls Richtwerte für die Windbelastung.

Sonnenstrahlung (Fortsetzung)

Trübungsfaktor: (→ Atmosphäre)

Als Relativmaß für die Schwächung der **Strahlungsintensität** wurde der **Trübungsfaktor** T eingeführt. Der ideale Trübungsfaktor $T = 1$ geht von einer völlig reinen und trockenen Atmosphäre aus. Der reale Trübungsfaktor (z. B. $T = 3{,}8$) geht von der realen Atmosphäre aus.

Unter dem Trübungsfaktor versteht man die gedachte Anzahl reiner und trockener Atmosphären, die die gleiche Trübung wie die wirkliche Atmosphäre hervorrufen.

Richtwerte an wolkenlosen Tagen (50° geographische Breite): $T_{min} \approx$ **3,0**; $T_{max} \approx$ **6,0** vor allem in Abhängigkeit von der Jahreszeit entsprechend VDI-Richtlinie 2078.

Die **Meereshöhe** beeinflusst die Luftschichtdicke und damit die Globalstrahlung.

Diese Abhängigkeit zeigt folgende Tabelle:

Mittlere Globalstrahlung in kWh/(m²·Monat)			
Ort (Beispiele)	Braunschweig	Hamburg	Trier
Meereshöhe in m	81	14	265
Januar	19	17	22
Februar	35	31	42
März	69	65	77
April	98	101	105
Mai	134	134	145
Juni	156	159	151
Juli	138	138	152
August	121	120	127
September	83	83	94
Oktober	49	47	57
November	21	21	24
Dezember	15	13	17
Jahr	940	929	1013

Folgendes Diagramm zeigt ein Beispiel für den **Jahresgang der Sonnenstrahlung**:

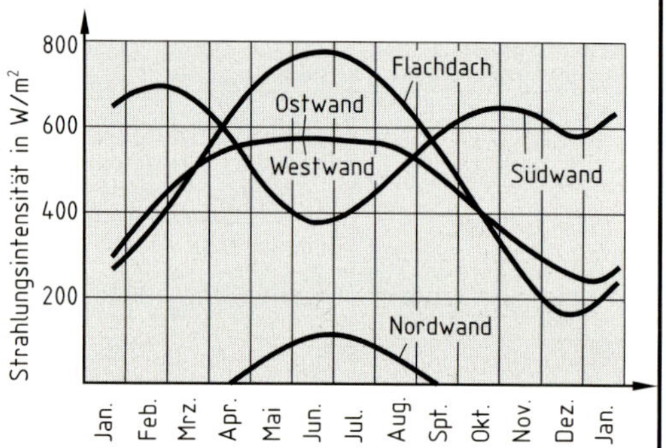

Wichtige technische Regel:
VDI-Richtlinie 2078 → „**Kühllastberechnung**", 07.96 (→ Kühllast)

Atmosphäre

Klima

Klimadefinition	Einflussparameter
Klima = Witterungsverlauf auf einem Teil der Erdoberfläche.	Stärke der Sonneneinstrahlung; Art, Menge und Häufigkeit der Niederschläge; Windstärke; Windrichtung; Höhenlage; Lage zur Himmelsrichtung; Entfernung zu Gewässern; Pflanzenwuchs; Bodenbeschaffenheit u.a..

Klimazonen (KZ):

Meteorologische Unterteilung	Kennzeichen
Heiße oder tropische KZ	Bei wechselnden Trocken- und Regenzeiten immer heiß
Zwei gemäßigte KZ'n (nördliche und südliche)	witterungsmäßig stark ausgeprägte Jahreszeiten. Die BRD liegt in der nördlichen gemäßigten KZ.
Zwei kalte oder polare KZ'n	halbjährlicher Wechsel von Tag und Nacht, immer kalt.

Unterteilung innerhalb der KZ: **Kontinentalklima** und **Seeklima**.

Unterteilung nach VDI-Richtlinie 2078

Für Deutschland, einem Land mit gemäßigtem Klima, wird zwischen zwei Klimazonen, dem **Binnenlandklima** und dem **Küstenklima** unterschieden. Die Grenze ist in **VDI 2078** (07.96) angegeben und bei einer → Kühllastberechnung zu berücksichtigen.

Atmosphäre (Fortsetzung)

Luft (→ feuchte Luft)

Luftschichten:

Bezeichnung	Mächtigkeit
Troposphäre } **Atmosphäre**	von der Erdoberfläche bis 11 km Höhe
Stratosphäre } **Atmosphäre**	von 11 km Höhe bis 75 km Höhe
Ionosphäre } **Atmosphäre**	von 75 km Höhe bis ca. 600 km Höhe

Mit zunehmender Höhe nehmen **Luftdruck** und **Lufttemperatur** ab (s.Tab.)

Luftdruck und **Lufttemperatur**: (→ Normzustand, Gasgesetze, feuchte Luft, Raumlufttemperatur)

$$p_{amb} = \frac{p_0}{10^{h/h'}}$$ **Barometrische Höhenformel**

$h' = 18\,400$ m

p_{amb} Atmosphärendruck in Höhe h hPa
p_0 Druck in Meereshöhe (1013 hPa) hPa
h Höhe m

Luftdruck und **Lufttemperatur** mit zunehmender Höhe nach **DIN ISO 2533** (**Normatmosphäre**)

Höhe in km	0	0,5	1,0	2,0	3,0	4,0	6,0	8,0	10,0
Luftdruck in mbar = hPa	1013	955	899	795	701	616	472	356	264
Temperatur in °C	15	11,8	8,5	2,04	−4,5	−11	−24	−37	−50

Tagesgänge der Lufttemperatur:
(Temperaturverlauf in Abhängigkeit von der Tageszeit)
nach **VDI-Richtlinie 2078**

Beispiele für die **Mitteltemperatur** ϑ_m in °C	Juli	September
Binnenlandklima	24,5°C	22,0°C
Küstenklima	18,5°C	16,5°C

$$\vartheta_m = \frac{\vartheta_7 + \vartheta_{14} + 2 \cdot \vartheta_{21}}{4}$$ **mittlere Tagestemperatur**

ϑ_7 Temperatur um 7.00 Uhr °C
ϑ_{14} Temperatur um 14.00 Uhr °C
ϑ_{21} Temperatur um 21.00 Uhr °C

mittlere Monatstemperatur: arithmetischer Mittelwert aller mittleren Tagestemperaturen des Monats.
mittlere Jahrestemperatur: arithmetischer Mittelwert der zwölf mittleren Monatstemperaturen.

Die Mitteltemperaturen der Außenluft sind wichtige meteorologische Werte für die Projektierung von Lüftungs- und Klimaanlagen.

Die graphische Darstellung der mittleren Tagestemperatur (nebenstehendes Diagramm) als **Temperaturhäufigkeitskurve** ist sehr zweckmäßig für die Ermittlung der Anzahl der Tage im Jahr bei einer bestimmten Mitteltemperatur. Nebenstehendes Diagramm zeigt dies als Beispiel für Berlin.

B Ermitteln Sie die Anzahl der Tage im Jahr für die gilt: ϑ_m unter 10 °C, und zwar für Berlin entsprechend nebenstehendem Diagramm.
Lösung siehe rote Linie: 200 Tage mit $\vartheta_m < 10$ °C.

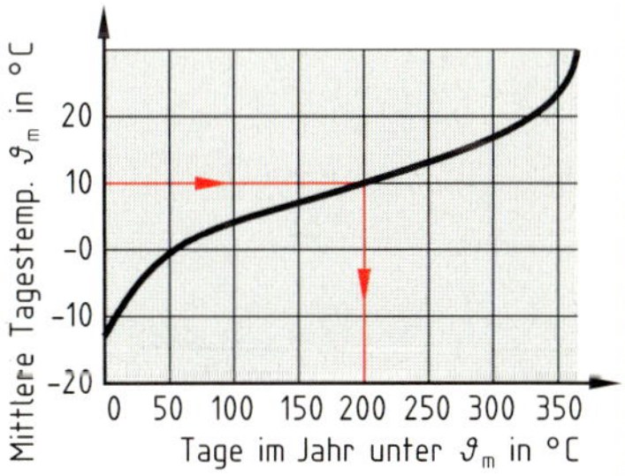

Luftzusammensetzung: (→ Zusammensetzung von Mischphasen)
Luft ist ein **Gasgemisch**. Dieses setzt sich aus **trockener Luft** (s. Tabelle nächste Seite) und **Wasserdampf** zusammen (→ Stoffmischungen, Verdampfen, feuchte Luft, trockene Luft).
Hauptbestandteile der trockenen Luft sind Stickstoff, Sauerstoff, Argon, Kohlenstoffdioxid mit zusammen etwa 99,99%. Wegen der unterschiedlichen Dichten ändert sich die Zusammensetzung geringfügig:

Sauerstoffabnahme etwa 0,3% je Höhenkilometer

Atmosphäre (Fortsetzung)

Zusammensetzung trockener Luft nach DIN ISO 2533 (12.79) (Normatmosphäre)

Einzelgas	Chemische Formel	Massenanteil in %	Volumenanteil in %	Bemerkung
Sauerstoff	O_2	23,15	20,93	–
Stickstoff	N_2	75,51	78,10	–
Argon	Ar	1,286	0,9325	Edelgas
Kohlenstoffdioxid	CO_2	0,04	0,03	–
Wasserstoff	H_2	0,001	0,01	–
Neon	Ne	0,0012	0,0018	Edelgas
Helium	He	0,00007	0,0005	Edelgas
Krypton	Kr	0,0003	0,0001	Edelgas
Xenon	Xe	0,00004	0,000009	Edelgas
(→ Zusammensetzung von Mischphasen)		100,0	100,0	

Luftfeuchte: (→ Feuchte Luft)

Wind: Luftbewegung relativ zur Erdoberfläche, Wetter- und Klimaelement. Durch **Windmessung** erhält man die **Windrichtung** und die **Windgeschwindigkeit**. Windmessgeräte heißen **Anemometer**. Ein Hilfsmittel zur Schätzung der Windstärke ist die **Windstärke-Skala**.

Windstärkenskala nach Beaufort

Windstärke	Windgeschwindigkeit in m/s	Bezeichnung	Auswirkungen des Windes im Binnenland	Auswirkungen des Windes auf See
0	0,0 … 0,2	still	Windstille, Rauch steigt gerade empor	spiegelglatte See
1	0,3 … 1,5	leiser Zug	Windrichtung angezeigt nur durch Zug des Rauches	kleine Kräuselwellen ohne Schaumkrone
2	1,6 … 3,3	leichte Brise	Wind am Gesicht fühlbar, Blätter säuseln, Windfahne bewegt sich	kurze, aber ausgeprägtere Wellen mit glasigen Kämmen
3	3,4 … 5,4	schwache Brise	bewegt Blätter und dünne Zweige, streckt einen Wimpel	Kämme beginnen sich zu brechen, vereinzelt kleine Schaumköpfe
4	5,5 … 7,9	mäßige Brise	hebt Staub und loses Papier, bewegt Zweige und dünnere Äste	kleine längere Wellen, vielfach Schaumköpfe
5	8,0 … 10,7	frische Brise	kleine Laubbäume schwanken, Schaumkämme auf Seen	mäßig lange Wellen, überall Schaumkämme
6	10,8 … 13,8	starker Wind	starke Äste in Bewegung, Pfeifen an Freileitungen	große Wellen, Kämme brechen sich, größere weiße Schaumflecken
7	13,9 … 17,1	steifer Wind	ganze Bäume in Bewegung, Hemmung beim Gehen gegen den Wind	See türmt sich, Schaumstreifen in Windrichtung
8	17,2 … 20,7	stürmischer Wind	bricht Zweige von den Bäumen, sehr erschwertes Gehen	mäßig hohe Wellenberge mit langen Kämmen, gut ausgeprägte Schaumstreifen
9	20,8 … 24,4	Sturm	kleinere Schäden an Häusern und Dächern	hohe Wellenberge, dichte Schaumstreifen, „Rollen" der See, Gischt beeinträchtigt die Sicht
10	24,5 … 28,4	schwerer Sturm	entwurzelt Bäume, bedeutende Schäden an Häusern	sehr hohe Wellenberge mit langen überbrechenden Kämmen, See weiß durch Schaum, schweres stoßartiges „Rollen", Sichtbeeinträchtigung
11	28,5 … 32,6	orkanartiger Sturm	verbreitete Sturmschäden (sehr selten im Binnenland)	außergewöhnlich hohe Wellenberge, Sichtbeeinträchtigung
12	32,7 … 36,9	Orkan	–	Luft mit Schaum und Gischt angefüllt, See vollständig weiß, jede Fernsicht hört auf
13 … 17	37,0 … > 56	–	–	–

Atmosphäre (Fortsetzung)

Kühllastzonen (nach **VDI-Richtlinie 2078**, 07.96)

Auslegungsdaten gemäß **Klimazonenkarte** (s. Bild)

ϑ_{max} = Maximal-Auslegungstemperatur

ϑ_m = Tagesmittelwert

Zone 1 Küstenbereich **Zone 1a** Höhenlagen der Mittelgebirge	$\vartheta_{max} = 29\,°C$, $\vartheta_m = 22{,}9\,°C$
Zone 2 Binnenklima I	$\vartheta_{max} = 31\,°C$, $\vartheta_m = 24{,}3\,°C$
Zone 3 Binnenklima II	$\vartheta_{max} = 32\,°C$, $\vartheta_m = 24{,}6\,°C$
Zone 4 Flusstalklima	$\vartheta_{max} = 33\,°C$, $\vartheta_m = 25{,}0\,°C$
Zone 5 Höhenklima (über 600 m)	

In Zone 5 sind die **Tagesgangsdaten** der Zone 1 wie folgt zu korrigieren:

$$\vartheta_{La} = \vartheta_1 - \frac{\Delta h}{200} \quad \text{in } °C$$

ϑ_1 = Temperatur in Zone 1

Δh = Höhendifferenz in m über 600 m in Nord- und Westdeutschland über 1000 m in Süddeutschland

Tagesgänge der Außenlufttemperatur im Monat Juli

(→ Lufttemperatur)

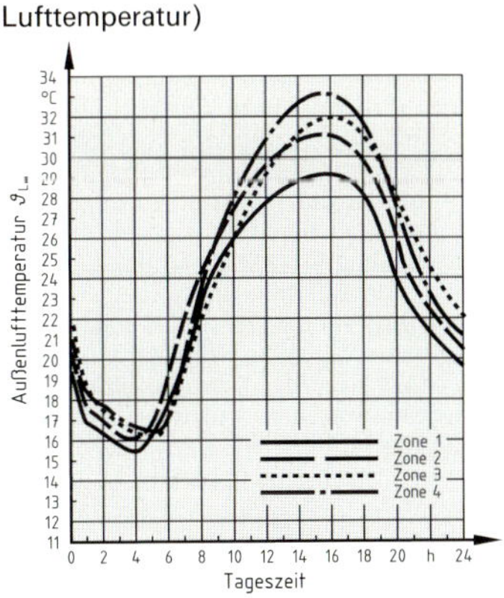

Tagesgänge der Außenlufttemperatur im Monat September

(→ Lufttemperatur)

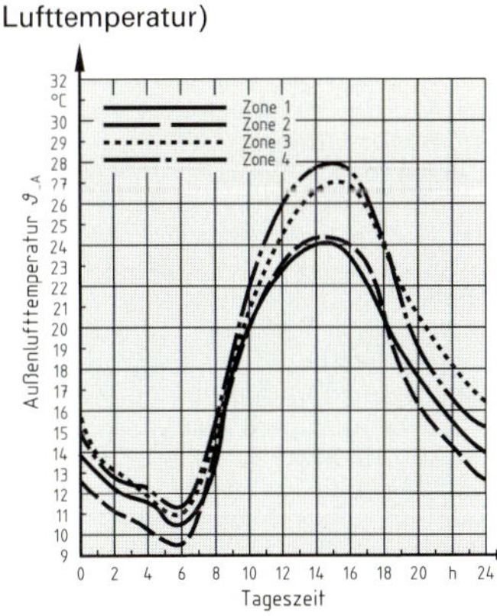

Atmosphäre (Fortsetzung)

Verunreinigungen

Die **Luftqualität** wird beeinträchtigt durch den Gehalt bzw. das Vorhandensein an Staub, Gasen, Dämpfen, Gerüchen. Es sind **maximale Konzentrationen** festgelegt.

MIK-Wert: Maximale Immissionskonzentration (nach **VDI-Richtlinie 2310**, 10.88)

MAK-Wert: Maximale Arbeitsplatzkonzentration in cm^3/m^3 (ppm) bei täglich 8-stündiger Exposition und einer durchschnittlichen Arbeitszeit von 40 Stunden pro Woche (→ Gefahrstoffe)

TRK-Wert: Technische Richtkonzentration (krebserregend, Einwirkungszeit wie bei MAK-Wert)

$1\ cm^3/m^3 = 1$ ppm (parts per million) — **Konzentration in Raumanteilen**

$$mg/m^3 \triangleq \frac{\rightarrow \text{Molare Masse in g/mol}}{\rightarrow \text{Molvolumen in } m^3/\text{mol}}$$

Konzentration in Massenanteilen (→ Zusammensetzung von Mischphasen)

MAK-Werte und TRK-Werte (bei krebserregenden Stoffen) gelten für Arbeitsplätze. In Wohnräumen sollten wesentlich kleinere Werte angestrebt werden. So schreibt z. B. die österreichische Norm ÖNORM **H 6000 T3**, 10.89 „Grundregeln für **RLT-Anlagen**" vor:

In Wohnräumen dürfen nur 10% der MAK-Werte zugelassen werden!

Äußerste Vorsicht ist geboten, da die **Wechselwirkung der Schadstoffe** kaum bekannt ist!

Geruchsstoffe (→ Diffusion)

Es handelt sich dabei meist um komplizierte organische Verbindungen. Dabei wird bei sehr kleinen Konzentrationen der **Schwellwert der Wahrnehmung** erreicht.

Konzentration und Schwellwert von Geruchsstoffen in ppm

Stoff	Geruchsschwelle	Stoff	Geruchsschwelle
Ammoniak	5,3	Chlor	3,5
Aceton	450,0	Formaldehyd	20,0
Benzin	280,0	Ozon	0,05
Benzol	300,0	Schwefeldioxid	3,0
Buttersäure	0,000065	Schwefelwasserstoff	0,18

Tabakrauch ist ein bedeutender Luftverschlechterer. Er ist krebserregend.

Geruchsbeseitigung durch → Kondensation, → Absorption, → Adsorption, Oxidation.

Sauerstoffgehalt ist bis zu einer Reduzierung auf 16% in Ausnahmefällen akzeptabel.
Bei „Luftverbesserung" mit Sauerstoff erhöht sich die Brennbarkeit. BGV's beachten!

Luftfeuchte (→ feuchte Luft) beeinflusst die Geruchsempfindung unterschiedlich, d.h. stoffabhängig.

Luftverbesserung durch Fensterstoßlüftung, Absaug- oder Raumlüftungsanlage.
Luftverbesserer in Sprayform enthalten oft **Acetaldehyd**, feste Luftverbesserer **Paraldehyd**. Beide Stoffe schädigen die Leber.

Treibhauseffekt (→ Stoffkunde, Kältemittel)

Hierunter versteht man die **Wärmerückhalteeigenschaften** in der → Troposphäre. Diese führen derzeit zu einer **Temperaturzunahme** von ca. 0,4 K pro Dekade. Verträglich für natürliche Ökosysteme: 0,1 K pro Dekade. Wesentliche Verursacher: Kohlenstoffdioxid, FCKW, Distickstoffoxid, Methan.
Der Name **Treibhauseffekt** beschreibt die Erscheinung, dass die Temperatur in glasgedeckten geschlossenen Häusern bei Sonneneinstrahlung erheblich über die Außentemperatur ansteigt und auch in klaren Nächten nicht übermäßig zurückgeht. Bewirkt wird dieser Effekt durch die unterschiedliche Durchlässigkeit des Glases für → Strahlung (→ Wärmestrahlung) verschiedener Wellenlängen. Das → sichtbare Licht, das einen großen Teil der Strahlungsenergie ausmacht, kann ungehindert das Glas passieren und den Innenraum durch Absorption erwärmen. Die von dem Innenraum ausgehende Strahlung liegt jedoch im langwelligen Bereich Infrarot, für den Glas undurchlässig ist, so dass eine Abkühlung durch Strahlung nicht stattfinden kann. Eine ähnliche Wirkung wie Glas hat die Erdatmosphäre auf die Erdoberfläche: Wasserdampf und vor allem Kohlenstoffdioxid absorbieren die Infrarotstrahlung und verhindern dadurch, dass nachts ein zu großer Teil der tagsüber empfangenen Wärmeenergie verloren geht (Treibhauseffekt). Die oben genannten „Treibhausgase" verstärken diesen Effekt in einem unzulässigen Maß, so dass das natürliche Gleichgewicht zerstört wird und sich die Erde dadurch aufheizt.
Für den Umgang mit Kältemitteln wurden **Grenz- und Vergleichswerte** definiert bzw. festgelegt:

Atmosphäre (Fortsetzung)

Grenz- bzw. Vergleichswert	Bedeutung (→ Stoffkunde, Kältemittel)
Praktischer Grenzwert	Maximale Massenkonzentration in kg/m^3 (nach **DIN 8960**, 11.98) Dieser Wert ist von der Meereshöhe abhängig.
Treibhauspotential GWP-Wert (Global Warming Potential)	Dieser Wert beschreibt die Wärmerückhalteeigenschaften in der Troposphäre (→ **Treibhauseffekt**). Es werden drei Werte für die Betrachtungszeiträume 20, 100 bzw. 500 Jahre angegeben. In DIN 8960, 11.98 ist der Wert für 100 Jahre zu entnehmen. Bezeichnung GWP_{100}. Bezugsstoff ist **CO_2 mit $GWP_{100} = 1$**.
Ozonabbaupotential ODP-Wert (Ozone-deplection-Potential)	Dieser Wert beschreibt den Ozonabbau in der Atmosphäre. Bezugsstoff ist **R11 mit ODP = 1**. Werte unter 1 bedeuten, dass die entsprechenden Stoffe weniger Ozon abbauen als R11.

Beim praktischen **Einsatz von Kältemitteln** können oftmals nicht alle Kriterien bezüglich der Umweltverträglichkeit völlig berücksichtigt werden. Wünschenswert sind folgende Kriterien:
- **kein Ozonabbaupotential**, d.h. kein Brom oder Chlor im Molekül, also kleiner ODP-Wert (gegen 0).
- **kleine atmosphärische Verweilzeit**, d.h. kleiner GWP-Wert.
- **chemische Inaktivität**, d.h. unbrennbar und nicht explosiv (→ Sicherheitsdaten).
- **physiologische Verträglichkeit**, d.h. keine Reizwirkung, nicht toxisch.
- **gutes Warnvermögen**, d.h. gut in Luft nachweisbar.
- **hohe Geruchsschwelle** (→ Geruchsstoffe)
- **technisch-thermodynamische Eignung**

Boden und Wasser

Kontamination: Verschmutzung eines Mediums (Boden, Wasser, Luft) durch **Schadstoffe**

Schadstoff-Beispiele (→ Gefahrstoffe)
Kältemittel, Kältemaschinenöl, Metalle, Kunststoffe, Wärmeträger (Solen), Reinigungs- und Lösemittel, Flussmittel (Löthilfsmittel), Farben, Lacke, Gase und Dämpfe (z.B. Kältemitteldampf)

Haupt-Kontaminationspfade
Boden-Oberflächenwasser-Atmosphäre
Boden-Atmosphäre
Boden-Wasserkreislauf (s. Grafik)

Wasserhärtebereiche:

Härtebereich	Gesamthärte in mmol/l	Gesamthärte in °dH
Nr. 1: weich	bis 1,3	bis 7,3
Nr. 2: mittel	1,3 bis 2,5	7,3 bis 14
Nr. 3: hart	2,5 bis 3,8	14 bis 21,3
Nr. 4: sehr hart	über 3,8	über 21,3

°dH ≙ deutsche Härtegrade (alte Einheit) SI-Standard: mmol/l (Millimol pro Liter)

Natürlicher Wasserkreislauf:

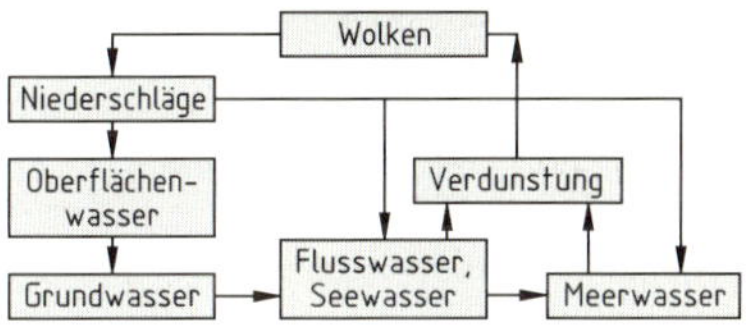

1 °dH entspricht 10,0 mg gelöstes Calciumoxid bzw. Magnesiumoxid pro Liter Wasser. Dies sind **0,178 mmol/l** (→ molare Zustände).

pH-Werte-Skala:

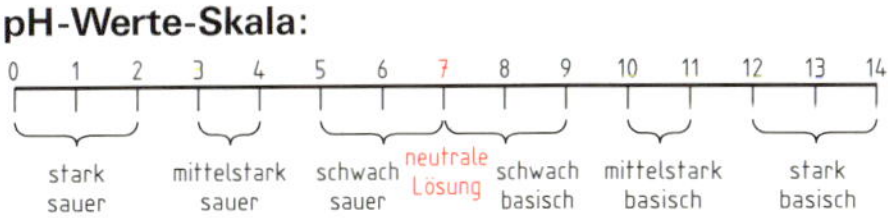

Salzsäure → pH-Wert ist Null: pH0
Natronlauge → pH-Wert ist Vierzehn: pH14
Wasser → pH-Wert ist sieben: pH7 (neutral)

Wassergefährdende Stoffe: (→ Gefahrstoffe)
Im **Wasserhaushaltsgesetz** (WHG) sind **Wassergefährdungsklassen** (WGK-Werte) genannt:

WGK-Kategorie	Bedeutung	
(WGK 0)	im allgemeinen nicht wassergefährdend	**Anmerkung:** In der „Verwaltungsvorschrift wassergefährdender Stoffe" (VwVws) vom 1.6. 1999 ist WGK 0 nicht mehr vorgesehen.
WGK 1	schwach wassergefährdend	
WGK 2	wassergefährdend	
WGK 3	stark wassergefährdend	

Hygienische Grundlagen

Wärmehaushalt des Menschen

Hygiene: Wichtig: **VDI-Richtlinie 6022**, 07.98 **„Hygieneanforderungen an RLT-Anlagen"** (→ Betriebsanforderungen und Betreiberpflichten)

Alle Maßnahmen zur Verhütung von **Krankheiten** und **Gesundheitsschäden**, im weiteren Sinn Maßnahmen, die dem **Wohlbefinden**, der → **Behaglichkeit** und **Leistungsfähigkeit** dienen.

Temperatur im Körperinneren: 37 ± 0,8 °C
Mittlere Hauttemperatur: 32 bis 33 °C
→ **Konstante Körpertemperatur** erfordert ein **Gleichgewicht des Wärmehaushaltes**

Gleichgewicht des Wärmehaushaltes: Es besteht Gleichgewicht zwischen **innerer Wärmeproduktion** und **Wärmeabgabe an die Umgebung**.

Grundumsatz:
Mindestwärmeproduktion im Körper, etwa **45 Watt pro m² Körperoberfläche**

$$A = 0{,}204 \cdot H^{0{,}725} \cdot m^{0{,}425}$$

Körperoberfläche (nach Du Bois)

A	Körperoberfläche	m²
H	Körpergröße	m
m	Masse des Körpers	kg

B $H = 1{,}8$ m; $m = 80$ kg
$A = 0{,}204 \cdot 1{,}8^{0{,}725} \cdot 80^{0{,}425} = \mathbf{2{,}01\ m^2}$

Durchschnittswert etwa $A = 1{,}8$ m²

Wärmeenergie-Abgabe: (→ Wärmetransport, Dämmkonstruktionen, Abfuhr von Wärmeströmen)
Sie hängt von der **Raumlufttemperatur** und der **Art der Tätigkeit** (nach **DIN 1946: Aktivitätsgrad**) ab.

Wärme- und Wasserdampfabgabe des Menschen (nach **VDI-Richtlinie 2078**, 07.96)

Tätigkeit	Raumluft-temperatur	18	20	22	23	24	25	26	°C
körperlich nicht tätig bis leichte Arbeit im Stehen: Aktivitätsgrad I bis II nach **DIN 1946** (01.94) Teil 2	Wärmeabgabe								
	– gesamt $\dot{Q}_{P\,ges}$	125	120	120	120	115	115	115	W
	– trocken $\dot{Q}_{P\,tr}$	100	95	90	85	75	75	70	W
	– feucht $\dot{Q}_{Pf}$	25	25	30	35	40	40	45	W
	Wasserdampf-abgabe $\dot{m}_D$	35	35	40	50	60	60	65	g/h
mäßig schwere körperliche Tätigkeit: Aktivitätsgrad III nach **DIN 1946** Teil 2	Wärmeabgabe								
	– gesamt $\dot{Q}_{P\,ges}$	190	190	190	190	190	190	190	W
	– trocken $\dot{Q}_{P\,tr}$	125	115	105	100	95	90	85	W
	– feucht $\dot{Q}_{Pf}$	65	75	85	90	95	100	105	W
	Wasserdampf-abgabe $\dot{m}_D$	95	110	125	135	140	145	150	g/h
schwere körperliche Tätigkeit: Aktivitätsgrad IV nach **DIN 1946** Teil 2	Wärmeabgabe								
	– gesamt $\dot{Q}_{P\,ges}$	270	270	270	270	270	270	270	W
	– trocken $\dot{Q}_{P\,tr}$	155	140	120	115	110	105	95	W
	– feucht $\dot{Q}_{Pf}$	115	130	150	155	160	165	175	W
	Wasserdampf-abgabe $\dot{m}_D$	165	185	215	225	230	240	250	g/h

Aktivitätsgrad I: ruhend
Aktivitätsgrad II: leichte Arbeit
Aktivitätsgrad III: mittelschwere Arbeit
Aktivitätsgrad IV: schwere und Schwerstarbeit
→ **DIN 1946** (01.94) Teil 2
DIN 33403 (04.01) Teil 3
↓
Tabelle **Arbeitsenergieumsatz** (nächste Seite)

$\dot{Q}_{P\,tr}$, $\dot{Q}_{Pf}$ (→ feuchte Luft, Behaglichkeit)

Wärmehaushalt des Menschen (Fortsetzung)

Die Wärmeabgabe des Menschen (**Personenwärme**) wird häufig auf einen Quadratmeter Körperoberfläche bezogen. Diese spezifische Wärmeabgabe heißt **Metabolic-Rate**

1 met = 58 W/m² **Metabolic-Rate** (Personenwärme pro Quadratmeter Körperoberfläche)

Energieumsatz und Stoffwechsel des Menschen: (→ Abfuhr von Wärmeströmen)

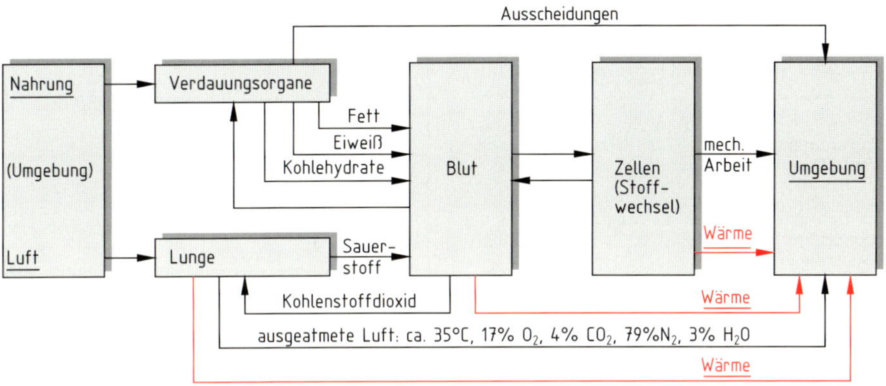

Arbeitsenergieumsatz und Dauerleistungsgrenze:

Arbeitsenergieumsatz = Gesamtenergieumsatz abzüglich Grundumsatz

Stufung für den Arbeitsenergieumsatz (nach **DIN 33403**, Teil 3, 08.00)

Stufe	Bewertung	Arbeitsenergieumsatz AU kJ/min	W[1])	Beispiel
1	sehr leicht	bis 8	bis 130	ruhiges Sitzen; mittelschwere Armarbeit im Sitzen z.B. Schreibmaschine schreiben
2	leicht	über 8 bis 12	über 130 bis 200	Gehen (Ebene, 3 km/h)
3	mittelschwer	über 12 bis 16	über 200 bis 270	Gehen (Ebene, 4 km/h)
4	mittelschwer/schwer (Grenzbereich)	über 16 bis 20	über 270 bis 330	Gehen (Ebene, 5 km/h)
5	schwer	über 20 bis 23	über 330 bis 380	Gehen (Ebene, 6 km/h)
6	sehr schwer	über 23 bis 25	über 380 bis 420	Gehen (5% Steigung, 4 km/h)
7	schwerst	über 25	über 420	Gehen (5% Steigung, 5 km/h)

[1]) 1 W = 3,6 kJ/h

Als **Dauerleistungsgrenze für muskuläre Arbeit** gilt ein Arbeitsenergieumsatz zwischen **16 bis 20 kJ/min**. Oberhalb der **Stufe 4** ist eine Dauerbelastung nicht mehr tolerierbar bzw. muss die damit verbundene Minderung der Leistungsfähigkeit durch Erholungspausen ausgeglichen werden.

Behaglichkeit

Im technischen Sinn versteht man unter **Behaglichkeit** den **Zustand des Wohlbefindens**, der sich in Bezug auf das Raumklima bei einer Person, die diesen Raum benutzt, einstellt. Einwirkende Faktoren: Raumlufttemperatur, Temperatur der Raumoberfläche (Wandtemperatur), Luftfeuchte, Luftbewegung, Kleidung, Konstitution, Gesundheit, Alter, Jahreszeit, Beleuchtung, Art der Arbeit, Geruche, Personenzahl, Aufenthaltsdauer im Raum u.a.

Behaglichkeit (Fortsetzung)

Wichtige Normen:
DIN 33403, Teil 3, 08.00
DIN 1946, Teil 2, 01.94 (**VDI-Lüftungsregeln**):

Das Raumklima wird mit Hilfe von „Raumlufttechnischen Anlagen" (**RLT-Anlagen**) realisiert.

Die Raumlufttechnik befasst sich mit der **thermischen Behaglichkeit**.

Thermische Behaglichkeit kann nur durch das Zusammenwirken von Mensch, Raum und RLT-Anlage erzielt werden.

Die **Schnittmenge der Einflussgrößen auf die thermische Behaglichkeit** ergibt die **Behaglichkeitszone**:

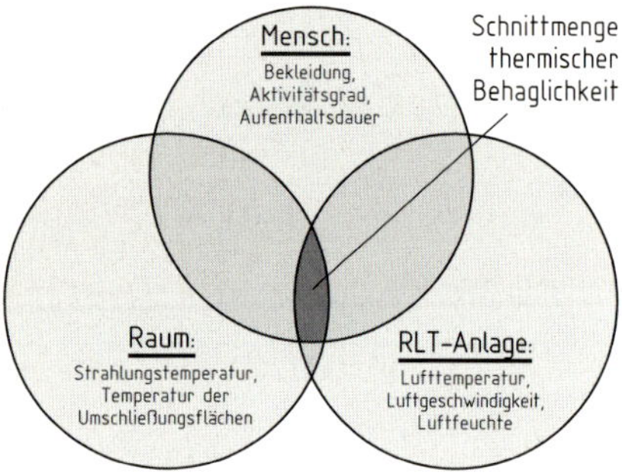

Einflussgrößen auf die thermische Behaglichkeit und die Raumluftqualität
(nach **DIN 1946**, Teil 2, 01.94)
Die thermische Behaglichkeit und die Luftqualität in Räumen werden beeinflusst durch a) **die Personen** in Abhängigkeit von – Tätigkeit, – Bekleidung, – Aufenthaltsdauer, – thermische und stoffliche Belastung (z. B. Gerüche) und – Belegung bzw. Anzahl
b) **den Raum** in Abhängigkeit von – Temperatur der Oberflächen, – Lufttemperaturverteilung, – Wärmequellen und – Schadstoffquellen
c) **die RLT-Anlage** in Abhängigkeit von – Lufttemperatur, Luftgeschwindigkeit und Luftfeuchte, – Luftaustausch, – Reinheit der Luft (Aerosole und Gerüche) und – Luftführung.
s. nebenstehende Grafik

Anmerkung:
Behaglichkeit wird nicht nur durch thermische Einflussgrößen, sondern auch sehr stark von der **Raumakustik** (→ Akustik), den Lichtverhältnissen (→ Wellenlehre, Photometrie) u.a. beeinflusst.

Raumlufttemperatur: (→ Wärmeabgabe des Menschen, feuchte Luft)

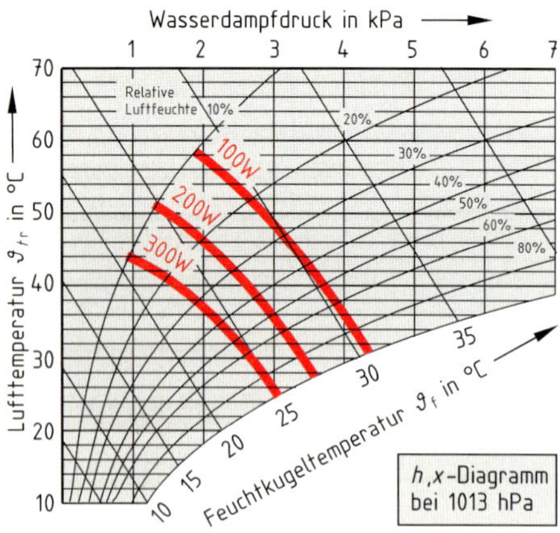

Ein *h, x*-Diagramm (→ feuchte Luft) aus **DIN 33403**, Teil 3, 08.00 zeigt die Orientierungsbereiche für die Dauerexposition bei einem Arbeitsenergieumsatz von 100, 200 und 300 Watt. Normale Arbeitskleidung und eine Luftgeschwindigkeit von 0,5 m/s wird dabei zugrunde gelegt. Es ist zu erkennen:

Die maximale andauernd ertragbare Lufttemperatur muss in Abhängigkeit von Luftfeuchte und Arbeitsenergieumsatz gesehen werden.

Anmerkung:
Bei 5% relativer Luftfeuchte kann ein gesunder Mensch kurzzeitig 100 °C, bei absolut trockener Luft kurzzeitig 120 °C Lufttemperatur ertragen.

Behaglichkeitstemperatur an Arbeitsstätten (nach **Arbeitsstättenverordnung ASR 5 und 6**)

Tätigkeit bzw. Arbeitsstätte	°C
Gießereien und Schmieden	10...12
Montagehallen	12...15
Mechanische Fertigung	16...18
Verkaufsräume	18...19
Büroräume	20...21
Maximaltemperatur: 26 °C	

Behaglichkeit (Fortsetzung)

Arbeitsstättenverordnung (08.83):

ASR 5: Lüftung, **ASR 6/1:** Raumtemperaturen, **ASR 7/3:** Künstliche Beleuchtung

Luftfeuchtigkeit: (→ feuchte Luft)

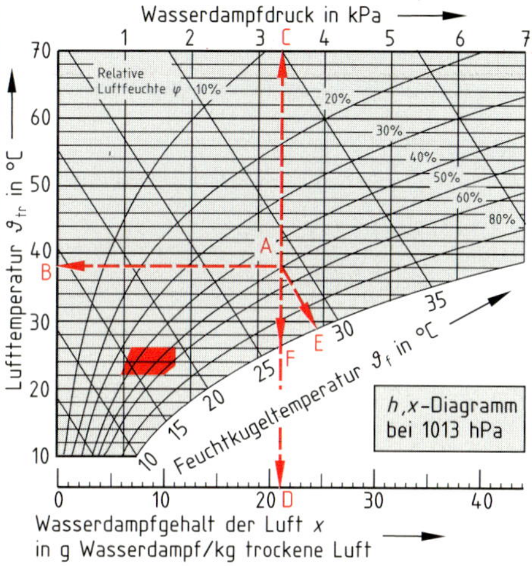

Nebenstehendes Bild zeigt ein Beispiel aus **DIN 33403**, Teil 2, 08.00.
Ein Teil der → Wärmeabgabe der Menschen erfolgt trocken: $\dot{Q}_{Ptr}$, ein Teil erfolgt feucht: $\dot{Q}_{Pf}$
$\dot{Q}_{Pf}$ ist der Teil der Wärmeabgabe, die durch Verdunstung (→ Verdampfung) erfolgt. Entscheidendes Kriterium ist der → Wasserdampfpartialdruckunterschied. **DIN 33403**, Teil 2, 08.00:

Die Schweißverdunstung wird von der Differenz des Wasserdampfteildruckes der Hautoberfläche und dem Wasserdampfteildruck der Luft (→ feuchte Luft, → Diffusion) bestimmt.

Behaglichkeitszone:
rote Fläche (s. nebenstehendes Bild)

Schwülebereich:
hohe Luftfeuchte bei hoher Lufttemperatur.

Temperatur der Umschließungsflächen: (→ Wärmetransport)

Umschließungsflächen sind alle Innenflächen des Raumes, d. h. Decke, Boden, Wände, Fenster, Türen, Heizkörper. Die Oberflächentemperatur dieser Flächen ist Kriterium für die **abgestrahlte Wärme** (→ Wärmestrahlung). **DIN 1946**, Teil 2, 01.94:

Einseitige Erwärmung oder Abkühlung des Menschen durch uneinheitliche Umschließungsflächentemperaturen kann zur thermischen Unbehaglichkeit führen.

Entscheidendes Kriterium für die Entwärmung eines Menschen ist die **mittlere Strahlungstemperatur** (resultierende Strahlungstemperatur) der Wände

$$\vartheta_{res} = \frac{\Sigma (A \cdot \vartheta)}{\Sigma A}$$ **mittlere Strahlungstemperatur** in °C

A	Einzelflächen	m²
ϑ	Temperaturen der Einzelflächen	°C

Die mittlere Strahlungstemperatur ϑ_{res} sollte der als behaglich empfundenen Raumtemperatur (ca. 20–22 °C) entsprechen.

Das arithmetische Mittel zwischen Raumtemperatur und mittlerer Strahlungstemperatur heißt in der RLT **operative Temperatur** (ϑ_0).

Bei größeren Unterschieden der Wandtemperaturen entsteht **Zugluft** durch **Konvektion** (→ Strahlung und Konvektion).

B Wandflächen: $A_1 = A_2 = 18\ m^2$;
$A_3 = A_4 = A_5 = A_6 = 8\ m^2$;
$A_7 = 1{,}5\ m^2$; $A_8 = 2\ m^2$; $A_9 = 1{,}2\ m^2$
Wandtemperaturen: $\vartheta_1 = 21\ °C$; $\vartheta_2 = 22\ °C$;
$\vartheta_3 = 19\ °C$; $\vartheta_4 = \vartheta_5 = \vartheta_6 = 19{,}5\ °C$;
$\vartheta_7 = \vartheta_8 = 17\ °C$; $\vartheta_9 = 42\ °C$
Raumtemperatur (Luft): 21,5 °C.
Wie groß ist ϑ_{res} und ϑ_0?

$$\vartheta_{res} = \frac{\Sigma (A \cdot \vartheta)}{\Sigma A} = \frac{1503{,}9\ m^2 \cdot °C}{72{,}7\ m^2} = \mathbf{20{,}686\ °C}$$

$$\vartheta_0 = \frac{\vartheta_L + \vartheta_{res}}{2} = \frac{21{,}5\ °C + 20{,}686\ °C}{2} = \mathbf{21{,}09\ °C}$$

Luftbewegung (→ Wind):
Rein subjektiv wird Luftbewegung in Räumen unbehaglicher empfunden als im Freien.

Grenzwerte der **Luftgeschwindigkeit im Behaglichkeitsbereich** sind von der Raumlufttemperatur ϑ_L und vom Turbulenzgrad T (s. nächste Seite) abhängig (→ Windstärkeskala).

Behaglichkeit (Fortsetzung)

$$T = \frac{S}{\bar{v}} \cdot 100 \quad \text{in } \%$$

$$\bar{v} = \frac{1}{n} \cdot \sum_{i=1}^{n} v_i$$

$$S = \sqrt{\frac{1}{n-1} \cdot \sum_{i=1}^{n} (v_i - \bar{v})^2}$$

Turbulenzgrad
(nach **DIN 1946**, Teil 2) (01.94)

In den Normen der RLT: ***v*** für Luftgeschwindigkeit. Sonst ***w*** für Fluidgeschwindigkeit!

S	→ Standardabweichung der Momentanwerte der Luftgeschwindigkeit	1
$\bar{v}$	mittlere Luftgeschwindigkeit (zeitlicher Mittelwert)	m/s
n	Anzahl der Messpunkte	1
v_i	Momentanwert der Luftgeschwindigkeit	m/s

Werte von mittleren Luftgeschwindigkeiten im Behaglichkeitsbereich in Abhängigkeit von Raumlufttemperatur ϑ_L und Turbulenzgrad T (nach **DIN 1946**, Teil 2, 01.94)

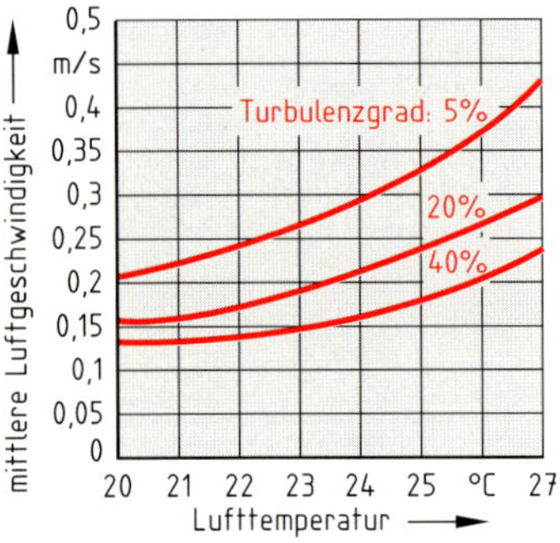

B Berechnen Sie den Turbulenzgrad T bei $n = 6$, $v_1 = v_2 = v_3 = 0{,}2$ m/s, $v_4 = 0{,}1$ m/s $v_5 = v_6 = 0{,}25$ m/s

$$\bar{v} = \frac{1}{n} \cdot \sum_{i=1}^{6} v_i = \frac{1}{6} \cdot 1{,}2 \text{ m/s} = \mathbf{0{,}2 \text{ m/s}}$$

$$S = \sqrt{\frac{1}{6-1} \cdot \sum_{i=1}^{6} (v_i - \bar{v})^2} = \sqrt{\frac{1}{5} \cdot 0{,}04 \frac{\text{m}^2}{\text{s}^2}}$$

$\boldsymbol{S} = \mathbf{0{,}0894}$ **m/s**

$$T = \frac{S}{\bar{v}} \cdot 100 = \frac{0{,}0894 \text{ m/s}}{0{,}2 \text{ m/s}} \cdot 100$$

$\boldsymbol{T} = \mathbf{44{,}7\%}$

$(v_i - \bar{v})$ heißt **Abweichung** und $(v_i - \bar{v})^2$ nennt man **Abweichungsquadrat**.

Nebenstehendes Schaubild gilt für Aktivitätsstufe I und einen Wärmedurchlasswiderstand der → Kleidung von etwa $0{,}12 \frac{\text{m}^2 \cdot \text{K}}{\text{W}}$.

Eine **minimale Luftbewegung** ist für den notwendigen **konvektiven Wärmeübergang** (→ Wärmetransport) erforderlich. Sie stellt sich durch freie (natürliche) Konvektion an einer Wärmequelle – das kann auch ein Mensch sein – ein. In der Normung und den VDI-Vorschriften werden deshalb keine Mindestwerte angegeben.

Messverfahren und **Messanordnungen** für die Luftgeschwindigkeit regelt die **VDI-Richtlinie 2080** „Messverfahren und Messgeräte für Raumlufttechnische Anlagen".

Ohne Messungen wird grundsätzlich mit dem Turbulenzgrad $T = 40\,\%$ gerechnet.

Kleidung:
Der Wärmeaustausch zwischen der Körperoberfläche des Menschen und der Umgebung wird maßgeblich durch die Bekleidung in Abhängigkeit von deren Isolationswert beeinflusst.

Der **Isolationswert ausgewählter Bekleidungen** in $\frac{\text{m}^2 \cdot \text{K}}{\text{W}}$ wird international in **clo-Einheiten** (von clothing value) angegeben.

$$1 \text{ clo} = 0{,}155 \frac{\text{m}^2 \cdot \text{K}}{\text{W}}$$

clo-Einheit

Die clo-Einheit hat den Kehrwert der → Wärmedurchgangszahl (k-Wert).

Das Formelzeichen für den Isolationswert ist $\boldsymbol{I}_{cl}$. Werte s. Tabelle nächste Seite.

Klimabereiche (nach **DIN 33403**, Teil 3, 04.01) sind **Kältebereich**, **Behaglichkeitsbereich**, **Erträglichkeitsbereich** und **Unerträglichkeitsbereich**.

Das **Raumklima** findet im Behaglichkeitsbereich (Behaglichkeitszone, Behaglichkeitsfeld) statt.

In Überlappungsbereichen ist eine **Akklimatisation** begrenzt möglich.

Behaglichkeit (Fortsetzung)

Isolationswerte von ausgewählten Bekleidungen (nach DIN 33403, Teil 3, 04.01)

Bekleidung	Isolationswert I_{cl} in clo	Bekleidung	Isolationswert I_{cl} in clo
Unbekleidet	0	**Leichter Straßenanzug** kurze Unterwäsche, geschlossenes Oberhemd, leichte Jacke, lange Hose usw.	1,0
Shorts	0,1	**Freizeitkleidung** kurze Unterwäsche, Oberhemd, Pullover, feste Jacke und Hose, Socken, Schuhe	1,2
Tropenkleidung offenes kurzes Oberhemd, kurze Hose usw.	0,3 bis 0,4	**Leichter Straßenanzug mit leichtem Mantel**	1,5
Leichte Sommerkleidung offenes kurzes Oberhemd, lange leichte Hose, leichte Socken, Schuhe	0,5	**Fester Straßenanzug** lange Unterwäsche, geschlossenes langes Oberhemd, feste Jacke und Hose, Weste, Wollsocken, Schuhe	1,5
Leichte Arbeitskleidung kurze Unterhose, offenes Arbeitshemd, Arbeitshose Wollsocken, Schuhe	0,6	**Kleidung für nasskaltes Wetter** lange Unterwäsche, geschlossenes langes Oberhemd, feste Jacke und Hose, Pullover, Wollmantel, Wollsocken, feste Schuhe	1,5 bis 2
Leichte Außensportkleidung kurzes Unterzeug, Trainingsjacke, -hose, Socken, Turnschuhe	0,9	**Polarkleidung**	ab 3,0
Feste Arbeitskleidung lange Unterwäsche, einteiliger Arbeitsanzug, Socken, feste Schuhe	1,0		

Behaglichkeitsmaßstäbe:

In **DIN EN ISO 7730** (09.95) gibt es die Möglichkeit, aus den bisher genannten Einflussgrößen auf die thermische Behaglichkeit zu schließen. Dies ist eine statistische Methode. Gelegentlich wird auch die Behaglichkeitsformel von van Zuilen angewendet. Damit kann die Behaglichkeitskennzahl B ausgerechnet werden.

$$B = 7{,}83 - 0{,}1 \cdot \vartheta_L - 0{,}0968 \cdot \vartheta_W - 0{,}0279 \cdot p_D + 0{,}0367 \cdot (38{,}7 - \vartheta_L) \cdot \sqrt{v}$$

Behaglichkeitskennzahl

Behaglichkeitskennzahl B	Empfindung
1	viel zu warm
2	zu warm
3	behaglich warm
4	behaglich
5	behaglich kühl
6	zu kalt
7	viel zu kalt

ϑ_L Raumlufttemperatur °C
ϑ_W mittlere Wandtemperatur °C
p_D → Wasserdampfpartialdruck hPa = mbar
v Luftgeschwindigkeit m/s

B Berechnen Sie die Behaglichkeitsziffer bei folgenden Daten aus der → Behaglichkeitszone: $\vartheta_L = 21\,°C$, $\vartheta_W = 20\,°C$, $p_D = 14$ hPa, $v = 0{,}25$ m/s.
Ergebnis mit obiger Formel: $\boldsymbol{B = 3{,}73}$

Es wurden auch **Wärmekomfort-Messgeräte** entwickelt. Deren Sensor erfasst die Einflussgrößen und wertet z. B. nach der Formel für die Behaglichkeitsziffer B o. a. aus.

Anordnung der Wärme- und Stoffaustauscher:

Wesentlichen Einfluss auf die Behaglichkeit hat der **Installationsort** und die Dimension der Wärme- und Stoffaustauscher wie **Heizflächen**, **Kühlflächen**, **Lüfter** und **Lüftungsgitter**. Beeinflusst wird

- Geschwindigkeit und Richtung der Raumluftströmungen, z. B. durch **Konvektion** (s. Bild), d. h. Wärmeströmung (→ Wärmetransport),
- örtliche und mittlere Temperatur in der Raumluft,
- Temperaturverteilung der Raumumschließungsflächen.

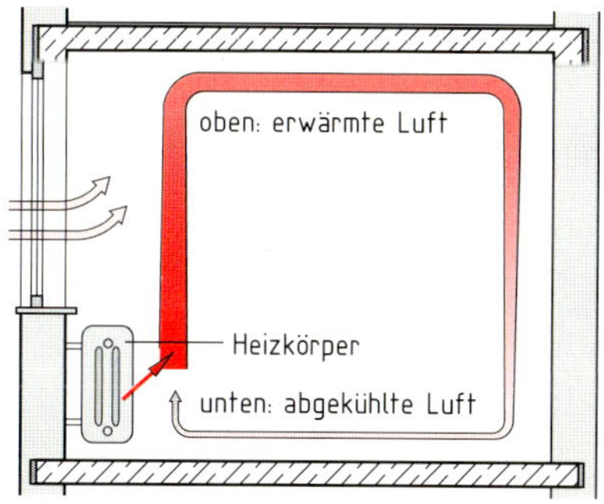

Mathematische Zeichen

(Auswahl nach **DIN 1302**, 12.99)

Zeichen	Anwendungsbeispiel	Sprechweise/Bedeutung
$+$	$2 + 3 = 5$, $x = a + b$	Plus, Summe von (z. B. 2 plus 3 gleich 5, Additionszeichen)
$-$	$5 - 4 = 1$, $x = a - b$	Minus, Differenz von (z. B. 5 minus 4 gleich 1, Subtraktionszeichen)
$\cdot$	$2 \cdot 3 = 6$, $a \cdot b = ab$	Mal, Produkt von (z. B. 2 mal 3 gleich 6, Multiplikationszeichen. Das Multiplikationszeichen kann bei Buchstaben entfallen, wenn keine Verwechslungsmöglichkeit besteht, z. B. *ab* alternativ zu $a \cdot b$)
—, /	$\frac{18}{9}$, 18/9	Durch, Quotient von (z. B. 18 durch 9 gleich 2)
$=$	$8/4 = 2$, $a = v/t$	Gleich (z. B. *a* gleich *v* durch *t*)
$\neq$	$4 \neq 3$, $a \neq b$	Ungleich, nicht gleich (z. B. 4 ungleich 3)
$\equiv$	$a \equiv b$	Identisch gleich (z. B. *a* identisch gleich *b*, d. h. *a* und *b* bezeichnen den gleichen Gegenstand)
$\not\equiv$	$a \not\equiv b$	Nicht identisch gleich (z. B. *a* nicht identisch gleich *b*)
$\approx$	$e \approx 2{,}718$	Ungefähr gleich (z. B. *e* ungefähr gleich 2,718)
$\sim$	$U \sim I$	Proportional (z. B. *U* proportional *I*, d. h. der Quotient der Variablen *U* und *I* ist immer konstant)
$\hat{=}$	$1\,\text{cm} \mathrel{\hat{=}} 10\,\text{kN}$	Entspricht (z. B. ein Kraftpfeil der Länge 1 cm entspricht 10 kN)
$\doteq$	$A \doteq 3{,}14$	gerundet, gleich
$<$	$4 < 5$, $a < b$	Kleiner (z. B. *a* kleiner *b*)
$>$	$4 > 3$, $b > a$	Größer (*b* größer *a*)
$\leq$	$a, b, c \leq 10$, $y \leq 10$	Kleiner gleich, (z. B. der Wert *y* ist kleiner gleich 10)
$\geq$	$a, b, c \geq 10$, $y \geq 10$	Größer gleich, (z. B. der Wert *y* ist größer gleich 10)
$\ll$	$\alpha_i \ll \alpha_a$	Wesentlich kleiner (z. B. der Wärmeübergangskoeffizient α_i ist wesentlich kleiner als α_a)
$\gg$	$\alpha_a \gg \alpha_i$	Wesentlich größer (z. B. der Wärmeübergangskoeffizient α_i ist wesentlich größer als α_a)
$\stackrel{def}{=}$	$x \stackrel{def}{=} 1$	Definitionsgemäß gleich (z. B. *x* definitionsgemäß gleich 1)
$\simeq$	$f \simeq g$	Ist asymptotisch gleich (z. B. *f* ist asymptotisch gleich *g*)
%	$\Delta x = 5\,\%$	Prozent, Hundertstel (z. B. der Fehler Δx beträgt 5 Prozent)
‰	*w* = 12,5 ‰	Promille, Tausendstel (z. B. der Massenanteil beträgt 12,5 Promille)
( ), [ ], { }, ⟨ ⟩	$Q = C \cdot A \cdot \left[(T_1/100)^4 - (T_2/100)^4\right]$	Runde, eckige, geschweifte, spitze Klammer auf und zu
…	$n = 1, 2, 3, \ldots$	Und so weiter (unbegrenzt), Punkt, Punkt, Punkt
	$i = 1, 2, 3, \ldots, n$	Und so weiter bis (z. B. *i* gleich 1, 2, 3 und so weiter bis *n*)
$\parallel$	$A_1 \parallel A_2$	Parallel zu (z. B. Fläche A_1 parallel zu Fläche A_2)
$\nparallel$	$A_1 \nparallel A_2$	Nicht parallel (z. B. Fläche A_1 nicht parallel zu Fläche A_2)
$\uparrow\uparrow$	$F_1 \uparrow\uparrow F_2$	Gleichsinnig parallel (z. B. die Kraft F_1 ist gleichsinnig parallel zur Kraft F_2)
$\uparrow\downarrow$	$F_1 \uparrow\downarrow F_2$	Gegensinnig parallel (z. B. die Kraft F_1 ist gegensinnig parallel zur Kraft F_2)
$\perp$	$A_1 \perp A_2$	Orthogonal zu, rechtwinklig auf (z. B. Fläche A_1 orthogonal zur Fläche A_2), auch normal gerichtet
$\triangle$	$\triangle\,(ABC)$	Dreieck (z. B. das Dreieck mit den Eckpunkten *A*, *B*, *C*)
$\sphericalangle$	$\sphericalangle\,(ABC)$	Winkel (z. B. Winkel zwischen den Strecken *BA* und *BC*)

Mathematische Zeichen (Fortsetzung)

Zeichen	Anwendungsbeispiel	Sprechweise/Bedeutung
$\overline{AB}$	$\overline{P_1P_2}$	Strecke *AB* (z. B. Strecke zwischen den Punkten P_1 und P_2)
$\cong$	$\triangle(A_1B_1C_1) \cong \triangle(A_2B_2C_2)$	Kongruent zu (z. B. das Dreieck $A_1B_1C_1$ ist kongruent zu dem Dreieck $A_2B_2C_2$, d. h. beide Dreiecke sind deckungsgleich)
d	*d* (*P*, *Q*)	Abstand, Distanz (z. B. Abstand von *P* und *Q*)
$\odot$	$\odot$ (*P*, *r*)	Kreis um (z. B. Kreis um *P* mit Abstand *r*)
Δ	Δt	Delta, Differenz zweier Werte (z. B. Zeitdifferenz)
$\|z\|$	$\|-4\ °C\|$	*z* Betrag (z. B. der Betrag von –4 °C ist 4, also der reine Zahlenwert ohne Vorzeichen und ohne Einheit)
$[z]$	$[\pi] = 3$	Größte ganze Zahl kleiner oder gleich *z* (auch Bezeichnung ent *z*)
$\sqrt{\ }$	$\sqrt{4} = 2$	Wurzel (Quadratwurzel) aus (z. B. Wurzel aus 4 gleich 2)
$\sqrt[n]{\ }$	$\sqrt[3]{27} = 3$	*n*-te Wurzel aus (z. B. 3. Wurzel aus 27 gleich 3)
π	$\pi = 3{,}14159...$	Pi (Verhältnis von Kreisumfang zum Kreisdurchmesser, Konstante)
e	e = 2,71828...	Basis des natürlichen Logarithmus (Euler'sche Zahl)
∞	$n = 1, 2, 3, ..., \infty$	Unendlich (z. B. die Folge 1, 2, 3 und so weiter bis unendlich)
a^x	$y = 3^x$	*a* hoch *x*, x-te Potenz von *a* (z. B. *y* gleich 3 hoch *x*)
exp	$y = \exp x$ oder $y = e^x$	Exponentialfunktion von *x* mit e = 2,71828..., e hoch *x*
ln	ln 2 = 0,6391	Natürlicher Logarithmus von *x* (z. B. natürlicher Logarithmus von 2 gleich 0,6931, es gilt $\ln x = \log_e x$ mit e = 2,71828...)
lg	lg 2 = 0,30103	Dekadischer Logarithmus, Zehnerlogarithmus (z. B. dekadischer Logarithmus von 2 gleich 0,30103, es gilt $\lg x = \log_{10} x$)
lb	lb 5 = 2,32193	Binärer Logarithmus, Zweierlogarithmus (z. B. binärer Logarithmus von 5 gleich 2,32193)
log		Logarithmus
$\log_a$	$\log_{10} 2 = 0{,}30103$	Logarithmus zur Basis *a* (z. B. Logarithmus von 2 zur Basis 10 gleich 0,30103)
$\rightarrow$	$x \rightarrow +\infty$	Gegen, nähert sich, strebt nach (z. B. *x* strebt nach plus unendlich)
	$x \xrightarrow{f} y$	*x* geht durch *f* in *y* über
i, j		Imaginäre Einheit. Es gilt $i^2 = -1$ (in der Mathematik ist i üblich, in der Elektrotechnik j)
Re	Re *z*	Realteil (z. B. Realteil *z*)
Im	Im *z*	Imaginärteil (z. B. Imaginärteil *z*)
sin	sin 30° = 0,5	Sinus
cos	cos 30° = 0,866	Cosinus
tan	tan 30° = 0,577	Tangens
cot	cot 30° = 1,732	Cotangens (cot 30° = 1/tan 30°)
Arcsin	$\sin\alpha = x \Rightarrow$ Arcsin $x = \alpha$	Arcussinus (Arcsin-Funktion = Umkehrung der Sinus-Funktion)
Arccos	$\cos\alpha = x \Rightarrow$ Arccos $x = \alpha$	Arcuscosinus (Arccos-Funktion = Umkehrung der Cosinusfunktion)
Arctan	$\tan\alpha = x \Rightarrow$ Arctan $x = \alpha$	Arcustangens (Arctan-Funktion = Umkehrung der Tangensfunktion)

2

2

Mathematische Zeichen (Fortsetzung)

Zeichen	Anwendungsbeispiel	Sprechweise/Bedeutung
Arccot	$\cot \alpha = x \Rightarrow$ Arccot $x = \alpha$	Arcuscotangens (Arccot-Funktion = Umkehrung der Cotangensfunktion)
sinh	$\sinh x = (e^x - e^{-x})/2$	Hyperbelsinus (Hyperbelfunktion)
cosh	$\cosh x = (e^x + e^{-x})/2$	Hyperbelcosinus (Hyperbelfunktion)
tanh	$\tanh x = \sinh x - \cosh x$	Hyperbeltangens (Hyperbelfunktion)
coth	$\coth x = 1/\tanh x$	Hyperbelcotangens (Hyperbelfunktion)
Arsinh	$y = \text{Arsinh}\, x \Rightarrow x = \sinh y$	Areahyperbelsinus (Areafunktion = Umkehrung der Hyperbelfunktion)
Arcosh	$y = \text{Arcosh}\, x \Rightarrow x = \cosh y$	Areahyperbelcosinus (Areafunktion = Umkehrung der Hyperbelfunktion)
Artanh	$y = \text{Artanh}\, x \Rightarrow x = \tanh y$	Areahyperbeltangens (Areafunktion = Umkehrung der Hyperbelfunktion)
Arcoth	$y = \text{Arcoth}\, x \Rightarrow x = \coth y$	Areahyperbelcotangens (Areafunktion = Umkehrung der Hyperbelfunktion)
$\sum_{i=m}^{n} x_i$	$\sum_{i=1}^{3} F_i = F_1 + F_2 + F_3$	Summe x_i für i von m bis n (z. B. Summe der Kräfte F_i für i von 1 bis 3 gleich F_1 plus F_2 plus F_3)
$\prod_{i=m}^{n} x_i$	$\prod_{i=1}^{3} \eta_i = \eta_1 \cdot \eta_2 \cdot \eta_3$	Produkt x_i (z. B. Produkt der Wirkungsgrade η_i für i von 1 bis 3 gleich η_1 mal η_2 mal η_3)
lim	$\lim\limits_{x \to \pm\infty} \frac{1}{x} = 0$	Limes (z. B. Limes von $1/x$ für x gegen $\pm\infty$ ist 0, d. h. die Funktion $y = 1/x$ besitzt für $x \to \pm\infty$ den Grenzwert 0)
$f(x)$	$W = f(s)$	f von x, Funktion der Variablen x (z. B. die Arbeit W ist eine Funktion des Weges s)
$\mathrm{d}y/\mathrm{d}x$	$y' = \mathrm{d}y/\mathrm{d}x$	dy nach dx (erster Differentialquotient)
$y', y'', \ldots$	$y' = 2x$ wenn $y = x^2$	y Strich, y zwei Strich und so weiter (erste, zweite usw. Ableitung von y, z. B. erste Ableitung von y gleich $2x$, wenn y gleich x^2)
$f'(x)$	$f'(x) = 3x^2$ für $f(x) = x^3$	f Strich von x (Ableitung der Funktion $f(x)$)
$f''(x)$	$f''(x) = 6x$ für $f'(x) = 3x^2$	f zwei Strich von x (zweite Ableitung der Funktion $f(x)$)
$f'''(x)$	$f'''(x) = 6$ für $f'' = 6x$	f drei Strich von x (dritte Ableitung der Funktion $f(x)$)
d	dt	Differentialzeichen (z. B. Differential der Zeit t)
∂	$\partial f(x)$	d partiell (z. B. d partiell f von x)
$\int$	$\int f(x)\,\mathrm{d}x$	Integral (z. B. Integral über f von x dx)
$\int_a^b f(x)\,\mathrm{d}x$	$W = \int_{s_1}^{s_2} F(s)\,\mathrm{d}s$	Integral von f von x dx von a bis b (z. B. Arbeit W gleich Wegintegral der Kraft F von s_1 bis s_2, s_1 und s_2 sind die Grenzen des hier vorliegenden bestimmten Integrals)
F	$F(x)$	Stammfunktion von f (z. B. groß F von x)
$F(x)\Big\vert_{x_1}^{x_2}$	$F(s)\Big\vert_{s_1}^{s_2} = F(s_2) - F(s_1)$	Groß F von x zwischen den Grenzen x_1 und x_2 (z. B. groß F von s zwischen den Grenzen s_1 und s_2)
!	$5! = 120$	Fakultät (z. B. 5 Fakultät gleich 120, $5! = 1 \cdot 2 \cdot 3 \cdot 4 \cdot 5 = 120$)
$\binom{n}{p}$	$\binom{6}{3} = \frac{6 \cdot 5 \cdot 4}{1 \cdot 2 \cdot 3}$	n über p (z. B. 6 über 3, allgemein: $\binom{n}{p} = n \cdot (n-1) \cdot (n-2) \cdot \ldots \cdot [n-(p-1)] / (1 \cdot 2 \cdot \ldots \cdot p)$
sgn	sgn x	Signum (z. B. Signum von x), sgn $x =_{\text{def}}$ 1 wenn $x > 0$, 0 wenn $x = 0$ und -1 wenn $x < 1$

Zeichen der Logik und Mengenlehre (Auswahl nach **DIN 5473**, 07.92 und **DIN 1302**, 12.99)

Zeichen	Anwendungsbeispiel	Sprechweise/Bedeutung
ℕ oder **N**	**N** = {0, 1, 2, ...}	Doppelstrich-**N** (Menge der nicht negativen ganzen Zahlen, Menge der natürlichen Zahlen, einschließlich der Zahl 0)
		N* ist die gleiche Menge ohne die Zahl 0
ℤ oder **Z**	**Z** = {..., -2, -1, 0, 1, 2, ...}	Doppelstrich-**Z** (Menge der ganzen Zahlen, d. h. der natürlichen Zahlen, der negativen ganzen Zahlen und der Zahl 0)
		Z* ist die gleiche Menge ohne die Zahl 0, **Z+** begrenzt die Menge auf die positiven Zahlen
ℚ oder **Q**	**Q** = {2, -4, 1/2, 0, -3/2, ...}	Doppelstrich-**Q** (Menge der rationalen Zahlen, d. h. der Zahl 0, der positiven und negativen ganzen Zahlen und der Brüche derartiger Zahlen)
		Q* ist die gleiche Menge ohne die Zahl 0, **Q+** begrenzt die Menge auf die positiven Zahlen
ℝ oder **R**	**R** = {π, $\sqrt{2}$, 1/2, lg 2, 5, -3, ...}	Doppelstrich-**R** (Menge der reellen Zahlen, d. h. **Q** ergänzt durch die Menge der irrationalen Zahlen, also der periodischen und nicht abbrechenden Dezimalzahlen, z. B. $\sqrt{2}$ = 1,4142...)
		R* ist die gleiche Menge ohne die Zahl 0, **R+** begrenzt die Menge auf die positiven Zahlen
ℂ oder **C**	**C** = {$\sqrt{-1}$, $\sqrt{-1/2}$,	Doppelstrich-**C** (Menge der komplexen Zahlen)
	$\sqrt{-4}$, ...}	**C*** ist die gleiche Menge ohne die Zahl 0
∅		Leere Menge (die Menge enthält keine Elemente)
$\{a_1, \ldots, a_n\}$	{1, 2, 3, 4, 5}	Menge mit den Elementen $a_1, \ldots a_n$ (z. B. Menge mit den Elementen 1, 2, 3, 4 und 5)
$a \in A$	$4 \in M$ wenn $M = \{1, 2, 3, 4, 5\}$	*a* ist Element von *A* (z. B. 4 ist Element von *M*)
$a \notin A$	$7 \notin M$ wenn $M = \{1, 2, 3, 4, 5\}$	*a* ist nicht Element von *A* (z. B. 7 ist nicht Element von *M*)
$\{x \mid \varphi(x)\}$		Klasse (Menge) aller *x* mit $\varphi(x)$
$\{x \in M \mid \varphi(x)\}$		Klasse (Menge) aller *x* aus *M* mit $\varphi(x)$
$\subseteq, \subset$	$M_1 \subseteq M_2$ wenn $M_1 = \{1, 2\}$ und $M_2 = \{1, 2, 3, 4\}$	Teilklasse (Teilmenge) von, sub (z. B. M_1 ist Teilklasse von M_2 oder M_1 sub M_2), das Zeichen hat die eigentliche Bedeutung von *enthalten* ***oder*** *gleich*
$\subsetneq$	$M_1 \subsetneq M_2$	Echte Teilklasse (Teilmenge) von, echt sub (z. B. M_1 ist echte Teilklasse von M_2, d. h. M_1 ist Teilklasse von M_2 und gleichzeitig gilt $M_1 \neq M_2$), das Zeichen hat die eigentliche Bedeutung von *enthalten* ***und*** *ungleich*)
$\cap$	$M_1 \cap M_2$	Geschnitten mit, Durchschnitt von (z. B. M_1 geschnitten mit M_2)
$\cup$	$M_1 \cup M_2$	Vereinigt mit, Vereinigung von (z. B. M_1 vereinigt mit M_2)
/	M_1 / M_2	Ohne (z. B. M_1 ohne M_2)
$\neg$	$\neg\, a$	Nicht, Negation von (z. B. nicht *a*)
$\wedge$	$a \wedge b$	Und, Konjunktion von (z. B. *a* und *b*)
$\vee$	$a \vee b$	Oder, Disjunktion von (z. B. *a* oder *b*)
$\cup$	$\cup\, M$	Vereinigung (z. B. Vereinigung über *M*)
$\cap$	$\cap\, M$	Durchschnitt (z. B. Durchschnitt über *M*)
$\forall$	$\forall x\, \varphi(x)$	Für alle ... (gilt), Allquantor (z. B. für alle *x* (gilt) $\varphi(x)$)
$\exists$	$\exists x\, \varphi(x)$	Es gibt (wenigstens) ein ... mit, Existenzquantor (z. B. es gibt (wenigstens) ein *x* mit $\varphi(x)$)

2

2

MA Allgemeine Mathematik

Grundrechenarten

Addition (Zusammenzählen)

Natürliche Zahlen

15 + 26 = **41**

Summand plus Summand gleich Summe

Mögliche Rechenschritte:

$15 + 26 = 15 + (5 + 21) = (15 + 5) + 21 = 20 + 21$
$= 20 + (20 + 1) = (20 + 20) + 1 = 40 + 1 = \mathbf{41}$

Beachte:

$8 + (-6) = 8 - 6 = \mathbf{2}$ (vgl. *Klammerregeln*)

Gemeine Brüche

Bei gleichnamigen Brüchen die Zähler unter Beibehaltung des Nenners addieren und dann, wenn möglich, kürzen:

$$\frac{2}{4} + \frac{6}{4} = \frac{2+6}{4} = \frac{8}{4} = \mathbf{2}$$

Ungleichnamige Brüche zunächst durch Hauptnennerbildung (vgl. *Bruchrechnen*) und Zählererweiterung gleichnamig machen:

$$\frac{1}{2} + \frac{2}{3} = \frac{1 \cdot 3}{2 \cdot 3} + \frac{2 \cdot 2}{3 \cdot 2} = \frac{3}{6} + \frac{4}{6} = \frac{\mathbf{7}}{\mathbf{6}} = \mathbf{1}\,\frac{\mathbf{1}}{\mathbf{6}}$$

Gemischte Zahlen zunächst in unechte Brüche verwandeln (vgl. *Bruchrechnen*)

Allgemeine Zahlen

$a + a = 2a$

$a + b = c$

$a + b = b + a$ (Kommutativgesetz)

$a + (b + c) = (a + b) + c = a + b + c$
(Assoziativgesetz)

Größen

Nur gleichartige Größen lassen sich addieren. Eventuell müssen Einheiten umgerechnet werden!

5 kg + 7 kg = **12 kg**

8,0 kg + 500 g = 8,0 kg + 0,5 kg = **8,5 kg**

6,00 m + 40 cm = 600 cm + 40 cm = **640 cm**

Subtraktion (Abziehen)

Natürliche Zahlen

14 − 8 = **6**

Minuend minus Subtrahend gleich Differenz

$16 - (8 - 3) = 16 - 8 + 3 = \mathbf{11}$

$16 - (8 + 3) = 16 - 8 - 3 = \mathbf{5}$

Klammerregeln beachten (vgl. *Klammerrechnung*)

Gemeine Brüche

Bei gleichnamigen Brüchen die Zähler unter Beibehaltung des Nenners voneinander subtrahieren und dann, wenn möglich, kürzen:

$$\frac{3}{2} - \frac{1}{2} = \frac{3-1}{2} = \frac{2}{2} = \mathbf{1}$$

Ungleichnamige Brüche zunächst durch Hauptnennerbildung (vgl. *Bruchrechnen*) und Zählererweiterung gleichnamig machen:

$$\frac{7}{8} - \frac{2}{3} = \frac{7 \cdot 3}{3 \cdot 8} - \frac{2 \cdot 8}{3 \cdot 8} = \frac{21}{24} - \frac{16}{24} = \frac{21-16}{24} = \frac{\mathbf{5}}{\mathbf{24}}$$

Gemischte Zahlen zunächst in unechte Brüche verwandeln (vgl. *Bruchrechnen*)

Allgemeine Zahlen

$3a - 2a = 1a = a$

$a - b = c$ (c = Differenz aus a und b)

$ab - (c - d) = ab - c + d$

$ab - (c + d) = ab - c - d$

Klammerregeln beachten (vgl. *Klammerrechnung*)

Größen

Nur gleichartige Größen lassen sich voneinander subtrahieren. Eventuell müssen Einheiten umgerechnet werden.

$16\ m^3 - 4\ m^3 = \mathbf{12\ m^3}$

$5{,}0\ m^3 - 100\ dm^3 = 5{,}0\ m^3 - 0{,}1\ m^3 = \mathbf{4{,}9\ m^3}$

2,000 l − 58 ml = 2000 ml − 58 ml = **1942 ml**

Grundrechenarten (Fortsetzung)

Multiplikation (Vervielfachen)

Natürliche Zahlen

6	·	4	=	**24**
Faktor	mal	Faktor	gleich	Produkt oder
Multiplikant	mal	Multiplikator	gleich	Produkt

Das Produkt 6 · 4 ist die Kurzschreibweise für die Summe 6 + 6 + 6 + 6 bzw. 4 + 4 + 4 + 4 + 4 + 4.

Beachte: Jede Zahl mit 0 multipliziert ergibt 0, z. B.

$5 \cdot 0 = \mathbf{0}$

Gemeine Brüche

Zwei Brüche werden miteinander multipliziert, indem man Zähler mit Zähler und Nenner mit Nenner multipliziert. Dabei kann vor dem Multiplizieren gekürzt werden.

$$\frac{5}{6} \cdot \frac{3}{4} = \frac{5 \cdot 3}{6 \cdot 4} = \frac{5 \cdot 1}{2 \cdot 4} = \mathbf{\frac{5}{8}}$$

$$3 \cdot \frac{5}{10} = \frac{3 \cdot 5}{10} = \frac{3 \cdot 1}{2} = \mathbf{\frac{3}{2}} = \mathbf{1\,\frac{1}{2}}$$

Gemischte Zahlen werden zunächst in unechte Brüche verwandelt (vgl. *Bruchrechnen*)

Allgemeine Zahlen

$a \cdot b = ab$ bzw. $a \cdot b = c$ (c = Produkt aus a und b)

$a \cdot 0 = 0$

$a \cdot b = b \cdot a$ (Assoziativgesetz)

$a \cdot (b + c) = ab + ac$ (Distributivgesetz)

Vorzeichenregeln:

$(+a) \cdot (+b) = ab \qquad (+a) \cdot (-b) = -ab$

$(-a) \cdot (-b) = ab \qquad (-a) \cdot (+b) = -ab$

Klammerregeln beachten (vgl. *Klammerrechnung*)

Größen

Zwei Größen werden miteinander multipliziert, indem man Zahlenwerte (Maßzahlen) und Einheiten miteinander multipliziert:

$4\,\text{m} \cdot 6\,\text{m} = 4 \cdot 6 \cdot \text{m} \cdot \text{m} = \mathbf{24\,m^2}$

$10\,\text{N} \cdot 2\,\text{m} = \mathbf{20\,Nm}$

Division (Teilen)

Natürliche Zahlen

10	:	5	=	**2**	oder
10	/	5	=	**2**	
Divident	durch	Divisor	gleich	Quotient	

oder

$\frac{10}{2} = \mathbf{5}$ (10 = Zähler, 2 = Nenner, 5 = Quotient)

Beachte: Eine Division durch 0 gibt es nicht!

Gemeine Brüche

Man dividiert durch einen Bruch, indem man mit dem Kehrbruch (Kehrwert) multipliziert:

$$\frac{3}{8} : \frac{4}{5} = \frac{3}{8} \cdot \frac{5}{4} = \frac{3 \cdot 5}{8 \cdot 4} = \mathbf{\frac{15}{32}} \quad \text{bzw.} \quad \frac{\frac{3}{8}}{\frac{4}{5}} = \frac{3 \cdot 5}{8 \cdot 4} = \mathbf{\frac{15}{32}}$$

$$3 : \frac{2}{5} = 3 \cdot \frac{5}{2} = \frac{3 \cdot 5}{2} = \mathbf{\frac{15}{2}} = \mathbf{7\,\frac{1}{2}}$$

Bei der Division durch eine gemischte Zahl wird diese zunächst in einen unechten Bruch verwandelt.

Allgemeine Zahlen

$\frac{a}{b} = a : b = c$ (c = Quotient aus a und b, $b \neq 0$)

$$\frac{a}{b} : \frac{c}{d} = \frac{a}{b} \cdot \frac{d}{c} = \frac{ad}{bc}$$

$$a : (b : c) = a : \frac{b}{c} = \frac{a}{\frac{b}{c}} = a \cdot \frac{c}{b} = \frac{ac}{b}$$

Vorzeichenregeln:

$$\frac{(+a)}{(+b)} = \frac{a}{b} \qquad \frac{(-a)}{(+b)} = -\frac{a}{b}$$

$$\frac{(-a)}{(-b)} = \frac{a}{b} \qquad \frac{(+a)}{(-b)} = -\frac{a}{b}$$

Größen

Zwei Größen werden durcheinander dividiert, indem man Zahlenwerte (Maßzahlen) und Einheiten durcheinander dividiert:

$$\frac{6\,\text{m}^3}{2\,\text{m}^2} = \frac{6}{2} \cdot \frac{\text{m}^3}{\text{m}^2} = 3\,\frac{\text{m} \cdot \text{m} \cdot \text{m}}{\text{m} \cdot \text{m}} = \mathbf{3\,m}$$

$$\frac{20\,\text{N}}{4\,\text{m}^2} = \frac{20}{4} \cdot \frac{\text{N}}{\text{m}^2} = \mathbf{5\,\frac{N}{m^2}}$$

2

MA Allgemeine Mathematik

Klammerrechnung (Rechnen mit Summen)

Steht ein „+"-Zeichen vor der Klammer, so kann diese entfallen, ohne dass sich der Wert der Summe ändert:

$5 + (6 - 3) = 5 + 6 - 3 = \mathbf{8}$ $\qquad a + (2b - 3c) = a + 2b - 3c$

2

Steht ein „–"-Zeichen vor der Klammer, so müssen bei deren Weglassen alle innerhalb der Klammer vorhandenen Vorzeichen umgekehrt werden:

$12 - (2 + 8 - 6) = 12 - 2 - 8 + 6 = \mathbf{8}$ $\qquad -(3a + 2b - c) = -3a - 2b + c$

Klammerausdrücke (bzw. Summen) werden miteinander multipliziert, indem jedes Glied der einen Klammer mit jedem Glied der anderen Klammer multipliziert wird:

$(a + b)c = ac + bc$

$d(ab - c) = abd - cd$

$(a + b)(c + d) = ac + ad + bc + bd$

$(a + b)(c - d) = ac - ad + bc - bd$

Binomische Formeln:

$(a + b)^2 = (a + b)(a + b) = a^2 + 2ab + b^2$

$(a - b)^2 = (a - b)(a - b) = a^2 - 2ab + b^2$

$(a + b)(a - b) = a^2 - b^2$

B Beispiele praktischer Formeln:

$L = L_0(1 + \alpha\Delta T) = L_0 + L_0\alpha\Delta T \qquad p = x_1p_1 + (1 - x_1)p_2 = x_1p_1 + p_2 - x_1p_2$

$Q = kA(T_1 - T_2) = kAT_1 - kAT_2 \qquad L = \frac{1}{2}(n + 2)(n + 1) = (\frac{n}{2} + 1)(n + 1) = \frac{n^2}{2} + \frac{n}{2} + n + 1 = \frac{n^2}{2} + \frac{3n}{2} + 1$

Klammerausdrücke (bzw. Summen) werden durch einen Divisor (Nenner) dividiert, indem jedes Glied der Klammer (bzw. jeder Summand des Zählers) durch den Divisor (Nenner) dividiert wird:

a) Division durch ein Produkt: $\frac{a + b}{ab} = \frac{a}{ab} + \frac{b}{ab} = \frac{1}{b} + \frac{1}{a}$

b) Division durch eine Summe: $(a + b - c) : (a - d) = \frac{a + b - c}{a - d} - \frac{a}{a - d} + \frac{b}{a - d} - \frac{c}{a - d}$

B Beispiele praktischer Formeln:

$\eta_V = \frac{\dot{V}_{th} - \dot{V}_V}{\dot{V}_{th}} = 1 - \frac{\dot{V}_V}{\dot{V}_{th}} \qquad m_1 = m_0\frac{h_2 - h_0}{h_2 - h_1} = \frac{m_0(h_2 - h_0)}{h_2 - h_1} = \frac{m_0h_2 - m_0h_0}{h_2 - h_1} = \frac{m_0h_2}{h_2 - h_1} - \frac{m_0h_0}{h_2 - h_1}$

Gemeinsame oder beliebige Faktoren, die in jedem Summanden (bzw. Glied) der Klammer vorkommen, können vor die Klammer gezogen (ausgeklammert) werden:

$(ab + ac) = a(b + c) \qquad (-25 - 5p) = -5(5 + p) \qquad (2x + y) - 10b = 10b\left(\frac{2x + y}{10b} - 1\right)$

Ausdrücke (Summen) mit mehreren Klammern werden umgewandelt, indem man die Klammern von innen her auflöst:

$a - \{b + [3c - (2d + b)]\} = a - \{b + [3c - 2d - b]\} = a - \{b + 3c - 2d - b\} = a - b - 3c + 2d + b = a - 3c + 2d$

B Beispiel einer praktischen Formel:

$h = c_L(T - T_0) + Y[h_V + c_D(T - T_0)] = c_LT - c_LT_0 + Y[h_V + c_DT - c_DT_0] = c_LT - c_LT_0 + Yh_V + Yc_DT - Yc_DT_0$

Bruchrechnung

Erweitern und Kürzen

Zähler und Nenner des Bruches werden mit der gleichen Zahl multipliziert oder durch die gleiche Zahl dividiert:

$$\frac{3}{4} = \frac{3 \cdot 5}{4 \cdot 5} = \mathbf{\frac{15}{20}}$$ (Erweitert mit der Zahl 5)

$$\frac{16}{12} = \frac{16 : 4}{12 : 4} = \mathbf{\frac{4}{3}}$$ (Gekürzt mit der Zahl 4)

Gekürzt werden darf nur aus Produkten, nie aus Summen:

$$\frac{ab - a}{2ab} = \frac{a\,(b-1)}{2ab} = \frac{b-1}{2b}$$ (Gekürzt mit *a*. Aus der Summe kann *b* nicht gekürzt werden.)

Umwandeln gemischter Zahlen in unechte Brüche

Zum Produkt aus Nenner und ganzer Zahl wird der Zähler addiert. Dies ergibt den Zähler des unechten Bruches:

$$6\,\frac{2}{3} = \frac{6 \cdot 3 + 2}{3} = \mathbf{\frac{20}{3}}$$

Umwandeln unechter Brüche in gemischte Zahlen

Der Zähler des unechten Bruches wird in eine Summe zerlegt, die den größten Summanden enthält, der noch ohne Rest durch den Nenner teilbar ist. Dann – nach dem Auftrennen in zwei Teilbrüche – kürzen:

$$\frac{18}{5} = \frac{15 + 3}{5} = \frac{15}{5} + \frac{3}{5} = 3 + \frac{3}{5} = \mathbf{3\,\frac{3}{5}}$$

Hauptnennerbildung

1. Produktbildung aus den beteiligten Nennern:

$$\frac{3}{8} + \frac{2}{3} = \frac{3 \cdot 3}{8 \cdot 3} + \frac{2 \cdot 8}{3 \cdot 8} = \frac{9}{24} + \frac{16}{24} = \frac{9 + 16}{24} = \mathbf{\frac{25}{24}}$$

Der Zähler wird mit dem gleichen Faktor erweitert, der beim Nenner erforderlich ist, um den Hauptnenner zu erhalten.

$$\frac{a}{a+b} + \frac{c}{d} = \frac{a \cdot d}{(a+b) \cdot d} + \frac{c \cdot (a+b)}{d \cdot (a+b)}$$

$$= \frac{ad + c\,(a+b)}{d\,(a+b)}$$

2. Suche nach dem kleinsten gemeinsamen Vielfachen (kgV) der beteiligten Nenner:
   a) Zerlegung aller Nenner in ihre kleinsten Faktoren,
   b) Anordnung der Faktoren entsprechend dem unten gezeigten Schema,
   c) Produktbildung aus allen vorkommenden Faktoren (diese jeweils in der Anzahl ihrer größten Häufigkeit in einer Zeile).

Beispiel:

$$\frac{1}{14} + \frac{1}{3} + \frac{2}{10} + \frac{8}{60} + \frac{5}{72}$$

$$= \frac{1 \cdot 180 + 1 \cdot 840 + 2 \cdot 252 + 8 \cdot 42 + 5 \cdot 35}{2520} = \mathbf{0{,}808}$$

Nenner	kleinste Faktoren	Erweiterungsfaktor für den Zähler
14	2 · 7	2 · 2 · 3 · 3 · 5 = 180
3	3	2 · 2 · 2 · 3 · 5 · 7 = 840
10	2 · 5	2 · 2 · 3 · 3 · 7 = 252
60	2 · 2 · 3 · 5	2 · 3 · 7 = 42
72	2 · 2 · 2 · 3 · 3	5 · 7 = 35
k. g. V.	2 · 2 · 2 · 3 · 3 · 5 · 7 = **2520** = Hauptnenner	

Prozentrechnung

Formeln	Beispiele
$p\,\%$ von $G = \frac{p}{100} \cdot G = P$ *p* Prozentsatz *G* Grundwert *P* Prozentwert	20 % von 1200 kg = $\frac{20}{100}$ · 1200 kg = **240 kg** Prozentsatz Grundwert Prozentwert
$P = \frac{p \cdot G}{100\,\%}$	20 % von 1200 kg sind 240 kg $\frac{20\,\% \cdot 1200\text{ kg}}{100\,\%} = \mathbf{240\text{ kg}}$
$p = \frac{100\,\% \cdot P}{G}$	240 kg von 1200 kg entsprechen einem Anteil von 20 % $\frac{100\,\% \cdot 240\text{ kg}}{1200\text{ kg}} = \mathbf{20\,\%}$
$G = \frac{100\,\% \cdot P}{p}$	Wenn 240 kg einem Anteil von 20 % entsprechen, beträgt der Grundwert 1200 kg $\frac{100\,\% \cdot 240\text{ kg}}{20\,\%} = \mathbf{1200\text{ kg}}$

MA Allgemeine Mathematik

Potenzrechnung

Zehnerpotenzen

Zahlen über 1		Zahlen unter 1	
Zahlen über 1 können als Vielfache von Zehnerpotenzen dargestellt werden, mit einem positiven Exponenten, dessen Wert um 1 niedriger liegt, als die Zahl Stellen vor dem Komma besitzt: $1253{,}65 = 1{,}25365 \cdot 1000 = \mathbf{1{,}25365 \cdot 10^3}$		Zahlen unter 1 können als Vielfache von Zehnerpotenzen dargestellt werden, mit einem negativen Exponenten, dessen Wert der Anzahl der Stellen entspricht, um die das Komma der Ausgangszahl nach rechts gerückt wurde: $0{,}0025 = \frac{25}{10\,000} = \frac{2{,}5}{1\,000} = \frac{2{,}5}{10^3} = \mathbf{2{,}5 \cdot 10^{-3}}$	
$10^1 = 10$ $10^2 = 100$ $10^3 = 1\,000$	$10^4 = 10\,000$ $10^5 = 100\,000$ $10^6 = 1\,000\,000$	$10^0 = 1$ $10^{-1} = \frac{1}{10} = 0{,}1$ $10^{-2} = \frac{1}{100} = 0{,}01$	$10^{-3} = \frac{1}{1\,000} = 0{,}001$ $10^{-4} = \frac{1}{10\,000} = 0{,}000\,1$ $10^{-5} = \frac{1}{100\,000} = 0{,}000\,01$ $10^{-6} = \frac{1}{1\,000\,000} = 0{,}000\,001$

B Beispiele aus der Praxis:

Längenausdehnungszahl von Stahl: $\alpha = 1{,}2 \cdot 10^{-5}\,K^{-1} = 0{,}000\,012\,\frac{1}{K}$

Avogadro-Konstante: $N_A = 602\,213\,670\,000\,000\,000\,000\,000 \approx 6{,}022 \cdot 10^{23}$

Potenzrechnung allgemein

Regeln	Beispiele
$a^m = a \cdot a \cdot a \cdot \ldots$ (m Faktoren) a = Basis (Grundzahl); m = Exponent (Hochzahl); a^m = Potenz	$5^4 = 5 \cdot 5 \cdot 5 \cdot 5 = \mathbf{625}$ 5 = Basis; 4 = Exponent; 5^4 = Potenz (vierte Potenz von 5)
$a^1 = a$; $a^0 = \mathbf{1}$ (für $a \neq 0$)	$12^1 = \mathbf{12}$; $12^0 = \mathbf{1}$
$a^{-m} = \frac{1}{a^m}$; $\frac{1}{a^{-m}} = a^m$ (für $a \neq 0$)	$10^{-3} = \frac{1}{10^3} = \frac{1}{1000} = \mathbf{0{,}001}$; $\frac{1}{10^{-2}} = 10^2 = \mathbf{100}$ $5\ Wm^{-2}\ K^{-1} = 5\ \frac{W}{m^2K}$
$a^m \cdot a^n = a^{m+n}$	$3^2 \cdot 3^3 = 3^{2+3} = 3^5 = \mathbf{243}$
$a^m : a^n = \frac{a^m}{a^n} = a^{m-n}$	$4^3 : 4^2 = \frac{4^3}{4^2} = 4^{3-2} = 4^1 = \mathbf{4}$
$\frac{a^m}{b^m} = \left(\frac{a}{b}\right)^m$	$\frac{4^2}{2^2} = \left(\frac{4}{2}\right)^2 = 2^2 = \mathbf{4}$; $E = \varepsilon \cdot C \cdot \left(\frac{T_1}{100}\right)^4 = \varepsilon \cdot C \cdot \frac{T_1^{\,4}}{100^4}$
$(a^m)^n = a^{m \cdot n} = (a^n)^m$	$(6^2)^3 = 6^{2 \cdot 3} = 6^6 = \mathbf{46\,656}$
$(ab)^m = a^m b^m$	$(3 \cdot 5)^2 = 3^2 \cdot 5^2 = 9 \cdot 25 = \mathbf{225}$ $(5\ m)^2 = 5^2\ m^2 = \mathbf{25\ m^2}$
$(-a)^m$ = positiv für gerade m, negativ für ungerade m	$(-2)^4 = (-2) \cdot (-2) \cdot (-2) \cdot (-2) = \mathbf{16}$ $(-3)^3 = (-3) \cdot (-3) \cdot (-3) = \mathbf{-27}$

Radizieren

Regeln	Beispiele
$b = \sqrt[n]{a} = a^{\frac{1}{n}}$ $(a \geq 0)$ b = Wurzel a = Radikand n = Wurzelexponent	$5 = \sqrt[3]{125} = 125^{\frac{1}{3}}$
$b = \sqrt[n]{a} \Rightarrow b^n = a$	$2 = \sqrt[3]{8} \Rightarrow 2^3 = 8$
$\sqrt[2]{a} = \sqrt{a}$	$\sqrt[2]{25} = \sqrt{25} = \mathbf{5}$
$\sqrt[n]{a^n} = \left(\sqrt[n]{a}\right)^n = a^{\frac{1}{n} \cdot n} = a^1 = a$	$\sqrt{10^2} = \left(\sqrt{10}\right)^2 = 10^{\frac{1}{2} \cdot 2} = 10^1 = \mathbf{10}$
$\sqrt[n]{ab} = \sqrt[n]{a} \cdot \sqrt[n]{b}$; $\sqrt{a} \cdot \sqrt{a} = \sqrt{a^2} = a$	$\sqrt[3]{27 \cdot m^3} = \sqrt[3]{27} \cdot \sqrt[3]{m^3} = \mathbf{3\ m}$
$\sqrt[n]{\frac{a}{b}} = \frac{\sqrt[n]{a}}{\sqrt[n]{b}}$	$\sqrt{4\,\frac{m^2}{s^2}} = \frac{\sqrt{4\,m^2}}{\sqrt{s^2}} = \frac{\sqrt{4} \cdot \sqrt{m^2}}{\sqrt{s^2}} = \frac{2m}{s} = \mathbf{2\,\frac{m}{s}}$
$\sqrt[n]{a^m} = \left(\sqrt[n]{a}\right)^m = \left(a^{\frac{1}{n}}\right)^m = a^{\frac{m}{n}}$	$\sqrt{10^{-4}} = 10^{-\frac{4}{2}} = \mathbf{10^{-2}}$
$\sqrt[nx]{a^{mx}} = a^{\frac{mx}{nx}} = a^{\frac{m}{n}} = \sqrt[n]{a^m}$	$\sqrt[6]{10^{-9}} = \sqrt[2 \cdot 3]{10^{(-3) \cdot 3}} = 10^{\frac{(-3) \cdot 3}{2 \cdot 3}} = 10^{\frac{-3}{2}} = \sqrt{\mathbf{10^{-3}}}$

Beachte:
Aus einer Summe darf die Wurzel nicht gliedweise aus den einzelnen Summanden gezogen werden.
$\sqrt{a+b} \neq \sqrt{a} + \sqrt{b}$

Logarithmieren

Regeln	Beispiele
$b = \log_n a \Rightarrow 10^b = a$ b = Logarithmus n = Basis a = Numerus Der Logarithmus b ist der Exponent, mit dem man die Basis n potenzieren muss, damit man a erhält.	$0{,}30103 = \log_{10} 2$
$\log_n n = 1$	$\ln e = 1$; $\lg 10 = 1$
$\log_{10} a = \lg a$ (dekadischer Logarithmus) $\log_e a = \ln a$ (natürlicher Logarithmus) $\log_2 a = \mathrm{lb}\ a$ (binärer Logarithmus)	
$\log_n(ab) = \log_n a + \log_n b$	$\lg(4 \cdot 10^2) = \lg 4 + \lg 10^2 = 0{,}602 + 2 = \mathbf{2{,}602}$
$\log_n \frac{a}{b} = \log_n a - \log_n b$	$\lg \frac{3}{10} = \lg 3 - \lg 10 = 0{,}477 - 1{,}000 = \mathbf{-0{,}523}$
$\log_n a^m = m \cdot \log_n a$	$\lg 10^4 = 4 \cdot \lg 10 = 4 \cdot 1 = \mathbf{4}$
$\log_n \sqrt[m]{a} = \log_n a^{1/m} = \frac{1}{m} \cdot \log_n a$	$\lg \sqrt[3]{15} = \lg 15^{1/3} = \frac{1}{3} \cdot \lg 15 = \frac{1}{3} \cdot 1{,}18 = \mathbf{0{,}39}$

2

Gleichungen

Lineare Gleichungen:

Allgemeine Form: $ax + b = c$ (→ Diagramme und Nomogramme)

Grundsatz: Rechenoperationen müssen stets so ausgeführt werden, dass am Ende die Seiten links und rechts des Gleichheitszeichens wieder gleichen Wert besitzen.

Allgemeiner Lösungsweg	Beispiel
	$\frac{3(ax+20)}{5x} + 6b = 21$
1. Beseitigung vorhandener Brüche durch Multiplikation der gesamten Gleichung mit den einzelnen Nennern.	$\frac{3(ax+20)\cdot 5x}{5x} + 6b\cdot 5x = 21\cdot 5x$
2. Auflösen der vorhandenen Klammern (z. B. durch Ausmultiplizieren).	$3(ax+20) + 30bx = 105x$ $3ax + 60 + 30bx = 105x$
3. Ordnen, d. h. alle Glieder mit der Unbekannten auf die linke Seite bringen, alle anderen auf die rechte Seite (Regeln siehe unten).	$3ax + 30bx - 105x = -60$
4. Kürzen und Zusammenfassen.	$\frac{3ax}{3} + \frac{30bx}{3} - \frac{105x}{3} = \frac{-60}{3}$ $ax + 10bx - 35x = -20$
5. Ausklammern der Unbekannten	$x(a + 10b - 35) = -20$
6. Division der gesamten Gleichung durch den Faktor vor der Unbekannten (hier durch die Summe in der Klammer).	$\frac{x(a+10b-35)}{(a+10b-35)} = \frac{-20}{(a+10b-35)}$ $x = \frac{-20}{a+10b-35}$

Das **Ordnen** geschieht durch Seitenwechsel einzelner Glieder. Dabei gilt die Regel: Summanden erhalten beim Seitenwechsel das entgegengesetzte Vorzeichen (aus + wird –, aus – wird +), Faktoren werden beim Seitenwechsel zu Nennern und umgekehrt, z. B.:

$$\frac{5b+2x}{2} = 6a$$

$$\frac{5b+2x}{2} = 6a$$

$$5b + 2x = 2\cdot 6a$$

$$5b + 2x = 12a$$

$$2x = 12a - 5b$$

$$2x = 12a - 5b$$

$$x = \frac{12a-5b}{2}$$

$$x = \frac{12a-5b}{2}$$

B Beispiel einer praktischen Formel (Umstellen nach *s*)

$$\dot{Q} = \frac{A\cdot\Delta T}{\frac{1}{\alpha_1} + \frac{s}{\lambda} + \frac{1}{\alpha_2}}$$

$$\dot{Q}\left(\frac{1}{\alpha_1} + \frac{s}{\lambda} + \frac{1}{\alpha_2}\right) = A\cdot\Delta T$$

1. Der Nenner wird beim Seitenwechsel zum Faktor vor $\dot{Q}$

$$\dot{Q}\left(\frac{1}{\alpha_1} + \frac{s}{\lambda} + \frac{1}{\alpha_2}\right) = A\cdot\Delta T$$

$$\frac{1}{\alpha_1} + \frac{s}{\lambda} + \frac{1}{\alpha_2} = \frac{A\cdot\Delta T}{\dot{Q}}$$

2. Der Faktor $\dot{Q}$ wird beim Seitenwechsel zum Nenner

$$\frac{1}{\alpha_1} + \frac{s}{\lambda} + \frac{1}{\alpha_2} = \frac{A\cdot\Delta T}{\dot{Q}}$$

$$\frac{s}{\lambda} = \frac{A\cdot\Delta T}{\dot{Q}} - \frac{1}{\alpha_1} - \frac{1}{\alpha_2}$$

3. Die Summanden $+\frac{1}{\alpha_1}$ und $+\frac{1}{\alpha_2}$ erhalten beim Seitenwechsel negative Vorzeichen

$$s = \lambda\left(\frac{A\cdot\Delta T}{\dot{Q}} - \frac{1}{\alpha_1} - \frac{1}{\alpha_2}\right)$$

4. Der Nenner λ wird beim Seitenwechsel zum Faktor

Gleichungen (Fortsetzung)

Quadratische Gleichungen:

Eine quadratische Gleichung enthält die Unbekannte in der 2. Potenz.

Lösungsweg:
1. Gleichung so ordnen, dass die **allgemeine Form** oder die **Normalform** entsteht
2. Anwendung der entsprechenden Lösungsformel

2

Allgemeine Form: $ax^2 + bx + c = 0$ ⇒ Lösungsformel: $x_{1,2} = \frac{-b \pm \sqrt{b^2 - 4ac}}{2a}$

Normalform: $x^2 + px + q = 0$ ⇒ Lösungsformel: $x_{1,2} = -\frac{p}{2} \pm \sqrt{\frac{p^2}{4} - q}$

z. B.

$2x^2 = 90 - 8x$

$2x^2 + 8x - 90 = 0$

$x^2 + 4x - 45 = 0$ (Normalform)

$x_{1,2} = -\frac{4}{2} \pm \sqrt{\frac{4^2}{4} - (-45)}$

$x_{1,2} = -2 \pm \sqrt{4 + 45}$

$x_{1,2} = -2 \pm \sqrt{49}$

$\mathbf{x_1} = -2 + 7 = \mathbf{5}$

$\mathbf{x_1} = -2 - 7 = \mathbf{-9}$

B Beispiel einer praktischen Formel (Gesucht: *m*):

$R = \frac{\sqrt{A}}{2\sqrt{2\sqrt{1 + m^2} - m}}$	mit $A = 5$ und $R = 0{,}5$
$0{,}5 = \frac{\sqrt{5}}{2\sqrt{2\sqrt{1 + m^2} - m}}$	Gesamte Gleichung mit dem Nenner multiplizieren
$\sqrt{2\sqrt{1 + m^2} - m} = \sqrt{5}$	Quadrieren
$2\sqrt{1 + m^2} - m = 5$	Seitenwechsel von *m*
$2\sqrt{1 + m^2} = 5 + m$	Quadrieren
$4(1 + m^2) = (5 + m)^2$	Klammern auflösen
$4 + 4m^2 = 25 + 10m + m^2$	Ordnen und Zusammenfassen
$3m^2 - 10m - 21 = 0$	Allgemeine Form ⇒ Lösungsformel

$m_{1,2} = \frac{-(-10) \pm \sqrt{(-10)^2 - 4 \cdot 3 \cdot (-21)}}{2 \cdot 3}$

$\mathbf{m_1 = 4{,}79} \qquad \mathbf{m_2 = -1{,}46}$

Gleichungen mit 2 oder mehr Unbekannten:

Zur Lösung sind jeweils soviele voneinander unabhängige Gleichungen erforderlich, wie Unbekannte vorhanden sind, z. B. für zwei Unbekannte (*x* und *y*):

I. $ax + by = c$ ⇒ $x = \frac{c - by}{a}$ II. $ux + vy = z$ ⇒ II.a $u \cdot \frac{c - by}{a} + vy = z$

einsetzen für *x*

Aus II.a *y* berechnen und diesen Wert dann zur Berechnung von *x* in I. einsetzen.

B Beispiel einer praktischen Aufgabe:

Gegeben sind $V = 2200$ ml eines Wasser-Methanol-Gemisches mit der Masse $m = 2000$ g. Die Dichten der reinen Stoffe betrugen ϱ (Wasser) = 1,000 g/ml und ϱ (Methanol) = 0,792 g/ml. Wieviel Gramm Methanol sind in der Lösung enthalten?

Index 1 = Wasser, Index 2 = Methanol.

I. $m_1 + m_2 = 2000$ g

$m_1 = 2000 - m_2$

II. $V_1 + V_2 = 2200$ ml[1)]

mit $V = \frac{m}{\varrho}$ ⇒ $\frac{m_1}{1{,}000} + \frac{m_2}{0{,}792} = 2200$

I in II: $\frac{2000 - m_2}{1{,}000} + \frac{m_2}{0{,}792} = 2200 \mid \cdot 0{,}792$

$1584 - 0{,}792\, m_2 + m_2 = 1742$

$m_2 - 0{,}792\, m_2 = 158$

$m_2 (1 - 0{,}792) = 158$

$\mathbf{m_2 = 760\ g}$

1) Volumenkontraktion vernachlässigt; Einheiten werden zur besseren Übersicht weggelassen.

2

Gleichungen (Fortsetzung)

Exponentialgleichungen:

Bei Exponentialgleichungen ist die Unbekannte im Exponenten einer Potenz enthalten.

Allgemeine Form: $a^x = b$

Lösungsweg:

Form der Gleichung	Beispiel
$a^x = a^m \Rightarrow x = m$ Exponentenvergleich bei gleicher Basis auf beiden Seiten der Gleichung.	$10^{2x+4} = 10^5 \Rightarrow 2x + 4 = 5$ $2x = 1$ $\mathbf{x = \frac{1}{2}}$
$a^x = b^m \Rightarrow x \cdot \log a = m \cdot \log b$ $x = m \cdot \frac{\log b}{\log a}$ $a^x = b \Rightarrow x \cdot \log a = \log b$ $\mathbf{x = \frac{\log b}{\log a}}$ Logarithmieren beider Gleichungsseiten bei ungleicher Basis auf beiden Seiten.	**B** Beispiel aus der Praxis: $R = e^{-b \cdot d^n}$ mit $R = 0{,}36$; $b = 0{,}5$; $n = 2$; $e = 2{,}718$ $0{,}36 = e^{-0{,}5\,d^2}$ Logarithmieren $\ln 0{,}36 = -0{,}5 d^2 \cdot \ln e$ $\ln e = 1$ $-1{,}02 = -0{,}5 d^2$ $d^2 = \frac{-1{,}02}{-0{,}5}$ $d^2 = 2{,}04$ Radizieren $\mathbf{d = 1{,}43}$

Schlussrechnung (Dreisatz)

Allgemeine Regel:

A_1	$\mathrel{\hat=}$	B
A_2	$\mathrel{\hat=}$	x

$A_1 \leftarrow : — B$

$A_2 \swarrow$ x

$$x = \frac{B}{A_1} \cdot A_2$$

Man dividiert die Zahl über x (B) durch die in gleicher Höhe stehende Zahl A_1 (Schluss auf 1 Einheit) und multipliziert das Ergebnis mit der Zahl A_2, die auf der Höhe von x angeordnet ist.

B Beispiel aus der Praxis:

Für die Verbrennung von 12 g Kohlenstoff (C) werden 32 g Sauerstoff (O_2) benötigt. Wie viel Gramm O_2 sind für 150 g C erforderlich?

Für 12 g C benötigt man 32 g O_2,

für 1 g C .... $\frac{32}{12}$ g O_2,

für 150 g C .... $\frac{32}{12} \cdot 150 = 400$ g O_2

Verkürzt:

Für 12 g C .... 32 g O_2,

für 150 g C .... x g O_2

$$\mathbf{x} = \frac{32\,\text{g} \cdot 150\,\text{g}}{12\,\text{g}} = \mathbf{400\ g}$$

Umgekehrte Schlussrechnung (umgekehrter Dreisatz):

Beim Schluss auf eine Einheit kann sich der Wert vergrößern.

B Beispiel aus der Praxis:

2 Pumpen füllen einen Behälter in 4 h

3 .... x h

$$\mathbf{x} = \frac{4\,\text{h} \cdot 2}{3} = \mathbf{2{,}7\,h}$$

Eine Pumpe benötigt doppelt so viel Zeit wie 2 Pumpen (4 h · 2), 3 Pumpen dann $\frac{1}{3}$ davon $\frac{4\,\text{h} \cdot 2}{3}$.

Runden von Zahlen (nach **DIN 1333**, 02.92)

Die Stelle eines Zahlsymbols (einer Zahl), an der nach dem Runden die letzte Ziffer stehen soll, heißt **Rundestelle**.

Runden einer positiven Zahl

Regel	Beispiel
Zur gegebenen Zahl wird der halbe Stellenwert der Rundestelle addiert. Im Ergebnis werden dann die Ziffern nach der Rundestelle weggelassen. Alternativ gilt mit gleichem Ergebnis: Steht rechts neben der Rundestelle eine der Ziffern **0** bis **4**, wird **abgerundet,** d. h. die Ziffer auf der Rundestelle behält ihren Wert. Steht rechts neben der Rundestelle eine der Ziffern **5** bis **9**, wird **aufgerundet**, d. h. die Ziffer auf der Rundestelle um den Wert **1** erhöht. Die Ziffern nach der Rundestelle werden dann in beiden Fällen weggelassen.	Zu rundende Zahl: 7,658413 Rundestelle: ↑ Halber Rundestellenwert: 0,0005 Summe: 7,658913 Gerundete Zahl: **7,658** Zu rundende Zahl: 526,2364 Rundestelle: ↑ Halber Rundestellenwert: 0,005 Summe: 526,2414 Gerundete Zahl: **526,24**

Runden einer negativen Zahl

Regel	Beispiel
Der **Betrag** der gegebenen negativen Zahl wird wie eine positive Zahl gerundet (siehe oben), anschließend wird vor den gerundeten Betrag das Minuszeichen gesetzt.	Zu rundende Zahl: –7,658413 Betrag der Zahl: 7,658413 Rundestelle: ↑ Halber Rundestellenwert: 0,0005 Summe: 7,658913 Gerundeter Betrag: 7,658 Gerundete Zahl: **–7,658**

Interpolieren

Interpolation nennt man die Bestimmung von **Zwischenwerten** zwischen zwei aufeinanderfolgenden Tabellenwerten (bzw. Funktionswerten) aufgrund der bekannten Zahlenwerte der Tabelle (bzw. Funktion).

Lineare Interpolation:

Formel zur Ermittlung des Zwischenwertes y:

$$y = y_0 + (y_1 - y_0) \cdot t$$

Für das Intervall:

$$h = x_1 - x_0$$

- y Gesuchter Zwischenwert (Funktionswert zum Argument x)
- y_0 Unterer Funktionswert des Intervalls (bzw. Tabellenwert zum Argument x_0)
- y_1 Oberer Funktionswert des Intervalls (bzw. Tabellenwert zum Argument x_1)
- h Intervall
- x Argument zum gesuchten Funktions- bzw. Tabellenwert y
- x_0 Untere Grenze des Intervalls
- x_1 Obere Grenze des Intervalls
- t Anteil des Funktions- bzw. Tabellenwerteintervalls bis zum Argument x

B

Stoffwerte von Wasser bei p = 1 bar:

ϑ in °C	ϱ in kg/m³
20	998,4
30	995,8
40	992,3
50 (x_0)	988,1 (y_0)
60 (x_1)	983,2 (y_1)
70	977,7
80	971,6

Gesucht ist die Dichte ϱ_{55} bei ϑ = 55 °C

- Intervall: $h = x_1 - x_0$ = 60 °C – 50 °C = 10 °C
- Teilung so wählen, dass 1 Teilungsschritt auf die Temperatur ϑ = 55 °C fällt. Gewählt: Teilungsschritte von 1 °C.
- Anteil des Funktionswerteintervalls: Von 50 °C bis 55 °C sind es 5 Teilungsschritte von insgesamt 10 des Intervalls, somit ein Anteil von 50 %, d. h. t = 0,5.
- $y = y_0 + (y_1 - y_0) \cdot t$ = 988,1 kg/m³ + (983,2 kg/m³ – 988,1 kg/m³) · 0,5

  $\mathbf{y = \varrho_{55} = 985{,}65\ kg/m^3}$

2

2

Statistische Auswertung (nach **DIN 53 804-1**, T1, 04.02)

Aufbereitung statistischen Materials:

Zusammenstellung der (z. B. in einer Messreihe aufgenommenen) Beobachtungswerte x_i (also der n Urwerte x_1, x_2, x_3, ..., x_n) in einer **Urliste**.

Klassenbildung:

Die Anzahl der Klassen (k) richtet sich nach der Aufgabenstellung oder nach der Faustformel:

$$k \approx 1 + 3{,}32 \cdot \lg n$$

Empfehlung nach DIN:

n	bis 100	ca. 1000	ca. 10 000	ca. 100 000
k	mind. 10	mind. 13	mind. 16	mind. 20

Die Klassenweite w ergibt sich aus der

Spannweite $$R_n = x_{max} - x_{min}$$

und der Klassenzahl k nach der Formel

$$w = R_n / k$$

Klassenmitten $$x_j = \frac{x_o + x_u}{2}$$

Summe der relativen Häufigkeiten $$F_j = \frac{G_j}{n} \cdot 100\%$$

B **Urliste** von n = 40 notierten Temperaturen (in °C) während des Verlaufes einer chemischen Reaktion:

86,8	87,6	86,1	86,6	86,9	86,8	87,3	86,4
86,4	87,2	86,4	86,4	86,8	86,7	87,2	86,2
86,3	86,7	86,8	86,3	86,4	86,9	87,0	86,0
87,4	86,3	86,9	86,4	86,6	87,2	86,9	86,0
87,8	85,9	86,7	86,7	86,7	87,4	86,8	86,2

Klassenzahl $\boldsymbol{k} \approx 1 + 3{,}32 \cdot \lg 40 \approx 6{,}3 \approx \mathbf{6}$

Spannweite $\boldsymbol{R_n} = 87{,}8 - 85{,}9 = \mathbf{1{,}9}$

Gewählt: $k = 5$ (⇒ Klassen gleicher Klassenweite)

Klassenweite $\boldsymbol{w} = 1{,}9/5 \approx \mathbf{0{,}4}$

Nr. der Klasse j	Klasse in °C	Strichliste	Absolute Häufigkeit	Klassenmitte x_j in °C	n_j aufsummiert $= G_j$	Häufigkeitssumme F_j in %
1	85,9 bis 86,2	IIII I	6	86,05	6	15
2	86,3 bis 86,6	IIII IIII I	11	86,45	17	42,5
3	86,7 bis 87,0	IIII IIII IIII	15	86,85	32	80
4	87,1 bis 87,4	IIII I	6	87,25	38	95
5	87,5 bis 87,8	II	2	87,65	40	100

x_o Obere Klassengrenze

x_u Untere Klassengrenze

Grafische Darstellung statistischen Materials:

a) Histogramm (Rechteck- oder **Säulendiagramm)**

Abszisse: Merkmalswert (hier x_j in °C)

Ordinate: Besetzungszahl (Säulenbreite ≙ Klassenweite)

b) Polygonzug (Streckenzug)

Zum Vergleich mehrerer Verteilungen in einem Diagramm besser geeignet als das Histogramm.

Grafische Darstellung der **Häufigkeitssummenverteilung**

Abszisse: Merkmalswert (hier ϑ in °C)

Ordinate: Häufigkeitssumme F_j in %

B (Fortsetzung)

a)

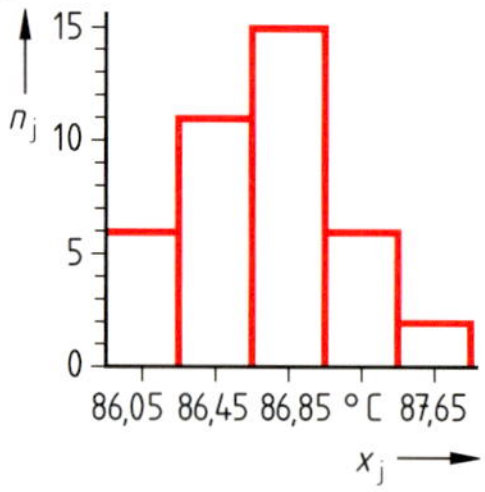

b)

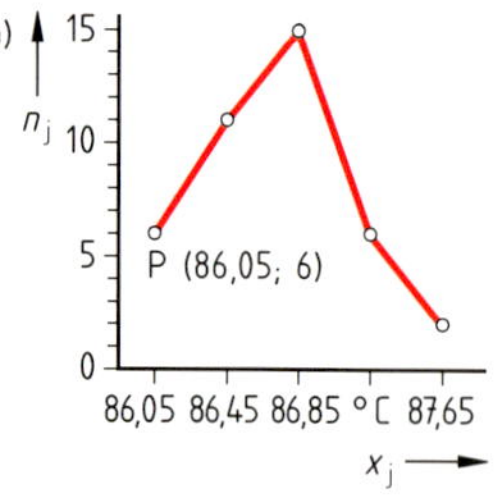

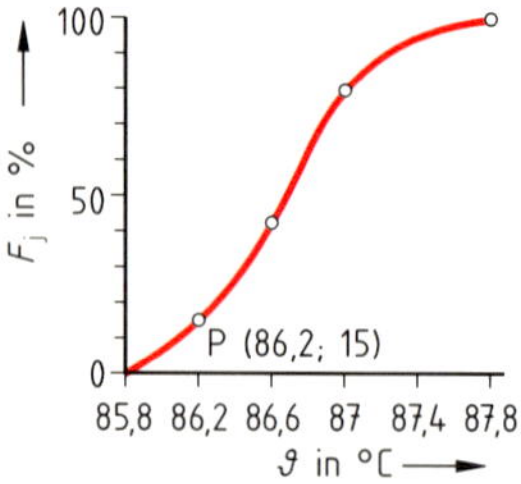

Nach obiger Tabelle liegen 15 % der Werte x_j im Bereich bis 86,2 °C, deshalb wird die Häufigkeitssumme „15 %" gegen den Merkmalswert „86,2 °C" aufgetragen.

Statistische Auswertung (Fortsetzung)

Statistische Kennwerte (statistische Maßzahlen):

Arithmetischer Mittelwert

$$\bar{x} = \frac{1}{n}\sum_{i=1}^{n} x_i \quad \text{bzw.} \quad \bar{x} = \frac{x_1 + x_2 + x_3 + \ldots + x_n}{n}$$

Varianz

$$s^2 = \frac{1}{n-1} \cdot \sum_{i=1}^{n} (x_i - \bar{x})^2$$

$$s^2 = \frac{(x_1 - \bar{x})^2 + (x_2 - \bar{x})^2 + \ldots + (x_n - \bar{x})^2}{n-1}$$

x_i Beobachtungswert (Messwert bzw. Stichprobenwert) i, mit $i = 1, 2, 3, \ldots$

$\bar{x}$ Arithmetischer Mittelwert (arithmetisches Mittel)

$|\bar{x}|$ Betrag des arithmetischen Mittelwertes

n Anzahl der Beobachtungswerte

s^2 Varianz

s Standardabweichung

v Variationskoeffizient

Standardabweichung

$$s = |\sqrt{s^2}| \qquad s = \sqrt{\frac{(x_1 - \bar{x})^2 + (x_2 - \bar{x})^2 + \ldots + (x_n - \bar{x})^2}{n-1}}$$

Variationskoeffizient

$$v = \frac{s}{|\bar{x}|}$$

B (Werte aus der Tabelle auf Seite 50)

$$\bar{\boldsymbol{x}} = \frac{86,8 + 86,4 + 86,3 + \ldots + 86,2}{40} = \mathbf{86,7}; \quad \boldsymbol{s}^2 = \frac{(86,8-86,7)^2 + (86,4-86,7)^2 + \ldots + (86,2-86,7)^2}{40-1} = \mathbf{0,2}$$

$$\boldsymbol{s} = |\sqrt{s^2}| = \mathbf{0,45} \qquad \boldsymbol{v} = \frac{0,45}{86,7} = \mathbf{0,005} \quad \text{bzw. } \boldsymbol{v} = \mathbf{0,5\ \%}$$

Trendbestimmung:

Treten bei zeitbezogenen Beobachtungswerten starke Schwankungen auf, so zeigt der Polygonzug einen sprunghaften Verlauf, der Trends und Trendwenden verschleiern kann. Die **Methode des gleitenden Mittelwertes** lässt diese wieder erkennbar werden. Dabei werden benachbarte Beobachtungswerte gemittelt und dann als Ordinatenwerte über der Zeit aufgetragen.

Sind die Beobachtungswerte $x_1, x_2, x_3, \ldots, x_{n-2}, x_{n-1}, x_n$ so gilt:

1. Ordinatenwert: $\bar{x}_1 = \frac{x_1 + x_2}{2}$

2. Ordinatenwert: $\bar{x}_2 = \frac{x_1 + x_2 + x_3}{3}$

3. Ordinatenwert: $\bar{x}_3 = \frac{x_2 + x_3 + x_4}{3}$

⋮

(n-1). Ordinatenwert: $\bar{x}_{n-1} = \frac{x_{n-2} + x_{n-1} + x_n}{3}$

n. Ordinatenwert: $\bar{x}_n = \frac{x_{n-1} + x_n}{2}$

B Durchschnittliche Aufheizzeiten eines Kessels:

Monat	t_A in min	Monat	t_A in min	Monat	t_A in min
1	24	4	23	7	24
2	26	5	28	8	30
3	20	6	21	9	26

$\bar{\boldsymbol{t}}_1 = \frac{24 + 26}{2} = \mathbf{25}$ $\quad \bar{\boldsymbol{t}}_2 = \frac{24 + 26 + 20}{3} = \mathbf{23,3}$

$\bar{\boldsymbol{t}}_3 = \frac{26 + 20 + 23}{3} = \mathbf{23}$ analog: $\bar{\boldsymbol{t}}_4 = \mathbf{23,7}$ $\quad \bar{\boldsymbol{t}}_5 = \mathbf{24}$

$\bar{\boldsymbol{t}}_6 = \mathbf{24,3}$ $\quad \bar{\boldsymbol{t}}_7 = \mathbf{25}$ $\quad \bar{\boldsymbol{t}}_8 = \mathbf{26,7}$ $\quad \bar{\boldsymbol{t}}_9 = \mathbf{28}$

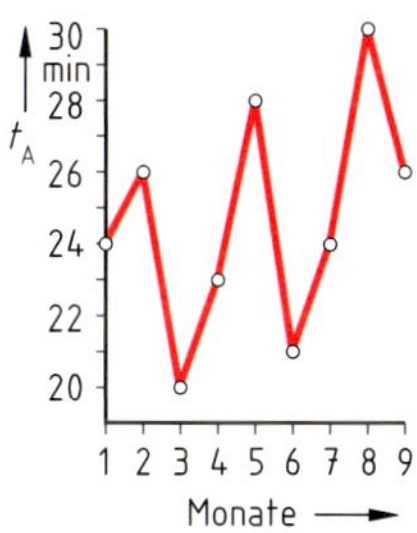

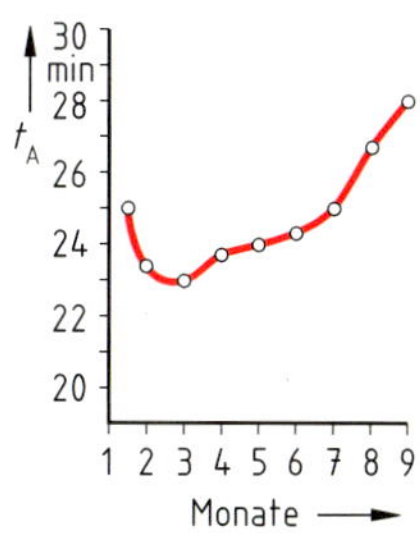

2

Flächenberechnung

A Fläche U Umfang l Länge l_B Bogenlänge l_m mittlere Länge b Breite h Höhe e Eckenmaß
D, d Durchmesser d_m mittlerer Durchmesser r Radius s Dicke α Mittelpunktswinkel
(→ Inhalt unregelmäßiger Flächen)

Quadrat

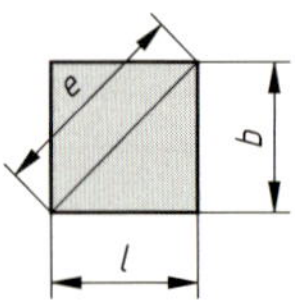

$l = b$

$A = l^2$

$U = 4 \cdot l$

$e = l \cdot \sqrt{2}$

Rechteck

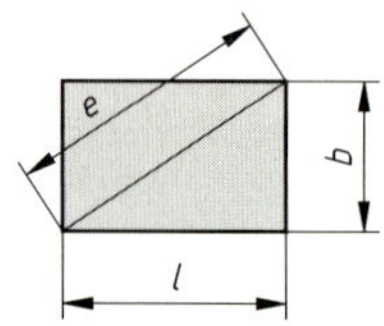

$A = l \cdot b$

$U = 2 \cdot (l + b)$

$e = \sqrt{l^2 + b^2}$

Rhombus (Raute)

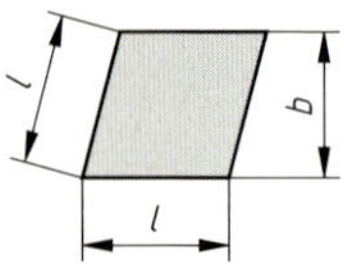

$A = l \cdot b$

$U = 4 \cdot l$

Rhomboid (Parallelogramm)

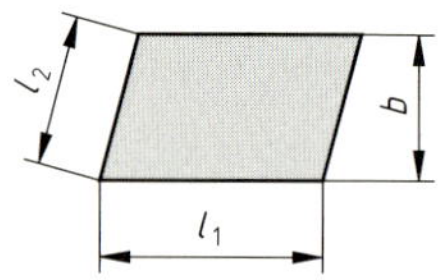

$A = l_1 \cdot b$

$U = 2 \cdot (l_1 + l_2)$

Dreieck

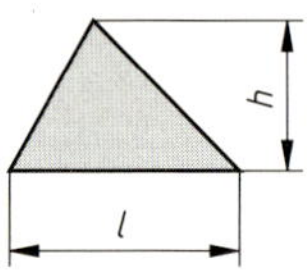

$A = \frac{l \cdot h}{2}$

U = Summe aller Seitenlängen

(→ „Satz des Heron")

Trapez

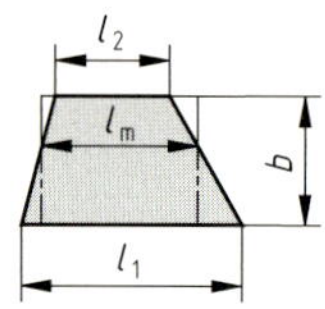

$A = \frac{l_1 + l_2}{2} \cdot b$

$A = l_m \cdot b$

U = Summe aller Seitenlängen

Kreis

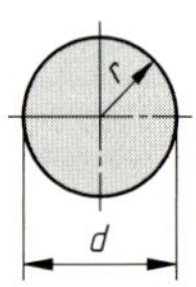

$A = \frac{d^2 \cdot \pi}{4}$

$A = r^2 \cdot \pi$

$U = d \cdot \pi$

$U = 2 \cdot r \cdot \pi$

Kreisring

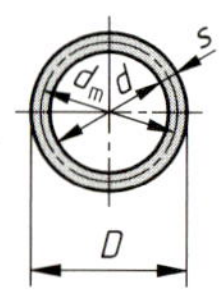

$A = \frac{\pi}{4} \cdot (D^2 - d^2)$

$d = D - 2 \cdot s$

$d_m = \frac{D + d}{2}$

Regelmäßiges Vieleck

n = Anzahl der Ecken

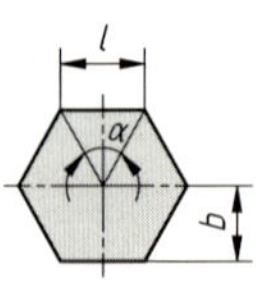

$A = n \cdot \frac{l^2}{2} \cdot \cot \frac{\alpha}{2}$ $\quad \alpha = \frac{360}{n}$

$A = \frac{l \cdot b}{2} \cdot n$

$U = n \cdot l$

Ellipse

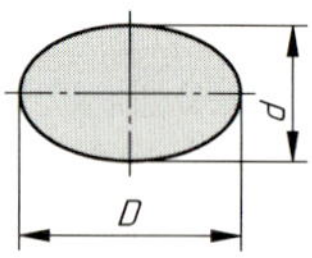

$A = \frac{D \cdot d \cdot \pi}{4}$

$U \approx \frac{\pi}{4} \cdot [3 \cdot (D + d) - 2 \cdot \sqrt{D \cdot d}]$

Kreisausschnitt (Sektor)

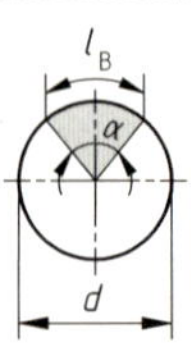

$A = \frac{l_B \cdot d}{4}$

$U = l_B + 2 \cdot r$

Kreisabschnitt (Segment)

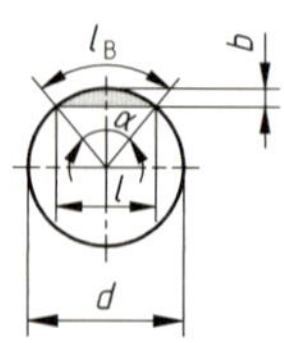

$A = \frac{l_B \cdot d - l \cdot (d - 2 \cdot b)}{4}$

$U = l_B + l$

Körperberechnung

V Volumen A_O Oberfläche A_M Mantelfläche h Höhe l Länge b Breite D, d Durchmesser
R, r Radius e Eckenmaß bzw. Flächendiagonale f Raumdiagonale S Schwerpunkt

2

Gerade Körper

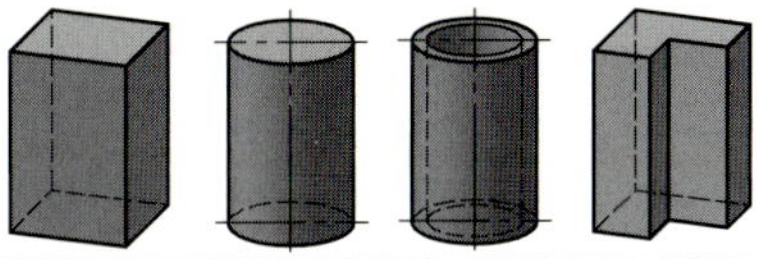

$V = A \cdot h$ — A Grundfläche

$A_O =$ Summe aller Einzelflächen

Spitze Körper

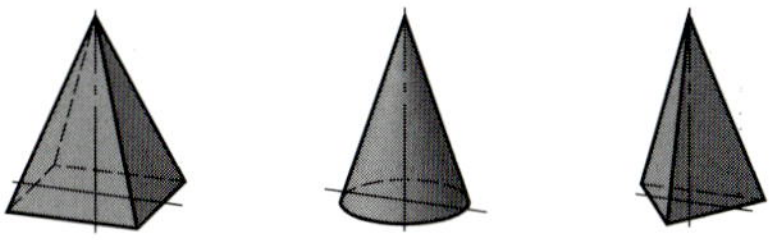

$V = \frac{A \cdot h}{3}$ — A Grundfläche

$A_O = A + A_M$

Würfel

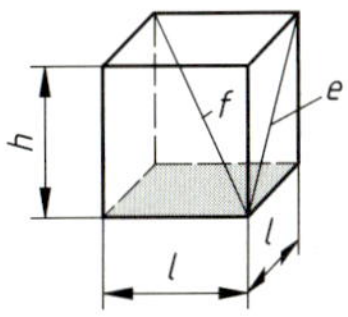

$V = l^3$

$A_O = 6 \cdot l^2$

$f = l \cdot \sqrt{3}$

$e = l \cdot \sqrt{2}$

Quader

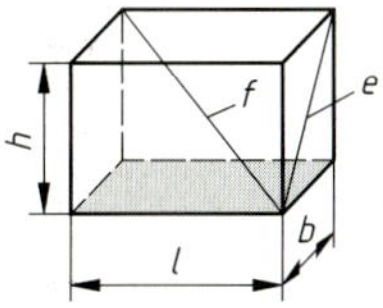

$V = l \cdot b \cdot h$

$A_O = 2 \cdot (l \cdot b + h \cdot b + h \cdot l)$

$f = \sqrt{l^2 + b^2 + h^2}$

$e = \sqrt{b^2 + h^2}$

oder entsprechend für die andere Seite

Zylinder

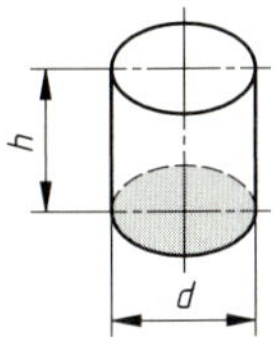

$V = \frac{d^2 \cdot \pi}{4} \cdot h$

$A_O = 2 \cdot \frac{d^2 \cdot \pi}{4} + d \cdot \pi \cdot h$

$A_M = d \cdot \pi \cdot h$

Hohlzylinder

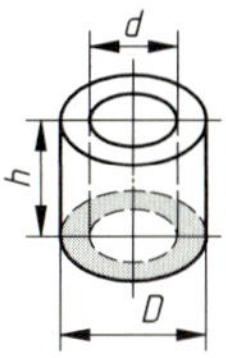

$V = \frac{\pi \cdot h}{4} \cdot (D^2 - d^2)$

$A_O = 2 \cdot \frac{\pi}{4} \cdot (D^2 - d^2) + \pi \cdot h \cdot (D + d)$

$A_M = \pi \cdot h \cdot (D + d)$

Pyramide

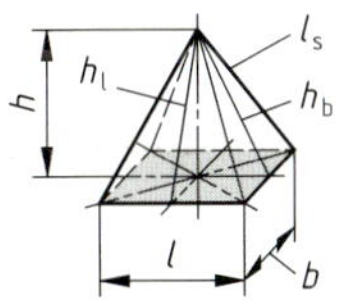

$V = \frac{l \cdot b \cdot h}{3}$

$A_O = l \cdot b + l \cdot h_l + b \cdot h_b$

$A_M = l \cdot h_l + b \cdot h_b$

$h_b = \sqrt{h^2 + l^2 / 4}$

$h_l = \sqrt{h^2 + b^2 / 4}$

$l_s = \sqrt{h_b^2 + b^2 / 4}$

Pyramidenstumpf

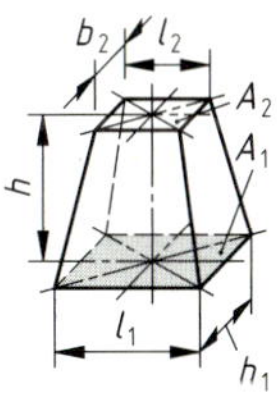

$V = \frac{h}{3} \cdot (A_1 + A_2 + \sqrt{A_1 \cdot A_2})$

$A_O = A_1 + A_2 + A_M$

$A_M = (l_1 + l_2) \cdot \sqrt{h^2 + \frac{(b_1 - b_2)^2}{4}} + (b_1 + b_2) \cdot \sqrt{h^2 + \frac{(l_1 - l_2)^2}{4}}$

Kegel

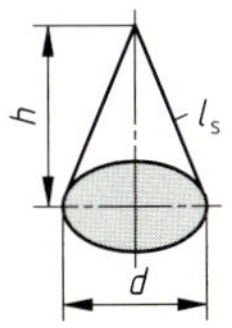

$V = \frac{d^2 \cdot \pi \cdot h}{12}$

$A_O = \frac{d^2 \cdot \pi}{4} + \frac{d \cdot \pi \cdot l_s}{2}$

$A_M = \frac{d \cdot \pi \cdot l_s}{2}$

$l_s = \sqrt{h^2 + d^2 / 4}$

Kegelstumpf

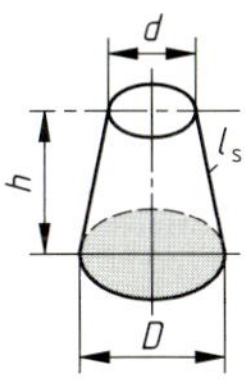

$V = \frac{\pi \cdot h}{12} \cdot (D^2 + d^2 + D \cdot d)$

$A_O = \pi \cdot \left[\frac{D^2 + d^2}{4} + l_s \cdot \left(\frac{D + d}{2}\right)\right]$

$A_M = \frac{D + d}{2} \cdot \pi \cdot l_s$

$l_s = \sqrt{\frac{(D - d)^2}{4} + h^2}$

Körperberechnung (Fortsetzung)

Kugel

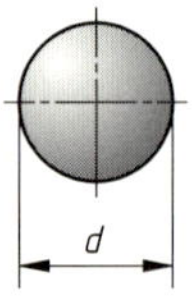

$$V = \frac{d^3 \cdot \pi}{6}$$

$$A_O = d^2 \cdot \pi$$

Kugelabschnitt (Kugelsegment)

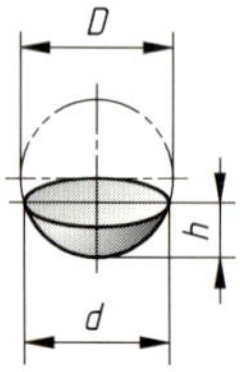

$$V = \frac{\pi \cdot h^2}{6} \cdot (3 \cdot D - 2 \cdot h)$$

$$V = \frac{\pi \cdot h}{2} \cdot \left(\frac{d^2}{4} + \frac{h^2}{3}\right)$$

$$A_O = \pi \cdot h \cdot (2 \cdot d - h)$$

$$A_M = D \cdot \pi \cdot h$$

$$A_M = \pi \cdot \left(\frac{d^2}{4} + h^2\right)$$

$$A_M = 0{,}5 \cdot D \cdot \pi \cdot (D - \sqrt{D^2 - d^2})$$

Kugelschicht (Kugelzone)

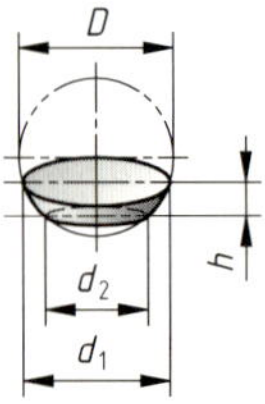

$$V = \frac{\pi \cdot h}{24} \cdot (3 \cdot d_1^2 + 3 \cdot d_2^2 + 4 \cdot h^2)$$

$$A_O = \frac{\pi}{4} \cdot (4 \cdot D \cdot h + d_1^2 + d_2^2)$$

$$A_M = \pi \cdot D \cdot h$$

Kugelausschnitt (Kugelsektor)

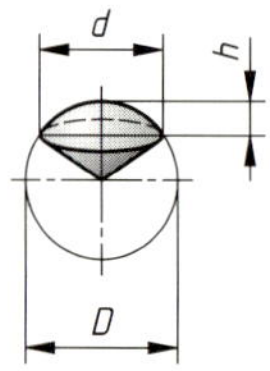

$$V = \frac{\pi \cdot D^2 \cdot h}{6}$$

$$A_O = \pi \cdot D \cdot h + \pi \cdot \frac{D \cdot d}{4}$$

Keil

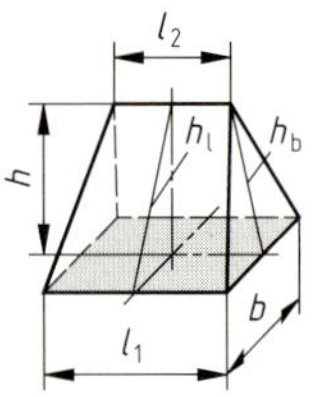

$$V = \frac{(2 \cdot l_1 + l_2) \cdot b \cdot h}{6}$$

$$A_O = l_1 \cdot b + (l_1 + l_2) \cdot h_l + b \cdot h_b$$

$$h_l = \sqrt{h^2 + b^2/4}$$

$$h_b = \sqrt{h^2 + (l_1 - l_2)^2/4}$$

$$A_M = (l_1 + l_2) \cdot h_l + b \cdot h_b$$

Obelisk (abgeschnittener Keil)

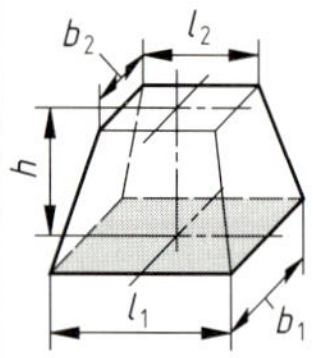

$$V = \frac{h}{6} \cdot [l_1 \cdot b_1 + (l_1 + l_2) \cdot (b_1 + b_2) + l_2 \cdot b_2]$$

$$A_O = l_1 \cdot b_1 + l_2 \cdot b_2 + (l_1 + l_2) \cdot \sqrt{h^2 + \frac{(b_1 - b_2)^2}{4}} + (b_1 + b_2) \cdot \sqrt{h^2 + \frac{(l_1 - l_2)^2}{4}}$$

Schief abgeschnittener Kreiszylinder

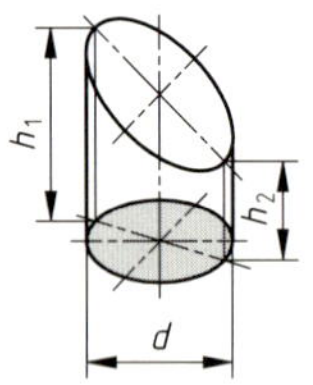

$$V = \frac{\pi \cdot d^2 \cdot (h_1 + h_2)}{8}$$

$$A_O = \frac{\pi \cdot d}{2} \cdot \left(h_1 + h_2 + \frac{d}{2} + \sqrt{\frac{d^2 + (h_1 - h_2)^2}{4}}\right)$$

$$A_M = \frac{\pi \cdot d}{2} \cdot (h_1 + h_2)$$

90°-Bogen

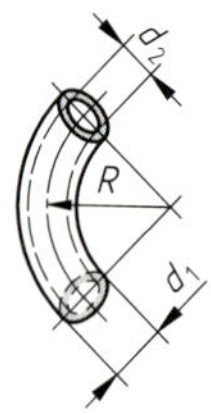

$$V = \frac{R \cdot \pi^2 \cdot (d_1^2 - d_2^2)}{8}$$

$$A_O = \frac{\pi}{2} \cdot (d_1^2 - d_2^2) + \frac{R \cdot \pi^2}{2} \cdot (d_1 + d_2)$$

$$A_M = \frac{R \cdot \pi^2}{2} \cdot (d_1 + d_2)$$

Innenvolumen (Füllvolumen):

$$V_i = \frac{d_2^2 \cdot R \cdot \pi^2}{8}$$

Umdrehungskörper mit bekannter Lage des Schwerpunktes (*Guldin'sche* Regel):

Beispiel: Kreisringtorus

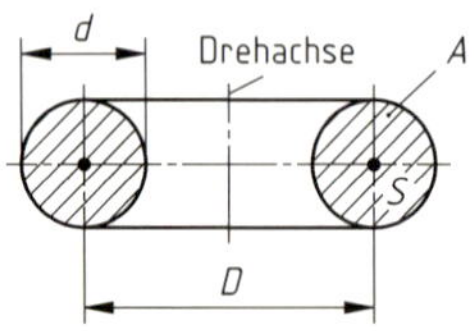

1. *Guldin'sche* Regel:
Die Oberfläche eines Umdrehungskörpers ist gleich dem Produkt aus der erzeugenden (die Fläche umschließenden) Länge l und dem Weg ihres Schwerpunktes S.

$$A_O = (d \cdot \pi) \cdot (D \cdot \pi) = d \cdot D \cdot \pi^2$$

2. *Guldin'sche* Regel:
Das Volumen eines Umdrehungskörpers ist gleich dem Produkt aus erzeugender Fläche A und dem Weg ihres Schwerpunktes S.

$$V = \frac{d^2 \cdot \pi}{4} \cdot (D \cdot \pi) = \frac{d^2 \cdot D \cdot \pi^2}{4}$$

Geometrische Grundkenntnisse

Winkelarten

Spitzer Winkel

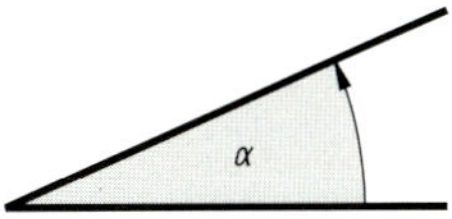

α liegt zwischen 0° und 90°

Rechter Winkel (R)

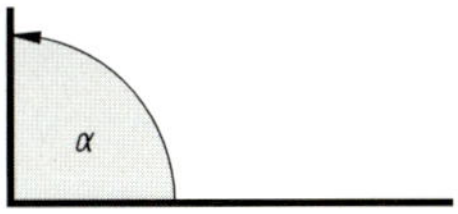

α ist 90° = 1 R

Stumpfer Winkel

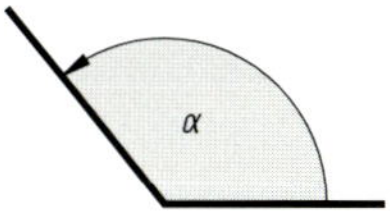

α liegt zwischen 90° und 180°

Gestreckter Winkel (2 R)

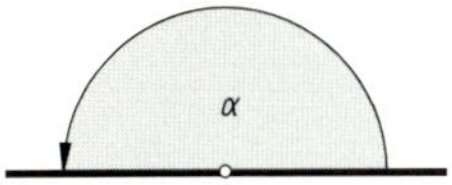

α ist 180°

Überstumpfer Winkel

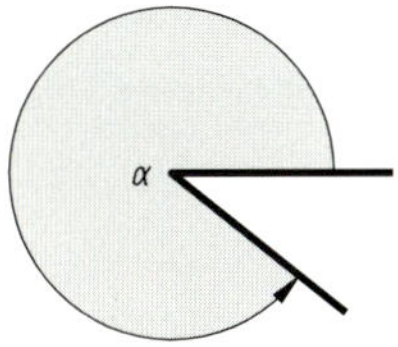

α liegt zwischen 180° und 360°

Vollwinkel (4 R)

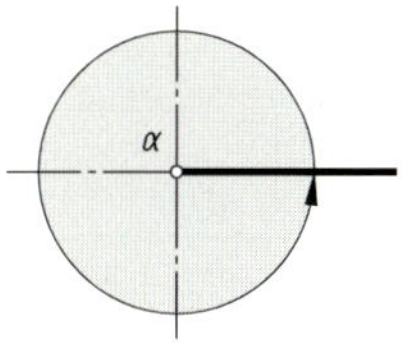

α ist 360°

Winkel an geschnittenen Parallelen

Geschnittene Parallelen: zwei Parallelen g_1 und g_2 werden von einer Geraden geschnitten

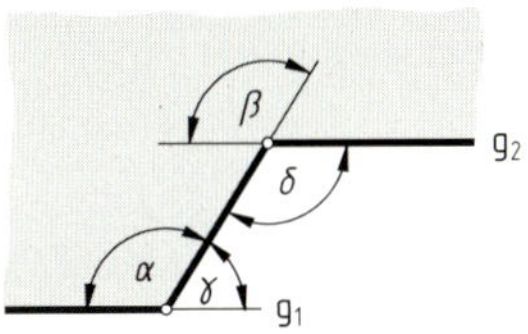

Stufenwinkel (Gegenwinkel) sind gleich groß.	$\alpha = \beta$
Wechselwinkel sind gleich groß.	$\alpha = \delta$
Scheitelwinkel sind gleich groß.	$\beta = \delta$
Nebenwinkel ergänzen sich zu 180°.	$\alpha + \gamma = 180°$

Komplementwinkel ergänzt einen vorgegebenen Winkel zu 90°

Supplementwinkel ergänzt einen vorgegebenen Winkel zu 180°

Winkelsumme im Dreieck und Seiten im rechtwinkligen Dreieck

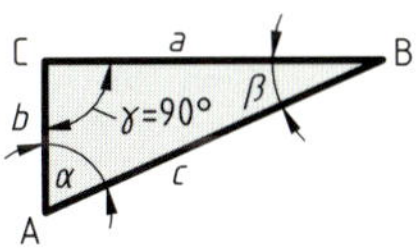

Die Summe der Innenwinkel ist in jedem Dreieck 180° (s. unten). $\alpha + \beta + \gamma = 180°$

Im rechtwinkligen Dreieck ist $\gamma = 90°$;
Der Winkel α ist Komplementwinkel zum Winkel β. $\alpha + \beta = 90°$

Katheten	sind die den rechten Winkel bildenden Seiten *a* und *b*.
Ankathete	heißt die am betrachteten spitzen Winkel anliegende Kathete, d. h. *b* für α und *a* für β.
Gegenkathete	heißt die dem betrachteten spitzen Winkel gegenüberliegende Kathete, d. h. *a* für α und *b* für β.
Hypotenuse	heißt die dem rechten Winkel gegenüberliegende Seite *c*. Diese Seite ist die längste Dreiecksseite.

Innenwinkel

Die Summe der Innenwinkel im **Dreieck** ist 2 R.

(1 R = 90°). Jeder Innenwinkel eines gleichseitigen Dreiecks ist 60°.

Die Summe der Innenwinkel im **Viereck** ist 360°.

Die Summe der Innenwinkel im **n-Eck** ist $(2n - 4) \cdot 90°$ (n = Anzahl der Ecken)

B **Innenwinkel des Sechseckes:**
$(2 \cdot 6 - 4) \cdot R = 8 \cdot R$
$= 8 \cdot 90° =$ **720°**

2

Grundkonstruktionen

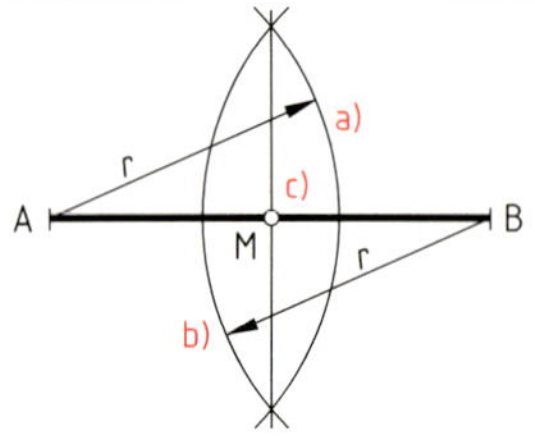

Halbieren einer Strecke

gegeben: Strecke $\overline{AB}$

a) Kreisbogen mit $r > \frac{1}{2}\overline{AB}$ um A

b) Gleicher Radius r um B

c) Verbindungslinie der Kreisschnittpunkte halbiert $\overline{AB}$. Diese Linie heißt auch **Mittelsenkrechte**.

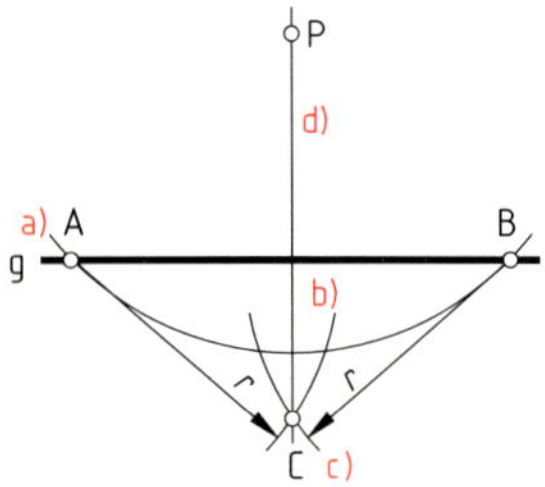

Fällen eines Lotes

gegeben: Gerade g und Punkt P

a) Kreisbogen (beliebig) um P ergibt Schnittpunkte A und B

b) Kreisbogen mit $r > \frac{1}{2}\overline{AB}$ um A

c) Kreisbogen mit gleichem Radius um B ergibt Schnittpunkt C

d) **Lot:** Verbindungslinie von P nach C

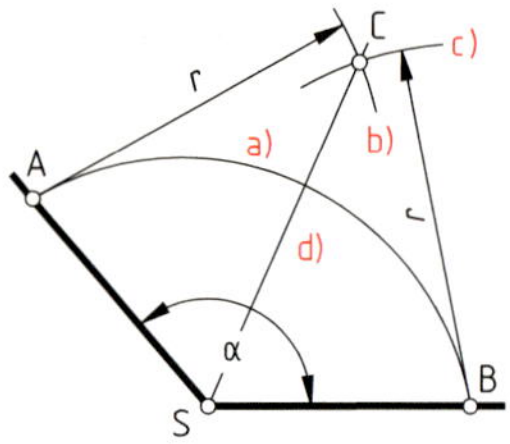

Halbieren eines Winkels

gegeben: Winkel α

a) Kreisbogen (beliebig) ergibt Schnittpunkte A und B

b) Kreisbogen mit $r > \frac{1}{2}\overline{AB}$ um A

c) Kreisbogen mit gleichem Radius r ergibt Schnittpunkt C

d) **Winkelhalbierende:** Verbindungslinie von C nach S

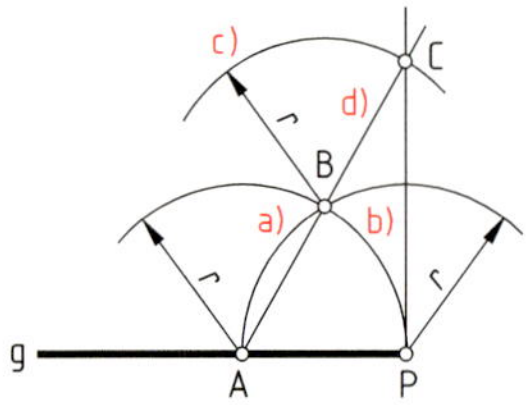

Errichten einer Senkrechten im Punkt P

gegeben: Gerade g und Punkt P

a) Beliebiger Keisbogen um P ergibt Schnittpunkt A

b) Kreisbogen mit $r = \overline{AP}$ ergibt Schnittpunkt B

c) Kreisbogen mit gleichem Radius r um B

d) Verbindung A mit B ergibt C ⊥ P

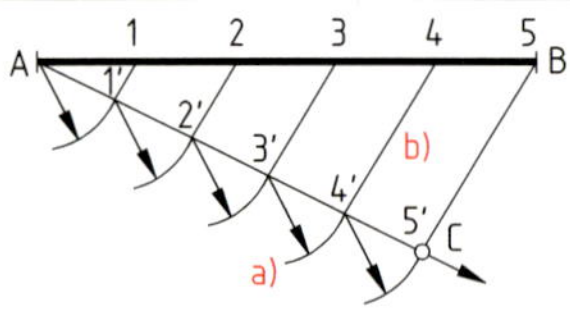

Teilen einer Strecke in *n* Teile (z. B. $n = 5$)

gegeben: Strecke $\overline{AB}$

a) Teilen eines beliebigen Strahles von A in n gleiche Teile

b) Parallelen zur Verbindung $\overline{BC}$ teilen die Strecke $\overline{AB}$

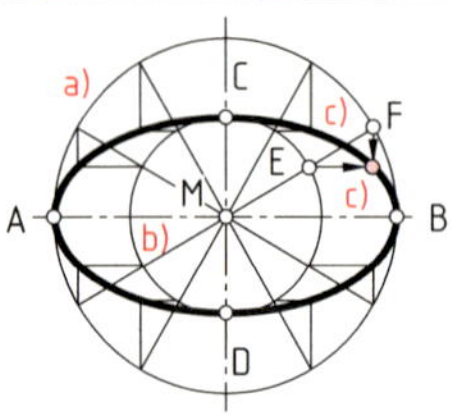

Konstruktion einer Ellipse

gegeben: große Achse $\overline{AB}$ und kleine Achse $\overline{DC}$

a) Kreise mit Durchmesser $\overline{AB}$ und $\overline{DC}$ um M zeichnen

b) Strahlen durch M schneiden beide Kreise (z. B. E und F)

c) Parallelen zu Mittelachsen ergeben Ellipsenpunkte

Grundkonstruktionen (Fortsetzung)

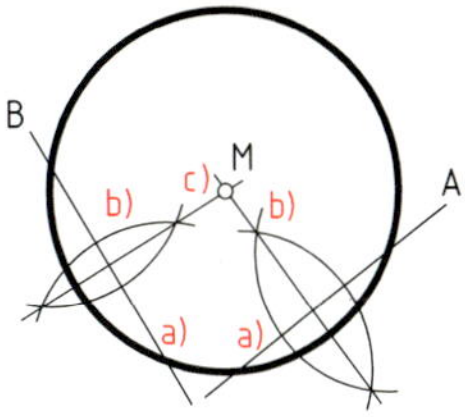

Bestimmung des Kreismittelpunktes

gegeben: Kreis ohne Mittelpunkt

a) Zwei beliebige Sehnen A und B einzeichnen

b) Auf den Sehnen Mittelsenkrechte errichten

c) Der Kreismittelpunkt ergibt sich aus dem Schnittpunkt der beiden Mittelsenkrechten

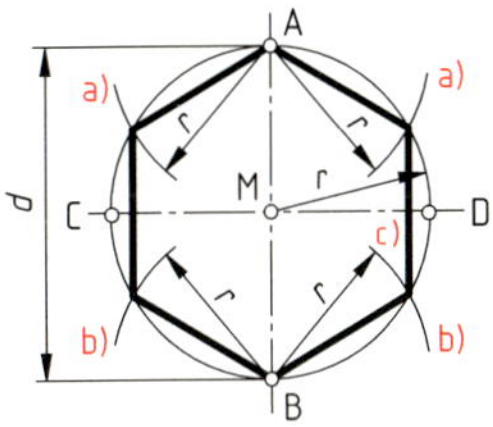

Regelmäßiges Sechseck bzw. Zwölfeck

gegeben: Kreis mit Durchmesser d

a) Kreisbögen mit $r = \frac{d}{2}$ um A

b) Kreisbögen mit $r = \frac{d}{2}$ um B

c) Benachbarte Schnittpunkte verbinden (Sechseckseiten) Bei Zwölfeck außerdem in C und D einstechen.

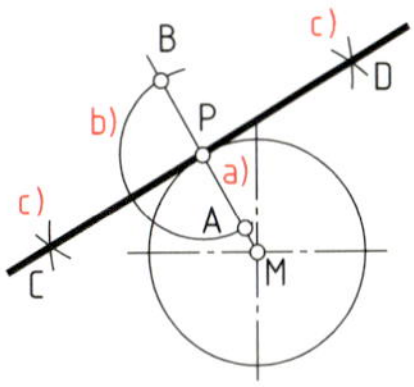

Tangente durch Kreispunkt P

gegeben: Kreis und Punkt P

a) Linie $\overline{MP}$ verlängern

b) Kreisbogen (beliebig) ergibt Schnittpunkte A und B

c) Kreisbögen um A und B mit gleichem Radius ergeben zwei Tangentenpunkte C und D

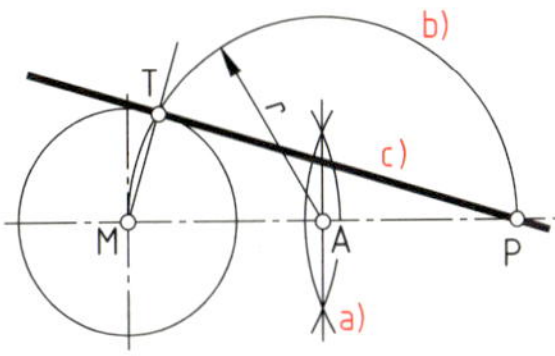

Tangente an den Kreis von einem Punkt P

gegeben: Kreis und Punkt P

a) Mittelpunkt A zwischen M und P konstruieren

b) Kreis um A mit $r = \overline{AM}$ ergibt Tangentenpunkt T

c) T mit P verbinden

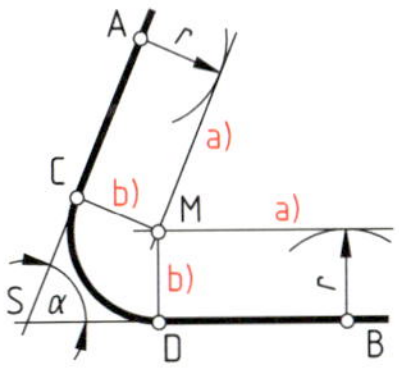

Radius an Winkel anschließen

gegeben: Winkel ASB (α) und Radius r

a) Im Abstand r werden Parallelen zu $\overline{AS}$ und $\overline{BS}$ gezeichnet. Schnittpunkt M ist Mittelpunkt des Kreisbogens

b) Die Übergangspunkte C und D ergeben sich durch die Lote von M auf die Geraden $\overline{AS}$ und $\overline{BS}$

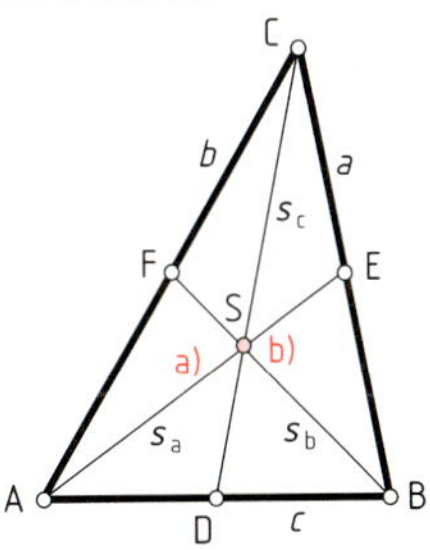

Schwerpunkt eines beliebigen Dreiecks

gegeben: Dreieck mit den Seiten a, b, c

a) Seitenhalbierende (Schwerlinien) s_a, s_b und s_c zeichnen

b) Schwerpunkt ist der Schnittpunkt S der Seitenhalbierenden. Der Schwerpunkt teilt alle Seitenhalbierenden im Verhältnis 2 : 1

Sätze der Geometrie

Strahlensatz

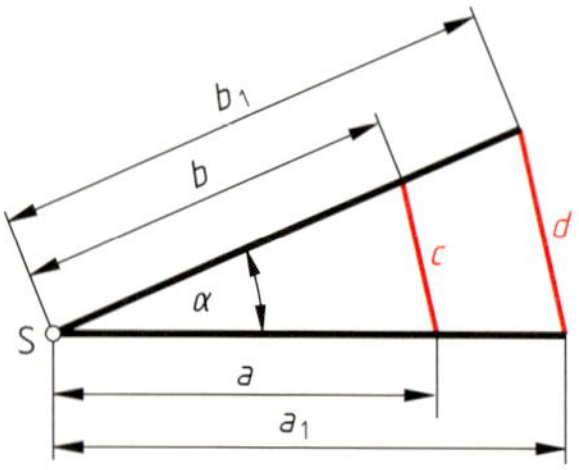

Werden zwei von einem Punkt S ausgehende Strahlen von zwei Parallelen (c und d) geschnitten, bilden die Abschnitte der Parallelen und die zugehörigen Strahlenabschnitte gleiche Verhältnisse.

$$\frac{c}{d} = \frac{a}{a_1} = \frac{b}{b_1}$$

$$\frac{c}{a} = \frac{d}{a_1}$$

$$\frac{a}{b} = \frac{a_1}{b_1}$$

B $a = 300$ mm; $a_1 = 500$ mm, $d = 280$ mm. Wie groß ist c?

$$\frac{a}{a_1} = \frac{c}{d} \rightarrow c = d \cdot \frac{a}{a_1} = 280\ \text{mm} \cdot \frac{300\ \text{mm}}{500\ \text{mm}}$$

$$\mathbf{c = 168\ mm}$$

Lehrsatz des Pythagoras und Lehrsatz des Euklid

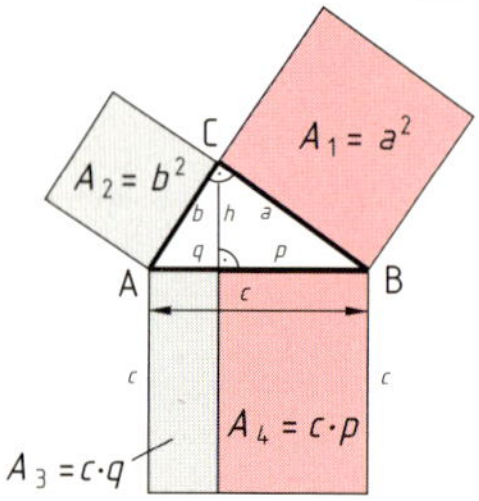

Pythagoras

Im rechtwinkligen Dreieck ist die Summe der Kathetenquadrate flächengleich dem Hypotenusenquadrat.

$$c^2 = a^2 + b^2$$

$$c = \sqrt{a^2 + b^2}$$

Euklid

Im rechtwinkligen Dreieck ist das Quadrat über einer Kathete flächengleich dem Rechteck, gebildet aus der Hypotenuse und dem anliegenden Hypotenusenabschnitt (p oder q).

$$b^2 = c \cdot q$$

$$a^2 = c \cdot p$$

B In einem rechtwinkligen Dreieck ist $a = 37$ mm, $c = 98$ mm. Wie groß ist die Seite b?

$$c^2 = a^2 + b^2$$

$$b = \sqrt{c^2 - a^2} = \sqrt{(98\ \text{mm})^2 - (37\ \text{mm})^2}$$

$$\mathbf{b = 90{,}75\ mm}$$

B Ein Quadrat mit der Seite $a = 37$ mm soll in ein flächengleiches Rechteck mit der Länge $c = 100$ mm verwandelt werden. Wie groß ist die Seite p?

$$a^2 = c \cdot p$$

$$p = \frac{a^2}{c} = \frac{(37\ \text{mm})^2}{100\ \text{mm}} = \mathbf{13{,}69\ mm}$$

Höhensatz

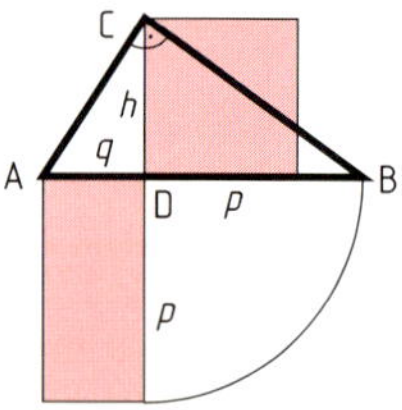

Im rechtwinkligen Dreieck ist das Quadrat über der Höhe flächengleich dem Rechteck, gebildet aus den beiden Hypotenusenabschnitten.

$$h^2 = p \cdot q$$

B In einem rechtwinkligen Dreieck ist $c = 6$ cm und der Hypotenusenabschnitt $p = 2{,}5$ cm. Wie groß ist die Höhe h?

$$h^2 = p \cdot q$$

$$h = \sqrt{p \cdot q} = \sqrt{p \cdot (c - p)} = \sqrt{2{,}5\ \text{cm} \cdot (6\ \text{cm} - 2{,}5\ \text{cm})} = \sqrt{2{,}5\ \text{cm} \cdot 3{,}5\ \text{cm}}$$

$$\mathbf{h = 2{,}96\ cm}$$

Satz des Heron

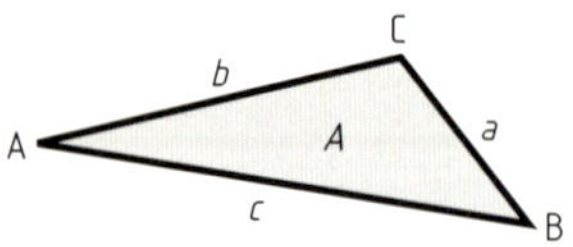

Der Flächeninhalt eines jeden Dreiecks errechnet sich aus der Quadratwurzel des Produktes der halben Seitensumme und allen Differenzen aus halber Seitensumme und jeweiliger Seite.

$$A = \sqrt{s \cdot (s-a) \cdot (s-b) \cdot (s-c)}$$

dabei ist

$$s = \frac{a + b + c}{2}$$

B Ein Dreieck hat die Seitenlängen $a = 17$ cm, $b = 32$ cm und $c = 39$ cm. Wie groß ist A?

$s = \frac{a+b+c}{2} = 44$ cm, $s - a = 27$ cm, $s - b = 12$ cm, $s - c = 5$ cm

$$A = \sqrt{s \cdot (s-a) \cdot (s-b) \cdot (s-c)} = \sqrt{44\ \text{cm} \cdot 27\ \text{cm} \cdot 12\ \text{cm} \cdot 5\ \text{cm}}$$

$$\mathbf{A = 266{,}98\ cm^2}$$

Trigonometrie

Winkelmaße

Winkelangabe in Grad: 1 Grad (1°) = 60 Minuten (60′); 1 Minute (1′) = 60 Sekunden (60″)
Winkelangabe in rad (Radiant):

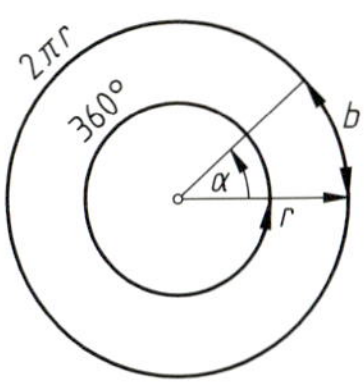

$$\frac{\text{Kreisumfang}}{\text{Kreisbogen}} = \frac{\text{Vollwinkel}}{\text{Zentriwinkel}} \qquad \frac{2\pi r}{b} = \frac{360°}{\alpha°}$$

$$\alpha° = \frac{180°}{\pi} \cdot \frac{b}{r}$$

Der Quotient $\frac{b}{r}$ heißt **Bogenmaß** $\widehat{\alpha}$. Einheit ist der Radiant (rad).

$$\alpha° = \frac{180°}{\pi} \cdot \widehat{\alpha}$$

1 rad ist der Winkel im Bogenmaß, für den das Verhältnis $b/r = 1$ ist.

$$\widehat{\alpha} = \alpha° \cdot \frac{\pi}{180°}$$

1 rad = 57,2957° ≈ 57,3°
1° = 0,017453 rad

$\alpha°$ Winkel in Grad
$\widehat{\alpha}$ Winkel in rad (im Bogenmaß)

1′ = $290{,}89 \cdot 10^{-6}$ rad; 1″ = $4{,}848 \cdot 10^{-6}$ rad

Gradmaß	30°	45°	60°	90°	180°	360°	57,3°
Bogenmaß	$\frac{\pi}{6}$ rad	$\frac{\pi}{4}$ rad	$\frac{\pi}{3}$ rad	$\frac{\pi}{2}$ rad	π rad	2π rad	≈1 rad

B Wie groß ist $\widehat{\alpha}$ bei $\alpha = 114{,}7°$
$\widehat{\alpha} = \alpha° \cdot \frac{\pi}{180°} = 114{,}7° \cdot \frac{\pi}{180°}$
$\boldsymbol{\widehat{\alpha} = 2{,}0019}$ **rad**

2

Winkelfunktionen (Trigonometrie des rechtwinkligen Dreiecks)

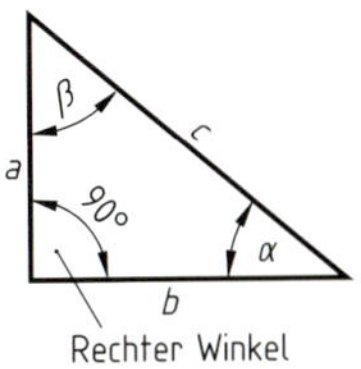

Katheten sind die den rechten Winkel bildenden Seiten *a* und *b*

Ankathete heißt die am betrachteten spitzen Winkel anliegende Kathete (*b* für α und *a* für β)

Gegenkathete heißt die dem betrachteten spitzen Winkel gegenüberliegende Kathete (*a* für α und *b* für β)

Hypotenuse heißt die dem rechten Winkel gegenüberliegende (längste) Seite *c*

Definition der Winkelfunktion	**Formel** für sin α und sin β	**Beispiele** für *a* = 3 cm, *b* = 4 cm, *c* = 5 cm
Sinus = $\frac{\text{Gegenkathete}}{\text{Hypotenuse}}$	$\sin\alpha = \frac{a}{c}$; $\sin\beta = \frac{b}{c}$	$\sin\alpha = \frac{3\text{ cm}}{5\text{ cm}} = 0{,}600$; $\sin\beta = \frac{4\text{ cm}}{5\text{ cm}} = 0{,}800$
Cosinus = $\frac{\text{Ankathete}}{\text{Hypotenuse}}$	$\cos\alpha = \frac{b}{c}$; $\cos\beta = \frac{a}{c}$	$\cos\alpha = \frac{4\text{ cm}}{5\text{ cm}} = 0{,}800$; $\cos\beta = \frac{3\text{ cm}}{5\text{ cm}} = 0{,}600$
Tangens = $\frac{\text{Gegenkathete}}{\text{Ankathete}}$	$\tan\alpha = \frac{a}{b}$; $\tan\beta = \frac{b}{a}$	$\tan\alpha = \frac{3\text{ cm}}{4\text{ cm}} = 0{,}750$; $\tan\beta = \frac{4\text{ cm}}{3\text{ cm}} = 1{,}333$
Cotangens = $\frac{\text{Ankathete}}{\text{Gegenkathete}}$	$\cot\alpha = \frac{b}{a}$; $\cot\beta = \frac{a}{b}$	$\cot\alpha = \frac{4\text{ cm}}{3\text{ cm}} = 1{,}333$; $\cot\beta = \frac{3\text{ cm}}{4\text{ cm}} = 0{,}750$

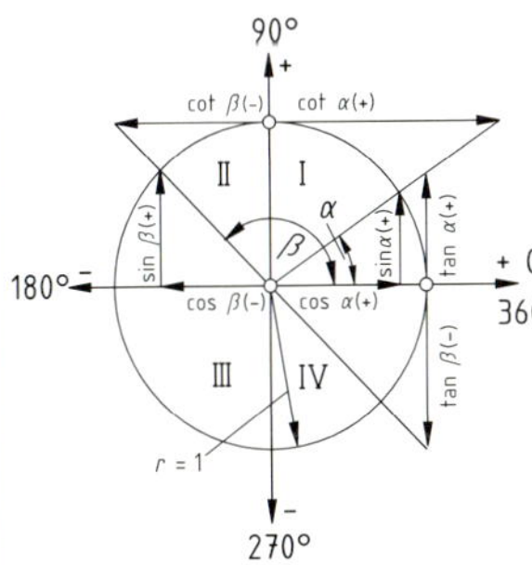

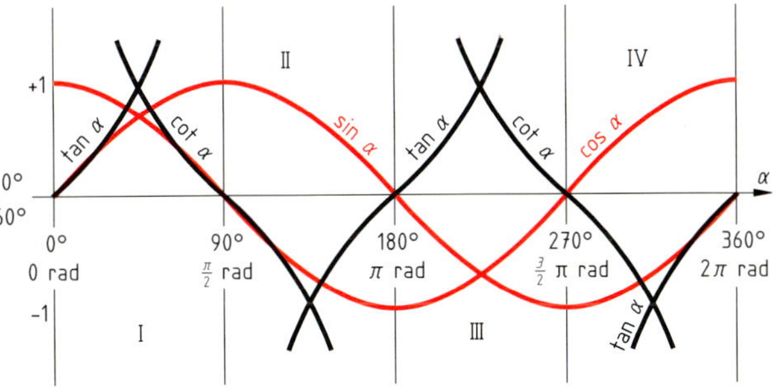

2

Trigonometrie (Fortsetzung)

$\sin\alpha = \cos\beta = \cos(90° - \alpha)$
$\cos\alpha = \sin\beta = \sin(90° - \alpha)$

Der Cosinus eines Winkels ist gleich dem Sinus seines Ergänzungswinkels (Komplementwinkel) und umgekehrt.

B $\sin 30° = \cos 60°$; $\cos 3{,}5° = \sin 86{,}5°$

$\tan\alpha = \cot\beta = \cot(90° - \alpha)$
$\cot\alpha = \tan\beta = \tan(90° - \alpha)$

Der Tangens eines Winkels ist gleich dem Cotangens seines Ergänzungswinkels (Komplementwinkel) und umgekehrt.

B $\tan 30° = \cot 60°$; $\cot 67° = \tan 23°$

Beziehungen zwischen den Funktionswerten der Winkelfunktionen

$(\sin\alpha)^2 = \sin^2\alpha$

gegeben →	$\sin\alpha$	$\cos\alpha$	$\tan\alpha$	$\cot\alpha$
$\sin\alpha$	–	$\sqrt{1-\cos^2\alpha}$	$\frac{\tan\alpha}{\sqrt{1+\tan^2\alpha}}$	$\frac{1}{\sqrt{1+\cot^2\alpha}}$
$\cos\alpha$	$\sqrt{1-\sin^2\alpha}$	–	$\frac{1}{\sqrt{1+\tan^2\alpha}}$	$\frac{\cot\alpha}{\sqrt{1+\cot^2\alpha}}$
$\tan\alpha$	$\frac{\sin\alpha}{\sqrt{1-\sin^2\alpha}}$	$\frac{\sqrt{1-\cos^2\alpha}}{\cos\alpha}$	–	$\frac{1}{\cot\alpha}$
$\cot\alpha$	$\frac{\sqrt{1-\sin^2\alpha}}{\sin\alpha}$	$\frac{\cos\alpha}{\sqrt{1-\cos^2\alpha}}$	$\frac{1}{\tan\alpha}$	–

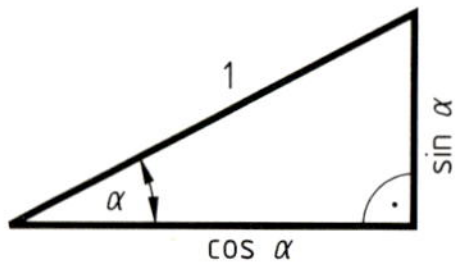

$\sin^2\alpha + \cos^2\alpha = 1$ (trigonometrischer Pythagoras)

$\tan\alpha \cdot \cot\alpha = 1$

$\tan\alpha = \frac{\sin\alpha}{\cos\alpha}$

$\cot\alpha = \frac{\cos\alpha}{\sin\alpha}$

Wichtige Funktionswerte der vier Winkelfunktionen

	0°	$30° = \frac{\pi}{6}$ rad	$45° = \frac{\pi}{4}$ rad	$60° = \frac{\pi}{3}$ rad	$90° = \frac{\pi}{2}$ rad	$180° = \pi$ rad	$360° = 2\pi$ rad
sin	0	$\frac{1}{2} = 0{,}5$	$\frac{1}{2}\cdot\sqrt{2} = 0{,}7071$	$\frac{1}{2}\cdot\sqrt{3} = 0{,}866$	1	0	0
cos	1	$\frac{1}{2}\cdot\sqrt{3} = 0{,}866$	$\frac{1}{2}\cdot\sqrt{2} = 0{,}7071$	$\frac{1}{2} = 0{,}5$	0	−1	1
tan	0	$\frac{1}{3}\cdot\sqrt{3} = 0{,}5774$	1	$\sqrt{3} = 1{,}7321$	∞	0	0
cot	∞	$\sqrt{3} = 1{,}7321$	1	$\frac{1}{3}\cdot\sqrt{3} = 0{,}5774$	0	∞	∞

Trigonometrie des schiefwinkligen Dreiecks

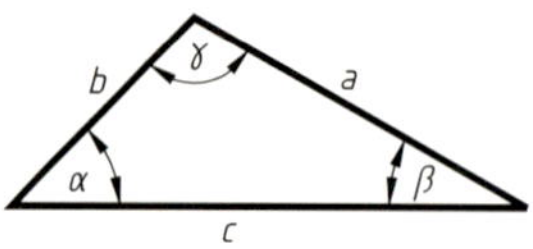

Sinussatz

$a : b : c = \sin\alpha : \sin\beta : \sin\gamma$

$\frac{\sin\alpha}{a} = \frac{\sin\beta}{b} = \frac{\sin\gamma}{c}$

Cosinussatz

$a^2 = b^2 + c^2 - 2\cdot b\cdot c\cdot\cos\alpha$

$b^2 = a^2 + c^2 - 2\cdot a\cdot c\cdot\cos\beta$

$c^2 = a^2 + b^2 - 2\cdot a\cdot b\cdot\cos\gamma$

Beachten Sie: Der **Satz des Pythagoras** ist ein Sonderfall des Cosinussatzes für $\gamma = 90°$ (rechtwinkliges Dreieck), da $\cos 90° = 0°$.

$c^2 = a^2 + b^2$ für $\gamma = 90°$

Teilung von Längen (Gitterteilung)

Randabstand = Teilung

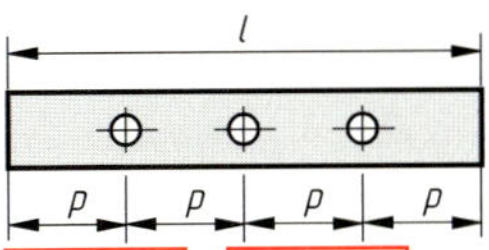

$$p = \frac{l}{z+1}$$

$$z = n+1$$

Randabstand ≠ Teilung

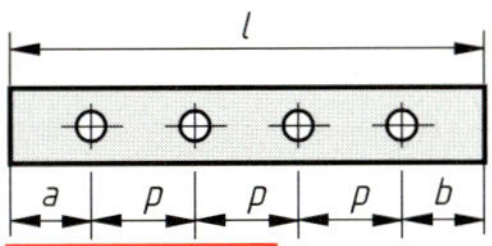

$$p = \frac{l-(a+b)}{n+1}$$

l	Gesamtlänge	mm
p	Teilung	mm
z	Anzahl der Teile	1
n	Anzahl der Bohrungen, Markierungen, Sägeschnitte ...	1
a, b	Randabstände (gleich oder ungleich)	mm

Teilung auf dem Lochkreis

$$s = d \cdot \sin\frac{180^\circ}{n} = d \cdot k$$

$$k = \sin\frac{180^\circ}{n}$$

B $d = 225$ mm, $n = 17$, $s = ?$

$s = 225\text{ mm} \cdot \sin\frac{180^\circ}{17}$

$\mathbf{s = 41{,}34\ mm}$

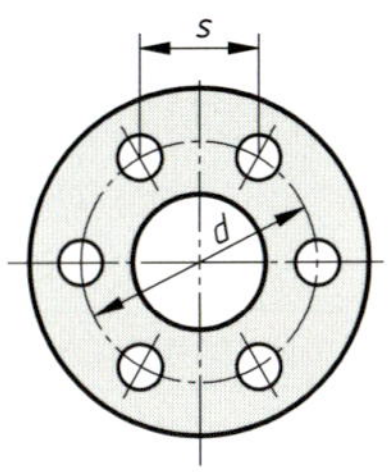

s	Teilungsstrecke, Sehnenlänge	mm
d	Teilkreisdurchmesser	mm
n	Anzahl der Teilungsstrecken bzw. Anzahl der Bohrungen	1
k	Sehnenkonstante (s. Tabelle, unten)	1

(→ Flanschdichtflächen)

Sehnenkonstanten:

n	k	n	k	n	k	n	k
1	0,000 00	26	0,120 54	51	0,061 56	76	0,041 32
2	1,000 00	27	0,116 09	52	0,060 38	77	0,040 79
3	0,866 03	28	0,111 96	53	0,059 24	78	0,040 27
4	0,707 11	29	0,108 12	54	0,058 14	79	0,039 76
5	0,587 79	30	0,104 53	55	0,057 09	80	0,039 26
6	0,500 00	31	0,101 17	56	0,056 07	81	0,038 78
7	0,433 88	32	0,098 02	57	0,055 09	82	0,038 30
8	0,382 68	33	0,095 06	58	0,054 14	83	0,037 84
9	0,342 02	34	0,092 27	59	0,053 22	84	0,037 39
10	0,309 02	35	0,089 61	60	0,052 34	85	0,036 95
11	0,281 73	36	0,087 16	61	0,051 48	86	0,036 52
12	0,258 82	37	0,084 81	62	0,050 65	87	0,036 10
13	0,239 32	38	0,082 58	63	0,049 85	88	0,035 69
14	0,222 52	39	0,080 47	64	0,049 07	89	0,035 29
15	0,207 91	40	0,078 46	65	0,048 31	90	0,034 90
16	0,195 09	41	0,076 55	66	0,047 58	91	0,034 52
17	0,183 75	42	0,074 73	67	0,046 87	92	0,034 14
18	0,173 65	43	0,073 00	68	0,046 18	93	0,033 77
19	0,164 59	44	0,071 34	69	0,045 51	94	0,033 41
20	0,156 43	45	0,069 76	70	0,044 86	95	0,033 06
21	0,149 04	46	0,068 24	71	0,044 23	96	0,032 72
22	0,142 31	47	0,066 79	72	0,043 62	97	0,032 38
23	0,136 17	48	0,065 40	73	0,043 02	98	0,032 05
24	0,130 53	49	0,064 07	74	0,042 44	99	0,031 73
25	0,125 33	50	0,062 79	75	0,041 88	100	0,031 41

Rohlängen von Pressteilen (Schmiedelänge)

$$l_1 = \frac{V}{A_1}$$

$$l_2 = \frac{V}{A_2}$$

$$A_1 \cdot l_1 = A_2 \cdot l_2$$

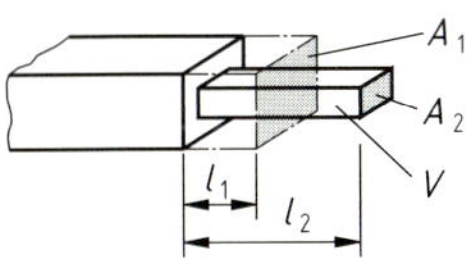

l_1	Ausgangslänge	mm
l_2	Press- bzw. Schmiedelänge	mm
A_1	Ausgangsquerschnitt	mm^2
A_2	Endquerschnitt	mm^2
V	Volumen	mm^3

Gestreckte Längen (kreisförmig gebogen)

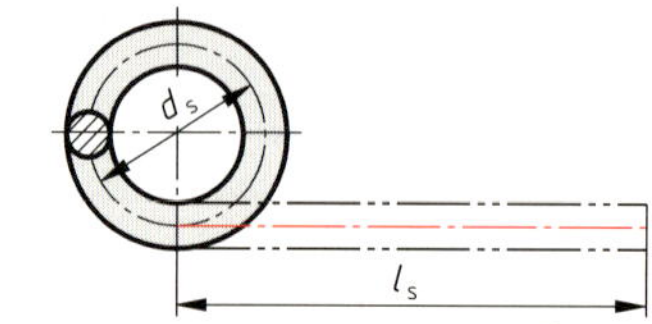

2

Gestreckte Länge = Länge der Schwerpunktlinie l_s

$$l_s = d_s \cdot \pi$$

l_s	gestreckte Länge	mm
d_s	Durchmesser der Schwerpunktlinie. Bei symmetrischen Querschnitten: mittlerer Durchmesser	mm
α	Biegewinkel	Grad

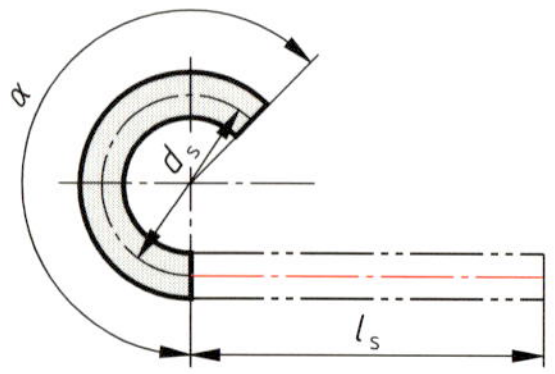

$$l_s = d_s \cdot \pi \cdot \frac{\alpha^\circ}{360^\circ}$$

B Der zylindrische Mantel eines Kessels mit dem Innendurchmesser $d_i = 750$ mm wird aus Blech mit der Wanddicke $s = 8$ mm hergestellt. Welche gestreckte Länge hat das Kesselblech?

$$l_s = d_s \cdot \pi = \frac{d_a + d_i}{2} \cdot \pi$$

$$l_s = \frac{766\text{ mm} + 750\text{ mm}}{2} \cdot \pi$$

$$\boldsymbol{l_s = 2381{,}3\text{ mm}}$$

(→ Maßnormen für Rohre)

Zusammengesetzte Längen und zusammengesetzte Flächen

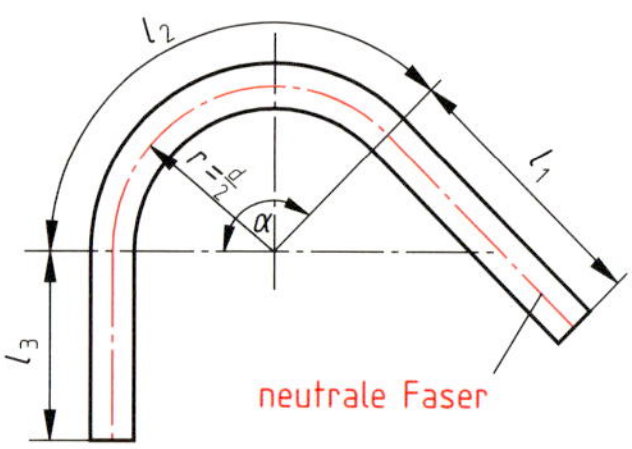

Die **Schwerpunktlinie** heißt auch **Biegelinie** oder **neutrale Faser**. (→ Biegung, Schwerpunkt)

Die gestreckte Länge l_s entspricht der Länge der neutralen Faser.

$$l_s = l_1 + l_2 + l_3 + \ldots$$

B In nebenstehender Zeichnung ist $l_1 = 85$ mm, $l_3 = 95$ mm, $\alpha = 135^\circ$ und $d = 200$ mm. Berechnen Sie l_s.

$$l_s = l_1 + l_2 + l_3 = l_1 + \frac{\pi \cdot d \cdot \alpha^\circ}{360^\circ} + l_3$$

$$l_s = 85\text{ mm} + \frac{\pi \cdot 200\text{ mm} \cdot 135^\circ}{360^\circ} + 95\text{ mm} = \mathbf{415{,}62\text{ mm}}$$

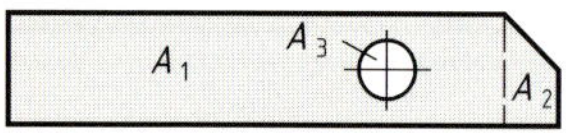

Ebenso wie die Summe der Teillängen die Gesamtlänge ergibt, errechnet sich die Gesamtfläche aus der Summe der Teilflächen.

$$A = \Sigma A_i = A_1 + A_2 - A_3 \pm \ldots$$

Berechnung der Masse bei Halbzeugen

Längenbezogene Masse (→ Masse)

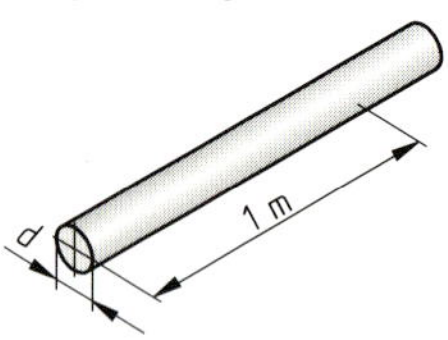

m' in $\frac{\text{kg}}{\text{m}}$

$$m = m' \cdot l$$

Die längenbezogene Masse wird z. B. bei Normquerschnitten, wie etwa bei Stahl- und Leichtbauprofilen bzw. auch bei Rohren in den entsprechenden Normen angegeben.

m	Masse	kg
l	Länge	m
m'	längenbezogene Masse	kg/m

B Ein T-Profil T 50 steht in der **DIN EN 10055** mit $m' = 4{,}44$ kg/m. Wie groß ist die Masse eines Stabes, mit $l = 3{,}6$ m.

$$m = m' \cdot l = 4{,}44\text{ kg/m} \cdot 3{,}6\text{ m}$$

$$\boldsymbol{m = 15{,}98\text{ kg}}$$

Flächenbezogene Masse (→ Masse)

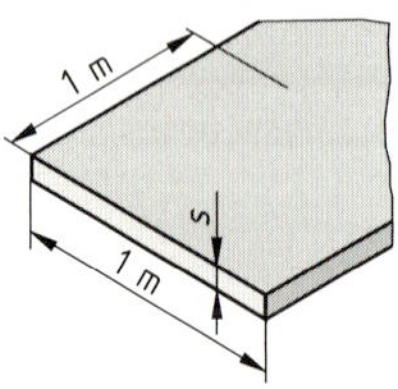

m'' in $\frac{\text{kg}}{\text{m}^2}$

$$m = m'' \cdot A$$

m''	flächenbezogene Masse	kg/m²
A	Fläche	m²

B Wie groß ist die Masse bzw. das Gewicht eines 3 mm dicken Stahlbleches mit $A = 6{,}3\text{ m}^2$ und $m'' = 23{,}6\text{ kg/m}^2$?

$$m = m'' \cdot A = 23{,}6\text{ kg/m}^2 \cdot 6{,}3\text{ m}^2$$

$$\boldsymbol{m = 148.68\text{ kg}}$$

$$F_G = m \cdot g = 148{,}68\text{ kg} \cdot 9{,}81\text{ m/s}^2$$

$$\boldsymbol{F_G = 1458{,}55\text{ N}}$$

Volumeninhalt und äußere Oberfläche wichtiger Behälterböden

Tellerboden

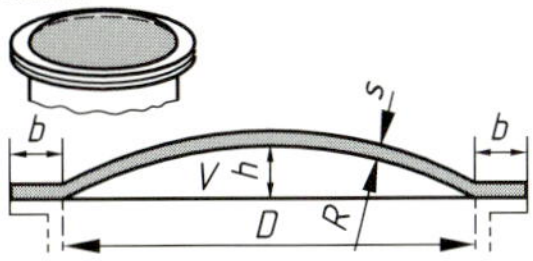

$R = 1{,}1 \cdot D$ bis $1{,}4 \cdot D$

Inhalt der Wölbung: (→ Behälterdämmung)

$$V = \frac{\pi \cdot h}{2} \cdot \left(\frac{D^2}{4} + \frac{h^2}{3}\right)$$

Äußere Oberfläche:

$$A_O = 2 \cdot (R + s) \cdot \pi \cdot h + \frac{\pi}{4} \cdot \left[(D + 2 \cdot b)^2 - D^2\right]$$

$$A_O = \pi \cdot \left(\frac{D^2}{4} + h^2\right) + \frac{\pi}{4} \cdot \left[(D + 2 \cdot b)^2 - D^2\right]$$

Klöpperboden

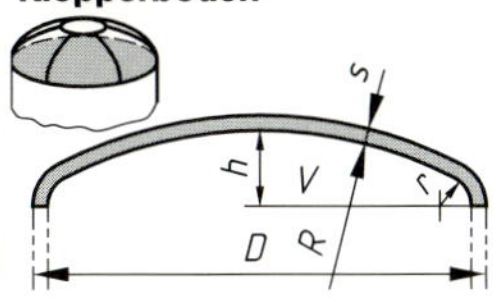

$R = D$ | $r = 0{,}1 \cdot D$

Inhalt der Wölbung (ohne Zylinderbord):

$$V \approx 0{,}1 \cdot (D - 2 \cdot s)^3$$

Äußere Oberfläche (ohne Zylinderbord):

$$A_O \approx 0{,}99 \cdot D^2$$

$$h = 0{,}1935 \cdot D - 0{,}445 \cdot s$$

Korbbogenboden

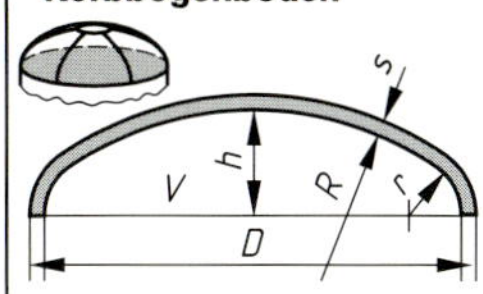

$R = 0{,}8 \cdot D$ | $r = 0{,}154 \cdot D$

Inhalt der Wölbung (ohne Zylinderbord):

$$V \approx 0{,}1298 \cdot (D - 2 \cdot s)^3$$

Äußere Oberfläche (ohne Zylinderbord):

$$A_O \approx 1{,}08 \cdot D^2$$

$$h = 0{,}255 \cdot D - 0{,}635 \cdot s$$

2

B Welchen Nenninhalt besitzt der abgebildete Behälter (mit Klöpperboden) bis zum Austragsrohr (DN 100, d. h. $d_i = 100$ mm)?

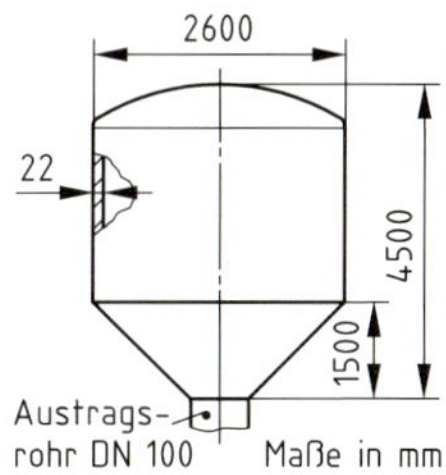

Höhe des Klöpperbodens:
$\boldsymbol{h_1} = 0{,}1935 \cdot D - 0{,}445 \cdot s = 0{,}1935 \cdot 2{,}6\ \text{m} - 0{,}445 \cdot 0{,}022\ \text{m} = \mathbf{0{,}493\ m}$

Inhalt des Klöpperbodens:
$\boldsymbol{V_1} \approx 0{,}1 \cdot (D - 2 \cdot s)^3 \approx 0{,}1 \cdot (2{,}6\ \text{m} - 2 \cdot 0{,}022\ \text{m})^3 \approx \mathbf{1{,}67\ m^3}$

Inhalt des zylindrischen Teils:

$$\boldsymbol{V_2} = \frac{(D - 2 \cdot s)^2}{4} \cdot \pi \cdot l = \frac{(2{,}6\ \text{m} - 2 \cdot 0{,}022\ \text{m})^2}{4} \cdot \pi \cdot (4{,}5\ \text{m} - 1{,}5\ \text{m} - 0{,}493\ \text{m} - 0{,}022\ \text{m}) = \mathbf{12{,}75\ m^3}$$

Inhalt des konischen Teiles (Kegelstumpf):

$$\boldsymbol{V_3} = \frac{\pi \cdot h_3}{12} \cdot \left[(D - 2 \cdot s)^2 + d_i^2 + (D - 2 \cdot s) \cdot d_i\right] = \frac{\pi \cdot 1{,}5\text{m}}{12} \cdot \left[(2{,}6\text{m} - 0{,}022\text{m})^2 + 0{,}1^2\,\text{m}^2 + (2{,}6\text{m} - 2 \cdot 0{,}022\text{m}) \cdot 0{,}1\text{m}\right] = \mathbf{2{,}67\ m^3}$$

Gesamtinhalt (Nenninhalt): $\boldsymbol{V} = V_1 + V_2 + V_3 = 1{,}67\ \text{m}^3 + 12{,}75\ \text{m}^3 + 2{,}67\ \text{m}^3 = \mathbf{17{,}09\ m^3}$

Inhalt unregelmäßiger Flächen (→ Flächenberechnung)

Nach Augenmaß in regelmäßige, berechenbare Flächen verwandeln und diese ausrechnen.

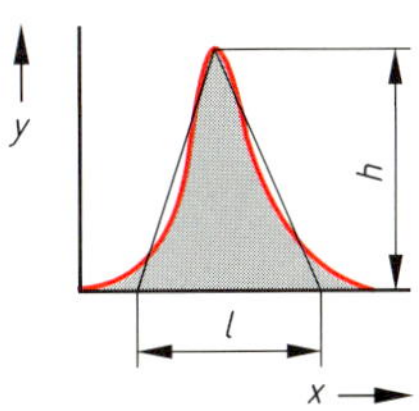

$$A = \frac{l \cdot h}{2}$$ (für Dreiecksflächen)

n Rechtecke gleicher Breite b so über die Fläche verteilen, dass die Kurve jeweils durch die Oberseitenmitte verläuft und dann die Rechteckflächen addieren.

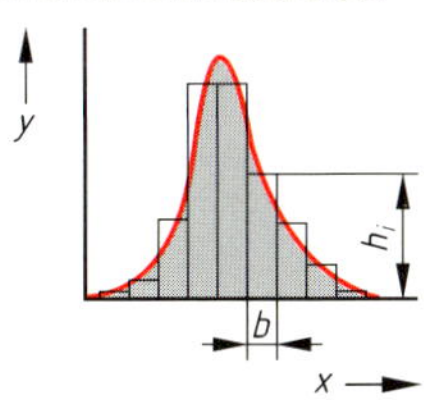

$$A = b \cdot \sum_{i=1}^{n} h_i = b \cdot (h_1 + h_2 + \ldots + h_n)$$

Transparentes Millimeterpapier über die Fläche legen und die Kästchen auszählen, die innerhalb der Fläche liegen.

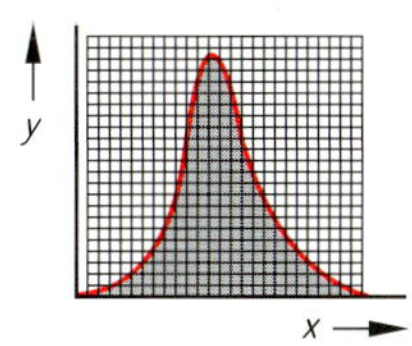

$$A = n \cdot 1\ \text{mm}^2$$

Wird von der Kurve mehr als die Hälfte eines Kästchens weggeschnitten, wird es nicht gezählt.

Normgerechte Darstellung von Diagrammen (DIN 461, 03.73):

1. Die **Wachstumsrichtung** der Größen wird durch Pfeile neben den Achsen (**Abszisse** = waagerechte Achse, **Ordinate** = senkrechte Achse) angezeigt. Die Pfeile können auch unmittelbar an den Achsen stehen.
2. Die Formelzeichen der **Größen** stehen an den Wurzeln der Pfeile. Sie sollen möglichst ohne Drehen des Diagrammes lesbar sein. Sind ausgeschriebene Wörter oder längere Formeln an der Ordinate nicht vermeidbar, sollen sie von rechts lesbar sein.
3. Die **Teilung** der Achsen wird durch Zahlen beziffert, die ohne Drehung des Diagrammes lesbar sein müssen. Der erste und der letzte Teilstrich muss in jedem Fall beziffert sein. Dazwischenliegende können z. T. unbeziffert bleiben. Negative Zahlenwerte sind mit einem Minus (–) zu versehen. Die Teilung kann linear oder nichtlinear (z. B. logarithmisch) sein.

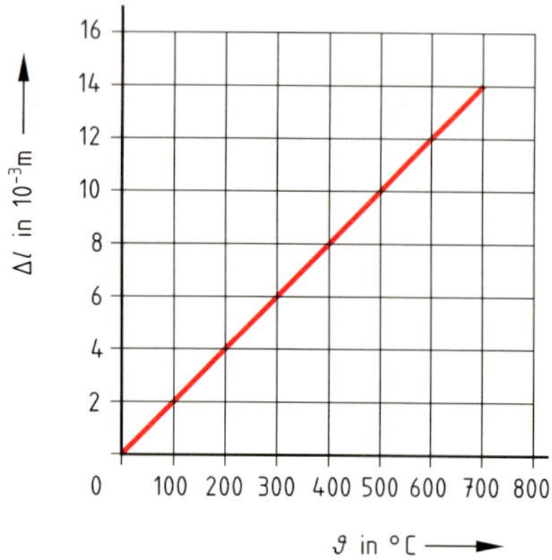

4. Die **Einheitenzeichen** stehen (senkrecht) an den Enden der Achsen zwischen den letzten beiden Zahlen der Skalen (bei Platzmangel vorletzte Zahl weglassen). Einheiten nicht in Klammern setzen.
5. Bei **Zeitpunkt-** (z. B. Uhrzeit) und **Winkelangaben** die Einheitenzeichen (h, min, s, °, ′, ″) an jeden Zahlenwert der Skale setzen. Dies gilt nicht für Zeitspannen (s, min, h, d, a). Eine **gemeinsame Zehnerpotenz** wird nur einmal zwischen die letzten beiden Zahlen der Skale geschrieben.
(→ Gleichungen)

Dreieckskoordinatensysteme (Dreiecksdiagramme):

Dreieckskoordinatensysteme werden zur Darstellung von Dreistoffgemischen verwendet, wenn die Summe der drei Komponenten immer einen konstanten Wert ergibt (z. B. Massenanteile $w_1 + w_2 + w_3 = 1$ = konstant).

Die Eckpunkte entsprechen jeweils den reinen Komponenten. Der Anteil eines Stoffes wird durch den Abstand von der jeweiligen Dreiecksseite gekennzeichnet. Der Wert einer Größe wächst von der Dreiecksseite zum gegenüberliegenden Eckpunkt. Er wird mit Hilfe der Parallelen zur Dreiecksseite abgelesen.

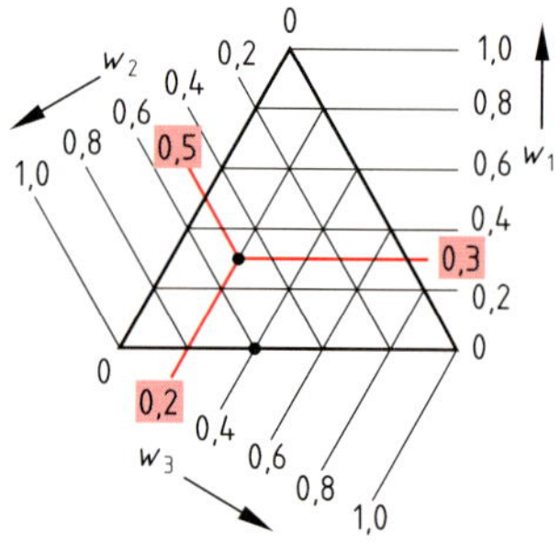

B Ablesebeispiele:

Oberes Diagramm: P_1 kennzeichnet ein Gemisch mit den Massenanteilen $w_1 = 0{,}3$, $w_2 = 0{,}5$ und $w_3 = 0{,}2$. P_2 liegt auf der Dreiecksseite ($w_1 = 0$). Somit gilt P_2 für ein Zweistoffgemisch mit $w_2 = 0{,}6$ und $w_3 = 0{,}4$.

Unteres Diagramm: In P liegt ein Gemisch vor mit φ (CH_4) = 5 %, φ (Luft) = 60 % und φ (N_2) = 35 %.

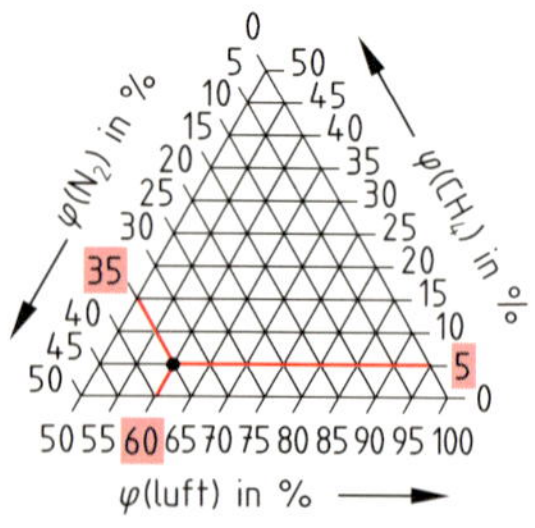

Diagramme und Nomogramme (Fortsetzung)

Werteermittlung

Diagramme

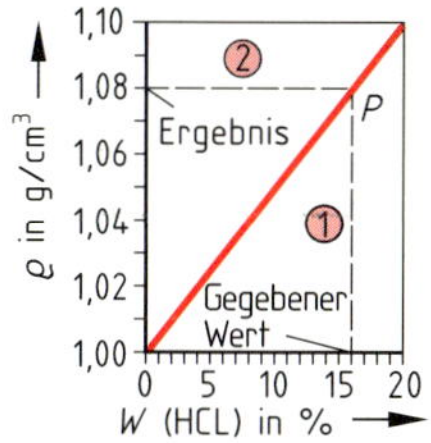

Durch den Zahlenwert der Abszisse wird die Parallele ① zur Ordinate bis zum Schnittpunkt *P* mit dem Graphen konstruiert. Durch *P* legt man die Parallele ② zur Abszisse, die die Ordinate im gesuchten Funktionswert schneidet. Entsprechend verfährt man, wenn man von einem Ordinatenwert ausgeht.

Doppelleitern

Die Doppelleiter entsteht, wenn die Abszissenwerte über den Graphen auf die Ordinate gespiegelt werden. Zusammengehörige Wertepaare liegen dann direkt nebeneinander.

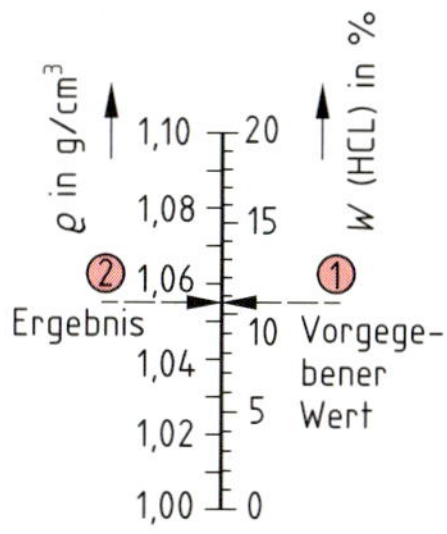

Netztafeln

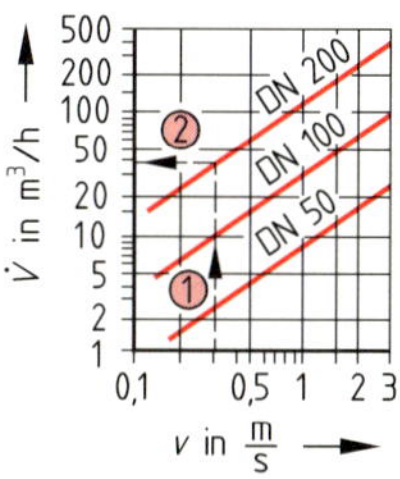

Netztafeln stellen die Beziehung zwischen drei Veränderlichen (hier $\dot{V}$, *v* und DN) dar. Der Funktionswert (hier $\dot{V}$) ist also nicht nur vom Abszissenwert (hier *v*) sondern zusätzlich von einer zweiten Größe (hier DN) abhängig.
Zur Konstruktion eines Graphen wird jeweils ein Zahlenwert der zweiten Größe konstant gehalten und nur der Abszissenwert verändert. Die drei Graphen gelten also hier für drei konstante DN-Werte.

Verbund-Netztafeln
(für mehr als 3 Veränderliche)

Wenn in einer Funktion der Funktionswert von zwei Veränderlichen abhängt, von denen eine wiederum die Funktion von zwei weiteren Veränderlichen ist, müssen zwei Netztafeln verbunden werden.

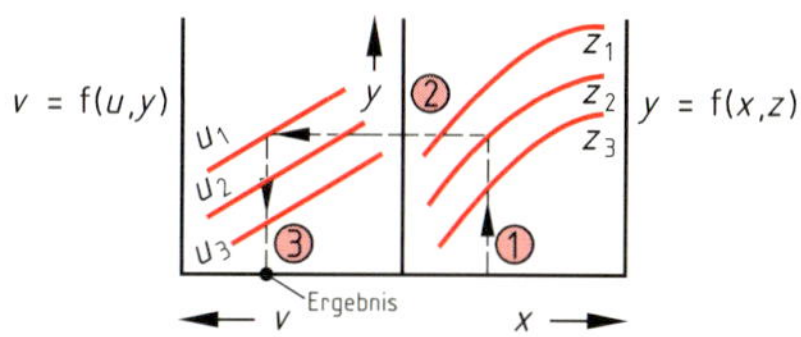

Leiternomogramme (Leitertafeln)

Leiternomogramme mit drei Leitern gelten für drei Veränderliche. Eine Fluchtlinie wird durch zwei gegebene Veränderliche gelegt. Der Schnittpunkt mit der dritten Leiter (Ergebnisleiter) ergibt den zugehörigen Wert der dritten Veränderlichen. Jede Leiter kann Ergebnisleiter sein. Die Leitern müssen nicht parallel sein (vgl. Abbildungen).

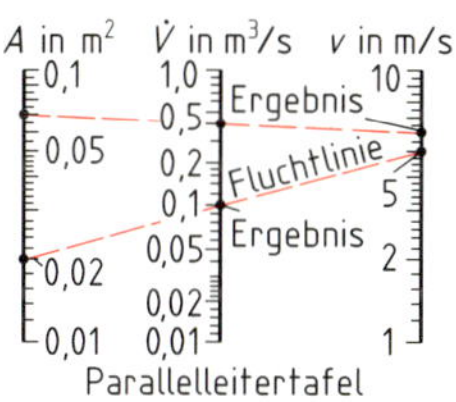

Parallelleitertafel

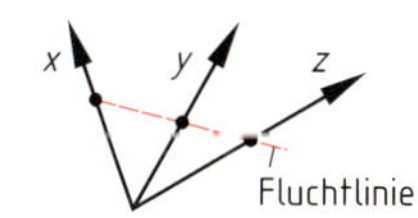

Schiefwinklige Leitertafel

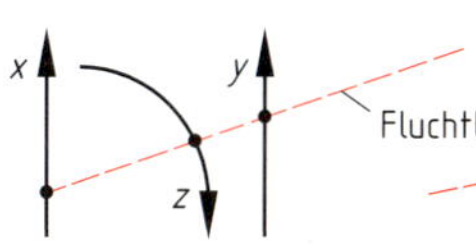

Leitertafel mit gekrümmter Mittelleiter

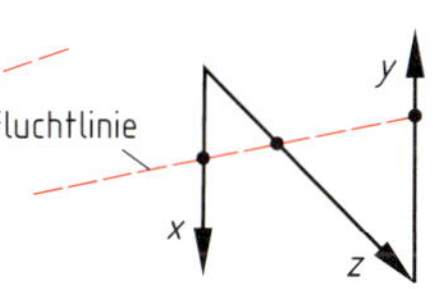

N- bzw. Z- Leitertafel

Parallelleiternomogramme für mehr als drei Veränderliche

Ist die Beziehung zwischen mehr als drei Veränderlichen darzustellen, müssen mehrere Parallelleiternomogramme kombiniert werden. Die Ergebnisleiter eines Nomogramms wird zur Eingangsleiter des zweiten Nomogramms und dient dort (zusammen mit der Leiter einer weiteren Veränderlichen) zur Bestimmung des Endergebnisses.

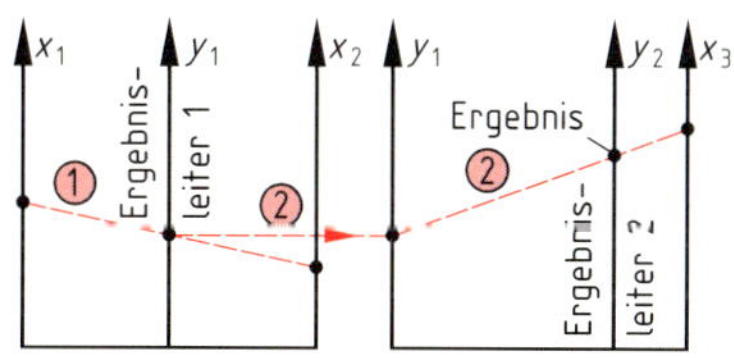

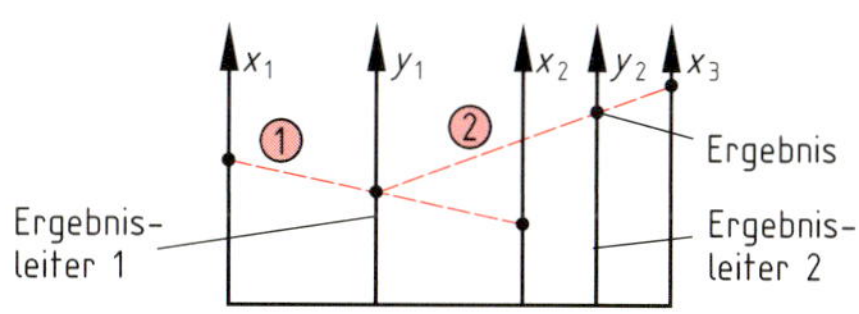

Nomogramme 1 und 2 zusammengefasst

Diagramme und Nomogramme (Fortsetzung)

Zustandsdiagramme (Phasendiagramme) von Zweistoffsystemen: (→ Kältemittel)

Zustandsdiagramme für Zweistoffgemische informieren darüber, welche Phasen bei bestimmter Gemischzusammensetzung und Temperatur existieren, z. B.: Akühlung eines Gemisches aus 20 % des Stoffes A und 80% des Stoffes B (aus der Dampfphase).

ϑ_1: Gesamte Masse gasförmig (Dampf)

ϑ_2: Beginn der Kondensatbildung

ϑ_3: Flüssige Phase (Kondensat) und gasförmige Phase (Dampf) existieren nebeneinander

ϑ_4: Letzte Anteile Dampf kondensieren

ϑ_5: Gesamte Masse flüssig

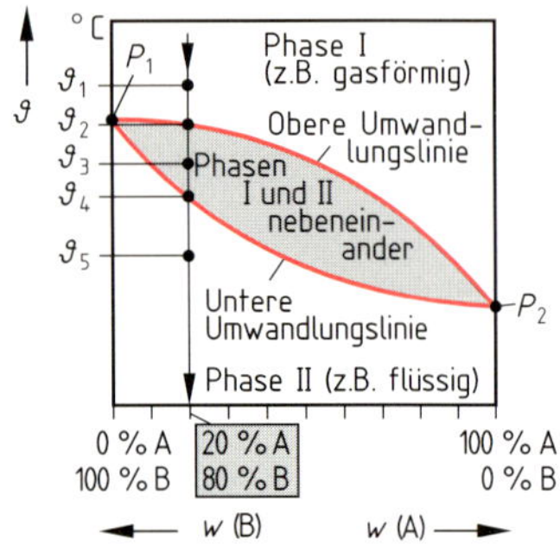

Man unterscheidet **Siedediagramme** (Bild) für den Wechsel zwischen gasförmiger und flüssiger Phase und **Schmelzdiagramme** für den Wechsel zwischen flüssiger und fester Phase.

Die obere Umwandlungslinie heißt **Taulinie** (Siedediagramme) oder **Liquiduslinie** (Schmelzdiagramme). Über ihr ist – unabhängig von der Zusammensetzung – alles gasförmig bzw. – im zweiten Falle – flüssig. Die untere Umwandlungslinie heißt **Siedelinie** (Siedediagramme) oder **Soliduslinie** (Schmelzdiagramme). Unter ihr ist alles flüssig bzw. – im zweiten Falle – fest. Zwischen beiden Linien liegt das **Zweiphasengebiet**, in dem gasförmige und flüssige Phase (Siedediagramm) oder flüssige und feste Phase (Schmelzdiagramm) gleichzeitig vorliegen. Die Schnittpunkte der oberen Umwandlungslinie mit den senkrechten Achsen (P_1 und P_2) zeigen die Siede- bzw. Schmelztemperaturen der Reinstoffe A (P_2) oder B (P_1) an.

Beispiele wichtiger Zustandsdiagramme: (→ Feste Lösungen, Eutektische Legierungen, Kältemittel)

D Dampf, F Flüssigkeit, S Schmelze, MK Mischkristalle, α Kristalle von A, β Kristalle von B, α-MK Mischkristalle mit Hauptanteil A, β-MK Mischkristalle mit Hauptanteil B.

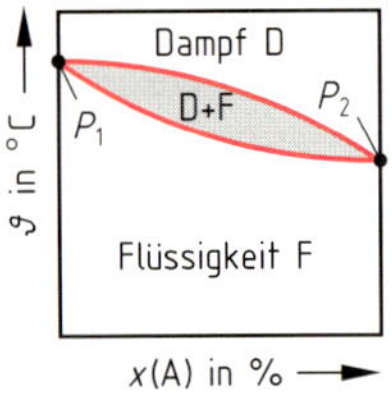

Siedediagramm für zwei Stoffe A und B, die in jedem Verhältnis ineinander löslich sind. P_1 und P_2 sind die Siedepunkte der reinen Stoffe B und A.

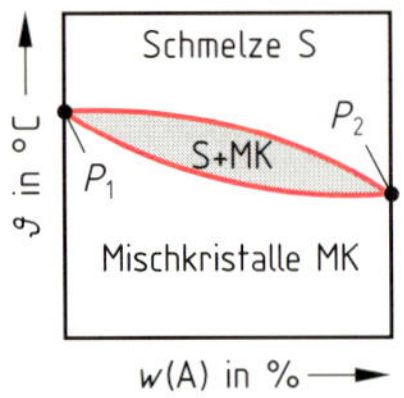

Zustandsdiagramm für zwei Stoffe A und B, die im flüssigen und im festen Zustand in jedem Verhältnis ineinander löslich sind. Im festen Zustand bilden sie homogene Mischkristalle, d.h. das Kristallgitter ist aus A- und B-Atomen gemeinsam aufgebaut. P_1 und P_2 sind die Schmelzpunkte der reinen Stoffe B und A.

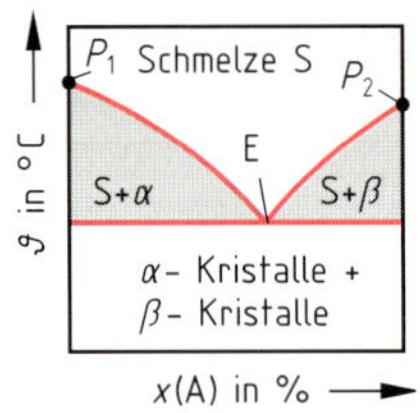

Zustandsdiagramm für zwei Stoffe A und B, die im festen Zustand überhaupt nicht mischbar sind, d. h. jeder Stoff bildet eigene Kristalle. Im festen Zustand liegt ein Gemenge aus α- und β-Kristallen vor. Die Zusammensetzung entsprechend E heißt Eutektikum. Sie zeigt einen festen Schmelzpunkt wie die Reinstoffe A (P_2) und B (P_1).

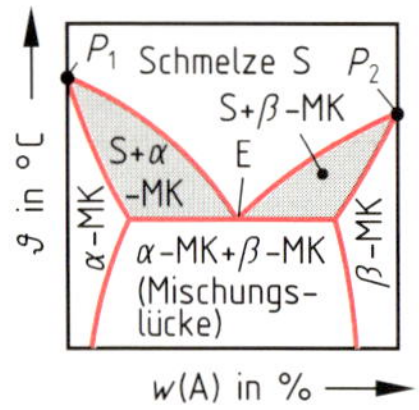

Zustandsdiagramm für zwei Stoffe A und B teilweiser Löslichkeit, d. h. A ist im festen Zustand bis zu einem bestimmten Anteil in B löslich und umgekehrt. Dazwischen besteht eine Mischungslücke in der α-MK und β-MK nebeneinander kristallisieren, also Kristalle von A mit maximalem Anteil an B und umgekehrt.

Diagramme und Nomogramme (Fortsetzung)

Zusammensetzung der Phasen im Zweiphasengebiet von Zustandsdiagrammen:

Liegt ein Zweistoffgemisch aus den Komponenten A und B mit der Zusammensetzung w_i bei der Temperatur ϑ_i vor, so zeigt der Schnittpunkt der Waagerechten durch den Zustandspunkt P mit der oberen Umwandlungslinie die Zusammensetzung w_I der vorhandenen Phase I (z. B. der flüssigen Phase) an, der Schnittpunkt mit der unteren Umwandlungslinie die Zusammensetzung w_{II} der Phase II (z. B. der festen Phase). Existiert kein Schnittpunkt mit der unteren Umwandlungslinie, sondern ein solcher mit der Senkrechten am linken oder rechten Rand des Diagramms, dann besteht die Phase II bei ϑ_i nur aus einer Komponente und zwar aus dem Stoff, der an dieser Stelle mit einem Anteil von 100 % ausgewiesen ist.

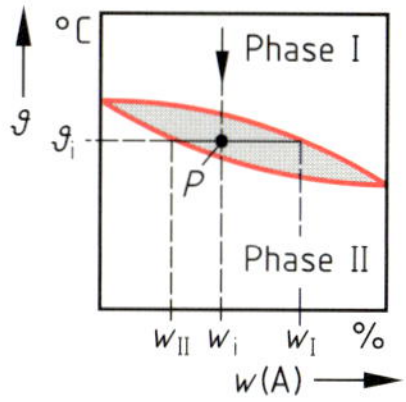

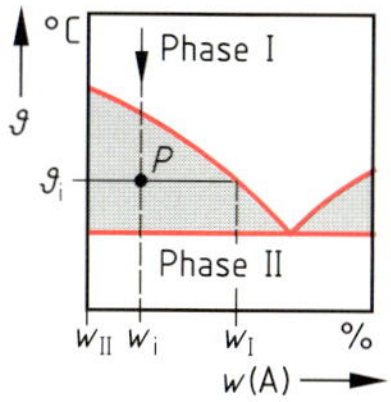

Anteile der Phasen im Zweiphasengebiet von Zustandsdiagrammen:

P Zustandspunkt des Gemisches aus A und B, m Gesamtmasse, m_I Masse der Phase I, m_{II} Masse der Phase II, w_i Zusammensetzung des Zweistoffgemisches, w_I Zusammensetzung der bei ϑ_i vorliegenden Phase I, w_{II} Zusammensetzung der bei ϑ_i vorliegenden Phase II, $a = w_i - w_{II}$, $b = w_I - w_i$.

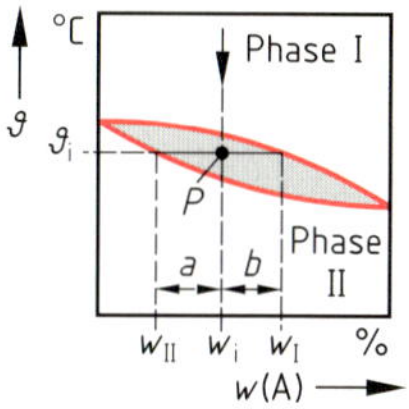

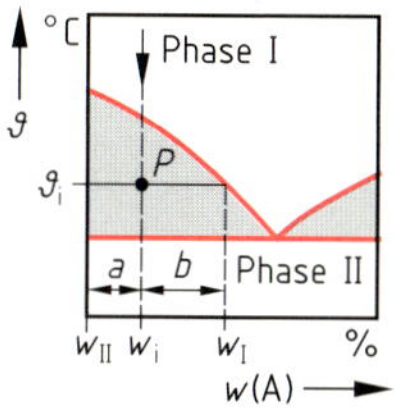

$$m_I = \frac{a}{a+b} \cdot m \qquad m_{II} = \frac{b}{a+b} \cdot m \qquad \frac{m_{II}}{m_I} = \frac{b}{a}$$ (Hebelgesetz)

Gibbs'sches Phasengesetz:

Ohne Berücksichtigung der Gas- bzw. Dampfphase:

$$f = n - p + 1$$

Mit Berücksichtigung der Gas- bzw. Dampfphase:

$$f = n - p + 2$$

f Freiheitsgrade (Änderungsmöglichkeiten der Zustandsgrößen Temperatur, Druck oder Konzentration eines Systems aus n Komponenten bzw. Stoffen)

n Anzahl der Komponenten des Systems (Anzahl der beteiligten Stoffe)

p Anzahl der Phasen (homogene Stoffbereiche, z. B. gasförmige, flüssige und feste Phasen). In einem System können mehrere flüssige und feste Phasen nebeneinander existieren, z. B. zwei nicht mischbare Flüssigkeiten.

B **1. Thermische Analyse (Abkühlungskurve) eines reinen Stoffes (z.B. Wasser oder Metall)**

Bereich 1: $n = 1$ (Reinstoff), $p = 1$ (Schmelze), somit:
$f = 1 - 1 + 1 = \mathbf{1}$ d. h. eine Zustandsgröße kann sich ändern (die Temperatur sinkt) → sensibler Vorgang

Bereich 2: ϑ_s = Kristallisations- bzw. Schmelzpunkt ⇒
$n = 1$, $p = 2$ (Schmelze + Kristalle), somit
$f = \mathbf{0}$ d. h. während der Kristallisation ist keine Temperaturänderung möglich ⇒ latenter Vorgang

Bereich 3: $n = 1$, $p = 1$ (Kristalle) ⇒ $f = \mathbf{1}$ d. h. Temperatur kann sinken.

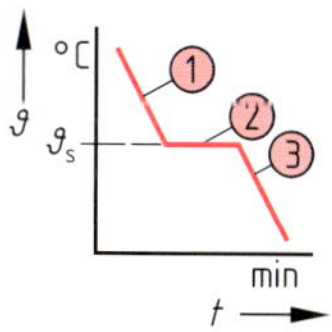

2. Gesättigte Kühlsole mit Bodensatz und Eis (Kältemischung)

$n = 2$ (Wasser + Salz), $p = 4$ (Wasserdampf, Eis, Salzlösung, Bodensatz aus Salz), $f = 2 - 4 + 2 = \mathbf{0}$, d. h. solange die festen Phasen Bodensatz und Eis erhalten werden, besitzt die Kühlsole konstante Temperatur bei (latenter) Wärmezu- oder -abfuhr.

2

Zusammensetzung von Mischphasen (nach **DIN 1310**, 11.99)

Mischphasen sind Gasgemische, Lösungen und Mischkristalle, die folgenden Angaben gelten aber auch für Gemenge nicht mischbarer Stoffe (→ Luftzusammensetzung, Kältemittelgemische).

Massenanteil w und Massenverhältnis ζ:

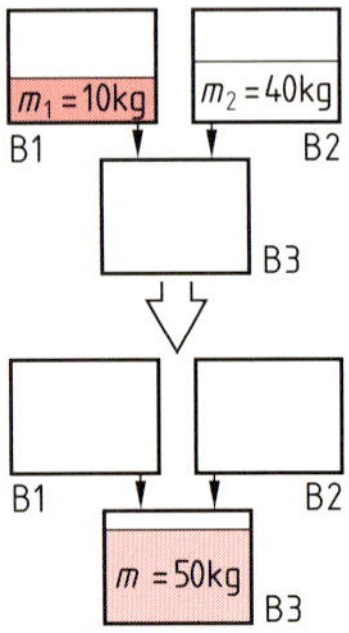

Massenanteil

$$w_i = \frac{m_i}{m}$$ z. B. $$w(H_2SO_4) = \frac{m(H_2SO_4)}{m}$$

m_i Masse des Stoffes i

m Gesamtmasse $(m_1 + m_2 + \ldots + m_n)$

B Massenanteil des Stoffes 1 in der Mischphase (B 3):

$$w_1 = \frac{m_1}{m} = \frac{m_1}{m_1 + m_2} = \frac{10\,\text{kg}}{10\,\text{kg} + 40\,\text{kg}} = \frac{10\,\text{kg}}{50\,\text{kg}} = \mathbf{0,2} \mathrel{\hat{=}} \mathbf{20\,\%}$$

Massenverhältnis

$$\zeta_{ik} = \frac{m_1}{m_k}$$

m_i Masse des Stoffes i

m_k Masse des Stoffes k

B Massenverhältnis Stoff 1 zu Stoff 2: $\zeta_{12} = \frac{m_1}{m_2} = \frac{10\,\text{kg}}{40\,\text{kg}} = \mathbf{0,25}$

Volumenanteil φ und Volumenverhältnis ψ:

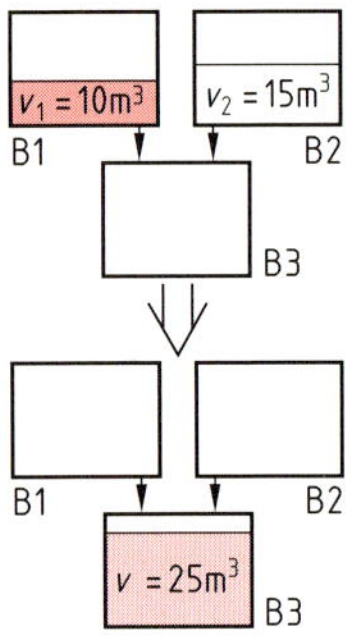

Volumenanteil

$$\varphi_i = \frac{V_1}{V}$$ z. B. $$\varphi(C_2H_5OH) = \frac{V(C_2H_5OH)}{V}$$

V_i Volumen des Stoffes i vor dem Mischen

V Gesamtvolumen $(V_1 + V_2 + \ldots + V_n)$ vor dem Mischen

B Volumenanteil des Stoffes 1 in der Mischphase (B 3)

$$\varphi_1 = \frac{V_1}{V} = \frac{V_1}{V_1 + V_2} = \frac{10\,\text{m}^3}{10\,\text{m}^3 + 15\,\text{m}^3} = \frac{10\,\text{m}^3}{25\,\text{m}^3} = \mathbf{0,4} \mathrel{\hat{=}} \mathbf{0,40\,\%}$$

Volumenverhältnis

$$\psi_{ik} = \frac{V_i}{V_k}$$

V_i Volumen des Stoffes i vor dem Mischen

V_k Volumen des Stoffes k vor dem Mischen

B Volumenverhältnis Stoff 1 zu Stoff 2:

$$\psi_{12} = \frac{V_1}{V_2} = \frac{10\,\text{m}^3}{15\,\text{m}^3} = \mathbf{0,67}$$

Stoffmengenanteil x und Stoffmengenverhältnis r:

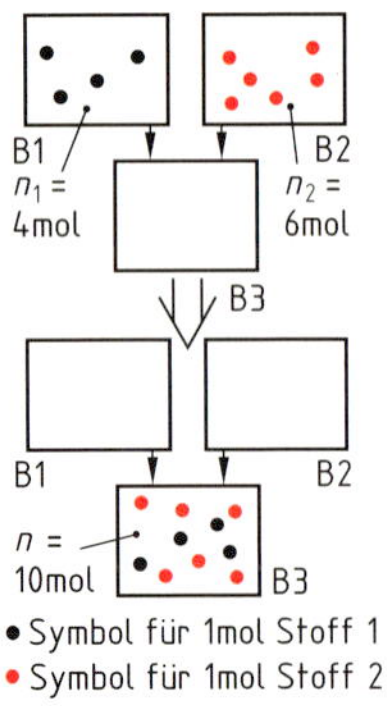

Stoffmengenanteil

$$x_i = \frac{n_i}{n}$$ z.B. $$x(HCl) = \frac{n(HCl)}{n}$$

n_i Stoffmenge des Stoffes i

n Gesamt-Mole $(n_1 + n_2 + \ldots + n_n)$

B Stoffmengenanteil des Stoffes 1 in der Mischphase (B 3):

$$x_1 = \frac{n_1}{n} = \frac{n_1}{n_1 + n_2} = \frac{4\,\text{mol}}{4\,\text{mol} + 6\,\text{mol}} = \frac{4\,\text{mol}}{10\,\text{mol}} = \mathbf{0,4} \mathrel{\hat{=}} \mathbf{40\,\%}$$

Stoffmengenverhältnis

$$r_{ik} = \frac{n_i}{n_k}$$

n_i Stoffmenge des Stoffes i

n_k Stoffmenge des Stoffes k

B Stoffmengenverhältnis Stoff 1 zu Stoff 2 (B 3):

$$r_{12} = \frac{n_1}{n_2} = \frac{4\,\text{mol}}{6\,\text{mol}} = \mathbf{0,67}$$

Zusammensetzung von Mischphasen (Fortsetzung)

Massenkonzentration β, Stoffmengenkonzentration c und Volumenkonzentration σ:

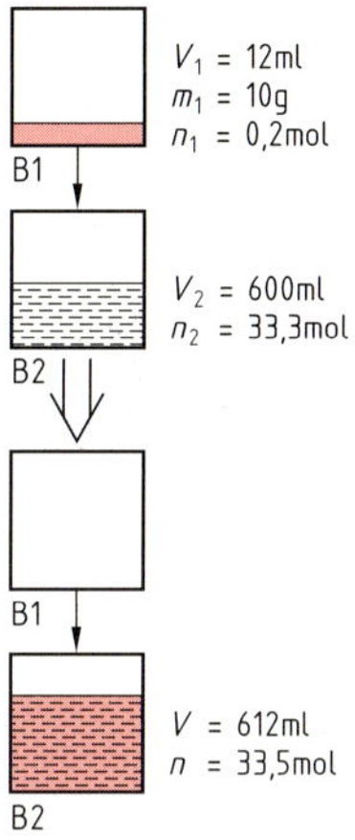

Massenkonzentration $\beta_i = \frac{m_i}{V}$ z. B. $\beta(N_2H_4) = \frac{m(N_2H_4)}{V}$

m_i Masse des Stoffes i, V Gesamtvolumen der Mischung ($V_1 + V_2 + \ldots + V_n$)

B Massenkonzentration des Stoffes 1 (nach Bild):

$$\beta_1 = \frac{m_1}{V} = \frac{m_1}{V_1 + V_2} = \frac{10\,g}{0{,}012\,l + 0{,}6\,l} = \mathbf{16{,}34\,\frac{g}{l}}$$

Stoffmengenkonzentration $c_i = \frac{n_i}{V}$ z. B. $c(NaOH) = \frac{n(NaOH)}{V}$

n_i Stoffmenge des Stoffes i, V Gesamtvolumen der Mischung ($V_1 + V_2 + \ldots + V_n$)

B Stoffmengenkonzentration des Stoffes 1 (nach Bild):

$$c_1 = \frac{n_1}{V} = \frac{n_1}{V_1 + V_2} = \frac{0{,}2\,mol}{0{,}012\,l + 0{,}6\,l} = \mathbf{0{,}327\,\frac{mol}{l}}$$

Volumenkonzentration $\sigma_i = \frac{V_i}{V}$ z. B. $\sigma(NH_3) = \frac{V(NH_3)}{V}$

V_i Volumen des Stoffes i, V Gesamtvolumen der Mischung ($V_1 + V_2 + \ldots + V_n$)

B Volumenkonzentration des Stoffes 1 (nach Bild):

$$\sigma_1 = \frac{V_1}{V} = \frac{V_1}{V_1 + V_2} = \frac{0{,}012\,l}{0{,}012\,l + 0{,}6\,l} = \mathbf{0{,}0196}$$

Molalität b

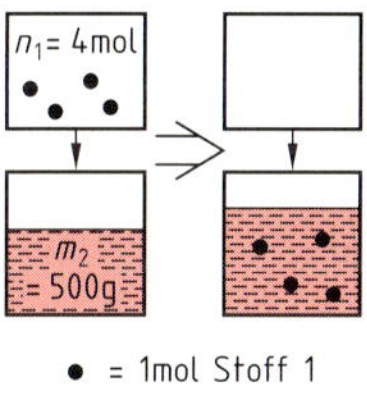

$b_i = \frac{n_i}{m_k}$ z. B. $b(C_{12}H_{10}\ in\ Benzol) = \frac{n(C_{12}H_{10})}{m(Benzol)}$

n_i Stoffmenge des Stoffes i, m_k Masse des Stoffes k (Lösemittel)

B Molalität des Stoffes 1 (nach Bild):

$$b_1 = \frac{n_1}{m_2} = \frac{4\,mol}{500\,g} = \frac{4\,mol}{0{,}5\,kg} = \mathbf{8\,\frac{mol}{kg}}$$

Äquivalentkonzentration c (eq):

$c_i(eq) = \frac{n_i(eq)}{V}$ z. B. $c\left(\frac{1}{2}H_2SO_4\right) = \frac{n\left(\frac{1}{2}H_2SO_4\right)}{V}$

Vor das Teilchensymbol wird der Bruch $^1/_{z^*}$ gesetzt, z. B. $^1/_2\,Ca(OH)_2$, $^1/_2\,Mg^{2+}$ oder $^1/_3\,H_3PO_4$

n_i (eq) Äquivalent-Stoffmenge des Stoffes i, V Gesamtvolumen der Lösung

1 Äquivalent ist der gedachte Bruchteil $^1/_{z^*}$ eines Atoms, Moleküls oder Ions. Dabei ist z^* der Betrag der Ladungszahl eines Ions **(Ionenäquivalent)** oder die Anzahl der H^+- oder OH^--Ionen, die ein Teilchen (Molekül oder Ion) bei einer bestimmten Neutralisationsreaktion aufnimmt oder abgibt **(Neutralisationsäquivalent)** oder der Betrag der Differenz der Oxidationszahlen eines Teilchens (oder eines in ihm enthaltenen Atoms) bei einer bestimmten Redox-Reaktion **(Redox-Äquivalent)**.

B 20 g H_2SO_4 sind in 1 l Maßlösung enthalten. Die Äquivalentkonzentration beträgt dann:

$$c\left(\frac{1}{2}H_2SO_4\right) = \frac{n\left(\frac{1}{2}H_2SO_4\right)}{V} = \frac{m(H_2SO_4)}{M\left(\frac{1}{2}H_2SO_4\right)\cdot V} = \frac{20\,g}{49\,\frac{g}{mol}\cdot 1\,l} = \mathbf{0{,}408\,\frac{mol}{l}}$$

Zusammensetzung von Mischphasen (Fortsetzung)

Umrechnungsformeln für Gehaltsgrößen:

2

Existiert ein direkter Pfeil zwischen zwei Größen im Bild, so können diese mit einer der unten aufgeführten Formeln unmittelbar ineinander umgerechnet werden (Nummer am Pfeil = Nummer der anzuwendenden Formel). Existiert kein direkter Pfeil zwischen zwei Größen, so geschieht die Umrechnung über eine Zwischengröße, die mit beiden verbunden ist. Beispiel: c soll in x umgerechnet werden, dazu wird zunächst w (Zwischengröße) aus c errechnet (Formel Nr. 3) und dann x aus w (Formel Nr. 1).

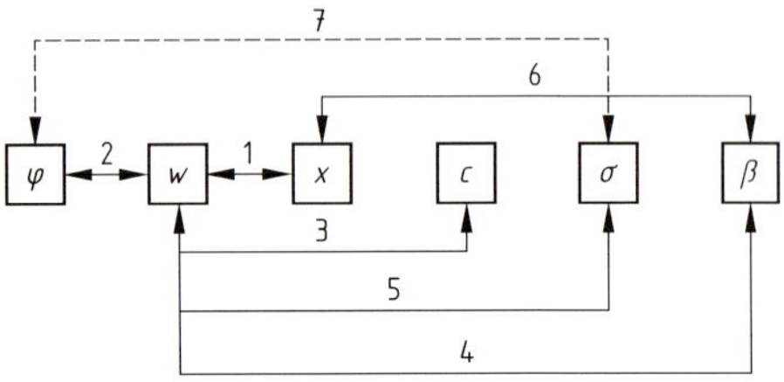

1 Massenanteil $w \leftrightarrow x$ Stoffmengenanteil

$$w_i = \frac{x_i \cdot M_i}{x_i \cdot M_i + x_k \cdot M_k + \ldots + x_n \cdot M_n}$$

$$x_i = \frac{w_i}{M_i \cdot (w_i/M_i + w_k/M_k + \ldots + w_n/M_n)}$$

w_i, w_k, w_n Massenanteile der Stoffe i, k und n, x_i, x_k, x_n Stoffmengenanteile der Stoffe i, k und n,
M_i, M_k, M_n molare Massen der Stoffe i, k und n in g/mol

2 Massenanteil $w \leftrightarrow \varphi$ Volumenanteil

$$w_i = \frac{\varphi_i \cdot \rho_i}{\rho}$$

$$\varphi_i = \frac{w_i \cdot \rho}{\rho_i}$$

- w_i Massenanteil des Stoffes i
- φ_i Volumenanteil des Stoffes i
- ϱ_i Dichte des Stoffes i in g/cm^3
- ϱ Dichte der Mischphase in g/cm^3

3 Massenanteil $w \leftrightarrow c$ Stoffmengenkonzentration

$$w_i = \frac{c_i \cdot M_i}{1000 \cdot \rho}$$

$$c_i = \frac{1000 \cdot w_i \cdot \rho}{M_i}$$

- w_i Massenanteil des Stoffes i
- c_i Stoffmengenkonzentration des Stoffes i in mol/l
- M_i Molare Masse des Stoffes i in g/mol
- ϱ Dichte der Mischphase in g/cm^3

4 Massenanteil $w \leftrightarrow \beta$ Massenkonzentration

$$w_i = \frac{\beta}{1000 \cdot \rho}$$

$$\beta = 1000 \cdot w_i \cdot \rho$$

- w_i Massenanteil des Stoffes i
- β_i Massenkonzentration des Stoffes i in g/l
- ϱ Dichte der Mischphase in g/cm^3

5 Massenanteil $w \leftrightarrow \sigma$ Volumenkonzentration

$$w_i = \frac{\sigma_i \cdot \rho_i}{\rho}$$

$$\sigma_i = \frac{w_i \cdot \rho}{\rho_i}$$

- w_i Massenanteil des Stoffes i
- σ_i Volumenkonzentration des Stoffes i in l/l
- ϱ_i Dichte des Stoffes i in g/cm^3
- ϱ Dichte der Mischphase in g/cm^3

6 Massenkonzentration $\beta \leftrightarrow c$ Stoffmengenkonzentration

$$\beta = c_i \cdot M_i$$

$$c_i = \frac{\beta}{M_i}$$

- β_i Massenkonzentration des Stoffes i in g/l
- c_i Stoffmengenkonzentration des Stoffes i in mol/l
- M_i Molare Masse des Stoffes i in g/mol

7 Volumenanteil $\varphi \leftrightarrow \sigma$ Volumenkonzentration

Es ist $\varphi = \sigma$ wenn beim Mischvorgang der beteiligten Stoffe keine Volumenänderung eintritt ($V_{Mischphase} = V_i + V_k + \ldots + V_n$).

Mischungsgleichung für Lösungen und andere Mischphasen

Werden mehrere Lösungen (bestehend aus Lösemittel und gelöstem Stoff) gemischt, so gelten die folgenden Bilanzgleichungen für den gelösten Stoff:

1 $m_1 \cdot w_1 + m_2 \cdot w_2 + \ldots + m_n \cdot w_n = (m_1 + m_2 + \ldots + m_n) \cdot w_M$ für *n* Lösungen, die gemischt werden.

2 $m_1 \cdot w_1 + m_2 \cdot w_2 = (m_1 + m_2) \cdot w_M$ für 2 Lösungen, die zu einer neuen vereinigt werden.

3 $m_1 \cdot w_1 = (m_1 + m_2) \cdot w_M$ für 1 Lösung, die mit reinem Lösemittel (m_2, $w_2 = 0$) verdünnt wird.

4 $m_1 \cdot w_1 + m_2 = (m_1 + m_2) \cdot w_M$ für 1 Lösung, deren Massenanteil an gelöstem Stoff dadurch erhöht wird, dass gleicher Stoff in reiner Form (m_2, $w_2 = 1$ bzw. 100%) der Lösung zugesetzt wird.

↑ bzw. $m_2 \cdot 100\,\%$, wenn die Massenanteile in % eingesetzt werden.

5 $m_1 \cdot w_1 = (m_1 - m_2) \cdot w_M$ für 1 Lösung, der reines Lösemittel (m_2, $w_2 = 0$), z. B. durch Abdampfen, entzogen wird.

$m_1, m_2, \ldots, m_n$ Massen der Lösungen 1, 2, ..., *n*

$w_1, w_2, \ldots, w_n$ Massenanteile des gelösten Stoffes in den Lösungen 1, 2, ..., *n*

w_M Massenanteil des gelösten Stoffes in der Mischung bzw. neuen Lösung

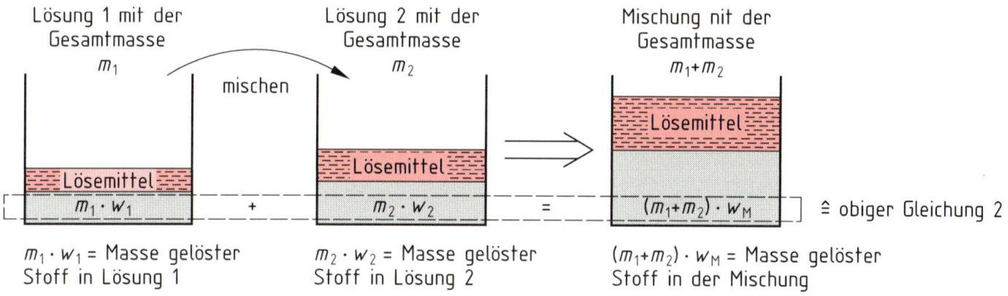

B Wieviel kg einer Schwefelsäure mit $w(H_2SO_4) = 0{,}9$ (Index 2) sind mit 60 kg einer Schwefelsäure mit $w(H_2SO_4) = 0{,}4$ (Index 1) zu mischen, damit eine Säure mit $w(H_2SO_4) = 0{,}55$ (Mischung) entsteht?

Gleichung 2:

$$60\text{ kg} \cdot 0{,}4 + m_2 \cdot 0{,}9 = (60\text{ kg} + m_2) \cdot 0{,}55$$

$$24\text{ kg} + 0{,}9\,m_2 = 33\text{ kg} + 0{,}55\,m_2$$

$$0{,}35\,m_2 = 9\text{ kg}$$

$$m_2 = \mathbf{25{,}71\ kg}$$

B Aus 160 g Salpetersäure mit $w(HNO_3) = 40\%$ (Index 1) werden 50 g Wasser (Index 2) abgedampft. Welcher neue Massenanteil $w(HNO_3)$ in Prozent ergibt sich für das Konzentrat?

Gleichung 5:

$$160\text{ g} \cdot 40\% = (160\text{ g} - 50\text{ g}) \cdot w_M$$

$$w_M = \frac{160\text{ g} \cdot 40\%}{160\text{ g} - 50\text{ g}} = \mathbf{58{,}2\,\%}$$

Die Bilanzgleichungen können in gleicher Weise für alle Mischphasen, die vereinigt werden, Anwendung finden. Voraussetzung ist, dass sich die eingesetzten Massenanteile w_i bei allen beteiligten Mischphasen auf die gleiche Komponente beziehen.

Sind andere Gehaltsgrößen bei den Mischphasen gegeben (Stoffmengenanteile x_i, Massenverhältnisse ζ_{ik} usw.), so kann man diese zunächst mit Hilfe der → Umrechnungsformeln für Gehaltsgrößen in Massenanteile w_i umrechnen und dann zusammen mit den Massen m_i in obigen Gleichungen anwenden.

Massenanteile der Elemente in einer Verbindung

Atomsymbole (H, O, N usw.) und Formeln (HCl, NaOH usw.) in chemischen Reaktionsgleichungen stehen jeweils für die Stoffmenge $n = 1$ mol ($\hat{=}$ $6{,}022 \cdot 10^{23}$ Teilchen) des entsprechenden Stoffes. Somit lassen sich die Massenanteile der einzelnen Elemente in einer Verbindung wie in folgendem Beispiel ermitteln:

	Stoffmenge n_i	Molare Masse M_i	Masse $m_i = n_i \cdot M_i$	Massenanteil $w_i = m_i/m$
H_2SO_4 →	1 mol	98,07 g/mol	98,07 g ($\hat{=}$ m)	1,000 (da $m_i = m$)
4 O →	4 mol	16,0 g/mol	64,0 g	0,653 ($\hat{=}$ 65,3 %)
1 S →	1 mol	32,06 g/mol	32,06 g	0,327 ($\hat{=}$ 32,7 %)
2 H →	2 mol	1,01 g/mol	2,02 g	0,021 ($\hat{=}$ 2,1 %)

Allgemeine Berechnungsformel:

$$W(\mathrm{x}) = \frac{Z \cdot M(\mathrm{x})}{M(\mathrm{v})}$$

(→ Kältemittel, Definitionen)

- w(X) Massenanteil des Stoffes (z. B. des Elementes) in der Verbindung
- M(X) Molare Masse des Stoffes X in g/mol
- M(V) Molare Masse der Verbindung in g/mol
- z Häufigkeit von X in der Verbindung (entspricht der Stoffmenge n(X) des Stoffes bzw. des Elementes in 1 mol der Verbindung)

B Gesucht ist der Massenanteil an Sauerstoff in der Verbindung $Na_2SO_4 \cdot 3\,H_2O$.

$z = 4 + 3 = 7$ 4 x in Na_2SO_4 und 3 x in 3 H_2O

$$W(\mathrm{o}) = \frac{7 \cdot M(\mathrm{o})}{M(Na_2SO_4 \cdot 3H_2O)} = \frac{7 \cdot 16{,}0\,\mathrm{g/mol}}{196{,}09\,\mathrm{g/mol}} = \mathbf{0{,}571 \hat{=} 57{,}1\%}$$

Berechnungsformeln zur Dichteermittlung (→ Dichte, statischer Auftrieb)

Dichte eines Feststoffes nach der Auftriebsmethode:

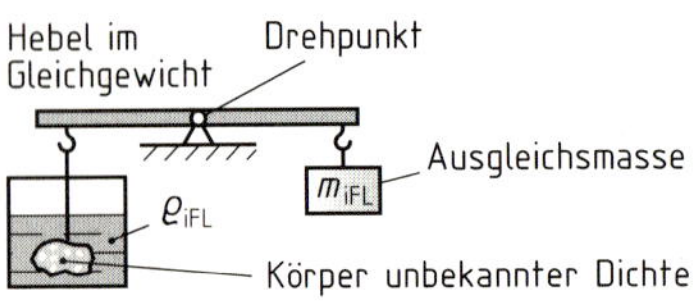

$$\rho_i = \frac{m_{iL} \cdot \rho_{FL}}{m_{iL} - m_{iFL}}$$

- m_{iL} Masse des Stoffes i an Luft in g
- m_{iFl} Scheinbare Masse des Stoffes i in der Flüssigkeit in g
- ϱ_{Fl} Dichte der Flüssigkeit in g/cm³
- ϱ_i Dichte des Feststoffes i in g/cm³

Dichte einer Flüssigkeit nach der Pyknometermethode:

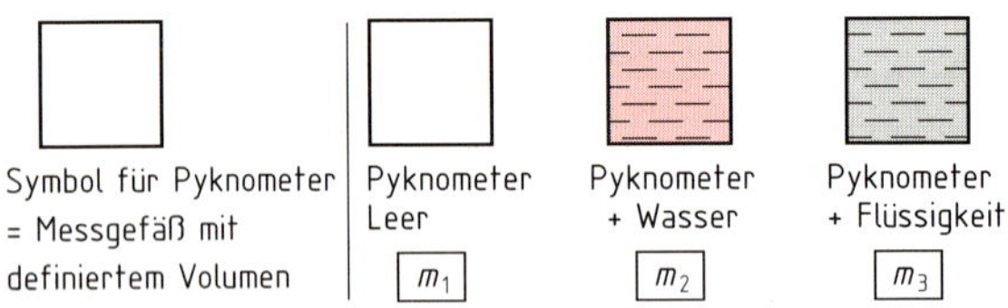

$$\rho_{FL} = \frac{m_3 - m_1}{m_2 - m_1} \cdot \rho_{H_2O}$$

- m Masse in g
- ϱ_{Fl} Dichte der Flüssigkeit in g/cm³
- ϱ_{H_2O} Dichte von Wasser in g/cm³

Dichte eines Feststoffes nach der Pyknometermethode:

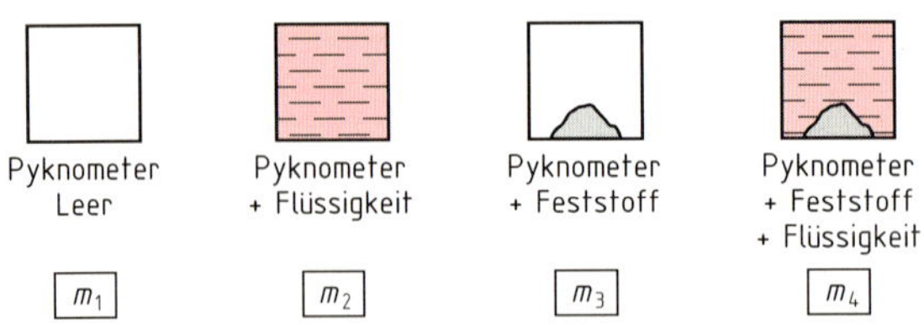

$$\rho_F = \frac{m_3 - m_1}{m_2 - m_1 - m_4 + m_3} \cdot \rho_{FL}$$

- m Masse in g
- ϱ_{Fl} Dichte der Flüssigkeit in g/cm³
- ϱ_F Dichte des Feststoffes in g/cm³

2

Mechanik der festen Körper

Grundlegende mechanische Größen

Messen: Vergleichen einer → **Größe** mit einer → **Einheit**
(→ Längenprüftechnik, Toleranzen, Britische Einheiten, US-Einheiten)

Messwert: Produkt aus Zahlenwert und Einheit (z. B. 7,5 kg)

Messgröße	gebräuchliche SI-Einheiten und SI-fremde Einheiten	Hinweise, wichtige Zusammenhänge
Länge (→ Basisgrößen)	µm, mm, cm, dm, km sm = **Seemeile** in = **inch = Zoll**	1 m = 10^6 µm, 1 km = 1000 m 1 sm = 1852 m = 1,852 km 1 Zoll = 1″ = 1 inch = 1 in = 25,4 mm
Fläche	mm^2, cm^2, dm^2, m^2, km^2 **Ar** (a), **Hektar** (ha)	1 m^2 = 100 dm^2 = 10 000 cm^2 = 1 000 000 mm^2 1 km^2 = 1 000 000 m^2 1 a = 100 m^2, 1 ha = 100 a = 10 000 m^2
Volumen	mm^3, cm^3, dm^3, m^3, km^3 **Liter** (*l*)	1 *l* = 10^{-3} m^3 = 1 dm^3 = 10^3 cm^3
Zeit (→ Basisgrößen)	**Tag** (d), **Stunde** (h), **Minute** (min), **Sekunde** (s) **Jahr** (a)	1 d = 24 h = 1440 min = 86 400 s 1 h = 60 min = 3600 s 1 min = 60 s
Winkel	**Grad** (°), **Minute** (′), **Sekunde** (″), **Radiant** (rad)	1° = 60′ = 3600″, 1 rad ≈ 57,3°
Masse (→ Basisgrößen)	**Kilogramm** (kg), **Tonne** (t) **atomare Masseneinheit** *u* **metrisches Karat** (Kt)	1 t = 10^3 kg = 1 Mg; 1 kg = 1000 g 1 Kt = 0,2 g 1 *u* = 1,6605655 · 10^{-27} kg

$$\varrho = \frac{m}{V}$$

Dichte (→ Dichteänderung durch Wärme)

ϱ	Dichte	kg/m^3
m	Masse	kg
V	Volumen	m^3

Dichte technisch wichtiger Stoffe

s = feste Stoffe, l = flüssige Stoffe } in g/cm^3, kg/dm^3 oder t/m^3 bei 20 °C und 101325 Pa
g = gasförmige Stoffe in g/dm^3 oder kg/m^3 bei 0 °C und 101325 Pa
} davon abweichende Temperaturen sind angegeben

Stoff	Zustand	Dichte ϱ	Stoff	Zustand	Dichte ϱ
Aluminium			Bronze, Sn-	s	7,4…8,9
gegossen	s	2,56	Butan	g	2,7
gehämmert	s	2,75	Chrom	s	7,2
Aluminiumbronze	s	7,6…8,4	Chromnickel	s	7,9
Aluminiumlegierung	s	2,6…2,87	Chromnickelstahl	s	7,85
Ammoniak	g	0,77	Chromstahl	s	7,85
Antimon	s	6,69	Dachschiefer	s	2,77…2,84
Asphalt	s	1,05…1,38	Dieselkraftstoff		
Bakelit	s	1,335	Braunkohlenteeröl	l	0,85…0,9
Basalt, Natur-	s	2,6…3,3	Gasöl aus Erdöl	l	0,84…0,88
Benzin			Steinkohlenteeröl	l	1,0…1,1
Fahr-	l	0,78	Eis	s	0,92
Flug	l	0,72	Eisen, Roh-		
Bernstein	s	1,0…1,1	grau	s	6,7…7,6
Beton	s	1,8…2,45	weiß	s	7,0…7,8
Bimsstein, Natur-	s	0,37…0,9	Erdgas		
Blei	s	11,3	nass	g	0,7…1,0
Braunkohle	s	1,2…1,4	trocken	g	≈0,7
Braunkohlenbrikett	s	1,25	Erdöl	l	0,7…1,04
Braunkohlenschwelgas	g	1,0…1,3	Feldspat	s	2,5…3,3
Braunkohlenteeröl	l	0,798…1,04			

3

Stoff	Zustand	Dichte ϱ
Fette	s	0,92…0,94
Flussstahl	s	7,85
Flussstahlblech	s	8,0
Generatorgas	g	1,14
Gichtgas	g	1,28
Glas		
Fenster-	s	2,4…2,67
Flaschen-	s	2,6
Flint-	s	3,6…4,7
Jenaer-	s	2,6
Kristall-	s	2,9
Quarz-	s	2,2
Spiegel-	s	2,46
Glaswolle	s	0,05…0,3
Glimmer	s	2,6…3,2
Gold		
gegossen	s	19,25
geprägt	s	19,50
gezogen	s	19,36
Graphit	s	2,24
Grauguss	s	7,25
Grauguss/1550 °C	l	6,9…7,0
Hartgewebe	s	1,3…1,42
Hartgummi	s	1,15…1,5
Hartmetall	s	10,5…15,0
Heizöl	l	0,95…1,01
Holz (Mittelwerte)		frisch lufttrocken
Birke	s	0,95 0,65
Buche	s	1,0 0,73
Ebenholz	s	1,2
Eiche	s	1,10 0,86
Esche	s	0,95 0,72
Fichte, Tanne	s	0,75 0,47
Linde, Pappel	s	0,80 0,46
Nussbaum	s	0,95 0,68
Pockholz	s	1,23
Teakholz	s	0,9
Weide	s	0,8 0,55
Holzkohle, luftfrei	s	1,4…1,5
Invarstahl	s	8,7
Iridium	s	22,4
Kalkmörtel		
frisch	s	1,75…1,80
trocken	s	1,60…1,65
Kalksandstein	s	1,89…1,92
Kaolin, Porzellanerde	s	2,2…2,6
Kautschuk, natur	s	0,91…0,96
Kesselstein	s	≈2,5
Kiessand		
erdfeucht	s	2,0
trocken	s	1,8…1,85
Knochen	s	1,7…2,0
Kobaltstahl		
15%	s	7,8
35%	s	8,0
Kohlenstoff	s	3,5
Koks, Zechen-	s	1,6…1,9
Koksofengas	g	0,54
Konstantan	s	8,8
Kork	s	0,2…0,35
Kupfer		
gegossen	s	8,3…8,92
gewalzt	s	8,9…9,0
Leder, trocken	s	0,86…1,02
Leinöl	l	0,93
Lot		
Aluminium-	s	2,63…2,71
Blei-	s	11,2
Messing-	s	8,1…8,7
Silber-	s	8,27…9,18
Silberblei-	s	11,3
Zink-	s	7,2
Zinn-	s	7,5…10,8
Luft	g	1,2928
Luft/−194 °C	l	0,875
Magnesium	s	1,74
Mangan	s	7,43
Manganin	s	8,4
Maschinenöl	l	≈0,90
Mauerwerk		
Bruchstein-	s	2,40…2,45
Sandstein-	s	2,00…2,15
Ziegelstein-	s	1,40…1,65
Mauerziegel	s	1,2…1,9
Klinker	s	2,6…2,7
Meerwasser/4 °C	l	1,026
Messing		
gegossen	s	8,4…8,7
gewalzt	s	8,5…8,6
gezogen	s	8,43…9,73
Methan	g	0,72
Mikanit	s	1,9…2,6
Milch		
Mager-	l	1,032
Voll-	l	1,028
Mineralöl		
Schmieröl	l	0,89…0,96
Spindelöl	l	0,89…0,90
Zylinderöl	l	0,92…0,94
Molybdän	s	10,22
Monelmetall	s	8,6 … 8,9
Natrium	s	0,97
Neusilber	s	8,4…8,7
Nickel, gegossen	s	8,35
Nickelin	s	8,6…8,8
Nickelstahl	s	8,13…8,19
Novotext	s	1,30…1,33
Olivenöl	l	0,91…0,92
Papier	s	0,7…1,15
Paraffin	s	0,86…0,92
Paraffinöl	l	0,90…1,0
Pertinax	s	1,3
Petroleum	l	0,80…0,82
Phosphorbronze	s	8,80…8,86
Platin		
gegossen	s	21,15
gewalzt	s	21,3…21,5
gezogen	s	21,3…21,6
Platiniridium, 10% Ir	s	21,6

Stoff	Zustand	Dichte ϱ
Plexiglas	s	1,18...1,2
Polystyrol	s	1,05
Polyvinylchlorid	s	1,38
Porzellan, Hart-	s	2,3...2,5
Quecksilber/−39 °C	l	13,6
Retortenkohle	s	≈1,9
Rizinusöl	l	0,96...0,97
Rohöl	l	0,7...1,04
Rotguss	s	8,5...8,9
Rüböl	l	0,91
Ruß	s	1,7...1,8
Sand		
erdfeucht	s	2,0
trocken	s	1,58...1,65
Sandstein		
Kunst-	s	2,0...2,1
Natur-	s	2,2...2,7
Sauerstoff	g	1,43
Schamottestein	s	2,5...2,7
Schellack	s	1,2
Schiefer	s	2,65...2,7
Schlacke		
Hochofen-	s	2,5...3,0
Thomas-	s	3,3...3,5
Schmirgel	s	4,0
Schwefel	s	2,05
Seide, roh	s	1,37
Silber		
gegossen	s	10,42...10,53
gewalzt	s	10,5...10,6
Silicium	s	2,33
Stahl, s. Flussstahl		
Stahlguss	s	7,85

Stoff	Zustand	Dichte ϱ
Steinkohle		
im Stück	s	1,2...1,5
Anthrazit	s	1,35...1,7
Stickstoff	g	1,25
Steinkohlenschwelgas	g	0,9...1,2
Steinkohlenteer	s	1,1...1,2
Tantal	s	16,6
Temperguss	s	7,2...7,6
Terpentinöl	l	0,86
Titan	s	4,5
Tombaklegierung	s	8,6...8,8
Ton		
erdfeucht	s	2,0
trocken	s	1,6
Torf	s	0,1...0,8
Torfmull	s	0,16...0,2
Transformatorenöl	l	0,87
Uran	s	19,1
Vanadium	s	6,12
Vulkanfiber	s	1,1...1,5
Wachs	s	0,94...1,0
Wasser 4 °C (→ Dichte von Wasser)	l	1,0
Wasser 20 °C	l	0,9982
Wasser 40 °C	l	0,9922
Wasser 60 °C	l	0,9832
Wasser 100 °C	l	0,9583
Weißmetall	s	7,5...10,1
Wolfram	s	19,27
Wolframstahl 6%	s	8,2
Woodmetall	s	≈10
Zement		
Portland, frisch	s	3,1...3,2
Zink, gegossen	s	6,86
Zinn, gegossen	s	7,2

Gleichförmige geradlinige Bewegung

Bei einer **gleichförmigen geradlinigen Bewegung** bewegt sich ein Körper mit **konstanter Geschwindigkeit** v auf geradliniger Bahn.

$$v = \frac{\Delta s}{\Delta t}$$ **Geschwindigkeit** in $\frac{m}{s}$, $\frac{km}{h}$, ...

(→ Umfangsgeschwindigkeit)

$$v = \frac{s}{t} \qquad s = v \cdot t \qquad t = \frac{s}{v} \qquad 1\,\frac{m}{s} = 3{,}6\,\frac{km}{h}$$

Im v, t-Diagramm stellt sich der Weg s als Rechteckfläche dar.

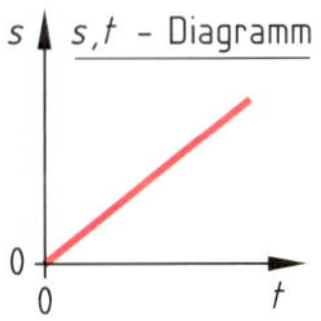

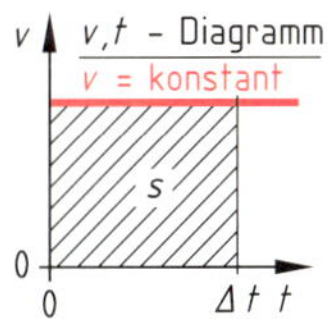

v	Geschwindigkeit	m/s
$\Delta s = s$	zurückgelegter Weg (Strecke)	m
$\Delta t = t$	Zeitspanne	s

(→ Britische Einheiten, US-Einheiten)

Ungleichförmige geradlinige Bewegung

Bei einer **ungleichförmigen Bewegung** ändert sich die Geschwindigkeit, der Körper wird beschleunigt oder verzögert.

a	Beschleunigung (Verzögerung)	m/s²
Δv	Geschwindigkeitsänderung	m/s
Δt	Zeitspanne	s

$$a = \frac{\Delta v}{\Delta t}$$ **Beschleunigung**

$+a$: Beschleunigung → Geschwindigkeitszunahme

$-a$: Verzögerung → Geschwindigkeitsabnahme

a = konstant → **gleichmäßig beschleunigte bzw. verzögerte Bewegung**

a = variabel → **ungleichmäßig beschleunigte bzw. verzögerte Bewegung**

(→ Winkelbeschleunigung, Britische Einheiten, US-Einheiten)

TP Mechanik der festen Körper

Gleichmäßig beschleunigte geradlinige Bewegung mit $v_0 = 0$ und $v_0 > 0$

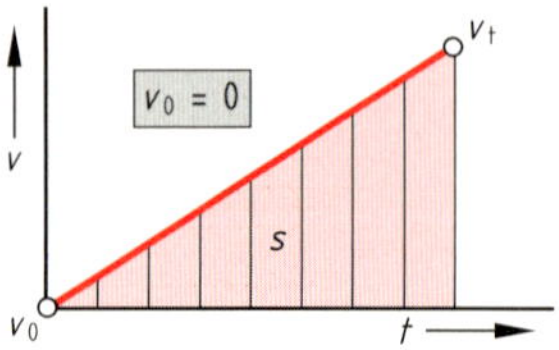

v, t-Diagramme
a = konst. und positiv

$t = \Delta t$

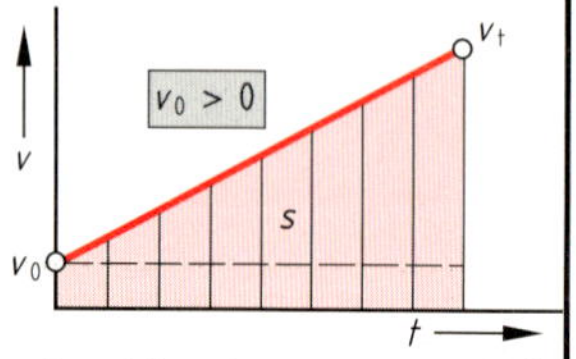

v_0 = Anfangsgeschwindigkeit
v_t = Endgeschwindigkeit

a	Beschleunigung	m/s²
s	Weg	m
t	Zeit	s
v	Geschwindigkeit	m/s

Anfangsgeschwindigkeit	$v_0 = 0$	$v_0 > 0$	m/s
Beschleunigung a	$a = \frac{v_t}{t}$	$a = \frac{v_t - v_0}{t}$	m/s²
	$a = \frac{2 \cdot s}{t^2}$	$a = \frac{2 \cdot s}{t^2} - \frac{2 \cdot v_0}{t}$	m/s²
	$a = \frac{v_t^2}{2 \cdot s}$	$a = \frac{v_t^2 - v_0^2}{2 \cdot s}$	m/s²
Endgeschwindigkeit v_t	$v_t = a \cdot t$	$v_t = v_0 + a \cdot t$	m/s
	$v_t = \sqrt{2 \cdot a \cdot s}$	$v_t = \sqrt{2 \cdot a \cdot s + v_0^2}$	m/s
	$v_t = \frac{2 \cdot s}{t}$	$v_t = \frac{2 \cdot s}{t} - v_0$	m/s
Weg s	$s = \frac{v_t}{2} \cdot t$	$s = \frac{v_0 + v_t}{2} \cdot t$	m
	$s = \frac{v_t^2}{2 \cdot a}$	$s = \frac{v_t^2 - v_0^2}{2 \cdot a}$	m
	$s = \frac{a}{2} \cdot t^2$	$s = v_0 \cdot t + \frac{a}{2} \cdot t^2$	m
Zeit t (Zeitspanne Δt)	$t = \frac{v_t}{a}$	$t = \frac{v_t - v_0}{a}$	s
	$t = \frac{2 \cdot s}{v_t}$	$t = \frac{2 \cdot s}{v_0 + v_t}$	s
	$t = \sqrt{\frac{2 \cdot s}{a}}$	$t = \frac{\sqrt{2 \cdot a \cdot s + v_0^2} - v_0}{a}$	s

Gleichmäßig verzögerte geradlinige Bewegung mit $v_t = 0$ und $v_t > 0$

Formeln auf Seite 77

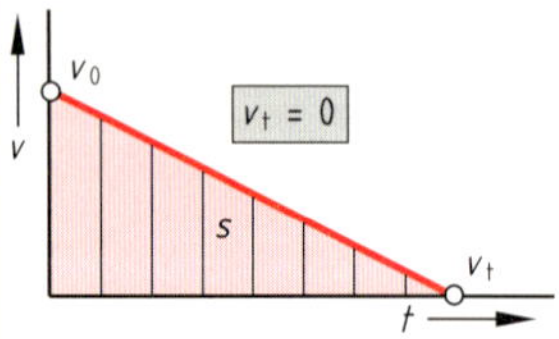

v, t-Diagramme
a = konst. und negativ

$t = \Delta t$

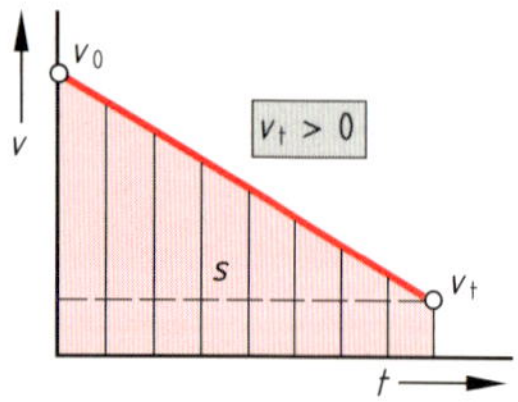

Gleichmäßig verzögerte geradlinige Bewegung mit $v_t = 0$ und $v_t > 0$ (Fortsetzung)

Endgeschwindigkeit	$v_t = 0$	$v_t > 0$	m/s
Verzögerung a	$a = \frac{v_0}{t}$	$a = \frac{v_0 - v_t}{t}$	m/s²
	$a = \frac{2 \cdot s}{t^2}$	$a = \frac{2 \cdot v_0}{t} - \frac{2 \cdot s}{t^2}$	m/s²
	$a = \frac{v_0^2}{2 \cdot s}$	$a = \frac{v_0^2 - v_t^2}{2 \cdot s}$	m/s²
Anfangsgeschwindigkeit v_0	$v_0 = a \cdot t$	$v_0 = v_t + a \cdot t$	m/s
	$v_0 = \sqrt{2 \cdot a \cdot s}$	$v_0 = \sqrt{v_t^2 + 2 \cdot a \cdot s}$	m/s
	$v_0 = \frac{2 \cdot s}{t}$	$v_0 = \frac{2 \cdot s}{t} - v_t$	m/s
Weg s	$s = \frac{v_0}{2} \cdot t$	$s = \frac{v_0 + v_t}{2} \cdot t$	m
	$s = \frac{v_0^2}{2 \cdot a}$	$s = \frac{v_0^2 - v_t^2}{2 \cdot a}$	m
	$s = \frac{a}{2} \cdot t^2$	$s = v_0 \cdot t - \frac{a}{2} \cdot t^2$	m
Zeit t (Zeitspanne Δt)	$t = \frac{v_0}{a}$	$t = \frac{v_0 - v_t}{a}$	s
	$t = \frac{2 \cdot s}{v_0}$	$t = \frac{2 \cdot s}{v_0 + v_t}$	s
	$t = \sqrt{\frac{2 \cdot s}{a}}$	$t = \frac{v_0 - \sqrt{v_0^2 - 2 \cdot a \cdot s}}{a}$	s

Freier Fall und senkrechter Wurf nach oben

Freier Fall (→ gleichmäßige Beschleunigung)

Senkrechter Wurf nach oben (→ gleichmäßige Verzögerung)

$s \mathrel{\hat=} h$ = Fallhöhe bzw. Steighöhe
$a \mathrel{\hat=} g$ = Fallbeschleunigung

g_n = **Normfallbeschleunigung** = 9,80665 m/s²

In der Praxis: $g = 9{,}81\ \text{m/s}^2$

Die **Fallgesetze** gelten streng genommen nur im **Vakuum**.

$$h = \frac{1}{2} \cdot g \cdot t^2$$ **Fallhöhe**

$$t = \sqrt{\frac{2 \cdot h}{g}}$$ **Fallzeit = Steigzeit**

$$v_t = g \cdot t = \sqrt{2 \cdot g \cdot h}$$ **Fallgeschwindigkeit**

h	Fallhöhe, Steighöhe	m
t	Fallzeit, Steigzeit	s
v_t	Geschwindigkeit zur Zeit t	m/s
v_0	Abwurfgeschwindigkeit	m/s

B Fallhöhe $h = 3{,}75$ m. Wie groß ist v_t?
$v_t = \sqrt{2 \cdot g \cdot h} = \sqrt{2 \cdot 9{,}81\ \text{m/s}^2 \cdot 3{,}75\ \text{m}}$
$\mathbf{v_t = 8{,}58\ m/s}$

Dynamisches Grundgesetz (zweites Newton'sches Axiom) und Krafteinheit

$F = m \cdot a$ **Massenträgheitskraft**

$F_G = m \cdot g$ **Gewichtskraft**

$[F] = [m] \cdot [a] = \text{kg} \cdot \frac{\text{m}}{\text{s}^2} = \mathbf{\frac{kg\,m}{s^2}}$

F	Kraft	N
m	Masse	kg
a	Beschleunigung	m/s²
g	Fallbeschleunigung	m/s²

(→ Britische Einheiten, US-Einheiten)

$1\ \frac{\text{kg m}}{\text{s}^2} = 1\ \text{Newton} = 1\ \text{N}$

3

Krafteinheit (Fortsetzung)

Ein **Newton** ist gleich der Kraft, die einem Körper mit der Masse $m = 1\,\text{kg}$ die Beschleunigung $a = 1\,\text{m/s}^2$ erteilt.

1 daN = 1 Dekanewton = 10 N		je nach Größenordnung der Kraft
1 kN = 1 Kilonewton = 10^3 N		
1 MN = 1 Meganewton = 10^6 N		

Kurzzeitig wirkende Kräfte (Impuls und Stoß)

$p = m \cdot v$ **Bewegungsgröße (Impuls)**

$m \cdot v_t = m \cdot v_0$ → $\Delta p = 0$: **Impulserhaltung**

Impulssatz: Bei $\Sigma F = 0$ (äußere Kräfte) ändert sich der Impuls nicht, d.h. $\Delta p = 0$.

$I = F \cdot \Delta t = m \cdot v_t - m \cdot v_0$ **Kraftstoß**

p	Bewegungsgröße (Impuls)	kg m/s
m	Masse des Körpers	kg
v	Geschwindigkeit des Körpers	m/s
v_t	Endgeschwindigkeit	m/s
v_0	Anfangsgeschwindigkeit	m/s
I	Kraftstoß (Impulsänderung)	kg m/s
F	kurzzeitig wirkende Kraft	N
Δt	Wirkzeit	s

3 Der Kraftstoß ist gleich der Änderung des Impulses eines bewegten Körpers. (→ Drehstoß)

Der unelastische Stoß

$$v = \frac{m_1 \cdot v_1 + m_2 \cdot v_2}{m_1 + m_2}$$ **Geschwindigkeit von m_1 und m_2 nach dem Stoß**

Der elastische Stoß

$$v_{1e} = 2 \cdot \frac{m_1 \cdot v_1 + m_2 \cdot v_2}{m_1 + m_2} - v_1$$ **Endgeschwindigkeit der Masse m_1** in m/s

$$v_{2e} = 2 \cdot \frac{m_1 \cdot v_1 + m_2 \cdot v_2}{m_1 + m_2} - v_2$$ **Endgeschwindigkeit der Masse m_2** in m/s

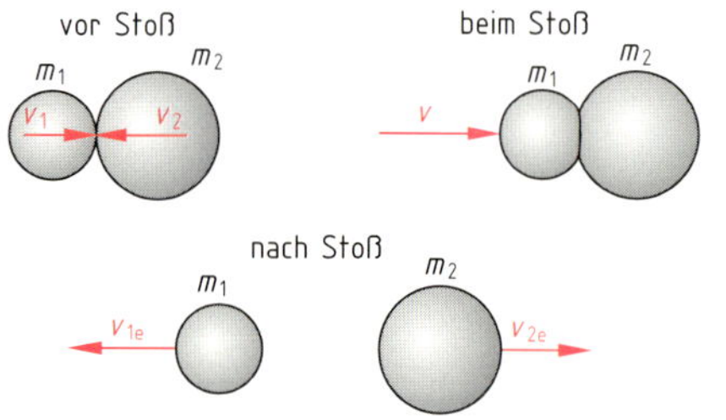

Bewegen sich vor dem Stoß die beiden Massen aufeinander zu, so haben v_1 und v_2 unterschiedliche Vorzeichen. Bei gleicher Bewegungsrichtung haben v_1 und v_2 gleiche Vorzeichen. Dies gilt auch für v_{1e} und v_{2e}. (→ Energieerhaltung beim Stoß)

B $m = 6$ kg, $v = 36$ km/h.
Wie groß ist der Impuls?
$p = m \cdot v$ $\quad v = 36\,\text{km/h} = 10\,\text{m/s}$
$\boldsymbol{p} = 6\,\text{kg} \cdot 10\,\text{m/s} = \mathbf{60\,kg\,m/s}$

Arbeit und Energie

Die mechanische Arbeit

$W = F \cdot s$ **mechanische Arbeit** (→ elektrische Arbeit)

$[W] = [F] \cdot [s] = \text{N} \cdot \text{m} = \mathbf{Nm}$

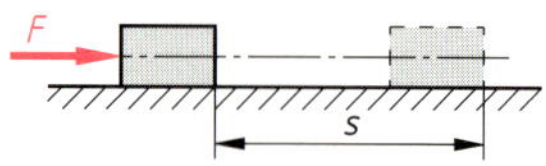

Arbeits- und Energieeinheiten (→ Britische und US-Einheiten)

1 J = 1 Nm = 1 Ws **Energieäquivalenz**

J = Joule → bevorzugt in → Wärmelehre
Nm = Newtonmeter → bevorzugt in Mechanik
Ws = Wattsekunde → bevorzugt in Elektrotechnik

W	mechanische Arbeit	Nm
F	Kraft	N
s	Kraft in Wegrichtung	m

Die abgeleitete SI-Einheit für die mechanische Arbeit ist das **Joule** (Einheitenzeichen: J). 1 J ist gleich der Arbeit, die verrichtet wird, wenn der Angriffspunkt der Kraft $F = 1$ N in Richtung der Kraft um $s = 1$ m verschoben wird.

Die Arbeitskomponente der Kraft

Als Arbeitskomponente wird die Kraftkomponente in Wegrichtung bezeichnet.

$F_x = F \cdot \cos\alpha$ **Arbeitskomponente**

$W = F \cdot \cos\alpha \cdot s$ **mechanische Arbeit**

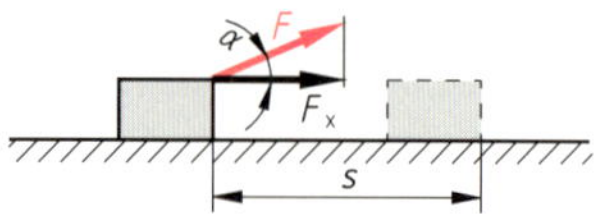

B Eine Kraft $F = 220$ N wirkt unter $\alpha = 25°$ zur Horizontalen. Berechnen Sie W bei $s = 96$ cm.
$\boldsymbol{W} = F \cdot \cos\alpha \cdot s = F \cdot \cos 25° \cdot s = 220\,\text{N} \cdot 0{,}9063 \cdot 0{,}96\,\text{m} = \mathbf{191{,}41\,Nm}$

Arbeit und Energie (Fortsetzung)

Hubarbeit und potentielle Energie

$$W_h = F \cdot h$$ **Hubarbeit** in Nm (→ Energiegleichung)

$$W_{pot} = F_G \cdot h = m \cdot g \cdot h$$ **potentielle Energie = Energie der Lage**

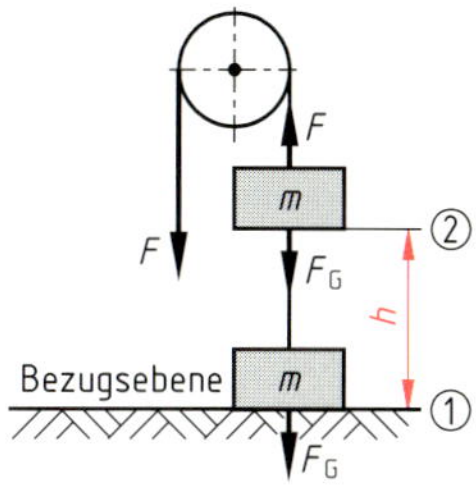

Bei Vernachlässigung der **Zapfen- und Seilreibung** ist $F = F_G$.
Dann ist bei gleichem Weg $W_h = W_{pot}$.

Die zugeführte Hubarbeit W_h entspricht der Zunahme an potentieller Energie W_{pot}.

Arbeit auf der schiefen Ebene und Goldene Regel der Mechanik

$$W = F_h \cdot s = F_G \cdot h$$ **Arbeit auf der schiefen Ebene** in Nm

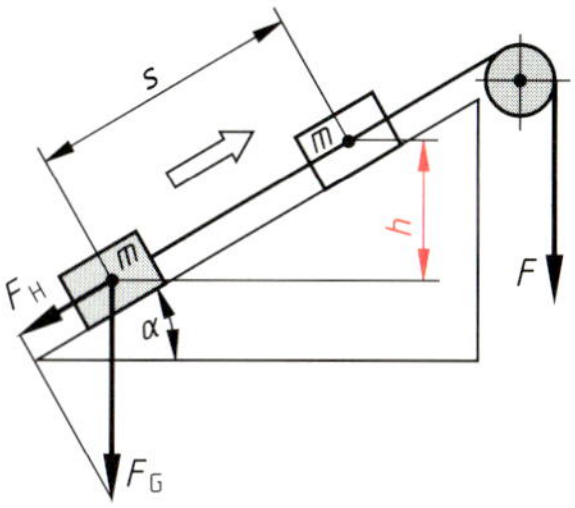

Aus dieser Gleichung folgt die
Goldene Regel der Mechanik:

$$\frac{F_H}{F_G} = \frac{h}{s}$$

Was bei Maschinen an Kraft weniger aufgewendet wird, muss im gleichen Verhältnis mehr an Weg zurückgelegt werden.
(→ schiefe Ebene)

Beschleunigungsarbeit und kinetische Energie

$$W_a = m \cdot a \cdot s = \frac{m}{2} \cdot v_t^2$$ **Beschleunigungsarbeit aus der Ruhe** in Nm

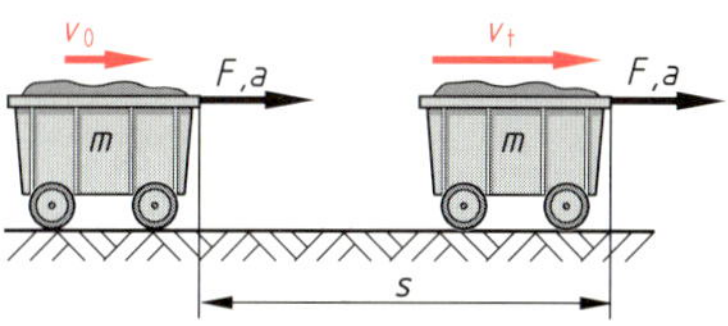

$$W_{kin} = \frac{m}{2} \cdot v^2$$ **kinetische Energie = Bewegungsenergie** in Nm

$$\Delta W_{kin} = \frac{m}{2} \cdot (v_t^2 - v_0^2)$$ **Änderung der kinetischen Energie** in Nm (→ Energiegleichung)

Zugeführte Beschleunigungsarbeit W_a = Zunahme der kinetischen Energie W_{kin}.

DIN 1304: auch E für Energie

a	Beschleunigung	m/s²
m	Masse	kg
v_0	Anfangsgeschwindigkeit	m/s
v_t	Endgeschwindigkeit	m/s

Umwandlung von potentieller Energie in kinetische Energie und Energieerhaltung

$$W_{kin②} = \frac{m}{2} \cdot v_t^2 = m \cdot g \cdot h = W_{pot①}$$ **Energieumwandlung** beim freien Fall

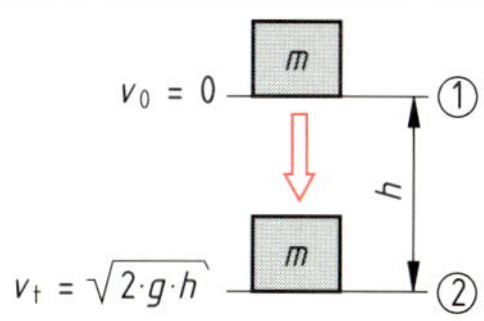

Sieht man von **Reibungsverlusten** ab, dann lässt sich die potentielle Energie in eine äquivalente (gleichwertige) kinetische Energie umwandeln (→ Energiegleichung).

$$W_{Ende} = W_{Anfang} + W_{zu} - W_{ab}$$

↓

Energieerhaltungssatz →

Die Summe aller Energieformen am Ende eines technischen Vorganges ist genauso groß wie die Summe aller Energieformen am Anfang und der während des technischen Vorganges zu- und abgeführten Energie.

3

Arbeit und Energie (Fortsetzung)

Energieerhaltung beim Stoß

Beim **realen Stoß** erwärmen sich die Stoßkörper. Die entstandene Wärmeenergie (umgesetzte mechanische Energie) dissipiert (verflüchtigt sich), d. h., dass sie am Ende des Stoßes dem technischen Vorgang entzogen ist.

Dies hat zur Folge:
Die Endgeschwindigkeiten beim realen Stoß sind kleiner als beim elastischen → Stoß.

Endgeschwindigkeiten beim realen Stoß:

$$v_{1e} = \frac{m_1 \cdot v_1 + m_2 \cdot v_2 - m_2 \cdot (v_1 - v_2) \cdot k}{m_1 + m_2}$$ in m/s

$$v_{2e} = \frac{m_1 \cdot v_1 + m_2 \cdot v_2 - m_1 \cdot (v_1 - v_2) \cdot k}{m_1 + m_2}$$ in m/s

k →

Stoßrealität	Stoßzahl *k*
unelastischer Stoß	0
elastischer Stoß	1
Stahl bei 20 °C	ca. 0,7
Kupfer bei 200 °C	ca. 0,3
Elfenbein bei 20 °C	ca. 0,9
Glas bei 20 °C	ca. 0,95

(→ Energieerhaltung)

3

Federspannarbeit (→ Formänderungsarbeit)

$$W_f = \frac{F}{2} \cdot s$$

Federspannarbeit aus ungespanntem Zustand in Nm

$$W_f = \frac{F_1 + F_2}{2} \cdot (s_2 - s_1)$$

$$W_f = \frac{c}{2} \cdot (s_2^2 - s_1^2)$$

Federspannarbeit aus gespanntem Zustand in Nm

$$c = \frac{F}{s}$$

Federkonstante (Federrate) in $\frac{\text{N}}{\text{m}}$

(→ Hooke'sches Gesetz)

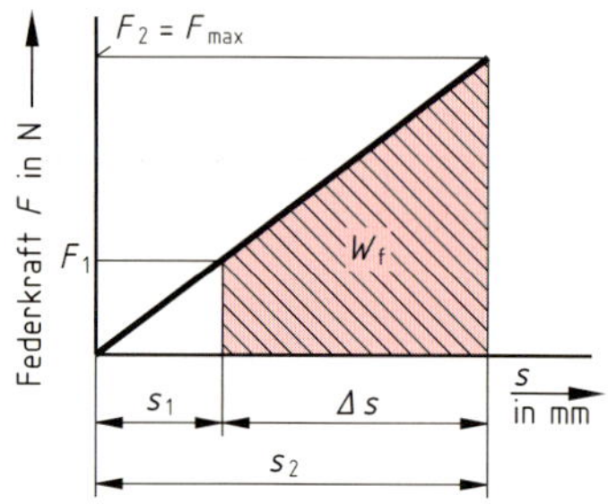

Obige Gleichungen gelten nur bei **Federn mit linearer Federkennlinie**, nicht bei Federn mit progressivem oder degressivem Federverhalten.

F	Spannkraft	N
s	Federweg (Spannweg)	m
c	Federkonstante	N/m

Mechanische Leistung

$$P = \frac{F \cdot s}{t} = \frac{W}{t}$$

mittlere Leistung (→ Drehleistung)

$$P = F \cdot v$$

Momentanleistung

$$[P] = \frac{[F] \cdot [s]}{[t]} = \frac{\text{N} \cdot \text{m}}{\text{s}} = \frac{\text{Nm}}{\text{s}} = \frac{\text{J}}{\text{s}} = \frac{\text{Ws}}{\text{s}} = \text{W} = \textbf{Watt}$$

1 Watt ist gleich der Leistung, bei der während der Zeit 1 s die Energie 1 J umgesetzt wird.

1 kW = 10^3 W **1 MW = 10^6 W**

(→ Britische und US-Einheiten)

F	Verschiebekraft	N
s	zurückgelegter Weg	m
t	Zeit (Δt)	s
W	mechanische Arbeit	Nm
v	Verschiebegeschwindigkeit	m/s

B Ein Hydraulikkolben bewegt sich mit $v = 3$ m/min. Kolbenkraft $F = 550$ N. Welche Leistung P wird übertragen?

$$\boldsymbol{P} = F \cdot v = 550\,\text{N} \cdot \frac{3}{60}\,\frac{\text{m}}{\text{s}} = 27{,}5\,\frac{\text{Nm}}{\text{s}} = \mathbf{27{,}5\,W}$$

Pferdestärke (keine SI-Einheit): **1 kW ≈ 1,36 PS**

Mechanischer Wirkungsgrad

$$\eta = \frac{W_n}{W_a} = \frac{P_n}{P_a}$$

Wirkungsgrad (· 100 in %)

$$\eta_{ges} = \eta_1 \cdot \eta_2 \cdot \eta_3 \cdot \ldots \cdot \eta_n$$

Gesamtwirkungsgrad

(→ Wirkungsgrad)

W_n	Nutzarbeit	Nm
W_a	aufgewendete Arbeit	Nm
P_n	Nutzleistung	W, kW
P_a	aufgewendete Leistung	W, kW
$\eta_1 \ldots \eta_n$	Einzelwirkungsgrade	1

Mechanischer Wirkungsgrad (Fortsetzung)

Mit einem **Energieflussbild (Sankey-Diagramm)** kann man die Verluste prozentual darstellen (durch Reibung entsteht Wärmeenergie bzw. Schwingungsenergie):

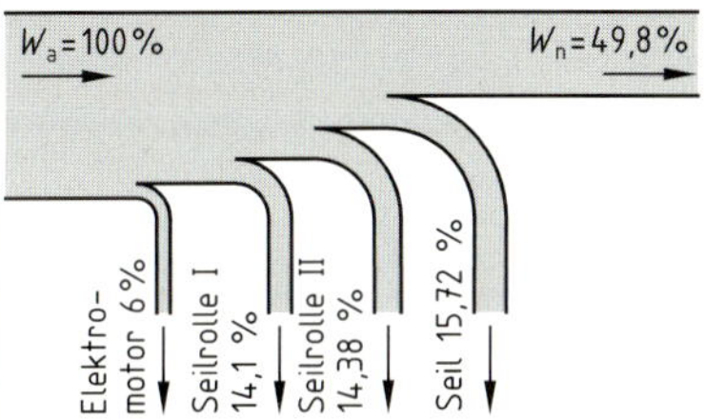

B Nebenstehendes Sankey-Diagramm zeigt die Verluste bei einem Hebezeug (z. B. Winde).
Wie groß ist der Gesamtwirkungsgrad, wenn die Einzelwirkungsgrade $\eta_1 = 0{,}94$; $\eta_2 = 0{,}85$; $\eta_3 = 0{,}82$; $\eta_4 = 0{,}76$ sind?

$\eta_{ges} = \eta_1 \cdot \eta_2 \cdot \eta_3 \cdot \eta_4 = 0{,}94 \cdot 0{,}85 \cdot 0{,}82 \cdot 0{,}76$

$\boldsymbol{\eta_{ges} = 0{,}498 \mathrel{\hat{=}} 49{,}8\,\%}$

Beispiele von erreichbaren Wirkungsgraden

Zahnradtrieb	≈0,97	Hydrogetriebe	≈0,80
Bewegungsgewinde	≈0,30	Kreiselpumpe	≈0,60
Dampfturbine	≈0,24	Hubkolbenverdichter	≈0,85
Diesel-Motor	≈0,34	Kreiselverdichter	≈0,70

3

Drehleistung

Drehzahl und Umfangsgeschwindigkeit

$v_u = \pi \cdot d \cdot n$ **Umfangsgeschwindigkeit** (→ Geschwindigkeit)

$v_u = \dfrac{\pi \cdot d \cdot n}{1000}$

v_u	d	n
m/min	mm	min^{-1}

$v_u = \dfrac{\pi \cdot d \cdot n}{1000 \cdot 60}$

v_u	d	n
m/s	mm	min^{-1}

v_u	Umfangsgeschwindgigkeit	m/s
d	Durchmesser des Drehkörpers	m
n	Drehzahl (Umdrehungsfrequenz)	s^{-1}

(→ Britische Einheiten, US-Einheiten)

Insbesondere in der **Fertigungstechnik** wird zwischen m/min und m/s unterschieden, und zwar bei der Angabe der → **Schnittgeschwindigkeit** v_c.

Drehleistung bei gleichförmiger Drehbewegung

$M = F_u \cdot \dfrac{d}{2}$ **Drehmoment** in Nm

$F_u = \dfrac{2 \cdot M}{d}$ **Umfangskraft** in N

$P = \dfrac{2 \cdot M \cdot v_u}{d}$ **Drehleistung**

P	M	v_u	d
W	Nm	m/s	m

$P = \dfrac{M \cdot n}{9550}$ **Drehleistung**

$M = 9550 \cdot \dfrac{P}{n}$ **Drehmoment**

P	M	n
kW	Nm	min^{-1}

→ Zahlenwertgleichungen

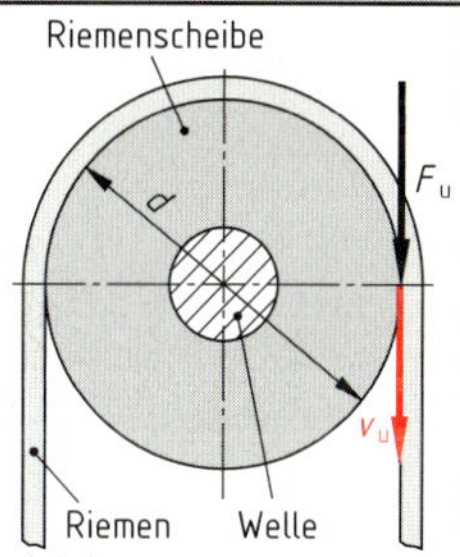

(→ Mechanische Leistung)

Winkelgeschwindigkeit

$\omega = 2 \cdot \pi \cdot n$ **Winkelgeschwindigkeit**

ω	n
$\text{s}^{-1} = \text{rad/s}$	s^{-1}

$\omega = \dfrac{\pi \cdot n}{30}$ **Winkelgeschwindigkeit** (Zahlenwertgleichung)

ω	n
$\text{s}^{-1} = \text{rad/s}$	min^{-1}

$v_u = \omega \cdot r$ **Umfangsgeschwindigkeit**

v_u	ω	r
m/s	s^{-1}	m

(→ Geschwindigkeit)

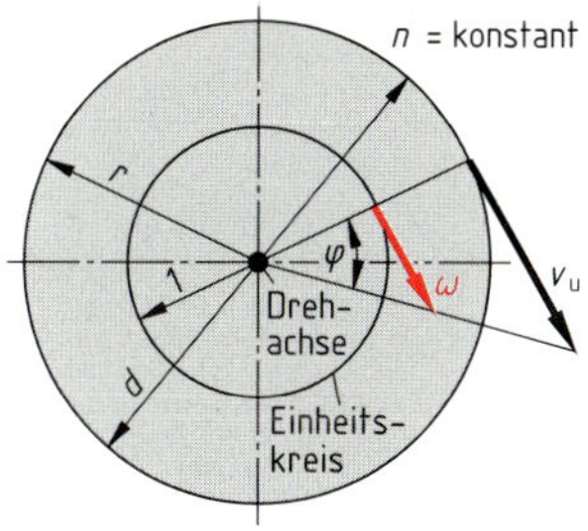

3

Drehleistung (Fortsetzung)

Drehleistung und Winkelgeschwindigkeit, Drehwinkel

Formel	Bezeichnung	Formelzeichen	Bedeutung	Einheit
$P = M \cdot \omega$	**Drehleistung** in W	M	Drehmoment	Nm
		ω	Winkelgeschwindigkeit	s^{-1}
$P = M \cdot \frac{\pi \cdot n}{30}$	**Drehleistung** (Zahlenwertgleichung)			
$\varphi = \omega \cdot t$	**Drehwinkel** in rad			

P	M	n
W	Nm	min^{-1}

Gleichmäßig beschleunigte oder verzögerte Drehbewegung

Formel	Bezeichnung	Formelzeichen	Bedeutung	Einheit
$a_t = \frac{\Delta v_u}{\Delta t}$	**Tangentialbeschleunigung**	a_t	Tangentialbeschleunigung	m/s^2
		v_u	Umfangsgeschwindigkeit $= a_t \cdot t$	m/s
		t	Zeit (Δt)	s
$\alpha = \frac{a_t}{r}$	**Winkelbeschleunigung** (→ Beschleunigung)			
$\omega = \alpha \cdot t$; $\omega = \frac{a_t}{r} \cdot t$	**Winkelgeschwindigkeit** in s^{-1}	α	Winkelbeschleunigung	rad/s^2
		r	Radius des Drehkörpers	m
$\Delta\omega = \alpha \cdot \Delta t$	**Änderung der Winkelgeschwindigkeit**			

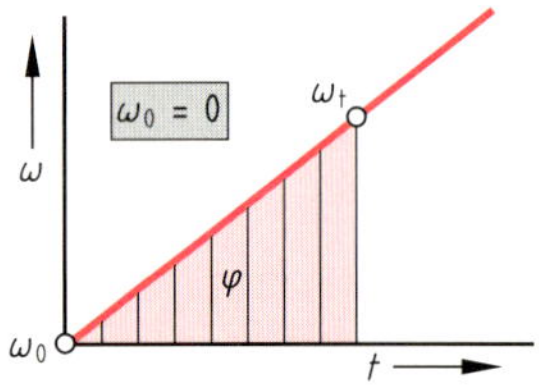

$t = \Delta t$

***ω, t*-Diagramme**
α = konst. u. positiv

Bei verzögerter Bewegung ist die **Winkelbeschleunigung** α **negativ** in die folgenden Formeln einzusetzen!

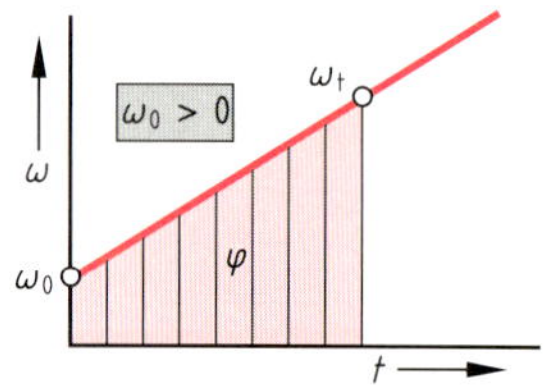

$\alpha, \varphi, \omega, t$ → wie vorher; ω_0 = **Anfangswinkelgeschwindigkeit**
ω_t = **Endwinkelgeschwindigkeit**

Winkelgeschwindigkeit am Anfang ω_0	$\omega_0 = 0$	$\omega_0 > 0$	rad/s
Drehwinkel φ nach der Zeit t (Δt)	$\varphi = \frac{\omega_t \cdot t}{2}$	$\varphi = (\omega_0 + \omega_t) \cdot \frac{t}{2}$	rad
	$\varphi = \frac{\alpha}{2} \cdot t^2$	$\varphi = \omega_0 \cdot t + \frac{\alpha}{2} \cdot t^2$	rad
	$\varphi = \frac{\omega_t^2}{2 \cdot \alpha}$	$\varphi = \frac{\omega_t^2 - \omega_0^2}{2 \cdot \alpha}$	rad
Winkelbeschleunigung α	$\alpha = \frac{\omega_t}{t}$	$\alpha = \frac{\omega_t - \omega_0}{t}$	rad/s^2
	$\alpha = \frac{2 \cdot \varphi}{t^2}$	$\alpha = \frac{2 \cdot (\varphi - \omega_0 \cdot t)}{t^2}$	rad/s^2
	$\alpha = \frac{\omega_t^2}{2 \cdot \varphi}$	$\alpha = \frac{\omega_t^2 - \omega_0^2}{2 \cdot \varphi}$	rad/s^2

Gleichmäßig beschleunigte oder verzögerte Drehbewegung (Fortsetzung)

Winkelgeschwindigkeit am Anfang ω_0	$\omega_0 = 0$	$\omega_0 > 0$	rad/s
Winkelgeschwindigkeit ω_0 (am Anfang)	$\omega_0 = 0$	$\omega_0 = \omega_t - \alpha \cdot t$	rad/s
		$\omega_0 = \frac{2 \cdot \varphi}{t} - \omega_t$	rad/s
		$\omega_0 = \sqrt{\omega_t^2 - 2 \cdot \alpha \cdot \varphi}$	rad/s
Winkelgeschwindigkeit ω_t (nach der Zeit t)	$\omega_t = \alpha \cdot t$	$\omega_t = \omega_0 + \alpha \cdot t$	rad/s
	$\omega_t = \frac{2 \cdot \varphi}{t}$	$\omega_t = \omega_0 + \frac{2 \cdot \varphi}{t}$	rad/s
	$\omega_t = \sqrt{2 \cdot \alpha \cdot \varphi}$	$\omega_t = \sqrt{\omega_0^2 + 2 \cdot \alpha \cdot \varphi}$	rad/s
Zeit t (Zeitspanne Δt)	$t = \frac{\omega_t}{\alpha}$	$t = \frac{\omega_t - \omega_0}{\alpha}$	s
	$t = \frac{2 \cdot \varphi}{\omega_t}$	$t = \frac{2 \cdot \varphi}{\omega_0 + \omega_t}$	s
	$t = \sqrt{\frac{2 \cdot \varphi}{\alpha}}$	$t = \frac{\sqrt{\omega_0^2 + 2 \cdot \alpha \cdot \varphi} - \omega_0}{\alpha}$	s

3

Übersetzungen beim Riementrieb

Einfacher Riementrieb

$d_1 \cdot n_1 = d_2 \cdot n_2$

$\frac{n_1}{n_2} = \frac{d_2}{d_1}$

Grundgleichung

B $d_1 = 240$ mm, $d_2 = 180$ mm
$n_1 = 500\ \text{min}^{-1}$, $n_2 = ?$
$n_2 = n_1 \cdot \frac{d_1}{d_2} = 500\ \text{min}^{-1} \cdot \frac{240\ \text{mm}}{180\ \text{mm}}$
$\mathbf{n_2 = 666{,}67\ min^{-1}}$

$i = \frac{n_1}{n_2} = \frac{\omega_1}{\omega_2} = \frac{d_2}{d_1}$

Übersetzungsverhältnis

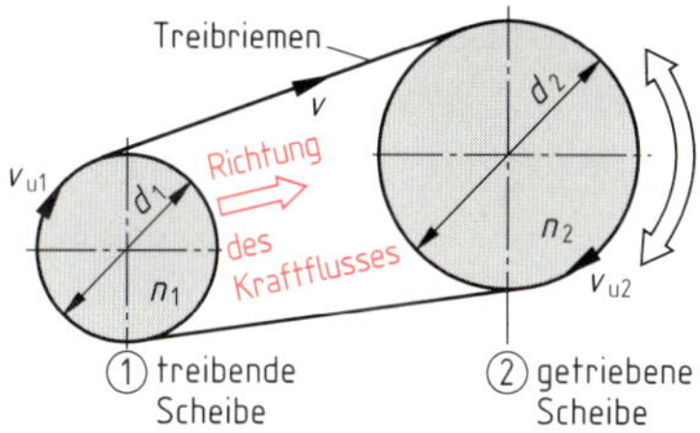

treibende Scheibe: ungerade Indizes
getriebene Scheibe: gerade Indizes

Drehzahlen und **Winkelgeschwindigkeiten** verhalten sich umgekehrt wie die Durchmesser der Scheiben.
(→ Winkelgeschwindigkeit)

d	Durchmesser	mm
ω	Winkelgeschwindigkeit	s^{-1}
n	Drehzahl (Umdrehungsfrequenz)	min^{-1}

Mehrfachriementrieb

$n_a \cdot d_1 \cdot d_3 \cdot d_5 \cdot \ldots = n_e \cdot d_2 \cdot d_4 \cdot d_6 \cdot \ldots$ **Grundgleichung**

n_a = Anfangsdrehzahl; n_e = Enddrehzahl

$i_{ges} = i_1 \cdot i_2 \cdot i_3 \cdot \ldots$ **Gesamtübersetzungsverhältnis**

Beim **Mehrfachriementrieb** errechnet sich das Gesamtübersetzungsverhältnis aus dem Produkt aller Einzelübersetzungsverhältnisse (→ Winkelgeschwindigkeit).

$i_{ges} = \frac{n_a}{n_e} = \frac{\omega_a}{\omega_e}$ **Gesamtübersetzungsverhältnis**

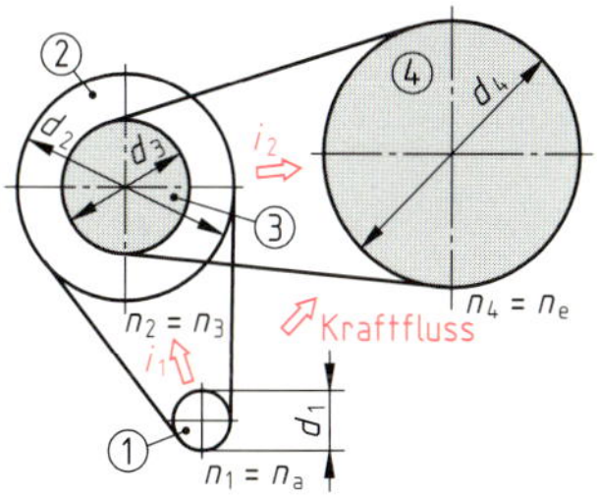

3

Übersetzungen beim Zahntrieb

$U = p \cdot z$ **Teilkreisumfang** in mm

$d = m \cdot z$ **Teilkreisdurchmesser** in mm

$m = \frac{p}{\pi}$ **Modul** in mm

$i = \frac{n_1}{n_2} = \frac{\omega_1}{\omega_2} = \frac{d_2}{d_1}$

$i = \frac{z_2}{z_1}$

Übersetzungsverhältnis (→ Winkelgeschwindigkeit)

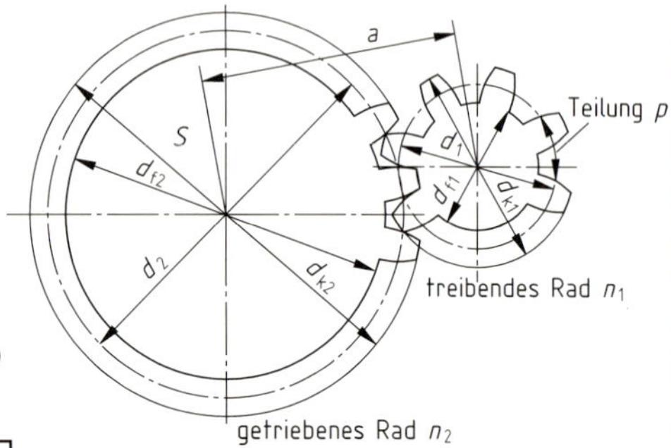

B $i = 0{,}4$; $n_1 = 180\ \text{min}^{-1}$; $z_2 = 24$
$n_2 = ?$; $z_1 = ?$

$\mathbf{n_2} = \frac{n_1}{i} = \frac{180\ \text{min}^{-1}}{0{,}4} = \mathbf{450\ min^{-1}}$

$i = \frac{n_1}{n_2} = \frac{z_2}{z_1} \rightarrow z_1 = z_2 \cdot \frac{n_2}{n_1} = 24 \cdot \frac{450\ \text{min}^{-1}}{180\ \text{min}^{-1}}$

$\mathbf{z_1 = 60}$

d_f	Fußkreisdurchmesser	mm
d_a	Kopfkreisdurchmesser	mm
d	Teilkreisdurchmesser	mm
p	Teilung (Abstand der Zähne auf dem Teilkreisdurchmesser)	mm
a	Achsabstand	mm
z	Anzahl der Zähne (Zähnezahl)	1

Doppelter Zahntrieb und Mehrfachzahntrieb:

$n_a \cdot d_1 \cdot d_3 \cdot d_5 \ldots = n_e \cdot d_2 \cdot d_4 \cdot d_6 \ldots$

$n_a \cdot z_1 \cdot z_3 \cdot z_5 \ldots = n_e \cdot z_2 \cdot z_4 \cdot z_6 \ldots$

Grundgleichungen des Mehrfachzahntriebes

$i_{ges} = i_1 \cdot i_2 \cdot i_3 \ldots = \frac{d_2 \cdot d_4 \cdot d_6 \ldots}{d_1 \cdot d_3 \cdot d_5 \ldots} = \frac{z_2 \cdot z_4 \cdot z_6 \ldots}{z_1 \cdot z_3 \cdot z_5 \ldots} = \frac{n_a}{n_e}$ **Gesamtübersetzungsverhältnis**

Fliehkraft

Zentrifugalkraft F_z → vom Drehmittelpunkt weggerichtet.
Zentripetalkraft F_z' → zum Drehmittelpunkt hingerichtet.

$F_z = -F_z' = m \cdot \frac{v_u^2}{r} = m \cdot r \cdot \omega^2$ **Zentrifugalkraft** **Zentripetalkraft** in N

$a_z = \frac{v_u^2}{r}$ **Zentripetalbeschleunigung** in m/s^2

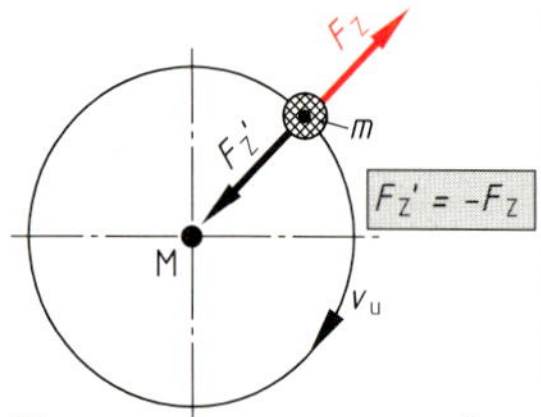

B $m = 50\ \text{kg}$; $r = 1{,}2\ \text{m}$; $n = 3\ \text{s}^{-1}$; $F_z = ?$

$F_z = m \cdot \frac{v_u^2}{r} = m \cdot \frac{(\pi \cdot d \cdot n)^2}{r} = 50\ \text{kg} \cdot \frac{(\pi \cdot 2 \cdot 1{,}2\ \text{m} \cdot 3\ \text{s}^{-1})^2}{1{,}2\ \text{m}}$

$\mathbf{F_z = 21318\ N}$

m	Masse	kg
v_u	Umfangsgeschwindigkeit	m/s
r	Bahnradius	m
ω	Winkelgeschwindigkeit	s^{-1}

(→ Kraft)

Kinetische Energie rotierender Körper

Drehenergie

$W_{rot} = m \cdot r^2 \cdot \frac{\omega^2}{2}$ **Drehenergie eines Massenpunktes** in Nm

$W_{rot} = \frac{J}{2} \cdot \omega^2$ **Drehenergie** (allgemein)

(→ Energie)

W_{rot}	Rotations- bzw. Drehenergie	Nm
r	Abstand des Massenpunktes vom Drehmittelpunkt	m
ω	Winkelgeschwindigkeit	s^{-1}
J	Massenträgheitsmoment des Drehkörpers (s. Tabelle nächste Seite)	$kg\,m^2$

Kinetische Energie rotierender Körper (Fortsetzung)

$m = V \cdot \varrho$ **Masse des Drehkörpers** in kg

(→ Masse)

m	Masse des Drehkörpers	kg
V	Volumen des Drehkörpers	m^3
ϱ	Dichte des Drehkörpers	kg/m^3

Massenträgheitsmomente einfacher Körper (Eigenträgheitsmomente bzw. Einzelträgheitsmomente)

Kreiszylinder

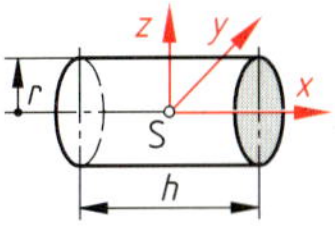

$$m = \varrho \cdot \pi \cdot r^2 \cdot h$$

$$J_x = \frac{m \cdot r^2}{2}$$

$$J_y = J_z = \frac{m \cdot (3 \cdot r^2 + h^2)}{12}$$

Hohlzylinder

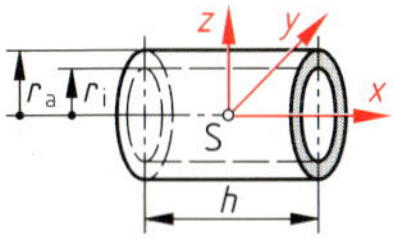

$$m = \varrho \cdot \pi \cdot (r_a^2 - r_i^2) \cdot h$$

$$J_x = \frac{m \cdot (r_a^2 + r_i^2)}{2}$$

$$J_y = J_z = \frac{m \cdot \left(r_a^2 + r_i^2 + \frac{h^2}{3}\right)}{4}$$

Kugel

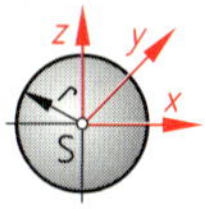

$$m = \varrho \cdot \frac{4}{3} \cdot \pi \cdot r^3$$

$$J_x = J_y = J_z = \frac{2}{5} \cdot m \cdot r^2$$

Kreiskegel

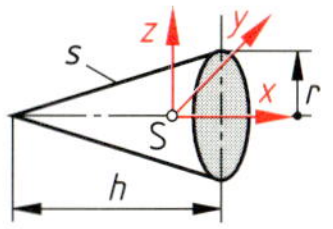

$$m = \varrho \cdot \pi \cdot r^2 \cdot \frac{h}{3}$$

$$J_x = \frac{3}{10} \cdot m \cdot r^2$$

$$J_y = J_z = \frac{3 \cdot m \cdot (4 \cdot r^2 + h^2)}{80}$$

Quader

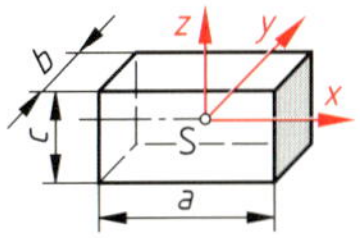

$$m = \varrho \cdot a \cdot b \cdot c$$

$$J_x = \frac{m \cdot (b^2 + c^2)}{12}$$

$$J_y = \frac{m \cdot (a^2 + c^2)}{12}$$

$$J_z = \frac{m \cdot (a^2 + b^2)}{12}$$

Dünner Stab

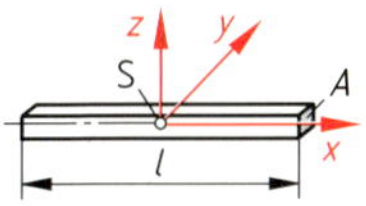

$$m = \varrho \cdot A \cdot l$$

$$J_y = J_z = \frac{m \cdot l^2}{12}$$

Hohlkugel

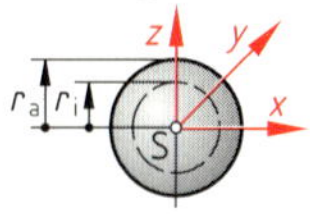

$$m = \varrho \cdot \frac{4}{3} \cdot \pi \cdot (r_a^3 - r_i^3)$$

$$J_x = J_y = J_z = \frac{2}{5} \cdot m \cdot \frac{r_a^5 - r_i^5}{r_a^3 - r_i^3}$$

Kreiskegelstumpf

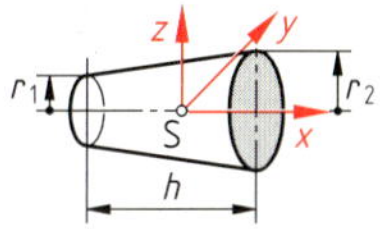

$$m = \varrho \cdot \frac{1}{3} \cdot \pi \cdot h \cdot (r_2^2 + r_1 \cdot r_2 + r_1^2)$$

$$J_x = \frac{3}{10} \cdot m \cdot \frac{r_2^5 - r_1^5}{r_2^3 - r_1^3}$$

Rechteckpyramide

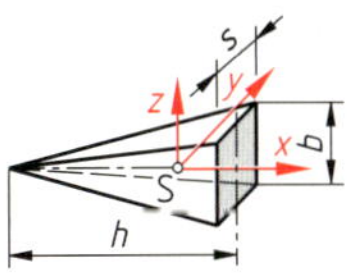

$$m = \frac{\varrho \cdot a \cdot b \cdot h}{3}$$

$$J_x = \frac{m \cdot (a^2 + b^2)}{20}$$

$$J_y = \frac{m \cdot \left(b^2 + \frac{3}{4} \cdot h^2\right)}{20}$$

Kreistorus

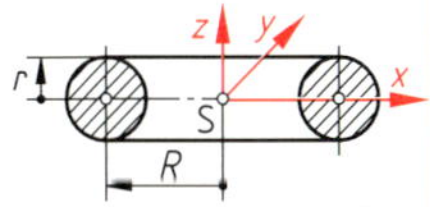

$$m = \varrho \cdot 2 \cdot \pi^2 \cdot r^2 \cdot R$$

$$J_x = J_y = \frac{m \cdot (4 \cdot R^2 + 5 \cdot r^2)}{8}$$

$$J_z = \frac{m \cdot (4 \cdot R^2 + 3 \cdot r^2)}{4}$$

Halbkugel

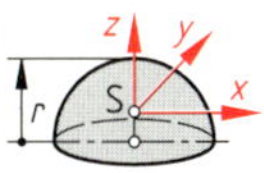

$$m = \varrho \cdot \frac{2}{3} \cdot \pi \cdot r^3$$

$$J_x = J_y = \frac{83}{320} \cdot m \cdot r^2$$

$$J_z = \frac{2}{5} \cdot m \cdot r^2$$

Beliebiger Rotationskörper

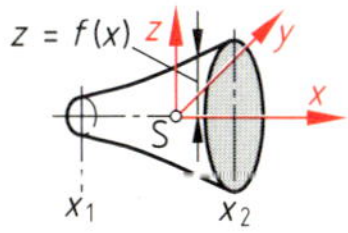

$$m = \varrho \cdot \pi \cdot \int_{x1}^{x2} f^2(x)\,dx$$

$$J_x = \frac{1}{2}\,\varrho \cdot \pi \cdot \int_{x1}^{x2} f^4(x)\,dx$$

3

Kinetische Energie rotierender Körper (Fortsetzung)

Massenträgheitsmomente zusammengesetzter Körper

$J = J_1 + J_2 + \ldots + J_n$ **Gesamtträgheitsmoment** in kg m²

Das Gesamtträgheitsmoment eines Körpers errechnet sich aus der Summe der Einzelträgheitsmomente.

oberes Bild: Die Schwerpunkte aller Einzelkörper liegen auf der Drehachse.

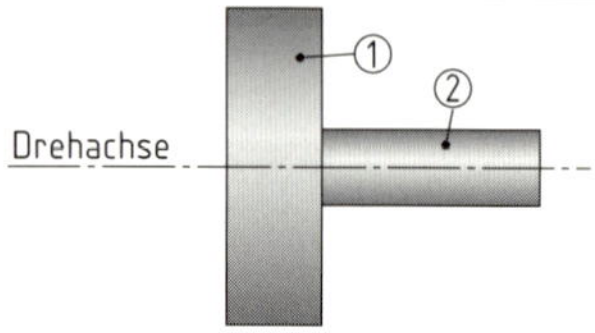

unteres Bild: Die Schwerpunkte der Einzelkörper liegen nicht alle auf der Drehachse. Für diesen Fall gilt:

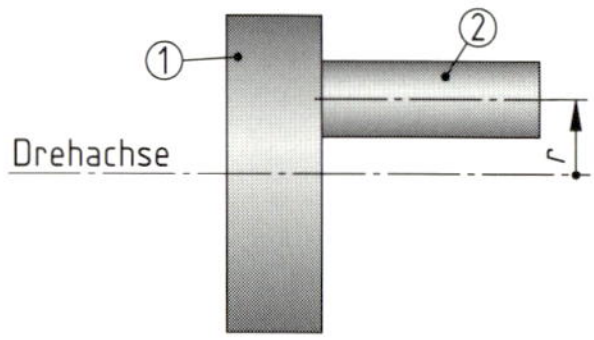

$J = J_s + m \cdot r^2$ **Steiner'scher Verschiebungssatz** (→ Biegung)

3

In dieser Gleichung bedeuten:

- J → das auf die Drehachse bezogene Trägheitsmoment des Einzelkörpers (z. B. Körper ②).
- J_s → das Trägheitsmoment des Einzelkörpers (z. B. Körper ②). Dies ist das Eigenträgheitsmoment (→ Tabelle auf Seite 85).
- m → Masse des Körpers, dessen Schwerpunkt nicht auf der Drehachse liegt.
- r → Abstand der Schwerachse dieses Körpers von der Drehachse.

Raduzierte Masse und Trägheitsradius

$m_{red} = \frac{J}{(r')^2}$ **reduzierte Masse** in kg

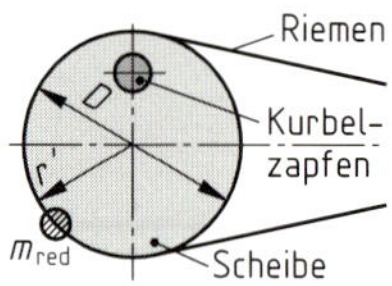

Die reduzierte Masse ist eine punktförmig angenommene Masse an beliebig angenommenem Radius mit gleichem Trägheitsmoment wie es der Körper hat.

$i = \sqrt{\frac{J}{m}}$ **Trägheitsradius** in m

J	Massenträgheitsmoment	kg m²
r'	beliebig (aber sinnvoll) angenommener Radius	m
m	Masse des Drehkörpers	kg

Dynamisches Grundgesetz der Drehbewegung und Dreharbeit

$M = J \cdot \alpha$ **Drehmoment** in Nm bei der **Rotationsbeschleunigung**

$W_{rot} = M \cdot \varphi$ **Dreharbeit** in Nm

J	Massenträgheitsmoment	kg m²
α	Winkelbeschleunigung	1/s²
φ	Drehwinkel	rad

(→ Dynamisches Grundgesetz)

Drehimpuls und Drehstoß

$H = M \cdot \Delta t$ **Drehstoß (Momentenstoß)** in Nms

$L = J \cdot \omega$ **Drehimpuls (Drall)** in $\frac{\text{kgm}^2}{\text{s}}$

$J_0 \cdot \omega_0 = J_t \cdot \omega_t$ **Drehimpulserhaltung (Drallerhaltung)**

M	Drehmoment	Nm
t	Zeit (Δt)	s
J	Massenträgheitsmoment	kg m²
ω	Winkelgeschwindigkeit	s^{-1}
ω_0	ω am Anfang der Drehbeschleunigung	s^{-1}
ω_t	ω am Ende der Drehbeschleunigung	s^{-1}

Verkleinert sich das **Massenträgheitsmoment** J, dann vergrößert sich – ohne Energiezufuhr von außen – die **Winkelgeschwindigkeit** ω und damit die **Drehzahl** n.

(→ Kraftstoß)

Mechanik der Flüssigkeiten und Gase

Wirkungen der Molekularkräfte

Oberflächenspannung (Grenzflächenspannung)

Durch **Kohäsionskräfte** in der Flüssigkeit und **Adhäsionskräfte** zwischen der Flüssigkeit und dem an der Oberfläche der Flüssigkeit angrenzenden Gas bzw. Dampf wird das **Oberflächenverhalten des flüssigen Körpers** hervorgerufen.

σ	Oberflächenspannung	N/m
ΔW	Änderung der Oberflächenenergie	$N \cdot m = J$
ΔA	Änderung der Oberflächengröße	m^2
F	Kraft	N
d	Ringdurchmesser	m

$$\sigma = \frac{\Delta W}{\Delta A}$$

Oberflächenspannung (Definition)

$$\sigma = \frac{F}{2 \cdot d \cdot \pi}$$

Ermittlung der Oberflächenspannung im Versuch (s. Bild)

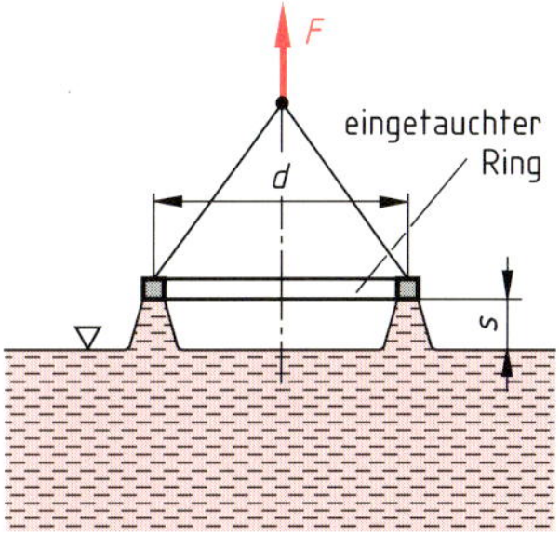

B Bei einem Versuch zur Ermittlung der Oberflächenspannung ist der Ringdurchmesser $d = 0{,}5$ m. Es wird $F = 1{,}48$ N gemessen. Wie groß ist σ?

$$\boldsymbol{\sigma} = \frac{F}{2 \cdot d \cdot \pi} = \frac{1{,}48\ \text{N}}{2 \cdot 0{,}5\ \text{m} \cdot \pi} = \mathbf{0{,}47\ N/m}$$

3

Flüssigkeit	angrenzendes Gas bzw. angrenzender Dampf	Temperatur in °C	Oberflächenspannung σ in N/m
Ammoniak	Luft	20	0,021
Benzol	Luft	20	0,0288
Essigsäure	Luft	20	0,028
Ethanol	Alkoholdampf	20	0,022
Glyzerin	Luft	20	0,058
Kochsalzlösung (10%)	Luft	18	0,0755
Natronlauge (50%)	Luft	20	0,128
Natronlauge (20%)	Luft	20	0,087
Petroleum	Luft	0	0,0289
Quecksilber	Luft/Wasser	20	0,47/0,375
Terpentinöl	Luft	18	0,0268
Toluol	Luft	20	0,029
Wasser	Luft	0	0,0756
Wasser	Luft	10	0,0742
Wasser	Luft	20	0,0725
Wasser	Luft	40	0,0696
Wasser	Luft	60	0,0662
Wasser	Luft	80	0,0626
Wasser	Luft	100	0,0588
Xylol	Luft	20	0,029

Steighöhe in einer Kapillare (→ Stoffschlüssige Verbindungen, Lötverbindungen)

$$h = \frac{2 \cdot \sigma}{g \cdot r \cdot \varrho}$$

Steighöhe bei völliger Benetzung

σ	Oberflächenspannung	N/m
g	Fallbeschleunigung	m/s^2
r	Radius der Kapillare bzw. Spaltbreite	m
ϱ	Dichte der Flüssigkeit	kg/m^3

Bei der **Kapillarwirkung** und der **Randausbildung** unterscheiden sich:

benetzende Flüssigkeit und
nicht benetzende Flüssigkeit

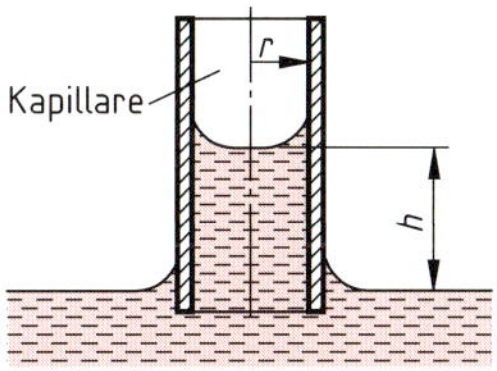

B Bei einem Lot ist $\sigma = 0{,}08$ N/m; $\varrho = 7{,}42$ kg/dm³. Spaltbreite $r = 0{,}15$ mm. Steighöhe h = ?

$$h = \frac{2 \cdot \sigma}{g \cdot r \cdot \varrho} = \frac{2 \cdot 0{,}08\ \text{N/m}}{9{,}81\ \text{m/s}^2 \cdot 0{,}00015\ \text{m} \cdot 7420\ \text{kg/m}^3}$$

$$\boldsymbol{h} = 0{,}0147\ \text{m} = \mathbf{14{,}7\ mm}$$

Hydrostatischer Druck

Druckberechnung, Druckeinheiten

$p = \frac{F}{A}$ **Pressdruck** in N/m²
(→ Gasgesetze, Aerostatischer Druck)

$p = h \cdot \varrho \cdot g$ **Schweredruck** in N/m²

Die SI-Einheit für den Druck ist das **Pascal**.
Einheitenzeichen: **Pa**.

1 Pa = 1 N/m² → 10^5 Pa = 1 bar = 0,1 MPa

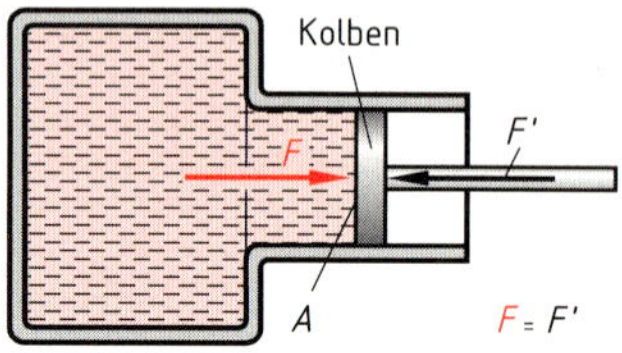

bar ist SI-fremd, aber noch geläufig. Tendenz geht in Richtung MPa.

B Druckkraft $F = 100$ N, Kolbendurchmesser $d = 10$ mm. Wie groß ist p?

$$p = \frac{F}{A} = \frac{F}{(\pi/4)\cdot d^2} = \frac{4\cdot F}{\pi \cdot d^2} = \frac{4\cdot 100\ \text{N}}{\pi\cdot(0{,}01\ \text{m})^2}$$

p = **12,73 bar**

F	senkrecht zur Fläche wirkende Kraft	N
A	gedrückte Fläche	m²
h	Höhe einer Flüssigkeitssäule	m
ϱ	Dichte der Flüssigkeit	kg/m³
g	Fallbeschleunigung	m/s²

1 Mikropascal = 1 µPa = 0,000001 Pa = 10^{-6} Pa
1 Hektopascal = 1 hPa = 100 Pa = 10^2 Pa
1 Kilopascal = 1 kPa = 1000 Pa = 10^3 Pa
1 Megapascal = 1 MPa = 1000000 Pa = 10^6 Pa

→ 1 Hektopascal = 1 Millibar
1 hPa = 1 mbar

(→ Britische Einheiten, US-Einheiten)

Umrechnung alter Druckeinheiten in Pascal

(nach **DIN 1314** „Druck", 02.77)

Frühere Einheiten	Umrechnung in N/m² = Pa	hPa = mbar	bar = 10^5 Pa
$1\ \frac{\text{kp}}{\text{cm}^2} = 1$ at	98066,5	980,665	0,980665
1 mWS	9806,65	98,0665	0,0980665
1 Torr = 1 mm QS	133,322	1,33322	0,00133322
1 atm	101325	1013,25	1,01325

at: **technische Atmosphäre**, atm: **physikalische Atmosphäre**, mWS: **Meter Wassersäule**, mm QS: **Millimeter Quecksilbersäule** (jetzt mm Hg)

Kompressibilität infolge Druckänderung

$\varkappa = \frac{\Delta V}{V} \cdot \frac{1}{\Delta p}$ **Kompressibilität**

$K = \frac{1}{\varkappa}$ **Kompressionsmodul**

(→ Gasgesetze)

$\varkappa$	Kompressibilität	bar⁻¹
ΔV	Volumenänderung infolge Druckänderung	m³
V	Ausgangsvolumen	m³
Δp	Druckänderung	bar
K	Kompressionsmodul	bar

Stoff, Temperatur	Kompressibilität in bar⁻¹	Stoff, Temperatur	Kompressibilität in bar⁻¹
Stahl 0 °C (fest)	$6\cdot10^{-7}$	Wasser 10 °C	$4{,}9\cdot10^{-5}$
Quecksilber 0 °C	$3\cdot10^{-6}$	Wasser 18 °C	$4{,}7\cdot10^{-5}$
Ethanol 7,3 °C	$8{,}6\cdot10^{-5}$	Wasser 25 °C	$4{,}6\cdot10^{-5}$
Hydrauliköl 20 °C	$6{,}3\cdot10^{-5}$	Wasser 43 °C	$4{,}5\cdot10^{-5}$
Meerwasser 17,5 °C	$4{,}5\cdot10^{-5}$	Wasser 53 °C	$4{,}5\cdot10^{-5}$
Wasser 0 °C	$5{,}1\cdot10^{-5}$		

B Wie groß ist der Wasserdruck in 2000 m Meerestiefe ($\varrho = 1{,}03$ kg/dm³. Wie groß ist ΔV in %?

$p = h \cdot \varrho \cdot g = 2000\ \text{m} \cdot 1030\ \text{kg/m}^3 \cdot 9{,}81\ \text{m/s}^2$

p = 20208600 N/m² = **202,1 bar**

$\varkappa = \frac{\Delta V}{V}\cdot\frac{1}{\Delta p} \rightarrow \frac{\Delta V}{V} = \varkappa\cdot\Delta p = 5\cdot10^{-5}\,\text{bar}^{-1}\cdot 202\ \text{bar}$

$\frac{\Delta V}{V} = 0{,}01 \mathrel{\hat=} \mathbf{1\,\%}$

Mechanik der Flüssigkeiten und Gase

Aerostatischer Druck

Der **absoluter Druck** p_{abs} ist der Druck gegenüber dem Druck Null im leeren Raum.
Die Differenz zwischen einem absoluten Druck p_{abs} und dem jeweiligen (absoluten) **Atmosphärendruck** p_{amb} ist die **atmosphärische Druckdifferenz** p_e. Diese wird auch **Überdruck** p_e genannt.

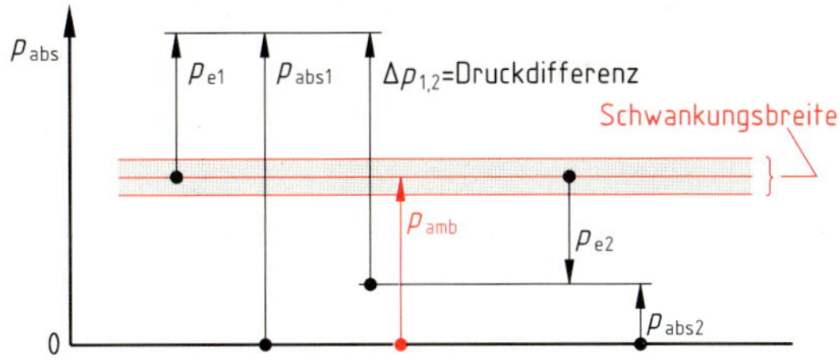

$p_e = p_{abs} - p_{amb}$ **Überdruck**

Überdrücke können sowohl positiv als auch negativ sein. Negativer Überdruck = **Unterdruck** (→ Hydrostatischer Druck)

p_e	Überdruck	N/m², bar
p_{abs}	absoluter Druck	N/m², bar
p_{amb}	Atmosphärendruck	N/m², bar

3

Druckkraft

In einer **Flüssigkeit** bzw. einem **Gas** oder einem **Dampf** pflanzt sich der Druck nach allen Seiten in gleicher Größe fort. Die **Druckkraft** wirkt stets in senkrechter Richtung auf die gedrückte Fläche.

$F = p \cdot A$ **Druckkraft auf ebene Fläche**

$F = p \cdot A_{proj.} = p \cdot \frac{\pi}{4} \cdot d^2$ **Druckkraft auf kreisförmig gewölbte Fläche**

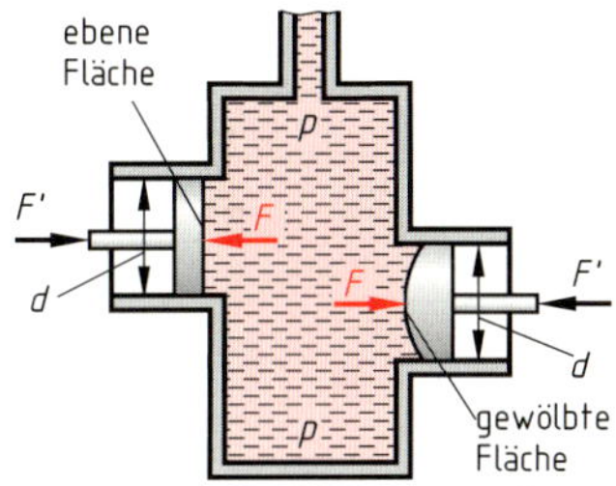

Die Druckkraft auf eine **gewölbte Fläche** ist gleich dem Produkt aus dem Flüssigkeits- oder Gasdruck und der senkrechten Projektion dieser Fläche. Dies gilt auch für eine **geneigte Fläche**.

B $p = 3$ bar, $d = 6$ cm, $F = ?$

$F = p \cdot \frac{\pi}{4} \cdot d^2 = 3 \cdot 10^5 \frac{N}{m^2} \cdot \frac{\pi}{4} \cdot (0{,}06\ m)^2$

$\mathbf{F = 848{,}23\ N}$

p	Gas- oder Flüssigkeitsdruck	N/m², bar
A	gedrückte Fläche	m²
$A_{proj.}$	senkrechte Projektion der gewölbten oder geneigten Fläche	m²
d	Kolbendurchmesser	m

Hydraulische Kraftübersetzung (→ Übersetzungen)

$F_1 = F_2 \cdot \frac{D^2}{d^2}$ **erzeugte Kolbenkraft** in N

Die Kräfte verhalten sich wie die Quadrate der Durchmesser.

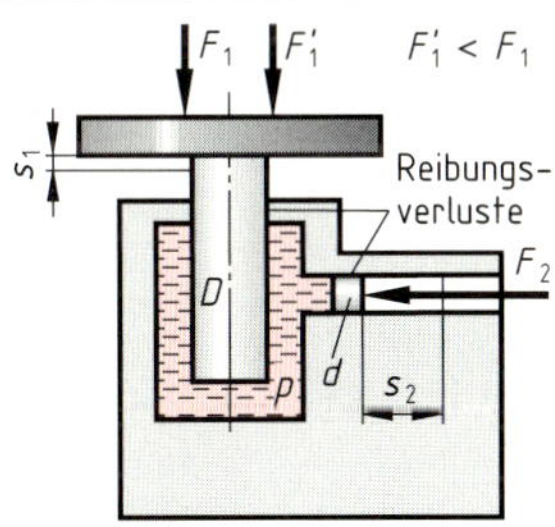

$W_a = F_2 \cdot s_2$ **aufgewendete Arbeit** in Nm

$W_n = F_1 \cdot s_1$ **Nutzarbeit** in Nm (ohne Verluste)

$W'_n = F'_1 \cdot s_1$ **Nutzarbeit** in Nm (mit Verlusten)

$\eta = \frac{W'_n}{W_a} = \frac{F'_1 \cdot s_1}{F_2 \cdot s_2}$ **Wirkungsgrad** < 1

$\frac{s_1}{s_2} = \frac{d^2}{D^2} = \frac{1}{i}$ **Verhältnis der Kolbenwege**

Die Kolbenwege verhalten sich umgekehrt proportional zu den Quadraten der den Kolben zugehörigen Durchmessern.

F'_1	erzeugte Kolbenkraft unter Einbeziehung von η	N
F_2	aufgewendete Kolbenkraft	N
d	kleiner Kolbendurchmesser	m
D	großer Kolbendurchmesser	m
s_1	Nutzweg	m
s_2	aufgewendeter Weg	m
i	hydraulisches Kraftübersetzungsverhältnis	1

Druckkraft (Fortsetzung)

Schweredruck und Druckverteilungsdiagramm

$p_s = h \cdot \varrho \cdot g$ **Schweredruck** (→ Druckberechnung)

p_s	statischer Druck (Schweredruck)	N/m², bar
h_{st}	statische Druckhöhe	m
ϱ	Dichte der Flüssigkeit	kg/m³
g	Fallbeschleunigung	m/s²

Der Schweredruck in einer Flüssigkeit steigt proportional mit der Flüssigkeitstiefe h, d. h. mit der Höhe der **Flüssigkeitssäule**.

↓

$h_{st} = \frac{p}{\varrho \cdot g}$ **statische Druckhöhe**

B $h = 3{,}6$ m; $\varrho = 0{,}87$ kg/dm³; $p_s = ?$
$p_s = h \cdot \varrho \cdot g = 3{,}6\text{ m} \cdot 870\text{ kg/m}^3 \cdot 9{,}81\text{ m/s}^2$
$\boldsymbol{p_s} = 30\,725\text{ N/m}^2 = \mathbf{0{,}30725\text{ bar}}$

$p_{ges} = \Sigma p$ **Gesamtdruck**

In einer **waagerechten Flüssigkeitsebene** ist der Gesamtdruck an jeder Stelle gleich groß (nur bei ruhenden Fluiden).

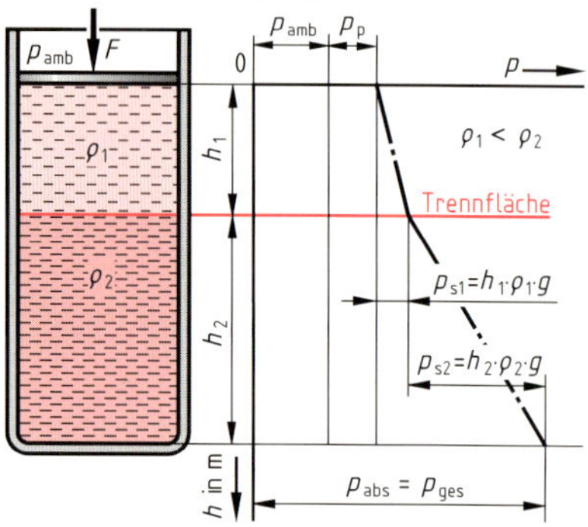

3

Bodendruckkraft

$F_b = p_{ges} \cdot A$ **Bodendruckkraft** in N

p_{ges}	Gesamtdruck	N/m², bar
A	am Gefäßboden gedrückte Fläche	m²

Bei homogener Füllung des Gefäßes:

$F_b = h \cdot \varrho \cdot g \cdot A$

(→ Druckkraft auf Fläche)

Die Bodendruckkraft ist nicht von der Form des die Flüssigkeit aufbewahrenden Gefäßes abhängig.

Hydrostatisches Paradoxon

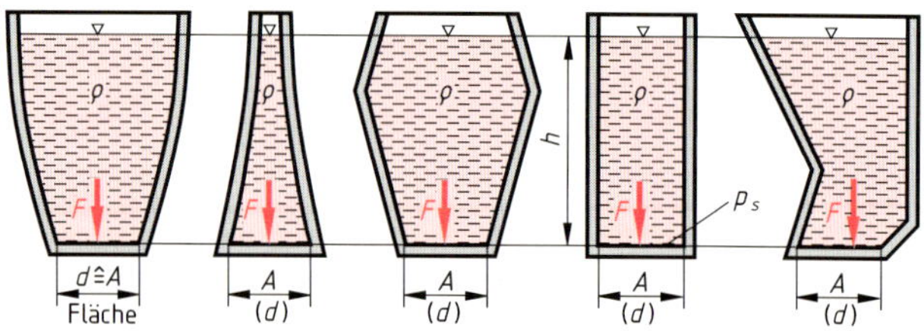

Seitendruckkraft

Senkrechte Seitenwand (→ Flächenmoment 2. Grades)

$e = \frac{I}{A \cdot h_s}$ **Abstand des Druckmittelpunktes D vom Schwerpunkt S der Fläche**

$F_s = h_s \cdot \varrho \cdot g \cdot A$ **Seitendruckkraft** in N

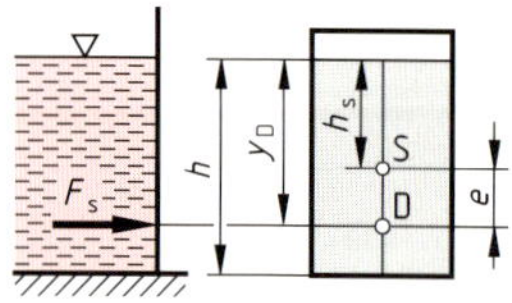

Symmetrische schräge Wand

$e = \frac{I_s}{A \cdot y_s}$ **Abstand des Druckmittelpunktes vom Flächenschwerpunkt**

$F_s = \varrho \cdot g \cdot y_s \cdot \sin\alpha \cdot A$ **Seitendruckkraft** in N

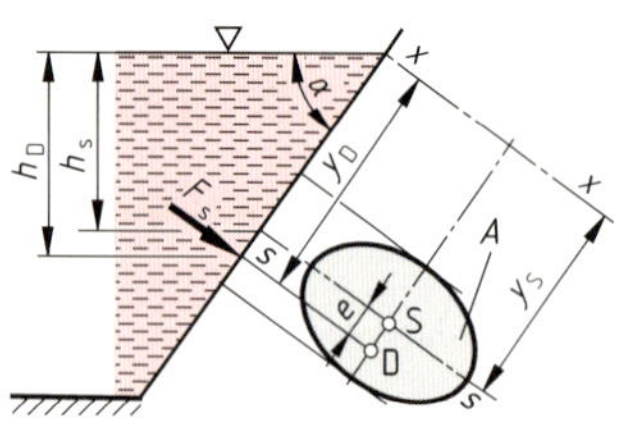

Die **Größe der Seitendruckkraft** F_s ist gleich dem Produkt aus dem hydrostatischen Druck am Flächenschwerpunkt und der gedrückten Fläche.

Angriffspunkt der Seitendruckkraft ist der **Druckmittelpunkt** D.

Formelzeichen und Einheiten: nächste Seite

Druckkraft (Fortsetzung)

Aus den Gleichungen der Vorseite ergibt sich:

Je weiter die gedrückte Seitenfläche vom Flüssigkeitsspiegel (Flüssigkeitsoberfläche) entfernt ist, desto kleiner ist der Abstand des Druckmittelpunktes D vom Flächenschwerpunkt S.

I, I_s	Flächenmoment 2. Grades	m^4
A	gedrückte Fläche	m^2
h_s	Abstand des Schwerpunktes vom Flüssigkeitsspiegel	m
ϱ	Flüssigkeitsdichte	kg/m^3
g	Fallbeschleunigung	m/s^2
α	Neigungswinkel der Fläche	Grad

Verbundene Gefäße (kommunizierende Gefäße)

$$\frac{h_1}{h_2} = \frac{\varrho_2}{\varrho_1}$$

Bei unterschiedlichen Dichten verhalten sich die Flüssigkeitshöhen über den Trennungsflächen umgekehrt wie die zugehörigen Flüssigkeitsdichten.

Bei $\varrho_1 = \varrho_2$ bzw. bei homogener Füllung ist $\boldsymbol{h_1 = h_2}$.

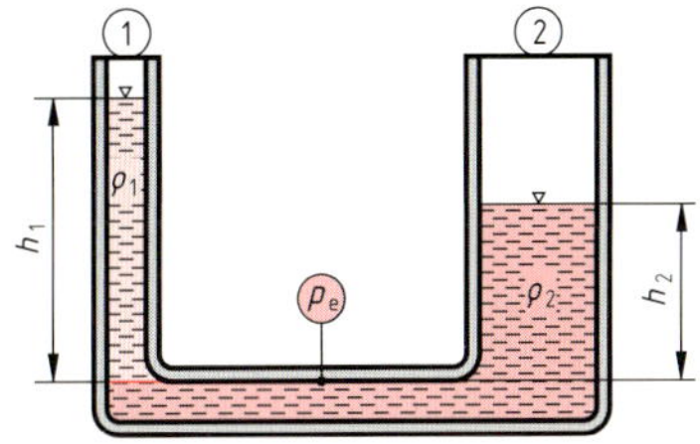

3

Statischer Auftrieb in Flüssigkeiten und Gasen

$$F_A = V \cdot \varrho_F \cdot g$$ **statische Auftriebskraft** in N

Der Betrag der nach oben gerichteten **Auftriebskraft** F_A ist gleich der **Gewichtskraft** F_G des verdrängten Fluids. → **Prinzip von Archimedes**

(→ Dynamische Auftriebskraft)

$$F'_G = F_G - F_A$$ **Tauchgewichtskraft** in N

$$V = V_K = V_F$$ **verdrängtes Flüssigkeitsvolumen = Körpervolumen = Fluidvolumen**

Die Größe der Auftriebskraft hängt nicht von der **Eintauchtiefe** ab.

$$\varrho_K = \varrho_F + \frac{F'_G}{V \cdot g}$$ **Dichte eines in ein Fluid eingetauchten Körpers**

Das Prinzip von Archimedes ist bei allen Fluidformen (Flüssigkeit, Gas, Dampf) anwendbar.

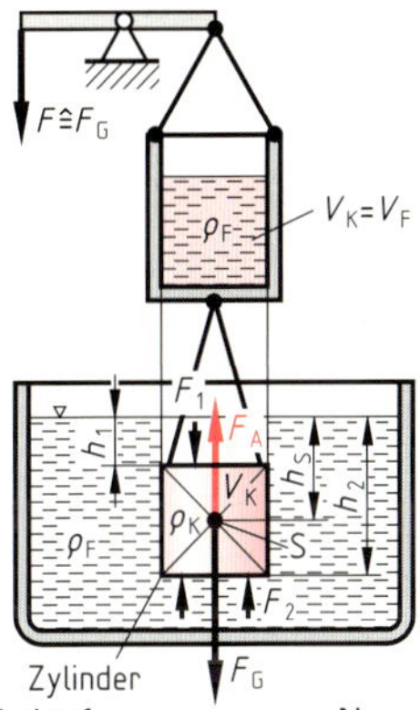

F_A	statische Auftriebskraft	N
V	verdrängtes Volumen	m^3
ϱ_F	Fluiddichte	kg/m^3
g	Fallbeschleunigung	m/s^2
F_G	Gewichtskraft des Körpers	N
F'_G	Tauchgewichtskraft	N

(→ Berechnungsformeln zur Dichteermittlung)

Oberflächenausbildung von Flüssigkeiten

Flüssigkeiten sind **leicht verformbar**, haben ein **beinahe unveränderliches Volumen** und stellen ihre **Oberfläche stets senkrecht zur Resultierenden aller auf sie wirkenden Kräfte** ein.

In **ruhenden und gleichförmig bewegten Gefäßen** ist die Flüssigkeitsoberfläche eine horizontale Ebene.

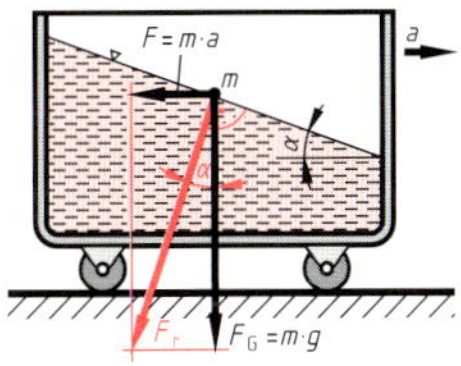

$$\tan\alpha = \frac{a}{g}$$ **Berechnung des Neigungswinkels bei gleichmäßiger Beschleunigung** a

g = Fallbeschleunigung = 9,81 m/s^2

Die **Oberfläche einer rotierenden Flüssigkeit** hat die Form eines Paraboloids.

Kontinuitätsgleichung (Durchflussgleichung)

Kompressible Fluide:

$\dot{m} = \varrho \cdot v \cdot A = \text{konst.}$ **Massenstrom**

$\varrho_1 \cdot v_1 \cdot A_1 = \varrho_2 \cdot v_2 \cdot A_2 = \varrho_3 \cdot v_3 \cdot A_3 = \ldots = \text{konst.}$

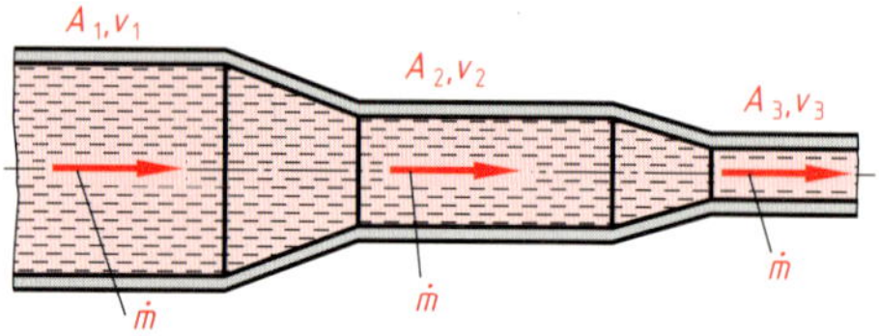

Massenerhaltungssatz:

Der in der Zeiteinheit durch jede Querschnittsfläche einer Rohrleitung hindurchfließende Massenstrom $\dot{m}$ ist konstant.

(→ Britische Einheiten, US-Einheiten)

$\dot{m}$	Massenstrom	kg/s
ϱ	Fluiddichte	kg/m³
v	Strömungsgeschwindigkeit	m/s
A	Strömungsquerschnitt	m²
$\dot{V}$	Volumenstrom (Durchsatz)	m³/s
d	Rohrinnendurchmesser	m

Inkompressible Fluide:

$\dot{V} = A \cdot v = \text{konst.}$ **Volumenstrom** (Durchsatz)

$\dot{V} = A_1 \cdot v_1 = A_2 \cdot v_2 = \ldots = \text{konst.}$ **Volumenstrom**

$\frac{v_1}{v_2} = \frac{d_2^2}{d_1^2} \rightarrow v_2 = v_1 \cdot \frac{d_1^2}{d_2^2}$ (→ Rohrleitungen, Druckverluste)

Die **Strömungsgeschwindigkeiten** inkompressibler Fluide verhalten sich bei **kreisförmigen Querschnitten** umgekehrt wie die Quadrate der Durchmesser.

B $v_1 = 4\,\text{m/s}$, $d_1 = 150\,\text{mm}$, $d_2 = 80\,\text{mm}$, $v_2 = ?$

$$v_2 = v_1 \cdot \frac{d_1^2}{d_2^2} = 4\,\text{m/s} \cdot \frac{(150\,\text{mm})^2}{(80\,\text{mm})^2} = \mathbf{14{,}063\,m/s}$$

Energiegleichung (Bernoulli'sche Gleichung) ohne Reibungsverluste

Strömungsenergie:

$W_{pot} = m \cdot g \cdot h$ **potentielle Energie**

$W_{kin} = \frac{m}{2} \cdot v^2$ **kinetische Energie**

$W_d = p \cdot V$ **Druckenergie**

$W = W_d + W_{pot} + W_{kin}$ **Strömungsenergie**

(→ Rohrleitungen, Druckverluste)

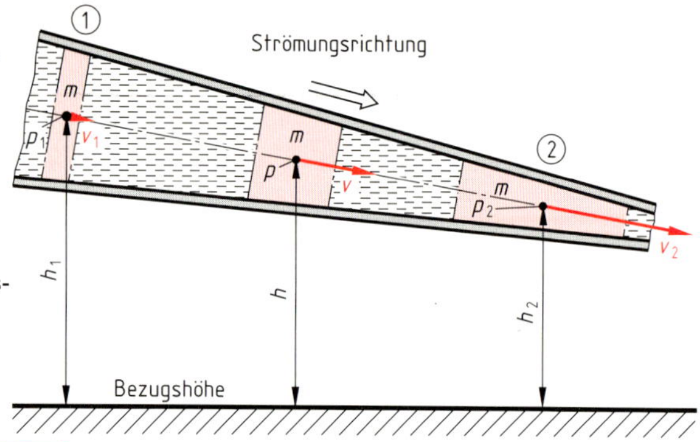

Energiegleichung:

$W = W_d + W_{pot} + W_{kin} = \text{konst.}$ in Nm

$W = p \cdot V + V \cdot \varrho \cdot g \cdot h + \frac{V \cdot \varrho}{2} \cdot v^2 = \text{konst.}$ in Nm

(→ Arbeit und Energie)

W	Strömungsenergie	Nm
W_d	Druckenergie $= p \cdot V$	Nm
W_{pot}	potentielle Energie $= V \cdot \varrho \cdot g \cdot h$	Nm
W_{kin}	kinetische Energie $= (V \cdot \varrho / 2) \cdot v^2$	Nm
p	statischer Druck	N/m², bar
V	Volumen	m³
ϱ	Fluiddichte	kg/m³
g	Fallbeschleunigung	m/s²
h	Druckhöhe (geodät. Höhe)	m
v	Strömungsgeschwindigkeit	m/s

Druckgleichung:

$p_1 + \varrho \cdot g \cdot h_1 + \frac{\varrho}{2} \cdot v_1^2 = p_2 + \varrho \cdot g \cdot h_2 + \frac{\varrho}{2} \cdot v_2^2$ in $\frac{\text{N}}{\text{m}^2}$ →

p → **statischer Druck** in N/m²

$\varrho \cdot g \cdot h$ → **geodätischer Druck** in N/m²

$\frac{\varrho}{2} \cdot v^2$ → **Geschwindigkeitsdruck** in N/m²

Druckhöhengleichung:

$\frac{p_1}{\varrho \cdot g} + h_1 + \frac{v_1^2}{2 \cdot g} = \frac{p_2}{\varrho \cdot g} + h_2 + \frac{v_2^2}{2 \cdot g}$ in m →

$\frac{p}{\varrho \cdot g}$ → **statische Höhe** in m

h → **geodätische Höhe** in m

$\frac{v^2}{2 \cdot g}$ → **Geschwindigkeitshöhe** in m

Index 1: Stelle 1, **Index 2:** Stelle 2

3

Energiegleichung (Bernoulli'sche Gleichung) ohne Reibungsverluste (Fortsetzung)

Die Energie in einem strömenden Fluid (**Strömungsenergie**) setzt sich aus potentieller Energie, kinetischer Energie und Druckenergie zusammen.

Bei **horizontaler Leitung** ist der geodätische Höhenunterschied null, so dass jeweils das mittlere Summenglied entfällt:

$$p_1 \cdot V + \frac{V \cdot \varrho}{2} \cdot v_1^2 = p_2 \cdot V + \frac{V \cdot \varrho}{2} \cdot v_2^2$$

Energiegleichung bei horizontaler Leitung

$$p_1 + \frac{\varrho}{2} \cdot v_1^2 = p_2 + \frac{\varrho}{2} \cdot v_2^2$$

Druckgleichung bei horizontaler Leitung

$$\frac{p_1}{\varrho \cdot g} + \frac{v_1^2}{2 \cdot g} = \frac{p_2}{\varrho \cdot g} + \frac{v_2^2}{2 \cdot g}$$

Druckhöhengleichung bei horizontaler Leitung

3

Anwendungen zur Energiegleichung

Venturi-Prinzip (Saugwirkung):

$$p_2 = p_1 + \frac{\varrho}{2} \cdot (v_1^2 - v_2^2)$$

Druck an der Stelle 2

Saugwirkung bei $p_2 < p_{amb}$

Formelzeichen entsprechend der Gleichungen von Bernoulli.

$$h_0 = \frac{p_{amb} - p_{abs\,2}}{\varrho \cdot g}$$

Saughöhe in m (**theoretische Förderhöhe**)

B $p_{amb} = 1{,}01$ bar; $p_{abs\,2} = 0{,}3$ bar; $\varrho = 1000\ \text{kg/m}^3$
Wie groß ist h_0 (ohne Verluste!)

$$h_0 = \frac{p_{amb} - p_{abs\,2}}{\varrho \cdot g} = \frac{101000\ \text{N/m}^2 - 30000\ \text{N/m}^2}{1000\ \text{kg/m}^3 \cdot 9{,}81\ \text{m/s}^2}$$

$\mathbf{h_0 = 7{,}24\ m}$ (theor. Förderhöhe, d.h. ohne Verluste)

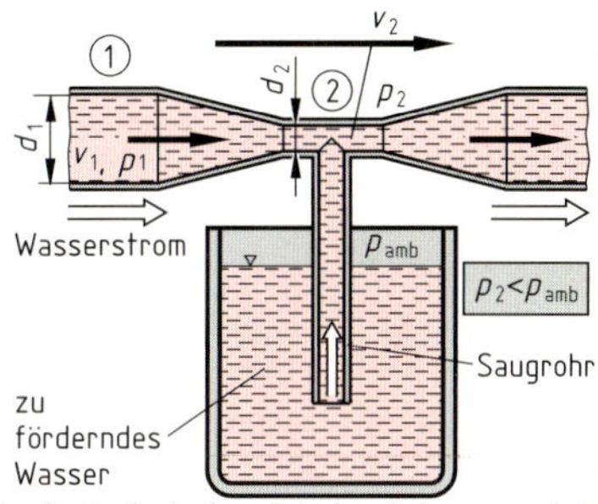

In der technischen Praxis wird $p_{abs\,2}$ meist mit **Saugpumpen** bzw. **Vakuumpumpen** erzeugt.
Je kleiner die Dichte des geförderten Mediums ist, desto größer ist die Förderhöhe h_0.

Messung der Strömungsgeschwindigkeit: (→ Volumenstrom)

$$v_1 = \sqrt{2 \cdot g \cdot \left(\frac{p_2}{\varrho \cdot g} - \frac{p_1}{\varrho \cdot g}\right)}$$

$$v_1 = \sqrt{\frac{2}{\varrho} \cdot (p_2 - p_2)}$$

$$v_1 = \sqrt{2 \cdot g\,(h_2 - h_1)} = \sqrt{2 \cdot g \cdot \Delta h}$$

Strömungsgeschwindigkeit an der Stelle 1

Formelzeichen entsprechend der Gleichungen von Bernoulli.

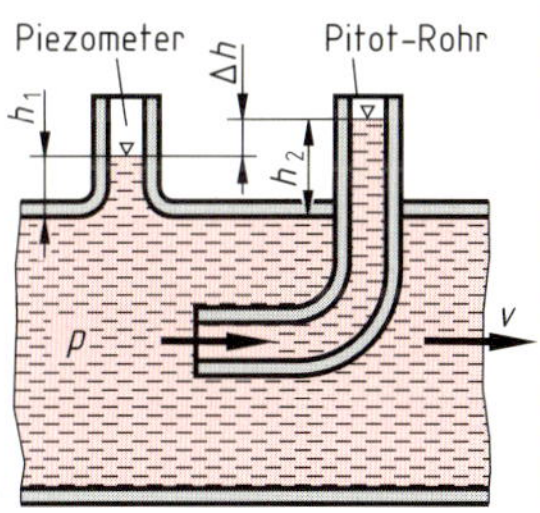

Im **Piezometer** (Steigrohr) wird die statische Druckhöhe gemessen, im **Pitot-Rohr** (Hakenrohr) wird die statische Druckhöhe **und** die dynamische Druckhöhe gemessen.

Dynamischer Auftrieb: (→ Schwebekörperdurchflussmesser, Volumendurchflussmesser)

$$F_A = C_A \cdot \frac{\varrho}{2} \cdot v^2 \cdot A$$

dynamische Auftriebskraft in N

Ebenso wie der C_w-Wert (s. S. 94) wird auch der **C_A-Wert** im Versuch, d.h. in einem Strömungskanal **in Abhängigkeit von Strömungsgeschwindigkeit und Form des umströmten Körpers** (z.B. Tragflügel oder **Schwebekörper**) ermittelt. Formelzeichen: nächste Seite.

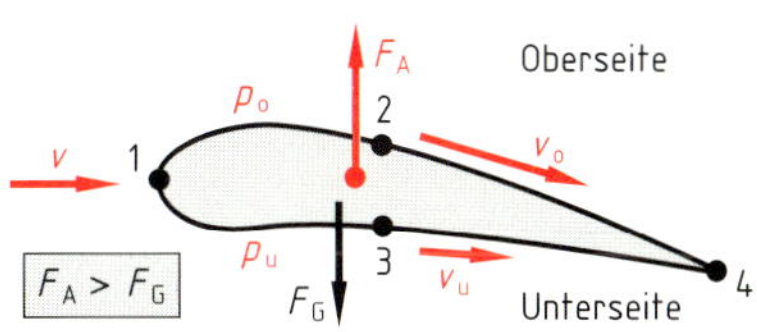

Mechanik der Flüssigkeiten und Gase

Energiegleichung (Bernoulli'sche Gleichung) ohne Reibungsverluste (Fortsetzung)

Anwendungen zur Energiegleichung (Fortsetzung)

Strömungswiderstand:
(→ Schwebekörperdurchflussmesser)

$$F_w = C_w \cdot \frac{\varrho}{2} \cdot v^2 \cdot A$$ **Strömungswiderstand**

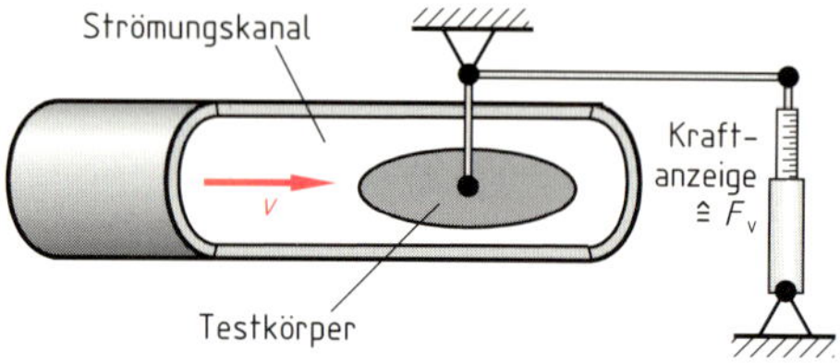

Der **C_w-Wert** wird im Versuch ermittelt. Je nach Form, Größe und Oberflächenqualität hat er die folgenden Werte:

von Luft umströmter Körper	C_w-Wert
Stromlinienkörper	0,055
Kugel	0,20 bis 0,50
Pkw	0,25 bis 0,50
ebene Kreisplatte	1,00 bis 1,40
halbe Hohlkugel	
nach hinten geöffnet	0,30 bis 0,50
nach vorne geöffnet	1,30 bis 1,50

F_w	Strömungswiderstand	N
C_w	Widerstandsbeiwert (C_w-Wert)	1
ϱ	Fluiddichte	kg/m³
v	Strömungsgeschwindigkeit	m/s
A	senkrechte Projektion der angeströmten Fläche	m²

Ausfluss aus Gefäßen

Seitenöffnung:

$$\dot{V} = A \cdot \mu \cdot \sqrt{2 \cdot g \cdot h}$$ **Volumenstrom**

h ist hierbei der Abstand von der Öffnungsmitte bis zum Flüssigkeitsspiegel.

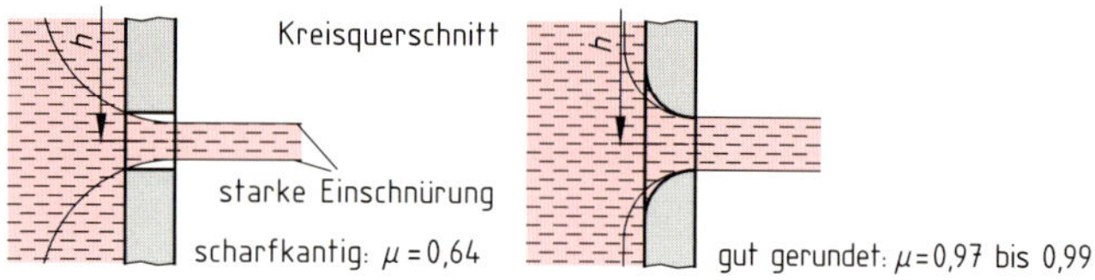

Obige Gleichung gilt nur bei relativ kleinen Seitenöffnungen (wie meist im Behälterbau). Bei sehr hohen Seitenöffnungen (z. B. im Wasserbau) müssen spezielle Formeln verwendet werden.

Konstante Spiegelhöhe:

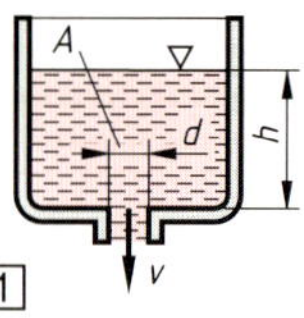

1

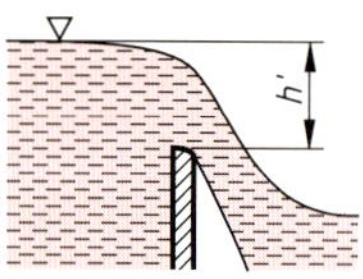

2

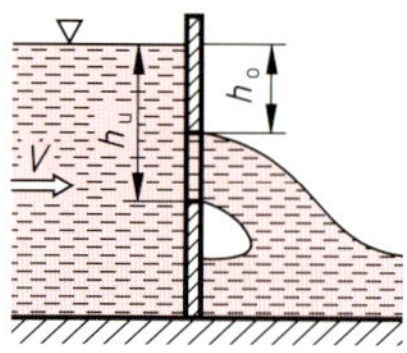

3

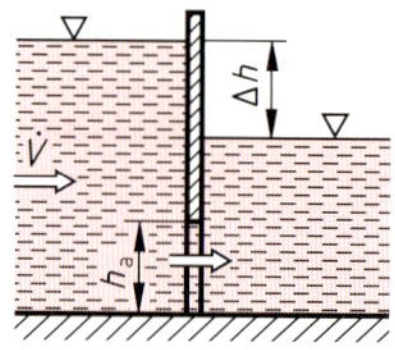

4

Volumenstrom aus Bodenöffnung (Bild 1)

$$\dot{V} = A \cdot v = A \cdot \mu \cdot \sqrt{2 \cdot g \cdot h}$$

Volumenstrom durch Überfall (Wehr) (Bild 2)

$$\dot{V} = \frac{2}{3} \cdot b \cdot h' \cdot \mu \cdot \sqrt{2 \cdot g \cdot h'}$$

Volumenstrom aus hoher Seitenöffnung (Bild 3) mit Rechteckquerschnitt

$$\dot{V} = \frac{2}{3} \cdot \mu \cdot b \cdot (h_u \cdot \sqrt{2 \cdot g \cdot h_u} - h_0 \cdot \sqrt{2 \cdot g \cdot h_0})$$

$\dot{V}$	Volumenstrom	m³/s
A	Strömungsquerschnitt	m²
v	Strömungsgeschwindigkeit	m/s
μ	Ausflusszahl	1
α	Einschnürungszahl (Kontraktionszahl)	1
φ	Geschwindigkeitszahl	1
g	Fallbeschleunigung	m/s²
h	Füllstandshöhe	m
b	Breite des Überfalls bzw. der Seitenöffnung	m
h'	senkrechter Abstand vom Flüssigkeitsspiegel zur Oberkante des Überfalls	m
h_u	Abstand der Unterkante vom Flüssigkeitsspiegel	m
h_0	Abstand der Oberkante vom Flüssigkeitsspiegel	m

Fortsetzung Seite 95

Ausfluss aus Gefäßen (Fortsetzung)

Volumenstrom ins Unterwasser
(Bild 4, vorhergehende Seite):

$$\dot{V} = h_a \cdot b \cdot \mu \cdot \sqrt{2 \cdot g \cdot \Delta h}$$

$$\mu = \alpha \cdot \varphi$$ <1 **Ausflusszahl** (→ nebenstehende Tabelle)

$$t = \frac{\dot{V}}{V}$$ **Ausflusszeit** in s

h_a	Höhe der Seitenöffnung	m
Δh	senkrechter Abstand der beiden Flüssigkeitsspiegel	m
t	Zeit	s
V	Behältervolumen	m^3

Beschaffenheit einer kreisrunden Ausflussöffnung	Ausflusszahl μ
scharfkantig und rau	0,62 … 0,64
gut gerundet und glatt	0,97 … 0,99

Sinkender Flüssigkeitsspiegel:

$$t = \frac{2 \cdot V}{\mu \cdot A \cdot \sqrt{2 \cdot g \cdot h}}$$

Entleerungszeit für einen senkrecht stehenden prismatischen Behälter

$$t = \frac{2 \cdot A_0}{\mu \cdot A \cdot \sqrt{2 \cdot g}} \cdot \left(\sqrt{h_1} - \sqrt{h_2}\right)$$

Zeit für die teilweise Entleerung eines senkrecht stehenden prismatischen Behälters

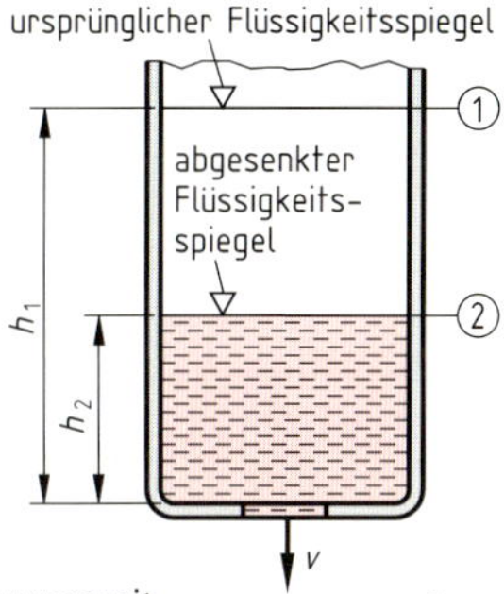

Gleichungen für den **seitlichen Ausfluss** und solche für **nicht prismatische Körper** können spezieller Literatur, z. B. aus dem Wasserbau, entnommen werden.

Für **konische Ausflussöffnungen** ergeben sich die folgenden Ausflusszahlen μ in Abhängigkeit vom Öffnungswinkel α:

Öffnungswinkel α	10°	12°	20°	45°	90°
Ausflusszahl μ	0,96	0,95	0,93	0,87	0,75

t	Entleerungszeit	s
V	Behälter-Innenvolumen	m^3
μ	Ausflusszahl	1
A	Ausflussquerschnitt	m^2
g	Fallbeschleunigung	m/s^2
h	Füllstand	m
A_0	Behälterquerschnitt	m^2

Gefäße mit Überdruck: (→ Druck, Gasgesetze)

$$h_{ges} = h + \frac{p_e}{\varrho \cdot g}$$ **Gesamthöhe**

$$v = \mu \cdot \sqrt{2 \cdot g \cdot \left(h + \frac{p_e}{\varrho \cdot g}\right)}$$ **Ausflussgeschwindigkeit**

$$\dot{V} = \mu \cdot A \cdot \sqrt{2 \cdot g \cdot \left(h + \frac{p_e}{\varrho \cdot g}\right)}$$ **Volumenstrom**

$$t = \frac{V}{\dot{V}}$$ **Ausflusszeit**

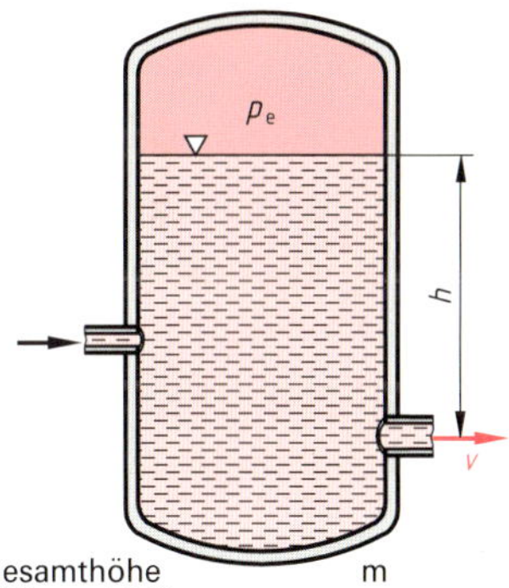

B $\mu = 0{,}7$; $A = 10\ cm^2$; $h = 3{,}7\ m$; $p_e = 0{,}72\ bar$; $V = 4{,}2\ m^3$; $\varrho = 1\ kg/dm^3$.
Berechnen Sie $\dot{V}$ und t.

$$\dot{V} = \mu \cdot A \cdot \sqrt{2 \cdot g \cdot \left(h + \frac{p_e}{\varrho \cdot g}\right)}$$

$$\dot{V} = 0{,}7 \cdot 0{,}001\ m^2 \cdot \sqrt{2 \cdot 9{,}81\ \frac{m}{s^2}\left(3{,}7\ m + \frac{72\,000\ N/m^2}{1000\ kg/m^3 \cdot 9{,}81\ m/s^2}\right)}$$

$$\boldsymbol{\dot{V} = 0{,}0103\ m^3/s = 10{,}3\ l/s}$$

$$\boldsymbol{t} = \frac{V}{\dot{V}} = \frac{4{,}2\ m^3}{0{,}0103\ m^3/s} = 407{,}77\ s = \boldsymbol{6{,}8\ min}$$

h_{ges}	Gesamthöhe	m
h	Füllstandshöhe	m
p_e	Überdruck	N/m^2, bar
ϱ	Fluiddichte	kg/m^3
g	Fallbeschleunigung	m/s^2
v	Ausflussgeschwindigkeit	m/s
μ	Ausflussziffer	1
$\dot{V}$	Volumenstrom	m^3/s
V	Ausflussvolumen	m^3
A	Ausflussquerschnitt	m^2
t	Ausflusszeit	s

Der **Überdruck** wird in der Regel mit Druckgas (Druckluft) erzeugt. Man spricht auch von **Windkesseln**.

Viskosität (Zähigkeit)

Dynamische Viskosität, Fluidität: (→ Kältemaschinenöl, Rohrreibung)

$$\eta = \frac{F \cdot s}{v \cdot A}$$ **dynamische Viskosität**

$$[\eta] = \frac{[F] \cdot [s]}{[v] \cdot [A]} = \frac{\text{N} \cdot \text{m}}{\text{m/s} \cdot \text{m}^2} = \frac{\text{N} \cdot \text{s}}{\text{m}^2} = \text{Pa} \cdot \text{s}$$

Die Einheit der dynamischen Viskosität **(dynamische Zähigkeit)** ist die **Pascalsekunde**.

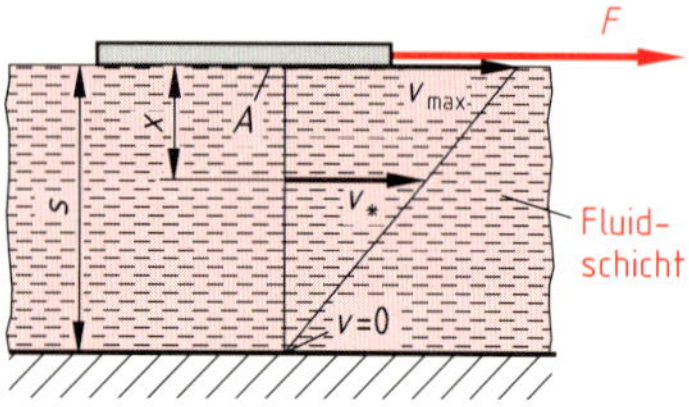

$$\varphi = \frac{1}{\eta}$$ **Fluidität**

Der Kehrwert der dynamischen Viskosität heißt Fluidität.
(→ Britische Einheiten, US-Einheiten)

η	dynamische Viskosität	Pa · s
F	Verschiebekraft	N
s	Schichtdicke	m
v	Verschiebegeschwindigkeit	m/s
A	Gleitfläche	m^2
φ	Fluidität	$m^2/(N \cdot s)$

Die **Viskosität von Flüssigkeiten** nimmt bei Temperaturerhöhung stark ab.
Die **Viskosität von Gasen und Dämpfen** nimmt bei Temperaturerhöhung schwach zu.
Bei **Mischungen** (s. Seite 98) ist die Viskosität von den → Massenanteilen w (Mischungsverhältnis) abhängig.

Dynamische Viskosität von Flüssigkeiten bei 20 °C (Wasser: nächste Seite)

Flüssigkeit	η in 10^{-3} Pa · s
Aceton (Propanon)	0,30
Aminobenzol (Anilin, Phenylamin)	4,4
Ammoniak	0,13
Benzol (Benzen)	0,65
1-Butanol	2,95
2-Butanol	4,21
n-Butylacetat	0,73
Chlorbenzol	0,8
Chloroform (Trichlormethan)	0,58
Cyclohexan	0,98
Cyclohexanon	2,2
Cyclopentan	0,44
o-Dichlorbenzol	1,5
Diethylether	0,24
Dimethylformamid	0,92
Diphenyl (100 °C)	0,97
(70 °C)	1,49
Essigsäure	1,21
Essigsäureanhydrid	0,91
Ethanol	1,19
Ethylacetat	0,46
Ethylenchlorid	0,83
Glycerin (1,2,3-Propantriol, bei 25 °C)	1412
Glycerin/Wasser-Gem. (bei 20 °C)	
$w(H_2O)$ = 90%	1,31
$w(H_2O)$ = 70%	2,5
$w(H_2O)$ = 50%	6,0
$w(H_2O)$ = 30%	22,5
$w(H_2O)$ = 10%	219
Glycol (Ethylenglycol)	20,41
Glycol/Wasser-Gem. (bei 25 °C)	
w(Glycol) = 90%	13,0
w(Glycol) = 70%	6,5
w(Glycol) = 50%	3,5
w(Glycol) = 30%	1,6
w(Glycol) = 10%	≈1,0

Flüssigkeit	η in 10^{-3} Pa · s
Heptan	0,42
n-Hexan	0,31
Isobutanol (bei 15 °C)	4,70
Methanol	0,55
Methylacetat	0,38
Methylenchlorid	0,43
Methylethylketon (bei 15 °C)	0,42
Nitrobenzol	2,0
Nonan	0,72
Octan	0,54
Pentan	0,24
Propan	0,10
1-Propanol	2,26
2-Propanol	2,4
Pyridin	0,95
Quecksilber (bei 25 °C)	1,55
Salpetersäure, $w(HNO_3)$ = 20%	1,14
Salzsäure, $w(HCl)$ = 25%	1,36
Schwefelkohlenstoff	0,37
Schwefelsäure, $w(H_2SO_4)$ = 25%	1,4
Siliconöl (Dimethylsilicon bei 25 °C)	0,495
Tetrachlorethen (bei 15 °C)	0,39
Tetrachlorkohlenstoff (Tetrachlormethan)	0,97
Toluol (Methylbenzol)	0,59
Trichlorethen	0,57
Wasser	1,00
o-Xylol	0,81
m-Xylol	0,65
p-Xylol	0,68

Bei speziellen Produkten, z. B. **Wärmeträger, Solen, Kältemittel, Gas- bzw. Dampfmischungen** helfen Herstellerunterlagen sehr gut weiter. Zu nennen sind in diesem Zusammenhang auch die **DKV-Arbeitsblätter**.

Viskosität (Zähigkeit) (Fortsetzung)

Dynamische Viskosität von Gasen und Dämpfen in 10^{-5} Pa · s

Gas/Dampf	$\vartheta = 25\,°C$	$\vartheta = 100\,°C$	$\vartheta = 200\,°C$	$\vartheta = 500\,°C$
Ammoniak	1,00	1,28	1,65	2,67
Argon	2,26	2,70	3,20	4,49
Chlor	1,34	1,68	2,10	3,22
Chlorwasserstoff	1,45	1,83	2,30	
Ethanol	0,83	1,09	1,38	
Ethen (Ethylen)	1,02	1,27	1,54	
Ethin (Acethylen)	1,04	1,27	1,58	
Helium	1,96	2,28	2,67	3,75
Kohlenstoffdioxid	1,49	1,82	2,22	3,24
Kohlenstoffmonoxid	1,78	2,11	2,51	3,52
Luft (s. auch Tabelle unten)	1,07	2,17	2,57	3,55
Methan	1,10	1,33	1,61	
Neon	3,12	3,65	4,26	5,81
Propan	0,82	1,01	1,26	
Sauerstoff	2,03	2,43	2,88	4,03
Stickstoff	1,78	2,09	2,47	3,42
Wasser (s. auch Tabelle unten)	0,98	1,25	1,61	2,69
Wasserstoff	0,89	1,04	1,22	1,69

3

Dyn. Viskosität von Wasser ($p = 1$ bar)

ϑ in °C	η in Pa · s	ϑ in °C	η in Pa · s
0	$1793 \cdot 10^{-6}$	60	$466{,}5 \cdot 10^{-6}$
10	$1307 \cdot 10^{-6}$	70	$404{,}0 \cdot 10^{-6}$
20	$1002 \cdot 10^{-6}$	80	$354{,}4 \cdot 10^{-6}$
30	$797{,}7 \cdot 10^{-6}$	90	$314{,}5 \cdot 10^{-6}$
40	$653{,}2 \cdot 10^{-6}$	100	$281{,}8 \cdot 10^{-6}$
50	$547{,}0 \cdot 10^{-6}$		

Dyn. Viskosität trockener Luft ($\eta = f(p, \vartheta)$)

ϑ °C	η in 10^{-6} Pa · s				
	$p = 1$ bar	$p = 5$ bar	$p = 10$ bar	$p = 50$ bar	$p = 100$ bar
−50	14,55	14,63	14,74	16,01	18,49
−25	15,90	15,97	16,07	16,98	18,65
0	17,10	17,16	17,24	18,08	19,47
25	18,20	18,26	18,33	19,11	20,29
50	19,21	19,30	19,37	20,07	21,12
100	21,60	21,64	21,70	22,26	23,09

Kinematische Viskosität: (→ Kältemaschinenöle, Rohrreibung)

$$\nu = \frac{\eta}{\varrho}$$ **kinematische Viskosität** ⟶

Das Verhältnis der dynamischen Viskosität zur Fluiddichte heißt kinematische Viskosität.

Gebräuchlich, jedoch nicht SI-Einheit:

1 Stokes $= 1\ \text{St} = 10^{-4}\ \frac{\text{m}^2}{\text{s}}$ → **1 Zentistokes** $= 1\ \text{cSt} = 0{,}01\ \text{St} = 10^{-6}\ \frac{\text{m}^2}{\text{s}}$

Viskositätsermittlung erfolgt mit Viskosimetern in genormten Versuchen. (→ Britische Einheiten, US-Einheiten)

Viskositätswerte beziehen sich stets auf einen bestimmten Druck und eine bestimmte Temperatur des Fluids.

ν	kinematische Viskosität	m^2/s
η	dynamische Viskosität	Pa · s
ϱ	Fluiddichte	kg/m^3

In der Hydromechanik wird meist mit der kinematischen Viskosität gearbeitet.

Kinematische Viskosität bei Normalluftdruck ($p_n = 1013$ hPa)

Stoff, Temperatur	ν in m^2/s	Stoff, Temperatur	ν in m^2/s
Ethanol bei 20 °C	$1{,}50 \cdot 10^{-6}$	Luft bei 0 °C	$132 \cdot 10^{-6}$
Benzol bei 20 °C	$0{,}74 \cdot 10^{-6}$	Luft bei 20 °C	$169 \cdot 10^{-6}$
Glyzerin bei 20 °C	$850 \cdot 10^{-6}$	Luft bei 100 °C	$1810 \cdot 10^{-6}$
Motorenöl bei 10 °C	$800 \cdot 10^{-6}$	Sauerstoff bei 20 °C	$18 \cdot 10^{-6}$
Motorenöl bei 50 °C	$80 \cdot 10^{-6}$	**Kältemittel und Wärmeträger:**	Firmenunterlagen (Hersteller) heranziehen!
Motorenöl bei 100 °C	$10 \cdot 10^{-6}$		
Motorenöl bei 150 °C	$0{,}5 \cdot 10^{-6}$		
Wasser bei 0 °C	$1{,}79 \cdot 10^{-6}$	Antifrogen 20 °C	$30 \cdot 10^{-6}$
Wasser bei 20 °C	$1{,}01 \cdot 10^{-6}$	$w(H_2O) = 50\,\%$	$4 \cdot 10^{-6}$
Wasser bei 100 °C	$0{,}28 \cdot 10^{-6}$		

Viskosität (Zähigkeit) (Fortsetzung)

Dyn. Viskosität η' (flüssig) und η'' (dampfförmig) von R134a (Quelle: DKV-Arbeitsblatt 1.05)

(→ Kältemittel)

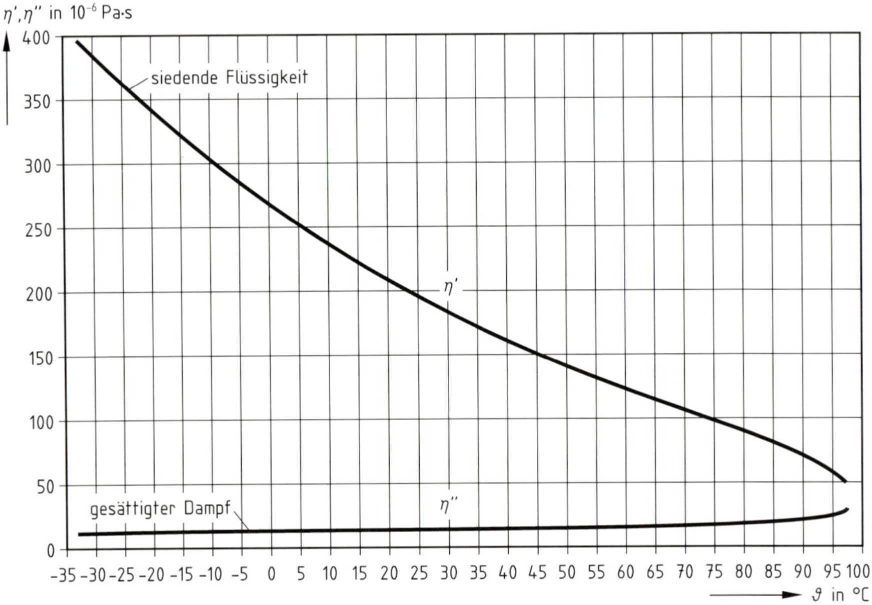

3

Kinematische Viskosität von Antifrogen KF-Wasser-Mischungen (Quelle: DKV-Arbeitsblatt 2.09)

Der Name Antifrogen ist urheberrechtlich geschützt.

φ = Volumenanteil von Antifrogen KF in %

Die Viskosität ist von der Temperatur und dem Mischungsverhältnis abhängig.

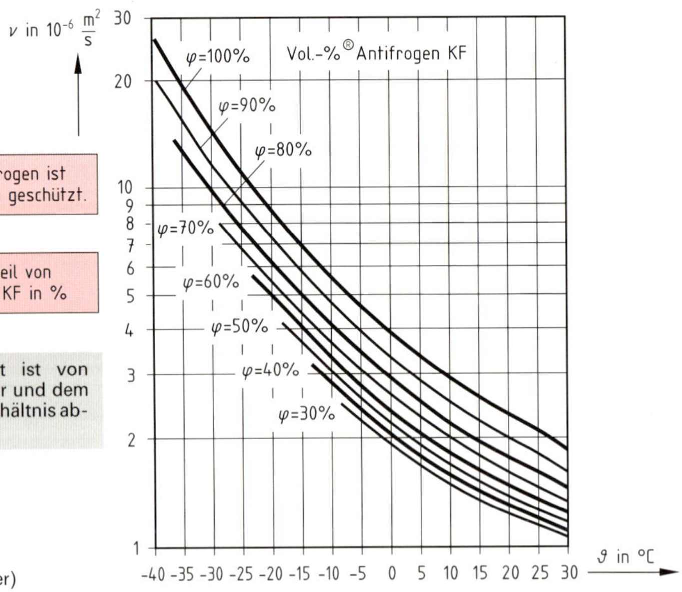

(→ Wärmeträger)

Temperatur und Temperaturmessung

Temperatureinheiten und Temperaturskalen:

$T = \vartheta + 273{,}15$ **absolute Temperatur** in K

$\vartheta = T - 273{,}15$ **Celsiustemperatur** in °C

$\Delta T = \Delta\vartheta$ **Temperaturdifferenz** in K oder °C

Temperaturdifferenzen können sowohl **in °C als auch in K** angegeben werden.

$\vartheta_0 = -273{,}15\,°C \mathrel{\hat{=}} T_0 = 0\,K$ **absoluter Nullpunkt**

Die Temperatureinheiten K und °C sind international gültige SI-Einheiten.

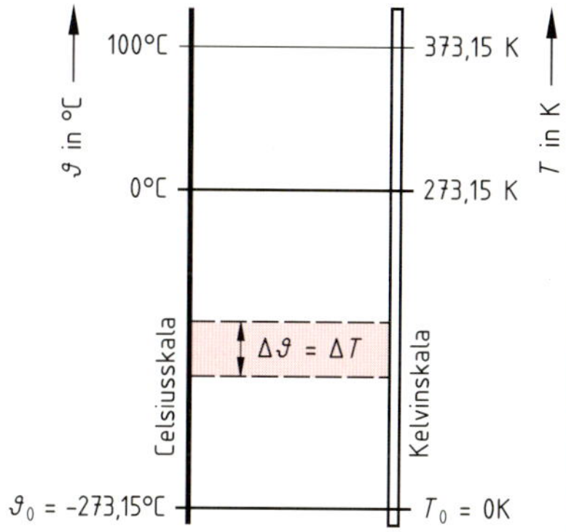

$\vartheta_C = (\vartheta_F - 32) \cdot \frac{5}{9} = \vartheta_R \cdot \frac{5}{4}$ **Celsius-Temperatur**

$\vartheta_F = 32 + \vartheta_C \cdot \frac{9}{5} = 32 + \vartheta_R \cdot \frac{9}{4}$ **Fahrenheit-Temperatur**

$\vartheta_R = (\vartheta_F - 32) \cdot \frac{4}{9} = \vartheta_C \cdot \frac{4}{5}$ **Réaumur-Temperatur**

(→ Britische Einheiten, US-Einheiten)

ϑ, ϑ_C	Celsius-Temperatur	°C
T	absolute Temperatur (Kelvin-Temperatur, **thermodynamische Temperatur**)	K
ϑ_F	Fahrenheit-Temperatur (noch in USA und England)	°F
ϑ_R	Réaumur-Temperatur	°R

Nach DIN 1304 ist für die **Celsiustemperatur** als **Formelzeichen wahlweise** ϑ **und** t zugelassen, t aber auch für die Zeit. Da im Bereich Wärme • Kälte • Klima die Zeit t eine erhebliche Rolle spielt, wurde in diesem Buch für die Celsiustemperatur, das Formelzeichen ϑ verwendet.

Im speziellen kälte- und klimatechnischen Fachteil wird (wenn die Normung dies verlangt) für die **Celsiustemperatur** aber auch das **Formelzeichen** t verwendet (**DIN 8941**).

Definition der Temperatureinheit Kelvin:

1 Kelvin ist der 273,16te Teil der absoluten Temperatur des **Tripelpunktes** T von Wasser.

$p_t = 6{,}1\,\text{mbar}$ **Tripelpunktdruck**

$\vartheta_t = 0{,}01\,°C = 273{,}16\,K$ **Tripelpunkttemperatur**

Die Tripelpunkttemperatur wird auch als **genauer Eispunkt** bezeichnet.

Eispunkt: $\vartheta_{Sch} = 0\,°C \mathrel{\hat{=}} 273{,}15\,K$ bei p_n

Siedepunkt: $\vartheta_S = 100\,°C \mathrel{\hat{=}} 373{,}15\,K$ bei p_n

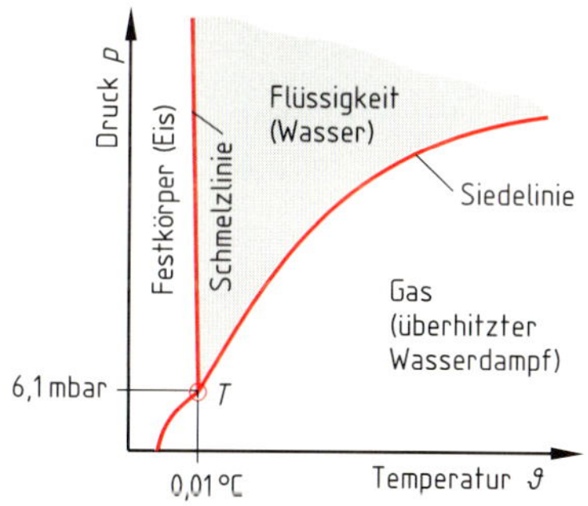

Wärmeausdehnung fester und flüssiger Stoffe

Einheit der Wärmeenergie: (→ Arbeit und Energie)

Die **Einheit der Wärmeenergie** ist das **Joule** J. **1 J = 1 Nm** → **mechanisches Wärmeäquivalent**

Bei der Zuführung von Wärmeenergie (Wärme) in einen Körper erhöht sich die **Bewegungsenergie der Elementarbausteine** dieses Körpers. Bei Abgabe von Wärmeenergie verringert sich die Bewegungsenergie der Elementarbausteine.

Dies ist die Begründung für die Ausdehnung bzw. die Kontraktion der Stoffe bei Zuführung oder Abführung von Wärmeenergie.

3

Wärmeausdehnung fester und flüssiger Stoffe (Fortsetzung)

Längenänderung durch Wärme:

$\Delta l = l_1 \cdot \alpha \cdot \Delta\vartheta$

$l_2 = l_1 \pm \Delta l = l_1 \pm l_1 \cdot \alpha \cdot \Delta\vartheta = l_1 \cdot (1 \pm \alpha \cdot \Delta\vartheta)$

Vorzeichen +: bei **Erwärmung**
Vorzeichen −: bei **Abkühlung**

B $l_1 = 4$ m; $\alpha = 0{,}000012$ m/(m · K); $\Delta\vartheta = 80$ °C
Zu berechnen: Längenänderung Δl.
$\Delta l = l_1 \cdot \alpha \cdot \Delta\vartheta$
$\Delta l = 4000$ mm · 0,000012 m/(m · K) · 80 K
$\mathbf{\Delta l = 3{,}84}$ **mm**

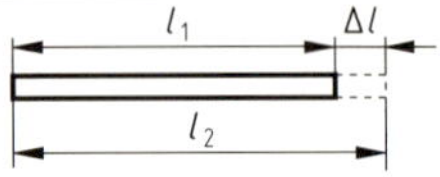

Δl	Längenänderung durch Temperaturänderung	m
l_1	Ausgangslänge	m
α	thermischer Längenausdehnungskoeffizient	m/(m · K) = 1/K
$\Delta\vartheta$	Temperaturänderung	K, °C
l_2	Endlänge	m

Der **thermische Längenausdehnungskoeffizient** wird auch **Wärmedehnzahl** oder **linearer Ausdehnungskoeffizient** genannt. Er ist temperaturabhängig.

3

fester Stoff (20 °C)	α in $\frac{m}{m \cdot K} = \frac{1}{K}$	**fester Stoff** (20 °C)	α in $\frac{m}{m \cdot K} = \frac{1}{K}$
Aluminium	0,0000238	Magnesium	0,0000261
AlCuMg	0,0000235	Mangan	0,000023
Antimon	0,0000109	Manganin	0,0000175
Beton (Stahlbeton)	0,000012	Mauerwerk, Bruchstein	0,000012
Bismut (Wismut)	0,0000134	Mauerziegel	0,000005
Blei	0,000029	Messing	0,0000184
Bronze	0,000018	Molybdän	0,0000052
Cadmium	0,0000308	Neusilber	0,000018
Chrom	0,0000085	Nickel	0,000013
Chromstahl	0,000010	Nickelstahl, 58 % Ni	0,000012
Cobalt	0,0000127	Palladium	0,0000119
Diamant	0,000001	Platin	0,000009
Eisen, rein	0,0000123	Polyvinylchlorid (PVC)	0,000080
Flussstahl	0,000013	Porzellan	0,000004
Gips	0,000025	Quarz	0,000001
Glas (Fensterglas)	0,000010	Quarzglas	0,000005
Gold	0,0000142	Schwefel	0,000090
Graphit	0,0000079	Silber	0,000020
Gusseisen	0,0000104	Stahl, weich	0,000012
Holz in Faserrichtung	0,000008	hart	0,0000117
Invarstahl, 36 % Ni	0,0000015	Tantal	0,0000065
Iridium	0,0000065	Titan	0,0000062
Kohle	0,000006	Wolfram	0,0000045
Konstantan	0,0000152	Zink	0,000036
Kupfer	0,0000165	Zinn	0,0000267

Volumenänderung durch Wärme:

$V_2 = V_1 \pm V_1 \cdot \gamma \cdot \Delta\vartheta = V_1 \cdot (1 \pm \gamma \cdot \Delta\vartheta)$ $\gamma \triangleq 3 \cdot \alpha$

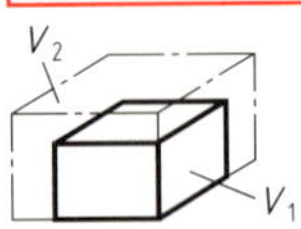

Volumenänderung durch Temperaturänderung: wichtig bei kompakten Festkörpern, Hohlkörpern und Flüssigkeiten (s. folgende Tabelle).

V_1	Ausgangsvolumen	m^3
V_2	Endvolumen	m^3
γ	thermischer Volumenausdehnungskoeffizient	$m^3/(m^3 \cdot K) = 1/K$
$\Delta\vartheta$	Temperaturdifferenz	K, °C
α	thermischer Längenausdehnungskoeffizient	m/(m · K) = 1/K

flüssiger Stoff (20 °C)	γ in $\frac{m^3}{m^3 \cdot K} = \frac{1}{K}$	**flüssiger Stoff** (20 °C)	γ in $\frac{m^3}{m^3 \cdot K} = \frac{1}{K}$
Ethanol	0,00110	Wasser	0,00018
Benzin	0,00100	Kochsalzlösung (NaCl)	
Glyzerin	0,00050	w (NaCl) = 4 %	0,00028
Petroleum	0,00092	w (NaCl) = 10 %	0,00037
Quecksilber	0,00018		
Terpentinöl	0,00100		

→ Wärmeträger und Kälteträger

Wärmeausdehnung fester und flüssiger Stoffe (Fortsetzung)

Dichteänderung durch Wärme: (→ Dichte)

$$\frac{\varrho_1}{\varrho_2} = \frac{V_2}{V_1} \qquad \varrho = \frac{m}{V}$$

ϱ	Dichte	kg/m³
V	Volumen	m³
m	Masse	kg

Index 1: Anfangszustand
Index 2: Endzustand

Die Dichten fester und flüssiger Stoffe verändern sich bei Temperaturänderung umgekehrt wie ihre Volumen.

Dichte und → spezifisches Volumen von Wasser als Funktion der Wassertemperatur

ϑ °C	ϱ kg/m³	v dm³/kg	ϑ °C	ϱ kg/m³	v dm³/kg	ϑ °C	ϱ kg/m³	v dm³/kg	ϑ °C	ϱ kg/m³	v dm³/kg
Eis											
−50	890,0	1,1236	26	996,8	1,0032	56	985,2	1,0150	86	967,8	1,0333
± 0	917,0	1,0905	27	996,6	1,0034	57	984,6	1,0156	87	967,1	1,0340
Wasser			28	996,3	1,0037	58	984,2	1,0161	88	966,5	1,0347
			29	996,0	1,0040	59	983,7	1,0166	89	965,8	1,0354
± 0	999,8	1,0002	30	995,7	1,0043	60	983,2	1,0171	90	965,2	1,0361
1	999,9	1,0001	31	995,4	1,0046	61	982,6	1,0177	91	964,4	1,0369
2	999,9	1,0001	32	995,1	1,0049	62	982,1	1,0182	92	963,8	1,0376
3	999,9	1,0001	33	994,7	1,0053	63	981,5	1,0188	93	963,0	1,0384
4	**1000**	**1,0000**	34	994,4	1,0056	64	981,0	1,0193	94	962,4	1,0391
5	1000	1,0000	35	994,0	1,0060	65	980,5	1,0199	95	961,6	1,0399
6	1000	1,0000	36	993,7	1,0063	66	979,9	1,0205	96	961,0	1,0406
7	999,9	1,0001	37	993,3	1,0067	67	979,2	1,0211	97	960,2	1,0414
8	999,9	1,0001	38	993,0	1,0070	68	978,8	1,0217	98	965,6	1,0421
9	999,8	1,0002	39	992,7	1,0074	69	978,2	1,0223	99	958,9	1,0429
10	999,7	1,0003	40	992,3	1,0078	70	977,7	1,0228	100	958,1	1,0437
11	999,7	1,0003	41	991,9	1,0082	71	977,0	1,0235	105	954,5	1,0477
12	999,6	1,0004	42	991,5	1,0086	72	976,5	1,0241	110	950,7	1,0519
13	999,4	1,0006	43	991,1	1,0090	73	975,9	1,0247	115	946,8	1,0562
14	999,3	1,0007	44	990,7	1,0094	74	975,3	1,0253	120	942,9	1,0606
15	999,2	1,0008	45	990,2	1,0099	75	974,8	1,0259	130	934,6	1,0700
16	999,0	1,0010	46	989,9	1,0103	76	974,1	1,0266	140	925,8	1,0801
17	998,8	1,0012	47	989,4	1,0107	77	973,5	1,0272	150	916,8	1,0908
18	998,7	1,0013	48	988,9	1,0112	78	972,9	1,0279	160	907,3	1,1022
19	998,5	1,0015	49	988,4	1,0117	79	972,3	1,0285	170	897,3	1,1145
20	998,3	1,0017	50	988,0	1,0121	80	971,6	1,0292	180	886,9	1,1275
21	998,1	1,0019	51	987,6	1,0126	81	971,0	1,0299	190	876,0	1,1415
22	997,8	1,0022	52	987,1	1,0131	82	970,4	1,0305	200	864,7	1,1565
23	997,6	1,0024	53	986,6	1,0136	83	969,7	1,0312	220	840,3	1,1900
24	997,4	1,0026	54	986,2	1,0140	84	969,1	1,0319	250	799,2	1,2513
25	997,1	1,0029	55	985,7	1,0145	85	968,4	1,0326	300	712,2	1,4041

3

Dichte und spezifisches Volumen von Wasserdampf → Verdampfen, kondensieren

B Wasser mit $\vartheta_1 = 4\,°\mathrm{C}$ und $V_1 = 2\ \mathrm{m}^3$ wird auf $\vartheta_2 = 80\,°\mathrm{C}$ erwärmt. Wie groß ist V_2 und wie groß ist der **mittlere thermische Volumenausdehnungskoeffizient** γ zwischen $\vartheta_1 = 4\,°\mathrm{C}$ und $\vartheta_2 = 80\,°\mathrm{C}$

$$\frac{\varrho_1}{\varrho_2} = \frac{V_2}{V_1} \rightarrow \boldsymbol{V_2} = V_1 \cdot \frac{\varrho_1}{\varrho_2} = 2\ \mathrm{m}^3 \cdot \frac{1000\ \mathrm{kg/m}^3}{971{,}6\ \mathrm{kg/m}^3} = \mathbf{2{,}05846\ m^3}$$ (Volumenzunahme $\Delta V = 58{,}5$ l!)

$$\Delta V = V_1 \cdot \gamma \cdot \Delta\vartheta \rightarrow \gamma = \frac{\Delta V}{V_1 \cdot \Delta\vartheta} = \frac{0{,}05846\ \mathrm{m}^3}{2\ \mathrm{m}^3 \cdot 76\ \mathrm{K}} = \mathbf{0{,}0003846\ \frac{1}{K}} = \mathbf{0{,}0003846\ \frac{m^3}{m^3 \cdot K}}$$

Wärmeausdehnung fester und flüssiger Stoffe (Fortsetzung)

Thermischer Volumenausdehnungskoeffizient γ von Antifrogen L-Wasser-Mischungen

Quelle: **DKV-Arbeitsblatt 2.06**

3

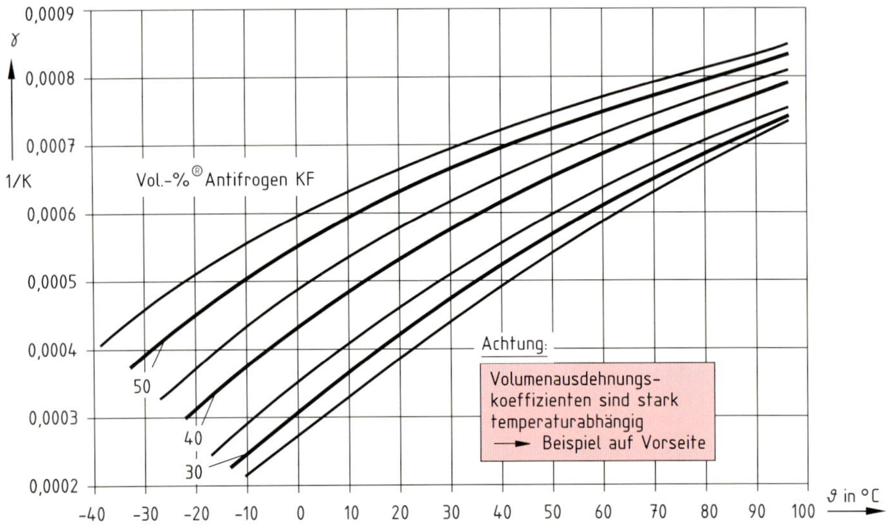

Thermischer Längenausdehnungskoeffizient von Schaumstoffen α in $\frac{\text{m}}{\text{m} \cdot \text{K}} = \frac{1}{\text{K}}$ bei 0 °C

Polystyrol Extruderschaumstoff	0,000070	Wärme und Schalldämmstoffe: Herstellerangaben beachten!
Polystyrol Partikelschaumstoff	0,000085	
Polyurethan-Hartschaumstoff	0,000050	
Polyvinylchlorid-Hartschaumstoff	0,000040	(→ Dämmkonstruktionen, Berechnung)

Wärmeausdehnung von Gasen und Dämpfen

Die Zustandsgrößen als absolute Größen:

Drücke und Temperaturen dürfen bei der Anwendung aller **Gasgesetze** nur als **absolute Größen** in die Rechnungen eingesetzt werden.

T, p_{abs} bzw. p — **Formelzeichen für absolute Temperatur und absoluten Druck**

Gasgesetze (→ Druck, Temperatur, Thermodynamische Zustandsänderungen)

$$\frac{p_1 \cdot V_1}{T_1} = \frac{p_2 \cdot V_2}{T_2} = \text{konst.}$$

Vereinigtes Gasgesetz

Index 1: Zustand 1; **Index 2**: Zustand 2

Bedingung: m = **konst.**

Die Gasgesetze gelten – streng genommen – nur für **ideale Gase**.

p	absoluter Druck	N/m², bar
V	Volumen	m³
T	absolute Temperatur	K

Im vereinigten Gasgesetz sind die Gesetze von **Boyle-Mariotte** und **Gay-Lussac** enthalten, d. h. vereinigt.

ϱ Dichte kg/m³

$$p_1 \cdot V_1 = p_2 \cdot V_2$$

$$\frac{\varrho_1}{\varrho_2} = \frac{p_1}{p_2} = \frac{V_2}{V_1}$$

$$\varrho_i = \varrho_n \cdot \frac{p_i}{p_n}$$

Gesetz von Boyle-Mariotte ⟶ T = **konst.**

Index n: Normzustand

Der **Druck** ist bei thermodynamischen Rechnungen stets als **absolute Größe** (p_{abs}; p) einzusetzen.

Wärmeausdehnung von Gasen und Dämpfen (Fortsetzung)

$$\frac{V_1}{T_1} = \frac{V_2}{T_2} = \text{konst.}$$

1. Gesetz von Gay-Lussac → p = konst.

$$\frac{p_1}{T_1} = \frac{p_2}{T_2} = \text{konst.}$$

2. Gesetz von Gay-Lussac → V = konst.

Allgemeine Zustandsgleichung der Gase

Normzustand und Gasdichte: (→ Luftdruck, Lufttemperatur)

$$\varrho = \frac{m}{V}$$

Dichte

$$v = \frac{V}{m}$$

spezifisches Volumen

$$v \cdot \varrho = 1$$

$$\varrho_i = \varrho_n \cdot \frac{p_i}{p_n} \cdot \frac{T_n}{T_i}$$

Gasdichte als Funktion von p und T

ϱ	Dichte	kg/m³
v	spezifisches Volumen	m³/kg
V	Gas-(Dampf-)Volumen	m³
m	Gas-(Dampf-)Masse	kg

Index i: beliebiger Zustand
Index n: Normzustand

ϱ_n	Normdichte (s. Tabelle unten)	kg/m³

Das Produkt aus spezifischem Volumen und Dichte hat für einen bestimmten Stoff immer den Wert 1.

Spezifische Gaskonstante und allgemeine Zustandsgleichung:

$$R_B = \frac{p \cdot v}{T} = \frac{p}{\varrho \cdot T}$$

spezifische Gaskonstante (s. Tabelle unten)

$$p \cdot V = m \cdot R_B \cdot T$$

allgemeine Zustandsgleichung

Anmerkung: Die **spezifische Gaskonstante** wird auch **spezielle Gaskonstante** oder **individuelle Gaskonstante** genannt.

R_B	spezifische (spezielle bzw. individuelle) Gaskonstante	J/(kg · K)
p	absoluter Druck	N/m², bar
v	spezifisches Volumen	m³/kg
T	absolute Temperatur	K
ϱ	Dichte	kg/m³
V	Volumen	m³
m	Masse	kg

Thermodynamische Daten von Gasen und Dämpfen

Gas, Dampf	Formel bzw. chemisches Zeichen	Individuelle Gaskonstante R_B in J/(kg · K)	Normdichte ϱ_n in kg/m³	Spezifische Wärmekapazität bei 0 °C: c_p in J/(kg · K)	Spezifische Wärmekapazität bei 0 °C: c_v in J/(kg · K)	Verhältnis der spez. Wärmekapazitäten $\varkappa = \frac{c_p}{c_v}$ bei 0 °C
Acetylen (Ethin)	C_2H_2	319,5	1,171	1,51	1,22	1,26
Ammoniak	NH_3	488,2	0,772	2,05	1,56	1,31
Argon	Ar	208,2	1,784	0,52	0,32	1,65
Chlorwasserstoff	HCl	228,0	1,642	0,81	0,58	1,40
Distickstoffmonoxid	N_2O	188,9	1,978	0,89	0,70	1,27
Ethan	C_2H_6	276,5	1,356	1,73	1,44	1,20
Ethylchlorid	C_2H_5Cl	128,9	2,880	1,005	0,718	1,16
Ethylen (Ethen)	C_2H_4	296,6	1,261	1,61	1,29	1,25
Helium	He	2077,0	0,178	5,24	3,16	1,66
Kohlenstoffdioxid	CO_2	188,9	1,977	0,82	0,63	1,30
Kohlenstoffmonoxid	CO	296,8	1,250	1,04	0,74	1,40
Luft (CO_2-frei)	–	287,1	1,293	1,00	0,72	1,40
Methan	CH_4	518,3	0,717	2,16	1,63	1,32
Methylchlorid	CH_3Cl	164,7	2,307	0,73	0,57	1,29
Sauerstoff	O_2	259,8	1,429	0,91	0,65	1,40
Schwefeldioxid	SO_2	129,8	2,931	0,61	0,48	1,27
Stickstoff	N_2	296,8	1,250	1,04	0,74	1,40
Stickstoffmonoxid	NO	277,1	1,340	1,00	0,72	1,39
Wasserstoff	H_2	4124,0	0,0899	14,38	10,26	1,41
Wasserdampf	H_2O	461,5	0,804	1,86	1,40	1,33

Wärmeausdehnung von Gasen und Dämpfen (Fortsetzung)

Während die **Gasgesetze** und die allgemeine **Zustandsgleichung** streng genommen **nur für ideale Gase** gelten, erfasst die **Zustandsgleichung von van der Waals** auch den **Zustand realer Gase**.

$$\left(p+\frac{a}{V^2}\right)\cdot(V-b)=m\cdot R_B\cdot T$$

van der Waals'sche Zustandsgleichung

a und *b* sind Stoffkonstanten, die auf den realen Zustand korrigieren.

Thermodynamische Daten für Wärmeträger und Kältemittel werden in der Praxis aus den stoffspezifischen Zustandsdiagrammen entnommen. Diese sind auf den realen Zustand korrigiert (→ Mollier-Diagramme).

Molare (stoffmengenbezogene) Zustände und Größen

3

Stoffmenge:

$$n=1\ \text{kmol}=1000\ \text{mol}$$

Stoffmenge

Eine Stoffmenge, die ebenso viele Teilchen enthält, wie 12,0 kg des Kohlenstoffnuklids ^{12}C, wird als **1 Kilomol** (kmol) bezeichnet.

(→ Basisgrößen)

Atommasse und Molekülmasse:

$$1\,u=1{,}6605655\cdot10^{-27}\ \text{kg}$$

atomare Masseneinheit

$$A_r=\frac{m_A}{u}$$

relative Atommasse (früher **Atomgewicht**) (→ Periodensystem)

$$M_r=\Sigma A_r=\frac{\Sigma m_A}{u}$$

relative Molekülmasse (früher **Molekulargewicht**)

$$m_M=\Sigma m_A=M_r\cdot u$$

Molekülmasse

$$M=\frac{m}{n}$$

molare Masse (Molmasse)

$$V_{mn}=\frac{M}{\varrho_n}$$

molares Normvolumen

$$N_A=\frac{M}{A_r\cdot u}\ \text{bzw.}\ \frac{M}{M_r\cdot u}$$

Anzahl der Teilchen pro kmol

$$N_A=6{,}022\cdot10^{26}\ \text{kmol}^{-1}$$

Avogadro-Konstante

A_r	relative Atommasse	1
m_A	Masse des Atoms	kg
u	atomare Masseneinheit	kg
M_r	relative Molekülmasse	1
m_M	Masse des Moleküls	kg
M	molare Masse	kg/kmol
m	Masse	kg
n	Stoffmenge	kmol
V_{mn}	molares Normvolumen	m^3/kmol
ϱ_n	Normdichte	kg/m^3
N_A	Anzahl der Teilchen pro Kilomol (Avogradro-Konstante)	1/kmol

(→ Verunreinigungen)

Das molare Normvolumen V_{mn} beträgt im Normzustand für alle idealen Gase 22,4 m^3/kmol.

Stoffmengen verschiedener idealer Gase besitzen bei gleichen absoluten Drücken und gleichen absoluten Temperaturen gleiche Volumina.

$$V_{mn}=22{,}41383\ \text{m}^3/\text{kmol}$$

molares Normvolumen nach DIN 1343 (01.90)

Universelle (molare, allgemeine) Gaskonstante: (→ Gasgesetze)

$$R=\frac{p\cdot V_m}{T}=M\cdot R_B=8314{,}41\ \frac{\text{J}}{\text{kmol}\cdot\text{K}}$$

universelle Gaskonstante

$$R_B=\frac{R}{M}$$

spezielle Gaskonstante

R	universelle (molare) Gaskonstante	J/(kmol · K)
p	absoluter Druck	N/m^2, bar
V_m	molares Volumen	m^3/kmol
T	absolute Temperatur	K
M	molare Masse	kg/kmol
R_B	spezielle Gaskonstante	J/(kg · K)

B Kältemittel Ammoniak: $R_B=488{,}2$ J/(kg · K); $M=?$

$$R_B=\frac{R}{M}\ \rightarrow\ \boldsymbol{M}=\frac{R}{R_B}=\frac{8314{,}41\ \text{J}/(\text{kmol}\cdot\text{K})}{488{,}2\ \text{J}/(\text{kg}\cdot\text{K})}=\mathbf{17{,}03\ kg/kmol}$$

Molare Massen von Kältemitteln:
s. Herstellerangaben oder **DKV-Arbeitsblätter 1.00–1.1, 1.00–1.2 und 1.00–1.3**

Mischung idealer Gase (trockene Gasmischungen)

Gesetz von Dalton: (→ Feuchte Luft)

$$p = p_1 + p_2 + p_3 + \ldots + p_z$$ **Druck der Gasmischung**

$$V_i = V_1 + V_2 + V_3 + \ldots + V_z$$ **Volumen der Gasmischung**

$$m_i = m_1 + m_2 + m_3 + \ldots + m_z$$ **Masse der Gasmischung**

Der **Gesamtdruck** in einem Gasgemisch errechnet sich aus der **Summe aller Partialdrücke**, d.h. der Teildrücke (Gesetz von Dalton).

Unter dem **Partialdruck** (Teildruck) versteht man den Druck, den ein Gas (Dampf) ausüben würde, wenn es (er) im Raum der Gasmischung (V_i) alleine anwesend sein würde.

$$R_B = \frac{m_1}{m} \cdot R_{B1} + \frac{m_2}{m} \cdot R_{B2} + \ldots + \frac{m_z}{m} \cdot R_{Bz}$$ **spezielle Gaskonstante einer Gasmischung**

$$v = \frac{R_B \cdot T}{p}$$ **spezifisches Volumen der Mischung**

$$\varrho = \frac{p}{R_B \cdot T}$$ **Dichte der Mischung**

R_B	→ spezielle Gaskonstante	J/(kg · K)
$m_1 \ldots m_z$	Teilmassen	kg
m	Gesamtmasse	kg
v	spezifisches Volumen	m³/kg
ϱ	Dichte	kg/m³
p	absoluter Druck	N/m², bar
T	absolute Temperatur	K

3

Indizes 1, 2, ..., z:
Bezeichnung der einzelnen Bestandteile.

Ermittlung der Partialdrücke: (→ Feuchte Luft)

$$p_z = p \cdot \frac{m_z}{m} \cdot \frac{R_{Bz}}{R_B} = p \cdot w_z \cdot \frac{R_{Bz}}{R_B}$$

$$p_z = p \cdot \frac{V_z}{V_i} = p \cdot \varphi_z$$

Index z: Bezeichnung des Bestandteils

p_z	Partialdruck	N/m², bar
p	Gesamtdruck	N/m², bar
m	Masse	kg
R_B	spezielle Gaskonstante	J/(kg · K)
w	→ Massenanteil	1
φ	→ Volumenanteil	1

B Der Massenanteil von Wasserdampf [$R_{BD} = 461{,}5$ Nm/(kg · K)] ist $w_z = 0{,}012$.
Wie groß ist bei $R_{B\,Luft} = 287{,}1$ Nm/(kg · K) der Wasserdampfpartialdruck p_{zD} bei $p = p_n$?

$$\boldsymbol{p_{zD}} = p_n \cdot w_z \cdot \frac{R_{BD}}{R_{B\,Luft}} = 101325\ \text{Pa} \cdot 0{,}012 \cdot \frac{461{,}5\ \text{Nm/(kg}\cdot\text{K)}}{287{,}1\ \text{Nm/(kg}\cdot\text{K)}} = 1954{,}5\ \text{Pa} \approx \mathbf{19{,}6\ hPa}$$

Diffusion

Freie Diffusion: (→ Verunreinigungen)
Unter dem Begriff der **Diffusion** werden alle Vorgänge zusammengefasst, bei denen Teilchen eines Stoffes infolge der **Molekularbewegung** in einen anderen Stoff eindringen.

$$i = D \cdot \frac{\varrho_0 - \varrho_1}{h_1 - h_0}$$

$$i = \frac{D}{R_B \cdot T} \cdot \frac{p_0 - p_1}{h_1 - h_0}$$

Diffusionsstromdichte (→ Wasserdampfdiffusion)

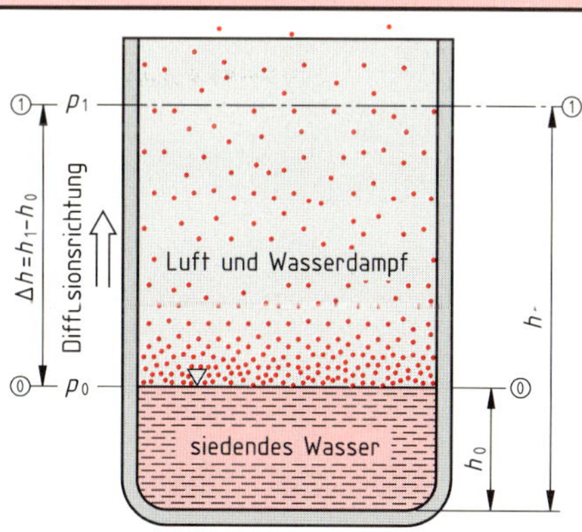

Stoffpaare	Diffusionskoeffizient D (bei ϑ_n, p_n) in m²/h
Wasserdampf/Luft	0,08
Wasserstoff/Luft	0,228
Stickstoff/Sauerstoff	0,061
Sauerstoff/Kohlenstoffdioxid	0,065
Glyzerin/Wasser	$0{,}28 \cdot 10^{-6}$
Kochsalz/Wasser	$0{,}46 \cdot 10^{-5}$

i	Diffusionsstromdichte	kg/(m² · h)
D	Diffusionskoeffizient → nebenstehende Tabelle	m²/h
ϱ	Dichte	kg/m³
h	Höhe (Schichtdicke, Diffusionsstrecke)	m

Diffusion (Fortsetzung)

Index 0: unteres Niveau **Index 1:** oberes Niveau

$s = h_1 - h_0$ **Schichtdicke**

R_B	spezifische Gaskonstante	J/(kg · K)
T	absolute Temperatur	K
p	Partialdruck	N/m^2, bar

Die **Diffusionsrichtung** entspricht bei Gasen dem **Druckgefälle** und bei Dämpfen dem **Partialdruckgefälle**

Diffusion durch Wände:

$$i = \frac{D}{R_B \cdot T \cdot \mu} \cdot \frac{p_0 - p_1}{s}$$ **Diffusionsstromdichte durch eine einschichtige Wand**

$$i = \frac{D}{R_B \cdot T} \cdot \frac{p_0 - p_1}{\Sigma(\mu \cdot s)}$$ **Diffusionsstromdichte durch eine mehrschichtige Wand**

3

i	Diffusionsstromdichte	$kg/(m^2 \cdot h)$
D	Diffusionskoeffizient (s. Tabelle Seite 105)	m^2/h
R_B	spezifische Gaskonstante	J/(kg · K)
T	absolute Temperatur	K
μ	Diffusionswiderstandsfaktor (→ nebenstehende Tabelle)	1
p	Partialdruck	N/m^2, bar
s	Schichtdicke der Wand	m

poröse Schicht aus	Wasserdampfdiffusions-widerstandsfaktor μ
Al-Folie	300 000
PVC-Folie	100 000
Polyurethan-Folie	30 000
Schaumglas	1 000 000
geschäumt:	
Polystyrol	20 bis 100
Polyurethan	30 bis 100
PVC	170 bis 320

Der **Diffusionswiderstandsfaktor** μ ist nicht nur vom Stoff, durch den die Diffusion erfolgt, sondern auch vom hindurchdiffundierenden Stoff abhängig. Nebenstehende Tabelle zeigt **μ-Werte** bezüglich der **Wasserdampfdiffusion**. In diesem Fall spricht man vom **Wasserdampfdiffusionswiderstandsfaktor.**

μ-Werte für Sperrschichtmaterialien (Dampfsperren bzw. Dampfbremsen) erhält man vom Hersteller (→ Wasserdampfdiffusion).

Wärmekapazität fester und flüssiger Stoffe

Spezifische Wärmekapazität (spezifische Wärme): (s. thermodynamische Daten und Tabelle auf der nächsten Seite)

Unter der spezifischen Wärmekapazität c versteht man diejenige Wärmemenge in kJ, die man benötigt, um 1 kg eines festen oder flüssigen Stoffes um die Temperaturdifferenz 1 K ≙ 1 °C zu erwärmen.

$$[c] = \frac{\text{kJ}}{\text{kg} \cdot \text{K}} = \frac{\text{kJ}}{\text{kg} \cdot {}^\circ\text{C}}$$

(→ Britische Einheiten, US-Einheiten)

Die spezifische Wärmekapazität c ist (meist stark) von der Temperatur abhängig.

Bei genauen Rechnungen innerhalb eines Temperaturbereiches muss mit der **mittleren spezifischen Wärme** c_m gerechnet werden.

Grundgesetz der Wärmelehre:

$Q = m \cdot c \cdot \Delta\vartheta$ **Wärmemenge**

Kalorimeter:

Unter **Kalorimetrie** versteht man das Teilgebiet der Wärmelehre, welches sich mit der **Messung von Wärmemengen** befasst.

Q	Wärmemenge	kJ
m	Masse	kg
c	spezifische Wärmekapazität	kJ/(kg · K)
$\Delta\vartheta$	Temperaturdifferenz	K, °C
m	Masse	kg
c	spezifische Wärmekapazität	kJ/(kg · K)
Q	Wärmemenge	kJ
C	Wärmekapazität	kJ/K

Wärmekapazität des Kalorimeters:

$$C = \Sigma(m \cdot c) = m_{\text{Rührer}} \cdot c_{\text{Rührer}} + m_{\text{Therm}} \cdot c_{\text{Therm}} + \ldots$$

In der Wärmekapazität eines Kalorimeters ist die Kalorimeterfüllung (meist Wasser) nicht berücksichtigt.

$Q_{Kal} = C \cdot \Delta\vartheta$ **vom Kalorimeter aufgenommene Wärme**

B $m = 3$ kg; $c = 0{,}46$ kJ/(kg · K); $\Delta\vartheta = 300$ °C; $Q = ?$
$Q = m \cdot c \cdot \Delta\vartheta = 3\text{ kg} \cdot 0{,}46\text{ kJ/(kg} \cdot \text{K)} \cdot 300\text{ K}$
$\boldsymbol{Q = 414}$ **kJ**

B $C = 0{,}06$ kJ/K; $\Delta\vartheta = 22$ °C; $Q_{Kal} = ?$
$Q_{Kal} = C \cdot \Delta\vartheta = 0{,}06\text{ kJ/K} \cdot 22\text{ K} =$ **1,32 kJ**

Wärmekapazität fester und flüssiger Stoffe (Fortsetzung)

Spez. Wärme (s. thermodyn. Daten); **Spez. Schmelzwärme; Spez. Verdampfungswärme**

Stoff	Spez. Wärmekapazität c in kJ/(kg · K) zwischen 0 und 100 °C	Spez. Schmelzwärme q in kJ/kg bei Normalluftdruck*)	Spez. Verdampfungswärme r in kJ/kg bei Normalluftdruck*)
Aluminium	0,896	396,07	11723
Ammoniak	2,219 (c_p)	339,13	1369
Antimon	0,206	164,96	1256
Blei	0,127	24,79	921
Chlor	0,481	188,40	260
Eisen, rein	0,460	272,14	6364
Ethanol	2,415	108,02	858
Gold	0,130	64,48	1758
Helium	5,275 (c_p)	–	25
Kadmium (Cadmium)	0,234	54,43	1005
Kalium	0,758	65,7	2051,5
Kobalt (Cobalt)	0,427	268	6489,5
Kohlenstoffdioxid	0,846 (c_p)	184,2	572,8
Konstantan	0,419	–	–
Kupfer	0,385	204,8	4647,3
Luft	1,009 (c_p)	–	–
Magnesium	1,047	372,6	5652,2
Mangan	0,469	251,2	4186,8
Maschinenöl	1,675	–	–
Messing	0,389	167,5	–
Natrium	1,218	114,7	4186,8
Nickel	0,431	299,8	6196,5
Paraffin	2,135	146,5	–
Platin	0,131	111,4	2512
Porzellan	0,795	–	–
Quecksilber	0,138	11,8	284,7
Sauerstoff	0,913 (c_p)	13,8	213,5
Schwefeldioxid	0,632 (c_p)	–	401,9
Silber	0,251	104,7	2177,1
Terpentinöl	1,800	–	293,1
Toluol	1,750	–	347,5
Trichlormethan	1,005	79,5	247
Wachs	3,433	175,8	–
Wasser	4,180	333,7	2256,2
Dampf	2,010 (c_p)	–	–
Eis	2,093	–	–
Wasserstoff	14,268 (c_p)	–	467,2
Wismut (Bismut)	0,124	52,3	837,4
Wolfram	0,134	192,6	4814,8
Ziegelstein	0,837	–	–
Zink	0,385	104,7	1800,3
Zinn	0,226	58,6	2595,8

*) $p_n = 1013$ hPa

3

Mischungsregel:

$$Q_{ab} = Q_{auf}$$ **Mischungsregel**

$$\vartheta_m = \frac{\Sigma(m_i \cdot c_i \cdot \vartheta_i)}{\Sigma(m_i \cdot c_i)}$$ **Mischungstemperatur**

$$\vartheta_m = \frac{m_1 \cdot c_1 \cdot \vartheta_1 + m_2 \cdot c_2 \cdot \vartheta_2}{m_1 \cdot c_1 + m_2 \cdot c_2}$$ **ϑ_m für zwei Stoffe**

Index i: für beliebig viele Stoffe

Q_{ab}	von einem Körper oder einem Körpersystem abgegebene Wärme	J, kJ
Q_{auf}	von einem Körper oder einem Körpersystem aufgenommene Wärme	J, kJ
ϑ_m	Mischungstemperatur	°C
m	Masse	kg
c	spezifische Wärmekapazität	kJ/(kg · K)
ϑ	Temperatur	K, °C

Wärmekapazität fester und flüssiger Stoffe (Fortsetzung)

$$c_1 = \frac{(C + m_2 \cdot c_2) \cdot (\vartheta_m - \vartheta_2)}{m_1 \cdot (\vartheta_1 - \vartheta_m)}$$

mit Kalorimeter ermittelte spezifische Wärmekapazität

C Wärmekapazität des Kalorimeters kJ/K
Index 1: zu untersuchender, in das Kalorimetergefäß eingebrachter Stoff
Index 2: Wasserfüllung

Brennwert und Heizwert

$$H_u = H_0 - r \cdot w_{H_2O}$$

spezifischer Heizwert fester und flüssiger Brennstoffe

$$H_{u,n} = H_{o,n} - r \cdot \varphi_{H_2O}$$

spezifischer Heizwert gasförmiger Brennstoffe

$$Q = m \cdot H_u$$

$$Q = V \cdot H_{u,n}$$

Nutzbare Wärmeenergie (Verbrennungswärme) fester und flüssiger bzw. gasförmiger Brennstoffe

heutige Bezeichnung (nach DIN)	**frühere Bezeichnung**
spez. Brennwert H_o	oberer Heizwert H_o
spez. Heizwert H_u	unterer Heizwert H_u

H_u, $H_{u,n}$	spezifischer Heizert	kJ/kg, kJ/m_n^3
H_o, $H_{o,n}$	spezifischer Brennwert	kJ/kg, kJ/m_n^3
r	Verdampfungswärme von Wasser	kJ/kg
Q	nutzbare Wärmeenergie	kJ
m	Masse	kg
V	Volumen	m^3
w_{H_2O}	Massenanteil des Wassers	1
φ_{H_2O}	Volumenanteil des Wassers	1

Der spezifische Heizwert H_u ist um den Betrag der spezifischen Verdampfungswärme r des Wasseranteils kleiner als der spezifische Brennwert H_o. Beim Verbrennen der Brennstoffe ist also nur der spezifische Heizwert H_u nutzbar.

Dies erklärt die frühere Bezeichnungsweise gemäß der nebenstehenden Tabelle.
Index n: Gas im Normzustand
(→ Massenanteil, Volumenanteil)

3

Ausgewählte Werte für den spezifischen Brennwert und den spezifischen Heizwert

Brennstoff	H_o in $\frac{kJ}{kg}$ bzw. $H_{o,n}$ in $\frac{kJ}{m^3}$	H_u in $\frac{kJ}{kg}$ bzw. $H_{u,n}$ in $\frac{kJ}{m^3}$
feste Brennstoffe:	Je nach Wassergehalt, um den Betrag der zur Verdampfung dieses Wassers erforderlichen Wärme größer als H_u	
reiner Kohlenstoff		33800
Steinkohle		30000 bis 35000
Koks		27000 bis 30000
Braunkohle		8000 bis 11000
Brikett		17000 bis 21000
Torf		10000 bis 15000
Holz		9000 bis 15000
flüssige Brennstoffe:		
Heizöl EL	45400	42700
Heizöl M	43100	41000
Heizöl S	42300	40200
Benzin	46700	42500
Benzol	41940	40230
Dieselöl	44800	41640
Petroleum	42900	40800
Methanol	23840	21090
gas- und dampfförmige Brennstoffe:		
Hochofengichtgas	4080	3980
Koksofengas	19670	17370
Erdgas Typ L	35150	31950
Erdgas Typ H	41100	37500
Methan	39850	35790
Propan	100890	92890
Propan + Luft (1:4,5)	18000	16740
n-Butan	133870	123650
Wasserstoff	141800	119970

Schmelzen und Erstarren

Chemisch einheitliche Stoffe

Chemisch einheitliche Stoffe schmelzen bei konstanter Temperatur, dem **Schmelzpunkt**. Die während dem Schmelzen zugeführte Wärmemenge ist eine **latente Wärme**.

Stoff	Schmelzpunkt bei p_n in °C
Aluminium	658
Blei	327
Eisen, rein	1527
Gold	1063
Kupfer	1083
Nickel	1455
Quecksilber	−39
Schwefel	115
Titan	1690
Wasser	0
Wolfram	3380
Zink	419
Zinn	232

$Q = m \cdot q$ **Schmelzwärme** bzw. **Erstarrungswärme**

Werte für die spezifische Schmelzwärme *q*:
(s. Tabellen Seiten 107 und 110)

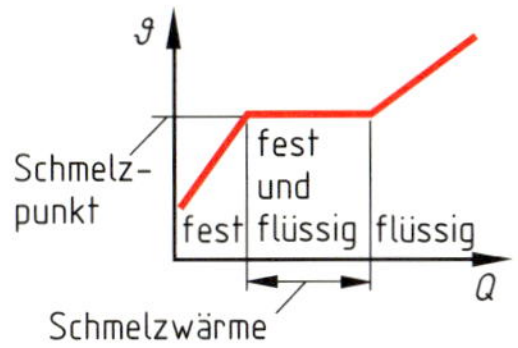

Der Schmelzpunkt eines Stoffes (→ nebenstehende Tabelle) ist druckabhängig. Er bezieht sich auf den Normalluftdruck p_n.

Erstarrungstemperatur (Erstarrungspunkt) und **Schmelztemperatur** eines Stoffes sind gleich.

Q	Schmelzwärme bzw. Erstarrungswärme	kJ
m	Masse	kg
q	spezifische Schmelzwärme	kJ/kg

Die spezifische Schmelzwärme wird benötigt, um 1 kg eines bestimmten Stoffes **bei Schmelztemperatur** zu schmelzen.

3

Stoffmischungen (→ Luftzusammensetzung)

Feste Lösungen:
(→ Diagramme und Nomogramme, Kältemittel)

Das Zustandsdiagramm zeigt eine typische „Zigarrenform" (entsprechend der **nicht azeotropen Kältemittel**). Nebenstehendes Bild zeigt dies am Beispiel einer Kupfer-Nickel-Legierung.

Stoffmischungen (z.B. Legierungen) erstarren bzw. schmelzen – abhängig von der Konzentration – in einem **Temperaturbereich**.

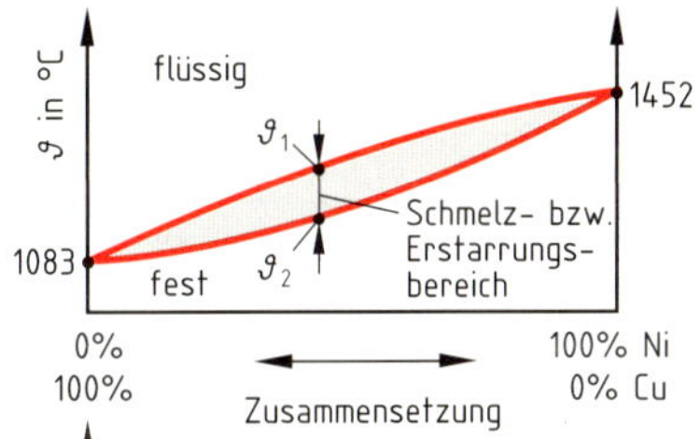

Eutektische Mischungen:
(→ Diagramme und Nomogramme, Kältemittel)

Bei den eutektischen Mischungen handelt es sich meist um **eutektische Legierungen** oder um **Lösungen**. Nebenstehendes Bild zeigt z.B. das **Lösungsdiagramm** einer Kochsalzlösung (entsprechend der **azeotropen Kältemittel**). Man erkennt:

Eutektische Mischungen schmelzen und erstarren ebenfalls – abhängig von der Konzentration – in einem **Temperaturbereich**. Nur im **eutektischen Punkt**, dem **Eutektikum**, liegt – wie bei chemisch reinen Stoffen – ein Schmelzpunkt vor.

$Q = m \cdot q$ **Schmelzwärme** bzw. **Erstarrungswärme der eutektischen Masse**

$$[\boldsymbol{Q}] = [m] \cdot [q] = \text{kg} \cdot \frac{\text{kJ}}{\text{kg}} = \textbf{kJ}$$

Eutektische Massen werden zur Kühlung verwendet, z.B. in Beuteln abgefüllt. Man spricht von **eutektischen Kältespeichern**.
***q*-Werte:** Tabellen Seite 107 und 110.

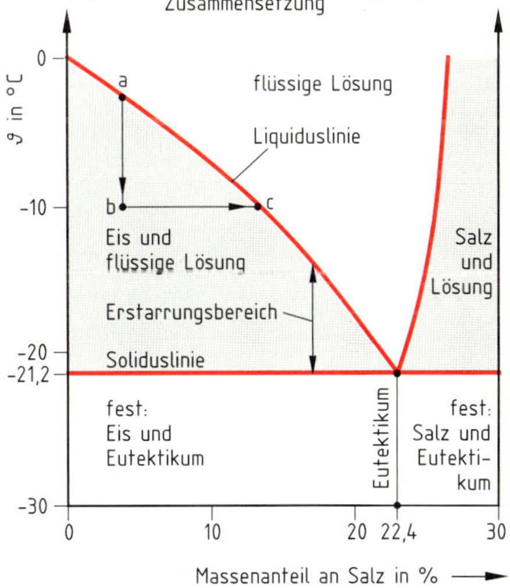

Schmelzen und Erstarren (Fortsetzung)

Werte ausgewählter eutektischer Massen

Stoff	eutektische Zusammensetzung (Massenanteil in %)	Schmelz- bzw. Erstarrungs-temperatur	spez. Schmelz-wärme q des Eutektikums in kJ/kg
Kaliumchlorid	19,7	−11,1	303
Ammoniumchlorid	18,7	−15,8	310
Natriumnitrat	36,9	−18,5	244
Natriumchlorid	22,4	−21,2	235

Verdampfen, Kondensieren, Sublimieren

3

Verdampfungstemperatur und Verdampfungsdruck:

Die **Dampfdruckkurven** (nebenstehendes Bild) zeigen:

Verdampfungstemperatur ϑ_s, d.h. der **Siedepunkt** und **Verdampfungsdruck** p_s sind voneinander abhängig.

Stoff	Siedepunkt bei 1,01325 bar in °C
Alkohol (Ethanol)	78,3
Aluminium	2270,0
Ammoniak NH_3	−33,4
Benzol	80,1
Helium	−268,9
Kupfer	2330,0
Luft	−192,3
Quecksilber	357,0
Wasser	100,0
Wolfram	5530,0

Oben stehende Tabelle zeigt für einige Stoffe die **Siedepunkte bei Normalluftdruck** p_n.

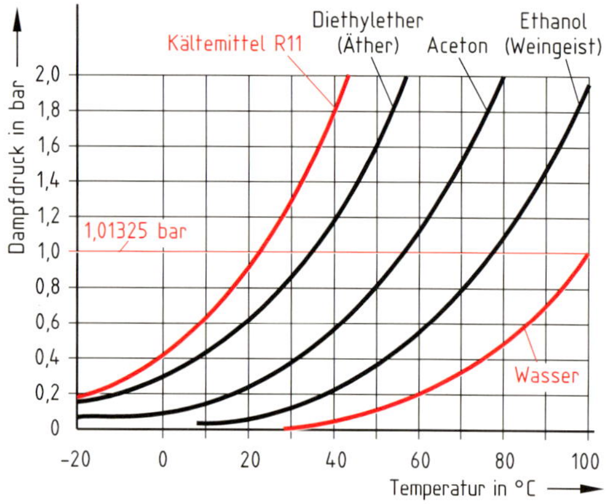

Die Abhängigkeit der Verdampfungstemperatur vom Verdampfungsdruck ist sog. **Dampftafeln** zu entnehmen, für **Wasserdampf** den **VDI-Wasserdampftafeln** (→ Wasserdampftafel)

Tabellen für Kältemittel: vom Hersteller oder DKV-Arbeitsblätter. Dort ist $\vartheta_s = t$ und $p_s = p$ (s. Beispiel nächste Seite)

Verdampfungs- und Kondensationswärme:

$Q = m \cdot r$ **Verdampfungswärme, Kondensationswärme**

Q	Verdampfungs- bzw. Kondensationswärme	kJ
m	Masse	kg
r	spezifische Verdampfungswärme	kJ/kg

Die **Kondensationswärme** wird beim Kondensieren von Dampf an die Umgebung abgegeben und entspricht in ihrem Betrag der **Verdampfungswärme**.
Ebenso gilt: **Siedepunkt** = **Kondensationspunkt**

Die Wärmemenge, die man benötigt, um 1 kg eines bestimmten Stoffes ohne Temperaturerhöhung zu verdampfen, heißt **spezifische Verdampfungswärme** r.

***r*-Werte:** Tabelle Seite 107. Für **Kältemittel** in den Dampftafeln (z. B. Seite 111)

Sublimation:

$Q = m \cdot \sigma$ **Sublimationswärme**

Q	Sublimationswärme	kJ
m	Masse	kg
σ	spezifische Sublimationswärme	kJ/kg

Unter **Sublimation** versteht man den unmittelbaren Übergang eines Stoffes aus dem festen in den gasförmigen Zustand, und zwar bei konstanter Temperatur unter Aufnahme von Wärmeenergie aus der Umgebung.

Für Trockeneis (CO_2) ist die Sublimationstemperatur −78,5 °C (bei p_n), σ = 565 kJ/kg.

Verdampfen, Kondensieren, Sublimieren (Fortsetzung)

Das Druck, Enthalpie-Diagramm:

Unter der **Enthalpie** versteht man die in einem Stoff gespeicherte Wärmeenergie, d. h. den **Wärmeinhalt**.

Unter der **spezifischen Enthalpie** h versteht man den Wärmeinhalt pro Kilogramm Stoffmasse.

Der **kritische Punkt** K unterteilt die das **Nassdampfgebiet** umgebende Linie in die **rechte Grenzkurve** und in die **linke Grenzkurve**.

Die **Druckachse** in Bild 1 ist logarithmisch geteilt. Deshalb nennt man das Druck, Enthalpie-Diagramm auch **log *p*, *h*-Diagramm**.

$r = h'' - h'$ **spezifische Verdampfungswärme**

(→ log p, h-Diagramm)
Neben stehendes Bild zeigt:

Die spezifische Verdampfungswärme ist druckabhängig und damit auch temperaturabhängig.

Daten für Kältemittel:
Hersteller oder DKV-Arbeitsblätter.

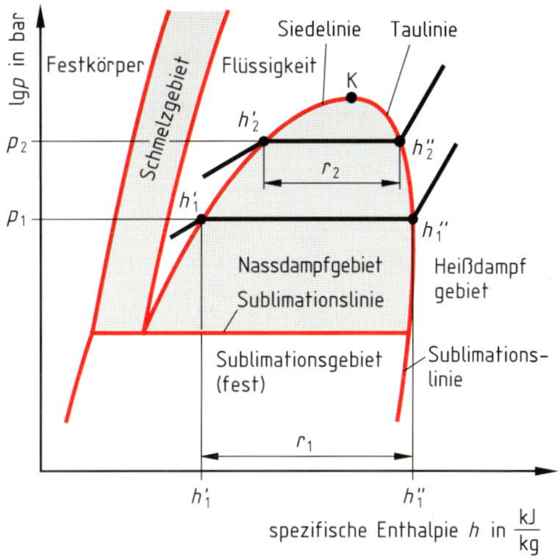

r spez. Verdampfungswärme kJ/kg
h' spez. Enthalpie an der linken Grenzkurve kJ/kg
h'' spez. Enthalpie an der rechten Grenzkurve kJ/kg

Beispiel: DKV-Arbeitsblatt 1.02 (Auszug 07.03) $\vartheta_s \mathrel{\hat=} t,\ p_s \mathrel{\hat=} p$ **Propan (R 290)**

Temp.	Druck	Spez. Volumen		Dichte		spez. Enthalpie		Verdamp-fungs-Enthalpie	spez. Entropie	
		Flüssigkeit	Dampf	Flüssigkeit	Dampf	Flüssigkeit	Dampf		Flüssigkeit	Dampf
ϑ, t	p	v'	v''	ϱ'	ϱ''	h'	h''	r	s'	s''
°C	bar	dm³/kg	dm³/kg	kg/m³	kg/m³	kJ/kg	kJ/kg	kJ/kg	kJ/(kg · K)	kJ/(kg · K)
−65	0,3241	1,6476	1189,8299	606,9357	0,8405	49,73	498,11	448,38	0,3771	2,5314
−64	0,3427	1,6506	1130,0715	605,8421	0,8849	51,88	499,31	447,42	0,3874	2,5269
−63	0,3620	1,6536	1073,9157	604,7463	0,9312	54,04	500,50	446,46	0,3977	2,5224
−62	0,3823	1,6566	1021,1120	603,6484	0,9793	56,20	501,70	445,50	0,4079	2,5180
−61	0,4034	1,6596	971,4298	602,5481	1,0294	58,36	502,90	444,53	0,4181	2,5137
−60	0,4255	1,6627	924,6561	601,4455	1,0815	60,53	504,09	443,56	0,4283	2,5095
−59	0,4485	1,6657	880,5943	600,3406	1,1356	62,71	505,29	442,58	0,4385	2,5054
−58	0,4725	1,6688	839,0626	599,2333	1,1918	64,88	506,49	441,60	0,4486	2,5014
−57	0,4976	1,6719	799,8931	598,1235	1,2502	67,07	507,69	440,62	0,4587	2,4974
−56	0,5236	1,6750	762,9302	597,0112	1,3107	69,25	508,88	439,63	0,4688	2,4936
−55	0,5508	1,6781	728,0300	595,8965	1,3736	71,44	510,08	438,64	0,4788	2,4898
−54	0,5790	1,6813	695,0591	594,7791	1,4387	73,64	511,28	437,64	0,4888	2,4861
−53	0,6084	1,6845	663,8938	593,6591	1,5063	75,84	512,48	436,64	0,4988	2,4824
−52	0,6389	1,6877	634,4193	592,5365	1,5762	78,04	513,68	435,64	0,5088	2,4789
−51	0,6706	1,6909	606,5292	591,4112	1,6487	80,25	514,87	434,63	0,5187	2,4754
−50	0,7036	1,6941	580,1245	590,2831	1,7238	82,46	516,07	433,61	0,5286	2,4720
−49	0,7378	1,6974	555,1131	589,1522	1,8014	84,67	517,27	432,60	0,5385	2,4687
−48	0,7734	1,7006	531,4096	588,0184	1,8818	86,89	518,47	431,57	0,5484	2,4654
−47	0,8102	1,7039	508,9342	586,8817	1,9649	89,12	519,66	430,54	0,5582	2,4622
−46	0,8484	1,7072	487,6130	585,7421	2,0508	91,35	520,86	429,51	0,5680	2,4591
−45	0,8881	1,7106	467,3766	584,5994	2,1396	93,59	522,06	428,47	0,5778	2,4561

Diese Tabelle ist ein Auszug aus dem **Nassdampfgebiet. Ebenso gibt es Dampftafeln für das Heißdampfgebiet**. (**DKV**: Deutscher Kälte- und Klimatechnischer Verein e.V.).

3

Verdampfen, Kondensieren, Sublimieren (Fortsetzung)

Beispiel für Heißdampf (überhitzter Bereich) des Kältemittels **Propan (R 290)**
Auszug aus **DKV-Arbeitsblatt 1.02** (02.96)

Kältemittel-Dampftafeln sind bei den Herstellern erhältlich oder als DKV-Arbeitsblatt zu erwerben.

Temp. ϑ, t °C	Spez. Volumen v dm³/kg	Dichte ϱ kg/m³	Spez. Enthalpie h kJ/kg	Spez. Entropie s kJ/(kg · K)	Temp. ϑ, t °C	Spez. Volumen v dm³/kg	Dichte ϱ kg/m³	Spez. Enthalpie h kJ/kg	Spez. Entropie s kJ/(kg · K)
−68 °C (0,273 bar)					−64 °C (0,343 bar)				
−68	1393,5552	0,7176	494,525	2,546	−64	1130,0715	0,8849	499,305	2,527
−65	1415,0519	0,7067	498,492	2,565	−60	1153,0699	0,8673	504,680	2,552
−60	1450,7875	0,6893	505,167	2,597	−55	1181,7178	0,8462	511,468	2,584
−55	1486,4055	0,6728	511,923	2,628	−50	1210,2647	0,8263	518,337	2,615
−50	1521,9264	0,6571	518,763	2,659	−45	1238,7198	0,8073	525,290	2,646
−45	1557,3562	0,6421	525,690	2,690	−40	1267,0972	0,7892	532,331	2,676
−40	1592,7074	0,6279	532,707	2,720	−35	1295,4021	0,7720	539,461	2,707
−35	1627,9886	0,6143	539,816	2,750	−30	1323,6439	0,7555	546,684	2,737
−30	1663,2107	0,6012	547,019	2,780	−25	1351,8292	0,7397	554,001	2,766
−25	1698,3741	0,5888	554,318	2,810	−20	1379,9640	0,7247	561,415	2,796
−20	1733,4876	0,5769	561,715	2,839	−15	1408,0534	0,7102	568,927	2,825
−15	1768,5561	0,5654	569,212	2,869	−10	1436,1018	0,6963	576,540	2,855
−10	1803,5840	0,5545	576,811	2,898	− 5	1464,1132	0,6830	584,254	2,884
− 5	1838,5753	0,5439	584,512	2,927	0	1492,0912	0,6702	592,072	2,912
0	1873,5333	0,5338	592,317	2,956	5	1520,0410	0,6579	599,993	2,941
5	1908,4612	0,5240	600,228	2,984	10	1547,9610	0,6460	608,021	2,970
10	1943,3617	0,5146	608,245	3,013	15	1575,8558	0,6346	616,154	2,998

Temp. ϑ, t °C	Spez. Volumen v dm³/kg	Dichte ϱ kg/m³	Spez. Enthalpie h kJ/kg	Spez. Entropie s kJ/(kg · K)	Temp. ϑ, t °C	Spez. Volumen v dm³/kg	Dichte ϱ kg/m³	Spez. Enthalpie h kJ/kg	Spez. Entropie s kJ/(kg · K)
−66 °C (0,306 bar)					−62 °C (0,382 bar)				
−66	1253,4623	0,7978	496,914	2,536	−62	1021,1120	0,9793	501,698	2,518
−65	1259,8770	0,7937	498,243	2,543	−60	1031,4635	0,9695	504,400	2,531
−60	1291,8911	0,7741	504,935	2,574	−55	1057,2651	0,9458	511,206	2,562
−55	1323,7875	0,7554	511,706	2,606	−50	1082,9650	0,9234	518,092	2,594
−50	1355,5857	0,7377	518,560	2,637	−45	1108,5743	0,9021	525,061	2,624
−45	1387,2924	0,7208	525,500	2,667	−40	1134,1020	0,8818	532,115	2,655
−40	1418,9200	0,7048	532,528	2,698	−35	1159,5583	0,8624	539,258	2,685
−35	1450,4798	0,6894	539,647	2,728	−30	1184,9511	0,8439	546,492	2,715
−30	1481,9747	0,6748	546,859	2,758	−25	1210,2870	0,8263	553,820	2,745
−25	1513,4135	0,6608	554,167	2,788	−20	1235,5721	0,8093	561,243	2,775
−20	1544,8021	0,6473	561,572	2,817	−15	1260,8132	0,7931	568,764	2,804
−15	1576,1454	0,6345	569,076	2,847	−10	1286,0115	0,7776	576,385	2,833
−10	1607,4480	0,6221	576,682	2,876	− 5	1311,1727	0,7627	584,107	2,863
− 5	1638,7138	0,6102	584,389	2,905	0	1336,3002	0,7483	591,931	2,891
0	1669,9462	0,5988	592,200	2,934	5	1361,3972	0,7345	599,859	2,920
5	1701,1484	0,5878	600,116	2,963	10	1386,4665	0,7213	607,892	2,949
10	1732,3230	0,5773	608,138	2,991	15	1411,5104	0,7085	616,031	2,977

Verdampfen, Kondensieren, Sublimieren (Fortsetzung)

Wasserdampftafel für den Sättigungszustand (Sattdampf) (→ Dampfdruckkurve)

Abs. Druck	Über-druck	Satt-dampf	Spez. Volumen Wasser	Spez. Volumen Dampf	Dichte Dampf	Wärmeinhalt Wasser		Wärmeinhalt Dampf		Verdampfungs-wärme	
p_{abs} bar	p_e bar	ϑ_S °C	v' dm³/kg	v'' m³/kg	ϱ'' kg/m³	h' kJ/kg	h' Wh/kg	h'' kJ/kg	h'' Wh/kg	r kJ/kg	r Wh/kg
0,01	Unter-druck	7,0	1,0001	129,2	0,0077	29,3	8,1	2514	698,4	2485	690,3
0,05		32,9	1,0052	28,19	0,0355	137,8	38,3	2562	711,6	2424	673,3
0,1		45,8	1,0102	14,67	0,0681	191,8	53,3	2585	718,0	2393	664,7
0,2		60,1	1,0172	7,65	0,1307	251,5	69,9	2610	725,0	2358	655,1
0,3		69,1	1,0223	5,229	0,1912	289,3	80,4	2625	729,3	2336	648,9
0,5		81,3	1,0301	3,240	0,3086	340,6	94,6	2646	735,0	2305	640,4
0,7		90,0	1,0361	2,365	0,4229	376,8	104,7	2660	738,9	2283	634,3
0,9		96,7	1,0412	1,869	0,5350	405,2	112,6	2671	741,9	2266	629,3
1,0	0	99,6	1,0434	1,694	0,5904	417	115,8	2675	743,2	2258	627,2
1,0132	0,0132	**100**	1,0437	1,673	0,5977	419,1	116,4	2676	743,3	2257	626,9
1,1	0,1	102,3	1,0455	1,549	0,6455	429	119,2	2680	744,4	2251	625,3
1,2	0,2	104,8	1,0476	1,428	0,7002	439	121,9	2683	745,3	2244	623,3
1,3	0,3	107,1	1,0495	1,325	0,7547	449	124,7	2687	746,4	2238	621,7
1,4	0,4	109,3	1,0513	1,236	0,8088	458	127,2	2690	747,2	2232	620,0
1,5	0,5	111,4	1,0530	1,159	0,8628	467	129,7	2693	748,1	2226	618,4
1,6	0,6	113,3	1,0547	1,091	0,9165	475	131,9	2696	748,9	2221	616,9
1,7	0,7	115,2	1,0562	1,031	0,9700	483	134,2	2699	749,7	2216	615,6
1,8	0,8	116,9	1,0579	0,977	1,0230	491	136,4	2702	750,6	2211	614,2
1,9	0,9	118,6	1,0597	0,929	1,076	498	138,3	2704	751,1	2206	612,8
2,0	1,0	120,2	1,0608	0,885	1,129	505	140,3	2706	751,8	2201	611,6
2,5	1,5	127,4	1,0675	0,718	1,392	535	148,6	2716	754,6	2181	605,8
3,0	2,0	133,5	1,0735	0,606	1,651	561	155,8	2724	758,9	2163	600,9
3,5	2,5	138,9	1,0789	0,524	1,908	584	162,2	2731	758,8	2147	596,5
4,0	3,0	143,6	1,0839	0,462	2,163	605	168,1	2738	760,4	2133	592,5
4,5	3,5	147,9	1,0885	0,414	2,417	623	173,1	2743	761,9	2120	588,8
5	4	151,8	1,0928	0,375	2,669	640	177,8	2747	763,2	2107	585,4
6	5	158,8	1,1009	0,316	3,170	670	186,1	2755	765,4	2085	579,2
7	6	165,0	1,1082	0,2727	3,667	697	193,6	2762	767,2	2065	573,6
8	7	170,4	1,1150	0,2403	4,162	721	200,3	2767	768,8	2046	568,5
9	8	175,4	1,1213	0,2148	4,655	743	206,4	2772	770,0	2029	563,8
10	9	179,9	1,1274	0,1943	5,147	763	211,9	2776	771,2	2013	559,3
11	10	184,1	1,1331	0,1774	5,637	781	216,9	2780	772,1	1999	555,1
12	11	188,0	1,1386	0,1632	6,127	798	221,7	2782	773,0	1984	551,2
13	12	191,6	1,1438	0,1511	6,617	815	226,4	2786	773,7	1971	547,4
14	13	195,0	1,1489	0,1407	7,106	830	230,6	2788	774,4	1958	543,8
15	14	198,3	1,1539	0,1317	7,596	845	234,7	2790	775,0	1945	540,3
16	15	201,4	1,1586	0,1237	8,085	859	238,6	2792	775,5	1933	537,0
17	16	204,3	1,1633	0,1166	8,575	872	242,2	2793	775,9	1921	533,8
18	17	207,1	1,1678	0,1103	9,065	885	245,8	2795	776,3	1910	530,6
19	18	209,8	1,1723	0,1047	9,555	897	249,2	2796	776,7	1899	527,6
20	19	212,4	1,1766	0,0955	10,05	909	252,5	2797	777,0	1888	524,6
40	39	250,3	1,2521	0,0498	20,10	1087	301,9	2800	777,9	1713	475,8
60	59	275,6	1,3187	0,0324	30,83	1214	337,2	2785	773,6	1571	436,5
80	79	295,0	1,3842	0,0235	42,51	1317	365,8	2760	766,6	1443	400,8
100	99	311,0	1,4526	0,0180	55,43	1408	391,1	2728	757,7	1320	366,6
150	149	342,1	1,6579	0,0103	96,71	1611	447,5	2615	726,4	1004	278,9
200	199	365,7	2,0370	0,0059	170,2	1826	507,2	2418	671,8	592	164,4
221,2	220,2	374,2	3,17	0,0032	315,5	2107	585,3	2107	585,4	0	0

VDI-Wasserdampftafeln gibt es auch für den **Nassdampf- und den Heißdampfzustand**!

3

Feuchte Luft (→ Behaglichkeit)

Zustandsgrößen der feuchten Luft
(→ Luftdruck, Lufttemperatur, Raumlufttemperatur, Luftzusammensetzung)

Feuchte Luft ist ein **Zweistoffgemisch**, bestehend aus **trockener Luft** und **Wasserdampf**.

Formel	Bezeichnung
$p_{amb} = p_L + p_D = p$	**atmosphärischer Druck** (→ Gesetz von Dalton)
$\varrho_D = \frac{m_D}{V_L} = \frac{p_D}{R_{BD} \cdot T}$	**absolute Luftfeuchtigkeit** (Dampfdichte)
$\varrho_{D\,max} = \frac{p_S}{R_{BD} \cdot T}$	**maximale absolute Luftfeuchtigkeit**
$\varphi = \frac{p_D}{p_S} \cdot 100$ in %	**relative Luftfeuchtigkeit**
$x = \frac{m_D}{m_L} = \frac{\varrho_D}{\varrho_L}$	**Wassergehalt feuchter Luft**
$p_L = p \cdot \frac{0{,}622}{0{,}622 + x}$	**Partialdruck trockener Luft** (→ Partialdruck)
$p_D = p \cdot \frac{x}{0{,}622 + x}$	**Wasserdampf-Partialdruck** (→ Partialdruck)
$\Delta\vartheta = \vartheta_{tr} - \vartheta_f$	**psychrometrische Differenz**
$p_D = p_f - k \cdot (\vartheta_{tr} - \vartheta_f) \cdot p$	**Sprung'sche Psychrometerformel**

Formelzeichen	Bedeutung	Einheit
p_{amb}, p	Atmosphärischer Druck bzw. Gesamtdruck	N/m², bar
p_L	Partialdruck der Luft	N/m², bar
p_D	Partialdruck des Dampfes	N/m², bar
ϱ_D	absolute Luftfeuchte (Dampfdichte)	kg/m³
m_D	Dampfmasse	kg
V_L	Luftvolumen	m³
R_{BD}	spezielle Gaskonstante des Wasserdampfes	Nm/(kg · K)
T	absolute Temperatur	K
p_S	Sättigungsdruck (s. Tabelle unten)	N/m², bar
φ	relative Luftfeuchtigkeit	1, %
m_L	Masse der trockenen Luft	kg
ϱ_L	Dichte der trockenen Luft	kg/dm³
x	Wassergehalt (s. Anmerkung)	kg/kg
$\Delta\vartheta$	psychrometrische Differenz	K, °C
ϑ_{tr}	Trockenkugeltemperatur	°C
ϑ_f	Feuchtkugeltemperatur	°C
p_f	Sättigungsdampfdruck bei Feuchtkugeltemperatur	N/m², bar
k	Konstante (s. unten)	°C⁻¹

- $k = 0{,}00061\,°C^{-1}$ bei Messung über 0 °C
  $k = 0{,}00057\,°C^{-1}$ bei Messung unter 0 °C

Anmerkung: Wassergehalt x in kg/kg trockener Luft

Temperatur in °C	Sättigungsdruck über Wasser in mbar ≙ hPa	Sättigungsdruck über Eis in mbar ≙ hPa
100	1013,25	–
80	473,6	–
50	123,4	–
20	23,27	–
0	6,108	6,107
–10	2,863 (unterkühltes Wasser)	2,597
–20	1,254 (unterkühltes Wasser)	1,032
–40	0,189 (unterkühltes Wasser)	0,128
–80	–	0,000547
–100	–	0,000014

Der **Gesamtdruck** (Atmosphärendruck) errechnet sich aus der Summe des Partialdruckes der trockenen Luft und des Partialdruckes des Wasserdampfes (Gesetz von Dalton).

Der **höchstmögliche Wasserdampfpartialdruck** p_D entspricht dem **Sättigungsdruck** p_S.

Der **Dampfdruck** über Eis ist immer kleiner als der Dampfdruck über Wasser von gleicher Temperatur.

Die **Sättigungstemperatur** ϑ_S, bei der der **Sättigungsdruck** p_S dem Wasserdampfpartialdruck p_D entspricht, heißt **Taupunkttemperatur**.

Das Enthalpie, Wassergehalt-Diagramm (*h, x*-Diagramm) s. nächste Seite

Im ***h, x*-Diagramm** sind die **Zustandsgrößen der feuchten Luft** in einem graphischen Zusammenhang dargestellt. Es ist unbedingt zu beachten:

Alle im *h, x*-Diagramm erfassten Zustandsgrößen ändern sich bei Änderung des Atmosphärendruckes p_{amb}.

Feuchte Luft (Fortsetzung)

(→ Behaglichkeit)

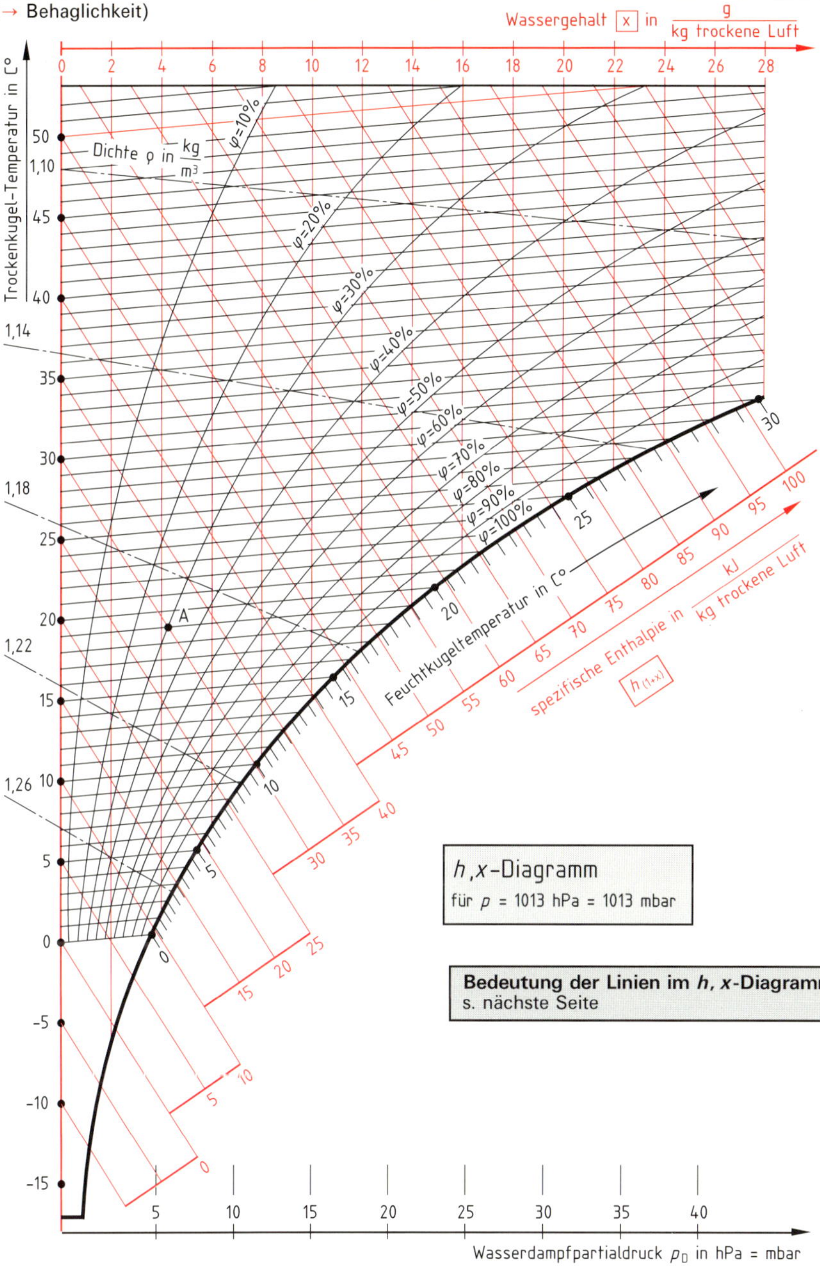

h,*x*-Diagramm
für p = 1013 hPa = 1013 mbar

Bedeutung der Linien im *h*, *x*-Diagramm:
s. nächste Seite

Für eine exakte Maßstäblichkeit dieses Diagrammes wird keine Gewähr übernommen. Genaue *h*, *x*-Diagramme sind klimatechnischen Handbüchern oder aus den Firmenunterlagen der Hersteller klimatechnischer Gerätschaften bzw. Anlagen zu entnehmen.

Feuchte Luft (Fortsetzung)

Bedeutung der Linien im *h, x*-Diagramm:

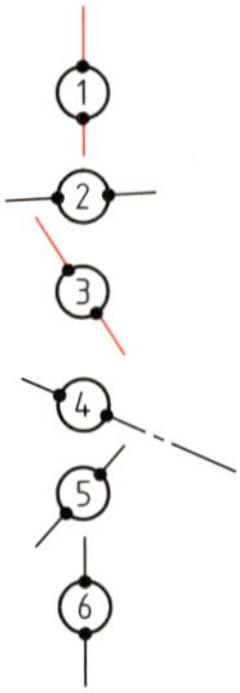

1. Linien konstanten Wassergehaltes x
2. Linien konstanter Temperatur ϑ_{tr}
3. Linien konstanter spezifischer Enthalpie $h_{(1+x)}$
4. Linien konstanter Dichte ϱ
5. Linien konstanter relativer Feuchte φ
6. Linien konstanten Wasserdampfpartialdruckes p_D.

(x und $h_{(1+x)}$:) → Die Koordinatenachsen stehen schiefwinklig aufeinander.

3

Dabei bedeutet $(1+x)$: 1 kg trockene Luft plus x kg Wasserdampf.

Die Linie $\varphi = 100\%$ wird auch **Taulinie** oder **Nebellinie** genannt. Auf dieser befindet sich i. d. R. eine Skala der Feuchtkugeltemperatur ϑ_f, deren Teilung parallel zu den Linien konstanter spezifischer Enthalpie verläuft. Die folgende Grafik zeigt
Zustandsänderungen bezogen auf Punkt ● A im *h, x*-Diagramm auf vorhergehender Seite:

nach oben:

p_D = konstant
x = konstant
ϑ wird größer
ϱ wird kleiner
φ wird kleiner
h wird größer

nach links:

p_D wird kleiner
x wird kleiner
ϑ wird größer
ϱ wird größer
φ wird kleiner
h wird kleiner

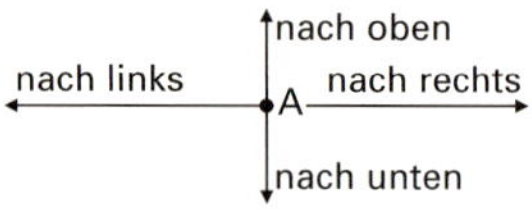

nach rechts:

p_D wird größer
x wird größer
ϑ wird kleiner
ϱ wird kleiner
φ wird größer
h wird größer

nach unten:

h wird kleiner
φ wird größer
ϱ wird größer
ϑ wird kleiner
x = konstant
p_D = konstant

Erster Hauptsatz der Thermodynamik

Umwandlung von Wärmeenergie in mechanische Arbeit und umgekehrt:

Grundlage ist das **mechanische Wärmeäquivalent** 1 J = 1 Nm (→ Arbeit, Energie)

1. Hauptsatz (1. H.S.) der Wärmelehre (in verbaler Form) → Zur Erzeugung einer Wärmeenergie ist eine äquivalente (gleichwertige) mechanische Energie aufzuwenden und umgekehrt.

Eine Maschine zur Umwandlung einer bestimmten Energie in mechanische Energie wird als **Kraftmaschine** bezeichnet, im speziellen Fall der Umwandlung von Wärmeenergie in mechanische Energie spricht man dann von einer **Wärmekraftmaschine**. Eine solche ist z. B. eine **Dampfturbine** oder eine **Brennkraftmaschine**.

Der umgekehrte Energiefluss, nämlich Umwandlung von mechanischer Energie in Wärmeenergie, läuft bei allen Reibungsvorgängen oder in **Verdichtern**, z. B. beim Verdichten von Luft, ab.

Erster Hauptsatz der Thermodynamik (Fortsetzung)

Darstellung der Volumenänderungsarbeit in Diagrammen: (→ Arbeit, Druck)

Kraft, Weg-Diagramm

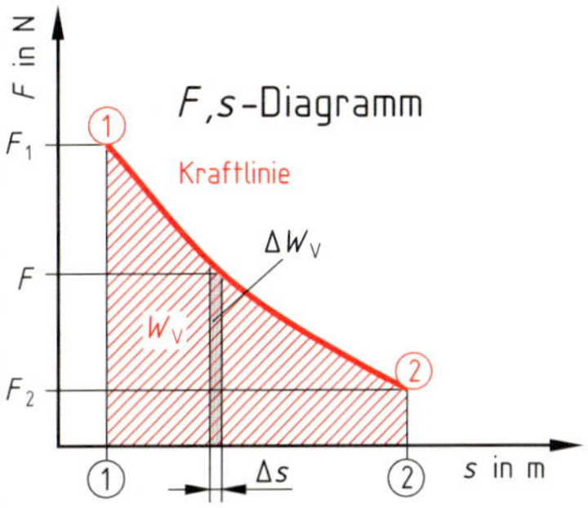

①: oberer Totpunkt OT
②: unterer Totpunkt UT

$W_v = \Sigma(F \cdot \Delta s)$ **Volumenänderungsarbeit**

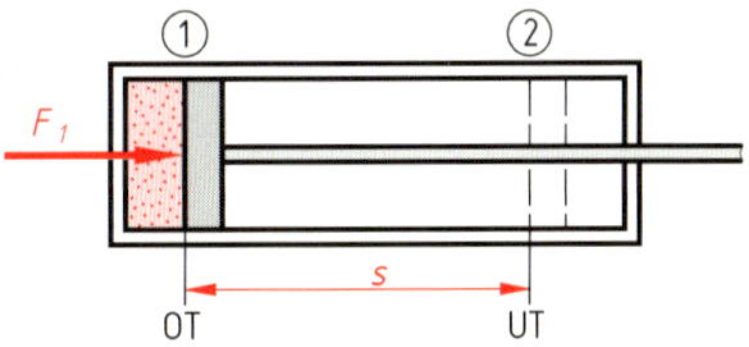

Druck, Volumen-Diagramm

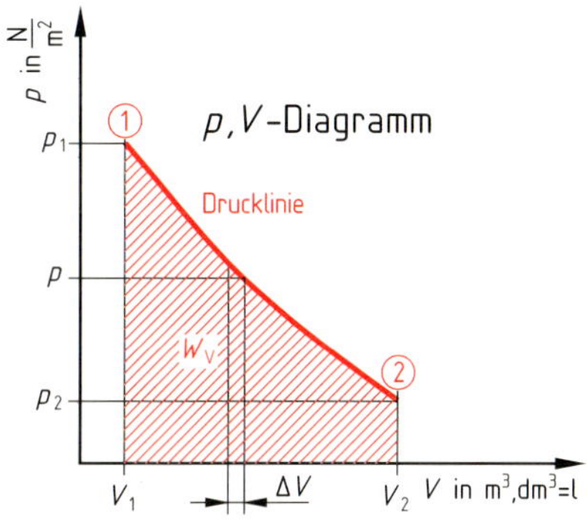

$W_v = \Sigma(p \cdot \Delta V)$ **Volumenänderungsarbeit**

W_v	Volumenänderungsarbeit	Nm
F	Kolbenkraft	N
s	Kolbenweg	m
p	Druck auf Kolben	N/m², bar
V	Hubvolumen	m³
Δs	kleiner Teil des Kolbenweges	m
ΔV	kleiner Teil des Hubvolumens	m³

Innere Energie und Enthalpie: (→ Energie, Wärmeenergie)

In einem **abgeschlossenen thermodynamischen System** entspricht die zugeführte Wärmeenergie Q der Summe aus Volumenänderungsarbeit W_v und der Änderung der inneren Energie ΔU.

$Q = W_v + \Delta U$ **1. Hauptsatz der Thermodynamik**

$\Delta H = Q = W_v + \Delta U$ **Änderung der Enthalpie**

Innere Energie: Bewegungsenergie der Elementarbausteine

Enthalpie: Wärmeinhalt

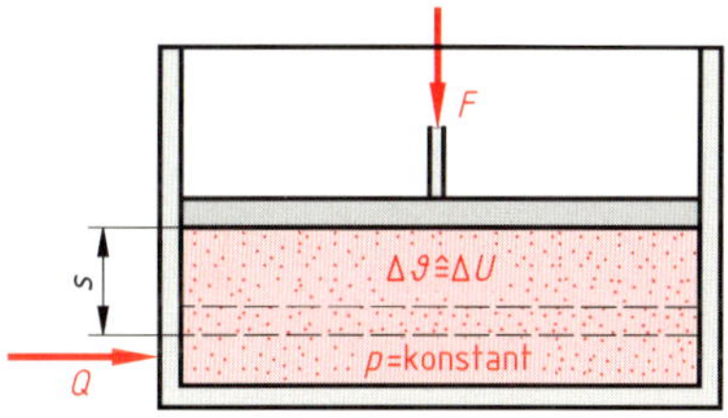

Q	zugeführte Wärmeenergie	J, kJ
W_v	Volumenänderungsarbeit	Nm
ΔU	Änderung der inneren Energie	J
ΔH	Änderung der Enthalpie	J

Die spezifische Wärme von Gasen

$W_v = 0 \rightarrow Q = \Delta U$ **1. Grenzfall des 1. Hauptsatzes**

Die spezifische Wärme bei Erwärmung mit konstantem Druck wird mit c_p bezeichnet. → p = konst. → c_p

$Q = m \cdot c_p \cdot \Delta\vartheta$ **zugeführte Wärme bei konstantem Druck** (→ Grundgesetz der Wärmelehre)

Tabellen → Thermodynamische Daten und Wärmekapazität

$\Delta U = 0 \rightarrow Q = W_v$ **2. Grenzfall des 1. Hauptsatzes**

Die spezifische Wärme bei Erwärmung mit konstantem Volumen wird mit c_v bezeichnet. → V = konst. → c_v

3

Die spezifische Wärme von Gasen (Fortsetzung)

$$Q = m \cdot c_v \cdot \Delta\vartheta$$
zugeführte Wärme bei konstantem Volumen

$$\varkappa = \frac{c_p}{c_v}$$
Isentropenexponent (Adiabatenexponent)

Unter dem **Isentropenexponenten** (Adiabatenexponent) versteht man den Quotienten aus c_p und c_v (s. Tabellen Seiten 103, 107 und folgende Tabelle).

Werte c_p, c_v, $\varkappa$ für Kältemittel: Herstellerangaben und DKV-Arbeitsblätter beachten.

W_v	Volumenänderungsarbeit	Nm
Q	Wärmemenge	J, kJ
ΔU	Änderung der inneren Energie	J, kJ
m	Masse	kg
c_p	spezifische Wärme bei konstantem Druck	kJ/(kg · K)
c_v	spezifische Wärme bei konstantem Volumen	kJ/(kg · K)
$\Delta\vartheta$	Temperaturdifferenz	K, °C
$\varkappa$	Isentropenexponent (Adiabatenexponent)	1

(→Grundgesetz der Wärmelehre)

3

Anzahl der Atome im Gasmolekül	Beispiele typischer Gase mit dieser Atomzahl im Gasmolekül	Isentropenexponent $\varkappa$ bei 273 K
1	He	5 : 3 ≈ 1,667
2	O_2, N_2, CO	7 : 5 ≈ 1,41
–	Luft	1,4
3	CO_2, H_2O-Dampf	8 : 6 ≈ 1,33

Die Tabelle zeigt:

Der Isentropenexponent $\varkappa$ von Gasen und Dämpfen ist von der Anzahl der Atome im Gas- bzw. Dampfmolekül abhängig. Dies gilt auch für c_p und c_v.

Nebenstehendes Diagramm zeigt:

c_p und c_v sind temperaturabhängig. Dies gilt auch für $\varkappa$. Des Weiteren besteht eine Druckabhängigkeit.

Beachten Sie hierzu auch – als Beispiel – das **DKV-Arbeitsblatt 1.04-20** auf der nächsten Seite (R 134a).

Für **Temperaturbereiche** setzt man in der Praxis meist **für c_p, c_v und $\varkappa$ Mittelwerte** ein (s. nebenstehendes Bild).

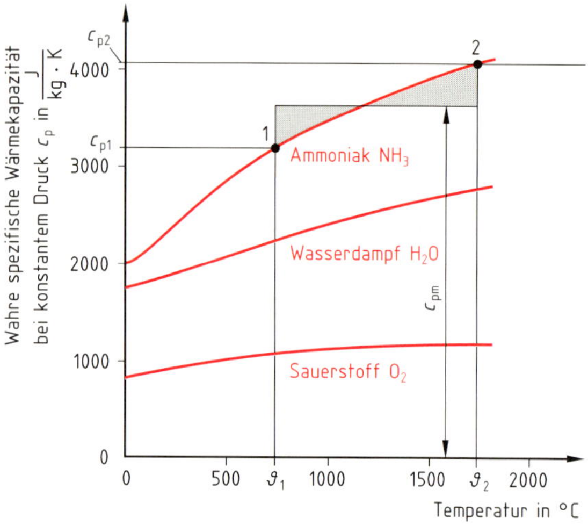

Die spezielle Gaskonstante R_B als Funktion von c_p und c_v:

$$R_B = c_p - c_v$$
spezifische Gaskonstante (→ Gaskonstante)

$$c_p = \frac{\varkappa}{\varkappa - 1} \cdot R_B$$
spezifische Wärme bei konstantem Druck

$$c_v = \frac{R_B}{\varkappa - 1}$$
spezifische Wärme bei konstantem Volumen

R_B	spezifische Gaskonstante	kJ/(kg · K)
c_p	spezifische Wärme bei konstantem Druck	kJ/(kg · K)
c_v	spezifische Wärme bei konstantem Volumen	kJ/(kg · K)
$\varkappa$	Isentropenexponent (Adiabatenexponent)	1

B $R_B = 287{,}1$ J/(kg · K); $\varkappa = 1{,}4$. Zu berechnen sind c_p und c_v. Machen Sie die Probe.

$$\mathbf{c_p} = \frac{\varkappa}{\varkappa - 1} \cdot R_B = \frac{1{,}4}{1{,}4 - 1} \cdot 287{,}1 \text{ J/(kg · K)} = \mathbf{1004{,}85 \text{ J/(kg · K)}}$$

$$\mathbf{c_v} = \frac{R_B}{\varkappa - 1} = \frac{287{,}1 \text{ J/(kg · K)}}{1{,}4 - 1} = \mathbf{717{,}75 \text{ J/(kg · K)}}$$

Probe:
$R_B = c_p - c_v$
$R_B = (1004{,}85 - 717{,}75)$ J/(kg · K)
$\mathbf{R_B = 287{,}1 \text{ J/(kg · K)}}$

Die spezifische Wärme von Gasen (Fortsetzung)

Beispiel: **DKV-Arbeitsblatt 1.04-20 → ϰ von R 134a im überhitzten Bereich**

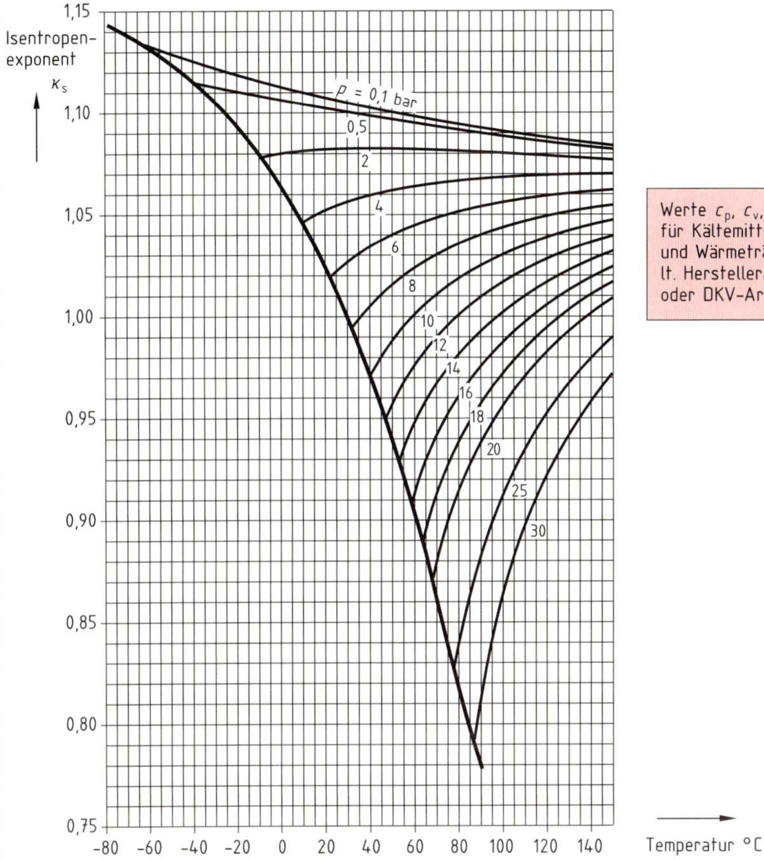

Werte c_p, c_v, κ für Kältemittel und Wärmeträger lt. Herstellerangaben oder DKV-Arbeitsblätter.

3

Thermodynamische Zustandsänderungen

Die Isobare → p = konst.:

$\frac{V_1}{V_2} = \frac{T_1}{T_2}$	Gay-Lussac (→ Gasgesetze)
$W_v = p \cdot (V_2 - V_1)$	**Volumenänderungsarbeit**
$W_v = m \cdot R_B \cdot (T_2 - T_1)$	**Volumenänderungsarbeit** (→ Arbeit)
$Q = m \cdot c_p \cdot (T_2 - T_1)$	**zugeführte Wärmeenergie** (→ Energie)
$\Delta U = m(T_2 - T_1) \cdot (c_p - R_B)$	**Änderung der inneren Energie**
$\Delta U = m \cdot c_v \cdot (T_2 - T_1)$	**Änderung der inneren Energie**

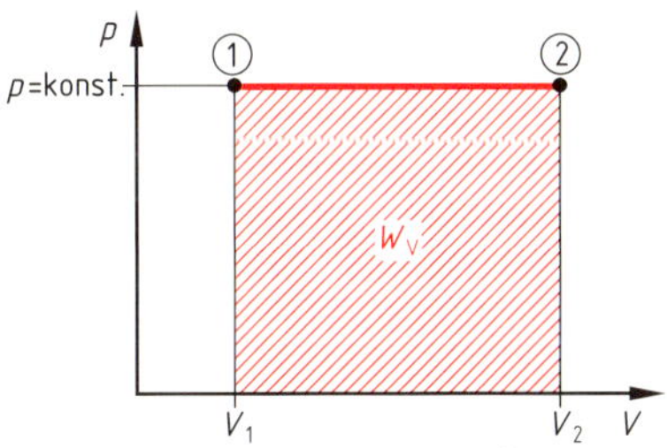

W_v	Volumenänderungsarbeit	Nm
p	Druck	N/m², bar
V	Volumen	m³
c_p, c_v	spez. Wärmekapazität	kJ/(kg · K)
R_B	spez. Gaskonstante	kJ/(kg · K)

Thermodynamische Zustandsänderungen (Fortsetzung)

Bei Verlauf ① → ②: Temperaturzunahme
Bei Verlauf ② → ①: Temperaturabnahme

m	Masse	kg
T	absolute Temperatur	K
ΔU	Änderung der inneren Energie	J, kJ

Die Isochore → V = konst.:

$$\frac{p_1}{p_2} = \frac{T_1}{T_2}$$ **Gay-Lussac** (→ Gasgesetze)

$$W_v = 0$$ **Volumenänderungsarbeit**

$$\Delta U = Q$$ **Änderung der inneren Energie**

$$Q = m \cdot c_v \cdot (T_2 - T_1)$$ **zugeführte Wärmeenergie**

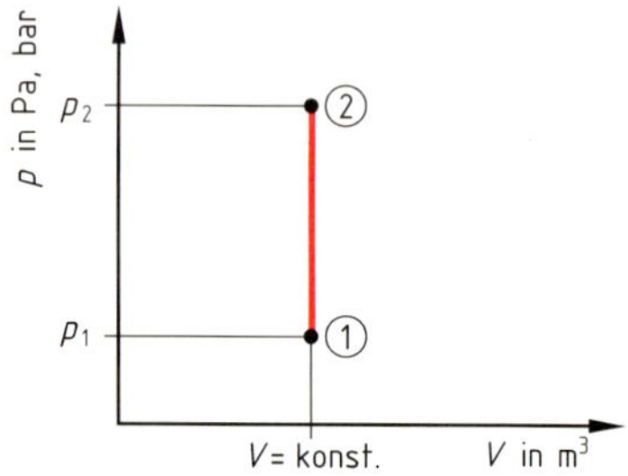

p	Druck	N/m², bar
T	absolute Temperatur	K
W_v	Volumenänderungsarbeit	Nm
ΔU	Änderung der inneren Energie	J, kJ
Q	Wärmemenge	J, kJ
c_v	spezifische Wärme	kJ/(kg · K)

3

B 3 kg Luft ($c_{Vm} = 717$ J/(kg · K)) werden von $\vartheta_1 = 20\,°C$ auf $\vartheta_2 = 250\,°C$ erwärmt. Es ist V = konst. Q = ?

$Q = m \cdot c_{Vm} \cdot (T_2 - T_1)$
$Q = 3\,\text{kg} \cdot 717\,\text{J/(kg} \cdot \text{K)} \cdot 230\,\text{K}$
$\mathbf{Q} = 494\,730\,\text{J} = \mathbf{495\,kJ}$

Die Isotherme → T = konst.:

$$p \cdot V = \text{konst.}$$ **Boyle-Mariotte** (→ Gasgesetze)

$$\Delta U = 0$$ **Änderung der inneren Energie**

$$Q = W_v$$ **zu- bzw. abgeführte Wärmeenergie**

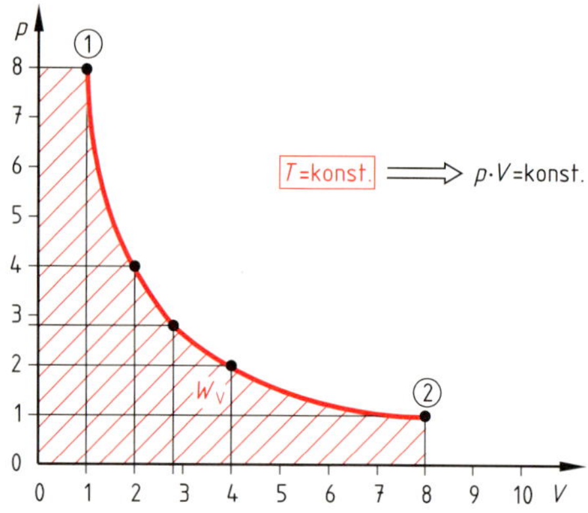

$$W_v = p_1 \cdot V_1 \cdot \ln\frac{v_1}{v_2}$$
$$W_v = p_2 \cdot V_2 \cdot \ln\frac{v_1}{v_2}$$
$$W_v = p_1 \cdot V_1 \cdot \ln\frac{V_1}{V_2}$$
$$W_v = p_2 \cdot V_2 \cdot \ln\frac{V_1}{V_2}$$
$$W_v = p_1 \cdot V_1 \cdot \ln\frac{p_2}{p_1}$$
$$W_v = p_2 \cdot V_2 \cdot \ln\frac{p_2}{p_1}$$

zugeführte Volumenänderungsarbeit

Zustandsänderung ② → ①

(→ Arbeit)

p	absoluter Druck	N/m², bar
V	Volumen	m³
v	spezifisches Volumen	m³/kg
W_v	Volumenänderungsarbeit	Nm
ΔU	Änderung der inneren Energie	J
Q	zu- bzw. abgeführte Wärmeenergie	J

Bei einer **isothermen Zustandsänderung** entspricht die Volumenänderungsarbeit der zu- bzw. abgeführten Wärmeenergie.

Mit $p \cdot V$ = konst.: $p \cdot V = p_1 \cdot V_1 = p_2 \cdot V_2$

$$W_v = p \cdot V \cdot \ln\frac{v_2}{v_1}$$
$$W_v = p \cdot V \cdot \ln\frac{V_2}{V_1}$$
$$W_v = p \cdot V \cdot \ln\frac{p_1}{p_2}$$

verrichtete (abgegebene) Volumenänderungsarbeit

Zustandsänderung ① → ②

Index 1: Zustand 1 **Index 2:** Zustand 2

Thermodynamische Zustandsänderungen (Fortsetzung)

Die Isentrope bzw. Adiabate:

Bei einer **isentropen Zustandsänderung**, die man auch als **adiabate Zustandsänderung** bezeichnet, wird keine Wärmeenergie mit der Umgebung ausgetauscht.

$$Q = 0$$ **Wärmeenergie**

$$\Delta U = -W_v = -m \cdot c_v \cdot (T_2 - T_1)$$ **Änderung der inneren Energie**

$$W_v = m \cdot \frac{R_B}{\varkappa - 1} \cdot (T_1 - T_2)$$

$$W_v = \frac{1}{\varkappa - 1} \cdot (p_1 \cdot V_1 - p_2 \cdot V_2)$$

Volumenänderungsarbeit

$$p \cdot V^{\varkappa} = \text{konst.}$$

$$p_1 \cdot V_1^{\varkappa} = p_2 \cdot V_2^{\varkappa}$$

Isentropenfunktion

Q	Wärmeenergie	J, kJ
ΔU	Änderung der inneren Energie	J
W_v	Volumenänderungsarbeit	Nm
m	Masse	kg
c_v	spezifische Wärme bei konstantem Volumen	kJ/(kg · K)
T	absolute Temperatur	K
R_B	spezifische Gaskonstante	kJ/(kg · K)
$\varkappa$	Isentropenexponent (Adiabatenexponent)	1

3

Die **adiabate Zustandsänderung** ist ein theoretischer Grenzfall, da wegen der immer vorhandenen Verluste von Wärmeenergie $Q \neq 0$ ist.

Die Polytrope:

Eine Zustandsänderung, bei der sich gleichzeitig alle thermodynamischen Zustandsgrößen ändern, heißt **allgemeine Polytrope**.

Die thermodynamische Handhabung der Polytrope entspricht völlig der thermodynamischen Handhabung der Isentrope (Adiabate). ⟶

Unterscheiden Sie:

Isentrope → **Isentropenexponent** $\varkappa$ } $n \neq 1$
Polytrope → **Polytropenexponent** n } $n \neq \varkappa$

$$\Delta U = m \cdot c_v \cdot (T_2 - T_1)$$ **Änderung von *U***

$$W_v = m \cdot \frac{R_B}{n - 1} \cdot (T_1 - T_2)$$

$$W_v = \frac{1}{n - 1} \cdot (p_1 \cdot V_1 - p_2 \cdot V_2)$$

Volumenänderungsarbeit

$$Q = m \cdot \frac{R_B}{n-1} \cdot (T_1 - T_2) + m \cdot c_v \cdot (T_2 - T_1)$$ **zu- bzw. abgeführte Wärme**

ΔU	Änderung der inneren Energie	J
m	Masse	kg
c_v	spezifische Wärmekapazität bei konstantem Volumen	kJ/(kg · K)
T	absolute Temperatur	K
n	Polytropenexponent	1
R_B	spezifische Gaskonstante	kJ/(kg · K)
p	absoluter Druck	N/m², bar
V	Volumen	m³
Q	zu- bzw. abgeführte Wärme	J, kJ

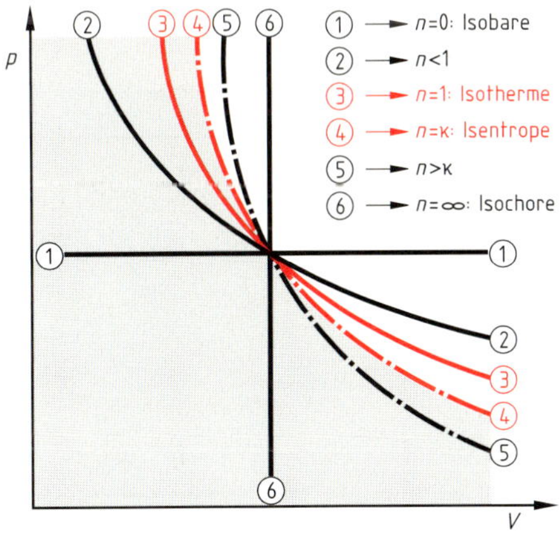

Nebenstehendes Bild zeigt den Zusammenhang zwischen den verschiedenen Zustandsänderungen. Man spricht auch von **speziellen Isentropen:**

$n = 1$ → $p \cdot V = \text{konst.}$ → **Isotherme**
$n = \varkappa$ → $p \cdot V^{\varkappa} = \text{konst.}$ → **Isentrope**
$n = 0$ → $p = \text{konst.}$ ⟶ **Isobare**
$n = \pm\infty$ → $V = \text{konst.}$ ⟶ **Isochore**

$$p \cdot V^n = \text{konst.}$$ **Polytropenfunktion**

B 3 kg Luft ($R_B = 287{,}1$ J/(kg · K) bzw. Nm/(kg · K) werden polytrop ($n = 1{,}55$) von $\vartheta_1 = 20\,°C$ auf $\vartheta_2 = 250\,°C$ erwärmt. $W_v = ?$

$$W_v = m \cdot \frac{R_B}{n - 1} \cdot (T_2 - T_1)$$

$$W_v = 3\text{ kg} \cdot \frac{287{,}1\text{ Nm/(kg} \cdot \text{K)}}{1{,}55 - 1} \cdot 230\text{ K}$$

$$\mathbf{W_v = 360180\text{ Nm}}$$

Kreisprozesse im *p, V*-Diagramm und im *T, s*-Diagramm

Definition des Kreisprozesses und thermischer Wirkungsgrad

Wird bei einem thermodynamischen Prozess durch das Ablaufen **mehrerer Zustandsänderungen** wieder der Ausgangszustand erreicht, dann ist dies ein **geschlossener Prozess** oder **Kreisprozess**.

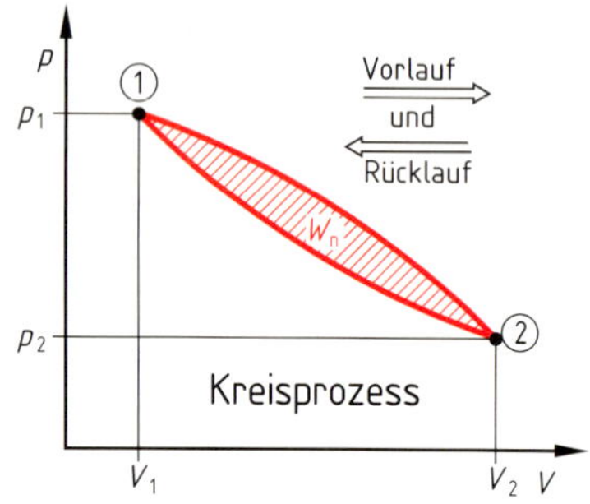

Nebenstehendes Bild zeigt einen solchen Kreisprozess im ***p, V*-Diagramm** dargestellt (reduziert auf zwei Zustandsänderungen).

Man sieht:
Soll **Nutzarbeit** W_n gewonnen werden, dann muss der Vorlauf ① → ② einen anderen Verlauf haben als der Rücklauf ② → ①.

3 Somit ist: $\boldsymbol{W_{v12} > W_{v21}}$

Wärmeenergie kann nur dann in mechanische Arbeit umgewandelt werden, wenn zwischen Vorlauf und Rücklauf des Kreisprozesses ein **Temperaturgefälle** vorhanden ist, d.h. im nebenstehenden Bild ist $T_a > T_b$.

→ **Zweiter Hauptsatz der Thermodynamik** (2. HS)

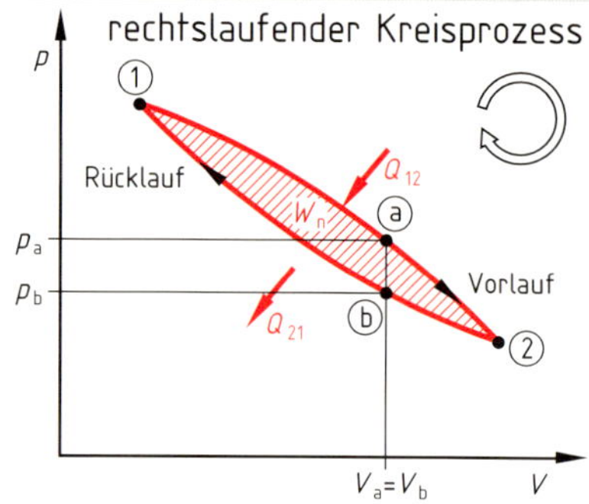

Dies führt zu dem Begriff des **rechtslaufenden Kreisprozesses** (Kreisprozesse der **Wärmekraftmaschinen**).

$$W_n = Q_{12} - Q_{21} = W_{v12} - W_{v21}$$ **Nutzarbeit**

$$\eta_{th} = \frac{Q_n}{Q_a}$$

$$\eta_{th} = \frac{Q_{12} - Q_{21}}{Q_{12}} = 1 - \frac{Q_{21}}{Q_{12}}$$

$$\eta_{th} = \frac{W_n}{Q_a} = \frac{W_{v12} - W_{v21}}{Q_{12}}$$

thermischer Wirkungsgrad

W_n	Nutzarbeit	Nm
Q_{12}	beim Vorlauf zugeführte Wärmeenergie	J, kJ
Q_{21}	beim Rücklauf abgeführte Wärmeenergie	J, kJ
W_{v12}	beim Vorlauf abgegebene Volumenänderungsarbeit	Nm
W_{v21}	beim Rücklauf zugeführte Volumenänderungsarbeit	Nm
η_{th}	thermischer Wirkungsgrad	1, %
Q_n	Nutzwärme	J, kJ
Q_a	aufgewendete Wärme	J, kJ

Bei der Berechnung des thermischen Wirkungsgrades η_{th} wird die Nutzarbeit W_n aus der Differenz der Flächen unter den Zustandskurven im *p, V*-Diagramm ermittelt.

Mit $\boldsymbol{W_{v12} > W_{v21}}$ ist $\boldsymbol{\eta_{th} < 1}$

(→ Thermodynamische Zustandsänderungen)

Kreisprozesse der Wärmekraftmaschinen im *p, V*-Diagramm (→ Thermodyn. Zustandsänderungen)

Diesel-Prozess (Gleichdruckprozess):

$$\eta_{th} = 1 - \frac{T_4 - T_1}{\varkappa \cdot (T_3 - T_2)}$$

$$\eta_{th} = 1 - \frac{1}{\varepsilon^{\varkappa-1}} \cdot \frac{\varphi^{\varkappa} - 1}{\varkappa \cdot (\varphi - 1)}$$

thermischer Wirkungsgrad

$$\varepsilon = \frac{V_1}{V_2}$$ **Verdichtungsverhältnis**

$$\varphi = \frac{V_3}{V_2}$$ **Einspritzverhältnis**

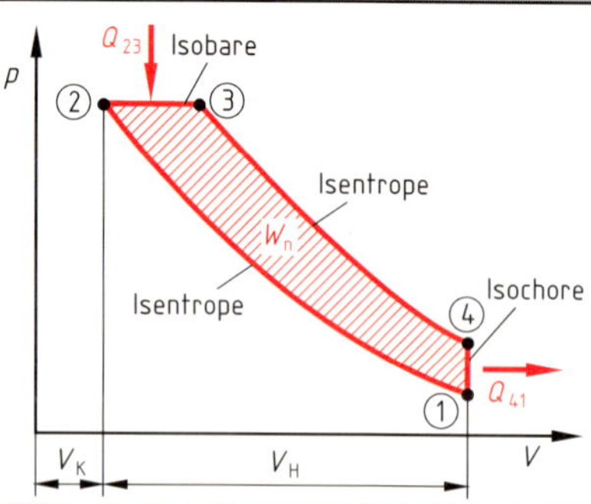

Kreisprozesse im *p, V*-Diagramm und im *T, s*-Diagramm (Fortsetzung)

Index 1, **Index 2**, **Index 3**, **Index 4**: „Eckpunkte" des Kreisprozesses

η_{th}	thermischer Wirkungsgrad	1
T	absolute Temperatur	K
$\varkappa$	Isentropenexponent (Adiabatenexponent)	1
ε	Verdichtungsverhältnis	1
φ	Einspritzverhältnis	1
V	Volumen	m^3
V_K	Kompressionsvolumen	m^3
V_H	Hubvolumen	m^3

Die **Bezeichnungen der nun folgenden Kreisprozesse** sind denen des Diesel-Prozesses analog.

Otto-Prozess (Gleichraumprozess):

$$\eta_{th} = 1 - \frac{T_1}{T_2}$$

$$\eta_{th} = 1 - \frac{1}{\varepsilon^{\varkappa - 1}}$$

thermischer Wirkungsgrad

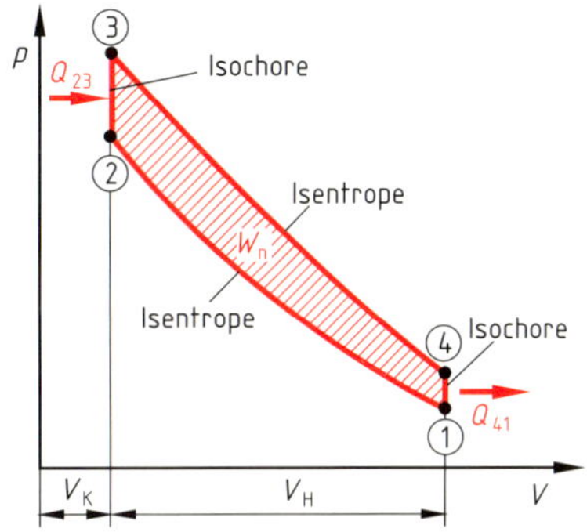

Seiliger-Prozess:

$$\eta_{th} = 1 - \frac{T_5 - T_1}{T_3 - T_2 + \varkappa \cdot (T_4 - T_3)}$$

thermischer Wirkungsgrad

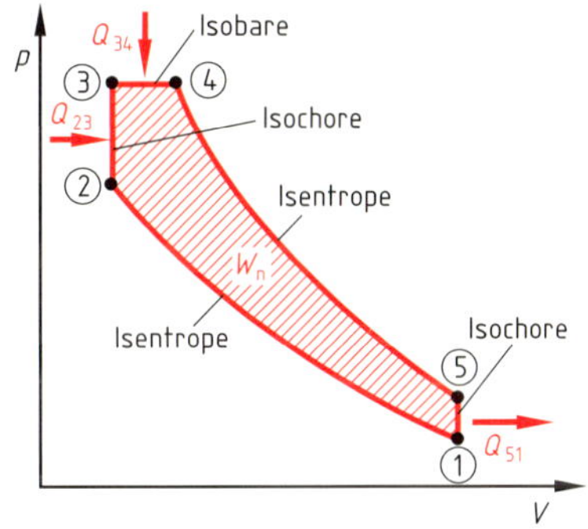

Joule-Prozess:

$$\eta_{th} = 1 - \frac{T_1}{T_2}$$

$$\eta_{th} = 1 - \left(\frac{p_1}{p_2}\right)^{\frac{\varkappa - 1}{\varkappa}}$$

thermischer Wirkungsgrad

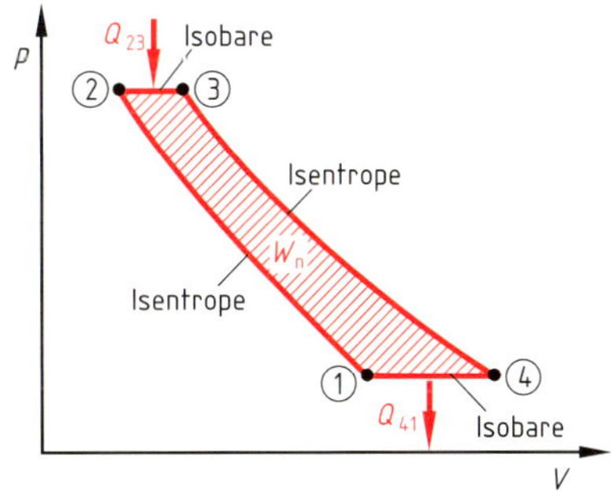

3

Kreisprozesse im p, V-Diagramm und im T, s-Diagramm (Fortsetzung)

Ackeret-Keller-Prozess:

$$\eta_{th} = 1 - \frac{T_1}{T_3}$$ **thermischer Wirkungsgrad**

Der Ackeret-Keller-Prozess wird auch als **Ericsson-Prozess** bezeichnet.

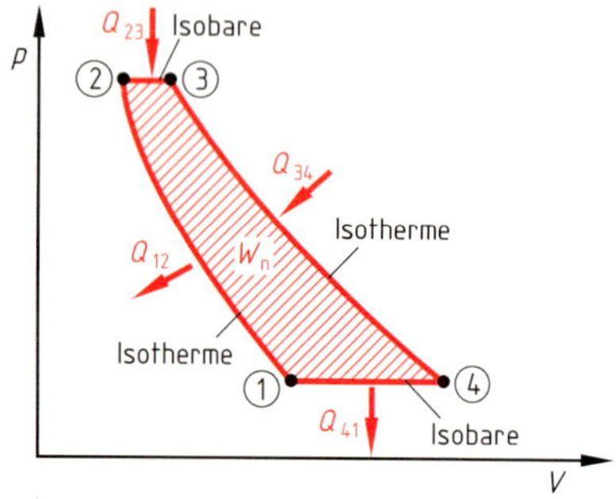

3

Stirling-Prozess:

$$\eta_{th} = 1 - \frac{T_1}{T_3}$$ **thermischer Wirkungsgrad**

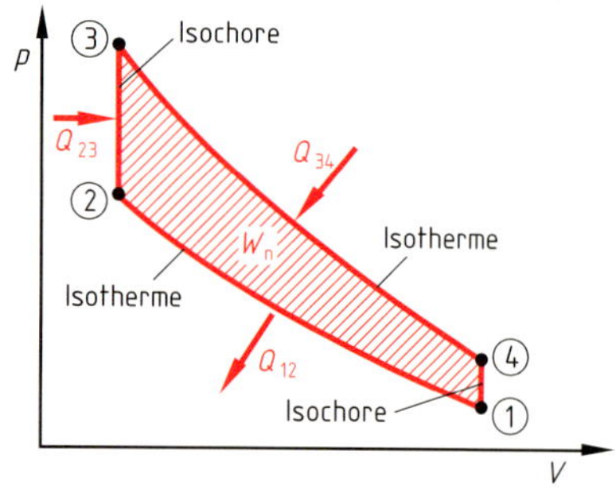

Carnot-Prozess:

$$\eta_{th} = 1 - \frac{T_4}{T_2}$$ **thermischer Wirkungsgrad**

(→ linkslaufende Kreisprozesse)

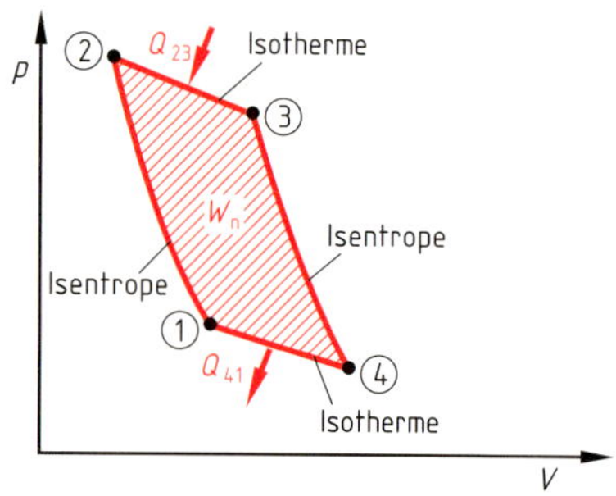

Entropie und T, s-Diagramm (→ Thermodynamische Zustandsänderungen)

$$Q = \Sigma(T \cdot \Delta S)$$ **zu- oder abgeführte Wärmeenergie**

$$\Delta Q = T \cdot \Delta S$$ **Änderung der Wärmeenergie**

Im **Temperatur, Entropie-Diagramm (T, s-Diagramm)** bilden sich Wärmemengen als Flächen ab. Man bezeichnet deshalb ein solches Diagramm auch als **Wärmediagramm**.

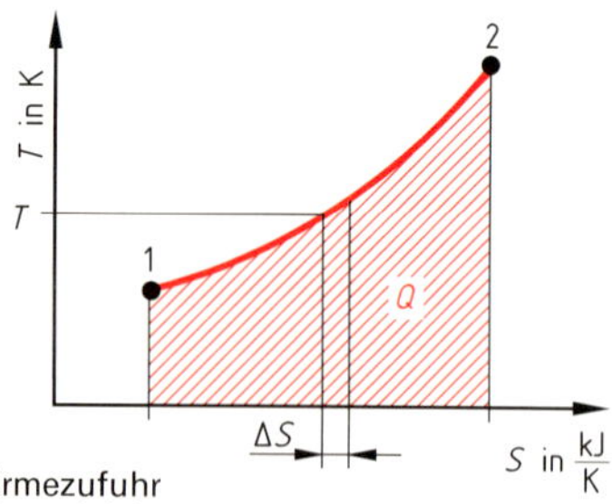

$$\Delta S = \pm \frac{\Delta Q}{T}$$

$$\Delta S = \pm \frac{p \cdot \Delta V + \Delta U}{T}$$

Änderung der Entropie → + bei Wärmezufuhr
− bei Wärmeabfuhr

Kreisprozesse im p, V-Diagramm und im T, s-Diagramm (Fortsetzung)

Die auf die Stoffmenge 1 kg bezogene Entropie heißt **spezifische Entropie** s.

Die **Entropieänderung** ΔS wird mit abnehmender thermodynamischer Temperatur (bei gleicher Wärmezu- oder -abfuhr) größer.

Bei **reversiblen Zustandsänderungen** erreicht die Entropie nach abgeschlossener Umkehrung der Zustandsänderung den selben Wert wie zu Beginn der Zustandsänderung. Bei **irreversiblen Zustandsänderungen** nimmt die Entropie zu.

In der folgenden Tabelle sind Berechnungsgleichungen für die Berechnung der **Entropieänderung** angegeben:

Q	zu- bzw. abgeführte Wärmeenergie	J, kJ
T	absolute Temperatur	K
ΔS	Änderung der Entropie	J, K
ΔQ	Änderung der Wärmeenergie	J, kJ
p	absoluter Druck	N/m^2, bar
ΔV	Änderung des Volumens	m^3
s	spezifische Entropie	J/(kg · K)

Die **Entropiezunahme** ist ein Maß für die **Irreversibilität** einer Zustandsänderung.

(→ Thermodynamische Zustandsänderungen)

3

Zustandsänderung	zu- oder abgeführte Wärmeenergie und Entropieänderung	T, s-Diagramm
Isobare	$Q = m \cdot c_{pm} \cdot (T_2 - T_1)$ $\Delta S = S_2 - S_1 = m \cdot c_{pm} \cdot \ln \frac{T_2}{T_1}$ (ln = natürlicher Logarithmus)	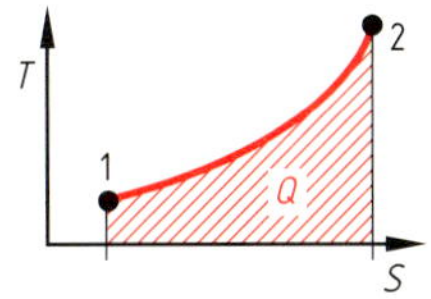
Isochore	$Q = m \cdot c_{vm} \cdot (T_2 - T_1)$ $\Delta S = S_2 - S_1 = m \cdot c_{vm} \cdot \ln \frac{T_2}{T_1}$	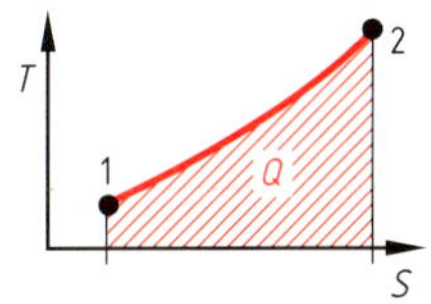
Isotherme	da $\Delta U = 0$ ist: $Q = W_v = p_1 \cdot V_1 \cdot \ln \frac{p_1}{p_2}$ $\Delta S = S_2 - S_1 = m \cdot R_B \cdot \ln \frac{p_1}{p_2}$	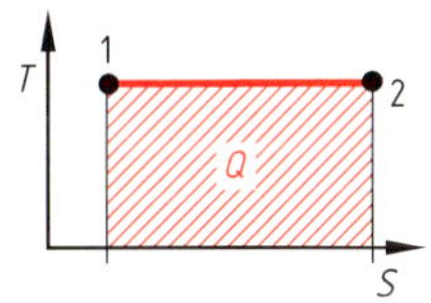
Isentrope (Adiabate)	da $\Delta U = W_v$ ist: $Q = 0$ $\Delta S = 0$	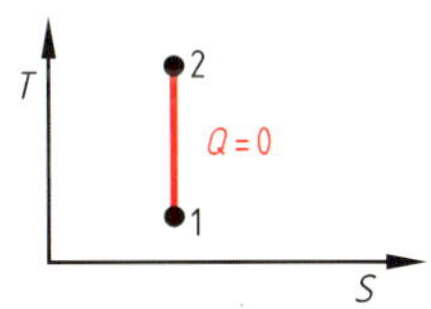
Polytrope	$Q = m \cdot \frac{R_B}{n-1} \cdot (T_2 - T_1) + m \cdot c_{vm} \cdot (T_2 - T_1)$ $\Delta S = S_2 - S_1 = m \cdot c_{pm} \cdot \ln \frac{T_2}{T_1} - m \cdot R_B \cdot \ln \frac{p_2}{p_1}$ $\Delta S = S_2 - S_1 = m \cdot c_{vm} \cdot \ln \frac{T_2}{T_1} + m \cdot R_B \cdot \ln \frac{V_2}{V_1}$	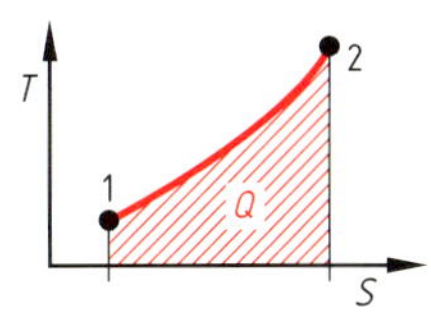

Anmerkung 1: Formelzeichen entsprechend der Zustandsänderungen.
Anmerkung 2: c_{vm} und c_{pm} sind **mittlere spezifische Wärmekapazitäten**

Kreisprozesse im p, V-Diagramm und im T, s-Diagramm (Fortsetzung)

Linkslaufende Kreisprozesse

3

Beim **linkslaufenden Kreisprozess** wird Wärmeenergie entgegen einem Temperaturgefälle befördert. Nach dem 2. Hauptsatz (HS) gilt:

Ein **Transport von Wärmeenergie** entgegen dem Temperaturgefälle ist nur mit einem zusätzlichen Aufwand von mechanischer Energie W_a möglich.

Realisierung in der Praxis mit → **Kältemaschinenprozess** bzw. mit **Wärmepumpenprozess.**

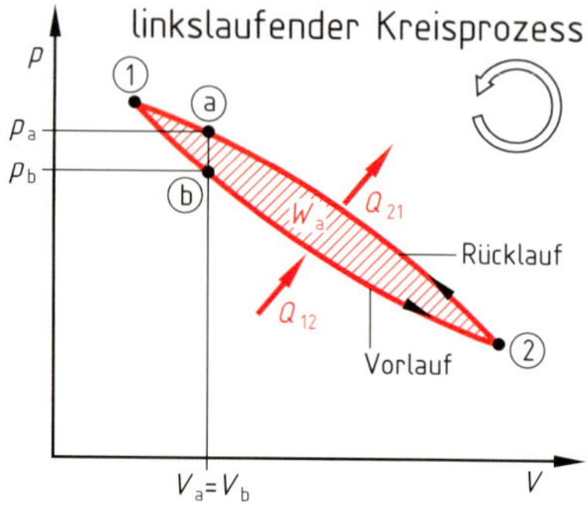

Die folgenden Bilder zeigen einen **linkslaufenden Carnot-Prozess im p, V-Diagramm und im T, s-Diagramm:**

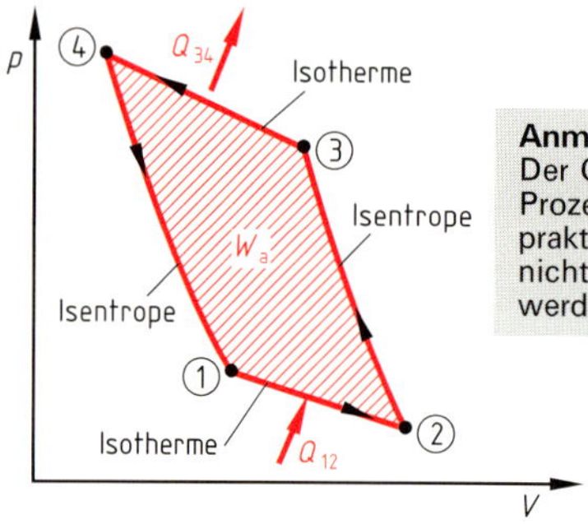

Anmerkung: Der Carnot-Prozess kann praktisch nicht realisiert werden!

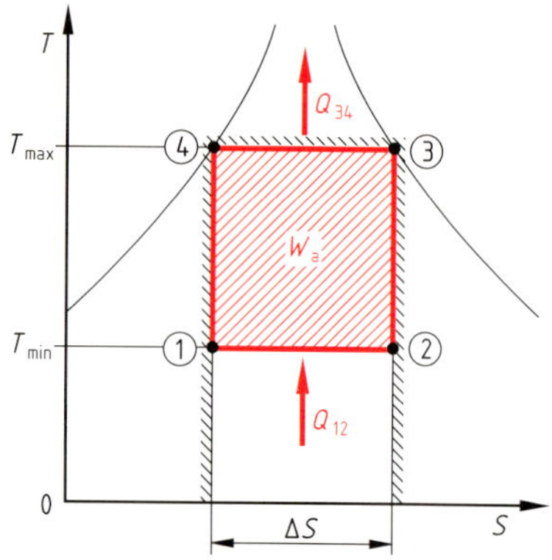

(→ Carnot-Prozess, Kältemaschinenprozess)

$$W_a = Q_{21} - Q_{12}$$ **aufgewendete Arbeit**

$$\varepsilon_K = \frac{Q_{12}}{W_a}$$ **Leistungszahl der Kältemaschine**

$$\varepsilon_K = \frac{T_{min} \cdot \Delta S}{\Delta S\,(T_{max} - T_{min})} = \frac{T_{min}}{T_{max} - T_{min}}$$ **Leistungszahl**

$$\varepsilon_W = \frac{Q_{34}}{W_a}$$ **Leistungszahl der Wärmepumpe**

$$\varepsilon_W = \frac{T_{max} \cdot \Delta S}{\Delta S\,(T_{max} - T_{min})} = \frac{T_{max}}{T_{max} - T_{min}}$$ **Leistungszahl**

W_a	aufgewendete Arbeit	Nm
Q	Wärmeenergie	J, kJ
ε	Leistungszahl	1
T_{min}	absolute Verdampfungstemperatur des Kältemittels	K
T_{max}	absolute Kondensationstemperatur des Kältemittels	K
ΔS	Entropieänderung	J/K

Index K: Kältemaschinenprozess
Index W: Wärmepumpenprozess

Die **Leistungszahl** errechnet sich aus dem Verhältnis der Nutzenergie Q und der aufgewendeten Arbeit W_a. Es ist wie folgt zu unterscheiden:

Nutzen des Kältemaschinenprozesses: die dem Kühlraum entzogene Wärmeenergie Q_{12}.
Nutzen des Wärmepumpenprozesses: die der Heizungsanlage zugeführte Wärmeenergie Q_{34}.

Anmerkung: Der **Carnot-Prozess** wurde weder als Kraftmaschinenprozess (rechtslaufend) noch als Kältemaschinenprozess bzw. Wärmepumpenprozess (linkslaufend) in der Praxis realisiert.

Der linkslaufende Carnot-Prozess wird als **Vergleichsprozess** zur Beurteilung des Kältemaschinenprozesses und des Wärmepumpenprozesses herangezogen, kann aber praktisch nicht realisiert werden.

(→ Formeln Kälteanlagentechnik)

Kreisprozesse im p, V-Diagramm und im T, s-Diagramm (Fortsetzung)

Die in der Praxis **verwirklichten Kältemaschinen- bzw. Wärmepumpenprozesse** berücksichtigen die erforderliche Änderung des Aggregatzustandes flüssig-dampfförmig und umgekehrt: 3

Aufnahme der Wärmeenergie	→ **Kältemittel verdampft**
Abgabe der Wärmeenergie	→ **Kältemittel kondensiert**

(→ Kältemittel, Kältemaschinenprozess)
(→ Verdampfen, Kondensieren)

Kältemaschinenprozess und Wärmepumpenprozess sind linkslaufende **Clausius-Rankine-Prozesse**.

Die folgenden Bilder zeigen das Schaltbild (Fließbild) und das zugehörige T, s-Diagramm:

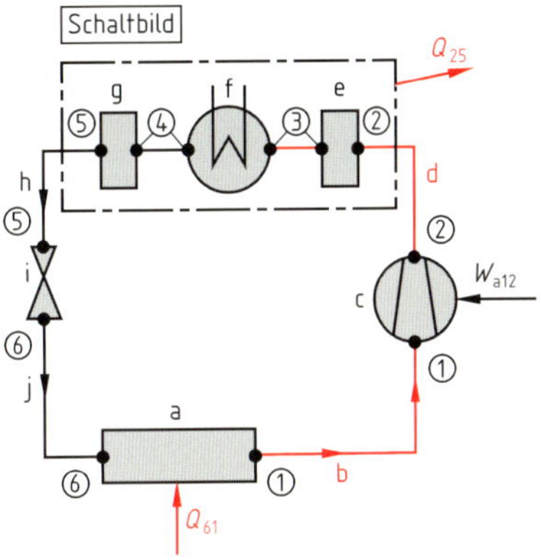

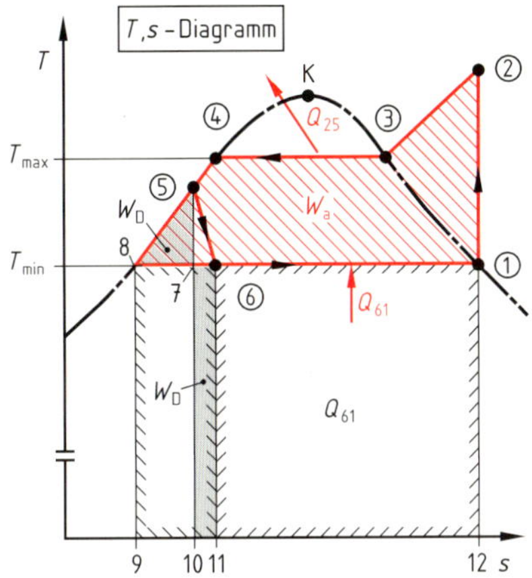

Im Schaltbild bedeuten:

a: **Verdampfer** → Wärmeenergie Q_{61} wird dem Raum mit T_{min} entzogen
b: **Kaltdampfleitung**
c: **Verdichter** (Kompressor) → mechanische Energie W_a wird zugeführt
d: **Heißdampfleitung**
e: **Enthitzer** → Wärmeenergie Q_{23} wird abgegeben
f: **Kondensator** (Verflüssiger) → Wärmeenergie Q_{34} wird abgegeben
g: **Unterkühler** → Wärmeenergie Q_{45} wird abgegeben
(e, f, g:) → $Q_{25} = Q_{23} + Q_{34} + Q_{45}$
h: **Flüssigkeitsleitung** des Hochdruckteiles
i: **Drosselorgan** → Verflüssigungsdruck wird auf Verdampfungsdruck gedrosselt
j: **Flüssigkeitsleitung** des Niederdruckteiles

$\varepsilon_K = \dfrac{Q_{61}}{W_a}$	**Leistungszahl der Kältemaschine**
$\varepsilon_W = \dfrac{Q_{25}}{W_a}$	**Leistungszahl der Wärmepumpe**

Anmerkung 1: Die **der Normung entsprechenden** → **RI-Fließbilder** finden Sie im **Anwendungsbereich dieses Tabellenbuches**.

Anmerkung 2: Kältemaschinenprozess und Wärmepumpenprozess können durch **Unterkühlung** nach der Kondensation und durch **Überhitzung** nach der Verdampfung optimiert werden. Die Prozesse projektierter Kältemaschinenprozesse und Wärmepumpenprozesse werden i.d.R. im → **log p, h-Diagramm** dargestellt. Einzelheiten hierüber finden Sie im **Anwendungsbereich dieses Tabellenbuches**.

Peltier-Effekt

$Q_p = \pi_{12} \cdot I \cdot t$	**Peltier-Wärme**	Q_p	Peltier-Wärme	J, kJ
		π_{12}	Peltier-Koeffizient	J/As
		I	elektrische Stromstärke	A
		t	Zeit	s

Peltier-Effekt (Fortsetzung)

Peltier-Elemente werden als **Heizelemente** und als **Kühlelemente** verwendet.

Der **Peltier-Koeffizient** ist ein von der Werkstoffkombination abhängiger Proportionalitätsfaktor. Er beträgt bei den verschiedenen Metallkombinationen **zwischen $4 \cdot 10^{-3}$ bis $4 \cdot 10^{-4}$ J/As**.

B $I = 5$ A; $\pi_{12} = 0{,}0016$ J/As; $t = 30$ min; $Q_p = ?$

$Q_p = \pi_{12} \cdot I \cdot t = 0{,}0016 \text{ J/As} \cdot 5 \text{ A} \cdot 1800 \text{ s}$

$\mathbf{Q_p = 14{,}4\ J}$

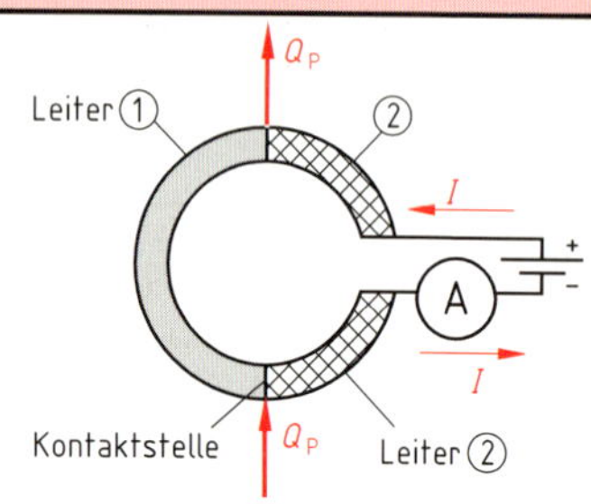

Wärmetransport (→ Behaglichkeit, Dämmkonstruktionen)

3

Möglichkeit einer Wärmeübertragung:

Der zweite Hauptsatz besagt:
Wärmeenergie kann ohne einen zusätzlichen Aufwand an Energie nur von einem Körper mit höherer Temperatur auf einen Körper mit niedrigerer Temperatur, d. h. nur in Richtung eines Temperaturgefälles, übertragen werden (nebenstehendes Bild).

Übertragung von Wärmeenergie erfolgt durch **Wärmeleitung, Wärmestrahlung** und **Wärmemitführung (Konvektion)**.

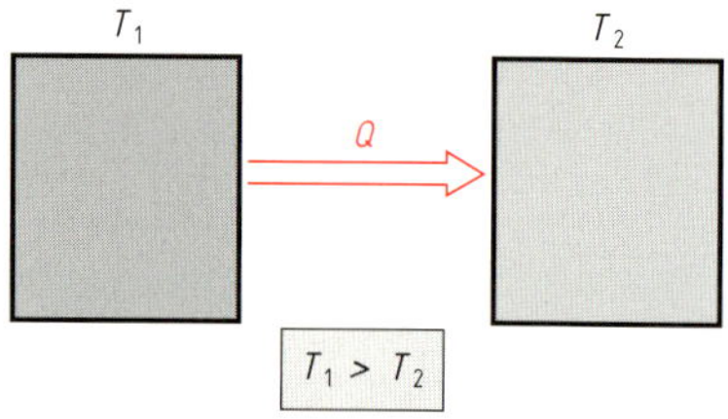

Wärmeleitung durch ebene und gekrümmte Wände

$$\dot{Q} = \frac{Q}{t}$$ **Wärmestrom**

$\dot{Q}$	Wärmestrom	W
Q	Wärmeenergie	J, kJ
t	Zeit	s

$$\dot{Q} = \frac{\lambda}{\delta} \cdot A \cdot (\vartheta_1 - \vartheta_2)$$

$$\dot{Q} = \frac{\Delta\vartheta}{R_\lambda}$$

Wärmestrom durch einschichtige Wand

$$R_\lambda = \frac{\delta}{\lambda \cdot A}$$ **Wärmeleitwiderstand**

$$\Delta\vartheta = R_\lambda \cdot \dot{Q}$$ **Ohm'sches Gesetz der Wärmeleitung**

Bei kleiner Wärmeleitfähigkeit λ ist der Wärmeleitwiderstand R_λ groß und damit ist auch die **Temperaturdifferenz** groß.

Bei ebenen Wänden liegt ein **lineares Temperaturgefälle** vor (→ **Berechnung von Dämmkonstruktionen**).

In mehrfach geschichteten ebenen Wänden (nebenstehendes Bild) fällt die Temperatur linear von Schicht zu Schicht in Richtung des Wärmestromes.

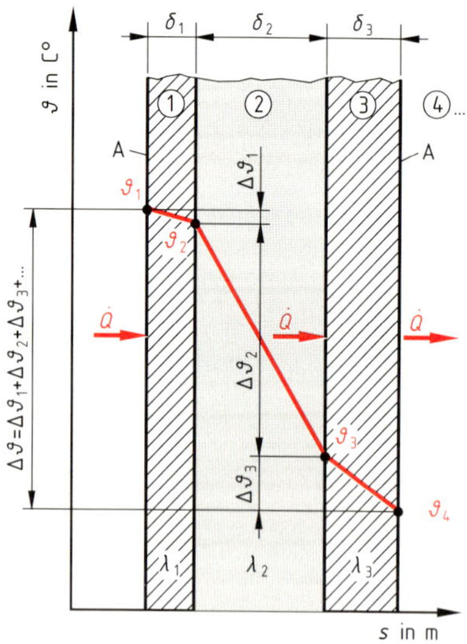

$$\dot{q} = \frac{\dot{Q}}{A}$$ **Wärmestromdichte**

$$\dot{Q} = \frac{\lambda_1}{\delta_1} \cdot A \cdot \Delta\vartheta_1 = \frac{\lambda_2}{\delta_2} \cdot A \cdot \Delta\vartheta_2 = \frac{\lambda_3}{\delta_3} \cdot A \cdot \Delta\vartheta_3 = \ldots = \frac{\lambda_n}{\delta_n} \cdot A \cdot \Delta\vartheta_n$$

Wärmestrom durch eine mehrfach geschichtete ebene Wand
(→ Brit. Einheiten, US-Einheiten)

Wärmetransport (Fortsetzung)

$$R_{\lambda\,ges} = R_{\lambda 1} + R_{\lambda 2} + R_{\lambda 3} + \ldots + R_{\lambda n}$$

Gesamtwärmeleitwiderstand

$$\dot{Q} = \frac{\Delta\vartheta_1}{R_{\lambda 1}} = \frac{\Delta\vartheta_2}{R_{\lambda 2}} = \ldots = \frac{\Delta\vartheta}{R_{\lambda\,ges}}$$

Wärmestrom

Die **Wärmeleitfähigkeit** λ ist stark **temperaturabhängig**!

Indices 1 … n: Wandbezeichnungen

$$\dot{Q} = \frac{2 \cdot \pi \cdot l \cdot \lambda}{\ln \frac{d_a}{d_i}} \cdot (\vartheta_1 - \vartheta_2)$$

Wärmestrom durch einen Hohlzylinder

$$\dot{Q} = \frac{2 \cdot \pi \cdot l \cdot \Delta\vartheta_{ges}}{\frac{1}{\lambda_1} \cdot \ln \frac{d_2}{d_1} + \frac{1}{\lambda_2} \cdot \ln \frac{d_3}{d_2} + \ldots}$$

Wärmestrom durch mehrschichtige Zylinderwand (nebenst. Bild)

ln: natürlicher Logarithmus

Indices 1 … n: Wandbezeichnungen

Der **Temperaturverlauf** in zylindrischen Wänden ist nicht linear, sondern er erfolgt nach einer **logarithmischen Funktion**.

Weitere Formeln für die Berechnung des Wärmestroms durch gekrümmte Wände (nicht zylindrisch) sind in technischen Handbüchern insbesondere im **VDI-Wärmeatlas** zu finden, z. B. für den Wärmedurchgang durch → Klöpperböden.

$\dot{Q}$	Wärmestrom	W
λ	Wärmeleitfähigkeit (Wärmeleitzahl)	W/(m·K)
A	Wandfläche	m²
ϑ	Wandgrenztemperatur	K, °C
$\Delta\vartheta$	Temperaturdifferenz	K, °C
R_λ	Wärmeleitwiderstand	K/W
$R_{\lambda\,ges}$	Gesamtwärmeleitwiderstand	K/W
δ	Wanddicke	m
$\dot{q}$	Wärmestromdichte	W/m²
l	Länge eines Hohlzylinders (Rohr)	m
d_a	Außendurchmesser	m
d_i	Innendurchmesser	m

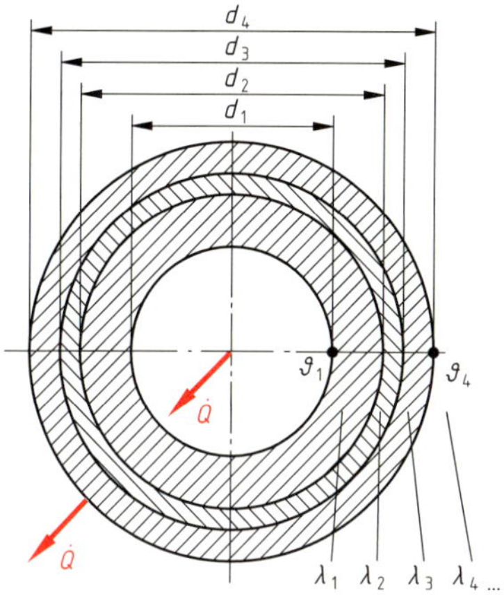

3

Wärmeleitfähigkeit (bei ϑ = 20 °C) (→ Dämm- und Sperrstoffe)

Stoff	λ in W/(m·K)	Stoff	λ in W/(m·K)
Aluminium	209	Kupfer	394
Antimon	22,53	Leder	0,16
Asbest	0,17	Marmor	2,9
Benzen (Benzol)	0,135	Maschinenöl	0,126
Blei	35,01	Messing	81 … 105
Bronze	58,15	Neusilber	29
Dämmstoffe	0,015 … 0,11	Nickel	52
Flussstahl	46,5	Platin	80
Glas	0,6 … 0,9	Porzellan	0,8 … 1,9
Glimmer	0,41	Quarz	1,09
Glyzerin	0,28	Quecksilber	8,4
Gold	311	Roheisen, weiß	52
Graphit	140	Schwefel	0,27
Grauguss	48,8	Silber	418,7
Holz, Eiche	0,21	Stahlguss	52
Kiefer	0,14	Tombak	93 … 116
Rotbuche	0,17	Wasser	0,597
Holzkohle	0,08	Weißmetall	35 … 70
Kesselstein	1,16 … 3,5	Zink	110
Korkplatten	0,035 … 0,04	Zinn	64

Wärmetransport (Fortsetzung)

Die folgenden Diagramme zeigen die **Abhängigkeit der Wärmeleitzahl λ von Kupfer von der Temperatur:**

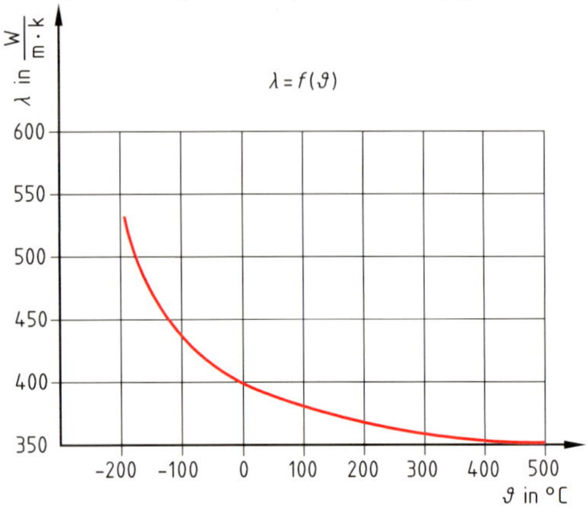

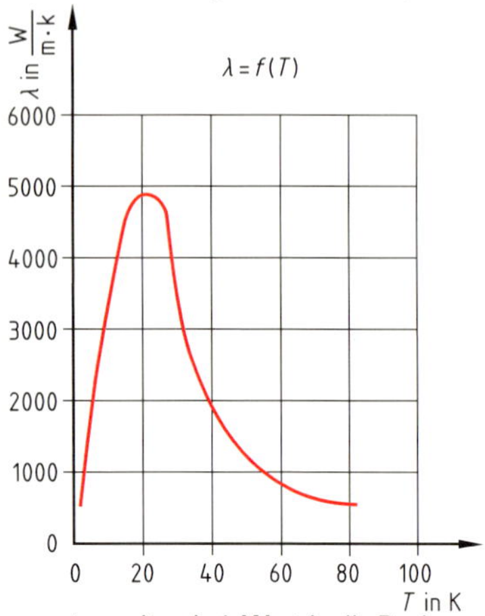

Wegen der Temperaturabhängigkeit wird der für die **Mitteltemperatur** geltende **λ-Wert** in die Rechnung eingesetzt, insbesondere gilt dies **bei der Verwendung von → Dämmstoffen**.

$$\vartheta_m = \frac{\vartheta_1 + \vartheta_2}{2}$$ **Mitteltemperatur**

ϑ_1, ϑ_2 Grenztemperaturen an den Begrenzungsflächen der Dämmung °C

λ-Werte für Baustoffe und → Dämmstoffe: Herstellerangaben beachten und gegebenenfalls garantieren lassen. Siehe auch im **Anwendungsbereich dieses Tabellenbuches**.

Außer von der Temperatur sind die λ-Werte für Baustoffe und Dämmstoffe auch stark vom **Feuchtigkeitsgehalt** abhängig.

Wärmeübergang und Wärmedurchgang

Unter einem **Wärmeübergang** versteht man die Wärmeübertragung zwischen zwei direkt benachbarten Fluiden oder aber zwischen einem Fluid und einer festen Wand bzw. umgekehrt.
Dabei treten in unmittelbarer Nähe der Wand **Temperaturdifferenzen** auf (s. nebenstehendes Bild).

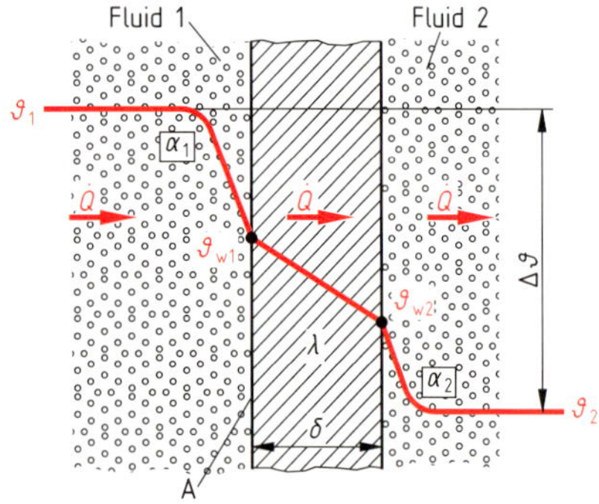

Formel	Bezeichnung
$\dot{Q} = \alpha \cdot A \cdot \Delta\vartheta$	**Wärmestrom** (Übergang)
$\Delta\vartheta = R_\alpha \cdot \dot{Q}$	**Ohm'sches Gesetz des Wärmeübergangs**
$R_\alpha = \frac{1}{\alpha \cdot A}$	**Wärmeübergangswiderstand**
$\alpha = Nu \cdot \frac{\lambda_F}{l}$	**Wärmeübergangszahl**
$\dot{Q} = k \cdot A \cdot \Delta\vartheta$	**Wärmestrom** (Durchgang)
$\Delta\vartheta = R_k \cdot \dot{Q}$	**Ohm'sches Gesetz des Wärmedurchgangs**
$R_k = \frac{1}{k \cdot A}$	**Wärmedurchgangswiderstand**
$k = \frac{1}{\frac{1}{\alpha_1} + \sum\frac{\delta}{\lambda} + \frac{1}{\alpha_2}}$	**Wärmedurchgangszahl** (k-Wert) (→ Kleidung)

Nach **DIN EN 12831** statt k-Wert als ***U*-Wert** bezeichnet (→ Wärme- u. Kälteschutz

$\dot{Q}$	Wärmestrom	W
α	Wärmeübergangszahl	W/(m²·K)
A	Wandfläche	m²
$\Delta\vartheta$	Temperaturdifferenz	K, °C
R_α	Wärmeübergangswiderstand	K/W
Nu	Nußelt-Zahl (s. Anm. Seite 131)	1
λ_F	Fluid-Wärmeleitzahl	W/(m·K)
l	charakteristische Baugröße eines Wärmetauschers	m
$k = U$	Wärmedurchgangszahl (k-Wert)	W/(m²·K)
R_k	Wärmedurchgangswiderstand	K/W
λ	Wärmeleitzahl	W/(m·K)
δ	Wanddicke	m

3

Wärmetransport (Fortsetzung)

Die **Wandgrenztemperaturen** $\vartheta_1, \vartheta_2, \vartheta_3, \ldots$ werden mit Hilfe der Temperaturdifferenzen $\Delta\vartheta_1, \Delta\vartheta_2, \Delta\vartheta_3, \ldots$ entsprechend nebenstehendem Schema berechnet. Dabei ist

$\Delta\vartheta_1$ = Temperaturdifferenz beim 1. Übergang
$\Delta\vartheta_2$ = Temperaturdifferenz bei der 1. Leitung
$\Delta\vartheta_3$ = Temperaturdifferenz bei der 2. Leitung
. . . .
$\Delta\vartheta_n$ = Temperaturdifferenz beim 2. Übergang

$$\Delta\vartheta_1 = k \cdot \Delta\vartheta \cdot \frac{1}{\alpha_1} \qquad \Delta\vartheta_3 = k \cdot \Delta\vartheta \cdot \frac{\delta_2}{\lambda_2}$$

$$\ldots\ldots$$

$$\Delta\vartheta_2 = k \cdot \Delta\vartheta \cdot \frac{\delta_1}{\lambda_1} \qquad \Delta\vartheta_n = k \cdot \Delta\vartheta \cdot \frac{1}{\alpha_2}$$

Temperaturverlauf an und in einer mehrfach geschichteten ebenen Wand

Wärmedurchgang durch gekrümmte Wände:

$$\dot{Q} = \frac{2 \cdot \pi \cdot l \cdot (\vartheta_{F1} - \vartheta_{F2})}{\frac{2}{\alpha_i \cdot d_i} + \frac{1}{\lambda} \cdot \ln \frac{d_a}{d_i} + \frac{2}{\alpha_a \cdot d_a}}$$

Wärmestrom durch eine Rohrwand

$\dot{Q}$	Wärmestrom	W
l	Rohrlänge	m
ϑ_F	Fluidtemperatur	K, °C
α	Wärmeübergangszahl	W/(m²·K)
d	Durchmesser	m
λ	Wärmeleitfähigkeit	W/(m·K)

Index i: innen; **Index a:** außen

Weitere Formeln für den Wärmestrom durch gekrümmte Wände (z. B. bei → Klöpperböden), auch bei mehrfacher Schichtung, können dem **VDI-Wärmeatlas** entnommen werden.

Gleichungen zur **Berechnung der Nußelt-Zahl** sind wärmetechnischen Handbüchern oder dem **VDI-Wärmeatlas** zu entnehmen.

Wärmeaustauscher (WA)

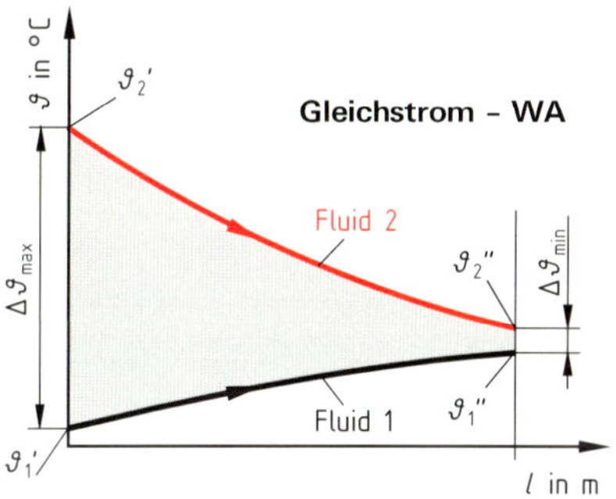

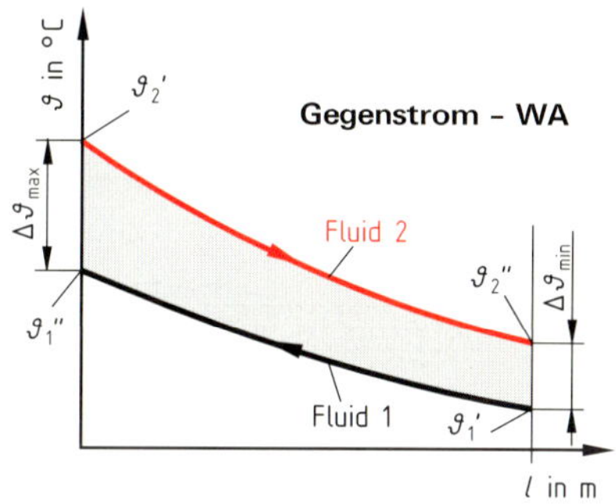

$$\dot{Q} = k \cdot A \cdot \Delta\vartheta_m$$

Wärmestrom

$$\Delta\vartheta_m = \frac{\Delta\vartheta_{max} - \Delta\vartheta_{min}}{\ln \frac{\Delta\vartheta_{max}}{\Delta\vartheta_{min}}}$$

mittlere logarithmische Temperaturdifferenz
ln: natürl. Logarithmus

$\dot{Q}$	Wärmestrom	W
$k = U$	Wärmedurchgangszahl (s. auch untenstehende Tabelle)	W/(m²·K)
$\Delta\vartheta_m$	mittlere log. Temperaturdifferenz	K, °C
$\Delta\vartheta_{max}$	größte Temperaturdifferenz	K, °C
$\Delta\vartheta_{min}$	kleinste Temperaturdifferenz	K, °C

Wärmedurchgangszahlen *k* (*k*-Wert) in W/(m²·K) für verschiedene Wärmeaustauscher

Bauart	Gas/Gas $p \approx 1$ bar	Hochdruckgas/ Hochdruckgas $p \approx 200$ bis 300 bar	Flüssigkeit/ Flüssigkeit	Kondensierender Dampf/ Flüssigkeit	Kondensierender Dampf/ verdampfende Flüssigkeit	Flüssigkeit/ Gas $p \approx 1$ bar
Rohrbündel-WA	15…35	150…500	150…1400	300…1800 (…4000)	300…1700 (…3000)	15…80
Doppelrohr-WA	10…35	150…500	200…1400			
Spiral-WA			250…2500	750…3500		
Platten-WA			350…3500			20…60
Rührkessel mit						
– Außenmantel			150… 350	500…1700		
– Schlange innen			500…1200	700…3500		

Wärmetransport (Fortsetzung)

Überschlagswerte für Wärmeübergangszahlen α in W/(m²·K)

Fluid	Zustandsform bzw. Bewegungszustand des Fluids	Wärmeübergangszahl α
Wasser	ruhend	250 bis 700
Wasser	strömend	$580 + 2100 \cdot \sqrt{v}$
Wasser	siedend	1000 bis 15000
Gase, Luft; überhitzte Dämpfe	ruhend	2 bis 10
Gase, Luft; überhitzte Dämpfe	strömend	$2 + 12 \cdot \sqrt{v}$
Wasserdampf	kondensierend	5000 bis 12000
Ammoniak	kondensierend	9300
R 22	kondensierend	2300
Ammoniak bei −30 °C und einer Wärmestromdichte von $\dot{q} = 4000\ \text{kJ}/(\text{m}^2 \cdot \text{h}) \approx 1100\ \text{W/m}^2$	siedend	500

v = Strömungsgeschwindigkeit des Fluids in m/s

Weitere α- und k-Werte: VDI-Wärmeatlas sowie im **Anwendungsbereich dieses Tabellenbuches**.

3

Wärmestrahlung

$$\dot{E} = \varepsilon \cdot C_s \cdot A \cdot \left(\frac{T}{100}\right)^4$$ **Energiestrom**

$$E = \varepsilon \cdot C_s \cdot A \cdot \left(\frac{T}{100}\right)^4 \cdot t$$ **Emittierte Energie**

$$\frac{\varepsilon}{a} = \frac{a}{\varepsilon} = \varepsilon_s = a_s = 1$$ **Gesetz von Kirchhoff**

$$C_s \approx 5{,}67\ \frac{\text{W}}{\text{m}^2 \cdot \text{K}^4}$$ **Strahlungszahl des absolut schwarzen Körpers** (s. Anmerkung)

(→ Wellenoptik)

$\dot{E}$	Energiestrom	W
ε	Emissionskoeffizient (→ Tabelle unten)	1
a	Absorptionskoeffizient	1
C_s	Strahlungskonstante des absolut schwarzen Körpers	W/(m²·K⁴)
T	absolute Temperatur	K
A	Körperoberfläche	m²
ε_s	Emissionskoeffizient des absolut schwarzen Körpers	1
a_s	Absorptionskoeffizient des absolut schwarzen Körpers	1

Anmerkung:

C_s beträgt eigentlich **$5{,}67 \cdot 10^{-8}$ W/(m²·K⁴)**. Deshalb wird in obigen Gleichungen durch $100^4 = 10^8$ dividiert. Der Umgang mit den Gleichungen wird dadurch erheblich vereinfacht.

Die **Energieübertragung durch Strahlung** ist nach dem zweiten Hauptsatz der Thermodynamik immer vom Ort der höheren Temperatur zum Ort mit niedrigerer Temperatur gerichtet (z. B. Sonne → Erde).

In spezieller Fachliteratur (z. B. VDI-Wärmeatlas) sind **Berechnungsformeln für die technischen Fälle der Wärmeübertragung durch Strahlung** angegeben.

Auf der nächsten Seite sind **zwei wichtige Fälle** einer Wärmeübertragung durch Strahlung beschrieben.

(→ Sonnenstrahlung, Sonnenenergie)

Emissions- und Absorptionskoeffizienten

Oberfläche (senkrechte Strahlung)	$\varepsilon = a$
Dachpappe schwarz	0,91
Schamottesteine	0,75
Ziegelsteine	0,92
Wasseroberfläche	0,95
Eisoberfläche	0,96
Buchenholz	0,93
Aluminium poliert	0,04
Kupfer poliert	0,03
Stahl poliert	0,26
Stahl stark verrostet	0,85
Heizkörperlack	0,93
schwarzer Mattlack	0,97

Wärmetransport (Fortsetzung)

Wärmeaustausch zwischen zwei parallelen Oberflächen gleicher Größe:

$$\dot{Q} = C_{12} \cdot A \cdot \left[\left(\frac{T_1}{100}\right)^4 - \left(\frac{T_2}{100}\right)^4\right]$$ **Wärmestrom**

$$C_{12} = \frac{C_s}{\frac{1}{\varepsilon_1} + \frac{1}{\varepsilon_2} - 1}$$ **resultierende Strahlungszahl**

Wärmeaustausch eines Körpers in einem völlig geschlossenen Raum:

Beispiel: Innenrohr in einem konzentrischen Mantelrohr

$$\dot{Q} = C_{12} \cdot A_1 \cdot \left[\left(\frac{T_1}{100}\right)^4 - \left(\frac{T_2}{100}\right)^4\right]$$ **Wärmestrom**

$$C_{12} = \frac{1}{\frac{1}{C_1} + \left(\frac{1}{C_2} - \frac{1}{C_s}\right) \cdot \frac{A_1}{A_2}}$$ **resultierende Strahlungszahl**

$\boldsymbol{C_1 = \varepsilon_1 \cdot C_s;\ C_2 = \varepsilon_2 \cdot C_s}$

$\dot{Q}$	durch Strahlung ausgetauschter Wärmestrom	W
C_s	Strahlungszahl des absolut schwarzen Körpers	$W/(m^2 \cdot K^4)$
A	Oberfläche einer Platte	m^2
C_{12}	resultierende Strahlungszahl	$W/(m^2 \cdot K^4)$
T_1	absolute Temperatur des Körpers mit höherer Temperatur	K
T_2	absolute Temperatur des Körpers mit niedrigerer Temperatur	K
ε_1	Emissionskoeffizient des Körpers mit höherer Temperatur	1
ε_2	Emissionskoeffizient des Körpers mit niedrigerer Temperatur	1
A_1	Oberfläche des Körpers mit höherer Temperatur	m^2
A_2	Oberfläche des Körpers mit niedrigerer Temperatur	m^2
C_1	Strahlungszahl des Körpers mit höherer Temperatur	$W/(m^2 \cdot K^4)$
C_2	Strahlungszahl des Körpers mit niedrigerer Temperatur	$W/(m^2 \cdot K^4)$

3

Wärmeübertragung durch Strahlung und Konvektion

$$\dot{Q} = \alpha_{ges} \cdot A_1 \cdot (T_1 - T_2)$$ **Wärmestrom**

$$\alpha_{ges} = \alpha_{kon} + \alpha_{Str}$$ **Gesamt-Wärmeübergangszahl**

$$\alpha_{Str} = \frac{C_{12} \cdot \left[\left(\frac{T_1}{100}\right)^4 - \left(\frac{T_2}{100}\right)^4\right]}{T_1 - T_2}$$

(→ Wärmeübergang)

$\dot{Q}$	durch Strahlung **und** Konvektion ausgetauschter Wärmestrom	W
α_{ges}	Gesamtwärmeübergangszahl	$W/(m^2 \cdot K)$
A_1	Oberfläche des Körpers mit höherer Temperatur	m^2
T_1	absolute Temperatur des Körpers mit höherer Temperatur	K
T_2	absolute Temperatur des Körpers mit niedrigerer Temperatur	K
α_{kon}	Wärmeübergangszahl ($\hat{=}\ \alpha$)	$W/(m^2 \cdot K)$
α_{Str}	Wärmeübergangszahl der Strahlung	$W/(m^2 \cdot K)$

B Es ist $\alpha = \alpha_{kon} = 30\ W/(m^2 \cdot K)$; $C_{12} = 2{,}6\ W/(m^2 \cdot K^4)$; $T_1 = 800$ K; $T_2 = 273$ K.
Zu berechnen ist α_{Str} und α_{ges}. Wie groß ist $\dot{Q}$ bei $A_1 = 0{,}8\ m^2$?

$$\alpha_{Str} = \frac{C_{12} \cdot \left[\left(\frac{T_1}{100}\right)^4 - \left(\frac{T_2}{100}\right)^4\right]}{T_1 - T_2} = \frac{2{,}6\ \frac{W}{m^2 \cdot K^4} \cdot \left[\left(\frac{800\ K}{100}\right)^4 - \left(\frac{273\ K}{100}\right)^4\right]}{800\ K - 273\ K} = \mathbf{19{,}93\ \frac{W}{m^2 \cdot K}}$$

$\alpha_{ges} = \alpha_{kon} + \alpha_{Str} = 30\ W/(m^2 \cdot K) + 19{,}93\ W/(m^2 \cdot K) = \mathbf{49{,}93\ W/(m^2 \cdot K)}$

$\dot{Q} = \alpha_{ges} \cdot A_1\,(T_2 - T_1) = 49{,}93\ W/(m^2 \cdot K) \cdot 0{,}8\ m^2 \cdot (800\ K - 273\ K) = 21\,050{,}5\ W \approx \mathbf{21\ kW}$

Aus dem Verhältnis von α_{kon} und α_{Str} ist zu ersehen, dass ca. 40% durch Strahlung übertragen werden, der Rest (60%) durch Konvektion.

Besonderheit in der Kälte- und Klimatechnik:

Wegen der niedrigen Temperaturen (T_1 meist in der Nähe von T_2) ist der **Strahlungsanteil** i.d.R. gegenüber dem konvektiven Anteil **klein**. Er wird meist vernachlässigt.

Periodische Bewegungen und Schwingungen

Bei einer **periodischen Bewegung**, die in vielen Fällen eine **harmonische Bewegung** ist, befindet sich ein Körper in einer bestimmten zeitlichen Abfolge, d. h. periodisch, immer wieder am selben Ort.
Der Ablauf einer periodischen Bewegung kann selbsttätig sein oder aber mechanisch erzwungen werden, z. B. mit einer **Schubkurbel** oder mit einer **Kurbelschleife**.

Schubkurbel: (→ Verdichter)

Nachfolgende Formeln ermöglichen die Berechnung von
Kolbenweg *s*
Kolbengeschwindigkeit *v*
Kolbenbeschleunigung *a*

Der Quotient r/l wird als **Stangenverhältnis** bezeichnet und ist in der Praxis normalerweise nicht größer als $^1/_5$.

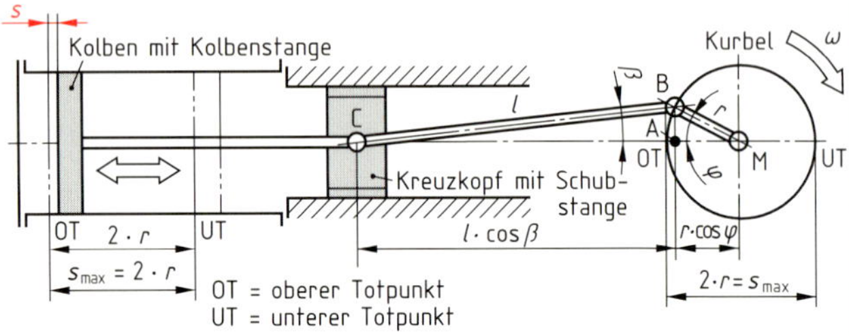

3

$$s = r \cdot \left\{1 - \cos(\omega t) + \frac{r}{4 \cdot l} \cdot [1 - \cos(2\omega t)]\right\}$$

$$v = r \cdot \omega \cdot \left[\sin(\omega t) + \frac{r}{2 \cdot l} \cdot \sin(2\omega t)\right]$$

$$a = r \cdot \omega^2 \cdot \left[\cos(\omega t) + \frac{r}{l} \cdot \cos(2\omega t)\right]$$

$$\varphi = \omega \cdot t = 2 \cdot \pi \cdot n \cdot t$$ **Drehwinkel**

s	Kolbenweg	m
r	Kurbelradius	m
ω	→ Winkelgeschwindigkeit	rad/s = s^{-1}
t	Zeit	s
l	Länge der Schubstange	m
v	Kolbengeschwindigkeit	m/s
a	Kolbenbeschleunigung	m/s^2
φ	→ Drehwinkel	rad, Grad
n	→ Umdrehungsfrequenz	s^{-1}

Kurbelschleife: (→ Verdichter)

$$s = r \cdot [1 - \cos(\omega t)]$$ **Kolbenstangenweg**

$$v = r \cdot \omega \cdot \sin(\omega t)$$ **Kolbenstangengeschwindigkeit**

$$a = r \cdot \omega^2 \cdot \cos(\omega t)$$ **Kolbenstangenbeschleunigung**

$$\omega = 2 \cdot \pi \cdot n$$ **Winkelgeschwindigkeit**

$$\varphi = \omega \cdot t$$ **Drehwinkel**

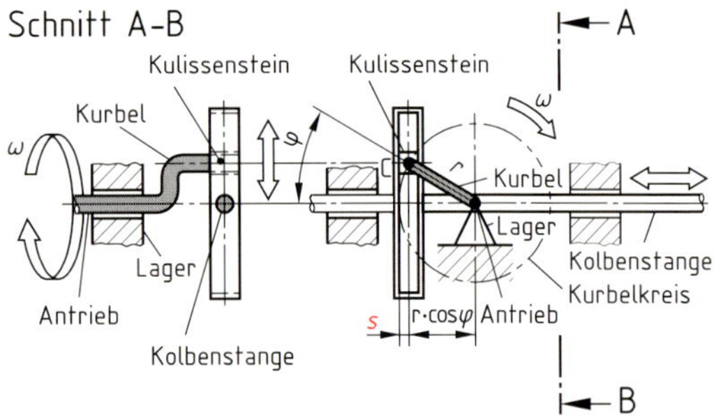

v	Kolbenstangengeschwindigkeit	m/s
a	Kolbenstangenbeschleunigung	m/s^2
n	Umdrehungsfrequenz	s^{-1}
φ	Drehwinkel	rad, Grad

s	Kolbenstangenweg	m
r	Kurbelradius	m
ω	Winkelgeschwindigkeit	rad/s = s^{-1}
t	Zeit	s

(→ Geschwindigkeit, Beschleunigung, Winkelgeschwindigkeit, Drehwinkel)

Auslenkungs-, Zeit-Gesetz:

In nebenstehendem Bild ist die **Phasenverschiebung** $\varphi_0 = 0$.

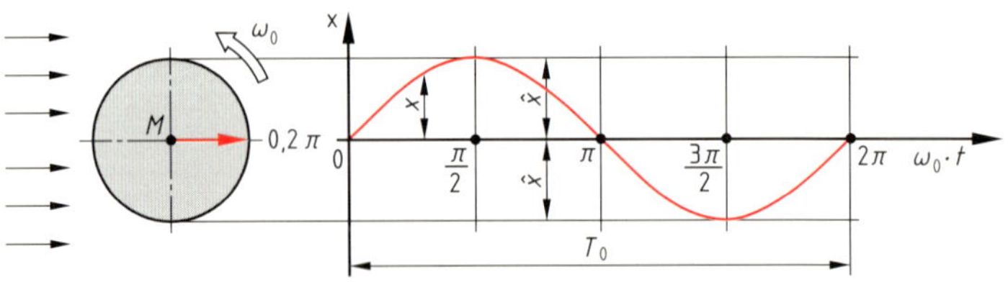

Index 0: Nach **DIN 1304** handelt es sich um eine **ungedämpfte Schwingung**.

Periodische Bewegungen und Schwingungen (Fortsetzung)

Formel	Bezeichnung
$\omega_0 = 2 \cdot \pi \cdot f_0$	**Kreisfrequenz**
$f_0 = \frac{\omega_0}{2 \cdot \pi} = \frac{1}{T_0}$	**Frequenz**
$T_0 = \frac{2 \cdot \pi}{\omega_0} = \frac{1}{f_0}$	**Periodendauer (Schwingungsdauer)**
$x = \hat{x} \cdot \sin(\omega_0 \cdot t)$	**Auslenkung (Weg)**

ω_0	Kreisfrequenz ≙ Winkelgeschwindigkeit	$rad/s = s^{-1}$
f_0	Frequenz	$s^{-1} = Hz$
T_0	Schwingungsdauer bzw. Periodendauer	s
x	Auslenkung (Elongation)	m
$\hat{x}$	größte Auslenkung (Amplitude)	m

$1\ \text{Hertz} = 1\ \text{Hz} = \frac{1}{s} = s^{-1}$ ≙ eine Schwingung pro Sekunde

Nebenstehendes Bild zeigt eine **phasenverschobene Schwingung** mit dem Nullphasenwinkel **$\varphi_0 \neq 0$ in rad**.

Es ist

$x = \hat{x} \cdot \sin(\omega_0 \cdot t + \varphi_0)$

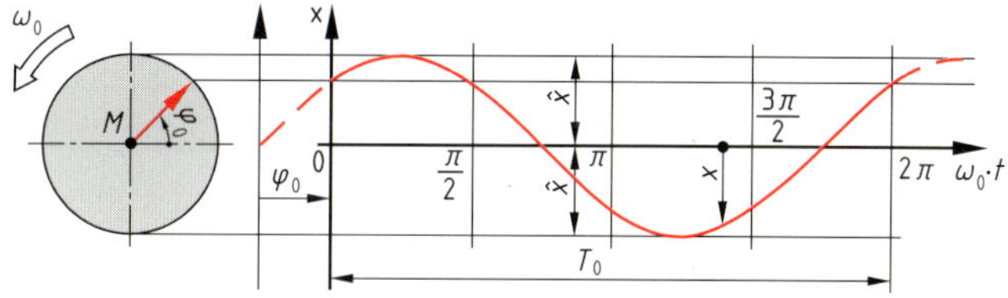

Schwingungsdämpfung

Geschwindigkeitsunabhängige Dämpfung:

Formel	Bezeichnung
$F_R = \mu \cdot F_N$	**Reibungskraft**
$\Delta x = 4 \cdot \frac{F_R}{D}$	**Amplitudendifferenz**

(→ Schallschutz, Reibung)

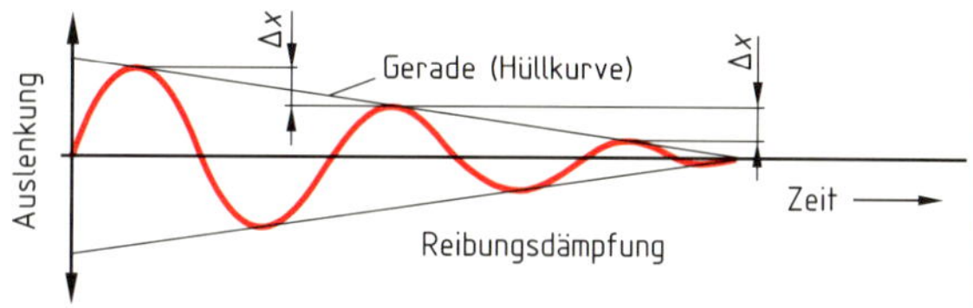

Δx	Amplitudendifferenz	m
D	Richtgröße	N/m
F_R	Reibungskraft	N
μ	Reibungskoeffizient	1
F_N	Normalkraft	N

Geschwindigkeitsproportionale Dämpfung (viskose Dämpfung): (→ Viskosität)

Formel	Bezeichnung
$T_d = \frac{2 \cdot \pi}{\omega_d}$	**Periodendauer (Schwingungsdauer)**
$f_d = \frac{1}{T_d} = \frac{\omega_d}{2 \cdot \pi}$	**Eigenfrequenz**
$\omega_d = \sqrt{\frac{D}{m} - \frac{b^2}{4 \cdot m^2}}$; $\omega_d = \sqrt{\omega_0^2 - \delta^2}$; $\omega_d = \omega_0 \cdot \sqrt{1 - \vartheta^2}$	**Eigenkreisfrequenz**
$\delta = \frac{b}{2 \cdot m}$	**Abklingkoeffizient**
$k = e^{\delta \cdot T_d}$	**Dämpfungsverhältnis**
$\vartheta = \frac{\delta}{\omega_0}$	**Dämpfungsgrad**
$F_R = b \cdot v$	**Reibungskraft**

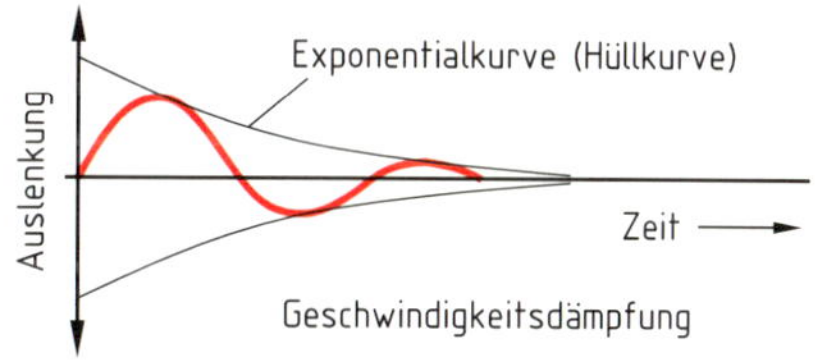

T_d	Periodendauer	s
f_d	Eigenfrequenz	$Hz = s^{-1}$
ω_d	Eigenkreisfrequenz	s^{-1}
D	Richtgröße	N/m
m	Masse	kg
b	Dämpfungsproportionale	kg/s
ω_0	Kennkreisfrequenz	s^{-1}
δ	Abklingkoeffizient	s^{-1}
ϑ	Dämpfungsgrad	1
F_R	Reibungskraft	N
k	Dämpfungsverhältnis	1
e	Euler'sche Zahl = 2,718… (→ Naturkonstanten)	
v	Geschwindigkeit	m/s

Index d: Nach **DIN 1304** (03.94) handelt es sich um eine **gedämpfte Schwingung**.

3

Schwingungsdämpfung (Fortsetzung)

Schwingfall	Kriechfall	aperiodischer Grenzfall
$\omega_0 > \delta \rightarrow \vartheta < 1$	$\omega_0 < \delta \rightarrow \vartheta > 1$	$\omega_0 = \delta \rightarrow \vartheta = 1$
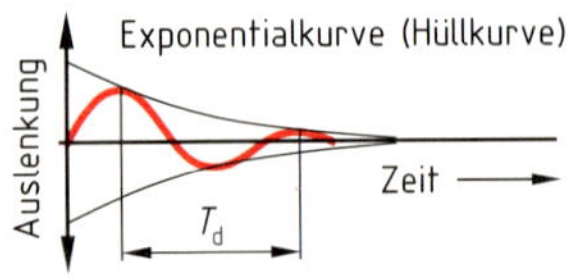	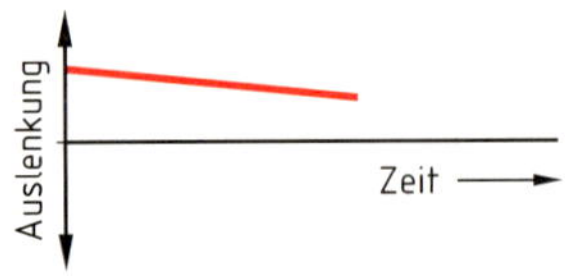	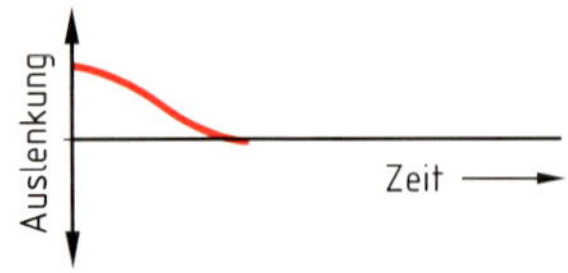
Hier ist die Kreisfrequenz ω_d kleiner und damit die Periodendauer T_d größer als bei der ungedämpften Schwingung.	Hier tritt keine Schwingung mehr auf, die **Auslenkung** nimmt ganz langsam exponentiell ab.	Es tritt gerade keine Schwingung mehr auf, d. h. Grenzfall zwischen Schwingfall und Kriechfall.

3

Schwingungsanregung und kritische Drehzahl

Größte Auslenkung und Resonanz:

$$\hat{x} = x \cdot \frac{c}{c - m \cdot \omega^2}$$

größte Auslenkung einer ungedämpften Schwingung ($\vartheta = 0$)

$$f_0 = \frac{\omega_0}{2 \cdot \pi}$$

Eigenfrequenz (Mitschwinger)

$$f = \frac{\omega}{2 \cdot \pi}$$

Erregerfrequenz (Schwinger)

Ist bei einer **Koppelung** die Eigenfrequenz f_0 gleich der Erregerfrequenz f, tritt **Resonanz** auf.

(→ Schall)

$$f = f_0 = \frac{\omega}{2 \cdot \pi} = \frac{\sqrt{\frac{c}{m}}}{2 \cdot \pi}$$

Resonanzfrequenz

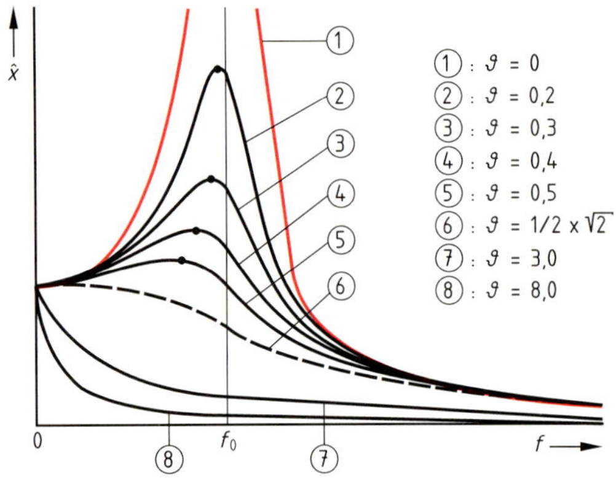

Anmerkung: Für den allgemeinen Fall einer Schwingung ist die Federsteifigkeit c durch die Richtgröße D zu ersetzen.

bei ungedämpfter Schwingung → Frequenzresonanz → größte Amplitude bei $\boldsymbol{f = f_0}$

bei gedämpfter Schwingung → Amplitudenresonanz → größte Amplitude bei $\boldsymbol{f < f_0}$

x	Auslenkung	m
$\hat{x}$	größte Auslenkung	m
c	→ Federkonstante (Federsteifigkeit) (s. Anmerkung)	N/m
m	Masse	kg
ω_0	Kreisfrequenz des Mitschwingers	rad/s = s^{-1}
ω	Kreisfrequenz des Schwingers	rad/s = s^{-1}
f_0	Eigenfrequenz (Mitschwinger)	s^{-1} = Hz
f	Erregerfrequenz (Schwinger)	s^{-1} = Hz

Kritische Drehzahl (Resonanzdrehzahl) von Wellen:

Man unterscheidet **Biegeschwingungen** und **Drehschwingungen**.

$$\omega_{cb} = \sqrt{\frac{c}{m}}$$

Biegekritische Winkelgeschwindigkeit

$$n_{cb} = \frac{30}{\pi} \cdot \sqrt{\frac{c}{m}}$$

Biegekritische Drehzahl

$$f = \frac{e}{\frac{c}{m \cdot \omega^2} - 1}$$

Durchbiegung (→ Biegung)

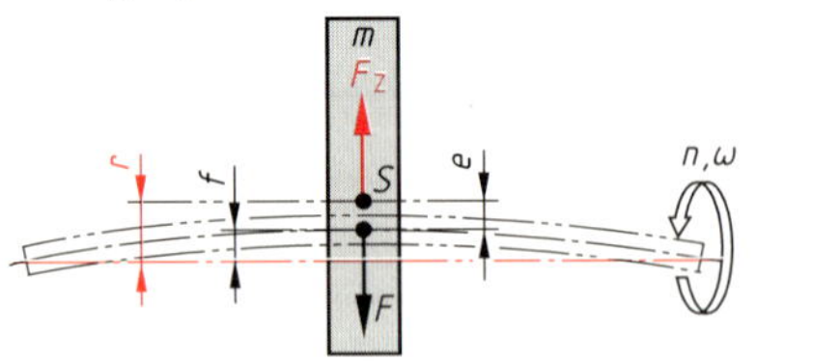

Die durch **Biegekräfte** hervorgerufene kritische Drehzahl heißt **biegekritische Drehzahl** n_{cb}. Sie wird von der **Exzentrizität** e der rotierenden Masse m nicht beeinflusst.

ω_{cb}	Biegekrit. Winkelgeschwindigkeit	rad/s = s^{-1}
c	Federkonstante der Welle	N/m
m	Masse	kg
n_{cb}	Biegekritische Drehzahl	min^{-1}
f	Durchbiegung	mm
e	Exzentrizität	mm

Schwingungsanregung und kritische Drehzahl (Fortsetzung)

$$\omega_{cd} = \sqrt{\frac{D^*}{J}}$$ **Drehkritische Winkelgeschwindigkeit**

$$n_{cd} = \frac{30}{\pi} \cdot \sqrt{\frac{D^*}{J}}$$ **Drehkritische Drehzahl**

ω_{cd}	Drehkritische Winkelgeschwindigkeit	$rad/s = s^{-1}$
D^*	Direktionsmoment	Nm
J	→ Massenträgheitsmoment	$kg\,m^2$
F_z	→ Zentrifugalkraft	N
F	Rückstellkraft	N
n_{cd}	Drehkritische Drehzahl	min^{-1}

Die durch **Torsionskräfte** hervorgerufene kritische Drehzahl heißt drehkritische Drehzahl n_{cd}.
Biegeschwingungen und Drehschwingungen können sich überlagern (→ Schwingungsüberlagerung).

Schwingungsüberlagerung

Superpositionsprinzip:

Zwei oder auch mehrere **lineare Einzelschwingungen** (z. B. ① und ②) können durch **Superposition**, d. h. durch die arithmetische Summe der Auslenkungen zu jedem Zeitpunkt t zu einer **resultierenden Schwingung** zusammengesetzt werden.

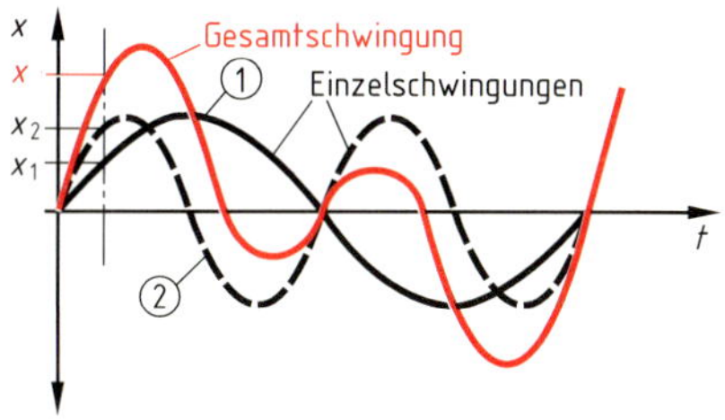

$$x = x_1 + x_2$$ **Elongation**

Addition von zwei linearen Einzelschwingungen:

$$\hat{x} = \sqrt{\hat{x}_1^2 + 2 \cdot \hat{x}_1 \cdot \hat{x}_2 \cdot \cos(\varphi_{01} - \varphi_{02}) + \hat{x}_2^2}$$ **Amplitude**

$$\tan\varphi_0 = \frac{\hat{x}_1 \cdot \sin\varphi_{01} + \hat{x}_2 \cdot \sin\varphi_{02}}{\hat{x}_1 \cdot \cos\varphi_{01} + \hat{x}_2 \cdot \cos\varphi_{02}}$$ **Nullphasenwinkel**

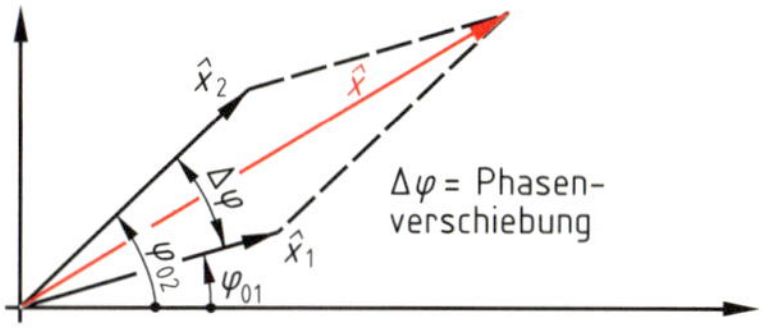

Maximale Verstärkung bei $\Delta\varphi = 0$

Auslöschung bei $\Delta\varphi = \pi$ rad, 3π rad, 5π rad … und $\hat{x}_1 = \hat{x}_2$
(→ Wechselstromkreis)

$\hat{x}$	Amplitude	m
φ	Nullphasenwinkel	rad, Grad
$\Delta\varphi$	Differenz der Nullphasenwinkel (Phasenverschiebung)	rad, Grad

Wellen und Wellenausbreitung

Prinzip von Huygens:

Jeder Punkt, der von einer Welle erreicht wird, ist Ausgangspunkt einer Elementarwelle, die sich mit gleicher Geschwindigkeit und Wellenlänge wie die ursprüngliche Welle ausbreitet. Die Einhüllende aller Elementarwellen ist die neue Wellenfront.

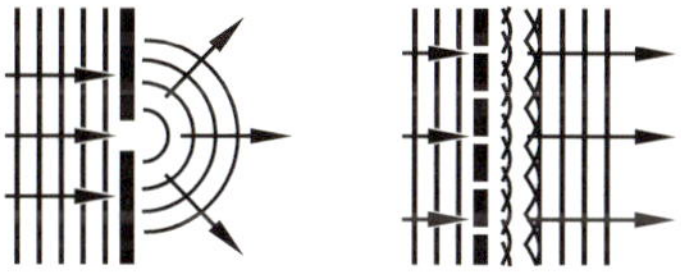

Wellenlänge u. Ausbreitungsgeschwindigkeit:

$$c = \frac{\lambda}{T}$$ **Ausbreitungsgeschwindigkeit** (→ Schallgeschwindigkeit)

$$f = \frac{1}{T}$$ **Frequenz**

Grundgleichung der Wellenlehre:

$$c = \lambda \cdot f$$ **Ausbreitungsgeschwindigkeit**

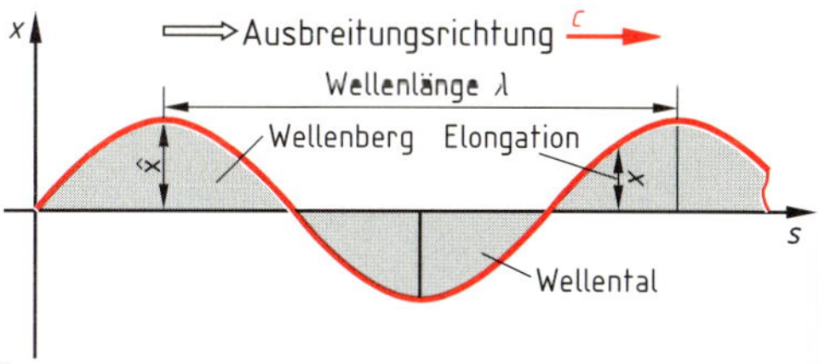

Anmerkung: Die Ausbreitungsgeschwindigkeit wird im speziellen Fall der Schallausbreitung als **Schallgeschwindigkeit** (→ Akustik) und im speziellen Fall der Lichtausbreitung als **Lichtgeschwindigkeit** bezeichnet.

c	Ausbreitungsgeschwindigkeit	m/s
λ	Wellenlänge	m
T	Periodendauer	s
f	Frequenz	$Hz = s^{-1}$

3

Wellen und Wellenausbreitung (Fortsetzung)

Querwelle (Transversalwelle):

Bei einer Querwelle oder Transversalwelle ist die **Teilchengeschwindigkeit** v senkrecht zur Ausbreitungsgeschwindigkeit c gerichtet. Die Teilchengeschwindigkeit wird auch als **Schnelle** v bezeichnet.

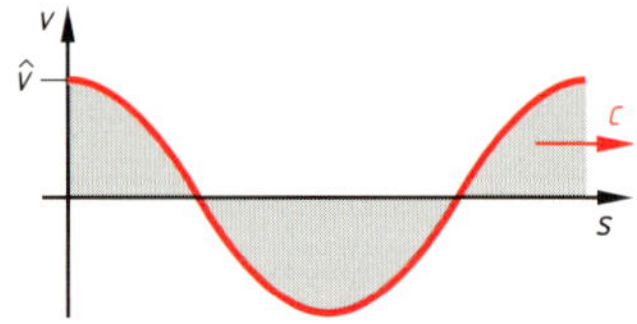

$$x = \hat{x} \cdot \sin\left[2 \cdot \pi \cdot \left(\frac{t}{T} \pm \frac{s}{\lambda}\right)\right]$$ **Elongation (Wellengleichung)**

$$v = \frac{2 \cdot \pi}{T} \cdot \hat{x} \cdot \cos\left[2 \cdot \pi \left(\frac{t}{T} \pm \frac{s}{\lambda}\right)\right]$$ **Schnelle**

$$\hat{v} = \frac{2 \cdot \pi}{T} \cdot \hat{x}$$ **maximale Schnelle**

x	Elongation	m
$\hat{x}$	Amplitude	m
t	Zeit	s
T	Periodendauer	s
s	Entfernung vom Erregerzentrum	m
λ	Wellenlänge	m
v	Schnelle bzw. Teilchengeschwindigkeit	m/s

3

+: Ausbreitung in Richtung der negativen s-Ache
−: Ausbreitung in Richtung der positiven s-Achse

Längswelle (Longitudinalwelle):

Bei einer Längswelle oder Longitudinalwelle sind die Teilchengeschwindigkeit v und die Ausbreitungsgeschwindigkeit c in Abhängigkeit von der Zeit gleich oder entgegengesetzt gerichtet.

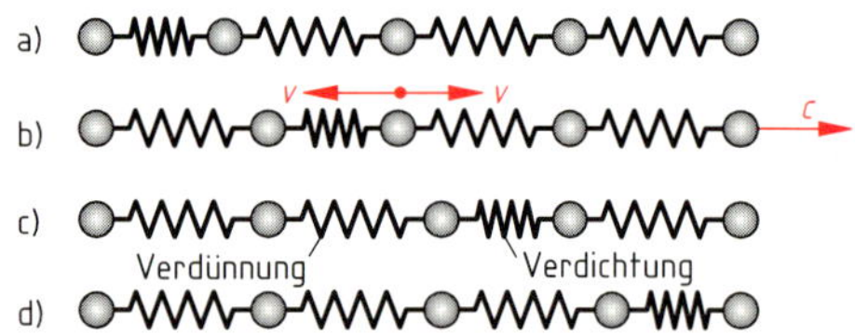

Nebenstehendes Bild zeigt dies in 4 Phasen a) bis d) bei einem Feder-Masse-Kontinuum.

Schallwellen sind Längswellen (Longitudinalwellen) (→ **Akustik**)

Art der mechanischen Welle	Ausbreitungsgeschwindigkeit
Longitudinalwellen in Flüssigkeiten	$c = \sqrt{\frac{K}{\varrho}}$
Longitudinalwellen in Gasen	$c = \sqrt{\frac{\varkappa \cdot p}{\varrho}}$ $c = \sqrt{\varkappa \cdot R_B \cdot T}$
Transversalwellen bei Seilen und dünnen Drähten	$c = \sqrt{\frac{F}{\varrho \cdot A}}$
Longitudinalwellen in festen Stoffen	$c = \sqrt{\frac{E}{\varrho} \cdot \frac{1-\mu}{1-\mu-2 \cdot \mu^2}}$
Longitudinalwellen in steifen Stäben	$c = \sqrt{\frac{E}{\varrho}}$
Torsionswellen in Rundstäben, z. B. Achsen	$c = \sqrt{\frac{G}{\varrho}}$
Oberflächenwellen von Flüssigkeiten $\left(h < \frac{\lambda}{2}\right)$	$c = \sqrt{h \cdot g}$
Oberflächenwellen von Flüssigkeiten $\left(h > \frac{\lambda}{2}\right)$	$c = \sqrt{\frac{g \cdot \lambda}{2 \cdot \pi}}$

K	→ Kompressionsmodul	N/m^2
ϱ	→ Dichte	kg/m^3
$\varkappa$	→ Isentropenexponent	1
p	→ Druck	$N/m^2 = Pa$
R_B	→ individuelle (spezielle) Gaskonstante	$J/(kg \cdot K)$
T	→ absolute Temperatur	K
F	Spannkraft	N
A	Querschnittsfläche (auch S)	m^2
E	→ Elastizitätsmodul	N/m^2
μ	→ Poisson'sche Zahl	1
G	Schubmodul	N/m^2
h	Wellentiefe	m
g	→ Fallbeschleunigung	m/s^2
λ	→ Wellenlänge	m

Je starrer die **Koppelung** der Teilchen untereinander und je geringer die **Teilchenmasse** ist, desto größer ist die **Ausbreitungsgeschwindigkeit** c im Ausbreitungsmedium.

Die Ausbreitungsgeschwindigkeit hängt von der **Form** des Ausbreitungsmediums ab.

Die Ausbreitungsgeschwindigkeit hängt von der **Temperatur** des Ausbreitungsmediums ab.

Bei **Gasen** nimmt die Ausbreitungsgeschwindigkeit einer Welle mit steigender Temperatur stark zu. Dies gilt auch bei **Dämpfen**.

Geometrische Optik bzw. Strahlenoptik

Reflexion des Lichts: (→ Schallausbreitung)

Die geometrische Optik „arbeitet" mit geradlinigen sich ausbreitenden **Lichtstrahlen** als „Lichtträger".

$$\varepsilon = \varepsilon'$$ **Reflexionsgesetz**

Einfallwinkel ε = **Ausfallwinkel** ε'

$$\delta = \varepsilon + \varepsilon' = 2 \cdot \varepsilon = 2 \cdot \varepsilon'$$ **Ablenkungswinkel**

$$\Phi = \Phi_\varrho + \Phi_a + \Phi_\tau$$ **auftreffender Lichtstrom**

$$\varrho = \frac{\Phi_\varrho}{\Phi}$$ **Reflexionsgrad**

Im speziellen Fall wird der auftreffende → Lichtstrom mehr oder weniger reflektiert, absorbiert oder auch durchgelassen.

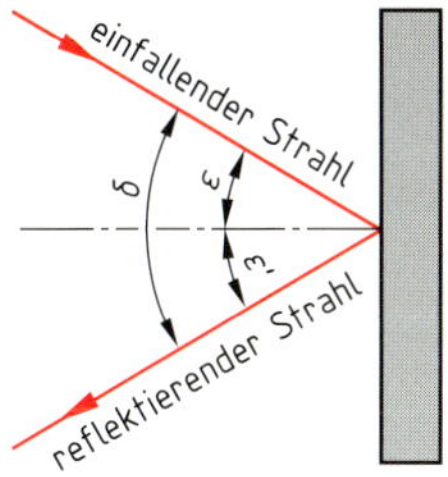

ε	Einfallwinkel	Grad
ε'	Ausfallwinkel	Grad
δ	Ablenkungswinkel	Grad
Φ	auftreffender Lichtstrom	lm
Φ_ϱ	reflektierter Lichtstrom	lm
Φ_a	absorbierter Lichtstrom	lm
Φ_τ	durchgelassener Lichtstrom	lm
ϱ	Reflexionsgrad	1

3

Brechung des Lichts: (→ Schallausbreitung)

$$\frac{\sin\varepsilon}{\sin\varepsilon'} = \frac{c_1}{c_2}$$ **Brechungsgesetz**

$$n = \frac{\sin\varepsilon}{\sin\varepsilon'} = \frac{c_1}{c_2}$$ **Brechzahl** (Brechungsgesetz)

Im Vakuum (näherungsweise auch in Luft):

$$n = \frac{c_0}{c}$$ **Brechzahl** (Brechungsquotient)

In der Optik versteht man unter der Brechzahl (Brechungsquotient) das Verhältnis der Lichtgeschwindigkeiten im Vakuum und im brechenden Medium.

Index 1: Medium 1, **Index 2:** Medium 2
Index 0: Vakuum

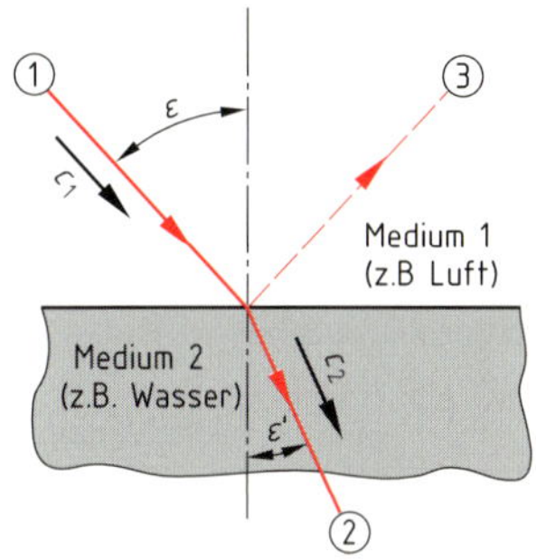

ε	Einfallwinkel	Grad
ε'	Ausfallwinkel	Grad
c	Lichtgeschwindigkeit	m/s
n	Brechzahl (→ Tabelle unten)	1

Brechzahlen für Natriumlicht:
(Wellenlänge $\lambda = 589{,}3$ nm)

Medium	n	Medium	n
Vakuum	1,0	Benzol	1,5014
Gase		Glyzerin	1,47
Ammoniak (NH_3)	1,00037	Schwefelsäure, konzentriert	1,43
Chlor (Cl_2)	1,000781	Wasser	1,333
Helium (He)	1,000034	**Festkörper**	
Kohlenstoffdioxid (CO_2)	1,00045	Diamant	2,42
Luft	1,000292	Flintglas (Schott F_1)	1,6259
Sauerstoff (O_2)	1,000217	Kronglas (Schott K_1)	1,5098
Stickstoff (N_2)	1,000297	Kalkspat, ordentlicher Strahl	1,6580
Flüssigkeiten		Kalkspat, außerordentlicher Strahl	1,4865
Alkohol (Ethanol)	1,3617	Plexiglas	1,49

Die Abhängigkeit der Brechzahl n von der Wellenlänge λ des Lichts bezeichnet man als **Dispersion** (s. nebenstehendes Bild).

$$\lambda = 380 \ldots 780 \text{ nm}$$ **Wellenlängenbereich des sichtbaren Lichts** (→ Wellenoptik)

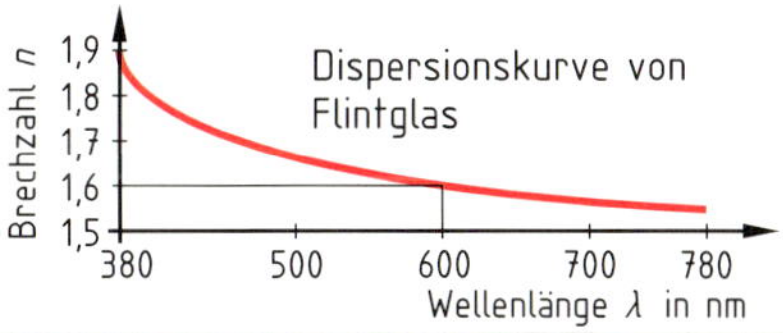

Geometrische Optik bzw. Strahlenoptik (Fortsetzung)

Bildentstehung durch Reflexion an ebenen Platten (ebener Spiegel):

Das von einem ebenen Spiegel erzeugte Bild ist virtuell (scheinbar). Der Abstand auf dem Lot vom Gegenstand zum Spiegel ist ebenso groß wie der Abstand auf dem Lot vom Bild zum Spiegel. Bild und Gegenstand sind gleich groß, aber seitenverkehrt.

$$b = -g$$ **Abbildungsgleichung des ebenen Spiegels**

b	Bildweite	m
g	Gegenstandsweite	m

Totalreflexion:

Trifft ein von einem **optisch dichteren Medium** kommender Lichtstrahl auf ein **optisch dünneres Medium**, und zwar bei einem Einfallwinkel, der größer als der **Grenzwinkel der Totalreflexion** ist, wird er vollständig, d. h. total reflektiert.

3

Eine Anwendung der Totalreflexion erfolgt beim **Lichtleiter**.

$$\sin \varepsilon_g = \frac{n'}{n}$$ **Sinus des Grenzwinkels**

$$A = \sqrt{n - n'}$$ **numerische Apertur** (Einheit 1)

$$\sin \varepsilon_g = \frac{1}{n}$$ **Sinus des Grenzwinkels beim optisch dünneren Medium Luft**

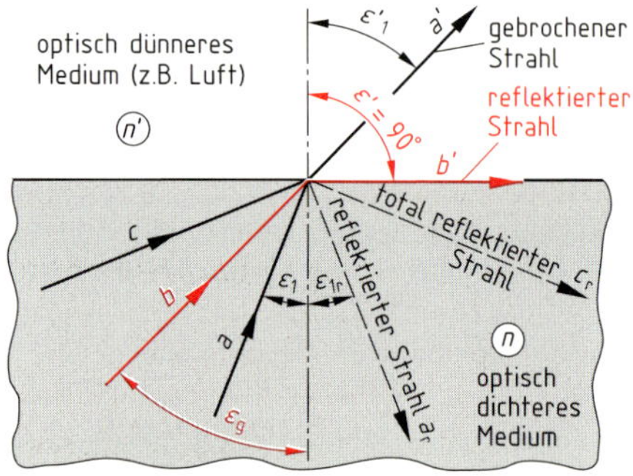

ε_g	Grenzwinkel	Grad
n'	Brechzahl des optisch dünneren Mediums	1
n	Brechzahl des optisch dichteren Mediums	1

Brechung an planparalleler Platte:

$$v = d \cdot \frac{\sin(\varepsilon - \varepsilon')}{\cos \varepsilon'}$$ **Parallelversatz**

Bei einer Brechung an einer planparallelen Platte findet ein Parallelversatz v des Strahlenganges statt (s. nebenstehendes Bild).

v	Parallelversatz	m
d	Plattendicke	m
ε	Einfallwinkel	Grad
ε'	Ausfallwinkel	Grad

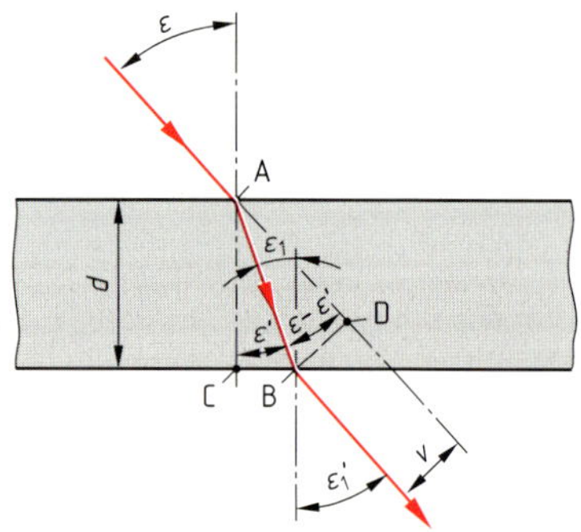

Brechung am Prisma:

$$\alpha = \varepsilon_1' + \varepsilon_2$$ **brechender Winkel**

$$\delta = \varepsilon_1 + \varepsilon_1' + \varepsilon_2' - \alpha$$ **Gesamtablenkung**

Die **Strahlablenkung** ist bei einem Prisma **minimal**, wenn Eintrittswinkel ε_1 und Austrittswinkel ε_2' gleich groß sind, d. h. bei **symmetrischem Strahlverlauf**.

$$\delta_{min} = 2 \cdot \varepsilon_1 - \alpha$$ **Minimalablenkung**

$$n = \frac{\sin \varepsilon_1}{\sin \varepsilon_2'} = \frac{\sin \frac{1}{2}(\delta_{min} + \alpha)}{\sin \frac{\alpha}{2}}$$ **Bestimmung der Brechzahl mit einem Prisma**

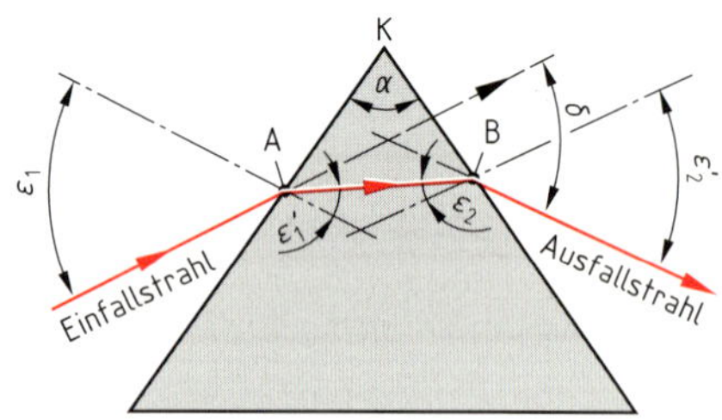

α	brechender Winkel	Grad
ε_1	Einfallwinkel	Grad
ε_2'	Ausfallwinkel	Grad
δ	Gesamtablenkung	Grad

Anmerkung: ε_1 und ε_2' sind bei symmetrischem Strahlverlauf gleich groß.

Geometrische Optik bzw. Strahlenoptik (Fortsetzung)

Linsenformen:

Linsenform (Linsenquerschnitt)	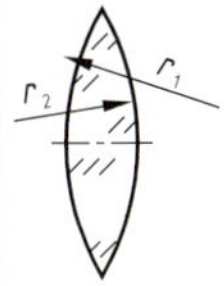	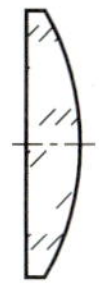		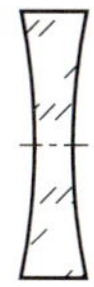	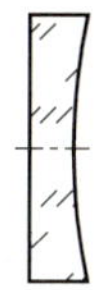	
Bezeichnung	bi-konvex	plan-konvex	konkav-konvex	bi-konkav	plan-konkav	konvex-konkav
Linsenart	Sammellinsen			Zerstreuungslinsen		
Radien	$r_1 > 0$ $r_2 < 0$	$r_1 = \infty$ $r_2 < 0$	$r_1 < 0$ $r_2 < 0$	$r_1 < 0$ $r_2 > 0$	$r_1 = \infty$ $r_2 > 0$	$r_1 < 0$ $r_2 < 0$

3

Brennweite und Brechwert einer dünnen Linse:

$$D = \frac{1}{f} = (n-1) \cdot \left(\frac{1}{r_1} - \frac{1}{r_2}\right)$$ **Brechwert**

$$\frac{1}{f} = \frac{1}{g} + \frac{1}{b}$$ **Abbildungsgleichung**

$$f = f'$$ **Brennweite**

Bei Zerstreuungslinsen ist die Brennweite f negativ in die Abbildungsgleichung einzusetzen.

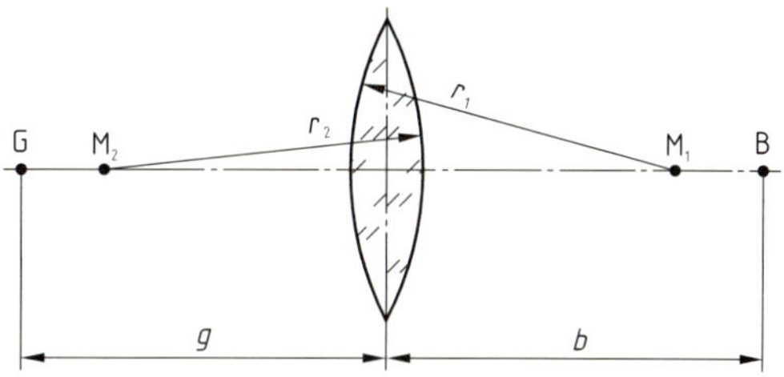

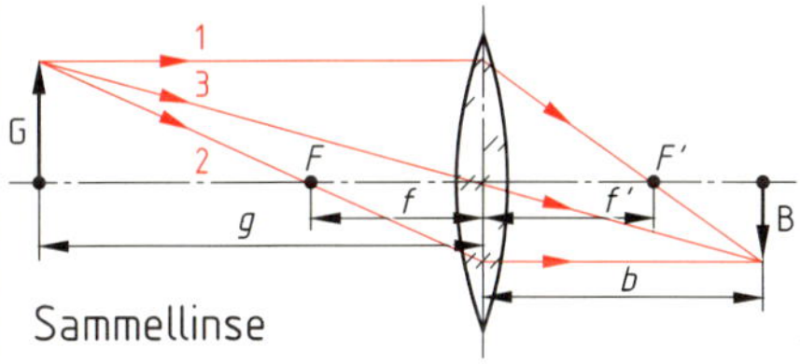

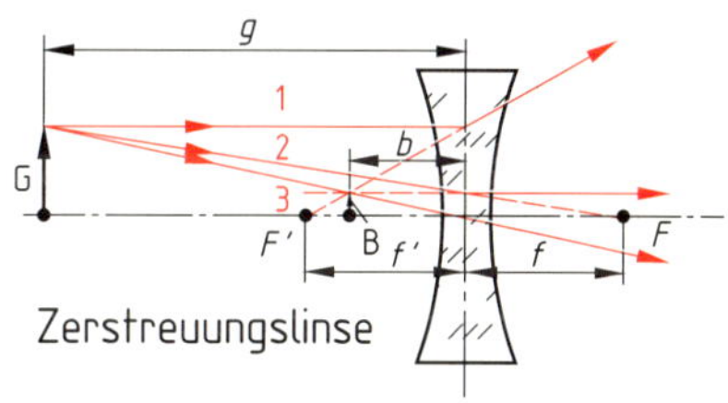

Die gesetzliche **Einheit des Brechwertes** ist die **Dioptrie** (dpt).

$$1\,\text{dpt} = \frac{1}{\text{m}} = \text{m}^{-1}$$ **Dioptrie**

D	Brechwert	$\text{dpt} = \text{m}^{-1}$
f, f'	Brennweite	m
n	Brechzahl	1
r_1, r_2	Linsenradien	m
g	Gegenstandsweite	m
b	Bildweite	m
G	Gegenstandsgröße	m

Bildentstehung durch Sammellinsen (Konvexlinsen)

Gegenstandsweite	Bildweite	Bildart	Bildlage	Bildgröße
$g > 2 \cdot f$	$2 \cdot f > b > f$	reell	kopfstehend	$B < G$
$g = 2 \cdot f$	$b = 2 \cdot f$	reell	kopfstehend	$B = G$
$2 \cdot f > g > f$	$b > 2 \cdot f$	reell	kopfstehend	$B > G$
$g < f$	$b > g$	virtuell	aufrecht stehend	$B > G$

Bildentstehung durch Zerstreuungslinsen (Konkavlinsen)

Zerstreuungslinsen liefern von aufrechten Gegenständen stets virtuelle, aufrechte und verkleinerte Bilder.

Wellenoptik und Photometrie

Gesamtspektrum der elektromagnetischen Wellen:

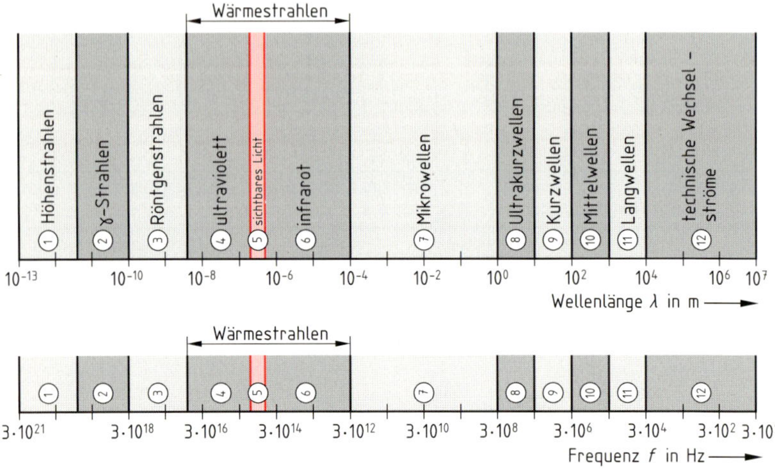

(→ Strahlungsanteile, Wärmestrahlung, Elektromagnetische Schwingungen)

$\lambda = 380\ \text{nm} \ldots 780\ \text{nm}$ — **Licht-Wellenlängenbereich** (sichtbares Wellenlängenspektrum)

$f = 3{,}84 \cdot 10^{14}\ \text{Hz} \ldots 7{,}89 \cdot 10^{14}\ \text{Hz}$ — **Licht-Frequenzbereich** (sichtbares Frequenzspektrum)

$c = \lambda \cdot f$ — **Lichtgeschwindigkeit**

$c_0 = 299\,792\,458\ \frac{\text{m}}{\text{s}}$ — **Vakuum-Lichtgeschwindigkeit**

c	Lichtgeschwindigkeit	m/s
λ	Wellenlänge	m
f	Frequenz	$\text{Hz} = \text{s}^{-1}$
c_0	Vakuumlichtgeschwindigkeit	m/s

Ausbreitungsgeschwindigkeit elektromagnetischer Wellen:

$$c = \frac{1}{\sqrt{\varepsilon_0 \cdot \mu_0}}$$

Ausbreitungsgeschwindigkeit im Vakuum

$$c = \frac{1}{\sqrt{\varepsilon_r \cdot \varepsilon_0 \cdot \mu_r \cdot \mu_0}}$$

Ausbreitungsgeschwindigkeit in Materie

c	Ausbreitungsgeschwindigkeit	m/s
ε_0	elektrische Feldkonstante	F/m
μ_0	magnetische Feldkonstante	H/m
ε_r	Permittivitätszahl (frequenzabhängig)	1
μ_r	Permeabilitätszahl (frequenzabhängig)	1

$$\varepsilon_0 = 8{,}54187817\ldots \cdot 10^{-12}\ \frac{\text{F}}{\text{m}}$$

$$\mu_0 = 1{,}2566370614\ldots \cdot 10^{-6}\ \frac{\text{H}}{\text{m}}$$

Permittivitätszahlen von Isolierstoffen (→ Elektrisches Feld)

Werkstoff	ε_r	Werkstoff	ε_r	Werkstoff	ε_r
Feste Stoffe				**Flüssigkeiten**	
Acrylglas	3,1 … 3,6	Plexiglas	3,4	Benzol	2,3
Aluminiumoxid	6 … 9	Phenolharz	4 … 5	Cholophen	5
Bariumtitanat	bis 3000	Phosphor	4,1	Isolieröl	2 … 2,4
Bernstein	2,4 … 2,9	Polyamid (PA)	3 … 5	Petroleum	2 … 2,2
Epoxidharz	3,7 … 4,2	Polyethylen (PE)	2,3 … 2,6	Rizinusöl	4,5
Glas	3 … 16	Polycarbonat (PC)	2,8	Terpentinöl	2,3
Glimmer	5 … 9	Polystyrol (PS)	2,3 … 2,8	Wasser (rein)	81
Hartgummi	3 … 4	Polyurethan (PUR)	3,4		
Hartpapier	3,5 … 6	Polyvinylchlorid (PVC)	3,5 … 4	**Gase**	
Kautschuk	2,5	Porzellan	4 … 6	Alle Gase haben einen ε_r-Wert von nahezu 1.	
Keramik	> 10000	Pressspan	2,6 … 3,8		
Mikanit	4,5 … 5,5	Quarz	3,5 … 4,8		
Pertinax	4,0 … 5,5	Schellack	3,5 … 4,2		

Optik

Wellenoptik und Photometrie (Fortsetzung)

Permeabilitätszahlen ausgewählter Werkstoffe (→ Elektrisches Feld)

ferromagnetische Werkstoffe				nichtferromagnetische Werkstoffe			
hartmagnetische Werkstoffe	μ_r	weichmagnetische Werkstoffe	μ_r	paramagnetische Werkstoffe	μ_r	diamagnetische Werkstoffe	μ_r
AlNiCo 12/6	4 bis 5,5	Mumetall	140 000	Luft	1,0000004	Quecksilber	0,999975
AlNiCo 35/5	3 bis 4,5	Permenorm	8 000	Sauerstoff	1,0000003	Silber	0,999981
FeCoVCr 11/2	2 bis 8	Trafoperm N2	35 000	Aluminium	1,000022	Zink	0,999988
SeCo 112/100	1,1	Hyperm 36 M	16 000	Platin	1,000360	Wasser	0,999991

Interferenz bei Lichtwellen:

Die interferierenden Lichtwellen müssen **kohärente Lichtwellen** sein. Dies setzt voraus, dass die Lichtwellen von demselben Punkt einer Lichtquelle stammen (s. nebenstehendes Bild).

Bei **dünnen Blättchen** gilt gemäß Bild:

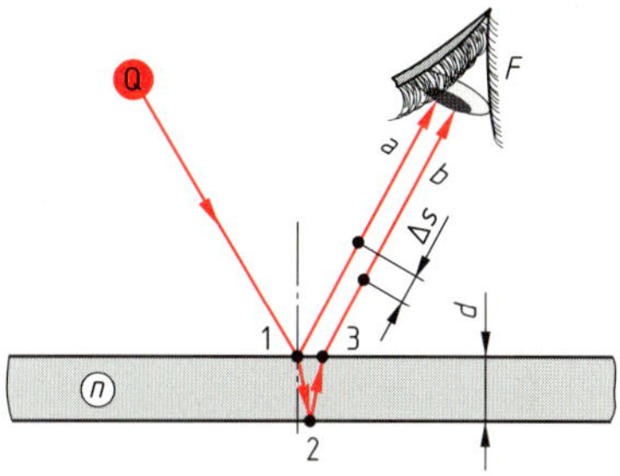

$$d = k \cdot \frac{\lambda}{2 \cdot n}$$ **Dicke der Schicht bei Auslöschung**

$$d = \frac{2 \cdot k + 1}{4} \cdot \frac{\lambda}{n}$$ **Dicke der Schicht bei Verstärkung**

$$\Delta s = 2 \cdot d \cdot n + \frac{\lambda}{2}$$ **Phasendifferenz beider Wellen (Gangunterschied)**

d	Dicke der Schicht	m
k	Faktor: 0, 1, 2, 3, ...	1
λ	Wellenlänge	m
n	Brechzahl der Schicht	1
Δs	Phasendifferenz (senkrechter Lichteinfall in Lichtempfänger)	m

Eine technische Anwendung sind die **Anlassfarben** entsprechend Tabelle (→ Wärmebehandlung).

Anlassfarbe für unlegierten Werkzeugstahl	**Tempertur** in °C	**Anlassfarbe** für unlegierten Werkzeugstahl	**Temperatur** in °C
Weißgelb	200	Violett	280
Strohgelb	220	Dunkelblau	290
Goldgelb	230	Kornblumenblau	300
Gelbbraun	240	Hellblau	320
Braunrot	250	Blaugrau	340
Rot	260	Grau	360
Purpurrot	270		

Hellempfindlichkeitsgrad für das Sehen:

$V(\lambda)$ → Hellempfindlichkeitsgrad für das **Tagsehen**.

$V'(\lambda)$ → Hellempfindlichkeitsgrad für das **Nachtsehen**.

Die **sichtbare Strahlung (Licht)** soll eindeutig und gemäß der Helligkeit so bewertet werden, dass unter zwei gleichen Bedingungen gleich hell erscheinende Strahlungen auch die gleiche Maßzahl erhalten.

Strahlungsphysikalische Größen ⟶ **Index e** (energetisch)

Lichttechnische Größen ⟶ **Index v** (visuell)

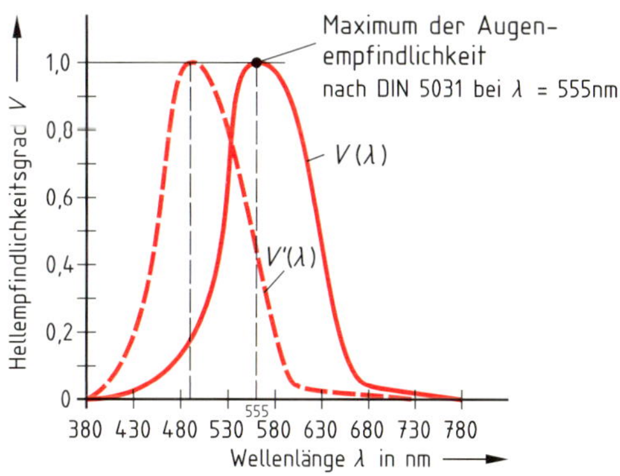

3

Wellenoptik und Photometrie (Fortsetzung)

Strahlungsleistung und Lichtstrom:

$$\Phi_e = \frac{Q_e}{t}$$ **Strahlungsleistung (Strahlungsfluss)**

$$\Phi_v = K \cdot \Phi_e \cdot V(\lambda)$$ **Lichtstrom**

$$K = 683 \frac{lm}{W}$$ **photometrisches Strahlungsäquivalent**

$$\eta = \frac{\Phi_v}{P}$$ **Lichtausbeute** (s. folgende Tabelle)

Die abgeleitete SI-Einheit für den **Lichtstrom** ist das **Lumen**: lm.

Φ_e	Strahlungsleistung	W
Q_e	Strahlungsenergie	J = Nm = Ws
t	Zeit	s
Φ_v	Lichtstrom	lm
K	photometrisches Strahlungsäquivalent	lm/W
$V(\lambda)$	Hellempfindlichkeitsgrad	1
η	Lichtausbeute	lm/W
P	Aufnahmeleistung	W

Im **Maximum der Augenempfindlichkeit** bei der Wellenlänge $\lambda = 555$ nm, entspricht die Strahlungsleistung 1 Watt einem Lichtstrom von 683 Lumen.

3

Lichtquelle (Lampe)	Leistungsaufnahme P in W	Lichtstrom Φ_v in lm	Lichtausbeute η in lm/W
Glühlampe 230 V	60	730	12
Glühlampe 230 V	100	1380	14
Leuchtstoffröhre 230 V	40	2400	78
Quecksilberdampflampe 230 V	125	5400	117

Strahlstärke und Lichtstärke:

$$\Omega = \frac{A}{r^2}$$ **Raumwinkel**

Die von einer Quelle auf einen Empfänger fallende Strahlungsleistung ist dem Raumwinkel Ω proportional.

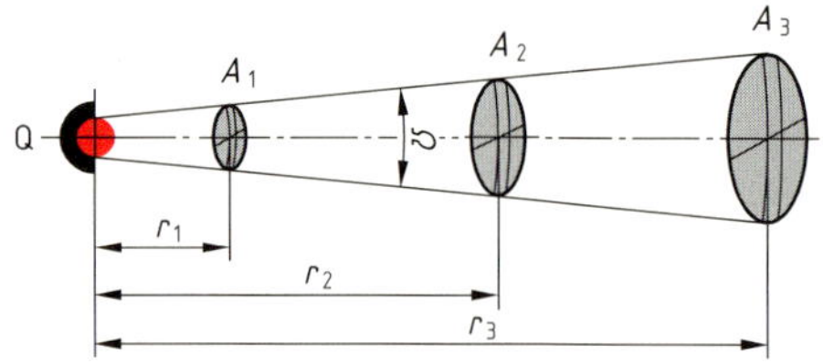

$$I_e = \frac{\Phi_e}{\Omega}$$ **Strahlstärke**

$$I_v = \frac{\Phi_v}{\Omega}$$ **Lichtstärke**

Die Einheit für die **Lichtstärke** ist die **Candela**: cd.

$$1\ cd = 1 \frac{lm}{sr}$$ **Einheit Candela** (→ Basiseinheiten)

Ω	Raumwinkel (in Steradiant)	sr
A	durchstrahlte Fläche	m^2
r	Abstand (Entfernung der Fläche zur Lichtquelle)	m
I_e	Strahlstärke	W/sr
Φ_e	Strahlungsleistung	W
I_v	Lichtstärke	cd
Φ_v	Lichtstrom	lm

Die **Candela** ist die Lichtstärke einer Strahlungsquelle, welche **monochromatisches Licht** (d.h. Licht mit nur einer Wellenlänge) der Frequenz $540 \cdot 10^{12}$ Hertz in eine bestimmte Richtung aussendet, in der die Strahlstärke 1/683 Watt durch Steradiant beträgt.

Bestrahlungsstärke und Beleuchtungsstärke:

$$E_e = \frac{\Phi_e}{A_2}$$ **Bestrahlungsstärke**

$$E_v = \frac{\Phi_v}{A_2}$$ **Beleuchtungsstärke** (s. Tabelle Seite 145, oben)

Die abgeleitete SI-Einheit für die **Beleuchtungsstärke** ist das **Lux**: lx.

E_e	Bestrahlungsstärke	W/m^2
Φ_e	Strahlungsleistung	W
A_2	Empfängerfläche	m^2
E_v	Beleuchtungsstärke	lm/m^2
Φ_v	Lichtstrom	lm

$$1\ lx = 1 \frac{lm}{m^2}$$ **Einheit des Lux**

Wellenoptik und Photometrie (Fortsetzung)

Lichtquelle	E_v in lx	Lichtquelle	E_v in lx
Sonne im Sommer (Durchschnitt)	75 000	Straßenbeleuchtung (Durchschnitt)	10
Sonne im Winter (Durchschnitt)	6 000	Wohnzimmerbeleuchtung (gemütlich)	150
Vollmond	1	Grenze der Farbwahrnehmung	3
Arbeitsplatzbeleuchtung (hochwertig)	1 000		

Strahldichte und Leuchtdichte:

$$L_e = \frac{I_e}{A_1 \cdot \cos \varepsilon_1}$$ **Strahldichte**

$$L_v = \frac{I_v}{A_1 \cdot \cos \varepsilon_1}$$ **Leuchtdichte** (s. folgende Tabelle)

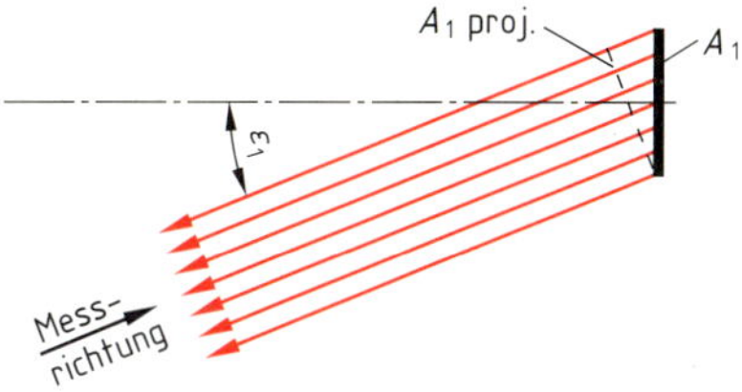

Lichtquelle	Leuchtdichte in $\frac{cd}{m^2}$
Mittagssonne	150 000
klarer Himmel	0,2 ... 1,2
Mond	0,25 ... 0,5
Kohlefadenlampe	45 ... 80
Glühlampe (40–100 W), klar	100 ... 2000
Glühlampe innen mattiert	10 ... 50
Opallampe	1 ... 5
Leuchtstofflampe	0,3 ... 1,2
Hochspannungsleuchtröhre	0,1 ... 0,8
Quecksilberdampflampe	4 ... 620
Natriumdampflampe	10 ... 400
Xenon-Hochdrucklampe	bis 95 000

L_e	Strahldichte	W/(sr · m²)
I_e	Strahlstärke	W/sr
A_1	Senderfläche	m²
ε_1	Abstrahlwinkel	Grad
L_v	Leuchtdichte	cd/m²
I_v	Lichtstärke	cd

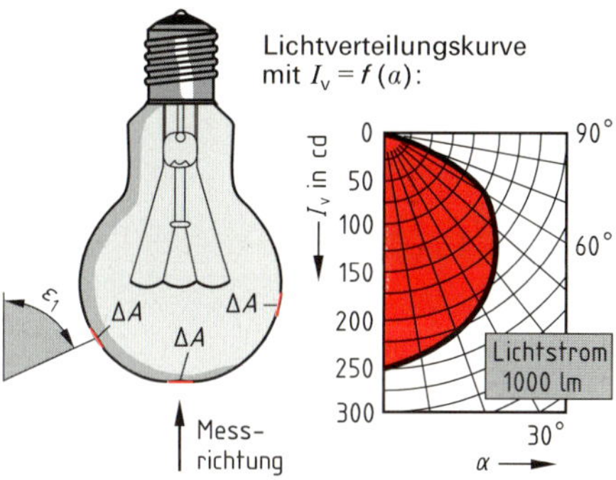

Photometrisches Entfernungsgesetz:

$$E_v = \frac{I_v \cdot \cos \varepsilon}{r^2}$$ **Beleuchtungsstärke**

$$I_{v2} = I_{v1} \cdot \frac{\cos \varepsilon_1}{\cos \varepsilon_2} \cdot \left(\frac{r_2}{r_1}\right)^2$$ **unbekannte Lichtstärke**

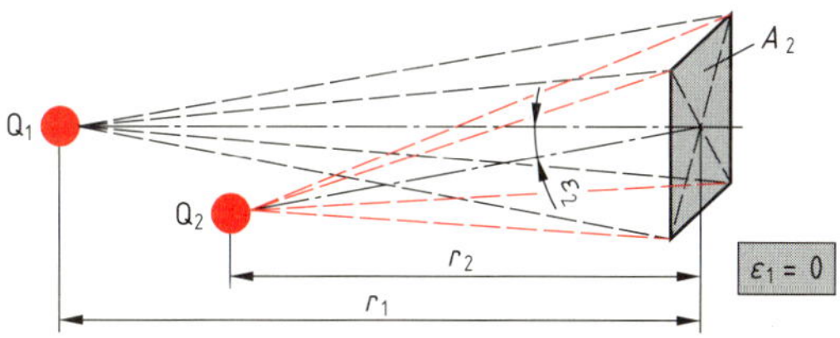

Die **Beleuchtungsstärke** E_v ist proportional der Lichtstärke I_v und dem Kosinus des Abstrahlwinkels ε. Sie ist aber umgekehrt proportional dem Abstand r zum Quadrat zwischen Lichtquelle und Empfängerfläche A_2.

E_v	Beleuchtungsstärke	lm/m²
I_v	Lichtstärke	lm/sr = cd
ε	Abstrahlwinkel	Grad
r	Abstand von Lichtquelle zur Empfängerfläche	m

Index 1: bekannte Lichtquelle (Normallampe)
Index 2: unbekannte (zu messende) Lichtquelle

B $I_{v1} = 5$ cd; $\varepsilon_1 = 25°$; $\varepsilon_2 = 10°$; $r_1 = 5$ m; $r_2 = 3$ m; $I_{v2} = ?$

$$I_{v2} = I_{v1} \cdot \frac{\cos \varepsilon_1}{\cos \varepsilon_2} \cdot \left(\frac{r_2}{r_1}\right)^2$$

$$I_{v1} = 5\text{ cd} \cdot \frac{\cos 25°}{\cos 10°} \cdot \left(\frac{3\text{ m}}{5\text{ m}}\right)^2 = \mathbf{1{,}657\ cd}$$

3

Schall und Schallfeldgrößen (→ Schwingungen und Wellen)

Schallgeschwindigkeit: (→ Ausbreitungsgeschwindigkeit)
Berechnungsformeln für die Schallgeschwindigkeit (Ausbreitungsgeschwindigkeit): → Wellen und Wellenausbreitung

Beispiele für die Ausbreitungsgeschwindigkeit (Temperaturabhängigkeit beachten!):

Stoff (Medium)	***c*** in m/s bei 20 °C	**Stoff** (Medium)	***c*** in m/s bei 20 °C
Sauerstoff	326	Wasser	1485
Stickstoff	349	Blei	1300
Luft (bei −100 °C)	263	Kupfer	3900
Luft (bei 0 °C)	331	Aluminium	5100
Luft (bei 100 °C)	387	Eisen	5100
Azeton	1190	Kronglas	5300
Benzol	1325	Flintglas	4000

3

Luftschall → Ausbreitungsmedium ist gas- oder dampfförmig
Flüssigkeitsschall → Ausbreitungsmedium ist flüssig
Körperschall → Ausbreitungsmedium ist ein fester Körper
} Ausbreitung als **Longitudinalwelle** (Längswelle)

Unterschallströmung → $v < c$ → $Ma < 1$
Schallströmung → $v = c$ → $Ma = 1$
Überschallströmung → $v > c$ → $Ma > 1$

Schall wird von einem Medium auf ein berührendes anderes Medium übertragen. Im Vakuum gibt es also keinen Schall (→ Schalldämmung).

v	Geschwindigkeit	m/s
c	Schallgeschwindigkeit	m/s

Schalldruck:

Der Schalldruck ist ein periodischer **Wechseldruck,** der sich einem **statischen Druck**, z. B. in Luft dem atmosphärischen Druck p_{amb}, **überlagert**.

$$p_{eff} = \frac{\hat{p}}{\sqrt{2}}$$ **Effektivwert des Schalldrucks**

Unterscheiden Sie unbedingt **Schalldruck** von **Schalldruckpegel** (s. nächste Seite).

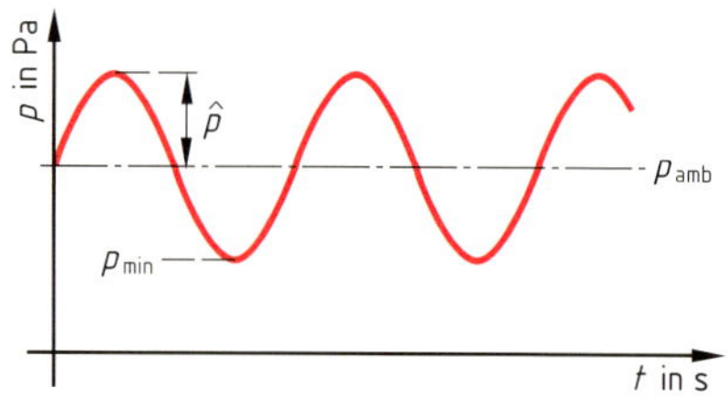

Schallintensität und Schallleistung:

Schallintensität

$$I = \frac{\hat{p} \cdot \hat{v}}{2}$$

$$I = \frac{W}{t \cdot A} = \frac{P}{A}$$

$$I = \frac{\hat{p}^2}{2 \cdot \varrho \cdot c} = \frac{\varrho \cdot c \cdot \hat{v}^2}{2}$$

p_{eff}	effektiver Schalldruck	N/m^2 = Pa
$\hat{p}$	Scheitelwert des Schalldrucks	N/m^2 = Pa
I	Schallintensität	W/m^2
$\hat{p}$	Scheitelwert des Schalldrucks	N/m^2 = Pa
$\hat{v}$	Scheitelwert der Schallschnelle	m/s
W	Schallenergie	Nm = J = Ws
t	Zeit	s
A	durchschallte Fläche	m^2
P	Schallleistung	W
ϱ	Dichte des Ausbreitungsmediums	kg/m^3
c	Schallgeschwindigkeit	m/s

Die Schallintensität kennzeichnet die pro Zeiteinheit durch ein Flächenelement hindurchtretende **Schallenergie**.

$$P = I \cdot A$$ **Schallleistung** (s. nebenstehende Tabelle)

(→ Leistung)

Schallquelle	**Schallleistung** in W
normale Sprache	$6 \cdot 10^{-6}$
lautestes Schreien	$2 \cdot 10^{-3}$
Klavier	$2 \cdot 10^{-1}$
Autohupe	6
Großlautsprecher	100
Alarmsirene	1000

Schall und Schallfeldgrößen (Fortsetzung)

Schallschnelle:

$v = \dfrac{p}{\varrho \cdot c}$	**Schallschnelle**	v	Schallschnelle (→ Schnelle)	m/s
$v_{eff} = \dfrac{\hat{v}}{\sqrt{2}}$	**Effektivwert der Schallschnelle**	p	Schalldruck	$N/m^2 = Pa$
		ϱ	Dichte des Ausbreitungsmediums	kg/m^3
		c	Schallgeschwindigkeit	m/s
		$\hat{v}$	Scheitelwert der Schallschnelle	m/s
		v_{eff}	effektive Schallschnelle	m/s

(→ Geschwindigkeit)

Maße und Pegel:

Maße und Pegel werden in **Dezibel** (Kurzzeichen: **dB**) oder in **Neper** (Kurzzeichen: **Np**) angegeben; dB vornehmlich in der Akustik, Np vornehmlich in der Nachrichtentechnik.

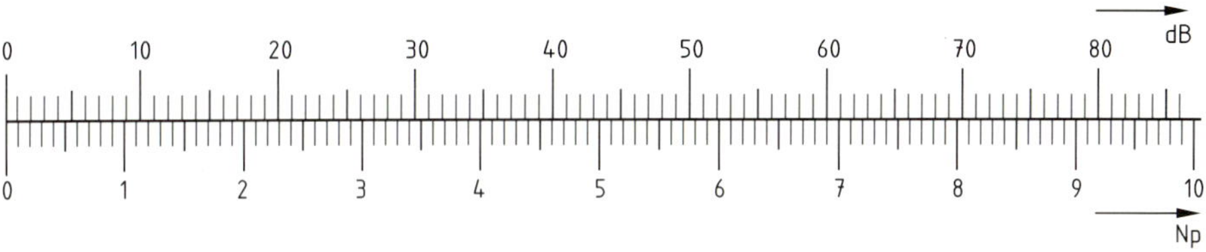

$1\ Np = 8{,}686\ dB$ | $1\ dB = 0{,}1151\ Np$ | **Umrechnung Np → dB und dB → Np** (s. obige Skala)

Schalldruckpegel und Schallleistungspegel:

$p_{eff\,o} = 2 \cdot 10^{-5}\ Pa = 2 \cdot 10^{-5}\ \dfrac{N}{m^2}$	**Hörschwellendruck**	$p_{eff\,o}$	Hörschwellendruck, d.h. gerade noch hörbarer Schalldruck	$N/m^2 = Pa$
$p_{eff\,S} = 20\ Pa = 20\ \dfrac{N}{m^2}$	**Schmerzschwelle**	$p_{eff\,S}$	Schmerzschwelle, d.h. Schalldruck, der Schmerzen bereitet	$N/m^2 = Pa$
$L_p = 20 \cdot \lg \dfrac{p_{eff}}{p_{eff\,o}}$	**Schalldruckpegel**	p_{eff}	vorhandener Schalldruck	$N/m^2 = Pa$
		L_p	Schalldruckpegel	dB

Hörschwellendruck und **Schmerzschwelle** dienen in der Akustik als **Bezugsgrößen**.

$P_0 = 10^{-12}\ W$	**Bezugsschallleistung**	P_0	Bezugsschallleistung	W
$L_w = 10 \cdot \lg \dfrac{P}{P_0}$	**Schallleistungspegel**	P	vorhandene Schallleistung	W
		L_w	Schallleistungspegel	dB

Schallbewertung und Schallausbreitung

Die Hörfläche:

Nebenstehendes Bild zeigt die spektrale **Schallverteilung**. Bei Ausschluss jeglichen **Störschalls** zeigt die **Hörfläche**:

Akustische Ereignisse können nur innerhalb eines ganz bestimmten Frequenzbereiches und Schalldruckpegelbereiches wahrgenommen werden. Dies zeigen auch die **Kurven gleicher Lautstärke** auf nächster Seite.

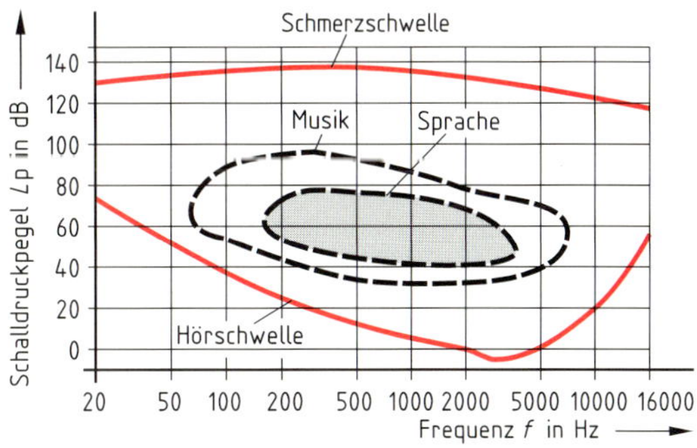

Das Schallspektrum:

Infraschall → $f \leq 16\ Hz$

hörbarer Schall → $16\ Hz \leq f \leq 20000\ Hz$

Ultraschall → $20000\ Hz \leq f \leq 10^{10}\ Hz$

Hyperschall → $10^{10}\ Hz \leq f \leq 10^{13}\ Hz$

3

Schallbewertung und Schallausbreitung (Fortsetzung)

Zusammenhang von Dezibel und Phon:

Nebenstehendes Bild zeigt **Kurven gleicher Lautstärke**. Ebenso wie aus der Hörfläche (vorhergehende Seite) ist zu ersehen:

Die subjektive Empfindung der Schalllautstärke ist vom Schalldruck **und** der Frequenz abhängig.

Die **Phonskala** reicht von 0 phon (Hörschwelle) bis 130 phon (Schmerzschwelle). Nur beim **Normalton** ($f = 1000\,Hz$) stimmen die Zahlenwerte des Schalldruckpegels in dB mit dem Lautstärkepegel in phon überein.
(→ Schalldämpfung und Schalldämmung)
Folgende Tabelle zeigt Lautstärkepegel im Abstand von ca. 4 m zur Schallquelle:

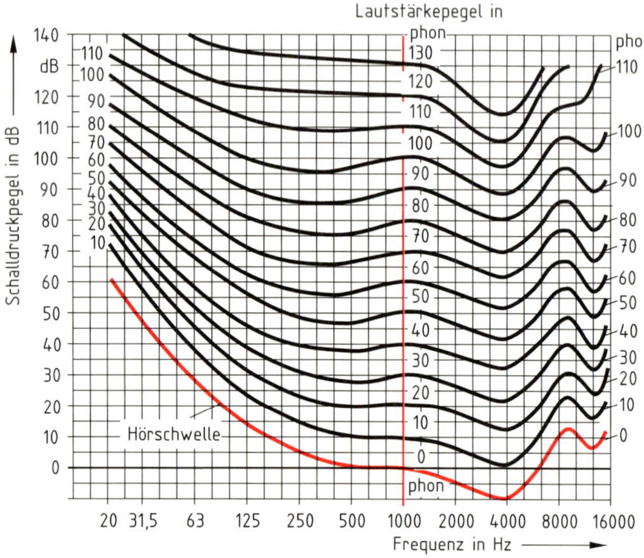

Lautstärkepegel in phon bzw. dB		Lautstärkepegel in phon bzw. dB	
Reizschwelle (Hörschwelle)	0	Übliche Unterhaltungslautstärke, einzelne Schreibmaschine, Staubsauger	60
Blätterrauschen in leichtem Wind	10	Mittlerer Verkehrslärm, Straßenbahn, Baustelle	70
Untere Grenze der üblichen Wohngeräusche, Flüstern, ruhiger Garten	20	Stärkster üblicher Straßenlärm, laute Rundfunkmusik im Zimmer, Autohupe, U-Bahn, S-Bahn	80
Sehr ruhige Wohnstraße, mittlere Wohngeräusche	30	Drucklufthämmer	90
Leise Rundfunkmusik im Zimmer	40	Nietlärm, lautestes Autohorn, Motorrad	100
Obere Grenze der üblichen Wohngeräusche, geringster üblicher Straßenlärm, Geräusche in Geschäftsräumen (Zimmerlautstärke)	50	Laufender Flugzeugpropeller bei 4 m bis 5 m Entfernung	120
		Schmerzschwelle	130

Schallbewertung:

Bewertete Lautstärkepegel werden nicht in phon, sondern der **Bewertungskurve** (s. nebenstehendes Bild) entsprechend in dB(A), dB(B), dB(C) bzw. dB(D) angegeben.

Kurve A: Normale Schallereignisse. Dies ist die **Regelschallbewertung**, z. B. auch in der **Kälte- und Klimatechnik**.

Kurve B: tiefe Töne
Kurve C: hohe Töne
Kurve D: Fluglärm

(→ Schalldämpfung und Schalldämmung)

B Bei der A-Bewertung eines Tones mit 100 Hz wird der Phonzahl die Pegelkorrektur von 20 dB abgezogen (s. nebenstehendes Bild).

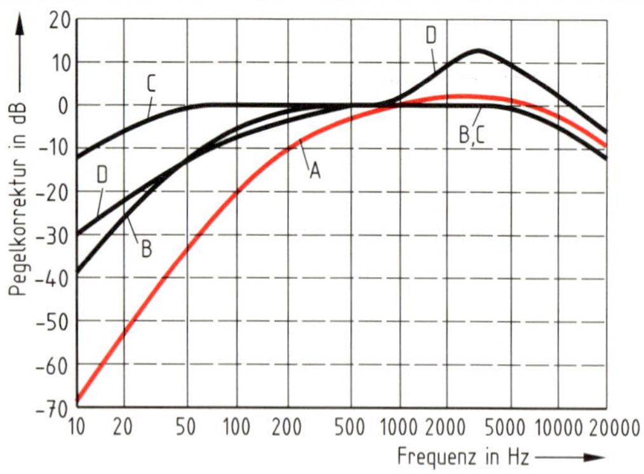

Bewertete Schallereignisse sind objektiv miteinander vergleichbar.

Schallbewertung und Schallausbreitung (Fortsetzung)

Lautstärkepegel und Lautheit:

$$L_N = 20 \cdot \lg \frac{p_{eff}}{p_{eff\,o}}$$

Lautstärkepegel ($f = 1000$ Hz) ≙ Schalldruckpegel

$$N = 2^{0{,}1 \cdot (L_N - 40)}$$

Lautheit

L_N	Lautstärkepegel	phon
p_{eff}	vorhandener effektiver Schalldruck	$N/m^2 = Pa$
$p_{eff\,o}$	Hörschwellendruck	$N/m^2 = Pa$
N	Lautheit	sone

Die **Lautheit** von **1 sone** entspricht einem Lautstärkepegel von 40 phon.

2 sone wird doppelt so laut empfunden als 1 sone, 3 sone dreimal so laut usw.

Das Schallspektrum:

Schallspektrum
- **Infraschall** → $f \leq 16$ Hz
- **hörbarer Schall** → $16\ \text{Hz} \leq f \leq 20\,000$ Hz
- **Ultraschall** → $20\,000\ \text{Hz} \leq f \leq 10^{10}$ Hz
- **Hyperschall** → $10^{10}\ \text{Hz} \leq f \leq 10^{13}$ Hz

3

Wirkungen von Ultraschall:

dispergierende Wirkung	z. B. lassen sich an sich nicht mischbare Flüssigkeiten wie Wasser und Quecksilber oder Wasser und Benzol bei Beschallung teilweise mischen.
ausfällende Wirkung	z. B. lassen sich durch Ultraschall-Beschallung Flughäfen entnebeln oder Gase reinigen, indem dabei unverwünschte Teilchen ausgefällt werden. Auch für Entgasung von Schmelzen.
chemische Wirkung	z. B. Zerspaltung hochpolymerer Stoffe wie die Zerlegung des Rohrzuckers in Monosaccharide.
biologische Wirkung	z. B. Vernichtung von Einzellern wie bei der Sterilisierung von Milch. Bei größeren Schallintensitäten können auch kleinere Tiere wie Raupen, Läuse, Käfer getötet werden.
thermische Wirkung	z. B. Erwärmung bei Therapiemaßnahmen durch die bei jeder Absorption stattfindende Umwandlung von Schallenergie in Wärmeenergie.

Immissionsrichtwerte: → **Technische Anleitung Lärm (TA Lärm)**

Unter **Immission** versteht man die Einwirkung von **Luftverunreinigungen, Geräuschen (Lärm), Licht, Wärme, Strahlen** und anderen vergleichbaren Faktoren auf Menschen, Tiere, Pflanzen oder Gegenstände.

Reflexion, Absorption, Dissipation und Transmission von Schallenergie:

Nebenstehendes Bild zeigt eine durch ein Hindernis (z. B. Wand) **gestörte Schallausbreitung**.

$$\varrho + \alpha = 1$$

$$\varrho + \tau + \delta = 1$$

$$\alpha = \tau + \delta$$

$\alpha \leq 1$, $\varrho \leq 1$, $\tau < 1$, $\delta < 1$ (→ Optik)

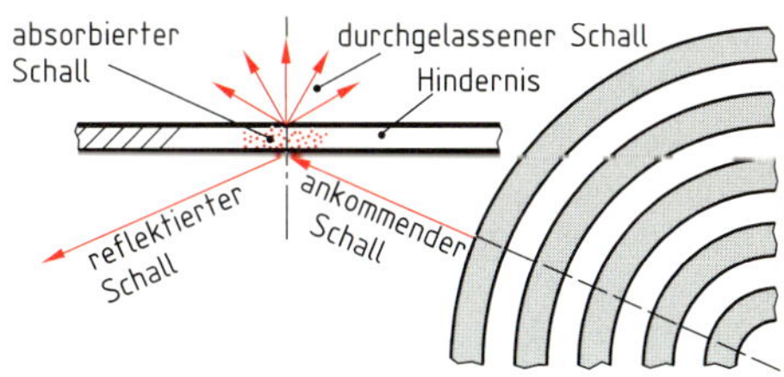

Schallreflexionsgrad ϱ → Maß für die **reflektierte Schallintensität**

Schallabsorptionsgrad α → Maß für die **absorbierte Schallintensität**

Schalltransmissionsgrad τ → Maß für die **durchgelassene Schallintensität**

Schalldissipationsgrad δ → Maß für die **„verloren gegangene" Schallintensität**

Schallbewertung und Schallausbreitung (Fortsetzung)

Schallbrechung:

Nebenstehendes Bild zeigt den Eintritt von Schallwellen von einem Medium in ein anderes Medium. In Analogie zur Optik spricht man hier vom **akustisch dünneren Medium** (z. B. Luft) und vom **akustisch dichteren Medium** (z. B. Wasser).

Im akustisch dichteren Medium wird der Schall zum Lot hin gebrochen.

$$n = \frac{\sin \varepsilon}{\sin \varepsilon'} = \frac{c_2}{c_1}$$ **akustisches Brechungsgesetz** (→ Optik)

Index 1: Medium 1
Index 2: Medium 2

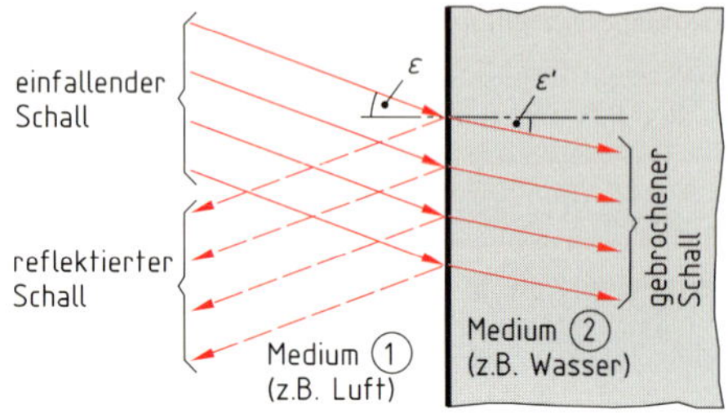

n	akustische Brechzahl	1
ε	Einfallwinkel	Grad
ε'	Brechungswinkel	Grad
c	Schallgeschwindigkeit	m/s

Schallausbreitung im Freien (→ Schalldämmung und Schalldämpfung)

Das Entfernungsgesetz:

Nebenstehendes Bild zeigt die Unterteilung des Schallfeldes im Freien.

Bei Schallmessungen darf nur innerhalb des **Freifeldes** (**homogenes Schallfeld** ohne Beeinflussungen durch Reflexion u. a.) gemessen werden. Das Entfernungsgesetz lautet:

Im Freifeld nimmt der Schalldruckpegel bei einer Verdoppelung der Entfernung um **4 dB bis 6 dB** – im Schnitt um 5 dB – ab.

Das Freifeld kann durch **Pegelmessungen** ermittelt werden. Regel für die Praxis: Beginn des Freifeldes etwa dem doppelten Abstand der größten Maschinenabmessung entsprechend.

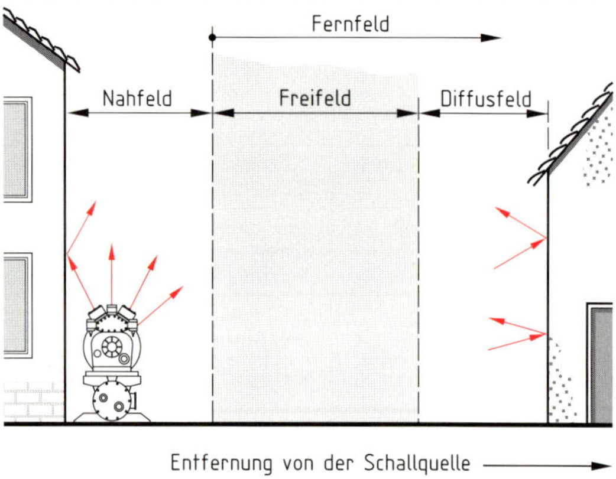

B In 4 m Entfernung eines Verdichters wird $L_p = 100$ dB gemessen. Wie groß ist L_p in 128 m Entfernung vom Verdichter

Entfernung in m	4	8	16	32	64	128
Abnahme von L_p in dB	0	5	10	15	20	25

$L'_p = L_p - \Delta L_p = 100\text{ dB} - 25\text{ dB}$

$\mathbf{L'_p = 75\ dB}$

In kritischen Fällen vorsichtshalber mit $\Delta L_p = 4$ dB (bei Entfernungsverdoppelung) rechnen!

Subtraktion von Schalldruckpegeln:

S ≙ zu messende Schallquelle
H ≙ Hintergrundgeräusch (Störschall)

Eine Schallquelle ist noch messbar, wenn der Gesamtschalldruckpegel $L_{p(S+H)}$ mindestens 3 dB höher ist als der Schalldruckpegel des Hintergrundgeräusches L_{pH}.

Hierzu wird **Pegelsubtraktion** mit Hilfe des nebenstehenden Bildes vorgenommen. Soll die Pegelmessung bei laufender Maschine (Schallquelle) und bei vorhandenem Hintegrundgeräusch vorgenommen werden, dann wird wie folgt verfahren:

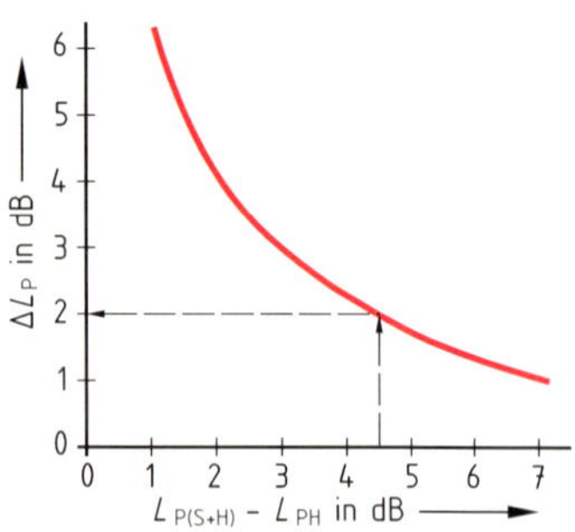

Schallbewertung und Schallausbreitung (Fortsetzung)

1. Gesamtschalldruckpegel $L_{p(S+H)}$ bei laufender Maschine messen.
2. Hintegrundschalldruckpegel L_{pH} bei abgeschalteter Maschine messen.
3. Differenz der beiden gemessenen Schalldruckpegel $L_{p(S+H)} - L_{pH}$ ermitteln, ergibt drei mögliche Fälle:

   $(L_{p(S+H)} - L_{pH}) < 3$ dB → Hintergrundschalldruckpegel L_{pH} ist für eine Messung zu hoch.
   $(L_{p(S+H)} - L_{pH}) > 10$ dB → Gesamtschalldruckpegel $L_{p(S+H)}$ entspricht dem Schalldruckpegel der Maschine L_{pS}.

   $3\,\text{dB} \le (L_{p(S+H)} - L_{pH}) \le 10\,\text{dB}$ ↓

4. Entsprechend Kurve im Diagramm auf vorhergehender Seite erfolgt die Pegelkorrektur, und zwar wird – ausgehend von $(L_{p(S+H)} - L_{pH})$ auf der Abszisse – die Pegeldifferenz ΔL_p auf der Ordinate ermittelt (siehe eingezeichnetes Beispiel).
5. Der Schalldruckpegel der Maschine wird wie folgt ermittelt:

$$L_{pS} = L_{p(S+H)} - \Delta L_p$$

3

Schalldruckpegel des zu messenden Schallgebers in dB

B $L_{p(S+H)} = 90$ dB; $L_{pH} = 85{,}6$ dB; $L_{pS} = ?$
$L_{pS} = L_{p(S+H)} - \Delta L_p$ Kurve: $\mathbf{L_{p(S+H)} - L_{pH}} = 90\,\text{dB} - 85{,}6\,\text{dB} = \mathbf{4{,}4\,dB} \rightarrow \mathbf{\Delta L_p = 2\,dB}$
$\mathbf{L_{pS}} = 90\,\text{dB} - 2\,\text{dB} = \mathbf{88\,dB}$

Addition von Schalldruckpegeln:

Pegel werden **bei mehreren Schallquellen** zu einem **Gesamtschalldruckpegel** L_{pges} zusammengefasst, und zwar mit Hilfe des nebenstehenden Bildes. **Bei zwei laufenden Maschinen** oder anderen Schallquellen wird wie folgt verfahren:

1. Schalldruckpegel der einzelnen Maschinen L_{p1} und L_{p2} getrennt messen (evtl. auch schon vom Hersteller angegeben).
2. Differenz dieser Einzelpegel $(L_{p1} - L_{p2})$ bilden. Diese ist auf der Abszisse vorzufinden.
3. Diese Pegeldifferenz liefert – entsprechend eingezeichnetem Beispiel – über die Kurve ein ΔL_p auf die Ordinate.

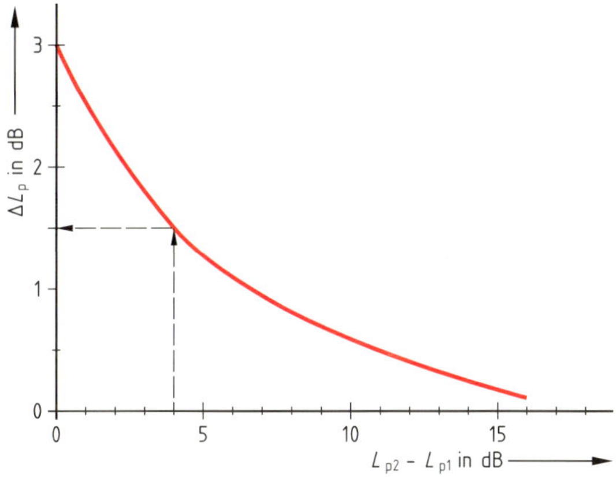

4. Die Summe des größten Einzelschalldruckpegels L_{pmax} und ΔL_p ergibt L_{pges}. Somit:

$$L_{pges} = L_{pmax} + \Delta L_p$$

Gesamtschalldruckpegel (resultierender Schalldruckpegel) in dB

Bei **mehr als zwei Schallquellen** zuerst zwei Schallquellen zu einem resultierenden Schalldruckpegel zusammenfassen, diesen dann ebenfalls mit der dritten zusammenfassen usw.

B $L_{p1} = 52$ dB; $L_{p2} = 45$ dB; $L_{p3} = 54$ dB; $L_{pges} = ?$
$\mathbf{L_{pges1,2}} = L_{pmax1,2} + \Delta L_{p1,2} = 52\,\text{dB} + 0{,}9\,\text{dB} = \mathbf{52{,}9\,dB}$
$\mathbf{L_{pges1,2,3}} = \mathbf{L_{pges}} = L_{pmax1,2,3} + \Delta L_{p1,2,3} = 54\,\text{dB} + 2{,}5\,\text{dB} = \mathbf{56{,}5\,dB}$

Arbeiten **mehrere Schallgeber gleicher Lautstärke** zusammen, dann kann die Pegeladdition mit Hilfe der folgenden Tabelle erfolgen:

Anzahl der **gleich lauten** Schallgeber	1	2	3	4	5	6	8	10	15	20	30
Erhöhung des Schalldruckpegels ΔL_p in dB	0	3	5	6	7	8	9	10	12	13	15

Schallbewertung und Schallausbreitung (Fortsetzung)

Schallausbreitung in Räumen (→ Schalldämpfung und Schalldämmung)

Akustische Beschreibung eines Raumes:

Nebenstehendes Bild zeigt:

Das Schallfeld in Räumen ist in der Regel ein Diffusfeld.

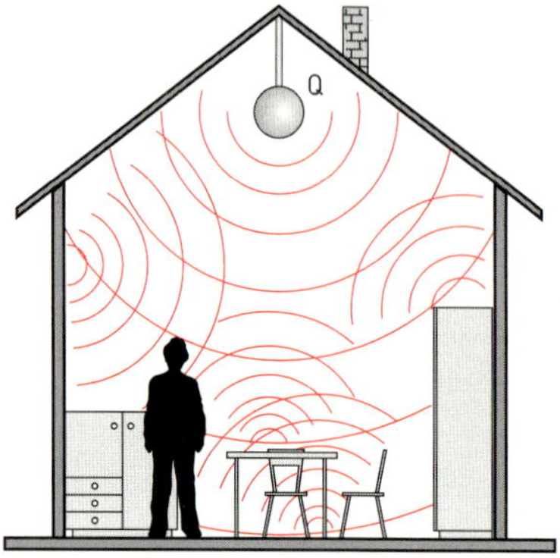

Zur akustischen Beschreibung dienen

Schallabsorptionsgrad α und
Schallreflexionsgrad ϱ

$$\alpha + \varrho = 1$$

$$\alpha = 1 - \varrho$$ **Schallabsorptionsgrad** (s. Seite 149)

Man unterscheidet folgende Grenzfälle:

Schalltoter Raum → $\alpha = 1$; $\varrho = 0$
Hallraum → $\alpha = 0$; $\varrho = 1$

In der Praxis liegen die **α-Werte** zwischen 0,02 und 0,45 (s. folgende Tabelle):

Wände in ...	Schallabsorptionsgrad α	Wände in ...	Schallabsorptionsgrad α
Fabrikhallen	0,02 bis 0,07	Schulen	0,07 bis 0,12
Küchen	0,03 bis 0,08	Büros	0,12 bis 0,15
Restaurants	0,05 bis 0,1	Konzertsälen	0,25 bis 0,3
Wohnzimmern	0,06 bis 0,11	Tonstudios	0,35 bis 0,45

Äquivalente Absorptionsfläche und Nachhallzeit:

Denkt man sich die gesamte Rauminnenfläche in absolut reflektierende und absolut absorbierende Anteile aufgeteilt, dann nennt man den total absorbierenden Anteil die **äquivalente Absorptionsfläche** A_{eq}.

Bei **gleichem Wandaufbau** aller Innenflächen kann A_{eq} mit nebenstehendem Diagramm ermittelt werden.

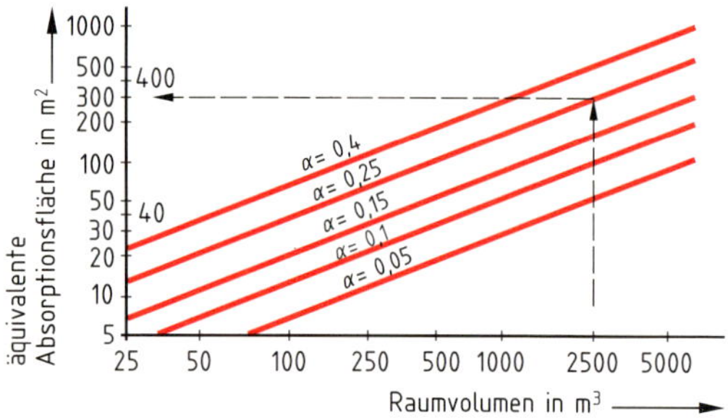

Besteht die Oberfläche der Raumwände aus verschiedenen Baustoffen (Regelfall), dann gilt

$$A_{eq} = \sum (\alpha_n \cdot A_n)$$ **äquivalente Absorptionsfläche**

$$T = 0{,}1635 \cdot \frac{V}{A_{eq}}$$ **Nachhallzeit** (Zahlenwertgleichung)

A_{eq}	äquivalente Absorptionsfläche	m²
n	Anzahl der Teilflächen	1
A_n	Teilfläche	m²
α_n	Absorptionsgrad der Teilfläche	1
T	Nachhallzeit	s
V	Raumvolumen	m³

Die **Nachhallzeit** ist die Zeit, in der nach Aufhören des Schallereignisses die Schallenergie auf den 10^{-6}ten Teil bzw. der Schalldruckpegel um 60 dB abnimmt.

Zur akustischen Beurteilung gibt es in Abhängigkeit vom Benutzerzweck optimale Richtwerte für die Nachhallzeit (s. folgende Tabelle):

Benutzerzweck des Raumes	optimale Nachhallzeit T in s	Benutzerzweck des Raumes	optimale Nachhallzeit T in s
Hotelzimmer	0,9 bis 1,0	Theater	0,8 bis 1,2
Büros	0,5 bis 1,5	Konzertsäle	1,7 bis 2,6
Kirchen	2,0 bis 3,0	Versammlungsräume	0,5 bis 1,5
Schwimmbäder	1,5 bis 4,0	Hörsäle	0,8 bis 1,5

Schalldämpfung und Schalldämmung

Schallschutz

Die **Lärmreaktionen** des Menschen (und auch der Tiere) reichen von der **Lästigkeitsempfindung** bis hin zur **Gesundheitsschädigung**, und sie machen sehr oft krank und deshalb Maßnahmen erforderlich, die zur **Verringerung von Lärmeinwirkungen** führen. All diese Maßnahmen werden unter dem Begriff **Schallschutz** zusammengefasst. Man unterscheidet grundsätzlich:

Schallschutzmaßnahmen

am Ort der Lärmentstehung	**am Ort der Lärmeinwirkung**
z. B. Kapselung der Schallquelle, Schallschutzwände, Schalldämpfer	z. B. Gehörschutzstöpsel, Schallschutzhelme, Schallschutzanzüge

Unter **Schallschutz** versteht man Maßnahmen, die die Weiterleitung von Schall verhindern bzw. vermindern.

Streng genommen wird wie folgt unterschieden:

Schalldämpfung (→ Absorption von Schallenergie)
Schalldämmung (→ Reflexion von Schallenergie)

Ein Maß für beide Wirkprinzipien (Dämpfung und Dämmung) ist das **Schalldämm-Maß** *R*.

Schalldämm-Maß:

$$R = 10 \cdot \lg \frac{P_1}{P_2}$$

$$R = 20 \cdot \lg \frac{1}{\tau}$$

$$R = \Delta L_p + 10 \cdot \lg \frac{S}{A_{eg}}$$

P_1	auftreffende Schallleistung	W
P_2	Schallleistung, die den Schalldämpfer (Schalldämmung) passiert	W
τ	Schalltransmissionsgrad	1
ΔL_p	Schalldruckpegeldifferenz	dB
S	Flächengröße einer (schallgedämmten) Trennwand	m^2
A_{eq}	äquivalente Absorptionsfläche	m^2

(→ Schwingungsdämpfung, Dämmkonstruktionen)

Reflexionsschalldämpfung in Rohrleitungssystemen (→ Schallfeldgrößen, Schallausbreitung)

Die Berechnungen einer Schallleitung müssen **frequenzabhängig** geführt werden. Dies bedeutet, dass man den **Frequenzgang**, d. h. die Frequenzabhängigkeit kennen muss. Bei **speziellen Schalldämpfern**, z. B. **Auspufftöpfe** oder **Pulsationsdämpfer** (sog. **Muffler**) sind die **Herstellerangaben** zu **beachten**. Gleiches gilt für die Schallquellen (z. B. Pumpen, Verdichter, Ventilatoren).
Folgende **Beispiele** zeigen die **Frequenzabhängigkeit**:

gerade Rohrleitung (Kanal)

Differenz des Schallleitungspegels in Abhängigkeit von der Frequenz der Schallanteile sowie in Abhängigkeit von den Abmessungen:

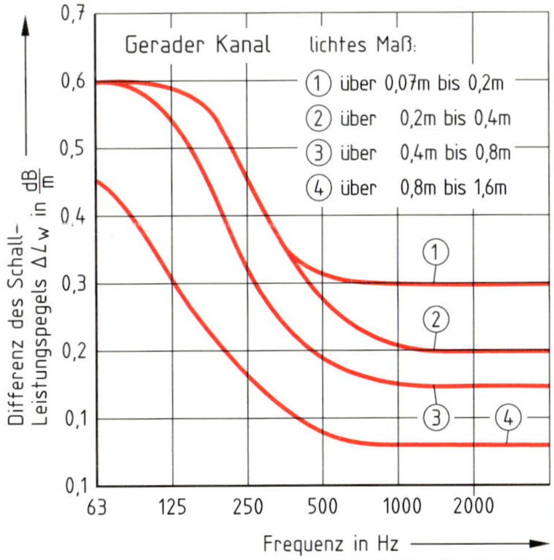

Bogen nach DIN EN 1254 (03.98)

Differenz des Schallleistungspegels in Abhängigkeit von der Frequenz der Schallanteile sowie in Abhängigkeit vom Nenndurchmesser *d*:

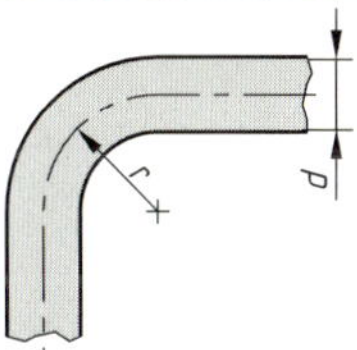

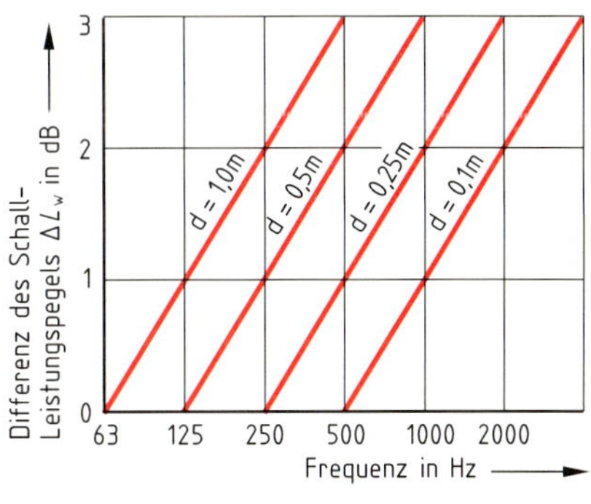

Schalldämpfung und Schalldämmung (Fortsetzung)

3

Abzweigungen

Differenz des Schallleistungspegels in Abhängigkeit der Flächenverhältnisse

$m = \frac{A}{A_1}$ $n = \frac{A}{A_1 + A_2}$

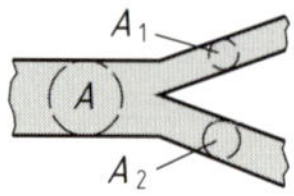

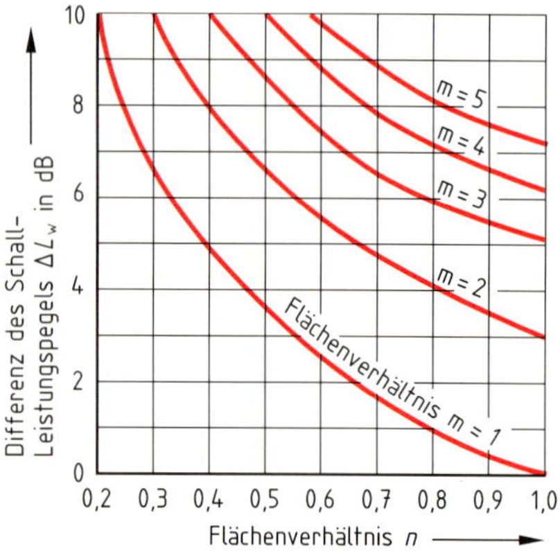

Querschnittsveränderungen

Differenz des Schallleistungspegels in Abhängigkeit des Flächenverhältnisses A_1/A_2:

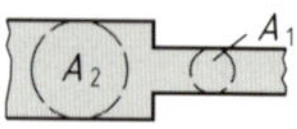

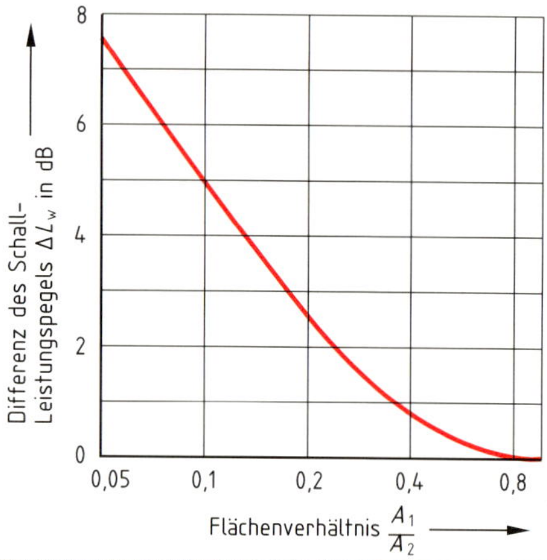

Auslassreflexion (Schalleintritt in den Raum)

ⓐ in den Raum hineinragender Kanal (Rohrleitung)

ⓑ wandbündiger Kanal (Rohrleitung)

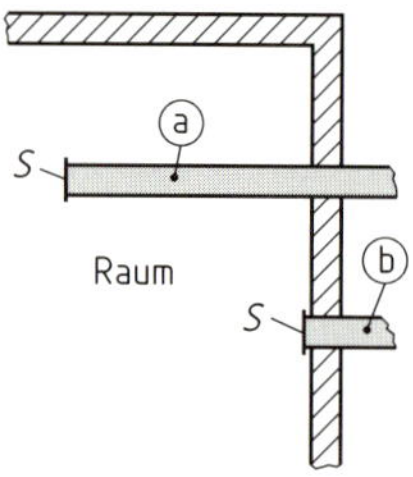

Differenz des Schallleistungspegel in Abhängigkeit von der Frequenz der Schallanteile und der Größe der Austrittsfläche S.

> **B** Frequenzanteil $f = 1000$ Hz, $A = 0{,}005$ m^2, wandbündig. Wie groß ist ΔL_w?
> $f \cdot \sqrt{S} = 1000\ \text{Hz} \cdot \sqrt{0{,}005\ \text{m}^2} = 70{,}7\ \text{Hz m}$
> $\boldsymbol{\Delta L_w \approx 4}$ **dB**

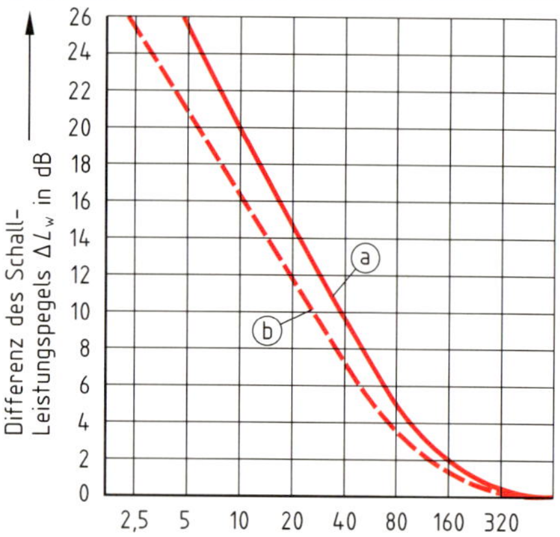

Umrechnung des Schallleistungspegels in den Schalldruckpegel bei Raumeintritt

Man unterscheidet vier **Mündungslagen** (entsprechend nebenstehendem Bild):

Mündung ⓐ → Schalleintrittsfläche in **Raummitte**
Mündung ⓑ → Schalleintrittsfläche in **Wandmitte**
Mündung ⓒ → Schalleintrittsfläche in **Raumkante**
Mündung ⓓ → Schalleintrittsfläche in **Raumecke**

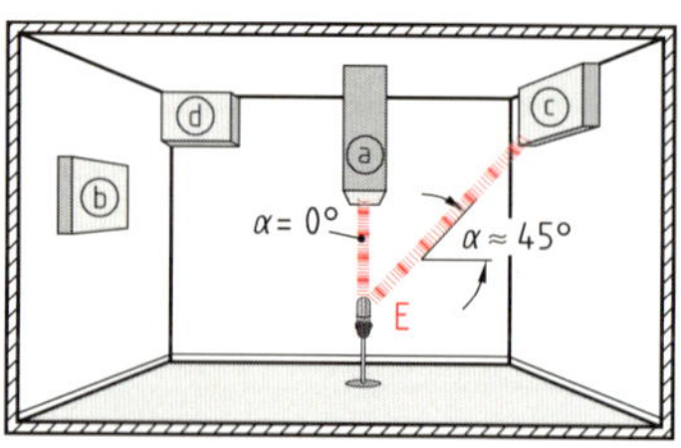

Die Mündungslage beeinflusst den empfangenen Schalldruckpegel L_p erheblich.

(→ Schallbewertung und Schallausbreitung)

Schalldämpfung und Schalldämmung (Fortsetzung)

Der am Messpunkt E, d.h. dem **Schallempfänger** (s. Abb. Seite 154) **ankommende Schalldruckpegel** L_p ist abhängig vom ankommenden **Schallleistungspegel** L_w, vom sog. **Richtungsfaktor** Q vom **Abstand** r der Schallaustrittsöffnung zum Schallempfänger, von der **äquivalenten Absorptionsfläche** A_{eq}.

Der Richtungsfaktor Q wird mit Hilfe der nebenstehenden Diagramme ermittelt. Diese existieren für die **Abstrahlwinkel** $\alpha = 45°$ und $\alpha = 0°$.

> Liegt der Abstrahlwinkel zwischen $\alpha = 45°$ und $\alpha = 0°$, dann ist Q durch → Interpolation der Werte für $\alpha = 45°$ und $\alpha = 0°$ zu ermitteln.

Nebenstehende Bilder zeigen die Abhängigkeit von Frequenz und von der Größe der Schallaustrittsfläche.

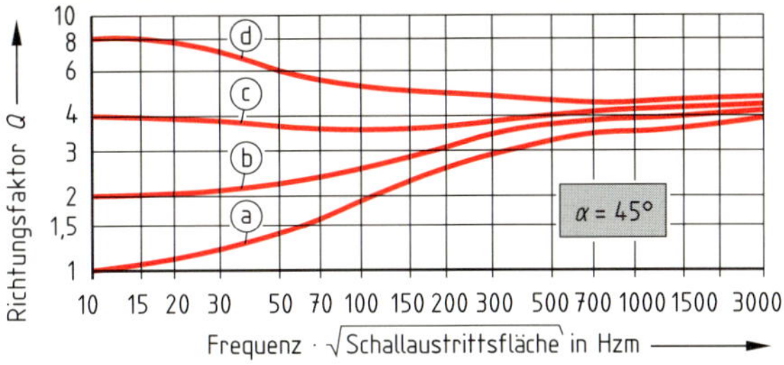

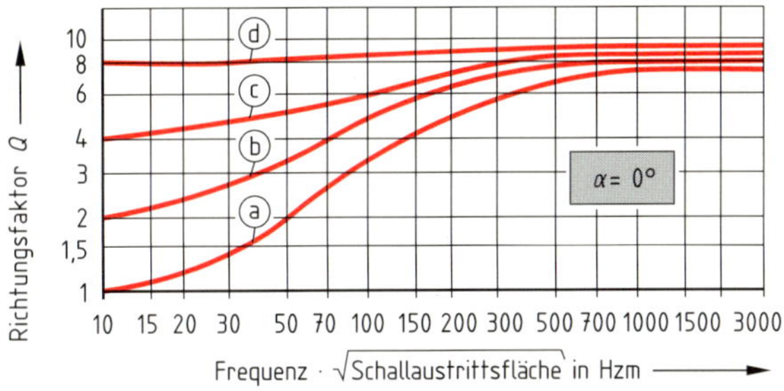

Schalldruckpegel:

$$L_p = L_w - 10 \cdot \lg \frac{1}{\frac{Q}{4 \cdot \pi \cdot r^2} + \frac{4}{A_{eq}}}$$

L_w	ankommender Schallleistungspegel	dB
L_p	ankommender Schalldruckpegel	dB
Q	Richtungsfaktor	1
r	Entfernung der Schallquelle (Einlassöffnung) zum Schallempfänger E	m
A_{eq}	äquivalente Absorptionsfläche (s. S.152)	m^2

Die Umrechnung vom **Schallleistungspegel in den Schalldruckpegel** kann auch mit Hilfe des folgenden Diagrammes erfolgen:

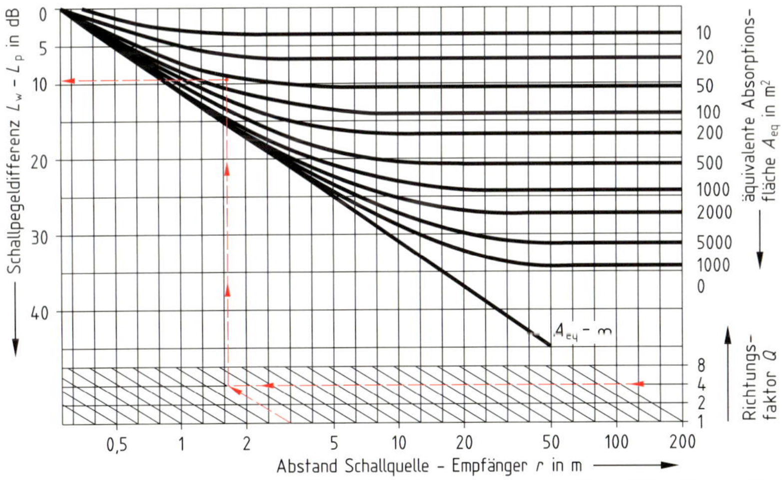

B $L_w = 80$ dB; $Q = 4$ (vorher zu ermitteln); $r = 2{,}8$ m; $A_{eq} = 60\ m^2$ (vorher zu ermitteln); $L_p = ?$

$$L_p = L_w - 10 \cdot \lg \frac{1}{\frac{Q}{4 \cdot \pi \cdot r^2} + \frac{4}{A_{eq}}} \text{ dB} = 80 \text{ dB} - 10 \cdot \lg \frac{1}{\frac{4}{4 \cdot \pi \cdot (2{,}8\text{ m})^2} + \frac{4}{60\text{ m}^2}} \text{ dB} = 80 \text{ dB} - 9{,}69 \text{ dm}$$

$\mathbf{L_p = 70{,}31}$ **dB** (s. auch im Diagramm eingezeichnetes Beispiel!)

3

Schalldämpfung und Schalldämmung (Fortsetzung)

Bewertung des im Raum ankommenden Schalls:

Bewertung erfolgt in Abhängigkeit von der Frequenz (s. nebenstehendes Bild).

Die gewünschte Bewertung muss von Fall zu Fall vereinbart werden, z. B. entsprechend

DIN-Phon-Kurven (s. nebenstehendes Bild)
Bewertungskurven nach DIN EN 60651 (06.98)
ISO-Bewertungskurven.
(→ Schallbewertung)

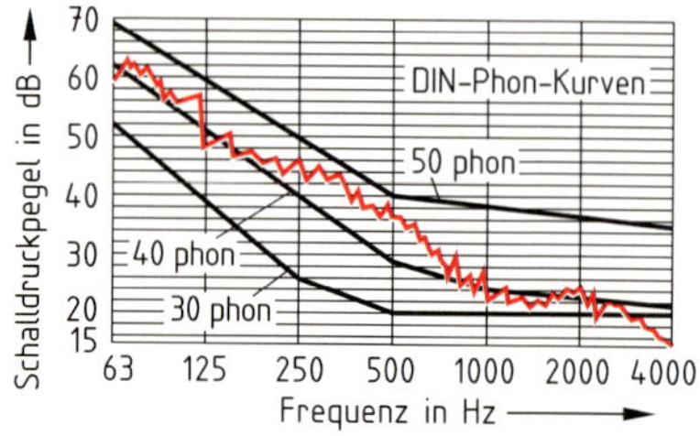

Absorptions-Schalldämpfung

Mit **Absorptions-Schalldämpfern** kann man keine gezielten Frequenzen dämpfen, ganz im Gegensatz
3 zu den Reflexions-Schalldämpfern. Dadurch, dass die → Schallschnelle an der Oberfläche einer Wand
nahezu Null, im Abstand einer viertel Wellenlänge λ aber maximal ist (hier ist also der kinetische Anteil
der → **Schwingungsenergie** maximal) gilt:

> Ein **Absorptionsschalldämpfer** hat bei einer **Absorberdicke**, die einer viertel Wellenlänge λ entspricht (s. nebenstehendes Diagramm) sein größtes **Dämpfungsvermögen**.

Entsprechend Seite 137 ist

$$\lambda = \frac{c}{f}$$

Wellenlänge (→ Wellenausbreitung)

Bei der Absorptions-Schalldämmung werden biegeweiche Werkstoffe (→ Dämmstoffe) mit möglichst großer Masse verwendet, z. B. als **Auskleidung** in Kanälen oder als **Wandoberflächen**. Diese Materialien werden als **Absorber** bezeichnet.

> Ein Maß für den Dämpfungsgrad ist das **Schalldämm-Maß** (s. Seite 153).

Schalldämm-Maß

$$R = 10 \cdot \lg \frac{P_1}{P_2}$$

$$R = 20 \cdot \lg \frac{1}{\tau}$$

$$R = \Delta L_p + 10 \cdot \lg \frac{S}{A_{eq}}$$

In nebenstehendem Bild ist die Abhängigkeit des **Schalldämm-Maßes** R von der → flächenbezogenen Masse für einen typischen Absorptions-Schalldämpfstoff dargestellt.

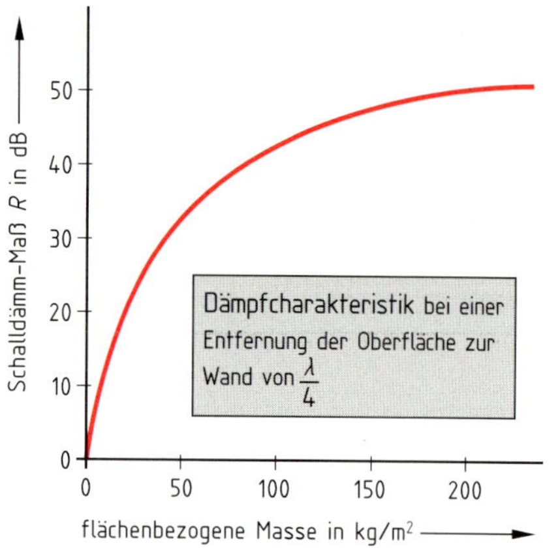

λ	Wellenlänge	m
c	Schallgeschwindigkeit	m/s
f	Frequenz	$\text{Hz} = \text{s}^{-1}$
P_1	auftreffende Schallleistung	W
P_2	Schallleistung, die den Schalldämpfer (Schalldämmung) passiert	W
τ	Schalltransmissionsgrad	1
ΔL_p	Schalldruckpegeldifferenz	dB
S	Flächengröße einer (schallgedämmten) Trennwand	m^2
A_{eq}	äquivalente Absorptionsfläche	m^2

> Diagramme der Dämpfcharakteristik sind von den Dämpfstoff-Herstellern zu erhalten. Sie sind die Grundlage zur Berechnung von Absorptions-Schalldämpfern.

B Medium Luft: $c = 343{,}15$ m/s (bei 20 °C), flächenbezogene Masse 100 kg/m², $P_1 = 0{,}5$ kW.
Ermitteln Sie die optimale Absorberdicke δ sowie (mit obigem Diagramm) P_2 bei $f = 200$ Hz.

$$\delta = \frac{\lambda}{4} = \frac{c}{4 \cdot f} = \frac{343{,}15 \text{ m/s}}{4 \cdot 200 \text{ s}^{-1}} = 0{,}429 \text{ m} = \mathbf{429 \text{ mm}}$$

Aus Diagramm: $\boldsymbol{R \approx 42}$ **dB**

$$R = 10 \cdot \lg \frac{P_1}{P_2} \rightarrow \lg \frac{P_1}{P_2} = \frac{R}{10} = \frac{42 \text{ dB}}{10} = 4{,}2 \rightarrow 4{,}2 = \lg \frac{500 \text{ W}}{P_2} \rightarrow \boldsymbol{P_2 \approx 0{,}03 \text{ W}}$$

Elektrophysikalische Grundlagen

Ladung, Stromstärke und Spannung im Gleichstromkreis

Die **Elementarladung** ist die kleinste in der Natur vorkommende **elektrische Ladung**. Sie ist die Ladung des **Protons** (+) und mit negativem Vorzeichen die des **Elektrons** (−) (→ Naturkonstanten).

$e = 1{,}602177 \cdot 10^{-19}\,\text{C}$ **Elementarladung** 1 C = 1 Coulomb = 1 Ampere · 1 Sekunde; 1 C = 1 As

Elektrisch gleichnamig geladene Körper (++, −−) stoßen sich ab.

Elektrisch ungleichnamig geladene Körper (+−, −+) ziehen sich an.

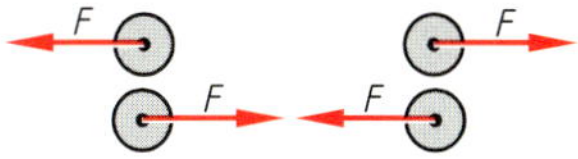

$I = \frac{Q}{t}$ $1\,\text{A} = \frac{1\,\text{C}}{1\,\text{s}}$ **elektrische Stromstärke**

I	elektrische Stromstärke	A
Q	geflossene Ladung	C
t	Zeitspanne	s

Der **elektrische Strom** fließt im **Stromkreis** vom **positiven Pol** der Spannungsquelle zum **negativen Pol** (technische Stromrichtung), während sich die Elektronen vom negativen zum positiven Pol bewegen.

Wirkungen des elektrischen Stroms

Lichtwirkung, Wärmewirkung, elektromagnetische Wirkung, elektrochemische Wirkung, physiologische Wirkung

$U = \frac{W}{Q}$ $1\,\text{V} = \frac{1\,\text{Nm}}{1\,\text{C}}$ **elektrische Spannung**

1 V = 1 Volt

U	elektrische Spannung	V
W	Überführungsarbeit (→ Arbeit)	Nm
Q	überführte Ladung	C

Faraday'sche Gesetze:

Die aus einem **Elektrolyten** abgeschiedene Masse m eines Stoffes ist der transportierten elektrischen Ladung Q proportional.

1. Faraday'sches Gesetz $m \sim Q$

$m = c \cdot Q = c \cdot I \cdot t$ **abgeschiedene Masse**

m	abgeschiedene Masse	mg
Q	transportierte Ladungsmenge	C
c	elektrochemisches Äquivalent (s. folgende Tabelle)	mg/C
I	Stromstärke	A
t	Zeitspanne	s

Das **elektrochemische Äquivalent** c hat die Einheit mg/C und gibt an, welche Masse eines Stoffes in mg von der Ladung 1 C abgeschieden wird.

Elektrochemische Äquivalente

Stoff	Ion	Wertigkeit	c in mg/C	Stoff	Ion	Wertigkeit	c in mg/C
Aluminium	Al^{3+}	3	0,093	Quecksilber	Hg^{2+}	2	1,039
Blei	Pb^{2+}	2	1,074	Silber	Ag^{+}	1	1,118
Cadmium	Cd^{2+}	2	0,583	Zink	Zn^{2+}	2	0,339
Calcium	Ca^{2+}	2	0,208	Zinn	Sn^{2+}	2	0,615
Chrom	Cr^{3+}	3	0,179	Zinn	Sn^{4+}	4	0,307
Eisen	Fe^{2+}	2	0,289	Wasserstoff	H^{+}	1	0,0105
Eisen	Fe^{3+}	3	0,193	Brom	Br^{-}	1	0,828
Gold	Au^{+}	1	2,041	Carbonat	CO_3^{2-}	2	0,311
Gold	Au^{3+}	3	0,681	Chlor	Cl^{-}	1	0,367
Kalium	K^{+}	1	0,405	Chromat	CrO_4^{2-}	2	0,601
Kupfer	Cu^{+}	1	0,659	Fluor	F^{-}	1	0,197
Kupfer	Cu^{2+}	2	0,329	Hydroxid	OH^{-}	1	0,176
Magnesium	Mg^{2+}	2	0,126	Jod	J^{-}	1	1,315
Natrium	Na^{+}	1	0,238	Phosphat	PO_4^{3-}	3	0,328
Nickel	Ni^{2+}	2	0,304	Sauerstoff	O^{2-}	2	0,083
Platin	Pt^{2+}	2	1,011	Schwefel	S^{2-}	2	0,166
Platin	Pt^{4+}	4	0,505	Sulfat	SO_4^{2-}	2	0,498

Elektrophysikalische Grundlagen (Fortsetzung):

Um n Mole eines Stoffes mit z_B-wertigen Ionen aus einem Elektrolyten abzuscheiden, benötigt man die elektrische Ladung Q.

$Q = n \cdot z_B \cdot F$	**transportierte Ladung**
$F = 96\,485{,}3$ C/mol	**Faraday-Konstante**

2. Faraday'sches Gesetz

Q	transportierte Ladungsmenge	C
n	→ Stoffmenge	mol
z_B	Wertigkeit der Ionen	1
F	Faraday-Konstante	C

1 C = 1 As

Allgemeine Gesetzmäßigkeiten im elektrischen Stromkreis

Ohm'sches Gesetz und Ohm'scher elektrischer Widerstand

3

Bei unveränderlichem Widerstand R ist die Stromstärke I direkt proportional zur Spannung U.

$I \sim U$	**Ohm'sches Gesetz**
$I = \frac{U}{R}$	**Ohm'sches Gesetz**
$R = \frac{U}{I}$ $1\,\Omega = \frac{1\,V}{1\,A}$	**elektrischer Widerstand**
$R = \varrho \cdot \frac{l}{A} = \frac{l}{\gamma \cdot A}$	**Widerstand eines Leiters**
$\varrho = \frac{R \cdot A}{l}$	**spezifischer Widerstand**
$\gamma = \frac{l}{R \cdot A}$	**elektrische Leitfähigkeit**
$G = \frac{1}{R}$ $1\,S = \frac{1}{\Omega}$	**elektrischer Leitwert**

I	elektrischer Strom	A
U	elektrische Spannung	V
R	elektrischer Widerstand	Ω
ϱ	spezifischer Widerstand	$\Omega \cdot mm^2/m$
l	Leiterlänge	m
A	Querschnittsfläche des Leiters	mm^2
γ	elektrische Leitfähigkeit	$m/(\Omega \cdot mm^2)$
G	elektrischer Leitwert (s. unten)	S, 1/Ω

Spezifischer Widerstand und **elektrischer Leitwert** verschiedener Stoffe (s. Tabellen Seite 159).

Die Einheit des elektrischen Leitwerts G ist

$$1\,S\ (\text{Siemens}) = \frac{1}{\Omega} = \frac{A}{V}$$

Temperaturabhängigkeit des elektrischen Widerstandes

Heißleiter (NTC-Widerstände) sind Werkstoffe, deren Widerstand mit ansteigender Temperatur abnimmt.
Kaltleiter (PTC-Widerstände) sind Werkstoffe, deren Widerstand mit ansteigender Temperatur zunimmt.
(NTC = **n**egativer **T**emperatur**k**oeffizient; PTC = **po**sitiver **T**emperatur**k**oeffizient)

$\Delta R = \alpha \cdot R_1 \cdot \Delta\vartheta$	**Widerstandsänderung bei Temperaturänderung $\Delta\vartheta$**
$\Delta\vartheta = \vartheta_2 - \vartheta_1$	**Temperaturänderung**
$R_2 = R_1 + \Delta R$ $R_2 = R_1 \cdot (1 + \alpha \cdot \Delta\vartheta)$	**Widerstandswert bei der Endtemperatur ϑ_2**

ΔR	Widerstandsänderung	Ω
α	Temperaturkoeffizient (s. Tabelle Seite 159)	1/K
R_1	Widerstandswert bei der Temperatur ϑ_1 (meist 20 °C) ($= R_{20}$)	Ω
$\Delta\vartheta$	Temperaturänderung	°C, K
ϑ_2	Endtemperatur	°C
ϑ_1	Anfangstemperatur	°C
R_2	Widerstand bei der Endtemperatur	Ω

In der elektrotechnischen Praxis werden häufig für die **Indizes** 1 und 2 auch **k (kalt)** und **w (warm)** verwendet. Der **Temperaturkoeffizient** α und der Ausgangswiderstand R_1 sind meist auf die **Temperatur** $\vartheta_1 = 20\,°C$ bezogen (s. Tabelle nächste Seite) (→ Temperaturdifferenz).

B $R_{20} = 3{,}5\,\Omega$; $\vartheta = 60\,°C$; $\alpha = 4{,}7 \cdot 10^{-3}\,K^{-1}$; $R_w = ?$

$R_w = R_{20} \cdot (1 + \alpha \cdot \Delta\vartheta) = 3{,}5\,\Omega \cdot (1 + 4{,}7 \cdot 10^{-3}\,K^{-1} \cdot 40\,K) = 3{,}5\,\Omega \cdot (1 + 0{,}188) = 3{,}5\,\Omega \cdot 1{,}188 = \mathbf{4{,}158\,\Omega}$

Allgemeine Gesetzmäßigkeiten im elektrischen Stromkreis (Fortsetzung)

Spez. elektr. Widerstand ϱ, elektr. Leitwert γ, Temperaturkoeffizient α fester Stoffe bei 20 °C

Werkstoff	spez. Widerstand ϱ_{20} in $\Omega \cdot mm^2/m$	Leitwert γ_{20} in $m/(\Omega \cdot mm^2)$	Temperaturkoeffizient α in 10^{-3} 1/K	Werkstoff	spez. Widerstand ϱ_{20} in $\Omega \cdot mm^2/m$	Leitwert γ_{20} in $m/(\Omega \cdot mm^2)$	Temperaturkoeffizient α in 10^{-3} 1/K
Elemente							
Aluminium	0,0278	36,0	4,0	Molybdän	0,047	21,3	4,7
Antimon	0,42	2,38	5,1	Natrium	0,043	23,3	5,5
Bismut	1,21	0,83	4,2	Nickel	0,095	10,5	5,2
Blei	0,208	4,8	4,2	Platin	0,098	10,2	3,9
Cadmium	0,077	13,0	4,2	Quecksilber	0,94	1,063	0,99
Chrom	0,130	7,7	5,8	Silber	0,016	62,5	4,1
Cobalt	0,057	17,5	6,6	Tantal	0,15	6,67	3,6
Eisen	0,1	10,0	6,6	Titan	0,6	1,7	5,3
Germanium	900	0,0011	1,5	Uran	0,32	3,1	2,0
Gold	0,022	45,5	4,0	Vanadium	0,20	5,0	3,5
Kalium	0,07	14,3	5,4	Wolfram	0,055	18,2	4,7
Kupfer	0,0178	56,2	3,9	Zink	0,0625	16,0	4,2
Magnesium	0,044	22,7	4,0	Zinn	0,115	8,7	4,6
Mangan	0,049	20,4	5,9				
Legierungen und sonstige Stoffe							
Aldrey	0,033	30	3,6	Messing	0,062	16,1	1,6
Aluchrom	1,38	0,74	0,05	Nickelin	0,43	2,3	0,11
Chromnickel	1,1	0,9	0,2	Platinrhodium	0,20	5,0	1,7
Konstantan	0,49	2,04		Graphitkohle	20	0,05	−0,5
Manganin	0,43	2,3		Kohlenstoff	30	0,033	−0,4

ϱ **von Isolierstoffen** (s. folgende Tabelle)

Spezifischer elektrischer Widerstand ϱ von Isolierstoffen bei 20 °C ($1\ \Omega \cdot mm^2/m = 10^{-6}\ \Omega m$)

Werkstoff	spezifischer Widerstand ϱ in Ωm	Werkstoff	spezifischer Widerstand ϱ in Ωm
Benzol	$\approx 10^{15}$	Phenolharze	$\approx 10^{15}$
Bernstein	$\approx 10^{16}$	Plexiglas	$\approx 10^{13}$
Glas	$\approx 10^{12}$	Polyamid	$\approx 10^{10}$
Glimmer	$\approx 10^{14}$	Polypropylen	$\approx 10^{14}$
Hartgummi	$\approx 10^{15}$	Polystyrol	$\approx 10^{14}$
Holz (trocken)	$\approx 10^{12}$	Polyvinylchlorid	$\approx 10^{14}$
Keramik	$\approx 10^{12}$	Porzellan	$\approx 10^{12}$
Marmor	$\approx 10^{8}$	Quarz	$\approx 10^{12}$
Papier	$\approx 10^{15}$	Silikonöl	$\approx 10^{13}$
Paraffin	$\approx 10^{15}$	Wachs	$\approx 10^{12}$
Petroleum	$\approx 10^{11}$	Zelluloid	$\approx 10^{10}$

Elektrische Arbeit, elektrische Leistung, Wirkungsgrad

$$W = U \cdot Q$$
$$W = U \cdot I \cdot t$$
elektrische Arbeit

(→ mechanische Arbeit)

W	verrichtete Arbeit	J, Ws
U	elektrische Spannung	V
Q	transportierte Ladung	C
I	Stromstärke	A
t	Zeitspanne	s, h

Die **Einheit der elektrischen Arbeit** ist **1 Ws** = 1 J = 1 Nm, 1 kWh = 3 600 000 Ws = $3{,}6 \cdot 10^6$ Ws

$$P = \frac{W}{t}$$
$$P = U \cdot I$$
$$P = I^2 \cdot R = \frac{U^2}{R}$$
elektrische Leistung

P	elektrische Leistung	W
W	verrichtete Arbeit	Nm, J, Ws
t	Zeitspanne	s
U	elektrische Spannung	V
I	elektrische Stromstärke	A
R	elektrischer Widerstand	Ω

3

Allgemeine Gesetzmäßigkeiten im elektrischen Stromkreis (Fortsetzung)

$$\eta = \frac{W_{ab}}{W_{zu}}$$

$$\eta = \frac{P_{ab}}{P_{zu}}$$

Wirkungsgrad

η	Wirkungsgrad	1
W_{ab}	abgegebene Energie	Nm, J, Ws
W_{zu}	zugeführte Energie	Nm, J, Ws
P_{ab}	abgegebene Leistung	W, kW
P_{zu}	zugeführte Leistung	W, kW

Die Einheit der elektrischen Leistung ist **1 W** = 1 Watt = 1 J/s = 1 Nm/s
(→ Mechanischer Wirkungsgrad, Energieäquivalenz)

Bei **Motoren** versteht man unter der **Nennleistung** die abgegebene mechanische Leistung, während man bei anderen **elektrischen Geräten** unter der **Nennleistung** die aufgenommene Leistung versteht.

Gesetzmäßigkeiten bei Widerstandsschaltungen

3

Parallelschaltung:

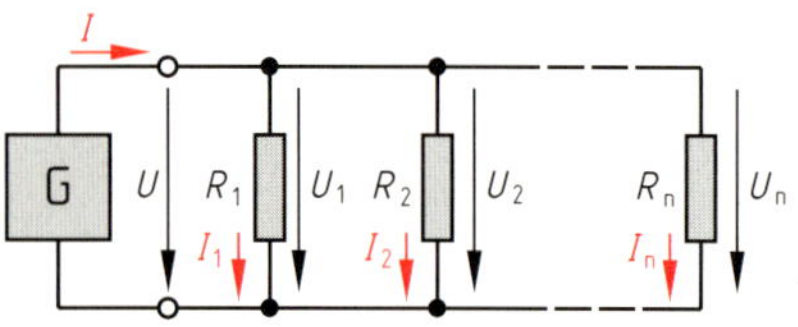

In der Parallelschaltung ist die Spannung an den einzelnen Widerständen (U_1, U_2, U_3, ...) gleich der **Gesamtspannung** U.

Der **Gesamtstrom** I einer Parallelschaltung ist gleich der Summe der Teilströme (I_1, I_2, I_3, ...).

1. Kirchhoff'sches Gesetz: An jedem **Knotenpunkt** ist die Summe der hinfließenden Teilströme (ΣI_{hin}) gleich der Summe der abfließenden Teilströme (ΣI_{ab}). Dieses Gesetz heißt auch **Knotenregel**.

$U = U_1 = U_2 = U_3 = \ldots$	**Gesamtspannung**
$I = I_1 + I_2 + I_3 + \ldots$	**Gesamtstrom**
$\sum I_{hin} = \sum I_{ab}$	**1. Kirchhoff'sches Gesetz**
$G = G_1 + G_2 + G_3 + \ldots$	**Gesamtleitwert**
$\frac{1}{R} = \frac{1}{R_1} + \frac{1}{R_2} + \frac{1}{R_3} + \ldots$	**Kehrwert des Gesamtwiderstandes**
$R = \frac{R_1 \cdot R_2}{R_1 + R_2}$	**Gesamtwiderstand** (zwei Widerstände)
$R = \frac{R_1}{n}$	**Gesamtwiderstand** (*n* gleiche Widerstände)

Der **Gesamtleitwert** ist gleich der Summe der **Teilleitwerte** (G_1, G_2, G_3, ...).

R	Gesamtwiderstand	Ω
R_1, R_2	parallel geschaltete Widerstände	Ω
n	Anzahl der parallel geschalteten gleichen Widerstände R_1	1
I_1, I_2	Teilströme	A
I	Gesamtstrom	A
P_1, P_2	Teilleistungen	W
W_1, W_2	Teilenergien	Nm, J, Ws

$$\frac{I_1}{I_2} = \frac{R_2}{R_1} \qquad \frac{I_1}{I} = \frac{R}{R_1} \qquad \frac{P_1}{P_2} = \frac{R_2}{R_1} \qquad \frac{W_1}{W_2} = \frac{R_2}{R_1}$$

→ **Verhältnisse** von Teilströmen, Teilwiderständen, Teilleistungen, Teilenergien **in der Parallelschaltung**.

Reihenschaltung:

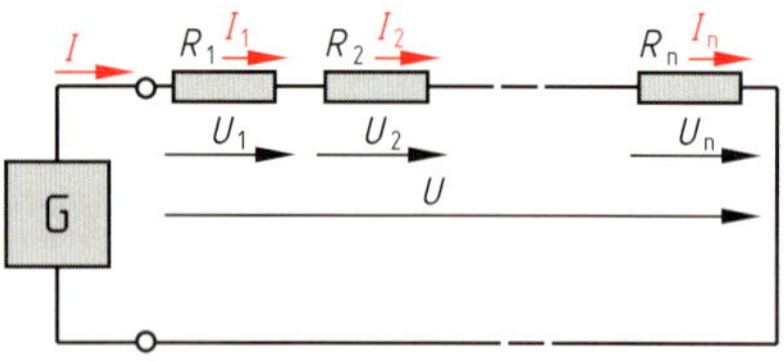

In der Reihenschaltung ist die **Stromstärke** überall gleich groß.

2. Kirchhoff'sches Gesetz: Bei der Reihenschaltung ist die **Gesamtspannung** U gleich der **Summe der Teilspannungen** (U_1, U_2, U_3, ...).

In der Reihenschaltung ist der **Gesamtwiderstand** R gleich der **Summe der Teilwiderstände** (R_1, R_2, R_3).

$I = I_1 = I_2 = I_3 = \ldots$	**Stromstärke**
$U = U_1 + U_2 + U_3 + \ldots$	**Gesamtspannung**
$R = R_1 + R_2 + R_3 + \ldots$	**Gesamtwiderstand**
$R = n \cdot R_1$	**Gesamtwiderstand** von *n* gleichen Widerständen

R	Gesamtwiderstand	Ω
R_1, R_2	Teilwiderstände	Ω
n	Anzahl der in Reihe geschalteten gleichen Widerstände R_1	1
U_1, U_2	Teilspannungen	V
U	Gesamtspannung	V
P_1, P_2	Teilleistungen	W
W_1, W_2	Teilenergien	Nm, J, Ws

Gesetzmäßigkeiten bei Widerstandsschaltungen (Fortsetzung)

$$\sum_q U_q + \sum_k I \cdot R_k = 0$$ **Maschenregel**

In jedem **geschlossenen Kreis** (s. nebenstehendes Bild: **Masche**) eines Netzes ist die Summe der **Quellenspannungen** und der **Spannungsfälle** gleich null.

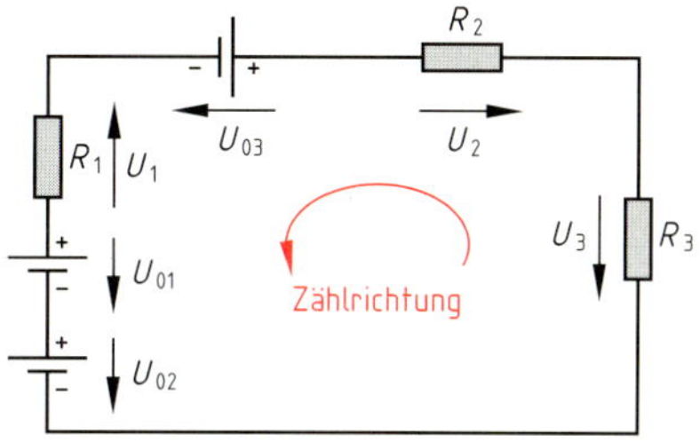

Beispiel (s. nebenstehendes Bild):

$$U_{01} + U_{02} + U_{03} - U_1 - U_2 - U_3 = 0$$

$$\frac{U_1}{U_2} = \frac{R_1}{R_2} \qquad \frac{U_1}{U} = \frac{R_1}{R} \qquad \frac{P_1}{P_2} = \frac{R_1}{R_2} \qquad \frac{W_1}{W_2} = \frac{R_1}{R_2}$$

→ **Verhältnisse** von Teilspannungen, Teilwiderständen, Teilleistungen und Teilenergien **in der Reihenschaltung**.

3

Gemischte Widerstandsschaltungen

Gesamtwiderstand bei der erweiterten Reihenschaltung (s. nebenstehendes Bild)

$$R = R_3 + \frac{R_1 \cdot R_2}{R_1 + R_2}$$

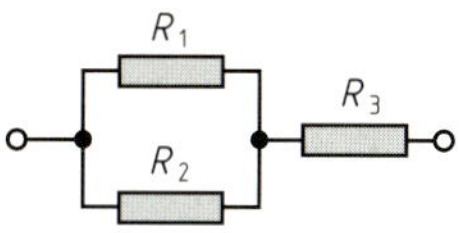

R_1, R_2	parallel geschaltete Widerstände	Ω
R_3	in Reihe geschalteter Widerstand	Ω
R	Gesamtwiderstand	Ω

Gesamtwiderstand bei der erweiterten Parallelschaltung (s. nebenstehendes Bild)

$$R = \frac{R_3 \cdot (R_1 + R_2)}{R_1 + R_2 + R_3}$$

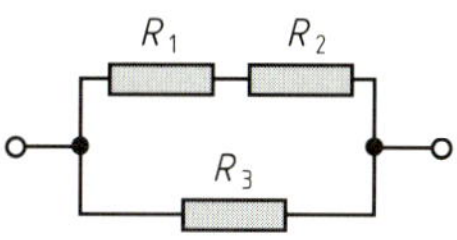

R_1, R_2	in Reihe geschaltete Widerstände	Ω
R_3	parallel geschalteter Widerstand	Ω
R	Gesamtwiderstand	Ω

Spannungsteiler:

Unbelasteter Spannungsteiler (linkes Bild)

$$U_{20} = \frac{R_2}{R_1 + R_2} \cdot U$$ **Leerlaufspannung**

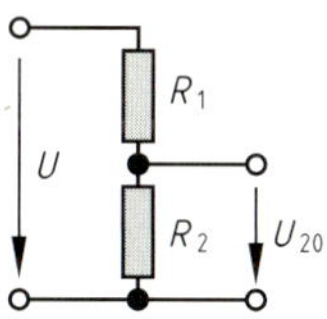

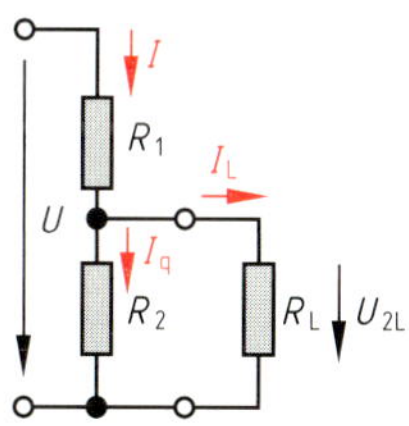

Belasteter Spannungsteiler (rechtes Bild)

$$U_{2L} = \frac{R_{2L}}{R_1 + R_{2L}} \cdot U$$ **Teilspannung bei Belastung**

$$R_{2L} = \frac{R_2 \cdot R_L}{R_2 + R_L}$$ **Ersatzwiderstand**

$$q = \frac{I_q}{I_L} = \frac{R_L}{R_2}$$ **Querstromverhältnis**

Damit die **Ausgangsspannung** möglichst konstant bleibt, muss das **Querstromverhältnis** q einen Wert zwischen 2 und 10 besitzen.

U_{20}	Leerlaufspannung	V
U_{2L}	Teilspannung bei Belastung	V
R_L	Lastwiderstand	Ω
R_{2L}	Ersatzwiderstand von R_2 und R_L	Ω
R_1, R_2	Teilerwiderstände	Ω
U	anliegende Gesamtspannung	V
q	Querstromverhältnis	1
I_q	Querstrom	A
I_L	Laststrom	A

Gesetzmäßigkeiten bei Widerstandsschaltungen (Fortsetzung)

Messbereichserweiterung elektrischer Messgeräte

Strommessgerät
(linkes Bild)

$$n = \frac{I}{I_m}$$

$$R_p = \frac{R_m}{n-1}$$

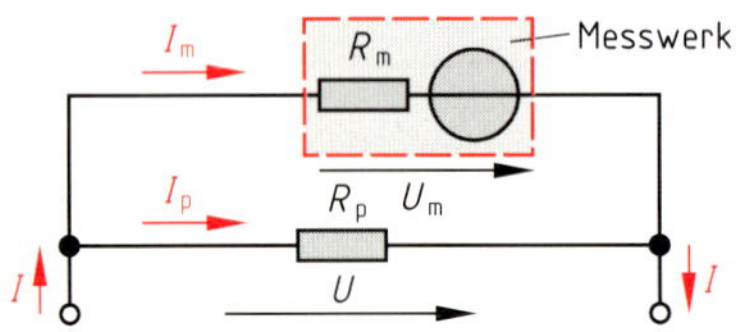

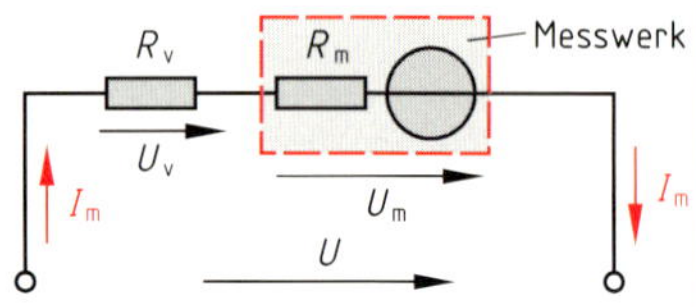

Spannungsmessgerät (rechtes Bild)

3

Formel	Bezeichnung
$n = \frac{U}{U_m}$	**Faktor der Messbereichserweiterung**
$R_v = R_m \cdot (n-1)$	**Vorwiderstand**
$R_m = r_k \cdot U_m$	**Messwerkwiderstand**
$r_k = \frac{R_m}{U_m} = \frac{1}{I_m}$	**Kenngröße**

n	Faktor der Messbereichserweiterung	1
I	zu messende Stromstärke	A
I_m	Messwerkstrom (Strom bei Vollausschlag)	A
R_p	Nebenwiderstand	Ω
R_m	Innenwiderstand des Messgerätes	Ω
U	zu messende Spannung	V
U_m	Messwerkspannung (Spannung bei Vollausschlag)	V
R_v	Vorwiderstand	Ω
r_k	Kenngröße	Ω/V

Widerstandsmessung mit Strom- und Spannungsfehlerschaltung

Stromfehlerschaltung:
(linkes Bild)

$$R = \frac{U}{I - \frac{U}{R_{iV}}}$$

$$I_V = \frac{U}{R_{iV}}$$ **Korrekturformel**

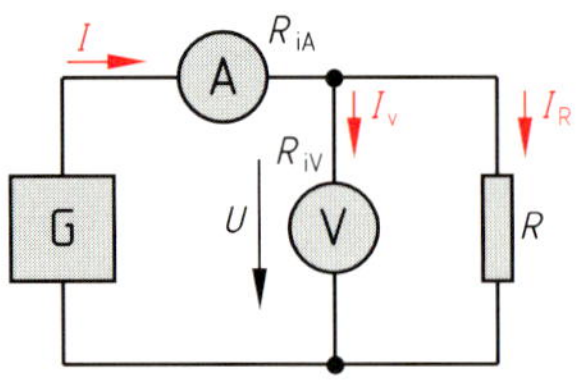

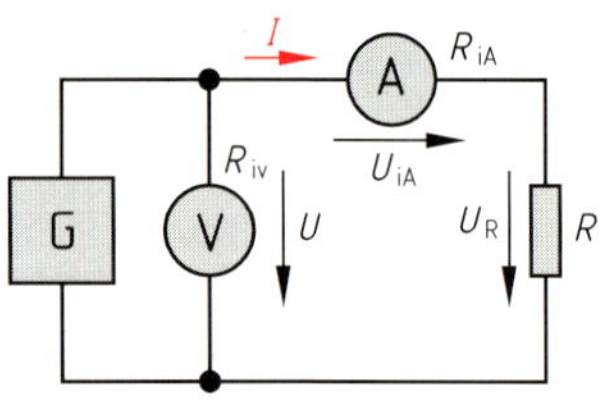

Die **Stromfehlerschaltung** ist geeignet, wenn der Widerstandswert R des Verbrauchers klein ist.

Spannungsfehlerschaltung: (rechtes Bild)

$$R = \frac{U}{I} - R_{iA}$$

$$R_{iA} = \frac{U_{iA}}{I}$$ **Korrekturformel**

Die **Spannungsfehlerschaltung** ist geeignet, wenn der Widerstandswert R des Verbrauchers groß ist.

R	zu bestimmender Widerstand	Ω
U	angezeigte Spannung	V
I	angezeigte Stromstärke	A
R_{iV}	Widerstand des Spannungsmessers	Ω
R_{iA}	Innenwiderstand des Strommessers	Ω
I_V	Strom durch den Spannungsmesser	A
U_{iA}	Spannungsfall am Strommesser	V

Widerstandsmessbrücke: (nebenstehendes Bild)

$$\frac{R_x}{R_N} = \frac{R_1}{R_2}$$ **Abgleichbedingung**

$$R_x = \frac{R_1}{R_2} \cdot R_N$$ **unbekannter Widerstand**

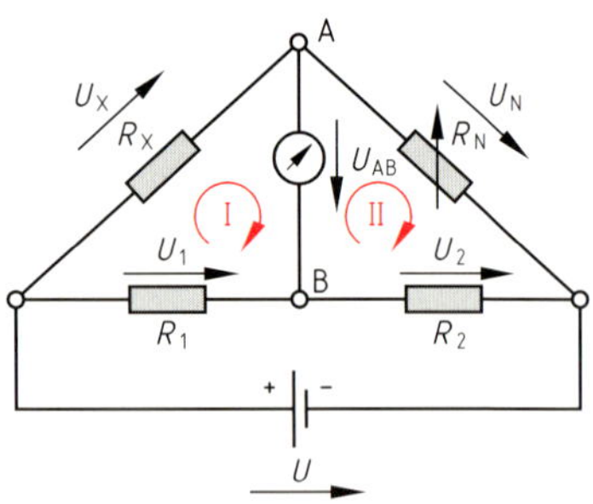

Die Brückenschaltung ist abgeglichen, wenn die Brückenspannung U_{AB} null ist.

R_x	unbekannter Widerstand	Ω
R_N	einstellbarer Vergleichswiderstand	Ω
R_1, R_2	feste Brückenwiderstände	Ω

Gesetzmäßigkeiten bei Widerstandsschaltungen (Fortsetzung)

Klemmenspannung und Innenwiderstand von Spannungserzeugern:

Bei Leerlauf ($I = 0$):

$$U = U_0$$ **Klemmenspannung**

Bei Kurzschluss ($R_L = 0$):

$$I_k = \frac{U_0}{R_i}$$ **Kurzschlussstrom**

U	Klemmenspannung	V
U_0	Leerlaufspannung, Urspannung	V
I	Laststrom	A
I_k	Kurzschlussstrom	A
R_i	Innenwiderstand	Ω
R_L	Lastwiderstand	Ω

Bei Belastung ($R_L > 0$): (s. nebenstehendes Bild)

$$U = U_0 - I \cdot R_i$$ **Klemmenspannung**

$$I = \frac{U_0}{R_L + R_i}$$ **Laststrom**

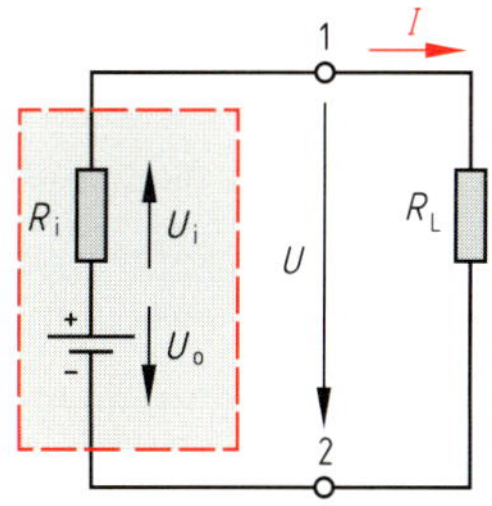

Die Klemmenspannung U ist stets kleiner als die Urspannung U_0, da bei einem Laststrom über den Innenwiderstand der Spannungsquelle ein Teil der Spannung bereits abfällt.

3

Stern-Dreieck-Umwandlung:

$$R_{1N} = \frac{R_{12} \cdot R_{13}}{R_{12} + R_{13} + R_{23}}$$

$$R_{2N} = \frac{R_{12} \cdot R_{23}}{R_{12} + R_{13} + R_{23}}$$

$$R_{3N} = \frac{R_{13} \cdot R_{23}}{R_{12} + R_{13} + R_{23}}$$

Dreieck in Stern (s. nebenstehendes Bild)

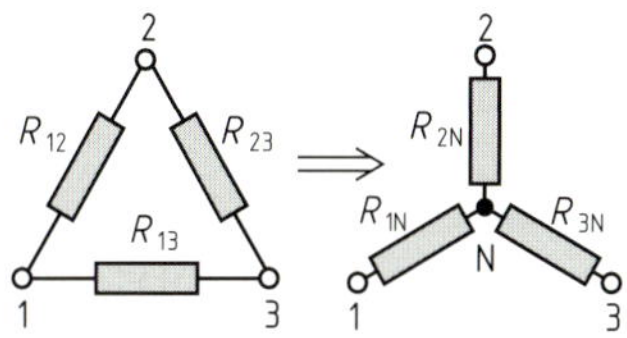

R_{1N}, R_{2N}, R_{3N}	Widerstände in Sternschaltung	Ω
R_{12}, R_{13}, R_{23}	Widerstände in Dreieckschaltung	Ω

$$R_{12} = \frac{R_{1N} \cdot R_{2N}}{R_{3N}} + R_{1N} + R_{2N}$$

$$R_{13} = \frac{R_{1N} \cdot R_{3N}}{R_{2N}} + R_{1N} + R_{3N}$$

$$R_{23} = \frac{R_{2N} \cdot R_{3N}}{R_{1N}} + R_{2N} + R_{3N}$$

Stern in Dreieck (s. nebenstehendes Bild)

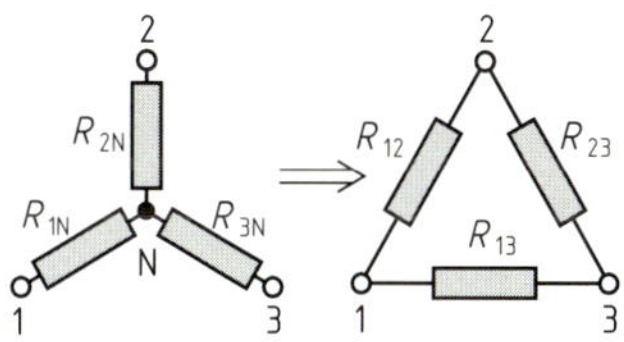

R_{1N}, R_{2N}, R_{3N}	Widerstände in Sternschaltung	Ω
R_{12}, R_{13}, R_{23}	Widerstände in Dreieckschaltung	Ω

Das elektrische Feld

Den Raum um eine felderzeugende Ladung Q, in dem andere elektrische Ladungen Kräfte erfahren, nennt man ein elektrisches Feld.

Die elektrische Felstärke:

$$E = \frac{F}{Q}$$ **elektrische Feldstärke** (Definition)

$$E = \frac{U}{l}$$ **elektrische Feldstärke** (zwischen Kondensatoren)

$$W = E \cdot Q \cdot l = Q \cdot U$$ **Überführungsarbeit**

E	elektrische Feldstärke	N/C, V/m
F	Kraft auf die elektrische Ladung	N
Q	elektrische Ladung	C
U	Spannung an den Kondensatorplatten	V
l	Plattenabstand	m
W	Überführungsarbeit	Nm, J, Ws
Q	überführte elektrische Ladung	C

Das elektrische Feld (Fortsetzung)

$$E = \frac{1}{4 \cdot \pi \cdot \varepsilon_0 \cdot \varepsilon_r} \cdot \frac{Q}{r^2}$$

elektrische Feldstärke (um Punktladung)

E	elektrische Feldstärke im Abstand r	N/C, V/m
ε_0	elektrische Feldkonstante (→ Naturkonstanten)	As/(Vm)
ε_r	Permittivitätszahl (s. Tabelle Seite 142)	1
Q	punktförmige elektr. Ladung	C
r	Abstand	m

Das Coulomb'sche Gesetz:

$$F = \frac{1}{4 \cdot \pi \cdot \varepsilon_0 \cdot \varepsilon_r} \cdot \frac{Q_1 \cdot Q_2}{r^2}$$

Kraft (zwischen zwei Punktladungen)

$$\varepsilon = \varepsilon_0 \cdot \varepsilon_r$$

Permittivität

Gleichnamige Ladungen stoßen sich ab ($F > 0$); ungleichnamige Ladungen ziehen sich an ($F < 0$).

F	Kraft zwischen den Ladungen	N
ε_0	elektrische Feldkonstante (→ Naturkonstanten)	As/(Vm)
ε_r	Permittivitätszahl (s. Tabelle Seite 142)	1
Q_1, Q_2	punktförmige elektr. Ladungen	C
r	Abstand der beiden Punktladungen bzw. der beiden Kugelmittelpunkte	m
ε	Permittivität	As/(Vm)

3

Kapazität:

$$C = \frac{Q}{U}$$

Kapazität (Definition)

C	Kapazität	F
Q	Ladung auf dem Kondensator	C
U	Spannung am Kondensator	V

$1\,\text{F} = 1\,\frac{\text{C}}{\text{V}}$ $1\,\mu\text{F} = 10^{-6}\,\text{F}$ $1\,\text{nF} = 10^{-9}\,\text{F}$ $1\,\text{pF} = 10^{-12}\,\text{F}$

Plattenkondensator:

Kapazität

$$C = \varepsilon_0 \cdot \varepsilon_r \cdot \frac{A}{l}$$

$$\sigma = \frac{Q}{A}$$

$$D = \varepsilon_0 \cdot \varepsilon_r \cdot E$$

$$\sigma = D$$

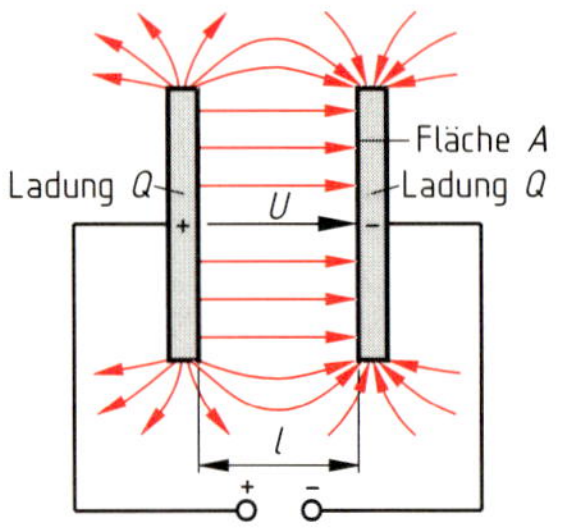

C	Kapazität	F
ε_0	elektrische Feldkonstante (→ Naturkonstanten)	As/(Vm)
ε_r	Permittivitätszahl (Dielektrizätszahl, s. Tabelle Seite 142)	1
A	Plattenfläche	m²
l	Plattenabstand	m
σ	Flächenladungsdichte	C/m²
D	Verschiebungsdichte (elektrische Flussdichte)	C/m²
Q	Ladung auf einer Kondensatorplatte	C
E	elektrische Feldstärke	N/C, V/m

Drehkondensator:

$$C_{max} = (n - 1) \cdot \varepsilon_0 \cdot \varepsilon_r \cdot \frac{A}{d}$$

Maximalkapazität des Drehkondensators

$$C = C_{max} \cdot \frac{A'}{A}$$

Kapazität des Drehkondensators

C_{max}	Maximalkapazität des Drehkondensators	F
n	Anzahl der Platten des Drehkondensators	1
A	Fläche einer Platte	m²
A'	wirksame Fläche einer Platte	m²
C	Kapazität des Drehkondensators	F
d	Plattenabstand	m

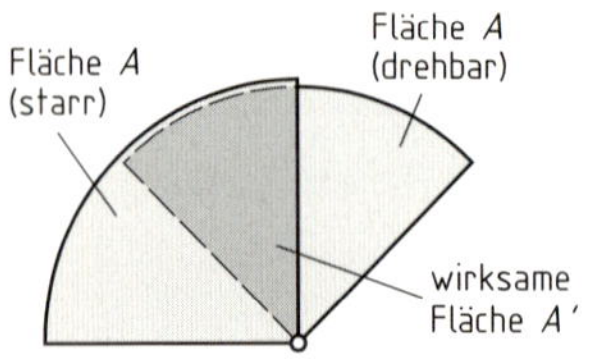

Beim **Drehkondensator** kann der Kapazitätswert verändert werden, indem ein drehbares Plattenpaket in ein starres Plattenpaket hineingedreht wird, wodurch die für die elektrische Kapazität wirksame Plattenoberfläche verändert wird (s. nebenstehendes Bild).

Elektrolytkondensatoren dürfen nur an eine Gleichspannungsquelle mit der angegebenen Polung (+,−) angeschlossen werden. Ihre großen Kapazitätswerte beruhen auf der sehr dünnen Oxidschicht als Dielektrikum.

Das elektrische Feld (Fortsetzung)

Weitere Kondensatorbauformen:
Kugelkondensator, Zylinderkondensator, Wickelkondensator (Metallpapier, Kunststofffolien) u. a.

Parallelschaltung von Kondensatoren:

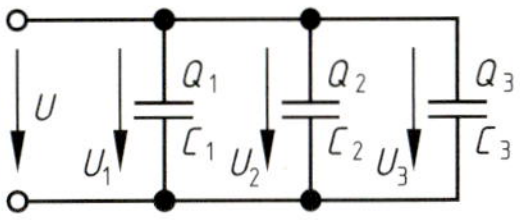

$U = U_1 = U_2 = U_3 = \dots$

$C = C_1 + C_2 + C_3 + \dots$ $\quad C = n \cdot C_1$

$Q = Q_1 + Q_2 + Q_3 + \dots$

$\frac{Q_1}{Q_2} = \frac{C_1}{C_2}$ $\quad \frac{Q_1}{Q} = \frac{C_1}{C}$

U	Gesamtspannung	V
$U_1, U_2 \dots$	Teilspannungen	V
C	Gesamtkapazität	F
$C_1, C_2 \dots$	parallelgeschaltete Teilkapazitäten	F
Q	Gesamtladung	C
$Q_1, Q_2 \dots$	Teilladungen	C
n	Anzahl der parallel geschalteten gleichen Kondensatoren C_1	1

Bei der **Parallelschaltung** ist die **Gesamtladung** gleich der **Summe aller Teilladungen**.

3

Reihenschaltung von Kondensatoren:

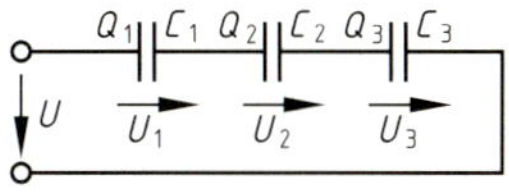

$U = U_1 + U_2 + U_3 + \dots$

$Q = Q_1 = Q_2 = Q_3 = \dots$

$\frac{1}{C} = \frac{1}{C_1} + \frac{1}{C_2} + \frac{1}{C_3} + \dots$

$C = \frac{C_1 \cdot C_2}{C_1 + C_2}$ **Gesamtkapazität** (zwei Kondensatoren)

$C = \frac{C_1}{n}$ **Gesamtkapazität** (n Kondensatoren)

$\frac{U_1}{U_2} = \frac{C_2}{C_1}$ $\quad \frac{U_1}{U} = \frac{C}{C_1}$ **Verhältnisse von Teilspannungen und Teilkapazitäten**

U	Gesamtspannung	V
$U_1, U_2 \dots$	Teilspannungen	V
Q	Gesamtladung	C
$Q_1, Q_2 \dots$	Teilladungen	C
C	Gesamtkapazität	F
$C_1, C_2 \dots$	in Reihe geschaltete Teilkapazitäten	F
n	Anzahl der in Reihe geschalteten gleichen Kondensatoren C_1	1

Bei der **Reihenschaltung** ist auf jedem Kondensator die **gleiche Ladungsmenge**.

Aufladung eines Kondensators:

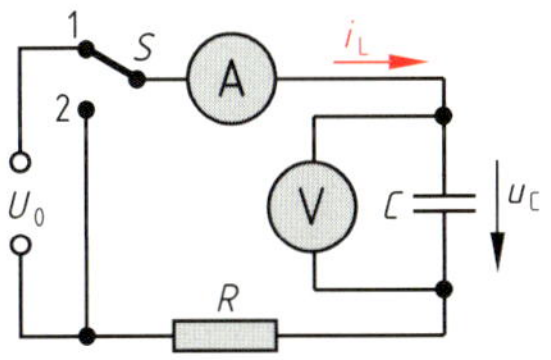

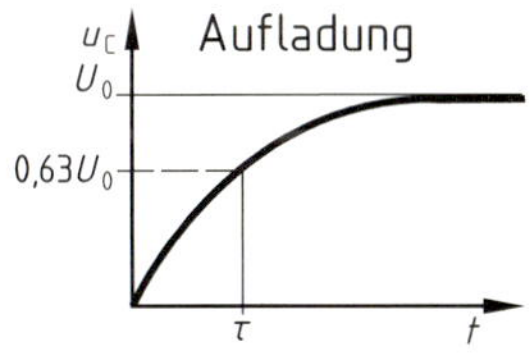

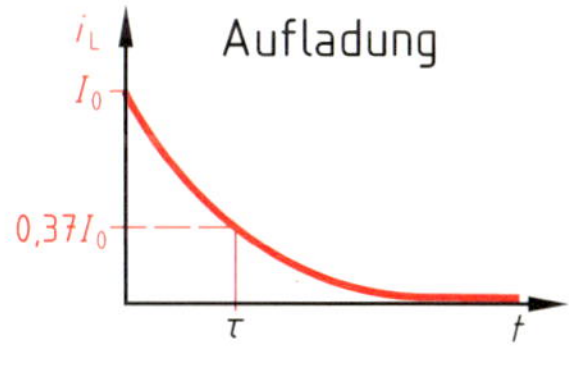

$\tau = R \cdot C$ $\quad \tau_C = 5 \cdot \tau$ **Zeitkonstante**

$u_c = U_0 \cdot (1 - e^{-t/\tau})$ **Spannung** (mittleres Bild)

$i_L = I_0 \cdot e^{-t/\tau}$ **Ladestrom** (rechtes Bild)

$I_0 = \frac{U_0}{R}$ **Maximalstrom**

$q_C = C \cdot u_C$ **Ladung**

τ	Zeitkonstante	s
R	Ohm'scher Widerstand	Ω
C	Kapazität	F
τ_C	Ladezeit, Entladezeit	s
u_C	Spannung am Kondensator	V
U_0	Ladespannung	V
e	Euler'sche Zahl = 2,71828 …	1
t	Zeit nach Beginn des Ladevorgangs	s
i_L	Ladestrom	A
I_0	Maximalstrom	A
q_C	Ladung auf dem Kondensator	C

Nach der Zeit τ ist der Kondensator zu 63,2% und nach der Zeit $\tau_C = 5 \cdot \tau$ zu 99,3% geladen.

Das elektrische Feld (Fortsetzung)

Entladung eines Kondensators:

Formel	Bezeichnung
$u_C = U_0 \cdot e^{-t/\tau}$	**Spannung** (linkes Bild)
$i_{EL} = -I_0 \cdot e^{-t/\tau}$	**Entladestrom** (rechtes Bild)
$I_0 = \frac{U_0}{R}$	**Maximalstrom**
$q_C = C \cdot u_C$	**Ladung**

Symbol	Bedeutung	Einheit
t	Zeit nach Beginn des Entladevorgangs	s
i_{EL}	Entladestrom	A

Nach der Zeit τ ist der Kondensator noch zu 36,8% und nach der Zeit $\tau_C = 5 \cdot \tau$ noch zu 0,7% geladen.

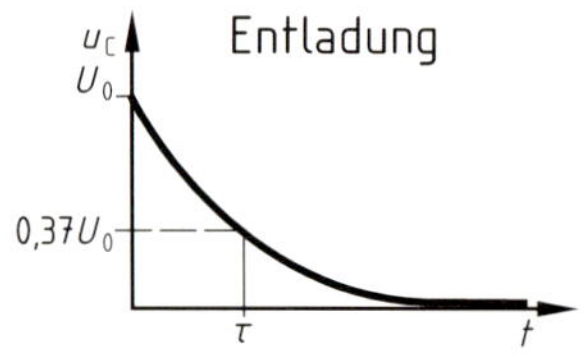

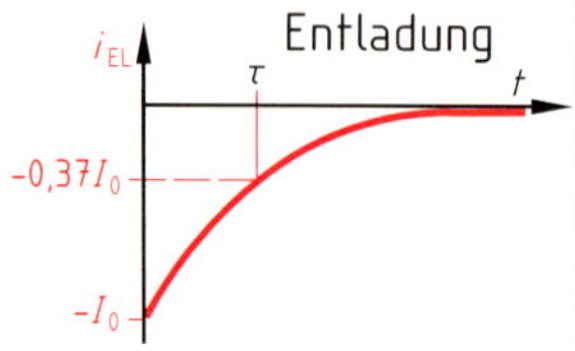

3

Das magnetische Feld

Grundgrößen:

Formel	Bezeichnung
$\Theta = I \cdot N$	**elektrische Durchflutung**
$H = \frac{\Theta}{l}$; $H = \frac{I \cdot N}{l}$	**magnetische Feldstärke**
$V_m = H \cdot l$; $V_m = I \cdot N$	**magnetische Spannung**
$\Phi = B \cdot A$	**magnetischer Fluss**

Symbol	Bedeutung	Einheit
Θ	elektrische Durchflutung	A
I	Stromstärke	A
N	Windungszahl der Spule	1
H	magnetische Feldstärke	A/m
l	Spulenlänge (lange Spule; Ringspule)	m
V_m	magnetische Spannung	A
Φ	magnetischer Fluss	Vs, Wb
B	magnetische Flussdichte	Vs/m²
A	vom Fluss durchsetzte Fläche	m²

1 Vs = 1 Wb (Weber); 1 Vs/m² = 1 T (Tesla)

Magnetische Flussdichte (magnetische Induktion):

Formel	Bezeichnung
$B = \frac{\Phi}{A} = \mu \cdot H$	**magnetische Flussdichte**
$\mu = \mu_r \cdot \mu_0$	**Permeabilität**
$\mu_0 = 4\pi \cdot 10^{-7} \frac{Vs}{Am}$	**magnetische Feldkonstante**
$\mu_0 = 1{,}256637 \cdot 10^{-6} \frac{Vs}{Am}$	**magnetische Feldkonstante**

Symbol	Bedeutung	Einheit
B	magnetische Flussdichte (Induktion)	T
Φ	magnetischer Fluss	Vs
A	Fläche	m²
μ	Permeabilität	Vs/(Am)
H	magnetische Feldstärke	A/m
μ_r	Permeabilitätszahl (→ Wellenoptik und Photometrie)	1

μ_r-Werte: s. Tabelle Seite 143

ferromagnetische Stoffe: $\mu_r \gg 1$
paramagnetische Stoffe: $\mu_r \approx 1$; aber > 1
diamagnetische Stoffe: $\mu_r \approx 1$; aber < 1

Die **Permeabilitätszahl** μ_r **bei para- und bei diamagnetischen Stoffen** ist von der magnetischen Feldstärke unabhängig und konstant. **Bei ferromagnetischen Stoffen** besteht eine starke Abhängigkeit der Permeabilitätszahl von der **magnetischen Feldstärke**. Der Wert für $\mu_r = B/(\mu_0 \cdot H)$ kann der **Magnetisierungskurve** (s. nebenstehendes Bild) des betreffenden Stoffes entnommen werden.

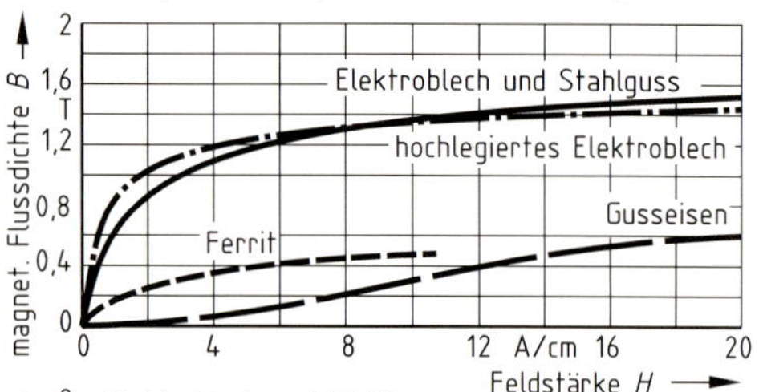

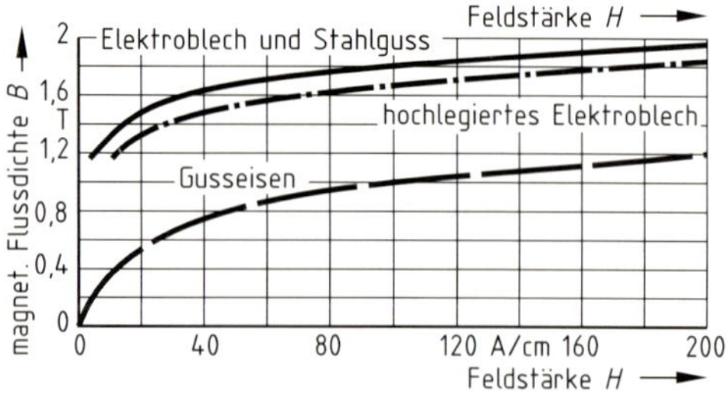

Das magnetische Feld (Fortsetzung)

Magnetischer Kreis:

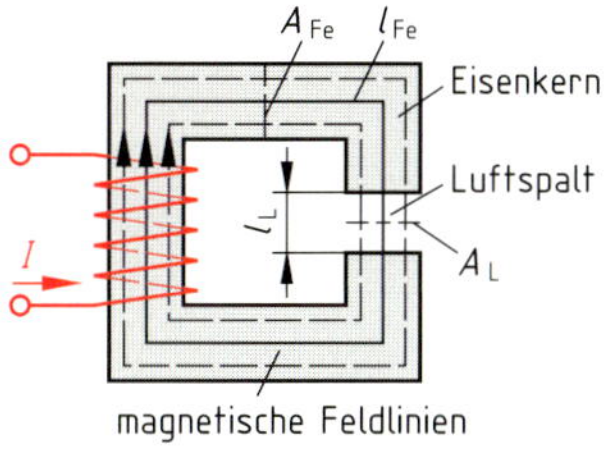

Formel	Bezeichnung
$\Phi_{Fe} = \Phi_L$	**magnetischer Fluss**
$B_{Fe} = B_L$	**magnetische Flussdichte**
$\Theta = H_{Fe} \cdot l_{Fe} + H_L \cdot l_L$	**elektrische Durchflutung**
$\Theta = \Theta_{Fe} + \Theta_L$	**elektrische Durchflutung**
$R_m = \frac{l}{\mu \cdot A}$	**magnetischer Widerstand**
$R_m = \frac{l}{\mu_r \cdot \mu_0 \cdot A}$	**magnetischer Widerstand**
$R_{mges} = R_{mFe} + R_{mL}$	**gesamter magnetischer Widerstand**
$R_m = \frac{\Theta}{\Phi}$	**Ohm'sches Gesetz des magnetischen Kreises**

Formelzeichen	Bedeutung	Einheit
$\Phi_{Fe,L}$	magnetischer Fluss in Eisen (Luft)	Vs, Wb
$B_{Fe,L}$	magnetische Flussdichte in Eisen (Luft)	T
Θ	elektrische Durchflutung	A
$\Theta_{Fe,L}$	elektrische Durchflutung in Eisen (Luft)	A
$H_{Fe,L}$	magnetische Feldstärke in Eisen (Luft)	A/m
$l_{Fe,L}$	mittlere Feldlinienlänge in Eisen (Luft)	m
R_m	magnetischer Widerstand	H^{-1}
μ	Permeabilität (magnetische Leitfähigkeit)	Vs/(Am)
l	mittlere Feldlinienlänge	m
R_{mFe}	magnetischer Widerstand des Eisenkerns	H^{-1}
R_{mL}	magnetischer Widerstand des Luftspalts	H^{-1}
Θ	magnetische Spannung	A
μ_0	magnetische Feldkonstante (s. Seite 142)	H/m
μ_r	Permeabilitätszahl (s. Tabelle Seite 143)	1

3

Spezielle Magnetfelder:

$$H = \frac{I \cdot N}{l}$$

magnetische Feldstärke H im Innern einer stromdurchflossenen, langgestreckten Zylinderspule (Stromstärke I) der Länge l mit der Windungszahl N

$$H = \frac{I}{2 \cdot \pi \cdot r}$$

magnetische Feldstärke H im Abstand r von einem geraden stromführenden Leiter (Stromstärke I).

Kraft auf stromdurchflossene gerade Leiter im Magnetfeld:

Formel	Bezeichnung
$F = B \cdot I \cdot l$	**Kraft ($B \perp I$)**
$F = B \cdot I \cdot l \cdot \sin\varphi$	**Kraft**
$B_s = B \cdot \sin\varphi$	
$F = B_s \cdot I \cdot l$	**Kraft**
$l_w = l \cdot z$	**wirksame Leiterlänge**
$F = B_s \cdot I \cdot l \cdot z = B_s \cdot I \cdot l_w$	**Kraft**

Formelzeichen	Bedeutung	Einheit
F	→ Kraft auf einen Leiter	N
I	Stromstärke	A
l	Länge des Leiters im Magnetfeld	m
B	magnetische Flussdichte	T
φ	Winkel zwischen I und B	Grad
B_s	Komponente der magnetischen Flussdichte senkrecht zum Leiter	T
z	Windungszahl	1
l_w	wirksame Leiterlänge	m

Motorregel: Treffen die **magnetischen Feldlinien** B vom Nordpol kommend auf die Innenfläche der linken Hand, und zeigen die ausgestreckten Finger in Richtung des **elektrischen Stroms** I, so gibt der abgespreizte Daumen die Richtung der **Ablenkkraft** F auf den Leiter an (s. nebenstehendes Bild).

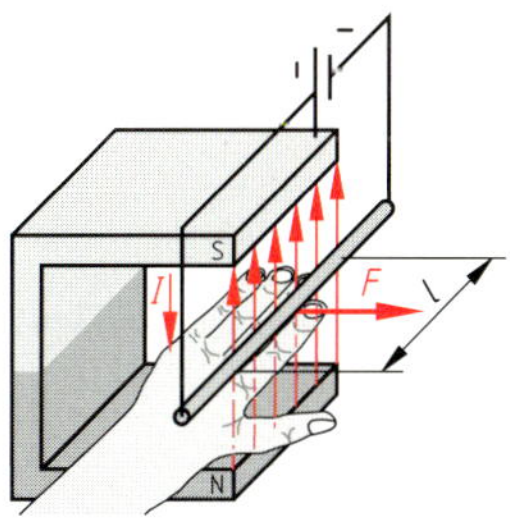

Tragkraft von Magneten:

$$F = \frac{B^2 \cdot A}{2 \cdot \mu_0}$$

Haltekraft in N

Formelzeichen	Bedeutung	Einheit
μ_0	magnet. Feldkonstante	Vs/(Am)
A	gesamte Magnetpolfläche	m^2

Das magnetische Feld (Fortsetzung)

Kraft zwischen zwei parallelen stromdurchflossenen geraden Leitern:

Formel	Bezeichnung	Formelzeichen	Bedeutung	Einheit
$F = \frac{\mu}{2\pi} \cdot \frac{I_1 \cdot I_2 \cdot l}{r}$	**Kraft**	F	→ Kraft	N
		I_1, I_2	Stromstärken durch beide Leiter	A
		l	Leiterlänge	m
		r	Leiterabstand ($r \ll l$)	m
		μ	Permeabilität	Vs/(Am)

Die Kraft ist anziehend bei gleicher, abstoßend bei entgegengesetzter Stromrichtung.

Energie des homogenen magnetischen Feldes:

Formel	Bezeichnung	Formelzeichen	Bedeutung	Einheit
$W = \frac{1}{2} \cdot H \cdot B \cdot V$	**Energie**	W	Energie	Ws
		H	magnetische Feldstärke	A/m
		B	magnetische Flussdichte	T
$w = \frac{W}{V} = \frac{1}{2} \cdot B \cdot H$	**Energiedichte**	V	Volumen des betrachteten Feldes	m^3
		w	Energiedichte	Ws/m^3
		L	Induktivität einer langen Spule	H
$W = \frac{1}{2} \cdot L \cdot I^2$	**Energie im Magnetfeld einer langen Spule**	I	Stromstärke durch die Spule	A

Elektromagnetische Induktion

Induktion durch Flussänderung:

Formel	Bezeichnung	Formelzeichen	Bedeutung	Einheit
$U_i = -N \cdot \frac{\Delta\Phi}{\Delta t}$	**Induktionsspannung** (bei linearer Flussänderung)	U_i	induzierte Spannung	V
		$\Delta\Phi$	Flussänderung	Vs, Wb
		Δt	Zeitdauer der Flussänderung	s
$\Phi = B \cdot A$	**magnetischer Fluss**	N	Windungszahl	1
		Φ	magnetischer Fluss	Vs, Wb
$U_i = B \cdot \frac{\Delta A}{\Delta t}$	**Induktionsspannung** (bei Flächenänderung)	B	magnetische Flussdichte	T, Vs/m^2
		A	vom Fluss durchsetze Fläche	m^2
		ΔA	Flächenänderung	m^2
$U_i = A \cdot \frac{\Delta B}{\Delta t}$	**Induktionsspannung** (bei Flussdichteänderung)	ΔB	Flussdichteänderung	T, Vs/m^2
		Δt	Zeitdauer der Flächen- bzw. der Flussdichteänderung	s

Induktion durch Bewegung eines Leiters im Magnetfeld:

Formel	Bezeichnung	Formelzeichen	Bedeutung	Einheit
$U_i = l \cdot B \cdot v \cdot z$	**Induktionsspannung** ($v \perp B$)	U_i	induzierte Spannung	V
		l	wirksame Leiterlänge	m
$U_i = l \cdot B \cdot v \cdot z \cdot \sin\alpha$	**induzierte Spannung**	B	magnetische Flussdichte	T, Vs/m^2
		v	Geschwindigkeit	m/s
		z	Zahl d. bew. Leiter (Windungen)	1

α = Winkel zwischen B und v in Grad

Lenz'sche Regel: Der durch die Induktion hervorgerufene **Induktionsstrom** ist stets so gerichtet, dass er seiner Ursache (Änderung des bestehenden Magnetfeldes bzw. Bewegung eines Leiters im Magnetfeld) entgegenwirkt.

Reihenschaltung von Spulen:

Formel	Bezeichnung	Formelzeichen	Bedeutung	Einheit
$L = L_1 + L_2 + L_3 + \ldots$	**Gesamtinduktivität**	L	Gesamtinduktivität	H, Vs/A
		L_1, L_2	in Reihe geschaltete Induktivitäten	H, Vs/A

Parallelschaltung von Spulen:

Formel	Bezeichnung	Formelzeichen	Bedeutung	Einheit
$\frac{1}{L} = \frac{1}{L_1} + \frac{1}{L_2} + \frac{1}{L_3} + \ldots$	**Kehrwert der Gesamtinduktivität**	L	Gesamtinduktivität	H, Vs/A
		L_1, L_2	parallel geschaltete Induktivitäten	H, Vs/A

Auf- und Abbau eines Magnetfeldes:

$\tau = \frac{L}{R}$ $\qquad$ $\tau_G = 5 \cdot \tau$

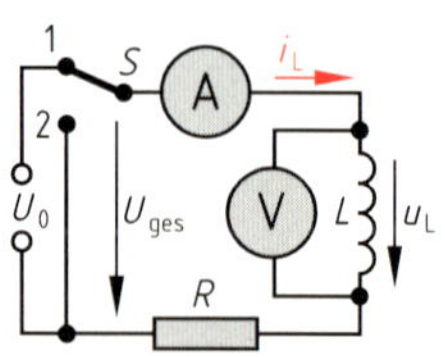

Nebenstehendes Bild, Schalterstellung 1: **Einschaltvorgang**
Nebenstehendes Bild, Schalterstellung 2: **Ausschaltvorgang**
Die Formeln hierfür finden Sie auf der nächsten Seite.

Elektromagnetische Induktion (Fortsetzung)

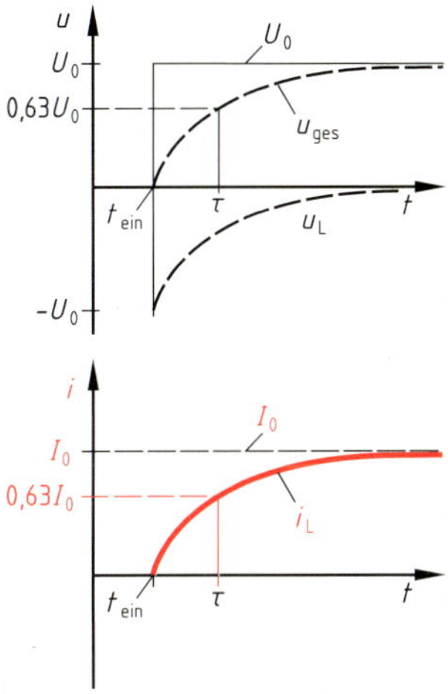

Einschalt-vorgang (Schalter-stellung 1)

$u_L = -U_0 \cdot e^{-t/\tau}$	**Induktions-spannung** (oberes Bild)
$u_{ges} = (U_0 \cdot (1 - e^{-t/\tau})$	**Gesamt-spannung** (oberes Bild)
$i_L = I_0 \cdot (1 - e^{-t/\tau})$	**Stromstärke** (unteres Bild)
$I_0 = \dfrac{U_0}{R}$	**Maximalstrom**

τ	Zeitkonstante	s
L	Induktivität	H, Vs/A
R	Ohm'scher Widerstand	Ω
τ_G	Gesamtzeit	s
u_L	Spannung an der Spule	V
U_0	Klemmenspannung	V
e	Euler'sche Zahl = 2,71828 …	1
t	Zeit nach Beginn des Einschaltvorgangs	s
i_L	elektrischer Strom durch die Spule	A
I_0	Maximalstrom	A

Beim **Einschaltvorgang** ist die **Selbstinduktionsspannung** zur angelegten Spannnung entgegengesetzt gerichtet (**Lenz'sche Regel**) und verzögert somit das Ansteigen des Stroms.

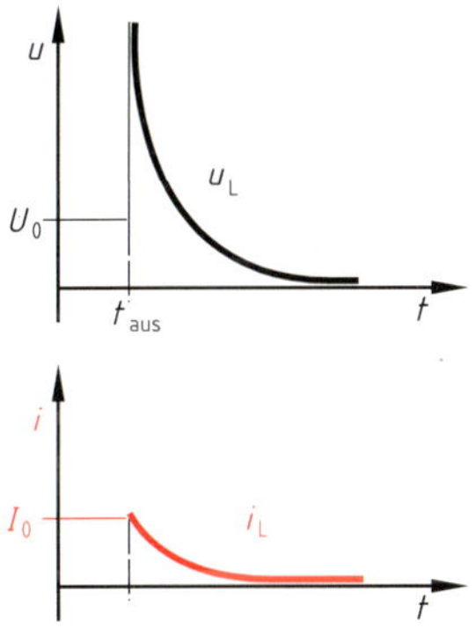

Ausschalt-vorgang (Schalter-stellung 2)

$u_L = U \cdot e^{-t/\tau}$	**Spannung** (oberes Bild)
$i_L = I_0 \cdot e^{-t/\tau}$	**Stromstärke** (unt. Bild)
$I_0 = \dfrac{U_0}{R}$	**Maximalstrom**

U	Spitzenwert der Induktionsspannung	V
t	Zeit nach Beginn des Ausschaltvorgangs	s

Beim **Ausschaltvorgang** sinkt der Strom in sehr kurzer Zeit auf null ab, deshalb wird die **Selbstinduktionsspannung** sehr groß (oberes Bild). Die Selbstinduktionsspannung hat dieselbe Richtung wie die ursprünglich angelegte Spannung.

Der Wechselstromkreis (→ Schwingungen und Wellen)

Darstellung und Berechnung von sinusförmigen Wechselgrößen:

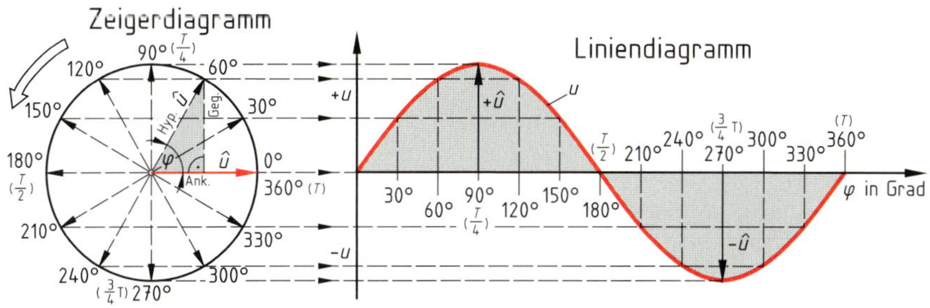

Das Bild zeigt den Zusammenhang zwischen dem **Zeigerdiagramm** und dem **Liniendiagramm**.

3

Der Wechselstromkreis (Fortsetzung)

Dabei lässt man einen Pfeil der Länge $\hat{u}$, den **Zeiger**, mit der → Winkelgeschwindigkeit ω um den Nullpunkt des Koordinatensystems rotieren und erhält aus seiner Projektion auf die u-Achse den Momentanwert der Wechselspannung u.
Es sei noch darauf hingewiesen, dass der → **Drehwinkel** oft auch **im** → Bogenmaß (rad) angegeben wird.

Berechnungsformeln und Bezeichnungen:

$$\omega = \frac{2 \cdot \pi}{T} \qquad \omega = 2 \cdot \pi \cdot f$$
Kreisfrequenz

$$\varphi = \omega \cdot t \qquad \varphi = \frac{2 \cdot \pi}{T} \cdot t$$
Drehwinkel

$$\varphi = \frac{2 \cdot \pi}{360^\circ} \cdot \varphi^0$$
Drehwinkel

$$u = \hat{u} \cdot \sin \omega t$$
Momentanwert der Spannung

$$i = \hat{i} \cdot \sin \omega t$$
Momentanwert des Stroms

$$U_{eff} = U = \frac{\hat{u}}{\sqrt{2}} = 0{,}707 \cdot \hat{u}$$
Effektivwert der Wechselspannung

$$I_{eff} = I = \frac{\hat{i}}{\sqrt{2}} = 0{,}707 \cdot \hat{i}$$
Effektivwert des Wechselstroms

ω	Kreisfrequenz, → Winkelgeschwindigkeit	s^{-1}
T	→ Periodendauer	s
f	→ Frequenz	s^{-1}
φ	→ Drehwinkel im Bogenmaß	rad
t	Zeit ab Drehbeginn von $\varphi = 0^\circ$	s
φ^0	Drehwinkel im Gradmaß	Grad
u	Momentanwert der Wechselspannung	V
$\hat{u}$	Scheitelwert der Wechselspannung	V
i	Momentanwert des Wechselstroms	A
$\hat{i}$	Scheitelwert des Wechselstroms	A
U_{eff}, U	Effektivwert der Wechselspannung	V
I_{eff}, I	Effektivwert des Wechselstroms	A

Der **Effektivwert eines Wechselstroms** ist betragsmäßig genauso groß wie der Gleichstromwert, der dieselbe Wärmewirkung in einem Widerstand hervorruft.

Phasenverschiebung:

Zwei sinusförmige Wechselgrößen sind **in Phase**, wenn sie gleichzeitig ihren positiven bzw. ihren negativen Scheitelwert erreichen. Ihre Phasenverschiebung ist null. In folgendem Bild haben die Spannungen u_1 und u_2 die Phasenverschiebung null ($\Delta\varphi = 0$).
Zwei sinusförmige Wechselgrößen sind **phasenverschoben**, wenn sie nicht gleichzeitig ihre positiven bzw. negativen Scheitelwerte erreichen. Die Phasenverschiebung ist durch den Winkel $\Delta\varphi$ zwischen den sinusförmigen Wechselspannungen gekennzeichnet. In folgendem Bild haben die beiden Wechselspannungen u_1 und u_3 eine Phasenverschiebung zueinander ($\Delta\varphi = 60^\circ$).
Die sinusförmige Wechselgröße „eilt voraus (nach)", die ihren positiven Scheitelwert zu einem früheren (späteren) Zeitpunkt erreicht. In folgendem Bild eilt die Spannung u_1 der Spannung u_3 um 60° ($\pi/3$; $T/6$) voraus.

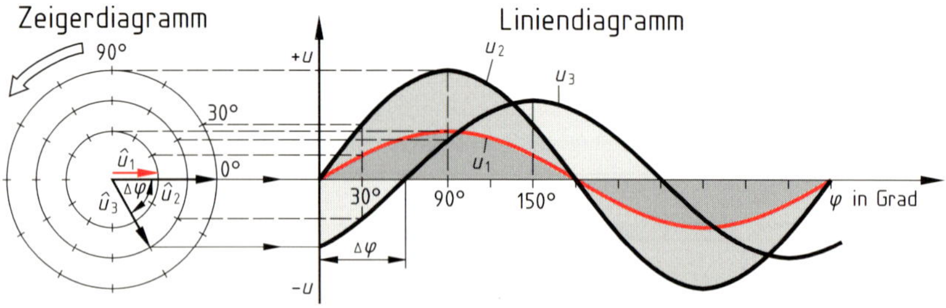

In obigem Bild ist:

$$u_1 = \hat{u}_1 \cdot \sin \omega t$$
$$u_2 = \hat{u}_2 \cdot \sin \omega t$$
$$u_3 = \hat{u}_3 \cdot \sin (\omega t - \pi/3)$$
Spannungen zur Zeit *t*

u	Spannung zur Zeit t (Momentanwert)	V
$\hat{u}$	Scheitelwert der Spannung	V
ω	→ Winkelgeschwindigkeit	s^{-1}
t	→ Zeit	s
φ_1	Nullphasenwinkel der Spannung	rad
i	Strom zur Zeit t (Momentanwert)	A
$\hat{i}$	Scheitelwert des Stroms	A

3

Der Wechselstromkreis (Fortsetzung)

Momentanwert der Spannung *u* und der Stromstärke *i*:

$u = \hat{u} \cdot \sin(\omega t - \varphi_1)$	**Spannung**
$i = \hat{\imath} \cdot \sin(\omega t - \varphi_2)$	**Stromstärke**

Unter dem **Nullphasenwinkel** versteht man den Winkel, bei dem die betreffende sinusförmige Wechselgröße im Bereich $-\pi < \varphi \leq \pi$ ihren positiven **Nulldurchgang** besitzt.

(→ Schwingungen und Wellen)

Wirkwiderstand *R* im Wechselstromkreis: (s. nachfolgende Bilder)

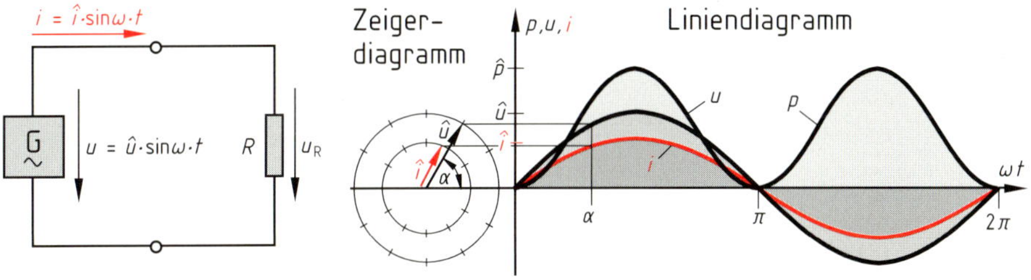

Bei einem Wirkwiderstand sind die Wechselspannung *u* und der Wechselstrom *i* in Phase.

$u_R = \hat{u} \cdot \sin \omega t$	**Spannnung**
$i_R = \hat{\imath} \cdot \sin \omega t$	**Stromstärke**
$R = \frac{u_R}{i_R}$ $\quad R = \frac{\hat{u}}{\hat{\imath}}$ $\quad R = \frac{U}{I}$	**Ohm'scher Widerstand**
$P = U \cdot I$	**Wirkleistung**
$p = \hat{u} \cdot \hat{\imath} \cdot \sin^2 \omega t$	**Augenblicksleistung**
$P = \frac{\hat{p}}{2} = \frac{\hat{u} \cdot \hat{\imath}}{2} = \frac{\hat{u}}{\sqrt{2}} \cdot \frac{\hat{\imath}}{\sqrt{2}}$	**Wirkleistung**

u_R	Spannung an *R* zur Zeit *t*	V
$\hat{u}$	Scheitelwert der Spannung	V
ω	→ Winkelgeschwindigkeit	s^{-1}
t	→ Zeit ab positivem Nulldurchgang	s
i_R	Stromstärke durch *R* zur Zeit *t*	A
$\hat{\imath}$	Scheitelwert des Stroms	A
R	Ohm'scher Widerstand	Ω
U	Effektivwert der elektrischen Spannung	V
I	Effektivwert der elektrischen Stromstärke	A
P	Wirkleistung	W
p	Leistung zur Zeit *t*	W
$\hat{p}$	Scheitelwert der elektrischen Leistung	W

Verlustfreier Kondensator im Wechselstromkreis: (s. nachfolgende Bilder)

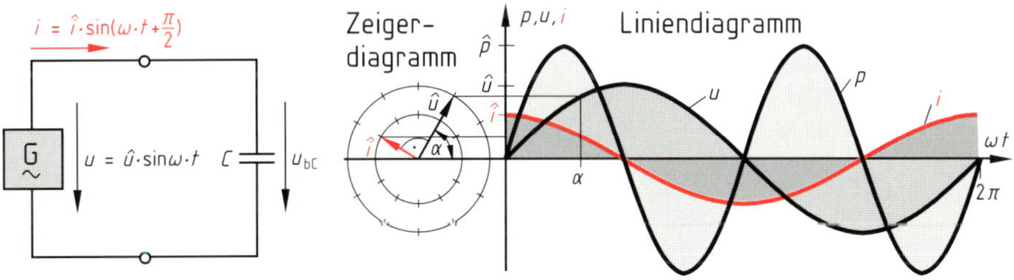

Beim **Kondensator** mit einem vernachlässigbaren Wirkwiderstand *R* eilt der Wechselstrom *i* der Wechselspannung *u* um $\varphi = 90° = \pi/2$ voraus.

$u_{bC} = \hat{u} \cdot \sin \omega t$	**Spannung**
$i_{bC} = \hat{\imath} \cdot \sin\left(\omega t + \frac{\pi}{2}\right)$	**Stromstärke**
$X_C = \frac{u_{bC}}{i_{bC}} = \frac{\hat{u}}{\hat{\imath}} = \frac{U}{I}$	**kapazitiver Blindwiderstand**

u_{bC}	Spannung an *C* zur Zeit *t*	V
$\hat{u}$	Scheitelwert der Spannung	V
ω	Kreisfrequenz, Winkelgeschwindigkeit	s^{-1}
t	Zeit ab positivem Nulldurchgang der Spannung *u*	s
i_{bC}	Momentanwert des kapazitiven Blindstroms zur Zeit *t*	A

3

Der Wechselstromkreis (Fortsetzung)

Formel	Bezeichnung
$X_C = \frac{1}{\omega \cdot C} = \frac{1}{2 \cdot \pi \cdot f \cdot C}$	**kapazitiver Blindwiderstand**
$Q_C = U \cdot I_{bC}$	**kapazitive Blindleistung**
$Q_C = \frac{U^2}{X_C} = X_C \cdot I_{bC}^2$	**kapazitive Blindleistung**

$\hat{i}$	Scheitelwert des Stroms	A
X_C	kapazitiver Blindwiderstand	Ω
U	Effektivwert der elektr. Spannung	V
I_{bC}	Effektivwert des kapazitiven Blindstroms	A
C	Kapazität des Kondensators	F
Q_C	kapazitive Blindleistung	W, var

Verlustfreie Spule im Wechselstromkreis (s. nachfolgende Bilder):

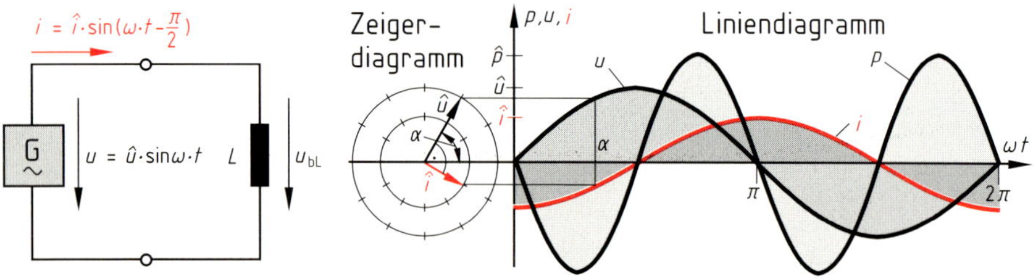

Bei der **Spule** mit einem vernachlässigbaren Wirkwiderstand *R* eilt der Wechselstrom *i* der Wechselspannung *u* um $\varphi = 90° = \pi/2$ hinterher.

Formel	Bezeichnung
$u_{bL} = \hat{u} \cdot \sin \omega t$	**Spannung**
$i_{bL} = \hat{i} \cdot \sin\left(\omega t - \frac{\pi}{2}\right)$	**Stromstärke**
$X_L = \frac{u_{bL}}{i_{bL}} = \frac{\hat{u}}{\hat{i}} = \frac{U}{I}$	**induktiver Blindwiderstand**
$X_L = \omega \cdot L = 2 \cdot \pi \cdot f \cdot L$	**induktiver Blindwiderstand**
$Q_L = U \cdot I_{bL}$	**induktive Blindleistung**
$Q_L = \frac{U^2}{X_L} = X_L \cdot I_{bL}^2$	**induktive Blindleistung**

u_{bL}	induktive Blindspannung an *L* zur Zeit *t*	V
$\hat{u}$	Scheitelwert der Spannung	V
ω	Kreisfrequenz, → Winkelgeschwindigkeit	s^{-1}
t	Zeit ab positivem Nulldurchgang der Spannung *u*	s
i_{bL}	induktiver Blindstrom zur Zeit *t*	A
$\hat{i}$	Scheitelwert des Stroms	A
X_L	induktiver Blindwiderstand	Ω
U	Effektivwert der elektr. Spannung	V
I_{bL}	Effektivwert des induktiven Blindstroms	A
L	Induktivität der Spule	H
Q_L	induktive Blindleistung	W, var

Reihenschaltung von Wirkwiderstand, kapazitivem Widerstand und induktivem Widerstand: (s. nachfolgende Bilder)

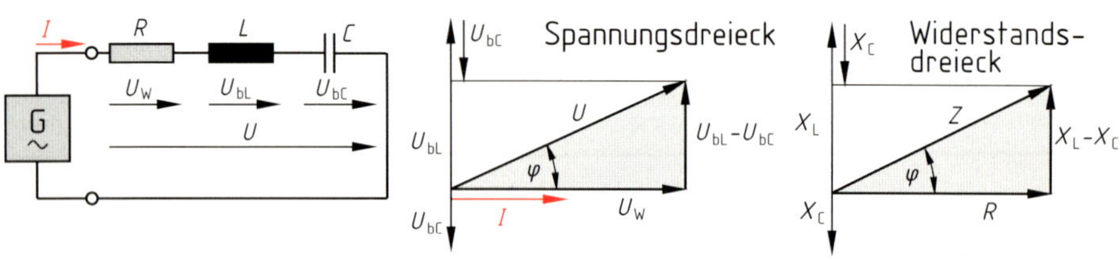

Bei der **Reihenschaltung** von *R*, *C* und *L* ist der Strom zu jedem Zeitpunkt in allen Bauteilen gleich groß. Zwischen der Spannung *u* und der Stromstärke *i* besteht eine Phasenverschiebung φ, die von den Größen *R*, *C*, *L* und der Kreisfrequenz ω abhängig ist.

Formel	Bezeichnung
$i = i_w = i_{bC} = i_{bL}$	**Stromstärke**
$u = \hat{u} \cdot \sin \omega t$	**Spannung**

i, i_w, i_{bC}, i_{bL}	Stromstärke durch alle Bauteile (*R*, *C* und *L*) zur Zeit *t*	A
u	Spannung zur Zeit *t*	V
$\hat{u}$	Scheitelspannung	V
t	Teit ab positivem Nulldurchgang der Spannung	s

3

Der Wechselstromkreis (Fortsetzung)

Stromstärke

$$i = \hat{\imath} \cdot \sin(\omega t - \varphi)$$

Scheinwiderstand

$$Z = \frac{U}{I} = \sqrt{R^2 + (X_L - X_C)^2}$$

$$Z = \sqrt{R^2 + \left(\omega \cdot L - \frac{1}{\omega \cdot C}\right)^2}$$

Gesamtspannung

$$U = \sqrt{U_W^2 + (U_{bL} - U_{bC})^2}$$

Scheinleistung

$$S = U \cdot I = \sqrt{P^2 + (Q_L - Q_C)^2}$$

Blindleistung

$$Q = Q_C - Q_L = S \cdot \sin\varphi$$

Leistungsfaktor

$$\cos\varphi = \frac{R}{Z} = \frac{U_W}{U} = \frac{P}{S}$$

Blindfaktor

$$\sin\varphi = \frac{U_{bC} - U_{bL}}{U} = \frac{X_C - X_L}{Z}$$

$$\tan\varphi = \frac{X_C - X_L}{R} = \frac{\frac{1}{\omega \cdot C} - \omega \cdot L}{R}$$

$\hat{\imath}$	Scheitelstromstärke	A
φ	Phasenverschiebung	Grad, rad
Z	Scheinwiderstand	Ω
U	Effektivwert der Gesamtspannung	V
I	Effektivwert der Stromstärke	A
R	Wirkwiderstand	Ω
X_L	induktiver Blindwiderstand	Ω
X_C	kapazitiver Blindwiderstand	Ω
ω	Kreisfrequenz	s^{-1}
L	Induktivität	H
C	Kapazität	F
U_W	Wirkspannung	V
u_{bL}	induktive Blindspannung	V
u_{bC}	kapazitive Blindspannung	V
S	Scheinleistung	W, VA
Q	gesamte Blindleistung	W, var
P	Wirkleistung	W
Q_L	induktive Blindleistung	W, var
Q_C	kapazitive Blindleistung	W, var
$\cos\varphi$	Leistungsfaktor	1
$\sin\varphi$	Blindfaktor	1

3

Sind in einer Schaltung **nur zwei der drei Bauteile *R*, *L* und *C*** in Reihe geschaltet, so ist der für das fehlende Bauteil geltende Ausdruck in den obigen Gleichungen zu streichen.

Parallelschaltung von Wirkwiderstand, kapazitivem Widerstand und induktivem Widerstand: (s. nachfolgende Bilder)

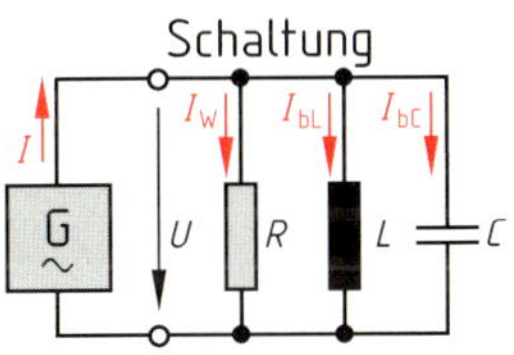

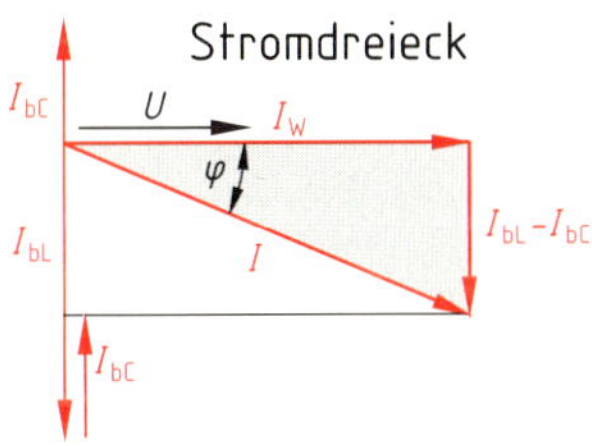

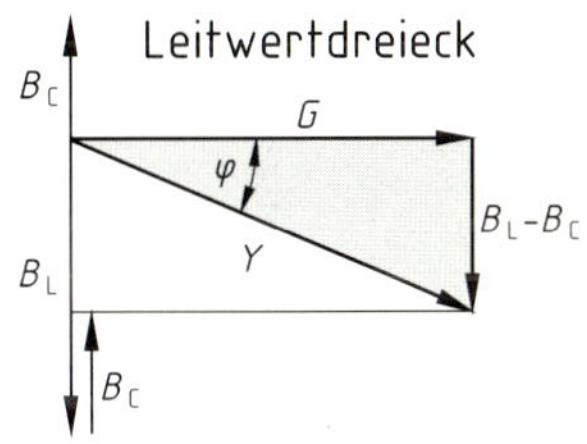

Bei der **Parallelschaltung** von *R*, *C* und *L* ist die Spannung zu jedem Zeitpunkt an allen Bauteilen gleich groß. Zwischen der **Spannung** *u* und der **Stromstärke** *i* besteht eine **Phasenverschiebung** φ, die von den Größen *R*, *C*, *L* und der **Kreisfrequenz** ω abhängig ist.

Spannung

$$u = u_w = u_{bC} = u_{bL}$$

$$u = \hat{u} \cdot \sin\varphi t$$

Stromstärke

$$i = \hat{\imath} \cdot \sin(\omega t + \varphi)$$

Scheinleitwert

$$Y = \frac{1}{Z} \qquad Y = \frac{I}{U}$$

induktiver Blindleitwert

$$B_L = \frac{1}{\omega \cdot L}$$

u, u_w, u_{bC}, u_{bL}	Spannung an allen parallel geschalteten Bauteilen (*R*, *C*, *L*) zur Zeit *t*	V
$\hat{u}$	Scheitelspannung	V
t	Zeit ab positivem Nulldurchgang der Spannung	s
i	Stromstärke zur Zeit *t*	A
$\hat{\imath}$	Scheitelstromstärke	A
φ	Phasenverschiebung	Grad, rad
B_L	induktiver Blindleitwert	S
B_C	kapazitiver Blindleitwert	S
ω	Kreisfrequenz	s^{-1}

Fortsetzung nächste Seite

Der Wechselstromkreis (Fortsetzung)

Formel	Bezeichnung
$B_C = \omega \cdot C$	**kapazitiver Blindleitwert**
$Y = \sqrt{\frac{1}{R^2} + \left(\omega \cdot C - \frac{1}{\omega \cdot L}\right)^2}$	**Scheinleitwert**
$I = \sqrt{I_W^2 + (I_{bL} - I_{bC})^2}$	**Stromstärke**
$S = U \cdot I$; $S = \sqrt{P^2 + (Q_L - Q_C)^2}$	**Scheinleistung**
$Q = Q_C - Q_L = S \cdot \sin\varphi$	**Blindleistung**
$\cos\varphi = \frac{G}{Y} = \frac{I_W}{I} = \frac{P}{S}$	**Leistungsfaktor**
$\sin\varphi = \frac{I_{bC} - I_{bL}}{I} = \frac{B_C - B_L}{Y}$	**Blindfaktor**
$\tan\varphi = \frac{B_C - B_L}{G}$	
$\tan\varphi = R \cdot \left(\omega \cdot C - \frac{1}{\omega \cdot L}\right)$	
$\tan\delta = \frac{I_W}{I_{bC}}$; $\tan\delta = \frac{1}{Q}$	**Verlustfaktor**

L	Induktivität	H
C	Kapazität	F
Y	Scheinleitwert	S
Z	Scheinwiderstand	Ω
I	Effektivwert d. Gesamtstromstärke	A
U	Effektivwert d. Gesamtspannung	V
R	Wirkwiderstand	Ω
I_W	Wirkstrom	A
I_{bL}	induktiver Blindstrom	A
I_{bC}	kapazitiver Blindstrom	A
S	Scheinleistung	W, VA
P	Wirkleistung	W
Q_L	induktive Blindleistung	W, var
Q_C	kapazitive Blindleistung	W, var
Q	gesamte Blindleistung	W, var
G	Wirkleitwert	S
φ	Phasenverschiebung zwischen Strom und Spannung	Grad, rad
$\tan\delta$	Verlustfaktor	1

3

Sind in einer Schaltung nur zwei der drei Bauteile R, L und C parallel geschaltet, so ist der für das fehlende Bauteil geltende Ausdruck in den vorstehenden Gleichungen zu streichen.

Blindleistungskompensation: (s. nachfolgende Bilder)

Parallelkompensation

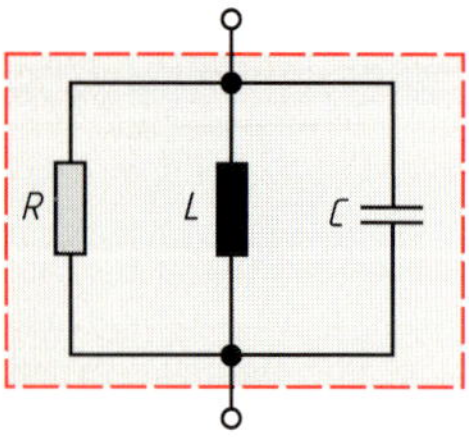

Reihenkompensation

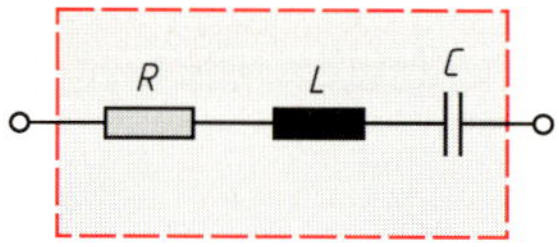

Leistungsdreieck

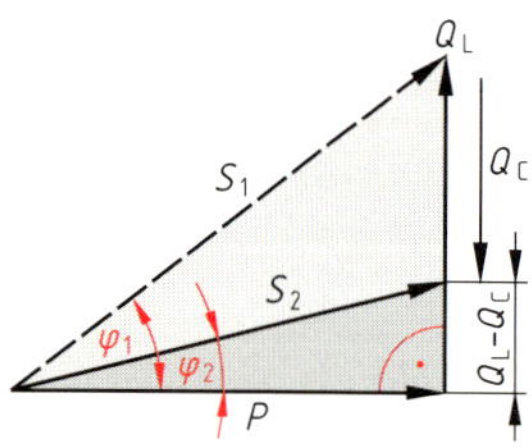

Den Vorgang, die häufig auftretende **induktive Blindleistung** Q_L durch **kapazitive Blindleistung** Q_C in ihrer Wirkung zu verringern, nennt man **Blindleistungskompensation**. Dabei ist man bestrebt, dass der **Phasenverschiebungswinkel** gegen null und damit der Leistungsfaktor $\cos\varphi$ gegen 1 geht.

Formel	Bezeichnung
$Q_L = P \cdot \tan\varphi_1$	**induktive Blindleistung**
$Q = P \cdot \tan\varphi_2$	**Blindleistung**
$Q_C = P \cdot (\tan\varphi_1 - \tan\varphi_2)$	**kapazitive Blindleistung**
$Q = Q_L - Q_C$	**Blindleistung**

Q_L	induktive Blindleistung vor der Kompensation	W, var
P	Wirkleistung	W
φ_1	Phasenverschiebungswinkel vor der Kompensation	Grad, rad
Q	Blindleistung nach der Kompensation	W, var
φ_2	Phasenverschiebungswinkel nach der Kompensation	Grad, rad

Fortsetzung nächste Seite

Der Wechselstromkreis (Fortsetzung)

Formel	Bezeichnung
$Q_C = U \cdot I_{bC} = \frac{U^2}{X_C} = I_{bC}^2 \cdot X_C$	**kapazitive Blindleistung**
$C = \frac{Q_C}{2 \cdot \pi \cdot f \cdot U^2}$	**Kapazität** (Parallelkompensation)
$C = \frac{I_{bC}^2}{2 \cdot \pi \cdot f \cdot Q_C}$	**Kapazität** (Reihenkompensation)

Formelzeichen	Bedeutung	Einheit
Q_C	kapazitive Blindleistung zur Kompensation	W, var
U	Spannung	V
I_{bC}	kapazitiver Blindstrom	A
X_C	kapazitiver Blindwiderstand	Ω
C	Kapazität des Kompensationskondensators	F

Dreiphasenwechselspannung, Drehstrom

3

Entstehung der Dreiphasenwechselspannung: (→ Schwingungen und Wellen)

Ein Drehstromgenerator besteht im Wesentlichen aus dem Ständer mit den drei um jeweils 120° räumlich versetzt angeordneten, baugleichen **Spulen**, die auch **Stränge** genannt werden, und aus dem **Polrad**.

Das Polrad induziert während einer Umdrehung in jedem Strang jeweils eine Wechselspannung, die auch **Strangspannung** genannt wird, wobei die einzelnen Strangspannungen um jeweils 120° ($2 \cdot \pi/3$) gegeneinander phasenverschoben sind.

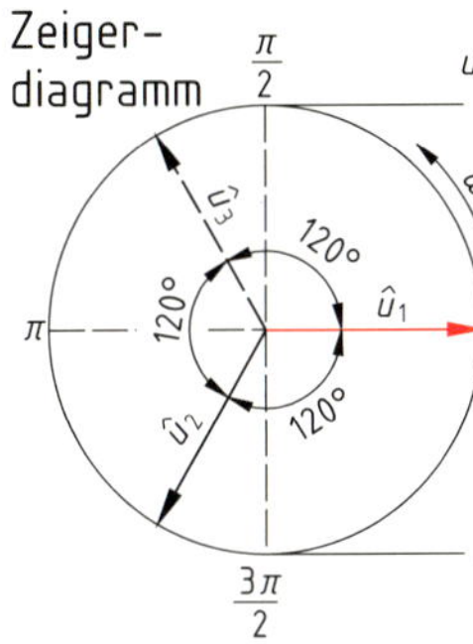

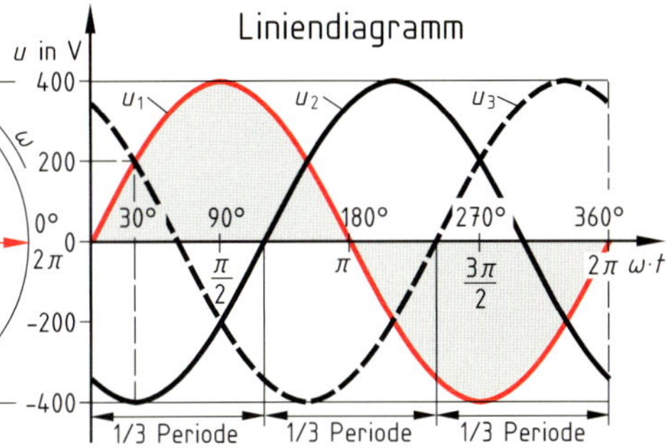

Spannungen und Ströme bei der Sternschaltung: (s. nachfolgende Bilder)

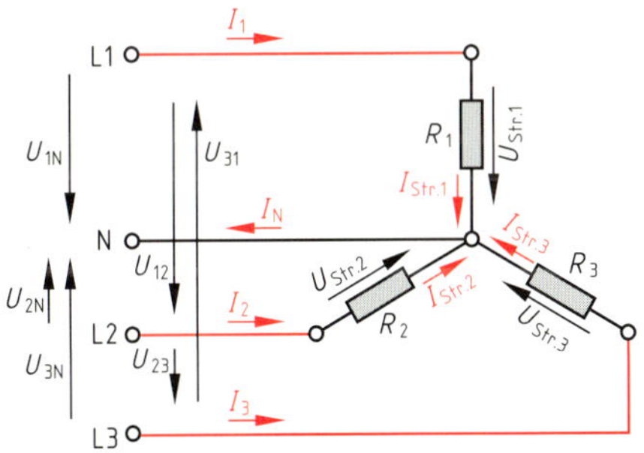

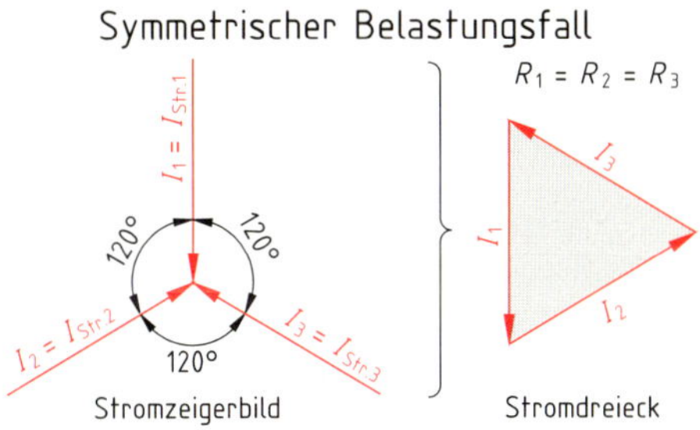

Bei **unsymmetrischer Belastung** kann der Neutralleiterstrom durch geometrische Addition der drei Leiterströme bestimmt werden.

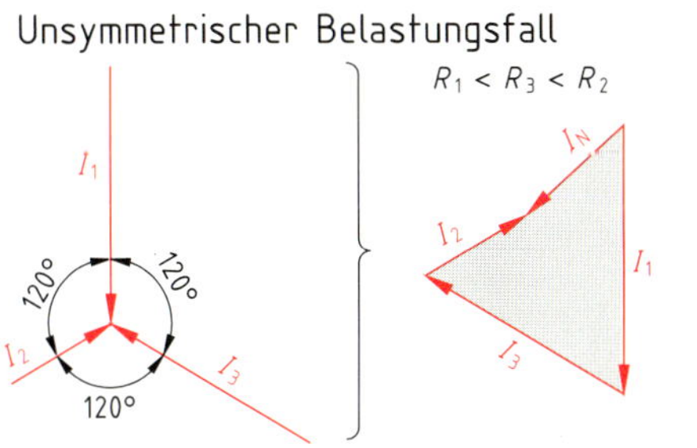

Index 1: Strang 1
Index 2: Strang 2
Index 3: Strang 3

Allgemein gilt:

Formel	Bezeichnung
$I_1 = I_{Str.1}$; $I_2 = I_{Str.2}$; $I_3 = I_{Str.3}$	**Leiterströme**
$U = U_{12} = U_{23} = U_{31}$	**Leiterspannungen**

Formelzeichen	Bedeutung	Einheit
I_1, I_2, I_3	Leiterströme	A
$I_{Str.1}, I_{Str.2}, I_{Str.3}$	Strangströme	A
U	Außenleiterspannung	V
U_{12}, U_{23}, U_{31}	Leiterspannungen	V

Dreiphasenwechselspannung, Drehstrom (Fortsetzung)

Nur bei symmetrischer Belastung ($\boldsymbol{R_1 = R_2 = R_3}$) gilt:

Formel	Bezeichnung
$I_N = 0$	**Neutralleiterstrom**
$U_{Str.} = U_{Str.1} = U_{Str.2} = U_{Str.3}$	**Strangspannungen**
$U = \sqrt{3} \cdot U_{Str.}$	**Leiterspannung**
$I = I_1 = I_2 = I_3$	**Leiterströme**

Formelzeichen	Bedeutung	Einheit
I_N	Neutralleiterstrom	A
$U_{Str.1}, U_{Str.2}, U_{Str.3}$	Strangspannungen	V
$\sqrt{3}$	Verkettungsfaktor	1

3

Spannungen und Ströme bei der Dreieckschaltung: (s. nachfolgende Bilder)

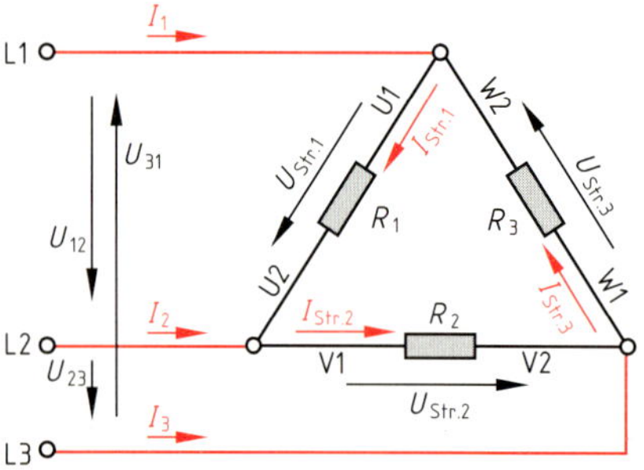

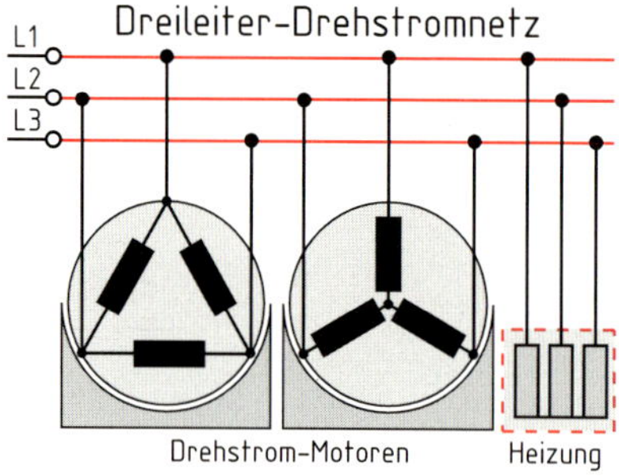

Symmetrischer Belastungsfall

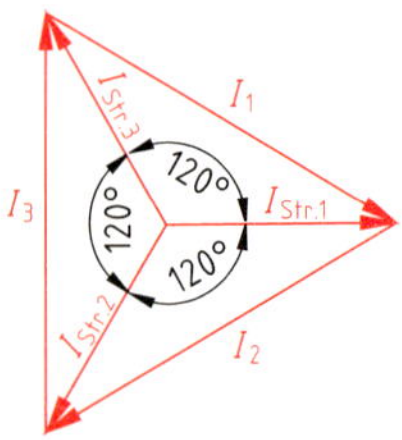

Unsymmetrischer Belastungsfall

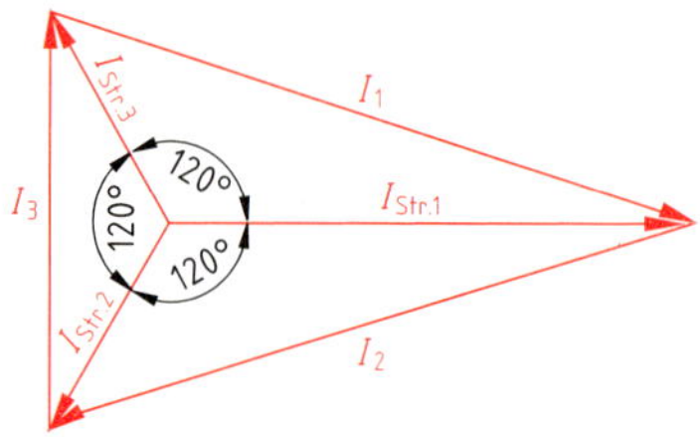

Allgemein gilt:

Formel	Bezeichnung
$U = U_{12} = U_{23} = U_{31} = U_{Str.}$	**Leiterspannungen**
$U_{Str.1} = U_{Str.2} = U_{Str.3}$	**Strangspannungen**

Formelzeichen	Bedeutung	Einheit
U	Leiterspannung	V
U_{12}, U_{23}, U_{31}	Leiterspannungen	V
$U_{Str.1}, U_{Str.2}, U_{Str.3}$	Strangspannungen	V

Nur bei symmetrischer Belastung ($\boldsymbol{R_1 = R_2 = R_3}$) gilt:

Formel	Bezeichnung
$I = \sqrt{3} \cdot I_{Str.}$	**Leiterstrom**
$I = I_1 = I_2 = I_3$	**Leiterstrom**
$I_{Str.} = I_{Str.1} = I_{Str.2} = I_{Str.3}$	**Strangströme**

Formelzeichen	Bedeutung	Einheit
I, I_1, I_2, I_3	Leiterströme	A
$I_{Str.1}, I_{Str.2}, I_{Str.3}$	Strangströme	A
$\sqrt{3}$	Verkettungsfaktor	1

Index 1: Strang 1 **Index 2:** Strang 2
Index 3: Strang 3

Durch geometrische Addition der Strangströme können sowohl bei der **symmetrischen Belastung** als auch bei der **unsymmetrischen Belastung** die Außenleiterströme bestimmt werden.

Drehstromleistung bei symmetrischer Belastung:

Formel	Bezeichnung
$S = 3 \cdot U_{Str.} \cdot I_{Str.}$ $S = 3 \cdot S_{Str.}$	**Scheinleistung**
$S = \sqrt{3} \cdot U \cdot I$	**Scheinleistung**

Formelzeichen	Bedeutung	Einheit
S	gesamte Scheinleistung	W, VA
$U_{Str.}$	Strangspannung	V
$I_{Str.}$	Strangstrom	A
$S_{Str.}$	Scheinleistung eines Stranges	W, VA
U	Außenleiterspannung	V
I	Außenleiterstrom	A

Fortsetzung nächste Seite

Dreiphasenwechselspannung, Drehstrom (Fortsetzung)

$$P = S \cdot \cos\varphi$$ **Wirkleistung**

$$Q = S \cdot \sin\varphi$$ **Blindleistung**

Bei gleicher Netzspannung und gleichen Widerständen fließt bei der Dreieckschaltung (△) im Außenleiter die dreifache Stromstärke wie bei der Sternschaltung (Y).

Daraus folgt:

$$\frac{I_\triangle}{I_Y} = \frac{3}{1} \qquad \frac{S_\triangle}{S_Y} = \frac{3}{1} \qquad \frac{P_\triangle}{P_Y} = \frac{3}{1} \qquad \frac{Q_\triangle}{Q_Y} = \frac{3}{1}$$

P	gesamte Wirkleistung	W
Q	gesamte Blindleistung	W, var
φ	Phasenverschiebung zwischen U und I	Grad, rad
$I_\triangle$, I_Y	Außenleiterstrom bei der Dreieck- bzw. Sternschaltung	A
$S_\triangle$, S_Y	Scheinleistung bei der Dreieck- bzw. Sternschaltung	W, VA
$P_\triangle$, P_Y	Wirkleistung bei der Dreieck- bzw. Sternschaltung	W
$Q_\triangle$, Q_Y	Blindleistung bei der Dreieck- bzw. Sternschaltung	W, var

3

Transformatoren

$$\ddot{u} = \frac{N_1}{N_2} \qquad \ddot{u} = \frac{U_1}{U_2}$$ **Übersetzungsverhältnis**

$$\frac{U_1}{U_2} = \frac{N_1}{N_2}$$ **Index 1:** Primärseite
Index 2: Sekundärseite

$$\frac{I_1}{I_2} = \frac{U_2}{U_1} \qquad \frac{I_1}{I_2} = \frac{N_2}{N_1} \qquad \frac{Z_1}{Z_2} = \frac{N_1^2}{N_2^2}$$

$$S_1 = U_1 \cdot I_1$$ **aufgenommene Scheinleistung**

$$S_2 = U_2 \cdot I_2$$ **abgegebene Scheinleistung**

$$P_1 = S_1 \cdot \cos\varphi_1$$ **aufgenommene Wirkleistung**

$$P_2 = S_2 \cdot \cos\varphi_2$$ **abgegebene Wirkleistung**

$$\eta_n = \frac{S_{2n}}{S_{1n}}$$ **Nennwirkungsgrad**

$$\eta_n = \frac{P_{2n}}{P_{1n}} = \frac{P_{2n}}{P_{2n} + P_V}$$ **Nennwirkungsgrad** (bei Ohm'scher Last)

$$P_V = P_{VCu} + P_{VFe}$$ **gesamte Verlustleistung**

$$P_{VCu} = I_{1n}^2 \cdot R_1 + I_{2n}^2 \cdot R_2$$ **Kupferverlustleistung**

Der **Index n** steht für die jeweiligen Nenngrößen

$\ddot{u}$	Übersetzungsverhältnis	1
N_1, N_2	Windungszahlen	1
U_1, U_2	Spannungen	V
I_1, I_2	Ströme durch die beiden Spulen	A
Z_1, Z_2	Scheinwiderstände	Ω
S_1	aufgenommene Scheinleistung	W, VA
S_2	abgegebene Scheinleistung	W, VA
P_1	aufgenommene Wirkleistung	W
P_2	abgegebene Wirkleistung	W
φ_1	Phasenverschiebung zwischen U_1 und I_1	Grad, rad
φ_2	Phasenverschiebung zwischen U_2 und I_2	Grad, rad
η_n	Nennwirkungsgrad	1
P_V	gesamt Verlustleistung	W
P_{VCu}	Kupferverlustleistung	W
P_{VFe}	Eisenverlustleistung	W
I_1, I_2	Nennströme durch die beiden Spulen	A
R_1, R_2	Wirkwiderstände der beiden Spulen	Ω

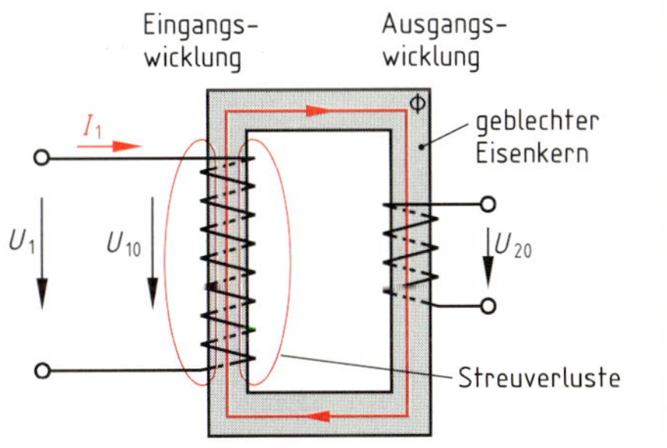

Φ = magnetischer Wechselfluss

Elektrische Maschinen

Zu den **elektrischen Maschinen** gehören die **Generatoren**, die mechanische Energie in elektrische → Energie umwandeln, und die **Elektromotoren**.

Berechnungsformeln finden Sie in der umfangreichen Fachliteratur!

3

Elektrische Maschinen (Fortsetzung)

Generatoren: (s. nebenstehendes Prinzipbild)

Gemäß dem Prinzip „Induktion durch Bewegung eines Leiters im Magnetfeld“ wird bei der Rotation einer Leiterschleife in einem Magnetfeld eine Spannung u induziert. Die elektrische Verbindung der Leiterschleife mit einem Verbraucher oder einem Messgerät erfolgt über zwei Kohlebürsten, die auf Schleifringe angepresst werden. Die Schleifringe sind mit den Leiterenden der im Magnetfeld rotierenden Leiterschleife verbunden. Wird die Leiterschleife mit einer konstanten Drehzahl gedreht, so wird eine sinusförmige Wechselspannung erzeugt. Ist der Stromkreis über einen Ohm'schen Widerstand geschlossen, so fließt dort ein sinusförmiger → Wechselstrom.

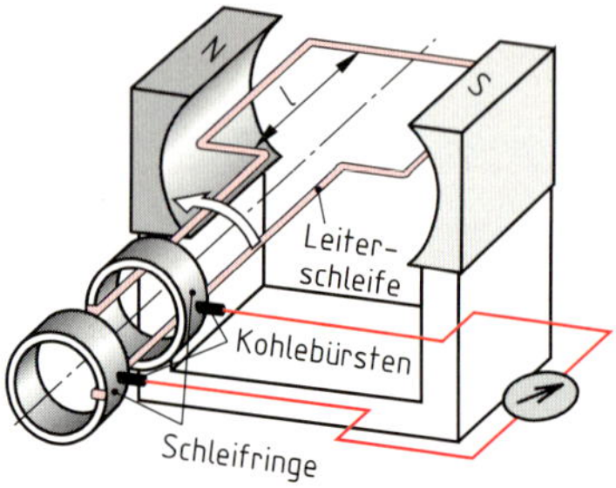

$u_i = N \cdot B \cdot A \cdot \omega \cdot \sin \omega t$ **induzierte Spannung**

u_i	induzierte Spannung zur Zeit t	V
N	Windungszahl der Leiterschleife	1
B	magnetische Flussdichte	T
A	Fläche der Leiterschleife	m^2
ω	Winkelgeschwindigkeit	s^{-1}
t	Zeit ab Drehbeginn	s

Elektromotoren:

Alle Elektromotoren lassen sich nach folgenden Kriterien unterscheiden:

1. Stromart: → Gleichstrommotoren und Wechselstrommotoren

2. Motornennleistung: → Kleinmotoren (1 W bis 1 kW)
mittelstarke Motoren (1 kW bis etwa 10 kW)
leistungsstarke Motoren (10 kW bis etwa mehrere MW)

3. Motorprinzip: → Drehstrom: Kurzschlussläufermotor, Schleifringläufermotor
Gleichstrom: fremderregter Motor, Nebenschlussmotor, Reihenschlussmotor, Doppelschlussmotor

4. Drehzahlverhalten: → Synchronverhalten
Synchronmotor: (Drehzahl ist unabhängig von der Belastung)
Asynchronmotor: (Drehzahl sinkt bei Belastung)
Nebenschlussmotor, Reihenschlussmotor

Das Grundprinzip des **Gleichstrommotors** beruht darauf, dass ein stromdurchflossener Leiter in einem Magnetfeld eine Kraft erfährt, die bei einer drehbar gelagerten Leiterschleife ein Drehmoment erzeugt.

Beim **Drehstrommotor**, der prinzipiell den selben Aufbau haben kann wie ein Drehstromgenerator, wird mit Hilfe des Dreiphasen-Wechselstroms und drei um jeweils 120 ° räumlich versetzt angeordneten baugleichen Spulen ein rotierendes Magnetfeld (Drehfeld) erzeugt. In diesem Drehfeld kann ein Läufer, der einen Dauermagneten oder eine von Gleichstrom durchflossene Ankerwicklung enthält, synchron mitdrehen. Eine solche Maschine nennt man **Synchronmotor**.

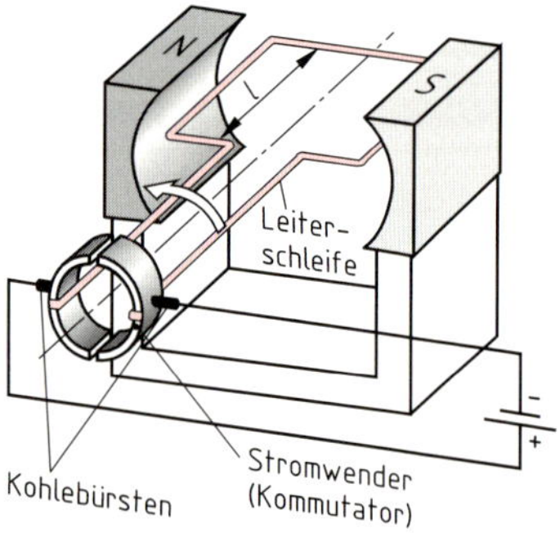

$\Delta n = n_s - n$ **Schlupfdrehzahl beim Asynchronmotor**

$s = \frac{n_s - n}{n_s} \cdot 100\%$ **Schlupf in %**

Δn	Schlupfdrehzahl	s^{-1}, min^{-1}
n_s	Drehfelddrehzahl	s^{-1}, min^{-1}
n	Läuferdrehzahl	s^{-1}, min^{-1}
s	Schlupf	1

Schutzmaßnahmen

Das Bild auf der nächsten Seite zeigt das **Zeit, Strom-Gefährdungsdiagramm** bei Wechselstrom mit 50 Hz für erwachsene Personen. Daraus ist zu ersehen, dass nicht nur die Größe der **Körperstromstärke** I, sondern auch die **Einwirkzeit** t der **Fremdströme** von Bedeutung ist.

Schutzmaßnahmen (Fortsetzung)

Bereich (I in mA bei $t = 10$ s)	Körperreaktionen
① bis 0,5	Keine Reaktion des Körpers bis zur Wahrnehmbarkeitsschwelle zu erwarten.
② 0,5 bis 10	Keine schädlichen Wirkungen bis zur Loslassschwelle zu erwarten.
③ 10 bis 50	Gefahr von Herzkammerflimmern, organische Schäden nicht wahrscheinlich.
④ über 50	Herzkammerflimmern möglich (tödliche Stromwirkungen wahrscheinlich).

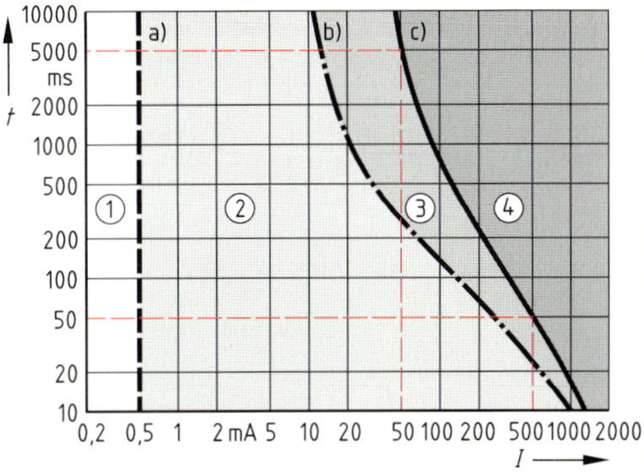

Im Diagramm bedeuten:
a) Wahrnehmbarkeitsschwelle
b) Loslassschwelle
c) Flimmerschwelle (Gefährdungskurve)

Mit einer **tödlichen Stromwirkung** ist zu rechnen, wenn die **Berührungsspannung** U_B beim Menschen 50 V bei Wechselspannung und 120 V bei Gleichspannung übersteigt. Die dabei auftretende Stromstärke I ist abhängig vom **Körperwiderstand** R_K, der sich aus dem inneren Körperwiderstand R_i und den Übergangswiderständen $R_{ü1}$ und $R_{ü2}$ zusammensetzt.

$$I = \frac{U_B}{R_K}$$ **Stromstärke**

$$R_K = R_i + R_{ü1} + R_{ü2}$$ **Körperwiderstand**

Schutzmaßnahmen gegen gefährliche Körperströme

Schutzmaßnahmen gegen direktes Berühren	Schutzmaßnahmen gegen indirektes Berühren	Schutzmaßnahmen gegen direktes und indirektes Berühren
Schutz durch:	Schutz durch:	Schutz durch:
Isolierung aktiver Teile, Abdeckung oder Umhüllung, Hindernisse, Abstand, FI-Schutzeinrichtung (als zusätzlicher Schutz)	Schutzisolierung, Schutztrennung, nichtleitende Räume, erdfreien örtlichen Potentialausgleich, FI-Schutzschalter, FU-Schutzschalter, Überstromschutzorgane	Schutzkleinspannung, Funktionskleinspannung, Begrenzung der Entladungsenergie

Schutzmaßnahmen von elektrischen Betriebsmitteln und Schutzmaßnahmen gegen elektromagnetische Störungen

Schutz von elektrischen Leitungen und Betriebsmitteln	Schutz gegen elektromagnetische Störungen
Schmelzsicherungen, Geräteschutzsicherungen (Feinsicherungen), Leitungsschutzschalter, Funkenlöschung von Schaltern	Entstörkondensator, Entstördrossel und Entstörfilter, Abschirmung, Galvanische Trennung, Potentialausgleich und Überspannungsschutz in der Energietechnik

Wichtige Normen sind **DIN VDE 0100:** Errichten von Starkstromanlagen bis 1000 Volt
DIN VDE 0101: Errichten von Starkstromanlagen über 1000 Volt
DIN VDE 0105: Betrieb von Starkstromanlagen

3

Elektromagnetische Schwingungen (→ Schwingungen und Wellen)

Schwingkreise

Für den **Reihenschwingkreis** (linkes Bild) und den **Parallelschwingkreis** (rechtes Bild) gilt:

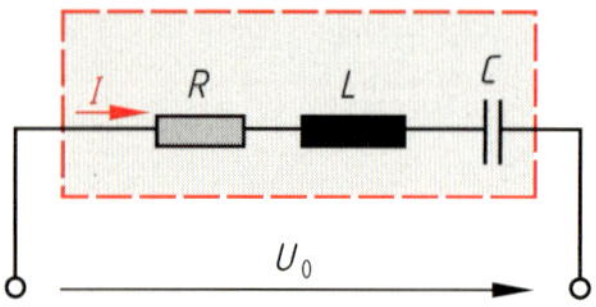

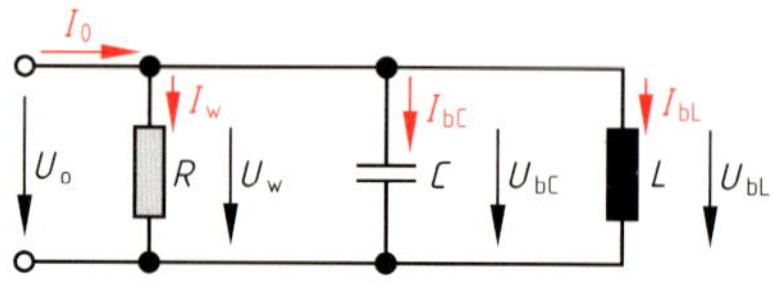

$f_0 = \frac{1}{2 \cdot \pi \cdot \sqrt{L \cdot C}}$	**Resonanzfrequenz**	f_0	Resonanzfrequenz	s^{-1}
		L	Induktivität der Spule	H
		C	Kapazität des Kondensators	F
$T_0 = 2 \cdot \pi \cdot \sqrt{L \cdot C}$	**Periodendauer**	T_0	Periodendauer	s
$W = \frac{1}{2} \cdot L \cdot \hat{\imath}^2 = \frac{1}{2} \cdot C \cdot \hat{u}^2$	**Schwingungsenergie**	W	→ Schwingungsenergie	J, Ws
		$\hat{\imath}$	Scheitelwert der Stromstärke	A
		$\hat{u}$	Scheitelwert der Spannung	V
		X_{L0}	induktiver Resonanzblindwiderstand	Ω
$X_{L0} = X_{C0} = \sqrt{\frac{L}{C}}$	**Blindwiderstände**	X_{C0}	kapazitiver Resonanzblindwiderstand	Ω
		Z_0	Scheinwiderstand bei Resonanz	Ω
$Z_0 = R$	**Scheinwiderstand**	R	Wirkwiderstand	Ω
		S_0	Resonanzscheinleistung	W, VA
$S_0 = P_0$	**Leistung**	P_0	Resonanzwirkleistung	W

3

Die **Null im Index** weist jeweils auf den **Resonanzfall** hin.

Reihenschwingkreis im Resonanzfall:

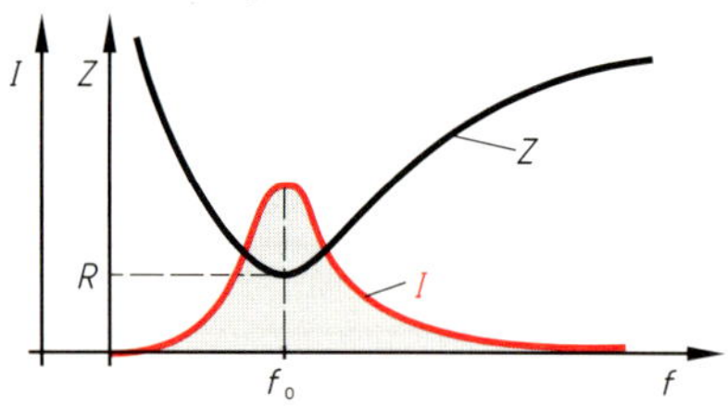

U_{bL0}	induktive Resonanzblindspannung	V
U_{bC0}	kapazitive Resonanzblindspannung	V
I_0	Resonanzstromstärke	A
L	Induktivität der Schwingkreisspule	H
C	Kapazität des Schwingkreiskondensators	F
U	Gesamtspannung	V
U_{R0}	Resonanzwirkspannung	V
Q_{L0}	induktive Resonanzblindleistung	W, var
Q_{C0}	kapazitive Resonanzblindleistung	W, var

$U_{bL0} = U_{bC0} = I_0 \cdot \sqrt{\frac{L}{C}}$ **Blindspannungen**

$U = U_{R0}$ **Spannung**

$Q_{L0} = Q_{C0} = I_0^2 \cdot \sqrt{\frac{L}{C}}$ **Blindleistungen**

Der **Reihenschwingkreis** hat im **Resonanzfall** den geringsten Scheinwiderstand Z und lässt bevorzugt den Wechselstrom mit der Frequenz f_0 durch.

Parallelschwingkreis im Resonanzfall:

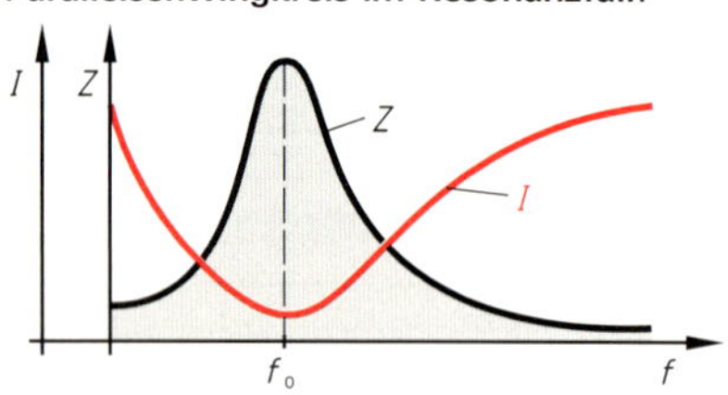

I_{bL0}	Resonanzstromstärke	A
I_{bC0}	Resonanzstromstärke	A
U	Gesamtspannung	V
L	Induktivität der Schwingkreisspule	H
C	Kapazität des Schwingkreiskondensators	F
I_0	Gesamtstrom (Resonanzstromstärke)	A
I_{R0}	Resonanzwirkstromstärke	A
Q_{L0}	induktive Resonanzblindleistung	W, var
Q_{C0}	kapazitive Resonanzblindleistung	W, var

$I_{bL0} = I_{bC0} = U \cdot \sqrt{\frac{C}{L}}$ **Resonanzstromstärken**

$I_0 = I_{R0}$ **Stromstärke**

$Q_{L0} = Q_{C0} = U^2 \cdot \sqrt{\frac{C}{L}}$ **Blindleistungen**

Der **Parallelschwingkreis** hat **im Resonanzfall** den größten Scheinwiderstand Z und durch ihn fließt dann die geringste Stromstärke I.

Elektromagnetische Schwingungen (Fortsetzung)

Hochpass – Tiefpass

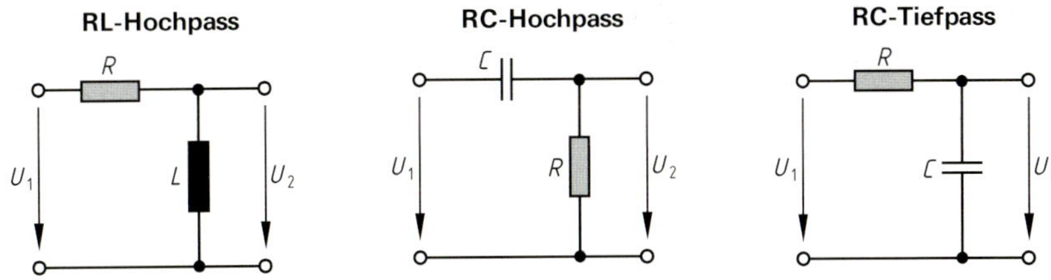

RL-Hochpass	RC-Hochpass
$\frac{U_2}{U_1} = \frac{1}{\sqrt{1 + \left(\frac{R}{\omega \cdot L}\right)^2}}$	$\frac{U_2}{U_1} = \frac{R}{\sqrt{R^2 + \left(\frac{1}{\omega \cdot C}\right)^2}}$
$f_G = \frac{R}{2 \cdot \pi \cdot L}$	$f_G = \frac{1}{2 \cdot \pi \cdot R \cdot C}$
RC-Tiefpass	**RL-Tiefpass**
$\frac{U_2}{U_1} = \frac{1}{\sqrt{1 + (\omega \cdot R \cdot C)^2}}$	$\frac{U_2}{U_1} = \frac{1}{\sqrt{1 + \left(\frac{\omega \cdot L}{R}\right)^2}}$
$f_G = \frac{1}{2 \cdot \pi \cdot R \cdot C}$	$f_G = \frac{R}{2 \cdot \pi \cdot L}$

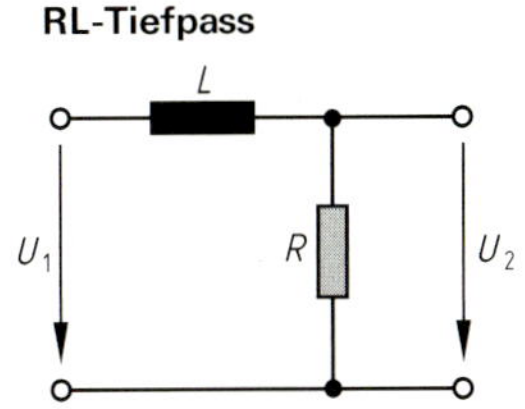

U_1	Eingangsspannung	V
U_2	Ausgangsspannung	V
R	Widerstand	Ω
C	Kapazität	F
L	Induktivität	H
f_G	Grenzfrequenz	s^{-1}
ω	→ Kreisfrequenz	s^{-1}

3

Hertz'scher Dipol, elektromagnetische Wellen

Unter einem **Hertz'schen Dipol** versteht man einen Metallstab, in dem eine von einem **Hochfrequenzoszillator** erzeugte hochfrequente elektrische Schwingung stattfindet. Der Metallstab stellt einen offenen elektrischen Schwingkreis dar. Von diesem schwingenden Dipol lösen sich die → elektromagnetischen Wellen ab und breiten sich mit Lichtgeschwindigkeit aus. Bei elektromagnetischen Wellen schwingen, ausgehend vom schwingenden Dipol, die elektrische und die magnetische Feldstärke senkrecht zueinander und beide stehen senkrecht zur Ausbreitungsrichtung (s. nebenstehendes Bild).

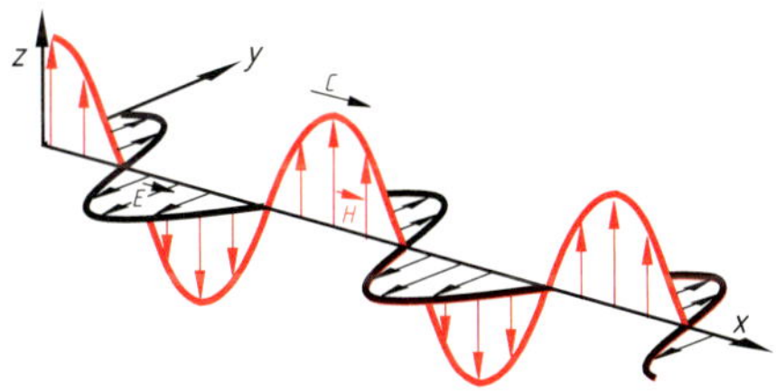

$c = \frac{\lambda}{T}$ $c = \lambda \cdot f$ **Ausbreitungsgeschwindigkeit**

(→ Grundgleichung der Wellenlehre)

$l = \frac{\lambda}{2}$ **Dipollänge**

c	→ Ausbreitungsgeschwindigkeit elektromagnetischer Wellen; → Lichtgeschwindigkeit	m/s
λ	→ Wellenlänge	m
T	→ Periodendauer	s
f	→ Frequenz	s^{-1}
l	Länge des schwingenden Dipols	m

Der Empfang elektromagnetischer Wellen durch einen Empfangsdipol ist dann am besten, wenn die Länge des Dipols der halben Wellenlänge entspricht.
Mit Hilfe der Elektrotechnik ist es möglich, elektromagnetische Wellen mit Frequenzen zwischen fast 0 Hz und ungefähr 10^{12} Hz zu erzeugen. Die zugehörigen Wellenlängen liegen dabei zwischen mehreren Kilometern und Bruchteilen von Millimetern (→ Wellenspektrum).

Grundlagen der Halbleitertechnik

Werkstoffe, die bezüglich ihrer elektrischen Leitfähigkeit zwischen den elektrischen Leitern und den Isolierwerkstoffen stehen, werden als **Halbleiter** bezeichnet. Es handelt sich dabei hauptsächlich um die Elemente Germanium (Ge), Silicium (Si) und Selen (Se).
Wird ein reiner nichtleitender Halbleiterkristall mit 5-wertigen Fremdatomen dotiert, so wird dieser Kristall leitend, weil er freie bewegliche Elektronen erhält; es wird ein **N-Leiter**. Wird er dagegen mit 3-wertigen Fremdatomen dotiert, so wird dieser Kristall leitend, weil er freie bewegliche Elektronenlöcher (Defektelektronen) erhält; es wird ein **P-Leiter**.

Halbleiterdiode

Wird ein N- und ein P-Leiter zusammengebracht, so entsteht an der Grenzfläche ein PN-Übergang. Ein aus einem N- und einem P-Leiter bestehendes Bauteil wird **Halbleiterdiode** genannt, weil es den Strom nur in einer Richtung durchlässt. Nebenstehendes Bild zeigt die **Strom**, **Spannungskennlinien** einer Si-Diode und einer Ge-Diode.
Mit solchen Halbleiterdioden lassen sich Wechselspannungen und Wechselströme mit verschiedenen **Gleichrichterschaltungen** gleich richten:

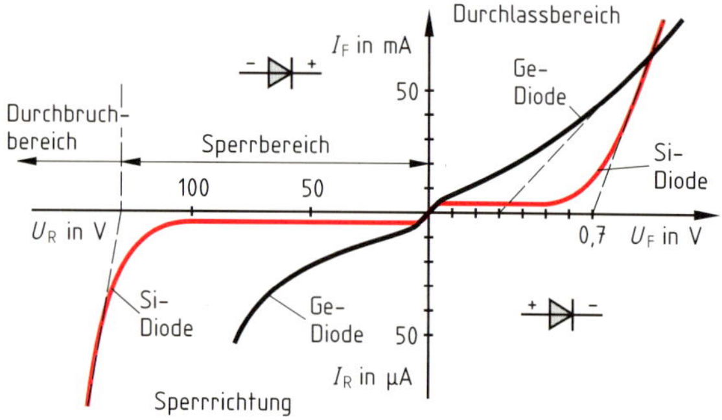

Einpuls-Gleichrichterschaltung	Zweipuls-Gleichrichterschaltung	Dreipuls-Gleichrichterschaltung

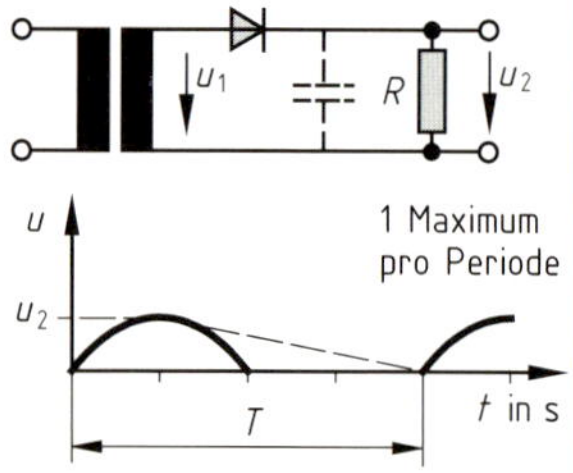

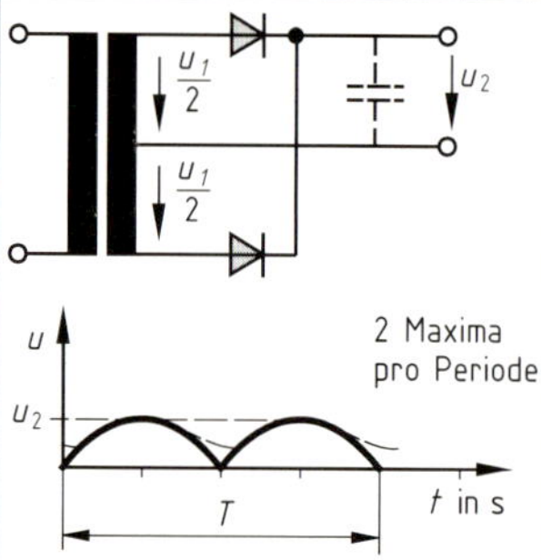

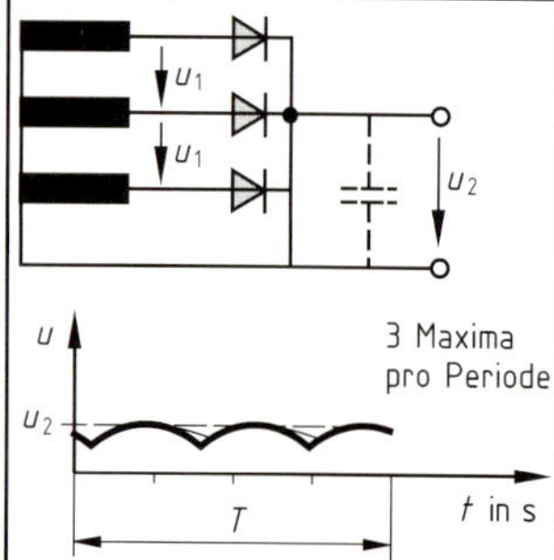

Transistor

Kollektor (C), **Emitter** (E), **Basis** (B)

$$I_C + I_B - I_E = 0$$ **Knotenregel**

$$U_{CB} + U_{BE} - U_{CE} = 0$$ **Maschenregel**

$$v = \frac{\Delta U_{CE}}{\Delta U_{BE}}$$ **Spannungsverstärkung**

Der Widerstandswert der Kollektor-Emitter-Strecke kann mit U_{BE} und I_B gesteuert werden. Kleine Strom- bzw. Spannungsänderungen (ΔI_B bzw. ΔU_{BE}) im Steuerkreis führen zu großen Strom- bzw. Spannungsänderungen (ΔI_C bzw. ΔU_{CE}).

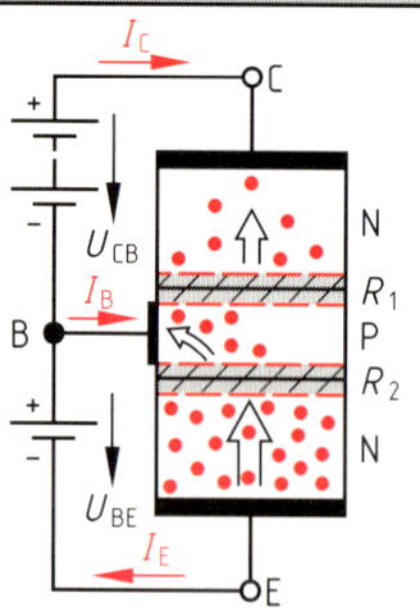

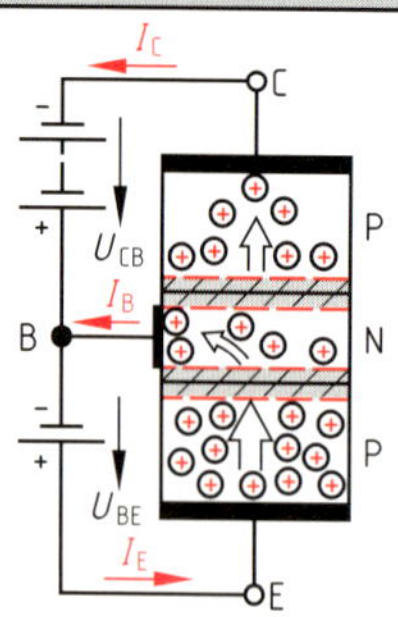

I_C	Kollektorstrom	A
I_B	Basisstrom	A
I_E	Emitterstrom	A
U_{CE}	Kollektor-Basis-Spannung	V
U_{BE}	Basis-Emitter-Spannung	V
U_{CE}	Kollektor-Emitter-Spannung	V
v	Spannungsverstärkung	1
ΔU_{CE}	Spannungsschwankung	V
ΔU_{BE}	Spannungsschwankung	V

Statik

Grundgesetze

(→ Kraft, Krafteinheit, Drehmoment, Britische und US-Einheiten)

Merkmale einer Kraft:

Größe → Dies ist der **Betrag der Kraft**, der in Verbindung mit einem **Kräftemaßstab KM** messbar ist.

Richtung → Diese entspricht der Lage der **Wirkungslinie WL**. Sie ist durch einen Winkel festgelegt.

Angriffspunkt → Ort, an dem die Kraft F am Körper angreift.

Sinn → z. B. **Zugkraft** oder **Druckkraft**. Festlegung mittles **Vorzeichen**.

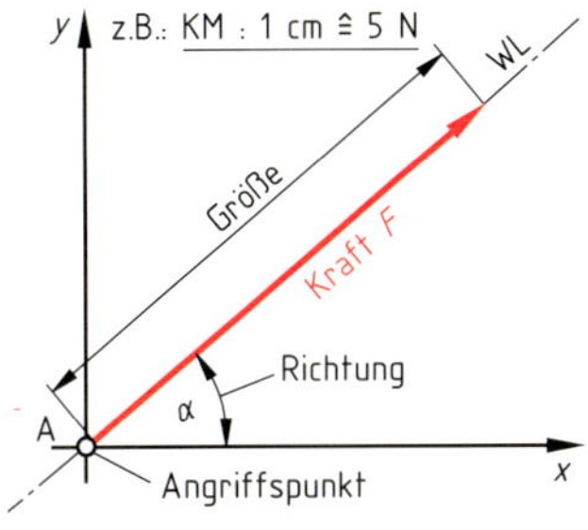

Erweiterungssatz:

Bei einem **Kräftesystem** (linkes Bild) dürfen Kräfte hinzugefügt oder weggenommen werden, wenn sie gleich groß und entgegengesetzt gerichtet sind und auf derselben WL liegen (rechtes Bild).

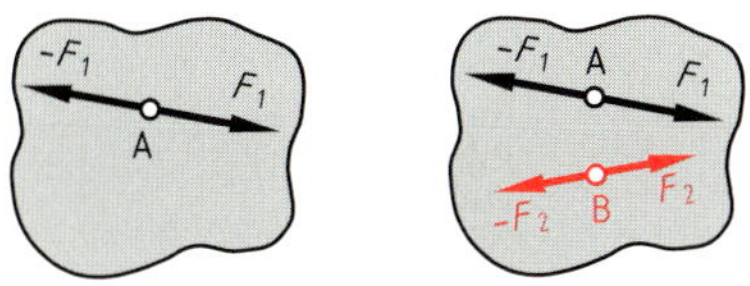

Längsverschiebungssatz:

Eine Kraft darf auf ihrer WL verschoben werden. Dadurch ändert sich ihre Wirkung auf den Körper nicht.

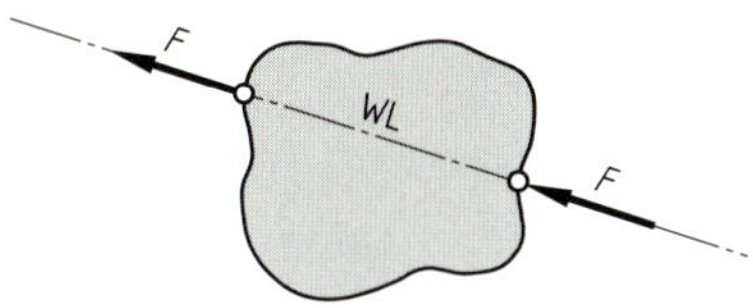

4

Zentrales Kräftesystem

Kräfte auf derselben Wirkungslinie:

Zeichnerische (grafische) Ermittlung von F_r mit Hilfe des **Kräfteplanes KP**. Dieser ist grundsätzlich maßstäblich zu zeichnen: Zum KP gehört immer ein **Kräftemaßstab KM**.
Beispiel: KM: 1 cm ≙ 10 daN.
Der KP wird aus dem **Lageplan LP** entwickelt. Dieser kann unmaßstäblich sein.

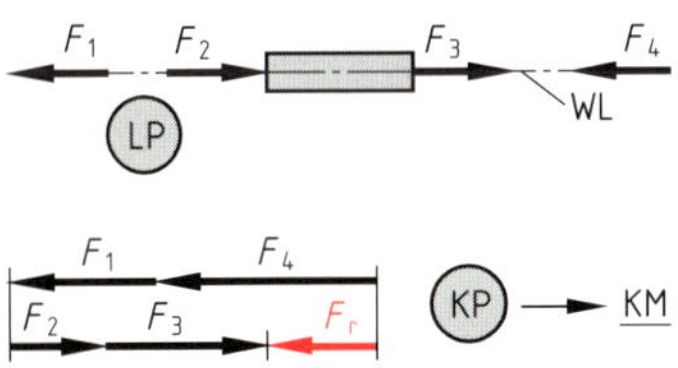

Rechnerische (analytische) Ermittlung von F_r durch die arithmetische Summe der Einzelkräfte:

$$F_r = \Sigma F = F_1 + F_2 + \ldots + F_n$$ **Resultierende**

$$F_r = 0$$ **Kräftegleichgewicht**

Unverbindlicher Vorschlag zur **Vorzeichenwahl**:

← ↓ Nach links oder unten gerichtete Kräfte: minus (−)
→ ↑ Nach rechts oder oben gerichtete Kräfte: plus (+)

Zwei Kräfte im Zentralpunkt angreifend:

Vektorielle Addition ⟶ **Kräftedreieck** **Kräfte Parallelogramm**

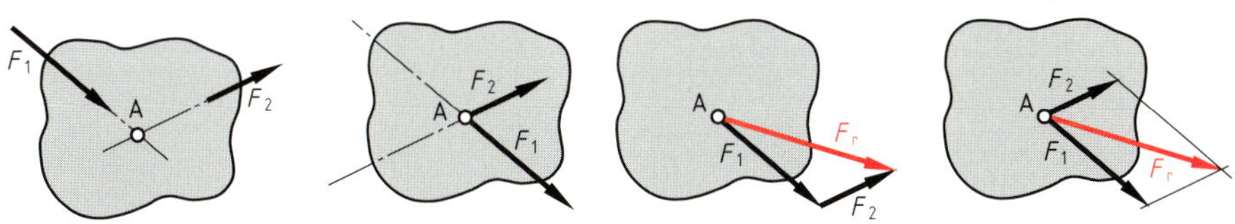

Statik (Fortsetzung)

Horizontal- und Vertikalkomponente:
zeichnerisch → Kraftzerlegung (s. nebenstehendes Bild)

$F_x = F \cdot \cos\alpha = F \cdot \sin\beta$ **Horizontalkomponente**

$F_y = F \cdot \sin\alpha = F \cdot \cos\beta$ **Vertikalkomponente**

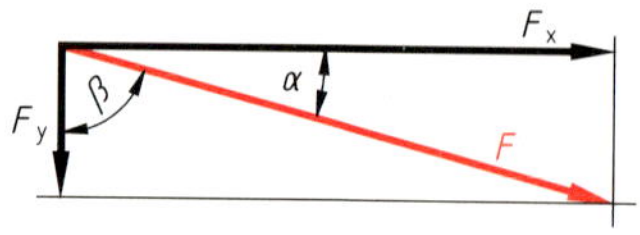

Mehr als zwei Kräfte im Zentralpunkt angreifend:
Vektorielle Addition

Aneinanderreihen der Kräfte (s. LP) in beliebiger Reihenfolge im KP. ⟶ KP: **Krafteck** bzw. **Kräftepolygon**

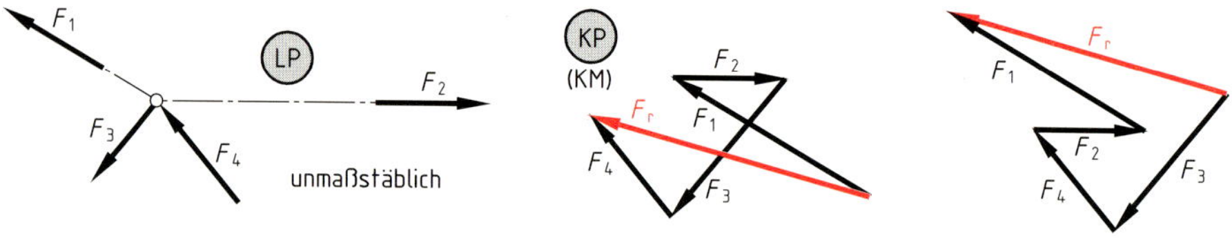

Rechnerische Ermittlung der Resultierenden:

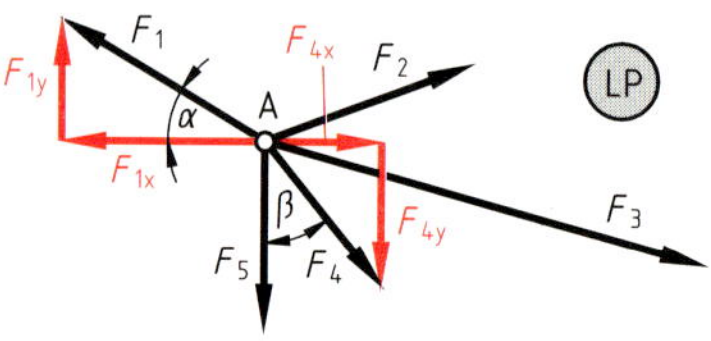

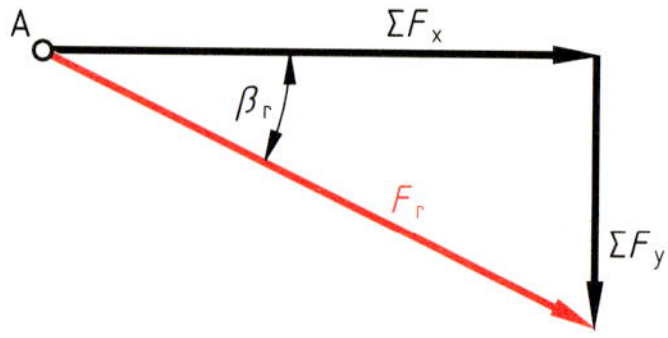

$F_r = \sqrt{(\Sigma F_x)^2 + (\Sigma F_y)^2}$ **Größe von F_r**

$\tan\beta_r = \dfrac{\Sigma F_y}{\Sigma F_x}$ **Richtung von F_r**

Allgemeines Kräftesystem

Seileckverfahren:

Lösungsschritte zur Seileckkonstruktion:

a) Mit den Daten der Aufgabe, d.h. LP mit Größe, Richtung, Angriffspunkt aller Einzelkräfte wird der KP, d.h. das Krafteck gezeichnet. Zwischen dem Anfangspunkt der ersten und dem Endpunkt der letzten Kraft liegt F_r.

b) Man wählt frei einen **Pol** 0 und zeichnet die **Polstrahlen** in den KP. Aus dem Krafteck wird so das **Poleck**.

c) Man verschiebt die Polstrahlen (0, 1, 2, ...) parallel vom KP in den LP, d.h. man zeichnet im LP die **Seilstrahlen**. Seilstrahl 0 schneidet dabei die WL von F_1 an beliebiger Stelle. 1 wird parallel aus dem KP durch diesen Schnittpunkt a verschoben und schneidet F_2 usw.

d) Man bringt den ersten Seilstrahl (hier 0) mit dem letzten Seilstrahl (hier 4) im LP zum Schnitt. Durch den Schnittpunkt dieser beiden Seilstrahlen geht die WL von F_r, d.h. (F_r).

e) Man verschiebt F_r aus dem KP parallel durch den Schnittpunkt der beiden äußeren Seilstrahlen (hier 0 und 4) im LP.

Das Seileckverfahren ist für beliebig viele – auch parallele – Kräfte anwendbar.

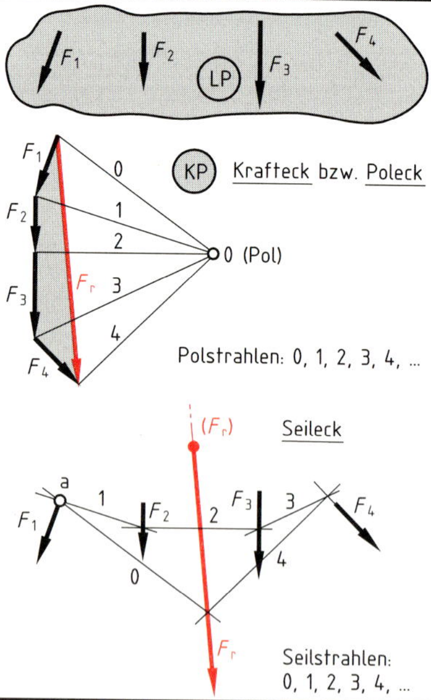

4

Statik (Fortsetzung)

Drehung von Körpern

Drehsinn und Vorzeichen des Drehmomentes: (→ Drehmoment)

positives Drehmoment →  → (+) → Linksdrehsinn (entgegen dem Uhrzeigersinn)

negatives Drehmoment →  → (−) → Rechtsdrehsinn (im Uhrzeigersinn)

Resultierendes Drehmoment und Schrägkräfte:

$$M_{dr} = F_r \cdot r = F_1 \cdot r_1 + F_2 \cdot r_2 + \ldots$$ **resultierendes Drehmoment**

Das **Gesamtdrehmoment = resultierendes Drehmoment** M_{dr} entspricht der Summe der Einzeldrehmomente

$$M_d = F \cdot r = F_y \cdot r_y$$ **Drehmoment bei Schrägkraft**

Bei **Schrägkräften** errechnet sich das Drehmoment aus dem Produkt von Schrägkraft F und senkrechtem Hebelarm r oder aus der zum Hebelarm rechtwinkligen Kraftkomponente F_y und dem tatsächlichen Hebelarm r_y.

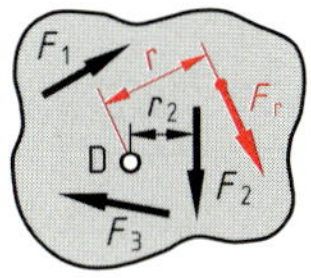

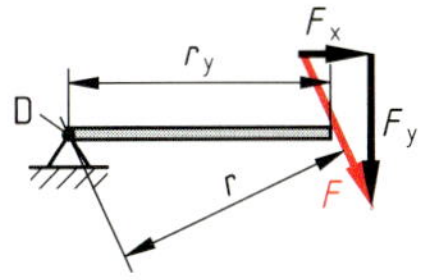

M_{dr}	resultierendes Drehmoment	Nm
F_r	Resultierende	N
r	senkrechter Hebelarm von F_r	m
F_1, F_2	Einzelkräfte	N
F_y	senkrechte Komponente von F	N
r_y	senkrechter Hebelarm von F_y	m

4

Ermittlung von Schwerpunkten

Linienschwerpunkte:

***x*-Komponente**

$$x = \frac{l_1 \cdot x_1 + l_2 \cdot x_2 + \ldots}{l_1 + l_2 + \ldots}$$

***y*-Komponente**

$$y = \frac{l_1 \cdot y_1 + l_2 \cdot y_2 + \ldots}{l_1 + l_2 + \ldots}$$

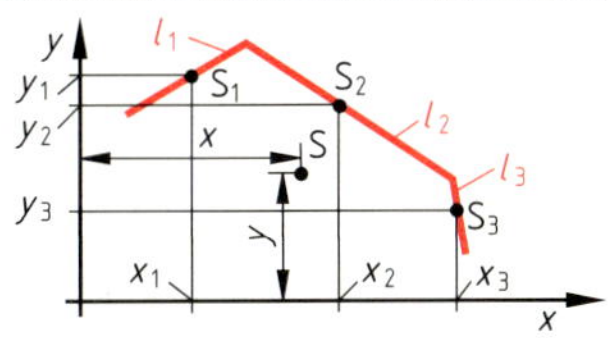

gerader Linienzug

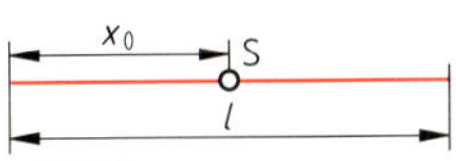

$$x_0 = \frac{l}{2}$$

Umfang eines Dreiecks

$$y_0 = \frac{h \cdot (b + c)}{2 \cdot (a + b + c)}$$

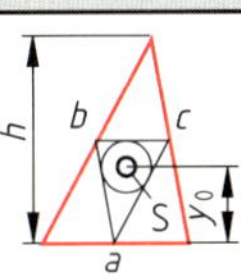

Halbkreisbogen

$$y_0 = \frac{2 \cdot r}{\pi}$$

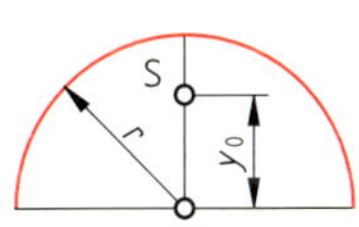

Kreisbogen

$$y_0 = r \cdot \frac{s}{b}$$

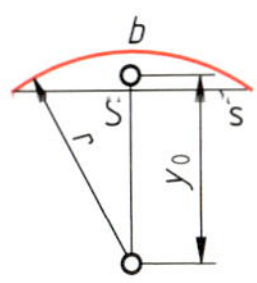

Umfang eines Rechteckes

$$y_0 = \frac{h}{2}$$

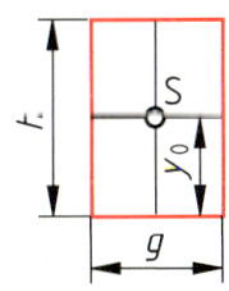

rechter Winkel

$$x_0 = \frac{b^2}{2 \cdot (a + b)}$$

$$y_0 = \frac{a^2}{2 \cdot (a + b)}$$

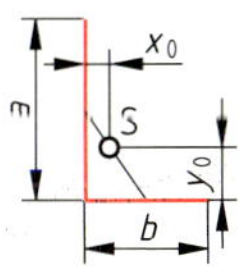

Flächenschwerpunkte:

$$x = \frac{A_1 \cdot x_1 + A_2 \cdot x_2 + \ldots}{A_1 + A_2 + \ldots}$$ ***x*-Komponente**

$$y = \frac{A_1 \cdot y_1 + A_2 \cdot y_2 + \ldots}{A_1 + A_2 + \ldots}$$ ***y*-Komponente**

s. Seite 186

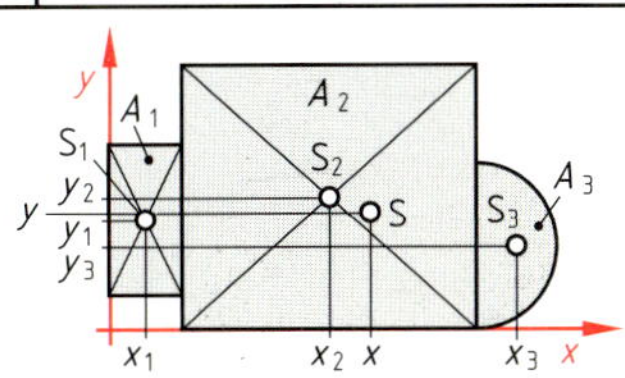

Statik (Fortsetzung)

Flächenmomente und Flächen von Bohrungen sind in der Rechnung abzuziehen!

$A_1, A_2 \dots$	Teilflächen	m^2, mm^2
$x_1, y_1 \dots$	Schwerpunktabstände	m, mm

Dreieck

$$y_0 = \frac{h}{3}$$

Der Schwerpunkt liegt im Schnittpunkt der Seitenhalbierenden.

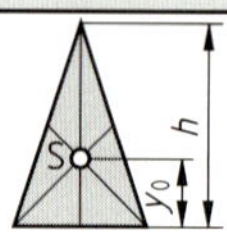

Halbkreis

$$y_0 = \frac{4}{3} \cdot \frac{r}{\pi}$$

$$y_0 \approx 0{,}424 \cdot r$$

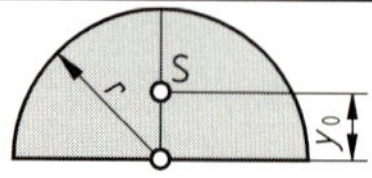

Kreis, Kreisring

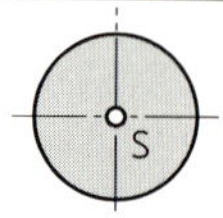

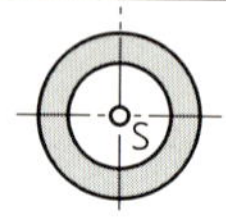

Der Schwerpunkt liegt im Mittelpunkt

Kreisabschnitt

$$y_0 = \frac{s^3}{12 \cdot A}$$

A = Fläche

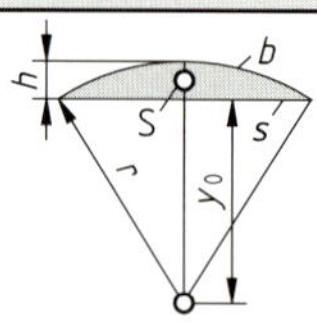

Kreisausschnitt (Sektor)

$$y_0 = \frac{2 \cdot r \cdot s}{3 \cdot b}$$

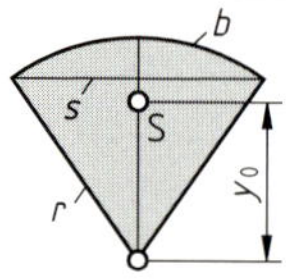

Parabelhalbierung

$$x_0 = \frac{3}{5} \cdot a$$

$$y_0 = \frac{3}{8} \cdot b$$

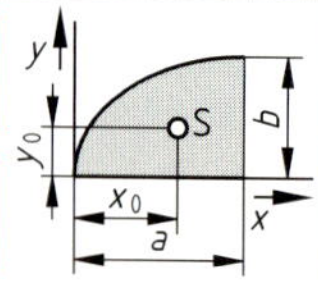

Trapez

$$y_0 = \frac{h}{3} \cdot \frac{a + 2 \cdot b}{a + b}$$

oder konstruktiv.

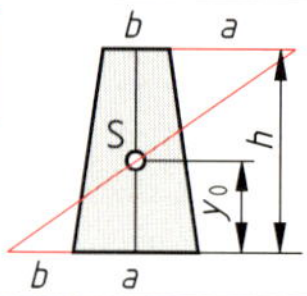

Quadrat, Rechteck

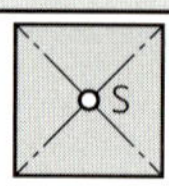

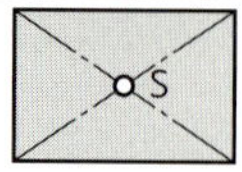

Der Schwerpunkt liegt im Mittelpunkt = Diagonalenschnittpunkt.

Parallelogramm

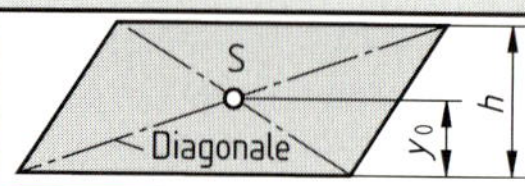

$$y_0 = \frac{h}{2}$$

4

Körperschwerpunkte:

$$x = \frac{V_1 \cdot x_1 + V_2 \cdot x_2 + \dots}{V_1 + V_2 + \dots}$$ *x*-Komponente

$$y = \frac{V_1 \cdot y_1 + V_2 \cdot y_2 + \dots}{V_1 + V_2 + \dots}$$ *y*-Komponente

$$z = \frac{V_1 \cdot z_1 + V_2 \cdot z_2 + \dots}{V_1 + V_2 + \dots}$$ *z*-Komponente

$V_1, V_2 \dots$	Volumen der Einzelkörper	m^3, mm^3
$x_1, y_1, z_1 \dots$	Schwerpunktabstände	m, mm

Kugel, Hohlkugel

Der Schwerpunkt liegt im Mittelpunkt.

$$y_0 = r = \frac{d}{2}$$

r = Außenradius
d = Außendurchmesser

Halbkugel

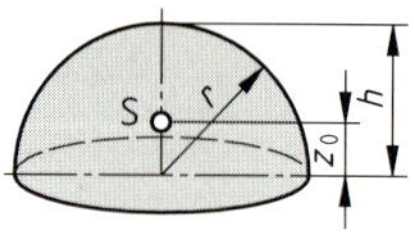

$$z_0 = \frac{3}{8} \cdot r = 0{,}375 \cdot r$$

Kugelabschnitt

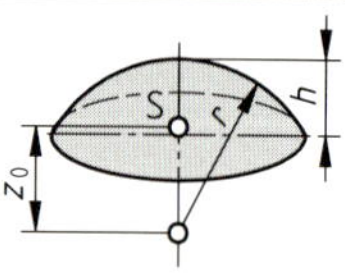

$$z_0 = \frac{3}{4} \cdot \frac{2 \cdot r - h}{3 \cdot r - h}$$

Kugelausschnitt

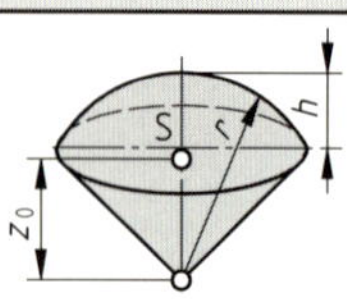

$$z_0 = \frac{3}{8} \cdot (2 \cdot r - h)$$

Kegel

$$z_0 = \frac{h}{4} = 0{,}25 \cdot h$$

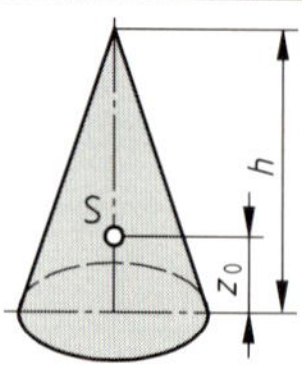

Kegelstumpf

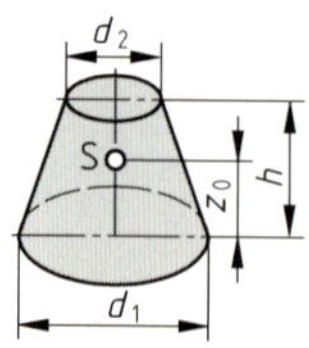

$$z_0 = \frac{h}{4} \cdot \frac{d_1^2 + 2 \cdot d_1 \cdot d_2 + 3 \cdot d_2^2}{d_1^2 + d_1 \cdot d_2 + d_2^2}$$

Statik (Fortsetzung)

Pyramide

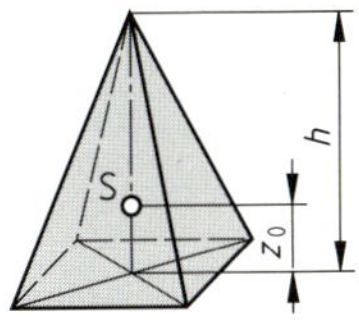

$$z_0 = \frac{h}{4} = 0{,}25 \cdot h$$

Prisma

$$z_0 = \frac{h}{2}$$

Gültig für alle Körper mit parallelen Körperkanten und paralleler Grund- und Deckfläche.

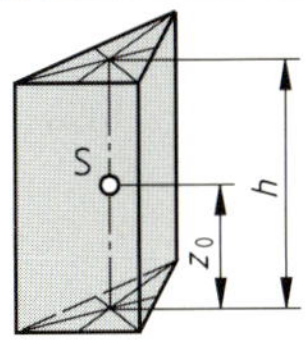

Keil

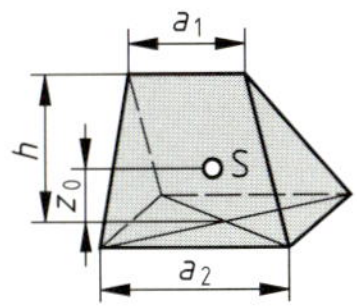

$$z_0 = \frac{h}{2} \cdot \frac{a_2 + a_1}{2 \cdot a_2 + a_1}$$

Tetraeder

$$z_0 = \frac{h}{4}$$

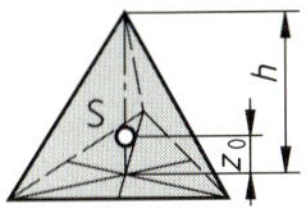

Quader, Rechtecksäule, Würfel

Der Schwerpunkt ist mit dem **Schnittpunkt der Raumdiagonalen** identisch.

Pyramidenstumpf

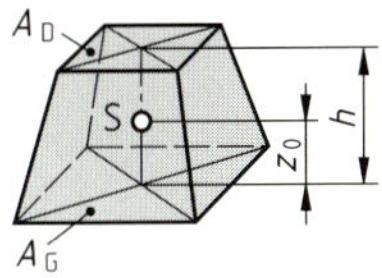

$$z_0 = \frac{h}{4} \cdot \frac{A_G + \sqrt{A_G \cdot A_D} + 3 \cdot A_D}{A_G + \sqrt{A_G \cdot A_D} + A_D}$$

schief abgeschnittener Zylinder

$$r = \frac{d}{2}$$

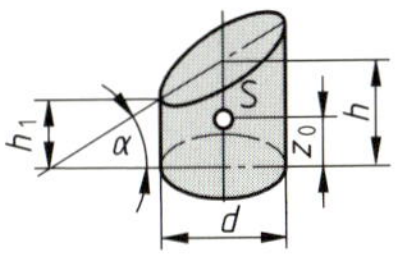

$$z_0 = \frac{h + h_1}{4} + \frac{1}{4} \cdot \frac{r^2 \cdot \tan^2 \alpha}{h + h_1}$$

Zylinder, Hohlzylinder

$$z_0 = \frac{h}{2}$$

wie Prisma

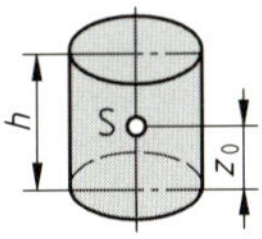

Standfestigkeit und Kippsicherheit: (→ Drehmoment)

$F_1 \cdot r_1$ → **Kippmoment** M_K in Nm
$F_G \cdot r, F_2 \cdot r_2$ → **Standmomente** M_s in Nm

Standfestigkeit ist vorhanden, wenn ein Körper **Kippkanten** (Kipp-Punkte) hat (Punkt G in nebenstehendem Bild) und das Lot des Schwerpunktes die Standfläche innerhalb der Kippkanten trifft.

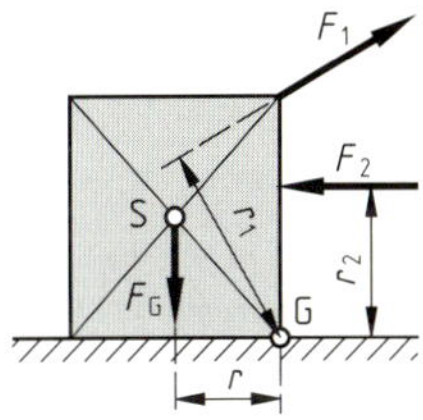

$$\nu_K = \frac{\Sigma M_S}{\Sigma M_K}$$ **Kippsicherheit**

Stabiles Gleichgewicht → $\nu_K > 1$

ΣM_S	Summe aller Standmomente	Nm
ΣM_K	Summe aller Kippmomente	Nm

Reibungsgesetze

Innere und äußere Reibung:

innere Reibung → **Fluidreibung** → Mechanik der Flüssigkeiten und Gase (→ Viskosität)
äußere Reibung → Reibung zwischen den Außenflächen von Festkörpern

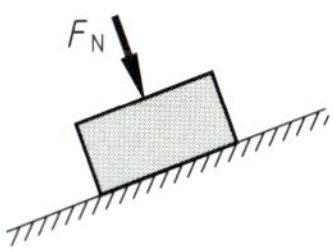

Reibungsgesetz von Coulomb:

Haftreibungskraft → F_{R_0} → Reibungskraft im Ruhezustand
Gleitreibungskraft → F_R → Reibungskraft im Bewegungszustand

$$F_{R_0} = \mu_0 \cdot F_N$$ **Haftreibungskraft** in N

$$F_R = \mu \cdot F_N$$ **Gleitreibungskraft** in N

Die Normalkraft F_N ist die Kraft, mit der die beiden festen Körper gegeneinander gepresst werden.

F_{R_0}	Haftreibungskraft	N
μ_0	Haftreibungszahl (-koeffizient)	1
F_R	Gleitreibungskraft	N
μ	Gleitreibungszahl (-koeffizient)	1
F_N	Normalkraft	N

Reibungszahlen: nächste Seite

Statik (Fortsetzung)

Reibungszahlen bei 20 °C (Richtwerte)

Werkstoffpaarung		Haftreibungszahl μ_0 trocken	Haftreibungszahl μ_0 geschmiert	Gleitreibungszahl μ trocken	Gleitreibungszahl μ geschmiert
Bronze	Bronze	0,28	0,11	0,2	0,06
Bronze	Grauguss	0,28	0,16	0,21	0,08
Grauguss	Grauguss	–	0,16	–	0,12
Stahl	Bronze	0,27	0,11	0,18	0,07
Stahl	Eis	0,027	–	0,014	–
Stahl	Grauguss	0,20	0,10	0,16	0,05
Stahl	Stahl	0,15	0,10	0,10	0,05
Stahl	Weißmetall	–	–	0,20	0,04
Holz	Eis	–	–	0,035	–
Holz	Holz	0,65	0,16	0,35	0,05
Leder	Grauguss	0,55	0,22	0,28	0,12
Bremsbelag	Stahl	–	–	0,55	0,40
Stahl	Polyamid	–	–	0,35	0,10

Reibung auf der schiefen Ebene:
Auf der schiefen Ebene können die Reibungszahlen im Versuch sehr genau ermittelt werden.

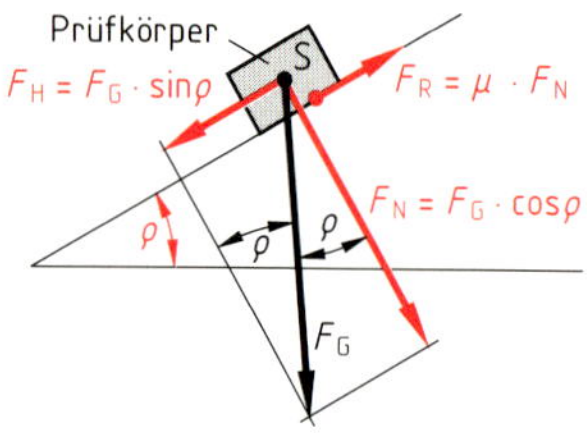

4

$\mu_0 = \tan \varrho_0$ **Haftreibungszahl** → Körper beginnt sich bei ϱ_0 zu bewegen.

$\mu = \tan \varrho$ **Gleitreibungszahl** → Körper gleitet bei ϱ mit konstanter Geschwindigkeit

$\varrho_0 > \varrho \rightarrow \mu_0 > \mu$

(→ Arbeit auf der schiefen Ebene)

F_H	Hangabtriebskraft	N
F_G	Gewichtskraft	N
α	Neigungswinkel	Grad
ϱ_0	Haftreibungswinkel	Grad
ϱ	Gleitreibungswinkel	Grad

Selbsthemmung, Reibungskegel:

$\tan\alpha \leq \tan\varrho_0 = \mu_0$ → **Selbsthemmung**

$\tan\alpha \leq \tan\varrho = \mu$ → **erweiterte Bedingung für Selbsthemmung**

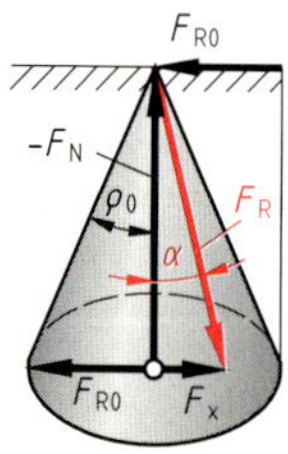

Mit Sicherheit wird Gleiten nur dann ausgeschlossen, wenn der Neigungswinkel α kleiner als der Gleitreibungswinkel ϱ ist.

Geht die Resultierende F_r aller am Körper angreifenden Kräfte durch den **Reibungskegel** (s. nebenstehendes Bild), dann befindet sich der Körper bezüglich seiner Unterlage im Gleichgewicht (Ruhezustand).

Festigkeitslehre

Zug- und Druckspannung

In der kleinsten Querschnittsfläche S_{min} tritt die größte Zug- bzw. Druckspannung σ_{max} auf.

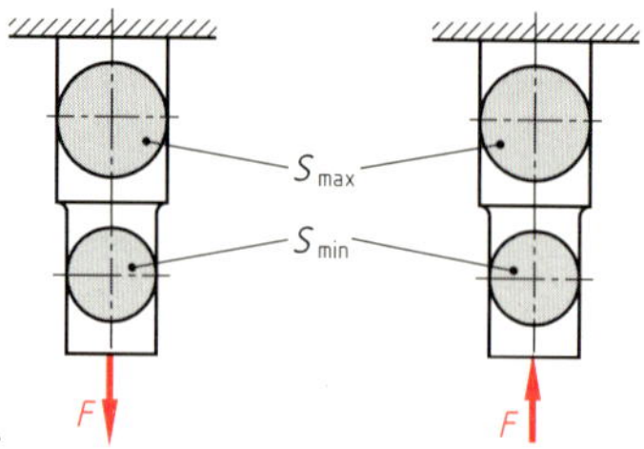

$$\sigma_z = \frac{F}{S}$$ **Zugspannung** (linkes Bild)

$$\sigma_d = \frac{F}{S}$$ **Druckspannung** (rechtes Bild)

Zug und Druckspannung sind **Normalspannungen**, d.h. $\boldsymbol{F} \perp \boldsymbol{S}$.

Der **gefährdete Querschnitt** S_{gef} ist der Bauteilquerschnitt, der bei Belastung am ehesten zu Bruch geht.

Festigkeitslehre (Fortsetzung)

Auf Zug und Druck beanspruchte Schrauben:

$$A_K = S_{gef} = \frac{\pi}{4} \cdot d_3^2$$

Kernquerschnitt in mm^2 (linkes Bild)

$$A_S = S_{gef} = \frac{\pi}{4} \cdot \left(\frac{d_2 + d_3}{2}\right)^2$$

Spannungsquerschnitt in mm^2 (rechtes Bild)

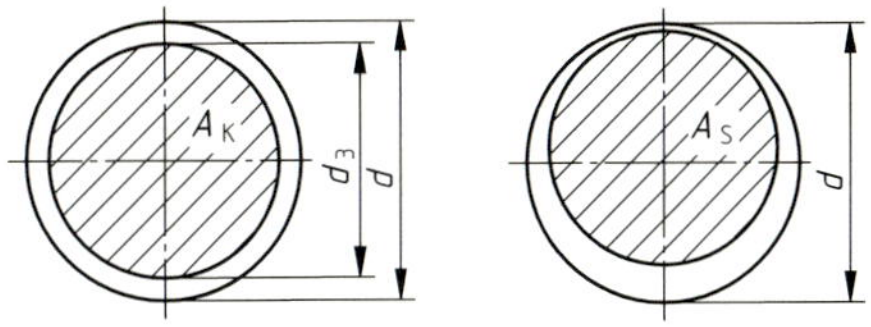

d	Nenndurchmesser	mm
d_2	Flankendurchmesser	mm
d_3	Kerndurchmesser (Bolzen)	mm

Bei der Festigkeitsberechnung (Zug und Druck) von metrischen ISO-Spitzgewinden (**DIN 13**) wird mit dem Spannungsquerschnitt A_S, bei allen anderen Gewinden (z. B. Trapezgewinde nach **DIN 103**) wird mit dem Kernquerschnitt A_K gerechnet.

Wichtige Gewindenormen (→ Gewinde) (DIN 202, 11.99)

Benennung	Profil	Kennbuchstabe	DIN-Bezeichnungsbeispiel	Nenngröße	Anwendung
Metrisches ISO-Gewinde	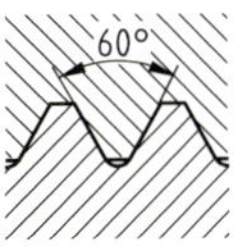	M	**DIN 14 – M 08**	0,3 bis 0,9 mm	Uhren, Feinwerktechnik
			DIN 13 – M 30	1 bis 68 mm	allgemein (Regelgewinde)
			DIN 13 – M 20 × 1	1 bis 1000 mm	allgemein (Feingewinde)
Metr. Gewinde mit großem Spiel			**DIN 2510 – M 36**	12 bis 180 mm	Schrauben mit Dehnschaft
Metrisches zylindrisches Innengewinde			**DIN 158 – M 30 × 2**	6 bis 60 mm	Innengewinde für Verschlussschrauben und Schmiernippel
Metrisches kegeliges Außengewinde	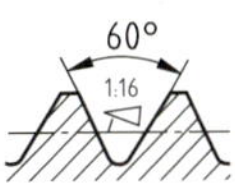		**DIN 158 – M 30 × 2 keg**	6 bis 60 mm	Verschlussschrauben und Schmiernippel
Rohrgewinde, zylindrisch	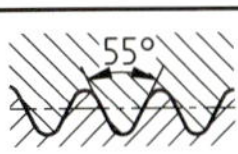	G	**DIN ISO 228 – G 1½** (innen) **DIN ISO 228 – G 1½ A** (außen)	⅛ bis 6 inch	Rohrgewinde, nicht im Gewinde dichtend
Zylindrisches Rohrgewinde (Innengewinde)	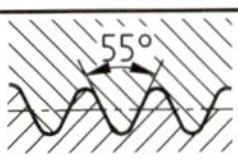	Rp	**DIN 2999 – Rp ½**	1/16 bis 6 inch	Rohrgewinde, im Gewinde dichtend für Gewinderohre, Fittings, Rohrverschraubungen
			DIN 3858 – Rp ⅛	⅛ bis 1½ inch	
Kegeliges Rohrgewinde (Außengewinde)	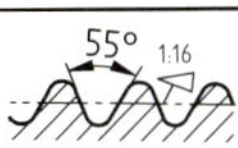	R	**DIN 2999 – R ½**	1/16 bis 6 inch	
			DIN 3859 – R ⅛-1	⅛ bis 1½ inch	
Metrisches ISO-Trapezgewinde	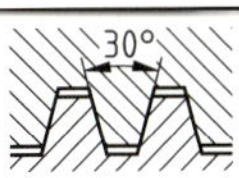	Tr	**DIN 103 – Tr 40 × 7**	8 bis 300 mm	allgemein als Bewegungsgewinde
Sägengewinde	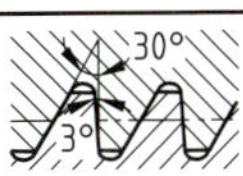	S	**DIN 513 – S 48 × 8**	10 bis 640 mm	allgemein als Bewegungsgewinde
Rundgewinde	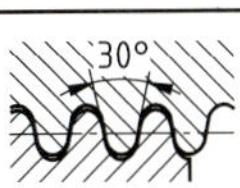	Rd	**DIN 405 – Rd 40 × 1/6**	8 bis 200 mm	allgemein
			DIN 20400 – Rd 40 × 5	10 bis 300 mm	Rundgewinde mit großer Tragtiefe

4

TM Technische Mechanik

Festigkeitslehre (Fortsetzung)

Die zur Gewindeberechnung erforderlichen Abmessungen sind den neuesten DIN-Normen zu entnehmen (→ Fügen).

Flächenpressung und Lochleibung

Flächenpressung an ebenen Flächen:

$$\sigma_{\text{p vorh}} = \frac{F}{A}$$ **ebene Flächenpressung** in N/mm^2

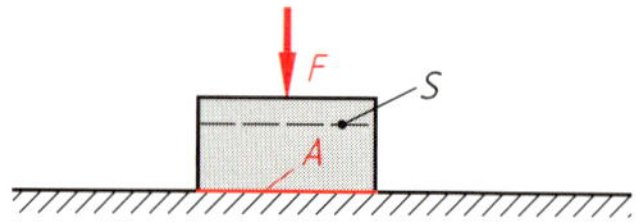

Flächenpressung ist die Druckspannung an den Berührungsflächen zweier Bauteile.

Regel: S = Querschnittsfläche (Ausnahmen A_K, A_S)
A = Oberflächen → **DIN 1304** (03.94)

F	Anpresskraft	N
A	Berührungsfläche	mm^2
S	Querschnittsfläche	mm^2

Flächenpressung an geneigten Flächen:

$$\sigma_{\text{p vorh}} = \frac{F}{A_{\text{proj}}} = \frac{F}{A \cdot \cos\beta}$$ **vorhandene Flächenpressung** in N/mm^2

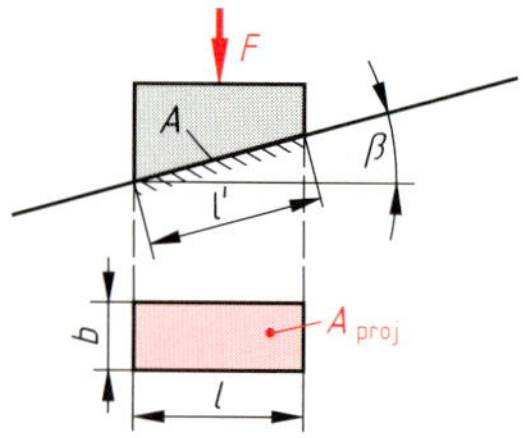

An geneigten Flächen errechnet sich σ_p durch die Division der axialen Kraft F und der senkrechten Projektion A_{proj} der Pressfläche A.

4

B $b = 30$ mm; $l = 100$ mm; $l' = 115$ mm; $F = 1200$ N; $\sigma_{\text{p vorh}} = ?$

$$\sigma_{\text{p vorh}} = \frac{F}{A \cdot \cos\beta} = \frac{F}{b \cdot l' \cdot (l/l')} = \frac{F}{b \cdot l}$$

$$\sigma_{\text{p vorh}} = \frac{1200 \text{ N}}{30 \text{ mm} \cdot 100 \text{ mm}}$$

$$\boldsymbol{\sigma_{\text{p vorh}} = 0{,}4 \text{ N/mm}^2}$$

A_{proj}	projizierte Fläche (z. B.: $l \cdot b$)	mm^2
F	axiale Kraft	N
A	tatsächliche Fläche	mm^2

Flächenpressung bei Gewinden:

$$A_{\text{proj}} = i \cdot \pi \cdot d_2 \cdot H_1$$ **senkrechte Projektion aller Gewindegänge**

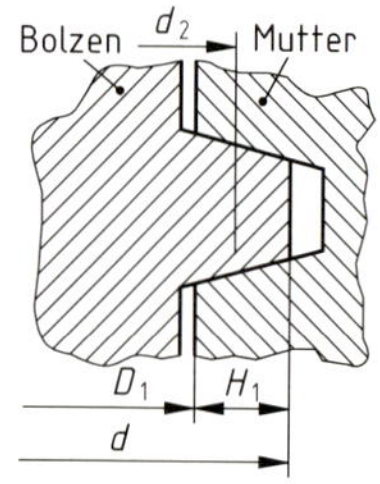

Die Berechnung erfolgt wie bei **geneigten Flächen**. Somit:

$$\sigma_{\text{p vorh}} = \frac{F}{i \cdot \pi \cdot d_2 \cdot H_1}$$ **Gewindeflächenpressung** in N/mm^2

$$i_{\text{erf}} = \frac{F}{\pi \cdot \sigma_{\text{pzul}} \cdot d_2 \cdot H_1}$$ **Anzahl der erforderlichen Gewindegänge**

$$m_{\text{erf}} = i_{\text{erf}} \cdot P$$

$$m_{\text{erf}} = \frac{F \cdot P}{\pi \cdot \sigma_{\text{pzul}} \cdot d_2 \cdot H_1}$$

erforderliche Mutterhöhe bzw. **Gewindelänge (Einschraubtiefe)** in mm

i	Anzahl der Gewindegänge	1
d_2	Flankendurchmesser	mm
H_1	Flankenüberdeckung	mm
F	axiale Schraubenkraft	N
m	Mutterhöhe bzw. Gewindelänge	mm
σ_{pzul}	zulässige Flächenpressung	N/mm^2
P	Gewindesteigung	mm

Gewindeabmessungen entsprechend DIN-Normen

Flächenpressung an gewölbten Flächen und Lochleibung:

Bei nicht vernachlässigbarer Verformung: **Hertz'sche Gleichungen** (s. Seite 193)

$$\sigma_{\text{pm}} = \frac{F}{A_{\text{proj}}}$$ **mittlere Flächenpressung an gewölbten Flächen** in N/mm^2

$$A_{\text{proj}} = d \cdot s$$ **Zylinderprojektion**

$$A_{\text{proj}} = \frac{\pi}{4} \cdot d^2$$ **Kugelprojektion**

F	Anpresskraft	N
A_{proj}	projizierte Fläche	mm^2
d	Zylinder- bzw. Kugeldurchmesser	mm
s	Zylinderlänge	mm

Bei Nietverbindungen und Passschrauben heißt σ_{pm} auch **Lochleibungsspannung** oder **Lochleibungsdruck**.

Festigkeitslehre (Fortsetzung)

Scherspannung (Schubspannung)

Die Scherspannung ist eine **Tangentialspannung**, d. h. $F \parallel S$

$$\tau_a = \frac{F}{S}$$ **Scherspannung** in N/mm²

F	Scherkraft	N
S	Scherquerschnitt	mm²

Scherquerschnitt, d. h. der **gefährdete Querschnitt**, ist der Bauteilquerschnitt, der im Zerstörungsfall durchtrennt wird.

Dehnung und Verlängerung

Hooke'sches Gesetz: (→ Federspannarbeit)

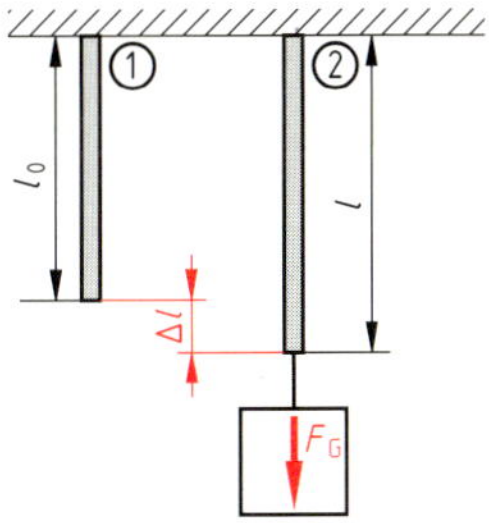

$$\varepsilon = \frac{\Delta l}{l_0}$$ **Dehnung** $\quad \Delta l = l - l_0$ **Längenänderung** in mm

$$\varepsilon = \frac{\Delta l}{l_0} \cdot 100$$ **Dehnung** in %

$$\varepsilon = \alpha \cdot \sigma$$
$$\varepsilon = \frac{1}{E} \cdot \sigma = \frac{\sigma}{E}$$
Hooke'sches Gesetz → $\alpha = \frac{1}{E}$

$$\varepsilon = \frac{1}{E} \cdot \sigma^n$$ **Bach-Schüle-Potenzgesetz**

$n = 1$: Hooke, z. B. alle Stähle
$n < 1$: z. B. Leder, viele Kunststoffe
$n > 1$: z. B. GG, Cu, Steine, Mörtel

Δl	Längenänderung	mm
l_0	Ausgangslänge	mm
l	Endlänge	mm
E	Elastizitätsmodul → Tabelle (unten)	N/mm²
σ	Spannung (Zug oder Druck)	N/mm²
n	Exponent	1

4

Elastizitätsmodul von Werkstoffen (auf Temperaturabhängigkeit achten!)

Werkstoff (20 °C)	*E*-Modul in N/mm²	Werkstoff (20 °C)	*E*-Modul in N/mm²
Diamant	1 000 000	Al-Legierungen	66 000 ... 83 000
Hartmetall	343 000 ... 667 000	Gold	80 000
Wolframcarbid	450 000 ... 650 000	Aluminium	64 000 ... 70 000
Osmium	560 000	Granit	62 000
Siliciumcarbid	450 000	Zinn	44 000
Wolfram	407 000	Beton	40 000 ... 45 000
Aluminiumoxid	210 000 ... 380 000	glasfaserverstärkter Kunststoff	10 000 ... 45 000
Titancarbid	250 000 ... 380 000	Mg-Legierungen	42 000 ... 44 000
Molybdän	334 000	Magnesium	39 000 ... 40 000
Magnesiumoxid	250 000	Graphit	27 000
Chrom	250 000	Blei	14 000 ... 17 000
Stahl	196 000 ... 215 000	Sperrholz	4 000 ... 16 000
Nickellegierungen	158 000 ... 213 000	Laubholz	9 000 ... 12 000
Nickel	210 000	Harnstoffharz	5 000 ... 9 000
Cobalt	210 000	Melaminharz	5 000 ... 9 000
kohlenstofffaserverstärkter Kunststoff	70 000 ... 275 000	Nadelholz	8 000 ... 9 000
Tantal	185 000	Polyamid	2 000 ... 4 000
Platin	170 000	Polyvinylchlorid (PVC)	1 000 ... 3 000
Zink	128 000	Polyesterharz	100 ... 3 000
Titanlegierungen	101 000 ... 128 000	Polystyrol	3 000 ... 3 400
Zinklegierungen	100 000 ... 128 000	Epoxidharz	2 000 ... 3 000
Kupfer	122 000 ... 123 000	Polycarbonat	2 000 ... 3 000
Bronze	105 000 ... 124 000	Polypropylen	400 ... 900
Gusseisen	73 000 ... 102 000	Phenolharz	300
Messing	78 000 ... 98 000	Polyethylen	200
Glas	40 000 ... 95 000	Silikonkautschuk	10 ... 100
Porzellan	60 000 ... 90 000		

Festigkeitslehre (Fortsetzung)

Querkontraktion:

$\varepsilon_q = \frac{\Delta d}{d_0}$ bzw. $\varepsilon_q = \frac{\Delta s}{s_0}$ **Querkontraktion**

$\mu = \frac{\varepsilon_q}{\varepsilon}$ **Poissonsche Zahl** (s. Tabelle)

$\varepsilon_q = \mu \cdot \varepsilon = \mu \cdot \frac{\Delta l}{l_0}$ **Querkontraktion**, auch **Querdehnung, Querkürzung**

Werkstoff	Poissonsche Zahl μ
Stahl, fast alle Metalle	0,3
Grauguss	0,11 … 0,25
Beton	0,17

Beispiele für Stabquerschnitte:

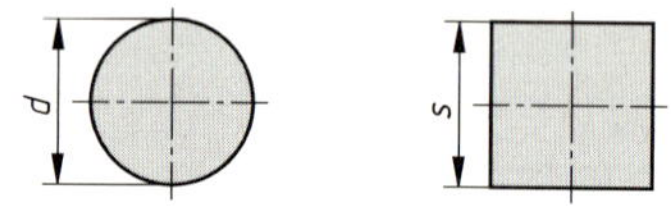

d	Enddurchmesser	mm
d_0	Ausgangsdurchmesser	mm
s	Endkantenlänge	mm
s_0	Ausgangskantenlänge	mm
ε	Dehnung	1
l	Endlänge	mm
l_0	Ausgangslänge	mm

Belastungsgrenzen und Sicherheit

Spannungs-, Dehnungs-Diagramm:
(s. nebenstehendes Bild)

Punkt im σ, ε-Diagramm	Grenzspannung in N/mm²
P → Proportionalitätsgrenze	σ_P
E → Elastizitätsgrenze	σ_E
S → Streckgrenze oder Fließgrenze	R_e
B → Zugfestigkeit	R_m
D → 0,2%-Dehngrenze	$R_{P0,2}$

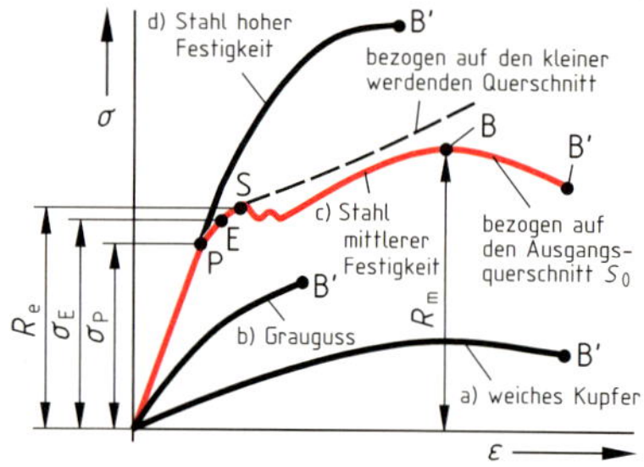

Beim Erreichen von $R_{P0,2}$ ist die bleibende Dehnung $\varepsilon = 0{,}2\%$. Dieser Kennwert ist nur bei hochfesten Stählen relevant, da hier eine ausgeprägte Streckgrenze (Fließgrenze) R_e fehlt.

$R_m = \frac{F_m}{S_0}$ **Zugfestigkeit** in N/mm²

F_m	Höchstzugkraft	N
S_0	Probenquerschnitt am Anfang	mm²

Die **zulässige Spannung** ergibt sich durch Division der Grenzspannung durch die Sicherheit ν.
Diesem Grundsatz entsprechend ergibt sich **bei statischer** (ruhender) **Beanspruchung**:

$\sigma_{z\,zul} = \frac{R_e}{\nu}$ → zäher Werkstoff mit ausgeprägter Fließgrenze

$\sigma_{z\,zul} = \frac{R_{P0,2}}{\nu}$ → zäher Werkstoff ohne ausgeprägte Fließgrenze

} ν zwischen 1,2 und 2,2

$\sigma_{z\,zul} = \frac{R_m}{\nu}$ → spröder Werkstoff → ν zwischen 2 und 5

zulässige Spannungen
Sicherheitszahlen } **Verbindliche Angaben** befinden sich nur in einschlägigen Normen, z. B. für Baustähle, u. a. in **DIN EN 10025**. Zuverlässige Zahlenwerte auch in maschinentechnischen Handbüchern wie z. B. Dubbel, Hütte.

Übliche Indices bei Festigkeitsberechnungen:

zul = zulässig; **erf** = erforderlich; **gew** = gewählt; **vorh** = vorhanden; **z** = Zug; **d** = Druck; **K** = Knickung; **b** = Biegung; **a** = Scherung; **t** = Torsion; **B** = Bruchspannung (Ausnahme bei Zug: R_m)

Beispiele:

τ_{aB}, $\sigma_{d\,zul}$, d_{gew}, s_{erf}, $\tau_{t\,vorh}$

4

Festigkeitslehre (Fortsetzung)

Wärmespannung und Formänderungsarbeit

Wärmespannung: (→ Wärmeausdehnung)

$$\sigma = E \cdot \alpha \cdot \Delta\vartheta$$

Wärmespannung in N/mm²

$$\Delta l = l_0 \cdot \alpha \cdot \Delta\vartheta$$

Längenänderung bei Temperaturdifferenz

$$F = E \cdot \alpha \cdot \Delta\vartheta \cdot S$$

Kraft im Bauteil

l_0	Ausgangslänge	mm
α	Wärmedehnzahl = linearer Wärmeausdehnungskoeffizient (s. Tabelle Seite 100)	m/(m · K)
$\Delta\vartheta$	Temperaturdifferenz	°C = K
E	Elastizitätsmodul	N/mm²
S	Bauteilquerschnitt	mm²

Formänderungsarbeit: (→ Federspannarbeit)

$$W_f = \frac{F \cdot \Delta l}{2}$$

$$W_f = \frac{\sigma^2 \cdot V}{2 \cdot E}$$

$$W_f = \frac{c}{2} \cdot (\Delta l)^2$$

Formänderungsarbeit im Hooke'schen Bereich in Nmm

F	Zugkraft	N
Δl	Längenänderung	mm
σ	Spannung im gedehnten Bauteil	N/mm²
V	Volumen des gedehnten Stabes gleichen Querschnittes	mm³
E	Elastizitätsmodul	N/mm²
c	→ Federrate (**Federkonstante**)	N/mm

Verformung bei Scherung und Flächenpressung

Hooke'sches Gesetz für Scherbeanspruchung (Schub):

$$\tau_a = \gamma \cdot G = \frac{\Delta s}{l_0} \cdot G = \frac{F}{S}$$

Scherspannung in N/mm²

$$\gamma = \frac{\Delta s}{l_0}$$

Gleitung

$$G = 0{,}385 \cdot E$$

Gleitmodul in N/mm²

γ	Gleitung	1
G	Gleitmodul (s. Tabelle)	N/mm²
Δs	Verschiebung	mm
l_0	Abstand der Scherkräfte	mm
F	Scherkraft	N
S	Scherquerschnitt	mm²
E	Elastizitätsmodul (s. Tab. S. 191)	N/mm²

Der **Gleitmodul** → Tabelle wird auch als **Schubmodul** oder **Gestaltmodul** bezeichnet.

G-Module bei 20 °C:

Werkstoff	*G* in N/mm²	Werkstoff	*G* in N/mm²
Aluminium	25 000 … 27 000	Kupfer	47 000
Beton	15 000 … 17 000	Magnesium	15 400
Bronze	40 000 … 47 000	Messing	30 000 … 38 000
Chrom	96 000	Polystyrol	1 200
Gusseisen	28 000 … 39 000	Rotguss	31 000
Hartmetall	132 000 … 157 000	Stahl	79 000 … 82 000

Hertz'sche Gleichungen:

Linienpressung (Zylinder gegen Zylinder):

$$\sigma_{p\,max} = 0{,}591 \cdot \sqrt{\frac{F \cdot E}{l \cdot d_1} \cdot \left(1 + \frac{d_1}{d_2}\right)}$$

Punktpressung (Kugel gegen Kugel):

$$\sigma_{p\,max} = 0{,}616 \cdot \sqrt[3]{\frac{F \cdot E^2}{d_1^2} \cdot \left(1 + \frac{d_1}{d_2}\right)^2}$$

größte Flächenpressung in N/mm²

$$E = \frac{2 \cdot E_1 \cdot E_2}{E_1 + E_2}$$

zusammengesetzter Elastizitätsmodul in N/mm²

F	Anpresskraft	N
E	Elastizitätsmodul bei zwei verschiedenen Werkstoffen (1 und 2) muss mit dem **zusammengesetzten *E*-Modul** gerechnet werden!	N/mm²
l	Länge des Zylinders (Linie)	mm
d_1	kleiner Zylinderdurchmesser bzw. kleiner Kugeldurchmesser	mm
d_2	großer Zylinderdurchmesser bzw. großer Kugeldurchmesser	mm

Die Hertz'schen Gleichungen berücksichtigen die bei der Flächenpressung auftretenden Verformungen.

4

Festigkeitslehre (Fortsetzung)

Biegung

Verteilung und Berechnung der Biegespannung:

Die Biegespannung erreicht ihren Höchstwert $\sigma_{b\,max}$ im größten **Abstand *e*** von der Biegeachse.

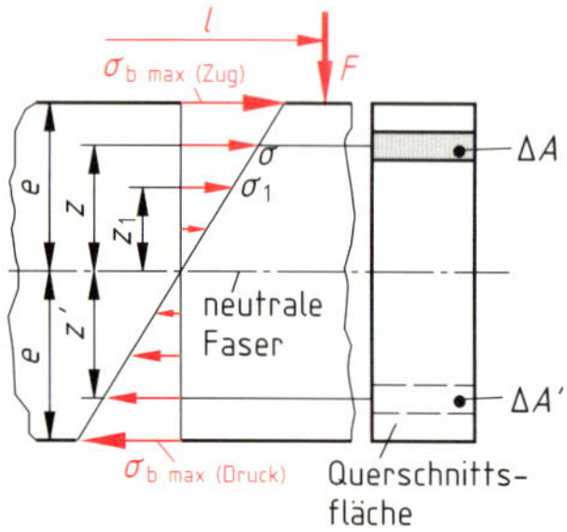

$$\sigma_{b\,max} = M_b \cdot \frac{e}{I}$$ **maximale Biegespannung** in N/mm²

$$I = \Sigma \Delta A \cdot z^2$$ **Flächenmoment 2. Grades** in mm⁴ (Flächenträgheitsmoment)

$$W = \frac{I}{e}$$ **Widerstandsmoment** in mm³

$$\sigma_b = \frac{M_b}{W}$$ **Biegehauptgleichung**

$$\sigma_{b\,zul} = \frac{\sigma_{bB}}{\nu_B}$$

$$\sigma_{b\,zul} = \frac{\sigma_{bF}}{\nu_F}$$

zulässige Biegespannung in N/mm²

M_b	Biegemoment	Nmm
e	Randabstand	mm
I	Flächenträgheitsmoment (s. Tab.)	mm^4
ΔA	Teilfläche	mm^2
z	Abstand der Teilfläche von der Biegeachse	mm
W	Widerstandsmoment	mm^3
σ_{bB}	Biegebruchspannung	N/mm^2
σ_{bF}	Fließgrenze bei Biegung	N/mm^2
ν_B	Sicherheit gegen Bruch	1
ν_F	Sicherheit gegen Fließen	1

4

In den **Stahlbautabellen** ist stets das Widerstandsmoment angegeben, welches zu dem rechnerisch größtmöglichen Biegespannungswert führt.

Bedingungen für die Anwendbarkeit der Biegehauptgleichung:

a) Lastebene ist Symmetrieebene, d.h. **keine schiefe Biegung**

b) Trägerachse muss gerade sein.

c) Beanspruchung im Hooke'schen Bereich, d.h. $\sigma = \varepsilon \cdot E$

Verschiebungssatz von Steiner (Steiner'scher Satz):

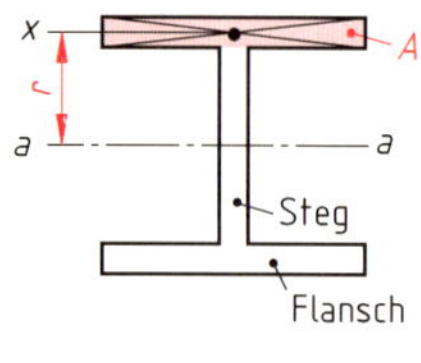

$$I_a = I_x + A \cdot r^2$$ **Trägheitsmoment (Flächenmoment 2. Grades)** der Fläche *A* bezogen auf die Achse *a–a* in mm⁴

Das auf eine beliebige Achse *a–a* bezogene Flächenmoment 2. Grades I_a errechnet sich aus dem Eigenträgheitsmoment I_x der Fläche plus der Fläche *A* multipliziert mit dem quadratischen Abstand r^2 zwischen Bezugsachse *a–a* und Schwerachse *x–x* der Fläche *A*.

In diesem **Verschiebungssatz von Steiner** wird *r* grundsätzlich von der Bezugsachse bis zur Schwerachse der Fläche *A* gemessen! (→ Massenträgheitsmomente)

r	Abstand Bezugsachse – Schwerachse	mm
A	Bezugsfläche	mm^2
I_x	Eigenträgheitsmoment (s. folgende Tabelle)	mm^4

Flächenmomente 2. Grades (Eigenträgheitsmomente) und Widerstandsmomente

axiales Flächenmoment 2. Grades I	**axiales Widerstandsmoment** W	**Abmessungen** der zu berechnenden Querschnitte
$I_x = \frac{b}{12} \cdot (H^3 - h^3)$ $I_y = \frac{b^3}{12} \cdot (H - h)$	$W_x = \frac{b}{6 \cdot H} \cdot (H^3 - h^3)$ $W_y = \frac{b^2}{6} \cdot (H - h)$	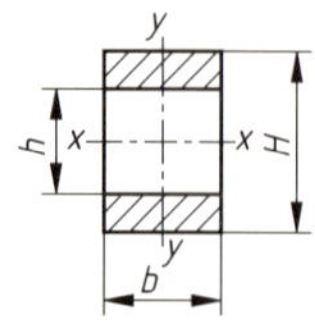

Festigkeitslehre (Fortsetzung)

axiales Flächenmoment 2. Grades I	axiales Widerstandsmoment W	**Abmessungen** der zu berechnenden Querschnitte
$I_x = \frac{b \cdot h^3}{12} = \frac{A \cdot h^2}{12}$ $I_y = \frac{b^3 \cdot h}{12} = \frac{A \cdot b^2}{12}$ $I_1 = \frac{b \cdot h^3}{3} = \frac{A \cdot h^2}{3}$ $I_2 = \frac{b \cdot (H^3 - e_1^3)}{3} = I_x + A \cdot e_2^2$	$W_x = \frac{b \cdot h^2}{6} = \frac{A \cdot h}{6}$ $W_y = \frac{b^2 \cdot h}{6} = \frac{A \cdot h}{6}$	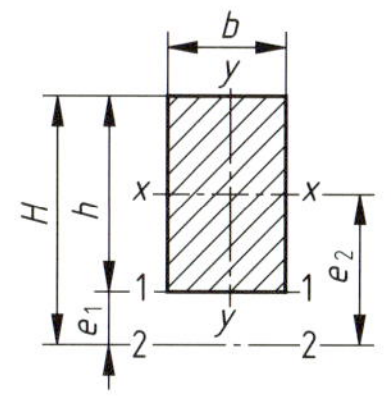
$I_x = I_y = I_1 = I_2 = \frac{h^4}{12}$ $I_3 = \frac{h^4}{3}$	$W_x = W_y = \frac{h^3}{6}$ $W_1 = W_2 = \sqrt{2} \cdot \frac{h^3}{12}$	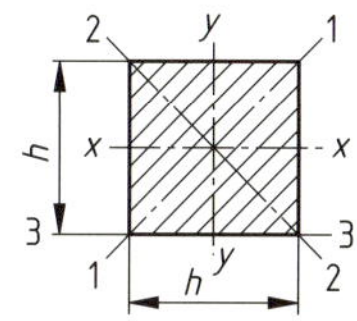
$I_x = I_y = I_1 = I_2 = \frac{H^4 - h^4}{12}$	$W_x = W_y = \frac{H^4 - h^4}{6 \cdot H}$ $W_1 = W_2 = \sqrt{2} \cdot \frac{H^4 - h^4}{12 \cdot H}$	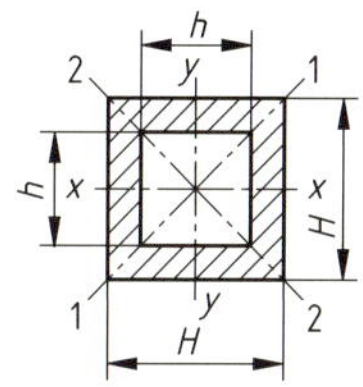
$I_x = \frac{1}{12} \cdot (B \cdot H^3 - b \cdot h^3)$	$W_x = \frac{1}{6 \cdot H} \cdot (B \cdot H^3 - b \cdot h^3)$	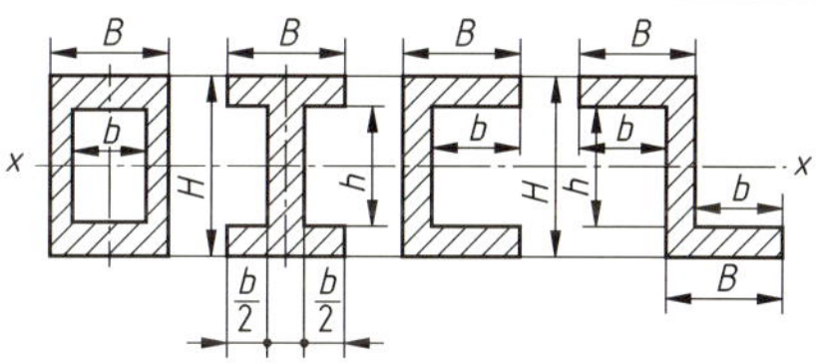
$I_x = I_y = \frac{\pi}{64} \cdot d^4 \approx \frac{d^4}{20}$	$W_x = W_y = \frac{\pi}{32} \cdot d^3 \approx \frac{d^3}{10}$	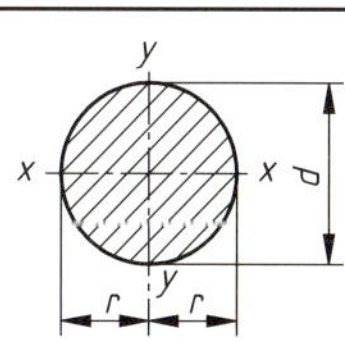
$I_x = I_y = \pi \cdot \frac{D^4 - d^4}{64}$ $I_x = I_y \approx \frac{D^4 - d^4}{20}$	$W_x = W_y = \pi \cdot \frac{D^4 - d^4}{32 \cdot D}$ $W_x = W_y \approx \frac{D^4 - d^4}{10 \cdot D}$	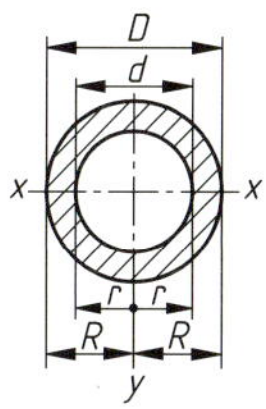

4

Festigkeitslehre (Fortsetzung)

DIN-Nummern häufiger Formstahl-Biegeprofile

Profilform u. DIN-Nummer	Bezeichnung, Normbereich	Profilform u. DIN-Nummer	Bezeichnung Normbereich	Profilform u. DIN-Nummer	Bezeichnung, Normbereich
DIN EN 10060 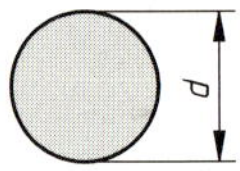	Rundstahl $d = 8 \cdots 200$	**DIN EN 10049** 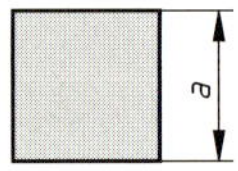	Vierkantstahl $a = 8 \cdots 120$	**DIN EN 10061** 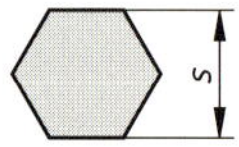	Sechskantstahl $s = 13 \cdots 103$
DIN EN 10058 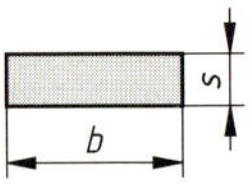	Flachstahl $b \times s = 10 \times 15 \cdots 150 \times 60$	**DIN EN 10210** 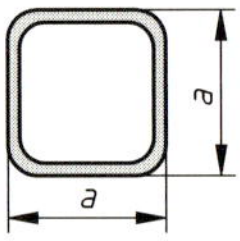	Hohlprofil (Quadratrohr) $a = 40 \cdots 400$	**DIN EN 10210** 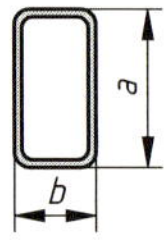	Hohlprofil (Rechteckrohr) $a \times b = 50 \times 20 \cdots 400 \times 260$
DIN EN 10055 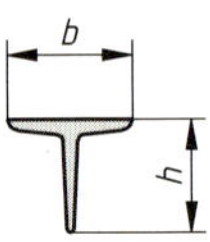	Hochstegiger T-Stahl $b = h = 20 \cdots 140$	**DIN EN 10055** 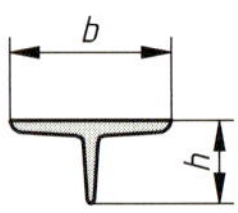	Breitfüßiger T-Stahl $b \times h = 60 \times 30 \cdots 120 \times 60$	**DIN 59051** 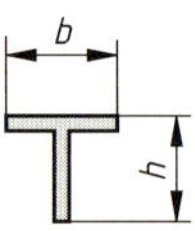	Scharfkantiger T-Stahl $b = h = 20 \cdots 40$
DIN 1026 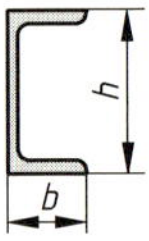	U-Stahl $h = 30 \cdots 400$	**DIN 1027** 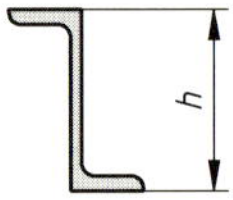	Z-Stahl $h = 30 \cdots 200$	**DIN EN 10056** 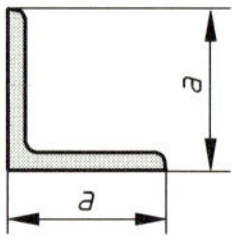	Gleichschenkliger Winkelstahl $a = 20 \cdots 200$
DIN EN 10056 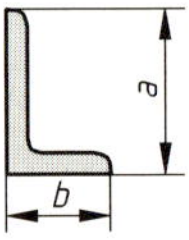	Ungleichschenkliger Winkelstahl $a \times b = 30 \times 20 \cdots 200 \times 100$	**DIN 1022** 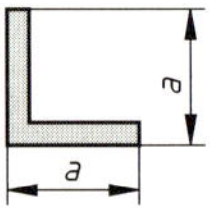	Scharfkantiger Winkelstahl $a = 20 \cdots 50$	**DIN 1025** 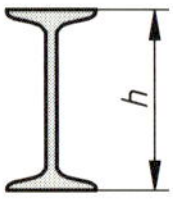	Schmaler I-Träger (I-Reihe) $h = 80 \cdots 600$
DIN 1025 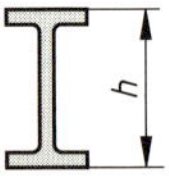	**Mittelbreiter** I-Träger (IPE-Reihe) $h = 80 \cdots 600$	**DIN 1025** 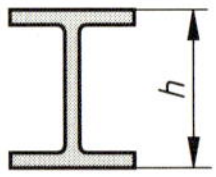	**Breiter** I-Träger (IPB-Reihe) $h = 100 \cdots 1000$	**DIN 1025** 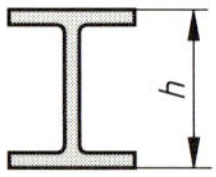	**Breiter** I-Träger (IPBI-Reihe) $h = 100 \cdots 1000$

4

Wichtige Aluminiumprofile

Für den **Metallbau** werden im Stranggussverfahren die vielfältigsten Profile sowohl mit runden Kanten als auch scharfen Kanten geliefert. Vollständige Tabellen mit den **Größen für die Festigkeitsberechnung** enthalten die einschlägigen DIN-Normen. Nebenstehende Bilder zeigen wichtige Querschnitte mit DIN-Nummern.

L-Profile **DIN EN 755**	U-Profile **DIN EN 755**	T-Profile **DIN EN 755**
		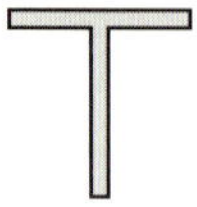

Stahlrohre als Biegeprofile: (→ Rohrleitungen)
DIN EN 10255, DIN EN 10305, DIN 2392 u. a.

Festigkeitslehre (Fortsetzung)

Profilstahl-Tabelle 1: Hochstegiger T-Stahl (Auszug nach **DIN EN 10055**, 12.95)

Statischer Wert	Formelzeichen	Einheit
Flächenmoment 2. Grades	I	cm⁴
Widerstandsmoment	W	cm³
Trägheitsradius	i	cm
Randabstand	e	cm
Querschnittsfläche	A, S	cm²
Metermasse (→ längenbezogene Masse)	m'	kg/m

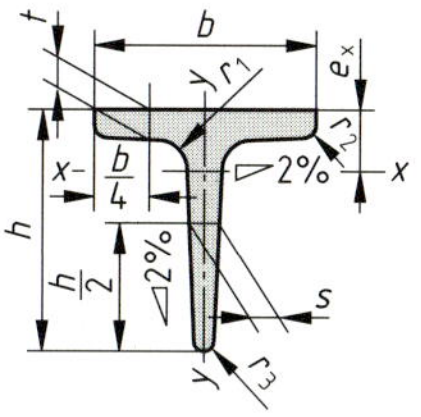

$r_1 = s$

$r_2 \approx \frac{s}{2}$

$r_3 \approx \frac{s}{4}$

Kurzzeichen	Abmessungen in mm $h = b$	$s = t$ r_1	r_3	Querschnitt A, S cm²	Metermasse m' kg/m	e_x cm	Für die Biegeachse $x-x$: I_x cm⁴	W_x cm³	i_x cm	$y-y$: I_y cm⁴	W_y cm³	i_y cm
T 20	20	3	1	1,12	0,88	0,58	0,38	0,27	0,58	0,20	0,20	0,42
T 25	25	3,5	1	1,64	1,29	0,73	0,87	0,49	0,73	0,43	0,34	0,51
T 30	30	4	1	2,26	1,77	0,85	1,72	0,80	0,87	0,87	0,58	0,62
T 35	35	4,5	1	2,97	2,33	0,99	3,10	1,23	1,04	1,57	0,90	0,73
T 40	40	5	1	3,77	2,96	1,12	5,28	1,84	1,18	2,58	1,29	0,83
T 45	45	5,5	1,5	4,67	3,67	1,26	8,13	2,51	1,32	4,01	1,78	0,93
T 50	50	6	1,5	5,66	4,44	1,39	12,1	3,36	1,46	6,06	2,42	1,03
T 60	60	7	2	7,94	6,23	1,66	23,8	5,48	1,73	12,2	4,07	1,24
T 70	70	8	2	10,6	8,32	1,94	44,5	8,79	2,05	22,1	6,32	1,44
T 80	80	9	2	13,6	10,7	2,22	73,7	12,8	2,33	37,0	9,25	1,65
T 90	90	10	2,5	17,1	13,4	2,48	119	18,2	2,64	58,5	13,0	1,85
T100	100	11	3	20,9	16,4	2,74	179	24,6	2,92	88,3	17,7	2,05
T120	120	13	3	29,6	23,2	3,28	366	42,0	3,51	178	29,7	2,45
T140	140	15	4	39,9	31,3	3,80	660	64,7	4,07	330	47,2	2,88

Profilstahl-Tabelle 2: U-Stahl (Auszug nach **DIN 1026**, 03.00)

Statische Werte entsprechend Profilstahl-Tabelle 1

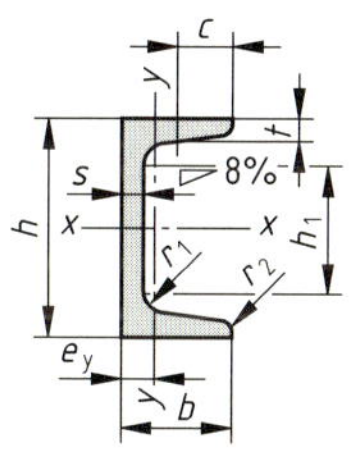

$r_1 = t$

$r_2 \approx \frac{t}{2}$

$c \approx \frac{b}{2}$

Kurzzeichen	Abmessungen in mm h	b	s	t	r_1	r_2	Querschnitt A, S cm²	Meter-Masse m' kg/m	e_y cm	Für die Biegeachse $x-x$: I_x cm⁴	W_x cm³	i_x cm	$y-y$: I_y cm⁴	W_y cm³	i_y cm
U 40	40	35	5	7	7	3,5	6,21	4,87	1,33	14,1	7,05	1,50	6,68	3,08	1,04
U 50×25	50	25	5	6	6	3	4,92	3,86	0,81	16,8	6,73	1,85	2,49	1,48	0,71
U 50	50	38	5	7	7	3,5	7,12	5,59	1,37	26,4	10,6	1,92	9,12	3,75	1,13
U 60	60	30	6	6	6	3	6,46	5,07	0,91	31,6	10,5	2,21	4,51	2,16	0,84
U 65	65	42	5,5	7,5	7,5	4	9,03	7,09	1,42	57,5	17,7	2,52	14,1	5,07	1,25
U 80	80	45	6	8	8	4	11,0	8,64	1,45	106	26,5	3,10	19,4	6,36	1,33
U100	100	50	6	8,5	8,5	4,5	13,5	10,6	1,55	206	41,2	3,91	29,3	8,49	1,47
U120	120	55	7	9	9	4,5	17,0	13,4	1,60	364	60,7	4,62	43,2	11,1	1,59
U140	140	60	7	10	10	5	20,4	16,0	1,75	605	86,4	5,45	62,7	14,8	1,75
U160	160	65	7,5	10,5	10,5	5,5	24,0	18,8	1,84	925	116	6,21	85,3	18,3	1,89
U180	180	70	8	11	11	5,5	28,0	22,0	1,92	1350	150	6,95	114	22,4	2,02
U200	200	75	8,5	11,5	11,5	6	32,2	25,3	2,01	1910	191	7,70	148	27,0	2,14
U220	220	80	9	12,5	12,5	6,5	37,4	29,4	2,14	2690	245	8,48	197	33,6	2,30

Festigkeitslehre (Fortsetzung)

Profilstahl-Tabelle 3: Z-Stahl (Auszug nach **DIN 1027**, 04.04)

Statische Werte entsprechend Profilstahl-Tabelle 1

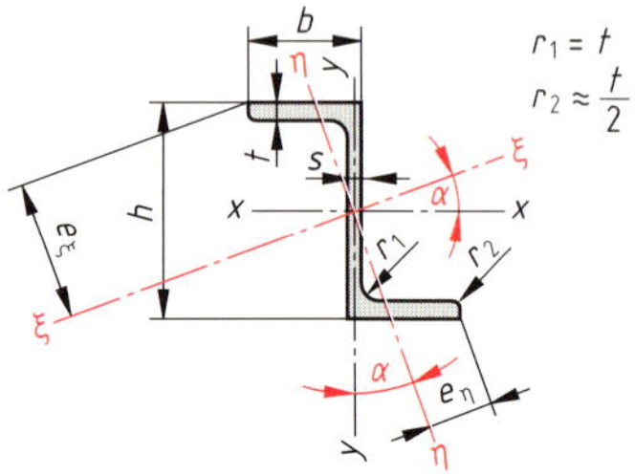

e_ξ, e_η } Randabstände zu den Hauptachsen

I_{xy} = Flächenzentrifugalmoment in cm^4

Kurzzeichen	Abmessungen in mm h	b	s	t	r_1	r_2	Querschnitt A, S cm^2	Metermasse m' kg/m	Lage der Achse $\eta-\eta$ $\tan\alpha$	Abstände der Achsen $\xi-\xi$ e_ξ cm	$\eta-\eta$ e_η cm	Zentrifugalmoment I_{xy} cm^4
Z 30	30	38	4	4,5	4,5	2,5	4,32	3,39	1,655	3,86	0,58	7,35
Z 40	40	40	4,5	5	5	2,5	5,43	4,26	1,181	4,17	0,91	12,2
Z 50	50	43	5	5,5	5,5	3	6,77	5,31	0,939	4,60	1,24	19,6
Z 60	60	45	5	6	6	3	7,91	6,21	0,779	4,98	1,51	28,8
Z 80	80	50	6	7	7	3,5	11,1	8,71	0,558	5,83	2,02	55,6
Z100	100	55	6,5	8	8	4	14,5	11,4	0,492	6,77	2,43	97,2
Z120	120	60	7	9	9	4,5	18,2	14,3	0,433	7,75	2,80	158
Z140	140	65	8	10	10	5	22,9	18,0	0,385	8,72	3,18	239

Kurzzeichen	Statistische Werte für die Biegeachse $x-x$ I_x cm^4	W_x cm^3	i_x cm	$y-y$ I_y cm^4	W_y cm^3	i_y cm	$\xi-\xi$ I_ξ cm^4	W_ξ cm^3	i_ξ cm	$\eta-\eta$ I_η cm^4	W_η cm^3	i_η cm
Z 30	5,96	3,97	1,17	13,7	3,80	1,78	18,1	4,69	2,04	1,54	1,11	0,60
Z 40	13,5	6,75	1,58	17,6	4,66	1,80	28,0	6,72	2,27	3,05	1,83	0,75
Z 50	26,3	10,5	1,97	23,8	5,88	1,88	44,9	9,76	2,57	5,23	2,76	0,88
Z 60	44,7	14,9	2,38	30,1	7,09	1,95	67,2	13,5	2,81	7,60	3,73	0,98
Z 80	109	27,3	3,13	47,4	10,1	2,07	142	24,4	3,58	14,7	6,44	1,15
Z100	222	44,4	3,91	72,5	14,0	2,24	270	39,8	4,31	24,6	9,26	1,30
Z120	402	67,0	4,70	106	18,8	2,42	470	60,6	5,08	37,7	12,5	1,44
Z140	676	96,6	5,43	148	24,3	2,54	768	88,0	5,79	56,4	16,6	1,57

Profilstahl-Tabelle 4: Breite I-Träger (Auszug nach **DIN 1025**, Blatt 2, 05.95)

Statische Werte entsprechend Profilstahl-Tabelle 1

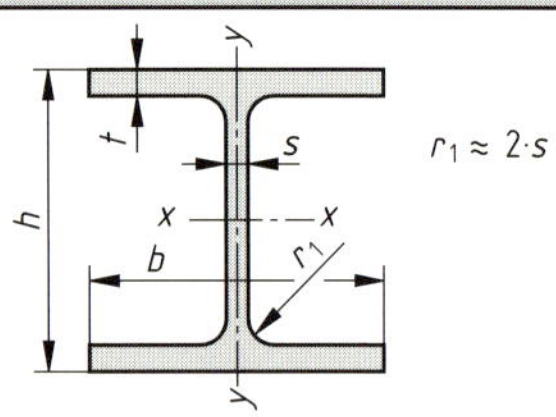

Kurzzeichen	Abmessungen in mm h	b	s	t	r_1	Querschnitt A, S cm^2	Metermasse m' kg/m	Statische Werte für die Biegeachse $x-x$ I_x cm^4	W_x cm^3	i_x cm	$y-y$ I_y cm^4	W_y cm^3	i_y cm
IPB100	100	100	6	10	12	26,0	20,4	450	89,9	4,16	167	33,5	2,53
IPB120	120	120	6,5	11	12	34,0	26,7	864	144	5,04	318	52,9	3,06
IPB140	140	140	7	12	12	43,0	33,7	1510	216	5,93	550	78,5	3,58
IPB160	160	160	8	13	15	54,3	42,6	2490	311	6,78	889	111	4,05
IPB180	180	180	8,5	14	15	65,3	51,2	3830	426	7,66	1360	151	4,57
IPB200	200	200	9	15	18	78,1	61,3	5700	570	8,54	2000	200	5,07

Festigkeitslehre (Fortsetzung)

Profilstahl-Tabelle 5: Schmale I-Träger (Auszug nach **DIN 1025**, Blatt 1, 05.95)

Statische Werte entsprechend Profilstahl-Tabelle 1

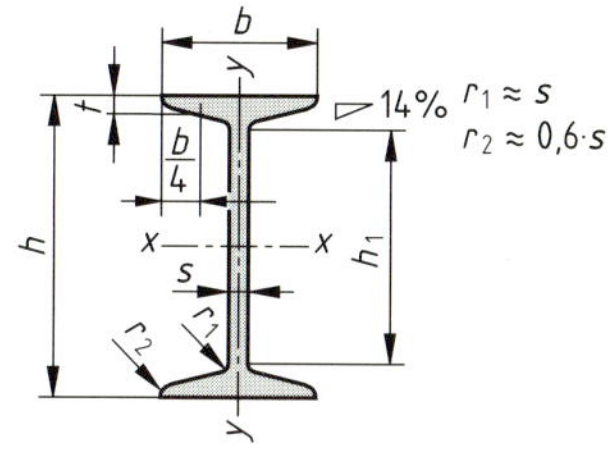

Kurzzeichen	Abmessungen in mm						Querschnitt	Metermasse	Statische Werte für die Biegeachse					
									$x-x$			$y-y$		
	h	b	s	t	r_1	r_2	A, S cm^2	m' kg/m	I_x cm^4	W_x cm^3	i_x cm	I_y cm^4	W_y cm^3	i_y cm
I 80	80	42	3,9	5,9	3,9	2,3	7,57	5,94	77,8	19,5	3,20	6,29	3,00	0,91
I 100	100	50	4,5	6,8	4,5	2,7	10,6	8,34	171	34,2	4,01	12,2	4,88	1,07
I 120	120	58	5,1	7,7	5,1	3,1	14,2	11,1	328	54,7	4,81	21,5	7,41	1,23
I 140	140	66	5,7	8,6	5,7	3,4	18,2	14,3	573	81,9	5,61	35,2	10,7	1,40
I 160	160	74	6,3	9,5	6,3	3,8	22,8	17,9	935	117	6,40	54,7	14,8	1,55
I 180	180	82	6,9	10,4	6,9	4,1	27,9	21,9	1450	161	7,20	81,3	19,8	1,71
I 200	200	90	7,5	11,3	7,5	4,5	33,4	26,2	2140	214	8,00	117	26,0	1,87
I 220	220	98	8,1	12,2	8,1	4,9	39,5	31,1	3060	278	8,80	162	33,1	2,02
I 240	240	106	8,7	13,1	8,7	5,2	46,1	36,2	4250	354	9,59	221	41,7	2,20
I 260	260	113	9,4	14,1	9,4	5,6	53,3	41,9	5740	442	10,4	288	51,0	2,32
I 280	280	119	10,1	15,2	10,1	6,1	61,0	47,9	7590	542	11,1	364	61,2	2,45
I 300	300	125	10,8	16,2	10,8	6,5	69,0	54,2	9800	653	11,9	451	72,2	2,56
I 320	320	131	11,5	17,3	11,5	6,9	77,7	61,0	12510	782	12,7	555	84,7	2,67
I 340	340	137	12,2	18,3	12,2	7,3	86,7	68,0	15700	923	13,5	674	98,4	2,80
I 360	360	143	13,0	19,5	13,0	7,8	97,0	76,1	19610	1090	14,2	818	114	2,90

Profilstahl-Tabelle 6: Gleichschenkliger Winkelstahl (Auszug nach **DIN EN 10056**, 10.98)

Statische Werte entsprechend Profilstahl-Tabelle 1
und Profilstahl-Tabelle 3

$\alpha = 45°$

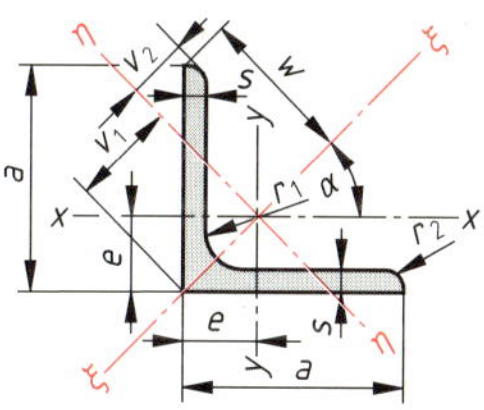

Kurzzeichen	Abmessungen in mm				Querschnitt	Metermasse	Achsabstände in cm				Statische Werte für die Biegeachse							
											$x-x=y-y$			$\xi-\xi$		$\eta-\eta$		
	a	s	r_1	r_2	A, S cm^2	m' kg/m	e	w	v_1	v_2	I_x I_y cm^4	W_x W_y cm^3	i_x i_y cm	I_ξ cm^4	W_ξ cm^3	I_η cm^4	W_η cm^3	i_η cm
L 20× 3	20	3	3,5	2	1,12	0,88	0,60	1,41	0,85	0,70	0,39	0,28	0,59	0,62	0,74	0,15	0,18	0,37
L 25× 3	25	3	3,5	2	1,42	1,12	0,73	1,77	1,03	0,87	0,79	0,45	0,75	1,27	0,95	0,31	0,30	0,47
L 30× 3	30	3	5	2,5	1,74	1,36	0,84	2,12	1,18	1,04	1,41	0,65	0,90	2,24	1,14	0,57	0,48	0,57
L 35× 4	35	4	5	2,5	2,67	2,1	1,00	2,47	1,41	1,24	2,96	1,18	1,05	4,68	1,33	1,24	0,88	0,68
L 40× 4	40	4	6	3	3,08	2,42	1,12	2,83	1,58	1,40	4,48	1,55	1,21	7,09	1,52	1,86	1,18	0,78
L 45× 5	45	5	7	3,5	4,3	3,38	1,28	3,18	1,81	1,58	7,83	2,43	1,35	12,4	1,70	3,25	1,80	0,87
L 50× 5	50	5	7	3,5	4,8	3,77	1,40	3,54	1,98	1,76	11,0	3,05	1,51	17,4	1,90	4,59	2,32	0,98
L 60× 6	60	6	8	4	6,91	5,42	1,69	4,24	2,39	2,11	22,8	5,29	1,82	36,1	2,29	9,43	3,95	1,17
L 70× 7	70	7	9	4,5	9,4	7,38	1,97	4,95	2,79	2,47	42,4	8,43	2,12	67,1	2,67	17,6	6,31	1,37
L 80× 8	80	8	10	5	12,3	9,66	2,26	5,66	3,20	2,82	72,3	12,6	2,42	115	3,06	29,6	9,25	1,55
L 90× 9	90	9	11	5,5	15,5	12,2	2,54	6,36	3,59	3,18	116	18,0	2,74	184	3,45	47,8	13,3	1,76
L100×10	100	10	12	6	19,2	15,1	2,82	7,07	3,99	3,54	177	24,7	3,04	280	3,82	73,3	18,4	1,95

Festigkeitslehre (Fortsetzung)

Profilstahl-Tabelle 7: Ungleichschenkliger Winkelstahl (Auszug nach **DIN EN 10056**, 10.98)

Statische Werte entsprechend Profilstahl-Tabelle 1
und Profilstahl-Tabelle 3

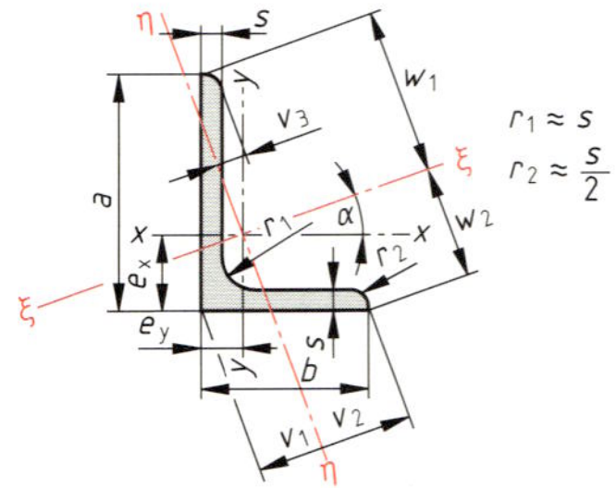

Kurzzeichen	Abmessungen in mm					Querschnitt	Metermasse	Abstände der Achsen							Lage der Achse	Statische Werte für die Biegeachse										
																x − x			y − y			ξ − ξ		η − η		
	a	b	s	r_1	r_2	A, S cm^2	m' kg/m	e_x cm	e_y cm	w_1 cm	w_2 cm	v_1 cm	v_2 cm	v_3 cm	$\eta-\eta$ $\tan\alpha$	I_x cm^4	W_x cm^3	i_x cm	I_y cm^4	W_y cm^3	i_y cm	I_ξ cm^4	i_ξ cm	I_η cm^4	i_η cm
L 30×20×3	30	20	3	3,5	2	1,42	1,11	0,99	0,50	2,04	1,51	0,86	1,04	0,56	0,431	1,25	0,62	0,94	0,44	0,29	0,56	1,43	1,00	0,25	0,42
L 30×20×4	30	20	4	3,5	2	1,85	1,45	1,03	0,54	2,02	1,52	0,91	1,03	0,58	0,423	1,59	0,81	0,93	0,55	0,38	0,55	1,81	0,99	0,33	0,42
L 40×20×3	40	20	3	3,5	2	1,72	1,35	1,43	0,44	2,61	1,77	0,79	1,19	0,46	0,259	2,79	1,08	1,27	0,47	0,30	0,52	2,96	1,31	0,30	0,42
L 40×20×4	40	20	4	3,5	2	2,25	1,77	1,47	0,48	2,57	1,80	0,83	1,18	0,50	0,252	3,59	1,42	1,26	0,60	0,39	0,52	3,79	1,30	0,39	0,42
L 45×30×4	45	30	4	4,5	2	2,87	2,25	1,48	0,74	3,07	2,26	1,27	1,58	0,83	0,436	5,78	1,91	1,42	2,05	0,91	0,85	6,65	1,52	1,18	0,64
L 45×30×5	45	30	5	4,5	2	3,53	2,77	1,52	0,78	3,05	2,27	1,32	1,58	0,85	0,430	6,99	2,35	1,41	2,47	1,11	0,84	8,02	1,51	1,44	0,64
L 50×30×4	50	30	4	4,5	2	3,07	2,41	1,68	0,70	3,36	2,35	1,24	1,67	0,78	0,356	7,71	2,33	1,59	2,09	0,91	0,82	8,53	1,67	1,27	0,64
L 50×30×5	50	30	5	4,5	2	3,78	2,96	1,73	0,74	3,33	2,38	1,28	1,66	0,80	0,353	9,41	2,88	1,58	2,54	1,12	0,82	10,4	1,66	1,56	0,64
L 50×40×5	50	40	5	4	2	4,27	3,35	1,56	1,07	3,49	2,88	1,73	1,84	1,27	0,625	10,4	3,02	1,56	5,89	2,01	1,18	13,3	1,76	3,02	0,84
L 60×30×5	60	30	5	6	3	4,29	3,37	2,15	0,68	3,90	2,67	1,20	1,77	0,72	0,256	15,6	4,04	1,90	2,60	1,12	0,78	16,5	1,96	1,69	0,63
L 60×40×5	60	40	5	6	3	4,79	3,76	1,96	0,97	4,08	3,01	1,68	2,09	1,10	0,437	17,2	4,25	1,89	6,11	2,02	1,13	19,8	2,03	3,50	0,86
L 60×40×6	60	40	6	6	3	5,68	4,46	2,00	1,01	4,06	3,02	1,72	2,08	1,12	0,433	20,1	5,03	1,88	7,12	2,38	1,12	23,1	2,02	4,12	0,85
L 65×50×5	65	50	5	6	3	5,54	4,35	1,99	1,25	4,52	3,61	2,08	2,38	1,50	0,583	23,1	5,11	2,04	11,9	3,18	1,47	28,8	2,28	6,21	1,06
L 70×50×6	70	50	6	6	3	6,88	5,40	2,24	1,25	4,82	3,68	2,20	2,52	1,42	0,497	33,5	7,04	2,21	14,3	3,81	1,44	39,9	2,41	7,94	1,07
L 75×50×7	75	50	7	6,5	3,5	8,30	6,51	2,48	1,25	5,10	3,77	2,13	2,63	1,38	0,433	46,4	9,24	2,36	16,5	4,39	1,41	53,3	2,53	9,56	1,07
L 75×55×5	75	55	5	7	3,5	6,30	4,95	2,31	1,33	5,19	4,00	2,27	2,71	1,58	0,530	35,5	6,84	2,37	16,2	3,89	1,60	43,1	2,61	8,68	1,17
L 75×55×7	75	55	7	7	3,5	8,66	6,80	2,40	1,41	5,16	4,02	2,37	2,70	1,62	0,525	47,9	9,39	2,35	21,8	5,52	1,59	57,9	2,59	11,8	1,17
L 75×55×9	75	55	9	7	3,5	10,9	8,59	2,47	1,48	5,14	4,04	2,46	2,70	1,66	0,518	59,4	11,8	2,33	26,8	6,66	1,57	71,3	2,55	14,8	1,16
L 80×40×6	80	40	6	7	3,5	6,89	5,41	2,85	0,88	5,21	3,53	1,55	2,42	0,89	0,259	44,9	8,73	2,55	7,59	2,44	1,05	47,6	2,63	4,90	0,84
L 80×40×8	80	40	8	7	3,5	9,01	7,07	2,94	0,95	5,15	3,57	1,65	2,38	1,04	0,253	57,6	11,4	2,53	9,68	3,18	1,04	60,9	2,60	6,41	0,84
L 80×60×7	80	60	7	8	4	9,38	7,36	2,51	1,52	5,55	4,42	2,70	2,92	1,68	0,546	59,0	10,7	2,51	28,4	6,34	1,74	72,0	2,77	15,4	1,28
L 80×65×8	80	65	8	8	4	11,0	8,66	2,47	1,73	5,59	4,65	2,79	2,94	2,05	0,645	68,1	12,3	2,49	40,1	8,41	1,91	88,0	2,82	20,3	1,36
L 90×60×6	90	60	6	7	3,5	8,69	6,82	2,89	1,41	6,14	4,50	2,46	3,16	1,60	0,442	71,7	11,7	2,87	25,8	5,61	1,72	82,8	3,09	14,6	1,30
L 90×60×8	90	60	8	7	3,5	11,4	8,96	2,97	1,49	6,11	4,54	2,56	3,15	1,69	0,437	92,5	15,4	2,85	33,0	7,31	1,70	107	3,06	19,0	1,29
L 100×50×6	100	50	6	9	4,5	8,73	6,85	3,49	1,04	6,50	4,39	1,91	2,98	1,15	0,263	89,7	13,8	3,20	15,3	3,86	1,32	95,2	3,30	9,78	1,06
L 100×50×8	100	50	8	9	4,5	11,5	8,99	3,59	1,13	6,48	4,44	2,00	2,95	1,18	0,258	116	18,0	3,18	19,5	5,04	1,31	123	3,28	12,6	1,05
L 100×50×10	100	50	10	9	4,5	14,1	11,1	3,67	1,20	6,43	4,49	2,08	2,91	1,22	0,252	141	22,2	3,16	23,4	6,17	1,29	149	3,25	15,5	1,04
L 100×65×7	100	65	7	10	5	11,2	8,77	3,23	1,51	6,83	4,91	2,66	3,48	1,73	0,419	113	16,6	3,17	37,6	7,54	1,84	128	3,39	21,6	1,39

4

Festigkeitslehre (Fortsetzung)

Trägheits- und Widerstandsmomente zusammengesetzter Flächen: (→ Massenträgheitsmoment)

$I = \Sigma I_i = I_1 + I_2 + \ldots$ **Gesamtträgheitsmoment** in mm^4

Gesamtträgheitsmoment gleich Summe aller Einzelträgheitsmomente.

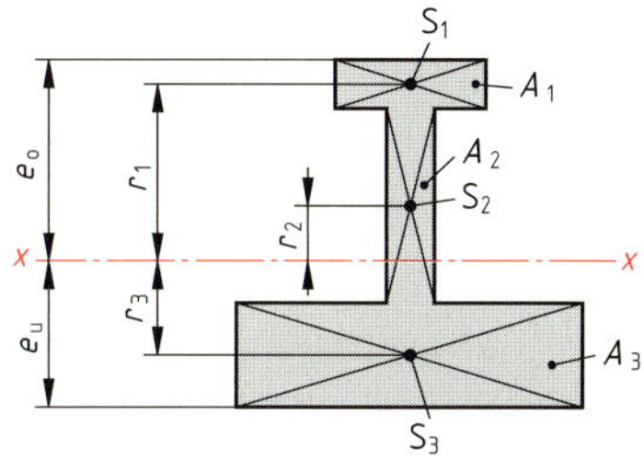

Steiner'scher Verschiebungssatz

$I_1 = I_{1\,eigen} + A_1 \cdot r_1^2$ $\quad I_2 = I_{2\,eigen} + A_2 \cdot r_2^2$ ...

$W_{xo} = \dfrac{I}{e_o}$ $\quad W_{xu} = \dfrac{I}{e_u}$ **Widerstandsmomente** in mm^3

Die beiden Widerstandsmomente errechnen sich aus den Quotienten des Gesamtträgheitsmomentes und der beiden Randabstände.

Durchbiegung und Neigungswinkel

Umfangreiche Tabellen befinden sich in technischen Handbüchern, z. B. Dubbel.

Krümmungsradius und Biegesteifigkeit:

$\varrho = \dfrac{E \cdot I}{M_b}$ **Krümmungsradius der Biegelinie** in mm

$B = E \cdot I$ **Biegesteifigkeit** in $N \cdot mm^2$

$f \sim \dfrac{1}{\varrho} \sim \dfrac{n \cdot M_b}{i \cdot E \cdot I}$ **Durchbiegung** in mm

E	Elastizitätsmodul	N/mm^2
I	Flächenmoment 2. Grades (Flächenträgheitsmoment)	mm^4
M_b	Biegemoment	N mm
f	Durchbiegung	mm
n, i	Proportionalitätsfaktoren	1
α	Neigungswinkel	rad

Freiträger mit einer Einzellast am Trägerende:

$f = \dfrac{F \cdot l^3}{3 \cdot E \cdot I}$ in mm $\quad \alpha = \dfrac{F \cdot l^2}{2 \cdot E \cdot I}$ in rad

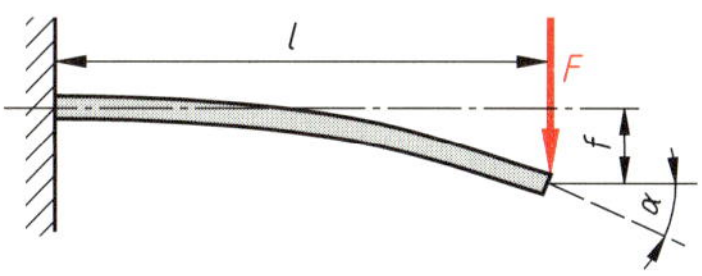

Freiträger mit konstanter Streckenlast:

$f = \dfrac{q \cdot l^4}{8 \cdot E \cdot I}$ in mm $\quad \alpha = \dfrac{q \cdot l^3}{6 \cdot E \cdot I}$ in rad $\quad q$ in $\dfrac{N}{m}$

$f_x = \dfrac{q \cdot l^4}{24 \cdot E \cdot I} \cdot \left[3 - 4 \cdot \dfrac{x}{l} + \left(\dfrac{x}{l}\right)^4\right]$ **Durchbiegung bei *x***

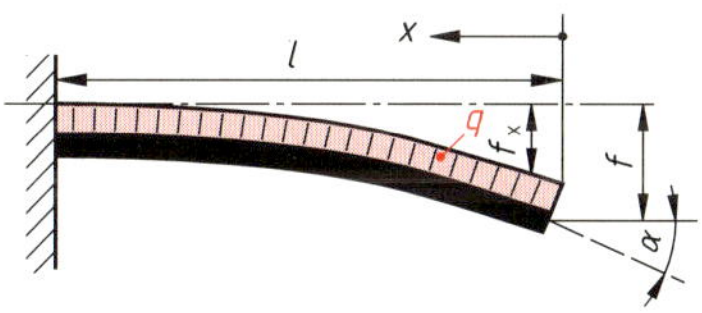

Stützträger mit Einzellast in Trägermitte:

$f = \dfrac{F \cdot l^3}{48 \cdot E \cdot I}$ in mm $\quad \alpha = \dfrac{F \cdot l^2}{16 \cdot E \cdot I}$ in rad

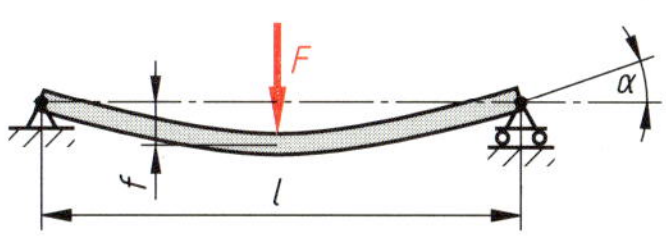

Stützträger mit konstanter Streckenlast:

$f = \dfrac{5}{384} \cdot \dfrac{q \cdot l^4}{E \cdot I}$ in mm $\quad \alpha = \dfrac{q \cdot l^3}{24 \cdot E \cdot I}$ in rad

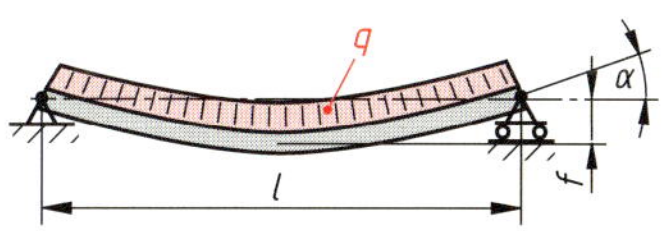

$f_{ges} = \Sigma F$ **resultierende Durchbiegung bei einachsiger Biegung**

Torsion

Bei Torsionsbeanspruchung wirkt in jedem Querschnitt dem äußeren **Drehmoment** M_d ein gleich großes inneres Moment, das **Torsionsmoment** M_t, entgegen.

$M_d = M_t$ (→ Drehmoment)

4

Festigkeitslehre (Fortsetzung)

Verteilung und Berechnung der Torsionsspannung:

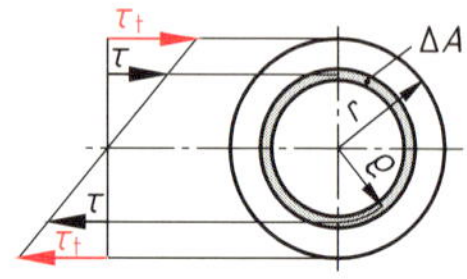

$\frac{\tau_t}{\tau} = \frac{r}{\varrho} \rightarrow$ Im torsionsbeanspruchten Querschnitt nimmt die Spannung linear mit dem Radius zu.

$$\tau_t = \frac{M_t}{W_p}$$ **Torsionshauptgleichung**

$$W_p = \frac{I_p}{r}$$ **polares Widerstandsmoment**

$$I_p = I_x + I_y$$ **polares Trägheitsmoment**

$$W_p = \frac{\pi}{16} \cdot d^3 \approx \frac{d^3}{5}$$ **polares Widerstandsmoment Kreisquerschnitt** (linkes Bild)

τ_t	Torsionsspannung	N/mm²
r	größter Radius (Außenradius)	mm
M_t	Torsionsmoment	N mm
W_p	polares Widerstandsmoment	mm³
I_p	polares Trägheitsmoment	mm⁴
I_x, I_y	äquatoriale Trägheitsmomente (Flächenmomente 2. Grades)	mm⁴

$$W_p = \frac{\pi}{16} \cdot \frac{D^4 - d^4}{D} \approx \frac{D^4 - d^4}{5 \cdot D}$$ **polares Widerstandsmoment Kreisringquerschnitt** (rechtes Bild)

Verformung bei Torsion:

$$\frac{1}{G} = 2 \cdot \frac{1/\mu + 1}{1/\mu} \cdot \frac{1}{E}$$ **Zusammenhang zwischen Gleitmodul und Elastizitätsmodul**

$$G = 0{,}385 \cdot E$$ → bei $\mu = 0{,}3$

$$\varphi = \frac{M_t \cdot l \cdot 180^\circ}{G \cdot I_p \cdot \pi}$$ **Verdrehwinkel** in Grad

G	Gleitmodul	s. Seiten 191 … 193	N/mm²
E	Elastizitätsmodul	s. Seiten 191 … 193	N/mm²
μ	Poissonsche Zahl	s. Seiten 191 … 193	1
M_t	Torsionsmoment		N mm
l	Länge des Bauteils		mm
G	Gleitmodul		N/mm²
I_p	polares Trägheitsmoment		mm⁴

Die **zulässige Torsionsspannung** $\tau_{t\,zul}$ darf bei Einhaltung von φ_{zul} nicht überschritten werden!

4

Knickung

Einspannungsfall und freie Knicklänge:

Knickung ist ein seitliches Ausweichen eines auf **Druck** beanspruchten Stabes. Knickung kann bereits dann eintreten, wenn die zulässige Druckspannung $\sigma_{d\,zul}$ noch nicht erreicht ist.
Hauptkriterium bei Knickung sind die **Einspannungsfälle nach Euler** gemäß nebenstehendem Bild und nachfolgender Tabelle.

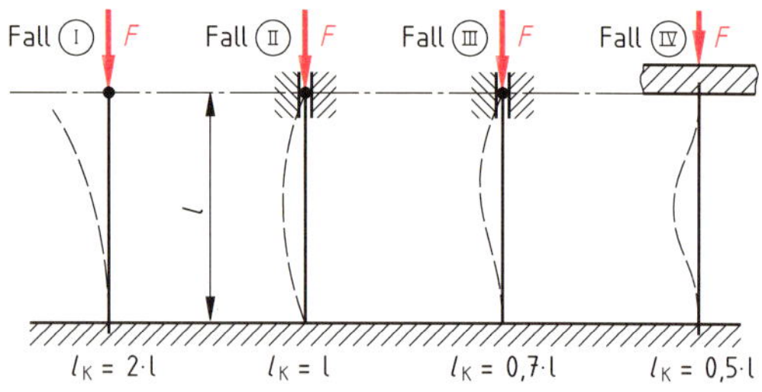

Zuordnung einer freien Knicklänge l_K zum Einspannungsfall:

- (I) → Stab ist auf einer Seite fest eingespannt, auf der anderen Seite frei → $l_K = 2 \cdot l$
- (II) → Stab ist beidseitig gelenkig gelagert → $l_K = l$
- (III) → Stab ist einseitig eingespannt, auf der anderen Seite gelenkig gelagert → $l_K = 0{,}7 \cdot l$
- (IV) → Stab ist auf beiden Seiten fest eingespannt → $l_K = 0{,}5 \cdot l$

Trägheitsradius und Schlankheitsgrad:

$$i_{min} = \sqrt{\frac{I_{min}}{S}}$$ **kleinster Trägheitsradius** in mm (s. Tabelle nächste Seite)

Festigkeitslehre (Fortsetzung)

$\lambda = \dfrac{l_K}{i_{min}}$ **Schlankheitsgrad**

I_{min}	kleinstes Trägheitsmoment (kleinstes Flächenmoment 2. Grades)	mm^4
S	Stabquerschnitt	mm^2
l_K	freie Knicklänge	mm

Querschnitt S	Kreis	Kreisring	Rechteck	Quadrat	Profilstähle
kleinster Trägheitsradius i_{min}	$\dfrac{d}{4}$	$\dfrac{1}{4} \cdot \sqrt{\dfrac{D^4 - d^4}{D^2 - d^2}}$	$\sqrt{\dfrac{h^2}{12}}$ mit $b > h$	$\dfrac{a}{3{,}464}$	s. Profiltabellen Seiten 197 ... 200 (DIN-Normen)

Knickspannung bei elastischer Knickung (Eulerknickung):

$\sigma_K = \dfrac{F_K}{S}$ **Knickspannung** in N/mm^2

$F_K = \dfrac{\pi^2 \cdot E \cdot I_{min}}{l_K^2}$ **Knickkraft** in N

$\sigma_K = \dfrac{\pi^2 \cdot E \cdot I_{min}}{l_K^2 \cdot S}$ **Knickspannung** in N/mm^2

$\nu_K = \dfrac{F_K}{F}$ **Knicksicherheit**

$\sigma_K = \dfrac{\pi^2 \cdot E}{\lambda^2}$ **Knickspannung** in N/mm^2

$I_{min\,erf} = \dfrac{\nu_K \cdot F \cdot l_K^2}{E \cdot \pi^2}$ in mm^4 → **Dimensionierungsformel bei elastischer Knickung**

σ_K	Knickspannung	N/mm^2
F_K	Knickkraft	N
S	Stabquerschnitt	mm^2
E	Elastizitätsmodul	N/mm^2
I_{min}	kleinstes Trägheitsmoment	mm^4
l_K	freie Knicklänge	mm
ν_K	Knicksicherheit	1
λ	Schlankheitsgrad	1
F	achsiale Kraft, d.h. Druckkraft	N

Unelastische Knickung (Tetmajer-Knickung):

Bei der **unelastischen Knickung** liegt die Knickspannung über der Proportionalitätsgrenze für Druck σ_{dP}!
Diese Grenze wird durch den **Grenzschlankheitsgrad** λ_g bestimmt.

$\lambda_g = \sqrt{\dfrac{\pi^2 \cdot E}{\sigma_{dP}}}$ **Grenzschlankheitsgrad** (s. nebenstehendes Bild)

λ_g **ist werkstoffabhängig** (s. folgende Tabelle)

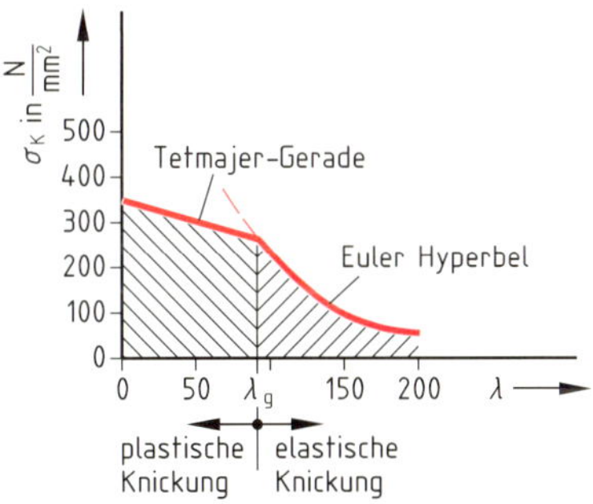

Entsprechend dem verwendeten **Werkstoff** werden die **folgenden Tetmajerformeln verwendet:**

Werkstoff	E-Modul in N/mm^2	Grenz-Schlankheitsgrad λ_g	Tetmajerformel für σ_K in N/mm^2
Grauguss	100000	80	$\sigma_K = 776 - 12 \cdot \lambda + 0{,}053 \cdot \lambda^2$
S235JRG1 (St37-2)	210000	105	$\sigma_K = 310 - 1{,}14 \cdot \lambda$
E295 (St50-2) und E335 (St60-2)	210000	89	$\sigma_K = 335 - 0{,}62 \cdot \lambda$
Nickelstahl (bis 5% Ni)	210000	86	$\sigma_K = 470 - 2{,}3 \cdot \lambda$
Nadelholz	10000	100	$\sigma_K = 29{,}3 - 0{,}194 \cdot \lambda$

4

Festigkeitslehre (Fortsetzung)

Rechenschema bei einer Bauteilbeanspruchung auf Knickung:

a) $I_{min\,erf}$ mit der Euler-Formel berechnen und aus dem errechneten Wert eine erste Dimensionierung.
b) Kleinsten Trägheitsradius i_{min} und Schlankheitsgrad λ berechnen.
c) Wenn $\lambda < \lambda_g$ nach Tetmajer, wenn $\lambda \geq \lambda_g$ nach Euler berechnen.
d) Knicksicherheit ν_K ermitteln: $\nu_{K\,vorh} = \dfrac{\sigma_K}{\sigma_{d\,vorh}}$
e) Ist $\nu_{K\,vorh} < \nu_{K\,erf}$: durch Schätzung Querschnittsvergrößerung vornehmen.
f) Wurde eine Querschnittsvergrößerung vorgenommen, ab λ-Berechnung (Punkt b) neu rechnen.
g) Querschnittsvergrößerungen sind solange fortzusetzen, bis die erforderliche Knicksicherheit $\nu_{K\,erf}$ erreicht ist.

Zusammengesetzte Beanspruchungen

Biegung und Zug sowie Biegung und Druck:

$$\sigma_{res\,z1} = \sigma_{bz} + \sigma_z = \frac{M_b}{W} + \frac{F_z}{S}$$

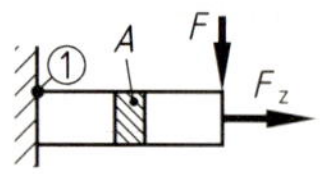

$$\sigma_{res\,d2} = \sigma_{bd} - \sigma_z = \frac{M_b}{W} - \frac{F_z}{S}$$

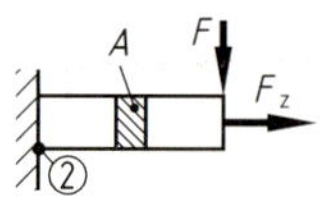

$$\sigma_{res\,z1} = \sigma_{bz} - \sigma_d = \frac{M_b}{W} - \frac{F_d}{S}$$

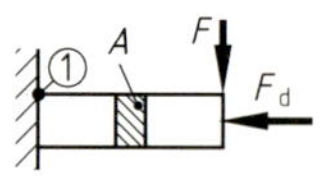

$$\sigma_{res\,d2} = \sigma_{bd} + \sigma_d = \frac{M_b}{W} + \frac{F_d}{S}$$

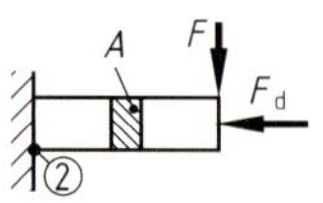

e_1	Randabstand im Biegespannungsschaubild	mm
σ_{bz}	Biegespannung (Zug)	N/mm^2
$\sigma_{res\,z}$	resultierende Zugspannung	N/mm^2
F	wirkende Zug- oder Druckkraft	N
I	Flächenträgheitsmoment	mm^4
M_b	wirkendes Biegemoment	N mm
S	Querschnittsfläche	mm^2
σ_z	Zugspannung	N/mm^2
σ_d	Druckspannung	N/mm^2
σ_{bd}	Biegespannung (Druck)	N/mm^2

$$a = \frac{F \cdot I}{M_b \cdot S}$$

Verschiebung der neutralen Faser (s. nebenstehendes Bild)

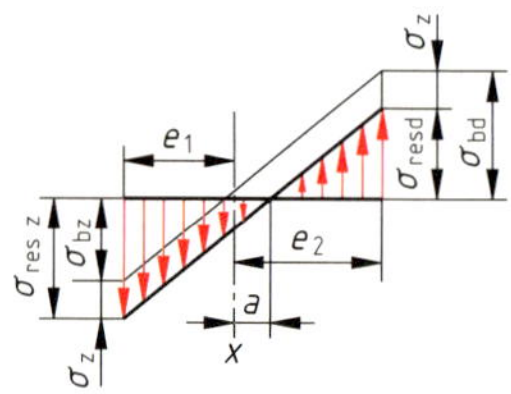

Beanspruchung auf Zug und Schub, Druck und Schub, Biegung und Schub:

Bei Normal- **und** Tangentialspannungen σ und τ wird mit dem **Spannungs-Pythagoras** (s. nebenstehendes Bild) eine **Vergleichsspannung** σ_v ermittelt.

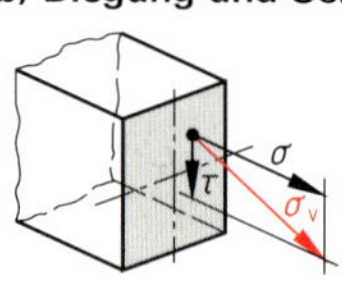

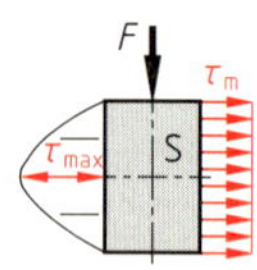

$$\sigma_v = \sqrt{\sigma^2_{res\,max} + \tau^2_m} \leq \sigma_{zul}$$ **Vergleichsspannung**

Die tatsächliche Spannungsverteilung bei Schub geht aus dem rechten Bild hervor. Es ist:

$$\tau_m = \frac{F}{S}$$ **mittlere Schubspannung**

$\sigma_{res\,max}$	größte Normalspannung aus Biegung und Zug bzw. Biegung und Druck	N/mm^2
σ_{zul}	größte einzelne zulässige Normalspannung	N/mm^2
τ_m	mittlere Schubspannung	N/mm^2

Beanspruchung auf Biegung und Torsion:

Häufige Beanspruchungsart bei Wellen und Achsen. Meist wird nach der **Hypothese der größten Gestaltänderungsarbeit** gerechnet:

4

Festigkeitslehre (Fortsetzung)

$$\sigma_v = \sigma_b^2 + 3 \cdot (\alpha_0 \cdot \tau_t)^2 \leq \sigma_{b\,zul}$$

Vergleichsspannung

$$\alpha_0 = \frac{\sigma_{b\,zul}}{\sqrt{3} \cdot \tau_{t\,zul}}$$

Anstrengungsverhältnis

$$W_{erf} = \frac{M_v}{\sigma_{b\,zul}}$$

erforderliches Widerstandsmoment

σ_v	Vergleichsspannung	N/mm²
σ_b	vorhandene Biegespannung	N/mm²
τ_t	vorhandene Torsionsspannung	N/mm²
α_0	Anstrengungsverhältnis	1
$\sigma_{b\,zul}$	zulässige Biegespannung	N/mm²
$\tau_{t\,zul}$	zulässige Torsionsspannung	N/mm²
W_{erf}	erforderliches Widerstandsmoment	mm³
M_v	Vergleichsmoment	N mm
M_b	Biegemoment	N mm
M_t	Torsionsmoment	N mm

$$M_v = \sqrt{M_b^2 + 0{,}75 \cdot (\alpha_0 \cdot M_t)^2}$$

Vergleichsspannung für Kreis- und Kreisringquerschnitt

Dynamische Beanspruchungen

Allgemeine dynamische Belastung und **Wöhler-Diagramm:**
Entsprechend nebenstehendem Bild ergibt sich:

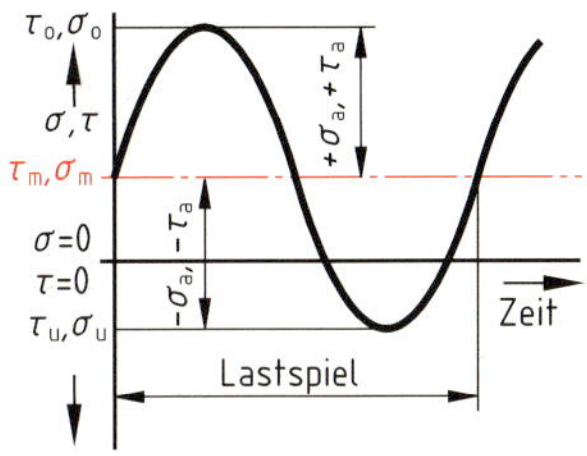

$$\sigma_m = \frac{\sigma_o + \sigma_u}{2} \qquad \tau_m = \frac{\tau_o + \tau_u}{2}$$

Mittelspannung in N/mm²

$$\sigma_a = \pm \frac{\sigma_o - \sigma_u}{2} \qquad \tau_a = \pm \frac{\tau_o - \tau_u}{2}$$

Spannungsausschlag in N/mm²

$$\sigma_D = \sigma_m \pm \sigma_a \qquad \tau_D = \tau_m \pm \tau_a$$

Dauerfestigkeit in N/mm²

Dauerfestigkeit entspricht dem um eine Mittelspannung σ_m bzw. τ_m schwingenden größten Spannungsausschlag σ_a bzw. τ_a, den eine Probe unendlich oft aushält.

σ_o, τ_o	obere Grenzspannung	N/mm²
σ_u, τ_u	untere Grenzspannung	N/mm²

Nebenstehendes Bild erläutert die Begriffe:

Dauerfestigkeit → Eine bestimmte **Oberspannung** wird ab einer **Grenzlastwechselzahl** beliebig oft ausgehalten.

Zeitfestigkeit → Unterhalb der Grenzlastwechselzahl wird eine größere **Oberspannung** eine bestimmte Zeit ausgehalten.

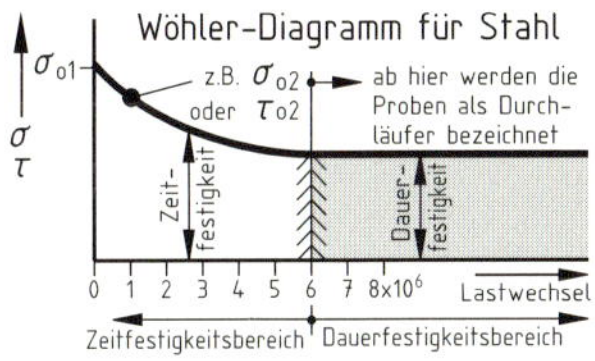

Zulässige Spannungen und erweiterter Sicherheitsbegriff:

$\sigma_D = \sigma_{St} = R_e$ → **Dauerfestigkeit im Belastungsfall I** (ruhend)
$\sigma_D = \sigma_{Sch}$ → **Dauerfestigkeit im Belastungsfall II** (schwellend)
$\sigma_D = \sigma_W$ → **Dauerfestigkeit im Belastungsfall III** (wechselnd)
$\sigma_D = \sigma_m \pm \sigma_a$ → **Dauerfestigkeit bei allgemeiner dynamischer Belastung** (obiges Bild)

} τ_D entsprechend und jeweils in N/mm²

Dauerfestigkeiten sind Grenzspannungen, die nicht überschritten werden dürfen. Deshalb wird auch hier mit einer Sicherheit ν_D gegen das Erreichen der Dauerfestigkeit gerechnet.

Bei Berücksichtigung der Dauerfestigkeit spricht man vom **erweiterten Sicherheitsbegriff**:

$$\nu_D = \frac{\sigma_D}{\sigma_{vorh\,max}} \qquad \nu_D = \frac{\tau_D}{\tau_{vorh\,max}}$$

Sicherheit gegen das Erreichen der Dauerfestigkeit

Gestaltfestigkeit:

Unter **Gestaltfestigkeit** versteht man die Dauerfestigkeit eines Bauteils bezogen auf seine spezielle Gestalt. Sie hängt von der **Größe des Bauteils** und von seiner **Oberflächengüte** ab. Auch der **Werkstoff** (spröde bis elastisch) spielt eine große Rolle.

Festigkeitslehre (Fortsetzung)

Oberflächeneinflussparameter b_1:

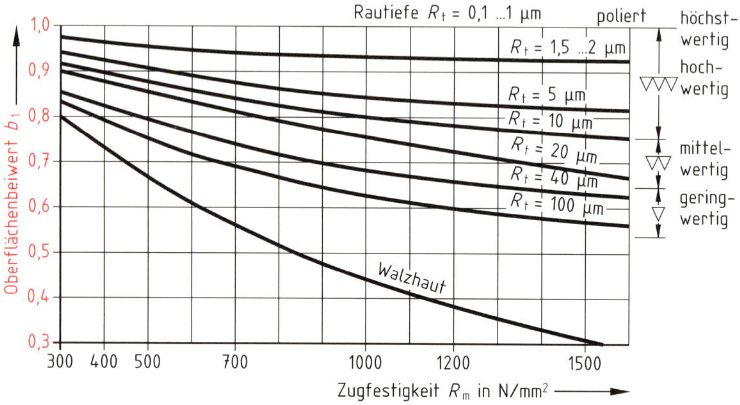

Größeneinflussparameter b_2 für Kreisquerschnitte:

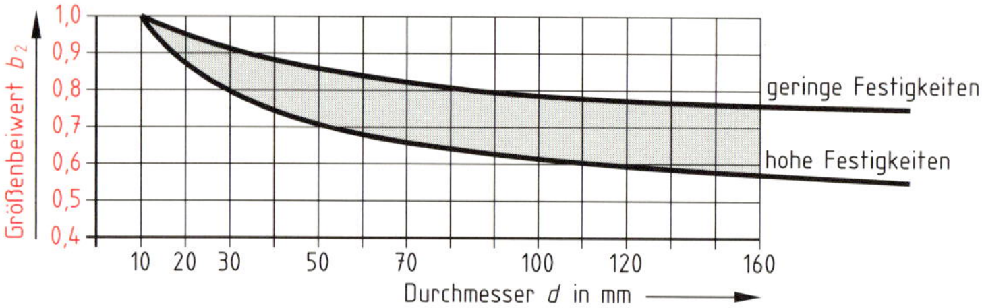

b_2 für andere Querschnitte in Fachliteratur.

4

$$\beta_K = 1 + (\alpha_K - 1) \cdot \eta_K$$ **Kerbwirkungszahl**

$$\sigma_{max} = \beta_K \cdot \sigma_n \qquad \tau_{max} = \beta_K \cdot \tau_n$$ **Maximalspannung im Kerbengrund** in N/mm² (nebenstehendes Bild)

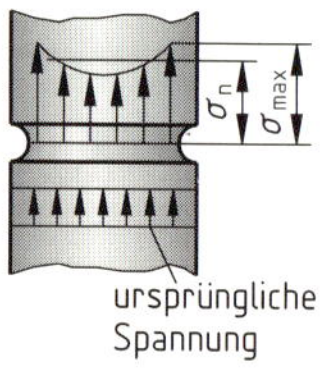

α_K = **Kerbformzahl** (folgende Tabelle und Bild neben dieser Tabelle)

Einige Kerbformzahlen
$\alpha_K = 1$ für gute Ausrundungen und geometrisch glatte Flächen $\alpha_K = 1{,}4 \ldots 1{,}6$ Einstich für Seegerring $\alpha_K = 1{,}3 \ldots 1{,}5$ Passfedernut **DIN 6885** mit Auslauf $\alpha_K = 1{,}8 \ldots 2{,}5$ Schrumpfsitz mit Nabe $\alpha_K = 6$ für extrem scharfkantige Kerben

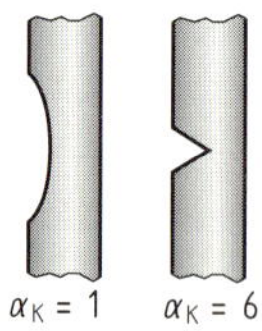

η_K = **Kerbempfindlichkeitszahl** (folgende Tabelle)

Einige Kerbempfindlichkeitszahlen

Werkstoff	S235JRG1 (St37-2)	S335G2 (St52-2)	E295 (St50-2)	E335 (St60-2)	Federstahl	GG
η_K	0,2	0,3	0,4	0,6	1,0	0,0 ...

Weitere α_K- und η_K-Werte finden Sie in technischen Handbüchern.

$$\sigma_G = \frac{\sigma_D \cdot b_1 \cdot b_2}{\beta_K} \qquad \tau_G = \frac{\tau_D \cdot b_1 \cdot b_2}{\beta_K}$$ **Gestaltfestigkeit** in N/mm²

$$\nu_G = \frac{\sigma_G}{\sigma_{zul}} \qquad \nu_G = \frac{\tau_G}{\tau_{zul}}$$ **Sicherheit gegen das Erreichen der Gestaltfestigkeit**

σ_D, τ_D	Dauerfestigkeit	N/mm²
b_1	Oberflächenbeiwert	1
b_2	Größenbeiwert	1
β_K	Kerbwirkungszahl	1

Papier-Endformate (Blattgrößen)

(nach **DIN 476, T 1 u. T 2**, 02.91, **DIN EN ISO 216**)

Ausgangsgröße bei der im technischen Zeichnen im allgemeinen verwendeten ISO-A-Reihe nach DIN ist A 0, ein Rechteck mit der Fläche von 1 m^2 = 1 000 000 mm^2 und dem Seitenverhältnis 1 : $\sqrt{2}$ bzw. 1 : 1,414. Die Formate A 1 bis A 10 entstehen jeweils durch Halbieren der längsten Seite des nächstgrößeren Formates.

Blattgröße nach DIN	Maße in mm	Blattgröße nach DIN	Maße in mm
A 0	841 x 1189	A 6	105 x 148
A 1	594 x 841	A 7	74 x 105
A 2	420 x 594	A 8	52 x 74
A 3	297 x 420	A 9	37 x 52
A 4	210 x 297	A 10	26 x 37
A 5	148 x 210		

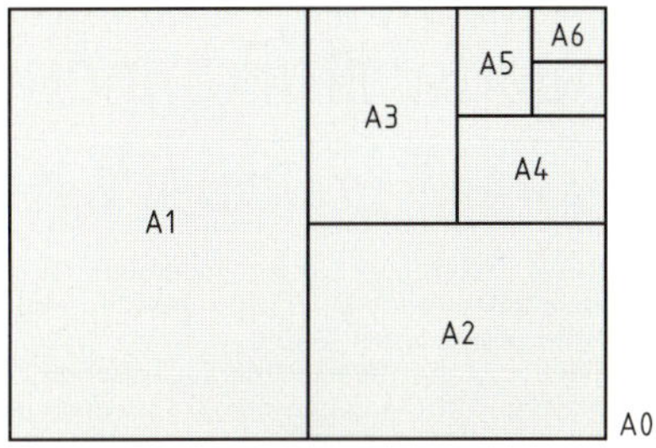

Die Blatt-Rohformate sind in der Regel etwas größer und werden nach Fertigstellung der Zeichnung auf das Normalformat geschnitten. Es ist zu beachten, dass das zur Verfügung stehende Zeichenfeld nochmals kleiner ist, da der Platzbedarf für einen Rand und für ein Schriftfeld abgezogen werden muss.

Maßstäbe

(nach **DIN ISO 5455**, 12.79)

Natürliche Größe: **1 : 1**

Maßstäbe			
Vergrößerungen	Verkleinerungen		
2 : 1	1 : 2	1 : 50	1 : 1 000
5 : 1	1 : 2,5	1 : 100	1 : 5 000
10 : 1	1 : 5	1 : 200	1 : 10 000
20 : 1	1 : 10	1 : 500	
50 : 1			

B

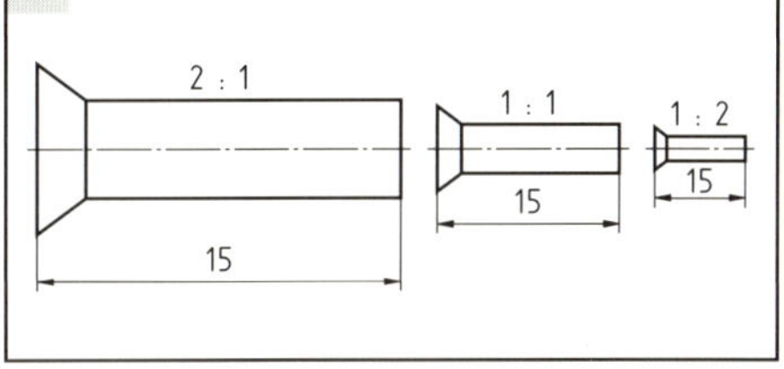

Linien in technischen Zeichnungen

(**DIN ISO 128-20**, 12.97 und **DIN EN ISO 10628**)

Für die einzelnen Linienarten sind nach DIN bestimmte Bedeutungen empfohlen. Innerhalb einer technischen Zeichnung sind den Linienarten außerdem je nach Bedeutung unterschiedliche Linienbreiten zugewiesen. Sie leiten sich aus der Körperkanten-Volllinie ab und bilden so eine Liniengruppe. Für verfahrenstechnische Fließschemata und andere technische Zeichnungen gilt folgende Tabelle:

Linienarten und zugeordnete Liniengruppen

Linienart	Bezeichnung	Liniengruppen					Beispiele
	Breite Volllinie	1,0	0,7	0,5	0,35	0,25	Hauptfließlinien (1,0), sichtbare Körperkanten, Gewindebegrenzungen
	Breite Strichpunktlinie	1,0	0,7	0,5	0,35	0,25	Schnittverlauf bei Körperdarstellungen
	Strichlinie	0,5	0,35	0,25	0,18	0,13	Signalflusswege (bei EMSR-Stellenkreisen), nicht sichtbare Körperkanten, Teile von Apparatesymbolen
	Schmale Volllinie	0,5	0,35	0,25	0,18	0,13	Symbole für Apparate und Maschinen (0,5), Symbole für Armaturen und Zeichen für EMSR-Anlagen (0,25), Maß- und Maßhilfslinien
	Schmale Strichpunktlinie	0,5	0,35	0,25	0,18	0,13	Mittellinien, Lochkreise
	Freihandlinie	0,5	0,35	0,25	0,18	0,13	Bruchlinien

Senkrechte Normschrift (Schriftform B, vertikal) (DIN EN ISO, 3098-0, 04.98)

Die senkrechte Normschrift, Schriftform B, v, wird für die Beschriftung von Verfahrensfließbildern empfohlen und kann darüber hinaus auch für andere technische Zeichnungen verwendet werden.

ABCDEFGHIJKLMNOPQRSTUVWXYZ ÄÖÜ
abcdefghijklmnopqrstuvwxyz äàöüß±□
12345677890 IVX [(!?:;"-=+·:√%&)]ø

Schrifthöhe (Höhe *h* der Großbuchstaben): 10/10 *h*
Kleinbuchstaben (ohne Ober- und Unterlängen): 7/10 *h*
Unter- und Oberlängen): 3/10 *h*
Grundlinienabstand: 19/10 *h* (mit diakritischen Zeichen), 15/10 *h* (ohne, 13/10 *h* (wenn nur Großbuchstaben).
Linienbreiten: 1/10 *h*, Abstand zwischen den Schriftzeichen: 2/10 *h*, Abstand zwischen Wörtern: 6/10 *h*
Nennmaße in mm: 1,8 2,5 3,5 5 7 10 14 20

Die Schrift nach **DIN EN ISO 3098-0** darf auch kursiv (unter 15° nach rechts geneigt) geschrieben werden.

Bei Verfahrensfließbildern wird empfohlen: Kurzzeichen für Apparate und Maschinen 5 mm, sonstige Beschriftung 2,5 mm.

Darstellung von Körpern

Darstellung in mehreren Ansichten nach DIN ISO 128-30, 05.02

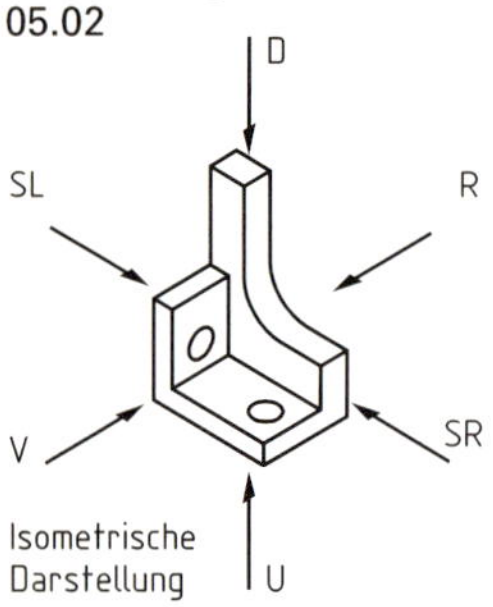

Es sollen stets nur soviele Ansichten dargestellt werden, wie unbedingt zum Erkennen des Körpers und zur Bemaßung erforderlich sind. Dabei sind die Ansichten so zu wählen, dass möglichst wenig verdeckte Kanten darzustellen sind.

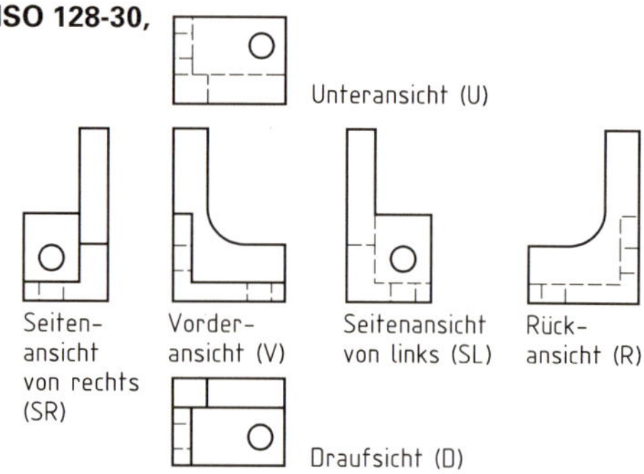

5

Isometrische Projektion nach DIN ISO 5456-3, 04.98 (→ Fließbilder, Rohrschemen)

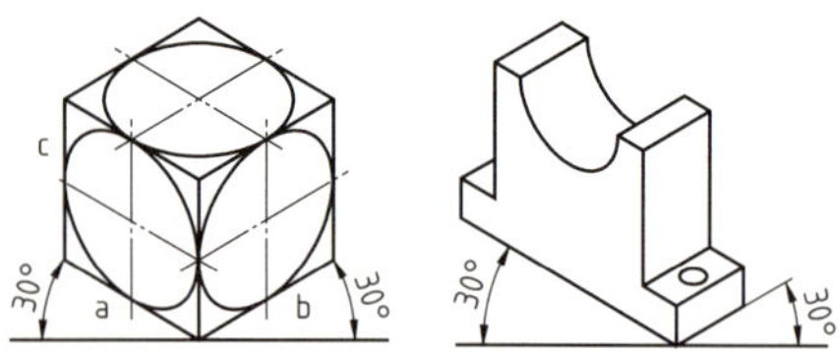

Seitenverhältnis: a : b : c = 1 : 1 : 1

Dimetrische Projektion nach DIN ISO 5456-3, 04.98

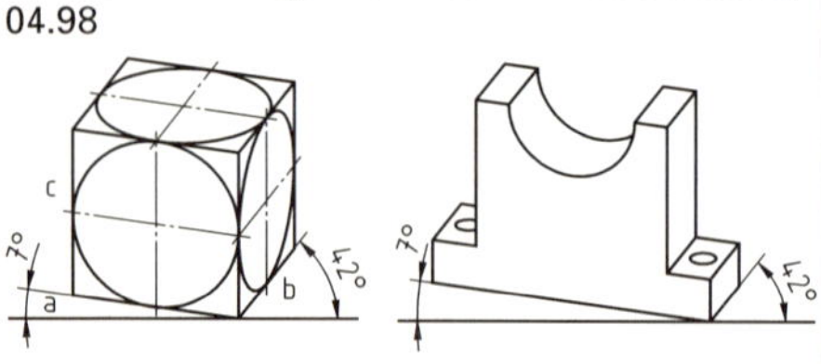

Seitenverhältnis: a : b : c = 1 : $^1/_2$: 1

Schnittdarstellung

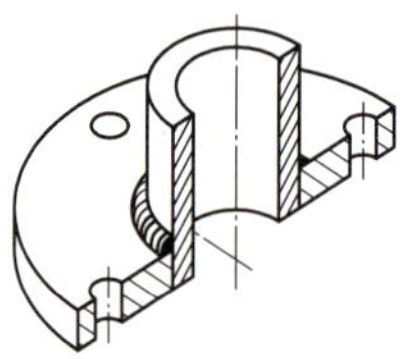

Schnittflächen werden mit dünnen Volllinien schraffiert (45° zur Achse oder zu einer Hauptumrisskante).

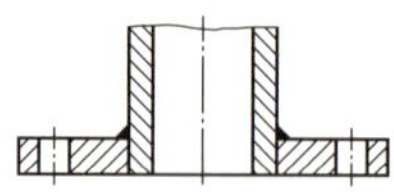

Die Schnittflächen verschiedener Körper, die aneinanderstoßen, werden entgegengesetzt und/oder verschieden weit schraffiert.

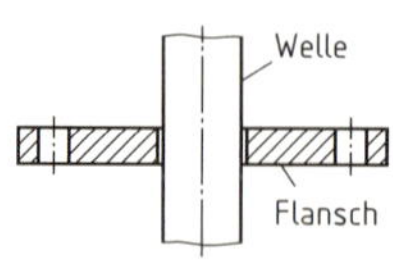

Vollkörper (z. B. Wellen, Niete, Schrauben) werden in Längsrichtung nicht geschnitten.

Maßeintragungen

(nach **DIN 406, T 11**, 12.92)

Anmerkungen	Ausführungsbeispiele

Maßlinien

Maßlinien werden bei Längenmaßen parallel zur bemaßenden Länge eingetragen (Bild 1).

In bestimmten Fällen dürfen die Maßlinien abgebrochen gezeichnet werden, z. B. wenn nur eine Hälfte eines symmetrischen Gegenstandes dargestellt ist oder die Bezugspunkte von Maßen sich nicht mehr in der Zeichenfläche befinden (Bild 2, 9, 10 u. 13).

Bei unterbrochen gezeichneten Körpern wird die Maßlinie nicht unterbrochen (Bild 3).

Maßlinien sollen sich untereinander und mit anderen Linien möglichst nicht schneiden. Ist dies nicht vermeidbar, werden sie ohne Unterbrechung gezeichnet (Bild 4).

Maßhilfslinien

Maßhilfslinien werden bei Längenmaßen rechtwinklig zur zugehörigen Messstrecke eingetragen (Bild 4 u. a.).

Um Unübersichtlichkeiten zu vermeiden, dürfen die Maßhilfslinien schräg (vorzugsweise unter 60°) gezeichnet werden (Bild 5).

Maßhilfslinien dürfen unterbrochen werden, wenn ihre Fortsetzung eindeutig zu erkennen ist.

Bei Winkelmaßen werden die Maßhilfslinien als Verlängerung der Schenkel des Winkels konstruiert, wobei auch der Scheitelwinkel eingetragen werden kann (Bild 4, 6 u. a.).

Auseinanderliegende Körperelemente, die gleiche Maße besitzen, dürfen zur Verdeutlichung mit einer gemeinsamen Maßhilfslinie verbunden werden (Bild 7).

Maßlinienbegrenzung

Regelfall: *geschwärzter Pfeil*

Abweichend davon wird bei rechnerunterstützt angefertigten Zeichnungen ein *offener Pfeil* verwendet und bei Platzmangel ein *Punkt* oder ein *Kreis* (Bild 8). Fachbezogen (→ Bauzeichnungen) kann auch ein *Schrägstrich* gewählt werden.

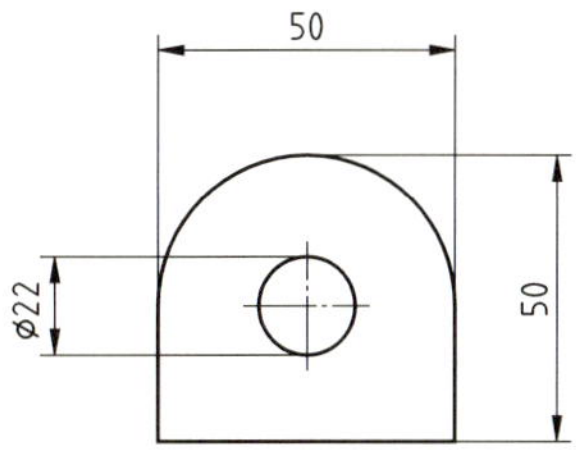

Bild 1

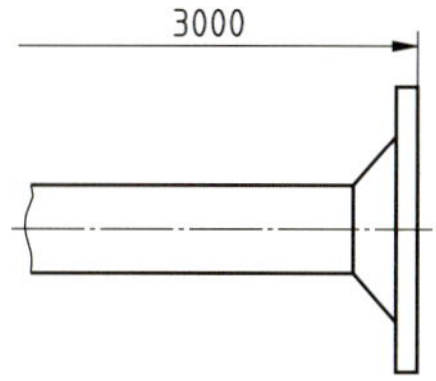

Bild 2

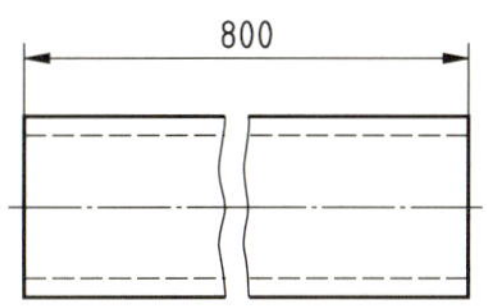

Bild 3

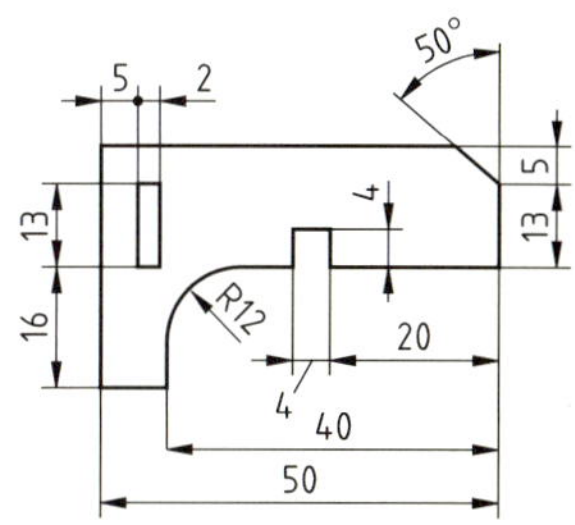

Bild 4

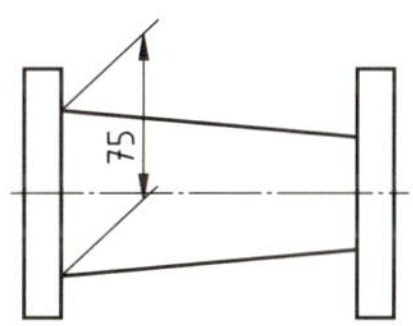

Bild 5

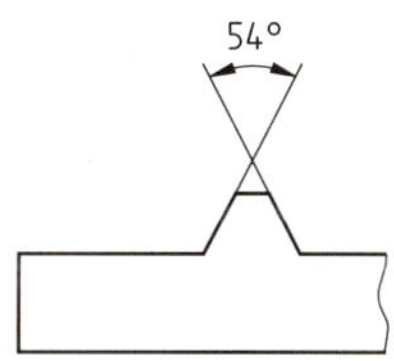

Bild 6

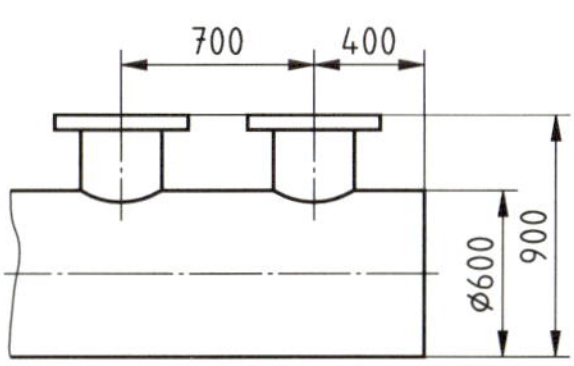

Bild 7

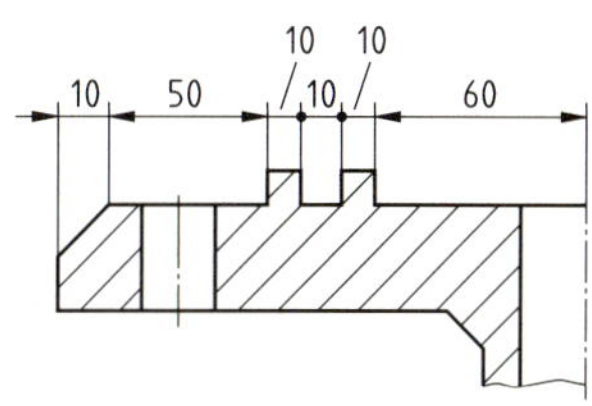

Bild 8

Maßeintragungen (Fortsetzung)

Anmerkungen	Ausführungsbeispiele

Maßzahlen

Maßzahlen sind bevorzugt in *zwei* Hauptleserichtungen einzutragen und zwar so, dass sie von *unten* und von *rechts* lesbar sind. Daneben wird parallel bzw. tangential zur Maßlinie bemaßt (Bild 9).

Die Maßzahlen stehen in diesen Fällen über den Maßlinien. Die Maßlinien werden für den Eintrag der Maßzahlen nicht unterbrochen.

Abweichend davon ist es zugelassen, Maßzahlen in *einer* Hauptleserichtung einzutragen und zwar in der Leselage des Schriftfeldes. In diesem Fall werden nichthorizontale Maßlinien (bevorzugt in der Mitte) für den Eintrag der Maßzahl unterbrochen (Bild 10).

Wenn bei der Parallelbemaßung der Platz über der Maßzahl nicht ausreicht, kann die Maßzahl an einer Hinweislinie (Bild 4, 8, 9 u. 10) oder über der Verlängerung der Maßlinie (Bild 4 u. 14) eingetragen werden. Dabei ist es erlaubt, die Maßlinie abzuknicken (Bild 15, 21 u. 24).

5

Maßlinien bei Winkel und Bogenmaßen

Bei Winkel- und Bogenmaßen werden die Maßlinien als Kreisbogen um den Scheitelpunkt des Winkels bzw. um den Mittelpunkt des Bogens gezeichnet (Bild 4, 9, 10, 11 u. 24).

Ist das Winkelmaß nicht größer als 30°, so darf die Maßlinie als Gerade, annähernd senkrecht zur Winkelhalbierenden, eingetragen werden (Bild 13).

Maßzahlen bei Winkeln

Es ist erlaubt, Winkelmaße ohne Unterbrechung der Maßlinie in Leselage des Schriftfeldes einzutragen (Bild 11).

Durchmesser

Vor die Maßzahl wird in jedem Fall das Durchmesserzeichen Ø gesetzt (Bild 7, 9, 10, 13 u. a.).

Bei Platzmangel dürfen die Durchmessermaße von außen an die Körperelemente gesetzt werden (Bild 15).

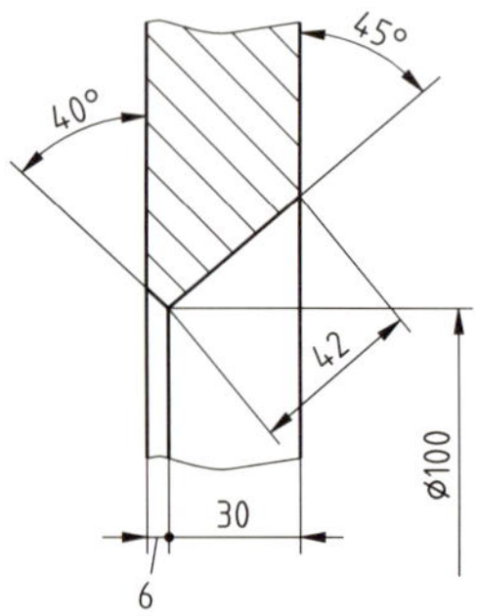

Bild 9

oder

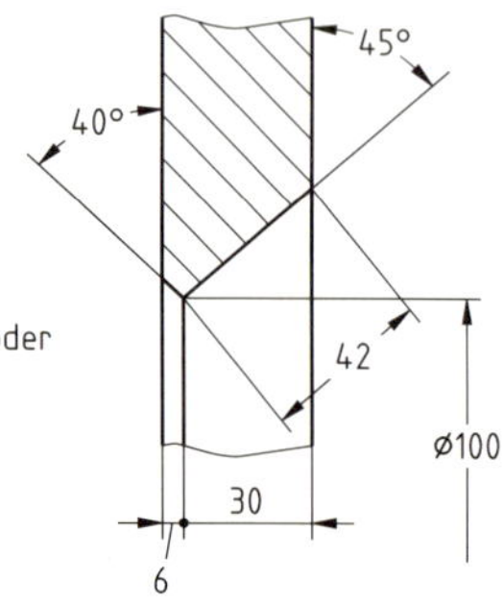

Bild 10

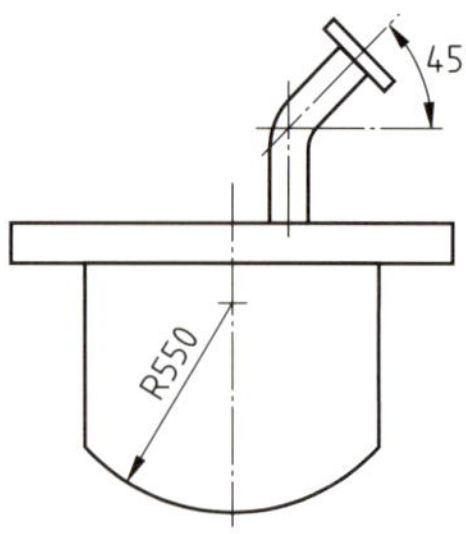

Bild 11

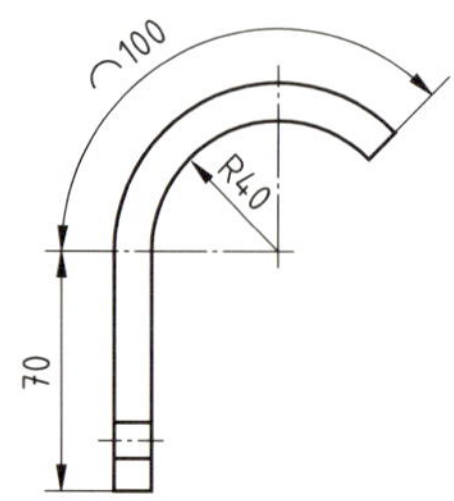

Bild 12

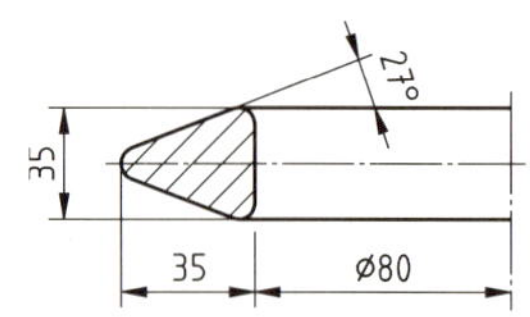

Bild 13

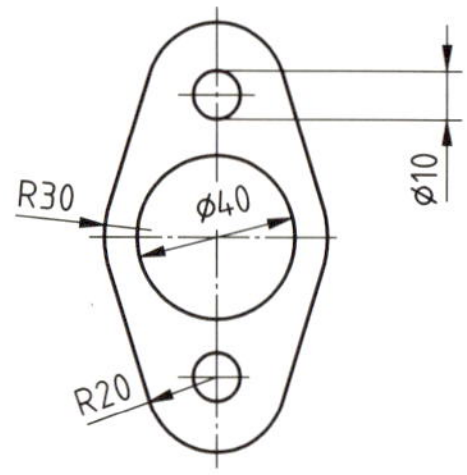

Bild 14

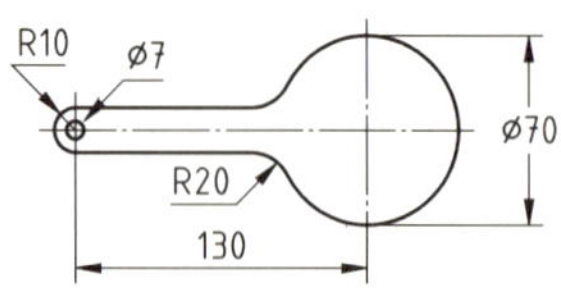

Bild 15

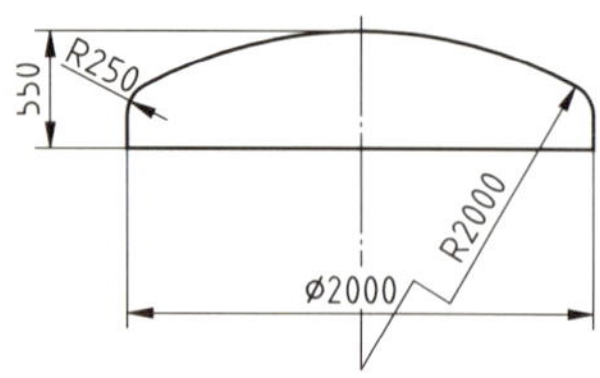

Bild 16

Maßeintragungen (Fortsetzung)

Anmerkungen | Ausführungsbeispiele

Radien

Bei Radien ist in jedem Falle der Großbuchstabe R vor die Maßzahl zu setzen (Bild 4, 11, 12 u. a.).

Die Maßlinien sind genau vom Radienmittelpunkt oder genau aus dessen Richtung kommend zu zeichnen und nur am Kreisbogen innerhalb oder außerhalb der Darstellung mit einem Pfeil zu versehen.

Maßlinien großer Radien, deren Mittelpunkt außerhalb der Zeichenfläche liegt, werden in zwei parallelen Abschnitten mit einem rechtwinkligen Knick gezeichnet, wobei die Maßzahl an den Abschnitt der Maßlinie geschrieben werden soll, der den Kreisbogen berührt und auf den Mittelpunkt gerichtet ist (Bild 16).

Kugeln

Vor die Durchmesser- oder Radiusangabe wird in jedem Falle der Großbuchstabe S geschrieben (Bild 17 u. 18).

Bögen

Bei Bögen wird das grafische Symbol ∩ vor die Maßzahl gesetzt (Bild 12). Bei manueller Zeichnungserstellung darf der Bogen auch direkt über die Maßzahl gesetzt werden.

Quadrate und Rechtecke

Ebene Flächen werden von den nicht ebenen durch ein Diagonalkreuz unterschieden (Bild 20 u. 21).

Bei Quadraten erhalten die Maßzahlen das Quadratzeichen □ als Vorsatz. Es wird nur eine Seitenlänge des Quadrates bemaßt (Bild 19, 20 u. 21).

Bei Rechtecken dürfen die Seitenlängen auf einer abgewinkelten Hinweislinie angegeben werden (Bild 21).

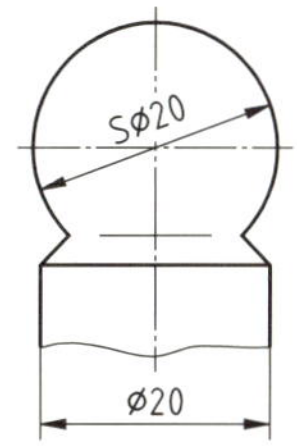

Bild 17

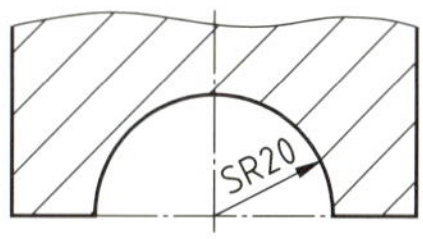

Bild 18

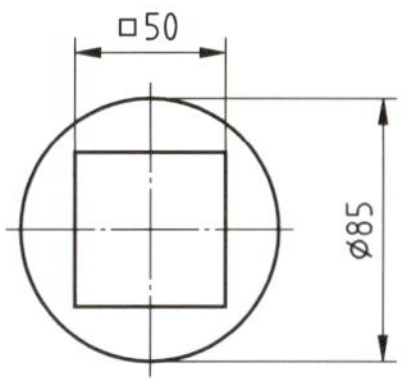

Bild 19

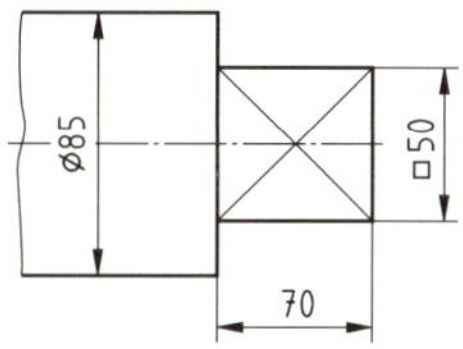

Bild 20

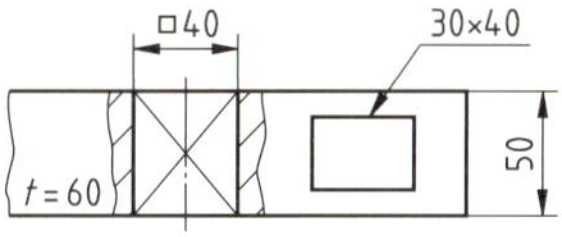

Bild 21

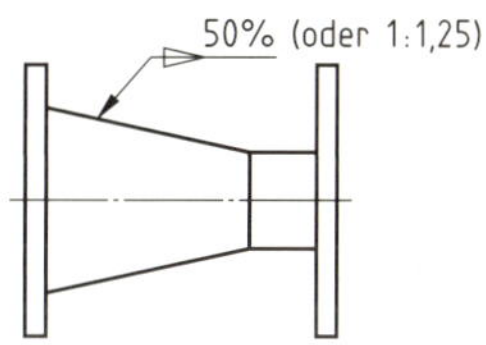

Bild 22

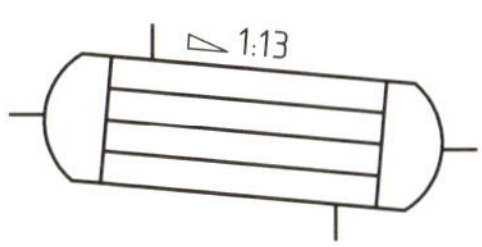

Bild 23

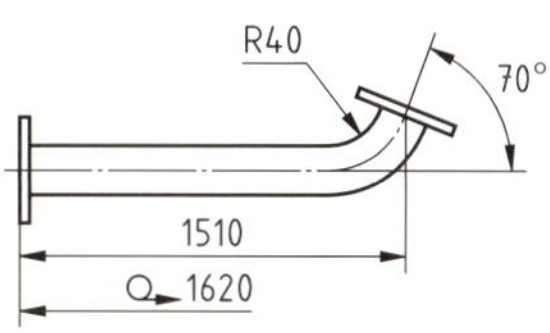

Bild 24

5

Symbole vor den Maßzahlen

□	Quadrat	SW	Schlüsselweite
Ø	Durchmesser	t	Dicke
R	Radius	h	Tiefe oder Höhe
S Ø	Kugel-Durchmesser	∩	Bogenmaß
SR	Kugel-Radius	—	Nicht maßstäbliches Maß, z. B. <u>30</u>

Weitere Kombinationssymbole

▷—	Kegelverjüngung	$\left(\frac{1}{x} = \frac{d_1 - d_2}{L}\right)$, Bild 22
⊿	Neigung	$\left(\frac{1}{x} = \frac{h_1 - h_2}{L}\right)$, Bild 23
⌒▸	Gestreckte Länge, Bild 24	

d Durchmesser
h Höhe
L Länge zwischen Stellen 1 und 2

TK Fließschemata verfahrenstechnischer Anlagen

Kennbuchstaben für Maschinen, Apparate, Geräte u. Armaturen (DIN EN ISO 10 628, 03.01)

Zur Erweiterung der Information und zur Apparatekennzeichnung und -nummerierung werden Kennbuchstaben (wenn erforderlich mit nachgestellter Zählnummer) verwendet.

Kennbuchstabe	Apparat, Maschine oder Gerät	Armatur	
A	Anlagenteile oder Maschinen, soweit sie nicht in eine der nachfolgenden Gruppen eingeordnet werden können (z. B. Waage, Verarbeitungsmaschine, Formgebungsmaschine)		
B	Behälter, Tank, Bunker oder Silo	Absperrventil	
C	Chemischer Reaktor		
D	Dampferzeuger, Generator, Ofen		
F	Filterapparat, Flüssigkeitsfilter, Gasfilter, Abscheider, Siebapparat, Siebmaschine	Filter, Schmutzfänger oder Sieb in Rohrleitungen	
G	Getriebe	Sichtscheibe	
H	Förder-, Transport- oder Hebeeinrichtung	Regelventil	
K	Kolonne	Kondenstopf (Kondensatableiter)	
M	Elektromotor		
P	Pumpe		(oder Q) Rohr, Rohrleitung, Leitungskanal
R	Rührbehälter mit Rührer, Rührwerk Mischer, Kneter	Rückschlagventil	Rohrleitungsteil
S	Zentrifuge, Schleudermaschine	Armatur mit Sicherheitsfunktion (z. B. Berstscheibe)	Schlauch
T	Trockner		Rinne (offen), Graben
U			Kanal (unterirdisch)
V	Verdichter, Vakuumpumpe, Ventilator	Ventil, allgemein	
W	Wärmeaustauscher		
X	Zuteil- und Zerteileinrichtung, sonstige Geräte	Andere definierte Armaturen	
Y	Antriebsmaschine (außer Elektromotor)	Andere definierte Armaturen mit Sicherheitsfunktion	
Z	Zerkleinerungsmaschine		

Darstellung von Apparaten und Maschinen ohne genormtes graphisches Symbol

Existiert für einen Apparat oder eine Maschine kein genormtes grafisches Symbol, so können diese sinngemäß vereinfacht wiedergegeben oder durch ein Rechteck mit entsprechender eingeschriebener Bezeichnung dargestellt werden.

Nebenstehend sind als Beispiele Möglichkeiten für die Darstellung eines Schlaufenreaktors angegeben.

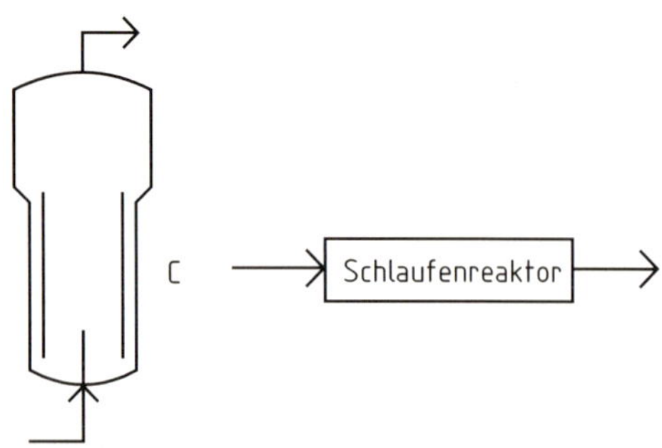

Fließbilder, Kälteanlagen und Wärmepumpen

Fließbildarten und ihre Ausführung (s. Anmerkung unten) (nach **DIN EN 1861**, 07.98)

Anwendungsbereich:

Diese EN (europäische Norm) legt **Symbole** und **Zeichnungsregeln** für **Systemfließbilder** bzw. **Rohrleitungs- und Instrumentenfließbilder** (RI-Fließbilder) fest, die bei **Kälteanlagen** einschließlich **Wärmepumpen** anzuwenden sind. Diese Fließbilder stellen den Aufbau und die Funktion der Kälteanlage dar und sind Bestandteil der gesamten technischen Dokumentation, die für Konstruktion, Bau, Aufstellung, Inbetriebnahme, Betrieb, Instandhaltung und Außerbetriebnahme einer Kälteanlage erforderlich ist. Diese Norm gilt nicht für Kälteanlagen, bei denen die Wärme durch einen elektrischen Stromkreis entzogen wird, z. B. → Peltier-Effekt.

Systemfließbild

Beispiel in Bild A.1, Seite 224

Darstellung einer Kälteanlage mittels graphischer Symbole, die durch Fließlinien miteinander verbunden sind.
Die graphischen Symbole stellen Bauteile dar, die Linien Massenströme und Energieflüsse oder Energieträger, z. B. Rohre oder Kabel.

Grundinformationen

a) Apparate und Maschinen der Kälteanlage.
b) Bezeichnung und Durchflussmengen der Ein- und Ausgangsstoffe, die gekühlt oder erwärmt werden können.
c) Bezeichnung von Kältemittel, Wärmeträger, Absorptions- und Adsorptionsmittel.
d) Charakteristische Betriebsbedingungen.

Zusatzfinformationen

a) Benennung und Durchflussmengen der Fluide zwischen den Verfahrensschritten.
b) Lagerechte Darstellung der Armaturen im Hinblick auf Funktion.
c) Aufgabenstellung für Messen, Steuern und Regeln an wichtigen Stellen.
d) Ergänzende Betriebsbedingungen.
e) Kenngrößen aller Anlagenteile, die in der Zeichnung oder in getrennten Listen angegeben sind.

Anmerkung: In der allg. Verfahrenstechnik ist das Wort Fließbild durch Fließschemata ersetzt.

RI-Fließbild

Beispiel in Bild A.2 Seite 225

Das Rohrleitungs- und Instrumentenfließbild (RI-Fließbild) basiert auf dem Systemfließbild und muss die technische Umsetzung einer Kälteanlage (einschließlich Wärmepumpen) mittels graphischer Symbole für Apparate, Maschinen und Rohrleitungen zusammen mit graphischen Symbolen für Messen, Steuern und Regeln darstellen.

Grundinformationen

a) entsprechend Punkt c) beim Systemfließbild.
b) entsprechend Punkt d) beim Systemfließbild.
c) entsprechend Punkt a) beim Systemfließbild, aber auch anderer Bauteile (z. B. Antriebe, Rohrleitungen, Transportmittel, Armaturen, Fittings).
d) Kenngrößen der in c) genannten Anlagenteile.
e) Nennweite, Nenndruckstufe, Werkstoff und Art der Rohrleitung.
f) Wärmedämmung.
g) Messen, Steuern, Regeln.
h) Sicherheitseinrichtungen.

Zusatzinformationen

a) Massenströme und Füllmengen von Kältemittel und Wärmeträger.
b) Fließweg und Fließrichtung des Kältemittels und Wärmeträgers.
c) Daten für die Ausführung von Rohrleitungen, Apparaten, Armaturen, Maschinen und Wärmedämmung (ggf. in getrennten Listen).

5

Gestaltung der Fließbilder:

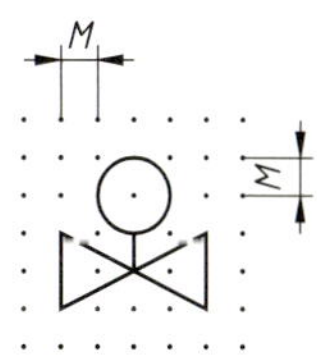

Genormte Zeichnungsregeln. Blattgrößen und Formate nach **ISO 5457** bzw. **DIN 407** (maximal A0).
Linienbreiten beziehen sich auf das empfohlene **Rastermaß** M = 2,5 mm (s. Bild)

a) **1,0 mm (0,4 M)** für Hauptfließlinien.
b) **0,5 mm (0,2 M)** für Apparate und Maschinen, Rechtecke für Darstellung von Grundoperationen, untergeordnete Fließlinien, Linien für Energieträger- und Hilfssystemleitungen.
c) **0,25 mm (0,1 M)** für Armaturen, Fittings, Rohrleitungszubehör; Symbole für Messen, Steuern und Regeln; Sicherheitseinrichtungen; Steuer-, Regel- und Datenübertragungsleitungen; Bezugslinien; sonstige Hilfslinien.

Linienabstand zwischen parallelen Linien mindestens doppelte Breite der dicksten Linie, zwischen Fließlinien mindestens 10 mm.
Fließrichtung mit Ein- und Ausgangspfeilen (**ISO 4196**) kennzeichnen. Sie dürfen die Kontur des graphischen Symbols nicht berühren.
Schriftform nach **ISO 3098-1**, möglichst Schriftform B, vertikal (B, v; siehe Seite 208).
Schriftgröße: 3,5 mm für Kenn-Nummern für Haupt-Anlagenteile, ansonsten 2,5 mm. Anordnung der Beschriftung s. Beispiele A.1 und A.2 Seiten 224 und 225.

Auswahl von graphischen Symbolen (nach **DIN EN 1861**, 07.98)

Allgemeines:

Tabelle 1 der DIN EN 1861 (08.98) ist 3-spaltig angelegt, und zwar **ISO-Grundreihe (ISO 10628) Kältetechnische Reihe** sowie **Anwendungsbeispiele**.

Für Systemfließbilder müssen die Symbole der ISO-Grundreihe angewendet werden. Für RI-Fließbilder müssen die Symbole der ISO-Grundreihe und / oder der kältetechnischen Reihe angewandt werden.

> **Anmerkung:** Der Vielfalt der Symbole kann in diesem Tabellenbuch nicht Rechnung getragen werden. Die Projektierungsarbeit macht die Verwendung der **DIN EN 1861** erforderlich. Dieses Buch beschränkt sich auf die ISO-Grundreihe, was auch nur lückenhaft möglich ist.

Die Symbole werden nach funktionellen Gesichtspunkten in die folgenden **Sachgruppen** eingeteilt:

1: Rohrleitungen;
2: Absperrventile;
3: Rückflussverhinderer;
4: Regelventile;
5: Ventile/Fittings mit Sicherheitsfunktion;
6: Stellantriebe;
7: Rohrleitungsteile;
8: Behälter;
9: Behälter mit Einbauten; Kolonnen mit Einbauten; Chemische Reaktoren mit Einbauten;
10: Einrichtungen zum Heizen oder Kühlen;
11: Wärmeaustauscher; Dampferzeuger;
12: Filter; Flüssigkeitsfilter; Gasfilter; Filtertrockner;
13: Abscheider;
14: Rührer;
15: Flüssigkeitspumpen;
16: Verdichter; Vakuumpumpen; Ventilatoren;
17: Hebe-, Förder- und Transporteinrichtungen;
18: Waagen;
19: Verteileinrichtungen;
20: Motoren, Kraftmaschinen, Antriebsmaschinen.

5

Anmerkungen zu den Sachgruppen

1. Symbole sind im Rastermaß M = 2,5 mm dargestellt. Das unterlegte Raster dient nur als Anhalt für die Proportionen.
2. —Ⓐ: bevorzugte Verbindungslinie, nicht Symbolbestandteil.
3. Bei CAD-Darstellung Fließlinien nur in Rasterpunkten verbinden.
4. Symbole können gedreht oder gespiegelt werden, sofern sie nicht lageabhängig sind.
5. Einige graphische Symbole (z. B. Kolonnen, Behälter usw.) sollten den tatsächlichen Größenverhältnissen der Kälteanlage angepasst werden.
6. Symbole der verschiedenen Sachgruppen können kombiniert werden, sodass sich eindeutigere Symbole ergeben.

Sachgruppe 1: Rohrleitungen

Graphisches Symbol	Bedeutung
	Kältemittel, Kältemittellösungen, Hauptkreislauf
	Kältemittel, Nebenkreislauf
	Wärmeträger
	Kühlwasser für Verflüssiger
	Sonstige Stoffe (z. B. Öl)
	zu kühlender oder zu erwärmender Stoff (einschließlich Wasser)
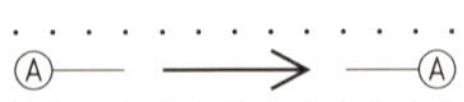	Durchfluss / Bewegung in Pfeilrichtung
	Pfeil für Ein- bzw. Ausgang von wichtigen Stoffen 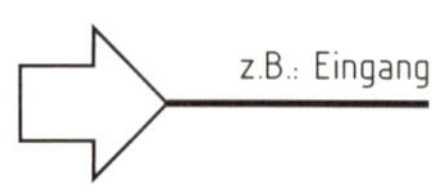
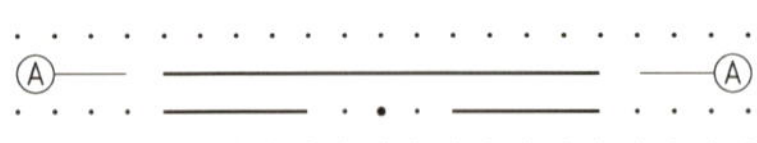	Rohrleitung beheizt oder gekühlt

Fließbilder, Kälteanlagen und Wärmepumpen

Auswahl von graphischen Symbolen (Fortsetzung) (nach **DIN EN 1861**, 07.98)

Sachgruppe 1: Rohrleitungen (Fortsetzung)

Graphisches Symbol	Bedeutung
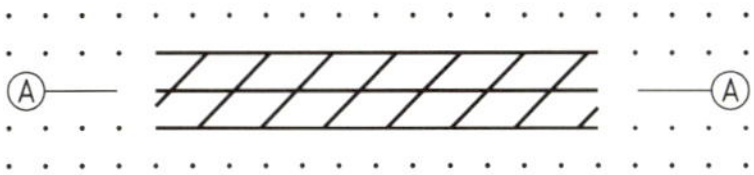	Rohrleitung, wärmegedämmt
	Prozess-Impulsleitung
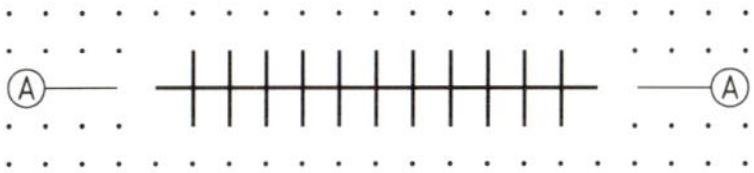	Wirklinie, allgemein
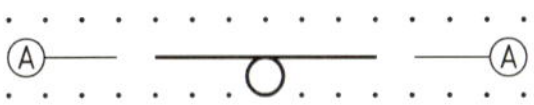	Kapillare
	Schlauchleitung
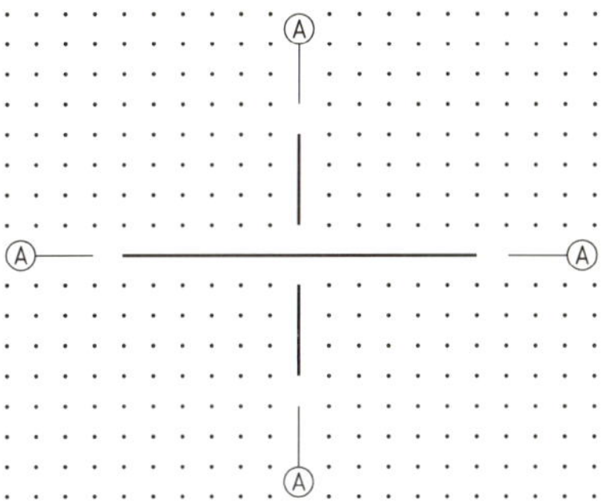	Überschneidung von Fließlinien ohne Verbindung, z. B. für Rohrleitungen
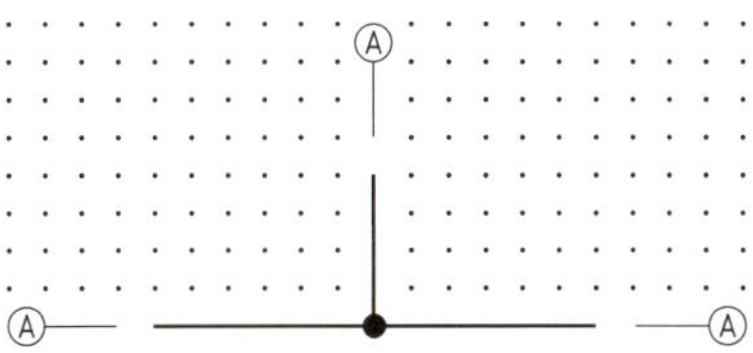	T-förmige Verbindung
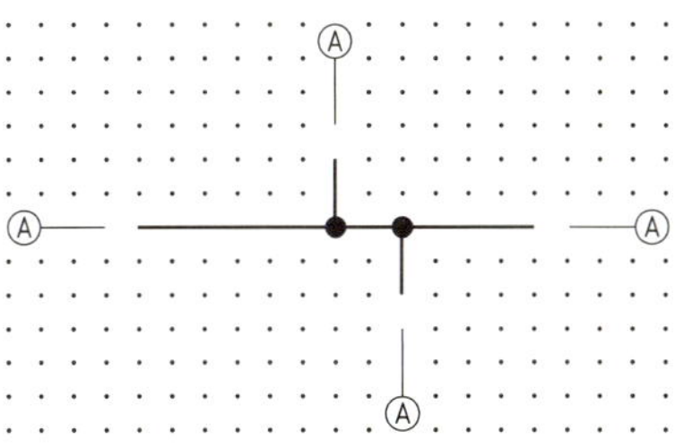	kreuzförmige Verbindung, versetzt 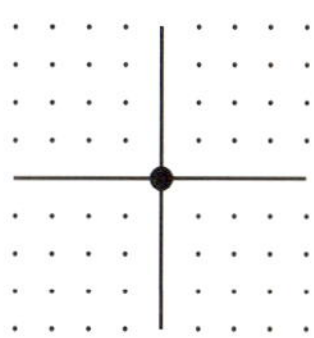 Kreuzung

5

Fließbilder, Kälteanlagen und Wärmepumpen

Auswahl von graphischen Symbolen (Fortsetzung) (nach **DIN EN 1861**, 07.98)

Graphisches Symbol	Bedeutung	Graphisches Symbol	Bedeutung
Sachgruppe 2: Absperrventile			
	Ventil, allgemein	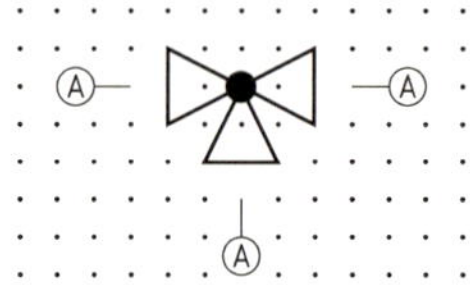	Dreiwegeventil, allgemein
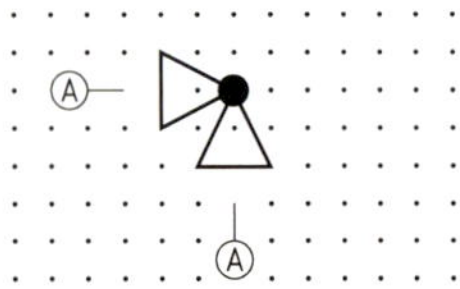	Ventil, Eckform allgemein		Ventil, geschlossen bei normalem Betrieb
Sachgruppe 3: Rückflussverhinderer			
	Rückflussverhinderer, allgemein	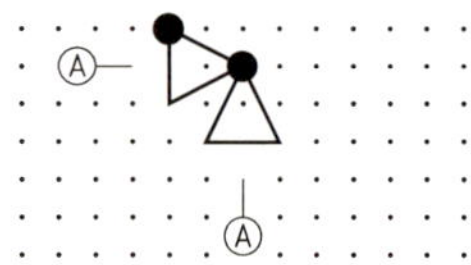	Rückflussverhinderer, Eckform
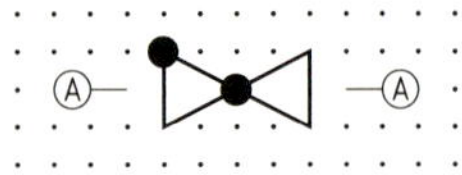	Rückschlagventil	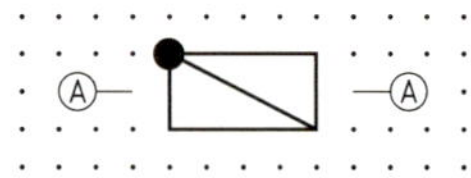	Rückschlagklappe
Sachgruppe 4: Regelventile			
	Ventil mit stetigem Stellverhalten	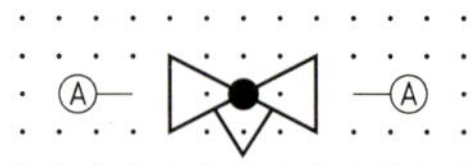	Ventil, Durchgangsform mit stetigem Stellverhalten
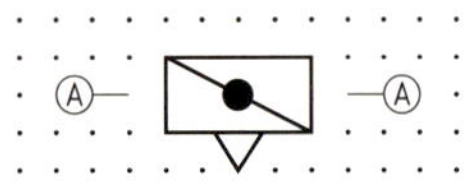	Klappe mit stetigem Stellverhalten	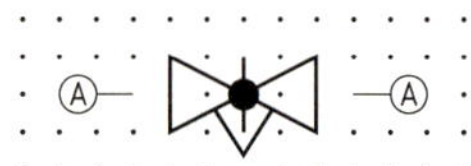	Schieber mit stetigem Stellverhalten
Sachgruppe 5: Ventile/Fittings mit Sicherheitsfunktion			
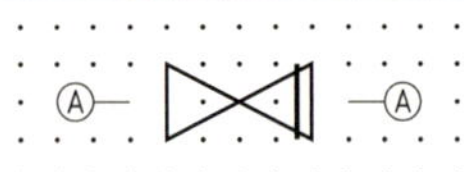	Sicherheitsventil, der breite Strich gibt die Austrittsseite an		Berstscheibe, die Wölbung ist auf der Austrittsseite
Sachgruppe 6: Stellantriebe			
	Antrieb, allgemein mit Hilfsenergie oder selbsttätig	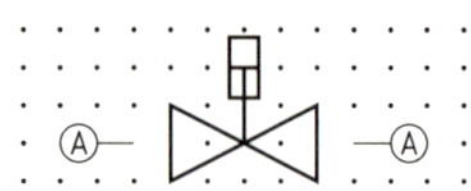	Kolbenantrieb
	Antrieb durch Elektromotor	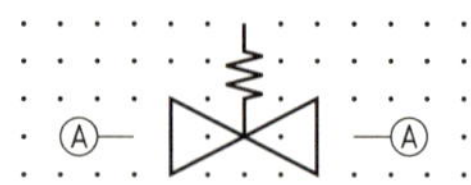	Antrieb durch Druck des Arbeitsstoffes gegen fest eingestellte Federkraft

5

Fließbilder, Kälteanlagen und Wärmepumpen

Auswahl von graphischen Symbolen (Fortsetzung) (nach **DIN EN 1861**, 07.98)

Sachgruppe 7: Rohrleitungsteile

Graphisches Symbol	Bedeutung	Graphisches Symbol	Bedeutung
	Rohrleitungs-kompensator	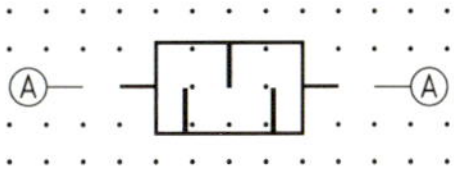	Schalldämpfer
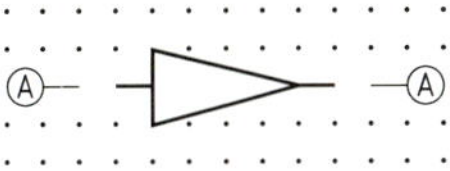	Reduzierstück, allgemein	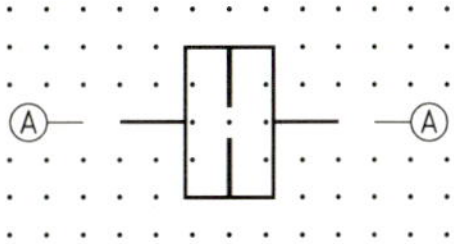	Messblende
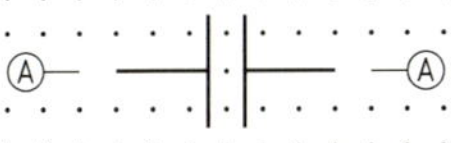	lösbare Verbindung		
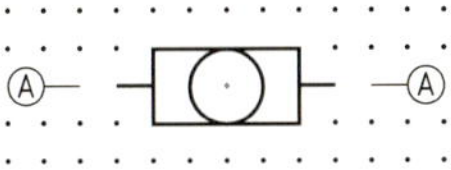	Schauglas	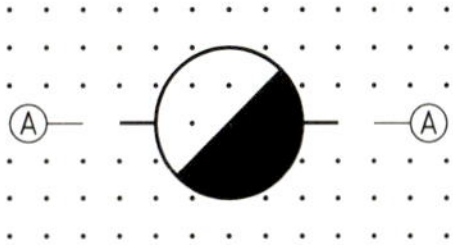	Kondensat-ableiter
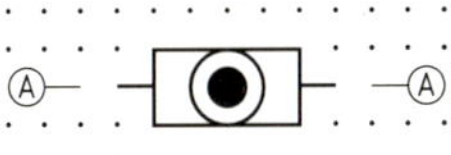	Schauglas mit Feuchteindikator	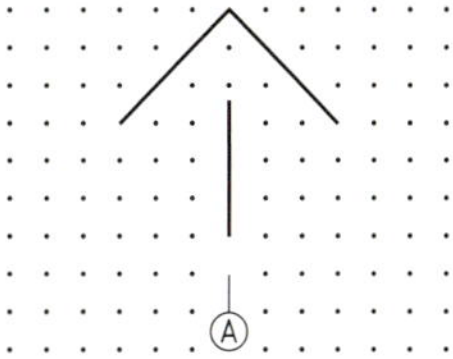	Auslass zur Atmosphäre
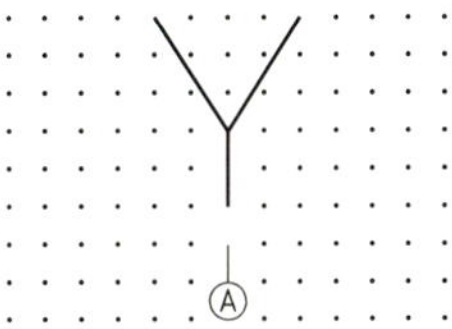	Trichter		

Sachgruppe 8: Behälter

Graphisches Symbol	Bedeutung	Graphisches Symbol	Bedeutung
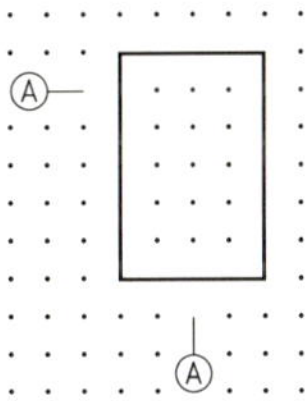	Behälter, allgemein	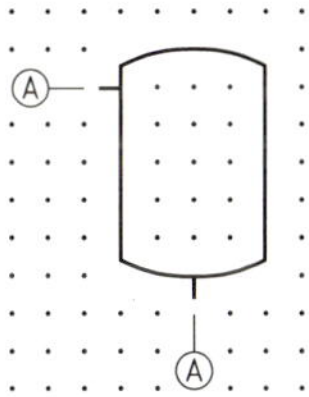	Behälter mit gewölbtem Boden

Sachgruppe 9: Behälter, Kolonnen und chemische Reaktoren mit Einbauten

Graphisches Symbol	Bedeutung	Graphisches Symbol	Bedeutung
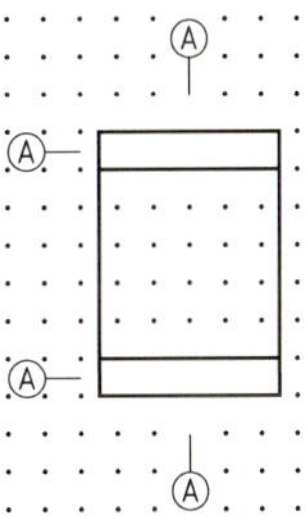	Behälter mit Einbauten, allgemein		Behälter mit Kaskaden-einbauten

5

5

Auswahl von graphischen Symbolen (Fortsetzung) (nach **DIN EN 1861**, 07.98)

Sachgruppe 10: Einrichtungen zum Heizen oder Kühlen

Graphisches Symbol	Bedeutung	Graphisches Symbol	Bedeutung
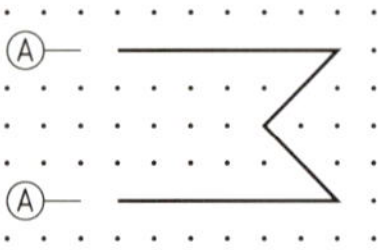	Einrichtungen zum Kühlen oder Heizen, allgemein	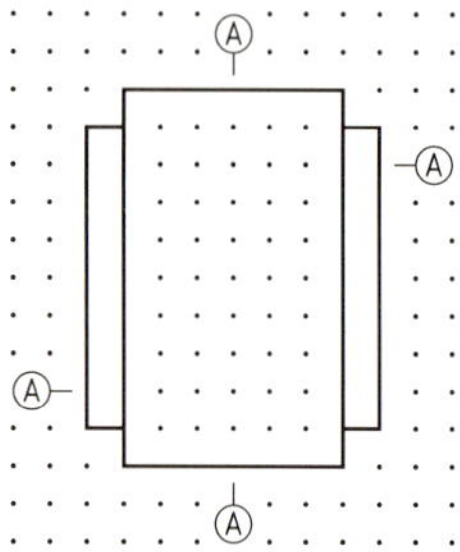	Behälter mit Kühl- oder Heizmantel
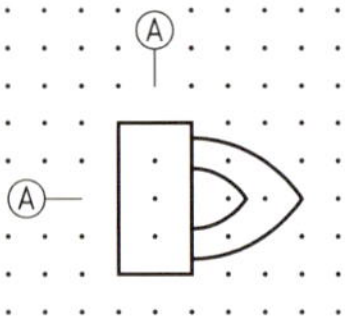	Feuerungs-system, Brenner	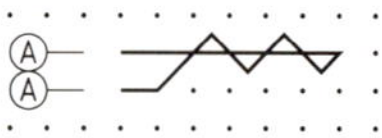	Einsteck-rohrschlange

Sachgruppe 11: Wärmeaustauscher, Dampferzeuger

Graphisches Symbol	Bedeutung	Graphisches Symbol	Bedeutung
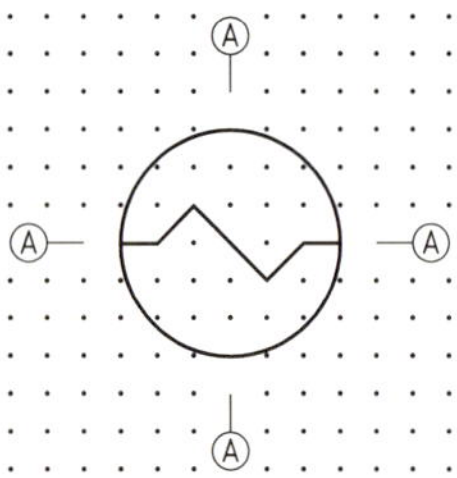	Wärme-austauscher mit Kreuzung der Fließlinien	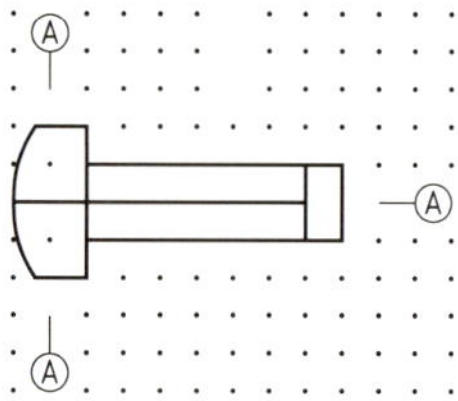	Rohrbündel mit Schwimmkopf
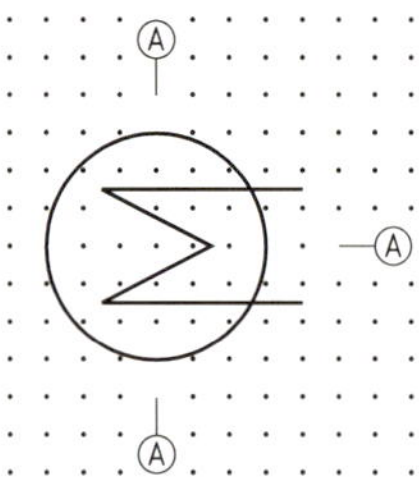	Wärme-austauscher ohne Kreuzung der Fließlinien	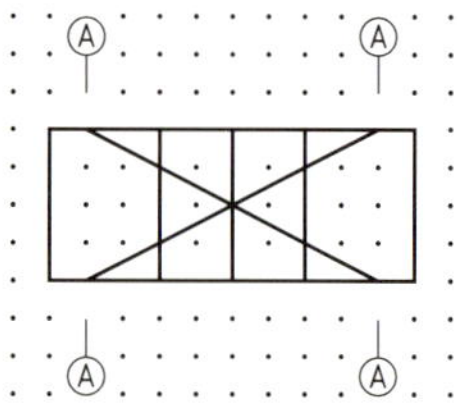	Platten-Wärme-austauscher
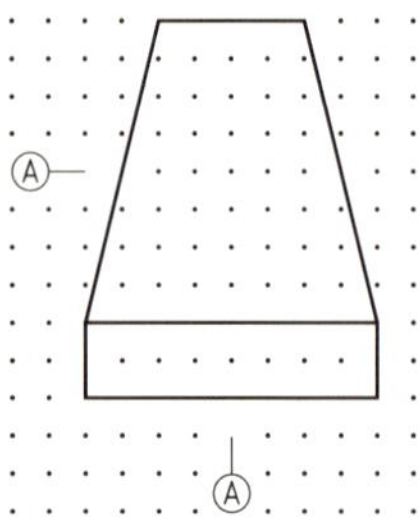	Kühlturm, allgemein	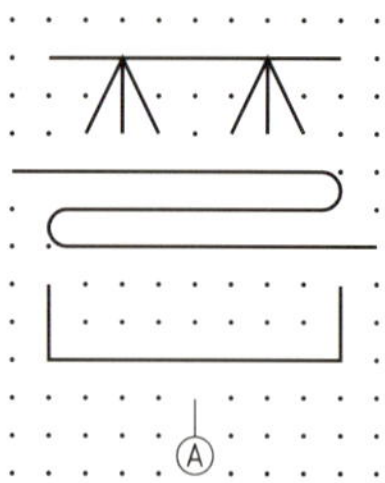	Rieselkühler

Fließbilder, Kälteanlagen und Wärmepumpen | TK

Auswahl von graphischen Symbolen (Fortsetzung) (nach **DIN EN 1861**, 07.98)

Sachgruppe 12: Filter, Flüssigkeitsfilter, Gasfilter, Filtertrockner

Graphisches Symbol	Bedeutung	Graphisches Symbol	Bedeutung
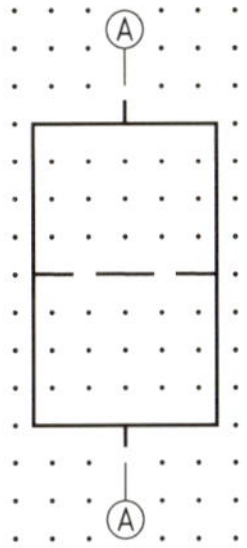	Filter, allgemein Filterapparat, allgemein	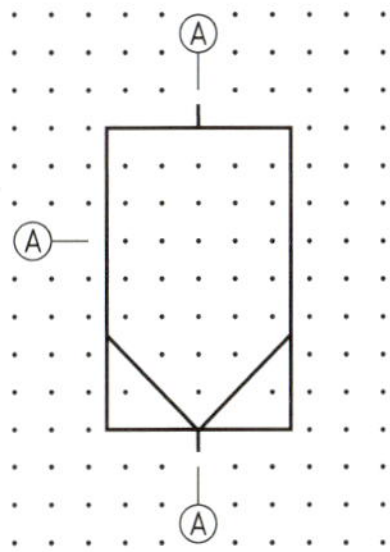	Gasfilter bzw. Luftfilter, allgemein
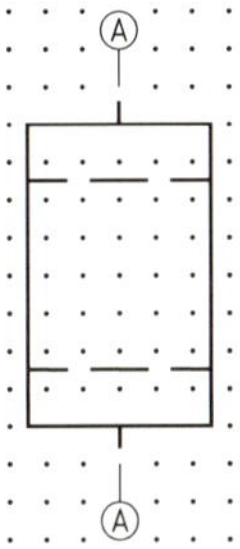	Flüssigkeitsfilter, allgemein	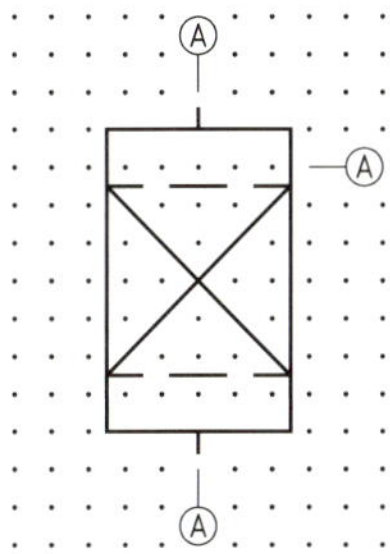	Festbettfilter, z. B. Filtertrockner

Sachgruppe 13: Abscheider

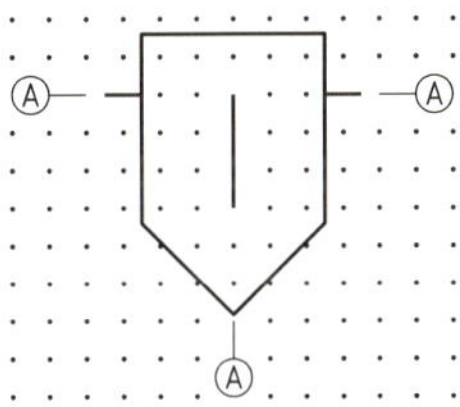	Abscheider, allgemein	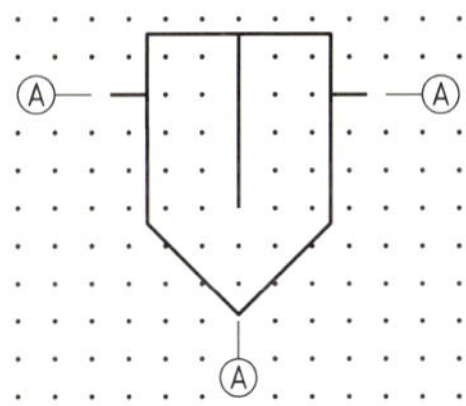	Parallel-abscheider

Sachgruppe 14: Rührer

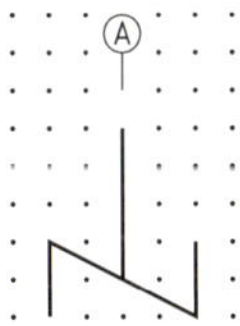	Rührer, allgemein	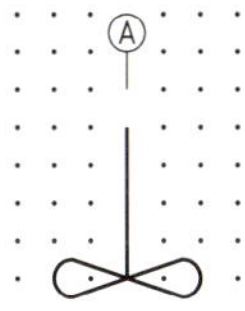	Propeller-rührer

Sachgruppe 15: Flüssigkeitspumpen

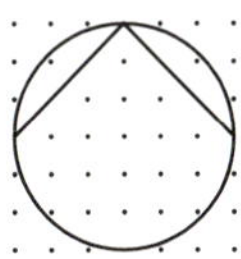	Pumpe, allgemein	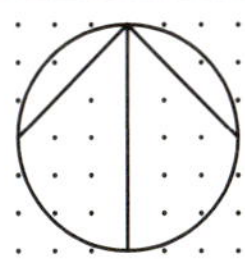	Kreiselpumpe

Auswahl von graphischen Symbolen (Fortsetzung) (nach **DIN EN 1861**, 07.98)

Sachgruppe 16: Verdichter, Vakuumpumpen, Ventilatoren

Graphisches Symbol	Bedeutung	Graphisches Symbol	Bedeutung
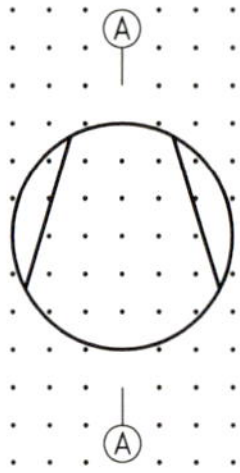	Verdichter, allgemein	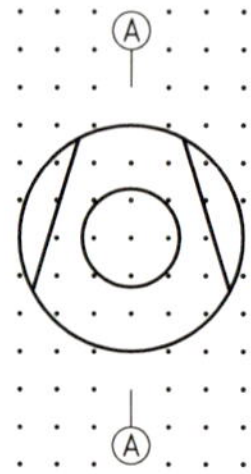	Turboverdichter
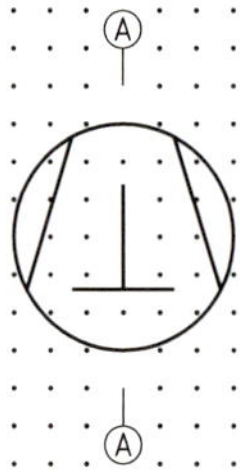	Hubkolben-verdichter		Schrauben-verdichter
	Ventilator, allgemein		Radialventilator

Sachgruppe 17: Hebe-, Förder- und Transporteinrichtungen

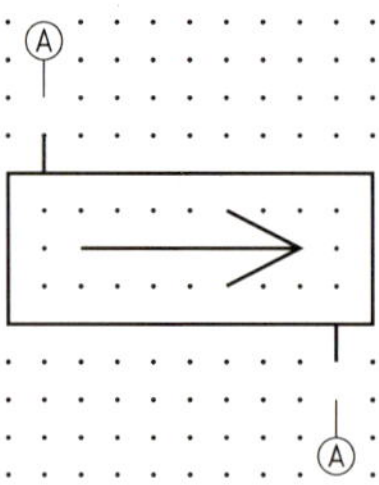	Stetigförderer, allgemein	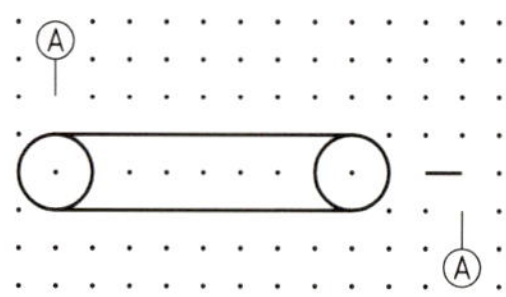	Bandförderer, allgemein

Sachgruppe 18: Waagen

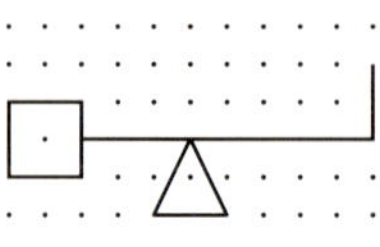	Waage, allgemein	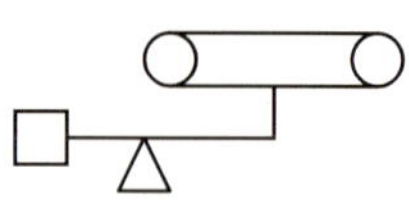	Bandwaage

5

Fließbilder, Kälteanlagen und Wärmepumpen

Auswahl von graphischen Symbolen (Fortsetzung) (nach **DIN EN 1861**, 07.98)

Graphisches Symbol	Bedeutung	Graphisches Symbol	Bedeutung
Sachgruppe 19: Verteileinrichtungen			
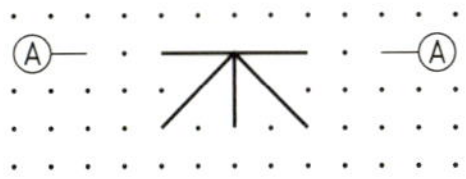	Verteilerelement für Fluide; Spritzdüse	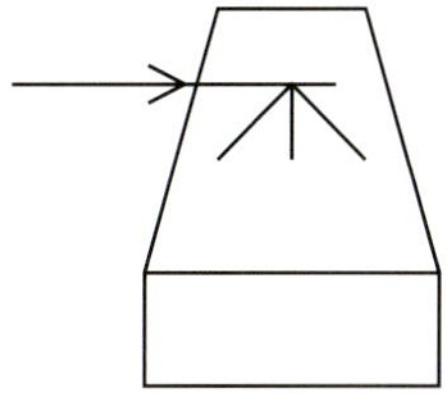	Kühlturm mit Wasserverteildüse
Sachgruppe 20: Motoren, Kraftmaschinen, Antriebsmaschinen			
	Antriebsmaschine, allgemein		Hydraulische Antriebsmaschine
	Elektromotor, allgemein	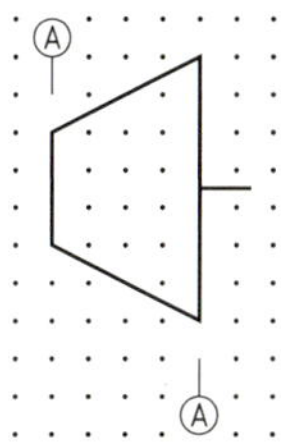	Antriebsmaschine mit Expansion des Arbeitsstoffes; Turbine
	Verbrennungsmaschine		

Symbole für Messen, Steuern und Regeln (nach **DIN EN 1861**, 07.98 Anhang B)

Kennbuchstabe (s. Tabelle B.1, nächste Seite):

Anhang B der **DIN EN 1861** (07.98) enthält **Kennbuchstaben** zur Kennzeichnung der Funktionen von Instrumenten sowie Beispiele für graphische Symbole für Messen, Steuern und Regeln nach den Internationalen Normen **ISO 3511-1** und **ISO 3511-2**.

Anmerkungen zu den Kennbuchstaben

1. Für die Mess- und Eingangsgröße (Spalte 2, Tabelle B.1) sowie für die Ausgabefunktion (Spalte 4) müssen Großbuchstaben verwendet werden, für Modifizierer (Spalte 3) vorzugsweise Großbuchstaben.
2. Wenn für die Mess- und Eingangsgröße kein Buchstabe vorgesehen ist, dann Y (frei verfügbar) u. U. auch X (sonstige Größen).
3. Buchstabe U wenn mehrere Eingangsgrößen zusammengefasst werden.
4. Buchstabe mit der Hauptfunktion immer zuerst schreiben.

Allgemeine Symbole:

Symbol	Bedeutung	Symbol	Bedeutung	Symbol	Bedeutung
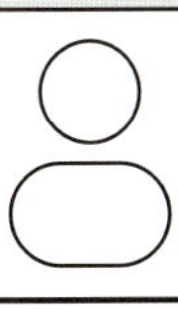	Ausgabe und Bedienung am Instrument	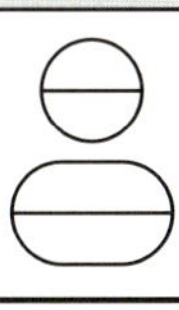	Prozessleitwarte	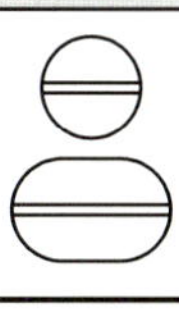	Örtlicher Leitstand

Symbole für Messen, Steuern und Regeln (Fortsetzung) (nach **DIN EN 1861**, 07.98)

Tabelle B.1:

1	2	3	4
	Erstbuchstabe		Folgebuchstabe
	Messgröße oder Eingangsgröße	Modifizierer	Ausgabefunktion
A			Alarm
B			
C			Regelung, Steuerung
D	Dichte	Differenz	
E	Elektrische Größen		
F	Durchfluss, Durchsatz	Verhältnis	
G	Abstand, Länge, Stellung		
H	Handeingabe, Handeingriff		
I			Anzeige
J		Abfragen	
K	Zeit oder Zeitprogramm		
L	Stand		
M	Feuchte oder Feuchtigkeit		
N	Frei verfügbar		
O	Frei verfügbar		
P	Druck oder Vakuum		
Q	Qualitätsgrößen z. B. Analyse, Konzentration, elektrische Leitfähigkeit	Integral, Summe	Integration oder Summation
R	Strahlungsgrößen		Registrierung
S	Geschwindigkeit, Drehzahl, Frequenz		Schaltung
T	Temperatur		Messumformerfunktion
U	Zusammengesetzte Größen		
V	Viskosität		
W	Gewichtskraft, Masse		
X	Sonstige Größen		
Y	Frei verfügbar		
Z			Noteingriff oder Sicherung durch Auslösung

5

Symbol	Bedeutung	Symbol	Bedeutung	Symbol	Bedeutung
Durchfluss: FZAL	Sicherheitsschalter durch Strömung betätigt, Einstellwert/Alarm (min)	LZAH	Sicherheitsschalter, Stand, Einstellwert/Alarm (max)	PT	Messumformer für Druck
Stand:		LZAL	Sicherheitsschalter, Stand, Einstellwert/Alarm (min)	PIT	Messumformer für Druck (örtliche Anzeige)
LI	Standanzeiger	**Druck:**		PS	Einrichtung zur Druckbegrenzung
LS	Schalter	PI	Druckmessgerät	PSH	Druckwächter für steigenden Druck
LT	Messumformer für Stand	PDI	Differenz-Druckmessgerät	PSL	Druckwächter für fallenden Druck
LI	Standmessung mit Anzeige in Leitwarte/Leitstand	PISHL	Druckschalter mit Anzeige (Kontakt-Druckmessgerät)	PC	Druck-Regelung/Steuerung

Symbole für Messen, Steuern und Regeln (Fortsetzung) (nach **DIN EN 1861**, 07.98)

Symbol	Bedeutung	Symbol	Bedeutung	Symbol	Bedeutung
noch Druck: PZH	Druckbegrenzer für steigenden Druck	PZAL	Sicherheitsdruckschalter, Einstellung/Alarm (min)	TIR	Thermometer mit Anzeige und Registrierung in Leitwarte/Leitstand
PZHH	Sicherheitsdruckbegrenzer für steigenden Druck	**Qualität:** QIA (NH_3)	Messung der Gaskonzentration, Anzeige und Alarm bei NH_3	TSHL	Temperaturschalter
PDZAH	Sicherheits-Differenzdruckschalter, Einstellung/Alarm (max)	**Temperatur:** TI	Thermometer	TISHL	Temperaturschalter mit Anzeige (Kontakt-Thermometer)
PDZAL	Sicherheits-Differenzdruckschalter, Einstellung/Alarm (min)	TT	Messumformer für Temperatur	TZAH	Sicherheitstemperaturschalter, Einstellung/Alarm (max)
PZAH	Sicherheitsdruckschalter, Einstellung/Alarm (max)	TIT	Messumformer für Temperatur mit Anzeige	TZAL	Sicherheitstemperaturschalter, Einstellung/Alarm (min)

Rohrschemen in isometrischer Darstellung **DIN ISO 5456-3** (04.98)

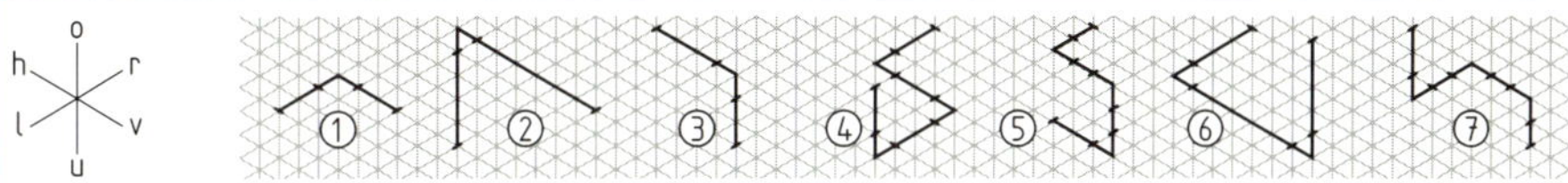

Richtungsrose: v ≙ nach vorne, r ≙ nach rechts, o ≙ nach oben, h ≙ nach hinten, l ≙ nach links, u ≙ nach unten. Es verhält sich v : r : o : h : l : u = 1 : 1 : 1 : 1 : 1 : 1 im **Isometrieliniennetz**.

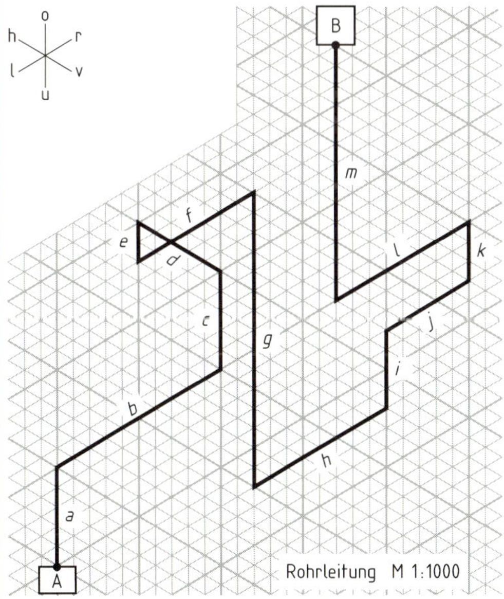

Senkrechte Leitungen entsprechen den senkrechten Strecken.
Waagrecht nach links oder rechts verlaufende Leitungen werden unter 30° nach links fallend bzw. nach rechts steigend gezeichnet.
In der Tiefe nach vorne oder hinten verlaufende Leitungen werden unter 30° nach rechts fallend bzw. links ansteigend gezeichnet.
Bei Bögen oder anderen Formstücken werden Querstriche unter 30° am Rohrende gezeichnet.

B Die Fließrichtung in der Rohrleitung (s. linkes Bild) verläuft von A nach B. Es ist $a = 12{,}5$ m; $b = 25$ m; $c = 12{,}5$ m; $d = 12{,}5$ m; $e = 5$ m; $f = 17{,}5$ m; $g = 37{,}5$ m; $h = 20$ m; $i = 10$ m; $j = 12{,}5$ m; $k = 7{,}5$ m; $l = 20$ m; $m = 32{,}5$ m. Zu berechnen

α) Abstand A unter B (Maß x),
β) Abstand A vor B (Maß y),
γ) Abstand A links von B (Maß z),
δ) Strecke $\overline{AB}$.

Lösung:

α) $\boldsymbol{x = 32{,}5\ \mathrm{m}}$
β) $\boldsymbol{y = 12{,}5\ \mathrm{m}}$
γ) $\boldsymbol{z = 55{,}0\ \mathrm{m}}$
δ) $\overline{AB} = \sqrt{x^2 + y^2 + z^2}$
$\boldsymbol{\overline{AB} = 65{,}1\ \mathrm{m}}$

5

Bild A.1: Beispiel eines Systemfließbildes mit Grund- und Zusatzinformationen (verkleinert dargestellt, aus **DIN EN 1861**, 07.98)

Strom-Nummer		1	2	3	4	5	6	7	8	9	10
Produkt		NH_3	NH_3	NH_3	NH_3	NH_3	NH_3	NH_3	NH_3	NH_3	NH_3
Arbeitsdruck abs.	bar	13,8	13,8	13,8	5,2	5,2	5,2	5,2	1,6	1,6	1,6
Arbeitstemperatur	°C	122	35	35	15	5	5	82	-25	-25	-25
Massenstrom	kg/s	0,154	0,154	0,154	0,154	0,154	0,125	0,125	0,125	0,125	0,376
Bemerkung											

Strom-Nummer		11	12	13	14	15	16	17	18	19		
Produkt		NH_3	NH_3	NH_3	NH_3	NH_3	NH_3	NH_3	NH_3	H_2O		
Arbeitsdruck abs.	bar	2,6	2,6	2,6	2,6	1,6	1,6	1,6	1,6	3		
Arbeitstemperatur	°C	-25	-25	-25	-25	-25	-25	-25	-25	max 25		
Massenstrom	kg/s	0,376	0,087	0,174	0,116	0,087	0,174	0,116	0,376	10		
Bemerkung												

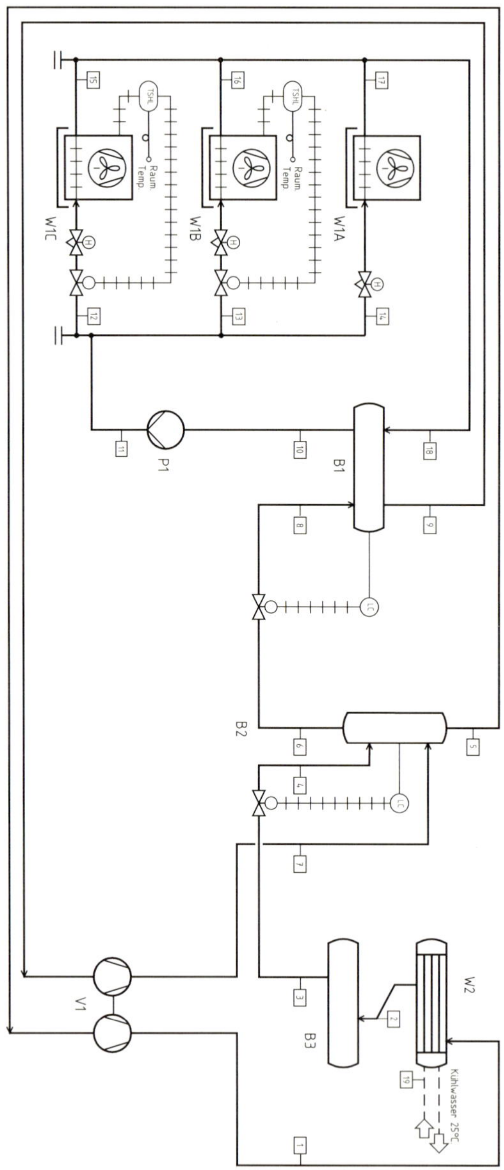

Pos. Nr.	W1A	W1B	W1C	B1	P1	B2	W2	B3	V1				
Benennung	Luftkühler	Luftkühler	Luftkühler	Abscheider	Pumpe	MO-Behälter	Verflüssiger	Sammler	Verdichter				
Abmessung						Ø400x1300	Ø400x2000	Ø300x2000					
Fördervolumen					2m³/h								
Leistung	34800 W	69600 W	46400 W			1 KW	208800 W		150800 W				
Drehzahl					1450 min⁻¹				975 min⁻¹				
Typ / Zeichnungs Nr.													
zul. Betriebsüberdruck	12 bar	12 bar	12 bar	12 bar	PN 16	16 bar	16 bar	16 bar					
zul. Betriebstemperatur	33 °C	33 °C	33 °C	33 °C		120 °C	120 °C	43 °C					
Werkstoffbezeichnung				P265GH		P265GH		P265GH					
Bemerkung	verzinkt	verzinkt											

Systemfließbild
2-stufige NH_3 Kälteanlage zur Raumkühlung −20°C

5

Bild A.2: Beispiel eines Rohrleitungs- und Instrumentenfließbildes (RI-Fließbild) mit Grund- und Zusatzinformationen (verkleinert dargestellt, aus **DIN EN 1861**, 07.98)

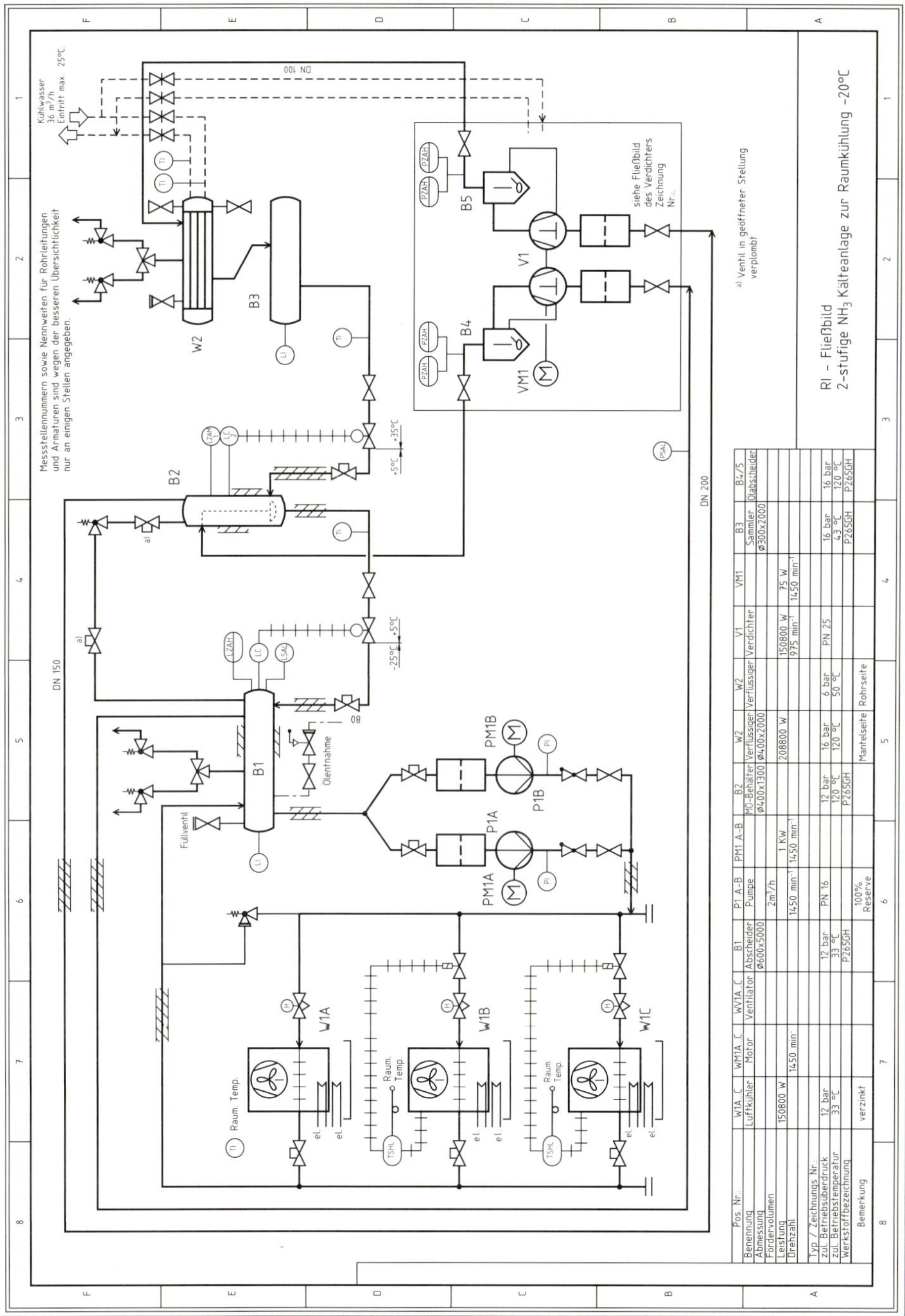

5

Elektrische Schaltpläne

Auswahl von graphischen Symbolen (nach **DIN EN 60617**, 08.97)

Symbolelemente für allgemeine Anwendungen

Graphisches Symbol	Bedeutung	Graphisches Symbol	Bedeutung
	Gleichstrom		thermische Wirkung
	Wechselstrom		elektromagnetische Wirkung
	niedrige Frequenzen		
	mittlere Frequenzen		positiver Impuls
	hohe Frequenzen		negativer Impuls
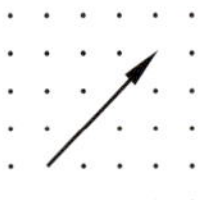	Einstellbarkeit, allgemein	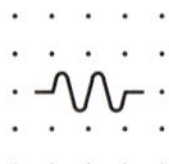	Wechselstrom-impuls
	Einstellbarkeit, nicht linear		Sägezahn-impuls
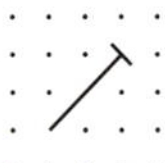	Einstellbarkeit, trimmbar		Erde, allgemein
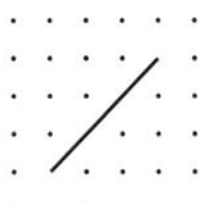	Veränderbarkeit, allgemein	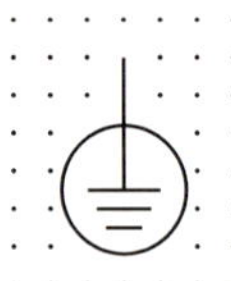	Schutzerde, Schutzleiter-anschluss
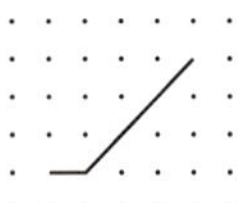	Veränderbarkeit, nicht linear	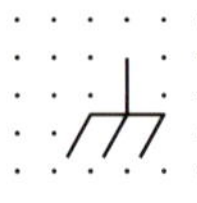	Masse, Gehäuse

5

Leiter und Verbinder (nach **DIN EN 60617-3**, 08.97)

	Verbindung z. B. Leiter Kabel Leitung Übertragungs-weg		z. B. drei Verbindungen

Elektrische Schaltpläne

TK

Auswahl von graphischen Symbolen (Fortsetzung) (nach DIN EN 60617, 08.97)

Graphisches Symbol	Bedeutung	Graphisches Symbol	Bedeutung
	Verbindung, bewegbar	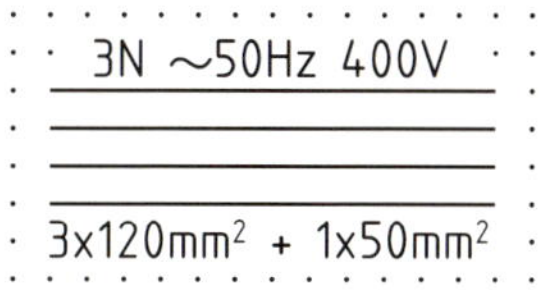	Beispiel: Dreiphasen-Vierleitersystem mit drei Außenleitern und einem Neutralleiter
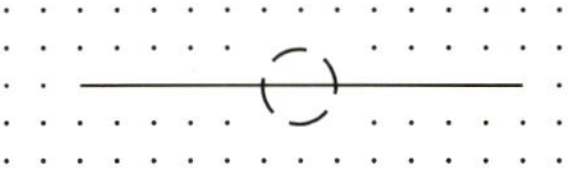	Leiter, geschirmt	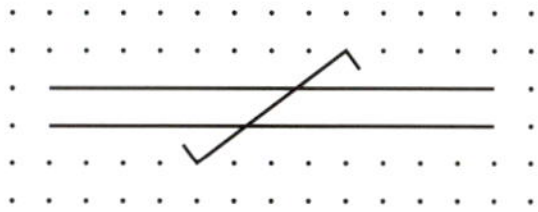	Beispiel: Verbindung verdrillt (zwei Verbindungen dargestellt)
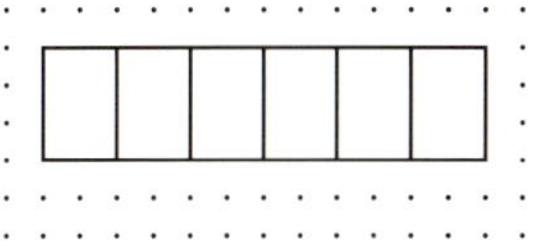	Anschlussleiste		
	Kreuzungs- bzw. Verbindungspunkt	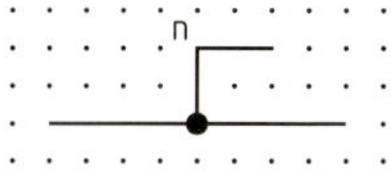	Verzweigung
	Anschluss, z. B. Klemme		Leiter-Verbindungsstück, Spleiß
	T-Verbindung	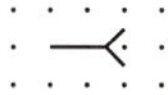	Buchse
			Stecker
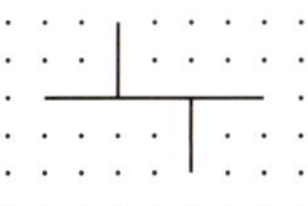	Doppelabzweig von Leitern	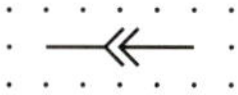	Buchse und Stecker

5

Passive Bauelemente (nach DIN EN 60617-4, 08.97)

Graphisches Symbol	Bedeutung	Graphisches Symbol	Bedeutung
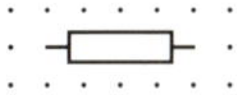	Widerstand, allgemein	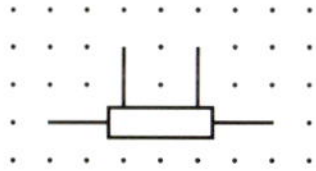	Widerstand mit festen Anzapfungen
	Widerstand, veränderbar	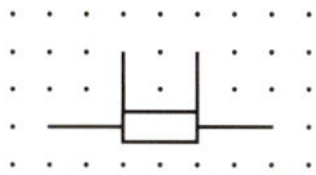	Shant, Nebenschlusswiderstand
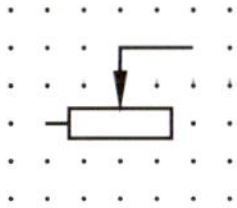	Widerstand mit beweglichem Kontakt, Potentiometer		Kondensator, allgemein
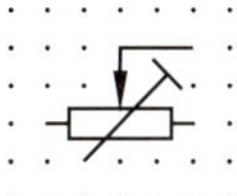	einstellbarer Widerstand, einstellbarer Potentiometer		Kondensator, veränderbar

Auswahl von graphischen Symbolen (Fortsetzung) (nach DIN EN 60617, 08.97)

Graphisches Symbol	Bedeutung	Graphisches Symbol	Bedeutung
	Kondensator mit Voreinstellung	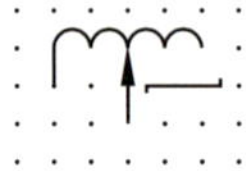	Induktivität mit bewegbarem Kontakt
	Induktivität Spule Wicklung Drossel	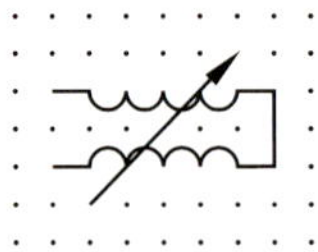	Variometer

Erzeugung und Umwandlung elektrischer Energie (nach DIN EN 60617-6, 08.97)

Graphisches Symbol	Bedeutung	Graphisches Symbol	Bedeutung
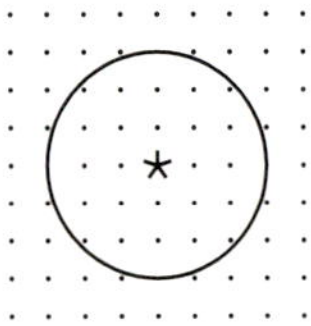	elektrische Maschine, allgemein	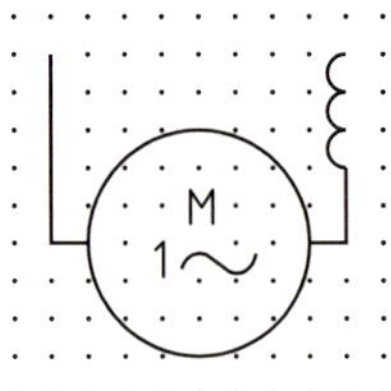	Reihenschluss-motor, einphasig
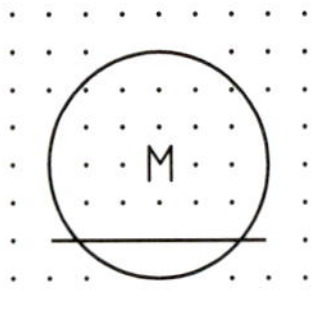	Linearmotor, allgemein	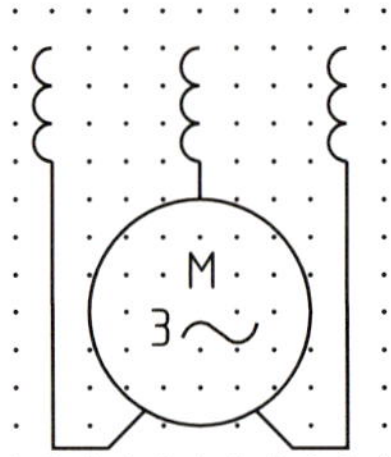	Drehstrom-Reihenschluss-motor
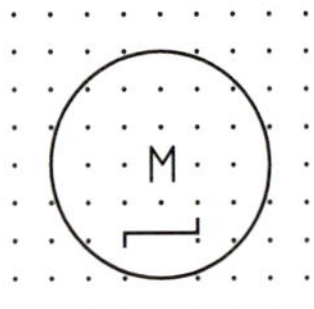	Schrittmotor, allgemein	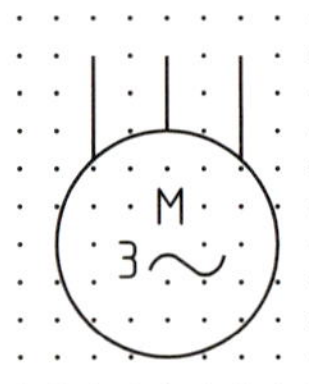	Drehstrom-Asynchronmotor
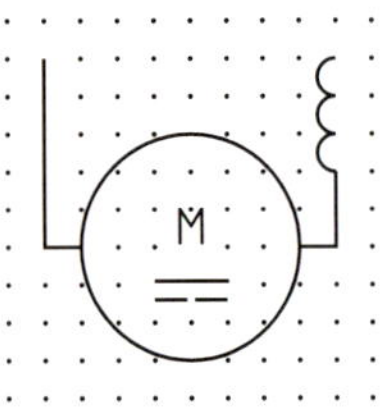	Gleichstrom-Reihenschluss-motor	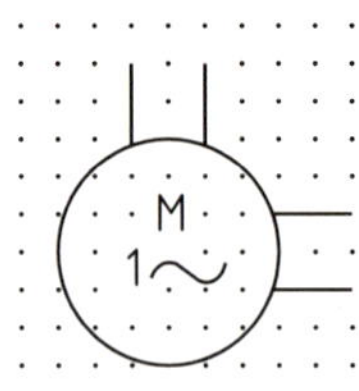	Asynchronmotor, einphasig, (Enden herausgeführt)
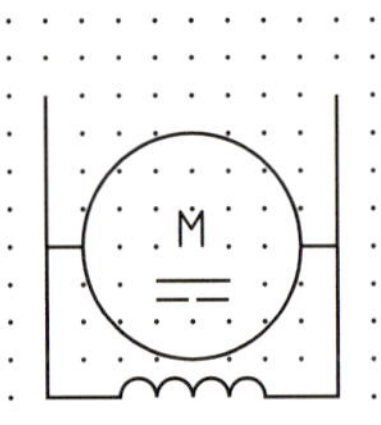	Gleichstrom-Nebenschluss-motor		

5

Auswahl von graphischen Symbolen (Fortsetzung) (nach DIN EN 60617, 08.97)

Graphisches Symbol	Bedeutung	Graphisches Symbol	Bedeutung
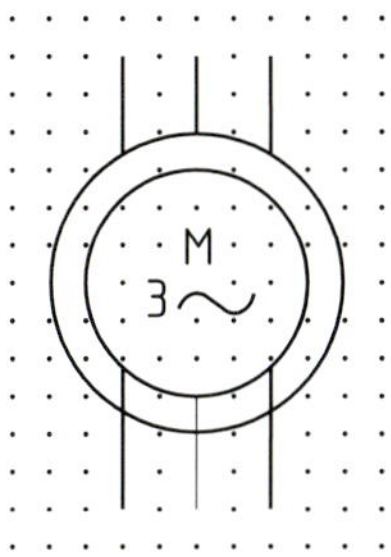	Drehstrom-Asynchronmotor mit Schleifringläufer	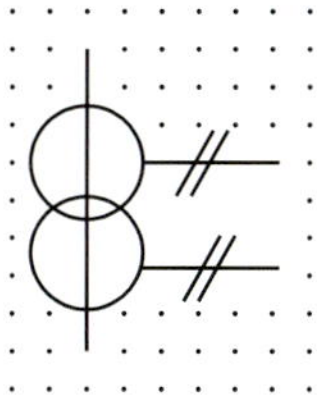	Stromwandler mit zwei Sekundärwicklungen
			Umrichter, allgemein
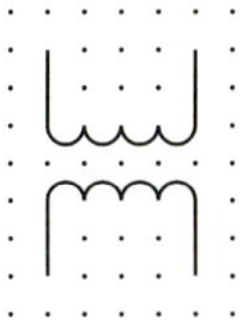	Transformator mit zwei Wicklungen		Gleichrichter
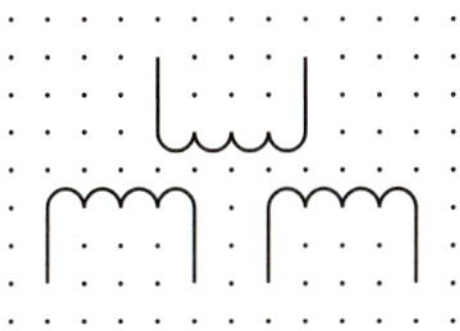	Transformator mit drei Wicklungen		Wechselrichter
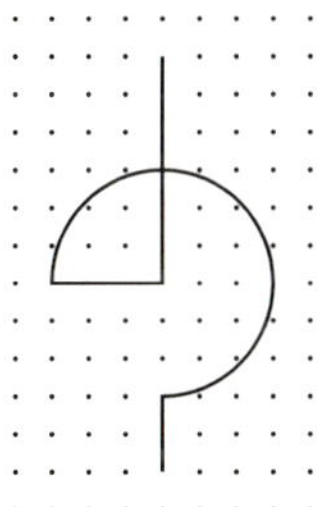	Drossel	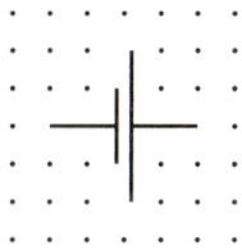	Primärzelle, Batterie
		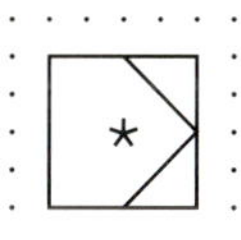	Regler

Schalt- und Schutzeinrichtungen (nach DIN EN 60617-7, 08.97)

Graphisches Symbol	Bedeutung	Graphisches Symbol	Bedeutung
	Schließer	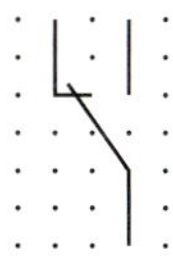	Wechsler mit Unterbrechung
	Öffner	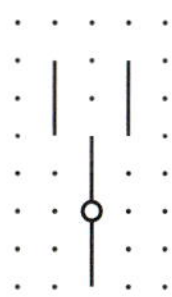	Wechsler mit Mittelstellung Aus

5

Elektrische Schaltpläne

Auswahl von graphischen Symbolen (Fortsetzung) (nach **DIN EN 60617**, 08.97)

Graphisches Symbol	Bedeutung	Graphisches Symbol	Bedeutung
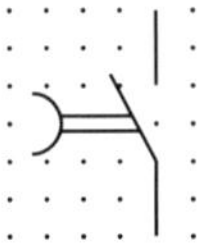	Schließer, öffnet verzögert	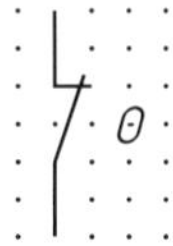	Öffner, temperaturabhängig
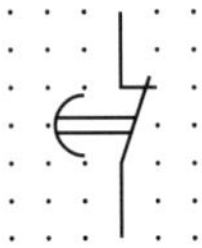	Öffner, öffnet verzögert		Schütz
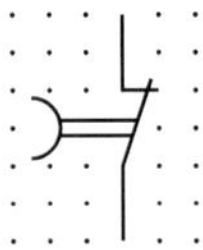	Öffner, schließt verzögert		Schütz mit selbsttätiger Ausschaltung
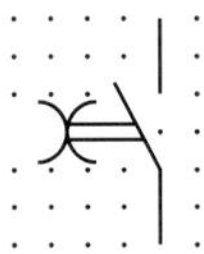	Schließer, schließt bzw. öffnet verzögert		Lasttrennschalter
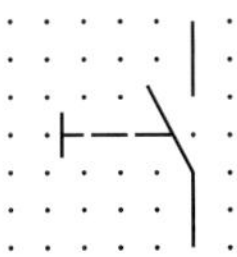	Handbetätigter Schalter, allgemein	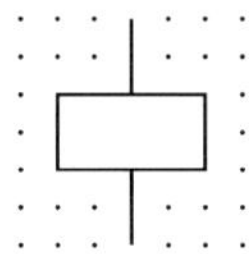	Elektromechanischer Antrieb, allgemein
	Druckschalter, Schließer mit selbsttätigem Rückgang	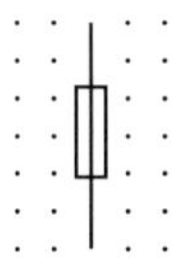	Sicherung, allgemein
	Endschalter, Schließer	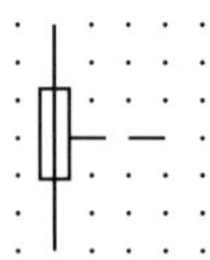	Sicherung mit mechanischer Auslösemeldung
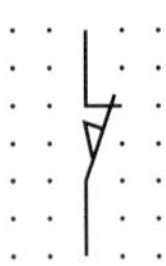	Endschalter, Öffner	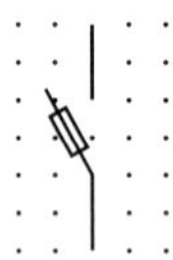	Sicherungsschalter
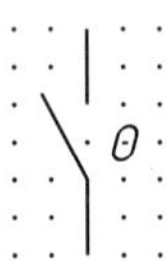	Schließer, temperaturabhängig	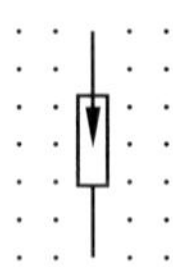	Überspannungsableiter

5

Elektrische Schaltpläne

Auswahl von graphischen Symbolen (Fortsetzung) (nach **DIN EN 60617**, 08.97)

Graphisches Symbol	Bedeutung	Graphisches Symbol	Bedeutung
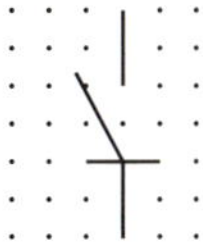	Elektronischer Schalter, allgemein	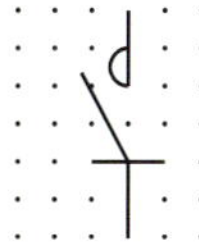	Elektronisches Schütz, (Halbleiter)

Mess-, Melde- und Signaleinrichtungen (nach **DIN EN 60617-8**, 08.97)

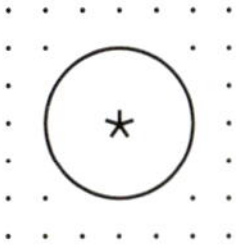	Messgerät, allgemein	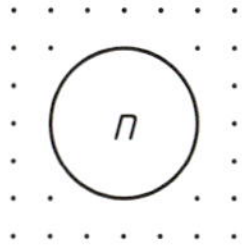	Drehzahlmessgerät
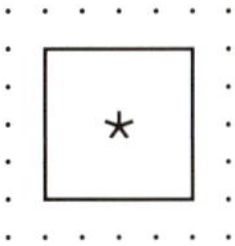	Messgerät, aufzeichnend	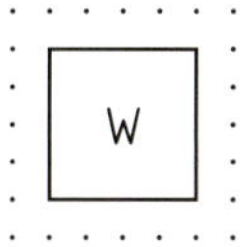	Wirkleistungsschreiber
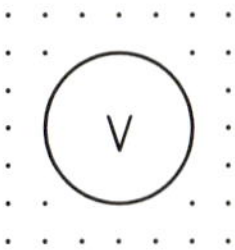	Spannungsmessgerät (Voltmeter), anzeigend	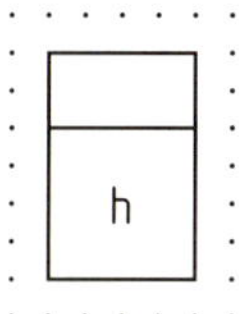	Betriebsstundenzähler
	Leistungsfaktormessgerät, anzeigend	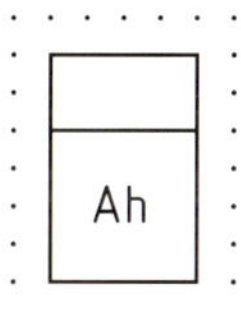	Amperestundenzähler
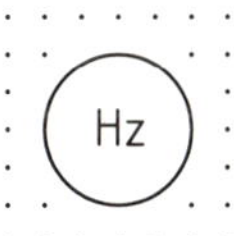	Frequenzmessgerät, anzeigend	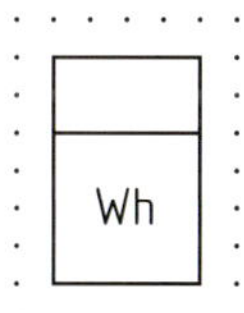	Wattstundenzähler (Elektrizitätszähler)
	Oszilloskop	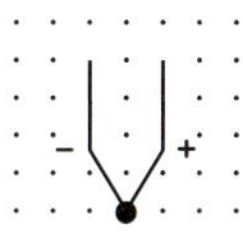	Thermoelement (Polarität ist angegeben)
	Thermometer, Pyrometer	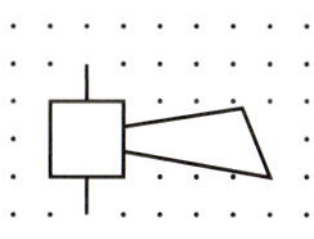	Horn, Hupe

5

TK Elektrische Schaltpläne

Kennbuchstaben für die Art des Betriebsmittels (nach **DIN EN 61082-1**, 05.95)

Kennbuchstabe	Art des Betriebsmittels	Kennbuchstabe	Art des Betriebsmittels
A	Baugruppen, Teilbaugruppen	N	Verstärker, Regler
B	Umsetzer von nicht elektrischen auf elektrische Größen oder umgekehrt	P	Messgeräte, Prüfeinrichtungen
C	Kondensatoren	Q	Starkstrom-Schaltgeräte
D	Binäre Elemente, Verzögerungseinrichtungen, Speichereinrichtungen	R	Widerstände
E	Verschiedenes	S	Schalter, Wähler
F	Schutzeinrichtungen	T	Transformatoren
G	Generatoren, Stromversorgungen	U	Modulatoren, Umsetzer von elektrischen in andere elektrische Größen
H	Meldeeinrichtungen	V	Röhren, Halbleiter
J	frei	W	Übertragungswege, Hohlleiter, Antennen
K	Relais, Schütze	X	Klemmen, Stecker, Steckdosen
L	Induktivitäten	Y	elektrisch betätigte mechanische Einrichtungen
M	Motoren	Z	Abschlüsse, Gabelübertrager, Filter, Entzerrer, Begrenzer

Kennbuchstaben für die Funktionen (nach **DIN EN 61082-1**, 05.95)

Kennbuchstabe	Allgemeine Funktion	Kennbuchstabe	Allgemeine Funktion
A	Hilfsfunktion, Funktion Aus	N	Messung
B	Bewegungsrichtung (vorwärts, rückwärts, heben, senken, im Uhrzeigersinn, entgegen dem Uhrzeigersinn)	P	Proportional
C	Zählung	Q	Zustand (Start, Stop, Begrenzung)
D	Differenzierung	R	Rückstellen, löschen
E	Funktion Ein	S	Speichern, aufzeichnen
F	Schutz	T	Zeitmessung, verzögern
G	Prüfung	U	–
H	Meldung	V	Geschwindigkeit (beschleunigen, bremsen)
J	Integration	W	Addierung
K	Tastbetrieb	X	Multiplizieren
L	Leiterkennzeichnung	Y	Analog
M	Hauptfunktion	Z	Digital
Betriebsmittel mit Kennbuchstabe Q: LA, LB, LC		Betriebsmittel mit Kennbuchstabe T: L1, L2, L3	

5

Elektrische Schaltpläne

Darstellungsarten für Schaltpläne (nach **DIN EN 61082-1**, 05.95)

Bezeichnung und Aufgabe der unterschiedlichen Schaltpläne

Übersichtsschaltplan
Relativ einfacher, häufig in einpoliger Darstellung ausgeführter Schaltplan, der die wichtigsten Verbindungen oder Beziehungen zwischen den Betriebsmitteln innerhalb eines Systems, Untersystems, einer Installation, eines Teiles, einer Ausrüstung oder einer Software zeigt.

Blockschaltplan
Übersichtsschaltplan, in dem vorwiegend Blocksymbole angewendet werden.

Netzwerkkarte
Übersichtsschaltplan, der ein Netzwerk auf einer Karte darstellt, beispielsweise Kraftwerke, Umspannstationen, Starkstromleitungen, Fernmeldeanlagen und Übertragungsleitungen,

Funktionsschaltplan
Schaltplan, der ein System, Teilsystem, Installation, Teil, Ausrüstung oder Software usw. in Form von theoretischen oder idealen Schaltkreisen darstellt, ohne dass dabei notwendigerweise die für die Realisierung eingesetzten Mittel berücksichtigt sind.

Logik-Funktionsschaltplan
Funktionsschaltplan, bei dem vorwiegend Schaltzeichen für binäre Elemente angewendet werden.

Ersatzschaltplan
Funktionsschaltplan, der äquivalente Schaltungen darstellt und für die Analyse und Berechnung der Eigenschaften oder des Verhaltens dient.

Zahlen- und Buchstabenkennzeichnung entsprechend **DIN 40719** (06.78)

Funktionsplan
Diagramm, das Funktionen und Verhalten eines Steuerungs- bzw. Regelungssystems beschreibt, wobei Schritte und Übergänge gezeigt sind.

Ablaufdiagramm (Ablauftabelle)
Diagramm (Ablauftabelle), das die Reihenfolge von Vorgängen oder die Zustände von Teilen eines Systems zeigt. Dabei sind die Vorgänge oder Zustände der Teile in einer Richtung und die Prozessschritte oder Zeit im rechten Winkel dazu aufgezeichnet.

Zeitablaufdiagramm
Ablaufdiagramm, bei dem die Zeitachse maßstäblich ist.

Stromlaufplan
Schaltplan, der die Stromkreise einer Funktions- oder Baueinheit oder einer Anlage so zeigt, wie sie ausgeführt sind. Dabei sind die Teile und Verbindungen mit graphischen Symbolen (Schaltzeichen) dargestellt, aus deren Anordnung die Funktionen erkennbar sind, ohne dass dabei notwendigerweise die Größe, Form und räumliche Lage der Betriebsmittel berücksichtigt sind.

Anschlussfunktionsschaltplan
Schaltplan für eine Funktionseinheit, der die Anschlusspunkte der Schnittstellenverbindungen zeigt und die internen Funktionen beschreibt. Die interenen Funktionen dürfen mit einem gegebenenfalls vereinfachten Stromlaufplan, einem Funktionsschaltplan, Funktionsplan oder Ablaufdiagramm oder mit Text beschrieben werden.

Programmplan (Programmtabelle)
Schaltplan (Tabelle, Liste), in dem die Programmelemente und -module sowie deren Verbindungen detailliert dargestellt und so angeordnet sind, dass man die Beziehungen klar erkennen kann.

Darstellung

Zusammenhängende Darstellung
Darstellung, bei der die Teile eines aus mehreren Schaltzeichen bestehenden Symbols benachbart angeordnet sind.

Halbzusammenhängende Darstellung
(Üblicherweise für Bauteile mit einer mechanischen Wirkverbindung). Darstellung, bei der das Symbol auseinandergezogen dargestellt ist, wobei jedes einzelne Teilsymbol im Schaltplan so platziert ist, dass eine klare Anordnung der Stromkreise erreicht wird.

Aufgelöste Darstellung
(Für Bauteile mit einer Wirkverbindung). Darstellung, bei der das Symbol in einzelne Teile zerlegt ist. Jedes einzelne Teil ist so im Schaltplan platziert, dass eine klare Anordnung der Stromkreise erreicht wird. Die Teile werden dabei durch ihre Betriebsmittelkennzeichen zueinander in Beziehung gesetzt.

Wiederholte Darstellung
(Üblicherweise für Bauteile mit einer elektrischen Wirkverbindung, beispielsweise für binäre Elemente, die mit Steuerblock- oder Ausgangsblock dargestellt sind). Darstellung, bei der ein komplettes Schaltzeichen an zwei oder mehr Stellen im Schaltplan gezeigt ist.

Verteilte Darstellung
Darstellung, bei der die Schaltzeichen für die Teile getrennt gezeichnet und im Schaltplan so platziert werden, dass eine klare Anordnung der Stromkreise erreicht wird. Die Teile werden dabei durch ihre Betriebsmittelkennzeichen zueinander in Beziehung gesetzt.

5

Darstellungsarten für Schaltpläne (Fortsetzung) (nach **DIN EN 61082-1**, 05.95)

Beispiele (Auswahl)

Kennzeichnung von Leitern (G = Gleichstrom, W = Wechselstrom)

Leiterart		alphanumerische Bezeichnung	farbliche Kennzeichnung
W	Außenleiter 1	L 1	Schwarz, Braun
	Außenleiter 2	L 2	Schwarz, Braun
	Außenleiter 3	L 3	Schwarz, Braun
	Neutralleiter	N	Hellblau
G	Positiv	L+	Schwarz, Braun
	Negativ	L–	Schwarz, Braun
	Mittelleiter	M	Hellblau
Schutzleiter		PE	Grün -Gelb
Neutralleiter mit Schutzfunktion		PEN	Grün - Gelb
Erde		E	Schwarz, Braun

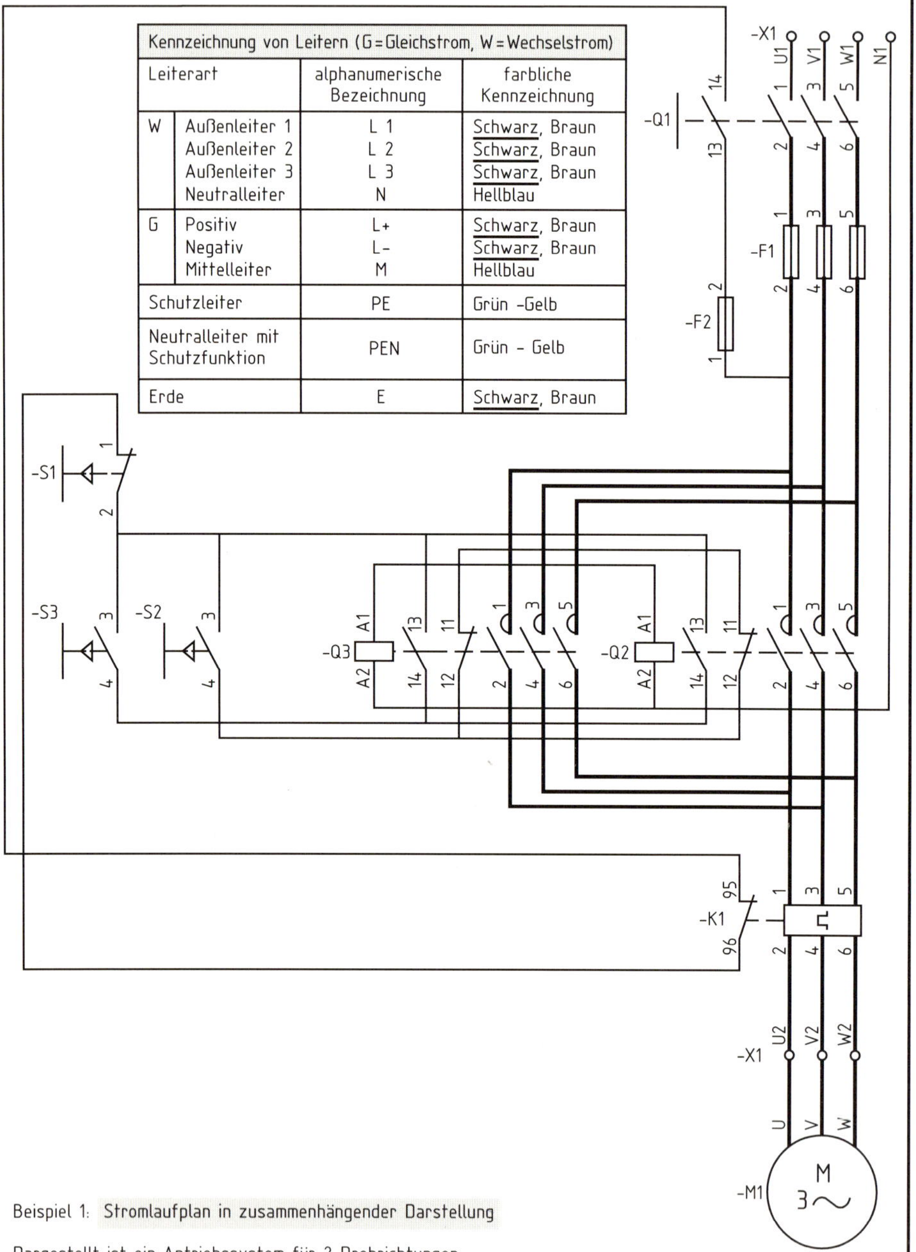

Beispiel 1: Stromlaufplan in zusammenhängender Darstellung

Dargestellt ist ein Antriebssystem für 2 Drehrichtungen.

5

Darstellungsarten für Schaltpläne (Fortsetzung) (nach DIN EN 61082-1, 05.95)

Kennzeichnung von Leitern (G = Gleichstrom, W = Wechselstrom)			
Leiterart		alphanumerische Bezeichnung	farbliche Kennzeichnung
W	Außenleiter 1	L 1	Schwarz, Braun
	Außenleiter 2	L 2	Schwarz, Braun
	Außenleiter 3	L 3	Schwarz, Braun
	Neutralleiter	N	Hellblau
G	Positiv	L+	Schwarz, Braun
	Negativ	L−	Schwarz, Braun
	Mittelleiter	M	Hellblau
Schutzleiter		PE	Grün -Gelb
Neutralleiter mit Schutzfunktion		PEN	Grün - Gelb
Erde		E	Schwarz, Braun

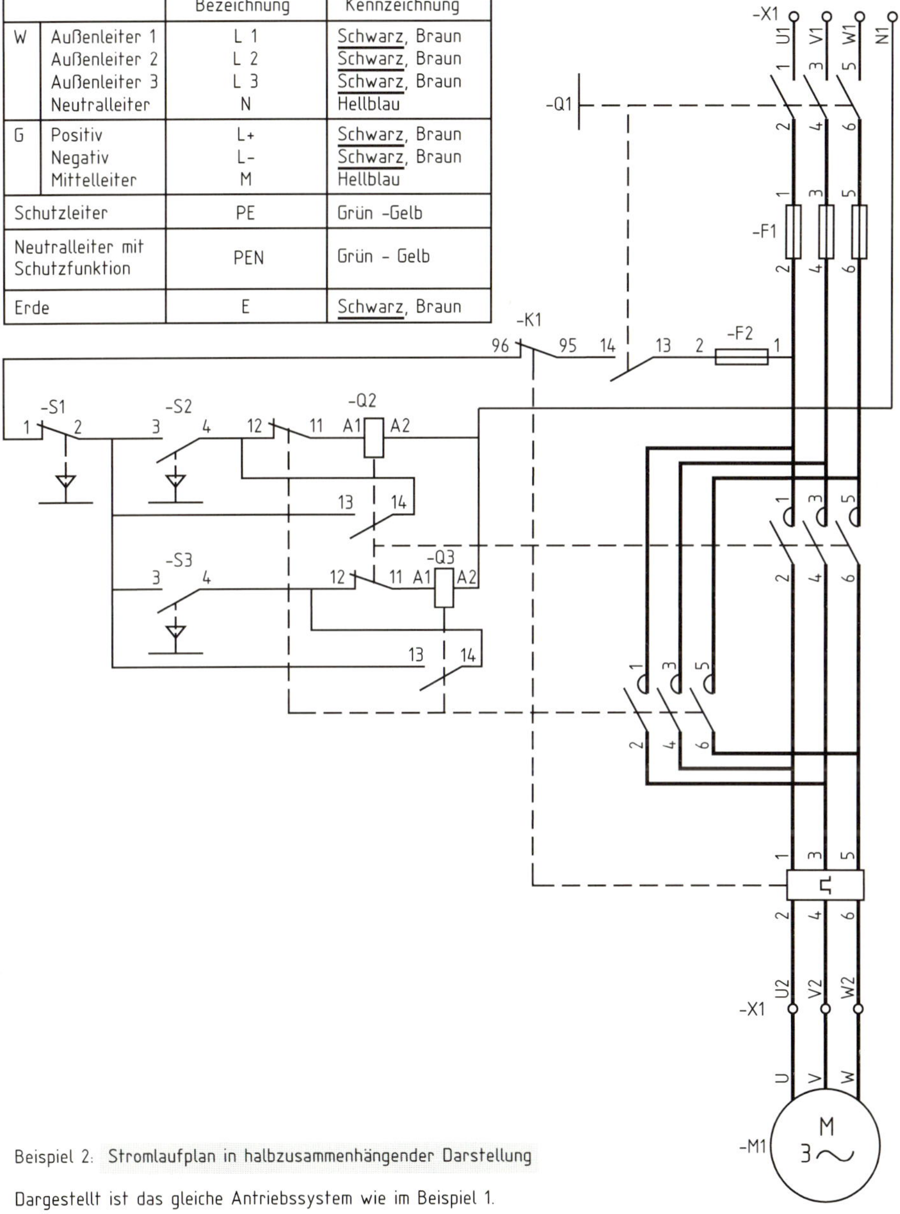

Beispiel 2: Stromlaufplan in halbzusammenhängender Darstellung

Dargestellt ist das gleiche Antriebssystem wie im Beispiel 1.

5

Darstellungsarten für Schaltpläne (Fortsetzung) (nach **DIN EN 61082-1**, 05.95)

Kennzeichnung von Leitern (G = Gleichstrom, W = Wechselstrom)			
Leiterart		alphanumerische Bezeichnung	farbliche Kennzeichnung
W	Außenleiter 1 Außenleiter 2 Außenleiter 3 Neutralleiter	L 1 L 2 L 3 N	Schwarz, Braun Schwarz, Braun Schwarz, Braun Hellblau
G	Positiv Negativ Mittelleiter	L+ L– M	Schwarz, Braun Schwarz, Braun Hellblau
Schutzleiter		PE	Grün -Gelb
Neutralleiter mit Schutzfunktion		PEN	Grün - Gelb
Erde		E	Schwarz, Braun

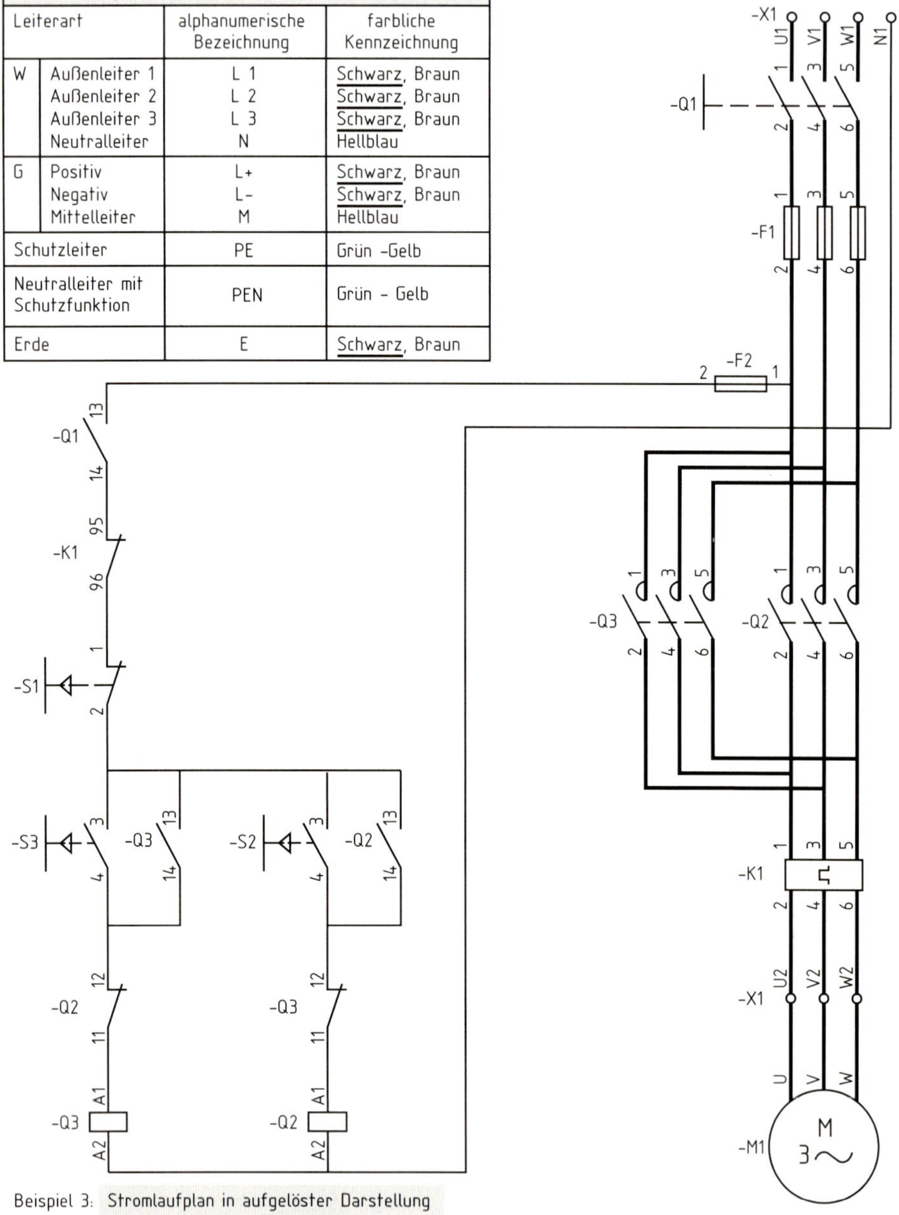

Beispiel 3: Stromlaufplan in aufgelöster Darstellung

Dargestellt ist das gleiche Antriebssystem wie in den Beispielen 1 und 2.

5

Sinnbilder für Schweißen und Löten

Stoßarten

(nach **DIN EN 12345**, 05.99)

Lage der Teile	Beschreibung
Stumpfstoß 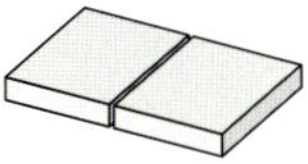	Die Teile liegen in einer Ebene und stoßen stumpf **gegeneinander**
Parallelstoß 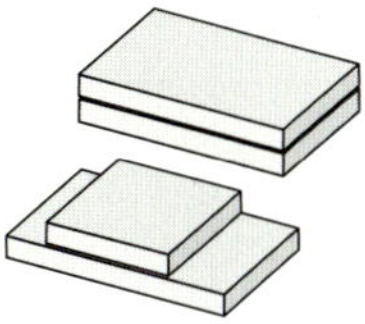	Die Teile liegen parallel **aufeinander**
Überlappstoß 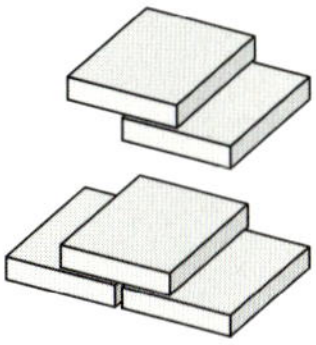	Die Teile liegen parallel **aufeinander** und überlappen sich
T-Stoß 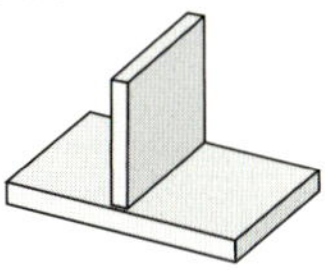	Die Teile stoßen rechtwinklig (T-förmig) **aufeinander**
Doppel-T-Stoß 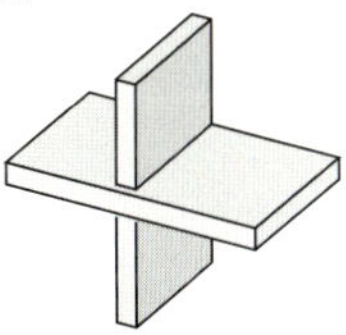	Zwei in einer Ebene liegende Teile stoßen rechtwinklig (doppel-T-förmig) **auf** ein dazwischen liegendes drittes Teil

Lage der Teile	Beschreibung
Schrägstoß 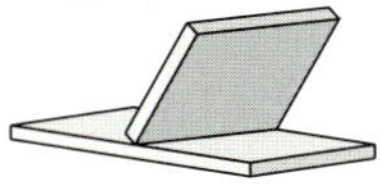	Ein Teil stößt **schräg** gegen ein anderes Teil
Eckstoß 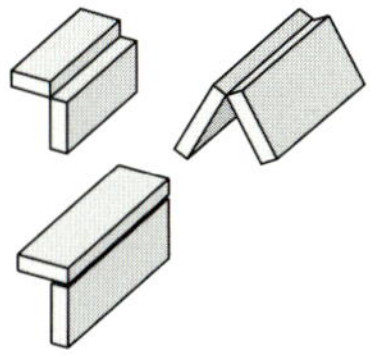	Zwei Teile stoßen unter beliebigem Winkel aneinander und bilden eine **Ecke**
Stirnstoß 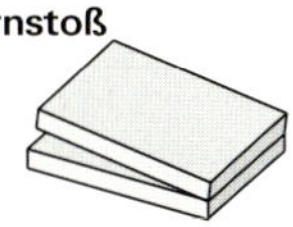	Zwei Teile stoßen am Rand unter einem Winkel von 0° bis 30° gegeneinander (**Stirn**)
Mehrfachstoß 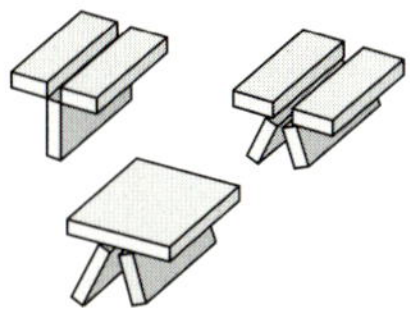	Drei oder mehr Teile stoßen unter beliebigem Winkel **aneinander**
Kreuzungsstoß 	Zwei Teile liegen kreuzend **übereinander**

DIN EN 12345 ersetzt die alte grundlegende DIN 1912!

(→ Schweißverbindungen, Rohrschweißverbindungen)

Grundsymbole

(nach **DIN EN 22553**, 03.97)

Nr.	Benennung	Darstellung	Symbol
1	Bördelnaht (die Bördel werden ganz nieder-geschmolzen)	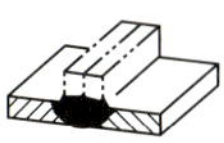	
2	I-Naht		||
3	V-Naht		V
4	HV-Naht		
5	Y-Naht	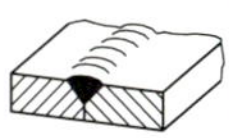	Y
6	HY-Naht		

5

Sinnbilder für Schweißen und Löten

Grundsymbole (Fortsetzung)

(nach **DIN EN 22553**, 03.97)

Nr.	Benennung	Darstellung	Symbol
7	U-Naht		
8	HU-Naht (Jot-Naht)		
9	Gegenlage		
10	Kehlnaht	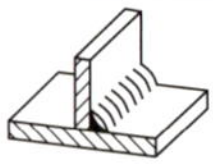	
11	Lochnaht		
12	Punktnaht	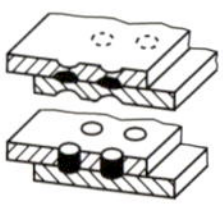	
13	Liniennaht	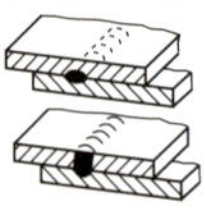	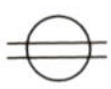
14	Steilflanken-naht		
15	Halb-Steil-flankennaht	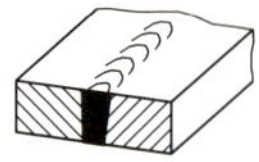	
16	Stirnflach-naht	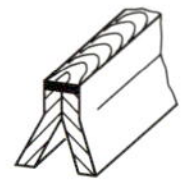	
17	Auftragung		
18	Flächennaht	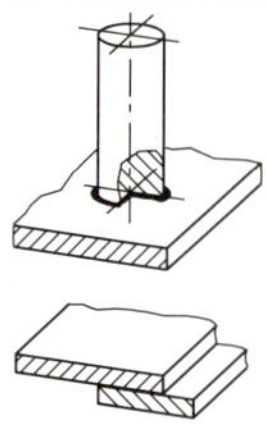	
19	Schrägnaht		
20	Falznaht	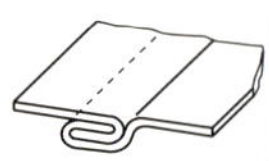	

5

Zusammengesetzte Symbole

Benennung	Darstellung	Symbol
D(oppel)-V-Naht (X-Naht)	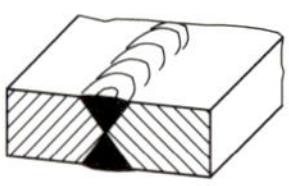	
D(oppel)-HV-Naht (K-Naht)	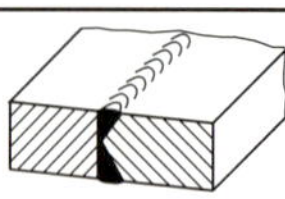	
D(oppel)-Y-Naht	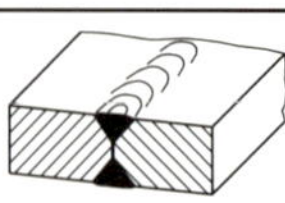	
D(oppel)-HY-Naht (K-Stegnaht)	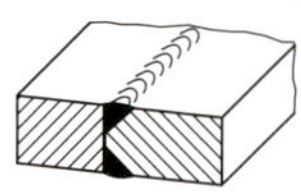	
D(oppel)-U-Naht	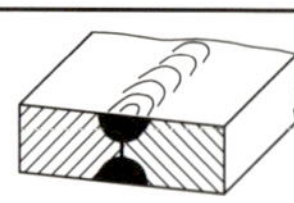	

Zusatzsymbole

(nach **DIN EN 22553**, 03.97)

a) flach (üblicherw. flach nachbearbeitet)	—
b) konvex (gewölbt)	⌒
c) konkav (hohl)	⌣
d) Nahtübergänge kerbfrei	
e) verbleibende Beilage benutzt	M
f) Unterlage benutzt	MR

Sinnbilder für Schweißen und Löten

Zusatzsymbole (Fortsetzung) (nach **DIN EN 22553**, 03.97)

Anwendungsbeispiele für Zusatzsymbole

Benennung	Darstellung	Symbol	Benennung	Darstellung	Symbol
Flache V-Naht			Flache V-Naht mit flacher Gegenlage		
Gewölbte Doppel-V-Naht			Y-Naht mit Gegenlage		
Hohlkehlnaht	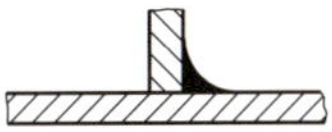		Kehlnaht mit kerbfreiem Nahtübergang	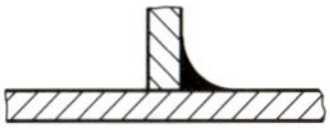	

Lage der Symbole in Zeichnungen (nach **DIN EN 22553**, 03.97)

Die Symbole bilden nur einen Teil der vollständigen Darstellung. Diese umfasst zusätzlich zum Symbol noch Folgendes (s. nebenstehendes Bild):

- eine **Pfeillinie** (1) je Stoß
- eine **Bezugslinie** bestehend aus zwei Parallellinien, und zwar einer Volllinie (2a), d. h. der **Bezugsvolllinie** und einer Strichlinie (2b), d. h. der **Bezugsstrichlinie**
- eine bestimmte Anzahl von Maßen und Symbolen (3)
- bei Bedarf eine Gabel (4), an der zusätzliche Angaben in der Reihenfolge
  Verfahren,
  Bewertungsgruppe,
  Schweißposition,
  Schweißzusatzwerkstoff gemacht werden.

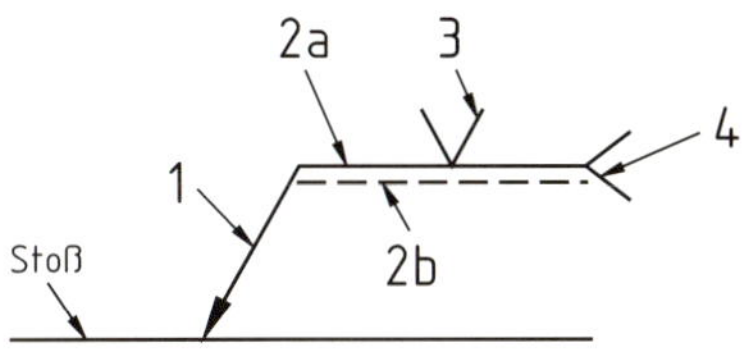

1 Pfeillinie
2a Bezugslinie (Volllinie)
2b Bezugslinie (Strichlinie)
3 Symbol
4 Gabel

Nach **DIN EN 22553** (03.97) unterscheidet man:

„Pfeilseite" des Stoßes

„Gegenseite" des Stoßes

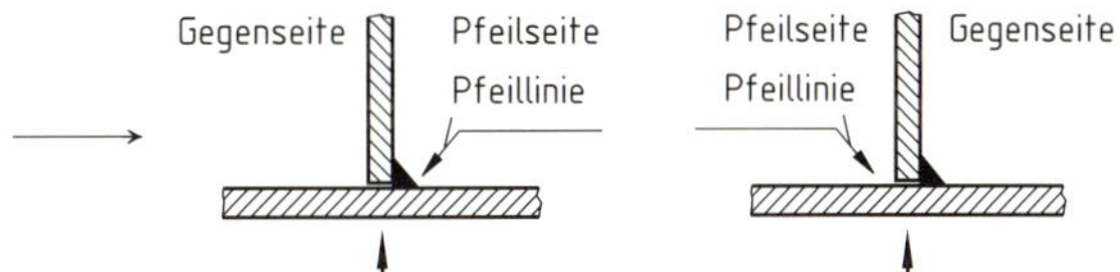

Somit entweder
Naht auf der Pfeilseite
oder
Naht auf der Gegenseite

Nach den Festlegungen der Norm sind 4 Varianten bei der symbolischen Darstellung für die selbe Naht möglich.

a) Naht dargestellt mit Pfeillinie auf die Naht weisend:

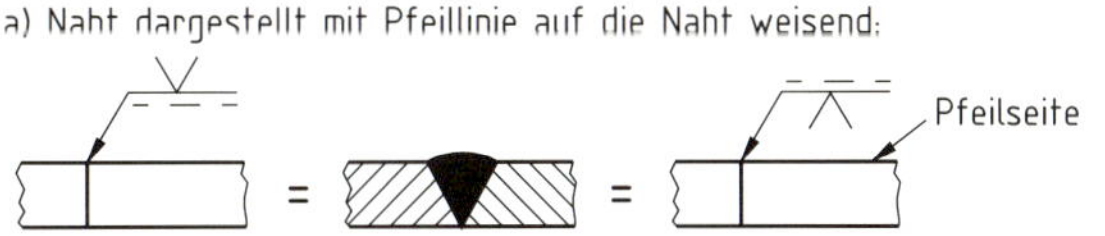

Die Bezugsstrichlinie kann also oberhalb **oder** unterhalb der Bezugsvolllinie angeordnet werden.

b) Naht dargestellt mit Pfeillinie auf die Naht-Gegenseite weisend:

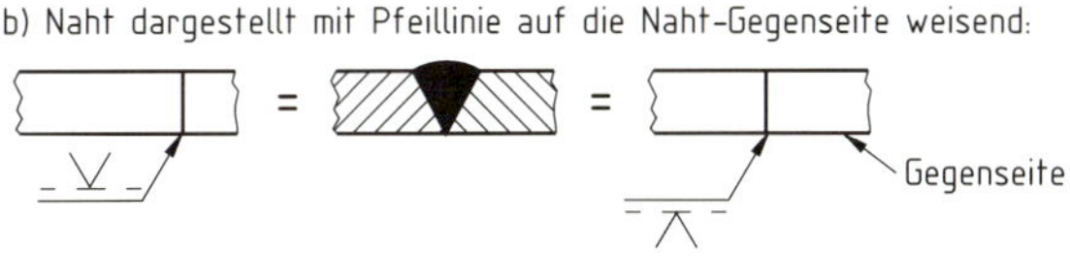

Bei Nähten, die beidseitig angeordnet werden (z. B. eine Doppel-V-Naht), entfällt die Bezugsstrichlinie.

5

Sinnbilder für Schweißen und Löten

Lage der Symbole in Zeichnungen (Fortsetzung) (nach DIN EN 22553, 03.97)

Beispiele

Benennung Symbol	Bildliche Darstellung	Symbolische Darstellung wahlweise
V-Naht 	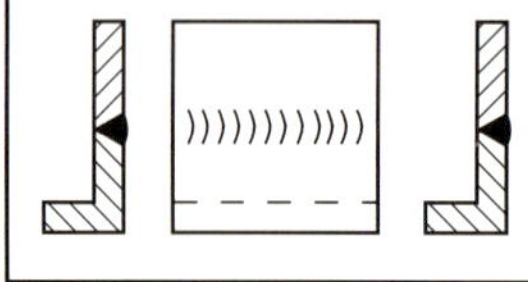	
	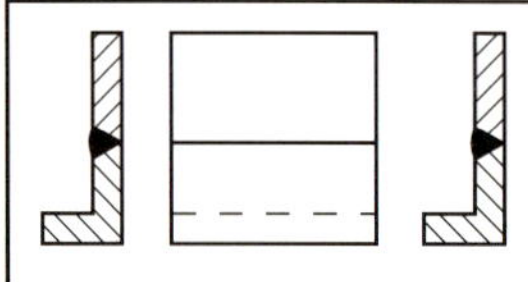	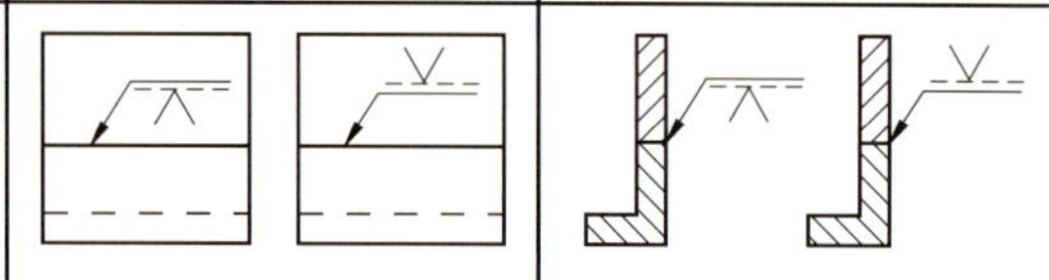
Doppel-HY-Naht (K-Stegnaht) 	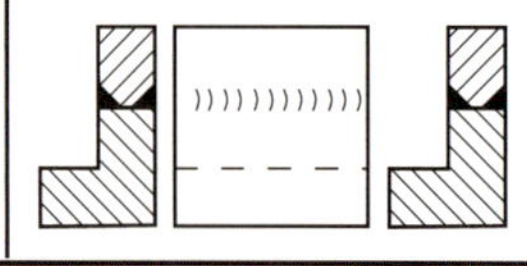	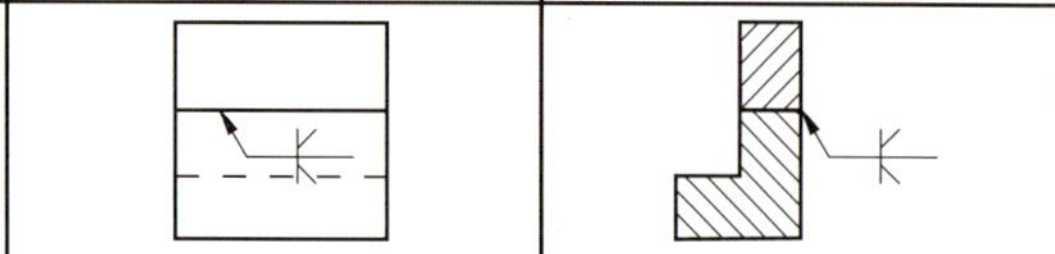

Bemaßung der Nähte (nach DIN EN 22553, 03.97)

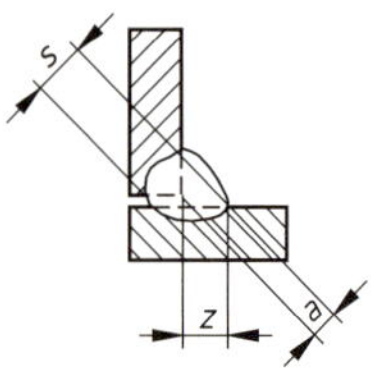

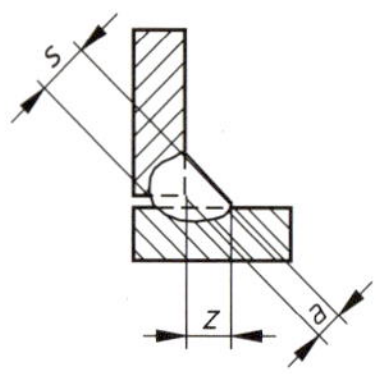

a	Nahtdicke	mm
s	Nahtdicke bei tiefem Einbrand	mm
z	Schenkellänge	mm

$$z = a \cdot \sqrt{2}$$

Für Kehlnähte mit tiefem Einbrand wird die Nahtdicke mit *s* angegeben.

Man unterscheidet durchgehende und unterbrochene Nähte

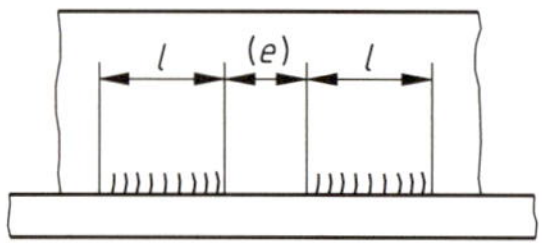

l	Einzelnahtlänge (ohne Krater)	mm
e	Nahtabstand	mm
n	Anzahl der Nähte	1

B Eintragungsbeispiel: Kehlnaht

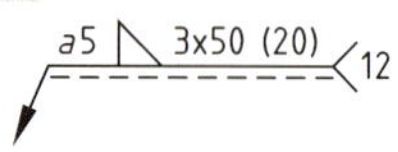

$a = 5$ mm
3 Nähte mit
$l = 50$ mm
$e = 20$ mm

12: Schweißverfahren (Unterpulverschweißen)

Weitere Bemaßungsregeln in Tabelle 5 der **DIN EN 22553** (03.97).

Kennzeichen für Schweiß- und Lötverfahren an Metallen (nach DIN EN ISO 4063, 04.00)

Kennzahl	Schweiß- bzw. Lötverfahren	Kennzahl	Schweiß- bzw. Lötverfahren
1	Lichtbogenschmelzschweißen	24	Abbrennstumpfschweißen
11	Metall-Lichtbogenschweißen (ohne Gasschutz)	25	Pressstumpfschweißen
111	Lichtbogenhandschweißen	3	Gasschmelzschweißen (Gasschweißen)
12	Unterpulverschweißen	311	Gasschweißen mit Sauerstoff-Acetylen-Flamme
13	Metall-Schutzgasschweißen		
131	Metall-Inertgasschweißen; MIG-Schweißen	4	Pressschweißen
135	Metall-Aktivgasschweißen; MAG-Schweißen	41	Ultraschallschweißen
141	Wolfram-Inertgasschweißen; WIG-Schweißen	42	Reibschweißen
2	Widerstandsschweißen	751	Laserstrahlschweißen
21	Widerstands-Punktschweißen	76	Elektronenstrahlschweißen
22	Rollennahtschweißen	91	Hartlöten
23	Buckelschweißen	94	Weichlöten

Symbol für Baustellennaht:

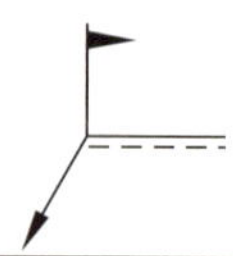

Bauzeichnungen

Zeichnungsart und Zeichnungsinhalt

(nach **DIN 1356-1**, 02.95)

Zeichnungsart	Zeichnungsinhalt	üblicher Maßstab
Bauzeichnungen für die Objektplanung		
Lagepläne	Darstellung des Baukörpers in den örtlichen Gegebenheiten.	1 : 1000 1 : 500
Vorentwurfszeichnungen	Planungskonzept für geplante bauliche Anlage mit Raumaufteilung und Eingliederung in örtliche Gegebenheiten. Meist Grundlage für baurechtliche Genehmigung.	1 : 500 1 : 200
Entwurfszeichnung	Darstellung des durchgearbeiteten Planungskonzepts in genauen Abmessungen.	1 : 100 (1 : 200)
Bauvorlagezeichnungen (Bauantragszeichnungen)	Entwurfszeichnungen, ergänzt mit allen Angaben und Versicherungen, die von den Bauvorlageverordnungen der Länder erforderlich sind (z. B. Grünflächenplan).	je nach Erfordernis und Bauvoranlageverordnung, meist 1 : 50
Ausführungszeichnungen auch als **Detail- und/oder Teilzeichnungen**	Enthalten alle für die Bauausführung erforderlichen Maße und Angaben. Einzelheiten, z. B. Durchbrüche, Schlitzanordnung für Rohre etc.	1 : 50 1 : 20, 1 : 10, 1 : 5, 1 : 1
Benutzungspläne	Angaben über zulässige Nutzungen, z. B. Verkehrslasten, Rettungswege.	
Bauzeichnungen für die Tragwerkplanung		
Schalpläne	Bei Betonarbeiten. Aussparungen und Durchbrüche werden berücksichtigt.	1 : 50
Positionspläne	Erläuterung der statischen Berechnung und Angabe der Position. **Unbedingt bei der Montage von Anlagen zu beachten!**	
Bewehrungszeichnungen	Bei Stahl- und Stahlbetonbau. Gemäß **DIN 1356-10** (02.95)	1 : 50, 1 : 25, 1 : 20

5

Linienarten und Bemaßung

(nach **DIN 1356-1**, 02.95)

→ Linien in Technischen Zeichnungen (nach **DIN 15**, 06.84 und **DIN 28004**, 05.88), darüber hinaus nach DIN 1356-1: **Punktlinie** für Bauteile vor bzw. über der Schnittebene.

		Liniengruppe →	I	II	III	IV
1	Volllinie	Begrenzung von Schnittflächen	0,5	0,5	1,0	1,0
2	Volllinie	Sichtbare Kanten und sichtbare Umrisse von Bauteilen, Begrenzung von Schnittflächen von schmalen oder kleinen Bauteilen	0,25	0,35	0,5	0,7
3	Volllinie	Maßlinien, Maßhilfslinien, Hinweislinien, Lauflinien, Begrenzung von Ausschnittdarstellungen, vereinfachte Darstellungen	0,18	0,25	0,35	0,5
4	Strichlinie	Verdeckte Kanten und verdeckte Umrisse von Bauteilen	0,25	0,35	0,5	0,7
5	Strichpunktlinie	Kennzeichnung der Lage der Schnittebenen	0,5	0,5	1,0	1,0
6	Strichpunktlinie	Achsen	0,18	0,25	0,35	0,5
7	Punktlinie	Bauteile vor bzw. über der Schnittebene	0,25	0,35	0,5	0,7
8	Maßzahlen	Schriftgröße	2,5	3,5	5,0	7,0

Linienarten und Bemaßung (Fortsetzung) (nach **DIN 1356-1**, 02.95)

Liniengruppe I und II → Maßstab ≤ 1 : 100, Liniengruppe III und IV → Maßstab ≥ 1 : 50

Die Liniengruppe I ist nur dann anzuwenden, wenn eine Zeichnung mit der Liniengruppe III angefertigt, im Verhältnis 2 : 1 verkleinert wurde und die Verkleinerung weiterbearbeitet werden soll. In der Zeichnung mit der Liniengruppe III ist dann die Schriftgröße 5,0 mm zu wählen. **Die Liniengruppe I erfüllt nicht die Anforderungen der Mikroverfilmung.**

Die Liniengruppe IV ist für Ausführungszeichnungen anzuwenden, wenn eine Verkleinerung z. B. vom Maßstab 1 : 50 in den Maßstab 1 : 100 vorgesehen ist und die Verkleinerung den Anforderungen der Mikroverfilmung zu entsprechen hat. Die Verkleinerung kann dann gegebenenfalls mit den Breiten der Liniengruppe II weiterbearbeitet werden.

Maßlinienbegrenzung:

Nach **DIN 406-11**, 12.92 wahlweise entsprechend nebenstehender Abbildung, d. h.

- als kleiner Kreis oder
- als kurzer Strich unter 45° von links unten nach rechts oben (Regelfall)

Die **Maßhilfslinie** schneidet die **Maßlinie** unter einem Winkel von 90°.

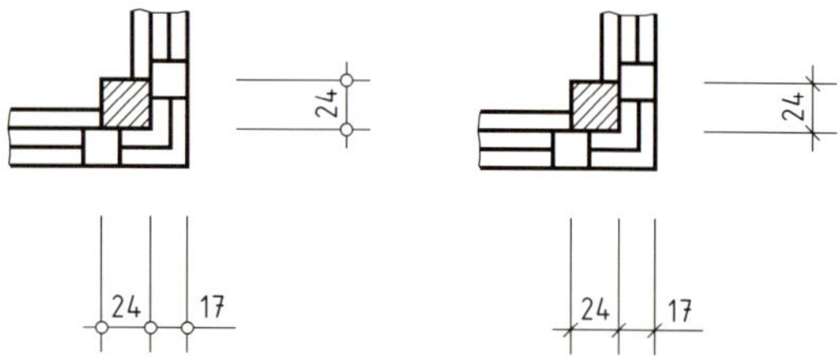

Maßanordnung:

Die Breite von Türen, Fenstern und sonstigen Öffnungen **(Durchbrüche)** wird über die Maßlinie bzw. Achslinie, die Höhe darunter geschrieben. Die Bemaßung ist nach den drei folgenden Systemen möglich:

5

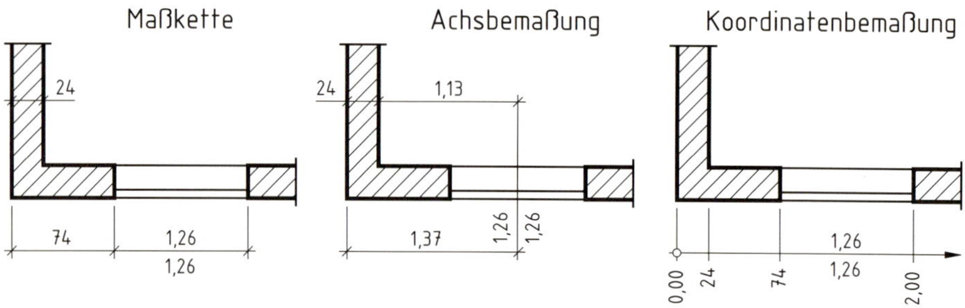

Erfolgt eine Bemaßung nicht nach diesen drei Bemaßungssystemen, so entspricht die Folge der Maßangabe den Größen Höhe/Breite. Beispiel: 2,12/1,26 heißt Höhe = 2,12 m und Breite 1,26 m.

Höhenmaße:

Entsprechend neben gezeichneter Details unterscheidet man

▼ **Rohbaumaß** und
▽ **Fertigbaumaß**.

Geschosshöhen, Brüstungshöhen und Durchgangshöhen müssen grundsätzlich gekennzeichnet sein. Die Höhenangabe besteht aus Höhenkote, entsprechendem Pfeil und Maßbegrenzungslinie.

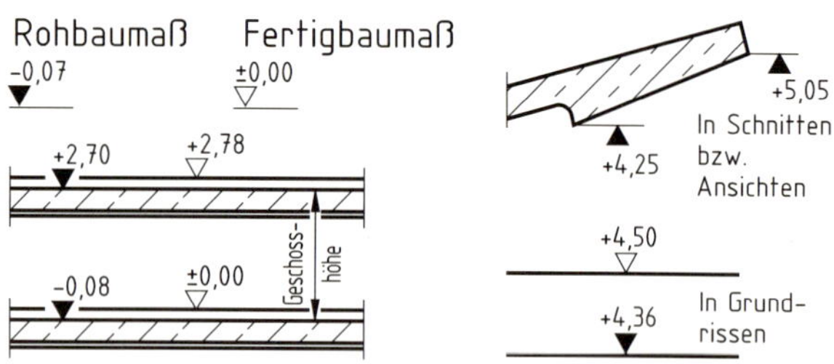

Toleranzen am Bau: → **AGI-Arbeitsblatt M1** „Maßtoleranzen, Messverfahren und Messgeräte"
AGI-Arbeitsblatt M2 „Abmaße für Längen und Oberflächen von Bauteilen und Bauwerken"

AGI heißt **Arbeitsgemeinschaft Industriebau e.V.**

Bauzeichnungen

Ansichten und Schnitte, Maßeinheiten

Grundlage ist **DIN ISO 128** (05.02), **DIN ISO 5456** (04.98), **DIN ISO 6433** (09.82), **DIN ISO 10209** (12.94) → Darstellung von Körpern. Folgende Bilder zeigen unmaßstäbliche Beispiele:

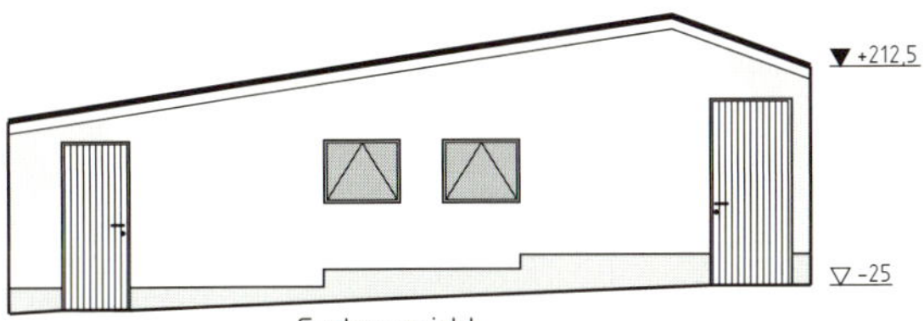

Gartenansicht

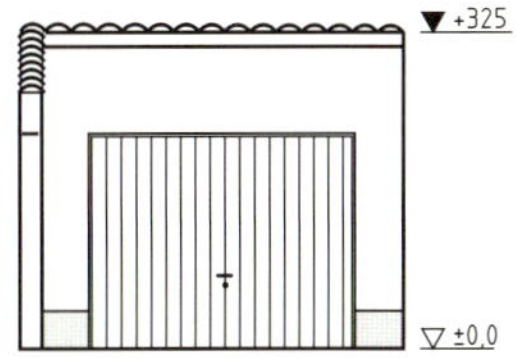

Straßenansicht

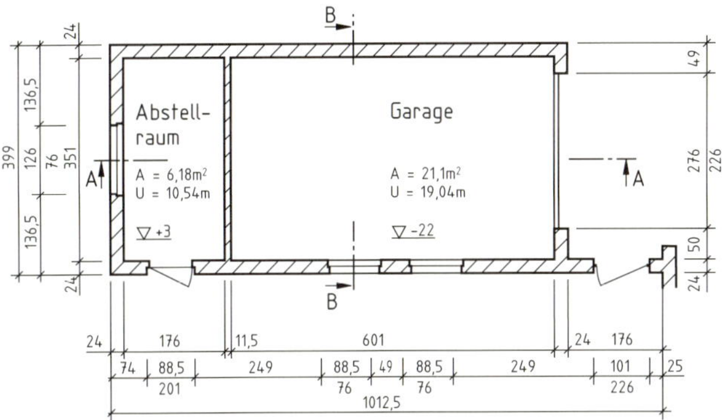

Grundriss

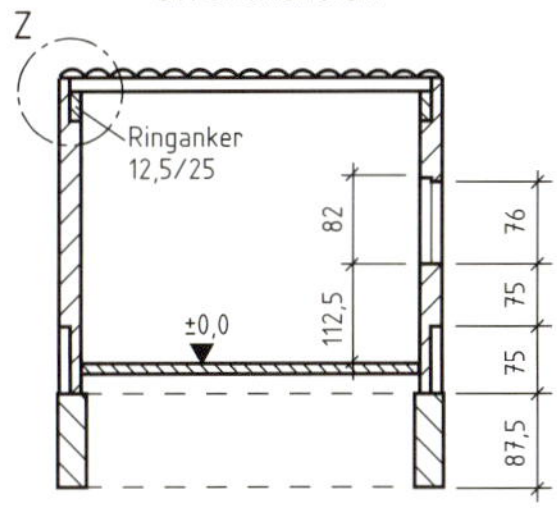

Querschnitt

Einzelheiten:
Sie zeigen Details in größerem Maßstab und werden meist im Schnitt gezeichnet.

Lagepläne:
Sie zeigen die örtlichen Gegebenheiten. Sie werden mit einem **Nordpfeil** versehen. Hinter dem Maßstab wird die Einheit in m oder cm angegeben.

Einzelheit Z
M 1:10 – mm

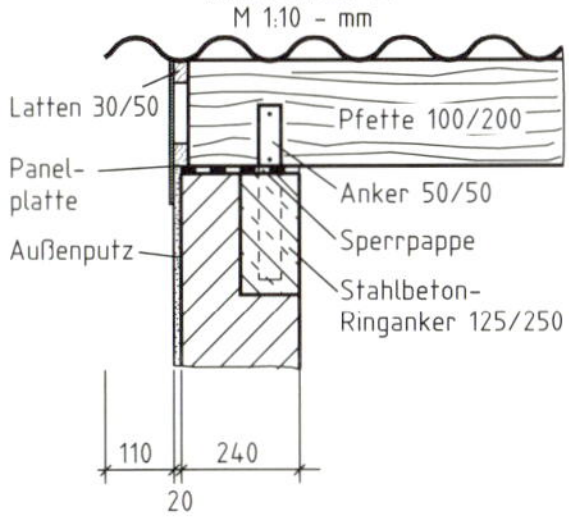

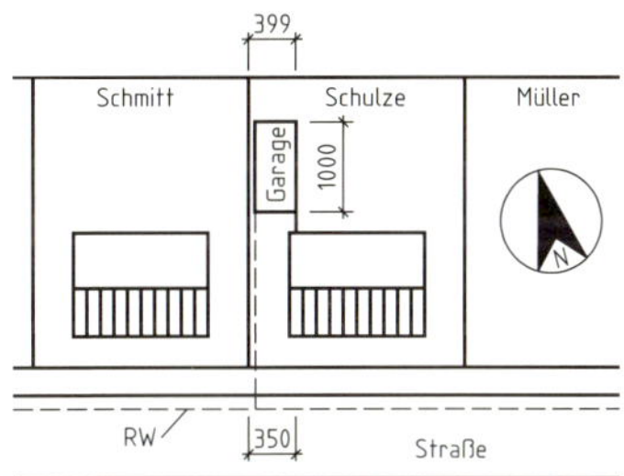

5

Maßeinheiten (nach **DIN 1356-1**, 02.95)				
Spalte	1	2	3	4
Zeile	Maßeinheit Bemaßung in	Maße unter 1 m z. B.		Maße über 1 m z. B.
1	cm	24	88.5[1])	388.5[1])
2	m und cm	24	88^5	3.88^5[1])
3	mm	240	885	3885

[1]) Anstelle des Punktes darf auch ein Komma gesetzt werden.

Allgemeine Zeichen (nach **DIN 1356-1**, 02.95)	
Anwendungsbereich	Zeichen
Richtung	⟵
Höhenangabe **Oberfläche** – Fertigkonstruktion – Rohkonstruktion	▽ ▼
Höhenangabe **Unterfläche** – Fertigkonstruktion – Rohkonstruktion	△ ▲

Bauzeichnungen

Kennzeichnung der Schnittflächen (nach **DIN 1356-1**, 02.95)

	Anwendungsbereich	Kennzeichnung
1	Boden	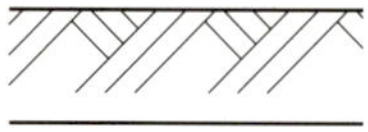
2	Kies	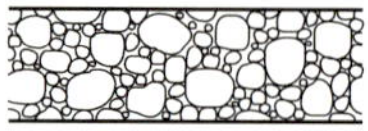
3	Sand	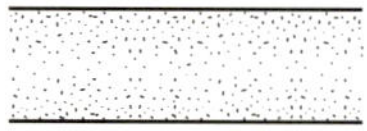
4	Beton (unbewehrt)	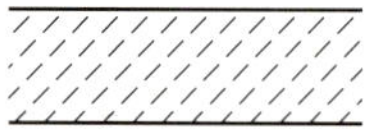
5	Beton (bewehrt)	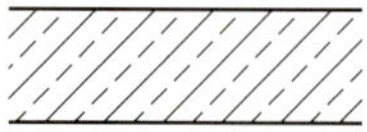
6	Mauerwerk	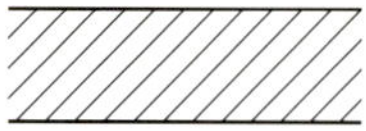
7	Holz, quer zur Faser geschnitten	
8	Holz, längs zur Faser geschnitten	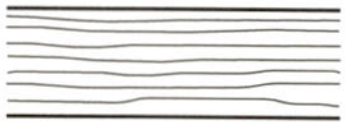
9	Metall	
10	Mörtel, Putz	
11	Dämmstoffe	
12	Abdichtungen (z. B. Dampfsperren)	
13	Dichtstoffe	

5

Tragrichtung von Platten

Anwendungsbereich	Tragrichtung
Zweiseitig gelagert	
Dreiseitig gelagert	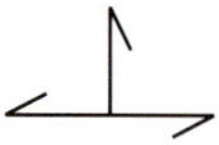
Vierseitig gelagert	
Auskragend	

Aussparungen

Aussparungen, deren Tiefe kleiner als die Bauteiltiefe ist	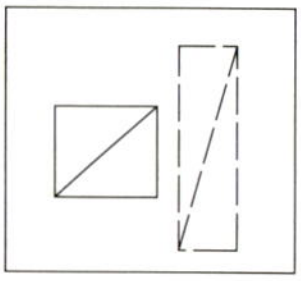 Ansicht 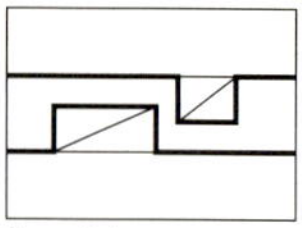 Grundriss
Aussparungen, deren Tiefe gleich der Bauteiltiefe ist	 Ansicht 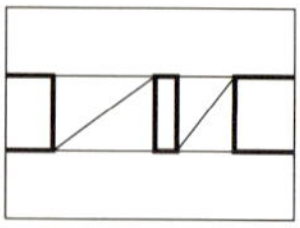 Grundriss

Einteilung der Werkstoffe

Werkstoffe

- **Metalle**
  - **Eisenmetalle**
    - **Stähle, $w(C) < 2\,\%$**
      - Nichtrostende Stähle
      - Hitzebeständige Stähle
      - Kesselbleche
      - Allgemeine Baustähle
      - Vergütungsstähle
      - Einsatzstähle
      - Nitrierstähle
      - Alterungsbeständige Stähle
      - Hochfeste Stähle
      - Werkzeugstähle
        - Kaltarbeitsstähle
        - Warmarbeitsstähle
        - Schnellarbeitsstähle
        - Unlegierte Werkzeugstähle
      - u.a.
    - **Gusseisen, $w(C) > 2\,\%$**
      - Gusseisen mit Lamellengraphit (Grauguss)
      - Gusseisen mit Kugelgraphit
      - Temperguss
  - **Nichteisenmetalle**
    - **Schwermetalle, $\varrho > 5000\ kg/m^3$**
      - Kupfer
      - Kupferlegierungen
      - Nickel
      - Nickellegierungen
      - Blei
      - Bleilegierungen
      - Tantal
      - Zirkonium
      - Zink
      - Zinklegierungen
      - Zinn
      - Zinnlegierungen
      - Platin
      - Gold
      - Silber
      - u.a.
    - **Leichtmetalle, $\varrho < 5000\ kg/m^3$**
      - Aluminium
      - Aluminiumlegierungen
      - Titan
      - Titanlegierungen
      - Magnesium
      - Magnesiumlegierungen
      - u.a.
- **Verbundwerkstoffe**
  - Glasfaserverstärkte Kunststoffe
  - Kohlenstofffaserverstärkte Kunststoffe
  - Borfaserverstärkte Kunststoffe
  - Metallfaserverstärkte Kunststoffe
  - Synthesefaserverstärkte Kunststoffe
  - Asbestfaserverstärkte Kunststoffe
  - Metallwhiskerverstärkte Kunststoffe
  - Hartmetalle (Metallcarbid/Metall-Sinterwerkstoffe)
  - Thermobimetalle
  - Pseudolegierungen (z.B. Cu/C-Sinterwerkstoffe)
  - Cermets (Metalloxid/Metall-Sinterwerkstoffe)
  - Kunstharzimpregnierter Graphit
  - Graphit mit Fluorkunststoff
  - u.a.
- **Nichtmetalle**
  - **Anorganische Werkstoffe**
    - Graphit
    - Gebrannter Kohlenstoff
    - Keramik
      - Aluminiumoxid
      - Zirkoniumdioxid
      - Siliciumcarbid
      - Siliciumnitrid
      - Porzellan
      - Schamotte
      - Steinzeug
      - Ziegel
    - Glas (Borosilicatglas)
    - Quarz
    - Email
    - Schmelzbasalt
    - Schmelzkorund
    - Beton
    - Zement
    - Kalksandstein
    - Natursteine
    - Asbest
    - u.a.
  - **Organische Werkstoffe**
    - **Kunststoffe**
      - **Thermoplaste**
        - Polytetrafluoroethylen (PTFE)
        - Polyethylen (PE)
        - Polypropylen (PP)
        - Polyamid (PA)
        - Polyvinylchlorid (PVC)
        - Polyvinylidenfluorid (PVDF)
        - Polystyrol (PS)
        - Polycarbonat (PC)
        - Polyoximethylen (POM)
        - Polytrifluorethylen (PCTFE)
        - Polymethylmethacrylat (PMMA)
        - u.a.
      - **Duroplaste**
        - Epoxidharz (EP)
        - Poyesterharz, ungesättigt (UP)
        - Melamin-Formaldehyd-Harz (MF)
        - Phenol-Formaldehyd-Harz (PF)
        - u.a.
      - **Elastomere**
        - Polyisobutylen (PIB)
        - Polyurethan (PUR)
        - Siliconkautschuk
        - u.a.
    - **Naturstoffe**
      - Kautschuk (Polyisopren)
      - Holz
      - Pflanzliche Fasern
        - Ramie
        - Baumwolle
        - Flachs
        - Hanf
        - Sisal
      - Tierische Fasern
        - Wolle
        - Naturseide
      - u.a.
- **Halbmetalle**
  - Silicium
  - Germanium
  - Galliumarsenid
  - Indiumantimonid
  - u.a.

SK Werkstoffe

Eigenschaften von Apparatewerkstoffen

Druckbehälterstähle für tiefe Temperaturen (nach **AD-Merkblatt W10**, 10.03)

AD-Merkblatt steht für Arbeitsgemeinschaft Druck der Vereinigung der **TÜV** e.V.
→ Druckgeräte
Im AD-Merkblatt W10 (W steht für Werkstoffe) unterscheidet man wie folgt:

Beanspruchungsfall	Kennzeichen für den Einsatz der **kaltzähen Stähle**	
I	Bei den Druckbehältern und den Bauteilen von Druckbehältern werden die Festigkeitskennwerte der AD-Merkblätter der Reihe W und die Sicherheitsbeiwerte des AD-Merkblattes BO voll ausgenutzt. Gilt grundsätzlich bei **Schrauben**.	
II	Ausnutzung zu 75%	**Achtung:** Beanspruchungsfälle I, II, III nicht mit den Belastungsfällen I, II, III in der Festigkeitslehre verwechseln!
III	Ausnutzung nur zu 25%	

Lfd. Nr.	Stahlart	Stahlsorte, Stahlgusssorte: Werkstoffnummer nach DIN und Kurzname	neue Werkstoffbezeichnung	Tiefste Anwendungstemperatur °C bei Beanspruchungsfall I	II	III	Größte zulässige Dicke, bei Rohren Wanddicke mm	Größter zulässiger Durchmesser mm
1	2	3	3a	4	5	6	7	
1	Stahlsorten u. Stahlgusssorten nach den AD-Merkblättern W1, W4, W5, W8, W12 und W13. Unberuhigte und halbberuhigte Stahlsorten und Stahlgusssorten sind bei Anwendungstemperaturen unter −10°C ausgeschlossen.	geeignete Stahlsorten oder Stahlgusssorten nach Spalte 2		−10	−60	−85		
2	Schweißgeeignete Feinkornbaustähle, normalgeglüht nach DIN 17102 (nur gewalzte Langerzeugnisse), DIN 17103 und DIN EN 10028-3 in Verbindung mit den VdTÜV-Werkstoffblättern 351 bis 358	Grundreihe und warmfeste Reihe (W) StE 255 bis (W) StE 500	S 255N bis S 500N	−20	−70	−100	70[1]	70[1]
		Kaltzähe Reihe TStE 255 bis TStE 420 TStE 460 TStE 500	S 250NL bis S 420NL P 460NL1 S 500NL	−60 −50 −40	−110 −100 −90	−140 −130 −120	60[1] 20[1] 20[1]	60[1] 20[1] 20[1]
		Kaltzähe Sonderreihe EStE 255 bis EStE 315 EStE 355 bis EStE 420 EStE 460 bis EStE 500	S 250NL1 bis S 315NL1 P 355NL2 bis S 420NL1 P 460NL2 bis S 500NL1	−70 −60 −60	−120 −110 −110	−150 −140 −140	60[1] 60[1] 20[1]	60[1] 60[1] 20[1]
	Geschweißte Rohre aus Feinkornbaustählen nach DIN 17178 in Verbindung mit den VdTÜV-Werkstoffblättern 351 bis 357. Nahtlose Rohre aus Feinkornbaustählen nach DIN 17179 in Verbindung mit den VdTÜV-Werkstoffblättern 351 bis 357	Grundreihe und warmfeste Reihe (W) StE 255 bis (W) StE 460	S 255 N bis P 460 N	−20	−70	−100	40[1][9] für geschweißte Rohre	–
		Kaltzähe Reihe TStE 255 bis TStE 420 TStE 460	S 255NL bis S 420NL P 460 NL1	−60 −50	−110 −100	−140 −130		
		Kaltzähe Sonderreihe EStE 255 und EStE 285 EStE 355 und EStE 460	S 255NL1 und P 275NL2 P 355NL2 und P 460NL2	−70 −60	−120 −110	−150 −140	65[1][2][9] für nahtlose Rohre	–
3	Nichtrostende austenitische Stähle nach DIN 17440	Kurznahme / Werkstoff-Nr. X5CrNi 1810 / 1.4301 X5CrNi 1812 / 1.4303 X6CrNiNb 1810 / 1.4550 X5CrNiMo 17122 / 1.4401 X2CrNiMo 17132 / 1.4404 X6CrNiMoNb 17122 / 1.4580	 X5CrNi 18-10 X5CrNi 18-12 X6CrNiNb 18-10 X5CrNiMo 17-12-2 X2CrNiMo 17-13-2 X6CrNiMoNb 17-12-2	−200	−255	−270	75	250 160 450 250 250 250

Eigenschaften von Apparatewerkstoffen (Fortsetzung) (nach AD-Merkblatt W10, 10.03)

Lfd. Nr.	Stahlart	Stahlsorte, Stahlgusssorte: Werkstoffnummer nach DIN und Kurzname	Stahlsorte, Stahlgusssorte: neue Werkstoffbezeichnung	Tiefste Anwendungstemperatur °C bei Beanspruchungsfall I	II	III	Größte zulässige Dicke, bei Rohren Wanddicke mm	Größter zulässiger Durchmesser mm
1	2	3	3a	4	5	6	7	7
3		X2CrNiMo 18143 1.4435 X2CrNiMoN 17135 1.4439[8] X2CrNi 1911 1.4306 X6CrNiTi 1810 1.4541 X6CrNiMoTi 17122 1.4571 X2CrNiN 1810 1.4311	X2CrNiMo 18-14-3 X2CrNiMo 17-13-5 X2CrNi 19-11 X6CrNiTi 18-10 X6CrNiMoTi 17-12-2 X2CrNiN 18-10	–270[3]	–270	–270		250 160 250 450 450 250
		X2CrNiMoN 17122 1.4406 X2CrNiMoN 17133 1.4429	X2CrNiMoN 17-11-2 X2CrNiMoN 17-13-3	–270	–270	–270		160 400
	Nichtrostende austenitische Stähle nach DIN 17441	X5CrNi 1810 1.4301 X5CrNi 1812 1.4303 X6CrNiNb 1810 1.4550 X5CrNiMo 17122 1.4401 X2CrNiMo 17132 1.4404 X2CrNiMo 18143 1.4435 X2CrNiMoN 17135 1.4439[8]	X4CrNi 18-10 X4CrNi 18-12 X6CrNiNb 18-10 X4CrNiMo 17-12-2 X2CrNiMo 17-12-2 X2CrNiMo 18-14-3 X2CrNiMo 17-13-5	–200	–255	–270	6	–
		X2CrNi 911 1.4306 X6CrNiTi 1810 1.4541 X6CrNiMoTi 17122 1.4571 X2CrNiN 1810 1.4311	X2CrNi 9-11 X6CrNiTi 18-10 X6CrNiMoTi 17-12-2 X2CrNiN 18-10	–270[3]	–270	–270		
		X2CrNiMoN 17122 1.4406 X2CrNiMoN 17133 1.4429	X2CrNiMoN 17-11-2 X2CrNiMoN 17-13-3	–270	–270	–270		
	Geschweißte Rohre aus austenitischen nichtrostenden Stählen nach DIN 17457. Nahtlose Rohre aus austenitischen nichtrostenden Stählen nach DIN 17458	X5CrNi 1810 1.4301 X6CrNiNb 1810 1.4550 X5CrNiMo 17122 1.4401 X2CrNiMo 17132 1.4404 X2CrNiMo 18143[4] 1.4435 X2CrNiMoN 17135 1.4439[8] X6CrNiMoNb 17122[5] 1.4580	X4CrNi 18-10 X6CrNiNb 18-10 X5CrNiMo 17-12-2 X2CrNiMo 17-12-2 X2CrNiMo 18-14-3 X2CrNiMo 17-13-5 X6CrNiMoNb 17-12-2	–200	–255	–270	50	–
		X2CrNi 1911 1.4306 X6CrNiTi 1810 1.4541 X6CrNiMoTi 17122 1.4571 X2CrNiN 1810 1.4311	X2CrNi 19-11 X6CrNiTi 18-10 X6CrNiMoTi 17-12-2 X2CrNiN 18-10	–270[3]	–270	–270		
		X2CrNiMoN 17133 1.4429	X2CrNiMoN 17-13-3	–270	–270	–270		
	Nichtrostende austenitische Stahlgusssorten nach DIN 17445	G-X6CrNi 189 1.4308 G-X5CrNiNb 189 1.4552	GX5CrNi 19-10 GX5CrNiNb 19-10	–200 –105	–255 –165	–270 –200	30[6] 250[6]	– –
	Kaltumgeformte nichtrostende austenitische Schrauben **ohne** Kopf nach DIN 267 Teil 11	A 2 } in den Festigkeits- – A 4 } klassen 50 und 70 –		–200 –200	nicht vorgesehen	nicht vorgesehen	nach AD-Merkblatt W 2	
	Kaltumgeformte nichtrostende austenitische Schrauben **mit** Kopf nach DIN 267 Teil 11	A 2 } in den Festigkeits- – A 4 } klassen 50 und 70 –		–200 –60	nicht vorgesehen	nicht vorgesehen	nach AD-Merkblatt W 2	
4	Kaltzähe Stähle nach DIN 17280 und DIN EN 10028-4	26 CrMo 4 1.7219	26CrMo4	–65	–115	–145	≤50 >50 ≤70	≤75 >75 ≤105
		11 MnNi 5 3 1.6212 13 MnNi 6 3 1.6217	11 MnNi 5-3 13 MnNi 6-3	–60	–110	–140	≤70	≤105
		10 Ni 14 1.5637	12 Ni 14	–105	–155	–185	≤30 >30 ≤50 >50 ≤70	≤45 >45 ≤75 >75 ≤105

6

Eigenschaften von Apparatewerkstoffen (Fortsetzung) (nach AD-Merkblatt W10, 10.03)

Lfd. Nr.	Stahlart	Stahlsorte, Stahlgusssorte: Werkstoffnummer nach DIN und Kurzname		neue Werkstoffbezeichnung	Tiefste Anwendungstemperatur °C bei Beanspruchungsfall I	II	III	Größte zulässige Dicke, bei Rohren Wanddicke mm	Größter zulässiger Durchmesser mm
1	2	3		3a	4	5	6	7	
4		12 Ni 19	1.5680	X12Ni5	−120	−170	−200	≤30 >30 ≤50	≤45 >45 ≤75
		X8Ni9	1.5662	X8Ni9	−200	−255	−270	≤70	≤105
	Nahtlose Rohre aus kaltzähen Stählen nach DIN 17173. Geschweißte Rohre aus kaltzähen Stählen nach DIN 17174	TTSt35N	1.1101	S225NL	−50	−100	−130	≤10	–
		TTSt35V	1.1101	S225NL	−50	−100	−130	≤25 >25 ≤40	–
		26CrMo4 (nur nahtlos)	1.7219	26CrMo4	−65	−115	−145	≤40	–
		11MnNi53 13MnNi63	1.7212 1.6217	11MnNi5-3 13MnNi6-3	−60	−110	−140	≤40	–
		10Ni14	1.5637	12Ni14	−105	−155	−185	≤25 >25 ≤40	–
		12Ni19	1.5680	X12Ni19	−120	−170	−200	≤25 >25 ≤40	–
		X8Ni9	1.5662	X8Ni9	−200	−255	−270	≤40	–
5	Kaltzähe Stahlgusssorten nach Stahl-Eisen-Werkstoffblatt 685	GS-21 Mn 5[10] GS-26 CrMo4 GS-10Ni6 GS-10Ni14 G-X5CrNi13 4[7] GS-10Ni19 G-X6CrNi1810	1.1138 – 1.5621 1.5638 1.4313 – 1.6902	G21Mn5 G26CrMo4 G10Ni6 G10Ni14 GX5CrNi13-4 – GX6CrNi18-10	−50 −50 −50 −90 −60 −105 −255	−100 −100 −100 −140 −110 −155 −270	−130 −130 −130 −190 −140 −205 −270	≤100[6] ≤75[6] ≤35[6] ≤35[6] ≤300[6] ≤30[6] ≤250[6]	–

1) Wenn die Anwendungstemperatur höher liegt als die tiefste zulässige Anwendungstemperatur, erhöht sich die größte zulässige Dicke oder der größte zulässige Durchmesser um 2 mm/K.
2) Für nahtlose Rohre der kaltzähen Sonderreihe 40 mm.
3) Bei tiefsten Anwendungstemperaturen tiefer als −200 °C bis −270 °C Prüfung der Kerbschlagarbeit bei −196 °C mit ISO-V-Proben, Mindest-Anforderung 40 J (Nm) für Dicken bzw. Wanddicken ≥ 10 mm, bei Stabstahl und Schmiedestücken bei Durchmessern ≥ 15 mm.
4) Bei geschweißten Rohren nur, wenn ohne Zusatz geschweißt.
5) Nur für nahtlose Rohre.
6) Größte maßgebende Wanddicke.
7) In Verbindung mit VdTÜV-Werkstoffblatt 452.
8) In Verbindung mit VdTÜV-Werkstoffblatt 405.
9) Für geschweißte und nahtlose Rohre aus TStE 460 und EStE 460 ≤ 20 mm.
10) In Verbindung mit VdTÜV-Werkstoffblatt 476.
11) Für Muttern und Stabstahl für Muttern gelten die Regelungen des AD-Merkblattes W 7.

Anmerkungen:

a) Alle im AD-Merkblatt W10 (letzte Ausgabe Januar 2000) angegebenen Bezeichnungen für Werkstoffblätter, DIN-Normen sind original wiedergegeben, d.h. auf 01.00 bezogen.

b) Das Original-Arbeitsblatt W10 enthält außerdem die Spalten 8, 9, 10 und 11 über Angaben von Prüfbedingungen wie etwa Probenform, Prüftemperatur etc.

c) In diesem Tabellenbuch wurde zusätzlich die Spalte 3a installiert. In dieser finden Sie die Werkstoffbezeichnungen nach neuester Normung.

d) Das Original-Arbeitsblatt W10 enthält noch weitere Werkstoffe!

Eigenschaften von Apparatewerkstoffen (Fortsetzung)

Die folgende Tabelle informiert über die physikalischen und mechanischen Eigenschaften typischer Apparatewerkstoffe und gibt Hinweise über die chemische Beständigkeit und über Anwendungsbereiche. Es ist zu beachten, dass insbesondere die Stoffwerte von Hersteller zu Hersteller etwas variieren können.

Sofern nicht anders angegeben, beziehen sich die Daten auf 20 °C. Für den thermischen Längenausdehnungskoeffizienten ist jeweils der Mittelwert im Bereich von 20 °C bis 100 °C genannt. Die maximalen Anwendungstemperaturen geben z. T. den Beginn der Gefahr interkristalliner Korrosion an und können je nach Medium evtl. höher angesetzt werden.

Werkstoff-Nummer (nach DIN) und Kurzname (Kursiv: neue Bezeichnung)	Dichte ϱ kg/m³	Maximale Anwendungstemperatur ϑ_{max} °C	Spezifischer elektr. Widerstand ϱ $10^{-6}\,\Omega \cdot m$	Wärmeleitfähigkeit λ W/(m · K)	Thermischer Längenausdehnungskoeffizient α 10^{-6} 1/K	Spezifische Wärmekapazität c J/(kg · K)	Elastizitätsmodul E N/mm²	Zugfestigkeit R_m N/mm²
Stähle, nichtrostend								
1.4006 X 12 Cr 13 bzw. *X10Cr13*	7700	400	0,6	30	10,5	460	216 000	450 – 800
	Beständig gegen H_2 und H_2S, gegen Säuren nur begrenzt beständig. Für Rohre, Wärmeaustauscher, Armaturen u. ä. in Crackanlagen, Molkereien, Papier- und Textilindustrie. Hochglanzpolierbar.							
1.4057 X 20 CrNi 17 2 bzw. *X19CrNi17-2*	7700	400	0,7	25	10,0	460	216 000	750 – 950
	Beständig gegen schwach oxidierende Säuren. Für Apparate, Ventile, Pumpen, Verdichter und allgemein für mechanisch beanspruchte Teile in der Essigsäure-, Papier-, Seifen- und Lebensmittelindustrie. Hohe Festigkeit. Hochglanzpolierbar.							
1.4104 X 12 CrMoS 17 bzw. *X14CrMoS17*	7700	350	0,7	25	10,0	460	216 000	540 – 850
	Für nicht zu hohe Korrosionsbeanspruchung. Automatenstahl für Massenteile wie Schrauben, Muttern usw.							
1.4122 X 35 CrMo 17 bzw. *X39CrMo17-1*	7700	450	0,65	2,9	10,5	460	220 000	800 – 900
	Sehr gute Verschleiß- und Erosionsbeständigkeit, auch bei hohen Temperaturen. Für Apparate, Pumpen, Verdichter u. ä. Hochglanzpolierbar.							
1.4301 X 5 CrNi 18 10 (V2A) bzw. *X4CrNi18-10*	7900	300	0,73	15	16,0	500	200 000	500 – 700
	Gute chemische Beständigkeit gegen viele Laugen und organische Lösemittel, weniger gut beständig gegen viele anorganische und organische Säuren. Für Füllkörper, Apparate, Behälter, Armaturen u. ä. in der Tieftemperaturtechnik (bis –200 °C), Chemie-, Papier-, Kunstdünger-, Nahrungs- und Getränkeindustrie. Gut schweißbar und hochglanzpolierbar.							
1.4306 X 2 CrNi 19 11 (V2A) bzw. *X2CrNi19-11*	7900	350 (800)	0,73	15	16,0	500	200 000	450 – 700
	Beständig u. a. gegen salpetersäurehaltige Lösungen (bis zu hohen Temperaturen und Konzentrationen) und gegen organische Säuren. Unempfindlich gegen Kornzerfall. Sehr breiter Anwendungsbereich. Für Rohre, Apparate, Kompensatoren, Druckbehälter u. ä. in der chemischen, der Nahrungsmittel-, der Seifen- und Kunstfaser- und der Pharmaindustrie, sowie in der Kerntechnik und in Salpetersäureanlagen. Hochglanzpolierbar.							
1.4311 X 2 CrNiN 18 10 bzw. *X2CrNiN18-10*	7900	400	0,73	15	16,0	500	200 000	550 – 760
	Gut beständig gegen interkristalline Korrosion. Für Druckbehälter und Rohre in der chemischen und pharmazeutischen Industrie, in Brauereien und Molkereien, in der Salpetersäureverarbeitung und in der Tieftemperaturtechnik. Hochglanzpolierbar.							
1.4401 X 5 CrNiMo 17 12 2 (V4A) bzw. *X4CrNiMo17-12-2*	7950	350	0,75	15	16,5	500	200 000	510 – 710
	Beständig gegen nicht oxidierende Säuren, chloridhaltige Medien und gegen Lochfraß. Für Transportbehälter und Rohre in der chemischen Industrie, in Brennereien, Brauereien und Molkereien, in der Zellstoff-, Kunstseide-, Seifen-, Textil-, Farben- und Fruchtsaftindustrie. Hochglanzpolierbar.							

Eigenschaften von Apparatewerkstoffen (Fortsetzung)

Werkstoff-Nummer (nach DIN) und Kurzname (Kursiv: neue Bezeichnung)	Dichte ϱ kg/m³	Maximale Anwendungstemperatur ϑ_{max} °C	Spezifischer elektr. Widerstand ϱ $10^{-6}\,\Omega \cdot m$	Wärmeleitfähigkeit λ W/(m · K)	Thermischer Längenausdehnungskoeffizient α 10^{-6} 1/K	Spezifische Wärmekapazität c J/(kg · K)	Elastizitätsmodul E N/mm²	Zugfestigkeit R_m N/mm²
Stähle, nichtrostend (Fortsetzung)								
1.4404 X 2 CrNiMo 17 13 2 (V4A) bzw. *XCrNiMo17-12-2*	7950	400 (800)	0,75	15	16,5	500	200 000	490 – 690
	Beständig gegen nicht oxidierende Säuren, z. B. Essigsäure, Weinsäure, Phosphorsäure und Schwefelsäure, gegen chloridhaltige Medien, gegen Lochfraß und gegen interkristalline Korrosion. Für Rohre, Kompensatoren, Transport- und Lagerbehälter für aggressive Medien u. ä. Einsatz in der chemischen und pharmazeutischen Industrie, in der Textilveredlung und in Molkereien und Färbereien. Hochglanzpolierbar.							
1.4429 X 2 CrNiMoN 17 13 3 bzw. *X2CrNiMoN17-13-3*	7980	400	0,75	15	16,5	500	200 000	580 – 800
	Gut beständig gegen interkristalline Korrosion. Für Rohre, Druckbehälter und Apparate erhöhter chemischer Beständigkeit in der chemischen, pharmazeutischen, Textil- und Kunstfaserindustrie, ferner in der Zellstoff- und Zelluloseverarbeitung. Hochglanzpolierbar.							
1.4435 X 2 CrNiMo 18 14 13 (V4A) bzw. *X2CrNiMo18-14-3*	7980	400 (800)	0,75	15	16,5	500	200 000	490 – 690
	Erhöhte Beständigkeit gegen nicht oxidierende Säuren, chloridhaltige Medien, geschweißte Teile und Lochfraß und gut beständig gegen interkristalline Korrosion. Für Rohre, Apparate und allgemein geschweißte Anlagenteile. Häufiger Werkstoff in der chemischen Industrie, daneben in der pharmazeutischen, der Kunstfaser-, der Zellstoff- und der Textilindustrie. Hochglanzpolierbar.							
1.4439 X 2 CrNiMoN 17 13 5 bzw. *X2CrNiMoN17-13-5*	8020	400	0,85	14	16,5	500	200 000	580 – 800
	Erhöhte Beständigkeit gegen organische und nicht oxidierende anorganische Säuren, auch bei höherer Temperatur und Konzentration an Chloridionen. Gut beständig gegen Lochfraß und interkristalline Korrosion. Unempfindlich gegen Spalt- und Spannungsrisskorrosion. Für Rohre, Wärmeaustauscher und SO_2-Rauchgaswäscher. Einsatz in der chemischen, der Zellulose-, der Papier- und der Fotoindustrie. Hochglanzpolierbar.							
1.4460 X 4 CrNiMoN 27 5 2 bzw. *X3CrNiMoN27-5-2*	7700	350	0,75	15	11,5	500	206 000	600 – 900
	Gute mechanische Eigenschaften und wenig empfindlich gegen Spannungs- und Schwingungsrisskorrosion. Gut beständig gegen Seewasser. Geeignet für Bauteile, die einer hohen chemischen **und** mechanischen Beanspruchung ausgesetzt sind, z. B. Verdichterbauteile bei aggressiven Gasen und bei Pumpen. Einsatz in der chemischen und der Papierindustrie, ferner in Färbereien und in der Petrochemie.							
1.4462 X 2 CrNiMoN 22 5 3 bzw. *X2CrNiMoN22-5-3*	7800	300	0,8	16 – 17	12,0	450	206 000	600 – 900
	Gute Beständigkeit gegen chloridhaltige Medien und weitgehend unempfindlich gegen Lochfraß, Spannungsriss- und interkristalline Korrosion sowie gegen Wasserstoffversprödung in H_2S-haltigen Medien. Gute mechanische Eigenschaften. Für Druckbehälter (bis 280 °C), Wärmeaustauscher, Rohre, Pumpen, Verdichter, Separatoren, Armaturen und Lagerbehälter u. ä. Einsatz in der chemischen und petrochemischen Industrie, in der Papierindustrie und in der Meerwasserentsalzung. Polierfähig.							
1.4539 X 1 NiCrMoCu 25 20 5 bzw. *X1NiCrMoCu25-20-5*	8000	400 (800)	0,85 – 0,9	12	15,8	460	195 000	520 – 720
	Hochsäurebeständig, z. B. gegen Schwefel-, Phosphor-, Essig- und Salzsäure, gegen Mischsäuren und gegen chlorid- und fluoridhaltige Säuren. Hohe Beständigkeit gegen Lochfraß und Spannungsrisskorrosion, nicht anfällig gegen interkristalline Korrosion. Für Rohre, Druckbehälter, Wärmeaustauscher u. ä. in der chemischen und petrochemischen Industrie, in der Rauchgasentschwefelung, der Kunstdüngererzeugung, der Meerwasserentsalzung und der Kunststoff- und Zelluloseindustrie. Hochglanzpolierbar.							

Eigenschaften von Apparatewerkstoffen (Fortsetzung)

Werkstoff-Nummer (nach DIN) und Kurzname (Kursiv: neue Bezeichnung)	Dichte ϱ kg/m³	Maximale Anwendungstemperatur ϑ_{max} °C	Spezifischer elektr. Widerstand ϱ $10^{-6}\,\Omega \cdot m$	Wärmeleitfähigkeit λ W/(m · K)	Thermischer Längenausdehnungskoeffizient α 10^{-6} 1/K	Spezifische Wärmekapazität c J/(kg · K)	Elastizitätsmodul E N/mm²	Zugfestigkeit R_m N/mm²
Stähle, nichtrostend (Fortsetzung)								
1.4541	7900	400 (800)	0,73	15	16,0	500	200 000	500 – 750
X 6 CrNiTi 18 10 (V2A) *X6CrNiTi18-10*	Gute Beständigkeit gegen viele Medien und gegen interkristalline Korrosion. Für Rohre, Kompensatoren, Apparate, Armaturen und Behälter u. ä. Anwendung in der chemischen Industrie, in Brauereien, in der Nahrungs- und Genussmittelindustrie, in der Stickstoff-, Düngemittel-, Salpetersäure-, Leder-, Zucker- und Seifenindustrie sowie in der Tieftemperaturtechnik (bis –200 °C). Insgesamt sehr breiter Anwendungsbereich in vielen Industriebereichen, insbesondere in der chemischen Industrie. Kaltzäh. Bedingt polierbar.							
1.4563	8000	400	0,95	12 – 14	16,0	500	202 000	500 – 750
X 1 NiCrMoCu 31 27 4 *X1NiCrMoCu31-27-4*	Erweiterte Beständigkeit gegen chloridhaltige Medien, schwefelsaure Medien, oxidierende und reduzierende Säuren, organische Säuren und Alkalien. Hohe Lochfraßbeständigkeit, unempfindlich gegen Spalt-, interkristalline und Spannungsrisskorrosion. Für Rohre, Wärmeaustauscher und Auskleidungen u. ä. Einsatz in der chemischen Industrie, in meerestechnischen Anlagen, speziell z. B. in der Schwefelsäureherstellung, beim Transport saurer Gase und beim Rohphosphataufschluss. Hochglanzpolierbar.							
1.4571	7980	400 (800)	0,75	15	16,5	500	200 000	500 – 730
X 6 CrNiMoTi 17 12 2 (V4A) *X6CrNiMoTi17-12-2*	Gut beständig gegen viele Medien, z. B. gegen Essig und Weinsäure. Bedingt beständig gegen Phosphor- und Schwefelsäure (abhängig u.A. von Temperatur und Konzentration. Erhöhte Beständigkeit gegen Lochfraß bei chloridhaltigen Medien. Für Rohre, Apparate, Pumpen, Verdichter und Kompensatoren u. ä. Einsatz in der chemischen und in der petrochemischen Industrie sowie in der Papier-, Textil-, Zellulose-, Kunstharz- und Gummiindustrie. Insgesamt breiter Anwendungsbereich.Warmfester, aber etwas weniger säurebeständig als der Stahl 1.4435. Bedingt polierbar.							
1.4575	7700	300	0,8	14,5	9,5	400	215 000	600 – 750
X 1 CrNiMoNb 28 4 2	Für besonders aggressive korrosive Beanspruchung. Sehr gut beständig gegen Lochfraß, Spannungsriss- und Spaltkorrosion. Für Anlagenteile in der chemischen Industrie, z. B. in der Harnstoffsynthese. Nicht polierfähig.							
Stähle, hitzebeständig								
1.4762	7700	1150	1,1	17	11,5[1]	450	220 000	520 – 720
X 10 CrAl 24	Sehr beständig gegen schwefelhaltige Gase.							
1.4828	7900	1100	0,85	15	17,5[1]	500	198 000	500 – 750
X 15 CrNiSi 20 12 *X15CrNiSi20-12*	Gut schweißbar. Empfindlich gegen schwefelhaltige Gase.							
1.4878	7900	850	0,75	15	18,0[1]	500	200 000	500 – 750
X 12 CrNiTi 18 9 *X12CrNiTi18-9*	Gut schweißbar. Empfindlich gegen schwefelhaltige Gase.							

[1] Der thermische Längenausdehnungskoeffizient stellt hier den Mittelwert im Temperaturbereich von 20 °C bis 400 °C dar.

6

Eigenschaften von Apparatewerkstoffen (Fortsetzung)

Werkstoff-Nummer (nach DIN) und Kurzname	Dichte ϱ kg/m³	Maximale Anwendungstemperatur ϑ_{max} °C	Spezifischer elektr. Widerstand ϱ $10^{-6}\,\Omega \cdot m$	Wärmeleitfähigkeit λ W/(m · K)	Thermischer Längenausdehnungskoeffizient α 10^{-6} 1/K	Spezifische Wärmekapazität c J/(kg · K)	Elastizitätsmodul E N/mm²	Zugfestigkeit R_m N/mm²
Titan								
3.7025 Ti 1 3.7035 Ti 2	4510	250 (500)[1]	0,56	20	8,6	526	108 000	370 – 550
	Allgemein sehr beständig gegen Korrosion, z. B. in chloridhaltigen und oxidierenden Medien. Gut beständig gegen Kühl-, Meer- und Brackwasser, feuchtes Chlorgas, Chlordioxid, Salpetersäure und andere Säuren sowie gegen Spalt-, Loch- und Spannungsrisskorrosion. Für chemische Apparate allgemein, z.B. Wärmeaustauscher, Rohre, Pumpen, Armaturen, Druckbehälter, Zentrifugen und Separatoren, Rührer, Rohrreaktoren und Messinstrumente. Einsatz in der chemischen Industrie z. B. bei der Essigsäure-, Maleinsäure-, Salpetersäure- und Chlorgasherstellung, bei der Harnstoffsynthese, der Düngemittelproduktion, beim Sodaverfahren, in der Kunststoff- und Kunstfaserindustrie, in Acetaldehydanlagen, bei der Meerwasserentsalzung und bei der Rauchgasentschwefelung. Daneben Einsatz in der Nahrungsmittel- und in der pharmazeutischen Industrie.							
Email für Chemieapparate								
	2500	ca. 700	10^{16}	0,93	8,0 – 9,5	840	70 000	70 – 90
	Gute Beständigkeit gegen Säuren (mit Ausnahme von Fluorwasserstoffsäure) und nicht zu starke Alkalien, gegen viele organische Lösemittel sowie gegen Wasser und Wasserdampf. Für Beschichtungen im chemischen Apparatebau, z.B. von Rührern, Pumpen-, Armaturen-, Rohr- und Behälterinnenwänden. Antiadhäsiv und abriebfest, aber spröde.							
Kupfer und Kupferlegierungen								
2.0090 SF-Cu (sauerstofffrei, desoxidiert)	8900	250	0,02439 – 0,01923	293 – 364	17[1]	380[2]	128 000	220 –> 360
	Sehr beständig in der Atmosphäre, auch in Meeresluft. Gut beständig gegen Trink- und Brauchwasser und gegen Medien mit Wasserstoffentwicklung. Angriff durch wässrige Medien bei Gegenwart von Oxidationsmitteln und durch Lösungen von Cyaniden, Halogeniden und wasserhaltigem Ammoniak. Beständig gegen nicht oxidierende Säuren (bei Abwesenheit von Sauerstoff). Nur geringer Angriff durch alkalische wässrige Lösungen der Hydroxide und Carbonate von Erdalkalimetallen. Für Rohrleitungs- und Apparatebau.							
2.0460 CuZn20Al2	8300	250	0,079	100	19[3]	377 – 390	110 000	330 –> 390
	Beständig gegen Kühlwässer mit Massenanteilen an Salz von mehr als 0,2 % (z. B. Meerwasser). Gut beständig gegen Erosionskorrosion bis zu Wassergeschwindigkeiten von $w \approx 2{,}5$ m/s. Unempfindlich gegen Spannungsrisskorrosion. Z. B. für Wärmeaustauscher, Kondensatorrohre, Rippenrohre und Rohrböden.							
2.0470 CuZn28Sn1	8500	250	0,071	109	19,5[3]	377 – 390	110 000	> 320
	Beständig gegen Kühlwässer mit Massenanteilen an Salz von mehr als 0,1 % und pH-Werten von > 7 bis zu Wassergeschwindigkeiten von $w \approx 2$ m/s. Unter bestimmten Bedingungen anfällig gegen Spannungsrisskorrosion (bei Anwesenheit von Ammoniak, Aminen, Ammoniumsalzen und Schwefeldioxid). Z. B. für Wärmeaustauscher, Kondensatorrohre, Rippenrohre und Rohrböden.							

[1] Mittelwert des thermischen Längenausdehnungskoeffizienten im Temperaturbereich von 20 °C bis 300 °C.
[2] Mittelwert der spezifischen Wärmekapazität im Temperaturbereich von 20 °C bis 400 °C.
[3] Mittelwert des thermischen Längenausdehnungskoeffizienten im Temperaturbereich von 20 °C bis 400 °C.

Eigenschaften von Apparatewerkstoffen (Fortsetzung)

Werkstoff-Nummer (nach DIN) und Kurzname	Dichte ϱ kg/m³	Maximale Anwendungstemperatur ϑ_{max} °C	Spezifischer elektr. Widerstand ϱ $10^{-6}\,\Omega \cdot m$	Wärmeleitfähigkeit λ W/(m · K)	Thermischer Längenausdehnungskoeffizient α 10^{-6} 1/K	Spezifische Wärmekapazität c J/(kg · K)	Elastizitätsmodul E N/mm²	Zugfestigkeit R_m N/mm²
Kupfer und Kupferlegierungen (Fortsetzung)								
2.1016 CuSn4	8900	960 – 1060[1]	0,083	90	18,2[2]	377	125 000	330 – >590
	Sehr gut korrosionsbeständig in wässrigen, schwach sauren und schwach alkalischen Medien. Besonders beständig gegen Spannungsrisskorrosion. Für Rohre, Behälter, Schrauben, Muttern u. ä. in der chemischen und in der Papierindustrie.							
2.1020 CuSn6	8800	910 – 1040[1]	0,11	75	18,5[2]	377	120 000	350 – >740
	Hohe chemische Beständigkeit, insbesondere gegen schwach saure bis schwach alkalische Medien, besonders beständig gegen Spannungsrisskorrosion. Hohe Festigkeit. Für Metallschläuche, gewellte und glatte Rohre, Apparate und Drahtgewebe in der chemischen, der Papier-, der Zellstoff- und der Textilindustrie.							
2.1030 CuSn8	8800	875 – 1025[1]	0,13	67	18,5[2]	377	115 000	370 – >690
	Erhöhte Korrosionsbeständigkeit und Festigkeit gegenüber CuSn6. Hohe Verschleißfestigkeit, gute Gleit- und Federeigenschaften. Für Apparate, Federn, Drahtgewebe, Membranen, Bolzen und Schrauben in der chemischen und in der Papierindustrie.							
Aluminium und Aluminiumlegierungen								
3.0285 Al 99,8	2700	100	0,029 – 0,027	210 – 230	23,5	896	65 000	60 – 160
	Beständig gegen u. a. Atmosphäre, Essigsäure, konzentrierte Salpetersäure, Calciumhydroxid, Ammoniumhydroxid, Fettsäuren, viele trockene Gase (z. B. Cl_2, F_2, HCl, SO_3, NH_3 und NO_2). Im allgemeinen unbeständig in Lösungen mit sehr hohem oder sehr niedrigem pH-Wert. Für Apparate, Behälter, Druckbehälter, Wärmeaustauscher, Druckgasflaschen, Berstscheiben u. ä. in der chemischen und der Nahrungsmittelindustrie.							
3.3535 AlMg3	2660	150	0,053 – 0,044	130 – 160	23,8		70 000	180 – 305
	Meerwasserbeständig. Beständigkeit insgesamt ähnlich wie bei Reinaluminium Al 99,8 bei höherer Festigkeit. Häufigster Aluminiumwerkstoff für Druckbehälter, Rohrleitungen, Wärmeaustauscher, Behälter und übrige Apparate in der chemischen und der Nahrungsmittelindustrie.							
3.3547 AlMg4,5Mn	2660	150	0,063 – 0,053	110 – 130	23,8		70 000	270 – 405
	Meerwasserbeständig. Beständigkeit insgesamt ähnlich wie bei Reinaluminium Al 99,8 und AlMg3, bei gegenüber AlMg3 weiter erhöhter Festigkeit. Unter bestimmten Bedingungen kann in chloridhaltigen Lösungen bei ϑ > 80 °C interkristalline und Spannungsrisskorrosion auftreten. Für Druck- und Druckgasbehälter, Rohre und andere Apparate der chemischen und der Nahrungsmittelindustrie.							
3.2315 AlMgSi1	2700	150	0,042 – 0,031	150 – 190	23,4		70 000	>205
	Meerwasserbeständig. Beständigkeit insgesamt ähnlich wie bei Reinaluminium Al 99,8 aber Tendenz zu interkristalliner Korrosion. Neben AlMn, AlMnCu und AlMgSi 0,5 bevorzugte Aluminiumlegierung im Wärmeaustauscherbau. Für Apparate, Rohre und Druckbehälter in der chemischen und der Nahrungsmittelindustrie. Aushärtbar.							

[1] Bereich der Schmelztemperatur.

[2] Mittelwert des thermischen Längenausdehnungskoeffizienten im Temperaturbereich von 20 °C bis 200 °C.

Eigenschaften von Apparatewerkstoffen (Fortsetzung)

Werkstoff-Nummer (nach DIN) und Kurzname	Dichte ϱ kg/m³	Maximale Anwendungstemperatur ϑ_{max} °C	Spezifischer elektr. Widerstand ϱ $10^{-6}\,\Omega \cdot m$	Wärmeleitfähigkeit λ W/(m · K)	Thermischer Längenausdehnungskoeffizient α 10^{-6} 1/K	Spezifische Wärmekapazität c J/(kg · K)	Elastizitätsmodul E N/mm²	Zugfestigkeit R_m N/mm²
Kunststoffe								
Allgemein	Kunststoffe finden in der chemischen Industrie Verwendung als Lager- und Transportbehälter, Rohre, Armaturen, Schläuche, Kompensatoren, Kolonnenfüllkörper, Wärmeaustauscher, Auskleidungs- bzw. Beschichtungsmaterial und als thermisches und elektrisches Isoliermaterial. Besonders häufig werden PP, PVDF und PTFE eingesetzt.							
PA Polyamid	1010 – 1140	60 – 100	$> 10^{16}$	0,21 – 0,3	60 – 150	1500 – 2400	1100 – 2000	40 – 85
	Kriechstromfestigkeit: KA3 a–b[1)], Durchschlagfestigkeit: 30 – 90 kV/mm							
PC Polycarbonat	1200 – 1210	130 – 135	$> 10^{21}$	0,2 – 0,22	60 – 70	1180 – 1260	2000 – 2500	65 – 75
	Kriechstromfestigkeit: KA1[1)], Durchschlagfestigkeit: 35 – 80 kV/mm							
PCTFE Polychlortrifluorethylen	2100 – 2160	150 – 180	10^{22}	0,19	40 – 80	920	1000 – 2000	31 – 42
	Kriechstromfestigkeit: KA3 c[1)], Durchschlagfestigkeit: 50 – 70 kV/mm							
PE (HD-PE) Polyethylen hoher Dichte	945 – 965	60 – 90	$> 10^{21}$	0,42 – 0,51	150 – 200	1500 – 2300	600 – 1400	19 – 35
	Kriechstromfestigkeit: KA3 c[1)], Durchschlagfestigkeit: 60 – 90 kV/mm							
POM Polyoxymethylen	1410 – 1430	80 – 100	$> 10^{18}$	0,23 – 0,31	70 – 130	1470 – 1510	2600 – 3800	55 – 75
	Kriechstromfestigkeit: KA3 b[1)], Durchschlagfestigkeit: 50 – 80 kV/mm							
PP Polypropylen	900 – 910	90 – 100	$> 10^{20}$	0,22	100 – 180	1680	800 – 2100	25 – 40
w(Glasfasern) = 30%	1140	100		0,3	70		5500	71
	Kriechstromfestigkeit: KA3 c[1)], Durchschlagfestigkeit: 60 – 90 kV/mm							
PS Polystyrol	1040 – 1050	55 – 70	$> 10^{20}$	0,15 – 0,16	60 – 80	1180 – 1340	2900 – 3500	35 – 60
	Kriechstromfestigkeit: KA2-1[1)], Durchschlagfestigkeit: 60 – 90 kV/mm							
PTFE Polytetrafluorethylen	2100–2200	260	10^{22}	0,25 – 0,5	100 – 160	≈ 1000	450 – 800	20 – 39
	Kriechstromfestigkeit: KA3 c[1)], Durchschlagfestigkeit: 40 – 80 kV/mm. Beständig gegen alle Medien. Angriff nur durch elementares Fluor, Chlortrifluorid und geschmolzene Alkalimetalle. Z. B. für Rohre, Armaturen, Pumpen, Kompensatoren, Wärmeaustauscher, Behälter, Dichtungen und Auskleidungen. Beständigster Werkstoff überhaupt.							
PVC-hart Polyvinylchlorid	1380 – 1400	60 – 65	10^{20}	0,11 – 0,18	70 – 100	920 – 1180	3000 – 3300	35 – 54
	Kriechstromfestigkeit: KA3 a - b[1)], Durchschlagfestigkeit: 35 – 50 kV/mm							
PVDF Polyvinylidenfluorid	1750 – 1780	120 – 160	$> 10^{18}$	0,14 – 0,19	80 – 130	1380	800 – 2400	38 – 50
	Kriechstromfestigkeit: KA1[1)], Durchschlagfestigkeit: 40–80 kV/mm. Sehr hohe Beständigkeit gegen die meisten anorganischen und organischen Chemikalien, auch bei hohen Konzentrationen und Temperaturen. Löslich in Dimethylformamid und Dimethylacetamid. Gute mechanische Eigenschaften und relativ abriebfest. Für Rohre, Armaturen, Pumpenteile, Wärmeaustauscher und sonstige Apparateteile. Häufiger Einsatz.							

[1)] Nach **DIN EN 60112**, **DIN VDE 0303** (Kriechwegbildung). Die Kriechstromfestigkeit nimmt in der Reihenfolge KA 1, KA 2, KA 3a, KA 3b, KA 3c zu. Für die neue Norm liegen noch keine Werte vor.

6

Werkstoffauswahl

Der folgende Leitfaden für die Werkstoffauswahl dient lediglich als erste Orientierung. Einzelwerkstoffe innerhalb einer Werkstoffgruppe können evtl. ein anderes Verhalten zeigen, als in der Liste angegeben. Hinsichtlich der chemischen Beständigkeit müssen letztlich die Angriffsmedien und -bedingungen detaillierter betrachtet werden.

Leitfaden für die Werkstoffauswahl

Geforderte Eigenschaft	Werkstoff										
	Stähle (1.4439, 1.4541, 1.4571)	Borosilicatglas	Graphit	Kunststoffe, allgemein (PE, PP, PVC u. a.)	PTFE	Keramik (mit Porzellan)	Nickelbasislegierungen	Titan	Tantal	Aluminium und Aluminiumlegierungen	Kupfer und Kupferlegierungen
Chemische Beständigkeit gegen											
• Trinkwasser	+	+	+	+	+	+	+	+	+	+	+
• Witterung	+	+	+	+	+	+	+	+	+	+	+
• Wasserdampf	+	+	+	–	+	+	+	+	+	+	+
• oxidierende anorganische Säuren	+	+	–/o	–/+[1]	+	+	o/+	+	+	o/+	–/o
• nicht oxidierende anorg. Säuren	–/+	+	+	o/+	+	+	+	o/+	+	–/o	–/+
• organische Säuren	+	+	o/+	–/+	+	+	+	+	+	+	–/+
• organische Lösemittel	+	+	+	–/o	+	+	+	+	+	+	–/+
• Salzlösungen	–/+	+	+	o/+	+	+	+	+	o/+	–/+	–/+
• Laugen	–/+	o/+	+	+	+	o/+	+	+	–/o	–/o	–/+
Gute Temperaturbeständigkeit	+	+	+[2]	–	o	+	+	+	+	o	+[3]
Gute Wärmeleitfähigkeit	o	–	+	–	–	–/o[4]	o/+[5]	o	+	+	+
Gute elektrische Leitfähigkeit	+	–	+	–	–	–	+	+	+	+	+
Niedrige Dichte	–	+	+	+	+	o	–	o	–	+	–
Gute Schweißbarkeit	+	+	–	+	+	–	+	o[6]	+[6]	+[7]	o/+[8]
Hohe Zugfestigkeit	+	–	–	–[9]	–[9]	–	+	+	+	o	+
Gute Kaltumformbarkeit	+	–[10]	–[10]	–[10),11]	–[10),11]	–	+	+	+	+	+
Geringe Wärmedehnung	+	+	+	–	–	+	+	+	+	o	+
Schlagunempfindlichkeit	+	–	–	+[12]	+	–	+	+	+	+	+

\+ Geeignet o Bedingt geeignet, unter bestimmten Bedingungen geeignet – Nicht oder weniger geeignet

1) Gegen schwache Säuren im allgemeinen gut beständig
2) Nur in nicht imprägnierter Form
3) Mit Ausnahme einiger Cu-Sn-Legierungen
4) Je nach speziellem Werkstoff
5) Je nach Legierung
6) Im allgemeinen unter Schutzgas und Vakuum
7) Im allgemeinen unter Verwendung von Schutzgas und Flussmittel
8) Je nach Legierung bevorzugt unter Schutzgas
9) Bei verstärkten Kunststoffen sind hohe Zugfestigkeiten erreichbar, die Kunststoffe neigen jedoch zum „kriechen"
10) Flexible Schnüre und Fasern möglich
11) Flexible Schläuche möglich
12) Ausnahme: PVC

6

Korrosionserscheinungen

Korrosion ist nach DIN die Reaktion eines Werkstoffes mit seiner Umgebung, wobei eine messbare Veränderung des Werkstoffes eintritt, die zur Beeinträchtigung der Funktion von Bauteilen aus diesem Werkstoff führen kann.

Bei Metallen liegen überwiegend elektrochemische Vorgänge zugrunde, bei Nichtmetallen sind es in der Regel chemische, biologische oder physikalische Prozesse.

Erscheinungsformen der Korrosion

Korrosionserscheinung	Korrosionsbild	Beschreibung
Gleichmäßiger Flächenabtrag	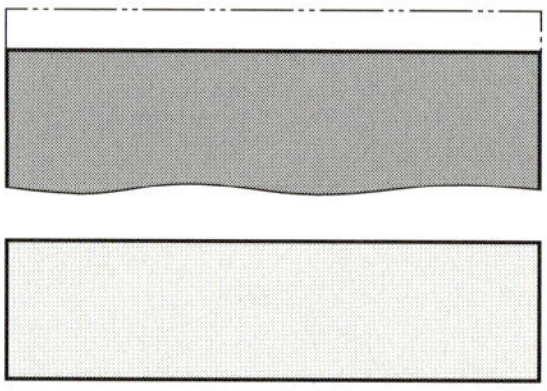	Der Werkstoff wird von der Oberfläche her relativ gleichmäßig abgetragen. Dies ist nur bei sehr konstanten und örtlich gleichartigen Korrosionsbedingungen möglich und deshalb in der Praxis selten. Lebensdauerberechnungen von Bauteilen sind hier relativ gut möglich.
Muldenfraß	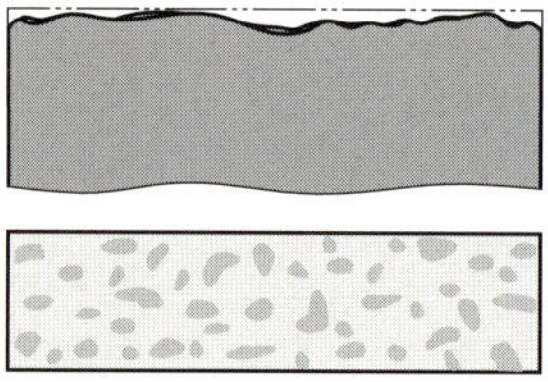	Ungleichmäßiger Flächenabtrag aufgrund örtlich nicht einheitlicher Korrosionsbedingungen. Bei den Mulden ist der mittlere Durchmesser größer als die Tiefe.
Lochfraß	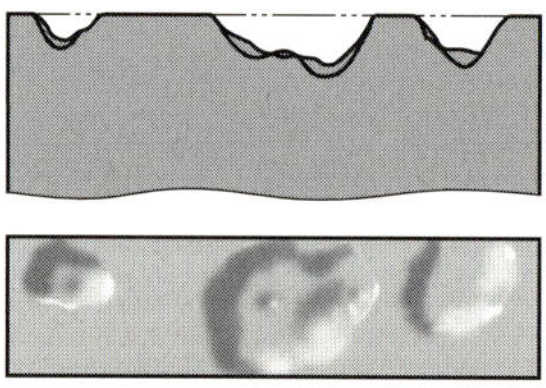	Kraterförmige, die Oberfläche unterhöhlende oder nadelstichartige Vertiefungen, wobei die Tiefe in der Regel größer ist als der mittlere Durchmesser. Neben der Angriffsstelle meist kein oder geringer Flächenabtrag. Gefahr der Kerbwirkung. Unter Deckschichten im Anfangsstadium oft schlecht erkennbar.
Korrosionsrisse	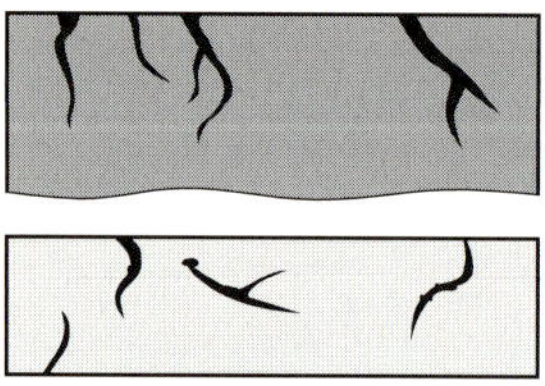	Inter- oder transkristalline Rissbildungen, die von der Oberfläche ausgehen oder nur im Inneren des Werkstückes vorliegen können. Zum Teil von außen nicht erkennbar und eventuell erst bei der Schadensanalyse durch metallographische Verfahren nachweisbar.
Selektive Angriffsform	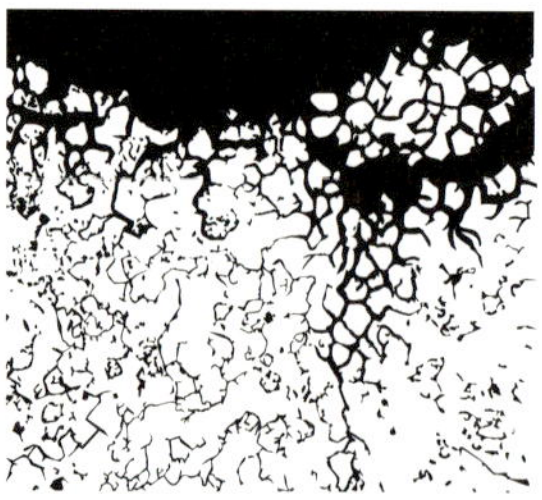	Selektiver (auswählender) Angriff der korngrenzennahen Bereiche, evtl. bis zur vollständigen Zerstörung der Metallkörner. Ausprägung als interkristalline Angriffsform bzw. Kornzerfall oder als selektiver Angriff von Seigerungszonen (schichtförmiger Korrosionsangriff), ferner als Spongiose bzw. Graphitierung (Auflösung des Ferrit- und Perlitgefüges) oder als Entzinkung (Auflösung der Zinkphase in Kupfer-Zink-Legierungen). Gefährliche Korrosionserscheinung, die häufig erst in der Schadensanalyse durch metallographische Verfahren erkannt wird.

Korrosionsarten

Korrosionsarten ohne gleichzeitige mechanische Beanspruchung

Korrosionsart	Beschreibung	Bemerkung
Gleichmäßige Flächenkorrosion	Annähernd gleichmäßige Reduzierung der Materialdicke infolge gleichmäßiger Korrosionsbedingungen über die gesamte Oberfläche (homogene Mischelektrode mit überall gleichen Teilstromdichten für den Abtrag des metallischen Werkstoffes).	Relativ harmlose Form der Korrosion. Im allgemeinen gut zu erkennen und abzuschätzen. In reiner Ausprägung relativ selten. Gegenmaßnahmen: schützende Beschichtung, Wahl eines beständigen Materials (z. B. säure- oder rostbeständige Stähle), Maßnahmen von Seiten des Angriffsmediums (z. B. Entgasung, Änderung des pH-Wertes, Zusatz von → Inhibitoren und Zusatz von Hydrazin oder Phenylhydrazin zum Binden des freien Sauerstoffs).
Muldenkorrosion	Ungleichmäßige Flächenkorrosion mit einer örtlich unterschiedlichen Abtragungsrate (heterogene Mischelektrode). Unebene, mit Mulden bedeckte Materialoberfläche.	Ursache: Korrosion infolge von Inhomogenitäten der Werkstoffoberfläche (z. B. Schlackenzonen) oder infolge von Konzentrationsunterschieden im Elektrolyt (z. B. bedingt durch die Strömungscharakteristik oder durch eine ungleichmäßige Temperaturverteilung). Das Ausmaß (die Tiefe der Mulden) ist oft erst nach mechanischer Entfernung von Ablagerungen und Korrosionsprodukten zu erkennen. Gegenmaßnahmen: siehe *gleichmäßige Flächenkorrosion*.
Lochkorrosion	Elektrolytischer Metallabtrag an eng begrenzten Oberflächenbereichen. Es entstehen dabei kraterförmige, nadelstichartige oder die Oberfläche oder Deckschicht unterhöhlende Löcher. Die Tiefe der Löcher ist gleich oder größer als der Durchmesser. Außerhalb der Angriffsstellen liegt nahezu keine Korrosion vor.	Ursache: Korrosionselemente (wie bei der Muldenkorrosion), häufig an Poren, Rissen oder anderen Fehlstellen korrosionshemmender Deckschichten, die nachträglich aufgebracht wurden (z. B. Verzinnung), verarbeitungstechnisch entstanden sind (z. B. Oxidhaut beim Walzen) oder aus Einwirkungen des Angriffsmediums resultieren. Gefahr der Kerbwirkung bei Belastung. Typisch ist die Lochkorrosion an säure- oder rostbeständigen ferritischen und austenitischen Stählen bei Angriff durch Chloride und andere Halogenide. Die Anfälligkeit der Stähle steigt dabei mit zunehmender Temperatur und Halogenidkonzentration. Lochkorrosion tritt auch bei passivierbaren Nickelbasislegierungen und bei Aluminium auf. Gegenmaßnahmen: Geeignete Werkstoffauswahl, z. B. Stähle mit hohem Chrom- **und** Molybdängehalt (Wirksumme: w(Cr) in % mal w(Mo) in % > 30), Hastelloy C 22, NiCr 21 Mo 14 W, Titan in oxidierenden Medien, Zirkonium in reduzierenden Medien und Tantal in oxidierenden und reduzierenden Medien.
Spaltkorrosion	Korrosion in Spalten mit hoher Korrosionsrate. Bei unlegierten Stählen meist muldenförmig oder gleichmäßig, bei säure- und rostbeständigen Stählen ähnlich der Lochkorrosion.	Ursache: Ausbildung von Korrosionselementen in engen Spalten, z. B. durch unterschiedliche Belüftung, Anreicherung von aggressiven Phasen oder Absenkung des pH-Wertes im Spalt durch Hydrolyse von Korrosionsprodukten. Gegenmaßnahmen: Vermeidung von Spalten (insbesondere von Flächenabständen < 1 mm) bei der konstruktiven Gestaltung, beim Schweißen (z. B. nicht durchgeschweißte Wurzeln von Schweißnähten) und bei Verschraubungen.

6

Korrosionsarten (Fortsetzung)

Korrosionsarten ohne gleichzeitige mechanische Beanspruchung (Fortsetzung)

Korrosionsart	Beschreibung	Bemerkung
Kontaktkorrosion (galvanische Korrosion)	Korrosion des unedleren Werkstoffes an der Kontaktstelle zweier metallischer Konstruktionsteile mit unterschiedlichen freien Korrosionspotentialen.	Ausschließlich konstruktionsbedingte Korrosion. Bedingung ist die elektrisch leitende Verbindung zweier metallischer Werkstoffe mit unterschiedlichem Korrosionspotential bei gleichzeitiger Anwesenheit eines Elektrolyten. Der unedlere, sich auflösende Werkstoff bildet die Anode. Dabei ist die Korrosionsgeschwindigkeit näherungsweise dem Flächenverhältnis der Kathode zur Anode proportional und abhängig von der Differenz der Standardpotentiale der beteiligten Werkstoffe in der elektrochemischen Spannungsreihe der Metalle. Demgemäß sollten möglichst keine Materialkombinationen mit großer Potenzialdifferenz gebildet werden. **Elektrochemische Spannungsreihe** wichtiger Gebrauchsmetalle (gemessen gegen die Normal-Wasserstoff-Elektrode): Mg: –2,40 V Zn: – 0,76 V Sn: – 0,16 V Ag: + 0,80 V Al: –1,69 V Fe: – 0,44 V Pb: – 0,13 V Au: + 1,38 V Ti: –1,63 V Ni: – 0,25 V Cu: + 0,35 V Pt: + 1,20 V Unter Korrosionsbedingungen wird bei vielen technischen Werkstoffen das Potential infolge Oberflächenpassivierung verschoben, so z. B. in Salzlösung mit $w(\text{NaCl}) \approx 3\,\%$: Mg: –1,32 V St 37: – 0,40 V Cr-Ni-Stahl: + 0,4 V Zn: – 0,78 V Cu: + 0,1 V Ni 99,6: + 0,46 V Al 99,5: – 0,67 V Ti: + 0,37 V Somit ist z. B. die Kombination von unlegiertem Stahl mit nichtrostendem Stahl ungünstig.
Korrosion durch unterschiedliche Belüftung	Erscheinungsbild abhängig von der Form der Konstruktionsteile. Tritt z. B. als Spaltkorrosion auf.	Ursache: Korrosionselement bei unterschiedlicher Belüftung von Oberflächenzonen. Dabei werden die weniger belüfteten Teile abgetragen. Abhilfe durch konstruktive Maßnahmen, z. B. durch Spaltvermeidung.
Selektive Korrosion	Auflösung einzelner Gefüge oder Legierungsbestandteile, z. B. im korngrenzennahen Bereich **(interkristalline Korrosion)** oder parallel zur Verformungsrichtung quer durch die Metallkörner **(transkristalline Korrosion).**	Beispiele: Entzinkung von Cu-Zn-Legierungen (Auflösung der unedleren Zn-Komponente), Angriff längs von Seigerungszonen (Schichtkorrosion) und Korngrenzenangriff (Fortschreiten der Korrosion entlang der Korngrenzen bis ins Metallinnere, bis hin zum völligen Kornzerfall). Ursache: unedle Ausscheidungen und Anreicherung von Spurenelementen an den Korngrenzen und Verarmung der korngrenzennahen Bereiche infolge von Ausscheidungsvorgängen. Anfällig sind hier die nichtrostenden Cr- und Cr-Ni-Stähle in bestimmten Temperaturbereichen (z. B. beim Abkühlen nach dem Schweißen), da hier an den Korngrenzen Chromcarbide abgeschieden werden. Beständig sind Cr-Ni-Stähle, die mit Ti oder Nb und Ta legiert sind oder einen sehr geringen C-Gehalt besitzen.

Weitere Korrosionsarten:

Korrosion unter Ablagerungen (als Spalt- oder Kontaktkorrosion), **Verzunderung** (in Gasen bei sehr hohen Temperaturen, z. B. durch direkte Reaktion des Metalles mit dem Luftsauerstoff, etwa beim Walzen oder Schmieden), **mikrobiologische Korrosion** (unter Mitwirkung von Mikroorganismen, z. B. von sulfatreduzierenden, Schwefelsäure bildenden oder Wasserstoff depolarisierenden Bakterien), **Kondenswasserkorrosion** (durch Angriff von Kondenswasser, das bei Taupunktunterschreitung auf der Materialoberfläche entsteht) und **Säurekondensatkorrosion** (durch z. B. aus Verbrennungsgasen nach Taupunktunterschreitung kondensierende Säure).

6

Korrosionsarten (Fortsetzung)

Korrosionsarten mit gleichzeitiger mechanischer Beanspruchung

Korrosionsart	Beschreibung	Bemerkung
Spannungsrisskorrosion	Inter- oder transkristalline Rissbildung. In der Folge auftretende Brüche zeigen oft wenig verformte Trennungszonen und kein sichtbares Korrosionsprodukt.	Ursache: überwiegend statische → Zugbeanspruchungen (auch als Eigenspannungen nach Verformungsprozessen im Werkstoff) und gleichzeitiger Angriff eines Mediums an örtlichen Zerstörungen oder Fehlstellen in Deck- oder Passivschichten (z. B. von Chrom-Nickel-Stählen). Bei austenitischen nichtrostenden Stählen und bei Aluminiumwerkstoffen greifen vor allem chloridhaltige Lösungen an und führen zu transkristalliner Korrosion, Kupfer- und Kupferlegierungen sind besonders durch ammoniakhaltige Lösungen gefährdet.
Schwingungsrisskorrosion	Risse mit nachkorrodierten Rissflanken, die von einer flächig korrodierten aktiven Oberfläche zahlreich ins Werkstoffinnere gehen oder Einzelriss bei passivierter Oberfläche, der einen glatten Bruch verursachen kann.	Ursache: Kombination aus korrosivem Angriff und → schwellender oder wechselnder Zugbeanspruchung (Schwingung). Meist transkristalline Rissbildung an Gleitstellen. Gegenmaßnahmen: geeignete Werkstoffauswahl (evtl. nach geeignetem Korrosionsversuch), große Oberflächengüte beim Werkstoff und Maßnahmen zur → Schwingungsdämpfung.

Weitere Korrosionsarten, die sich unter gleichzeitiger mechanischer Beanspruchung entwickeln, sind:

Erosionskorrosion: Korrosion an durch mechanischen Oberflächenabtrag vorgeschädigten Stellen, z. B. an durchbrochenen Passivschichten in Rohrbögen.

Kavitationskorrosion: Korrosion an durch Flüssigkeitskavitation aufgerauhten oder verformten Flächen, z. B. an Pumpenlaufrädern.

Reibkorrosion: Korrosion an durch Reibungsbeanspruchung vorgeschädigten Oberflächen.

Dehnungsindizierte Korrosion infolge einer durch Dehnung oder Schrumpfung zerstörten Schutzschicht.

Korrosionsschutz

Korrosionsschutzmaßnahmen

Maßnahmen von Seiten des Werkstoffes	Maßnahmen an der Phasengrenze	Maßnahmen von Seiten des Mediums	Elektrochemischer Korrosionsschutz
• **Auswahl eines geeigneten Werkstoffes** sowohl hinsichtlich der Beständigkeit (Beständigkeitstabellen, z. B. DECHEMA-Publikationen) als auch hinsichtlich der mechanischen Beanspruchung (oberflächenhärtbare Werkstoffe bei Erosionsbeanspruchung, dauerschwingfeste bei Wechselbeanspruchung usw.)	• **Metallische Überzüge** – ***Galvanisieren*** Elektrolytische Metallabscheidung, z.B. Zink auf Stahl, Nickel auf Kupfer und Chrom auf verkupfertem und danach vernickeltem Stahl. Problematisch bei Hohlkörpern und Rohrinnenwänden. Z.T. hohe Porösität. – ***Plattieren*** Aufbringen einer Metallschicht unter Druck und erhöhter Temperatur.	• **Beseitigung bzw. Verringerung von Bestandteilen, die korrosionsfördernd wirken** – ***Verringerung der Sauerstoffkonzentration*** in Wässern durch Erhitzen, binden mit Hydrazin, Phenylhydrazin oder Natriumsulfit, Stickstoffsättigung, Evakuierung oder Entgasung mit Dampf im Gegenstrom.	• **Kathodischer Korrosionsschutz mit Fremdstrom** System aus zu schützendem Bauteil (durch Anschluss an den negativen Pol einer Gleichstromquelle) und eine Fremdstromanode aus Graphit, platiniertem Titan, Silicium-Gusseisen oder Magnetit. Anwendung bei Rohrleitungen und Behältern im Erdreich und zum Innenschutz von Behältern.

Fortsetzung nächste Seite

6

Korrosionsschutz (Fortsetzung)

Korrosionsschutzmaßnahmen (Fortsetzung)

Maßnahmen von Seiten des Werkstoffes	Maßnahmen an der Phasengrenze	Maßnahmen von Seiten des Mediums	Elektrochemischer Korrosionsschutz
• **Korrosionsgerechte Konstruktion** – Verwendung von Werkstoffen mit glatter Oberfläche (polierte Stähle, Glas, Kunststoffe usw.) – Vermeidung von Materialspannungen (innere Spannungen, wie z. B. in nicht wärmetechnisch nachbehandelten Schweißeinflusszonen, Bördelkanten und dauerbelasteten Federn) – Vermeidung von engen Spalten – Vermeidung von Konstruktionen, die eine Restfeuchtigkeit erlauben (z. B. nicht vollständig entleerbare Behälter und Hohlräume ohne Drainageöffnung) – Wärmeisolierungen an Behältern und Rohren zur Vermeidung der Kondensation von Luftfeuchtigkeit – Vermeidung des Kontaktes von Werkstoffen mit großer Potentialdifferenz (evtl. isolierende Zwischenstücke oder Schutzanstrich) – Auswahl von Schweißzusatzwerkstoffen, die etwas edler sind, als das Grundmetall (günstige Kombination aus kleiner Kathode und großer Anode)	Porenfreier Überzug beliebiger Dicke. Typische Plattierungswerkstoffe: Nickel, Kupfer, Aluminium und deren Knetlegierungen und nichtrostender Stahl (auf unlegiertem Stahl). – ***Schmelztauchen*** Eintauchen des Werkstückes in die Schmelze des Beschichtungsmetalls (Zn, Sn, Al, Pb), z. B. Feuerverzinken – ***Thermisches Spritzen*** Aufspritzen des Metalls in geschmolzenem Zustand. Meist poröse, inhomogene Oberfläche, aber guter Haftgrund für organische Beschichtungen. Beispiel: Zink- und organische Deckschicht (Duplex-System) – ***Aufdampfen*** Physikalisches (PVD) und chemisches (PVC) Verfahren. Guter Verschleißschutz. Z. B. Säureschutz in Behältern durch aufgedampftes Tantal. • **Anorganische und organische Überzüge** – ***Emaillieren*** Glasfluss oxidischer Zusammensetzung auf Stahloberflächen. Empfindlich gegen Schlag, Schwingungen und schnelle Temperaturwechsel. Weniger empfindlich: Glasemail – ***Gummi- oder Kunststoffschichten*** als Lacke, Spachtelmassen, Pulver, Folien und Bahnen. Zum Streichen, Kleben, Spritzen, Wirbelsintern oder Aufschrumpfen. Thermisch empfindlich. Geringe Härte.	– ***Neutralisation*** mit $CaCO_3$ (Kalk) – ***Alkalisierung*** von Wasser mit Ammoniak oder Hydrazin (Beseitigung von CO_2) – ***Entsalzung*** in Ionenaustauschern – ***Binden von Luftfeuchtigkeit*** z. B. in LiCl- oder $CaCl_2$-Schichten (Umlufttrockner) oder durch Polykieselsäure (Silikagel) als Packungsbeilage und in eng begrenzten Räumen. • **Zusatz von Inhibitoren** – ***Physikalische → Inhibitoren*** Adsorption durch die Metalloberfläche und Blockierung aktiver Stellen – ***Chemische Inhibitoren*** Schutzschichtbildung durch chemische Reaktion mit dem Metall (Chemiesorption) oder mit Komponenten des Angriffsmediums – ***Anodische Inhibitoren*** Korrosionspotential verschiebt sich zu edlerem Wert (bei zu geringer Dosierung kein geschlossener Oberflächenfilm und damit gefährliche örtliche Korrosion (kleine Anode, große Kathode) – ***Kathodische Inhibitoren*** Korrosionspotential verschiebt sich zum unedleren Wert	Schutz großer Bauteile und langer Rohrstrecken möglich (Rohre zusätzlich mit Schutzanstrich). • **Kathodischer Korrosionsschutz mit Opferanode** Durch Auflösung einer Anode aus Magnesium, Magnesiumlegierung, Zink, Zinklegierung oder Aluminium wird der Schutzstrom erzeugt und über eine leitende Verbindung dem zu schützenden Bauteil (aus edlerem Material) zugeführt. Anwendung: Außenschutz von Rohren und Behältern im Erdreich, Innenschutz von Behältern (z. B. Wasserbehältern und Wassererhitzern). Beim Einsatz von Opferanoden im Inneren von chemischen Anlagen ist auf Reaktionen des Mediums mit dem Anodenmaterial und (in Säuren) auf Wasserstoffentwicklung zu achten.

Inhibitoren

Die Wirksamkeit von Inhibitoren wird maßgeblich von den Prozessbedingungen bestimmt. Genauen Aufschluss erhält man oft erst nach mindestens einjähriger Durchführung von Versuchen, die den tatsächlichen Betriebsbedingungen möglichst nahe kommen. Richtwert für die Konzentration von Inhibitoren:

Massenanteil w**(Inhibitor) ≈ 0,1 % ... 2,0 %**

Auswahl wichtiger Inhibitoren

Anodische Inhibitoren	Anwendungsbereiche	Bemerkung
Natriumbenzoat C_6H_5COONa Natriumnitrit $NaNO_2$ Natriumsilikat $Na_2O \cdot 2\,SiO_2$ Dinatriumhydrogenphosphat Na_2HPO_4	Neutrale und schwach alkalische wässrige Flüssigkeiten, Atmosphäre, geschlossene Kühl- und Heizkreisläufe, insbesondere bei Eisenmetallen und Aluminium.	**Achtung:** Bei Unterdosierung (anodische Bezirke nicht vollständig benetzt) **Lochfraßgefahr** (Ausnahme: Benzoate). Natriumsilikat und Dinatriumphosphat sind nur wirksam, wenn die Wässer genügend Calciumhydrogencarbonat enthalten.
Kathodische Inhibitoren	**Anwendungsbereiche**	**Bemerkung**
Zinksulfat $ZnSO_4$ Calciumcarbonat $CaCO_3$	Säuren bei Eisenwerkstoffen, weiches Wasser	Weiches Wasser ist korrosiver als hartes.
Polyphosphate	Neutrale und schwach alkalische wässrige Flüssigkeiten, Kesselspeisewasser, hartes Wasser	Unterbindung von Kesselsteinschichten
Mischinhibitoren	**Anwendungsbereiche**	**Bemerkung**
Gemisch aus Natriumnitrit, Natriumbenzoat und Dinatriumhydrogenphosphat	Salz- oder säurehaltige Wässer, Ölpipelines, Öltanker	Anodisch wirkendes Inhibitorgemisch
Gemisch aus Zinksulfat und Natriumchromat	Geschlossene Heiz- und Kühlkreisläufe	Mischung aus einem kathodischen und einem anodischen Inhibitor, die eine schwerlösliche Zinkchromatschicht auf der Oberfläche erzeugt

Detaillierte Angaben über Art, Wirksamkeit und Dosierung von Inhibitoren erhält man in der Regel bei den Werkstoffherstellern und -verarbeitern.

Vorbereitung von Metalloberflächen vor dem Beschichten

Arbeitsschritt	Verfahren	Zweck	Arbeitsschritt	Verfahren	Zweck
Mechanisches Reinigen und Erzeugen einer günstigen Oberflächenbeschaffenheit	Bürsten, Schleifen, Sandstrahlen, Suspensionsstrahlen (Suspension aus Sand, Wasser und Inhibitor), Polieren, Flammstrahlen (Acetylen-Sauerstoff-flamme)	Beseitigung von Walzzunder, Rost und organischen und anorganischen Verschmutzungen und – je nach Erfordernis – Aufrauhen oder Glätten der Oberfläche	Chemisches Reinigen und Erzeugen einer günstigen Oberflächenbeschaffenheit	Beizen von Stahl mit Schwefel-, Phosphor- oder Salzsäure und Beizen von Aluminium mit Natronlauge, Entfetten mit organischen Lösemitteln (Tri- und Tetrachlorethylen, Brennspiritus) oder/und Seifenlösung, chemisches oder elektrochemisches Polieren	Beseitigung von Walzzunder, Rost und Fettrückständen und – je nach Erfordernis – Aufrauhen oder Glätten der Oberfläche

Normen zu Korrosion und Korrosionsschutz

Auswahl von DIN-Normen zu Korrosion, Korrosionsschutz und Korrosionsprüfung

DIN-Nr.		Titel
DIN 6601	(10.91)	Beständigkeit der Werkstoffe von Behältern (Tanks) aus Stahl gegenüber Flüssigkeiten (Positiv-Flüssigkeitsliste)
DIN EN ISO 8044	(11.99)	Korrosion von Metallen und Legierungen – Grundbegriffe und Definitionen
DIN 50 902	(07.94)	Schichten für den Korrosionsschutz von Metallen; Begriffe; Verfahren und Oberflächenvorbereitung; Anwendung
DIN 50 905		
T 1	(01.87)	Korrosion der Metalle; Korrosionsuntersuchung; Grundsätze
T 2	(01.87)	Korrosion der Metalle; Korrosionsuntersuchung; Korrosionsgrößen bei gleichmäßiger Flächenkorrosion
T 3	(01.87)	Korrosion der Metalle; Korrosionsuntersuchung; Korrosionsgrößen bei ungleichmäßiger und örtlicher Korrosion ohne mechanische Belastung
T 4	(01.87)	Korrosion der Metalle; Korrosionsuntersuchung; Durchführung von chemischen Korrosionsversuchen ohne mechanische Belastung in Flüssigkeiten in Laboratorien
DIN EN ISO 3651-2	(08.98)	Prüfung nichtrostender Stähle auf Beständigkeit gegen interkristalline Korrosion
DIN 50 918	(06.78)	Korrosion der Metalle; Elektrochemische Korrosionsuntersuchungen
DIN 50 919	(02.84)	Korrosion der Metalle; Korrosionsuntersuchungen der Kontaktkorrosion in Elektrolytlösungen
DIN 50 920		
T 1	(10.85)	Korrosion der Metalle; Korrosionsuntersuchungen in strömenden Flüssigkeiten; Allgemeines
DIN EN ISO 3651-1	(08.98)	Korrosion der Metalle; Prüfung nichtrostender austenitischer Stähle auf Beständigkeit gegen örtliche Korrosion in stark oxidierenden Säuren
DIN 50 922	(10.85)	Korrosion der Metalle; Untersuchung der Beständigkeit von metallischen Werkstoffen gegen Spannungsrisskorrosion; Allgemeines
DIN 50 927	(08.85)	Planung und Anwendung des elektrochemischen Korrosionsschutzes für die Innenflächen von Apparaturen, Behältern und Rohren (Innenschutz).
DIN 50 930		
T 1	(02.93)	Korrosion der Metalle; Korrosion metallischer Werkstoffe bei innerer Korrosionsbelastung durch Wässer; Allgemeines
T 3	(02.93)	Korrosion der Metalle; Korrosion metallischer Werkstoffe bei innerer Korrosionsbelastung durch Wässer; Beurteilung der Korrosionswahrscheinlichkeit feuerverzinkter Eisenwerkstoffe
T 4	(02.93)	Korrosion der Metalle; Korrosion metallischer Werkstoffe bei innerer Korrosionsbelastung durch Wässer; Beurteilung der Korrosionswahrscheinlichkeit nichtrostender Stähle
DIN EN 444 **DIN EN 1435** **DIN EN 12681**	(04.94) (09.02) (06.03)	Zerstörungsfreie Prüfung; Prüfung metallischer Werkstoffe mit Röntgen- oder Gammastrahlen ...

Normbenennung der Werkstoffe

Werkstoffnummern der Stähle I

(**DIN EN 10 027**, T2, 09.92)

Es ist zu beachten, dass in der Praxis sicher noch für einige Zeit die Systematik der ehemaligen **DIN 17 007, Bl. 2**, verwendet wird.

Nach gültiger Norm bauen sich die Werkstoffnummern wie folgt auf:

1. XX XX(XX)

Werkstoffhauptgruppennummer (Stelle1) 1 = Stahl

Stahlgruppennummer (Stellen 2 u. 3)

Zählnummer (Stellen 4 ... 7) In Klammer: Für möglichen zukünftigen Bedarf

Stahlgruppennummern 1. XX XX (XX)

Unlegierte Grundstähle			
00	Grundstähle	90	Grundstähle
Unlegierte Qualitätsstähle			
01	Allgemeine Baustähle mit R_m < 500 N/mm²	91	Allgemeine Baustähle mit R_m < 500 N/mm²
02	Sonstige, nicht für eine Wärmebehandlung bestimmte Baustähle mit R_m < 500 N/mm²	92	Sonstige, nicht für eine Wärmebehandlung bestimmte Baustähle mit R_m < 500 N/mm²
03	Stähle mit im Mittel w(C) < 0,12 % oder R_m < 400 N/mm²	93	Stähle mit im Mittel w(C) <0,12 % oder R_m < 400 N/mm²
04	Stähle mit im Mittel 0,12 % ≤ w(C) < 0,25 % oder 400 N/mm² ≤ R_m < 500 N/mm²	94	Stähle mit im Mittel 0,12 % ≤ w(C) < 0,25 % oder 400 N/mm² ≤ R_m < 500 N/mm²
05	Stähle mit im Mittel 0,25 % ≤ w(C) < 0,55 % oder 500 N/mm² ≤ R_m < 700 N/mm²	95	Stähle mit im Mittel 0,25 % ≤ w(C) < 0,55 % oder 500 N/mm² ≤ R_m < 700 N/mm²
06	Stähle mit im Mittel w(C) ≥ 0,55 % oder R_m ≥ 700 N/mm²	96	Stähle mit im Mittel w(C) ≥ 0,55 % oder R_m ≥ 700 N/mm²
07	Stähle mit höherem P- oder S-Gehalt	97	Stähle mit höherem P- oder S-Gehalt
Unlegierte Edelstähle			
10	Stähle mit besonderen physikalischen Eigenschaften	15	Werkzeugstähle
11	Bau-, Maschinenbau und Behälterstähle mit w(C) < 0,50 %	16	Werkzeugstähle
12	Maschinenbaustähle mit w(C) ≥ 0,50 %	17	Werkzeugstähle
13	Bau-, Maschinenbau und Behälterstähle mit besonderen Anforderungen	18	Werkzeugstähle
14	–	19	–
Legierte Qualitätsstähle			
08	Stähle mit besonderen physikalischen Eigenschaften	98	Stähle mit besonderen physikalischen Eigenschaften
09	Stähle für verschiedene Anwendungsbereiche	99	Stähle für verschiedene Anwendungsbereiche
Legierte Edelstähle			
Werkzeugstähle (20 ... 29)			
20	Mit Cr	25	Mit W-V oder Cr-W-V
21	Mit Cr-Si, Cr-Mn oder Cr-Mn-Si	26	Mit W außer Klassen 24, 25 und 27
22	Mit Cr-V, Cr-V-Si, Cr-V-Mn oder Cr-V-Mn-Si	27	Mit Ni
23	Mit Cr-Mo, Cr-Mo-V oder Mo-V	28	Sonstige
24	Mit W oder Cr-W	29	–

Werkstoffnummern der Stähle I (Fortsetzung)

Stahlgruppennummern 1 .XX XX (XX), (Fortsetzung)

Legierte Edelstähle (Fortsetzung)

Verschiedene Stähle (30 ... 39)			
30	–	36	Werkstoffe mit besonderen magnetischen Eigenschaften, ohne Co
31	–	37	Werkstoffe mit besonderen magnetischen Eigenschaften, mit Co
32	Schnellarbeitsstähle mit Co	38	Werkstoffe mit besonderen physikalischen Eigenschaften, ohne Nickel
33	Schnellarbeitsstähle ohne Co	39	Werkstoffe mit besonderen physikalischen Eigenschaften, mit Nickel
34	–		
35	Wälzlagerstähle		
Chemisch beständige Stähle (40 ... 49)			
40	Nichtrostende Stähle mit $w(Ni) < 2{,}5$ %, ohne Mo, Nb und Ti	45	Nichtrostende Stähle mit Sonderzusätzen
41	Nichtrostende Stähle mit $w(Ni) < 2{,}5$ %, mit Mo, ohne Nb und Ti	46	Chemisch beständige und hochwarmfeste Nickellegierungen
42	–	47	Hitzebeständige Stähle mit $w(Ni) < 0{,}25$ %
43	Nichtrostende Stähle mit $w(Ni) < 2{,}5$ %, ohne Mo, Nb und Ti	48	Hitzebeständige Stähle mit $w(Ni) \geq 0{,}25$ %
44	Nichtrostende Stähle mit $w(Ni) < 2{,}5$ %, mit Mo, ohne Nb und Ti	49	Hochwarmfeste Werkstoffe
Bau-, Maschinenbau- und Behälterstähle (50 ... 80)			
50	Mit Mn, Si, Cu	55	Mit B, Mn-B und $w(Mn) < 1{,}65$ %
51	Mit Mn-Si oder Mn-Cr	56	Mit Ni
52	Mit Mn-Cu, Mn-V, Si-V oder Mn-Si-V	57	Mit Cr-Ni, $w(Cr) < 1{,}0$ %
53	Mit Mn-Ti oder Si-Ti	58	Mit Cr-Ni, $1{,}0 \leq w(Cr) < 1{,}5$
54	Mit Mo oder Nb, Ti, V oder W	59	Mit Cr-Ni, $1{,}5 \leq w(Cr) < 2{,}0$
60	Mit Cr-Ni, 2,0 % $\leq w(Cr) <$ 3 %	65	Mit Cr-Ni-Mo, $w(Mo) < 0{,}4$ % und $w(Ni) < 2$ %
61	–	66	Mit Cr-Ni-Mo, $w(Mo) < 0{,}4$ % und $2{,}0 \leq w(Ni) < 3{,}5$ %
62	Mit Ni-Si, Ni-Mn oder Ni-Cu	67	Mit Cr-Ni-Mo, $w(Mo) < 0{,}4$ % und 3,5 % $\leq w(Ni) < 5{,}0$ % oder $w(Mo) \leq 0{,}4$ %
63	Mit Ni-Mo, Ni-Mo-Mn, Ni-Mo-Cu, Ni-Mo-V oder Ni-Mn-V	68	Mit Cr-Ni-V, Cr-Ni-W und Cr-Ni-V-W
64	–	69	Mit Cr-Ni, außer Klassen 57 bis 68
70	Mit Cr oder Cr-B	75	Mit Cr-V, $w(Cr) < 2{,}0$ %
71	Mit Cr-Si, Cr-Mn, Cr-Mn-B oder Cr-Si-Mn	76	Mit Cr-V, $w(Cr) > 2{,}0$ %
72	Mit Cr-Mo, $w(Mo) <$ 0,35 %, oder Cr-Mo-B	77	Mit Cr-Mo-V
73	Mit Cr-Mo, $w(Mo) \geq 0{,}35$ %	78	–
74	–	79	Mit Cr-Mn-Mo oder Cr-Mn-Mo-V
80	Mit Cr-Si-Mo, Cr-Si-Mn-Mo, Cr-Si-Mo-V oder Cr-Si-Mn-Mo-V	86	–
81	Mit Cr-Si-V, Cr-Mn-V oder Cr-Si-Mn-V	87	Nicht für eine Wärmebehandlung beim Verbraucher bestimmte Stähle
82	Mit Cr-Mo-W oder Cr-Mo-W-V	88	Nicht für eine Wärmebehandlung beim Verbraucher bestimmte Stähle, hochfeste schweißgeeignete Stähle
83	–		
84	Mit Cr-Si-Ti, Cr-Mn-Ti oder Cr-Si-Mn-Ti	89	Nicht für eine Wärmebehandlung beim Verbraucher bestimmte Stähle, hochfeste schweißgeeignete Stähle
85	Nitrierstähle		

Werkstoffnummern der Gusseisenwerkstoffe (nach **DIN EN 1560**, 08.97)

Der Aufbau der Werkstoffnummern für Gusseisenwerkstoffe unterscheidet sich wesentlich von dem der bisher üblichen Bezeichnungen. Es liegt folgende Systematik zugrunde:

EN - J b z zz z

- z: Zahl für die Anforderung an den Werkstoff (eine Ziffer)
- zz: Zahl für jedes Hauptmerkmal in der jeweiligen Werkstoffnorm festgelegt (00...99)
- z: Zahl für das Hauptmerkmal (eine Ziffer)
- b: Buchstabe für die Graphitstruktur
- J: Zeichen für Gusseisen (immer J)
- EN: Zeichen für europäische Norm (immer EN-)

Kennbuchstaben für die Graphitstruktur

Kennbuchstabe	Bedeutung
L	lamellar
S	kugelig
M	Temperguss
V	vermikular
H	graphitfrei (Hartguss) ledeburitisch
X	Sonderstruktur (in der speziellen Werkstoffnorm ausgewiesen)

Kennzahlen für die Hauptmerkmale

Kennzahl	Bedeutung
0	Reserve
1	Zugfestigkeit
2	Härte
3	chemische Zusammensetzung
4...8	Reserve
9	nicht genormter Werkstoff

Kennzahlen für festgelegte Anforderungen an den jeweiligen Werkstoff

Kennzahl	Bedeutung
0	keine besonderen Anforderungen
1	getrennt gegossenes Probestück
2	angegossenes Probestück
3	einem Gussstück entnommenes Probestück
4	Schlagzähigkeit bei Raumtemperatur
5	Schlagzähigkeit bei Tieftemperatur
6	festgelegte Schweißbarkeit
7	Gussstück im Gusszustand
8	wärmebehandeltes Gussstück
9	zusätzliche, in der Bestellung festgelegte Anforderungen oder Kombination von in der Werkstoffnorm festgelegten einzelnen Anforderungen

Beispiel: EN - JL 1030

- 0: Keine besonderen Anforderungen an den Werkstoff
- 03: Kennzeichnung für das Hauptmerkmal nach der speziellen Werkstoffnorm
- 1: Hauptmerkmal Zugfestigkeit
- L: lamellar
- J: Gusseisen
- EN: Europäische Norm

Zum Vergleich: Der gleiche Werkstoff hat nach der nationalen Norm **DIN EN 1561** die Werkstoffnummer 0.6020 und den Kurznamen GG-20.

6

SK Normbenennung der Werkstoffe

Werkstoffnummern der Stähle II (DIN 17 007, Blatt 2, 09.61)

Es ist zu beachten, dass seit 1992 mit der **DIN EN 10 027, Teil 2,** (08.01) eine europäische Norm vorliegt. Da jedoch in der Praxis sicher noch für einige Zeit die Systematik der ehemaligen **DIN 17 007, Bl. 2**, verwendet wird, soll diese hier ebenfalls erläutert werden.

Werkstoffnummern sind siebenstellig und bauen sich wie folgt auf:

X.XXXX.XX

Werkstoffhauptgruppe (Stelle 1) Sortennummer (Stellen 2 ... 5) Anhängezahlen (Stellen 6 und 7)

Werkstoffhauptgruppe X.XXXX.XX

Ziffer	Werkstoffgruppe	Ziffer	Werkstoffgruppe	Ziffer	Werkstoffgruppe
0	Gusseisen, Roheisen, Ferrolegierungen	2	Schwermetalle (außer Eisenmetalle)	4 ... 8	Nichtmetallische Werkstoffe
1	Stahl, Stahlguss	3	Leichtmetalle	9	Frei für interne Benutzung

Für Stähle gilt: 1. XXXX.XX

Sortennummer 1.XXXX.XX (Stellen 2 ... 5)

Sortenklasse **1.XXXX.XX** (Stellen 2 und 3)

Ziffer	Bedeutung
	Massen- und Qualitätsstähle
00	Handels- und Grundgüten
01, 02	Allgemeine Baustähle, unlegiert
03 ... 07	Qualitätsstähle, unlegiert
08, 09	Qualitätsstähle, legiert
90	Sondersorten, Handels- und Grundgüten
91 ... 99	Sondersorten
	Unlegierte Edelstähle
10	Stähle mit besonderen physikalischen Eigenschaften
11, 12	Baustähle
15 ... 18	Werkzeugstähle 15: I. Güte 16: II. Güte 17: III. Güte 18: Für Sonderzwecke
	Legierte Stähle
20 ... 29	Werkzeugstähle
32, 33	Schnellarbeitsstähle
34	Verschleißfeste Stähle
35	Wälzlagerstähle
36 ... 39	Eisenwerkstoffe mit besonderen physikalischen Eigenschaften
40 ... 49	Chemisch beständige Werkstoffe 40, 41, 43 ... 45: Nichtrostende Stähle 47, 48: Hitzebeständige Stähle 49: Hochtemperaturwerkstoffe
50 ... 84	Baustähle
85	Nitrierstähle
86 ... 89	Hartlegierungen

Zählnummer **1.XXXX.XX** (Stellen 4 und 5)

Die Zählnummer legt innerhalb der Sortenklasse einen ganz bestimmten Werkstoff genau definierter Zusammensetzung fest (ohne Systematik).

Anhängezahlen 1.XXXX.XX (Stellen 6 und 7)

Stahlgewinnungsverfahren **1.XXXX.XX** (Stelle 6)

Ziffer	Bedeutung
0	Unbestimmt oder ohne Bedeutung
1	Thomasstahl, unberuhigt
2	Thomasstahl, beruhigt
3	Stahl sonstiger Erschmelzungsart, unberuhigt
4	Stahl sonstiger Erschmelzungsart, beruhigt
5	Siemens-Martin-Stahl, unberuhigt
6	Siemens-Martin-Stahl, beruhigt
7	Sauerstoffaufblasstahl, unberuhigt
8	Sauerstoffaufblasstahl, beruhigt
9	Elektrostahl

Behandlungszustand **1.XXXX.XX** (Stelle 7)

Ziffer	Bedeutung
0	Keine oder beliebige Behandlung
1	Normalgeglüht
2	Weichgeglüht
3	Wärmebehandelt auf gute Zerspanbarkeit
4	Zähvergütet
5	Vergütet
6	Hartvergütet
7	Kaltverformt
8	Federhart kaltverformt
9	Behandelt nach besonderen Angaben

Beispiel: 1.4310.95

1	Stahl
43	Nichtrostender Stahl
10	Festgelegt für den Stahl X 12 CrNi 17 7
9	Elektrostahl
5	Vergütet

6

Normbenennung der Werkstoffe

Werkstoffnummern der Gusseisensorten

(**DIN 17 007, Blatt 3**, 01.71)

Sortenklassen für Gusseisen 0.XXXX.XX (die Anhängezahlen sind noch nicht festgelegt)

Ziffer	Bedeutung	Ziffer	Bedeutung
60 ... 61	Gusseisen mit Lamellengraphit, unlegiert	80, 81	Temperguss, unlegiert
62 ... 69	Gusseisen mit Lamellengraphit, legiert	82	Temperguss, legiert
70, 71	Gusseisen mit Kugelgraphit, unlegiert	90, 91	Sondergusseisen, unlegiert
72 ... 79	Gusseisen mit Kugelgraphit, legiert	92 ... 99	Sondergusseisen, legiert

Werkstoffnummern der Nichteisenmetalle

(**DIN 17 007, Blatt 4**, 07.63)

Sortennummern der Schwermetalle (außer Eisen) 2.XXXX.XX		Sortennummern der Leichtmetalle 3.XXXX.XX	
Sortennummern (Stellen 2 ... 5)	Metall bzw. Grundmetall der Legierung	***Sortennummern*** (Stellen 2 ... 5)	Metall bzw. Grundmetall der Legierung
0000 ... 1799	Kupfer	0000 ... 4999	Aluminium
2000 ... 2499	Zink, Cadmium	5000 ... 5999	Magnesium
3000 ... 3499	Blei	7000 ... 7999	Titan
3500 ... 3999	Zinn		
4000 ... 4999	Nickel, Cobalt		
5000 ... 5999	Edelmetalle		
6000 ... 6999	Hochschmelzende Metalle		

Anhängezahlen für Schwer- und Leichtmetalle X.XXXX.XX

Anhängezahlen (Stellen 6 und 7)	Bedeutung	***Anhängezahlen*** (Stellen 6 und 7)	Bedeutung
00 ... 09	Unbehandelt	60 ... 69	Warmausgehärtet, ohne mechanische Nacharbeit
10 ... 19	Weich	70 ... 79	Warmausgehärtet, kaltnachgearbeitet
20 ... 29	Kaltverfestigt (zwischengehärtet)	80 ... 89	Entspannt, ohne vorherige Kaltverfestigung
30 ... 39	Kaltverfestigt	90 ... 99	Sonderbehandlungen
40 ... 49	Lösungsgeglüht, ohne mechanische Nacharbeit		
50 ... 59	Lösungsgeglüht, kalt nachbearbeitet		

Wichtige Nichteisenmetall-Legierungen

Werkstoff-nummerbereich	Legierung (Grundmetall u. Hauptlegierungs-elemente nach Massenanteil)	Werkstoff-nummerbereich	Legierung (Grundmetall u. Hauptlegierungs-elemente nach Massenanteil)
2.0200 ... 2.0449	Kupfer-Zink (Messing)	3.1100 ... 3.1199	Aluminium-Kupfer (binär)
2.0450 ... 2.0599	Sondermessing	3.1200 ... 3.1999	Aluminium-Kupfer (und andere Elemente)
2.0700 ... 2.0799	Kupfer-Nickel-Zink (Neusilber)	3.2300 ... 3.2399	Aluminium-Silicium-Magnesium
2.0800 ... 2.0899	Kupfer-Nickel	3.3200 ... 3.3299	Aluminium-Magnesium-Silicium
2.0900 ... 2.0999	Kupfer-Aluminium	3.3300 ... 3.3399	Aluminium-Magnesium (binär)
2.1000 ... 2.1159	Kupfer-Zinn (Bronze)	3.3500 ... 3.3599	Aluminium-Magnesium mit Mangan oder Chrom
3.0500 ... 3.0599	Aluminium-Mangan-Chrom		
3.0900 ... 3.0999	Aluminium-Eisen		

Normbenennung der Werkstoffe

Systematische Bezeichnung der Nichteisenmetalle (DIN-Normenheft 4)

Der genormte Kurzname setzt sich nach der ersatzlos zurückgezogenen **DIN 1700** wie folgt zusammen:

1. Kennbuchstaben für Herstellung und Verwendung (nur zum Teil in **DIN 1700**)	2. Kennzeichen für die Zusammensetzung	3. Kurzzeichen für besondere Eigenschaften (nur z. T. in **DIN 1700**)
↓	↓	↓

Kennbuchstaben	Bedeutung
E	Elektrische Leitlegierung
G	Guss, allgemein
GD	Druckguss
GK	Kokillenguss
GZ	Schleuderguss bzw. Zentrifugalguss
GC	Strangguss
GI	Gleit- bzw. Lagermetall
K	Kondensatorrohre
Kb	Kabellegierung
L	Lot
Lg	Lagermetall
M	Mehrstofflegierung
R	Reduktionslegierung
S	Schweißzusatzwerkstoff
U	Umschmelzlegierung
V	Vor- und Verschnittlegierung
W	Walzlegierung

Systematik der Kennzeichen

Es werden die chemischen Symbole der beteiligten Elemente mit jeweils nachgestellter Kennzahl für den ungefähren Massenanteil in Prozent aufgeführt und zwar in der Reihenfolge:

1. *Grundmetall* (Hauptelement), evtl. mit nachgestellter *Kennzahl für den ungefähren Massenanteil in Prozent*
2. *Legierungsbestandteile in der Reihenfolge ihres Massenanteils mit jeweils nachgestellter Kennzahl für den Massenanteil* (die Kennzahl kann entfallen, wenn der Massenanteil eines Legierungselementes zur Charakterisierung nicht erforderlich ist).

Kurzzeichen	Bedeutung
	Behandlungszustand
a	Ausgehärtet
g	Geglüht
ho	Homogenisiert
ka	Kaltausgehärtet
ku	Kaltumgeformt
p	Gepresst
wa	Warmausgehärtet
wh	Gewalzt
wu	Warmumgeformt
z	Gezogen
zh	Gezogen
	Härtezustand
fdh	Federhart
h	Hart
hh	Halbhart
w	Weich

Am Ende des Kurznamens können als weitere Eigenschaften die *Mindestzugfestigkeiten* durch Kennbuchstaben mit nachgestellter Zahl (die Zahl gibt ca. 1/10 der Mindestzugfestigkeit in N/mm^2 an) angegeben werden:

F Durch Kaltverformung oder Aushärtung erhöhte Mindestzugfestigkeit

W Weichgeglüht mit entsprechender Mindestzugfestigkeit

G Rückgeglüht mit entsprechender Mindestzugfestigkeit

6

Ferner kann die *Vickershärte* (HV mit entsprechendem Zahlenwert) oder die *elektrische Leitfähigkeit* in $m/(\Omega \cdot mm^2)$ (L mit entsprechendem Zahlenwert) angegeben werden.

Beispiele:

S Al 99,5
- 99,5: $w(Al) \approx 99,5\ \%$ (Rest: Verunreinigungen)
- Al: Unlegiertes Aluminium
- S: Schweißzusatzwerkstoff

CuZn 28 Sn F 33
- F 33: $R_m \approx 330\ N/mm^2$
- Sn: Legierungselement Zinn
- 28: $w(Zn) \approx 28\ \%$
- Zn: Legierungselement Zink
- Cu: Grundmetall Kupfer

G-AlSi 10 Mg wa
- wa: Warmausgehärtet
- Mg: Legierungselement Magnesium
- 10: $w(Si) \approx 10\ \%$
- Si: Legierungselement Silicium
- Al: Grundmetall Aluminium
- G: Gusswerkstoff

Die alten Bezeichnungen *Messing, Bronze* usw. sollen nicht mehr verwendet werden.

Kennbuchstaben und Kurzzeichen für Kunststoffe (DIN EN ISO 1043-1 und 2, 06.01)

Kurzzeichen für Homopolymere, Copolymere und natürliche Polymere

Kurzzeichen	Name	Kurzzeichen	Name	Kurzzeichen	Name
ABAK	Acrylnitril-Butadien-	PAEK	Polyacryletherketon	POM	Polyoxymethylen,
	Acrylat	PAI	Polyamidimid		Polyformaldehyd
ABS	Acrylnitril-Butadien-	PAK	Polyacrylat	PP	Polypropylen
	Styrol	PAN	Polyacrylnitril	PPE	Polyphenylenether
ACS	Acrylnitrilchloriertes	PAR	Polyarylat	PPOX	Polypropylenoxid
	Polyethylen-Styrol	PB	Polybuten	PPS	Polyphenylensulfid
AEPDS	Acrylnitril/Ethylen-	PBAK	Polybutylacrylat	PPSU	Polyphenylensulfon
	Propylen-Dien/Styrol	PBT	Polybutylenterephthalat	PS	Polystyrol
AMMA	Acrylnitril-Methyl-	PC	Polycarbonat	PSU	Polysulfon
	methacrylat	PCTFE	Polychlortrifluorethylen	PTFE	Polytetrafluorethylen
ASA	Acrylnitril-Styrol-Acrylat	PDAP	Polydiallylphthalat	PUR	Polyurethan
CA	Celluloseacetat	PDCPD	Polydicyclopentadien	PVAC	Polyvinylacetat
CAB	Celluloseacetatbutyrat	PE	Polyethylen	PVAL	Polyvinylalkohol
CAP	Celluloseacetatpropionat	PEBA	Polyether-block-Amid	PVB	Polyvinylbutyral
CF	Cresol-Formaldehyd	PEEK	Polyetheretherketon	PVC	Polyvinylchlorid
CMC	Carboxymethylcellulose	PEEKK	Polyetherether-	PVDC	Polyvinylidenchlorid
N	Cellulosenitrat		ketonketon	PVDF	Polyvinylidenfluorid
CP	Cellulosepropionat	PEEST	Polyetherester	PVF	Polyvinylfluorid
CSF	Casein-Formaldehyd	PEI	Polyetherimid	PVFM	Polyvinylformal,
CTA	Cellulosetriacetat	PEK	Polyetherketon		Polyvinylformaldehyd
EC	Ethylcellulose	PEKEKK	Polyetherketonether-	PVK	Polyvinylcarbazol
EEAK	Ethylen-Ethylacrylat		ketonketon	PVP	Polyvinylpyrrolidon
EMA	Ethylen-Methacrylsäure	PEKK	Polyetherketonketon	SAN	Styrol-Acrylnitril
EP	Epoxid	PEOX	Polyethylenoxid	SB	Styrol-Butadien
E/P	Ethylen-Propylen	PESU	Polyethersulfon	SI	Silicon
ETFE	Ethylen-Tetrafluor-	PESTUR	Polyesterurethan	SMAH	Maleinsäureanhydrid
	ethylen	PET	Polyethylenterephthalat	SMS	Styrol-α-Methylstyrol
EVAC	Ethylen-Vinylacetat	PEUR	Polyetherurethan	UF	Urea-Formaldehyd
EVOH	Ethylen-Vinylalkohol	PF	Phenol-Formaldehyd	UP	Ungesättigter Polyester
FF	Furan-Formaldehy	PFA	Pherfluoralkoxylalkan-	VCE	Vinylchlorid-Ethylen
LCP	Flüssigkristall-Polymer		polymer	VCEMAK	Vinylchlorid-Ethylen-
	(Liquid-Crystal-Polymer)	PFEP	Polyflourethylen-Propy-		Methylacrylat
MBS	Methacrylat-Butadien-		len	VCEVAC	Vinylchlorid-Ethylen-
	Styrol	PI	Polyimid		Vinylacetat
MC	Methylcellulose	PIB	Polyisobuten	VCMAK	Vinylchlorid-Methyl-
MF	Melamine-Formaldehyd	PIR	Polyisocyanurat		acrylat
MMABS	Methylacrylat-Acrylnitril-	PMI	Polymethacrylimid	VCMMA	Vinylchlorid-Methylmeth-
	Butadien-Styrol	PMMA	Polymethylmethacrylat		acrylat
MPF	Melamin-Phenol-	PMMI	Poly-N-Methyl-	VCOAK	Vinylchlorid-Octylacrylat
	Formaldehyd		methacrylimid	VCVAC	Vinylchlorid-Vinylacetat
PA	Polyamid	PMP	Poly-4-methylpenten-(1)	VCVDC	Vinylchlorid-Vinyliden-
		PMS	Poly-α-Methylstyrol		chlorid

Kennbuchstaben für Komponentenbegriffe (nach DIN EN ISO 1043-1, 06.01)

A	Acetat; Acryl; Acrylat;	D	Di; Dien	O	Octyl; Oxy
	Acrylnitril; Alkoxy; Alkan;	E	Ether; Ethyl; Ethylen	OH	Alkohol
	Allyl; Amid	EP	Epoxide	OX	Oxid
AC	Acetat	EST	Ester	P	Penta; Penten; Per; Phenol;
AH	Anhydrid	F	Fluorid; Fluor; Formaldehyd;		Phenylen; Phthalat; Poly;
AI	Amidimid		Furan		Polyester; Polymer; Propio-
AK	Acrylat	FM	Formal		nat; Propylen; Pyrrolidon
AL	Alkohol	I	Imid; Iso	S	Styrol; Sulfid
AN	Acrylnitril	IR	Isocyanurat	SI	Silicon
AR	Arylat	K	Carbazol; Keton	SU	Sulfon
B	Block; Butadien; Buten; Butyl;	L	Flüssig (Liquid)	T	Terephthalat; Tetra
	Butylen; Butyral; Butyrat	M	Malein; Melamin; Meth;	U	Ungesättigt; Urea
C	Carbonat; Carboxy; Cellulose;		Methacryl; Methacrylat;	UR	Urethan
	Chlorid; chloriert; Chlor; Cresol;		Methyl; Methylen	V	Vinyl
	Kristall; Cyclo-	MA	Methacrylat; Methacrylsäure	VD	Vinyliden
CS	Casein	N	Nitrat		

Kennbuchstaben und Kurzzeichen für Kunststoffe (Fortsetzung)

Zahlen nach den Kurzzeichen

Die Zahlen nach den Kurzzeichen geben an, dass das entsprechende Polymer aus verschiedenen Kondensationseinheiten in einer homologen Reihe entstanden ist. So gilt z. B.:

PA 11 Polymer aus 11-Aminoundecansäure

PA 66 Polymer aus Hexamethylendiamin und Adipinsäure

PA 610 Polymer aus Hexamethylendiamin und Sebazinsäure

Kennbuchstaben für besondere Eigenschaften

Kurzzeichen	Besondere Eigenschaft	Kurzzeichen	Besondere Eigenschaft
C	Chloriert, kristallin (isotaktisch)	N	Normal oder Novolak
D	Dichte	P	Thermoplastisch, weichmacherhaltig
E	Verschäumt oder verschäumbar	R	Erhöht, hart, random oder Resol
F	Flexibel, flouriert oder flüssig	U	Ultra oder weichmacherfrei
H	Hoch, homo	V	Sehr
I	Schlagzäh	W	Gewicht
L	Linear oder niedrig	X	Vernetzt oder vernetzbar
M	Masse oder mittel oder molekular		

Die Kurzzeichen für besondere Eigenschaften werden in sinnvoller Kombination verwendet, z. B. MD für mittlere Dichte.

Benennungsbeispiele für Kunststoffe

PVC-U (Polyvinylchlorid, weichmacherfrei)

PE-LLD (lineares Polyethylen niedriger Dichte)

Kurzzeichen für verstärkte Kunststoffe

Systematik:

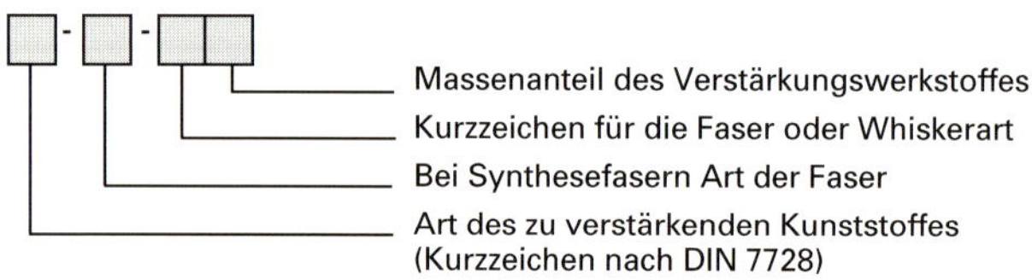

6

Kurzzeichen, wenn nur nach Faser- und Whiskerart unterschieden werden soll

Kurzzeichen	Bedeutung
FK	Faserverstärkter Kunststoff
WK	Whiskerverstärkter Kunststoff
GFK	Glasfaserverstärkter Kunststoff
AFK	Asbestfaserverstärkter Kunststoff
BFK	Borfaserverstärkter Kunststoff
CFK	Kohlenstofffaserverstärkter Kunststoff
MFK	Metallfaserverstärkter Kunststoff
SFK	Synthesefaserverstärkter Kunststoff
MWK	Metallwhiskerfaserverstärkter Kunststoff

Beispiele:

UP-GF Glasfaserverstärkter ungesättigter Polyester

PF-PA6-SF Phenolharz, mit Polyamid-6-Fasern verstärkt

PA6-SFK Mit Polyamid-6-Fasern verstärkter Kunststoff

PC-GF 20 Glaserfaserverstärktes Polycarbonat mit einem Massenanteil *w*(Glas) = 20 %

Soll noch nach der Art des Faser- oder Whiskermetalls unterschieden werden, kann dies durch einen Vorsatz vor dem Zeichen für die Faser- oder Whiskerart geschehen, z. B. **Cu-MFK** (Cu für Kupfer) oder **St-MFK** (St für Stahl).

Dämm- und Sperrstoffe

SK

Auswahlkriterien, Übersicht

Auswahlkriterien	Bedeutung
Rohdichte ϱ	→ Dichte. Dies ist die Dichte ϱ des Dämmstoffes in kg/m³, d.h. Dichte unter Berücksichtigung des Porenanteiles.
Wärmeleitzahl λ	→ Wärmetransport
Wasserdampfdiffusions-widerstandsfaktor μ	→ Diffusion
Festigkeit	→ Zug- und Druckspannung
Stauchverhalten	→ Dehnung und Verlängerung. **VDI-Richtlinie 2055** (07.94) lassen eine **maximale Stauchung von 10%** zu → Berechnung von Dämmkonstruktionen.
Kältekontraktion	→ Wärmeausdehnung
Brandverhalten	(s. folgende Tabelle)

Baustoffklassen (→ Brandschutz) (nach **DIN 4102-1**, 05.98)

Klasse		Benennung		Hinweise (→ Zündtemperaturen)
A	A1 A2	nicht brennbare Baustoffe wie Beton, Stahl, Gips, Ziegel. Bei A2 muss ein Nachweis erbracht werden.		Baustoffe der Klassen A1, A2, B1 bedürfen i.d.R. eines Prüfzeichens. Für Lüftungsleitungen nur A1, A2 Klasse B1 darf nur innerhalb eines Brandabschnittes verwendet werden.
B	B1 B2 B3	schwer entflammbar normal entflammbar leicht entflammbar	brennbar	

Mehr oder weniger verwendete Dämmstoffe

Stoff	Wärmeleitfähigkeit λ in W/(m · K) bei einer Mitteltemperatur von 20 °C	Rohdichte ϱ in kg/m³
organisch:		
Baumwolle	0,04	80
Holzfaserplatten (hart)	0,17	1000
Holzfaserplatten (porös)	0,06	300
Holzwolleplatten	0,09	400
Korkplatten	0,035 ··· 0,04	80 ··· 200
Pappe	0,07	700
Phenol-Schaumstoff	0,035	25
Polystyrol-Hartschaum	0,025 ··· 0,04	20 ··· 30
Polyurethan-Hartschaum	0,02 ··· 0,035	40 ··· 70
Schafwolle	0,04	140
Schilfrohr	0,06	220
Zellulosefasern	0,04 ··· 0,045	35 ··· 65
anorganisch:		
Glaswolle	0,035 ··· 0,05	60 ··· 200
Keramikwolle	0,035 ··· 0,14	50 ··· 190
Kieselgur	0,06 ··· 0,07	200
Perlit-Schüttung	0,06	100
Schaumglas	0,045 ··· 0,055	100 ··· 160
Steinwolle	0,035 ··· 0,05	60 ··· 200

Dämmstoffe für den praktischen Wärmeschutz bzw. Kälteschutz

Wärmeschutz: Objekttemperatur ist größer als die Umgebungstemperatur.
Kälteschutz: Objekttemperatur ist kleiner als die Umgebungstemperatur.

Dämmstoffe für den praktischen Wärmeschutz bzw. Kälteschutz (Fortsetzung)

Dämmstoffkennziffer (nach Arbeitsgemeinschaft Industriebau = AGI-Arbeitsblätter)

Dämmstoffe für betriebstechnische Anlagen werden mit einer **zehnstelligen Kennziffer** bezeichnet. Folgende Tabelle zeigt eine Auswahl:

1. und 2. Kennziffer: **Dämmstoffart**	Ziffern-gruppe	Bedeutung	AGI-Arbeitsblatt
	11	Glaswolle	**Q 132**
	12	Steinwolle	**Q 132**
	13	Schlackenwolle	**Q 132**
	21	Polystyrol (PS)-Partikelschaum	**Q 133-1**
	22	Extrudierter Polystyrolhartschaum (XPS)	**Q 133-2**
	23	Polyurethan (PUR)-Hartschaum	**Q 133-3**
	31	Polyethylen (PE)-Schaumstoff (halbhart)	**Q 134**
	36	Schaumstoff aus vernetztem Elastomer (Weichschaum, z. B. Armaflex)	**Q 143**
	40	Schaumglas	**Q 137**
	50	Kork	**Q 139**
	51	Backkork	**Q 139**
	52	imprägnierter Kork	**Q 139**
	61	Blähperlit	**Q 141**
	70	Calciumsilikat	**Q 142**

3. und 4. Kennziffer: **Lieferform**	Ziffern-gruppe	Bedeutung	Ziffern-gruppe	Bedeutung
	01	Bahnen	11	Segmentplatten/Bögen
	04	Filze	12	Schläuche/Rohrschalen
	05	Lamellenmatten	13	Formteile
	06	Matten, versteppt	20	Körnung 0 bis 1 mm
	07	Platten	21	Körnung 0 bis 1,5 mm
	08	Schalen	22	Körnung 0 bis 3 mm
	09	Segmente	99	sonstige

5. und 6. Kennziffer: Wärmeleitfähigkeit

In den o.g. AGI-Arbeitsblättern erfolgt der Hinweis auf die Einflussparameter, z. B. die **Rohdichte** ϱ (geringfügig) → Rohdichte und Wärmeleitfähigkeit (Seite 298) und die **Mitteltemperatur** ϑ_m (starke Temperaturabhängigkeit entsprechend folgendem Beispiel)

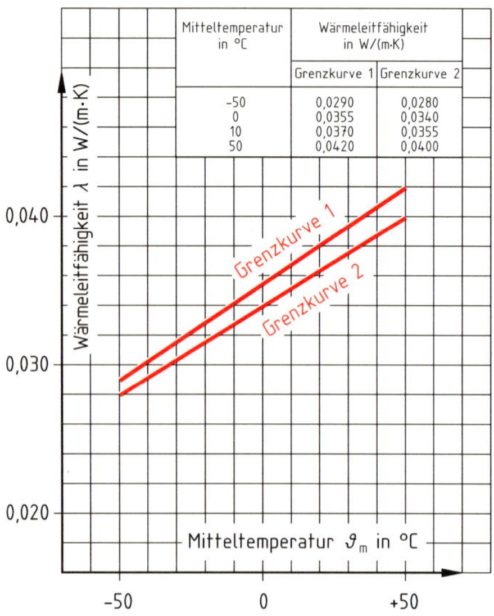

Beispiel: Polystyrol (PS)-Partikelschaum (**AGI-Arbeitsblatt Q 133-1**)

Ziffern-gruppe	Bedeutung (s. nebenstehendes Bild)
10	Grenzkurve 1, Rohdichte $\geq 20\ kg/m^3$
11	Grenzkurve 2, Rohdichte $\geq 30\ kg/m^3$

Anmerkungen:

1. Die Zuordnung der Wärmeleitfähigkeit λ erfolgt bei allen anderen Dämmstoffen entsprechend obigem Beispiel, d. h. **Grenzkurven in den oben zugeordneten AGI-Arbeitsblättern sind zu beachten.**

2. Der Hersteller garantiert – wenn dies gewünscht wird – Wärmeleitzahl und andere Stoffwerte.

Aus nebenstehendem Bild ist die bei allen Dämmstoffen vorhandene Tendenz erkennbar:

Die Wärmeleitfähigkeit von Dämmstoffen nimmt bei zunehmender Temperatur stark zu.

Dämmstoffe für den praktischen Wärmeschutz bzw. Kälteschutz (Fortsetzung)

7. und 8. Kennziffer: Klassifizierungstemperatur (obere Anwendungstemperatur in °C) – AGI-Arbeitsblätter

Q132 Gruppe	°C
10	100
12	120
14	140
16	160
:	:
72	720
74	740
76	760

Q133-1 Gruppe	°C
07	70
08	80

Q133-2 Gruppe	°C
07	70
08	80

Q133-3 Gruppe	°C
07	70
08	80
09	90
10	100

Q134 Gruppe	°C
01	80
02	85
03	90
04	95
05	100
06	105
07	110
08	115
09	120
10	125

Q137 Gruppe	°C
10	100
15	150
20	200
25	250
30	300
35	350
40	400
43	430
50	500
55	550
60	600

Q139 Gruppe	°C
05	50
06	60
07	70
08	80
09	90
10	100
11	110
12	120
13	130
14	140
15	150

Q141 Gruppe	°C
30	300
35	350
40	400
45	450
50	500
55	550
60	600
65	650
70	700
75	750

Q142 Gruppe	°C
07	700
08	800
09	900
10	1000
50	1050

Q143 Gruppe	°C
01	80
02	85
03	90
04	95
05	100
06	105

9. und 10. Kennziffer	**Rohdichte** in kg/m³	**Druckspannung** bei 10% Stauchung in N/mm²	**Druckfestigkeit** in N/mm²	**Nennschüttdichte** in kg/m³	**Druckspannung** bei 5% Stauchung in N/mm²
bei AGI-Arbeitsblatt	**Q132, Q133-1, Q133-3, Q134, Q139, Q143**	**Q133-2**	**Q137**	**Q141**	**Q142**

9. und 10. Kennziffer kann also Rohdichte, Druckspannung, Druckfestigkeit, Nennschüttdichte bedeuten!

Rohdichte: Unterschiedlich in den einzelnen AGI-Arbeitsblättern! z.B. bei **Q132**: 0,2 ≙ 20 kg/m³ oder **Q133-1**: 20 ≥ 20 kg/m³

Q133-2 Gruppe	N/mm²
20	0,20
25	0,25
30	0,30
40	0,40
50	0,50
etc.	

Q137 Gruppe	N/mm²
05	0,5
06	0,6
07	0,7
08	0,8
09	0,9
10	1,0
11	1,1
12	1,2

Q141 Gruppe	kg/m³
45	45
65	65
80	80

Q142 Gruppe	N/mm²
05	0,5
10	1,0
15	1,5

B **12.06.01.56.10:** Bezeichnung eines Mineraldämmstoffes aus Steinwolle als versteppte Matte, Wärmeleitfähigkeitskurve 1, Klassifizierungstemperatur 560 °C, Rohdichte 100 kg/m³.

61.21.02.75.65: Bezeichnung eines Dämmstoffes aus Blähperlit-Körnung 0 bis 1,5 mm, Wärmeleitfähigkeitskurve Bild 2, obere Anwendungstemperatur 750 °C, Schüttdichte 65 kg/m³.

Wasserdampfdiffusionswiderstandsfaktor (-widerstandszahl) μ (→ Diffusion)

Dämmstoff	μ-Wert
Polystyrol-Schaumstoff (aus Granulat)	20 ··· 100
Polystyrol-Schaumstoff (extrudiert)	80 ··· 300
Polyurethan-Schaumstoff	30 ··· 100
PVC-Schaumstoff	160 ··· 330
Phenolharzschaumstoff	30 ··· 50
Schaumglas	praktisch ∞
Faserdämmstoffe	1,5 ··· 4,5

Herstellerangaben unbedingt beachten, evtl. mit Gewährleistung!

6

Dämm- und Sperrstoffe

Dämmstoffe für den praktischen Wärmeschutz bzw. Kälteschutz (Fortsetzung)

Anhaltswerte (nach AGI-Arbeitsblatt **Q 03, 06.89**)

Dämmstoff	AGI-Arbeitsblatt	Rohdichte ϱ kg/m³	Wärmeleitfähigkeit λ bei (ϑ_m) W/(m · K)	Anwendungstemperatur °C	Brandverhalten nach **DIN 4102**	Lieferform: Bahnen Matten	Platten	Schalen	Formstücke	lose Wolle	Zöpfe	Korn Pulver	Bemerkungen (Herstellerangaben beachten, ggf. Gewährleistung!)
Wärmedämmungen:													
Mineralwolle	**Q 132**	80 ··· 180	0,044 (100 °C) 0,061 (200 °C)	Steinwolle 600	A 1/A 2 B 1	●	●	●	●	●	●		Anwendungstemperatur von ϱ abhängig
Keramische Wolle	–	100 ··· 200	0,07 (200 °C) 0,10 (400 °C)	1200	A 1	●	●	●	●	●	●		Anwendungstemperatur von ϱ abhängig
Schaumglas	**Q 137**	100 ··· 160	0,07 (100 °C) 0,095 (200 °C)	430	A 1		●	●	●				
Calciumsilikat	**Q 142**	200 ··· 300	0,077 (200 °C) 0,105 (400 °C)	700	A 1		●	●	●				
Perlite	**Q 141**	40 ··· 125	0,079 (200 °C) 0,143 (400 °C)	750	A 1							●	
Kältedämmungen:													
Polystyrol-Partikelschaum	**Q 133-1**	20	0,036	− 30 ··· + 80	B 1/B 2	●	●	●	●				nicht lösemittelbeständig
Polystyrol-Extruderschaum	**Q 133-2**	≥ 25	0,035	−180 ··· + 80	B 1/B 2		●						nicht lösemittelbeständig
Polyurethan-Hartschaum	**Q 133-3**	40	0,030	−180 ··· +100	B 1/B 2		●	●	●				
Polyurethan-Ortschaum	**Q 138**	≥ 55	0,035	−180 ··· +100	B 1/B 2								Alle Formen durch Komponenten
Polyurtehan-Verbunddämmung	–	≈ 70	0,035	− 40 ··· +130	B 1/B 2				●				
Schaumglas, Platten	**Q 137**	100 ··· 160	0,046	−260 ··· +100	A 1		●	●	●				Rissbildung bei Temperaturschock
Schaumglas, Schalen	**Q 137**	100 ··· 160	0,052	−260 ··· +100	A 1		●	●	●				Rissbildung bei Temperaturschock
Kork	**Q 139**	80 ··· 120	s. Kurven im AGI-Arbeitsblatt	−180 ··· +100	B 2		●	●	●				
Polyethylenschaum	**Q 134**	20 ··· 40	0,038 ··· 0,046	− 70 ··· +125	B 2	●	●	●	●	●			nicht beständig gegen Witterung u. UV
Weichschaum	**Q 143**	40 ··· 100	0,040 ··· 0,044	− 40 ··· +105	B 2	●	●	Lieferform auch als Schläuche					nicht beständig gegen Witterung u. UV

6

Dämmstoffe für den praktischen Wärmeschutz bzw. Kälteschutz (Fortsetzung)

Anwendungsmöglichkeiten (nach AGI-Arbeitsblättern)

Die Anwendungsmöglichkeiten sind teilweise stark von der **Lieferform** abhängig. AGI-Arbeitsblätter sind zu beachten!

Beispiel: Polystyrol-Partikelschaum (PS) (nach **AGI-Arbeitsblatt Q133-1**, 02.86)

Gruppe	Lieferform	Rohrleitungen	Apparate und Behälter			Ebene Flächen			Polsterlagen	Luftkanäle
			Stirnseiten	Mäntel	Stirnseiten-begehbar	senkrecht	waagerecht	begehbar		
01	Bahnen								●	
07	Platten		●	●	●	●	●	●		●
08	Schalen	●		●						●
09	Segmente	●	●	●	●					●

Stoffwerte für Auflager (bei Kraftwirkung) (nach **AGI-Arbeitsblatt Q03**, 06.89)

Nr.	**Stoff**	**Mindestrohdichte** in kg/m³	**Wärmeleitfähigkeit** in W/(m · K) bei 10 °C	**Vorgeschlagene Rechenwerte** bei stat. Dauerlast[1]) in N/mm²
1	PS-Partikelschaum	20	0,04	0,02
2	PS-Partikelschaum	30	0,04	0,035
3	PS-Extruderschaum	30	0,04	0,06
4	PS-Extruderschaum	40	0,04	0,08
5	PS-Extruderschaum	50	0,04	0,10
6	RUR-Hartschaum	50	0,035	0,035
7	PUR-Hartschaum	80	0,035	0,05
8	PUR-Hartschaum	120	0,04	0,10
9	Kork	140	0,045	0,030
10	Presskork	200	0,055	0,08
11	Presskork	300	0,065	0,12
12	Schaumglas	125	0,05	0,17
13	Schaumglas	135	0,05	0,27
14	Schaumglas	140	0,06	0,30
15	Hartholz ⊥, Güteklasse I	650	0,205	4,0
16	Hartholz II, Güteklasse I	650	0,32	10,0
17	Gasbeton, Klasse 4	600 ··· 700	0,18 ··· 0,24	1,0
18	Gasbeton, Klasse 6	700 ··· 800	0,24 ··· 0,27	1,4

[1]) zulässige → Druckspannungen (Herstellerangeben beachten!)

Die zulässigen Spannungen sind einzuhalten. Unterscheiden Sie statische und dynamische Belastung (→ Festigkeitslehre).

Bei Überschreitung der zulässigen Spannung (s. nebenstehendes Diagramm) ist feststellbar:

Hartschäume unterliegen in Abhängigkeit der Zeit und der Rohdichte i. d. R. eines ausgeprägten Fließvorganges, d. h. überproportionaler Verformung (→ Festigkeitslehre). Der Hartschaum wird dabei mechanisch zerstört.

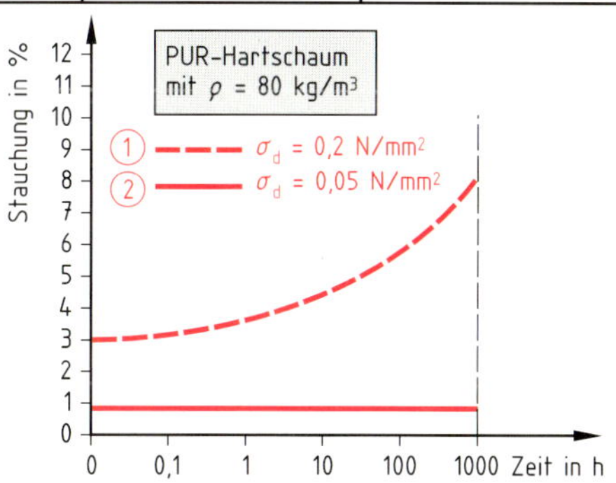

6

SK Dämm- und Sperrstoffe

Dämmstoffe für den praktischen Wärmeschutz bzw. Kälteschutz (Fortsetzung)

Weitere Eigenschaften

Möglichkeiten der **Verarbeitung** (→ Fertigungstechnik)
Empfindlichkeit gegen **Verrottung**
Geruchlosigkeit (→ Geruchsstoffe, Diffusion)
Chemikalienbeständigkeit (s. folgende Tabelle)
Aufnahme von Wasser (→ Kapillarwirkung, Diffusion)
Kältekontraktion (→ Wärmeausdehnung)

Diverse Vorschriften (z. B. AGI-Arbeitsblätter) und Herstellerangaben beachten.

Der **thermische Längenausdehnungskoeffizient** von Hartschäumen ist in der Größenordnung etwa fünf mal so groß wie die α-Werte von Metallen. Dies kann zu → **Wärmespannungen** führen!

α-Werte bei Hartschäumen:
$3{,}0 \cdot 10^{-5} \cdots 10{,}0 \cdot 10^{-5} \frac{\text{m}}{\text{m} \cdot \text{K}}$

Beispiel: Chemische Beständigkeit von PS-Partikelschaum (nach **AGI – Q133-1**, 02.86)

Stoff, Chemikalien	Verhalten
Wasser, Seewasser, Salzlösung	+
Übliche Baustoffe wie Kalk, Zement, Gips, Anhydrit	+
„Alkalien" wie Natronlauge, Kalilauge Ammoniakwasser, Kalkwasser, Jauche	+
Seifen, Netzmittellösungen	+
Salzsäure 35% Salpetersäure bis 50% Schwefelsäure 95%	+
Verdünnte und schwache Säuren wie Milchsäure, Kohlensäure, Humussäure (Moorwasser)	+
Salze, Düngemittel (Mauersalpeter, Ausblühungen)	+
Bitumen	+
Kaltbitumen und Bitumenspachtelmassen auf wässriger Basis	+
Kaltbitumen und Bitumenspachtelmassen mit Lösungsmitteln	–
Teerprodukte	–

Stoff, Chemikalien	Verhalten
Milch	+
Speiseöl	+/–
Paraffinöl, Vaseline, Dieselöl	+/–
Siliconöl	+
Alkohole, z. B. Methylalkohol, Ethylalkohol (Spiritus)	+
Lösungsmittel wie Aceton, Äther, Essigester, Nitroverdünnung, Benzol, Xylol, Lackverdünnung, Trichlorethylen, Tetrachlorkohlenstoff, Terpentin	–
Gesättigte aliphatische Kohlenwasserstoffe, z. B. Cyclohexan, Wundbenzin, Testbenzin	+/–
Normal- und Super-Benzin	–

Legende:
+ Beständig, der Hartschaum wird auch bei längerer Einwirkung nicht zerstört.
+/– Bedingt beständig, der Hartschaum kann bei längerer Einwirkung schrumpfen oder oberflächlich angegriffen werden.
– Unbeständig, der Hartschaum schrumpft schnell oder wird aufgelöst.

6

Rohdichte und Wärmeleitfähigkeit (→ Dichte, Wärmetransport)

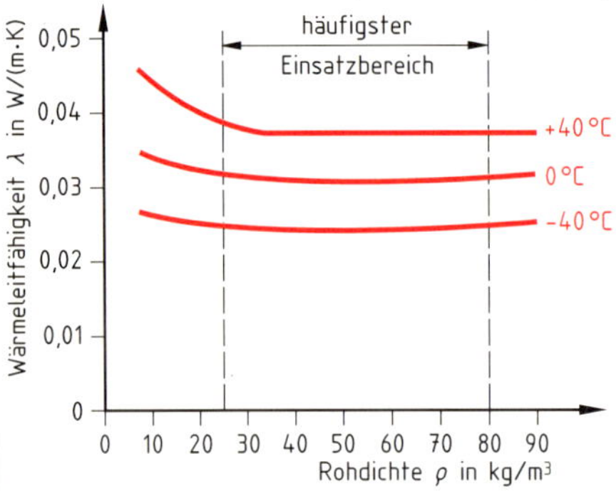

Nebenstehendes Diagramm zeigt die Wärmeleitfähigkeit von Polystyrol-Granulatschaum in Abhängigkeit von Rohdichte ϱ und Mitteltemperatur ϑ_m. Man erkennt:

Die Wärmeleitfähigkeit λ bei Schaumstoffen ist i.d.R. in weiten Bereichen nur geringfügig von der Rohdichte ϱ abhängig.

Wichtige Regel:

Wird die Rohdichte durch Krafteinwirkung, d. h. Stauchung, vergrößert, dann steigt die Wärmeleitfähigkeit λ stark an, und zwar wegen Veränderung der Zellstruktur. Deswegen wird nur eine **Stauchung von max. 10 %** zugelassen.

Dämm- und Sperrstoffe

Sperrschichtmaterialien, Dampfbremsen (nach **AGI-Arbeitsblatt Q 112**, 10.80)

Tabelle 1: Gruppeneinteilung der Dampfbremsen

Gruppe	$s_d = \mu \cdot s$
1000	≥ 1000 m
200	≥ 200 m
100	≥ 100 m
50	≥ 50 m
30	≥ 30 m
10	≥ 10 m

Für **Dampfbremsen** werden Stoffe mit einer geringen Wasserdampfdurchlässigkeit, d.h. großer Wasserdampfdiffusionswiderstandszahl μ (→ Diffusion) verwendet. Sie werden in Gruppen (s. nebenstehende Tabelle 1) eingeteilt.
Dabei ist

$s_d = \mu \cdot s$ = **diffusionsäquivalente Luftschichtdicke**

μ = Wasserdampfdiffusionswiderstandszahl (→ Diffusion)

s = Schichtdicke in m

Wasserdampfdiffusionswiderstandszahlen μ (→ Diffusion) für homogene oder annähernd homogene Stoffe werden entsprechend **DIN 52615** gemessen. →

Für den Nachweis im Einzelfall sind die Werte beim Hersteller zu erfragen, evtl. mit Gewährleistung.

Tabelle 2: Stoffe für Dampfbremsen

Nr.	Stoff	Kurzbezeichnung	Dicke mm	Gruppen nach Tabelle 1					
				1000	200	100	50	30	10
A	**Folien** (fest)								
	Thermoplaste								
1	Polyvinylchlorid	PVC	0,3 bis 0,8					●	●
2	Ethylen-Copolymerisat-Bitumen	ECB	1,5 bis 2,0			●	●	●	
3	Polyethylen	PE	0,1 bis 1,2			●	●	●	●
	Elastomere								
4	Polyisobutylen	PIB	0,5 bis 2,5		●	●			
5	Butyl-Kautschuk (Isobutylen-Isopren)	JJR	0,8 bis 2,0		●	●	●		
6	Chloropren-Kautschuk	CR	1,0 bis 1,5			●	●	●	
7	Chlorsulfioniertes Polyethylen	CSM	0,8 bis 1,2					●	
8	Ethylen-Propylen-Terpolymer-Kautschuk	EPDM	1,0 bis 2,0		●	●	●		
9	Ethylen-Vinilacetat-Copolymer	EVA	1,2					●	●
	Metallfolien								
10	Aluminium, blank	Alu-Folie	> 0,05	●					
11	Kupfer	Kupfer-Folie	> 0,03	●					
	Verbundfolie								
12	Aluminiumfolie 0,1 mit Kunststoff und beiderseitigen Rohfilzbahnen		1,0	●					
13	Bitumen-Dichtungsbahnen mit Aluminiumbandeinlage	Al 02 D	2,2	●					
B	**Beschichtungen** (flüssig)								
14	Bitumen, in Lösungsmittel oder in Wasser gelöst, austrocknend		2,0 bis 5,0			●	●	●	●
15	Bitumen, lösungsmittelfrei, dauerplastisch nicht austrocknend		> 2,0			●	●	●	●
16	Elastomer in Lösungsmittel oder in Wasser gelöst, austrocknend		0,5 bis 1,0			●	●	●	●
17	Elastomer, lösungsmittelfrei, mehrkomponentig, aushärtend		2,0 bis 5,0		●	●	●	●	●
18	Elastomer, lösungsmittelfrei, dauerplastisch, nicht austrocknend oder aushärtend		> 2,0		●	●	●	●	●

Tabelle 3: Kriterien dampfdiffusionshemmender Stoffe

Diffusionsäquivalente Luftschichtdicke $s_d = \mu \cdot s$	Chemische Beständigkeit
Dicke, bei Beschichtungen Angaben über Trägereinlage	Mech. Beständigkeit, statisch, dynamisch
Verbindungstechniken	Brandverhalten
Verträglichkeit mit Dämmstoffen	Witterungsbeständigkeit
Vollflächig mit sich und auf dem Untergrund verklebbar	Temperaturbeständigkeit nach **DIN 52123**
Flexibilität und Verarbeitbarkeit	Thermischer Ausdehnungskoeffizient
Abmessungen, Lieferformen	Verarbeitungstemperatur

SK Dämm- und Sperrstoffe

Sperrschichtmaterialien, Dampfbremsen (Fortsetzung)

(nach **AGI-Arbeitsblatt Q 112**, 10.80)

Wichtige Regeln bei Dampfsperrmaßnahmen

- Feuchtigkeitstransport hat die gleiche Richtung wie das Partialdruckgefälle des Wasserdampfes (→ Diffusion, Feuchte Luft).
- Sperrschichtmaterialien fugen- und lückenlos anbringen.
- Werden mehrere flüssige Sperrschichten aufgebracht, so ist eine Schicht erst völlig durchzutrocknen, bevor die nächste Schicht folgt.
- Sperrschicht und Dämmstoff sowie → Klebstoff sind als **Dämmsystem** zu sehen und bezüglich Lösemittelempfindlichkeit, Brandverhalten etc. aufeinander abzustimmen. } Herstellerangaben beachten!
- Bei im Freien aufgestellten Objekten ist auf Witterungsbeständigkeit und UV-Beständigkeit zu achten.

Klebstoffe

(nach **AGI-Arbeitsblatt Q 111**, 05.82)

Klebstoffarten

Dispersionsklebstoff
Lösungsmittelklebstoff
Schmelzklebstoff
Reaktionsklebstoff
Kontaktklebstoff
Haftklebstoff

Unbedingt Herstellerangaben des Klebstoff- und Dämmstoffherstellers beachten.

Auswahlkriterien

- Art der Stoffe, z. B. PS-Schaum und Al-Blech
- Beschaffenheit der Klebeflächen, z. B. geschnitten, blank
- Vorbehandlung der Klebeflächen, Auftrag des Klebstoffes
- Umgebungsverhältnisse bei Verarbeitung, z. B. im Freien
- Zeit für Handhabungs- und Endfestigkeit
- Hilfsmittel zum Abbinden, z. B. Presse oder UV-Strahler
- Mögliche oder zulässige Aufheiztemperatur
- Dauer des Abbindens (Wartezeit)

Vorauswahltabelle für Klebstoffe

Untergrund	Fügeteil aus Dämmstoff: Polystyrolschaum	andere Hartschäume	Polyethylenschaum	Weichschäume o. Weichmacher	Schaumglas	Kork	Mineralfaser	Calciumsilikat
glasfaserverstärkte Kunststoffe	1a, 3, 4	1a, 1b, 3, 4	1a, 3, 4	1a, 1b, 3	3, 4	1a, 1b, 3, 4	1a, 1b, 2	1a, 1b, 2, 4
Stahl, Aluminium verzinktes Blech	1a, 3, 4	1a, 1b, 3, 4	1a, 3, 4	1a, 1b, 3	3, 4	1a, 1b, 3, 4	1a, 1b, 4	1a, 1b, 3, 4
Edelstahl	1a, 3, 4	1a, 1b, 3, 4	1a, 3, 4	1a, 1b, 3	3, 4	1a, 1b, 3, 4	1a, 1b, 2, 4	1a, 1b, 2, 3, 4
Bitumenpappe	1a, 4	1b, 3, 4	1a, 3, 4	1b, 4	3, 4	1a, 1b, 3, 4	1b, 2, 4	1a, 1b, 2, 4
Glas	1a, 3	1a, 1b, 3	1a, 3	1a, 1b, 3	3	1a, 1b, 3	1a, 1b, 2	1a, 1b, 2, 3
Dämmstoffe mit sich selbst	1a, 2, 3, 4	1a, 1b, 3, 4	1a, 3, 4	1a, 1b, 3	3, 4	1a, 1b, 3	1a, 1b, 2	1a, 1b, 2, 3, 4
Beton, Mauerwerk	1a, 2, 3, 4	1a, 1b, 2, 3, 4	1a, 2, 3, 4	1a, 1b, 2, 3	2, 3, 4	1a, 1b, 3, 4	1a, 1b, 2	1a, 1b, 2, 3, 4

Die Ziffern bedeuten:
1a Lösungsmittelklebstoffe, polystyrolverträglich
1b andere Lösungsmittelklebstoffe
2 Dispersionsklebstoffe
3 Reaktionsklebstoffe
4 Schmelzklebstoffe

6

Kältemittel

Definitionen, Bezeichnungen

(nach **DIN 8960**, 11.98)

Begriff	Bedeutung
Kältemittel oder **Refrigerant (R)**	Arbeitsmedium, das in einem → **Kältemaschinenprozess** bei niedriger Temperatur (→ Verdampfungstemperatur) und niedrigem Druck (→ Verdampfungsdruck) Wärme aufnimmt und bei höherer Temperatur (→ Kondensationstemperatur) und höherem Druck (→ Kondensationsdruck) Wärme abgibt.
Chemische Verbindung	Substanz, die durch die Vereinigung von zwei oder mehreren → chemischen Elementen in bestimmten Massenverhältnissen gebildet wird.
Kohlenwasserstoff KW **Anmerkung:** Nebenstehende chemische Formeln heißen **Summenformeln**. → Isomere Verbindungen	Verbindung, die nur die Elemente Kohlenstoff C und Wasserstoff H enthält. Man unterscheidet **gesättigte Kohlenwasserstoffe:** C_nH_{2n+2} **ungesättigte Kohlenwasserstoffe:** C_nH_{2n} *n* = Anzahl der C-Atome **B** **Propan** C_3H_8: Propan ist gesättigt **Actylen** (Äthin) C_2H_2: Acetylen ist ungesättigt
Halogenierter Kohlenwasserstoff	Kohlenwasserstoffverbindung, die ein oder mehrere Halogene enthält. **Halon:** Kurzbezeichnung für halogenierte Kohlenwasserstoffe **Halogene:** Fluor F, Jod J, Brom Br, Chlor Cl **B** Kältemittel R-134a: CF_3CH_2F
Vollhalogenierte Kohlenwasserstoffe	Alle Wasserstoffatome sind durch Halogene ersetzt, z. B. FCKW
Teilhalogenierte Kohlenwasserstoffe	Nur ein Teil der Wasserstoffatome sind durch Halogene ersetzt, z. B. H-FCKW HFKW
	Dies sind Derivate von Kohlenwasserstoffen. **Derivat:** Abkömmling einer chemischen Verbindung.
Isomere Verbindungen (→ Massenanteile der Elemente in einer Verbindung)	Verbindungen mit gleicher → Summenformel, jedoch verschiedenen Strukturen (Strukturformeln mit Bindungsstrich) oder verschiedenen räumlichen Anordnungen der Atome. Die chemischen und physikalischen Eigenschaften von Isomeren können sich mehr oder weniger weitgehend unterscheiden. In der Kältemittel-Nomenklatur werden Isomere durch den Zusatz eines Kleinbuchstabens (a, b) unterschieden.

Bezeichnung von Kältemitteln

Buchstaben R und Kältemittelnummer durch einen Bindestrich getrennt (nicht zwingend), z. B. R-125 oder R125. Der Buchstabe R kann auch durch das Wort Kältemittel ersetzt werden.

Beispiel für **Kettenisomerie**:

Kältemittel R-600

Summenformel: C_4H_{10}

```
          H   H   H   H
          |   |   |   |
Struktur: H-C-C-C-C-H
          |   |   |   |
          H   H   H   H
```

Kältemittel R-600a

Summenformel: $CH(CH_3)_3$

```
            H      H      H
            |      |      |
Struktur: H-C------C------C-H
            |      |      |
            H    H-C-H    H
                   |
                   H
```

Beispiel für **Stellungsisomerie**:

Kältemittel R-134

Summenformel: CHF_2CHF_2

```
            F F
            | |
Struktur: H-C-C-H
            | |
            F F
```

Kältemittel R-134a

Summenformel: CH_2FCF_3

```
            F F
            | |
Struktur: F-C-C-H
            | |
            F H
```

6

Definitionen, Bezeichnungen (Fortsetzung) (nach **DIN 8960**, 11.98)

Begriff	Bedeutung

Azeotropes Gemisch bzw. **Azeotrop**
(→ Diagramme und Nomogramme, Siedediagramme, Schmelzdiagramme)

Kältemittel der **Reihe 500**, d. h.

R – 5xx

Kennzeichnung → Benennung von Kältemitteln

Beispiele: R-500, R-502, ...

Mischung aus (meist) zwei oder mehreren reinen chemischen Verbindungen bzw. Kältemitteln, bei der im Siedegleichgewichtszustand die Flüssigkeit und der Dampf die gleiche Zusammensetzung aufweisen.

I und II: Zweiphasengebiete, d. h. Dampf und Flüssigkeit.

ξ_A: azeotrope Zusammensetzung.

Gemische mit azeotroper Zusammensetzung ξ_A verdampfen und kondensieren wie einheitliche Stoffe, d. h. bei einem → Temperaturhaltepunkt.

Azeotrope können einen tieferen oder höheren Siedepunkt haben als die einzelnen Gemischkomponenten, d. h. Siedepunkterniedrigung oder Siedepunkterhöhung.

Konzentrationsänderungen sind zu vermeiden!

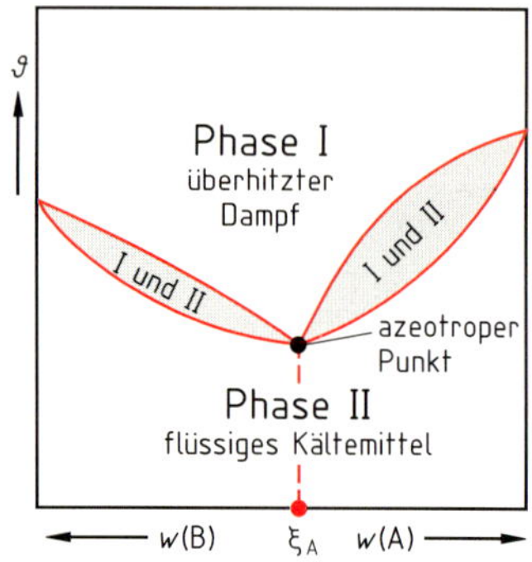

B	**Kältemittel R-507A:**
	w (R-143a) = 50%
	w (R-125) = 50%

Nichtazeotropes Gemisch bzw. **Zeotrop**
(→ Diagramme und Nomogramme, Siedediagramme, Schmelzdiagramme)

Kältemittel der **Reihe 400**, d. h.

R – 4xx

Kennzeichnung → Benennung von Kältemitteln

Beispiele: R-404A, R-407C, R-410A, ...

Gemisch von Kältemitteln, dessen Dampf und Flüssigkeit im gesamten Konzentrationsbereich unterschiedliche Zusammensetzung aufweist. Diese Gemische haben in ihrem Übergang von Phase I in Phase II (oder umgekehrt) in Abhängigkeit von der Konzentration (Mischungsverhältnis) bei konstantem Druck gleitende Verdampfungs- und Kondensationstemperaturen. Diesen Temperaturbereich nennt man **Temperaturband** (**Glide**).

Die Temperaturbandbreite hängt von den thermodynamischen Eigenschaften der Mischungskomponenten ab, ist also unterschiedlich.

Nahe-azeotrope Gemische, z. B. R-404A: Glide < 1 K, in der Praxis meist vernachlässigbar!

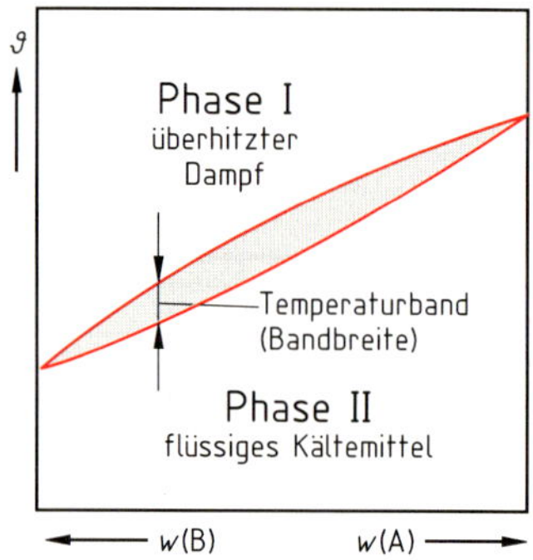

B	Mischung	max. Bandbreite
	R-407C	7,4 K
	R-417A	5,6 K

6

Einteilung der Kältemittel (nach **DIN EN 378-1**, 09.00)

Einteilung nach Gruppen

Gruppe	Eigenschaft (→ Explosionsgrenzen)
L 1	Nicht brennbare Kältemittel ohne erhebliche gesundheitsschädigende Wirkung auf den Menschen. (Untergruppe A 1)
L 2	Giftige oder ätzende Kältemittel oder solche, deren Gemisch mit Luft eine untere Explosionsgrenze von mindestens 3,5 Vol.-% hat. (Untergruppe A 2, B 1, B 2)
L 3	Kältemittel, deren Gemisch mit Luft eine untere Explosionsgrenze von weniger als 3,5 Vol.-% hat. (Untergruppe A 3, B 3)

Einteilung der Kältemittel (Fortsetzung) (nach DIN EN 378-1, 09.00)

Werden in einer Kälteanlage (z. B. Kaskadenschaltungen) Kältemittel der verschiedenen Gruppen L 1, L 2 oder L 3 verwendet, sind entsprechend den **Füllgewichten** die Bestimmungen für den höheren Gefährdungsgrad maßgebend.

Zulässiges Kältemittelfüllgewicht (Masse) je Kälteanlage nach Aufstellungsbereichsklasse

Aufstellungsbereichsklasse A

Kältemittelgruppe	L 1		L 2		L 3	
Heiz- oder Kühlsystem[1)]	direkt oder indirekt	andere indirekte	direkt oder indirekt	andere indirekt	direkt, indirekt offen	andere indirekt
Aufstellungsort der kältetechnischen Komponenten	offen		offen	geschlossene	indirekt belüftet offen	geschlossene
Nicht im besonderen Maschinenraum	Falls Personen in ihrer Bewegungsfreiheit eingeschränkt sind, sind offene Flammen oder vergleichbare heiße Oberflächen in Räumen ohne geeignete ständige Lüftung zu vermeiden		Nicht für Behaglichkeits-Luftkonditionierung, falls Personen in ihrer Bewegungsfreiheit eingeschränkt sind		Nicht für Behaglichkeits-Luftkonditionierung	
	Die Kältemittel-Füllmenge darf das Produkt aus dem praktischen Grenzwert „Pl" 2) (Anhang E der DIN EN 378-1), und dem Volumen „V" des kleinsten Personen-Aufenthaltsbereiches, in dem kältemittelführende Teile aufgestellt sind, nicht überschreiten PL (kg/m^3) × V (m^3)		Nur dauerhaft geschlossene Anlagen Absorptionsanlagen bis 2,5 kg Anderenfalls berechnet nach den praktischen Grenzwerten		Nur dauerhaft geschlossene Anlagen berechnet nach den praktischen Grenzwerten bis 1,5 kg, vorausgesetzt, es sind keine Zündquellen vorhanden	
Verdichter, Sammler in einem besonderen Maschinenraum oder im Freien		Keine Einschränkung der Füllmenge				
Alle kältemittelführenden Teile in einem besonderen Maschinenraum oder im Freien	Keine Einschränkungen der Füllmenge		Nicht für Behaglichkeits-Luftkonditionierung, falls Personen in ihrer Bewegungsfreiheit eingeschränkt sind. Anderenfalls bis 2,5 kg	Mit Ausgang ins Freie keine Einschränkungen der Füllmenge	Nicht für Behaglichkeits-Luftkonditionierung Berechnet nach den praktischen Grenzwerten Untergeschoss bis 1,0 kg Anderenfalls bis 5,0 kg	

Untergruppe A = geringere Giftigkeit, Untergruppe B = größere Giftigkeit

A 1, B 1: keine Flammenausbreitung
A 2, B 2: geringe Brennbarkeit
A 3, B 3: größere Brennbarkeit

1) Heiz- oder Kühlsystem → Kälteübertragungssysteme
2) Praktischer Grenzwert „PL" → Benennung und Eigenschaften von Kältemitteln

Kältemittel

Einteilung der Kältemittel (Fortsetzung)

(nach **DIN EN 378-1**, 09.00)

Werden in einer Kälteanlage (z. B. Kaskadenschaltungen) Kältemittel der verschiedenen Gruppen L 1, L 2 oder L 3 verwendet, sind entsprechend den **Füllgewichten** die Bestimmungen für den höheren Gefährdungsgrad maßgebend.

Zulässiges Kältemittelfüllgewicht (Masse) je Kälteanlage nach Aufstellungsbereichsklasse (Fortsetzung)

Aufstellungsbereichsklasse B

Kältemittelgruppe	L 1		L 2		L 3	
Heiz- oder Kühlsystem[1)]	direkt oder indirekt	andere indirekte	direkt oder indirekt	andere indirekt	direkt, indirekt offen	andere indirekt
Aufstellungsort der kältetechnischen Komponenten	offen		offen	geschlossene	indirekt belüftet offen	geschlossene
Nicht im besonderen Maschinenraum	Obergeschosse ohne ausreichende Notausgänge oder Untergeschosse wie Klasse A. Anderenfalls keine Einschränkungen der Füllmenge		Nicht für Behaglichkeits-Luftkonditionierung, falls Personen in ihrer Bewegungsfreiheit eingeschränkt sind bis 10,0 kg		Nicht für Behaglichkeits-Luftkonditionierung berechnet nach den praktischen Grenzwerten Untergeschoss bis 1,0 kg anderenfalls bis 2,5 kg	
Verdichter, Sammler in einem besonderen Maschinenraum oder im Freien	Keine Einschränkung der Füllmenge		Nicht für Behaglichkeits-Luftkonditionierung, falls Personen in ihrer Bewegungsfreiheit eingeschränkt sind, anderenfalls bis 25 kg	Keine Einschränkung der Füllmenge		
Alle kältemittelführenden Teile in einem besonderen Maschinenraum oder im Freien	Keine Einschränkung der Füllmenge		Nicht für Komfort-Luftkonditionierung, falls Personen in ihrer Bewegungsfreiheit eingeschränkt sind Ohne direkte Verbindung zu einem Personen-Aufenthaltsbereich; keine Einschränkung der Füllmenge	Mit Ausgang ins Freie keine Einschränkungen der Füllmenge	Nicht für Behaglichkeits-Luftkonditionierung Untergeschoss bis 1,0 kg anderenfalls bis 10,0 kg	

Erklärung: Aufstellungsklassen, besonderer Maschinenraum sowie Personen-Aufenthaltsbereich → Einteilung der Kältemittel

1) Heiz- oder Kühlsystem → Kälteübertragungssysteme

Kältemittel

Einteilung der Kältemittel (Fortsetzung)

(nach **DIN EN 378-1**, 09.00)

Werden in einer Kälteanlage (z. B. Kaskadenschaltungen) Kältemittel der verschiedenen Gruppen L 1, L 2 oder L 3 verwendet, sind entsprechend den **Füllgewichten** die Bestimmungen für den höheren Gefährdungsgrad maßgebend.

Zulässiges Kältemittelfüllgewicht (Masse) je Kälteanlage nach Aufstellungsbereichsklasse (Fortsetzung)

Aufstellungsbereichsklasse C

Kältemittelgruppe	L 1		L 2		L 3	
Heiz- oder Kühlsystem[1]	direkt oder indirekt	andere indirekte	direkt oder indirekt	andere indirekt	direkt, indirekt offen	andere indirekt
Aufstellungsort der kältetechnischen Komponenten	offen		offen	geschlossene	indirekt belüftet offen	geschlossene
Nicht im besonderen Maschinenraum	Obergeschosse ohne ausreichende Notausgänge oder Untergeschosse wie Klasse A Anderenfalls keine Einschränkungen der Füllmenge		Nicht für Behaglichkeits-Luftkonditionierung, falls Personen in ihrer Bewegungsfreiheit eingeschränkt sind bis 10,0 kg Höchstens 50 kg, falls Belegschaftsdichte $< 1/10\,m^2$ und ausreichende Notausgänge vorhanden		Nicht für Behaglichkeits-Luftkonditionierung Untergeschoss bis 1,0 kg Anderenfalls bis 10,0 kg	
Verdichter, Sammler in einem besonderen Maschinenraum oder im Freien	Keine Einschränkung der Füllmenge		Nicht für Behaglichkeits-Luftkonditionierung, falls Personen in ihrer Bewegungsfreiheit eingeschränkt sind. Keine Einschränkungen, falls Belegschaftsdichte $< 1/10\,m^2$ und ausreichende Notausgänge vorhanden	Keine Einschränkung der Füllmenge	Nicht für Behaglichkeits-Luftkonditionierung Untergeschoss bis 1,0 kg Anderenfalls bis 25 kg	
Alle kältemittelführenden Teile in einem besonderen Maschinenraum oder im Freien	Keine Einschränkung der Füllmenge		Nicht für Behaglichkeits-Luftkonditionierung, falls Personen in ihrer Bewegungsfreiheit eingeschränkt sind keine Einschränkung der Füllmenge		Nicht für Behaglichkeits-Luftkonditionierung Untergeschoss bis 1,0 kg Anderenfalls keine Einschränkung der Füllmenge	

1) Heiz- oder Kühlsystem → Kälteübertragungssysteme

Einteilung der Kältemittel (Fortsetzung) (nach **DIN EN 378-1**, 09.00)

Kälteübertragungssysteme (→ Verdampfer, Verflüssiger)

System (s. auch Abb. unten)	Kennzeichen des Systems
1. Direktes geschlossenes System	Das Kältemittel in einem geschlossenen Kreislauf steht in direktem Wärmeaustausch mit dem Kühlgut oder der Raumluft (einfache Trennung).
2. Indirektes offenes System	Das Kältemittel in einem geschlossenen Kreislauf steht mit einer Flüssigkeit (Kälteträger) im Wärmeaustausch, welche wieder in offenem direktem Wärmeaustausch mit dem Kühlgut oder der Raumluft steht (einfache Trennung).
3. Indirekt gelüftetes offenes System	Das Kältemittel in einem geschlossenen Kreislauf steht mit einer Flüssigkeit (Kälteträger) im Wärmeaustausch, welche wiederum in offenem direktem Wärmeaustausch mit dem Kühlgut oder der Raumluft steht, jedoch außerhalb gelüftet ist (einfache Trennung).
4. Indirekt geschlossenes System	Das Kältemittel in einem geschlossenen Kreislauf steht mit einer Flüssigkeit (Kälteträger) im Wärmeaustausch, welche wiederum in geschlossenem direktem Wärmeaustausch mit dem Kühlgut oder der Raumluft steht, (zweifache Trennung).
5. Indirekt geschlossenes gelüftetes System	Das Kältemittel in einem geschlossenen Kreislauf steht mit einer Flüssigkeit (Kälteträger) im Wärmeaustausch, welche wiederum in geschlossenem direktem Wärmeaustausch mit dem Kühlgut oder der Raumluft steht, jedoch außerhalb gelüftet ist (zweifache Trennung).
6. Doppelt indirekte Systeme	Das Kältemittel in einem geschlossenen Kreislauf steht mit einer Flüssigkeit (Kälteträger) im Wärmeaustausch, die wiederum mit einer zweiten Flüssigkeit in Wärmeaustausch steht, welche die Wärme dem Kühlgut oder dem Raum entzieht. Der erste Flüssigkeitsumlauf kann gelüftet, der zweite offen sein (mindestens zweifache Trennung).
7. Indirekt-direktes System	Das Kältemittel in einem geschlossenen Kreislauf steht mit einem zweiten Kältemittel im Wärmeaustausch, welches in einem geschlossenen Kreislauf in direktem Wärmeaustausch mit dem Kühlgut oder der Raumluft steht (bezüglich erstem Kältemittel zweifache Trennung; bezüglich zweitem Kältemittel einfache Trennung).

Trennung zwischen Kältemittel und Luft oder Gut (s. Beschreibung oben)

einfach			zweifach		
direkt (geschlossen)	indirekt offen	indirekt gelüftet offen	indirekt geschlossen	indirekt gelüftet geschlossen	doppelt indirekt

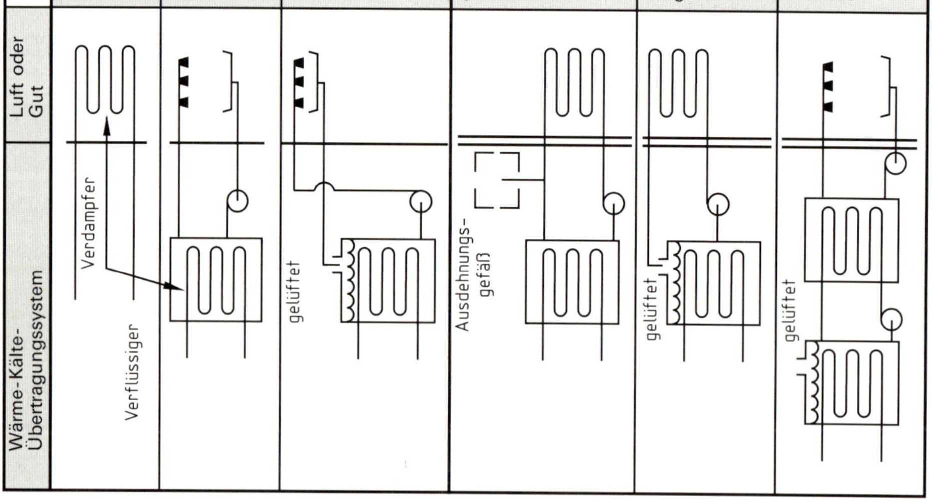

6

Einteilung der Kältemittel (Fortsetzung) (nach **DIN EN 378-1**, 09.00)

Aufstellungsklassen:

A: Räume, Gebäudeteile oder Gebäude, in denen Personen schlafen dürfen, in denen Personen in ihren Bewegungen eingeschränkt sind, in denen sich eine unkontrollierte Anzahl von Personen aufhält oder zu denen jede Person Zutritt hat, ohne persönlich mit den Sicherheitsvorkehrungen vertraut zu sein; z. B.: Krankenhäuser, Gerichte, Gefängnisse, Theater, Supermärkte, Schulen, Vortragsräume, Bahnhöfe, Hotels, Wohnungen, Gaststätten etc.

B: Räume, Gebäudeteile oder Gebäude, in denen sich nur eine bestimmte Anzahl von Personen aufhalten darf, von denen mindestens einige mit den allgemeinen Sicherheitsvorkehrungen vertraut sein müssen; z. B.: Büro- und Geschäftsräume, Laboratorien, Räume für allgemeine Fabrikations- und Arbeitszwecke etc.

C: Räume, Gebäudeteile oder Gebäude, zu denen nur befugte Personen Zutritt haben, die mit den allgemeinen und besonderen Sicherheitsvorkehrungen der Einrichtung vertraut sein müssen und in denen Materialien oder Güter hergestellt, verarbeitet oder gelagert werden; z. B.: Produktionseinrichtungen für Chemikalien, Nahrungsmittel, Getränke, Industrie- und Speiseeis, Raffinerien, Kühlhallen, Molkereien, Schlachthöfe, nicht öffentliche Bereiche von Supermärkten etc.

Treffen für eine Aufstellung mehrere Klassen zu, gilt die strengere Anforderung. Sind die Aufstellungsbereiche räumlich voneinander getrennt, z. B. durch abgedichtete Wände, Böden, Decken, gelten die Anforderungen der jeweiligen Klasse.

Besonderer Maschinenraum: Raum oder Gehäuse, die, aus Gründen der Sicherheit und des Umweltschutzes, zur Aufnahme von Teilen der Kälteanlagen speziell vorgesehen und nicht für die Öffentlichkeit zugänglich sind, ausgenommen Räume oder Gehäuse, die nur Verdampfer, Verflüssiger oder Rohrleitungen enthalten.

Personen-Aufenthaltsbereich: Geschlossener Raum, in dem sich über einen längeren Zeitraum Personen aufhalten. Sind die Bereiche um den unmittelbaren Personen-Aufenthaltsbereich durch Konstruktion oder Ausführung nicht luftdicht, dann gelten diese als Teil des Personen-Aufenthaltsbereiches, z. B. Deckenhohlräume, Kriechgänge, Durchführungen, bewegliche Zwischenwände und Türen mit Gitteröffnungen.

Einteilung in Organische und Anorganische Kältemittel

Organische Kältemittel → C-Atome im Molekül
Anorganische Kältemittel → keine C-Atome im Molekül

Beispiele für Anorganische Kältemittel:

Ammoniak NH_3 → R-717 } ohne C-Atome
Wasser H_2O → R-718 }

Kennzeichnung: Die dreistellige Ziffer hat als Basis die 700. Die zweite und dritte Zahl geben die → Molmasse an.

Einteilung in Druckbereiche (Dampfdruckverhalten)

Niederdruckkältemittel	Sättigung bei $p_s < 3$ bar
Mitteldruckkältemittel	Sättigung bei $p_s = 3 \ldots 15$l bar
Hochdruckkältemittel	Sättigung bei $p_s > 15$ bar

Kennzeichnung der Kältemittel (s. auch Seite 288)

Buchstabe R für Refrigerant = Kältemittel und **dreistellige Kennzahl**.

B R-125 oder R125

Die dreistellige Kennzahl besteht i.d.R. aus drei Ziffern. Bei den Derivaten der gesättigten Kohlenwasserstoffe gibt es Kennbuchstaben zur Bestimmung der Anzahl der Atome im Molekül:
Es bestimmt
m die Anzahl der **C-Atome**
n die Anzahl der **H-Atome**
p die Anzahl der **F-Atome**

○○○ → Einerstelle → p
→ Zehnerstelle → $n+1$
→ Hunderterst. → $m-1$

Wenn sich an der Hunderterstelle der Wert Null ergibt, wird diese nicht geschrieben (z. B. R-22).
Anzahl der **Cl-Atome**:
Abzug der F-Atome und der H-Atome von der Gesamtsumme x der Atome, die von C gebunden werden können. Es ist
$x = 4$ für 1 C-Atom
$x = 6$ für 2 C-Atome
$x = 8$ für 3 C-Atome
$x = 10$ für 4 C-Atome
…

B **R-114** → $C_2F_4Cl_2$ → $x = 6$
→ $p = 4$ → **4 F-Atome**
→ $n+1 = 1$ → $n = 0$ **0 H-Atome**
→ $m-1 = 1$ → $m = 2$ **2 C-Atome**
$x-p-n = 6-4-0 = 2$ → **2 Cl-Atome**

Bei vorhandenen Br-Atomen im Kältemittelmolekül erscheint zusätzlich der Zusatzbuchstabe **B** mit der Zahl der Br-Atome

B R-13B1 (Verwendung verboten)

Bei ringförmigen Verbindungen wird dem R ein C nachgestellt.

B R-C318

Isomere Verbindungen mit Zusatz a, b, …

B R-134a

Azeotrope fortlaufend 500, …
Zeotrope fortlaufend 400, …
Anorganische Kältemittel erhalten 700er-Nummern.

6

Kältemittel

Anforderungen an Kältemittel (nach **DIN 8960**, 11.98)

Tabelle 1		Höchstwerte für Verunreinigungen u. Siedeverlauf[1]			
Verunreinigung und Siedeverlauf	Einheit	halogenierte Kältemittel	Kohlenwasserstoff Kältemittel	R-717 (NH_3)	Prüfverfahren[5]
Organische Stoffe Massenanteil	%	0,5[2]	0,5	–	Gaschromatograph
1,3-Butadien[6] Massenanteil	mg/kg[8]	–	5	–	Gaschromatograph
n-Hexan Massenanteil	mg/kg[8]	–	50	–	Gaschromatograph
Benzol[7] Massenanteil	mg/kg[8]	–	1	–	Gaschromatograph
Schwefel Massenanteil	mg/kg[8]	–	1	–	Gesamtschwefelanalysator anhand Spektrallinienverlauf
Siedeverlauf von 5% bis 97% Volumenanteil	K	0,5	0,5	0,5	Verdampfung
Verunreinigungen in der Dampfphase: Luft und andere nichtkondensierbare Gase (in gefüllten Behältern) Volumenanteil	%	1,5	1,5	5,0[3]	Gaschromatograph
Verunreinigungen in der Flüssigphase: Wasser Massenanteil	mg/kg[8]	25[4]	25[4]	400[4]	Phosphorpentoxidverfahren für R-717 sorptiv
Chloridion	–	keine Trübung	–	–	Fällung mit Silbernitrat
Neutralisationszahl (sauer): Nz (s)	mg KOH/g	0,02	0,02	–	Titration
Hochsiedende Rückstände Massenanteil	mg/kg[8]	50	50	50	gravimetrisch
Partikel/ Feststoffe	–	sichtbar sauber	sichtbar sauber	sichtbar sauber	visuell

[1]) Gilt nach DIN EN 378-1 auch für wiederaufbereitete Kältemittel, aber nicht für recycelte Kältemittel.
[2]) In R-123 sind maximal 7% R-123a zulässig.
[3]) cm^3 Gas in 100 cm^3 Flüssigkeit.
[4]) Vorläufiger Grenzwert, wird gegebenenfalls auf Grund von Erfahrungen geändert.
[5]) Aufgeführt sind Beispiele, gleichwertige Prüfverfahren sind zulässig.
[6]) Die Anforderung gilt für jeden einzelnen Stoff aus der Gruppe der mehrfach ungesättigten Kohlenwasserstoffe.
[7]) Die Anforderung gilt für jeden einzelnen Stoff aus der Gruppe der Aromaten.
[8]) ppm wird in der Literatur für Faktor 10^{-6} verwendet. 50 ppm bedeuten z.B., dass in 1 kg Kältemittel 50 mg hochsiedende Rückstände enthalten sind.

6

Benennung und wichtige Eigenschaften von Kältemitteln (nach **DIN 8960**, 11.98)

Begriffe

- → Atmosphäre
- → Boden und Wasser
- → Treibhauseffekt
- → MAK-, MIK-, TRK-Wert
- → GWP-, ODP-Wert
- → Molare Masse (Molmasse)
- → Siedepunkt
- → Sicherheitsdaten
- → Zündtemperatur
- → Explosionsgrenze
- → Flammpunkt
- → Gefahrstoffe
- → Kontamination
- → Wassergefährdende Stoffe

Klassen der Gesundheits- und Umweltgefährdung (s. Tab. 2 u. 3)	
L-Klassen	Diese bewerten den Einfluss des Kältemittels auf die direkte Umgebung, d. h. auf die Arbeitssicherheit.
G-Klassen	Diese bewerten das → Treibhauspotential des Kältemittels (→ GWP-Wert)
O-Klassen	Diese bewerten das → Ozonabbaupotential des Kältemittels (→ ODP-Wert)

Benennung und wichtige Eigenschaften von Kältemitteln (Fortsetzung) (nach **DIN 8960**, 11.98)

Tabelle 2

Kurzzeichen[1])	Benennung	Formel	Molare Masse[2]) kg/kmol	Siedepunkt bei 1,013 bar °C	L-Klassen	Praktischer Grenzwert[3]),[4]) kg/m³	Brennbarkeit: Zündgrenzen Volumenkonzentration in Luft, untere Grenze kg/m³	untere Grenze %	obere Grenze kg/m³	obere Grenze %	Zündenergie mJ	Ex-Gruppe nach EN 50014	Entzündungstemperatur °C	Treibhauspotential GWP_{100}[5])	Ozonabbaupotential ODP[6])
vollhalogenierte Kältemittel mit Chlor, und/oder Brom (A) Einsatz verboten															
R-11	Trichlorfluormethan	CCl_3F	137,4	23,7	1	0,3	–	–	–	–	•	•	–	4000	1
R-12	Dichlordifluormethan	CCl_2F_2	120,9	−29,8	1	0,5	–	–	–	–	•	•	–	8500	1
R-12 B1	Bromchlordifluormethan	$CBrClF_2$	165,4	− 3,9	1	0,2	–	–	–	–	•	•	–	•	3
R-13	Chlortrifluormethan	$CClF_3$	104,5	−81,4	1	0,5	–	–	–	–	•	•	–	11700	1
R-13 B1	Bromtrifluormethan	$CBrF_3$	148,9	−57,8	1	0,6	–	–	–	–	•	•	–	5600	10
R-113	1,1,2-Trichlor-1,2,2-trifluorethan	CCl_2FCClF_2	187,4	47,7	1	0,4	–	–	–	–	•	•	–	5000	0,8
R-114	1,2-Dichlor-1,1,2,2-tetrafluorethan	$CClF_2CClF_2$	170,9	3,8	1	0,7	–	–	–	–	•	•	–	9300	1
R-115	2-Chlor-1,1,1,2,2-pentafluorethan	CF_3CClF_2	154,5	−39,1	1	0,6	–	–	–	–	•	•	–	9300	0,6
vollhalogenierte (perfluorierte) Kältemittel ohne Chlor und Brom (B)															
R-14	Tetrafluormethan	CF_4	88,0	−128	1	•	–	–	–	–	•	•	–	6500	0
R-116	Hexafluorethan	C_2F_6	138	−78,3	1	•	–	–	–	–	–	–	–	9200	0
R-218	Octafluorpropan	C_3F_8	188	−37	1	1,84	–	–	–	–	•	•	–	7000	0
R-C318	Cyclooctafluorbutan	C_4F_8	200	−6,1	1	0,81	–	–	–	–	•	•	–	9100	0
teilhalogenierte Kältemittel mit Chlor (C) Einsatz eingeschränkt															
R-22	Chlordifluormethan	$CHClF_2$	86,5	−40,8	1	0,3	–	–	–	–	•	•	635	1700	0,055
R-123	1,1-Dichlor-2,2,2-trifluorethan	CF_3CHCl_2	152,9	27,6	1	0,10	–	–	–	–	•	•	730	93	0,02
R-124	2-Chlor-1,1,1,2-tetrafluorethan	CF_3CHClF	136,5	−12,1	1	0,11	–	–	–	–	•	•	–	480	0,022
R-141b	1,1-Dichlor-1-fluorethan	CCl_2FCH_3	117	32	2	0,053	0,268	5,6	0,847	17,7	•	II A, g	532	630	0,11
R-142b	1-Chlor-1,1-difluorethan	$CClF_2CH_3$	100,5	−9,7	2	0,049	0,247	6	0,74	18	•	II A, g	632	2000	0,065
teilhalogenierte Kältemittel ohne Chlor (D)															
R-23	Trifluormethan	CHF_3	70	−82,0	1	0,68	–	–	–	–	•	•	765	12100	0
R-32	Difluormethan	CH_2F_2	52	−51,7	2	0,054	0,27	12,7	0,710	29,8	8,1	II A, g	648	580	0
R-125	Pentafluorethan	CF_3CHF_2	120	−48,1	1	0,39	–	•	–	•	•	•	733	3200	0
R-134a	1,1,1,2-Tetrafluorethan	CF_3CH_2F	102	−26,3	1	0,25	–	–	–	–	•	•	743	1300	0
R-143a	1,1,1-Trifluorethan	CF_3CH_3	84	−47,3	2	0,048	0,244	7,7	0,553	20,9	14,1	II A	750	4400	0
R-152a	1,1-Difluorethan	CHF_2CH_3	66,1	−24	2	0,027	0,102	3,7	0,555	20,2	•	II A, g	455	140	0
R-227	1,1,1,2,3,3,3-Heptafluorpropan	CF_3CHFCF_3	170	−16,5	1	•	–	–	–	–	•	•	> 750	2900	0
halogenfreie Kältemittel (E)															
R-50	Methan	CH_4	16	−161,5	2	0,006	0,032	4,9	0,098	15	•	II A	645	24,5	0
R-170	Ethan	CH_3CH_3	30	−88,7	3	0,008	0,037	3	0,19	15,5	0.25	II A	515	3	0
R-290	Propan	$CH_3CH_2CH_3$	44	−42,1	3	0,008	0,038	2,1	0,171	9,5	0.25	II A	470	3	0
R-600	Butan	C_4H_{10}	58,1	−0,7	3	0,008	0,036	1,5	0,202	8,5	0,25	II A	365	3	0
R-600a	Isobutan	$CH(CH_3)_3$	58,1	−11,9	3	0,008	0,043	1,8	0,202	8,5	•	II A	460	3	0

6

Benennung und wichtige Eigenschaften von Kältemitteln (Fortsetzung)

(nach **DIN 8960**, 11.98)

Tabelle 2 (Fortsetzung)

Kurzzeichen[1])	Benennung	Formel	Molare Masse[2]) kg/kmol	Siedepunkt bei 1,013 bar °C	L-Klassen	Praktischer Grenzwert [3]), [4]) kg/m³	Brennbarkeit: Zündgrenzen Volumenkonzentration in Luft, untere Grenze kg/m³	untere Grenze %	obere Grenze kg/m³	obere Grenze %	Zündenergie mJ	Ex-Gruppe nach EN 50014	Entzündungstemperatur °C	Treibhauspotential GWP_{100}[5])	Ozonabbaupotential ODP[6])
R-1150	Ethen	CH_2CH_2	28,1	−103,8	3	0,006	0,031	2,7	0,391	34	0,082	II B	425	●	0
R-1270	Propen	C_3H_6	42,1	−47,8	3	0,008	0,043	2,5	0,174	10,1	●	II A	455	●	0
–	Dimethylether	CH_3OCH_3	46	−24,9	3	0,011	0,064	3,4	0,489	26	●	II B	235	●	0
R-611	Methylformiat	$C_2H_4O_2$	60	32	2	0,012	0,123	5	0,687	28	●	II A	456	●	0
R-717	Ammoniak	NH_3	17	−33,3	2	0,00035	0,104	15	0,195	28	14	II A	630	0	0
R-718	Wasser	H_2O	18	100	1	–	–	–	–	–	●	●	–	0	0
R-744	Kohlenstoffdioxid	CO_2	44	−78	1	0,1	–	–	–	–	●	●	–	1	0
R-764	Schwefeldioxid	SO_2	64,1	−10,2	●	0,00026	–	–	–	–	●	●	–	●	0

– nicht zutreffend ● unbekannt

Indizes bezüglich Tabelle 2 und Tabelle 3

[1]) Die Kurzzeichen entsprechen ISO 817.

[2]) Für Vergleichszwecke wird die molare Masse der Luft mit 28,8 kg/kmol angenommen.

[3]) Die praktischen Grenzwerte für Kältemittel der Gruppe L1 betragen weniger als die Hälfte der Massenkonzentration der Kältemittel, die nach kurzer Zeit durch Sauerstoffverdrängung zum Ersticken führen oder eine narkotische (N) oder kardiale Sensibilisierung (CS) bewirken kann (80% der Wirkung), es gilt der jeweils kritischere Wert.
Für reine Produkte der Kältemittel der Gruppe L1 werden die praktischen Grenzwerte (PL) in kg/m³ wie folgt berechnet: „PL = CS oder N $10^{-6} \times 0{,}8 \times MM \times 10^{-6}/24{,}45$"; bei Mischungen (A/B/C) gilt „PL = 1/[A/100/PL(A) + B/100/PL(B) + C/100/PL(C]", wobei A, B und C als Massenanteil ausgedrückt werden. Bei Kältemitteln der Gruppe L2 beziehen sich die praktischen Grenzwerte auf die giftigen und brennbaren Eigenschaften, bei Kältemitteln der Gruppe L3 auf 20% der unteren Zündgrenze. Nur wenn keine zuverlässigen Erfahrungswerte vorlagen, wurde der praktische Grenzwert mit der Gleichung berechnet.

[4]) Die Werte werden bei Höhen von mehr als 2000 m über dem Meeresspiegel auf $^2/_3$ des aufgeführten Wertes reduziert und bei Höhen von mehr als 3500 m über dem Meeresspiegel auf $^1/_3$ des aufgeführten Wertes.

[5]) Die GWPs (Global warming potential) und ODPs (Ozone depletion potential) sind jeweils in [5] und in [6] definiert. GWP bezogen auf CO_2 und Zeithorizont 100 Jahre. Die GWP-Werte können sich ändern. Exakte Werte, die zum Beispiel zur TEWI-Berechnung herangezogen werden, sind aktuellen Veröffentlichungen des IPCC zu entnehmen bzw. können von den Kältemmittelherstellern angegeben werden.

[6]) Die Werte für das Ozonabbaupotential (ODP) sind aus [9] entnommen und werden von allen Regelsetzern angewendet. Sie weichen von den wissenschaftlichen ODP-Werten ab, die ständig auf den neuesten Stand gebracht werden. Die ODP-Werte der Kältemittel werden auf R11 bezogen.

[7]) Selbst wenn die Einzelkomponenten brennbar sind, wurden bisher nur Gemische aufgeführt, die unter üblichen Umgebungsbedingungen nicht brennbar sind.

Anmerkung:
In der berufsgenossenschaftlichen Vorschrift

BGV D4 (ehem. UVV VBG 20)

„Kälteanlagen, Wärmepumpen und Kühleinrichtungen" befinden sich in der Anlage 1 weitere Angaben über

Einteilung und Eigenschaften der Kältemittel

(→ Zusammensetzung von Mischphasen)

Alternative Kältemittel

Insbesondere das Verhalten der Kältemittel in der Umwelt hat politische Entscheidungen bezüglich des Ausstieges aus den voll- und teilhalogenierten Fluorchlorkohlenwasserstoffen hervorgerufen, und zwar bei Vorhandensein von Chlor und Brom im Kältemittelmolekül. Die

FCKW-Halon-Verbots-Verordnung

betrifft z. B. die Kältemittel

R-11	R-112
R-12	R-113
R-13	R-114 u. a.

sowie die Kältemittel, die die genannten Stoffe als Mischungskomponenten enthalten. Solche Kältemittel sind teilweise bereits verboten oder sind in bestimmten Fristen zu ersetzen.

Beispiele für **Ersatzkältemittel**

früher	ersetzt durch
R-12	R-134 a R-290/600 a[1]) R-600 a[1]), [3])
R-22	R-717[1]), [2]) R-290[1])
R-114	R-600 a[1])
R-13 B 1	Gemisch R-1270/R-170

Der Markt ist bezüglich Ersatzkältemittel sehr bewegt. Auskünfte erhält man beim Kältemittelhersteller oder auch bei den Herstellern von Kältemittelverdichtern.

Kennzeichnung von Gemischen aus gleichen Komponenten

Wird in unterschiedlichen Massenverhältnissen gemischt, wird durch nachgestellte Großbuchstaben (A, B, C, ...) unterschieden.

B R-402 A, R-402 B } Zusammensetzung s. Tabelle 3 (nächste Seite)

6

Benennung und wichtige Eigenschaften von Kältemitteln (Fortsetzung)
(nach **DIN 8960**, 11.98)

Kältemittelgemische

Indizes entsprechend Tabelle 2

Tabelle 3

Gemisch	Kurzzeichen[1]	Benennung	Zusammensetzung in Massenanteilen und Grenzabweichungen %	Formel	Molare Masse[2] kg/kmol	Siedepunkt °C	Taupunkt °C	L-Klassen	Praktischer Grenzwert[3], [4] kg/m³	Entzündungstemperatur[7] °C	Treibhauspotential GWP_{100}[5]	Ozonabbaupotential ODP[6]
azeotrop (chlorhaltig: Einsatz verboten)												
chlorhaltig	R-500	R-12/152a	73,8/26,2	$CCl_2F_2+CF_2HCH_3$	99,3	−33,5	−33,5	1	0,40	–	6300	0,74
chlorhaltig	R-501	R-12/22	25/75	$CCl_2F_2+CHClF_2$	93,1	–	–	1	0,38	–	3400	0,29
chlorhaltig	R-502	R-22/115	48,8/51,2	$CHClF_2+CF_3CClF_2$	111,7	−45,6	−45,6	1	0,45	–	5600	0,33
chlorhaltig	R-503	R-13/23	59,9/40,1	$CClF_3+CHF_3$	87,3	−88,7	−88,7	1	0,35	–	11900	0,6
chlorfrei	R-507A	R-125/143a	50/50	$CF_3CHF_2+CF_3CH_3$	98,9	−46,5	−46,5	1	0,49	–	3800	0
chlorfrei	R-508A	R-23/116	39/61	$CHF_3+CF_3CF_3$	100,1	−85,7	−85,7	1	–	–	12300	0
chlorfrei	R-508B	R-23/116	46/54	$CHF_3+CF_3CF_3$	95,4	−88,3	−87,7	1	–	–	12300	0
zeotrop (Einsatz eingeschränkt)												
chlorhaltig	R-401A	R-22/152a/124	53/13/34 (±2/+0,5, −1,5/±1)	$CHClF_2+CHF_2CH_3+CF_3CHClF$	94,4	−33,0	−26,7	1	0,30	681	1100	0,037
chlorhaltig	R-401B	R-22/152a/124	61/11/28 (±2/+0,5, −1,5/±1)	$CHClF+CHF_2CH_3+CF_3CHClF$	92,8	−34,6	−28,6	1	0,34	685	1200	0,040
chlorhaltig	R-401C	R-22/152a/124	33/15/52 (±2/+0,5, −1,5/±1)	$CHClF_2+CHF_2CH_3+CF_3CHClF$	101	−28,3	−22,1	1	0,24	–	830	0,030
chlorhaltig	R-402A	R-125/290/22	60/2/38 (±2/±1/±2)	$CF_3CHF_2+CH_3CH_2CH_3+CHClF_2$	101,5	−48,9	−46,9	1	0,33	723	2600	0,021
chlorhaltig	R-402B	R-125/290/22	38/2/60 (±2/±1/±2)	$CF_3CHF_2+CH_3CH_2CH_3+HClF_2C$	94,7	−47,1	−44,9	1	0,32	641	2200	0,033
zeotrop (Einsatz eingeschränkt)												
chlorhaltig	R-403A	R-22/218/290	75/20/5 (+0,2, −2/±2/±2)	$CHClF_2+C_3F_8+C_3H_8$	92	−50	–	1	0,33	–	2700	0,041
chlorhaltig	R-403B	R-22/218/290	56/39/5 (+0,2, −2/±2/±2)	$CHClF_2+C_3F_8+C_3H_8$	103,2	−50,2	−49,0	1	0,41	–	3700	0,031
chlorhaltig	R-405A	R-22/152a/142b/C318	45/7/5,5/42,5 (±2/±1/±1/±2)	$CHClF_2+CHF_2CH_3+CClF_2CH_3+C_4F_8$	111,9	−27,3	–	1	–	–	4800	0,028
chlorhaltig	R-408A	R-125/143a/22	7/46/47 (±2/±1/±2)	$CF_3CHF_2+CF_3CH_3+CHClF_2$	87	−44,4	−43,8	1	0,41	–	3100	0,026
chlorhaltig	R-409A	R-22/124/142b	60/25/15 (±2/±2/±1)	$CHClF_2+CF_3CHClF+CH_3CClF_2$	97,5	−34,5	27,4	1	0,16	–	1460	0,048
chlorhaltig	R-409B	R-22/124/142b	65/25/10 (±2/±2/±1)	$CHClF_2+CF_3CHClF+CH_3CClF_2$	96,7	−35,6	−27,8	1	0,17	–	1400	0,048
chlorhaltig	R-411A	R-1270/22/152a	1,5/87,5/11 (+0,−1/+2, −0/+0,−1)	$C_3H_6+CHClF_2+CHF_2CH_3$	82,4	−41,6	–	2	–	–	1500	0,048
chlorhaltig	R-411B	R-1270/22/152a	3/94/3 (+0,−1/+2, −0/+0,−1)	$C_3H_6+CHClF_2+CHF_2CH_3$	83,1	−41,6	–	2	–	–	1600	0,052
chlorhaltig	R-412A	R-22/218/142b	70/5/25 (±2/±2/±1)	$CHClF_2+C_3H_8+CClF_2CH_3$	92,2	0	–	2	0,18	–	2000	0,055
zeotrop												
chlorfrei	R-404A	R-125/143a/134a	44/52/4 (±2/±1/±2)	$CF_3CHF_2+CF_3CH_3+CF_3CH_2F$	97,6	−46,4	−45,7	1	0,48	728	3800	0
chlorfrei	R-407A	R-32/125/134a	20/40/40 (±1/±2/±2)	$CH_2F_2+CF_3CHF_2+CF_3CH_2F$	90,1	−45,5	−38,9	1	0,33	685	1900	0
chlorfrei	R-407B	R-32/125/134a	10/70/20 (±1/±2/±2)	$CH_2F_2+CF_3CHF_2+CF_3CH_2F$	102,9	−47,3	−42,9	1	0,35	703	2600	0
chlorfrei	R-407C	R-32/125/134a	23/25/52 (±2/±2/±2)	$CH_2F_2+CF_3CHF_2+CF_3CH_2F$	86,2	−43,6	−36,4	1	0,31	704	1000	0
chlorfrei	R-410A	R-32/125	50/50 (±0,5,−1,5/+1,5,−0,5)	$CH_2F_2+CF_3CHF_2$	72,6	−51,6	−51,5	1	0,44	–	1900	0
chlorfrei	R-413A	R-134a/218/600a	88/9/3 (±2/±2/±2)	$CF_3CH_2F+CF_3CF_2CF_3+CH_3CH(CH_3)CH_3$	103,96	−35,0	−28,1	2	–	–	1800	0
chlorfrei	R-417A	R125/134a/600	46,6/50,0/3,5	$CF_3CHF_2+CF_3CH_2F+C_4H_{10}$	106,7	−43,0	−37,4	1	0,15	–	1950	0

6

Benennung und wichtige Eigenschaften von Kältemitteln[1] (Fortsetzung)

(nach **DIN EN 378**, 09.02)

Klassifikation Gruppe L	Klassifikation Sicherheitsgruppe	Kältemittelnummer[2]	Benennung (Zusammensetzung = Massenanteil)	Formel	Molekularmasse[3] (MM) kg/kmol	Praktischer Grenzwert[4],[5] kg/m³	Entflammbarkeit: Selbstentzündungstemperatur °C	Explosionsgrenzen Konzentration in Luft: unterer Grenzwert kg/m³	unterer Grenzwert % v/v	oberer Grenzwert kg/m³	oberer Grenzwert % v/v	Treibhauspotential[6] GWP_{100}	Ozonabbaupotential[7] ODP
1	A1	R-11	Trichlorfluormethan	CCl_3F	137,4	0,3	–	–	–	–	–	4 000	1
1	A1	R-12	Dichlordifluormethan	CCl_2F_2	120,9	0,5	–	–	–	–	–	8 500	1
1	A1	R-12B1	Bromchloridfluormethan	$CBrClF_2$	165,4	0,2	–	–	–	–	–	*	3
1	A1	R-13	Chlortrifluormethan	$CClF_3$	104,5	0,5	–	–	–	–	–	11 700	1
1	A1	R-13B1	Bromtrifluormethan	$CBrF_3$	148,9	0,6	–	–	–	–	–	5 600	10
1	A1	R-22	Chlordifluormethan	$CHClF_2$	86,5	0,3	635	–	–	–	–	1 700	0,055
1	A1	R-23	Trifluormethan	CHF_3	70	0,68	765	–	–	–	–	12 100	0
1	A1	R-113	1,1,2-Trichlor-1,2,2-trifluorethan	CCl_2FCClF_2	187,4	0,4	–	–	–	–	–	5 000	0,8
1	A1	R-114	1,2-Dichlor-1,1,2,2-tetrafluorethan	$CClF_2CClF_2$	170,9	0,7	–	–	–	–	–	9 300	1
1	A1	R-115	2-Chlor-1,1,1,2,2-pentafluorethan	CF_3CClF_2	154,5	0,6	–	–	–	–	–	9 300	0,6
1	A1	R-124	2-Chlor-1,1,1,2-tetrafluorethan	CF_3CHClF	136,5	0,11	*	–	–	–	–	480	0,022
1	A1	R-125	Pentafluorethan	CF_3CHF_2	120	0,39	733	–	–	–	–	3 200	0
1	A1	R-134a	1,1,1,2-Tetrafluorethan	CF_3CH_2F	102	0,25	743	–	–	–	–	1 300	0
1	A1	R-218	Octafluorpropan	C_3F_8	188	1,84	–	–	–	–	–	7 000	0
1	A1	R-C318	Octafluorcyclobutan	C_4F_8	200	0,81	–	–	–	–	–	9 100	0
1	A1	R-500	R-12/152a (73,8/26,2)	$CCl_2F_2+CF_2HCH_3$	99,3	0,40	*	–	–	–	–	6 300	0,74
1	A1	R-501	R-12/22 (25/75)	$CCl_2F_2+CHClF_2$	93,1	0,38	*	–	–	–	–	3 400	0,29
1	A1	R-502	R-22/115 (48,8/51,2)	$CHClF_2+$ CF_3CClF_2	111,7	0,45	*	–	–	–	–	5 600	0,33
1	A1	R-503	R-13/23 (59,9/40,1)	$CClF_3+CHF_3$	87,3	0,35	*	–	–	–	–	11 900	0,6
1	A1	R-507	R-125/143a (50/50)	CF_3CHF_2+ CF_3CH_3	98,8	0,49	*	–	–	–	–	3 800	0
1	A1	R-508A	R-23/116 (39/61)	$CHF_3+C_2F_6$	100,1	*	*	–	–	–	–	12 300	0
1	A1	R-509	R-22/218 (44/56)	$CHClF_2+C_3F_8$	124	0,56	*	–	–	–	–	4 700	0,024
1	A1	R-718	Wasser	H_2O	18	–	–	–	–	–	–	0	0
1	A1	R-744	Kohlendioxid	CO_2	44	0,1	–	–	–	–	–	1	0
1	A1/A1	R-401A	R-22/152a/124 (53/13/34)	$CHClF_2+$ CHF_2CH_3+ CF_3CHClF	94,4	0,30	681	–	–	–	–	1 100	0,037
1	A1/A1	R-401B	R-22/152a/124 (61/11/28)	$CHClF_2+$ CHF_2CH_3+ CF_3CHClF	92,8	0,34	685	–	–	–	–	1 200	0,040

Benennung und wichtige Eigenschaften von Kältemitteln (Fortsetzung) (nach DIN EN 378, 09.02)

Klassifikation		Kälte-mittel-nummer[2]	Benennung	Formel	Mole-kular-masse[3] (MM)	Prak-tischer Grenz-wert[4],[5]	Entflammbarkeit					Treib-haus-poten-tial[6]	Ozon-abbau-poten-tial[7]
							Selbst-entzün-dungs-tempe-ratur	Explosionsgrenzen Konzentration in Luft					
								unterer Grenzwert		oberer Grenzwert			
Gruppe L	Sicher-heits-gruppe		(Zusammensetzung = Massenanteil)		kg/kmol	kg/m³	°C	kg/m³	% v/v	kg/m³	% v/v	GWP_{100}	ODP
1	A1/A1	R-401C	R-22/152a/124 (33/15/52)	$CHClF_2$+ CHF_2CH_3+ CF_3CHClF	101	0,24	*	–	–	–	–	830	0,030
1	A1/A1	R-402A	R-125/290/22 (60/2/38)	CF_3CHF_2+ $CH_3CH_2CH_3$+ $CHClF_2$	101,5	0,33	723	–	–	–	–	2 600	0,021
1	A1/A1	R-402B	R-125/290/22 (38/2/60)	CF_3CHF_2+ $CH_3CH_2CH_3$+ $CHClF_2$	94,7	0,32	641	–	–	–	–	2 200	0,033
1	A1/A1	R-403A	R-22/218/290 (75/20/5)	$CHClF_2$+ C_3F_8+C_3H_8	92	0,33	*		–	–	–	2 700	0,041
1	A1/A1	R-403B	R-22/218/290 (56/39/5)	$CHClF_2$+ C_3F_8+C_3H_8	103,2	0,41	*	–	–	–	–	3 700	0,031
1	A1/A1	R-404A	R-125/143a/134a (44/52/4)	CF_3CHF_2+ CF_3CH_3+ CF_3CH_2F	97,6	0,48	728	–	–	–	–	3 800	0
1	A1/A1	R-405A	R-22/152a/142b/C318 (45/7/5,5/42,5)	$CHClF_2$+ CHF_2CH_3+ CH_3CClF_2+C_4F_8	111,9	*	*	–	–	–	–	4 800	0,028
1	A1/A1	R-407A	R-32/125/134a (20/40/40)	CH_2F_2+ CF_3CHF_2+ CF_3CHF_2F	90,1	0,33	685	–	–	–	–	1 900	0
1	A1/A1	R-407B	R-32/125/134a (10/70/20)	CH_2F_2+ CF_3CHF_2+ CF_3CHF_2F	102,9	0,35	703	–	–	–	–	2 600	0
1	A1/A1	R-407C	R-32/125/134a (23/25/52)	CH_2F_2+ CF_3CHF_2+ CF_3CHF_2F	86,2	0,31	704	–	–	–	–	1 600	0
1	A1/A1	R-408A	R-125/143a/22 (7/46/47)	CF_3CHF_2+ CF_3CH_3+ $CHClF_2$	87	0,41	*	–	–	–	–	3 100	0,026
1	A1/A1	R-409A	R-22/124/142b (60/25/15)	$CHClF_2$+ CF_3CHClF+ CH_3CClF_2	97,5	0,16	*	–	–	–	–	1 400	0,048

Benennung und wichtige Eigenschaften von Kältemitteln (Fortsetzung)
(nach **DIN EN 378**, 09.02)

Klassifikation: Gruppe L	Klassifikation: Sicherheitsgruppe	Kältemittelnummer[2])	Benennung (Zusammensetzung = Massenanteil)	Formel	Molekularmasse[3]) (MM) kg/kmol	Praktischer Grenzwert[4]),[5]) kg/m³	Entflammbarkeit: Selbstentzündungstemperatur °C	Explosionsgrenzen Konzentration in Luft: unterer Grenzwert kg/m³	unterer Grenzwert % v/v	oberer Grenzwert kg/m³	oberer Grenzwert % v/v	Treibhauspotential[6]) GWP_{100}	Ozonabbaupotential[7]) ODP
1	A1/A1	R-409B	R-22/124/142b (65/25/10)	$CHClF_2$+ CF_3CHClF+ CH_3CClF_2	96,7	0,17	*	–	–	–	–	1 400	0,048
1	A1/A1	R-410A	R-32/125 (50/50)	$CH_2F_2+CF_3CHF_2$	72,6	0,44	*	–	–	–	–	1 900	0
1	A1/A1	R-410B	R-32/125 (45/55)	$CH_2F_2+CF_3CHF_2$	75,5	0,43	*	–	–	–	–	2 000	0
1	A1/A1	R-508B	R-23/116 (46/54)	$CHF_3+C_2F_6$	95,4	*		–	–	–	–	12 300	0
2	A1/A2	R-406A	R-22/142b/600a (55/41/4)	$CHClF_2$+ $CClF_2CH_3$+ $CH(CH_3)_3$	89,9	0,13	*	–	–	–	–	1 800	0,057
2	A1/A2	R-411A	R-22/152a/1270 (87,5/11/1,5)	$CHClF_2$+ CHF_2CH_3+ C_3H_6	82,4	*	*	–	–	–	–	1 500	0,048
2	A1/A2	R-411B	R-22/152a/1270 (94/3/3)	$CHClF_2$+ CHF_2CH_3+ C_3H_6	83,1	*	*	–	–	–	–	1 600	0,052
2	A1/A2	R-412A	R-22/218/142b (70/5/25)	$CHClF_2+C_3F_8$+ $CClF_2CH_3$	92,2	0,18	*	–	–	–	–	2 000	0,055
2	A2	R-32	Difluormethan	CH_2F_2	52	0,054	530	0,27	12,7	0,710	33,4	580	0
2	A2	R-50	Methan	CH_4	16	0,006	645	0,032	4,9	0,098	15	24,5	0
2	A2	R-141b	1,1-Dichlor-1-fluorethan	CCl_2FCH_3	117	0,053	532	0,268	5,6	0,847	17,7	630	0,11
2	A2	R-142b	1 Chlor-1,1-difluorethan	$CClF_2CH_3$	100,5	0,049	632	0,247	6	0,74	18	2 000	0,065
2	A2	R-143a	1,1,1-Trifluorethan	CF_3CH_3	84	0,048	750	0,244	7	0,553	16,1	4 400	0
2	A2	R-152a	1,1-Difluorethan	CHF_2CH_3	66	0,027	455	0,137	5,1	0,462	17,1	140	0
2	A2	R-160	Ethylchlorid	CH_3CH_2Cl	64,5	0,019	510	0,095	3,6	0,39	14,8	*	0
2	B1	R-123	2,2-Dichlor-1,1,1-trifluorethan	CF_3CHCl_2	152,9	0,10	730	–	–	–	–	93	0,02
2	B1	R-764	Schwefeldioxid	SO_2	64,1	0,00026	*					*	0
2	B2	R-30	Methylenchlorid	CH_2Cl_2	84,9	0,017	662	0,417	12	0,764	22	15	0
2	B2	R-40	Methylchlorid	CH_3Cl	50,5	0,021	625	0,147	7,1	0,382	18,5	*	0
2	B2	R-611	Methylformiat	$C_2H_4O_2$	60	0,012	456	0,123	5	0,687	28	*	0
2	B2	R-717	Ammoniak	NH_3	17	0,00035	630	0,104	15	0,195	28	0	0
2	B2	R-1130	1,2-Dichlorethylen	$CHCl = CHCl$	96,9	*	458	0,246	6,2	0,595	15	*	0

Benennung und wichtige Eigenschaften von Kältemitteln (Fortsetzung)
(nach **DIN EN 378**, 09.02)

Klassifikation		Kältemittelnummer[2]	Benennung	Formel	Molekularmasse[3] (MM)	Praktischer Grenzwert[4],[5]	Entflammbarkeit					Treibhauspotential[6]	Ozonabbaupotential[7]
							Selbstentzündungstemperatur	Explosionsgrenzen Konzentration in Luft					
								unterer Grenzwert		oberer Grenzwert			
Gruppe L	Sicherheitsgruppe		(Zusammensetzung = Massenanteil)		kg/kmol	kg/m³	°C	kg/m³	% v/v	kg/m³	% v/v	GWP_{100}	ODP
3	A3	R-170	Ethan	CH_3CH_3	30	0,008	515	0,037	3	0,19	15,5	3	0
3	A3	R-290	Propan	$CH_3CH_2CH_3$	44	0,008	470	0,038	2,1	0,171	9,5	3	0
3	A3	R-600	Butan	C_4H_{10}	58,1	0,008	365	0,036	1,5	0,202	8,5	3	0
3	A3	R-600a	Isobutan	$CH(CH_3)_3$	58,1	0,008	460	0,043	1,8	0,202	8,5	3	0
3	A3	R-1150	Ethylen	$CH_2 = CH_2$	28,1	0,006	425	0,031	2,7	0,391	34	*	0
3	A3	R-1270	Propylen	C_3H_6	42,1	0,008	455	0,043	2,5	0,174	10,1	*	0
3	A3	R-E170	Dimethylether	CH_3OCH_3	46	0,011	235	0,064	3,4	0,489	26	*	0

* = unbekannt

– = nicht zutreffend

[1]) Die Tabelle ist keine vollständige Liste der Stoffe, die als Kältemittel genutzt werden können. Werden andere Stoffe angewandt, werden die geeigneten praktischen Grenzwerte nach dem Verfahren in [4]) abgeleitet und das Kältemittel wird entsprechend seiner Sicherheitsgruppe und seines praktischen Grenzwertes angewendet.

[2]) Die R-Nummern entsprechen ISO 817.

[3]) Für Vergleichszwecke wird die Molekularmasse von Luft mit 28,8 kg/kmol angenommen.

[4]) Die praktischen Grenzwerte für Kältemittel der Gruppe L1 betragen weniger als die Hälfte der Kältemittelkonzentration, die nach kurzer Zeit durch Sauerstoffverdrängung zum Ersticken führen oder eine narkotische (N) oder kardiale Sensibilisierung (CS) bewirken kann (80% der Wirkung), es gilt der jeweils kritischere Wert.
Für Einstoffkältemittel der Gruppe L1 werden die praktischen Grenzwerte (PL) wie folgt berechnet: „PL (kg/m³) = CS oder N (ppm) × 0,8 × MM × 10^{-6}/24,45"; für Gemische (A/B/C) gilt: „PL (kg/m³) = 1/[A/100/PL(A) + B/100/PL(B) + C/100/PL(C)]", wobei A, B und C als Massenanteil in % ausgedrückt werden.
Bei Kältemitteln der Gruppe L2 beziehen sich die praktischen Grenzwerte auf die Giftigkeit und die Entflammbarkeit, es gilt der jeweils kritischere Wert. Für Kältemittel der Gruppe L2–B1 wird für R-764 ein Wert, der 100% IDLH (immediately dangerous concentration for life or health) entspricht, verwendet und, für R-123 ein Wert, der 100% OEL (occupational exposure limit) entspricht. Für die Gruppe L2–B2 wird ein Wert, der 100% IDLH oder 20% UEG (untere Explosionsgrenze) entspricht, genommen, es gilt der kleinere Wert.
Bei Kältemitteln der Gruppe L3 beziehen sich die praktischen Grenzwerte auf 20% der unteren Explosionsgrenze.

[5]) Diese Werte werden bei Höhen von mehr als 2 000 m über dem Meeresspiegel auf 2/3 des aufgeführten Wertes reduziert und bei Höhen von mehr als 3 500 m über dem Meeresspiegel auf 1/3 des aufgeführten Wertes.

[6]) Das Treibhauspotential (GWP) wird im „Intergovernmental Panel on Climate Change: 1994, The IPCC Scientific Assessment" definiert. Diese Daten stellen den jeweils neuesten wissenschaftlichen Stand dar und können sich ändern.

[7]) Die Werte für das Ozonabbaupotential (ODP) sind dem „Amtsblatt der Europäischen Gemeinschaften L333, Jahrgang 37, 22. Dezember 1994" entnommen und werden von allen Regelsetzern angewendet. Sie weichen von den wissenschaftlichen ODP-Werten ab, die ständig auf den neuesten Stand gebracht werden.

Benennung und wichtige Eigenschaften von Kältemitteln (Fortsetzung)

Dampfdrücke:

Dampfdrücke von Kältemitteln

	reine Stoffe											Gemische: zeotrope						Gemische: azeotrop	
°C	R-23	R-32	R-125	R-134a	R-143a	R-152a	R-227ea	R-236fa	R-245fa	RC-318	R-365mfc	R-404A	R-407C	R-410A	ISC49 R-413A	ISC59 R-417A	FX90 R-419A	R-507A	R-508B
−200																			
−190																			
−180																			
−170																			
−160																			
−150																			
−140																			
−130																			
−120																			0,010
−110																			0,047
−100																			0,096
−90																			0,136
−80																			0,157
−70	1,950	0,360	0,300		0,300	0,080	0,050	0,020		0,026		0,275					0,185	0,270	0,256
−60	3,140	0,650	0,540		0,530	0,150	0,097	0,040	0,010	0,055		0,496		0,648			0,345	0,500	0,398
−50	4,830	1,100	0,920	0,303	0,890	0,270	0,183	0,080	0,030	0,106		0,837	0,625	1,095	0,416	0,619	0,601	0,850	0,593
−40	7,120	1,770	1,480	0,521	1,420	0,470	0,324	0,140	0,060	0,193		1,346	1,030	1,760	0,687	0,985	0,988	1,370	0,853
−30	10,140	2,730	2,280	0,852	20,160	0,770	0,543	0,260	0,110	0,331	0,030	2,068	1,623	2,704	1,085	1,509	1,551	2,110	1,194
−20	14,020	4,060	3,380	1,335	3,160	1,210	0,867	0,430	0,200	0,542	0,050	3,053	2,456	4,001	1,652	2,221	2,340	3,130	1,616
−10	18,930	5,830	4,830	2,012	4,490	1,820	1,329	0,700	0,330	0,850	0,100	4,362	3,591	5,730	2,430	3,216	3,412	4,470	2,146
0	25,050	8,130	6,710	2,933	6,200	2,640	1,962	1,080	0,540	1,284	0,170	6,060	5,092	7,977	3,469	4,504	4,829	6,200	2,793
10	32,590	11,070	9,090	4,151	8,360	3,730	2,806	1,600	0,830	1,876	0,270	8,220	7,030	10,837	4,823	6,157	6,658	8,400	3,573
20	41,850	14,750	12,050	5,722	11,040	5,130	3,902	2,300	1,240	2,661	0,430	10,910	9,478	14,412	6,547	8,237	8,970	11,140	
30		19,270	15,680	7,707	14,330	6,900	5,293	3,210	1,790	3,674	0,660	14,218	12,517	18,811	8,700	10,805	11,843	14,510	
40		24,770	20,080	10,170	18,320	9,100	7,029	4,380	2,520	4,954	0,960	18,220	16,232	24,152	11,343	13,920	15,358	18,610	
50		31,400	25,380	13,180	23,110	11,780	9,160	5,840	3,450	6,540	1,380	23,011	20,720	30,564	14,539	17,640	19,606	23,550	
60		39,330	31,720	16,813	28,850	15,010	11,747	7,650	4,640	8,472	1,910	28,689	26,089	38,184	18,352	22,016	24,679	29,470	
70		48,800		21,156		18,870	14,857	9,850	6,100	10,792	2,600				22,850	27,094	30,658	36,540	
80						23,440	18,572	12,490	7,890	13,546	3,460				28,099				
90						28,820	22,993	15,650	10,040	16,789	4,510								
100						35,110	28,246	19,400	12,610	20,593	5,800								
110								23,830	15,650	25,079	7,340								
120								29,070	19,210	30,544	9,170								
130									23,350		11,320								
140									28,170		13,830								

nach Herstellerangaben
alle Drücke in bar abs
bei zeotropen Gemischen ist der mittlere Druck (d. h. der Mittelwert aus Druck auf Siede- und Taulinie) ausgewiesen

6

Benennung und wichtige Eigenschaften von Kältemitteln (Fortsetzung)

Dampfdrücke (Fortsetzung):

	Gemische																		
	zeotrop									Kohlenwasserstoffe							natürliche Stoffe		
°C	FX80	RS-24	RS-25	RS-44	RS-45	ISC 29	ISC 39TC	ISC 79 R-422A	ISC 89	R-50	R-170	R-290	R-600	R-600a	R-1150	R-1270	Wasser R-718	Ammoniak R-717	CO_2 R-744
−200										0,007									
−190										0,041					0,0001				
−180										0,160					0,0004				
−170										0,474					0,0004				
−160										1,146					0,006				
−150										2,384					0,020				
−140										4,426					0,061				
−130										7,532					0,156				
−120										11,975					0,347				
−110										18,046					0,691				
−100	0,043									26,067					1,258				
−90	0,095									36,430					2,130				
−80	0,195							0,177	0,229						3,401				
−70	0,369							0,321	0,415		2,530	0,241	0,024	0,047	5,169	0,323		0,109	2,770
−60	0,654			0,270	0,385			0,551	0,708		3,828	0,423	0,050	0,092	7,538	0,559		0,219	4,449
−50	1,094	0,301	0,309	0,480	0,670	0,712	0,276	0,898	1,148		5,568	0,699	0,095	0,168	10,617	0,913		0,409	6,836
−40	1,742	0,523	0,531	0,805	1,100	1,135	0,478	1,412	1,782		7,831	1,101	0,169	0,288	14,520	1,422		0,717	10,067
−30	2,660	0,859	0,865	1,285	1,725	1,736	0,783	2,136	2,661		10,707	1,663	0,284	0,468	19,364	2,124		1,195	14,303
−20	3,917	1,349	1,347	1,965	2,585	2,570	1,227	3,126	3,842		14,289	2,424	0,454	0,728	25,278	3,064		1,901	19,720
−10	5,590	2,035	2,018	2,897	3,750	3,690	1,850	4,443	5,387		15,679	3,425	0,697	1,087	32,404	4,290		2,908	26,504
0	7,762	2,965	2,924	4,134	5,275	5,158	2,698	6,151	7,360		23,986	4,710	1,032	1,578	40,946	5,849	0,006	4,294	34,857
10	10,520	4,194	4,112	5,739	7,230	7,039	3,818	8,321	9,828		30,345	6,326	1,480	2,219	50,750	7,793	0,012	6,150	45,010
20	13,962	5,776	5,636	7,773	9,675	9,402	5,267	11,026	12,860		37,959	8,322	2,066	3,024		10,175	0,023	8,573	57,242
30	18,186	7,775	7,553	10,308	12,695	12,317	7,101	14,341	16,529		47,206	10,749	2,814	4,078		13,054	0,042	11,669	72,065
40	23,302	10,255	9,923	13,417	16,370	15,855	9,383	18,342	20,908		50,102	13,660	3,751	5,359		16,488	0,074	15,548	
50	29,424	13,287	12,812	17,182	20,800	20,087	12,180	23,110	26,072			17,114	4,908	6,919		20,542	0,123	20,331	
60	36,675	16,948	16,292	21,699	26,100	25,215	15,570	28,771	32,102			21,179	6,313	8,792		25,285	0,199	26,142	
70		21,328	20,446	27,088	32,445	31,137	19,625	35,312				25,927	8,001	11,015		30,798	0,312	33,112	
80		26,531	25,377	33,515			24,425					31,430	10,004	13,626		37,199	0,474		
90		32,699	31,230				30,070					37,731	12,362	16,662		44,684	0,701		
100													15,117	20,161			1,013		
110													18,317	24,153					
120													22,019	28,658					
130													26,284	33,665					
140													31,168	36,846					

nach Herstellerangaben
alle Drücke in bar abs
bei zeotropen Gemischen ist der mittlere Druck (d. h. der Mittelwert aus Druck auf Siede- und Taulinie) ausgewiesen

Benennung und wichtige Eigenschaften von Kältemitteln (Fortsetzung)

Dampfdrücke aktueller Kältemittel:

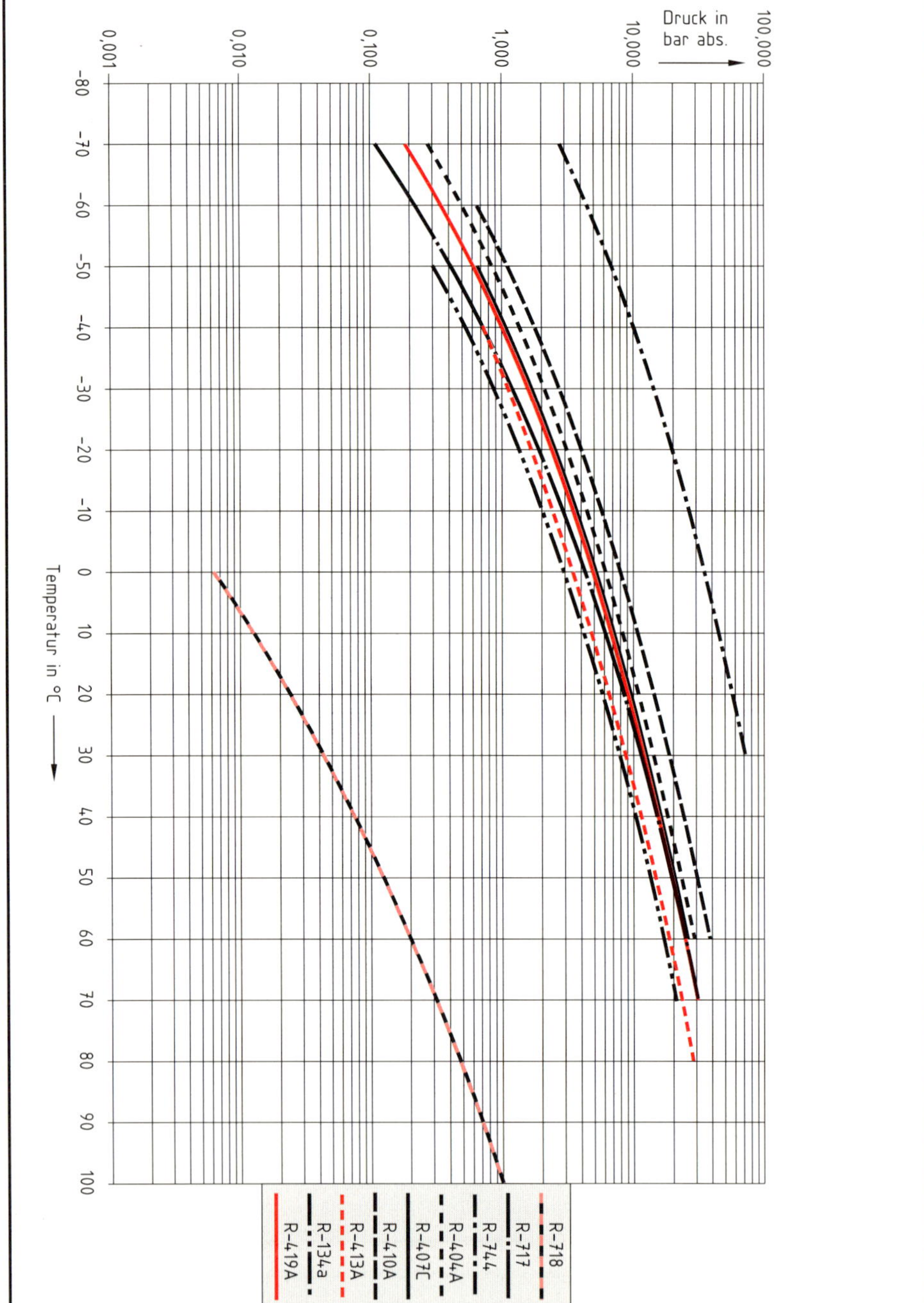

Benennung und wichtige Eigenschaften von Kältemitteln (Fortsetzung)

Dampfdrücke reiner Kältemittel:

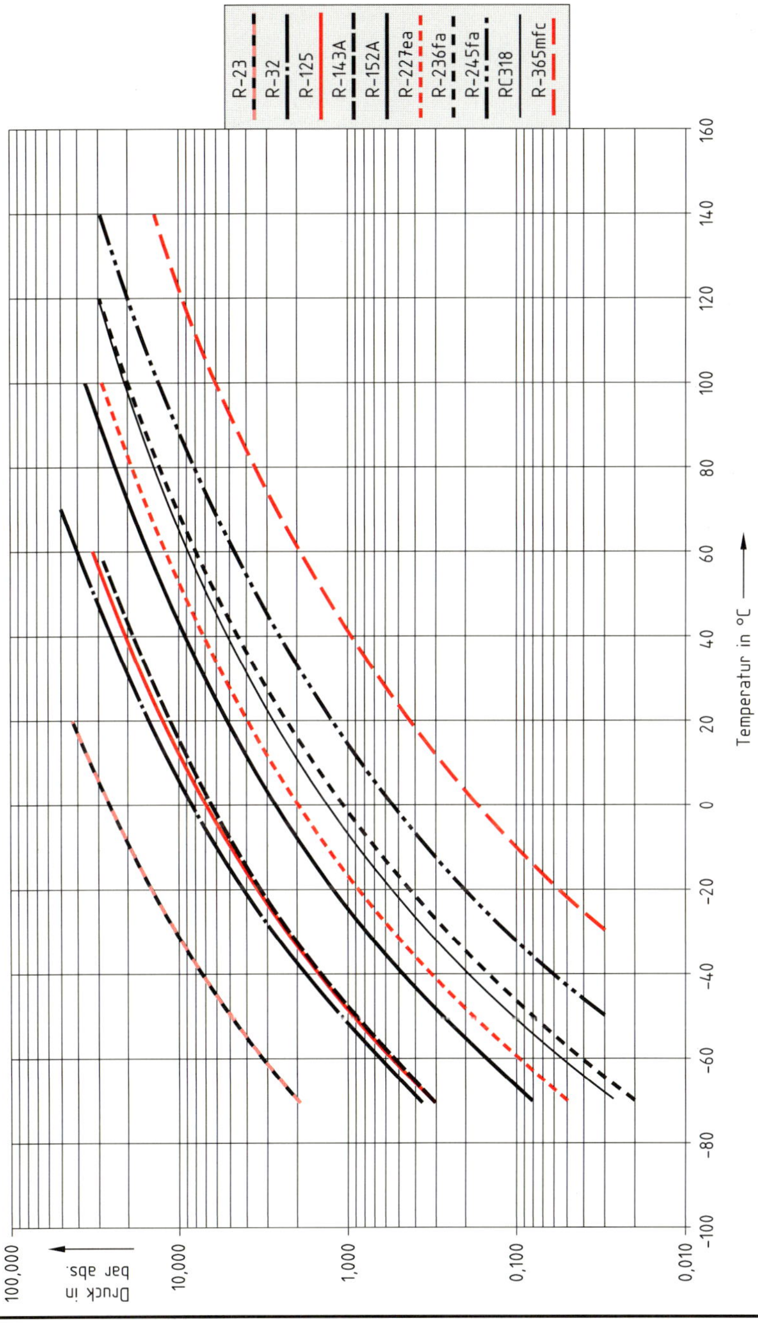

Benennung und wichtige Eigenschaften von Kältemitteln (Fortsetzung)

Dampfdrücke Kohlenwasserstoffe:

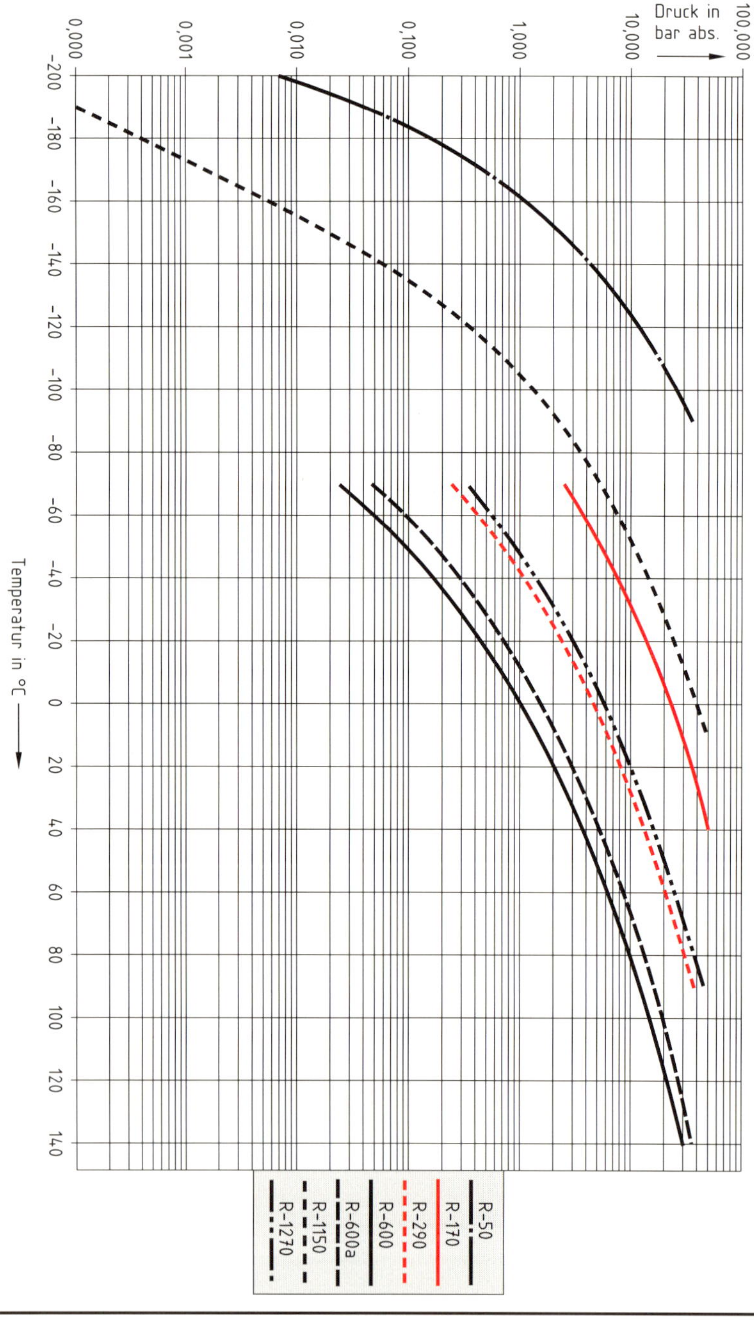

Benennung und wichtige Eigenschaften von Kältemitteln (Fortsetzung)

Neuere Kältemittel (noch nicht von Normen erfasst):

	Benennung/Name	Zusammensetzung m%	Formel	Mol. Masse kg/kmol	Siede-punkt °C	Tau-punkt °C	Sicher-heits-gruppe	DGRL Fluid Gruppe	prakt. Grenz-wert kg/m³	Zündgrenzen		Zünd-energie mJ	Entzün-dungs-temp. °C	Ex-Gruppe	GWP	OPD
										unten Vol%	oben Vol%					
Reine Stoffe																
R-236fa	1,1,1,3,3,3-Hexafluorpropan		$CF_3CH_2CF_3$	152,04	−1,44	−1,44	A1	2	0,59	k	k	k	–	k	6300	0
R-245fa	1,1,1,3,3-Pentafluorpropan		$CF_3CH_2CHF_2$	134	15,3	15,3	n. b.	2	n. b.	k	k	k	–	k	790	0
R-365mfc	1,1,1,3,3-Pentafluorbutan		$CF_3CH_2CF_2CH_3$	148,09	40,2	40,2	n. b.	(1)	n. b.	3,6	13,3	10,8	594	n. b.	890	0
Zeotrope Gemische																
R-417A (ISC 59)	R-125/134a/600	$46{,}6^{+/-1{,}1}-50{,}0^{+/-1{,}0}-3{,}5^{+0{,}1/-0{,}4}$	$CF_3CHF_2+CF_3CH_2F+i\text{-}C_4H_{10}$	106,7	−43,0	−37,4	A1/A1	2	0,15	k	k	k	–	k	1950	0
R-419A (FX 90)	R-125/134a/R-E170	77/19/4	$CF_3CHF_2+CF_3CH_2F+CH_3OCH_3$	109,3	−42,9	−36,2	n. b.	2	n. b.	k	k	k	–	k	2400	0
FX 80	R-32/125	32/68	$CH_2F_2+CF_3CHF_2$	84,6	−51,0	−50,8	n. b.	2	n. b.	k	k	k	–	k	2360	0
RS-24	R-134a/125/601b	n. b.	$CF_3CH_2F+CF_3CHF_2+n\text{-}C_5H_{12}$	102,6	−28,6	−25,0	n. b.	2	n. b.	k	k	k	–	k	1349	0
RS-25	R-134a/227ea/125/600	n. b.	$CF_3CH_2F+CF_3CHFCF_3+CF_3CHF_2+C_4H_{10}$	120,1	−27,7	−25,7	n. b.	2	n. b.	k	k	k	–	k	1992	0
RS-44	R-134a/125/601a/600	n. b.	$CF_3CH_2F+CF_3CHF_2+i\text{-}C_5H_{12}+C_4H_{10}$	108,0	−38,7	−31,5	n. b.	2	n. b.	k	k	k	–	k	2011	0
RS-45	R-125/134a/600a/600	n. b.	$CF_3CHF_2+CF_3CH_2F+i\text{-}C_4H_{10}+n\text{-}C_4H_{10}$	112,3	−43,9	n.b.	n. b.	2	n. b.	k	k	k	–	k	n. b.	0
ISC 29	R-125/134a/600	$65{,}1^{+/-1}-31{,}5^{+/-1}-3{,}4^{+0/-0{,}4}$	$CF_3CHF_2+CF_3CH_2F+C_4H_{10}$	109,9	−45,0	−40,6	A1/A1	2	0,35	k	k	k	–	k	2230	0
ISC 39TC	R-227/134a	$47{,}5^{+/-1}-52{,}5^{+/-1}$	$CF_3CHFCF_3+CF_3CH_2F$	121,4	−24,8	−24,6	n. b.	2	n. b.	k	k	k	–	k	1940	0
ISC 79	R-125/134a/600a	$85{,}1^{+/-1}-11{,}5^{+/-1}-3{,}4^{+0/-0{,}4}$	$CF_3CHF_2+CF_3CH_2F+i\text{-}C_4H_{10}$	115,8	−48,9	−46,6	n. b.	2	0,5	k	k	k	–	k	2530	0
ISC 89	R-125/218/290	$86^{+/-1{,}5}-9^{+/-1}-5^{+/-0{,}5}$	$CF_3CHF_2+C_3F_8F+C_3H_8$	113,9	−55,0	−51,0	n. b.	2	n. b.	k	k	k	–	k	3090	0
Azeotrope Gemische																
R-723	R-717/R-E170	$60^{+/-5}-40^{+/-5}$	$NH_3\text{-}CH_3OCH_3$	23,0	−36,6	−36,6	B2	1	0,00058	6,5	n. b.	0,18	440	IIa	8	0

Alle Angaben nach Herstellerinformationen und veröffentlichten Unterlagen.
Die Angaben sind z. T. unvollständig, da u. U. noch keine Einstufungen in die relevanten Normen erfolgt sind.
Bei Anwendung dieser Kältemitel informieren Sie sich bei den Herstellern oder Importeuren über die genauen Einsatzbedingungen und Eigenschaften.

Benennung und wichtige Eigenschaften von Kältemitteln (Fortsetzung)

log *p,h*-Diagramm für Ammoniak NH_3:

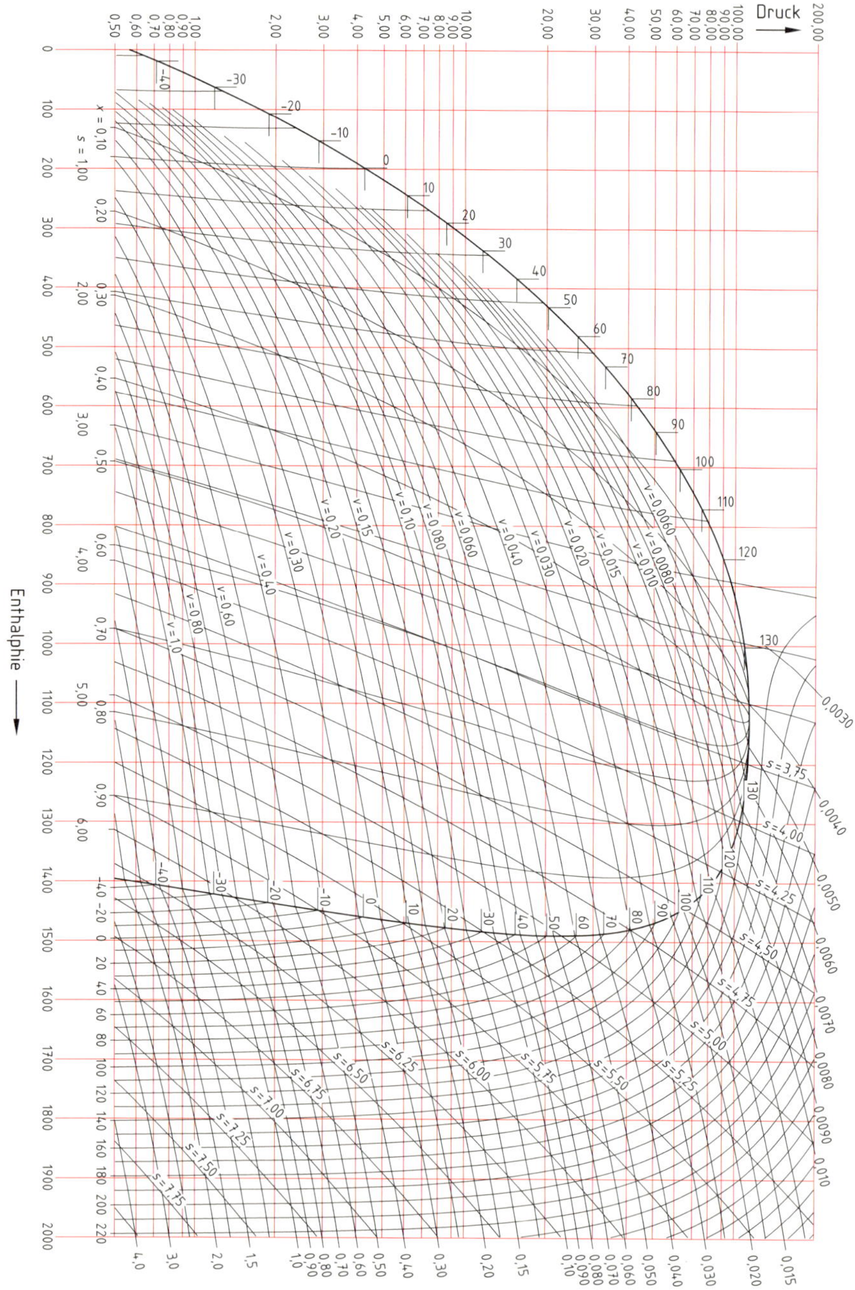

6

Benennung und wichtige Eigenschaften von Kältemitteln (Fortsetzung)

log *p*,*h*-Diagramm für Kältemittel R-407C:

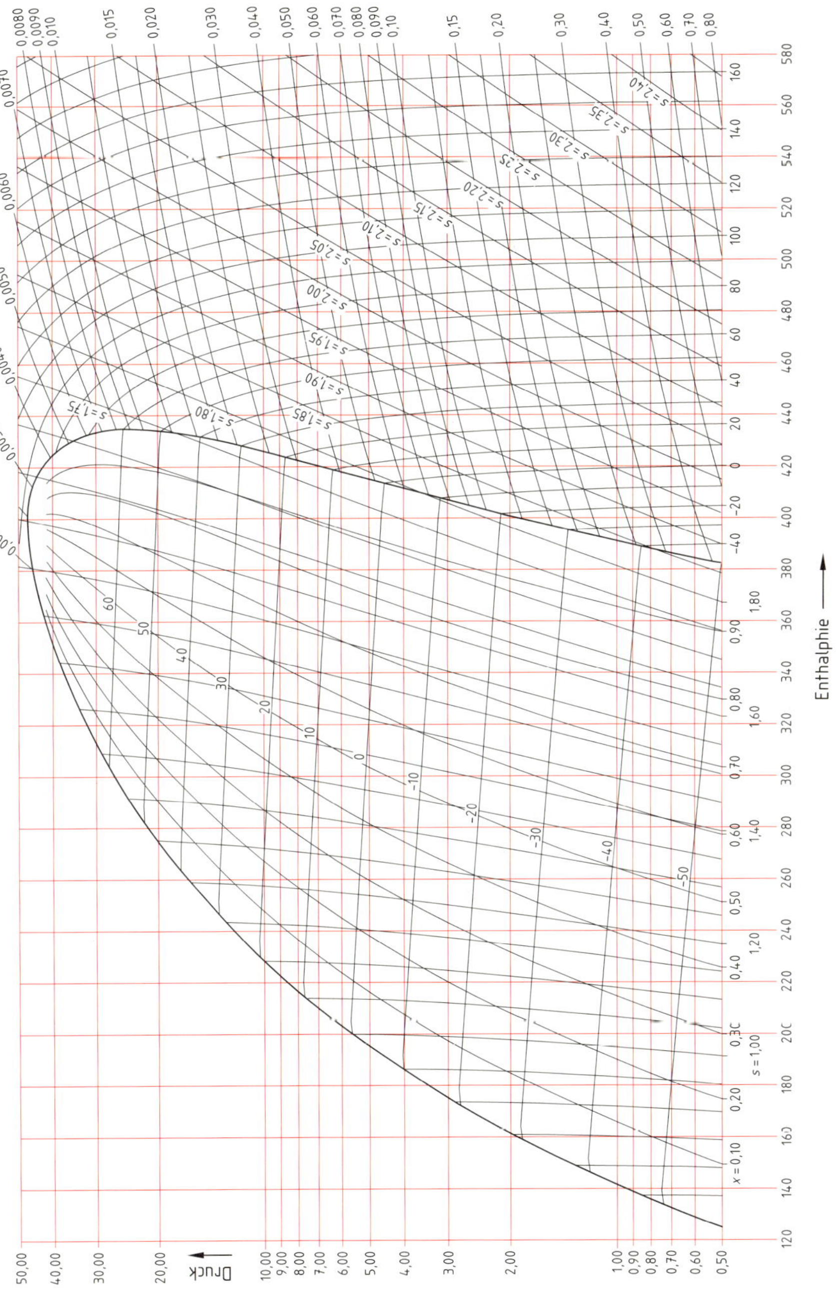

Benennung und wichtige Eigenschaften von Kältemitteln (Fortsetzung)

log *p,h*-Diagramm für Kältemittel R-134a:

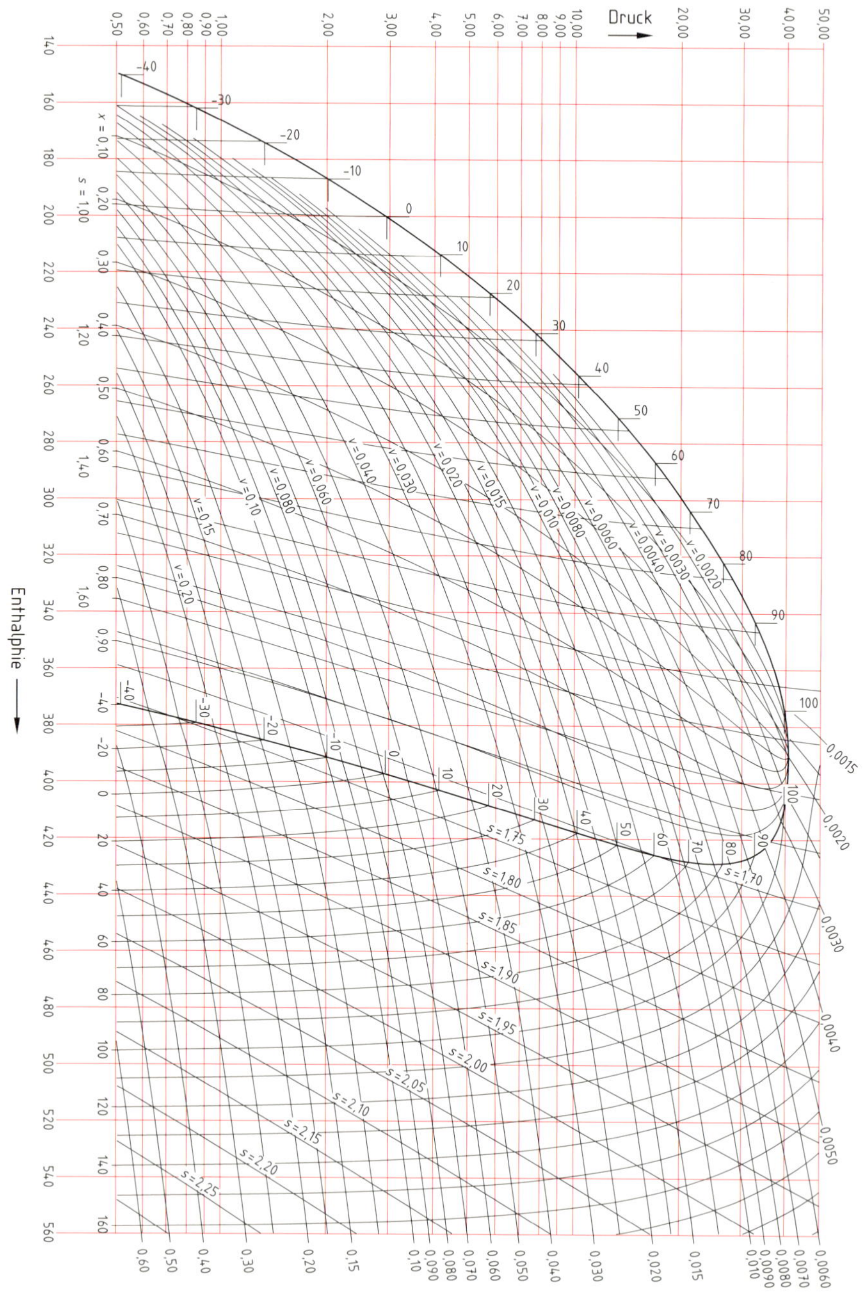

Arbeitsstoffe für Kaltgasmaschinen

Medium		Relative Molmasse	Spez. Gaskonstante	Tripelpunkt		Normalsiedepunkt		Verdampfungsenthalpie	Kritischer Punkt			Gaszustand bei 0°C		
		M kg/kmol	R_B J/(kg · K)	t_{Tr} °C	p_{Tr} kPa	t_n °C	ϱ_n kg/m³	r kJ/kg	t_k °C	p_k MPa	ϱ_k kg/m³	c_p kJ/(kg · K)	κ –	ϱ_n kg/m³
Helium 3	^3He	3,016	2756,7			−270,0	59	–	−269,8	0,118	41,5			0,1345
Helium 4	He	4,003	2077,2			−268,9	125	21	−267,95	0,23	69,5	5,19	1,67	0,1785
Wasserstoff	n-H_2	2,016	4124,3	−259,2	7,2	−252,8	70,9	448	−239,9	1,30	30	14,1	1,415	0,0899
Para-Wasserstoff	p-H_2	2,016	4124,3	−259,3	7,04	−252,9	70,8	446	−240,2	1,29	31,4	15,1	1,375	0,0899
Neon	Ne	20,183	411,95	−248,6	43,3	−246,05	1205	88	−228,7	2,7	483	1,03	1,67	0,8999
Stickstoff	N_2	28,013	296,80	−210,0	12,6	−195,8	808	198	−146,9	3,40	314	1,038	1,40	1,2505
Argon	Ar	39,948	208,13	−189,3	68,9	−185,9	1394	161	−122,3	4,90	535	0,52	1,67	1,784
Sauerstoff	O_2	31,999	259,83	−218,8	0,15	−183,0	1141	213	−118,4	5,05	435	0,914	1,397	1,429
Methan	CH_4	16,034	518,25	−182,5	11,7	−161,5	423	510	−82,5	4,60	162	2,18	1,31	0,72
Krypton	Kr	83,80	99,22	−157,4	73,2	−153,4	2420	108	−63,7	5,5	910	0,25	1,67	3,74
Xenon	Xe	131,30	63,32	−111,8	81,5	−108,0	2955	96	16,6	5,85	1100	0,16	1,67	5,89
Ethylen	C_2H_4	28,054	296,37	−170,0	0,12	−103,7	569	482	9,4	5,05	215	1,47	1,25	1,27
Luft		28,96	287,10	−212,9		−194,5 1)	≈870	≈200	−140,73 3)	3,77 3)	–	1,003	1,40	1,293
						−191,5 2)			−140,6 4)					

aus: Jungnickel, Agsten, Kraus: „Grundlagen der Kältetechnik", Verlag Technik GmbH, Berlin 3. stark bearbeitete Auflage 1990

1) Siedepunkt; 2) Taupunkt; 3) maximaler Druck; 4) maximale Temperatur
$\vartheta = t$ = Celsius-Temperatur; ϱ = Dichte; κ = Isentropenexponent; c_p = Spezifische Wärmekapazität bei konstantem Druck

Anmerkungen:

a) **Flüssiges Helium** ^4He tritt unterhalb von 2,17 K (genannt λ-Punkt) in zwei Phasen auf, **He I** und **He II**. He II ist suprafluid und hat eine äußerst geringe Viskosität (ca. 1000 ... 10 000 mal geringer als He I), jedoch eine enorm hohe Wärmeleitfähigkeit (He I: λ = 0,013 W/(m · K) bei 2,25 K, He II kann λ-Werte > 100 kW/(m · K) im Bereich von 2 K) aufweisen. He II ist daher der beste bekannte Wärmeleiter.
Neben dem „regulären" Helium (^4He, Molmasse 4,003 kg/kmol) ist auch ein Isotop ^3He (Molmasse 3,016 kg/kmol, sehr selten in der Natur vorkommend) bekannt. In der flüssigen Phase sind beide Isotope nur begrenzt mischbar. ^3He wird für Sonderprozesse für Kälteerzeugung unter 1 K ($^3He/^4He$-Lösungskältemaschine, erreicht Temperaturen bis zu 10^{-2} K) eingesetzt. ^3He kann unterhalb von 2,7 mK auch im suprafluiden Zustand auftreten. Eine weitere Anomalie von ^3He ist die negative Schmelzenthalpie unterhalb von 0,3 K, die zur Kälteerzeugung genutzt werden kann (Pomerančuk-Effekt).

b) Bei der Verflüssigung von **Wasserstoff** muss beachtet werden, dass bei Umgebungsbedingungen ca. 75% Ortho- und 25% Para-Modifikationen des Wasserstoffes enthalten sind. Beide Modifikationen unterscheiden sich durch ihren Kernspin (Ortho-H_2 gleicher Drehsinn, Para-H_2 entgegengesetzter Drehsinn). Die **Ortho-Para-Umwandlung** ist ein natürlicher langsam ablaufender exothermer Prozess. Mit sinkender Temperatur verlagert sich das Gleichgewicht hin zum Para-Wasserstoff (bei 20,3 K ca. 99,8% p-H_2). Daher ist für längere Lagerungen flüssigen Wasserstoffes die Para-Modifikation sinnvoller und wird gezielt hergestellt (infolge Abfuhr der Umwandlungswärme ist ein höherer Energieaufwand von 20 ... 30% erforderlich!).
Neben diesen beiden Modifikationen n-H_2 und p-H_2 sind noch Deuterium D_2 (schwerer Wasserstoff, ebenfalls Ortho- und Paraphasen existent) und Wasserstoff-Deuterium HD (wird aus der Reaktion von Deuterium und Protium gebildet) bekannt

SK Kältemaschinenöle

Mindestanforderungen (nach **DIN 51 503-1**, 08.97)

Einteilung in Gruppen und Bezeichnung

Die Einteilung erfolgt alphabetisch nach den zu verwendenden Kältemitteln

Gruppe	Verwendungszweck
KA	Kältemaschinenöle für Ammoniak.
KAA	Kältemaschinenöle der Viskositätsklassen ISO VG 15 bis ISO VG 100 nach **DIN 51 519** (08.98), welche nicht mischbar mit Ammoniak sind, für Verdichter mit Ammoniak nach **DIN 8960** als Kältemittel.
KAB	Kältemaschinenöle der Viskositätsklassen ISO VG 22 bis ISO VG 150 nach DIN 51 519, welche mit Ammoniak teilweise oder vollständig mischbar sind, für Verdichter mit Ammoniak nach **DIN 8960** als Kältemittel.
KB	Z.Z. nicht belegt.
KC	Kältemaschinenöle der Viskositätsklassen ISO VG 15 bis ISO VG 460 nach **DIN 51 519** für Verdichter mit voll- und teilhalogenierten Fluorchlorkohlenwasserstoffen (FCKW/HFCKW) nach **DIN 8960** als Kältemittel.
KD	Kältemaschinenöle der Viskositätsklassen ISO VG 7 bis ISO VG 460 nach **DIN 51 519** für Verdichter mit voll- und teilfluorierten Kohlenwasserstoffen (FKW/HFKW) nach **DIN 8960** als Kältemittel.
KE	Kältemaschinenöle der Viskositätsklassen ISO VG 15 bis ISO VG 460 nach **DIN 51 519** für Verdichter mit Kohlenwasserstoffen (KW, z.B. Propan, ISO-Butan) nach **DIN 8960** als Kältemittel.

Bezeichnungsbeispiel: Kältemaschinenöl der Gruppe KD, **Viskositätsklasse** ISO VG 46

Kältemaschinenöl DIN 51 503-1 – KD 46

Ist im Kältemaschinenöl ein besonderer Wirkstoff enthalten, ist dies mit einem W zu kennzeichnen:

Kältemaschinenöl DIN 51 503-1 – KD W 46

Anforderungen und Prüfung

Begriffe s. nächste Seite

Gruppe KAA: Ammoniak-nicht-mischbare Kältemaschinenöle

Eigenschaften			Anforderungen Untergruppe KAA						Prüfung nach
ISO-Viskositätsklasse nach **DIN 51 519**			ISO VG 15	ISO VG 22	ISO VG 32	ISO VG 46	ISO VG 68	ISO VG 100	
Aussehen			Klar						Visuell
Kinematische Viskosität bei 40 °C (→ Viskosität)	mm²/s	min.	13,5	19,8	28,8	41,4	61,2	90	**DIN 51 562-1**
		max.	16,5	24,2	35,2	50,6	74,8	110	
Pourpoint	°C	max.	−36	−30	−24	−21	−15	−9	**DIN ISO 3016**
Flammpunkt (→ Sicherheitsdaten)	°C	min.	150		160		170		**DIN ISO 2592**
Neutralisationszahl	mg KOH/g	max.	0,08¹)						**DIN 51 558-3**
Verseifungszahl	mg KOH/g	max.	0,2¹)						**DIN 51 559-2**
Gesamtbasenzahl	mg KOH/g		Ist anzugeben						**DIN ISO 3771**
Asche (Oxidasche) Massenanteil	%	max.	0,01¹)						(**DIN EN ISO 6245**)
Wasser			Kein freies Wasser						Visuell

¹) Gilt nicht für Kältemaschinenöle mit Wirkstoffen. Bei diesen Kältemaschinenölen sind Neutralisationszahl, Verseifungszahl und Aschegehalt vom Lieferer anzugeben.

6

Kältemaschinenöle — SK

Mindestanforderungen (Fortsetzung) (nach **DIN 51 503-1**, 08.97)

Gruppe KAB: Ammoniak-mischbare Kältemaschinenöle

Eigenschaften		Anforderungen Untergruppe KAB						Prüfung nach
ISO-Viskositätsklasse nach **DIN 51 519**		ISO VG 22	ISO VG 32	ISO VG 46	ISO VG 68	ISO VG 100	ISO VG 150	
Aussehen		Klar						Visuell
Kinematische Viskosität mm^2/s bei 40 °C (→ Viskosität)	min.	19,8	28,8	41,4	61,2	90	135	**DIN 51 550** in Verbindung mit **DIN 51 562-1**
	max.	24,2	35,2	50,6	74,8	110	165	
Pourpoint °C	max.	Ist anzugeben						**DIN ISO 3016**
Flammpunkt °C (→ Sicherheitsdaten)	min.	200	200	200	200	200	200	**DIN ISO 2592**
Neutralisationszahl mg KOH/g		Ist anzugeben						**DIN 51 558-3**
Verseifungszahl mg KOH/g		Ist anzugeben						**DIN 51 559-2**
Gesamtbasenzahl mg KOH/g		Ist anzugeben						**DIN ISO 3771**
Wassergehalt mg/kg	max.	350[1])						**DIN 51 777-1**
Kältemittelmischbarkeit		Ist anzugeben						**DIN 51 514**

[1]) Gilt für verschlossene Gebinde im Anlieferungszustand. Wassergehalt in anderen Gebinden nach Vereinbarung, siehe Erläuterungen.

Begriffe: (→ Kinematische Viskosität, Wassergehalt)

Pourpoint (Stockpunkt)
Temperatur, bei der das Öl beim Abkühlen unter genormten Bedingungen gerade aufhört zu fließen.

Flammpunkt
Niedrigste Temperatur, bei der sich in einem Tiegel aus dem Öl Dämpfe in solcher Menge entwickeln, dass sich ein durch Fremdzündung entflammbares Dampf-Luft-Gemisch bildet (→ Zündgrenze, Kältemittel)

Neutralisationszahl (NZ)
Basenzahl (BZ)
Gehalt des Öls an sauren oder basischen Anteilen (→ pH-Werte-Skala)

Verseifungszahl
Kriterium für die **Hydrolyse**, d.h. Spaltung der Öle durch Wasser (Verseifung) und dadurch **Bildung von Ölsäuren**

Aschezahl
Verhältnis von Gewicht (Menge) des unverbrennbaren Restes des Öls zum Gewicht (Menge) vor der Verbrennung.

Die Werte werden durch genormte Versuche (s. Tabellen Spalte Prüfung) ermittelt.

Die **Angaben der Hersteller von Kältemittelverdichtern** bezüglich des Öleinsatzes sind unbedingt zu befolgen.

Gruppe KC: Fluorchlorkohlenwasserstoff-mischbare Kältemaschinenöle

Eigenschaften	Anforderungen Gruppe KC										Prüfung nach
ISO-Viskositätsklasse nach **DIN 51 519**	ISO VG 15	ISO VG 22	ISO VG 32	ISO VG 46	ISO VG 68	ISO VG 100	ISO VG 150	ISO VG 220	ISO VG 320	ISO VG 460	
Aussehen	Klar										Visuell

Fortsetzung nächste Seite

6

Kältemaschinenöle

Mindestanforderungen (Fortsetzung) (nach **DIN 51 503-1**, 08.97)

Gruppe KC	ISO VG	15	22	32	46	68	100	150	220	320	460	
Kinematische Viskosität mm²/s bei 40 °C (→ Viskosität)	min.	13,5	19,8	28,8	41,4	61,2	90	135	198	288	414	**DIN 51 550** in Verbindung mit **DIN 51 562-1**
	max.	16,5	24,2	35,2	50,6	74,8	110	165	242	352	506	
Pourpoint °C	max.	−36	−30	−24	−21	−15	−9	−9	−9	−9	−9	**DIN ISO 3016**
Flammpunkt °C (→ Sicherheitsdaten)	min.	150	150	150	160	170	170	210	210	225	225	**DIN ISO 2592**
Neutralisationszahl mg KOH/g	max.	0,02¹)										**DIN 51 558-3**
Verseifungszahl mg KOH/g	max.	0,2¹)										**DIN 51 559-2**
Asche (Oxidasche) Massenanteil %	max.	0,01¹)										**DIN EN ISO 6245**
Wassergehalt mg/kg	max.	30²)										**DIN 51 777-1** oder **DIN 51 777-2**
Kältemittelmischbarkeit		Ist anzugeben										**DIN 51 514**
Kältemittelbeständigkeit		96 h bei 250 °C					96 h bei 175 °C					

¹) Gilt nicht für Kältemaschinenöle mit Wirkstoffen. Bei diesen Kältemaschinenölen sind Neutralisationszahl, Verseifungszahl und Aschegehalt vom Lieferer anzugeben.
²) Gilt für verschlossene Gebinde im Anlieferungszustand. Wassergehalt in anderen Gebinden nach Vereinbarung, siehe Erläuterungen.

Gruppe KD: Fluorkohlenwasserstoff-mischbare Kältemaschinenöle

Eigenschaften		Anforderungen Gruppe KD												Prüfung nach
ISO-Viskositätsklasse nach **DIN 51 519**		ISO VG 7	ISO VG 10	ISO VG 15	ISO VG 22	ISO VG 32	ISO VG 46	ISO VG 68	ISO VG 100	ISO VG 150	ISO VG 220	ISO VG 320	ISO VG 460	
Aussehen		Klar												Visuell
Kinematische Viskosität mm²/s bei 40 °C (→ Viskosität)	min.	6,2	9	13,5	19,8	28,8	41,4	61,2	90	135	198	288	414	**DIN 51 550** in Verbindung mit **DIN 51 562-1**
	max.	7,7	11	16,5	24,2	35,2	50,6	74,8	110	165	242	352	506	
Pourpoint °C	max.	−39	−39	−39	−39	−39	−30	−27	−24	−21	−21	−21	−21	**DIN ISO 3016**
Flammpunkt °C (→ Sicherheitsdaten)	min.	130		150		160		170		210				**DIN ISO 2592**
Neutralisationszahl mg KOH/g	max.	Ist anzugeben												**DIN 51 558-3**
Wassergehalt mg/kg	max.	100¹)				Erläuterungen nächste Seite				300²)				**DIN 51 777-1** oder **DIN 51 777-2**
Kältemittelmischbarkeit		Ist anzugeben												**E DIN 51 514**
Kältemittelbeständigkeit mit R 134a	min.	175 °C/14 Tage												**ASHRAE 97-89**

Kältemaschinenöle

SK

Mindestanforderungen (Fortsetzung) (nach **DIN 51503-1**, 08.97)

1) Esteröle in verschlossenen Gebinden im Anlieferungszustand. Wassergehalt in anderen Gebinden nach Vereinbarung, siehe Erläuterungen.
2) Polyglykole in verschlossenen Gebinden im Anlieferungszustand. Wassergehalt in anderen Gebinden nach Vereinbarung, siehe Erläuterungen.

Gruppe KE: Kohlenwasserstoff-mischbare Kältemaschinenöle

Eigenschaften		Anforderungen Gruppe KE										Prüfung nach
ISO-Viskositätsklasse nach **DIN 51519**		ISO VG 15	ISO VG 22	ISO VG 32	ISO VG 46	ISO VG 68	ISO VG 100	ISO VG 150	ISO VG 220	ISO VG 320	ISO VG 460	
Aussehen		Klar										Visuell
Kinematische Viskosität mm^2/s bei 40 °C (→ Viskosität)	min.	13,5	19,8	28,8	41,4	61,2	90	135	198	288	414	**DIN 51550** in Verbindung mit **DIN 51562-1**
	max.	16,5	24,2	35,2	50,6	74,8	110	165	242	352	506	
Pourpoint °C	max.	−36	−30	−24	−21	−15	−9	−9	−9	−9	−9	**DIN ISO 3016**
Flammpunkt °C (→ Sicherheitsdaten)	min.	150		160		170		210		225		**DIN ISO 2592**
Neutralisationszahl mg KOH/g	max.	Ist anzugeben[1])										**DIN 51558-3**
Verseifungszahl mg KOH/g	max.	Ist anzugeben										**DIN 51559-2**
Wassergehalt mg/kg	max.	30[1])										**DIN ISO 3733**
Kältemittelmischbarkeit		Ist anzugeben										**DIN 51514**

1) Gilt nur für Öle auf Kohlenwasserstoffbasis und verschlossene Gebinde im Anlieferungszustand. Wassergehalt in anderen Gebinden nach Vereinbarung, siehe Erläuterungen.

Grundsätzliche Arten und gebrauchte Kältemaschinenöle

Kältemaschinenöle sind Gemische verschiedener Kohlenwasserstoffe. Diese lassen sich auch synthetisch verändern. Danach unterscheidet man **mineralische Kältemaschinenöle** und **synthetische Kältemaschinenöle**.
Kriterien für **gebrauchte Kältemittel** sind in **DIN 51503-2** geregelt. Sie beziehen sich auf die Verwendung dieser Kältemaschinenöle in offenen, halb- und vollhermetischen → Kältemittelverdichtern.

Kältemittel-Kältemaschinenöl-Gemische

Löslichkeitsgrenzen (→ Mischphasen) (nach **DIN 51514**, 11.96)

Kältemaschinenöl dient der Verdichterschmierung und ist deshalb ständig in Berührung mit Kältemittel.

Kältemaschinenöle und Kältemittel sind i.d.R. in bestimmten Temperatur- und Druckbereichen mischbar (Ausnahme Gruppe KA) → Im Kältemaschinen-Kreislauf ist das Kältemittel (bis etwa 5 %) mit Öl beladen.

Bei nicht vorhandener Mischbarkeit (nur Gruppe KA) oder bei **Phasentrennung** in bestimmten Temperatur- und Druckbereichen muss das Öl i.d.R. an geeigneter Stelle abgeschieden und in den Verdichter zurückgeführt werden.

6

Kältemittel-Kältemaschinenöl-Gemische (Fortsetzung)

Die **Mischbarkeit des Öles** im Kältemittel hängt von den Komponenten des Gemisches, von der Zusammensetzung des Gemisches, von der Temperatur und vom Druck ab. Im **Phasengleichgewicht** existiert für eine vorgegebene Temperatur und Zusammensetzung nur ein dazugehöriger Sättigungsdruck.

Beim Abkühlen und/oder Erwärmen einer Öl-Kältemittelmischung kann ein Trennen der Mischung in eine kältemittelreiche und eine kältemittelarme Ölphase auftreten. Diejenige Temperatur, bei der diese Phasenänderung eintritt, ist als **Löslichkeitsgrenztemperatur** definiert.

In graphischer Darstellung der Löslichkeitsgrenztemperatur als Funktion der Gemischzusammensetzung trennt die Verbindungslinie aller Löslichkeitsgrenztemperaturen den Bereich der homogenen Mischung vom Bereich der heterogenen Mischung, der als **Mischungslücke** bezeichnet wird.

Im Bereich der **Mischungslücke existieren zwei flüssige Phasen**. Die Temperatur, bei der beide flüssige Phasen die gleiche Zusammensetzung aufweisen, wird als kritische Entmischungstemperatur bezeichnet, die dazugehörige Zusammensetzung als kritische Entmischungszusammensetzung.

Beispiele verschieden ausgeprägter Mischungslücken (Quelle: Fuchs-Öle, Mannheim)

R-407C (25% R-125 + 23% R-32 + 52% R-134a
Öl Reniso Triton SEZ 32

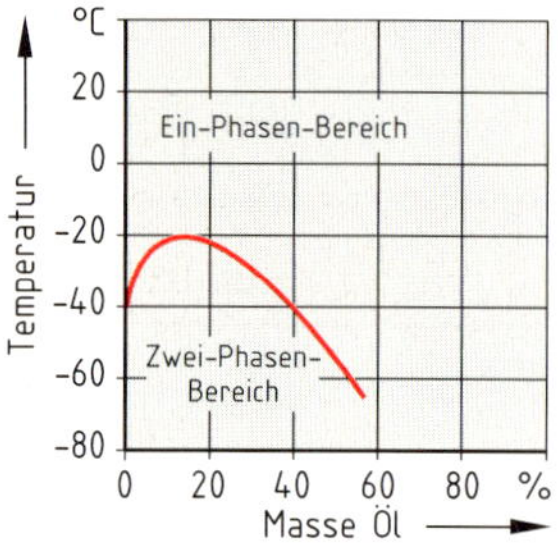

R-410A (50% R-125 + 50% R-32
Öl Reniso Triton SEZ 32

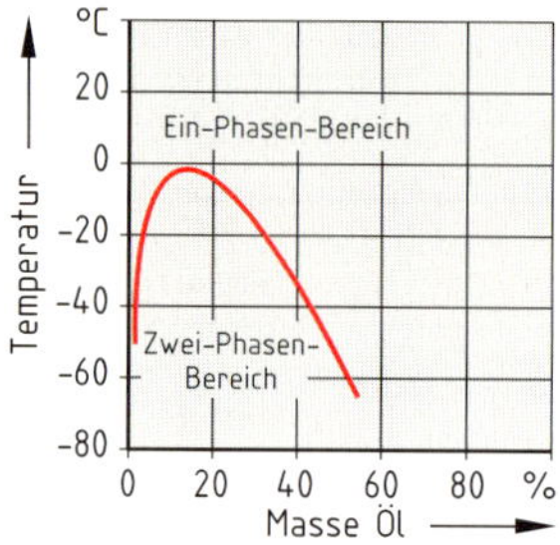

R-134a
Öl Reniso Triton SEZ 32

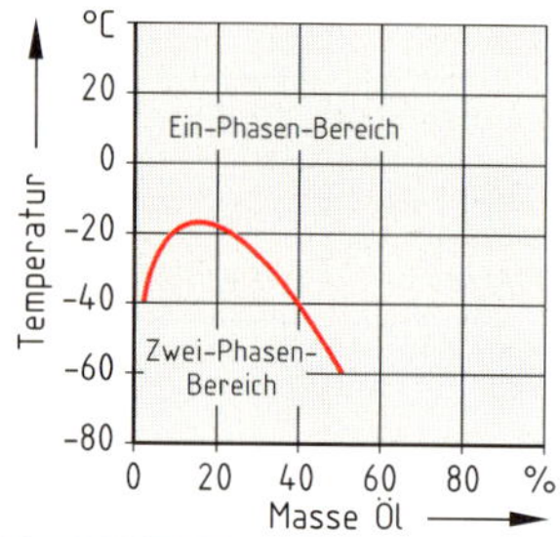

R-134a
Öl Reniso Triton SEZ 22

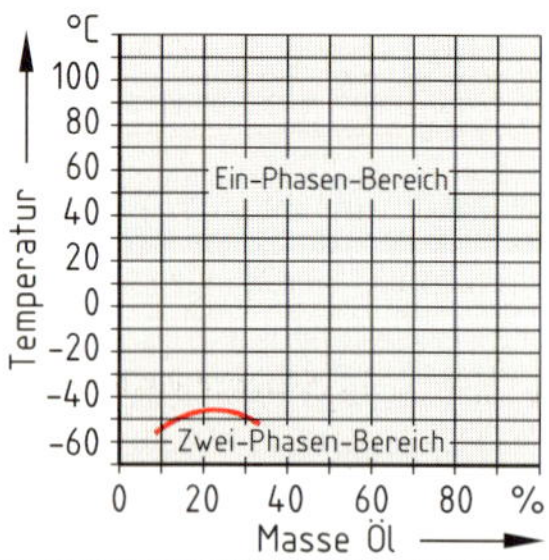

R-134a
Öl Reniso Triton SE 55

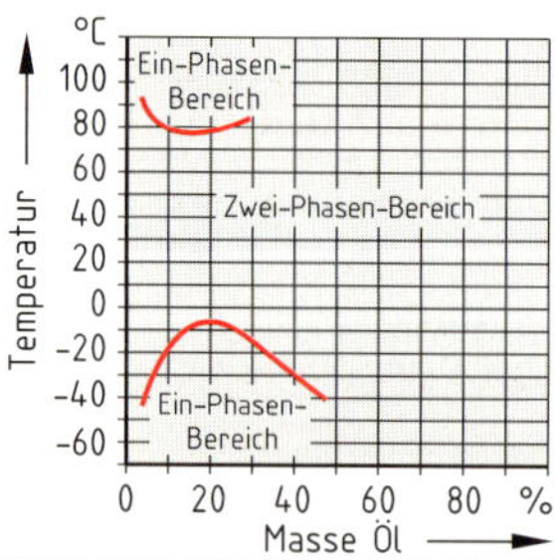

R-404A (44% R-125 + 52% R-143a + 4% R-134a)
Öl Reniso Triton SEZ 32

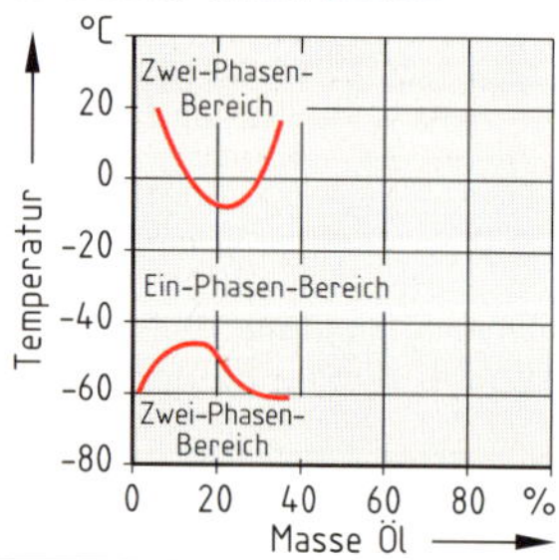

6

Dampfdruck bei Kältemittel-Kältemaschinenöl-Gemischen

(→ Verdampfen, Kondensieren, Dampfdruckkurve)

Nebenstehendes Diagramm zeigt für das Beispiel R-134a und Öl Reniso Triton SE 55 die Dampfdruckkurven, und zwar Massenanteile Kältemittel in Öl (Quelle: Fuchs-Öle, Mannheim)

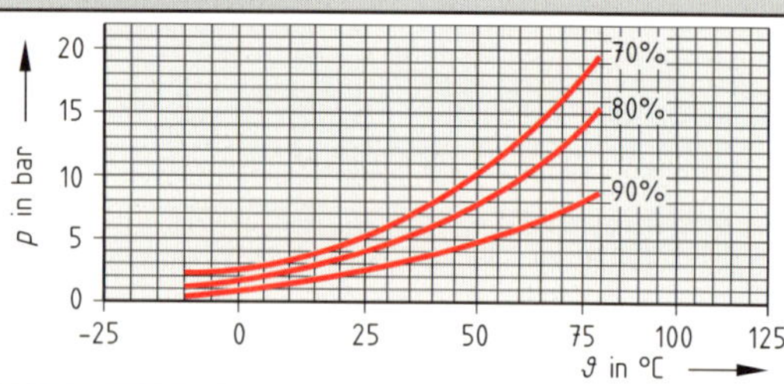

Kältemittel-Kältemaschinenöl-Gemische (Fortsetzung)

Kinematische Viskosität bei Kältemittel-Kältemaschinenöl-Gemischen

(→ Kinematische Viskosität)

$$1\ \frac{mm^2}{s} = 10^{-6}\ \frac{m^2}{s} = 1\ cSt$$

Die **Mischbarkeit des Öles** im Kältemittel hängt von den Komponenten des Gemisches, von der Zusammensetzung des Gemisches, von der Temperatur und vom Druck ab.

Nebenstehendes Diagramm zeigt die **Druck-Temperatur-Abhängigkeit der Viskosität** am Beispiel eines Gemisches von R-134 und dem Öl Reniso Triton SEZ 15 (Quelle: Fuchs-Öle, Mannheim

Das Diagramm berücksichtigt die Massenanteile Öl in Kältemittel.

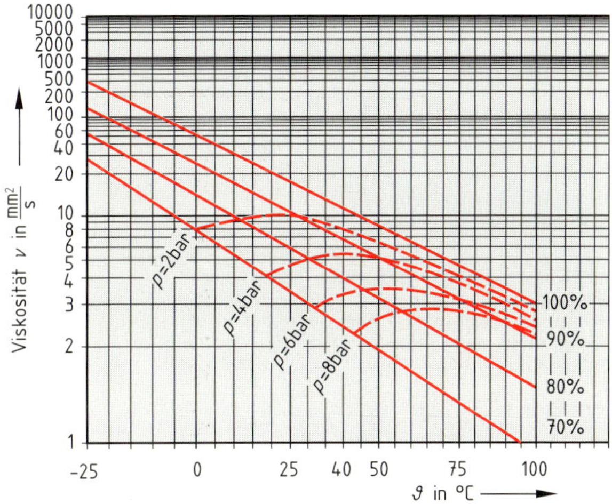

Trockenmittel

Wasserlöslichkeit in Kältemitteln

Kältemittel nehmen Wasser in geringen Mengen in → **Lösung**. Die **Löslichkeitsgrenze** bestimmt den zulässigen Wassergehalt im Kältemittel (s. Tabelle 1, Seite 306).

Wird die Löslichkeitsgrenze überschritten, dann fällt Wasser in Tröpfchenform aus. Bei diesem **kritischen Feuchtigkeitsgehalt** ist mit Störungen (z.B. Zufrieren des Drosselorgans) oder → **Hydrolyse** zu rechnen.

Die Löslichkeit ist stark temperaturabhängig (s. nebenstehendes Diagramm).

Wasserlöslichkeit in $\frac{\text{g Wasser}}{\text{kg Kältemittel}}$

Kältemittel	Temperatur −25 °C	Temperatur −10 °C
R-22	0,24	0,4
R-40	0,10	0,23
R-12	0,005	0,013
R-13	0,004	0,01

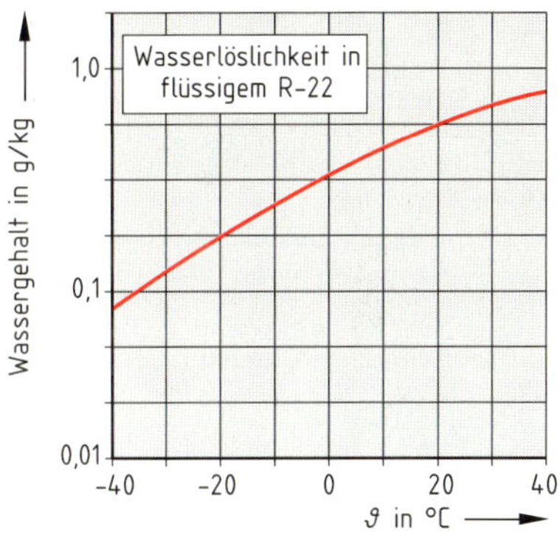

Zur Feuchtigkeitsaufnahme werden **Trockner**, die mit Trockenmittel gefüllt sind und durch die das Kältemittel strömt, eingebaut.

Aus der Löslichkeitscharakteristik ergibt sich:

Trockner immer an Stellen kleiner Temperatur einbauen (wegen größerer Wasseraufnahme).

Wirkungsweise des Trockenmittels

Kristallwasserbildung:

Die Moleküle verschiedener chemischer Verbindungen binden Wassermoleküle. Insbesondere wird zu diesem Zweck des Trocknens Calciumsulfat $CaSO_4$ – als Granulat in den Kältekreislauf eingebracht (in einem Trockner) – verwendet. Die Anordnung ist jedoch rückläufig. Heute meist ersetzt durch **adsorptive Trockenmittel**.

Trockenmittel (Fortsetzung)

Adsorptive Trockenmittel:

Unter **Adsorption** (→ **Adsorptionsstoffpaare**) versteht man die Anlagerung von Gasen und Dämpfen (z. B. Wasserdampf) bzw. gelösten Stoffe an der Oberfläche fester Stoffe.

Die verwendeten **Adsorptionsmittel** werden als **Adsorbienten** (in der Einzahl als **Adsorbens**) bezeichnet.

Wichtige Adsorbienten

Aktivkohle, Kieselgel, Aktivtonerde (Aluminiumoxid Al_2O_3), Bleicherde, **Molekularsiebe**. Letztere heißen auch **Zeolithe** und finden heute meist Verwendung.
Adsorption findet nicht nur an der freien Oberfläche, sondern auch in den Poren des Adsorbens statt. Somit:

Wirkfläche bis 800 m^2 pro Gramm des Adsorbens.

Adsorption ist stark **temperaturabhängig** (s. folgendes Diagramm)

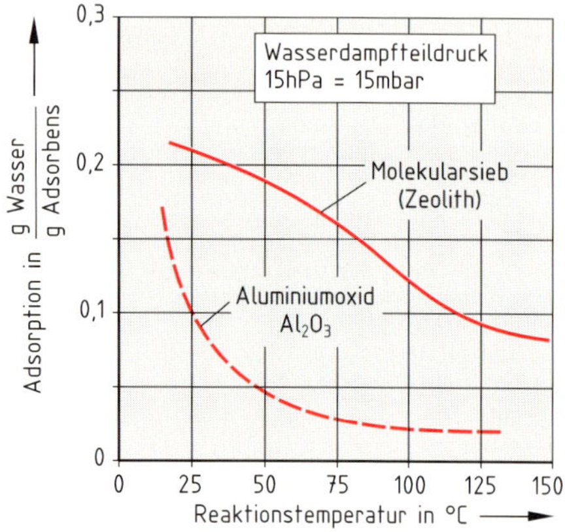

Molekularsiebe (Zeolithe) sind kristalline Metall-Aluminiumsilikate

z. B. $Na_{12}[(AlO_2)_{12}(SiO_2)_{12}]$

mit käfigförmigem **Kristallgitter** mit einer Gitterkonstanten $a_0 \approx 0{,}4$ Nanometer, d.h. etwa $4 \cdot 10^{-8}$ cm. Symbolisch wird ein solches Kristallgitter als ein kubisch-flächenzentriertes Gitter (nebenstehende Abbildung) dargestellt. Die Gitterkonstante muss auf das Kältemittel abgestimmt sein!

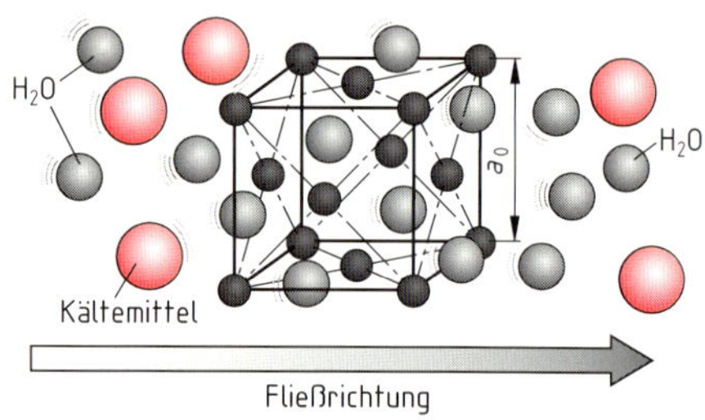

Funktion

In die „Hohlräume" können die Wassermoleküle eindringen, denn sie haben einen Durchmesser von 0,28 Nanometer. Kältemittelmoleküle werden „herausgesiebt", da sie mit ihrem größeren Durchmesser nicht durch die Gitterstruktur passen.

Einbauregeln, Trockenmittelmengen, Aktivierung der Trockenmittel

6

Einbauregeln:

1. Trockner immer geschlossen halten; Trockenmittel dürfen nur ganz kurzzeitig mit → atmosphärischer Luft in Berührung kommen.
2. Temperatur am Trockner sollte möglichst niedrig sein (Temperaturcharakteristik).
3. Strömungsgeschwindigkeit (→ Kontinuitätsgleichung) sollte möglichst klein sein. Damit wird die Verweilzeit größer.
4. Am Trocknerausgang sollte nur flüssiges Kältemittel strömen. Damit wird ein Verölen verhindert.

Trocknergröße, Trockenmittelmengen:

Richtwerte über Trockenmittelmengen bzw. Trocknergröße in Abhängigkeit von Trockenmittel, Kältemittel und Anlagengröße } → in $\dfrac{\text{g Trockenmittel}}{\text{mg } H_2O \text{ im Kreislauf}}$

Hersteller-angaben beachten

Aktivierung der Trockner:

Durch Erwärmung der Trockner auf **Aktivierungstemperatur** gemäß **DIN 8948**, z. B. Molekularsieb (Zeolith) auf 340 °C. Eine Überhitzung zertört das Trockenmittel (totbrennen); z. B. bei Zeolith ist $\vartheta_{max} = 600\,°C$. Die Aktivierung kann im Vakuum beschleunigt werden.

Hersteller-angaben beachten

Kälte- und Wärmeträger

Bündelung und/oder Verteilung von Kälte- oder Wärmeenergien mittels → (Kälte) **-Übertragungssystemen** (z. B. für kompakte, zentrale Kälteanlagen mit geringen Füllmengen alternativer Kältemittel), wenn mehrere Verbraucher versorgt werden müssen, eine Direktverdampfung nicht möglich oder sinnvoll ist → indirekte Kühlung.
Besonders tiefe oder hohe Einsatz- oder Anwendungstemperaturen, welche spezielle Vorkehrungen benötigen (z. B. Außenaufstellungen mit Einfriergefahren, bei stark wechselnden Einsatzbedingungen etc.).

Konstruktions- und Betreiberregeln:
- **DIN 4754** „Wärmeübertragungsanlagen mit organischen Flüssigkeiten – Sicherheitstechnische Anforderungen, Prüfungen"
- **VDI 3033** „Wärmeübertragungsanlagen mit anderen Wärmeträgern als Wasser – Aufbau, Betrieb und Instandhaltung"

Nahezu alle Chemiefirmen haben derartige Produkte im Angebot und vertreiben unter diversen Handelsnamen. Die nachfolgend beispielhaft genannten Produkte stellen eine kleine, willkürliche Auswahl dar.

Die Einsatzgrenzen der Produkte sind fließend, so weisen die meisten Produkte einen großen Temperatureinsatzbereich von tiefen bis zu höheren Temperaturen auf. Weiterführende Informationen aus **Herstellerunterlagen**, **VDI-Wärmeatlas**, **DKV-Arbeitsblätter** etc..

Die Stoffe sind entweder als gebrauchsfertig angemischte Lösung oder als Konzentrat erhältlich, ggf. ist die Konzentration je nach Aufgabenstellung unter Beachtung der auftretenden minimalen Einsatztemperatur, individuell einzustellen.

Dabei die **Verarbeitungshinweise und Verwendungsbedingungen** der Hersteller **strikt beachten**, z. B.:
- minimal und maximal zulässige Temperaturen, entsprechend der
- minimal und maximal zulässigen Konzentrationen
- Materialverträglichkeit (Vorsicht bei verzinkten Bauteilen, Dichtungsbeständigkeiten prüfen etc.)
- Eignung für geschlossene und offene Systeme (Kontakt mit Luft)
- Ausdehnungen infolge Temperaturunterschiede (Membranausdehnungsgefäße nach **DIN 4807**)

Die Mehrzahl der Fluide enthalten Zusätze von → Korrosionsschutzinhibitoren, Stabilisatoren, Pufferstoffe etc. Genaue Zusammensetzung entnehmen Sie Herstellerunterlagen resp. Sicherheitsdatenblättern (nach **EG-Richtline 91/155/EG**)

Mischungen weisen veränderte stoffliche und thermodynamische Eigenschaften auf, so kann z. B. die Dichte und Viskosität zunehmen, spezifische Wärmekapazitäten und Wärmeleitfähigkeiten abnehmen etc.. **Diese veränderten Stoffwerte sind**, in Abhängigkeit der gewählten Konzentration und der Einsatztemperaturen, **bei der Bauteildimensionierung** der Anlage (Rohrleitungen, Armaturen, Wärmeaustauscher, Pumpen etc.), **unbedingt zu beachten**! Es ergeben sich z. B. höhere Massen- und Volumenströme infolge erforderlicher größerer Umlaufmengen, größere Antriebsleistungen der Pumpen infolge höherer → Viskositäten für Anlagenstart bei tiefen Temperaturen etc..

Regelmäßige Kontrollen der Gemischzusammensetzungen und -eigenschaften sind vornehmen!

Allgemeine Anforderungen an Kälte- und Wärmeträgerfluide (Auswahl):
Materialverträglichkeit mit üblichen Materialien, keine korrosionsverursachende Wirkung, geringe Empfindlichkeit gegenüber Fremdstoffen, geringe Feuergefährlichkeit, hohe Siedepunkte, niedrige Dampfdrücke, gute thermische und oxidative Stabilität, niedrige → Stockpunkte, niedrige → Viskositäten, hohe → spezifische Wärmekapazitäten, ökologische Unbedenklichkeit, keine → Geruchsbelästigung, gute Entsorgungs- und Verwertungsmöglichkeiten, gutes Preis-Leistungsverhältnis, Lebensmittelverträglichkeit, etc. 6

Übersichtseinteilung von Kälte- und Wärmeträgerfluiden:	**Tiefsttemperaturen bis ca. −270 °C:**
• verflüssigte Gase • Wasser • Wässrige Lösungen anorganischer Stoffe (Solen) • Wässrige Lösungen organischer Stoffe • Reine organische Stoffe • Hochtemperatursalze • Metallschmelzen	kryogene Flüssigkeiten, verflüssigte Gase, z. B. LHe (Normalsiedepunkt −269 °C), LN_2 (−196 °C), LO_2 (−183 °C) etc., → Arbeitsgase Kaltgasmaschinen

Tieftemperaturbereich bis ca. −115 °C:
Vorrangig wässerige Lösungen von Salzen der Karboxylsäuren, mit Inhibitoren
Basis Kaliumformiat: *Tyfoxit F15 . . . Tyfoxit F60* (Tyforop Chemie GmbH), *Antifrogen KF* (Clariant GmbH)
Basis Kaliumacetat: *Tyfoxit 1.25* (Tyforop Chemie GmbH), *Mixigel*
Mischung Kaliumformiat + Kaliumacetat: *Temper* (Aspen Petroleum AB)
Wässrige Ammoniaklösungen in verschiedenen Konzentrationen, z. B. *Alcali* (Fa. Dehon Service)
Flüssiges Kohlendioxid LCO_2 (Stoffdaten beachten, hohe Drücke bei Temperaturen > 0 °C)

Kälte- und Wärmeträger

Mittlerer Temperaturbereich ca. −45 °C … 325 °C:
Für Temperaturen unterhalb 0 °C → **Binäreis**;
für Temperaturen oberhalb 0 °C Wasser möglich, aber Einfriergefahr und Korrosivität beachten
Solen (Salzlösungen)

Unter **Solen** (Einzahl: Sole) versteht man eine natürliche oder technisch erzeugte Salzlösung. Unter einer Kühlsole versteht man die Lösung von Salzen in Wasser mit einem – je nach Salzkonzentration – niedrigeren Schmelzpunkt als Wasser.

→ Stoffmischungen
→ Lösungsdiagramm
→ Eutektische Kältespeicher
→ Eutektische Massen
→ Lösungen
→ Schmelzen, Erstarren
→ Diagramme, Nomogramme
→ Kältemittel
→ Viskosität
→ Wärmeleitfähigkeit
→ Spezifische Wärme

Bei der eutektischen Zusammensetzung gefriert und schmilzt die Lösung wie ein reiner Stoff, d. h. bei konstanter Temperatur (Temperaturhaltepunkt). Diese Temperatur ist die für Solen niedrigste Temperatur, d. h. die **Abkühlungsgrenze** ϑ_{min}.

Gelöste Stoffe: z. B. Natriumchlorid, Calciumchlorid, Magnesiumchlorid, Kaliumkarbonat

Gelöster Stoff	Massegehalt %	Schmelzpunkt °C	Temperatur °C	Dichte kg/m³	Spez. Wärmekapazität kJ/kg · K	Wärmeleitfähigkeit W/m · K	dyn. Viskosität 10^{-3} Ns/m²	Kinem. Viskosität 10^{-6} m²/s	Temp. Leitfähigkeit 10^{-8} m²/s
NaCl	7	−4,4	−4	1055	3,818	0,556	2,16	2,06	13,9
	11	−7,5	−7,5	1086	3,672	0,545	2,65	2,45	13,8
	13,6	−9,8	−9,8	1110	3,580	0,540	3,43	3,13	13,7
	16,2	−12,2	−12,2	1130	3,500	0,533	4,22	3,48	13,6
	18,8	−15,2	−15	1152	3,425	0,525	4,78	4,19	13,5
	21,2	−18,2	−18	1175	3,354	0,518	6,8	5,24	13,3
	23,1	−21,2	−21	1191	3,303	0,514	7,75	6,60	13,2
$MgCl_2$	7,2	−5	−5	1065	3,726	0,552	2,84	2,69	14,0
	11,6	−10,3	−10	1107	3,450	0,521	4,56	4,16	13,7
	13,8	−14,5	−14	1127	3,329	0,508	5,98	5,32	13,6
	17	−22,8	−22	1160	3,140	0,486	10,39	9,05	13,5
	20,6	−33,6	−33	1196	2,956	0,454	22,55	19,05	13,0
$CaCl_2$	14,7	−10,2	−10	1138	3,308	0,534	4,06	3,6	14,3
	20,9	−19,2	−15	1202	3,014	0,521	6,59	5,553	14,7
	25,7	−31,2	−30	1263	2,763	0,494	14,81	12,0	14,5
	28,4	−43,6	−40	1297	2,680	0,478	30,40	24	14,1
	29,9	−55	−55	1321	2,596	0,456	64,72	50,2	13,6
K_2CO_3	12,8	−5	−5	1154	3,492	0,534	2,99	2,59	13,2
	21,2	−10	−10	1255	3,046	0,517	5,39	4,29	13,5
	27	−15	−15	1307	2,889	0,503	9,07	6,94	13,3
	31	−20	−20	1350	2,772	0,488	15,0	11,1	13,0
	34	−25	−25	1382	2,692	0,476	24,0	17,4	12,8
	36,6	−30	−30	1410	2,627	0,463	38,7	27,4	12,5
	28,9	−35	−35	1434	2,583	0,451	60,0	41,8	12,2

Kälte- und Wärmeträger

Wasser-Alkohol (einwertig)-Mischungen:

Gelöster Stoff	Massegehalt %	Schmelzpunkt °C	Temperatur °C	Dichte kg/m³	Spez. Wärmekapazität kJ/kg · K	Wärmeleitfähigkeit W/m · K	dyn. Viskosität 10^{-3} Ns/m²	Kinem. Viskosität 10^{-6} m²/s	Temp. Leitfähigkeit 10^{-8} m²/s
CH_3OH	10	−7,5	−7,5	986	4,344	0,504	3,63	3,68	11,8
	20	−16,5	−16,5	978	4,072	0,452	6,91	7,07	11,3
	30	−26	−30	972	3,820	0,414	13,50	13,9	11,1
	40	−39	−39	966	3,567	0,388	27,50	28,5	11,3
	50	−54,5	−54,5	964	3,308	0,369	90,20	93,6	11,6
	60	−74	−74	961	3,046	0,347	56,90		
	70	> −80	−80	948	2,831	0,339			
	80	> −80	−80	927	2,627	0,320			
	90	> −80	−80	880	2,418	0,302			
C_2H_5OH	10	−6	−6	988	4,396	0,529	3,92	3,79	12,2
	20	−11,5	−11,5	983	4,365	0,473	9,80	9,97	11,0
	30	−17,5	−17,5	977	4,134	0,422	20,60	21,1	10,4
	40	−25,5	−25,5	967	3,904	0,376	38,25	39,6	9,96
	50	−33,5	−33,5	955	3,571	0,337	56,0	58,6	9,88
	60	−43	−43	942	3,203	0,312	69,6	73,9	10,3
	70	−55,5	−55,5	930	2,860	0,294	86,30	92,8	11,1
	80	−72	−65	914	2,533	0,281	85,0	93,0	12,1
	90	> −80	−75	898	2,219	0,274	62,8	69,9	13,7

Tabellarische Daten aus VDI-Wärmeatlas.

Auf Grund der hohen Korrosivität der Solen bzw. der hohen Flüchtigkeit einwertiger Alkohol-Wassermischungen werden vorrangig höherwertige Alkohole (Glykole) eingesetzt.

Frostsicherheit von Ethylenglykol-Wassermischungen

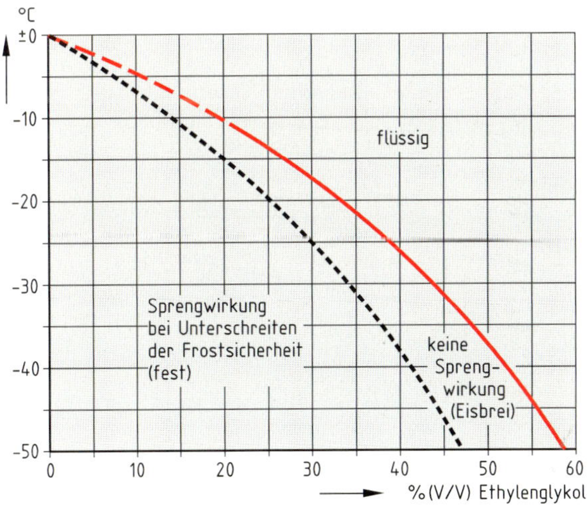

Monoethylenglykol-Wassermischungen mit → Inhibitoren sind z. B.

Tyfocor
(Tyforop Chemie GmbH)

Antifrogen N
(Clariant GmbH)

Glykosol N
(pro Kühlsole GmbH)

DOWCAL 10
(Dow Chemical Company)

Neutragel SB N
(Dehon Service), ...

6

Dichte von Ethylenglykol-Wassermischungen (in Vol%):

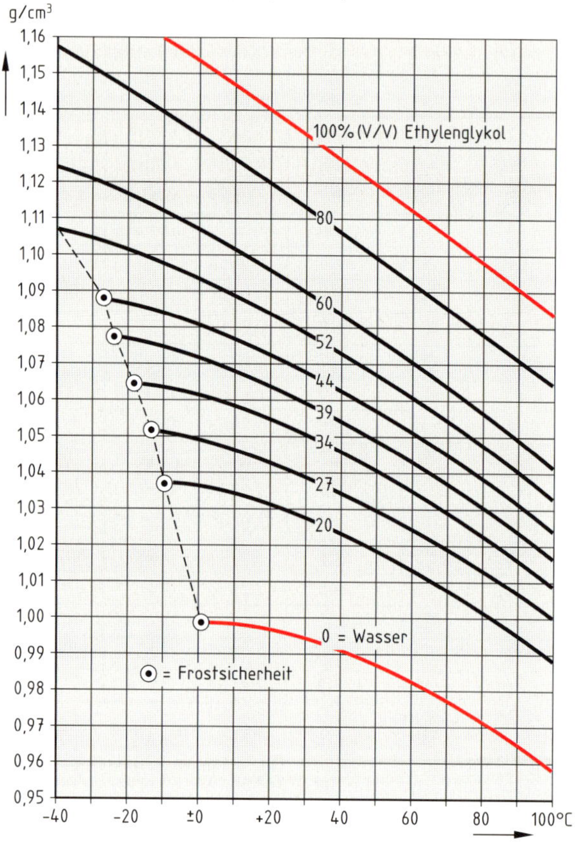

Spezifische Wärmekapazität von Ethylenglykol-Wassermischungen (in g/cm³):

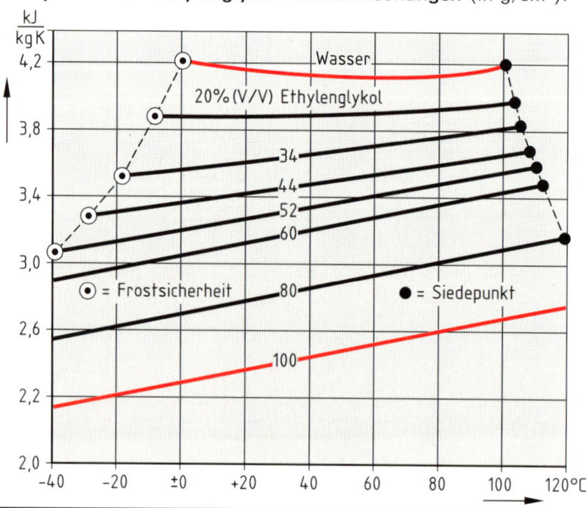

Überschlägige Faktoren für die Berechnung realer Volumenströme und Pumpenförderhöhen bei Einsatz von **Ethylenglykol-Wassermischungen** im Vergleich mit reinem Wasser. Mit den nachfolgend aufgelisteten Faktoren sind die Werte von Wasser zu multiplizieren, um die Auslegungsgrößen zu erhalten.
Faktoren für die Ermittelung realer Pumpenförderstrome bei Verwendung von Ethylenglykol-Wassergemischen:

Vol %	Betriebstemperatur in °C									
	−10	−7,5	−5	−2,5	0	+2,5	+5	+7,5	+10	+15	+20
20	–	1,07	1,07	1,06	1,06	1,06	1,05	1,05	1,04	1,04	1,04
25	–	1,09	1,08	1,07	1,07	1,07	1,06	1,06	1,05	1,05	1,04
30	1,12	1,11	1,10	1,09	1,08	1,08	1,07	1,07	1,07	1,06	1,05
35	1,15	1,13	1,12	1,11	1,10	1,09	1,08	1,08	1,08	1,07	1,06
40	1,18	1,16	1,15	1,13	1,12	1,11	1,10	1,09	1,09	1,08	1,07
45	1,22	1,20	1,18	1,16	1,14	1,13	1,12	1,11	1,10	1,09	1,08
50	1,26	1,24	1,21	1,19	1,17	1,16	1,14	1,13	1,12	1,10	1,09

Faktoren für die Ermittelung realer Pumpenförderhöhen bei Verwendung von Ethylenglykol-Wassergemischen:

Vol %	Betriebstemperatur in °C									
	−10	−7,5	−5	−2,5	0	+2,5	+5	+7,5	+10	+15	+20
20	1,05	1,05	1,05	1,05	1,05	1,04	1,04	1,04	1,04	1,03	
25	–1,06	1,06	1,06	1,05	1,05	1,05	1,05	1,04	1,04	1,04	
30	1,08	1,07	1,07	1,07	1,06	1,06	1,06	1,06	1,05	1,05	1,05
35	1,09	1,08	1,08	1,08	1,07	1,06	1,06	1,06	1,05	1,05	1,05
40	1,11	1,10	1,09	1,09	1,08	1,07	1,07	1,06	1,06	1,06	1,05
45	1,13	1,12	1,10	1,10	1,09	1,08	1,08	1,07	1,07	1,06	1,05
50	1,15	1,14	1,12	1,11	1,10	1,10	1,09	1,09	1,08	1,07	1,06

Für Einsätze, bei denen der Kontakt mit **Lebensmitteln** gegeben ist oder besonders hohe Ansprüche an eine Toxizität gestellt werden müssen, kommen **1.2 Propylenglykol-Wassermischungen**, ebenfalls mit Inhibitoren versetzt, zum Einsatz z. B. *Tyfocor L* (Tyforop Chemie GmbH), *Antifrogen L* (Clariant GmbH), *PEKASOL L* (pro Kühlsole GmbH), *DOWCAL N* (Dow Chemical Company), *Friogel L* (Dehon Service) . . .

Frostsicherheit von Propylenglykol-Wassermischungen

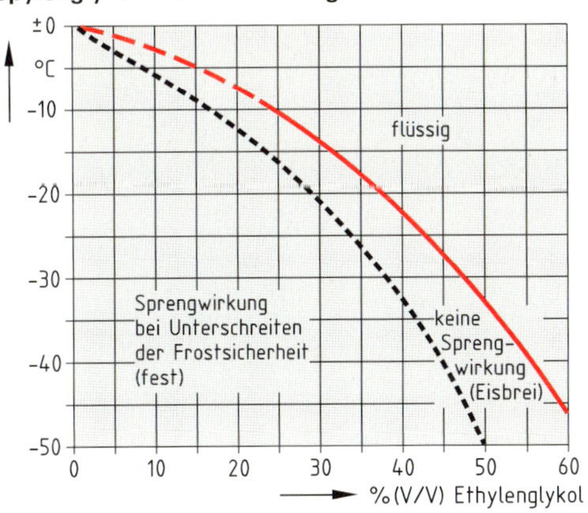

6

Dichte von Propylenglykol-Wassermischungen (in g/cm³):

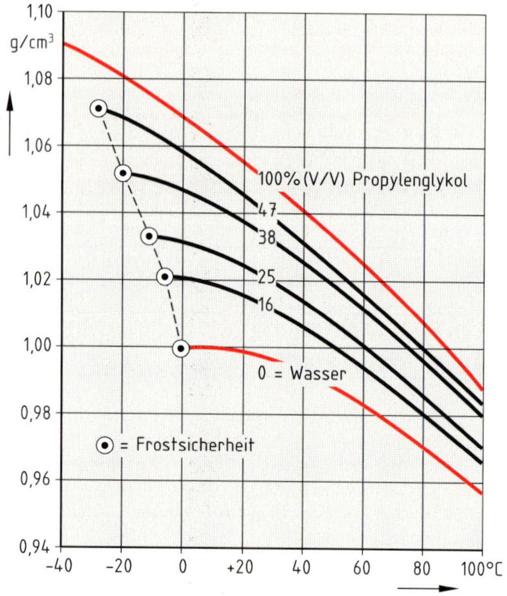

Spezifische Wärmekapazität von Propylenglykol-Wassermischungen (kJ/(kg · K):

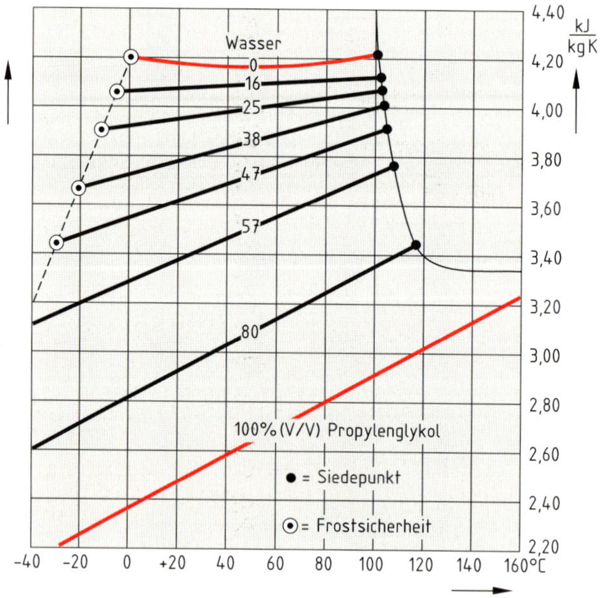

6

Überschlägige Faktoren für die Berechnung realer Volumenströme und Pumpenförderhöhen bei Einsatz von Propylenglykol-Wassermischungen im Vergleich mit reinem Wasser. Um die nachfolgend aufgelisteten Faktoren sind die Werte von Wasser zu multiplizieren, um die Auslegungsgrößen zu erhalten:

Faktoren für die Ermittelung realer Pumpenförderstrome bei Verwendung von Propylenglykol-Wassergemischen:

Vol %	Betriebstemperatur in °C −10	−7,5	−5	−2,5	0	+2,5	+5	+7,5	+10	+15	+20
20	–	1,09	1,08	1,07	1,06	1,06	1,05	1,05	1,04	1,04	1,03
25	–	1,12	1,11	1,10	1,08	1,08	1,07	1,06	1,06	1,05	1,04
30	1,19	1,16	1,14	1,13	1,11	1,10	1,09	1,08	1,08	1,06	1,05
35	1,26	1,22	1,18	1,16	1,14	1,13	1,11	1,10	1,09	1,07	1,06
40	1,33	1,28	1,23	1,20	1,18	1,16	1,14	1,12	1,11	1,09	1,08
45	1,46	1,38	1,31	1,27	1,23	1,20	1,17	1,15	1,13	1,11	1,09
50	1,61	1,50	1,41	1,35	1,29	1,25	1,21	1,19	1,16	1,14	1,10

Faktoren für die Ermittelung realer Pumpenförderhöhen bei Verwendung von Propylenglykol-Wassergemischen

Vol %	Betriebstemperatur in °C −10	−7,5	−5	−2,5	0	+2,5	+5	+7,5	+10	+15	+20
20	–	1,05	1,05	1,05	1,04	1,04	1,04	1,04	1,03	1,03	1,03
25	–	1,07	1,06	1,06	1,05	1,05	1,05	1,04	1,04	1,03	1,03
30	1,10	1,09	1,08	1,07	1,07	1,06	1,06	1,05	1,05	1,04	1,04
35	1,12	1,11	1,10	1,09	1,08	1,07	1,07	1,06	1,06	1,05	1,04
40	1,15	1,14	1,12	1,11	1,09	1,09	1,08	1,07	1,07	1,06	1,05
45	1,21	1,18	1,15	1,13	1,11	1,11	1,09	1,08	1,08	1,07	1,06
50	1,28	1,23	1,19	1,16	1,14	1,13	1,11	1,10	1,09	1,08	1,07

Rein biologisches Produkt: *Thermera* (ein Gemisch aus Wasser und biologisch gewonnenem Betain (Trimethylglycin)), Fabrikat: Fortum Oil and Gas Oy

Hochtemperaturbereich bis ca. 400 °C,
auch für drucklosen Betrieb, resp. mit isothermer Prozessführung – Dampfphasenbetrieb:
Bei drucklosem Betrieb werden Stoffe mit geringen Dampfdrücken bei den relevanten Temperaturen, d. h. Dampfdruck nahe dem atmosphärischen Druck, eingesetzt.
Für isotherme Beheizungen wird die Dampfphase einiger Wärmeträger genutzt.

Eine Vielzahl von Fluiden sind bekannt und im Einsatz: paraffinbasische, naphthenbasische oder aromatische Mineralöle, synthetische Öle, sonstige organische Flüssigkeiten (aromatische Kohlenwasserstoffe: Alkylbenzole, Bi- und Diphenyle, Diphenyloxide, Diethylenbenzole, Terphenyle etc., Flüssigkeiten auf Basis Hydrofluoroether), wie auch semi-organische Flüssigkeiten, z. B. Siliconöle etc.
Handelsnamen (Auswahl) z. B.: Therminol, Farolin, Transcal, Marlotherm, Gilotherm, Therminol, Dowtherm, Transcal, Mobiltherm, Calflo, Ucotherm, Baysilone, Syltherm etc.

Hochtemperaturbereich bis ca. 600 °C und mehr:
Spezielle Anwendungen, z. B. eutektische, schmelzende ternäre Gemische aus Alkylnitraten und -nitriten (sogenannte Hochtemperatur-Salze (HTS))
Für höhere Temperaturen auch Metallschmelzen und Gase

Spezielle Kälte-/Wärmeträger für Solar-, Kälte-, Klimaanlagen, Heizungen etc.:
als Ersatz für Wasser, um bessere Korrosionsbeständigkeiten zu erhalten, bzw. um höhere thermische Belastungen zu verkraften.
Basis vorrangig: 1.2 Propylenglykol-Wasser-Gemische, ggf. unter Zusatz von weiteren höherwertigen Glykolen, und mit Inhibitoren versetzt, meist gebrauchsfertige Mischungen für derartige Anlagen: *Tyfocor LS* (Tyforop Chemie GmbH), *Antifrogen SOL* (Clariant GmbH), *PEKASOlar F* und *PEKASOlar V* (pro Kühlsole GmbH), *Thermigel, Neutraguard, Heliogel CS 80* (Dehon Service)

Anmerkung:
Für Solarabsorptionsanlagen sei weiterführend auf **DIN EN 12975**, Teil 1 „Thermische Solaranlagen und ihre Bauteile – Allgemeine Anforderungen" bzw. Teil 2 „Thermische Solaranlagen und ihre Bauteile – Prüfungen" verwiesen.

Kältemischungen (→ Mischphasen; Stoffmischungen)

Mischungsbestandteile	Verhältnis (Massenteile)	Erreichbare Temperatur in °C	Mischungsbestandteile	Verhältnis (Massenteile)	Erreichbare Temperatur in °C
Wasser Eis	1 1	0	Eis (gemahlen) Bariumchlorid	10 2,8	−7
Wasser Ammoniumchlorid	3 1	−5	Eis (gemahlen) Natriumchlorid	3 1	−21

Binäreis

(→ Stoffmischungen, Lösungsdiagramm)

Erzeugung:

Binäreis entsteht durch die Abkühlung aus dem Gleichgewichtszustand a auf die Temperatur im Punkt b (s. Bild).

Binäreis ist ein Gemisch aus feinen Eiskristallen (0,01 bis 0,1 mm) und flüssiger Lösung. Die Anreicherung an Eis nimmt mit dem Temperaturabstand von der → Liquidenslinie zu.

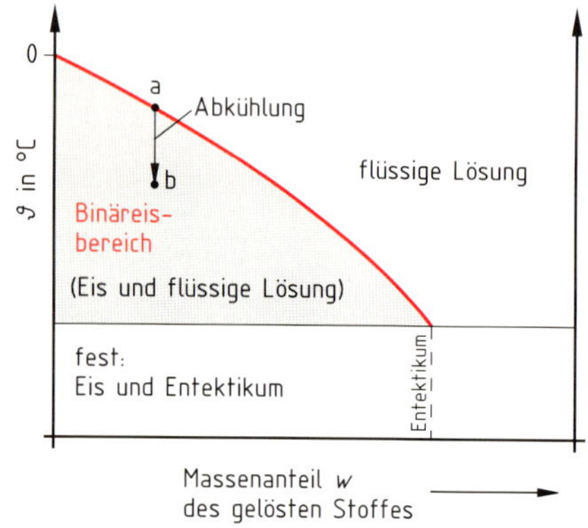

Lösungsmittel ist Wasser.

Gefrierpunktsenkende (zu lösende) **Substanzen**: Ethanol, Methanol, Calciumchlorid, Natriumchlorid, Bariumchlorid, Kaliumchlorid, Glykol, synthetisch erzeugte Stoffe auf Glykolbasis.

Anwendung:

Pumpfähiges Gemisch aus Eis und flüssiger Lösung im Bereich von −1 °C bis −40 °C. Als **Kälteträger** hat es gegenüber Solen den Vorteil, dass die → Schmelzwärme zum Wärmetransport genutzt wird. Daraus folgt:

Die Binäreistechnik befindet sich noch im Entwicklungsstadium.

Bei gleicher Kälteleistung erlaubt Binäreis einen wesentlich kleineren Massenstrom als bei der Verwendung von Solen als Kälteträger.

Trockeneis

(→ Sublimationswärme)
(→ Tripelpunkt)

Unter Trockeneis versteht man festes Kohlenstoffdioxid CO_2

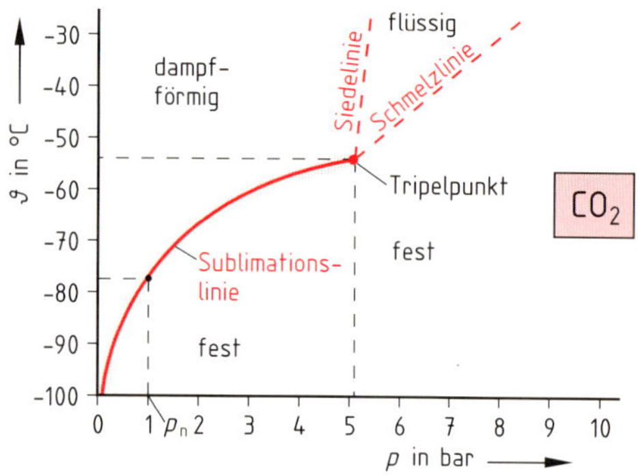

Zustandsdiagramm von CO_2 (s. Bild)	
Punkt	Wert
→ Tripelpunkt	$p_t = 5{,}18$ bar $\vartheta_t = -56{,}57\,°C$
Sublimationstemperatur bei $p_n = 1\,013$ mbar	$\vartheta = -78{,}64\,°C$

$Q = m \cdot \sigma$ **Sublimationswärme** (latent)

m	sublimierende Masse	kg
σ	spezifische Sublimationswärme	kJ/kg

σ_{CO_2} = **565 kJ/kg**

Sublimation erfolgt vom festen in den dampfförmigen Zustand ohne feste Rückstände.

B 1 kg Stahl ($c = 0{,}46$ kJ/(kg · K)) soll von $\vartheta_1 = 20\,°C$ auf $\vartheta_2 = -70\,°C$ abgekühlt werden. Wieviel Gramm CO_2 sind erforderlich bei der Sublimation ohne Wärmeverluste?

$Q = m_{st} \cdot c_{st} \cdot \Delta\vartheta = m_{CO_2} \cdot \sigma_{CO_2}$

$$m_{CO_2} = \frac{m_{st} \cdot c_{st} \cdot \Delta\vartheta}{\sigma_{CO_2}} = 0{,}0733\text{ kg} = \mathbf{73{,}3\text{ g}}$$

Die Sublimationstemperatur kann durch Druckreduzierung noch weiter herabgesetzt werden (bis etwa −120 °C).

$Q = m \cdot c_p \cdot \Delta\vartheta$ **dampfförmige Anwendung**
$Q = m \cdot c \cdot \Delta\vartheta$ **flüssige Anwendung**
→ sensible Wärmeenergieaufnahme!

6

Stoffe für Absorptions- und Adsorptionsvorgänge

Arbeitsstoffpaare für Absorptionskälteanlagen

Begriff Absorption:

Der Begriff **Absorption** wird in Physik und Technik in **zweierlei Bedeutung** verwendet:

1. **Bezug auf die Schwächung eines Teilchenstromes**
   → Wärmestrahlung
   → Absorptionskoeffizient *a*
   → Äquivalente Absorptionsfläche
   → Absorptionsgrad

2. **In Bezug auf die Aufnahme von Gasen oder Dämpfen durch Flüssigkeiten (oder festen Stoffen)**
   In Verbindung mit den **Verfahren der Kälteerzeugung** handelt es sich bei einer Absorption immer um diesen 2. Bezug!

In den Verfahren der Kälteerzeugung versteht man unter **Absorption** die Aufnahme von Dampf in einer Flüssigkeit. Man sagt auch: der Dampf wird in der Flüssigkeit gelöst. Die Umkehrung dieses Vorganges wird als **Desorption** oder **Austreiben** bezeichnet (→ **Absorptionskälteanlagen**).

Arbeitsstoffpaare (Auswahl)

Die gelöste Dampfkomponente heißt **Absorbend** oder **Kältemittel** (gelöster Stoff).

Das **Lösungsmittel** wird als das **Absorptionsmittel** bezeichnet.

Kältemittel	Absorptionsmittel (Absorbenden)
Ammoniak NH_3	Wasser H_2O
Methylamin CK_3NH_2	Wasser H_2O
Wasser H_2O	Kalilauge KOH
Wasser H_2O	Natronlauge NaOH
Wasser H_2O	Schwefelsäure H_2SO_4
Wasser H_2O	Lithiumbromid LiBr
Ethylenglykol $C_2H_6O_2$	Methylamin CK_3NH_2
Methanol CH_3OH	Zinkbromid $ZnBr_2$

Der Wärmetransport wird durch das Kältemittel realisiert. Die Aufnahme des Kältemittels (Absorption) erfolgt bei tiefen Temperaturen, die Abgabe des Kältemittels (Desorption) erfolgt bei hohen Temperaturen.

Arbeitsstoffpaare für Adsorptionskälteanlagen

(→ Adsorption, Adsorptive Trockenmittel)

Im Gegensatz zur Absorption wird das Kältemittel nicht gelöst, sondern an der Oberfläche feinkörniger Feststoffe, den → Adsorbienten durch → Adhäsionskräfte gebunden, d.h. festgehalten. Diesen Vorgang nennt man → Adsorption.

Arbeitsstoffpaare (Auswahl)

Kältemittel	Adsorptionsmittel (Adsorbienten)
Ammoniak NH_3	Aktivkohle
Ammoniak NH_3	Calciumchlorid CaCl
Ammoniak NH_3	poröse Kieselsäure SiO_2
Wasser H_2O	Zeolith (Molekularsieb)
Wasser H_2O	Aluminiumoxid Al_2O_3

Anforderungen an Arbeitsstoffpaare:

Gute thermische und chemische Stabilität, geringe Toxizität, keine Brennbarkeit, kein → Treibhauspotential, kein → Ozonabbaupotential, hohe → Wärmeleitfähigkeit, geringe → Viskosität, kleine → spezifische Wärmekapazität.

Längenprüftechnik

→ Basisgrößen, Basiseinheiten
→ Messen, Messwert, Messgröße
→ Toleranzen
→ Vorsätze vor Einheiten
→ Formelzeichen und Einheiten
→ Britische und US-Einheiten
→ Zehnerpotenzen

B 1 km = 10^3 m; 1 µm = 10^{-6} m = 10^{-9} km

Gebräuchliche metrische Längeneinheiten

1 Kilometer	= 1 km	= 1 000 m
1 Dezimeter	= 1 dm	= 0,1 m
1 Zentimeter	= 1 cm	= 0,01 m
1 Millimeter	= 1 mm	= 0,001 m
1 Mikrometer	= 1 µm	= 0,000 001 m = 0,001 mm
1 Nanometer	= 1 nm	= 0,000 000 001 m = 0,001 µm

Prüfarten und Prüfmittel:

Subjektives Prüfen über Sinneswahrnehmung → **Sichtprüfung** (Augenmaß) und **Tastprüfung**.
Objektives Prüfen erfolgt mit **Prüfmitteln** → **Messgeräte** und **Lehren**.

Messen ist das Vergleichen einer Länge oder eines Winkels mit einem Messgerät. Das Ergebnis ist ein Messwert.

Lehren ist das Vergleichen des Prüfgegenstandes mit einer Lehre. Man erhält dabei keinen Zahlenwert, sondern nur die Feststellung „Gut" oder „Ausschuss".

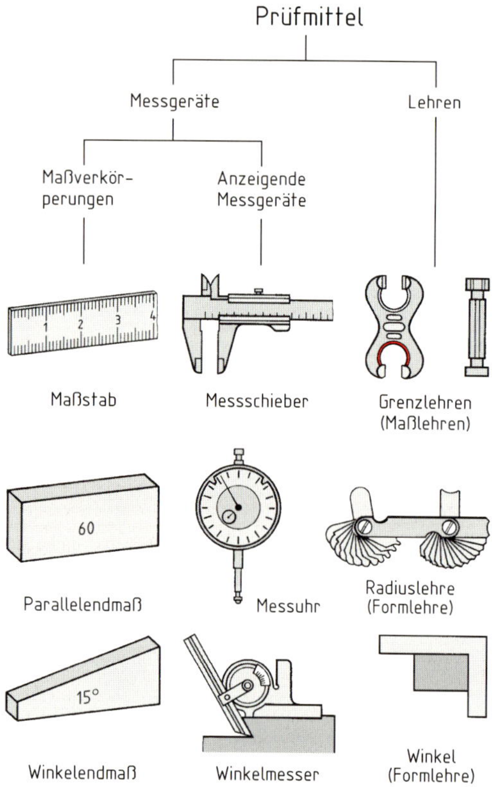

Längenmessgeräte sind die **Maßstäbe** (biegsamer Stahlmaßstab, Bandmaßstab und Gliedermaßstab) sowie die **mechanischen Messgeräte** wie **Messschieber** (Schieblehre) sowie **Messschrauben** (Mikrometer) und **Messuhren**. **Winkelmessgeräte** heißen **Winkelmesser**.
Beim **automatisierten Messvorgang** unterscheidet man pneumatische, elektrische und elektronische Messgeräte.
Lehren sind vor allem Endmaße, Grenzlehren (Rachenlehre und Lehrdorn), Radiuslehren, Winkellehren.
Lehren verkörpern entweder das Maß oder das Maß **und** die Form. **Taster** sind verstellbare Lehren.

Messabweichungen (Messfehler):
verursacht durch
- Messgegenstand
- Messgerät
- Messverfahren
- Umwelt

Messgegenstand (Werkstück) und Messgerät sollen bei der **Bezugstemperatur von 20 °C** die vorgeschriebenen Maße haben.

Abweichung A = angezeigter Wert (Istwert) − richtiger Wert (Sollwert)

$K = -A$ **Korrektur**

Toleranzen

(nach **DIN ISO 286, T1 u. 2**, 11.90)

Wichtige Begriffe (→ Längenprüftechnik):

Bohrungen

N	Nennmaß	ES	ob. Abmaß Bohrung
G_{oB}	Höchstmaß Bohrung	EI	unt. Abmaß Bohrung
G_{uB}	Mindestmaß Bohrung	T_B	Toleranz Bohrung

Wellen

N	Nennmaß	es	ob. Abmaß Welle
G_{oW}	Höchstmaß Welle	ei	unt. Abmaß Welle
G_{uW}	Mindestmaß Welle	T_W	Toleranz Welle

Toleranzen (Fortsetzung) (nach **DIN ISO 286, T1 u. 2**, 11.90)

Bohrungen

$G_{ob} = N + ES$

$G_{uB} = N + EI$

$T_B = ES - EI$

$T_B = G_{oB} - G_{uB}$

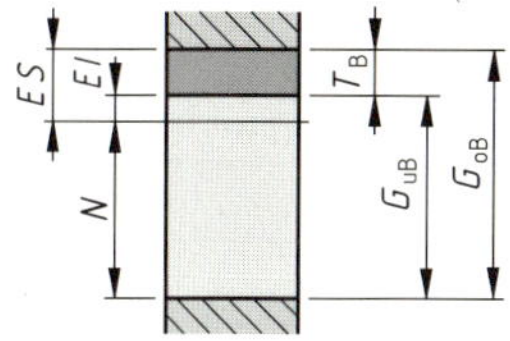

Wellen

$G_{oW} = N + es$

$G_{uW} = N + ei$

$T_W = es - ei$

$T_W = G_{oW} - G_{uW}$

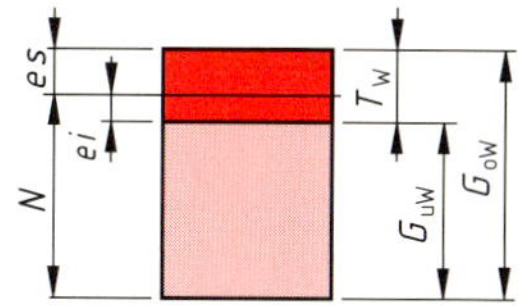

Passungen:

$P_{SH} = G_{oB} - G_{uW}$

$P_{SM} = G_{uB} - G_{oW}$

$P_{ÜH} = G_{uB} - G_{oW}$

$P_{ÜM} = G_{oB} - G_{uW}$

$P_{ÜH}$ Höchstübermaß
$P_{ÜM}$ Mindestübermaß
P_{SH} Höchstspiel
P_{SM} Mindestspiel

Großbuchstaben: Bohrungen
Kleinbuchstaben: Wellen
Unterscheiden Sie:
Spielpassungen
Übergangspassungen
Übermaßpassungen

ISO-Passungen für Einheitsbohrung (Auswahl) (nach **DIN ISO 286, T2**, 11.90)

Nennmaßbereich in mm	Grenzabmaße in µm									Grenzabmaße in µm					
	H7	Spielpassung			Übergangsp.			Übermaßp.		H11	Spielpassung				
über … bis		f7	g6	h6	k6	m6	n6	r6	s6		a11	c11	d9	h9	h11
3 … 6	+12	−10	−4	0	+9	+12	+16	+23	+27	+75	−270	−70	−30	0	0
	0	−22	−12	−8	+1	+4	+8	+15	+19	0	−345	−145	−60	−30	−75
6 … 10	+15	−13	−5	0	+10	+15	+19	+28	+32	+90	−280	−80	−40	0	0
	0	−28	−14	−9	+1	+6	+10	+19	+23	0	−370	−170	−76	−36	−90
10 … 14	+18	−16	−6	0	+12	+18	+23	+34	+39	+110	−290	−95	−50	0	0
14 … 18	0	−34	−17	−11	+1	+7	+12	+23	+28	0	−400	−205	−93	−43	−110
18 … 24	+21	−20	−7	0	+15	+21	+28	+41	+48	+130	−300	−110	−65	0	0
24 … 30	0	−41	−20	−13	+2	+8	+15	+28	+35	0	−430	−240	−117	−52	−130
30 … 40	+25	−25	−9	0	+18	+25	+33	+50	+59	+160	−310 −470	−120 −280	−80	0	0
40 … 50	0	−50	−25	−16	+2	+9	+17	+34	+43	0	−320 −480	−130 −290	−142	−62	−160
…	…	…	…	…	…	…	…	…	…	…	…	…	…	…	…

ISO-Passungen für Einheitswelle (Auswahl) (nach **DIN ISO 286, T2**, 11.90)

Nennmaßbereich in mm	Grenzabmaße in µm									Grenzabmaße in µm				
	h6	Spielpassung			Übergangsp.				Übermaßp.		h11	Spielpassung			
über … bis		F8	G7	H7	J7	K7	M7	N7	R7	S7		A11	C11	D11	H11
3 … 6	0	+28	+16	+12	+6	+3	0	−4	−11	−15	0	+345	+145	+78	+75
	−8	+10	+4	0	−6	−9	−12	−16	−23	−27	−75	+270	+70	+30	0
6 … 10	0	+35	+20	+15	+8	+5	0	−4	−13	−17	0	+370	+170	+98	+90
	−9	+13	+5	0	−7	−10	−15	−19	−28	−32	−90	+280	+80	+40	0
10 … 18	0	+43	+24	+18	+10	+6	0	−5	−16	−21	0	+400	+205	+120	+110
	−11	+16	+6	0	−8	−12	−18	−23	−34	−39	−110	+290	+95	+50	0
18 … 30	0	+53	+28	+21	+12	+6	0	−7	−20	−27	0	+430	+240	+149	+130
	−13	+20	+7	0	−9	−15	−21	−28	−41	−48	−130	+300	+110	+65	0
30 … 40	0	+64	+34	+25	+14	+7	0	−8	−25	−34	0	+470 +310	+280 +120	+180	+160
40 … 50	−16	+25	+9	0	−11	−18	−25	−33	−50	−59	−160	+480 +320	+290 +130	+80	0
…	…	…	…	…	…	…	…	…	…	…	…	…	…	…	…

FT Fertigungstechnik

Maßtolerzanzen am Bau:
Grundbegriffe in
AGI-Arbeitsblatt M1

Messverfahren und Messgeräte in
AGI-Arbeitsblatt M1 (Beiblatt)

Zulässige Grenzabmaße für Längen und Oberflächen von Bauwerksbauteilen und Bauwerken in **AGI-Arbeitsblatt M2**

Gliederung der Fertigungsverfahren (nach **DIN 8580**, 07.85)

Hauptgruppen und wichtige Beispiele:

Hauptgruppe	Vorgang	Beispiele
① **Urformen**	Körper entsteht aus formlosem Stoff	**Gießen** ...... **Extrudieren** **Sintern**
② **Umformen**	Fester Körper wird plastisch umgeformt	**Walzen** **Tiefziehen** ...... **Biegen** **Abkanten**
③ **Trennen**	Aufhebung des Zusammenhaltes verändert die Körperform	**Sägen** **Bohren** ...... **Drehen** **Schleifen**
④ **Fügen**	Verbindung zweier oder mehrerer Werkstücke	**Schweißen** **Löten** **Kleben** **Schrauben** ......
⑤ **Beschichten**	Festhaftende Schicht wird auf die Werkstoffoberfläche gebracht	**Aufdampfen** **Auftragschweißen** **Galvanisieren** ......
⑥ **Stoffeigenschaftändern**	Stoffeigenschaft eines festen Stoffes (Werkstückes) wird geändert	**Entkohlen** **Nitrieren** **Härten** ...... **Anlassen**

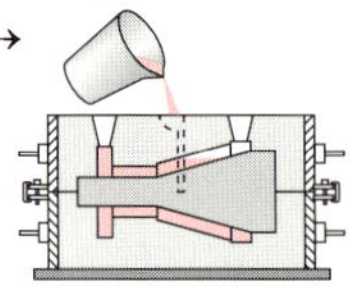
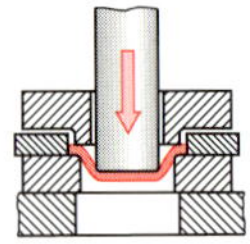
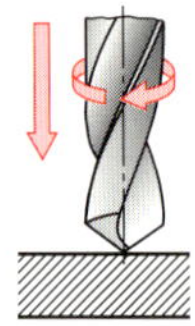
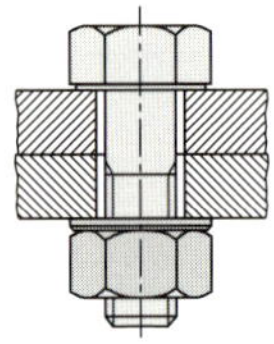
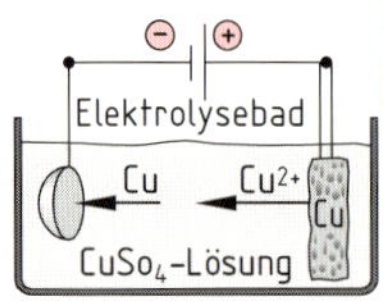

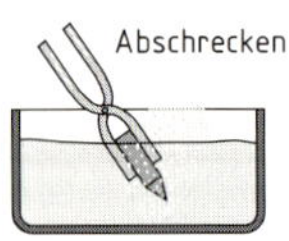

Umformen (→ Rohlängen)

Biegen

(→ Gestreckte Längen, Biegung (Biegespannung))

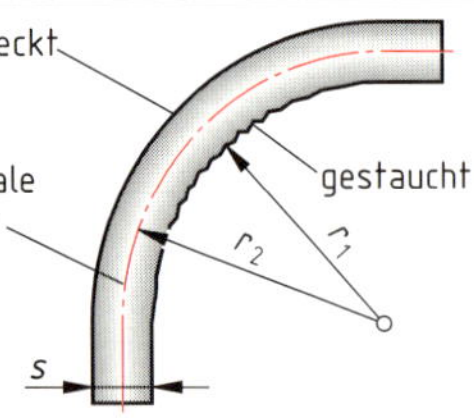

$r_1 \geq 5 \cdot s \rightarrow r_2 = r_1 + \frac{s}{2}$

$r_1 < 5 \cdot s \rightarrow r_2 = r_1 + \frac{s}{3}$

Näherungsformeln für den kleinsten zulässigen Biegeradius

Die Verhältnisse der Biegemaße sind vom **Werkstoff** und der **Umformtemperatur** abhängig. Ein Erfahrungswert für das **Kaltumformen** von Stahlblech ist $r_1 = 3 \cdot s$

$r_1 = s \cdot k$ **kleinstzulässiger Biegeradius**

Werkstoff
Stahl, weich
Stahl, hart
Kupfer, weich
Messing, weich
Messing, hart
Aluminium

spezielle Verfahren
Richten
Runden
Kanten
Wulsten
Sicken
Falzen

r_1	Biegeradius (innen)	mm
r_2	Radius der neutralen Faser	mm
s	Blechdicke	mm
k	Faktor (durch Versuche ermittelt)	mm

$k = 0{,}25$ für weiches Kupfer (Cu)

B Wie groß ist der kleinste Biegeradius von weichem Cu-Blech mit $s = 3$ mm

$r_1 = s \cdot k = 3\ \text{mm} \cdot 0{,}25 = \mathbf{0{,}75\ mm}$

7

Nach **DIN EN 1057**:

Kleinste Biegeradien für weiche Kupferrohre beim Kaltbiegen (Installationsrohre)								
Rohr-Außendurchmesser *d* in mm	6	8	10	12	14	15	16	18
Kleinster Innenradius r_1 in mm	27	31	35	39	43	48	52	61
Radius der neutralen Faser r_2 in mm	30	35	40	45	50	55	60	70

Trennen

Wichtige Zerspanungsgrößen

Keilwirkung:

(→ Kräftedreieck)

$$F_N = \frac{F}{2 \cdot \sin\left(\frac{\alpha}{2}\right)}$$

$$F_N = F \cdot \frac{l}{b}$$

Spaltkraft

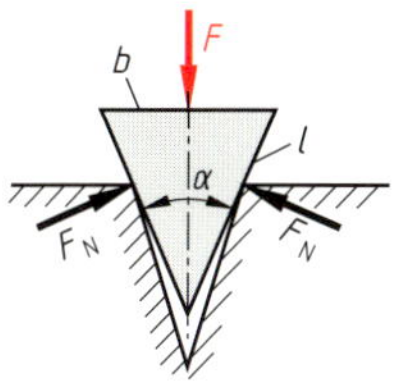

F	Wirkkraft des Keils (Schnittkraft)	N
F_N	Spaltkraft	N
α	Keilwinkel	Grad
b	Breite des Keilrückens	mm
l	Länge einer Keilflanke	mm

B $b = 10$ mm; $l = 70$ mm; $F = 100$ N;
Spaltkraft $F_N = ?$

$$F_N = F \cdot \frac{l}{b} = 100\ \text{N} \cdot \frac{70\ \text{mm}}{10\ \text{mm}} = \mathbf{700\ N}$$

Schnittkraft:

$$F_C = k_C \cdot A$$

Schnittkraft

$$k_C = k \cdot C_1 \cdot C_2$$

$$k_C = \frac{k_{C1.1}}{h^{m_C}} \cdot C_1 \cdot C_2$$

spezifische Schnittkraft

F_C	Schnittkraft	N
k_C	spezifische Schnittkraft	N/mm^2
A	Spanungsquerschnitt	mm^2
C_1	Korrekturfaktor für Schnittgeschwindigkeit v_C	1
C_2	Korrekturfaktor für Fertigungsverfahren	1
$k_{C1.1}$	Hauptwert der spez. Schnittkraft	N/mm^2
h	Spanungsdicke	mm
m_C	Werkstoffkonstante	1

C_1, C_2, $k_{C1.1}$, m_C s. folgende Tabellen

v_C in m/min	10 … 30	31 … 80	81 … 400	> 400
C_1	1,3	1,1	1,0	0,9

Fertigungsverfahren	Fräsen	Drehen	Bohren
C_2	0,8	1,0	1,2

Werkstoff alt	**Werkstoff** neu	$k_{C1.1}$	m_C	**spezifische Schnittkraft** k_C in N/mm^2 für die Spanungsdicke *h* in mm (s. Anm. nächste Seite) 0,08	0,1	0,16	0,2	0,31	0,5	0,8	1,0	1,6
St50-2	E295	1500	0,3	3200	2995	2600	2430	2130	1845	1605	1500	1305
C35, C45	C35, C45	1450	0,27	2870	2700	2380	2240	1990	1750	1540	1450	1275
C60	C60	1690	0,22	2945	2805	2530	2410	2185	1970	1775	1690	1525
16MnCr5	16MnCr5	1400	0,30	2985	2795	2425	2270	1990	1725	1495	1400	1215
18CrNi8	18CrNi8	1450	0,27	2870	2700	2380	2240	1990	1750	1540	1450	1275
20MnCr5	20MnCr5	1465	0,26	2825	2665	2360	2225	1985	1755	1555	1465	1295
42CrMo4	42CrMo4	1565	0,26	3020	2850	2520	2380	2120	1875	1660	1565	1385
50CrV4	51CrV4	1585	0,27	3135	2950	2600	2450	2175	1910	1685	1585	1395
X210Cr12	X210Cr12	1720	0,26	3315	3130	2770	2615	2330	2060	1825	1720	1520
GG-20	EN-GJL-200	825	0,33	1900	1765	1510	1405	1215	1035	890	825	705
GG-30	EN-GJL-300	900	0,42	2600	2365	1945	1740	1470	1205	990	900	740
CuZn37	CuZn37	1180	0,15	1725	1665	1555	1500	1405	1310	1220	1180	1100
CuZn36Pb1,5	CuZn36Pb1,5	835	0,15	1220	1180	1100	1065	995	925	865	835	780
CuZn40Pb2	CuZn40Pb2	500	0,32	1120	1045	900	835	725	625	535	500	430

Trennen (Fortsetzung)

Winkel an der Werkzeugschneide:

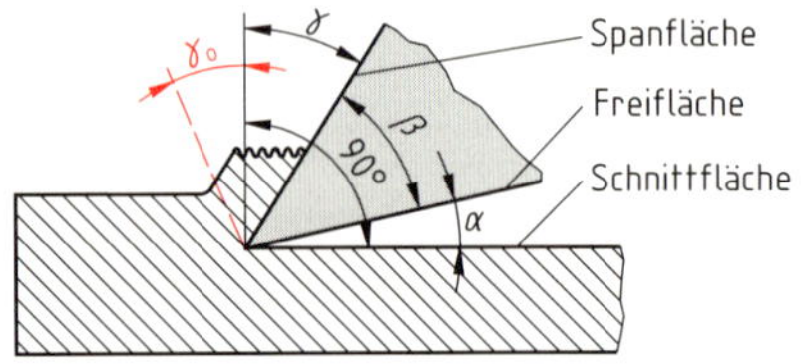

α Freiwinkel
β Keilwinkel
γ Spanwinkel;

$\alpha + \beta + \gamma = 90°$ γ_0 = positiver Spanwinkel

Die Summe von Freiwinkel, Keilwinkel und Spanwinkel ergibt immer einen Winkel von 90°.

Anmerkung zur großen Tabelle auf Vorseite →

Die **Richtwerte** gelten **für Hartmetallwerkzeuge** mit den Spanwinkeln
$\gamma_0 = +6°$ für die angegebenen Stähle,
$\gamma_0 = +2°$ für die angegebenen Gusseisenwerkstoffe,
$\gamma_0 = +8°$ für die angegebenen Kupferlegierungen.

Bohren

Bohrertypen (Spiralbohrer):

Bohrertyp	σ	Werkstoffbeispiele	γ_f
Ⓝ	118°	Stahl bis R_m = 700 N/mm², Temperguss, Grauguss	19° bis 40°
	130°	Stahl mit R_m > 700 N/mm²	
	140°	Nichtrostender Stahl, Al-Leg.	
Ⓗ	80° 118° 140°	Schichtpressstoffe, Hartgummi Weiche CuZn-Legierungen Austenitische Stähle, Mg-Legierungen	10° bis 13°
Ⓦ	118° 130°	Lagermetall, Zinklegierungen Kupfer, Aluminium, Al-Legierungen	35° bis 40°

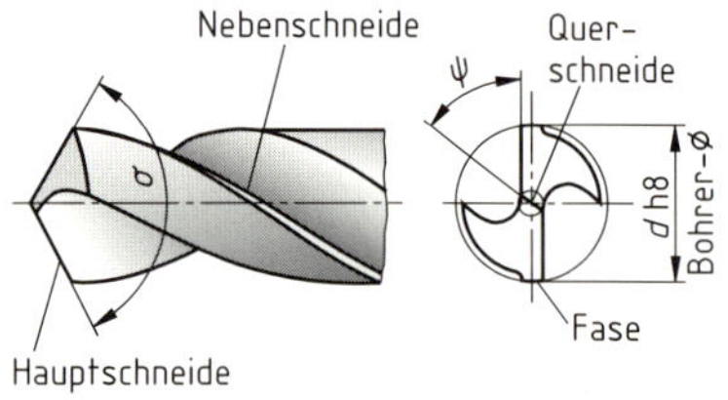

σ = Spitzenwinkel
γ_f = Seitenspanwinkel
ψ = Querschneidenwinkel

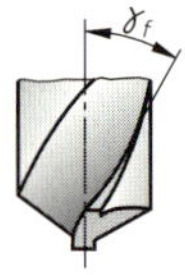

Freiwinkel α und Querschneidenwinkel ψ am Spiralbohrer								
Bohrer-∅ in mm	2 … 3,5	3,6 … 5	5,1 … 7	7,1 … 11	11,1 … 18	18,1 … 30	30,1 … 55	55,1 … 100
Freiwinkel α in °	14	11	9	9	8	6	6	5
Querschneidenwinkel ψ in °	47	48	49	50	52	55	55	55

Bohrerdurchmesser in mm	10	20	30	40	50	60	70	80
Fasenbreite in mm	1,3	2,0	2,6	3,0	3,4	3,6	3,7	3,8

Bohreranschliff mit Schleifschablone oder Schleifvorrichtung. An der Fase darf radial nicht geschliffen werden!

$$v_c = \frac{\pi \cdot d \cdot n}{1000}$$ **Schnittgeschwindigkeit**

$$t_h = \frac{l_f}{v_f}$$

$$t_h = \frac{l_f}{f \cdot n}$$ **Hauptnutzungsgrad**

$$l_f = l_c + l_a$$

$$P_c = \frac{F_c \cdot v_c}{2}$$ **Schnittleistung**

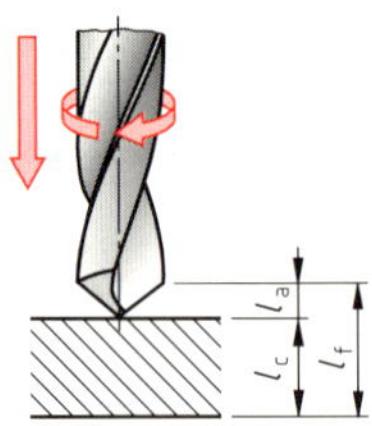

v_c	Schnittgeschwindigkeit	m/min
d	Bohrerdurchmesser	mm
n	Drehzahl	min^{-1}
t_h	Hauptnutzungszeit	min
l_f	Vorschubweg	mm
v_f	Vorschubgeschwindigkeit	mm/min
f	Vorschub je Umdrehung	mm
l_c	Bohrtiefe	mm
l_a	Anlauf der Bohrer bis zum Schnitt	mm
P_c	Schnittleistung	W
F_c	Schnittkraft	N
v_c	Schnittgeschwindigkeit (v_c bei Berechnung der Schnittleistung nicht in m/min einsetzen!)	m/s

Richtwerte für die Schnittgeschwindigkeit:
s. Tabelle nächste Seite

Trennen (Fortsetzung)

zu bohrender **Werkstoff**	**Zugfestigkeit** R_m in N/mm²	**Schnittgeschwindigkeit** v_c in m/min f. Spiralbohrer		
		aus Werkzeugstahl	aus Schnellarbeitsstahl	aus Hartmetall
Baustahl				
weich	bis 400	15 … 20	30 … 35	36 … 42
mittelhart	bis 600	12 … 15	20 … 30	30 … 35
hart	bis 800	10 … 12	15 … 25	20 … 30
sehr hart	bis 1000	6 … 10	10 … 15	15 … 20
Werkzeugstahl				
weich	bis 1000	6 … 10	10 … 15	15 … 20
mittelhart	bis 1400	6 … 8	10 … 12	12 … 18
hart	bis 1800	4 … 6	6 … 10	12 … 16
Gusseisen	bis 180	12 … 18	22 … 30	30 … 35
	bis 220	10 … 12	16 … 25	20 … 25
	bis 260	5 … 8	10 … 15	12 … 18
Kupfer, rein	220 bis 300	30 … 35	60 … 80	–
Messing, Rotguss, Weißmetall				
weich	bis 150	25 … 75	50 … 100	60 … 150
mittelhart	bis 350	20 … 50	40 … 80	45 … 100
hart	bis 500	15 … 25	30 … 60	30 … 75
sehr hart	bis 600	12 … 20	25 … 50	–
Aluminium, rein	bis 120	25 … 40	60 … 100	70 … 125
Al-Legierungen	bis 400	60 … 80	80 … 150	100 … 200

Fügen

Kraftschlüssige Verbindungen

Die **Kraftübertragung** erfolgt durch
→ Reibungskräfte

Kraftschluss = Reibschluss

$F_{R_0} = \mu_0 \cdot F_N$ **Reibungskraft**

Bei (z. B.) nebengezeichneter **Durchsteck-Schraubenverbindung** ist

$F = F_{R_0}$ **übertragene Kraft**

$F_s = F_N$ **Schraubenkraft**

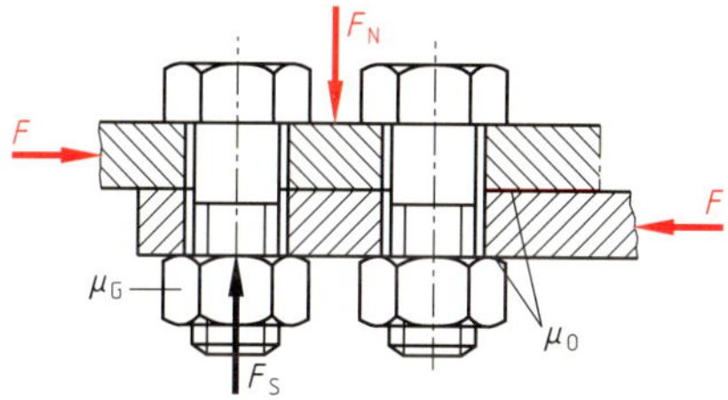

F_{R_0} Reibungskraft (Haftreibung)
μ_0 Reibungszahl (s. Seite 188)
F_N Normalkraft

Weitere Beispiele: **Klemmverbindung, Kegelverbindung, Keilverbindung** u. a. } → Kräftedreieck

Formschlüssige Verbindungen

Die **Kraftübertragung** (bzw. die **Momentenübertragung**) erfolgt aufgrund der Teileform, z. B. durch eine **Scheibenfeder** (nebenstehendes Bild). Bei nebengezeichneter **Scheibenfeder-Verbindung** ist

$M_d = F_u \cdot r$ → **Drehmoment**

Weitere Beispiele: **Keilwelle, Riegel, Seegering, Zahnrad, Pass-Schraubenverbindung, Gewinde** u. a.

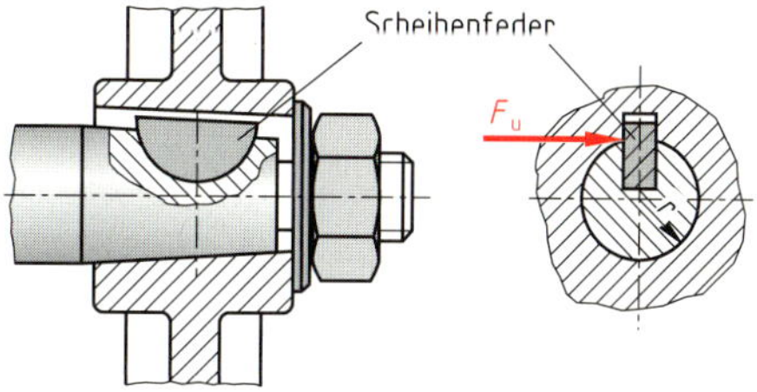

M_d	Drehmoment	Nm
r	Radius	m
F_u	Umfangskraft	N

7

Fügen (Fortsetzung)

Gewindetabellen (→ Wichige Gewindenormen)

Gewindeteil	Abmessungsfunktion
Nenndurchmesser	$d = D$
Steigung	P
Gewindetiefe Bolzen	$h_3 = 0{,}61343 \cdot P$
Gewindetiefe Mutter (Flankenüberdeckung)	$H_1 = 0{,}54127 \cdot P$
Flankendurchmesser	$d_2 = D_2 = d - 0{,}64952 \cdot P$
Kerndurchmesser Bolzen	$d_3 = d - 1{,}22687 \cdot P$
Kerndurchmesser Mutter	$D_1 = d - 2 \cdot H_1$
Flankenwinkel	$\beta = 60°$

Metrisches ISO-Gewinde

(nach **DIN 13, T.1 bis 11**, 12.86)

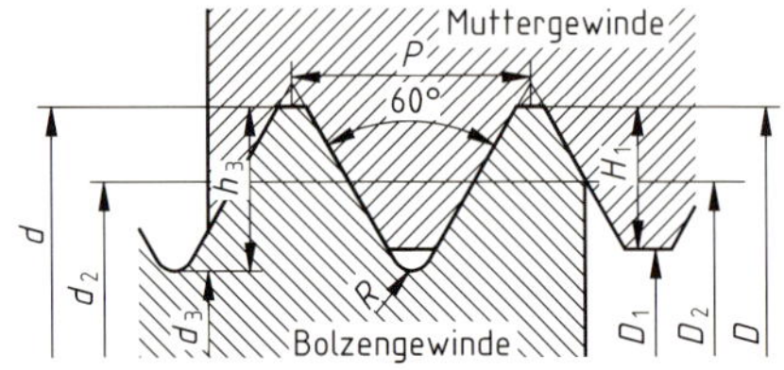

Regelgewinde Reihen 1, 2 und 3 — **DIN 13** — **Maße in mm**

Gewindebezeichnung (Nenndurchmesser) $d = D$ Reihe 1	Reihe 2	Reihe 3	Steigung P	Flanken-∅ $d_2 = D_2$	Kern-∅ Bolzen d_3	Kern-∅ Mutter D_1	Gewindetiefe Bolzen h_3	Gewindetiefe Mutter H_1	Rundung R	Spannungsquerschnitt A_s mm²
M 1			0,25	0,838	0,693	0,729	0,153	0,135	0,036	0,46
	M 1,1		0,25	0,938	0,793	0,829	0,153	0,135	0,036	0,59
M 1,2			0,25	1,038	0,893	0,929	0,153	0,135	0,036	0,73
	M 1,4		0,3	1,205	1,032	1,075	0,184	0,162	0,043	0,98
M 1,6			0,35	1,373	1,171	1,221	0,215	0,189	0,051	1,27
	M 1,8		0,35	1,573	1,371	1,421	0,215	0,189	0,051	1,70
M 2			0,4	1,740	1,509	1,567	0,245	0,217	0,058	2,07
	M 2,2		0,45	1,908	1,648	1,713	0,276	0,244	0,065	2,48
M 2,5			0,45	2,208	1,948	2,013	0,276	0,244	0,065	3,39
M 3			0,5	2,675	2,387	2,459	0,307	0,271	0,072	5,03
	M 3,5		0,6	3,110	2,764	2,850	0,368	0,325	0,087	6,77
M 4			0,7	3,545	3,141	3,242	0,429	0,379	0,101	8,78
	M 4,5		0,75	4,013	3,580	3,688	0,460	0,406	0,108	11,3
M 5			0,8	4,480	4,019	4,134	0,491	0,433	0,115	14,2
M 6			1	5,350	4,773	4,917	0,613	0,541	0,144	20,1
		M 7	1	6,350	5,773	5,917	0,613	0,541	0,144	28,8
M 8			1,25	7,188	6,466	6,647	0,767	0,677	0,180	36,6
		M 9	1,25	8,188	7,466	7,647	0,767	0,677	0,180	48,1
M 10			1,5	9,026	8,160	8,376	0,920	0,812	0,217	58,0
		M 11	1,5	10,026	9,160	9,376	0,920	0,812	0,217	72,3
M 12			1,75	10,863	9,853	10,106	1,074	0,947	0,253	84,3
	M 14		2	12,701	11,546	11,835	1,227	1,083	0,289	115
M 16			2	14,701	13,546	13,835	1,227	1,083	0,289	157
	M 18		2,5	16,376	14,933	15,294	1,534	1,353	0,361	192
M 20			2,5	18,376	16,933	17,294	1,534	1,353	0,361	245
	M 22		2,5	20,376	18,933	19,294	1,534	1,353	0,361	303
M 24			3	22,051	20,319	20,752	1,840	1,624	0,433	353
	M 27		3	25,051	23,319	23,752	1,840	1,624	0,433	459
M 30			3,5	27,727	25,706	26,211	2,147	1,894	0,505	561
	M 33		3,5	30,727	28,706	29,211	2,147	1,894	0,505	693
M 36			4	33,402	31,093	31,670	2,454	2,165	0,577	817
	M 39		4	36,402	34,093	34,670	2,454	2,165	0,577	976
M 42			4,5	39,077	36,479	37,129	2,760	2,436	0,650	1121
	M 45		4,5	42,077	39,479	40,129	2,760	2,436	0,650	1306
M 48			5	44,752	41,866	42,587	3,067	2,706	0,722	1473
	M 52		5	48,752	45,866	46,587	3,067	2,706	0,722	1758
M 56			5,5	52,428	49,252	50,046	3,374	2,977	0,794	2030
	M 60		5,5	56,428	53,252	54,046	3,374	2,977	0,794	2362
M 64			6	60,103	56,639	57,505	3,681	3,248	0,866	2676
	M 68		6	64,103	60,639	61,505	3,681	3,248	0,866	3055

Fügen (Fortsetzung)

$$A_s = \frac{\pi}{4} \cdot \left(\frac{d_2 + d_3}{2}\right)^2$$

Spannungsquerschnitt in mm^2 (→ Zugspannung)

Reihe 1 ist bevorzugt zu verwenden.
Reihen 2 und 3: Zwischengrößen.

Feingewinde **DIN 13** **Maße in mm**

Gewindebezeichnung $d \times P$	Flanken-∅ $d_2 = D_2$	Kern-∅ Bolzen d_3	Kern-∅ Mutter D_1	Gewindebezeichnung $d \times P$	Flanken-∅ $d_2 = D_2$	Kern-∅ Bolzen d_3	Kern-∅ Mutter D_1	Gewindebezeichnung $d \times P$	Flanken-∅ $d_2 = D_2$	Kern-∅ Bolzen d_3	Kern-∅ Mutter D_1
M 2 × 0,25	1,84	1,69	1,73	M 10 × 0,25	9,84	9,69	9,73	M 24 × 2	22,70	21,55	21,84
M 3 × 0,25	2,84	2,69	2,73	M 10 × 0,5	9,68	9,39	9,46	M 30 × 1,5	29,03	28,16	28,38
M 4 × 0,2	3,87	3,76	3,78	M 10 × 1	9,35	8,77	8,92	M 30 × 2	28,70	27,55	27,84
M 4 × 0,35	3,77	3,57	3,62	M 12 × 0,35	11,77	11,57	11,62	M 36 × 1,5	35,03	34,16	34,38
M 5 × 0,25	4,84	4,69	4,73	M 12 × 0,5	11,68	11,39	11,46	M 36 × 2	34,70	33,55	33,84
M 5 × 0,5	4,68	4,39	4,46	M 12 × 1	11,35	10,77	10,92	M 42 × 1,5	41,03	40,16	40,38
M 6 × 0,25	5,84	5,69	5,73	M 16 × 0,5	15,68	15,39	15,46	M 42 × 2	40,70	39,55	39,84
M 6 × 0,5	5,68	5,39	5,46	M 16 × 1	15,35	14,77	14,92	M 48 × 1,5	47,03	46,16	46,38
M 6 × 0,75	5,51	5,08	5,19	M 16 × 1,5	15,03	14,16	14,38	M 48 × 2	46,70	45,55	45,84
M 8 × 0,25	7,84	7,69	7,73	M 20 × 1	19,35	18,77	18,92	M 56 × 1,5	55,03	54,16	54,38
M 8 × 0,5	7,68	7,39	7,46	M 20 × 1,5	19,03	18,16	18,38	M 56 × 2	54,70	53,55	53,84
M 8 × 1	7,35	6,77	6,92	M 24 × 1,5	23,03	22,16	22,38	M 64 × 2	62,70	61,55	61,84

Spannungsquerschnitt und **Abmessungsfunktionen** entsprechend Regelgewinde (s. Vorseite).

Metrisches ISO-Trapezgewinde

(nach **DIN 103, T.1**, 04.87)

Gewindeteil	Abmessungsfunktion
Nenndurchmesser	d
Steigung eingängig und Teilung mehrgängig	P
Steigung mehrgängig	P_h
Kerndurchmesser Bolzen	$d_3 = d - (P + 2 \cdot a_c)$
Kerndurchmesser Mutter	$D_1 = d - P$
Außendurchmesser Mutter	$D_4 = d + 2 \cdot a_c$
Flankendurchmesser	$d_2 = D_2 = d - 0{,}5 \cdot P$
Gewindetiefe	$h_3 = H_4 = 0{,}5 \cdot P + a_c$
Flankenüberdeckung	$H_1 = 0{,}5 \cdot P$
Spitzenspiel	a_c
Flankenwinkel	$\beta = 30°$

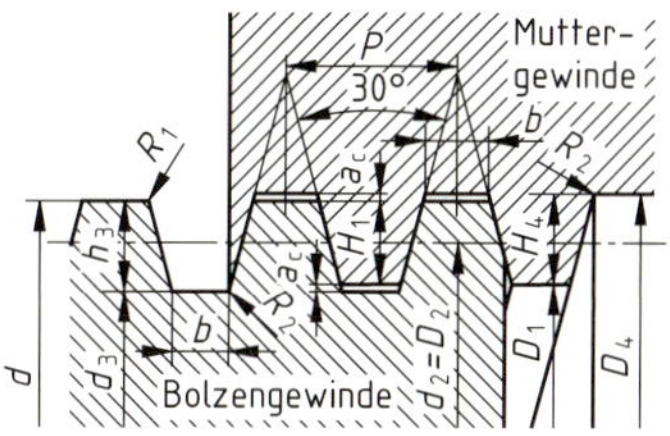

Maße in mm

Gewindebezeichnung $d \times P$	Flanken-∅ $d_2 = D_2$	Kern-∅ Bolzen d_3	Kern-∅ Mutter D_1	Außen-∅ D_4	Gewindetiefe $h_3 = H_4$	Drehmeißelbreite b	Gewindebezeichnung $d \times P$	Flanken-∅ $d_2 = D_2$	Kern-∅ Bolzen d_3	Kern-∅ Mutter D_1	Außen-∅ D_4	Gewindetiefe $h_3 = H_4$	Drehmeißelbreite b
Tr 10 × 2	9	7,5	8	10,5	1,25	0,60	Tr 48 × 8	44	39	40	49	4,5	2,66
Tr 12 × 3	10,5	8,5	9	12,5	1,75	0,96	Tr 52 × 8	48	43	44	53	4,5	2,66
Tr 16 × 4	14	11,5	12	16,5	2,25	1,33	Tr 60 × 9	55,5	50	51	61	5	3,02
Tr 20 × 4	18	15,5	16	20,5	2,25	1,33	Tr 70 × 10	65	59	60	71	5,5	3,39
Tr 24 × 5	21,5	18,5	19	24,5	2,75	1,70	Tr 80 × 10	75	69	70	81	5,5	3,39
Tr 28 × 5	25,5	22,5	23	28,5	2,75	1,70	Tr 90 × 12	84	77	78	91	6,5	4,12
Tr 32 × 6	29	25	26	33	3,5	1,93	Tr 100 × 12	94	87	88	101	6,5	4,12
Tr 36 × 3	34,5	32,5	33	36,5	2,0	0,83	Tr 110 × 12	104	97	98	111	6,5	4,12
Tr 36 × 6	33	29	30	37	3,5	1,93	Tr 120 × 14	113	104	106	122	7,5	4,85
Tr 36 × 10	31	25	26	37	5,5	3,39	Tr 140 × 14	133	124	126	142	8	4,58
Tr 40 × 7	36,5	32	33	41	4	2,29	Beispiel für ein **mehrgängiges Trapezgewinde**:						
Tr 44 × 7	40,5	36	37	45	4	2,29	Tr 110 × 36 P12 → $P_h = 36$ mm, $P = 12$ mm, $n = 3$ (Gangzahl)						

$$A_K = \frac{\pi}{4} \cdot d_3^2$$

Kernquerschnitt in mm^2 (→ Zugspannung)

$$n = \frac{P_h}{P}$$

Gangzahl (→ Zugspannung)

7

Fügen (Fortsetzung)

Sägegewinde (nach **DIN 513**, 05.85)

Gewindeteil	Abmessungsfunktion
Nenndurchmesser	$d = D$
Steigung	P
Gewindetiefe Bolzen	$h_3 = 0{,}868 \cdot P$
Gewindetiefe Mutter (Flankenüberdeckung)	$H_1 = 0{,}75 \cdot P$
Flankendurchmesser	$d_2 = D_2 = d - 0{,}75 \cdot P$
Kerndurchmesser Bolzen	$d_3 = d - 1{,}736 \cdot P$
Kerndurchmesser Mutter	$D_1 = d - 1{,}5 \cdot P$
Flankenwinkel	$\beta = 33°$

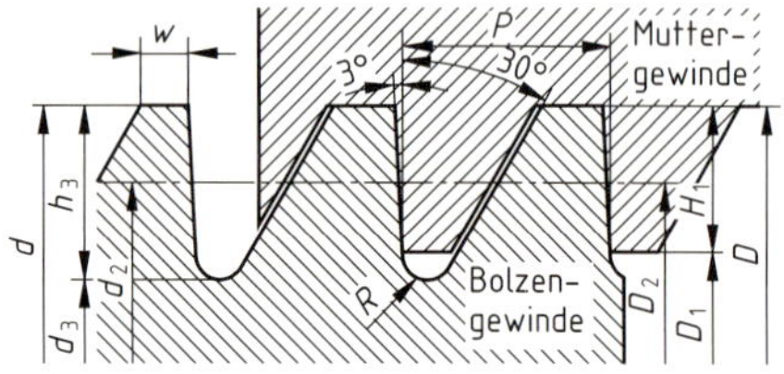

Maße in mm

Gewinde-bezeich-nung $d \times P$	Bolzen Kern-∅ d_3	Bolzen Ge-winde-tiefe h_3	Mutter Kern-∅ D_1	Mutter Ge-winde-tiefe H_1	Flan-ken-∅ $d_2 = D_2$	Gewinde-bezeich-nung $d \times P$	Bolzen Kern-∅ d_3	Bolzen Ge-winde-tiefe h_3	Mutter Kern-∅ D_1	Mutter Ge-winde-tiefe H_1	Flan-ken-∅ $d_2 = D_2$
S12×3	6,79	2,60	7,5	2,25	9,75	S 44×7	31,85	6,08	33,5	5,25	38,75
S16×4	9,06	3,47	10	3	13	S 48×8	34,12	6,94	36	6	42,00
S20×4	13,06	3,47	14	3	17	S 52×8	38,11	6,94	40,	6	46
S24×5	15,32	4,34	16,5	3,75	20,25	S 60×9	44,38	7,81	46,5	6,75	53,25
S28×5	19,32	4,34	20,5	3,75	24,25	S 70×10	52,64	8,68	55	7,5	62,50
S32×6	21,58	5,21	23	4,5	27,5	S 80×10	62,64	8,68	65	7,5	72,50
S36×6	25,59	5,21	27	4,5	31,50	S 90×12	69,17	10,41	72	9	81,00
S40×7	27,85	6,07	29,5	5,25	34,75	S100×12	79,17	10,41	82	9	91,00

$$A_K = \frac{\pi}{4} \cdot d_3^2$$

Kernquerschnitt in mm² (→ Zugspannung)

Die Rechengröße A_s = Spannungsquerschnitt gibt es beim Sägegewinde nicht!

Whitworth-Rohrgewinde

(nach **DIN ISO 228, T.1**, 12.94 → **nicht im Gewinde dichtend**)
(nach **DIN 2999**, 07.83 → **im Gewinde dichtend**)

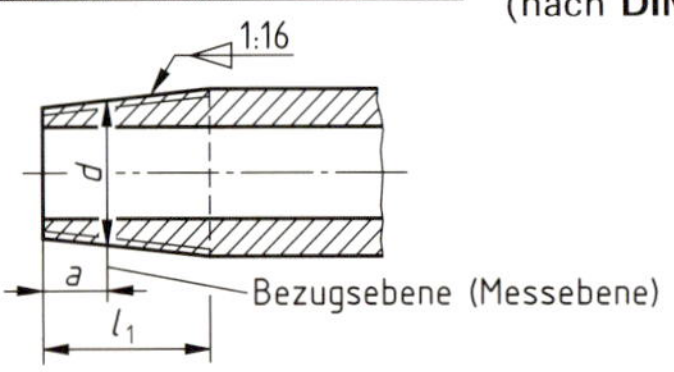

Z	Ganzahl je Zoll	1
t	mittlere Einschraublänge	mm
P	Steigung	mm

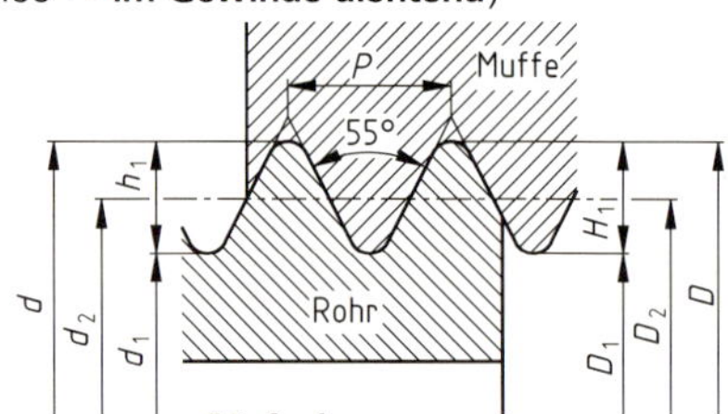

Maße in mm

DN	Kurzzeichen DIN ISO 228 außen und innen	Kurzzeichen DIN 2999 außen	Kurzzeichen DIN 2999 innen	Gewindeabmessungen Z	h	t	a	$d = D$	$d_2 = D_2$	$d_1 = D_1$	P	$h_1 = H_1$
6	G 1/8	R 1/8	Rp 1/8	28	6,5	7	4,0	9,728	9,147	8,566	0,907	0,581
8	G 1/4	R 1/4	Rp 1/4	19	9,7	10	6,0	13,157	12,301	11,445	1,337	0,856
10	G 3/8	R 3/8	Rp 3/8	19	10,1	10	6,4	16,662	15,806	14,950	1,337	0,856
15	G 1/2	R 1/2	Rp 1/2	14	13,2	13	8,2	20,955	19,793	18,631	1,814	1,162
20	G 3/4	R 3/4	Rp 3/4	14	14,5	15	9,5	26,441	25,279	24,117	1,814	1,162
25	G 1	R 1	Rp 1	11	16,8	17	10,4	33,249	31,770	30,291	2,309	1,479
32	G 1 1/4	R 1 1/4	Rp 1 1/4	11	19,1	19	12,7	41,910	40,431	38,952	2,309	1,479
40	G 1 1/2	R 1 1/2	Rp 1 1/2	11	19,1	19	12,7	47,803	46,324	44,845	2,309	1,479
50	G 2	R 2	Rp 2	11	23,4	24	15,9	59,614	58,135	56,656	2,309	1,479
65	G 2 1/2	R 2 1/2	Rp 2 1/2	11	26,7	27	17,5	75,184	73,705	73,226	2,309	1,479
80	G 3	R 3	Rp 3	11	29,8	30	20,6	87,884	86,405	84,926	2,309	1,479
100	G 4	R 4	Rp 4	11	35,8	36	25,4	113,030	111,551	110,172	2,309	1,479
125	G 5	R 5	Rp 5	11	40,1	40	28,6	138,430	136,951	135,472	2,309	1,479
150	G 6	R 6	Rp 6	11	40,1	40	28,6	163,830	162,351	160,872	2,309	1,479

7

Fügen (Fortsetzung)

Schraubenverbindungen und Schraubenformen

Flanschverbindungen

Zylinderschraube DIN 912

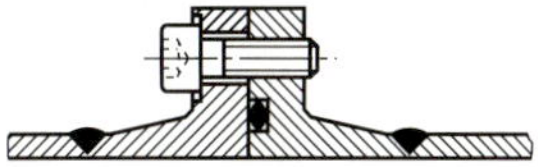

Sechskantschraube DIN EN 24014

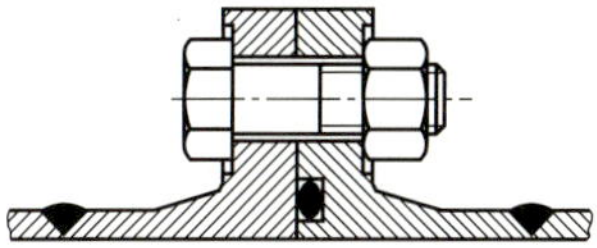

Grundformen und **Sonderformen** von Verbindungen

Zylinderschraube m. Innensechskant **DIN EN ISO 4762**	**Stiftschraube DIN 939** mit Sicherungsblech	**Durchsteck-Dehnschraube** in Sonderform
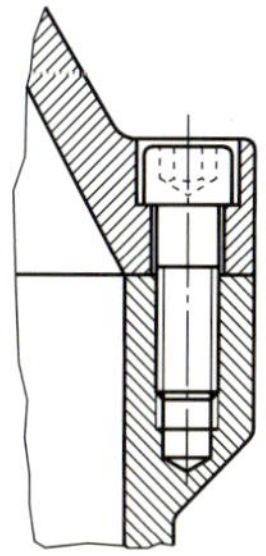	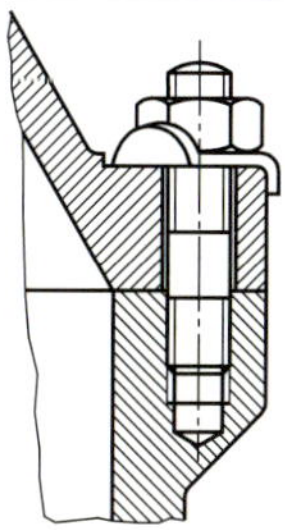	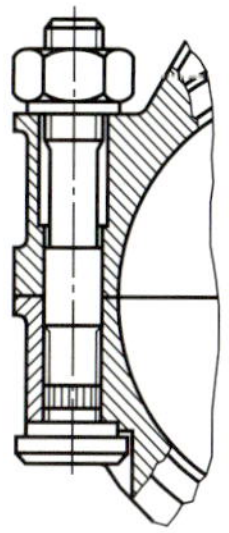

Zur **Schraubenberechnung**
→ Schraubenberechnung, Gewindeflächenpressung, wichtige Gewindenormen, Gewindetabellen, Gewindereibung

Schraubenbezeichnungen und Schraubennormen

Bezeichnung	Norm	Bezeichnung	Norm
Sechskantschrauben mit Schaft u. Regelgewinde mit Schaft u. Feingewinde mit Dünnschaft (Dehnschraube) mit Flansch für Stahlkonstruktionen (große Schlüsselweite)	 **DIN EN 20014** **DIN EN 28065** **DIN EN 24015** **DIN EN 1665** **DIN 6914**	**Gewindefurchende Schrauben** **Gewindestifte mit Schlitz**	**DIN 7500** **DIN EN 27434** **DIN EN 27435** **DIN EN 27436** **DIN EN 24766**
Innensechskantschrauben normaler Kopf niedriger Kopf	 **DIN EN ISO 4762** **DIN 7984**	**Gewindestifte mit Innensechskant**	**DIN 913** **DIN 914** **DIN 915** **DIN 916**
Senkschrauben mit Schlitz mit Innensechskant	 **DIN EN ISO 2009** **DIN EN ISO 10642**	**Stiftschrauben** (Stehbolzen)	**DIN 835** **DIN 938** **DIN 939**
Blechschrauben	**DIN ISO 7049** **DIN ISO 7050**	**Vierkantschrauben** mit Bund mit Kernansatz mit Ansatzkuppe	 **DIN 478** **DIN 479** **DIN 480**
Bohrschrauben	**DIN EN ISO 1066**		

Festigkeitsklassen von Schrauben (nach **DIN EN 20898-1**, 04.92)

Festigkeitsklasse	3.6	4.6	4.8	5.6	5.8	6.6	6.8	6.9	8.8	9.8	10.9	12.9	14.9
→ Zugfestigkeit R_m in N/mm²	300	400	400	500	500	600	600	600	800	900	1000	1200	1400
→ Streckgrenze R_e in N/mm² (bzw. $R_{p0,2}$)	180	240	320	300	400	360	480	540	640	720	900	1080	1260
Bezeichnung nach alter Norm	4A	4D	4S	5D	5S	6D	6S	6G	8G	–	10K	12K	–

7

Fügen (Fortsetzung)

$\frac{R_e}{R_m}$ Streckgrenzenverhältnis

Bezeichnung
erste Zahl: $R_m/100$
zweite Zahl: $10 \cdot \frac{R_e}{R_m}$

B Festigkeitsklasse 5.8
$\boldsymbol{R_m} = \mathbf{500\ \frac{N}{mm^2}}$ ← → $\frac{R_e}{R_m} = 0{,}8$
$\boldsymbol{R_e} = 0{,}8 \cdot R_m = \mathbf{400\ N/mm^2}$

Kurzbezeichnung von Schrauben (nach **DIN 962**, 09.90)

Benennung | DIN-(ISO)-Nummer – Gewinde × Nennlänge – Festigkeitsklasse

B Zylinderschraube **DIN EN ISO 4762** – M 20 × 100 – 12.9

Abmessungen von Sechskantschrauben, Durchgangslöcher (Auswahl)

Gewinde	d in mm	Schlüsselweite SW in mm	Kopfhöhe k in mm	b in mm	d_w in mm	l in mm
M 8	8	13	5,3	22	11,6	16 … 60
M 10	10	16	6,4	26	14,6	20 … 100
M 12	12	18	7,5	30	16,6	25 … 120
M 16	16	24	10,0	38	22,5	30 … 150
M 20	20	30	12,5	46	28,2	40 … 200
M 24	24	36	15,0	54	33,3	50 … 200
M 30	30	46	18,7	66	42,8	60 … 200

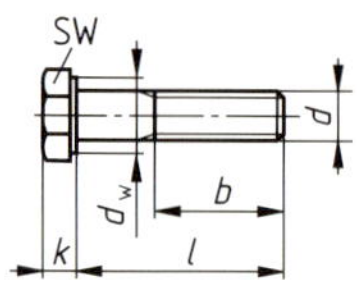

Gewinde	M 3	M 4	M 5	M 6	M 8	M 10	M 16	M 20	M 24	M 30
d_h (fein)	3,2	4,3	5,3	6,4	8,4	10,5	17,0	21,0	25,0	31,0
d_h (mittel)	3,4	4,5	5,5	6,6	9,0	11,0	17,5	22,0	26,0	33,0
d_h (grob)	3,6	4,8	5,8	7,0	10,0	12,0	18,5	24,0	28,0	35,0

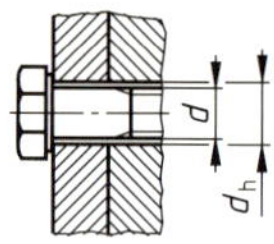

Überlagerung von Vorspannkraft und Betriebskraft (→ Dehnung)

Belastungssituation

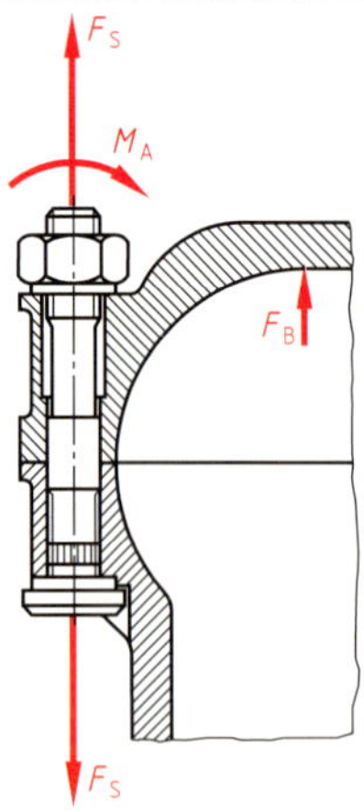

Dehnschraube niemals durch Starrschraube ersetzen!

Verspannungs-Diagramm (Verspannungsdreieck)

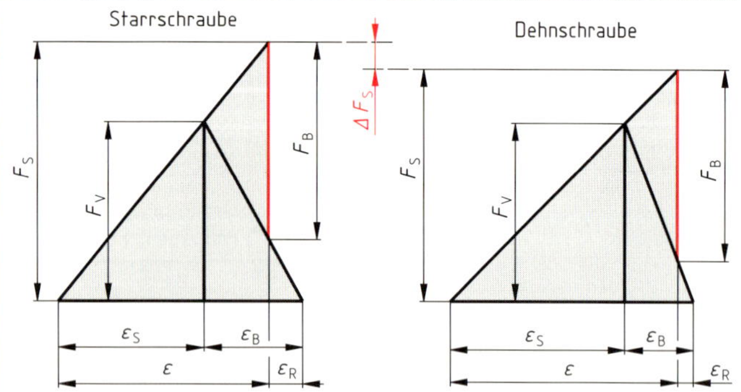

ε_S = Schraubendehnung
ε_B = Bauteilstauchung } bei Wirkung der Vorspannkraft F_V

ε = Schraubendehnung
ε_R = Bauteilstauchung } bei Überlagerung durch Betriebskraft F_B

F_S = **Gesamtschraubenkraft**

ΔF_S = Minderung der Gesamtschraubenkraft

Fügen (Fortsetzung)

$$\nu_A = \frac{F_S}{F_B}$$

Sicherheit gegen Abheben (→ Sicherheit)

F_S	Gesamtkraft	N
F_B	Betriebskraft	N

Montagegrundsatz:

Möglichst elastische Schrauben und möglichst starre Bauteile verwenden.

Dehnschrauben sind tailliert, bei großen Abmessungen auch hohl gebohrt. Das Dehnverhalten führt zu einer kleineren Gesamtschraubenkraft als bei Starrschrauben.

Maximale Vorspannkraft F_V
Maximales Anziehdrehmoment $M_{A\,max}$
→ abhängig von Schraubengröße, Festigkeitsklasse und → Reibungszahl.
Herstellerangaben beachten!

Gewindereibung und Schraubenwirkungsgrad

(→ Reibung, Mechanischer Wirkungsgrad, Gewindetabellen)

$$F_u = F \cdot \tan(\alpha \pm \varrho')$$ **Umfangskraft**

$$M_{RG} = F \cdot \frac{d_2}{2} \cdot \tan(\alpha \pm \varrho')$$ **Gewindereibungsmoment**

$$F_R = \mu' \cdot F = \mu \cdot F'_N$$ **Reibungskraft**

$$\mu' = \frac{\mu}{\cos\beta/2} = \tan\varrho'$$ **Gewindereibungszahl**

$$F'_N = \frac{F}{\cos\beta/2}$$ **Normalkomponente** (→ Kräftedreieck)

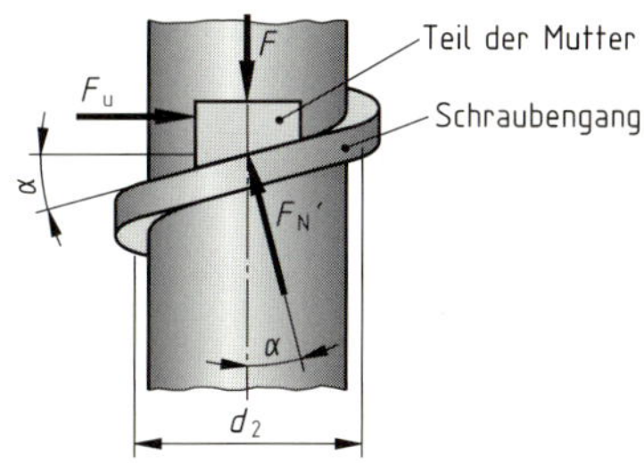

+ beim Heben bzw. beim Anziehen
− beim Senken bzw. beim Lösen

F	axiale Schraubenkraft	N
F_u	Umfangskraft	N
α	Steigungswinkel	Grad

$$\tan\alpha = \frac{P}{d_2 \cdot \pi}$$

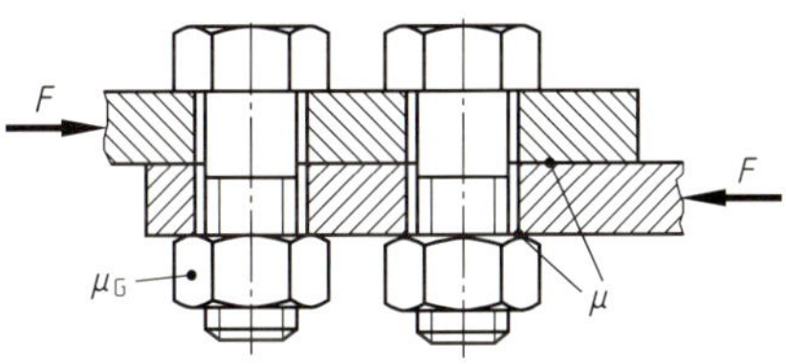

P	Gewindesteigung	mm
ϱ'	Gewindereibungswinkel	Grad
M_{RG}	Gewindereibungsmoment	Nm
d_2	Flankendurchmesser	mm, m
F_R	Reibungskraft	N
μ'	Gewindereibungszahl	1
μ	Reibungszahl	1
β	Flankenwinkel	Grad
M_{RA}	Auflagereibungsmoment	Nm
$M_{R\,ges}$	Anzugs-(Anzieh-) bzw. Lösemoment	Nm

$$M_{RA} = F \cdot \mu \cdot r_a$$ **Auflagereibungsmoment**

$$M_{R\,ges} = M_{RG} + M_{RA}$$ **Anzugs- bzw. Lösemoment**

$$\eta_H = \frac{\tan\alpha}{\tan(\alpha + \varrho')}$$ **Schraubenwirkungsgrad** (Heben oder Anziehen)

$$\eta_S = \frac{\tan(\alpha - \varrho')}{\tan\alpha}$$ **Schraubenwirkungsgrad** (Senken oder Lösen)

r_a ist ein fiktiver Radius, z. B. bei Sechskantschrauben: $r_a = 0{,}7 \cdot$ Gewindedurchmesser d

η	Mechanischer Wirkungsgrad	1

Schrauben im Druckbehälterbau (→ **AD-Merkblatt B7**, 06.86)

Geltungsbereich:
Schrauben als kraftschlüssige Verbindungselemente, die vorwiegend auf Zug beansprucht werden.

Bei Dehnschrauben muss die Dehnschaftlänge mindestens das Doppelte des Gewinde-Nenndurchmessers d betragen.

7

Fügen (Fortsetzung)

$d_s \leq 0{,}9 \cdot d_3$ **Schaftdurchmesser von Dehnschrauben** d_3 Kerndurchmesser des Gewindes mm

Einschraubtiefe (→ Flächenpressung bei Gewinden) → Schraubennormen enthalten Anhaltswerte!

Berechnungstemperaturen:

Bei **Beschickungstemperatur > 50 °C** kann die Berechnungstemperatur bei den Kombinationen

a) loser Flansch / loser Flansch um 30 °C
b) fester Flansch / loser Flansch um 25 °C
c) fester Flansch / fester Flansch um 15 °C

kleiner sein als die Beschickungstemperatur.

Sicherheitsbeiwerte beachten!

Bei **Betriebstemperaturen < −10 °C** → **AD-Merkblatt W10**

Die **Anzahl der Schrauben** bei Apparateflanschen, Behälterdeckel etc. sollte mit Rücksicht auf das Dichthalten möglichst groß gewählt werden.

Kleinster Schraubendurchmesser:

Schrauben unter **M 10** oder entsprechenden Gewindekerndurchmessern sind in der Regel nicht zulässig. In Sonderfällen (z. B. Schrauben für Armaturen) können auch kleinere Schrauben verwendet werden, jedoch nicht unter **M 6**.

Gewindeausläufe, Freistiche und Senkungen

Gewindeausläufe:

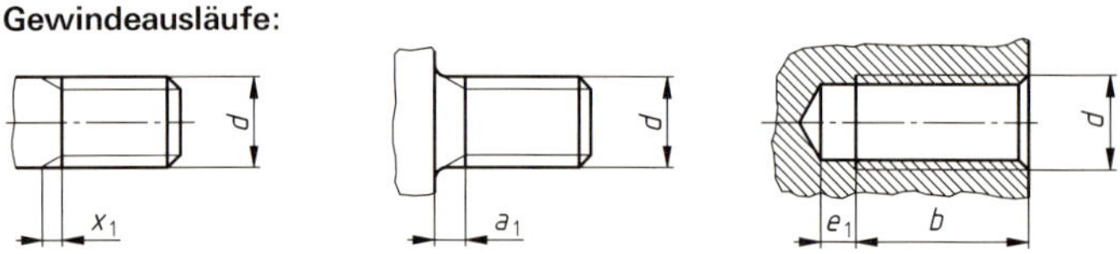

Abmessungen nach **DIN 76**, 12.83

Freistiche:

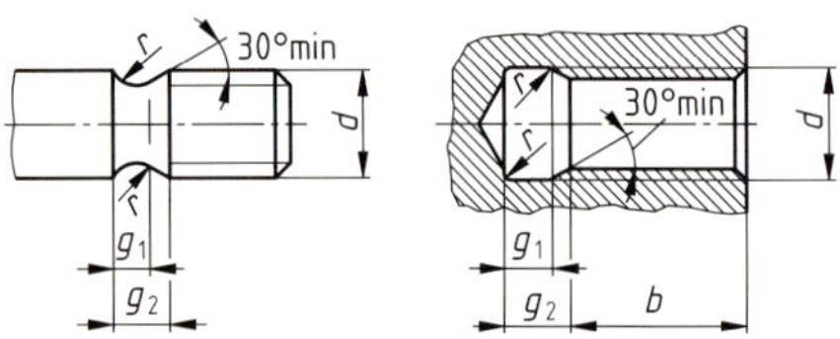

Abmessungen nach **DIN 76**, 12.83

Senkungen und Zentrierbohrungen:

Beispiel Senkung

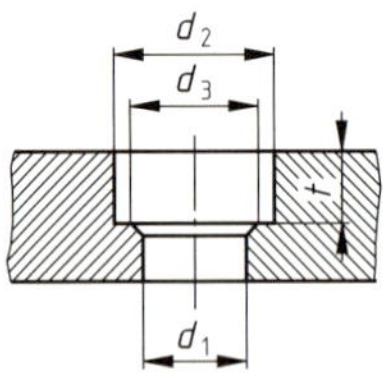

Beispiel Zentrierung

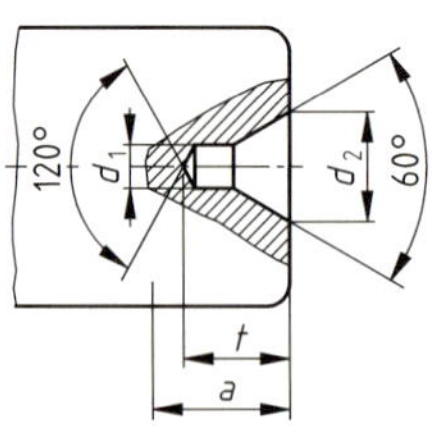

Abmessungen für Senkungen der verschiedenen Schraubenkopfformen nach **DIN 74, DIN 974**

Abmessungen für Zentrierungen nach **DIN 332**

7

Muttern

→ Mutterhöhe
→ Einschraubtiefe

Übersicht auf nächster Seite

Beispiel Sechskantmutter

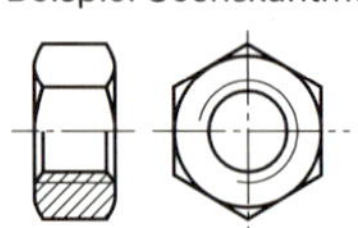

Beispiel Hutmutter

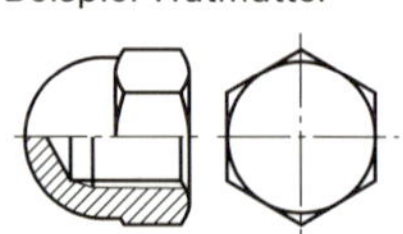

Beispiel Kronenmutter

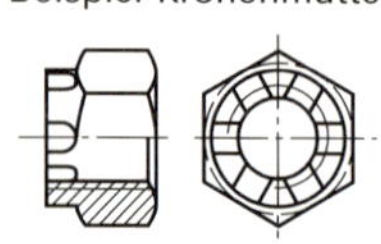

Fügen (Fortsetzung)

Bezeichnung (Auswahl)	Norm	Bezeichnung (Auswahl)	Norm
Verschlussschrauben	**DIN 906, DIN 908 DIN 909, DIN 910**	**Ringmuttern Ringschrauben**	**DIN 580 DIN 582**
Sechskantmuttern	**DIN EN ISO 4032 DIN EN ISO 4033**	**Hutmuttern**	**DIN 917 DIN 1587**
Sechskantmuttern niedrige Form	**DIN EN ISO 8673 DIN EN ISO 8674**	**Rändelmuttern**	**DIN 466 DIN 467**
Sechskantmuttern mit Feingewinde	**DIN EN ISO 4035 DIN EN ISO 8675**	**Kreuzlochmuttern**	**DIN 1816**
		Flügelmuttern	**DIN 315**
Sechskantmuttern mit Klemmteil (Sicherung)	**DIN EN ISO 7040 DIN EN ISO 10511**	**Spannschlossmuttern**	**DIN 1479**
Kronenmuttern	**DIN 935 DIN 979**	**Schweißmuttern**	**DIN 928**

Scheiben, Federringe

Beispiel Scheibe für Sechskantschrauben und -muttern

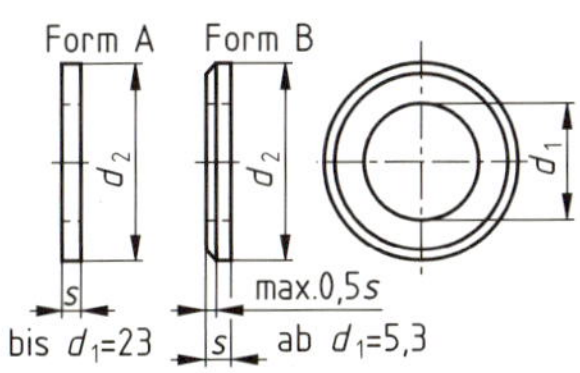

Beispiel Scheibe für U-Träger

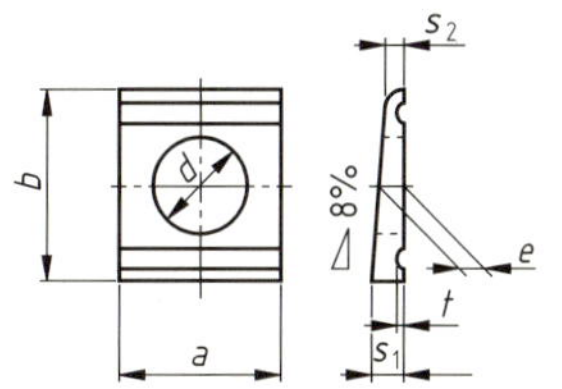

Beispiel Federring mit rechteckigem Querschnitt

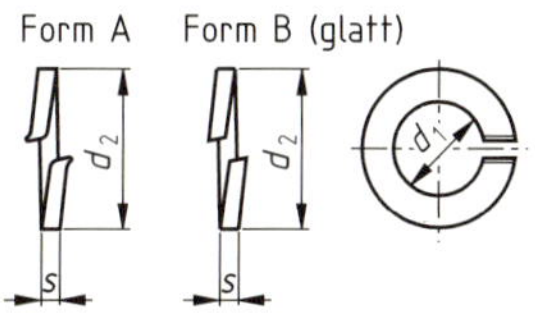

Bezeichnung **Scheiben**	Norm
für Sechskantschrauben und -muttern	**DIN EN ISO 7089 DIN EN ISO 7090**
für Zylinderschrauben	**DIN EN ISO 7092**
für Bolzen	**DIN EN 28738 DIN 1441**
für Stahlkonstruktionen	**DIN 7989**
für U-Träger	**DIN EN 28673 DIN 935**
u. a.	

Bezeichnung **Federringe**	Norm
Form A, Rechteckquerschnitt	–
Form B, Rechteckquerschnitt	–
Form A, gewölbt	
Form B, gewellt	

Achten Sie darauf, dass grundsätzlich immer nur die aktuelle Norm Gültigkeit hat (Datum beachten)!

Scheiben und Ringe mit besonderer Funktion

Sicherungsscheiben (nach **DIN 6799**, 09.81):

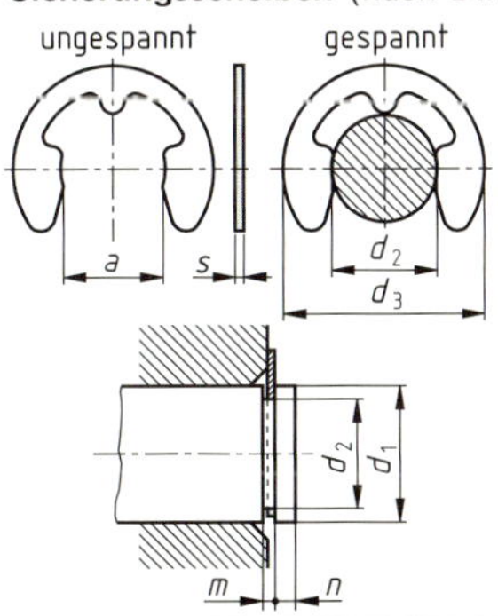

Sicherungsscheibe				Wellennut				
d_2	d_3 gespannt	a	s	d_1 von	bis	m	n	d_3
1,5	4,25	1,28	0,4	2	2,5	0,44	0,8	4,25
3,2	7,3	2,70	0,6	4	5	0,64	1,0	7,3
4	9,3	3,34	0,7	5	7	0,74	1,2	9,3
6	12,3	5,26	0,7	7	9	0,74	1,2	12,3
8	16,3	6,52	1,0	9	12	1,05	1,8	16,3
10	20,4	8,32	1,2	11	15	1,25	2,0	20,4
15	29,4	12,61	1,5	16	24	1,55	3,0	29,4
24	44,6	21,88	2,0	25	38	2,05	4,0	44,6

Fügen (Fortsetzung)

Scheiben mit Sicherungslappen

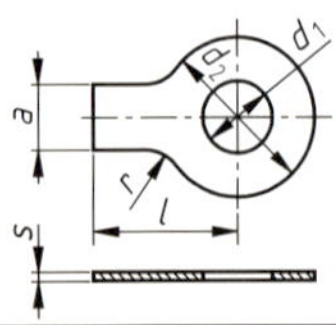

Federscheiben

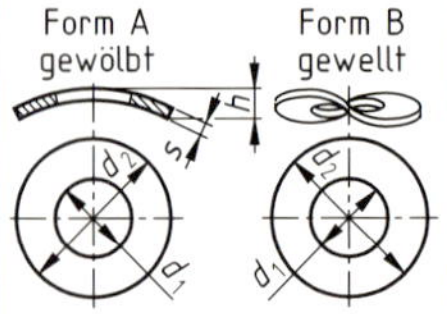

Spannscheiben nach **DIN 6796**

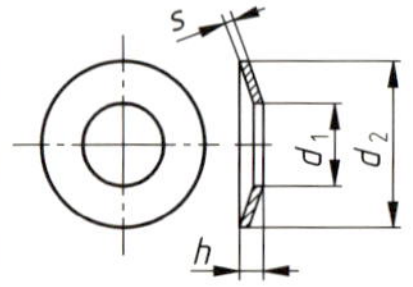

Zahnscheiben nach **DIN 6797**

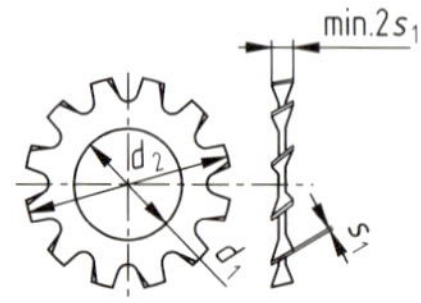

Sicherungsringe (Seegerringe):

für Wellen (nach **DIN 471**, 09.81)

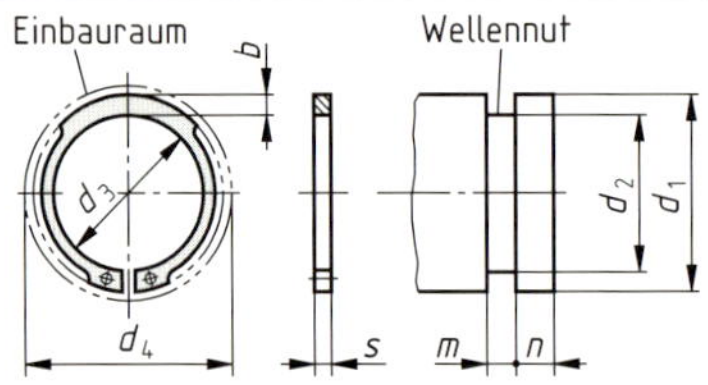

für Bohrungen (nach **DIN 472**, 09.81)

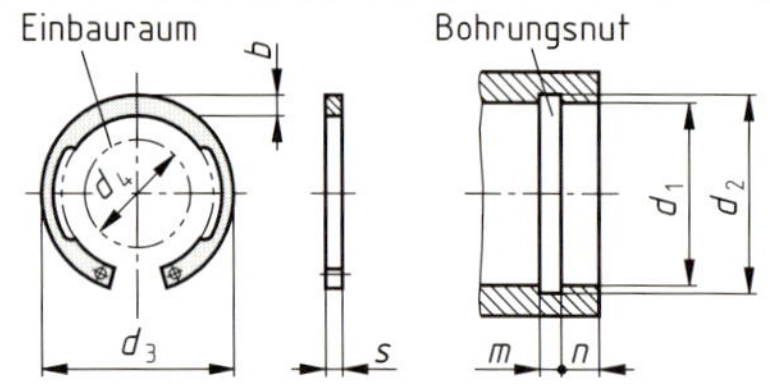

Nennmaß d_1 in mm	Wellen Ring s	d_3	d_4	b	Wellen Nut d_2	m	n	Bohrungen Ring s	d_3	d_4	b	Bohrungen Nut d_2	m	n
10	1	9,3	17	1,8	9,6	1,1	0,6	1,0	10,8	3,3	1,4	10,4	1,1	0,6
12	1	11	19	1,8	11,5	1,1	0,8	1,0	13	4,9	1,7	12,5	1,1	0,8
15	1	13,8	22,6	2,2	14,3	1,1	1,1	1,0	16,2	7,2	2	15,7	1,1	1,1
18	1,2	16,5	26,2	2,4	17	1,3	1,5	1,0	19,5	9,4	2,2	19	1,1	1,5
20	1,2	18,5	28,4	2,6	19	1,3	1,5	1,0	21,5	11,2	2,3	21	1,1	1,5
22	1,2	20,5	30,8	2,8	21	1,3	1,5	1,0	23,5	13,2	2,5	23	1,1	1,5
25	1,2	23,2	34,2	3	23,9	1,3	1,7	1,2	26,9	15,5	2,7	26,2	1,3	1,8
28	1,5	25,9	37,9	3,2	26,6	1,6	2,1	1,2	30,1	17,9	2,9	29,4	1,3	2,1
30	1,5	27,9	40,5	3,5	28,6	1,6	2,1	1,2	32,1	19,9	3	31,4	1,3	2,1
32	1,5	29,6	43	3,6	30,3	1,6	2,6	1,2	34,4	20,6	3,2	33,7	1,3	2,6
35	1,5	32,2	46,8	3,9	33	1,6	3,0	1,5	37,8	23,6	3,4	37	1,6	3,0
38	1,75	35,2	50,2	4,2	36	1,85	3,0	1,5	40,8	26,4	3,7	40	1,6	3,0
40	1,75	36,5	52,6	4,4	37,5	1,85	3,8	1,75	43,5	27,8	3,9	42,5	1,85	3,8
42	1,75	38,5	55,7	4,5	39,5	1,85	3,8	1,75	45,5	29,6	4,1	44,5	1,85	3,8
45	1,75	41,5	59,1	4,7	42,5	1,85	3,8	1,75	48,5	32	4,3	47,5	1,85	3,8
48	1,75	44,5	62,5	5	45,5	1,85	3,8	1,75	51,5	34,5	4,5	50,5	1,85	3,8
50	2,0	45,8	64,5	5,1	47,0	2,15	4,5	2,0	54,2	36,3	4,6	53,0	2,15	4,5
52	2,0	47,8	66,7	5,2	49,0	2,15	4,5	2,0	56,2	37,9	4,7	55,0	2,15	4,5
55	2,0	50,8	70,2	5,4	52,0	2,15	4,5	2,0	59,2	40,7	5,0	58,0	2,15	4,5
60	2,0	55,8	75,6	5,8	57,0	2,15	4,5	2,0	64,2	44,7	5,4	63,0	2,15	4,5

Splinte (nach **DIN EN ISO 1234**, 02.98)

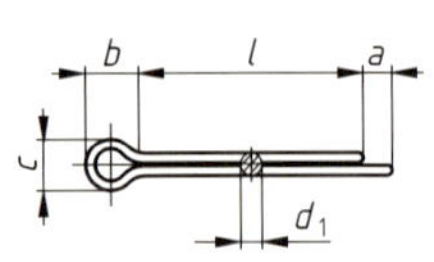

d_1	l	d_1	l
1,0	6 … 18	4,0	20…125
1,2	6 … 18	5,0	20…125
1,6	8 … 32	6,3	28…140
2,0	10 … 40	8,0	36…140
2,5	12 … 50	10,0	56…140
3,2	18 … 80	13,0	56…140

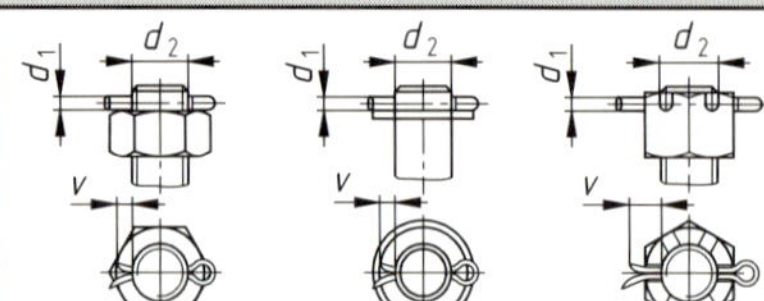

Fügen (Fortsetzung)

Nietverbindungen, Stiftverbindungen, Bolzenverbindungen

(→ Zugspannung, Scherspannung, Flächenpressung)

Beispiel: **Senkniet** nach **DIN 661**

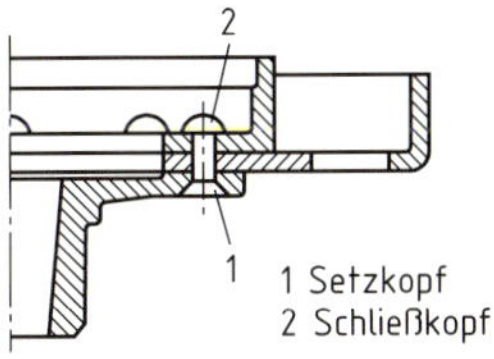

Beispiel: **Zylinderstift** nach **DIN EN ISO 8735**

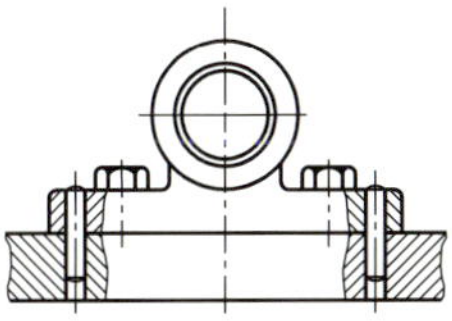

Beispiel: **Kolbenbolzen** gesichert mit Sicherungsring nach **DIN 472**

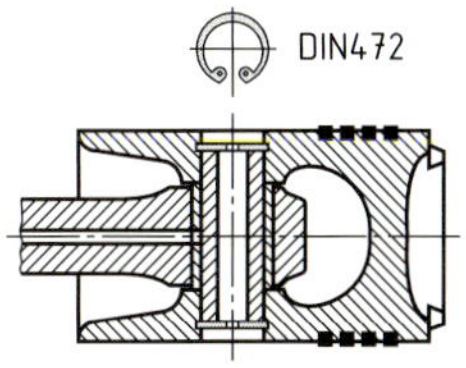

Bezeichnung **Niete**	Norm	Bezeichnung **Niete**	Norm
Halbrundniet	**DIN 660**	**Hohlniet**	**DIN 7338** **DIN 7339**
Senkniet	**DIN 661**	**Flachrundniet**	**DIN 674**
Linsenniet	**DIN 662**	Sonderformen, z. B. Blindniet, Sprengniet, Durchziehniet u. a.	
Bezeichnung **Stifte**	Norm	Bezeichnung **Stifte**	Norm
Zylinderstift	**DIN EN ISO 2338** **DIN EN ISO 8735**	**Spannstift**	**DIN EN ISO 8752**
Zylinderkerbstift	**DIN EN ISO 8740**	**Kegelkerbstift**	**DIN EN ISO 8744**
Steckkerbstift	**DIN EN ISO 8741**	**Passkerbstift**	**DIN EN ISO 8745**
Knebelkerbstift	**DIN EN ISO 8743**	**Halbrundkerbnagel**	**DIN EN ISO 8746**
Kegelstift		**Senkkerbnagel**	**DIN EN ISO 8747**
Bezeichnung **Bolzen**	Norm	Bezeichnung **Bolzen**	Norm
Bolzen ohne Kopf (mit und ohne Splintloch)	**DIN EN 22340**	**Bolzen mit Kopf** (mit und ohne Splintloch)	**DIN EN 22341**

Stoffschlüssige Verbindungen

Beim **Stoffschluss** erfolgt die Übertragung von Kräften und Momenten durch die zur Verbindung der Bauteile verwendeten Materialien (Stoffe).

Hierzu gehören

- das **Kleben**,
- das **Löten**,
- das **Schweißen** z. B.:

a) Rohrsteckverbindung mit eingelegtem Lot (vor Löten)

b) Angeschweißte Konsole

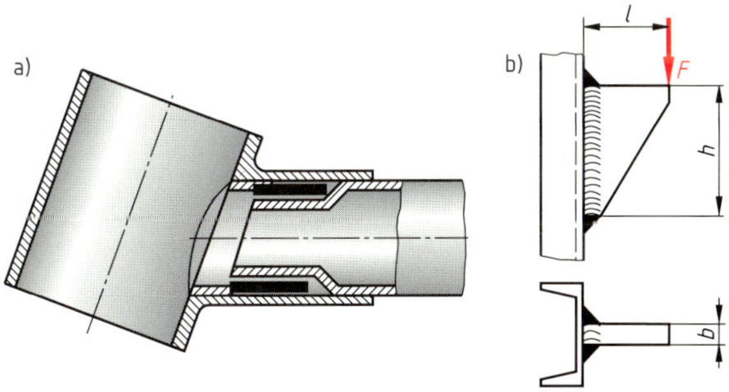

Klebeverbindungen

Klebenähte werden i. d. R. auf Schub (→ Scherung) beansprucht. Andernfalls sind sehr große Klebeflächen erforderlich.

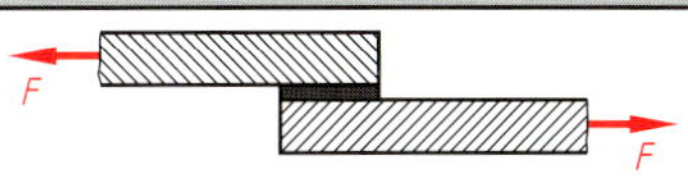

7

Fügen (Fortsetzung)

Klebeverbindung	Benennung	Anwendung	Bemerkung
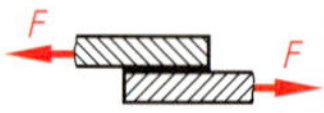	einschnittige Überlappung	bei dünnen Querschnitten	Es treten hohe Spannungsspitzen und durch zusätzliche Biegebeanspruchung Schälkräfte auf.
	einschnittige Laschung	bei glatten (strömungsgünstigen) Oberflächen	
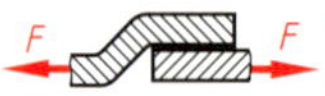	gefalzte Überlappung	bei nicht versetztem Kraftfluss. Keine Biegebeanspruchung der Klebenaht.	kaum Schälkräfte
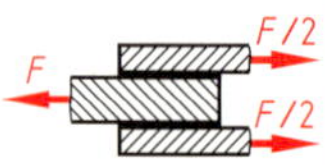	zweischnittige Überlappung	optimale Werkstoffausnutzung bei einem Dickenverhältnis der Fügeteile von 1 : 2 : 1	Unterschiedliche Dehnungen verschiedener Werkstoffe sind bei Klebungen zu beachten!
	zweischnittige Laschung	beschränkt, da auf beiden Seiten keine glatte Oberfläche.	
	abgeschrägte Überlappung	bei Forderung nach hoher Beanspruchbarkeit (hohe Festigkeit)	hoher Arbeitsaufwand
	Schäftung	bei höchsten Festigkeitswerten, jedoch nur bei größeren Werkstückdicken einsetzbar.	keine zusätzlichen Biege- und Schälbeanspruchungen.

Wärmeleitfähige Expoxidharz-Klebstoffe	
Füllstoff	Wärmeleitfähigkeit λ in W/(m · K)
ohne	0,37
mineralisch	0,9 … 1,8
metallisch	bis 12,0

Die **Klebstoffdicke** entscheidet über die Festigkeit der Klebung. Sie ist vom Klebstoff abhängig. **Herstellerangaben** sind zu beachten.

Klebeflächen müssen vor dem Fügen behandelt werden, d. h. gereinigt und entfettet.

Normen und Richtlinien beachten:

VDI-Richtlinie 2229 „Metallkleben, Hinweise für Konstruktion und Fertigung"
AGI-Arbeitsblatt Q111 „Dämmarbeiten: Kleben, Klebstoffe, Anwendung"

Es lassen sich beinahe alle festen Werkstoffe durch Klebung verbinden.

→ Vorauswahltabelle für Klebstoffe

Lötverbindungen

[→ Sinnbilder Schweißen, Löten; Scherung; Steighöhe (Kapillare)]

Löten ist ein Verfahren zum stoffschlüssigen **Fügen** und **Beschichten** von Werkstoffen mit Hilfe eines geschmolzenen Zusatzmetalls, dem **Lot**.

Durch Löten lassen sich gleichartige oder verschiedene metallische Werkstoffe fest, dicht und leitfähig verbinden.

Nur das Lot wird flüssig oder breiig!

Mechanische Beanspruchung:

… beim **Weichlöten** in Analogie zur → Klebeverbindung, d. h. in der Regel auf Schub (→ Scherung)
… beim **Hartlöten** sind alle Beanspruchungsarten möglich, d. h. → Zug, Druck, Scherung, Biegung, Torsion.

Fügen (Fortsetzung)

Lötverfahren:

Einteilung nach **Arbeitstemperatur** AT
Weichlöten: AT < 450 °C **Hartlöten**: AT ≥ 450 °C < 900 °C **Hochtemperaturlöten**: AT > 900 °C
Einteilung nach **Lotzuführung**
Löten mit angesetztem Lot (meist Drahtform) **Löten mit eingelegtem Lot** (Lotformteile) ⟶ z. B. **Tauchlöten** u. a.

Flussmittel:

Flussmittel lösen Oxide und verhindern weitere Oxidation. Sie fördern die erforderliche **Benetzung**.

Herstellerangaben sind zu beachten!

Einteilung nach **Art der Erwärmung**
Flammlöten (mit Brenner), Kolbenlöten, Ofenlöten, Tauchlöten, Schwalllöten, Induktionslöten, Widerstandslöten u. a.
Einteilung nach **Form der Lötstelle**
(→ Steighöhe in einer Kapillare) **Lötspalt:** Abstand der Fügeteile 0,05 mm ··· 0,25 mm **Lötfuge:** Abstand > 0,5 mm i. d. R. Lötspalt. Länge und Tiefe sind für die → Festigkeit maßgebend.

Antiflussmittel verhindern das Benetzen des Lotes auf Flächen, die nicht benetzt werden sollen. Sie ermöglichen dadurch präzise Lötungen.

Beizmittel sind meist giftig. Die Verfahren sind deshalb genehmigungspflichtig.

Spezial-Weichlote:

Normen **DIN EN 29453** **ISO 9453** **ISO 3677**[1])	Zusammensetzung[2]) Gewichts-%	Schmelzbereich °C	Dichte g/cm³	Härte HB	Scherfestigkeit (**DIN 8526**) N/mm² Cu	Ms	St	elektr. Leitfähigkeit $\frac{m}{\Omega mm^2}$	Wichtigste Anwendungsgebiete (Angaben der Fa. Degussa)
S-Sn50Pb32Cd18	50Sn,18Cd, Rest Pb	145	8,5	12	30	20	15	7,6	Besonders schonende Lötungen, versilberte Keramik, gedr. Schaltungen, Kondensatorbeläge
S-Sn60Pb36Ag4	60Sn,3,5Ag, Rest Pb	178–180	8,4	10	30	20	20	7,0	
S-Sn96Ag4	3,75Ag, Rest Sn	221	7,3	15	30	20	25	7,5	Feinstlötungen, hervorrag. Benetzung, rel. warmfest, Nahrungsmittelindustrie
S-Sn97Cu3	3Cu, Rest Sn	230–250	7,3	15	30	20	25	7,5	Rohinstallation, Kälteindustrie
S-Sn95Sb5	5Sb, Rest Sn	233–240	7,2	17	30	20	30	6,2	
S-Cd82Zn8[1])	17,5Zn, Rest Cd	266	8,1	45	40	40	50	13,3	Löten v. Aluminium an Aluminium und an Schwermetalle
S-Cd82Zn16Ag2[1])	16Zn,2Ag, Rest Cd	270–280	8,5	35	40	40	50	13,0	Lötungen für rel. hohe Dauerbetriebstemp. Elektromotoren der Isolierklasse F
S-Pb98Ag2	2,5Ag Rest Pb	305	11,2	9	15	10	–	4,7	Kollektorlötungen der Isolierklasse F
S-Cd95Ag5[1])	5Ag, Rest Cd	340–395	8,3	42	40	40	50	12,0	Lötungen für erhöhte Dauerbetriebstemp.
S-Zn88Ag12[1])	12Ag, Rest Zn	430–520	7,4	–	–	–	80	–	Stufenlöten von Aluminium-Verbind.

[1]) **ISO 3677** normt lediglich den Lotnamen, nicht aber die Lotzusammensetzung.
[2]) Toleranzen in der Zusammensetzung entsprechend **DIN EN 29453**, 02.94).

7

Fügen (Fortsetzung)

Hartlote für Kupferwerkstoffe:[1])

Normen DIN EN 1044 DIN EN ISO 3677	Zusammensetzung Gewichts-% Ag	Cu	P	Sonstige	Schmelzbereich °C	Arbeitstemperatur (DIN 8505) °C	Zugfestigkeit (DIN EN 12797) an Cu N/mm^2	Dichte g/cm^3	Wichtigste Anwendungsgebiete (nach Fa. Degussa)	Wichtigste Grundwerkstoffe (nach Fa. Degussa)
B-Cu75AgP-643	18	74,75	7,25	–	643	650	250	8,4	Für Lötstellen mit Betriebstemperaturen bis 150 °C **Anmerkung:** neue Werkstoffbezeichnung in der unteren Zeile	Kupfer an Kupfer ohne Flussmittel. mit Flussmittel auch für Messing Bronze Rotguss Nicht bei schwefelhaltigen Medien. Nicht bei Fe- und Ni-Legierungen.
L-Ag15P B-Cu80AgP-650/800	15	80	5	–	650–800	710	250	8,4		
L-Ag5P B-Cu89PAg-650/810	5	89	6	–	650–810	710	250	8,2		
L-Ag2P B-Cu92PAg-650/810	2	91,8	6,2	–	650–810	710	250	8,1		
L-CuP8 B-Cu92P-710/740	–	92	8	–	710–740	710	250	8,0		
L-CuP7 B-Cu93P-710/790	–	92,8	7,2	–	710–790	720	250	8,05		
L-CuP6 B-Cu94P-710/880	–	93,8	6,2	–	710–880	730	250	8,1		
– B-Cu86SnP-650/700	–	86,25	6,75	7,0Sn	650–700	690	250	8,0		mit Flussmittel für Kupfer, Messing, Bronze, Rotguss. Nicht bei schwefelhaltigen Medien. Nicht für Fe- und Ni-Legierungen.

Cadmiumhaltige Silberhartlote[1]) für universelle Anwendung:

Normen DIN EN 1035 DIN EN ISO 3677	Zusammensetzung Gewichts-% Ag	Cu	Zn	Cd	Schmelzbereich °C	Arbeitstemperatur (DIN 8505) °C	Zugfestigkeit (DIN EN 12797) N/mm^2 an St37	St50	Dichte g/cm^3	Wichtigste Grundwerkstoffe Anwendungsgebiete (nach Fa. Degussa)
L-Ag50Cd B-Ag50CdZnCu-620/640	50	15	17,5	17,5	620–640	640	410	510	9,5	Beliebige Stähle, Kupfer und Kupferlegierungen, Nickel und Nickellegierungen Für Lötstellen mit Betriebstemperaturen bis 150 °C **Neue Werkstoffbezeichnungen:** St37 ≙ S235JRG1 St50 ≙ E295 s. auch Anmerkung in der oberen Tabelle.
L-Ag45Cd B-Ag45CdZnCu-620/635	45	17	18	20	620–635	620	410	510	9,4	
L-Ag40Cd B-Ag40ZnCdCu-595/630	40	19	21	20	595–630	610	410	510	9,3	
L-Ag34Cd B-Ag34CuZnCd-610/680	34	22	24	20	610–680	640	400	480	9,1	
L-Ag30Cd B-Ag30CuZnCd-600/690	30	28	21	21	600–690	680	380	470	9,2	
L-Ag25Cd B-Cu30ZnAgCd-605/720	25	30	27,5	17,5	605–720	710	380	470	8,8	
– B-Cu35ZnAgCd-620/730	22	35	28	15	620–730	710	380	470	8,7	
L-Ag20Cd B-Cu40ZnAgCd-605/765	20	40	25	15	605–765	750	350	430	8,8	

Fügen (Fortsetzung)

[1]) **Anmerkungen:** → [Zustandsdiagramme (Diagramme und Nomogramme)]

- Phosphor P setzt den Schmelzpunkt herab. Bei den Hartloten für Kupferwerkstoffe führt P bei der Paarung Cu/Cu zu flussmittelfreiem Löten.
- Silber Ag und Cadmium Cd setzen den Schmelzpunkt herab → nebenstehendes Zustandsschaubild.

	Silber Ag	Cadmium Cd
Schmelzpunkt	960,8 °C	320,9 °C
Siedepunkt	2212 °C	765 °C

- Cadmium hat einen relativ niedrigen Siedepunkt. Bei Überhitzung dampft Cd aus dem Lot heraus. **Cadmium-Dämpfe sind giftig**.

Cadmiumoxid ist ein krebserregender Stoff. Lothersteller empfehlen daher die Umstellung auf cadmiumfreie Lote. In den USA sind cadmiumhaltige Lote verboten.

Zustandsdiagramme einer Cu-Ag, Zn-Cd-Legierung gemäß **DKI** (Deutsches Kupferinstitut)

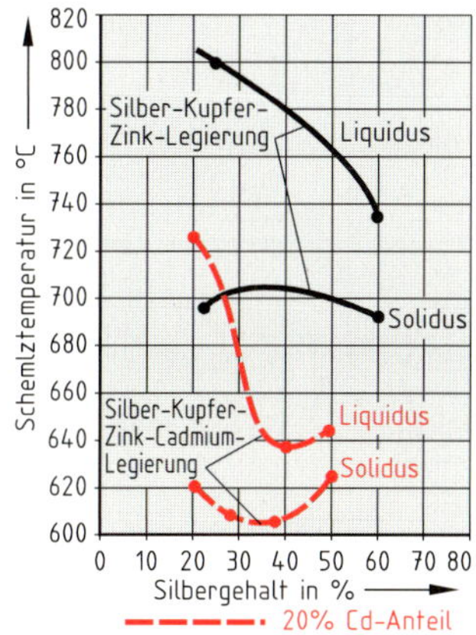

Hartlot für Aluminium-Lötungen

Normen **DIN EN 1044** **DIN EN ISO 3677**	Zusammensetzung Gewichts-% Al	Si	Schmelzbereich °C	Arbeitstemperatur (**DIN 8505**) °C	Zugfestigkeit (**DIN EN 12797**) N/mm²	Dichte g/cm³	Wichtigste Anwendungsgebiete (nach Fa. Degussa)	Wichtigste Grundwerkstoffe (nach Fa. Degussa)
L-AlSi12 B-Al88Si-575/590	88	12	575–590	590	100	2,65	Reparatur und Fertigung von Einzel- und Massenteilen	Aluminium und Al-Legierungen mit → Solidustemperaturen von mind. 640 °C

Unfallverhütungsvorschriften:

UVV **BGV.D1** „Schweißen, Schneiden und verwandte Verfahren" ist zu beachten.

Lebensmittelberührung:

Lote und Flussmittel, die mit Lebensmittel in Berührung kommen, müssen nach der Vorschrift **DVGW-GW 2** (Deutscher Verein des Gas- und Wasserfaches) zugelassen sein.

Schweißverbindungen

(→ Sinnbilder Schweißen, Löten; Festigkeitslehre; Gasgesetze)

Unter Schweißen versteht man die stoffschlüssige, nicht lösbare Verbindung gleicher oder ähnlicher Stoffe unter Zuführung von Wärme im teigigen oder flüssigen Zustand.

Schweißbare Werkstoffe sind gleiche oder ähnliche Kunststoffe (Thermoplaste), Metalle oder Metalllegierungen.

Schweißverfahren:

(→ Kennzeichen für Schweiß- und Lötverfahren)

Pressschweißen

Erwärmung bis zum teigigen Zustand.
Druckanwendung verbindet Fügeteile.

Schmelzschweißen

Erwärmung bis zum flüssigen Zustand.
Verbindung durch Zusammenfließen.

Fügen (Fortsetzung)

Hauptsächliche Schweißverfahren: (→ Kennzeichen für Schweiß- und Lötverfahren)

Kennzahl	Kurzbezeichnung	Werkstoffe	Anwendung
311	G	Stähle	allg. Stahlbau, Rohrleitungen
111	E	Stähle	allg. Stahlbau
141	WIG	alle Metalle	hoch beanspruchte dünne Fügeteile
21/23	RP/RR	alle Metalle	Blechkonstruktionen, Kanäle
135	MAG	Stähle	allg. Stahlbau
131	MIG	Stähle, Leichtmetalle	sehr dicke und sehr dünne Fügeteile
12	UP	Stähle	dicke Fügeteile, langsame Abkühlung
3 42	G R	Kunststoffteile (Thermoplaste), z. B. Polystyrol, Teflon, PVC (auch für **Folienschweißung**)	

Werkstoff	Stahlguss, unleg. Stähle	leg. Stähle	Kupfer	Leichtmetalle	Gusseisen
Schweißverfahren	alle Verfahren	WIG, MIG RP, RR, UP	WIG, MIG	WIG, MIG RP, RR	G, E WIG

Gestaltung von Schweißverbindungen:

Art des Stoßes	Konstruktive Möglichkeit (Beispiele)	Bemerkung
Überlapp- und Stumpfstoß	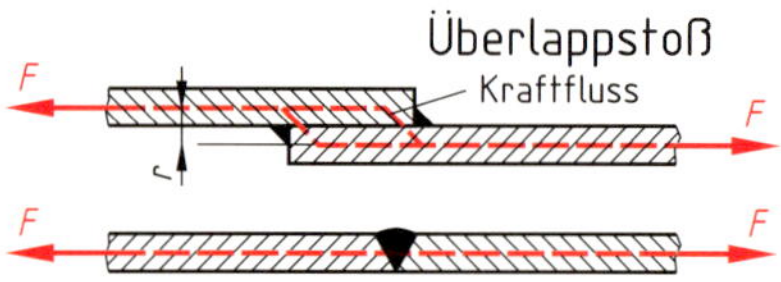	ungünstiger Kraftfluss, zusätzliche → Biegebeanspruchung. Hohe → Strömungswiderstände bessere Lösung
	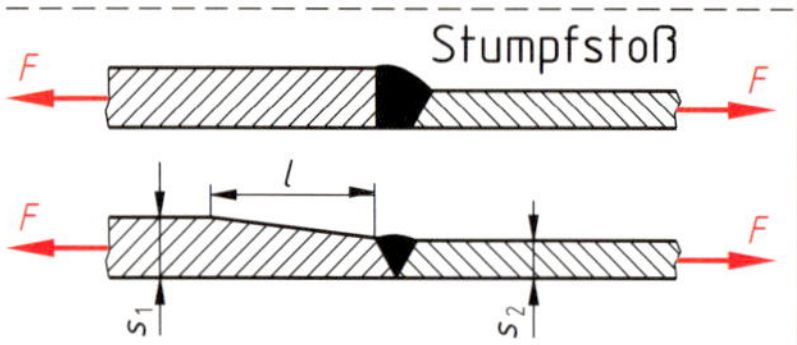	großer Spannungsanstieg (→ Festigkeitslehre) bessere Lösung: $l = 5 \dots 7 \cdot (s_1 + s_2)$
Eckstoß	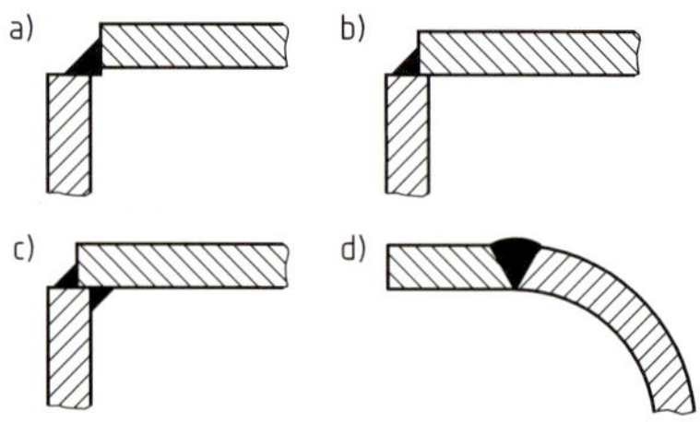	a) gut durchschweißbar, hohe Festigkeit, schlechtes Passen b) schlecht durchschweißbar, niedrige Festigkeit, gutes Passen c) gutes Passen, gut durchschweißbar, hohe Festigkeit, teuer d) technisch beste, aber auch teuerste Lösung
T-Stoß	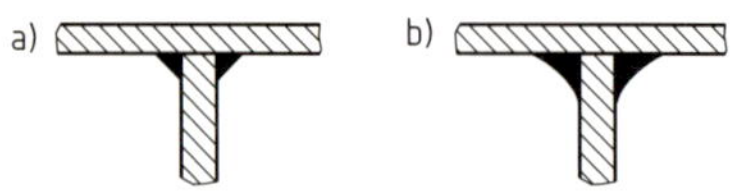 **Regel:** Zweiseitig zugängliche Nähte sollten möglichst von zwei Seiten geschweißt werden.	a) möglichst beidseitig schweißen b) durch Hohlnähte wird ein günstiger Kraftlinienfluss und eine geringere → Kerbwirkung in den Nahtübergängen erreicht.

7

Fügen (Fortsetzung)

Konstruktionsdetail (Beispiele)	Bemerkung
Biegebeanspruchte Naht 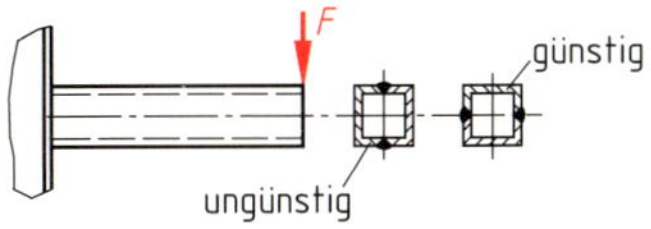	→ Biegespannung Schweißnähte möglichst in „spannungsarme" Bauteilbereiche legen, d. h. in die Nähe der Biegelinie (neutrale Faser). Der Abstand zwischen zwei tragenden Nähten sollte möglichst die vierfache Blechdicke nicht unterschreiten.
Versteifungsrippen 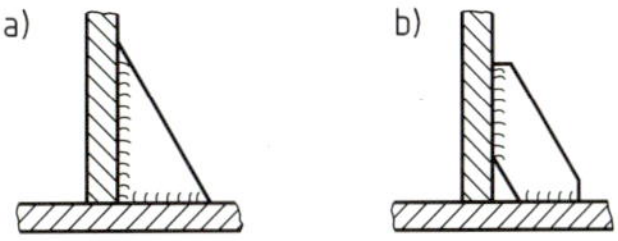	a) ungünstig, da beim Schweißen die Ausläufe (Spitzen) der Versteifungsrippen „wegbrennen". b) günstig. Es kann rundum (geschlossene Naht) geschweißt werden.
Flanschverbindungen 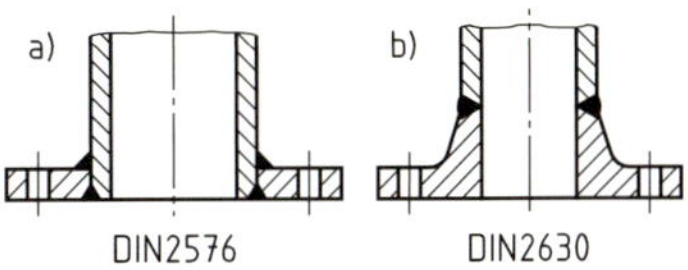	Flanschübersicht: **DIN 2500**, 08.66 a) bei niedriger mechanischer Beanspruchung, preisgünstig. b) hoher Preis, günstig durch guten Kraftflussverlauf, hohe Festigkeit.

Schweißgutfreier Abstand:
Hierunter versteht man den Mindestabstand zweier Schweißnähte. Spezielle Vorschriften wie **AD-Merkblätter** (Arbeitsgemeinschaft Druck) oder **AGI-Arbeitsblätter** beachten:

- **AGI-Arbeitsblatt Q153** → Halterungen für Tragkonstruktionen
- **AGI-Arbeitsblatt Q154** → Trag- und Stützkonstruktionen

} → Dämmarbeiten

Schweißnahtberechnung:
[→ **Festigkeitslehre** (Zug, Druck, Biegung, Abscherung, Torsion)]

$$\varrho_1 = \frac{F}{A_n}$$ **Zug-, Druck-, Scherspannung**

$$\varrho_2 = \frac{M_b}{W_n}$$ **Biegespannung** (→ Biegung)

F	Kraft	N
A_n	Nahtquerschnitt (s. unten)	mm^2
M_b	Biegemoment	N mm
W_n	Widerstandsmoment der Naht	mm^3

Spezielle Vorschriften im Stahl- und Behälterbau (→AD-Merkblätter) sind unbedingt zu berücksichtigen.

geschlossene Nähte

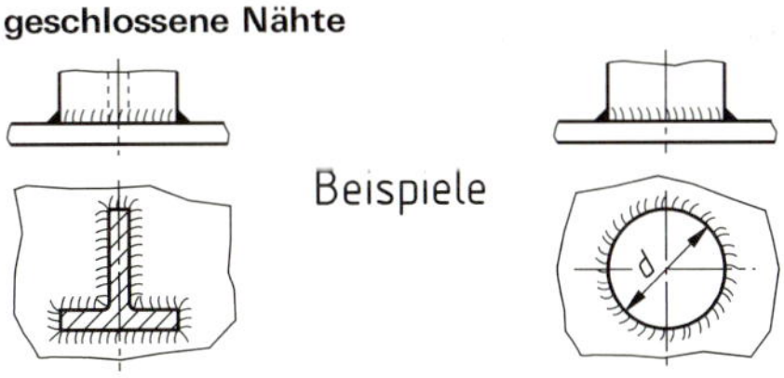

l_n = Profilumfang **Nahtlänge**

nicht geschlossene (offene) Nähte

$l_n = l - 2 \cdot a$ **Nahtlänge**

Länge der Nahtkrater (Schweißnahtenden) wird abgezogen (bei einseitig offen nur einmal)

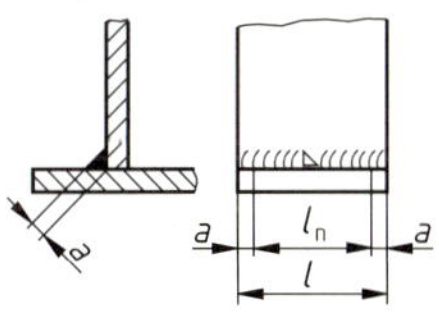

a	Schweißnahtdicke	mm

$A_n = l_n \cdot a$ **Nahtquerschnitt Kehlnaht**

$A_n = l_n \cdot s$ **Nahtquerschnitt Stumpfnaht**

l_n	Nahtlänge	mm
a	Schweißnahtdicke	mm
s	Blechdicke	mm

7

Fügen (Fortsetzung)

$$\varrho = \sqrt{\varrho_1^2 + \varrho_2^2}$$ **zusammengesetzte Spannung**

ϱ_1 entweder Zugspannung oder Druckspannung oder Schubspannung (Scherung) N/mm²
ϱ_2 Biegespannung N/mm²

Beispiel Biegung und Schub:

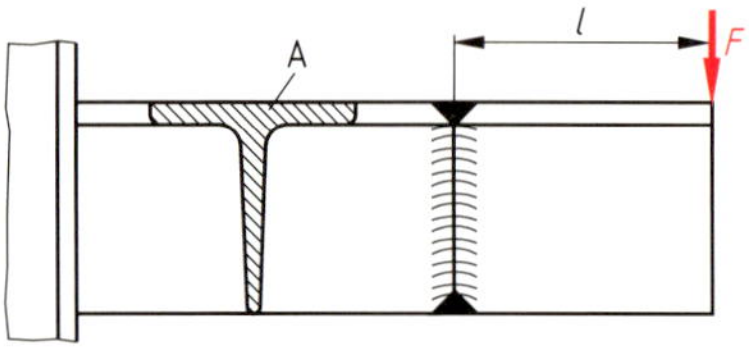

Achtung: Zulässige Spannungen aus DIN-Normen und sonstigen Vorschriften (z. B. AD-Merkblätter) beachten.

Die **Berechnung von Hartlotverbindungen** erfolgt in Analogie zur Schweißnahtberechnung.

Schweißgasflaschen		
Gasart	Kennfarbe	Anschlussgewinde
Sauerstoff	blau	R 3/4
Acetylen	gelb	Spannbügel
Wasserstoff	rot	W 21,80 × 1/14
Propan	rot	W 21,80 × 1/14
Schutzgase		
Argon	grau	
Helium	grau	
Stickstoff	grün	
Kohlenstoffdioxid	grau	

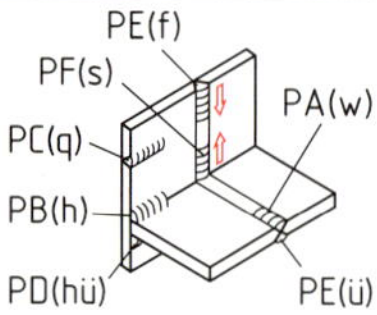

Schweißpositionen		
DIN 1912	**ISO 6947**	Benennung
w	PA	Wannenposition
h	PB	Horizontalposition
s	PF	Steigposition
f	PG	Fallposition
q	PC	Querposition
ü	PE	Überkopfposition
hü	PD	Horizontal-Überkopfposition
s. nebenstehendes Bild		

Schweißzusätze:
Gasschweißstäbe entsprechend **DIN 8554**, 05.86
Schutzgase zum Lichtbogenschweißen und Schneiden entsprechend **DIN EN 439**, 10.94
Drahtelektroden entsprechend **DIN EN 440**, 11.94

Gasverbrauch:
(→ Gasgesetze)

$$V_{amb} = \frac{p_e \cdot V}{p_{amb}}$$ **Verfügbare Gasmenge**

$$\Delta V = \frac{V \cdot (p_{e1} - p_{e2})}{p_{amb}} = V_1 - V_2$$ **Gasverbrauch von ungelösten Gasen**

$$\Delta V = \frac{V_{Fl} \cdot (p_{e1} - p_{e2})}{p_f}$$ **Gasverbrauch von gelösten Gasen**

V_{amb}	Gasvolumen bei Atmosphärendruck	l
p_{amb}	Atmosphärendruck	l
V	Flaschenvolumen	l
p_e	Flaschenüberdruck (Manometeranzeige)	bar
ΔV	Gasverbrauch	l
V_1	Flascheninhalt vor Entnahme	l
V_2	Flascheninhalt nach Entnahme	l
p_{e1}	Manometerdruck vor Entnahme	bar
p_{e2}	Manometerdruck nach Entnahme	bar
V_{Fl}	Flascheninhalt vom im Lösungsmittel gelöstem Gas	l
p_f	Fülldruck der Flasche	bar

Acetylen wird von Aceton unter Druck gelöst, nämlich 25 l bei 1 bar Überdruck.

7

B $p_e = 100$ bar; $V = 40$ l; $p_{amb} = 1{,}02$ bar.
Wie viel l Sauerstoff stehen bei Atmosphärendruck zur Verfügung?

$$\boldsymbol{V_{amb}} = \frac{p_e \cdot V}{p_{amb}} = \frac{100 \text{ bar} \cdot 40 \text{ l}}{1{,}02 \text{ bar}} = \mathbf{3921{,}6\ l}$$

B $p_{e1} = 18$ bar; $p_{e2} = 13{,}5$ bar; $V = 40$ l.
Wie viel Liter an ungelöstem Acetylen werden verbraucht? ($p_{amb} = 1{,}02$ bar)

$$\boldsymbol{\Delta V} = \frac{V \cdot (p_{e1} - p_{e2})}{p_{amb}} = \frac{40 \text{ l} \cdot 4{,}5 \text{ bar}}{1{,}02 \text{ bar}} = \mathbf{176{,}5\ l}$$

Schweißgashersteller stellen auch **Verbrauchsdiagramme** zur Verfügung.

Fügen (Fortsetzung)

Schweißen von Kupfer und Kupferlegierungen:

Kupfer mit **Schweißeignung**	
Cu-Sorte	Anwendungsbereich
SF-Cu[1])	desoxidiert, sauerstofffrei Rohrleitungen, Apparatebau
E-Cu	sauerstoffhaltig Halbzeug in der Elektrotechnik
SE-Cu[2])	Halbzeug in der Elektrotechnik

[1]) sehr gut schweißbar [→ **Kupfer und Kupferlegierungen** (Apparatewerkstoffe)]
[2]) besondere Anforderungen an die Schweißbarkeit
Andere Cu-Sorten: beschränkt schweißbar

Mögliche Schweißverfahren (Auswahl)
Kaltpressschweißen Kaltfließpressschweißen, Reibschweißen, Diffusionsschweißen, Wolfram-Plasmaschweißen (WP), Mikroplasma-Schweißen, Impuls-Lichtbogenschweißen, WIG-Impuls-Lichtbogenschweißen (WIG_P), MIG-Impuls-Lichtbogenschweißen (MIG_P), Elektronenstrahlschweißen, EB-Schweißen (im Vakuum), LB-Schweißen (mit Schutzgas), Sprengschweißen, u.a.

Über Schweißeignung und anwendbare Schweißverfahren informiert Sie umfassend das DKI (Deutsches Kupferinstitut).

Verbindungsschweißen von Kupfer mit Kupferlegierungen (Anhaltsangaben DKI)

Werkstoffe	Schweißverfahren	Schweißzusatz	Bemerkungen
Kupfer mit Kupfer-Silizium-Mangan (CuSi2Mn, CuSi3Mn)	WIG vorzugsweise doppelseitig-gleichzeitig MIG	SG-CuSn6	bei Blechen mit $s > 10$ mm Kupferseite auf 300 bis 400 °C vorwärmen
Kupfer mit Kupfer-Zink-Legierungen	WIG vorzugsweise doppelseitig-gleichzeitig	SG-CuSn6 oder SG-CuSn	je nach Wanddicke Kupferseite auf 200 bis 500 °C vorwärmen
Kupfer mit Kupfer-Zinn-Legierungen	WIG MIG	SG-CuSn6	
Kupfer mit Kupfer-Nickel-Legierungen	WIG MIG	SG-CuNi30Fe	
Kupfer mit Kupfer-Aluminium-Legierungen	WIG MIG	SG-CuAl8 oder SG-CuSn6	

WIG: Kennzahl 141
MIG: Kennzahl 131

Schweißeignung von Kupferlegierungen (Anhaltsangaben DKI)

Kurzzeichen der Legierung	Gasschweißen	Schutzgasschweißen WIG-Impuls	Schutzgasschweißen MIG-Impuls	Metall-Lichtbogenschweißen	elektrisches Widerstandsschweißen Punkt-	elektrisches Widerstandsschweißen Naht-	elektrisches Widerstandsschweißen Stumpf-
CuAg0.1	2	2	2	1	1	1	1
CuFe2P	1	2	2	1	1	1	1
CuMn2	1	2	1	1	1	1	2
CuSi2Mn	0	2	2	0	2	2	2
CuSi3Mn	0	2	2	0	2	2	2
CuZn0.5	2	2*)	2*)	1	1	1	1
CuZn37	2	1*)	1**)	0	1	0	1
CuZn20Al2	0	2	1**)	1	1	0	1
CuNi12Zn24	1	1	0	0	1	1	1
CuAl10Ni5Fe4	0	2	2	1	1	1	1
G-CuCr	0	1	1	0	0	0	1
G-CuZn34Al2	0	1*)	1**)	0	1	0	1
G-CuZn15Si4	1	1*)	1**)	0	1	0	1
G-CuSn10	1	1	1	1	1	1	2
G-CuSn10Zn	0	1	1	0	1	1	2
G-CuNi10	0	1	1	1	1	1	2
G-CuNi30	0	2	2	1	2	2	2
G-CuAl10Fe	0	1	1	1	1	1	1
G-CuAl10Ni	0	1	1	1	1	1	1

In nebenstehender Tabelle bedeuten die Ziffern
0: nicht geeignet
1: geeignet
2: empfohlen

des Weiteren
*) zinkfreie Zusätze empfohlen
**) zinkfreie Zusätze erforderlich

Die Schweißzusätze (Schweißstäbe, Schweißdrähte, Drahtelektroden) sind auf die Grundwerkstoffe abzustimmen. DKI-, Norm- u. Herstellerangaben sind zu beachten!

7

Fügen (Fortsetzung)

Schweißen von Aluminium und Aluminiumlegierungen: (→ Kennzeichen Schweiß- und Lötverfahren)

Grundwerkstoffe der Fügeteile	Schweißzusatzstoffe	Eignung bei G (311)	WIG (141)	MIG (131)	L (1)	Grundwerkstoffe der Fügeteile	Schweißzusatzstoffe	Eignung bei G (311)	WIG (141)	MIG (131)	L (1)
Al99,8; Al99,7; Al99,5; E-Al	S-Al99,8	3	2	2	4	AlMg3; G-AlMg3Si; G-AlMg5	S-AlMg5	5	2	2	5
Al99,5; Al99	S-Al99,5 Ti	2	2	2	4	AlMg4,5Mn; G-AlMg3Si; G-AlMg5	S-Al Mg4,5Mn	5	2	2	5
AlMn	S-AlMn	2	2	3	4						
AlMg1; AlMg3; AlMgMn	–	–	–	–	4	AlSi5; AlMgSi0,5; AlMgSi1	S-AlSi5	2	2	2	4
AlMg3; AlMgSi0,5; G-AlMg3Si	S-AlMg3	3	2	3	5	AlSi-Gussleg. mit mehr als 7% Si	S-AlSi12	2	2	2	4

In der Tabelle bedeuten die Ziffern 2: gut geeignet, 3: geeignet, 4: möglich, 5: nicht geeignet

Unfallverhütungsvorschriften beim Schweißen:
UVV **BGV.D1** „Schweißen, Schneiden und verwandte Verfahren" ist zu beachten.

Lüftung in Räumen

Verfahren	Zusatzwerkstoff: Unlegierter und niedriglegierter Stahl, Aluminium-Werkstoffe k	l	Hochlegierter Stahl, NE-Werkstoffe (außer Aluminium-Werkstoffe k	l	Schweißen an beschichtetem Stahl k	l
Gasschweißen ortsgebunden	F	T	T	A	T	A
nicht ortsgebunden	F	T	F	A	F	A
Lichtbogenhandschweißen ortsgebunden	T	A	A	A	A	A
nicht ortsgebunden	F	T	T	A	T	A
MIG-, MAG-Schweißen ortsgebunden	T	A	A	A	A	A
nicht ortsgebunden	F	T	T	A	T	A
WIG-Schweißen ortsgebunden	F	T	F	T	F	T
nicht ortsgebunden	F	F	F	T	F	T
Unterpulverschweißen ortsgebunden	F	T	T	T	T	T
nicht ortsgebunden	F	F	F	T	F	T
Thermisch. Spritzen	A	A	A	A	–	–

In nebenstehender Tabelle bedeuten die Buchstaben
k: kurzzeitig
l: länger andauernd
F: freie (natürl.) Lüftung
T: technische (masch.) Lüftung
A: Absaugung im Entstehungsbereich der gesundheitsgefährdenden Stoffe

Stehen die entsprechenden Lüftungseinrichtungen nicht zur Verfügung oder sind nicht ausreichend wirksam, müssen geeignete Atemschutzgeräte zur Verfügung gestellt werden.

Eine Verbesserung der Atemluft durch Zugabe von Sauerstoff ist verboten.

Sauerstoffarmaturen sind fettfrei zu halten.

7

Stoffeigenschaftändern

Stoffeigenschaftändern ist die Änderung der Stoffeigenschaften (z. B. → Härte, → Festigkeit, → Dehnverhalten u. a.) eines festen Körpers durch Umlagern, Aussondern oder Einbringen von Stoffteilchen.

Stoffeigenschaftändern (Fortsetzung)

Gruppen des Stoffeigenschaftänderns:

Umlagern von Stoffteilchen	Aussondern von Stoffteilchen
• durch Veränderung des Gefüges oder des Kristallgitters oder beidem (z. B. Glühen, Härten, Anlassen, Vergüten) • durch Verformung des Kristallgitters (z. B. Festbiegen, Festwalzen, Verfestigungsstrahlen) • durch Verändern der Wirkenergien (z. B. Magnetisieren, elektrisch Aufladen)	Entzug von Stoffteilchen (z. B. Entkohlen) **Einbringen von Stoffteilchen** z. B. Aufkohlen, Nitrieren Eine wichtige Anwendung des Stoffeigenschaftändern ist die **Wärmebehandlung**.

Wärmebehandlung von Eisenwerkstoffen

Fe-C-Diagramm [Eisen-Kohlenstoff-Diagramm (Ausschnitt)] als Grundlage für die **Wärmebehandlung unlegierter Stähle**

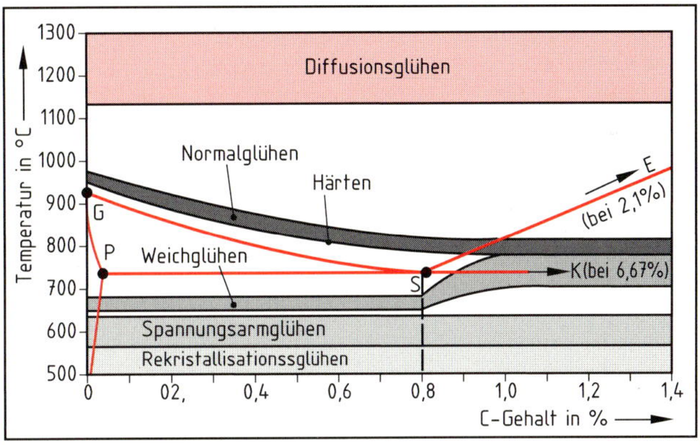

→ Diagramme und Nomogramme **(Zustandsdiagramme)**

- **Diffusionsglühen** (→ Diffusion) ist ein Homogenisierungsglühen zum Ausgleich von Konzentrationsunterschieden und Gefügeheterogenitäten bei hohen Temperaturen (30 bis 40 h).
- **Normalglühen** ist ein Glühen zur Erzielung eines stabilen Gefügezustandes oberhalb der GSK-Linie.
- **Härten** ist ein Erwärmen und Halten auf einer Temperatur kurz über der GSK-Linie und mit anschließendem Abschrecken.
- **Weichglühen** ist ein Glühen dicht unterhalb bzw. oberhalb der PSK-Linie.
- **Spannungsarmglühen** ist ein Glühen zur Herabsetzung innerer Spannungen unterhalb der PSK-Linie und anschließender langsamer Abkühlung.
- **Rekristallisationsglühen** ist ein Glühen im Rekristallisationsbereich bei niedrigen Temperaturen nach einer vorangegangenen Umformung (Rückformung der Kristalle).

Das **Fe-C-Diagramm** ist nur bei **unlegierten Stählen** anwendbar. Bei **legierten Stählen**: Wärmebehandlung nach einschlägigen Normen bzw. nach den **Angaben des Herstellers**.

Spezielle Verfahren des Stoffeigenschaftänderns: (→ Anlassen)

- **Einsatzhärten** ist ein Aufkohlen mit Einsatzmitteln (geben C ab) bei hohen Temperaturen und anschließendem Härten. Einsatzstähle nach **DIN EN 10084**.
- **Induktionshärten** ist wie das Einsatzhärten und das Nitrieren ein **Oberflächen-Härteverfahren** mittels elektroinduktiver Erwärmung (→ Induktion)
- **Nitrieren** ist eine thermochemische Behandlung zur Erzeugung harter nitridhaltiger Schichten durch Anreicherung dieser Schichten durch Stickstoff bei hoher Temperatur. Nitrierstähle nach **DIN EN 10085** mit den Legierungsbestandteilen Al, Cr, Mo, V.
- **Vergüten** ist ein Härten mit anschließendem **Anlassen**. Durch das Anlassen wird dem Werkstoff die „Glashärte" genommen.

Temperguss:

Rohguss, der durch das **Tempern** in einen schlagzähen Zustand überführt wird.

Weißer Temperguss GTW ist entkohlend geglüht und hat ein wanddickenabhängiges Gefüge- und Festigkeitsverhalten.

Schwarzer Temperguss GTS ist nicht entkohlt aber geglüht und hat ein wanddickenunabhängiges Festigkeitsverhalten.

Stoffeigenschaftändern (Fortsetzung)

Stoffeigenschaftändern und Wärmebehandlung von Kupfer

Härte- und Festigkeitssteigerung wird bei Cu ausschließlich durch Verformung des Kristallgitters erreicht (nicht durch Erwärmen mit anschließendem Abschrecken!). → **Kaltverfestigung** durch Umformen, z. B. Festbiegen, Festwalzen, Festhämmern, Festziehen, Verfestigungsstrahlen u.a.

Umformgrad	Bezeichnung von SF-Cu	Zugfestigkeit R_m in N/mm^2
↓	SF-Cu-F20 SF-Cu-F22 SF-Cu-F24 SF-Cu-F25 SF-Cu-F30	200 220 240 250 300

→ Die Kaltverfestigung steigt mit dem Umformgrad. Bei zu großer Kaltverfestigung wird das Gefüge zerstört.

Rekristallisation (Zurückverwandlung des Gefüges) durch Glühen. Abhängig von **Glühdauer** und **Glühzeit**.

Korngröße, Dehnverhalten und Festigkeit von SF-Cu beim Rekristallisationsglühen (**Glühdauer 30 min**) in Abhängigkeit von der Temperatur. Angaben von DKI (Deutsches Kupferinstitut) in folgenden Diagrammen:

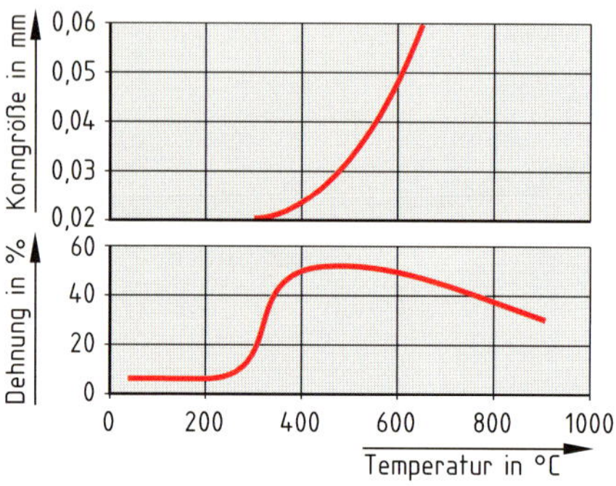

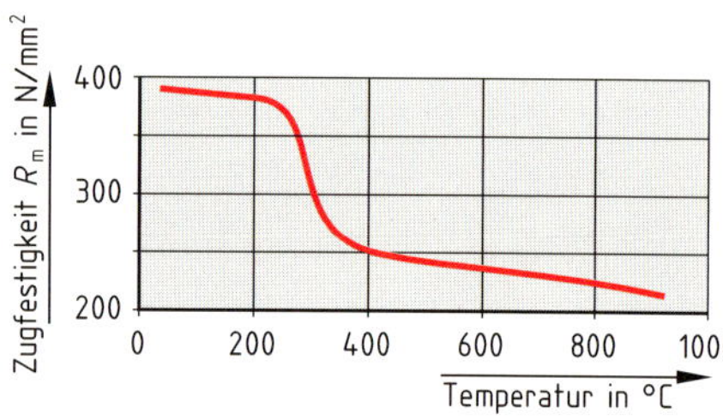

Der Grad der Rekristallisation ist eine Funktion von Glühdauer und Glühtemperatur.

Wärmebehandlung von Aluminiumlegierungen

Man unterscheidet **nicht aushärtbare Al-Legierungen** und **aushärtbare Al-Legierungen**.

Kurzname	Lösungsglühen		Kaltauslagern	Warmauslagern	
	Abschreckmedium	bei ϑ in °C	in Tagen	t in h	ϑ in °C
AlMgSi0,5 E-AlMgSi0,5 AlMgSi1 AlMgSiPb	Luft/Wasser Luft/Wasser Wasser/Luft Wasser	525 ... 540 525 ... 540 525 ... 540 520 ... 530	5 ... 8	4 ... 16	155 ... 190
AlCuMg1 AlZnMg1	Wasser Wasser	490 ... 510 450 ... 470	5 ... 8 100	– 18 ... 24	– 130

Herstellerangaben (auch in Form von Aushärtungsdiagrammen) und einschlägige Normen über Al-Legierungen beachten!
Bei Erwärmung über die Lösungsglühtemperatur geht die Härte verloren. Achtung bei Reparaturschweißungen o. ä.

Anlagentechnik

Druckgeräte

Die **Beschaffenheit**, d. h. der Bau (Auslegung, Berechnung, Konstruktion, Fertigung und Prüfung vor erster Inbetriebnahme); das **Inverkehrbringen** und die **erste Inbetriebnahme von Druckgeräten** ist europäisch in der Druckgeräte-Richtlinie (**DRGL 97/23/EG** vom Mai 97) geregelt.
Die DRGL wurde in der 14. Verordnung zum **Gerätesicherheitsgesetz** (14. GSGV vom Oktober 02) in nationales Recht umgesetzt.

Druckgeräterichtlinie (97/23/EG, 05.97)

Druckgeräte sind alle Bauteile und aus einzelnen Druckgeräten zusammengesetzte Baugruppen bzw. Anlagen mit einem **maximal zulässigen Druck** $PS > 0{,}5$ **bar** (→ Überdruck).

Einteilung von Druckgeräten nach Art. 3 (einschließlich aller an drucktragenden Teilen angebrachten Elementen wie Flansche, Stutzen, Kupplungen Tragelemente, Hebeösen etc.):
- **Behälter** (geschlossene Bauteile zur Aufnahme von Fluiden)
- **Rohrleitungen** (Bauteile zur Durchleitung von Fluiden)
- **Ausrüstungsteile mit Sicherheitsfunktion** (Einrichtungen zum Schutz gegen unzulässig hohen Druck)
- **Druckhaltende Ausrüstungsteile** (Einrichtungen mit Betriebsfunktion mit druckbeaufschlagtem Gehäuse, Ventile, Messkammern, Filter, Ausdehnungsstücke etc.

Fluideinteilung nach Art. 9
- **Gruppe 1**: alle gefährlichen Fluide nach **RL 67/548/EG**, die explosionsgefährlich, hochentzündlich, leicht entzündlich, entzündlich (zulässige Temperatur über dem → Flammpunkt), giftig, sehr giftig oder brandfördernd sind
- **Gruppe 2**: alle nicht in Gruppe 1 aufgezählten Fluide (auch entzündliche Stoffe, wenn die maximal zulässige Temperatur unter dem Flammpunkt liegt)

Eingruppierung **Kältemittel** (→ „Kältemitteldaten")

Einstufung und Symbole für Fluide s. a. **RL 93/21/EG**

Technische Anforderungen an Druckgeräte

Grundlegende Anforderungen an Druckgeräte nach Art. 3 gemäß **Anhang I der DGRL**:
- **Entwurf** (z. B. Auslegung, Auslegungsmethoden, Entleer- und Entlüftungsmöglichkeiten, Inspektionen → Korrosion, Verschleiß etc.)
- **Fertigung** (Fertigungsverfahren, Abnahmen, Kennzeichnung und Ettikettierung, Betriebsanleitung)
- **Werkstoffe**
- **Spezielle Anforderungen an bestimmte Druckgeräte** (beheizte Druckgeräte, → Rohrleitungen etc.)
- **Zulässige Belastungen** (Verbindungskoeffizienten, Einrichtungen zur Druckbegrenzung, → Prüfdruck, Werkstoffeigenschaften)

Für **Behälter** und **Rohrleitungen** werden nach Art. 3, Absatz 1 **Grenzwerte** (mit steigendem Druck, Volumen bzw. DN zunehmendes Gefahrenpotential) festgelegt, bzw. diese Bauteile mit den **Konformitätsbewertungsdiagrammen** 1 ... 9 des **Anhanges I DGRL** in die **Kategorien 0** (DGRL Art. 3, Abs. 3) bzw. **Kategorien I ... IV** eingruppiert:

Grenzwerte der Kategorie 0 für Behälter und Rohrleitungen
Behälter, Fluidgruppe 1; Gase, verflüssigte Gase, unter Druck gelöste Gase etc. mit einem → Dampfdruck > 0,5 bar über Atmosphärendruck, Volumen < 1 Liter bzw. zulässiger Druck $PS \times$ Behältervolumen < 25 bar Liter bzw. zulässiger Druck PS < 200 bar, für höhere Werte gilt Konformitätsdiagramm 1
Behälter, Fluidgruppe 2; verflüssigte Gase, unter Druck gelöste Gase etc. mit einem Dampfdruck > 0,5 bar über Atmosphärendruck, Volumen < 1 Liter bzw. zulässiger Druck $PS \times$ Behältervolumen < 50 bar Liter bzw. zulässiger Druck PS < 1.000 bar, für höhere Werte gilt Konformitätsdiagramm 2
Behälter, Fluidgruppe 1; Flüssigkeiten mit Dampfdruck max. 0,5 bar über Atmosphärendruck, Volumen < 1 Liter bzw. zulässiger Druck $PS \times$ Behältervolumen < 200 bar Liter bzw. zulässiger Druck PS < 500 bar, für höhere Werte gilt Konformitätsdiagramm 3
Behälter, Fluidgruppe 2; Flüssigkeiten mit Dampfdruck max. 0,5 bar über Atmosphärendruck, zulässiger Druck PS < 1.000 bar (V < 10 Liter) bzw. zulässiger Druck $PS \times$ Behältervolumen < 10.000 bar Liter bzw. zulässiger Druck PS < 10 bar (V > 1.000 Liter), für höhere Werte gilt Konformitätsdiagramm 4
Dampferzeuger; V < 2 Liter, für höhere Werte gilt Konformitätsdiagramm 5
Rohrleitungen, Fluidgruppe 1; Gase, verflüssigte Gase, unter Druck gelöste Gase etc. mit einem Dampfdruck > 0,5 bar über Atmosphärendruck, DN < 25, für höhere Werte gilt Konformitätsdiagramm 6
Rohrleitungen, Fluidgruppe 2; Gase, verflüssigte Gase, unter Druck gelöste Gase etc. mit einem Dampfdruck > 0,5 bar über Atmosphärendruck, DN < 32 bzw. zulässiger Druck × DN < 1.000 bar, für höhere Werte gilt Konformitätsdiagramm 7

Druckgeräte (Fortsetzung)

Rohrleitungen, Fluidgruppe 1; Flüssigkeiten mit Dampfdruck max. 0,5 bar über Atmosphärendruck, DN < 25 bzw. zulässiger Druck × DN < 2.000 bar, für höhere Werte gilt Konformitätsdiagramm 8

Rohrleitungen, Fluidgruppe 2; Flüssigkeiten mit Dampfdruck max. 0,5 bar über dem Atmosphärendruck, DN < 200 bzw. zulässiger Druck × DN < 5.000 bzw. zulässiger Druck $PS < 10$ bar, für höhere Werte gilt Konformitätsdiagramm 9

Nach **Art. 3, Abs. 3** gilt:
Druckgeräte bzw. Baugruppen, die die zuvor genannten Grenzwerte nicht überschreiten (d. h. in Kategorie 0 fallen), müssen in Übereinstimmung mit der in einem Mitgliedstaat der EG geltenden guten Ingenieurpraxis ausgelegt und hergestellt werden, damit sie sicher verwendet werden können (→ **AD 2000-Regelwerk**).
Diesen Druckgeräten sind ausreichende **Benutzungsanweisungen** beizufügen und sie müssen eine **Kennzeichnung** tragen, anhand derer der Hersteller oder sein in der EG ansässiger Bevollmächtigter (z. B. Importeur) ermittelt werden kann. Diese Druckgeräte/Baugruppen dürfen keine → **CE-Kennzeichnung** tragen. (nach DGRL, ggf. jedoch nach MRL, sofern Maschinen).

Wenn die o. g. Grenzwerte überschritten werden, gelten die nachfolgenden Konformitätsdiagramme:

Konformitätsdiagramme nach Anhang II DGRL für Behälter und Rohrleitungen

Diagramm 1: Behälter, Fluidgruppe 1; Gase, verflüssigte Gase, unter Druck gelöste Gase etc. mit einem Dampfdruck $> 0{,}5$ bar über dem Atmosphärendruck
Diagramm 2: Behälter, Fluidgruppe 2; Gase, verflüssigte Gase, unter Druck gelöste Gase etc. mit einem Dampfdruck $> 0{,}5$ bar über dem Atmosphärendruck
Diagramm 3: Behälter, Fluidgruppe 1; Flüssigkeiten mit Dampfdruck max. 0,5 bar über Atmosphärendruck
Diagramm 4: Behälter, Fluidgruppe 2, Flüssigkeiten mit Dampfdruck max. 0,5 bar über Atmosphärendruck
Diagramm 5: Dampferzeuger, $\vartheta = t > 110\,°C$, $V > 2$ Liter
Diagramm 6: Rohrleitungen, Fluidgruppe 1; Gase, verflüssigte Gase, unter Druck gelöste Gase etc. mit einem Dampfdruck $> 0{,}5$ bar über dem Atmosphärendruck
Diagramm 7: Rohrleitungen, Fluidgruppe 2; Gase, verflüssigte Gase, unter Druck gelöste Gase etc. mit einem Dampfdruck $> 0{,}5$ bar über dem Atmosphärendruck
Diagramm 8: Rohrleitungen, Fluidgruppe 1; Flüssigkeiten mit Dampfdruck max. 0,5 bar über Atmosphärendruck
Diagramm 9: Rohrleitungen, Fluidgruppe 2; Flüssigkeiten mit Dampfdruck max. 0,5 bar über Atmosphärendruck

Alle Behälter und Rohrleitungen werden entsprechend Druck *PS*, Volumen *V* oder Nennweite DN bzw. den Produkten aus DN × *PS* bzw. *V* × *PS* nach den **Diagrammen 1 ... 9** in die **Kategorien I ... IV** eingeteilt. Aus der Kategorie ergibt sich das anzuwendende **Modul A ... H1** und der Umfang der notwendigen Prüfungen.

Zuordnung Kategorie I ... IV zu den Modulen A ... H1

Kategorie I	Modul A
Kategorie II	Modul A1 oder D1 oder E1
Kategorie III	Modul B1 + D oder B1 + F oder B + E oder B + C1 oder H
Kategorie IV	Module B + D oder B + F oder G oder H1

Prüfprozeduren nach den Modulen A ... H1

Modul A	Interne Fertigungskontrolle
Modul A1	Interne Fertigungskontrolle mit Überwachung der Abnahme
Modul B	EG-Baumusterprüfung
Modul B1	EG-Entwurfsprüfung
Modul C1	Konformität mit der Bauart
Modul D	Qualitätssicherung Produktion
Modul D1	Qualitätssicherung Produktion
Modul E	Qualitätssicherung Produkt
Modul E1	Qualitätssicherung Produkt
Modul F	Prüfung der Produkte
Modul G	EG-Einzelprüfung
Modul H	Umfassende Qualitätssicherung
Modul H1	Umfassende Qualitätssicherung mit Entwurfsprüfung und besonderer Überwachung der Abnahme

Anmerkung: Schwierigkeitsgrad und Aufwand nehmen von A → H zu!!!

Druckgeräte (Fortsetzung)

Anmerkung: Nachfolgend werden die **Diagramme 1 und 2 bzw. 6 und 7** für Gase abgebildet, da diese u. a. **für die Kältetechnik relevant** sind. Für Bauteile mit Flüssigkeiten und *PS* > 0,5 bar Überdruck (Betriebs- oder Ruhedruck) s. Diagramme 3 und 4 bzw. 8 und 9. Für Dampferzeuger Diagramm 5.

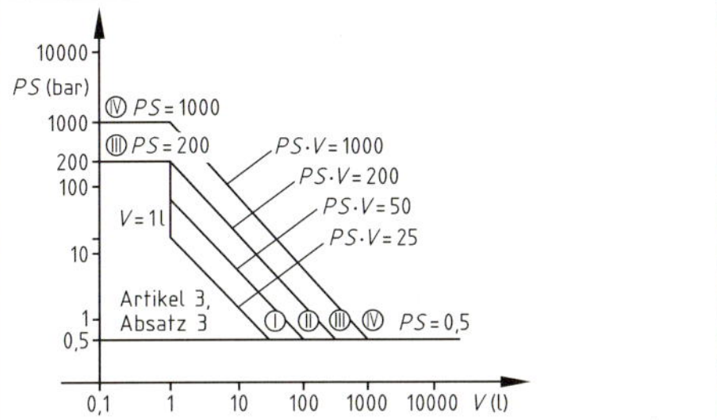

Diagramm 1: Behälter, Fluidgruppe 1, Gase

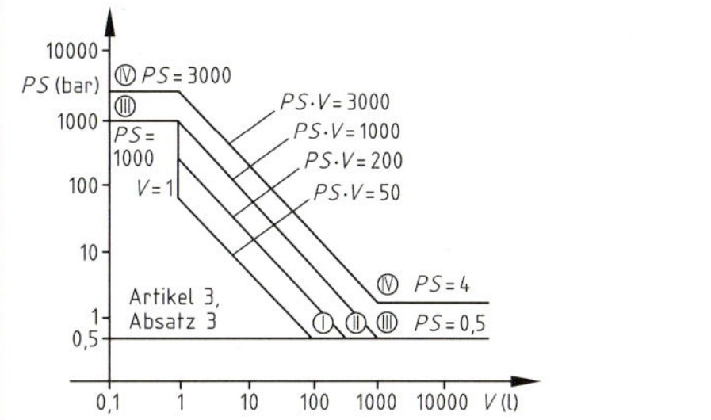

Diagramm 2: Behälter, Fluidgruppe 2, Gase

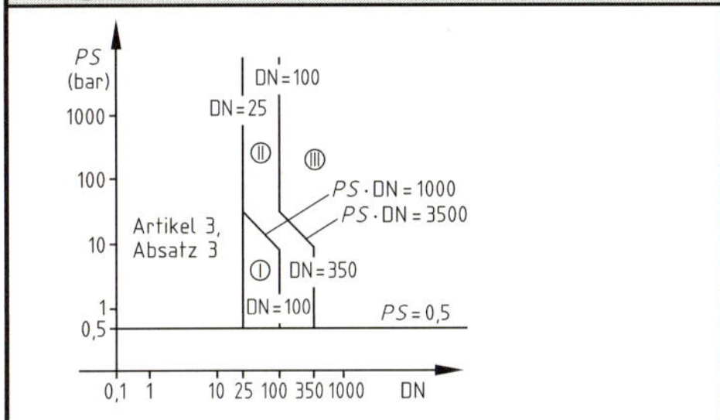

Diagramm 6: Rohrleitungen, Fluidgruppe 1; Gase

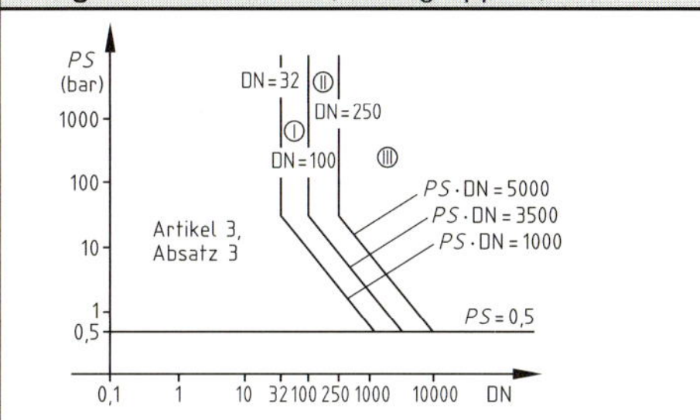

Diagramm 7: Rohrleitungen, Fluidgruppe 2, Gase

Geräte, die der DGRL nicht unterliegen

Dies sind Geräte, die höchstens in die Kategorie I fallen und einer der nachfolgenden Richtlinie unterliegen:

- Maschinenrichtlinie **98/27/ EG** (MaRL)
- Explosionsschutz-Richtlinie **94/9/EG** (ExRL)
- Aufzugs-Richtlinie **95/16/EG** (AufzRLL)
- Medizinprodukte-Richtlinie **93/42/EG** (MPRL)
- Niederspannungs-Richtlinie **73/23/EG** (NSRL)
- Richtlinie-Gasverbrauchseinrichtungen **94/396/EG**

Außerdem:
Flüssigkeitsbehälter mit Gaspolster *PS* ≤ 0,5 bar, Getränkebehälter *PS* × *V* ≤ 500 bar Liter, Druckbehälter mit flexiblen Umhüllungen, wie Luftreifen, Spielbälle, Schlauchboote etc., Heizkörper und Rohrleitungen in Warmwasserheizsystemen, Wasserversorgungsnetze, Rohrfernleitungen (Rohrfernleitungsverordnung), Fernheizleitungen u. a.

Pumpen, Turbinen, Motoren, offene Verdichter und **halbhermetische Verdichter**. etc. sind im Allgemeinen Maschinen im Sinne **MaRL 98/37/EG** und unterliegen nicht der DGRL:

Kälteanlagen sind, wenn Betriebs- und Ruhedruck > 0,5 bar (Kältemittel Wasser und Luft beachten), **Druckgeräte im Sinne der DGRL**.
Kälteanlagen bestehen meist aus mehreren Druckgeräten, die ggf. unterschiedlichen Kategorien (Kategorie 0, I ... IV nach DGRL) zuzuordnen sind.

Bauteile der Kälteanlage:

Behälter	Rohrbündelapparate, Plattenwärmeaustauscher (→ Wärmeaustauscher), Sammler, hermetische Verdichter (*V* = Kapselvolumen ohne innere feste Bauteile)
→ **Rohrleitungen**	Rohrleitungen, Fittinge ... [Anmerkung: Wärmeaustauscher aus Rohren zum Erhitzen oder Kühlen von Luft sind Rohrleitungen gleichgestellt (**DGRL Art. 1, Abs. 2.1.2**)]
Druckhaltende Ausrüstungsteile	Armaturen, Druckregler, Ausdehnungsstücke ...
Ausrüstungsteile mit Sicherheitsfunktion	Sicherheitsventile, Druckwächter, Druckbegrenzer

Druckgeräte (Fortsetzung)

Alle Bauteile der Kälteanlage müssen den Anforderungen nach DGRL entsprechen!

Behälter und Rohrleitungen werden nach den Diagrammen 1 (Behälter, Fluidgruppe 1) oder 2 (Behälter, Fluidgruppe 2) bzw. den Diagrammen 6 (Rohrleitungen, Fluidgruppe 1) oder 7 (Rohrleitungen, Fluidgruppe 2) in die Kategorien I ... IV eingeteilt.

Das Bauteil mit der höchsten Kategorie bestimmt die Kategorie der Gesamtanlage. **Druckwächter** bzw. **Druckbegrenzer** unterliegen immer der **Kategorie IV**, werden jedoch für die **Eingruppierung der Anlage nicht berücksichtigt**.

Aus der **Kategorie der Gesamtanlage I ... IV** ergibt sich das anzuwendende Modul A ... H1 und der Umfang der notwendigen Prüfungen für die Gesamtanlage (→ DGRL)	**Einstufung Kältemittel in Fluidgruppe 1 oder 2** → „Kältemitteldaten“	Wenn die Kälteanlage in Kategorie II oder höher eingruppiert ist, sind zwei **CE-Erklärungen** auszustellen (→ CE-Kennzeichen), und zwar: 1. nach MRL **98/37/EG** 2. nach DGRL **97/23/EG**

CE-Kennzeichen nach Art 15 DGRL:
Die **CE-Kennzeichnung der Druckgeräte** besteht aus den Buchstaben „CE“ mit nebenstehendem Schriftbild. Bei Verkleinerungen oder Vergrößerungen der CE-Kennzeichnung müssen die sich aus dem Raster ergebenden Proportionen eingehalten werden. Die Bestandteile der Kennzeichnung müssen etwa gleich hoch sein. Die Mindesthöhe beträgt 5 mm.

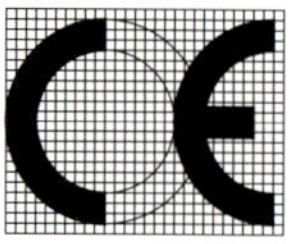

Mindestangaben der CE-Erklärung:
- Name und Anschrift des Herstellers oder seines in der EG ansässigen Bevollmächtigten
- Beschreibung des Druckgerätes oder der Baugruppe
- Angewandte Konformitätsbewertungsverfahren
- Bei Baugruppen Beschreibung der Druckgeräte, aus denen die Baugruppe hergestellt worden ist
- Ggf. Name und Anschrift der benannten Stelle, die die Kontrolle vorgenommen hat
- Ggf. Verweis auf EG-Baumusterprüfung, die EG-Entwurfsprüfbescheinigung oder die EG-Konformitätsbescheinigung, ggf. Name und Anschrift der benannten Stelle, welche das Qualitätssicherungssystem überwacht
- Ggf. Verweis auf die Fundstellen der angewandten harmonisierten Normen
- Ggf. andere Normen oder technische Spezifikationen, die angewandt wurden
- Ggf. Verweis auf die anderen angewandten Gemeinschaftsrichtlinien
- Angaben zum Unterzeichner, der bevollmächtigt ist, die Erklärung für den Hersteller oder seinen in der EG ansässigen Bevollmächtigten rechtsverbindlich zu unterzeichnen

AD 2000-Regelwerk (01.03)

Teile und Bezeichnung der nationalen Rechtsvorschrift in Deutschland (AD-Regelwerk)

Aufstellung, Ausrüstung und Kennzeichnung	**A**	Druckbehälter aus nichtmetallischen Werkstoffen	**N**
Berechnung	**B**	Sonderfälle	**S**
Grundsätze	**G**	Allgemeiner Sicherheitsnachweis	**S**
Herstellung und Prüfung	**HP**	Metallische Werkstoffe	**W**
Besondere Druckbehälter	**HP**		

Aufstellung, Ausrüstung und Kennzeichnung von Druckbehältern (Bezeichnung der Merkblätter: A)

A 1	Sicherheitseinrichtungen gegen Drucküberschreitung – Berstsicherungen
A 2	Sicherheitseinrichtungen gegen Drucküberschreitung – Sicherheitsventile
A 4	Gehäuse von Ausrüstungsteilen. Solche sind selbst drucktragend. Z. B.: Ventile, Schieber, Klappen etc.
A 401	Ausrüstung der Druckbehälter – Kennzeichnung
A 403	Ausrüstung der Druckbehälter – Einrichtungen zum Erkennen und Begrenzen von Druck und Temperatur
A 404	Ausrüstung der Druckbehälter – Ausrüstungsteile (s. A 4)
A 5	Öffnungen, Verschlüsse und Verschlusselemente
A 5-1	Hinweise für die Anordnung von Mannlöchern und Besichtigungsöffnungen
A 5-2	Richtlinien für die Bauteilprüfung von Klammerschrauben

Druckbehälter (Fortsetzung)

A 6 Sicherheitseinrichtungen gegen Drucküberschreitung – **PLT**-Sicherheitseinrichtungen. Solche sind dadurch gekennzeichnet, dass sie durch eine **Prozessleittechnik** wirksam werden.

Grundsätze im AD-Regelwerk (Bezeichnung der Merkblätter: **G**)

G 1 Aufbau, Anwendung und Verfahrensrichtlinien des AD 2000-Regelwerks

Zur Erfüllung der grundsätzlichen Sicherheitsanforderungen der → **Druckgeräte-Richtlinie** 97/23/EG kann das AD 2000-Regelwerk angewandt werden, vornehmlich für die Konformitätsbewertung nach den Modulen „G" und „B+F"

G 2 Zusammenstellung aller im AD 2000-Regelwerk zitierten Normen

DIN-Normen DIN EN-Normen	DIN EN ISO-Normen DIN ISO-Normen	ISO-Normen VDI/VDE-Richtlinien	VDMA-Richtlinien

Berechnung von Druckbehältern (Bezeichnung der Merkblätter: **B**)

B 0 Grundsätzliches über die Berechnung von Druckbehältern

Allgemeines: Das Merkblatt B 0 enthält gemeinsame Grundregeln der Merkblätter der Reihen B (Berechnung) und S (Sicherheitsnachweis). Somit können alle anderen **Merkblätter der Reihen B und S nur in Verbindung mit dem AD-Merkblatt B 0** verwendet werden

Formelzeichen und Einheiten:
(→ Mechanik der festen Körper, Mechanik der Flüssigkeiten und Gase, Wärmelehre, Statik, Festigkeitslehre, Werkstoffe, Korrosion, Werkstoffprüfung)

a	Hebelarm	in mm
b	Breite	in mm
c_1	Zuschlag zur Berücksichtigung der Wanddickenunterschreitung	in mm
c_2	Abnutzungszuschlag	in mm
d	Durchmesser eines Ausschnitts, eines Flansches, einer Schraube usw.	in mm
d_a	Außendurchmesser eines Rohres, Stutzens, Flansches	in mm
d_i	Innendurchmesser eines Rohres, Stutzens, Flansches	in mm
d_t	Teilkreisdurchmesser	in mm
d_D	mittlerer Dichtungsdurchmesser	in mm
e	breite Seite einer rechteckigen oder elliptischen Platte	in mm
f	schmale Seite einer rechteckigen oder elliptischen Platte	in mm
g	Schweißnahtdicke	in mm
h	Höhe	in mm
k_0	Dichtungskennwert für die Vorvorformung	in mm
k_1	Dichtungskennwert für den Betriebszustand	in mm
l	Länge	in mm
n	Anzahl	–
p	Berechnungsdruck	in bar
p'	Prüfdruck	in bar
r	Radius allgemein, z. B. Übergangsradius	in mm
s	erforderliche Wanddicke einschl. Zuschlägen	in mm
s_e	ausgeführte Wanddicke	in mm
E	Elastizitätsmodul bei Berechnungstemperatur	in N/mm^2
F	Kraft	in N
I	Flächenträgheitsmoment	in mm^4
K	Festigkeitskennwert bei Berechnungstemperatur	in N/mm^2
K_D	Formänderungswiderstand des Dichtungswerkstoffes bei Raumtemperatur	in N/mm^2
K_{20}	Festigkeitskennwert bei 20 °C	in N/mm^2
M	Moment	in N mm
R	Radius einer Wölbung	in mm
S	Sicherheitsbeiwert beim Berechnungsdruck	–
S'	Sicherheitsbeiwert beim Prüfdruck	–
S_D	Sicherheitsbeiwert gegen Undichtheit	–
S_K	Sicherheitsbeiwert gegen elastisches Einbeulen beim Berechnungsdruck	–
S'_K	Sicherheitsbeiwert gegen elastisches Einbeulen beim Prüfdruck	–
S_L	Lastspielsicherheit	–
W	Widerstandsmoment	in mm^3
Z	Hilfswert	–
ν	Querkontraktionszahl	–
σ	Spannung	in N/mm^2
ϑ, T	Temperatur	in °C
x	Abklinglänge	in mm
A	Fläche	in mm^2
C, β	Berechnungsbeiwerte	–
D	Durchmesser des Grundkörpers	in mm

Druckbehälter (Fortsetzung)

v	Faktor zur Berücksichtigung der Ausnutzung der zulässigen Berechnungsspannung in Fügeverbindungen oder Faktor zur Berücksichtigung von Verschwächungen	D_a D_i	Außendurchmesser, z. B. einer Zylinderschale in mm Innendurchmesser, z. B. einer Zylinderschale in mm

Weitere Punkte des Merkblattes B 0: Berechnungsdruck (→ Druck), **Berechnungstemperatur** (→ Temperatur), **Festigkeitskennwert** (→ Festigkeitslehre), **Sicherheitsbeiwert** (folgende Tabellen), Ausnutzung der zulässigen Berechnungsspannung in Fügeverbindungen (→ Stoffschlüssige Verbindungen), Zuschläge Berücksichtigung der **Wanddickenunterschreitung** und **Abnutzungszuschlag**, **kleinste Wanddicke**.

Sicherheitsbeiwerte gegen → Streckgrenze Re, Dehngrenze (→ Spannungs, Dehnungs-Diagramm) oder Zeitstandfestigkeit (→ Zeitfestigkeit)			**Sicherheitsbeiwerte** gegen → Zugfestigkeit Rm		
Werkstoff und Ausführung	Sicherheitsbeiwert S *	Sicherheitsbeiwert S' **	Werkstoff und Ausführung	Sicherheitsbeiwert S *	Sicherheitsbeiwert S' **
1. Grauguss nach DIN 1691		3,5	1. Walz- und Schmiedestähle	1,5	1,05
1.1 ungeglüht	9,0		2. Stahlguss	2,0	1,4
1.2 geglüht oder emailliert	7,0		3. Gusseisen mit Kugelgraphit nach DIN 1693		
2. Kupfer und -legierungen einschließlich Walz- und Gussbronze		2,5	3.1 GGG – 70 GGG – 60	5,0	2,5
2.1 bei nahtlosen und geschweißten Behältern	3,5		3.2 GGG – 50	4,0	2,0
2.2 bei gelöteten Behältern	4,0		3.3 GGG – 40	3,5	1,7
			3.4 GGG – 40.3 GGG – 35.3	2,4	1,2
			4. Aluminium und Aluminiumlegierungen – Knetwerkstoffe	1,5	1,05

* für den Werkstoff bei Berechnungstemperatur
** beim Prüfdruck

B 1 Zylinderschalen und Kugelschalen unter innerem Überdruck
B 2 Kegelförmige Mäntel unter innerem und äußerem Überdruck
B 3 Gewölbte Böden (→ Klöpperboden) unter innerem und äußerem Überdruck
B 4 Tellerböden
B 5 Ebene Böden und Platten nebst Verankerungen
B 6 Zylinderschalen unter äußerem Überdruck
B 7 Schrauben

Zur Berechnung des Schraubendurchmessers sind die angegebenen Beiwerte und Kennwerte zu beachten. **Schrauben unter M10** (→ Metrisches Gewinde) oder entsprechendem Gewindekerndurchmesser sind in der Regel nicht zulässig. In Sonderfällen (z. B. Schrauben für Armaturen) können auch kleinerer Schrauben verwendet werden, jedoch darf **M6** oder ein entsprechender Gewindekerndurchmesser nicht unterschritten werden.

B 8 Flansche (→ Flanschverbindungen)
B 9 Ausschnitte in Zylindern, Kegeln und Kugeln
B 10 Dickwandige zylindrische Mäntel unter innerem Überdruck
B 13 Einwandige Balgkompensatoren

Herstellung und Prüfung von Druckbehältern (Bezeichnung der Merkblätter: **HP**)

Druckbehälter (Fortsetzung)

Besondere Druckbehälter (Bezeichnung der Merkblätter: HP 801)

Für insgesamt **18 Druckbehälter mit besonderem Verwendungszweck** gibt es AD-Merkblätter. Entsprechend der Aufgabenstellung dieses Buches wird nur eines dieser AD-Merkblätter behandelt, und zwar:

HP 801 Nr. 14; Druckbehälter in Kälteanlagen und Wärmepumpenanlagen:

Dieses AD-Merkblatt enthält **zusätzliche Anforderungen** für Druckbehälter in Kälteanlagen sowie Wärmepumpenanlagen und geht insoweit den anderen AD 2000-Merkblättern vor. Ausgenommen sind Druckbehälter, die ausschließlich aus Teilen mit weniger als 10 cm² lichtem Querschnitt bestehen. Für Druckbehälter in Kälteanlagen gelten die AD 2000-Merkblätter HP 801 Nr. 26, 27, 34 und 37 nicht.
Kälteanlagen im Sinne dieses AD-Merkblattes sind Kälteanlagen und Wärmepumpen, die nach dem **Kompressionsprinzip** oder nach dem **Absorptionsprinzip** (→ Kältetechnische Prozesse) arbeiten.

- **Druckbehälter** in Kälteanlagen sind entsprechend dem **Stand der Technik** auszulegen. Dies gilt als erfüllt, wenn die → **DIN EN 378** „Kälteanlagen und Wärmepumpen" eingehalten wird.
- Die **Anlagenteile** müssen vor der → **Dämmung** mit einen dauerhaft dichten und elastischen → **Korrosionsschutz** entsprechend **DIN EN ISO 12944** versehen werden. Die Dämmung – nach **DIN 4140** – muss gegen Durchfeuchtung geschützt sein (→ Dampfbremsen).
- **Weitere Anforderungen**: **Absperreinrichtungen** vor und hinter dem **Überströmventil**, sie müssen blockierbar und gegen Verstellen sicherbar sein. **Sammelleitungen** von Überströmventilen mit **Ammoniak** sind zu kennzeichnen (→ Rohrleitungen, Kennzeichnung). Sicherheitsventile und Überströmventile dürfen nicht mit Anlüfthebel versehen sein. Einstelldruck der **Sicherheitsdruckbegrenzer** mindestens 10% unter dem Ansprechdruck des Sicherheitsventils gemäß der → **DIN EN 378-2** Tabelle 2.

Für **Druckbehälter in Ammoniak – Kälteanlagen** gelten zusätzliche Anforderungen:

- Mindestauslegungsdruck Niederdruckseite 12 bar, Hochdruckseite 16 bar (gemäß → **DIN EN 378-2**)
- Besondere Werkstoffe um → Spannungsrisskorrosion zu vermeiden (→ Streckgrenze < 370 N/mm², → Bruchdehnung > 16%, Kerbschlagarbeit > 27 J). Bei höherfesten Werkstoffen sind besondere Maßnahmen zur Vermeidung von Spannungsrisskorrosion zu treffen
- → Kerbschlagzähigkeit muss bis zu den vorgesehenen tiefsten Anwendungstemperaturen nachgewiesen werden.
- Weitere zusätzliche Anforderungen bezüglich Armaturengehäuse, Standanzeiger, Absperrarmaturen, Füllschläuche sind gemäß dieses AD 2000-Merkblattes zu beachten!!

- Die gesamte Ammoniak-Kälteanlage ist nach Endmontage u. a. einer Dichtheitsprüfung nach **DIN EN 378-2** zu unterziehen. Diese Forderung gilt natürlich für alle Kälteanlagen (→ **DIN EN 378**).
- Für Anlagen mit **mehr als 300 kg flüssigem Ammoniak** sind weitere zusätzliche Anforderungen gemäß diesem AD 2000-Merkblatt zu beachten. Ebensolches gilt für Anlagen mit **mehr als 3 t Ammoniak-Gesamtinhalt**.

Druckbehälter aus nichtmetallischen Werkstoffen (Bezeichnung der Merkblätter: N)

Sonderfälle bei Druckbehältern (Bezeichnung der Merkblätter: S)

Werkstoffe für Druckbehälter (Bezeichnung der Merkblätter: W)

W 0	Allgemeine Grundsätze für Werkstoffe
W 1	Flacherzeugnisse aus unlegierten und legierten Stählen
W 2	Austenitische Stähle
W 3/1	Gusseisenwerkstoffe (Lamellengraphit)
W 3/2	Gusseisenwerkstoffe (Kugelgraphit)
W 3/3	Gusseisenwerkstoffe (Austenitisches Gusseisen)
W 4	Rohre aus unlegierten und legierten Stählen
W 5	Stahlguss
W 6/1	Aluminium und Aluminiumlegierungen (Knetwerkstoffe)
W 6/2	Kupfer und Kupfer-Knetlegierungen
W 7	Schrauben und Muttern aus ferritischen Stählen
W 8	Plattierte Stähle
W 9	Flansche aus Stahl
W 10	Werkstoffe für tiefe Temperaturen (→ **Apparatewerkstoffe**)
W 12	Nahtlose Hohlkörper aus unlegierten und legierten Stählen für Druckbehältermäntel
W 13	Schmiedestücke und gewalzte Teile aus unlegierten und legierten Stählen

AT Anlagentechnik

Auslegung Kältemaschinen und Kälteanlagen

Kälteanlagen sind, wenn Betriebs- und Ruhedruck > 0,5 bar ist, Druckgeräte im Sinne der → Druckgeräterichtlinie (DGRL) **97/23/EG**

Druckgeräte und Druckbehälter in Kälteanlagen müssen der DGRL entsprechen.

DIN EN 378 „Kälteanlagen und Wärmepumpen, Sicherheitstechnische und umweltrelevante Anforderungen, Wärmepumpen – Sicherheitstechnik" (09.00)

Teil 1: Grundlegende Anforderungen
Teil 2: Konstruktion, Herstellung, Prüfung, Kennzeichnung und Dokumentation
Teil 3: Aufstellungsort und Schutz von Personen
Teil 4: Betrieb, Instandhaltung, Instandsetzung und Rückgewinnung

Grundsätzliche Eingruppierungen:
Kältemitteleinteilung → Gruppen L1, L2, L3 → Kältemitteldaten
Praktischer Grenzwert PL für jedes Kältemittel → Kältemitteldaten
Aufstellungsbereiche → Einteilung der Kältemittel

Aufstellungsanforderungen:
Als Funktion des Kältemittels, der **Anlagenfüllmenge** (→ Praktischer Grenzwert PL), der **Anlagenschaltung** (→ Übertragungssysteme) sowie der **Anordnung der Komponenten** (Verdichter, Kondensator) außerhalb/im → Maschinenraum.

Konstruktionstemperaturen:
Mindestkonstruktionstemperaturen als Funktion des Kältemittels (Sattdampftemperatur bzw. Druck am Taupunkt), der Art der Kondensatorkühlung und der Umgebungstemperatur bei

Umgebungstemperatur ≤ 32 °C:	Umgebungstemperatur ≤ 43 °C:
Niederdruckseite 32 °C Hochdruckseite (wassergekühlt) 43 °C Hochdruckseite (luftgekühlt) 55 °C	Niederdruckseite 43 °C Hochdruckseite (wassergekühlt) 43 °C Hochdruckseite (luftgekühlt) 63 °C

Sicherheitstechnik:
- Kältemittelfüllmenge L1 < 2,5 kg, L2 < 1,5 kg oder L3 < 1,0 kg:
  keine Sicherheitseinrichtung erforderlich, wenn sichergestellt ist, dass im Betrieb kein höherer Druck als der zulässige Druck PS auftreten kann (Eigensicherheit nötig! → **DIN EN 378-2**, Pkt. 7.4.2.4)
- Kältemittel L1 < 100 kg Füllmenge und Verdichter < 90 m^3/h geometrischer → Fördervolumenstrom: ein baumustergeprüfter Druckwächter (PSH) (→ Fließbilder Kälteanlagen, Symbole) auf Hochdruckseite (Summe der geometrischen Fördervolumenströme in einem Kreislauf bei Parallelschaltung von Verdichtern!)
- Beliebiges Kältemittel, beliebige Füllmenge und Verdichter > 90 m^3/h geometrischer Fördervolumenstrom:
  zwei baumustergeprüfte Druckbegrenzer (PZH) (→ Fließbilder Kälteanlagen, Symbole), einer davon mit Werkzeug rückstellbar (PZHH) und eine Druckentlastungseinrichtung für den Verdichter (intern)

Absperrbare Druchbehälter, z. B. Sammler, aber auch **Rohrbündelverdampfer** oder **Rohrbündelkondensatoren**, die teilweise mit Kältemittelflüssigkeit gefüllt sei können, müssen bei Nenn-Innendurchmesser > 152 mm und V < 100 Liter eine **Druckentlastungseinrichtung** (Sicherheitsventile, mit je 100 % Abblaseleistung) besitzen. Bei V > 100 Liter 2 Sicherheitsventile.

Prüf- und Einstellwerte der Sicherheitseinrichtungen **in Bezug auf den zulässigen Druck *PS***
- Konstruktionsdruck ≥ 1,0 *PS*
- Festigkeitsprüfdruck nach → Druckgeräterichtlinie
- Dichtheitsprüfdruck ≤ 1,0 *PS*
- Einstellung Druckwächter, Druckbegrenzer (ohne Druckentlastungseinrichtung) ≤ 1,0 *PS*
- Einstellung Druckwächter, Druckbegrenzer (mit Druckentlastungseinrichtung) ≤ 0,9 *PS*
- Einstellung Druckentlastungseinrichtung = 1,0 *PS*
- Nenn-Abblaseleistung Druck-Entlastungseinrichtung ≤ 1,1 *PS*

Terminologie Drücke: **DIN EN 764**

Ausführungsvorschriften:
- **Bördelverbindungen** nur noch für Cu- und Al-Rohrleitungen 9 … 19 mm
- **Expansionsventile** dürfen nicht mittels Bördelverbindungen montiert werden
- **Übergänge zwischen verschiedenen Rohrleitungsnennweiten** nur durch fabrikmäßig hergestellte Formstücke

Prüfung:
Vor Inbetriebnahme einer jeden Kälteanlage sind alle Bauteile bzw. die Gesamtanlage folgenden Prüfungen zu unterziehen:
- Prüfung der Druckfestigkeit (nach **DGRL 97/23/EG**) mit dem 1,43-fachen des zulässigen Druckes *PS* oder dem 1,25-fachen des zulässigen Druckes *PS* bei maximaler Temperatur als → hydrostatischer Druckversuch

Auslegung Kältemaschinen und Kälteanlagen (Fortsetzung)

- Dichtheitsprüfung
- Funktionsprüfung der Sicherheitseinrichtungen
- Prüfung der Gesamtanlage vor der Inbetriebnahme anhand der Auslegungsunterlagen durch einen Sachkundigen

Über die durchgeführten Prüfungen sind Aufzeichnungen anzufertigen und 10 Jahre aufzubewahren.

Anlagen-Kennzeichnungsschild (Mindestinhalt):
- Name und Adresse des Herstellers, Lieferanten oder Importeurs
- Typbezeichnung, Serien-Nummer oder Erzeugnis-Nummer
- Baujahr
- Kältemittelkurzzeichen nach **ISO 817**
- Kältemittel-Füllgewicht
- Maximaler zulässiger Druck der Nieder- und Hochdruckseite
- Elektrische Daten nach **DIN EN 60335-1** bzw. **DIN EN 60204-1**

Ausführung des Anlagenkennzeichnungsschildes: deutlich erkennbar und dauerhaft!

Dokumentation:

Hersteller oder Lieferant muss Betriebsanleitungen und Regeln für das Betreiben, einschließlich Vorsichtsmaßnahmen im Falle von Betriebsstörungen, Leckagen etc. in angemessener Anzahl mitliefern.

Im Einzelnen:
- Betriebsanleitung nach → Druckgeräterichtlinie (DGRL) und Maschinenrichtlinie (MRL)
- Gefahrenanalyse nach DGRL und MRL
- EG- Herstellerbescheinigung nach DGRL und MRL oder
- EG-Konformitätserklärung und CE-Kennzeichnung nach DGRL und MRL

Mindestinhalt Betriebsanleitung:
- Verwendungszweck
- Beschreibung der Anlage
- Beschreibung der Gesamtanlage, einschließlich aller Bauteile, nach einem verfahrenstechnischen → Fließbild (Symbole nach **DIN 1861**) und einem Schaltbild des Stromkreises (→ Elektrische Schaltpläne)
- Anweisungen für das An- und Abstellen
- Anweisungen für das Entsorgen von → Betriebsstoffen und Bauteilen
- Ursache der häufigsten Fehler und der zu ergreifenden Maßnahmen
- Zu ergreifende Vorsichtsmaßnahmen, um das Gefrieren von Wasser in den Verdampfern, Verflüssigern etc. bei niedrigen Umgebungstemperaturen zu verhindern
- Vorsichtsmaßnahmen für den Transport, das Anheben etc.
- Angaben für die → Kurzanweisung
- Angaben des → Anlagenkennzeichnungsschildes
- Hinweise auf Schutzmaßnahmen, Erste Hilfe und Verhalten bei Notfällen, Leckagen etc.
- Instandhaltungshinweise mit Zeitplan für vorbeugende Instandhaltungen
- Anweisungen für das Füllen, Ablassen und den Austausch von Kältemitteln
- Anweisungen für den Umgang mit Kältemitteln
- Notwendigkeit der notwendigen Überprüfung der Notbeleuchtung
- Funktions- und Instandhaltungsanweisungen für die Sicherheits-, Schutz- und Erste Hilfe-Einrichtungen, Alarmeinrichtungen und Kontrolllampen
- Anleitung für das Abfassen des → Anlagenprotokolles
- Erforderliche Bescheinigungen

Anmerkung: Die zitierte **DIN EN 378, $T_1 \ldots T_4$** (09.00) ist momentan noch gültig. Es existiert jedoch bereits für die nächste Ausgabe eine Vornorm **pr DIN EN 378, $T_1 \ldots T_4$** (10.03)!

Betriebsanforderungen und Betreiberpflichten

Überwachungsbedürftige Anlagen

> Aktuell findet eine EU-konforme Neuordnung des Betriebs- und Anlagensicherheitsrechtes statt.

Gerätesicherheitsgesetz (GSG):
Dieses für überwachungsbedürftige Anlagen wichtige Gesetz (08.92, letzte Änderung 05.01) ist, neben dem **Arbeitsschutzgesetz** (08.96, letzte Änderung 06.02), die Grundlage für nationale Umsetzungen der EU-Richtlinien für Beschaffenheitsanforderungen an technische Arbeitsmittel und gleichgestellte technische Erzeugnisse. Mittels Verordnungen zum GSG werden EU-Richtlinien in nationales Recht umgewandelt: z. B.: 1. GSGV **(NS-RL 73/23/EWG)**; 9. GSGV **(Ma-RL 98/37/EG)**; 14. GSGV **(DGRL 97/23/EG)**.... Neu erlassen: „**Verordnung zur Rechtsvereinfachung** im Bereich der Sicherheit und des Gesundheitsschutzes beim Bereitstellen von Arbeitsmitteln und deren Benutzung bei der Arbeit, über Sicherheit beim Betrieb überwachungsbedürftiger Anlagen und über die Organisation des betrieblichen Arbeitsschutzes" (10.02) bestehend aus::

- Artikel 1: → Betriebssicherheitsverordnung
- Artikel 2: 13. Verordnung zum GSG (Aerosolpackungsverordnung)
- Artikel 3: 14. Verordnung zum GSG (→ Druckgeräteverordnung (nat. Umsetzung der DGRL))
- Artikel 4: Verordnung über Rohrfernleitungsanlagen (Rohrfernleitungsverordnung)
- Artikel 5: Änderungen von Verordnungen zum GSG
- Artikel 6: Änderung der → Gefahrstoffverordnung
- Artikel 7: Änderung der → Arbeitsstättenverordnung
- Artikel 8: In-, Außerkrafttreten

Anm.: Mit Wirkung 05.04 wurden das **Gerätesicherheitsgesetz** (GSG) und das **Produktsicherheitsgesetz** (ProdSG) zum **Geräte- und Produktsicherheitsgesetz** (GPSG, 05.04) zusammengefasst. Dient u. a. der Umsetzung der **EU-RL 2001/95/EG** (Produktsicherheits-Richtlinie).

Ab 10.02 außer Kraft:	**Ab 01.03 außer Kraft:**
Verordnung über wassergefährdende Stoffe in Rohrleitungen, Verordnung über Gashochdruckleitungen, Arbeitsmittelbenutzungsverordnung	Dampfkesselverordnung, Druckbehälterverordnung, Aufzugsverordnung, Verordnung über elektrische Anlagen in explosionsgefährdeten Bereichen, Acetylenverordnung, Verordnung über brennbare Flüssigkeiten, Getränkeschankanlagenverordnung (außer Hygiene)

Betriebssicherheitsverordnung (BetrSichV) (10.02) „Verordnung über Sicherheit und Gesundheitsschutz bei der Bereitstellung von Arbeitsmitteln und deren Benutzung bei der Arbeit, über Sicherheit beim Betrieb überwachungsbedürftiger Anlagen und über die Organisation des betrieblichen Arbeitsschutzs"
Abschnitt 3: „Besondere Vorschriften für überwachungsbedürftige Anlagen" (s. a. GSG § 2, Abs. 2a). Solche sind Anlagen, die **RL 97/23/EG DGRL** (→ Druckgeräte), **RL 95/16/EG** (Aufzüge) oder **RL 94/9/EG** (Ex-Schutz) unterliegen, wie:

- Dampfkesselanlagen
- Druckbehälteranlagen [Anlagen, die Art. 3, Abs. 3 → DGRL unterliegen, d. h. nach Kategorie 0 (gute Ingenieurpraxis) klassifiziert sind, sind keine überwachungsbedürftigen Anlagen nach BetrSichV]
- Innerbetriebliche ortsbewegte Druckbehälter
- Einfache Druckgeräte nach **RL 87/404/EG** (geändert nach **RL 90/488/EG** und **RL 93/68/EG** sofern → Druckinhaltsprodukt > 50 bar Liter)
- Füllanlagen
- Druckleitungen unter innerem Überdruck für entzündliche, leicht- oder hochentzündliche ätzende oder giftige Gase, Dämpfe oder Flüssigkeiten
- Aufzugsanlagen und Anlagen in explosionsgefährdeten Bereichen

> Anlagen für die öffentliche Gasversorgung, Schifffahrt, Bergbau etc. unterliegen der BetrSichV nicht.

Alle **Druckgeräteanlagen** sind **vor Inbetriebnahme, nach einer Änderung** (Maßnahme, bei der die Sicherheit der Anlage beeinflusst wird, **ggf. auch Instandsetzung**, sofern die Sicherheit beeinflusst wird), nach einer **wesentlichen Änderung** (Änderung, bei welcher die Anlage soweit verändert wird, dass sie den Sicherheitsmerkmalen einer neuen Anlage entspricht) **einer Prüfung sowie regelmäßig wiederkehrenden Prüfungen** zu unterziehen.

> Alle Prüfungen bestehen aus einer **Technischen Prüfung** (Äußere Prüfung, Innere Prüfung und Festigkeitsprüfung) und einer **Ordnungsprüfung** (Unterlagen)

Prüfung vor Inbetriebnahme:
Anlage darf **erstmalig**, bzw. als Wiederinbetriebnahme **nach Änderung oder wesentlicher Änderung**, nur in Betrieb genommen werden, wenn unter Berücksichtigung der vorgesehenen Betriebsweise die Anlage von einer zugelassenen Überwachungsstelle auf ordnungsgemäßen Zustand **hinsichtlich Montage, Installation, Aufstellungsbedingungen** und **sichere Funktion** geprüft worden ist. Unterhalb bestimmter Grenzen darf die Inbetriebnahmeprüfung auch von einer befähigten Person ausgeführt werden.
Wiederkehrende Prüfungen:

> Wiederkehrende Prüfungen sind **innerhalb der festgelegten Fristen** durchzuführen

Betriebsanforderungen und Betreiberpflichten (Fortsetzung)

Der Betreiber hat die Prüffristen der Gesamtanlage und der Anlagenteile, unter Beachtung der Maximalfristen, innerhalb von 6 Monaten nach der Prüfung vor Inbetriebnahme bzw. **für bestehende Anlagen** innerhalb der **Übergangsfristen bis Ende 2005** [Anlagen, deren Prüfbedingungen sich ändern, z. B. bislang durch Sachkundige nach Druckbehälterverordnung (außer Kraft) geprüft, jetzt nach BetrSichV durch → zulässige Überwachungsstelle zu prüfen sind] bzw. **Ende 2007** (Anlagen, die bereits nach DruckbehV überwachungsbedürftig waren und dies nach BetrSichV auch bleiben) auf der Grundlage einer sicherheitstechnischen Bewertung (nach § 3, Abs. 3 BetrSichV oder § 5 ArbSchG) zu ermitteln.

Maximalfristen für wiederkehrende Prüfungen

Behälter nach Diagramm 1 und 2 → DGRL:
- Äußere Prüfung 2 Jahre (nur bei feuer-, abgas- oder el. beheizten Behältern)
- Innere Prüfung 5Jahre
- Festigkeitsprüfung 10 Jahre

Rohrleitungen nach Diagramm 6 und 7 → DGRL
- Äußere Prüfung 2 Jahre
- Innere Prüfung entfällt
- Festigkeitsprüfung 10 Jahre

Anmerkung:
Nebenstehend sind nur die für die Kältetechnik relevanten Diagramme 1, 2 (Behälter für Gase) bzw. 6, 7 (Rohrleitungen für Gase) aufgeführt. Für die Diagramme 3, 4 (Behälter für Flüssigkeiten), 5 (Dampferzeuger) und 8,9 (Rohrleitungen für Flüssigkeiten) gelten ggf. andere Maximalfristen bzw. Grenzwerte.

Prüfinstitutionen

Zugelassene Überwachungsstelle:
Diese überprüft die vom **Betreiber** ermittelten Prüffristen. Der Betreiber hat die Prüffristen der Anlagenteile und Gesamtanlage der zuständigen Behörde innerhalb von 6 Monaten nach **Inbetriebnahmeprüfung** unter Beifügung anlagenspezifischer Daten (allg. Angaben wie Standort, Betreiber, betriebsinterne Bezeichnung, Art sowie Inbetriebnahmedatum, Inverkehrbringer, Typ, Herstellernummer, Baujahr, Aufstellungsart, Betriebsparameter und Besonderheiten) mitzuteilen. Sofern Uneinigkeit, legt die Behörde die Prüffristen fest.
Zugelassene Überwachungsstellen sind Stellen, die die Bedingungen nach § 14 Abs. 1, 2 und 5 **Gerätesicherheitsgesetz** erfüllen und darüber hinaus für die Akkreditierung die Bedingungen nach § 22 **BetrSichV** erfüllen.

Befähigte Person:
Prüffristen werden vom Betreiber auf Grund der Herstellerinformationen sowie den Erfahrungen mit der Betriebsweise und dem Beschickungsgut festgelegt. Die notwendigen Voraussetzungen, welche die vom Betreiber zur Prüfung beauftragte befähigte Personen erfüllen müssen, sind im Rahmen der Gefährdungsbeurteilung nach § 3 Abs. 3 BetrSichV zu ermitteln und festzulegen.
Befähigte Person nach BetrSichV: Person, die durch Berufsausbildung und Berufserfahrung und zeitnahe berufliche Tätigkeit über die erforderlichen Fachkenntnisse verfügt (keine Sachkunde durch Prüfung nachweispflichtig, **DIN EN 13313** „Sachkunde von Personal" findet keine Anwendung)

Alle Prüfbescheinigungen der → zugelassenen Überwachungsstelle bzw. alle Aufzeichnungen über die Ergebnisse der Prüfungen durch eine → befähigte Person sind am Betriebsort der Anlage aufzubewahren.

Druckbehälteranlagen dürfen nur dann von einer → **befähigten Person** geprüft werden, wenn alle Anlagenteile (Druckgeräte) entsprechend ihrer Einstufung durch befähigte Personen geprüft werden dürfen und die Gesamtanlage nicht Teil einer anderen überwachungsbedürftigen Anlage ist, die durch eine zugelassene Überwachungsstelle zu prüfen ist.

Hat der **Betreiber** ein schriftliches Prüfprogramm mit Festlegungen für die wiederkehrenden Prüfungen von Rohrleitungen getroffen, die von einer → zugelassenen Überwachungsstelle geprüft und von dieser bescheinigt worden ist, dass die Anforderungen der **BetrSichV** erfüllt werden, kann die Prüfung von einer → befähigten Person ausgeführt werden, wenn sich eine zugelassene Überwachungsstelle durch stichprobenweise Überprüfung von der Einhaltung der schriftlichen Festlegungen überzeugt.

Kältemaschinen und -anlagen als überwachungsbedürftige Anlagen:

Kälteanlagen sind, wenn Betriebs- oder Ruhedruck > 0,5 bar, Druckgeräte im Sinne der → Druckgeräterichtlinie **DGRL 97/23/EG**. Druckgeräte und -behälter in Kälteanlagen müssen der DGRL entsprechen. Die DGRL regelt die **Beschaffenheitsanforderungen** von druckbeaufschlagten Bauteilen und Anlagen.

Gemäß BetrSichV – diese regelt die **Betriebsanforderungen** – sind Kälteanlagen überwachungsbedürftige Anlagen!
Ausnahme: **Kälteanlagen der Kategorie 0** (→ Druckgeräterichtlinie DGRL, Art. 3 Abs. 3) sind keine überwachungspflichtigen Anlagen im Sinne der BetrSichV. Prüfung nach Montage und ggf. wiederkehrende Prüfungen nach § 10 BetrSichV durch → befähigte Person, wenn sie als Arbeitsmittel bei der Arbeit benutzt werden.

Betriebsanforderungen und Betreiberpflichten (Fortsetzung)

Kälteanlagen der Kategorie I und höher (→ DGRL) sind überwachungsbedürftige Anlagen nach BetrSichV. Sie müssen von einer → befähigten Person (wenn Behälter ≤ 200 bar Liter oder Rohrleitung ≤ 2000 bar DN) **vor Inbetriebnahme auf Montage, Installation, Aufstellungsbedingungen und sichere Funktion geprüft** werden.
Bei **Werten über den genannten Grenzwerten** ist die Inbetriebnahmeprüfung von einer → zugelassenen Überwachungsstelle durchzuführen.

2-jährige Wiederholungsprüfungen als Äußere Prüfungen an Druckbehältern nach Diagramm 1 ... 4 DGRL, Anhang II können entfallen, sofern diese Behälter nicht feuer-, abgas- oder elektrisch beheizt werden. Dies ist **bei Absorptionskälteanlagen und Adsorptionskälteanlagen** zu beachten!

Bei Druckgeräten, die mit Kältemitteln im geschlossenen Kreislauf betrieben werden, müssen **Innere Prüfungen** und **Festigkeitsprüfungen** nur durchgeführt werden, wenn die Anlage zu Instandsetzungsarbeiten außer Betrieb genommen wird.

Innere Prüfungen und Festigkeitsprüfungen als **Wiederholungsprüfungen** sind daher bei Kälteanlagen nicht erforderlich (weder für Behälter noch für Rohrleitungen, und damit auch nicht für die Gesamtanlage), außer nach Instandsetzungsarbeiten.
Wiederholungsprüfungen als **Äußere Sichtprüfung** an Rohrleitungen ≤ 2000 bar DN erfolgen durch eine → befähigte Person. Fristen werden anhand der Herstellerinformation, Erfahrung und Betriebsweise (Gefährdungsbeurteilung nach § 3, Abs. 3 **BetrSichV** oder § 5 **ArbSchG**) festgelegt. Schriftliche Betreibervorgaben für die Prüfprozedur sind erforderlich, die aber durch eine → zugelassene Überwachungsstelle geprüft und bestätigt werden müssen.
Wiederholungsprüfungen als **Äußere Sichtprüfung** an Rohrleitungen > 2000 bar DN (gleich ob Anlage mit Fluid Gruppe 1 oder 2 DGRL betrieben wird) erfolgen in Abständen < 5 Jahre durch eine → zugelassene Überwachungsstelle.
Hinweis: Das **Druck-Nennweitenprodukt** 2000 bar DN für Rohrleitungen stimmt nicht mit den Grenzkurven der Kategorien der Diagramme 6 und 7 DGRL, Anhang II überein.

Behälter für Gase, verflüssigte Gase, unter Druck gelöste Gase etc. mit einem Dampfdruck > 0,5 bar über Atmosphärendruck

Fluidgruppe	Kategorie	*V* [l]	*PS* [bar] bzw. *PS · V* [bar · l]	Prüfung vor Inbetriebnahme[2]	Wiederkehrende Prüfung: Äußere Prüfung[3] (≤ 2 Jahre)	Wiederkehrende Prüfung: Innere Prüfung (≤ 5 Jahre)	Wiederkehrende Prüfung: Festigkeitsprüfung (≤ 10 Jahre)
Gruppe 1 „Gefährliche Fluide" DGRL Anh. II Diagramm 1	*Art. 3 Abs. 3 DGRL*	≤ 1	*PS* ≤ 200	*Keine überwachungsbedürftige Anlage → Prüfung nach Montage + ggf. wiederkehrend durch bP nach § 10 BetrSichV*			
		> 1	*PS · V* ≤ 25				
	I[4]	> 1	25 < *PS · V* ≤ 50	bP	bP	bP	bP
	II	> 1	50 < *PS · V* ≤ 200	bP	bP	bP	bP
	III	≤ 1	200 < *PS* ≤ 1000	ZÜS (≤ 1 bar: bP)	bP	bP	bP
		> 1	200 < *PS · V* ≤ 1000				
	IV	≤ 1	*PS* > 1000	ZÜS (≤ 1 bar: bP)	ZÜS (≤ 1 bar: bP)	ZÜS (≤ 1 bar: bP)	ZÜS (≤ 1 bar: bP)
		> 1	*PS · V* > 1000				
Gruppe 2 „Sonstige Fluide" DGRL Anh. II Diagramm 2	*Art. 3 Abs. 3 DGRL*	≤ 1	*PS* ≤ 1000	*Keine überwachungsbedürftige Anlage → Prüfung nach Montage + ggf. wiederkehrend durch bP nach § 10 BetrSichV*			
		> 1	*PS · V* ≤ 50				
	I[4]	> 1	50 < *PS · V* ≤ 200	bP	bP	bP	bP
	II	> 1	200 < *PS · V* ≤ 1000	ZÜS (≤ 1 bar: bP)	bP	bP	bP
	III	≤ 1	1000 < *PS* ≤ 3000	ZÜS (≤ 1 bar: bP)	ZÜS (≤ 1 bar: bP)	ZÜS (≤ 1 bar: bP)	ZÜS (≤ 1 bar: bP)
		> 1	1000 < *PS · V* ≤ 3000				
		> 750	*PS* ≤ 4				
	IV	≤ 1	*PS* > 3000	ZÜS	ZÜS	ZÜS	ZÜS
		> 1	*PS · V* > 3000 und *PS* > 4				

Betriebsanforderungen und Betreiberpflichten (Fortsetzung)

2 gilt auch für die Prüfung vor Wiederinbetriebnahme nach Änderung oder wesentlicher Veränderung
3 nur bei feuer-, abgas- oder elektrisch beheizten Druckgeräten (§ 15 Abs. 6 BetrSichV)
4 Druckgeräte, die durch die MaRL, AufzR, NSR, ExR, MPRL oder die Richtlinie über Gasverbrauchseinrichtungen erfasst werden sind keine überwachungsbedürftigen Anlagen, d. h. → Prüfung nach Montage + ggf. wiederkehrend durch eine befähigte Person nach § 10 BetrSichV

Rohrleitungen für Gase, verflüssigte Gase, unter Druck gelöste Gase etc. mit einem Dampfdruck > 0,5 bar über Atmosphärendruck

Fluidgruppe	Kategorie	Kategoriegrenzen		Prüfgrenzen[1]	Prüfung vor Inbetriebnahme[2]	Wiederkehrende Prüfungen	
		PS [bar][3]	DN bzw. *PS* [bar] · DN	*PS* [bar] · DN		Äußere Prüfung (≤ 5 Jahre)	Festigkeitsprüfung (≤ 5 Jahre)
Gruppe 1 *„Gefährliche Fluide" DGRL Anh. II Diagramm 6*	*Art. 3 Abs. 3 DGRL*	*beliebig*	DN ≤ 25	*Keine überwachungsbedürftige Anlage → Prüfung nach Montage + ggf. wiederkehrend durch bP nach § 10 BetrSichV*			
	I[5]	≤ 10	25 < DN ≤ 100		bP (ZÜS)[6]	bP (ZÜS)[6]	bP (ZÜS)[6]
		> 10	*PS* · DN ≤ 1000				
	II	≤ 10	100 < DN ≤ 350	≤ 2000	bP (ZÜS)[6]	bP (ZÜS)[6]	bP (ZÜS)[6]
		10 < *PS* ≤ 40	1000 < *PS* · DN ≤ 3500				
		> 40	25 < DN ≤ 100	> 2000	ZÜS	ZÜS	ZÜS
	III	≤ 10	DN > 350	≤ 2000	bP (ZÜS)[6]	bP (ZÜS)[6]	bP (ZÜS)[6]
		10 < *PS* ≤ 40	*PS* · DN > 3500				
		> 40	DN > 100	> 2000	ZÜS	ZÜS	ZÜS
Gruppe 2 *„Sonstige Fluide" DGRL Anh. II Diagramm 7*	*Art. 3 Abs. 3 DGRL*	≤ 31,25	*PS* · DN ≤ 1000	*Keine überwachungsbedürftige Anlage → Prüfung nach Montage + ggf. wiederkehrend durch bP nach § 10 BetrSichV*			
		> 31,25	DN ≤ 32				
	I[5]	≤ 31,25	*PS* · DN > 1000	≤ 2000	bP	bP	bP
		≤ 35	*PS* · DN ≤ 3500				
		> 31,25	DN > 32	> 2000	ZÜS	ZÜS	ZÜS
		> 35	DN ≤ 100				
	II	≤ 35	*PS* · DN > 3500		ZÜS	ZÜS	ZÜS
		≤ 20	*PS* · DN ≤ 5000				
		> 35	DN > 100				
		> 20	DN ≤ 250				
	III	≤ 20	*PS* · DN > 5000		ZÜS	ZÜS	ZÜS
		> 20	DN > 250				

PS – maximal zulässiger Druck DN – Nennweite bP – befähigte Person
ZÜS – zugelassene Überwachungsstelle
1 Prüfgrenzen aus § 15 BetrSichV zusätzlich zu den Kategoriegrenzen nach DGRL zur Festlegung der Prüfanforderung
2 gilt auch für die Prüfung vor Wiederinbetriebnahme nach Änderung oder wesentlicher Veränderung
3 maximal zulässiger Betriebsüberdruck der Leitung (nicht die Nenndruckstufe)
4 Stoff, der nach Gefahrstoffverordnung als entzündlich (wenn die maximal zulässige Temperatur **über** dem Flammpunkt liegt), leicht- oder hochentzündlich, giftig oder sehr giftig eingestuft ist.
5 Druckgeräte, die durch die MaRL, AufzR, NSR, ExR, MPRL oder die Richtlinie über Gasverbrauchseinrichtungen erfasst werden, sind keine überwachungsbedürftigen Anlagen, d. h. → Prüfung nach Montage + ggf. wiederkehrend durch eine befähigte Person nach § 10 BetrSichV
6 bei sehr giftigen Fluiden
7 Stoff, der nach Gefahrstoffverordnung als entzündlich (wenn die maximal zulässige Temperatur **unter** dem Flammpunkt liegt) oder ätzend eingestuft ist.

Betriebsanforderungen und Betreiberpflichten (Fortsetzung)

Betreiberpflichten für Kältemaschinen und Kälteanlagen nach DIN EN 378 (09.00):

Der Eigentümer/Betreiber von Kälteanlagen hat ein hohes Maß an Eigenverantwortung für den Betrieb!

Aufstellungsanforderungen der Kälteanlagen beachten und einhalten (Aufstellung entsprechend → Kältemittelgruppe L1, L2 oder L3, den →Aufenthaltsbereichsdefinitionen A, B oder C, dem → Übertragungssystem der Kälteenergie sowie unter Beachtung des → praktischen Grenzwertes PL für jedes Kältemittel). Einschränkungen z. B. bei **unterirdischer Aufstellung** bzw. **Mindestraumgrößen** beachten.

Auf Grundlage der vom Hersteller/Importeur zu liefernden Unterlagen (**Betriebsanleitungs-Handbuch**) mit Mindestangaben; Prüfbescheinigungen des Herstellers über Druckfestigkeit, Dichtheit, Funktion der Sicherheitseinrichtungen, Prüfung der Gesamtanlage; ggf. Werkstoffzertifikate, CE-Erklärungen nach → MRL ggf. zusätzlich auch nach DGRL (Anlage nach → DGRL Kategorie II und größer), oder Herstellerbescheinigungen) muss der Betreiber

- Maßnahmen für Notfälle, Störungen etc. und bei Unfällen festlegen
- eine → Kurzanweisung in der Nähe der Anlage vorhalten (Inhalt vorgegeben!)
- ein Schaltbild der Anlage in der Kurzanweisung oder in Anlagennähe anbringen
- ein → Anlagenprotokoll führen, Angaben die aufzuführen sind, sind vorgegeben
- eine ausreichende Unterweisung der mit Betrieb, Überwachung und Instandhaltung betrauten Personen vornehmen
- eine Unterweisung des Betriebspersonals anhand des Betriebshandbuches über Aufbau, Wirkungsweise, Funktion und Instandhaltung etc. durchführen
- vorbeugende Instandhaltungsmaßnahmen ergreifen
- die Kälteanlage regelmäßig überprüfen, überwachen und instandhalten
- regelmäßige Dichtheitsprüfungen, Überwachungen und Kontrollen der Sicherheitseinrichtungen vornehmen
- Instandsetzungsmaßnahmen in der vorgeschriebenen Art und Weise aus- und durchführen
- regelmäßige Kontrolle der Zusammensetzung des Kälteträgers vornehmen

Empfehlungen nach DIN EN 378-2 (nur informativer Charakter):

- Wiederholungsprüfungen vornehmen (→ Anhang C **DIN EN 378-2**)
- Lecksuche nach Arbeiten an der Anlage + als Funktion der Leckrate
- Jährliche Prüfung Sicherheitseinrichtungen

Kurzanweisung für Kälteanlagen:

Eine ausreichend geschützte Kurzfassung der **Betriebsanweisung**, die auch ein → **Fließbild** der Kälteanlage mit den Absperr-, Steuer- und Regeleinrichtungen enthält, muss in der Nähe der Anlage vorhanden und deutlich lesbar sein. Diese muss mindestens enthalten:

- Name, Adresse und Telefonnummer des Errichters, seines Kundendienstes bzw. des Kundendienstes des Eigentümers oder Betreibers, auf jeden Fall auch der für die Kälteanlage verantwortlichen Person
- Adresse und Rufnummer von Feuerwehr, Polizei, Krankenhaus und Zentren für Verbrennungsopfer
- Art des Kältemittels (chemische Formel und Kurzzeichen)
- Anweisung für das Abschalten in Notfällen
- die maximal zulässigen Drücke
- Einzelheiten für die Entflammbarkeit

Darüber hinaus wird empfohlen:

- Kältemittelfüllgewicht
- Anweisungen über das An- und Abstellen der Anlage
- Sicherheitshinweise über das Kältemittel (z. B. Sicherheitsdatenblätter)
- Warnung vor dem irrtümlichen Füllen mit falschem Kältemittel
- Warnung vor dem Einfrieren, insbesondere bei niedrigen Temperaturen
- Hinweis auf den Gebrauch von persönlichen Schutzeinrichtungen

Anlagenprotokoll für Kälteanlagen:

Der Eigentümer bzw. Betreiber ist verpflichtet, ein Anlagenprotokoll zu führen und auf dem Laufenden zu halten. Es müssen folgende Angaben eingetragen werden:

- Einzelheiten aller Instandhaltungs- und Instandsetzungsarbeiten
- jedes Mal Menge und Art (neu, wiederverwendet oder recycelt) des eingefüllten → Kältemittels
- falls eine Analyse eines wiederverwendeten Kältemittels vorliegt, die entsprechenden Ergebnisse
- die Herkunft des wiederverwendeten Kältemittels
- Änderung und Austausch von Bauteilen der Anlage
- Ergebnisse der regelmäßigen Routineprüfungen
- Längere Stillstandszeiten

Das Anlagenprotokoll muss entweder in der Nähe der Anlage bereitgehalten werden, oder es muss, bei Speicherung auf einem Computer des Eigentümers oder Betreibers, ein Ausdruck bei der Kältemaschine aufbewahrt werden. Es ist sicherzustellen, dass die Angaben einem Sachkundigen für die Wartung bzw. Prüfung zugänglich sind.

Betriebsanforderungen und Betreiberpflichten (Fortsetzung)

Betreiberpflichten für raumlufttechnische Anlagen (RLT-Anlagen)

Arbeitsschutzgesetze (→ Arbeitsstättenverordnung und Arbeitsschutzgesetz) **als Grundlage:**
Während der Arbeitszeit muss in Arbeitsräumen ausreichend gesundheitlich zuträgliche Atemluft zur Verfügung stehen (§ 5 ArbStättV).
Der Arbeitgeber muss, auch als Mieter, jederzeit nachweisen können, dass diese Forderung in den von seinen Beschäftigten genutzten Arbeitsräumen erfüllt ist.
Lüftungstechnische Anlagen mit Luftreinigung müssen regelmäßig gewartet und auf ihre Funktionsfähigkeit überprüft werden. Dies trifft auf lüftungstechnische Anlagen mit Befeuchtung mindestens alle 2 Jahre und lüftungstechnische Anlagen ohne Befeuchtung mindestens alle 3 Jahre zu (§ 53, Abs. 2 ArbStättV).

> Der Arbeitgeber hat bei den Maßnahmen des Arbeitsschutzes den **Stand der Technik, Arbeitsmedizin** und **Hygiene** zu berücksichtigen. Der Stand der Technik wird u. a. durch **DIN-Normen und VDI-Richtlinien** (z. B. **VDI 6022**) definiert (§ 4 ArbSchG).

Wichtige Normen und Vorschriften:
- **DIN 1946** „Raumlufttechnik"
- **DIN EN 12599** „Lüftung von Gebäuden – Prüf-/Messverfahren eingebauter RLT-Anlagen"
- **VDMA 24176** „Leistungsprogramm für die Inspektion"
- **VDMA 24186** „Wartung technischer Anlagen in Gebäuden"
- **VDI 2079** „Abnahmeprüfung RLT-Anlagen"
- **VDI 3801** „Betreiben von RLT-Anlagen"
- **VDI 3802** „RLT-Anlagen für Fertigungsstätten"
- **VDI 3803** „RLT-Anlagen, Bauliche und technische Anforderungen"
- **VDI 3804** „RLT-Anlagen, Bürogebäude"
- **VDI 6022** „Hygienische Anforderungen an RLT-Anlagen"
- **VDI 6023** „Hygienenbewusste Planung, Ausführung, Betrieb und Instandhaltung von Trinkwasseranlagen"

Betrieb von Maschinen und vergleichbaren technischen Arbeitsmitteln erfolgt **nach DIN 32541**. Dazu gehören: Indienststellung, Inbetriebnahme, Einrichten, Bedienen, Instandhalten – bestehend aus Wartung, Inspektion und Instandsetzung (nach **DIN 31051**), Außerbetriebnahme und Aussonderung.

> Die hygienischen Anforderungen an raumlufttechnische Anlagen werden in der Richtlinie **VDI 6022** geregelt.

VDI 6022 „Hygienische Anforderungen an raumlufttechnische Anlagen"

... **Blatt 1** (07.98): Büro- und Versammlungsräume
... **Blatt 2** (12.99): Anforderungen an die Hygieneschulung
... **Blatt 3** (11.02): Gewerbe- und Produktionsbetriebe

Abnahmeprüfung:
Nach Fertigstellung der RLT-Anlage ist eine Abnahmeprüfung durchzuführen (s. a. **VDI 3803** und **DIN EN 12599**), die eine Überprüfung der Hygiene-Anforderungen nach VDI-Richtlinie 6022 beinhalten muss (→ **Hygiene-Erstinspektion**).

Betrieb, Instandhaltung und Inspektion:
Für den Betrieb und die Instandhaltung (Wartung, Inspektion und Instandsetzung) sind die hierzu übergebenen Anleitungen des Anlagenherstellers und der Geräte- und Komponentenhersteller zu beachten. Für die Organisation des Betreibens ist neben der Richtlinie **VDI 3801**, **Blatt 2 der VDI 6022** und für die Durchführung der Instandhaltung das Einheitsblatt **VDMA 24186** sowie ggf. die Hinweise zur Instandhaltungsplanung der **VDI 6023** zu Grunde zu legen.

> RLT-Anlagen müssen so betrieben und instand gehalten werden, dass die **Hygiene-Anforderungen der VDI-Richtlinie 6022** dauerhaft eingehalten werden.

Insbesondere ist auf die Einhaltung folgender Anforderungen zu achten:
- RLT-Anlagen müssen vom Betreiber regelmäßig auf Verschmutzung überprüft und ggf. durch qualifizierte Fachkräfte (Qualifikationen → **VDI 6022, Blatt 2**) gereinigt werden.
- Eine RLT-Anlage kann als sauber eingestuft werden, wenn luftberührende Flächen besenrein (→ Messverfahren, Staubkonzentrationen) und Feuchtstrecken nicht nachweisbar sind.
- **Luftfilter** müssen regelmäßig auf Verschmutzung und Durchfeuchtung kontrolliert und – unabhängig von aktueller Druckdifferenz und bisheriger Standzeit – bei auffälliger Verschmutzung, Durchfeuchtung oder Leckagen ausgetauscht werden (Luftfilter in RLT-Anlagen nur nach **DIN EN 779** bzw. **DIN EN 1822**).

AT Anlagentechnik

Betriebsanforderungen und Betreiberpflichten (Fortsetzung)

Bei der **Luftbefeuchtung** ist durch regelmäßige → **Hygienekontrollen und Reinigung** sowie ggf. **Desinfektion** der wasserführenden und feuchten Anlagenteile ein hygienisch unbedenklicher Betrieb durch den Betreiber sicherzustellen. Im **Befeuchterwasser** soll die **Gesamtkoloniezahl den Wert von 1.000 KBE/ml** (bei einer Bebrütungstemperatur von 20 °C ± 1 °C und 36 °C ± 1 °C) nicht überschreiten (**KBE** = Kolonie bildende Einheiten). Die Kontrolle der Gesamtkoloniezahl im Umlaufwasser von Befeuchtern kann mit einem semiquantitativen Tauchstreifen-Test (sog. **Dip-Slides**) erfolgen, die zur Gesamtkoloniezahlbestimmung geeignet sind. **Die Konzentration an Legionellen im Umlaufwasser darf den Wert von 1 KBE/ml nicht überschreiten.**
Diese Untersuchung ist **mindestens alle zwei Jahre** mit der → **Hygieneinspektion** durchzuführen. Eine **Desinfektion** darf nur mittels solcher Stoffe oder Methoden erfolgen, deren Wirksamkeit unter Praxisbedingungen erwiesen und deren Anwendung als gesundheitlich unbedenklich eingestuft wurde. Bei Dampfbefeuchtung darf der Dampf keine gesundheitsgefährdenden Stoffe enthalten. Für Desinfektionsarbeiten ist **geschultes Personal der Kategorie A nach VDI 6022 hinzuzuziehen.**
Zur Einhaltung der oben genannten Hygiene-Anforderungen an den Betrieb und die Instandhaltung von RLT-Anlagen ist es erforderlich, diese in regelmäßig kurzen Zeitabständen durch geschultes Betriebspersonal (Qualifikation Kategorie B → **VDI 6022**, Blatt 2) zu kontrollieren. Diese Kontrolle wird **Hygienekontrolle** genannt. Zusätzlich sind in größeren Zeitabständen die RLT-Anlagen **Hygieneinspektionen** durch entsprechendes Fachpersonal (Qualifikation Kategorie A → **VDI 6022**, Blatt 2) zu unterziehen (s. a. Checkliste).

Hygienisch-mikrobiologische Untersuchungen, die über die im Rahmen der Hygieneinspektion genannten Untersuchungen hinausgehen, sind von **Hygieneinstituten** oder dazu entsprechend befähigten Einrichtungen oder Personen durchzuführen.

Alle Kontrollen bzw. Inspektionen, d. h. die Überprüfung des Hygienezustandes, die Reinigung und Desinfektion sind in geeigneter Form zu dokumentieren (z. B. Betriebstagebuch) und die **Dokumentation** ist bei einer für das Gebäude verantwortlichen Person zu hinterlegen. Diese verantwortliche Person muß vom Betreiber benannt und den Nutzern bekannt gemacht werden.

VDMA 24186, Teile 0–7 (09.02):
„Leistungsprogramm für die Wartung von technischen Anlagen und Ausrüstungen in Gebäuden", insbesondere Teil 1 „Raumlufttechnische Geräte und Anlagen" und Teil 3 „Kältetechnische Geräte und Anlagen zu Kühl- und Heizzwecken".
Diese Vorschrift regelt detailliert für jedes Bauteil (Baugruppe, Bauelement, Tätigkeit) der Anlage die durchzuführenden Tätigkeiten und deren periodische oder bedarfweise Ausführung bei der Wartung, Grundlage für **Wartungsarbeiten.**

Instandhalten von RLT-Anlagen: Instandhaltungsarbeiten (d. h. Wartung, Inspektion, Instandsetzung) dürfen nur von hierfür ausgebildetem und geschultem Fachpersonal ausgeführt werden. Einen Überblick über die auszuführenden Aufgaben gibt die Checkliste (genauere Beschreibung in **VDI 6022**). Bei den Instandhaltungsarbeiten müssen in jedem Fall die hygienischen Mindestanforderungen des Arbeitsschutzes (**TRBA 500**) eingehalten werden. Beim Einsatz von → Gefahrstoffen sind insbesondere die einschlägigen Arbeitsschutzbedingungen zu beachten.

Wartung: Wartungsarbeiten an RLT-Anlagen setzen voraus, dass der mit den Aufgaben verantwortlich Betraute mindestens eine abgeschlossene **Berufsausbildung in einem Elektro- oder Metallberuf** hat und entsprechende Praxis in der Raumlufttechnik nachweisen kann, d. h. er muss sich Kenntnisse auf dem Gebiet des Anlagenbaus, der MSR-Technik, der Einregulierung und der Funktion von RLT-Anlagen erworben haben. Hygienerelevante Wartungsarbeiten an RLT-Anlagen erfordern zusätzlich eine **Hygieneschulung** mindestens der Kategorie B **VDI 6022** Blatt 2. Für einfache Überprüfungen und Arbeiten (z. B. Filterwechsel, Reinigungsarbeiten) kann eingewiesenes Personal ohne spezielle Berufsausbildung eingesetzt werden, das zusätzlich eine Schulung der Kategorie B erfolgreich absolviert hat.

Inspektion: Inspektionen setzen eine besondere Fachausbildung, **Meister- oder Technikerqualifikation** (gegebenenfalls auch Ingenieurqualifikation) im Bereich der Versorgungstechnik oder vergleichbarer Fachrichtungen voraus.
Eine mehrjährige Erfahrung auf den Gebieten der Planung oder Berechnung oder Ausführung oder Inbetriebnahme ist ebenso eine notwendige Voraussetzung, wie eine umfangreiche Kenntnis der Messtechnik sowie des Vorschriften- und technischen Regelwerks und des Arbeitsschutzes.
Die notwendige Qualifikation zur Hygieneinspektion entspricht den vorgenannten Anforderungen sowie einer zusätzlichen Schulung gemäß Kategorie A nach **VDI 6022** Blatt 2.

Instandsetzung:
Instandsetzungsarbeiten erfordern mindestens die gleiche Qualifikation wie die Wartungsarbeiten.

Der Betreiber muss jederzeit in der Lage sein, die Qualifikation seines Betreiberpersonales nachzuweisen. Verfügt der Betreiber nicht über ausreichend qualifiziertes Betriebs- und Instandhaltungspersonal, ist durch Abschluss eines Vertrages mit einem Fachunternehmen dafür Sorge zu tragen, dass die Anlagen ordnungsgemäß betrieben und instand gehalten werden.

Betriebsanforderungen und Betreiberpflichten (Fortsetzung)

Wartungsbegleitende Hygienekontrollen:
Durch Kategorie B, **VDI 6022** Blatt 2 geschultes Wartungspersonal. Ziel der vom Wartungspersonal regelmäßig durchzuführenden Hygienekontrollen ist es, durch häufige Sichtkontrolle bzw. durch stichpunktartige mikrobiologische Eigenkontrollen Hygienemängel an RLT-Anlagen frühzeitig zu erkennen und zu beheben. Die regelmäßigen Hygienekontrollen umfassen u. a. folgende Maßnahmen:
- Sichtkontrolle des betreffenden RLT-Bereiches auf Hygienemängel wie z. B. Keimwachstum oder Verschmutzung, Rostbildung, Kalkablagerungen und Beschädigungen
- Überprüfung der Gesamtkoloniezahl im Umlaufwasser von Luftbefeuchteranlagen

Hygiene-Erst- und **Wiederholungsinspektion:**
Durch Kategorie A, **VDI 6022** Blatt 2 geschultes Fachpersonal. Bei den **Hygieneinspektionen** unterscheidet man zwischen **„Hygiene-Erstinspektion"** und **„Wiederholungs-Hygieneinspektionen"** (kurz Hygieneinspektionen genannt).
Die **Hygiene-Erstinspektion** muss mit Fachpersonal (mindestens Qualifikation Kategorie A geschult (**VDI 6022**, Blatt 2) durchgeführt werden. Es wird zur Sicherstellung der hygienisch korrekten Durchführung der Folgeinspektionen empfohlen, einen **Hygiene-Fachkundigen** hinzuzuziehen. Bei Neuanlagen (Ausführungstermin nach November 2002) ist diese Erstinspektion im Rahmen der **Abnahmeprüfung** durchzuführen und zu dokumentieren.
Die **Hygiene-Erstinspektion** beinhaltet, **zusätzlich** zu den Inhalten der Wiederholungs-Hygieneinspektion, die Festlegung und Markierung der Probeentnahmeorte für die Hygienekontrollen und -inspektionen sowie die Überprüfung der Umsetzung aller Anforderungen dieser Richtlinie hinsichtlich Planung, Fertigung und Ausführung bzw. ggf. des bisher durchgeführten Betriebes.

Die **Wiederholungs-Hygieneinspektionen** sind
- bei RLT-Anlagen mit Befeuchtung **im Abstand von zwei Jahren**
- bei RLT-Anlagen ohne Befeuchtung **im Abstand von drei Jahren**

durchzuführen und können von Fachpersonal (nach Kategorie A geschult) vorgenommen werden. Auch hierfür empfiehlt sich die Hinzuziehung von Hygiene-Fachkräften.
Die Wiederholungs-Hygieneinspektionen umfassen mindestens folgende Tätigkeiten:
- Begehung der RLT-Zentrale einschließlich aller Komponenten und der von ihr versorgten Räume; hierbei Sichtkontrolle wie bei Hygienekontrollen
- Bei festgestellten Hygienemängeln: Messung physikalischer Klimaparameter (Temperatur, Feuchte, Luftgeschwindigkeit) an repräsentativen Stellen der RLT-Anlage und gegebenenfalls in Räumen
- Bestimmung des Gesamtkeimgehaltes sowie der Konzentration an → Legionellen im Umlaufwasser von Befeuchteranlagen
- Bei optisch feststellbaren Hygienemängeln sind die Ursachen dafür zu ermitteln und zu beseitigen. Für die Ermittlung sind – falls erforderlich – zusätzliche mikrobiologische Untersuchungen durchzuführen, z. B. Koloniezahlbestimmungen in der Zuluft, semiquantitative Oberflächenuntersuchungen oder Differenzierungen nach Keimarten. Bei der Interpretation dieser Untersuchungsergebnisse müssen branchenspezifische Aspekte (s. a. **Abschnitt 6 der VDI 6022**) berücksichtigt werden.

Über das Ergebnis der Wiederholungs-Hygieneinspektion ist eine **Dokumentation des Hygienezustandes** der inspizierten RLT-Anlage sowie eine schriftliche Mitteilung des Inspektionsergebnisses an den Betreiber einschließlich einer Auflistung von notwendigen Maßnahmen zu erstellen. Der Termin für eine erforderliche Nachinspektion ist je nach Dringlichkeit der durchzuführenden Maßnahmen festzulegen.

Ein **kritischer Befund** liegt beispielsweise vor bei
- wiederholter Überschreitung der Gesamtkoloniezahlen im Befeuchterwassr (Richtwert 1 000 KBE/ml)
- wiederholter Schimmelpilzkontamination des Befeuchterwassers
- Legionellenbefall im Befeuchterwasser
- Auftreten höherer Koloniezahlen hinter RLT-Aggregaten als davor
- sichtbarem Schimmelpilzbefall oder anderen mikrobiellen Belägen

Im Falle eines kritischen Befundes muss ein Hygieniker (oder ein anderer Spezialist mit vergleichbarer Ausbildung) sowie gegebenenfalls weiteres Fachpersonal hinzugezogen und der Betrziebsarzt beteiligt werden. Letzteres ist unbedingt erforderlich beim Auftreten von Beschwerden oder Gesundheitsstörungen (insbesondere an den Atemwegen) der Beschäftigten, die in den von der RLT-Anlage versorgten Räumen arbeiten. Erforderlichenfalls sind kurzfristig **Sanierungsmaßnahmen** durchzuführen.

Hygieneschulung nach Kategorie A: (**VDI 6022**, Blatt 2; 12.99)
Berechtigt zur Durchführung anspruchsvoller Hygienetätigkeiten an RLT-Anlagen und der Hygieneinspektion, mit Ausnahme der Tätigkeiten, die kraft Gesetzes durch geschultes Fachpersonal durchgeführt werden müssen. Ausgebildet in:
- Relevante hygienische Grundlagen mit der Bedeutung und Notwendigkeit der Hygiene beim Betrieb von RLT-Anlagen

Betriebsanforderungen und Betreiberpflichten (Fortsetzung)

- Gesundheitliche Aspekte
- Hygienische Problemzonen von RLT-Anlagen
- Wartung von RLT-Anlagen
- Messverfahren zur Überwachung von RLT-Anlagen
- Maßgebende Gesetze, Vorschriften und Technische Regeln für den Betrieb von RLT-Anlagen

Hygieneschulung nach Kategorie B (**VDI 6022**, Blatt 2; 12.99)
ist Voraussetzung für die Durchführung von hygiene- und qualitätsbewussten Maßnahmen für Wartung und Instandsetzung sowie für einfache Inspektionen. Ausgebildet in:

- Bedeutung und Notwendigkeit der Hygiene beim Betrieb von RLT-Anlagen
- Hygienische Problemzonen von RLT-Anlagen
- Wartung von RLT-Anlagen
- Messverfahren zur Überwachung von RLT-Anlagen
- Maßgebende Gesetze, Vorschriften, Technische Regeln für den Betrieb von RLT-Anlagen

Eine abgeschlossene Schulung A schließt die Schulung B mit ein. Alle Tätigkeiten, die von einer Person mit absolvierter Schulung B durchgeführt werden können, können demnach auch von Personen mit absolvierter Schulung A durchgeführt werden.

Übersicht Instandhaltung (Maßnahmen und Personalqualifikation)

Gruppierung der Maßnahmen (nach VDMA)		
Inspektion	Wartung	Instandsetzung
Ziele der Maßnahmen (Definition nach **DIN 31051**)		
Feststellung und Beurteilung des Istzustandes	Bewahrung des Sollzustandes	Widerherstellung des Sollzustandes
Einzelmaßnahmen		
Prüfen, Messen, Beurteilen	Prüfen, Nachstellen, Auswechseln, Ergänzen, Schmieren, Konservieren, Reinigen	Ausbessern, Austauschen
Ausführung durch		
Ingenieur, Techniker, Meister	Eingewiesenes Personal (begrenzt einsetzbar) Fachmonteur, Techniker	Techniker, Fachmonteur
Erforderliche Schulung zur Hygiene nach **VDI 6022** Blatt 2		
Kategorie A	Kategorie B	Kategorie B

Messverfahren Staubkonzentration:
Luftführende Flächen können als sauber eingestuft werden, wenn diese unter anderem als „besenrein" bezeichnet werden können.

Unter **„besenrein"** sind die in der Tabelle unter „mittlerem bis niedrigem Standart" genannten Staubkonzentrationen zu verstehen. Zur Bestimmung des **Verschmutzungsgrades** der Lüftungskanäle ist die **Staubflächendichte in g/m²** auf der luftführenden Oberfläche messtechnisch zu ermitteln.

Auf Grund der Vielzahl an praktisch angewandten Staubmessverfahren zur Bestimmung der Staubflächendichte ist darauf zu achten, dass nur Messverfahren eingesetzt werden, die eine Erfassung des auf der Kanaloberfläche vorhandenen Staubes sicherstellen und gut reproduzierbar, rückstandsfrei und ohne Einfluss auf das Messergebnis sind.

Die folgende Tabelle nennt angewandte **Staubmessverfahren** und gibt Standards der **Staubkonzentration** an.

Der in der Tabelle verwendete Begriff **„Abheberate"** dokumentiert die Wirksamkeit des jeweiligen Messverfahrens bezüglich der Staubaufnahme, d. h. bei einer Abheberate von z. B. 0,5 ist anzusetzen, dass 50% der vorhandenen Staubflächendichte mit dem jeweiligen Verfahren erfasst werden können.

Betriebsanforderungen und Betreiberpflichten (Fortsetzung)

Vergleich verschiedener Messverfahren und Definition „besenrein"

Verfahren	Bemerkung	Abheberate (Faktor)	Staubkonzentration in g/m²	
			Besenrein	
			Niedriger Standard	Mittlerer Standard
Vlies-Rotationsverfahren	Lösungsmittel	1	20,0	10,0
Saugverfahren	mit Spachtel	0,9	18,0	9,0
Wischverfahren JADCA	mit Lösungsmittel	0,8	16,0	8,0
Wischverfahren JADCA	ohne Lösungsmittel	0,5	10,0	5,0
Tape	gravimetrisch	0,35	7,0	3,5
Saugverfahren	mit Bürste	0,15	3,0	1,5
Saugverfahren	Wintest	0,1	2,0	1,0
Saugverfahren	NADCA/HVCA	0,02	0,4	0,2

Checkliste für hygienische Betriebweise und Instandhaltung Raumlufttechnischer Anlagen:
Die Intervallangaben in nachfolgender tabellarischer Checkliste sind allgemeine Erfahrungswerte aus technischer und hygienischer Sicht. In konkreten Einzelfällen können kürzere Intervalle notwendig sein. Nicht erfasste Komponenten sind analog zu behandeln.

Anmerkung: Die genannten Abschnitte beziehen sich auf die **VDI 6022**, Blatt 3.

Tätigkeit		Ggf. Maßnahme	1 Monat	3 Monate	6 Monate	12 Monate	24 Monate
0 Hygieneinspektion			Siehe Abschnitt 3.6.1 und 3.6.2				
1 Außen- und Fortluftdurchlässe							
1.1	Auf Verschmutzung, Beschädigung und Korrosion prüfen	Reinigen und Instandsetzen				×	
2 Kammerzentralen/Gerätegehäuse							
2.1	Auf luftseitige Verschmutzung, Beschädigung und Korrosion prüfen	Reinigen und Instandsetzen				×	
2.2	Auf Wasserbildung prüfen	Reinigen, Ursache ermitteln			×		
3 Luftfilter*) (siehe Abschnitt 5.2.3)							
3.1	Auf unzulässige Verschmutzung und Beschädigung (Leckagen) und Gerüche prüfen	Auswechseln der betroffenen Luftfilter, falls letzte Auswechselung der Filterstufe nicht länger als sechs Monate her ist, sonst Auswechseln der gesamten Filterstufe		×			
3.2	Differenzdruck prüfen	Filterstufe auswechseln	×				
3.3	Spätester Filterwechsel 1. Stufe					×**)	
3.4	Spätester Filterwechsel 2. Stufe						×
4 Luftbefeuchter (siehe Abschnitt 5.2.4)							
4.1 Verdunstungs- und Umlaufsprühbefeuchter							
4.1.1	Auf Verschmutzung, Beschädigung und Korrosion prüfen	Reinigen und Instandsetzen	×				
4.1.2	Kontrolle der Abschalteinrichtungen auf Funktion	ggf. neu einstellen			×		
4.1.3	Koloniezahlmessung des Befeuchterwassers (Dipslides)	Bei Koloniezahl > 1.000 KBE/ml: Waschen mit Reinigungsmittel, Ausspülen und Austrocknen der Wanne, ggf. Desinfektion	halbmonatlich				
4.1.4	Zerstäuberdüsen auf Ablagerungen prüfen	Düsen reinigen, ggf. auswechseln	×				

Betriebsanforderungen und Betreiberpflichten (Fortsetzung)

Tätigkeit		Ggf. Maßnahme	1 Monat	3 Monate	6 Monate	12 Monate	24 Monate
4.1.5	Schmutzfänger auf Zustand und Funktion prüfen	Reinigen und Instandsetzen			×		
4.1.6	Auf Flockenbildung im Bodenbereich der Luftbefeuchterwanne prüfen	Wanne reinigen	×				
4.1.7	Umlaufpumpe auf Schmutz- und Belagbildung in der Saugleitung prüfen	Pumpenkreislauf reinigen		×			
4.1.8	Abschlämmvorrichtung auf Funktion prüfen	Abschlämmvorrichtung nachstellen			×		
4.1.9	Funktionsüberprüfung der Leitfähigkeitsmesszelle	Instandsetzen	×				
4.1.10	Funktionsüberprüfung der Entkeimungsanlage	Instandsetzen			×		
4.1.11	Vollständige Entleerung und Trocknung der Befeuchteranlage		bei Stillstand ***)				
4.2 Tropfenabscheider							
4.2.1	Auf Verschmutzung, Beschädigung, Belagbildung und Korrosion prüfen	Funktionserhaltendes Reinigen	×				
4.3 Dampfbefeuchter u. a. (siehe Abschnitt 5.2.4)							
4.3.1	Auf Verschmutzung, Beschädigung und Korrosion prüfen	Reinigen und Instandsetzen ggf. Desinfektion		×			
4.3.2	Auf Kondensatniederschlag in der Befeuchterkammer prüfen	Ursache(n) ermiteln und beseitigen, Dampfbefeuchter reinigen	×				
4.3.3	Dampflanze auf Ablagerungen prüfen	Reinigen			×		
4.3.4	Kondensatablauf prüfen	Reinigen und Instandsetzen		×			
4.3.5	Regelventil auf Funktion prüfen	Instandsetzen			×		
4.3.6	Prüfung des Feuchtbegrenzers	Instandsetzen			×		
5 Wärmeaustauscher (siehe Abschnitt 5.2.5)							
5.1	Erhitzer: Auf Verschmutzung, Beschädigung, Korrosion und ggf. auf Dichtheit (direktbefeuert) prüfen	Reinigen und Instandsetzen, ggf. erneuern			×		
5.2	Kühler: Wärmeaustauscher (Register), Kondensatwanne und Tropfenabscheider auf Verschmutzung, Korrosion, Beschädigung und Dichtheit prüfen	Instandsetzen		×			
5.3	Siphon auf Funktion prüfen	Instandsetzen		×			
6 Ventilator (siehe Abschnitt 5.2.6)							
6.1	Auf Verschmutzung, Beschädigung und Korrosion prüfen	Reinigen und Instandsetzen			×		
6.2	Funktionserhaltendes Reinigen der luftberührten Teile des Ventilators sowie des Wasserablaufes					×	
7 Wärmerückgewinnung (siehe Abschnitt 5.2.7)							
7.1	Auf Verschmutzung, Beschädigung und Korrosion prüfen	Reinigen und Instandsetzen		×			
7.2	Dichtheit zwischen Fort- und Außenluft prüfen	Instandsetzen		×			
7.3	Kondensatwanne und Tropfenabscheider auf Verschmutzung, Korrosion und Funktion überprüfen	Instandsetzen		×			
7.4	Siphon auf Funktion prüfen	Instandsetzen		×			
7.5	Nasskühler, Tropfenabscheider und Kondensatwanne reinigen				×		
8 Luftleitungen u. Schalldämpfer (siehe Abschnitt 5.2.8)							
8.1	Zugängliche Luftleitungsabschnitte auf Beschädigung prüfen	Instandsetzen				×	

Betriebsanforderungen und Betreiberpflichten (Fortsetzung)

Tätigkeit		Ggf. Maßnahme	1 Monat	3 Monate	6 Monate	12 Monate	24 Monate
8.2	Innere Luftleitungsfläche auf Verschmutzung, Korrosion und Wasserniederschlag an 2 bis 3 repräsentativen Stellen prüfen	Ursache ermitteln, Messung der Staubdichte nach Anhang A entsprechende Luftleitungsabschnitte ggf. unter Beachtung Anhang A reinigen				×	
8.3	Schalldämpfer auf Verschmutzung, Beschädigung und Korrosion prüfen	Ursache ermitteln Instandsetzen oder erneuern, ggf. Abklatschproben				×	
8.4	Kontrolle des Hygienezustands in Luftleitungen an repräsentativen Stellen	Ursache ermitteln, entsprechende Luftleitungsabschnitte reinigen					×
8.5	Bei Zuluftleitungen mit Luftfeuchte $\varphi > 90\%$ (r. F.) mikrobiologische Kontrolle der Zuluft oder der Kanaloberflächen	Ursache ermitteln, Instandsetzen, Reinigen der Kanäle					×
9 Luftdurchlässe (siehe Abschnitt 5.2.9)							
9.1	Luftdurchlässe, eingebaute Lochbleche, Maschendraht oder Siebe auf Verschmutzung, Beschädigung und Korrosion prüfen (Stichprobe)	Reinigen bzw. austauschen				×	
9.2	Filtervliese auswechseln					×	
9.3	Luftdurchlässe mit Induktion der Raumluft und Ablufteinlässe auf Feststoffablagerungen prüfen	bei Bedarf reinigen				×	
9.4	Reinigung der durch Sekundärluft durchströmten Bauteile					×	
10 Kühlturm (siehe Abschnitt 5.2.10)							
10.1	Auf Beschädigung und Korrosion prüfen	Instandsetzen				×	
10.2	Reinigen und Entleeren des gesamten Systems				Mindestens 2× jährlich		
10.3	Abschlämmrate prüfen	Instandsetzen			×		
10.4	Messung der Gesamtkoloniezahl des Umlaufwassers (nur bei Betrieb)	Bei >10.000 KBE/ml Entleeren, Reinigung und Desinfektion ggf. Entkeimung		×			
11 Entfeuchter (siehe Abschnitt 5.2.11)							
11.1	Auf Verschmutzung, Beschädigung und Korrosion prüfen	Reinigen und Instandsetzen		×			
11.2	Nasskühler, Kondensatwanne und Tropfenabscheider auf Verschmutzung, Korrosion und Funktion überprüfen	Instandsetzen		×			
11.3	Siphon auf Funktion prüfen	Instandsetzen		×			
11.4	Nasskühler, Tropfenabscheider und Kondensatwanne reinigen				×		
12 Endgeräte (siehe Abschnitt 5.2.12)							
12.1	Endgeräte mit Außenluftfilter auf Verschmutzung prüfen	Luftfilter austauschen, Gerät reinigen				×	
12.2	Endgeräte mit Umluftfilter auf Verschmutzung prüfen	Luftfilter austauschen, Gerät reinigen				×	
12.3	Wärmeaustauscher bei Endgeräten ohne Luftfilter auf Verschmutzung überprüfen	Renigen (Staubsauger)			×		
12.4	Reinigung der durch Sekundärluft (ohne Luftfilter) durchströmten Bauteile					×	
12.5	Luftfilter auswechseln						×

Betriebsanforderungen und Betreiberpflichten (Fortsetzung)

Tätigkeit		Ggf. Maßnahme	1 Monat	3 Monate	6 Monate	12 Monate	24 Monate
13 Kühldecken							
13.1	Deckenhohlraum, Deckenkonstruktion auf Feuchtigkeit und Kondesnatbildung prüfen	Ursachen beseitigen, Abklatschproben				×****)	
13.2	Kondensatwannen und Kondensatabläufe auf Funktion und Zustand prüfen	Reinigen und Instandsetzen		×			
13.3	Taupunktsensoren, Vorlaufleitungen der Regelkreise und Regelarmaturen auf Undichtigkeiten prüfen	Instandsetzen				×	
13.4	Reinigung und Desinfektion der Kondensatwannen und Reinigung der Kondensatabläufe						×

*) Luftfilter für Endgeräte siehe Punkt 12 dieser Checkliste
**) Verlängerung der Filterstandzeit, Voraussetzungen siehe Abschnitt 5.2.3
***) Bei Stillstand (> 48 Stunden) oder in Betriebszeiten ohne Anforderung der Luftbefeuchtung über mehr als 48 Stunden
****) Im Sommer bei Kühlbetrieb

Rohrleitungen und Kanäle

Kennzeichnung von Rohrleitungen

Allgemeine Kennzeichnung:

Die Kennzeichnung von Rohrleitungen nach dem Durchflussstoff erfolgt nach **DIN 2403**, 03.84 durch
- **Schilder** mit Namen, Formel, Kennzahl oder Kurzzeichen des Durchflussstoffes oder mit der dem Durchflussstoff zugeordneten Gruppenfarbe nach **RAL-Farbregister** 840 HR,
- **Farbringe** in der Gruppenfarbe oder
- **Farbanstrich** der gesamten Rohrleitung in der Gruppenfarbe.

Kennzeichnung von Rohrleitungen in Kälteanlagen (nach **DIN 2405**, 07.67):

Rohrleitungen in Kälteanlagen mit neutralem Anstrich werden **nach dem Durchflussstoff durch farbige Schilder** mit **Spitze zur Angabe der Durchflussrichtung** gekennzeichnet. Die Schilder enthalten das **Kurzzeichen des Durchflussstoffes** sowie gegebenenfalls zusätzliche Kennzeichnungen, z. B. Stoffzustand (Dampf oder Flüssigkeit) und Stufenzahl.
Werden **Rohrleitungen insgesamt** mit der Farbe für den Durchflussstoff **gestrichen**, so ist die **Durchflussrichtung** deutlich **erkennbar** in ausreichenden Abständen **durch Pfeile** zu kennzeichnen. Die zusätzliche Kennzeichnung ist entsprechend anzuordnen.

Die Farbe des Schildes ist gelb RAL 1012. Bei brennbaren → Kältemitteln ist die Schildspitze rot RAL 3003. Maße der Schilder nach **DIN 825**. Ausführung der Schilder nach **DIN 2403**.

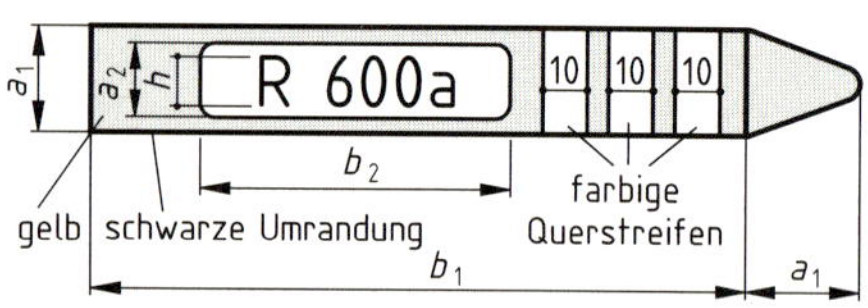

Der **Stoffzustand** wird durch 10 mm breite Querstreifen gekennzeichnet:

Stoffzustand	Farbe
Saugleitung – kalte Gase	blau RAL 5009
Druckleitung – heiße Gase	rot RAL 3003
Flüssigkeitsleitungen	grün RAL 6010

Schildabmessungen			
Schildgröße $a_1 \times b_1$	a_2	b_2	h
26 × 148	18	74	12,5
52 × 297	37	148	25

Rohrleitungen und Kanäle (Fortsetzung)

Sollen bei **mehrstufigen Kälteanlagen** die Rohrleitungen der einzelnen Stufen besonders gekennzeichnet werden, so kann dies durch Anbringen einer der jeweiligen Stufe entsprechenden Anzahl von Querstreifen, verwirklicht werden, ausgehend vom Niederdruckverdampfer der ersten Stufe.

Der **Durchflussstoff** wird hinter dem Querstreifen allgemein durch sein Kurzzeichen, (→ Kältemittel), mit schwarzen Buchstaben auf weißem Grund angegeben. Als Kurzbezeichnung kann auch die chemische Formel des Kältemittels verwendet werden.

Kennzeichnung von Rohrleitungen für flüssiges Kühlgut sowie → Kühlsolen und Wärmeträger:

Durchflussstoff	Farbe	Durchflussstoff	Farbe
Sole (Lauge)	violett RAL 4001	Vakuum	grau RAL 7002
Flüssiges Kühlgut (z. B. Milch, Bier, Wein, Fruchtsäfte, Öl)	braun RAL 8001	Wasser	grün RAL 6010
Luft	blau RAL 5009	Wasserdampf	rot RAL 3003

Nennweiten von Rohrleitungen

Die **Nennweiten** von Rohren, Rohrverbindungen, Armaturen und Formstücken entsprechen den ungefähren Innendurchmessern (lichten Weiten) in mm und sind ein kennzeichnendes Merkmal zueinander passender Teile. Die Nennweite selbst erhält keine Einheit. Sie wird durch die Kennbuchstaben **DN** und nachgestelltem Zahlenwert bezeichnet, der ungefähr dem Innendurchmesser in mm entspricht. Abweichungen vom tatsächlichen Innendurchmesser resultieren aus unterschiedlichen Wanddicken bei gleichem Außendurchmesser. Dies ergibt sich zwangsläufig aus dem Herstellungsprozess, da die Fertigung von gestuften Außendurchmessern ausgeht.

Rohr DN 400 mit
Vorschweißflansch DN 400

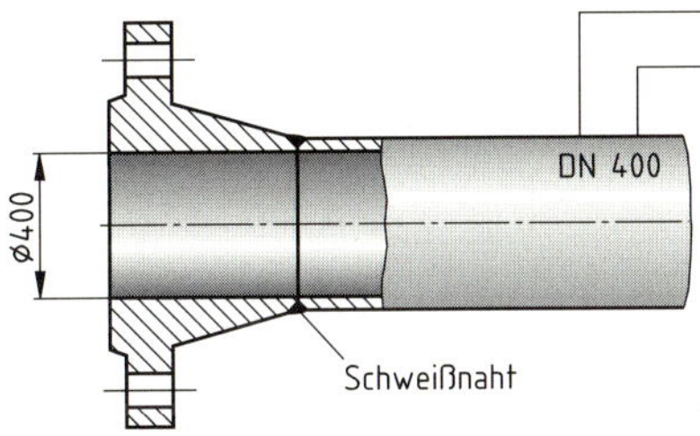

z. B. Rohr 406,4 × 3,2 ($d_i = 400$ mm) aber auch
Rohr 406,4 × 6,3 ($d_i = 393{,}8$ mm)

Stufung der Nennweiten in mm (nach **DIN EN ISO 6708** (09.95))

3	8	16	40	80	175²⁾	350	600	1 000	1 800	2 600	3 400
4	10	20	50	100	200	400	700	1 200	2 000	2 800	3 600
5	12	25	65	125	250	450	800	1 400	2 200	3 000	3 800
6	15	32	70¹⁾	150	300	500	900	1 600	2 400	3 200	4 000

1) Nur für drucklose Abflussrohre 2) Nur für den Schiffbau

Berechnung der erforderlichen Nennweite:

$$d_{i,erf} = 2000 \cdot \sqrt{\frac{\dot{V}}{v \cdot \pi}}$$

erforderlicher Innendurchmesser

$d_{i,erf}$ erforderlicher Innendurchmesser mm
$\dot{V}$ → Volumenstrom m^3/s
v → Strömungsgeschwindigkeit m/s

→ **Kontinuitätsgleichung** (Durchflussgleichung)

In der Regel wird die Nennweite gewählt, die $d_{i,erf}$ am nächsten liegt. Achtung: Die obige Gleichung ist eine Zahlenwertgleichung.

B $\dot{V} = 20$ l/min; $v = 5$ m/s; $d_{i,erf} = ?$

$$\dot{V} = 20\,\frac{l}{min} = \frac{20}{1000 \cdot 60}\,\frac{m^3}{s} = 0{,}000\overline{3}\,\frac{m^3}{s}$$

$$d_{i,erf} = 2000 \cdot \sqrt{\frac{0{,}000\overline{3}}{5 \cdot \pi}} = 9{,}21 \text{ mm} \rightarrow \textbf{DN10}$$

Rohrleitungen und Kanäle (Fortsetzung)

Druck- und Temperaturangaben (nach **DIN EN 1333** (10.96) und **DIN EN 764**, 11.94)

Kurz-zeichen	Formel-zeichen	Begriff/Bedeutung
Bauteilbezogene Angaben (für Innen- und Außendruck), p in bar und ϑ in °C		
PB	$p_{e,zul}$ p_s	**Zulässiger Betriebsüberdruck** (zulässiger Druck). Der aus Sicherheitsgründen festgelegte Höchstwert des Betriebsüberdruckes bei der jeweils zulässigen Betriebstemperatur.
PN	–	**Nenndruck.** Gebräuchliche, gerundete, auf den Druck bezogene Kennzahl, nach Normzahlen gestuft. Bauteile gleichen Nenndruckes haben bei gleicher Nennweite jeweils die gleichen Anschlussmaße. Der Nenndruck entspricht in etwa dem zulässigen Betriebsüberdruck gleichen Zahlenwertes bei 20 °C (ausgenommen Nennweiten > DN 500. Formal richtig ist jedoch, dass mit Nenndruck und Nennweite nur noch die Anschlussmaße der Flansche genormt sind. Der zu einem Nenndruck gehörende zulässige Betriebsüberdruck (z. B. von Flanschen) soll künftig in Tabellen angegeben werden.
PP	p_{test} (p_t)	**Prüfdruck.** Der Prüfdruck ist an keine bestimmte Temperatur gebunden. Diese richtet sich vielmehr nach dem Prüfmedium (Wasser, Dampf usw.). Ferner muss der Bezug des Prüfdruckes beachtet werden (Festigkeit, Dichtheit usw.).
PR	p_{rat}	**Ratingdruck.** Höchster Druck, der aufgrund des Werkstoffes und der Berechnungsgrundlage bei der Ratingtemperatur vorliegen darf. Anwendung für genormte Bauteile und Anlagenteile, PR = f(TR).
		Berstdruck. Statischer Druck, bei dem ein Bauteil oder Anlagenteil zerstört wird (schlagartiges Austreten des Mediums).
TB	ϑ_{zul} (ϑ_s)	**Zulässige Betriebstemperatur** (zulässige Temperatur). Aus Sicherheitsgründen festgelegter Höchst- oder Tiefstwert der Wandtemperatur eines Bauteils oder Anlagenteils. Dabei kann die Wandtemperatur in erster Näherung gleich der Temperatur des Beschickungsgutes angenommen werden. Die zulässige Betriebstemperatur ist jeweils im Zusammenhang mit dem zulässigen Betriebsüberdruck zu sehen.
TR	ϑ_{rat}	**Ratingtemperatur.** Die für ein Bauteil oder Anlagenteil aufgrund des Werkstoffes und der Berechnungsgrundlagen beim Ratingdruck mögliche Temperatur.
TMAX	ϑ_{max}	**Höchste anwendbare Temperatur.** Die aufgrund des Werkstoffes (Anwendungsgrenzen) und der Berechnungsgrundlagen höchste anwendbare Temperatur.
TMIN	ϑ_{min}	**Tiefste anwendbare Temperatur.** Die aufgrund des Werkstoffes (Anwendungsgrenzen) und der Berechnungsgrundlagen tiefste anwendbare Temperatur.
Mediumbezogene Angaben, p in bar und ϑ in °C		
PA	p_A (p_a)	**Arbeitsdruck.** Der für den Ablauf des Prozesses in einem Anlagenteil vorgesehene Druck. Es ist zu unterscheiden: $p_{e,A}$, $p_{abs,A}$ und Δp_A.
PAMAX	$p_{A\,max}$	**Höchster Arbeitsdruck.**
PAMIN	$p_{A\,min}$	**Niedrigster Arbeitsdruck.**
PC	p_{calc} (p_c)	**Berechnungsdruck.** Der in eine Berechnung eingehende Druck. Es kann sich dabei um einen der oben genannten Drücke handeln. Es ist zu unterscheiden: $p_{e,calc}$, $p_{abs,calc}$ und Δp_{calc}. Für die Ermittlung wird der Konstruktionsdruck p_d gewählt.
TA	ϑ_A (ϑ_0)	**Arbeitstemperatur.** Die für den Ablauf des Prozesses in einem Anlageteil vorgesehene Temperatur.
TAMAX	$\vartheta_{A\,max}$	**Höchste Arbeitstemperatur.**
TAMIN	$\vartheta_{A\,min}$	**Niedrigste Arbeitstemperatur.**
TC	ϑ_{calc}	**Berechnungstemperatur.** Die in eine Berechnung eingehende Temperatur. Es kann eine der oben genannten Temperaturen sein. Basis: Konstruktionstemperatur ϑ_d.

PN-Stufen (nach **DIN EN 1333**, 10.96, sind die fett gedruckten vorzuziehen)

0,5	5	**25**	125	630	2500
1	**6**	32	160	700	4000
1,6	8	**40**	200	800	6300
2	**10**	50	250	1000	
2,5	12,5	**63**	315	1250	
3,2	**16**	80	400	1600	
4	20	**100**	500	2000	

Rohrleitungen und Kanäle (Fortsetzung)

Maßnormen für Stahlrohre

Stahlrohre im allgemeinen Rohrleitungsbau: (→ Gestreckte Längen)

Maße und längenbezogene Massen sind festgelegt in

DIN EN 10220 für **geschweißte Rohre aus unlegierten Stählen** nach **DIN 1615**, **DIN EN 10217**, **DIN EN 10224**, **DIN EN 10296**, **DIN EN 10208-2**

DIN EN ISO 1127 (3.97) für **Rohre aus nichtrostenden Stählen**

Stahlrohre für Kälteanlagen (nach **DIN 8905**, 10.83):

Anwendungsbereich der DIN 8905

Diese Norm gilt für Kältemittel führende Rohre, wie sie in Kälteanlagen mit hermetischen und halbhermetischen Verdichtern als Leitungs-, Konstruktions- und Kapillar-Drosselrohre Anwendung finden. Sie enthält über die allgemeinen technischen Lieferbedingungen für Rohre aus Stahl nach **DIN 2391** Teil 2 und **DIN 2393** Teil 2 sowie doppelwandig gerollte und gelötete Stahlrohre, aus Kupfer nach Aluminium nach **DIN EN 754** Teil 7 hinaus zusätzliche **Anforderungen** an **Beschaffenheit, Reinheit und Trockenheit**. Diese zusätzlichen technischen Lieferbedingungen werden durch ein **„R"** bei Stahl hinter dem Kurzzeichen für den Lieferzustand, bei Kupfer und Aluminium hinter dem Werkstoffkurzzeichen, zum Ausdruck gebracht. Für Kapillar-Drosselrohre gelten zusätzlich die Festlegungen in DIN 8905 Teil 3.

In **DIN 8905** vorgeschlagene **Vorzugsmaße** von Stahlrohren nach **DIN 2391** und **2393**

Außendurchmesser d_a [1] Nennmaß mm	Wanddicke s [1] Nennmaß mm	Längenbezogene Masse m' kg/m
2	0,5	0,018
3	1	0,049
4	1	0,074
5	1	0,099
6	1	0,123
8	1	0,173
10	1	0,222
12	1	0,271
15	1	0,345
18	1,5	0,610
22	1,5	0,758
28	2	1,28
35	2	1,62
42	2,5	2,45

[1] Andere Maße sind zu vereinbaren.

Werkstoffe im Lieferzustand GBK, Gütegrad A nach **DIN EN 10305**.
Nahtlose Stahlrohre: St 35
Geschweißte Stahlrohre: RSt 34-2 bzw. RSt 37-2

B **Bezeichnung** eines Stahlrohres Gütegrad A, aus St 35 im Lieferzustand GBK mit den zusätzlichen Lieferbedingungen „R" mit Außendurchmesser d_a = 15 mm und Wanddicke s = 1 mm:

Rohr DIN 8905 – A – St 35 GBK – R – 15 × 1

G: weichgeglüht
B: wärmebehandelt auf beste Bearbeitbarkeit bei der Zerspanung
K: kaltverformt
R: zusätzliche Anforderungen an Beschaffenheit (Oberfläche), Reinheit und Trockenheit

Bei **Genaulänge** von z. B. 4000 mm:
... 15 × 1 × 4000

Stahlrohre sind für organische und anorganische → **Kältemittel** einsetzbar.

Maßnormen für Kupferrohre

Kupferrohre für Gas-, Wasserinstallation und Heizungsanlagen (früher DIN 1786):

Maße und längenbezogene Massen sind festgelegt in **DIN EN 1057**, 05.96

Lieferbar auch als **Wicu-Rohr** mit ϑ_{zul} = 100 °C Betriebstemperatur
Wicu = Wärmeisolierte Cu-Rohre

Kupferrohre für Kälteanlagen (nach **DIN 8905**, 10.83):

Verwendung für **organische** → **Kältemittel**
Werkstoffe (Tabelle nächste Seite) (→ **Kupfer und Kupferlegierungen**)

Für Rohre, die für Druckbehälter mit einer erstmaligen Prüfung durch den Sachverständigen entsprechend der **Druckgeräterichtlinie** mit Lieferbedingungen nach **VdTÜV-Merkblatt 410** eingesetzt werden, kann ein Abnahmeprüfzeugnis B (Bescheinigung **DIN 50049** – 3.1 B)[*] vereinbart werden. Für Rohre, die für Druckbehälter ohne erstmalige Prüfung durch den Sachverständigen entsprechend der Druckbehälterverordnung mit Lieferbedingungen nach **DIN EN 12451** eingesetzt werden, kann ein Abnahmeprüfzeugnis B (Bescheinigung **DIN 50049** – 3.1 B) vereinbart werden ([*]ersetzt: **DIN EN 10204**).

Rohrleitungen und Kanäle (Fortsetzung)

In DIN 8905 vorgeschlagene Vorzugsmaße von Kupferrohren nach DIN 59753

Außendurchmesser d_a[1] Nennmaß mm	Wanddicke s[1] Nennmaß mm	Längenbezogene Masse m' kg/m
2	0,5	0,021
3	1	0,056
4	1	0,084
5	1	0,112
6[4]	1	0,140
8[4]	1	0,196
10[4]	1	0,252
12[4]	1	0,308
15[4]	1	0,391
18[4]	1	0,475
22[4]	1	0,587
28[4]	1,5	1,11
35[4]	1,5	1,40
42[4]	1,5	1,71
54[4]	2	2,91

[1] Andere Maße sind zu vereinbaren.
[4] Für diese Außendurchmesser sind Fittings nach **DIN EN 1254** genormt. Werden andere Maße vereinbart, dann entsprechen die Toleranzen dieser Maße dem nächstgrößeren Maß. Beachten Sie obige Anmerkung!

Anmerkung:
DIN 2856 „Fittings" ist durch **DIN EN 1254**, Teile 1 und 4, 03.98 ersetzt.

Kupfer-Rohrwerkstoffe und deren Verwendung in der Rohrleitungstechnik

Kurzzeichen	Zusatz	Zugfestigkeit[6] in N/mm²	Verwendungshinweise
SF-Cu F22	R	220	Leitungsrohre, Kapillar-Drosselrohre
SF-Cu F24[5]	R	240	Konstruktionsrohre
SF-Cu F25	R	250	Konstruktionsrohre, Leitungsrohre
SF-Cu F36	R	360	Leitungsrohre, Kapillar-Drosselrohre

R: Zusätzliche Lieferbedingung für Beschaffenheit, Reinheit und Trockenheit

[5] In **DIN 17671** Teil 1 nicht enthalten; Sonderfestigkeitszustand für Rohre, die zwecks Verwendung in Kreislaufteilen hydraulisch geweitet bzw. maschinell verformt werden (ersetzt durch **DIN EN 12449**)
[6] Bei Einsatz im Bereich der Druckgeräterichtlinie ist VdTÜV Werkstoffblatt 40 zu beachten.

B **Bezeichnung** eines Kupferrohres aus SF-Cu F24 mit zusätzlichen technischen Lieferbedingungen (R) mit dem Außendurchmesser $d_a = 12$ mm und der Wanddicke $s = 1$ mm:

Rohr DIN 8905-SF-Cu F24-R-12×1

Maßnormen für Aluminiumrohre (nach DIN 8905, 10.83)

Zur Anwendung kommen Aluminiumrohre nach **DIN EN 754**, 10.98

In DIN 8905 vorgeschlagene Vorzugsmaße von Aluminiumrohren nach DIN EN 754

Außendurchmesser d_a[1] Nennmaß mm	Wanddicke s[1] Nennmaß mm	Längenbezogene Masse m' kg/m
6	0,75	0,034
8	1	0,060
10	1,5	0,107

[1] Andere Maße sind zu vereinbaren.

Aluminium-Rohrwerkstoffe und deren Verwendung in der Rohrleitungstechnik

Kurzzeichen	Zusatz	Zugfestigkeit in N/mm²	Verwendungshinweise
Al99,5 F7	R	65	Leitungsrohre, Konstruktionsrohre
Al99,5 W7	R	65	
Al99,5 F10	R	100	Leitungsrohre

R: Zusätzliche Lieferbedingung ≙ Cu

Weitere wichtige Rohrnorm

DIN 2429, T1, T2: Grafische Symbole für technische Zeichnungen; Rohrleitungen

Rohrleitungen und Kanäle (Fortsetzung)

Rohre für → Wärmeaustauscher

Maße für nahtlose und geschweißte Rohre für Rohrbündel-Wärmeaustauscher
(nach **DIN 28 180** und **DIN 28 181**, 08.85)

Rohraußendurchmesser in mm	Wanddicken in mm				
	1,2	1,6	2,0	2,6	3,2
16	●	●	●		
20		●	●	●	
25		●	●	●	●
30		●	●	●	●
38			●	●	●

Genormte Rohrlängen (für gerade Rohre und für U-Rohre; die fettgedruckten Längen sind zu bevorzugen)

Länge *l* in mm	500	750	**1000**	1500	2000	**2500**	3000	4000	**5000**	**6000**	8000

U-Rohre für Wärmeaustauscher – kleinste Biegeradien

Außendurchmesser d_a	Kleinster Biegeradius $r_{m\,min}$ bei der Wanddicke s in mm				
	1,2	1,6	2,0	2,6	3,2
16	30	24	20		
20	47	34	26	23	
25		51	37	35	27
30		62	42	38	35
38			52	47	42

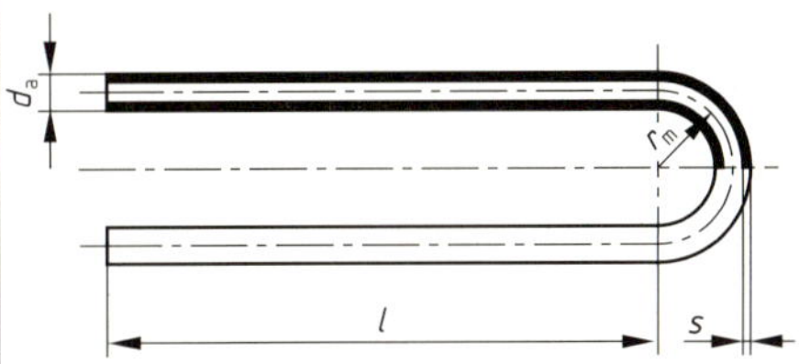

Biegeradien für Wärmeaustauscher-U-Rohre mit kastenförmigem Bogen (**DIN 28 179**, 11.89)

Außendurchmesser d_a in mm	Biegeradius r_m in mm
16	40
20	50
25	60
30	80
38	100

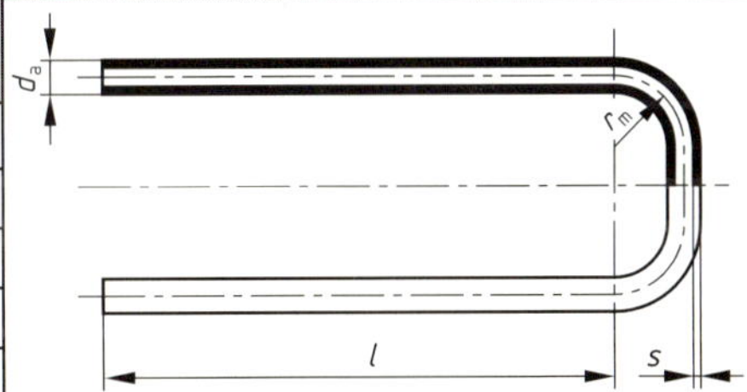

Bevorzugte Stahlsorten für Wärmeaustauscherrohre
(**DIN 28 179**, 11.89, **DIN 28 180**, 08.85 und **DIN 28 181**, 08.85)

Werkstoffnummer	Kurzname (in Klammer: alte Norm)	Nahtlose Rohre	Geschweißte Rohre
1.0254	P235T1 (St 37.0)	x	x
1.0315	P235G2TH (St 37.8)	x	x
(1.0356)	(TT St 35 N)	x	x
1.4301	X4CrNi18-10 (X 5 CrNi 18 10)	x	x
1.4401	X4CrNiMo17-12-2 (X 5 CrNiMo 17 12 2)	x	x
1.4541	X6CrNiTi18-10	x	x
1.4571	X6CrNiMoTi17-12-2	x	x

Rohrleitungen und Kanäle (Fortsetzung)

Verbindungstechniken

→ **Fügen** (insbesondere Schrauben-, Klebe-, Löt- und Schweißverbindungen)
→ **Kraftschlüssige Verbindung**, **Formschlüssige Verbindung**, **Stoffschlüssige Verbindung**

Lösbare Rohrverbindungen

	Kraftschluss	Formschluss
Flanschverbindungen		●
Schneidringverbindungen		●
Schraubfittings		●
Klemmringverschraubungen	●	

Flanschverbindungen: (→ Flanschdichtflächen)

Flanschverbindungen (Auswahl)

Flanschart	Abbildung	DN	PN
Blindflansche	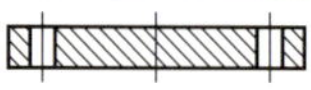	10 bis 500	6 bis 100
Stahlgussflansche	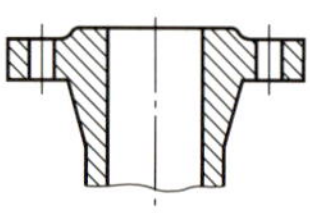	10 bis 2200	16 bis 400
Gusseisenflansche		10 bis 4000	1 bis 40
Gewindeflansche	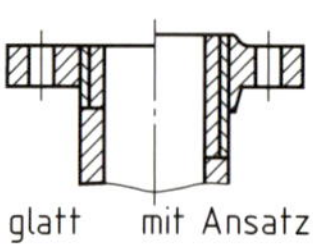	6 bis 100	6 bis 16
Lose Flansche	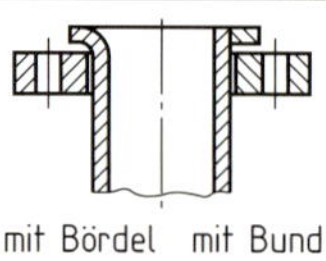	10 bis 1200	6 bis 320

Anschlussmaße bei Flanschverbindungen

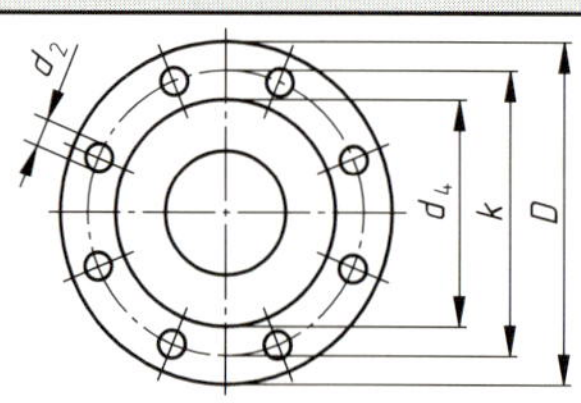

d_2 = Schraubenlochdurchmesser
d_4 = Dichtleistendurchmesser
k = Lochkreisdurchmesser
D = Außendurchmesser

Die Anzahl der Schraubenlöcher muss jeweils durch 4 teilbar sein. Die Löcher liegen symmetrisch zu den Hauptachsen, aber nie darin.

Nicht lösbare Rohrverbindungen

	Stoffschluss	Formschluss
Klebeverbindungen	x	
Lötverbindungen	●	
Schweißverbindungen	●	
Bördelverbindungen		x
Lokring®-Verbindung		●
x kaum verwendet		

Formen von Flansch-Dichtflächen

Form/Name	DIN	Kurzzeichen	Dichtung nach DIN	PN
		A, B		
		C, D, E	**EN 1514-1, EN 1514**	1 … 40 64 … 400
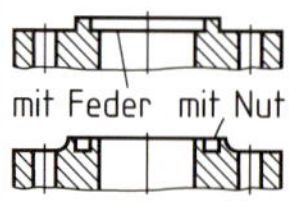	**2512**	F N	**En 1514-1**	10 … 160
	**2696**	L	**2696**	64 … 400
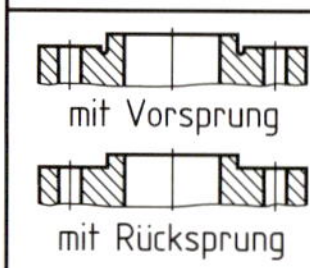	**EN 1092**	V14 R14		10 … 40
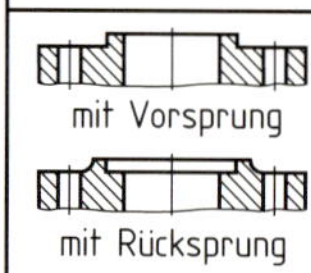	**EN 1092**	V13 R13	**EN 1514-1**	10 … 100
	**2695**	M	**2695**	64 … 400

Bei der Vereinigung deutscher Flanschenfabriken e.V. ist der deutsche **Flanschenkatalog** zu erhalten.

Rohrleitungen und Kanäle (Fortsetzung)

Schneidringverbindungen:

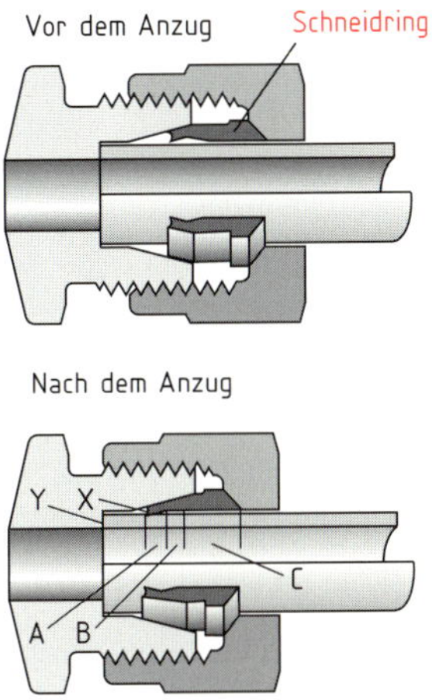

DIN 2353, 12.98 „Lötlose Rohrverschraubungen mit Schneidring"

A: Schneidender Teil
B: Verkeilender Teil
C: Schiebender Teil
X: Hohlschneide des Schneidrings ist in die Rohrwand eingedrungen
Y: Rohranschlag, Axialverschiebungen werden dadurch ausgeschlossen

Hauptanwendungsgebiete: Hydraulik- und Pneumatikleitungen
Wegen der → Kerbwirkung ist zu beachten:

Bei **Kältemittel führenden Leitungen** aus Stahl sollten keine zusätzlichen mechanischen Spannungen und Schwingungen auftreten. Für Kupferleitungen sind Schneidringverbindungen nach **DIN 8975** nicht zulässig.

Nach **DVGW-Arbeitsblatt GW 2** dürfen im Installationsbereich des Gas- und Wasserfaches Schneidringverbindungen nur gemäß Tabelle auf Seite 377 eingesetzt werden.

Verbindung mit Schraubfittings:

Größe der Fittings (Stahl nach **DIN EN 10241**, Temperguss nach **DIN EN 10242**)

Kurzzeichen	1/8	1/4	3/8	1/2	3/4	1	1 1/4	1 1/2	2	2 1/2	3	4	5	6
DN	6	8	10	15	20	25	32	40	50	65	80	100	125	150
Mittlere Einschraub-länge in mm	7	10	10	13	15	17	19	19	24	27	30	36	–	–

Form und Benennung von Fittings

Benennung	T-Stück	Kreuz	Winkel	Muffen
Form	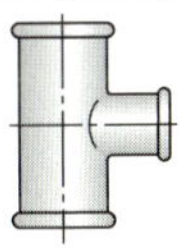	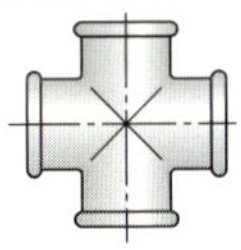	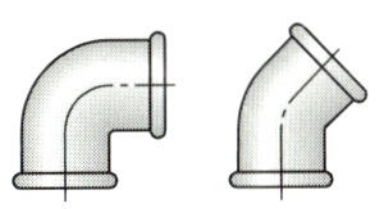	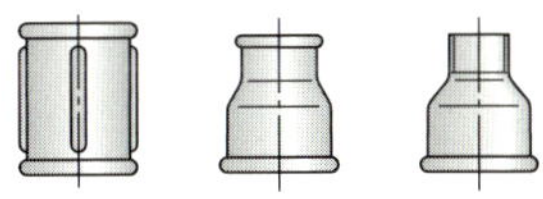

Benennung	Bogen	Winkel-Verteiler	T-Verteiler
Form	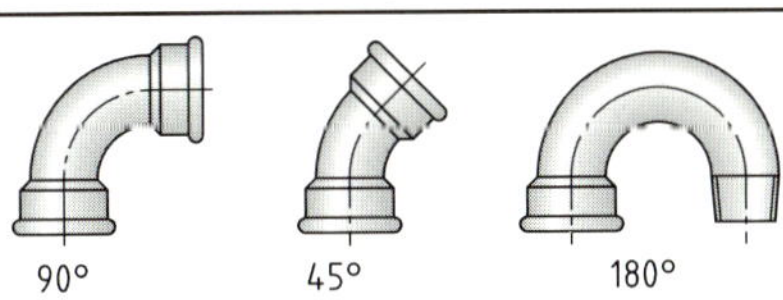	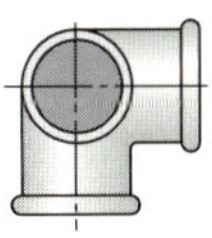	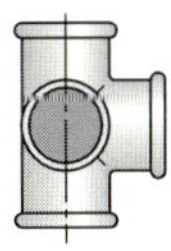

Benennung	Reduziernippel	Doppelnippel	Kappe	Stopfen	Bogen-T
Form	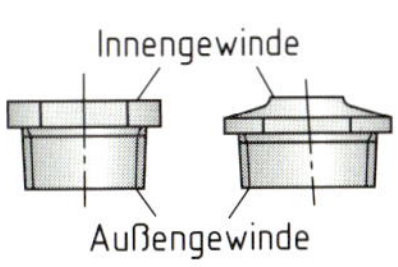	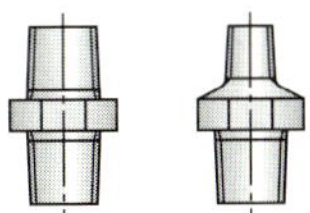	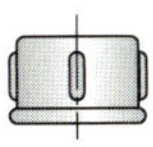		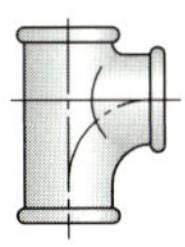

Rohrleitungen und Kanäle (Fortsetzung)

Rohrverschraubungen:

Benennung	Verschraubung	Winkel-Verschraubung
Form	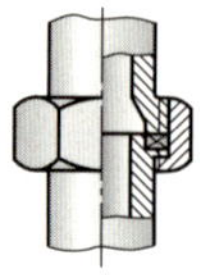	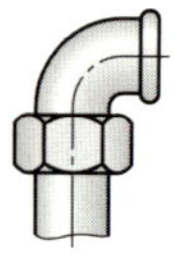

Für **Schraubfittinge** und **Rohrverschraubungen** wird → **Whitworth-Rohrgewinde** nach **DIN 2999** verwendet.

Verwendung von **Stahlfittingen** nach **DIN EN 10241** vornehmlich in der chemischen Industrie; **Tempergussfittinge** nach **DIN EN 10242** im Gas- und Wasserbau sowie in der Heizungstechnik.

Klemmringverschraubungen:

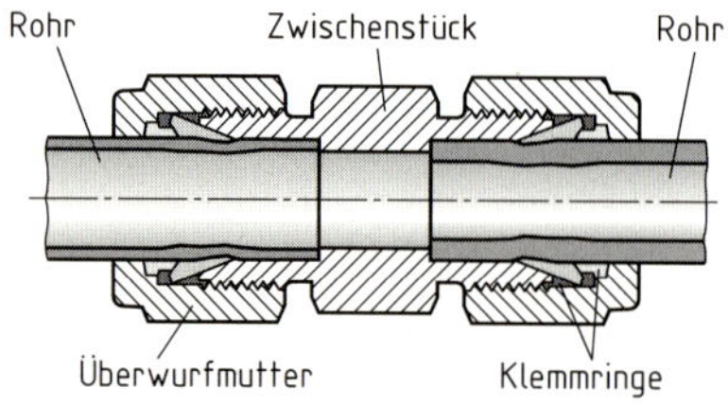

Die Klemmringe deformieren den Rohrwerkstoff, wodurch die Dichtwirkung erreicht wird.
Rohre – auch mit verschiedenen Wandstärken – können lösbar miteinander verbunden werden.

Nebenstehendes Bild zeigt das **Swagelok**®-System. Ein umfangreiches Programm an Schraubfittings steht auf dem Markt zur Verfügung.

Zugelassen für den **Kälte- und Klimaanlagenbau**. Montagevorschriften beachten!

Nenndurchmesser *D* in mm	**Mindest-Bohrungsdurchmesser** in mm
6	4,0
8	6,0
9	7,0
10	7,0
12	9,0
14	10,0
14,7	11,0
15	11,0
16	12,0
18	14,0
21	18,0
22	18,0
25	21,0
27,4	23,0
28	23,0
34	29,0
35	29,0
40	35,0
40,5	36,0
42	36,0
53,6	47,0
54	47,0
64	55,0
66,7	57,0
70	60,0
76,1	65,0
80	68,0
88,9	76,0
108	92,0

Für Klemmringverschraubungen bei Kupferrohren ist **DIN EN 1254-2 „Klemmverbindungen für Kupferrohre“** maßgebend.

Nebenstehende Tabelle führt die Durchmesser auf, die die Mindestquerschnittsfläche der Bohrung durch jeden Fitting bestimmen.

Maximale Temperaturen und Drücke nach **DIN EN 1254-2**

Maximale Temperatur in °C	Maximaler Druck in bar von 6 mm bis 54 mm	Maximaler Druck in bar über 54 mm bis 108 mm
30	16	10
65	10	6
110	6	4
120	5	3

Anmerkung 1:
Dazwischenliegende Druckstufen sind durch Interpolation zu ermitteln.

Anmerkung 2:
Bestimmte Konstruktionen sind auch für Temperaturen/Druck außerhalb der Tabelle zugelassen. Hersteller befragen!

Zugkräfte bei Prüfung der Ausreißbeständigkeit

Probengruppe	1	2	3	4
Nenndurchmesser mm	≤ 10	> 10 ≤ 28	> 28 ≤ 54	> 54
Prüfkraft *F* N	1 000	1 500	2 000	2 500

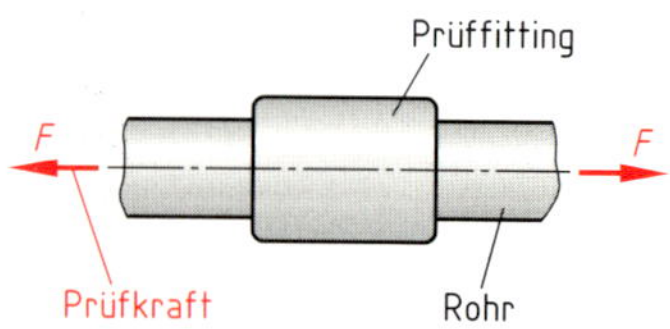

Rohrleitungen und Kanäle (Fortsetzung)

DVGW-Zulassung bis PN 20 und TÜV-Zulassung bis PN 200 für Swagelok®-System.

DKI-Zusammenstellung „Lösbare Rohrverbindungen", Arten, Einsatzgebiete, DIN- und DVGW-Zulassungen (Verbinden von Kupfer-Rohren)

Verbindungsart	Trinkwasser	Stadt- und Erdgas	Flüssiggas (TRF-Bereich)[6]	Heizung	Öl
konisch/konisch bzw. konisch/kugelig oder flachdichtende Verschraubung	ohne Einschränkung	ohne Einschränkung	nur für Armaturen- und Geräteanschlüsse, wenn DIN/DVGW – oder DVGW – registriert	ohne Einschränkung	nur bis DN 25
Klemmringverschraubung, metall. dichtend[1]	ohne Einschränkung	nur wenn DIN/DVGW- oder DVGW-registriert	nur für Armaturen- und Geräteanschlüsse, wenn DIN/DVGW– oder DVGW-registriert	ohne Einschränkung	nur bis DN 25
Schneidringverschraubung[1]	nicht zugelassen[4]	nicht zugelassen[4]	möglich[5]	möglich	möglich[7]
Klemmverschraubung, weichdichtend[2]	ohne Einschränkung	nur, wenn DIN/DVGW- oder DVGW-registriert	nur für Armaturen- und Geräteanschlüsse, wenn DIN/DVGW- oder DVGW-registriert	ohne Einschränkung	nur bis DN 25
Rohrkupplungen[3]	ohne Einschränkung	nur, wenn DIN/DVGW- oder DVGW-registriert	nur für Armaturen- und Geräteanschlüsse, DVGW-registriert	ohne Einschränkung	nicht zugelassen
Flanschverbindung	ohne Einschränkung	ohne Einschränkung	nicht zugelassen	ohne Einschränkung	ohne Einschränkung

[1]) bei Ringrohren nur mit Stützhülsen [2]) muss zugänglich verlegt sein [3]) nur für Stangenrohre
[4]) der Einbau, z. B. als Geräteanschluss ist zulässig, wenn die Verschraubung DVGW-registriert ist
[5]) können nur verwendet werden, wenn sie vom DVGW für Flüssiggas anerkannt sind
[6]) für Anwendungsbereiche nach TRR 100 sind gesonderte Bestimmungen zu beachten
[7]) nur bis DN 25 zulässig, an Rohrleitungen zur Versorgung von Ölfeuerungsanlagen bis DN 32

Rohr-Lötverbindungen in der Kupferrohrinstallation:
(→ Stoffschlüssige Verbindungen, Lötverbindungen)

Nicht zugelassen sind Weichlötverbindungen in Leitungen für Stadt-, Erd-, Fern- und Flüssiggas sowie in Leitungen für die Ölversorgung.

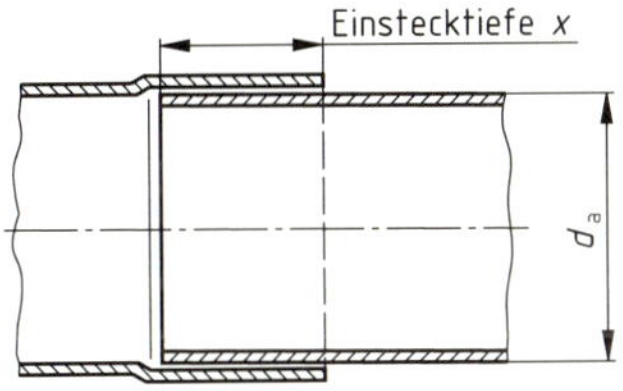

Mindesteinstecktiefe beim Weichlöten (nach **DVGW-GW2**)

d_a in mm	x in mm	d_a in mm	x in mm
6	5	35	15
8	6	42	18
10	7	54	22
12	7	64	25
15	8	76,1	30
18	9	88,9	34
22	11	108,0	41
28	13		

Hartlotverbindungen
sind zugelassen für
- Trinkwasserinstallation (heiß und kalt)
- Heizungsinstallation
- Gas- und Flüssiggasinstallation
- Heizölinstallation
- Kälte- und Klimaanlagenbau

Maßgebend ist **DIN EN 1254-1**, 03.98 „Kapillarlötfittings für Kupferrohre (Weich- und Hartlöten)"

Verbindungen mit Kupferrohr-Lötfitting:
(→ Steighöhe in einer Kapillare)

Innenlötende (s. Tabelle Seite 376)

a)

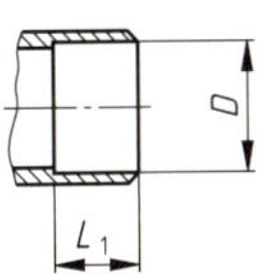

b)

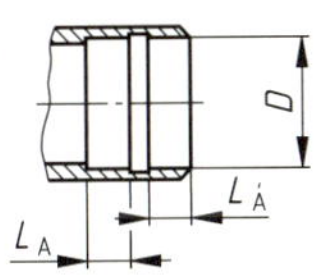

$L_1 = L_A + L_{A'}$ [1)]

Außenlötende (s. Tabelle Seite 376)

a)

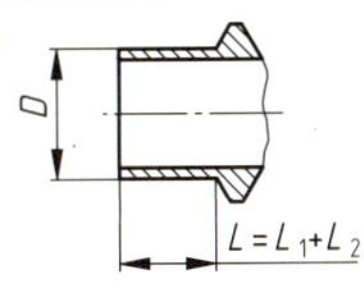

$L = L_1 + L_2$ [2)]

b)

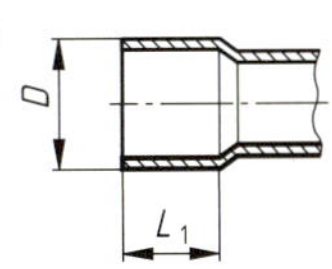

Rohrleitungen und Kanäle (Fortsetzung)

Die Mindestwerte der Innenlötlängen und Außenlötlängen müssen nebenstehender Tabelle entsprechen.

[1] Innenlötende b):
Die Länge L_1 für Fittings mit integriertem Weichlotring bzw. Hartlotring (→ **Löten mit eingelegtem Lot**) darf nicht die Breite b des Lötringes mit einschließen.

↓

$$L_1 = L_A + L_Ä$$

L_A, $L_Ä$: Teillängen der Lötnaht

[2] Außenlötende a):
Ist der Durchmesser des Außenlötendes kleiner als der Durchmesser des Fittings, dann sollte L_1 für das Außenlötende um L_2 vergrößert werden.

↓

$$L = L_1 + L_2$$

Für das **Verhältnis Nenndurchmesser *D* zu Mindest-Bohrungsdurchmesser** des Fittings gelten die Werte der Tabelle auf Seite 374.

Mindestlötlängen

Nenndurchmesser D in mm	Lotlängen in mm L_1	L_2
6	5,8	2
8	6,8	2
9	7,8	2
10	7,8	2
12	8,6	2
14	10,6	2
14,7	10,6	2
15	10,6	2
16	10,6	2
18	12,6	2
21	15,4	2
22	15,4	2
25	16,4	2
27,4	18,4	2
28	18,4	2
34	23	2
35	23	2
40	27	2
40,5	27	2
42	27	2
53,6	32	2
54	32	2
64	32,5	2
66,7	33,5	3
70	33,5	3
76,1	33,5	3
80	35,5	3
88,9	37,5	3
106	47,5	4
108	47,5	4

Form und Benennung von Kapillarlötfittings (Übersicht) (nach **DIN EN 1254**)

Benennung	Muffe mit Innenlötende	Reduziermuffe	Absatznippel	Übergangsnippel	Übergangsnippel u. Übergangsmuffe sind Verbindungselemente zwischen Zoll- und mm-Leitungen	Übergangsmuffe
Form	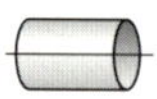	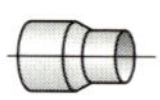	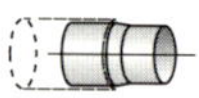			

Benennung	Kappe mit Innenlötende	Ausdehnungsbogen mit Innenlötenden	Winkel 90° mit Innenlötenden	Reduzierwinkel 90° mit Innenlötenden
Form		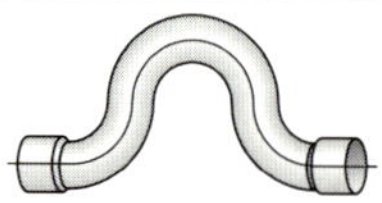	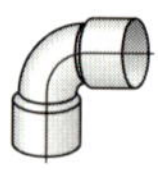	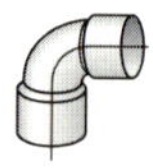 Reduzierung z. B. von 22 mm auf 15 mm

Benennung	Winkel 90° mit Innen- u. Außenlötende	Bogen 45° mit Innen- u. Außenlötende	Bogen 45° mit Innenlötende	Doppelbogen mit Innenlötende
Form	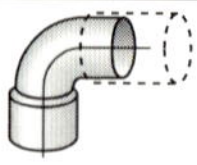		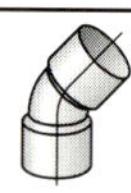	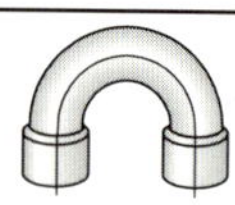

Benennung	Kurze Bogen 90° mit Innen- u. Außenlötende	Kurze Bogen 90° m. Innenlötende	Im **Kälte- und Klimaanlagenbau** werden i.d.R. Bogen verwendet. Solche gibt es auch als **lange Bogen**. Diese sind strömungsgünstiger als Winkel.	T-Stück mit Innenlötende
Form	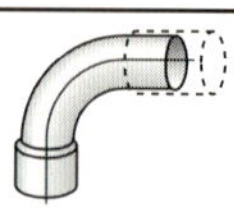	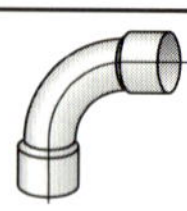		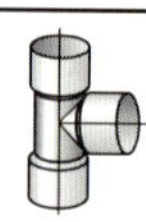

Rohrleitungen und Kanäle (Fortsetzung)

Benennung	Reduzier-T-Stück mit Innenlötende	Ölsyphon	Weitere **Sonderformen** sind erhältlich, z. B. **Überspringstück**
Form	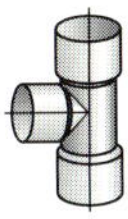 Beispiele 10-15-10 28-15-22 35-28-28	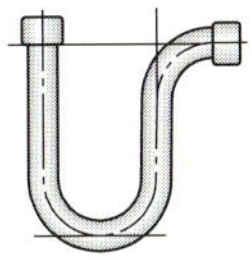	**Gültige Maße** aus DIN-Normen bzw. Herstellerunterlagen. Fragen Sie Ihren Fachgroßhändler! **Bemaßung:** siehe folgendes Beispiel.

B (Bemaßungsbeispiel)

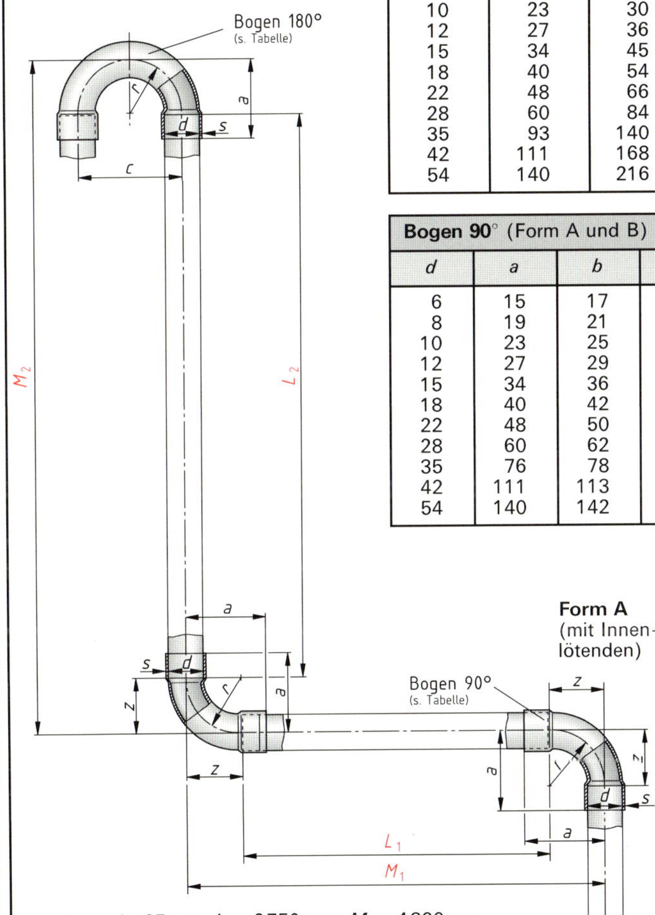

Bogen 180° (Maße in mm)

d	*a*	*c*	*r*	*s*
10	23	30	15	0,8
12	27	36	18	1
15	34	45	22,5	1
18	40	54	27	1
22	48	66	33	1
28	60	84	42	1,2
35	93	140	70	1,5
42	111	168	84	1,5
54	140	216	108	1,5

Bogen 90° (Form A und B) (Maße in mm)

d	*a*	*b*	*r*	*s*	*z* ≈
6	15	17	9	0,8	9
8	19	21	12	0,8	12
10	23	25	15	0,8	15
12	27	29	18	1	18
15	34	36	22,5	1	22,5
18	40	42	27	1	27
22	48	50	33	1	33
28	60	62	42	1,2	42
35	76	78	53	1,5	53
42	111	113	84	1,5	84
54	140	142	108	1,5	108

Form A
(mit Innenlötenden)

Form B
(mit Innen- und Außenlötende)

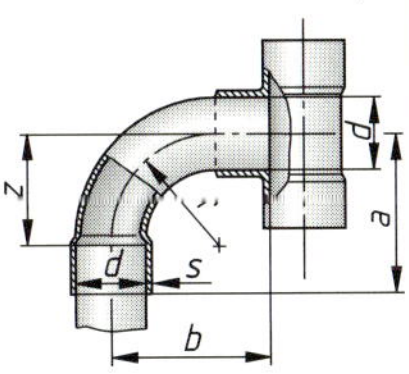

L: Rohrlänge
M: Achsabstand

gegeben: $d = 35$ mm; $L_1 = 2750$ mm; $M_2 = 4390$ mm.
Zu bestimmen ist M_1 und L_2.

$M_1 = L_1 + 2 \cdot z = 2750\ \text{mm} + 2 \cdot 53\ \text{mm} = 2750\ \text{mm} + 106\ \text{mm}$

$\mathbf{M_1 = 2856\ mm}$

$L_2 = M_2 - z - r = 4390\ \text{mm} - 53\ \text{mm} - 70\ \text{mm} = \mathbf{4267\ mm}$

Rohrleitungen und Kanäle (Fortsetzung)

[1]) Für Anwendungsfälle außerhalb des Bereiches dieser Tabelle sollte die Genehmigung des Herstellers (Bauartzulassung z.B. durch DVGW oder TÜV) eingeholt werden.

[2]) Dazwischen liegende Druckstufen sind durch → Interpolation zu ermitteln.

Anmerkung:
Weichlotlegierungen mit Blei und Hartlotlegierungen mit Kadmium sind in den Anlagen für Wasser, welches für den menschlichen Gebrauch vorgesehen ist, nicht zulässig (→ Weichlote, Hartlote)

Maximale Drücke und Temperaturen von eingebauten Kupfer-Lötfittings (nach **DIN EN 1254-1**, 03.98)

Art der Lötung	Typische Beispiele für Weichlot-/Hartlotlegierungen	Max. Temperatur[1]) °C	Max. Drücke für Nenndurchmesser[1]),[2]) in bar von 6 mm bis 34 mm	über 34 mm bis 54 mm	über 54 mm bis 108 mm
Weichlöten	I Blei/Zinn 50/50% oder 60/40%	30 65 110	16 10 6	16 10 6	10 6 4
	II Zinn/Silber 95/5%	30	25	25	16
	III Zinn/Kupfer Cu 3% max. 0,4% min. Rest Sn	65 110	25 16	16 10	16 10
Hartlöten	IV Silber/Kupfer ohne Kadmiumzusatz 55% bis 40% Ag	30	25	25	16
	V Silber mit Kadmiumzusatz 30% oder 40% Ag	65	25	16	16
	VI Kupfer/Phosphor 94/6% oder Kupfer/Phosphor mit 2% Silber 92/6/2%	110	16	10	10

Rohr-Schweißverbindungen:
(→ Stoffschlüssige Verbindungen, Schweißverbindungen)

Löt- und schweißgerechte Flansche

Flanschart	Abbildung	DN	PN
Flansche zum Löten oder Schweißen	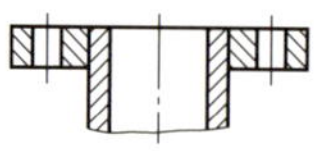	10 bis 500	6 bis 10
Lose Flansche mit Vorschweißbund	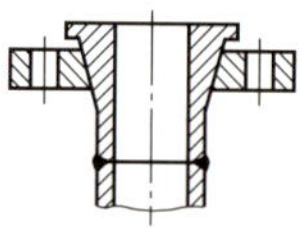	10 bis 1200	6 bis 320
Vorschweißflansche	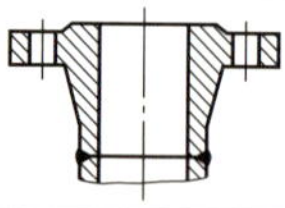	10 bis 4000	1 bis 400

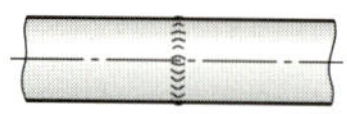

Rohr-Schweißverbindungen werden i.d.R. stumpf hergestellt.

Kennzeichen v. Rohr-Schweißverbindungen

Druck	sehr hoch (→ Festigkeit)
Temperatur	sehr hoch (→ Festigkeit)
Durchflussrichtung	beliebig
Lösbarkeit	nicht lösbar
Vorteile	Höchste Betriebssicherheit, keine Leckagegefahr, wirtschaftlich (keine Wartung), gute Übertragung von → Momenten und Längskräften in der Leitung
Nachteile	Nahtstelle muss gut zugänglich sein, Rohrleitungsteile müssen aus gleichem Material bestehen, nicht alle Materialien sind gut schweißbar
Anwendungsschwerpunkte	Chemieanlagen allgemein, bei giftigen und explosiven Stoffen, bei hohen Betriebsdrücken und hohen Betriebstemperaturen.

Schweißen von Kupferrohren

empfohlen: 1,5 mm Mindestwanddicke

zugelassen für
- Trinkwasser- und Heizungsinstallation
- Gas- und Heizölinstallation
- Kältemittel führende Leitungen (jedoch nicht für Ammoniak NH_3) (→ Kältemittel)

Rohrleitungen und Kanäle (Fortsetzung)

DKI-Empfehlung für Schweißzusätze und Schweißverfahren beim Schweißen von Kupferrohren

Werkstoff-Kurzzeichen bzw. Werkstoffnummer	Schmelzbereich in °C	Beispiele für die Verwendung: Grundwerkstoffe	Schweißverfahren[1]) G	WIG	MIG
SG-CuAg 2.1211	1070 ... 1080	SF-Cu	2	2	1
SG-CuSn 2.1006	1020 ... 1050	SF-Cu	1	2	2
SG-CuSi3 2.1461	910 ... 1025	SF-Cu, CuZn-, CuSi-Legierungen	0	2	2
SG-CuZn40Si 2.0366	890 ... 910	CuZn-Legierungen	2	1	0

[1]) → **Kennzeichen für Schweiß- und Lötverfahren**

0 = nicht geeignet
1 = geeignet
2 = empfohlen

Brennergröße

Rohrabmessung	Nr.
28×1,5 ... 42×1,5	2
54×2 ... 108×2,5	3
133×3 ... 267×3	4

Rohrverbindung durch Lokring®-Klemmverbindung:

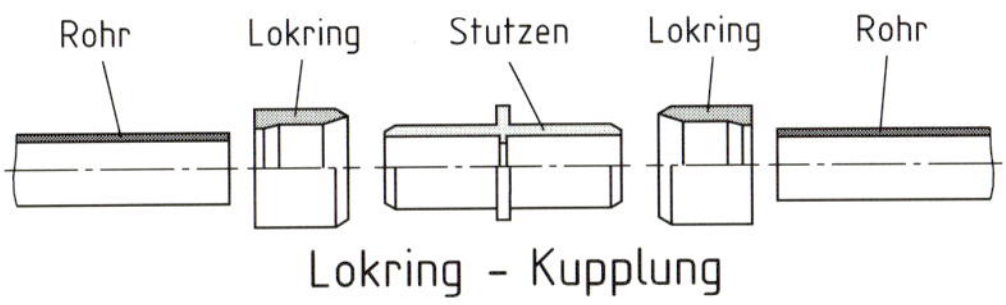

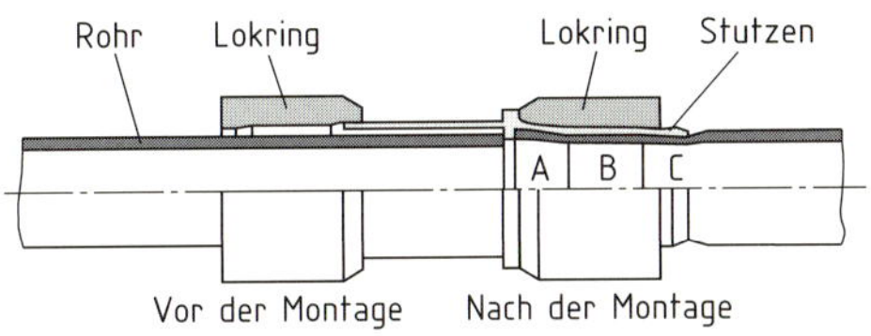

Die Lokring-Kupplung besteht aus zwei Lokringen und einem bearbeiteten rohrförmigen Stutzen, der die beiden zu verbindenen Rohre aufnimmt.

Vor der Montage, die mit einem speziellen zangenartigen Werkzeug erfolgt, werden die Rohre mit einem Gleit-Dichtmittel eingeschmiert.

A = Einführungsbereich
B = zylindrischer Bereich
C = Hauptabdichtungsbereich

Die **Lokring-Verbindung** ist eine unlösbare Verbindung (lötfrei). Sie ist **für den Kälte- und Klimaanlagenbau zugelassen**.

Rohrwerkstoffkombination	Lokring-Werkstoff	Rohrwerkstoffkombination	Lokring-Werkstoff
Al-Al Al-Cu Al-St	Al Al Al	Cu-Cu Cu-St St-St	Ms Ms Ms

Wichtige Regeln für die Rohrinstallation im Kälte- und Klimaanlagenbau

- Zum Weichlöten in der Regel immer Fittings verwenden, Ausnahme **Muffen/Kelchen**.
- Weichlotempfehlung des DKI bei Kupferrohren nur bis DN 28 und bis −10 °C.
- Einbinden von Armaturen in Rohrleitungen nur durch Hartlot- oder Schweißverbindungen.
- Rohrdurchmesser > DN 50 und Kältemitteldruckleitungen hartgelötet oder geschweißt.
- Fittinglose Verbindung in der Regel hartgelötet.
- Lösbare Verbindungen nur dort einsetzen, wo dies nicht zu vermeiden ist. Die größere Sicherheit gegen Kältemittelverluste bietet eine nicht lösbare Verbindung.
- Schneidringverschraubungen dürfen nicht eingesetzt werden.

DIN EN 378 ist maßgebend

Sicherheitstechnische Grundsätze bei Kältemittel-Rohrleitungen

Anwendungsbereich und Unfallverhütung:

DIN EN 378 ist anzuwenden auf Kältemittelrohrleitungen und Rohrleitungsteile (Einbauten, Schrauben, Flansche ...) von Kälteanlagen und Wärmepumpen. Die Unfallverhütungsvorschrift **BGV D4** ist anzuwenden.

Rohrleitungen und Kanäle (Fortsetzung)

Sicherheitstechnische Bereiche der DIN EN 378

1. Anwendungsbereich

2. Allgemeines

3. Werkstoffe:
Rohre, Bogen, Formstücke, Fittings, Flansche, Rohrverschraubungen, Kupplungen, Schrauben und Muttern, Dichtungen

4. Festigkeitsauslegung:
→ Festigkeitslehre
→ Apparatewerkstoffe (Eigenschaften)

5. Leitungsführung:
Allgemeines, Saugleitungen, Druckleitungen, Kondensatleitungen, Ölablassleitungen, Ausblaseleitungen (Drucküberschreitung), Leitungen bei Anlagen mit Umwälzpumpen, Mess- und Steuerleitungen, Entleerungs- und Entlüftungsleitungen, Leitungen in Absorptionskälteanlagen.

6. Anordnung von Kältemittel-Absperreinrichtungen

7. Halterungen

Abstände der Rohraufhängungen für Einzelleitungen aus Stahl oder Kupfer in m

Nennweite DN	25	32	40	50	65	80	100	125	150	200
wärmegedämmt	1,8	2,2	2,5	3	3,5	4,5	5	5,5	6	7,5
nicht wärmegedämmt	2,5	3	3,5	4	4,5	5,5	6	6,5	7	8

8. Wärme- und Kältedämmung
(→ Dämmkonstruktionen)

9. Rohrleitungsverbindungen

10. Armaturen

11. Kennzeichnung

12. Montage

13. Prüfungen

14. Reparatur

Tiefste Anwendungstemperaturen nach **DIN 8975-6**	
St-Leitungen	Tabelle 1
Cu-Leitungen	Tabelle 2
Schrauben	Tabelle 3

Blechkanäle und Blechrohre

Wickelfalzrohre (nach **DIN EN 1506**, **DIN EN 12237**):

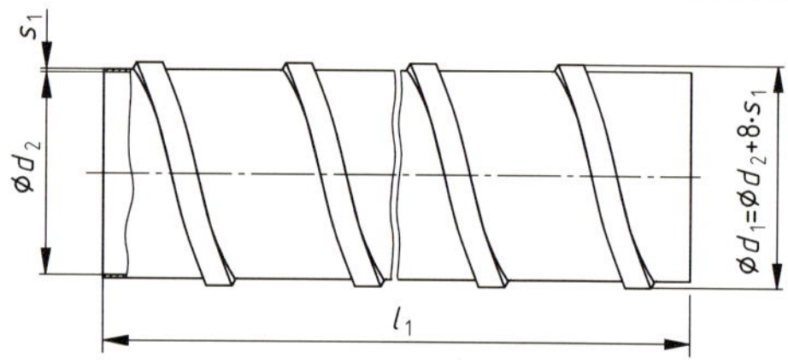

Abmessungen

Nennweite nach DIN EN 1506	d_2 [1])	s_1 [2])	Bandbreite max.	Gewicht Metermasse kg/m ≈
63 **80**	63 80	0,4	150	0,67 0,85
100 **125** 150	100 125 150	0,6	150	1,61 2,05 2,47
160 **200**	160 200	0,6	150	2,65 3,36
250	250	0,6	200	4,20
300 **315** 355	300 315 355	0,8	200	6,73 7,07 7,35
400 450	400 450	0,8	200	8,25 9,35
500 560	500 560	0,8	200	10,4 11,7
630	630	1,0	200	16,5
710	710	1,0	200	18,6
800	800	1,0	200	21,0
900	900	1,0	200	24,6
1000	1000	1,2	200	31,5
1120	1120	1,2	200	35,2
1250	1250	1,2	200	39,4

Zulässige Drücke [3])

Nennweite	Überdruck		Unterdruck [4])	
	mbar	Pa	mbar	Pa
63 bis 250	63	6300	25	2500
300 bis 560	50	5000	14	1400
630 bis 900	40	4000	8	800
1000 bis 1250	31,5	3150	4	400

Fettgedruckte Nennweiten bevorzugen.

[1]) Die Grenzabmaße sind in **DIN EN 1506** angegeben.

[2]) Für aggressive Dämpfe oder zur Förderung von Feststoffen sind größere Blechdicken nach Angabe des Herstellers erforderlich.

[3]) Rohre für größeren Über- oder Unterdruck nach Vereinbarung.

[4]) Die Werte gelten für kreisrunde Rohre ohne Beulen.

Die → **Toleranz** der Länge l_1 einer geraden Luftleitung beträgt **0,005 · l_1**

Maße für **Verbinder: DIN EN 1506, DIN EN 12237.**

Bezeichnung für ein Rohr DN 200 und l_1 = 6000 mm:

Wickelfalzrohr **DIN EN 1506**, **DIN EN 12237** – 200 × 6000

Formstücke für runde Luftleitungen (nach **DIN EN 1506**, **DIN EN 12237**):

Benennung	**Form**	**Bild**	**Bemerkung**
Bogen	BSF	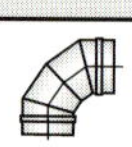	**B**ogen aus **S**egmenten mit **F**lansch

In der Übersicht wird die Form jeweils mit drei großen Buchstaben, entsprechend nebenstehendem Tabellen-Beispiel bezeichnet.

Rohrleitungen und Kanäle (Fortsetzung)

Dichtheitsklassen (nach **DIN EN 1506, DIN EN 12237**)		
Dichtheitsklasse	Zulässiger Luftleckstrom bei Prüfdruck[1]) 1000 Pa · ($m^3/m^2 \cdot s$)	Möglich im Nennweitenbereich mm
A	$1{,}2 \times 10^{-3}$	von 800 bis 1250
B	$0{,}4 \times 10^{-3}$	von 63 bis 1250
C	$0{,}1 \times 10^{-3}$	von 63 bis 710

[1]) Statische Druckdifferenz zwischen Innendruck und Umgebungsdruck (Überdruck oder Unterdruck).

Blechdicken nach Tabelle 2 in der **DIN 24147-1**

Werkstoffe nach **DIN 24147-1** oder gleiche Qualität nach Vereinbarung.

Blechrohre geschweißt:

Zulässige → Überdrücke	
Nennweite	Zulässiger Überdruck in Pa[1]) [2])
100 bis 250	von −2500 bis +6300
300 bis 1000	von −2000 bis +6300
1120 bis 1250	von −1600 bis +6300

[1]) Positiver bzw. negativer Differenzdruck.
[2]) Die zulässigen Überdrücke gelten für Rohrlängen von 2000 mm.

Maße und Gewichte
DIN EN 1506, DIN EN 12237

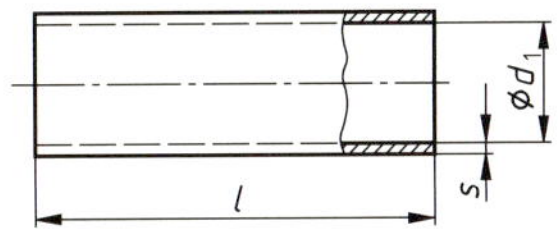

Bezeichnung eines geschweißten Blechrohres der Reihe 1 (R1) von $d_1 = 500$ mm und der Länge $l = 1000$ mm:

Rohr DIN 24151-R1-500 × 1000

Blechrohre längsgefalzt (nach **DIN EN 1506, DIN EN 12237**):

Zulässige → Überdrücke		
Nennweite	Zulässige Überdrücke in Pa[1]) [2])	
	Rohre ohne Versteifung	Rohre mit beidseitigem Flansch
100 bis 300	von −2500 bis +6300	von −6300 bis +6300
315 bis 500	von −500 bis +2500	von −2500 bis +6300
560 bis 1250	von −100 bis +2500	von −2500 bis +6300

[1]) Zulässiger Überdruck = positiver bzw. negativer Differenzdruck.
[2]) Die zulässigen Überdrücke gelten für Rohrlängen von 2000 mm.

Maße und Gewichte nach Tabelle 2 der **DIN 24152**

Blechkanäle gefalzt und geschweißt (nach **DIN 24190**, 12.98):

Druckstufen						
Druckstufe	1	2	3	4	5	6
für zulässigen Überdruck in Pa	1000	2500	6300	−630	−1000	−2500

Maße nach Tabelle 2 der **DIN 24190**

Blechkanalformstücke (nach **DIN 24191**, 12.98):

Form wird mit zwei großen Buchstaben gekennzeichnet.
Beispiel:

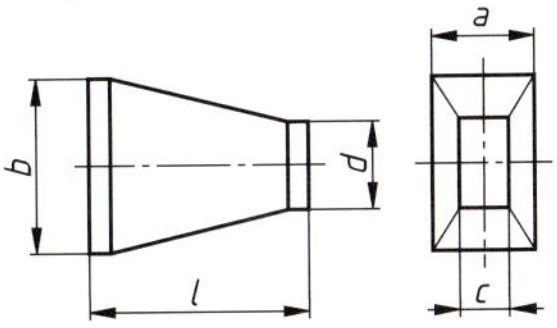

ÜS: Übergang, symmetrisch

Man unterscheidet folgende Formstücke: Kanalteil, Boden, Übergangsstutzen, Bogen, Bogenübergang, Winkel (Knie), Winkelübergang, Übergang (symmetrisch und asymmetrisch), Rohrübergang (symmetrisch und asymmetrisch), Etage, Etagenübergang, T-Stück, Hosenstück.

Hydraulischer Durchmesser:

$$d_h = 4 \cdot \frac{A}{U}$$

(→ **Druckverluste**)

A Strömungs-Querschnitt m^2
U Umfang des Strömungsquerschnittes m

B

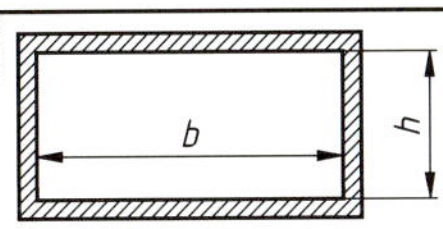

Es ist d_h zu berechnen.

$$d_h = 4 \cdot \frac{A}{U} = 4 \cdot \frac{b \cdot h}{2\,(b+h)} = \frac{2 \cdot b \cdot h}{b+h}$$

Rohrleitungen und Kanäle (Fortsetzung)

Nahtlose Rundrohre aus Kupfer für die Kälte- und Klimatechnik (nach **DIN EN 12735-1,2**, 06.01)

Teil 1: Rohre für Leitungssysteme
Werkstoffnummer nach **DIN EN 1412**
Werkstoffkurzzeichen nach **DIN ISO 1190-1**
Zustandsbezeichnung nach **DIN EN 1173**: R… bezeichnet den kleinsten Wert der (→ Zugfestigkeit R_m)

Beispiel einer Produktbezeichnung:

Kupferrohr EN 12735-1 – R290 – 28 × 1,5

- Kupferrohr: Benennung
- EN 12735-1: Nummer dieser Europäischen Norm
- R290: Zustandsbezeichnung
- 28 × 1,5: Querschnittsmaße (Nennmaße) in Millimeter

Querschnittsmaße:
Außendurchmesser *d* mal Wanddicke *e*
Metrische Reihe und Zollreihe in Tabelle 2 der **DIN EN 12735-1**
Grenzabmaße gemäß **DIN EN 12735-1**

Teil 2: Rohre für Apparate
Werkstoffnummer nach **DIN EN 1412**
Werkstoffkurzzeichen nach **DIN ISO 1190-1**
Zustandsbezeichnung nach **DIN EN 1173**: Y… bezeichnet den kleinsten Wert der 0,2%-Dehngrenze (→ Spannungs,-Dehnungs-Diagramm)
Innenoberfläche kann **glatt (S)** oder **gerippt (G)** sein.

Beispiel einer Produktbezeichnung:

Kupferrohr EN 12735-2 – Y040 – 16 × 0,5 – S

- Kupferrohr: Benennung
- EN 12735-2: Nummer dieser Europäischen Norm
- Y040: Zustandsbezeichnung
- 16 × 0,5: Querschnittsmaße (Nennmaße) in Millimeter
- S: Art der Innenoberfläche

Querschnittsmaße:
Außendurchmesser *d* mal Wanddicke *e*
Metrische Reihe und Zollreihe in Tabelle 2 der **DIN EN 12735-2**
Grenzabmaße gemäß **DIN EN 12735-2**

Neueste Rohrleitungsnormen bezeichnen den **maximal zulässigen Druck** mit ***PS*** (→ Druckgeräterichtlinie). Dieser ist ein **wichtiges Auswahlkriterium**. In allgemeinen Festigkeitsberechnungen auch mit p_{zul} bezeichnet.

Mechanische Eigenschaften für Rohre nach Teil 1

Zustand		Zugfestigkeit R_m MPa min.	Bruchdehnung A[a] % min.	Härte (nicht verbindlich) HV5
Bezeichnung nach **DIN EN 1173**	gebräuchliche Benennung			
R220	geglüht	220	40	(40 bis 70)
R250	halbhart	250	30	(75 bis 100)
R290	hart	290	3	(min. 100)

ANMERKUNG 1 Härtewerte in Klammern sind keine Anforderungen dieser Norm, sondern sie sind nur Richtwerte.
ANMERKUNG 2 1 MPa entspricht 1 N/mm².

[a] Die Anfangsmesslänge (L_0) wird unter Verwendung der Gleichung errechnet:
$L_0 = k\sqrt{\text{Flächeninhalt des Anfangsquerschnitts } (S_0) \text{ der Probe}}$, wobei k den Wert 5,65 hat. Die Anfangsmesslänge darf nicht kleiner als 30 mm sein.

Grenzabmaße für die Wanddicke für Rohre nach Teil 1

Außendurchmesser (Nennmaß) d mm	Grenzabmaße für die Wanddicke e[a]	
	$e < 1$ mm %	$e \geq 1$ mm %
< 18	± 10	± 13
≥ 18	± 10	± 15

[a] Einschließlich Abweichung von der Konzentrizität

Die Rohre dürfen keine Fehler aufweisen, die ihre Verwendung beeinträchtigen könnten.
Alle Rohre bis 42 mm Durchmesser müssen einer (zerstörungsfreien) Wirbelstromprüfung unterzogen werden.
Für Rohre mit einem Durchmesser über 42 mm muss, falls erforderlich, eine zerstörungsfreie Prüfung zwischen Käufer und Hersteller vereinbart werden.

Rohrleitungen und Kanäle (Fortsetzung)

Außendurchmesser und Wanddicken (Nennmaße) für Rohre nach Teil 1

Außendurchmesser (Nennmaß) *d* Metrische Reihe mm	Zollreihe mm	Zollreihe in Zoll	**Wanddicke** (Nennmaß) *e* mm 0,8	1,0	1,25	1,5	1,65	2,0	2,5
	3,18	$^{1}/_{8}$	○						
	3,97	$^{5}/_{32}$	○	○					
	4,76	$^{3}/_{16}$	○						
6			■ ○	○					
	6,35	$^{1}/_{4}$	○	○					
	7,94	$^{5}/_{16}$	○	○					
8			■ ○	○					
	9,52	$^{3}/_{8}$	○	○					
10			■ ○	■ ○					
12				■ ○					
	12,7	$^{1}/_{2}$	○	■ ○					
15				■ ○					
	15,87	$^{5}/_{8}$		■ ○					
18				■ ○					
	19,06	$^{3}/_{4}$		○	■				
22				■ ○					
	22,23	$^{7}/_{8}$		○	■				
	25,4	1		■					
28						■			
	28,57	1 $^{1}/_{8}$		■	■				
	34,92	1 $^{3}/_{8}$			■				
35						■			
	41,27	1 $^{5}/_{8}$			■				
42						■			
	53,97	2 $^{1}/_{8}$			■		■		
54								■	
64								■	
	66,67	2 $^{5}/_{8}$			■		■	■	
76,1								■	
	79,37	3 $^{1}/_{8}$					■		■
	88,90	3 $^{1}/_{2}$						■	
	92,07	3 $^{5}/_{8}$					■		■
	104,80	4 $^{1}/_{8}$					■		■
108									■

ANMERKUNG Diese Tabelle ist ein erster Schritt in Richtung auf eine Norm, die nur metrische Werte enthält.

■ in geraden Längen erhältlich ○ in Ringen erhältlich

Die **Kupfersorte** muss mit den folgenden Anforderungen übereinstimmen (→ Kupfer und Kupferlegierungen): Cu + Ag mindestens 99,90 %. Bezeichnung entweder Cu-DHP oder CW024A (P-Gehalt zwischen 0,015 und 0,04 %)

In Schiedsfällen müssen die Maße bei einer Temperatur von 23 °C (± 5 °C) gemessen werden.

Rohrleitungen und Kanäle (Fortsetzung)

Grenzabmaße für den Außendurchmesser für Rohre nach Teil 1

Außendurchmesser (Nennmaß) *d* über	bis	**Grenzabmaß** für den Durchmesser (Nennmaß) anwendbar auf den mittleren Durchmesser alle Zustände	anwendbar auf jeden Durchmesser[a] Zustand R290 (hart)	Zustand R250 (halbhart)
3	18	± 0,04	± 0,04	± 0,09
18	28	± 0,05	± 0,06	± 0,10
28	54	± 0,06	± 0,07	± 0,11
54	76,1	± 0,07	± 0,10	± 0,15
76,1	88,9	± 0,07	± 0,15	± 0,20
88,9	108	± 0,07	± 0,20	± 0,30

[a] einschließlich Abweichung von der Rundheit

Mechanische Eigenschaften und (→ Korngröße) für Rohre nach Teil 2

Zustand: Bezeichnung nach DIN EN 1173	Zustand: gebräuchliche Benennung	0,2%-Dehngrenze $R_{p0,2}$ MPa min.	max.	Zugfestigkeit R_m MPa min.	Bruchdehnung A[a] % min.	Korngröße µm min.	max
Y080[b]	durch Richten gehärtet	80	140	220	40	15	40
Y040	leicht geglüht	40	90	220	40	15	40
Y035[c]	weichgeglüht	35	80	210	40	30	60

ANMERKUNG 1 MPa entspricht 1 N/mm².

[a] Die Anfangsmesslänge (L_0) wird unter Verwendung der Gleichung errechnet:
$L_0 = k\sqrt{\text{Flächeninhalt des Anfangsquerschnitts } (S_0)}$ der Probe, wobei k den Wert 5,65 hat. Die Anfangsmesslänge darf nicht kleiner als 30 mm sein.
[b] Nur gerade Längen
[c] Wanddicke (Nennmaß) $e \geq 0{,}6$ mm

Grenzabmaße in mm für die Länge von Rohren nach Teil 2, die in geraden Längen geliefert werden

Festgelegte Länge über	bis	Grenzabmaße für die Länge
–	600	$^{+1,6}_{0}$
600	2 000	$^{+2,0}_{0}$
2 000	4 000	$^{+5,0}_{0}$
4 000	7 000	$^{+8,0}_{0}$
7 000	–	nach Vereinbarung zwischen Käufer und Lieferer

Die Rohre dürfen **in ungefähren Fertigungslängen** oder in **vereinbarten Festlängen** geliefert werden.
Die Grenzabmaße für die ungefähren Fertigungslängen sind 10%, mit der Ausnahme, dass ein Teil, d. h. maximal 10% der Gesamtmenge in kürzeren Längen von mindestens 1 m Länge geliefert werden dürfen.

Rohrleitungen und Kanäle (Fortsetzung)

Außendurchmesser und Wanddicken (Nennmaße) für Rohre nach Teil 2

Außendurchmesser (Nennmaß) *d* Metrische Reihe mm	Zollreihe mm	Zollreihe in Zoll	**Wanddicke** (Nennmaß) *e* mm 0,28	0,30	0,35	0,40	0,45	0,50	0,63	0,70	0,80	1,00	1,25	1,50	1,65	2,00
	6,35	1/4	○	○	○	○										
7			○	○	○	○										
	7,94	5/18	○	○	○	○										
8			○	○	○	○ ■										
	9,52	3/8		○	○	○ ■	○	○		○	■					
10		1/4		○	○	○ ■	○	○ ■		○	■					
12		5/16			○	○	○	○	■	○	■					
	12,7	1/2			○	○	○ ■	○	○ ■	○	■					
14									■		■					
15						○	○	○	○							
	15,87	5/8				○	○	○ ■	○	○	■	■				
16						○	○	○ ■	■	○	■	■				
18											■	■				
	19,06	3/4							■			■				
20									■		■	■				
22									■		■	■				
	22,23	7/8										■				
	25,40	1										■				
28												■				
	28,57	1 1/8										■	■			
	34,92	1 3/8											■			
35														■		
	41,27	1 5/8											■			
42														■		
	53,97	2 1/8											■		■	
54																■
64																■
	66,67	2 5/8														■

ANMERKUNG Diese Tabelle ist ein erster Schritt in Richtung auf eine Norm, die nur metrische Werte enthält.

■ in geraden Längen erhältlich ○ in Ringen erhältlich

Metallische industrielle Rohrleitungen (nach **DIN EN 13480**, 08.02)

Teil 1: Allgemeines	**Teil 3:** Konstruktion und Berechnung	**Teil 5:** Prüfung
Teil 2: Werkstoffe	**Teil 4:** Fertigung und Verlegung	**Teil 6:** Zusätzliche Anforderungen für erdgedeckte Rohrleitungen

Rohrleitungen und Kanäle (Fortsetzung)

Einstufung von Rohrleitungssystemen nach Rohrleitungskategorien (DIN EN 13480-2, 08.02)

Fluid	Fluidgruppe (siehe CEN/TR 13480-7: 2002, 4.2	Kriterien	Rohr-leitungs-Klasse	siehe CEN/TR 13480-7
Gase[a]	1	$PS > 0{,}5$ bar und DN > 350 oder $PS > 0{,}5$ bar und DN > 100 und $PS \cdot$ DN $> 3\,500$	III	siehe Bild A.1
		$PS > 0{,}5$ bar und $100 <$ DN ≤ 350 und $PS \cdot$ DN $\leq 3\,500$ oder $25 <$ DN ≤ 100 und $PS \cdot$ DN $> 1\,000$ oder $25 <$ DN ≤ 350 und $1\,000 < PS \cdot$ DN $< 3\,500$	II[b]	
		$PS > 0{,}5$ bar und $25 <$ DN ≤ 100 und $PS \cdot$ DN $\leq 1\,000$	I[b]	
		$PS > 0{,}5$ bar und DN ≤ 25	0 (siehe 4.2)	
	2	$PS > 0{,}5$ bar und DN > 250 und $PS \cdot$ DN $> 5\,000$	III	siehe Bild A.2
		$PS > 0{,}5$ bar und DN > 250 und $3\,500 < PS \cdot$ DN $\leq 5\,000$ oder $100 <$ DN ≤ 250 und $PS \cdot$ DN $> 3\,500$	II[c]	
		$PS > 0{,}5$ bar und DN > 32 und $1\,000 < PS \cdot$ DN $\leq 3\,500$ oder $32 <$ DN ≤ 100 und $PS \cdot$ DN $> 1\,000$	I	
		$PS > 0{,}5$ bar und DN ≤ 32 oder $PS > 0{,}5$ bar und $PS \cdot$ DN $\leq 1\,000$	0 (siehe 4.2)	
	alle	$PS \leq 0{,}5$ bar	(siehe 4.3)	
Flüssig-keiten[d]	1	$PS > 500$ bar und DN > 25	III	siehe Bild A.3
		10 bar $< PS \leq 500$ bar und DN > 25 und $PS \cdot$ DN $> 2\,000$	II	
		0,5 bar $< PS \leq 10$ bar und $PS \cdot$ DN $> 2\,000$	I	
		$PS > 0{,}5$ bar und DN ≤ 25 oder $PS > 0{,}5$ bar und $PS \cdot$ DN $\leq 2\,000$	0 (siehe 4.2)	
	2	$PS > 500$ bar und DN > 200	II	siehe Bild A.4
		$10 < PS \leq 500$ bar und DN > 200 und $PS \cdot$ DN $> 5\,000$	I	
		0,5 bar $< PS \leq 10$ bar oder $PS > 0{,}5$ bar und DN ≤ 200 oder $PS > 0{,}5$ bar und $PS \cdot$ DN $\leq 5\,000$	0 (siehe 4.2)	
	alle	$PS \leq 0{,}5$ bar	(siehe 4.3)	–

[a] Gase: Gase, verflüssigte Gase, unter Druck gelöste Gase, Dämpfe und diejenigen Flüssigkeiten, deren Dampfdruck bei der maximal zulässigen Temperatur mehr als 0,5 bar über dem normalen Atmosphärendruck von 1,013 bar (1 013 mbar) liegt.

[b] Rohrleitungen für instabile Gase, die unter die Rohrleitungs-Klasse I oder II nach dieser Tabelle fallen, sind in Klasse III einzustufen. (Instabiles Gas ist Gas oder Dampf, bei dem mit einer spontanen und plötzlichen Umwandlung gerechnet werden muss. Erfolgt diese Umwandlung innerhalb eines abgeschlossenen Volumens allein aufgrund der Auswirkung eines geringfügig geänderten Betriebsparameters, wird dadurch eine Druckschwankung erzeugt.)

[c] Alle Rohrleitungen für Gase bei einer Temperatur über 350 °C, die auf der Grundlage der obigen Tabelle unter Rohrleitungs-Klasse II fallen, müssen in die Rohrleitungs-Klasse III eingestuft werden.

[d] auf normalen Atmosphärendruck von 1,013 bar (1 013 mbar) bezogen

Anmerkung: CAN = Bestandteil der gemeinsamen europäischen Normungsinstitution

Niedrigste Werkstofftemperatur $t_M = \vartheta_m$ nichtrostender austenitischer Stähle

(→ Apparatewerkstoffe, AD-Merkblatt W10, **DIN EN 13480-2** Tabelle B.2-4)

Rohrleitungen und Kanäle (Fortsetzung)

Systematische Einteilung von metallischen Werkstoffen (Stähle) für geschweißte industrielle Rohrleitungen (DIN EN 13480-2, 08.02)

Gruppe	Untergruppe	Stahlsorte
1		Stähle mit einer festgelegten Mindest-Streckgrenze $R_{eH} \leq 460\ N/mm^2$ [b] und folgenden Analysenwerten in %: $C \leq 0{,}25$ $Si \leq 0{,}60$ $Mn \leq 1{,}70$ $Mo \leq 0{,}70$ [c] $S \leq 0{,}045$ $P \leq 0{,}045$ $Cu \leq 0{,}40$ [c] $Ni \leq 0{,}5$ [c] $Cr \leq 0{,}3$ (0,4 für Gussstücke) [c] $Nb \leq 0{,}05$ $V \leq 0{,}12$ [c] $Ti \leq 0{,}05$
	1.1	Stähle mit einer festgelegten Mindest-Streckgrenze $R_{eH} \leq 275\ N/mm^2$
	1.2	Stähle mit einer festgelegten Mindest-Streckgrenze von $275\ N/mm^2 < R_{eH} \leq 360\ N/mm^2$
	1.3	Normalgeglühte Feinkornstähle mit einer festgelegten Mindest-Streckgrenze von $R_{eH} > 360\ N/mm^2$
	1.4	Stähle mit verbesserter Korrosionsbeständigkeit gegen Luftsauerstoff, deren chemische Zusammensetzung die Anforderungen an die einzelnen unter 1 aufgeführten Elemente überschreiten darf
2		Thermomechanisch behandelte Feinkornstähle und Stahlgusssorten mit einer festgelegten Mindest-Streckgrenze von $R_{eH} > 360\ N/mm^2$
	2.1	Thermomechanisch behandelte Feinkornstähle und Stahlgusssorten mit einer festgelegten Mindest-Streckgrenze von $360\ N/mm^2 < R_{eH} \leq 460\ N/mm^2$
	2.2	Thermomechanisch behandelte Feinkornstähle und Stahlgusssorten mit einer festgelegten Mindest-Streckgrenze von $R_{eH} > 460\ N/mm^2$
3		Vergütete und ausscheidungsgehärtete Stähle, ausgenommen nichtrostende Stähle, mit einer festgelegten Mindest-Streckgrenze von $R_{eH} > 360\ N/mm^2$
	3.1	Vergütete Stähle mit einer festgelegten Mindest-Streckgrenze von $360\ N/mm^2 < R_{eH} \leq 690\ N/mm^2$
	3.2	Vergütete Stähle mit einer festgelegten Mindest-Streckgrenze von $R_{eH} > 690\ N/mm^2$
	3.3	Ausscheidungsgehärtete Stähle, ausgenommen nichtrostende Stähle
4		Cr-Mo-(Ni)-Stähle mit niedrigem Vanadiumgehalt, mit $Mo \leq 0{,}7\%$ und $V \leq 0{,}1\%$
	4.1	Stähle mit $Cr \leq 0{,}3\%$ und $Ni \leq 0{,}7\%$
	4.2	Stähle mit $Cr \leq 0{,}7\%$ und $Ni \leq 1{,}5\%$
5		Cr-Mo-Stähle ohne Vanadium mit $C \leq 0{,}35\%$ [d]
	5.1	Stähle mit $0{,}75\% \leq Cr \leq 1{,}5\%$ und $Mo \leq 0{,}7\%$
	5.2	Stähle mit $1{,}5\% < Cr \leq 3{,}5\%$ und $0{,}7 < Mo \leq 1{,}2\%$
	5.3	Stähle mit $3{,}5\% < Cr \leq 7{,}0\%$ und $0{,}4 < Mo \leq 0{,}7\%$
	5.4	Stähle mit $7{,}0\% < Cr \leq 10\%$ und $0{,}7 < Mo \leq 1{,}2\%$
6		Cr-Mo-(Ni)-Stähle mit hohem Vanadiumgehalt
	6.1	Stähle mit $0{,}3\% \leq Cr \leq 0{,}75\%$, $Mo \leq 0{,}7\%$ und $V \leq 0{,}35\%$
	6.2	Stähle mit $0{,}75\% < Cr \leq 3{,}5\%$, $0{,}7\% < Mo \leq 1{,}2\%$ und $V \leq 0{,}35\%$
	6.3	Stähle mit $3{,}5\% < Cr \leq 7{,}0\%$, $Mo \leq 0{,}7\%$ und $0{,}45\% \leq V \leq 0{,}55\%$
	6.4	Stähle mit $7{,}0\% < Cr \leq 12{,}5\%$, $0{,}7\% < Mo \leq 1{,}2\%$ und $V \leq 0{,}35\%$

Rohrleitungen und Kanäle (Fortsetzung)

Gruppe	Untergruppe	Stahlsorte
7		Ferritische, martensitische oder ausscheidungsgehärtete nichtrostende Stähle mit $C \leq 0{,}35\%$ und $10{,}5\% \leq Cr \leq 30\%$
	7.1	Ferritische nichtrostende Stähle
	7.2	Martensitische nichtrostende Stähle
	7.3	Ausscheidungsgehärtete nichtrostende Stähle
8		Austenitische Stähle
	8.1	Austenitische nichtrostende Stähle mit $Cr \leq 19\%$
	8.2	Austenitische nichtrostende Stähle mit $Cr > 19\%$
	8.3	Austenitische nichtrostende Manganstähle mit $4\% < Mn \leq 12\%$
9		Nickellegierte Stähle mit $Ni \leq 10\%$
	9.1	Nickellegierte Stähle mit $Ni \leq 3\%$
	9.2	Nickellegierte Stähle mit $3{,}0\% < Ni \leq 8\%$
	9.3	Nickellegierte Stähle mit $8{,}0\% < Ni \leq 10\%$
10		Austenitisch-ferritische nichtrostende Stähle (Duplexstähle)
	10.1	Austenitisch-ferritische nichtrostende Stähle mit $Cr \leq 24\%$
	10.2	Austenitisch-ferritische nichtrostende Stähle mit $Cr > 24\%$
11		Stähle, die von der Gruppe 1[e] erfasst werden, ausgenommen $0{,}25\% < C \leq 0{,}5\%$
	11.1	Stähle nach 11 mit $0{,}25\% < C \leq 0{,}35\%$
	11.2	Stähle nach 11 mit $0{,}35\% < C \leq 0{,}5\%$

ANMERKUNG Die Tabelle A.1 ist aus dem Bericht **CEN CR ISO 15608**:2000 entnommen. Andere Werkstoffe als Stähle werden später hinzugefügt.

[a] Diese Tabelle ist ein Nachdruck von **CR ISO 15608**:2000.
[b] In Übereinstimmung mit der Festlegung in den Stahlnormen kann R_{eH} durch $R_{p0,2}$ bzw. $R_{p0,5}$ ersetzt werden.
[c] Ein höherer Wert ist zulässig, wenn $Cr + Mo + Ni + Cu + V \leq 0{,}75\%$.
[d] „Ohne Vanadium" heißt: dem Werkstoff nicht vorsätzlich beigefügt.
[e] Ein höherer Wert ist zulässig, wenn $Cr + Mo + Ni + Cu + V \leq 1\%$.

Europäische Normen von Stählen für industrielle Rohrleitungen (DIN EN 13480-2, 08.02)

Produktform	allgemeine Anforderungen	Stähle für Raumtemperatur[a]	warmfeste Stähle	Feinkornstähle			kaltzähe Stähle	nichtrostende Stähle
				normalgeglüht	thermomechanisch behandelt	vergütet		
Blech und Band	EN 10028-1	–	EN 10028-2	EN 10028-3	EN 10028-5	EN 10028-6	EN 10028-4	EN 10028-7
gewalzte Stäbe		–	EN 10273	–	–	–	–	EN 10272
Nahtlose Rohre	–	EN 10216-1	EN 10216-2	EN 10216-3	–	EN 10216-3	EN 10216-4	prEN 10216-5
Elektrisch geschweißte Rohre	–	EN 10217-1	EN 20217-2	EN 10217-3	–	–	EN 10217-4	–
Unterpulvergeschweißte Rohre	–	EN 10217-1	prEn 10217-5	EN 10217-3	–	–	EN 10217-6	–
Schmelzgeschweißte Rohre	–	–	–	–	–	–	–	EN 10217-7
Fittings	–	prEN 10253-2	prEN 10253-2	prEN 10253-2	prEN 10253-2	prEN 10253-2	prEN 10253-2	–
Schmiedestücke, einschließlich geschmiedete Stäbe	EN 10222-1	–	EN 10222-2	EN 10222-4	–	–	EN 10222-3	prEN 10222-5
Gussstücke	EN 10213-1	–	EN 10213-2	–	–	–	EN 10213-3	EN 10213-4
Stähle für Verbindungsmittel	–	–	EN 10269	–	–	–	EN 10269	EN 10269

[a] In allen Normen nach dieser Tabelle sind Umgebungstemperaturwerte angegeben.

Rohrleitungen und Kanäle (Fortsetzung)

Kompensatoren im Vergleich

Aufgaben von Kompensatoren: (→ Wärmeausdehnung, Wärmespannung)

- Ausgleich der durch Temperaturänderungen bedingten Längenänderungen bzw. Spannungen in Rohrleitungen
- Ausgleich von Spannungen bei unvermeidlichen Relativbewegungen der durch eine Rohrleitung verbundenen Anschlüsse (z. B. bedingt durch Bodenbewegungen, Vibrationen oder Beseitigung von Montagefehlern)
- Aufnahme von Druckstößen (z. B. durch Wasserschläge, d. h. Spontanverdampfungen größerer Kondensatmengen bei der Inbetriebnahme von Dampfleitungen)
- Geräuschdämpfung

Bewegungsart	Prinzip	Vorteile	Nachteile	Anwendungsbeispiele
axial	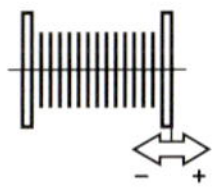	• Platzsparendste Variante • Keine Änderung der Strömungsrichtung	• Festpunkte müssen große Kräfte aufnehmen • Bei häufigen Richtungswechseln und großen Dehnungen relativ viele Kompensatoren erforderlich	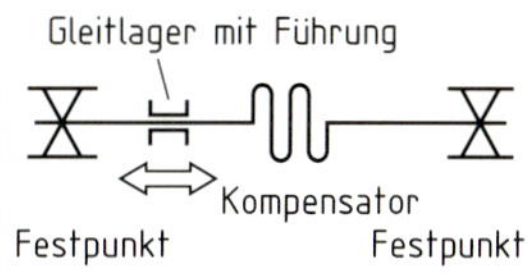
lateral	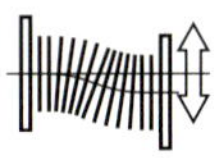	• Festpunkte müssen nur relativ schwache Kräfte aufnehmen • Größere Dehnungsaufnahme eines Kompensators • Evtl. Einsparung von Zwischenfestpunkten und Führungen	• Änderung der Strömungsrichtung nötig • Größerer Platzbedarf als bei axialem Ausgleich • Geringe Biegung der schiebenden Rohrleitung erforderlich • Kein Leitrohr möglich	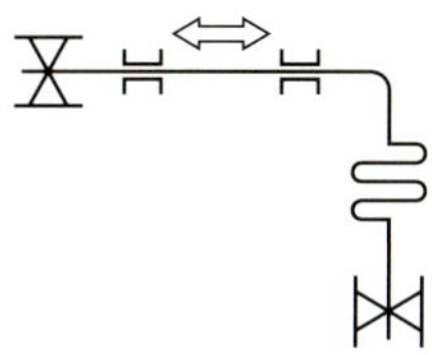
angular	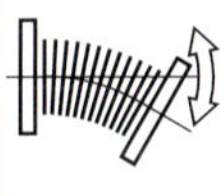	• Festpunkte müssen nur geringe Kräfte aufnehmen • Große Dehnungsaufnahme möglich • Dehnungsausgleich in drei Raumrichtungen möglich	• Änderung der Strömungsrichtung erforderlich • Größerer Platzbedarf • Relativ viele Kompensatoren nötig • Kein Leitrohr möglich	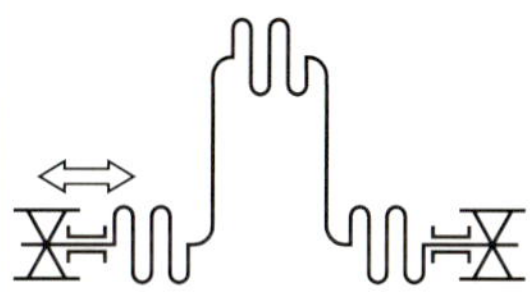

Längenänderung einer Rohrleitung infolge Temperaturänderung in m

$$\Delta l = l_0 \cdot \alpha \cdot \Delta\vartheta$$

- l_0 Ausgangslänge bei ϑ_0 in m
- α Längenausdehnungskoeffizient in 1/°C
- $\Delta\vartheta$ Temperaturänderung in °C

(→ Wärmeausdehnung)

Einbaulänge des Kompensators (= Baulänge + Vorspannung) in mm:

$$l_E = l_B + \frac{\Delta l}{2} - \frac{\Delta l \cdot (\vartheta_e - \vartheta_{min})}{\vartheta_{max} - \vartheta_{min}}$$

- l_B Baulänge (Lieferlänge) in mm
- Δl Längenänderung der Rohrleitung (Gesamtdehnung) in mm
- ϑ_e Einbautemperatur in °C
- ϑ_{max} Maximaltemperatur in °C
- ϑ_{min} Minimaltemperatur in °C

Längskräfte in einer Rohrleitung infolge Temperaturänderung in N

$$F_l = E \cdot \alpha \cdot \Delta\vartheta \cdot A_W$$

- E Elastizitätsmodul des Rohrmaterials in N/mm²
- α Längenausdehnungskoeffizient in 1/°C
- $\Delta\vartheta$ Temperaturänderung in °C
- A_W Querschnitt der Rohrwand in mm²

(→ Wärmespannung)

Kräfte auf die Festpunkte eines Axialkompensators in N

$$F_{FP} = A \cdot p + F_V$$

- A Rohrquerschnitt in m²
- p Betriebsdruck in N/m²
- F_V Verstellkraft (Eigenwiderstand) des Kompensators (nach Herstellerangabe)

B Gegeben: gerades Rohrstück mit l_0 = 60 m, $\alpha = 1{,}1 \cdot 10^{-5}$ 1/°C, ϑ_e = 20 °C, ϑ_{max} = 120 °C, ϑ_{min} = 10 °C

Δl = 60 m · 1,1 · 10^{-5} 1/°C · 100 °C = 0,066 m = 66 mm ⇒ Auswahl eines Kompensators mit l_B = 473 mm und zulässigem Axialweg von Δl_{ZK} = ± 42 mm

l_E = 473 mm + 66 mm/2 – 66 mm · (20 °C – 10 °C)/(120 °C – 10 °C) = **500 mm**

d. h. der Kompensator wird beim Einbau um **27 mm** vorgespannt

Rohrleitungen und Kanäle (Fortsetzung)

Druckverluste in geraden Rohren und Kanälen

(→ Hydrostatischer Druck, Kontinuitätsgleichung, Energiegleichung, Viskosität)

$$\Delta p = \lambda \cdot \frac{l}{d} \cdot \frac{\varrho}{2} \cdot v^2$$ **Statischer Druckverlust**

Bei anderen Querschnitten als der Kreisquerschnitt (→ Blechkanäle) ist

$$d = d_h = 4 \cdot \frac{A}{U}$$ **hydraulischer Durchmesser**

A	Strömungsquerschnitt	m^2
U	Umfang des Strömungsquerschnittes (**benetzter Umfang**)	m

$$Re = \frac{v \cdot d}{\nu}$$ **Reynolds'sche Zahl**

$$Re_{krit} = 2320$$ **kritische Reynolds'sche Zahl**

$$Re \leq 2320$$ **laminare Strömung**

$$Re > 2320$$ **turbulente Strömung**

Die Druckverluste sind bei turbulenter Strömung größer als bei laminarer Strömung.

λ	Rohrreibungszahl bzw. Rohrwiderstandszahl	1
l	Leitungs-, Kanallänge	m
d	Rohrinnendurchmesser	m
ϱ	→ Dichte	kg/m^3
v	→ Strömungsgeschwindigkeit	m/s
a, b	Innenlänge bzw. Innenbreite des Kanals	m
ν	→ kinematische Viskosität	m^2/s

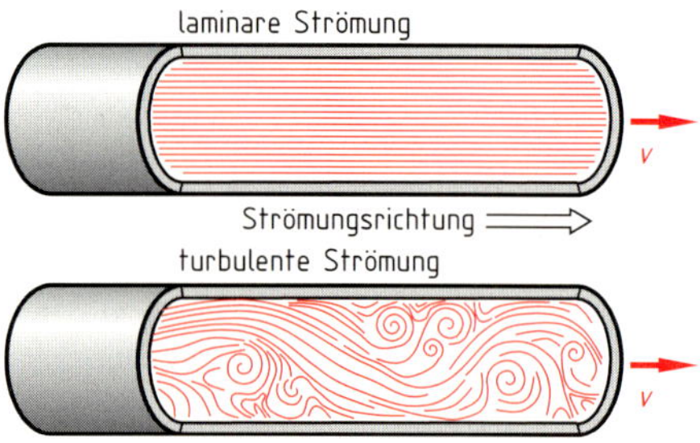

Rohrreibungszahl λ bei technisch glatten Rohren		
Bezeichnung der Formel	**Reynolds'sche Zahl im Bereich …**	**Gleichung für λ**
Formel von **Blasius**	… $Re_{krit} \leq Re \leq 10^5$	$\lambda = \frac{0{,}3164}{\sqrt[4]{Re}}$
Formel von **Nikuradse**	… $10^5 \leq Re \leq 10^8$	$\lambda = 0{,}0032 + \frac{0{,}221}{Re^{0{,}237}}$
Formel von **Kirschmer, Prandtl, Kàrmàn**	… $Re > Re_{krit}$ (gesamter Bereich oberhalb Re_{krit})	$\frac{1}{\lambda} = \left(2{,}0 \cdot \lg \frac{Re \cdot \sqrt{\lambda}}{2{,}51}\right)^2$

Als **technisch glatte Rohre** gelten blankgezogene

- Messingrohre
- Kupferrohre (**DIN 8905**)
- Aluminiumrohre
- Bleirohre

sowie

- Glasrohre
- Porzellanrohre

Die Gleichungen in der Tabelle gelten nur im turbulenten Bereich ($Re > 2320$)

$$\lambda = \frac{64}{Re}$$ **Rohrreibungszahl bei laminarer Strömung**

Rohrreibungszahl (Rohrwiderstandszahl) bei rauhen Rohren:

$$\lambda = f\,(Re, k_{rel})$$ **Rohrreibungszahl** (Diagramm nächste Seite)

$$k_{rel} = \frac{k}{d}$$ **relative Rauheit**

Re	Reynolds'sche Zahl	1
k	mittlere Rauheitshöhe (untenstehende Tabelle)	mm
d	Rohrinnendurchmesser	mm

Rohrart	mittl. Rauheitshöhe in mm	Rohrart	mittl. Rauheitshöhe in mm
blankgezogene Metallrohre aus Cu, Ms, Al und anderen Leichtmetallen	0,01 bis 0,03	Gusseisen Rohre	0,1 bis 0,6
PVC- und PE-Rohre	0,007	gefalzte Blechkanäle	0,15
Stahlrohre DIN 2448	0,045	flexible Schläuche	0,0016 bis 2,0
angerostete Stahlrohre	0,15 bis 4,0	gemauerte Kanäle	3,0 bis 5,0
		rohe Betonkanäle	1,0 bis 3,0

Rohrleitungen und Kanäle (Fortsetzung)

Die **Ermittlung der Rohrreibungszahl λ bei rauen Rohren** erfolgt mit Hilfe eines Rohrreibungsdiagrammes (auch anwendbar bei glatten Rohren). Folgendes Bild zeigt:

gestrichelte Linien: **Rohrreibungsdiagramm von Nikuradse**
Volllinie: **Rohrreibungsdiagramm von Colebrook**

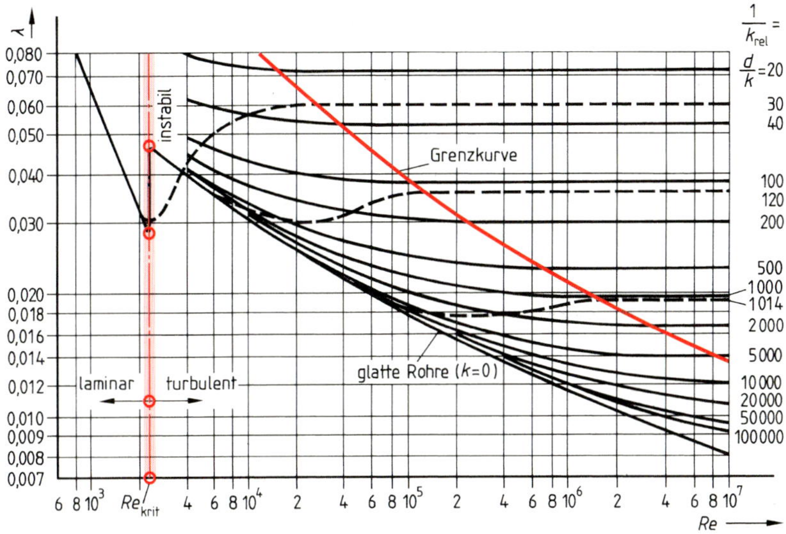

Hinsichtlich der Rauheit von Rohrinnenflächen hat man sich auf folgende Zuordnungen geeinigt:

Glattes Rohr: $Re \cdot \frac{k}{d} < 65$ **Übergangsgebiet:** $65 \leq Re \cdot \frac{k}{d} \leq 1300$ **Raues Rohr:** $Re \cdot \frac{k}{d} > 1300$

Druckverluste in Rohrleitungssystemen (mit Einbauten und Formstücken)

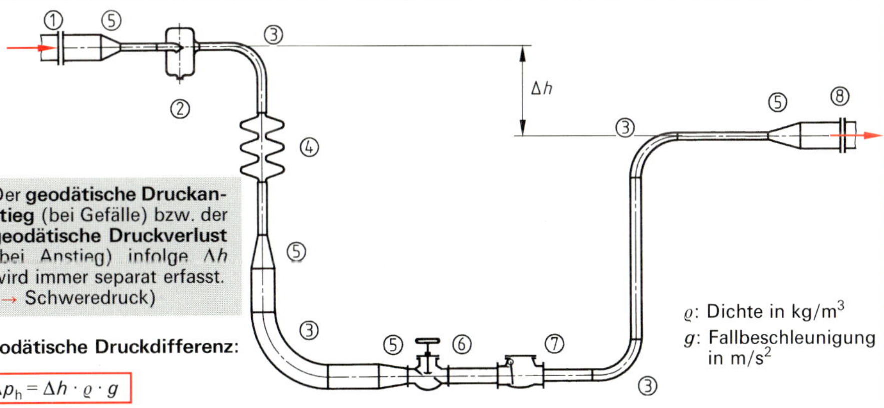

Der **geodätische Druckanstieg** (bei Gefälle) bzw. der **geodätische Druckverlust** (bei Anstieg) infolge Δh wird immer separat erfasst. (→ Schweredruck)

geodätische Druckdifferenz:

$$\Delta p_h = \Delta h \cdot \varrho \cdot g$$

ϱ: Dichte in kg/m³
g: Fallbeschleunigung in m/s²

Einbauten (Armaturen) z. B.:
① Eintrittsöffnung
② Flüssigkeitsabscheider
③ Bogen (Umlenkung)
④ Schwingungsdämpfer (Dehnungsausgleicher)
⑤ Erweiterung, Reduzierung
⑥ Absperrdurchgangsventil
⑦ Rückschlagklappe
⑧ Austrittsöffnung, usw.

Rohrleitungen und Kanäle (Fortsetzung)

Armaturenhersteller ordnen in der Regel den von ihnen angebotenen Armaturen **strömungstechnische Daten oder Kennzahlen** zu. Die wichtigsten Kennzahlen sind:

Druckverlustzahl ζ: (Widerstandsbeiwert) Kennzahl für den Widerstand, den ein strömendes Medium in einer Armatur erfährt (ohne Einheit). In der Praxis häufig auch als Widerstandsbeiwert bezeichnet. (Tabelle Seite 387)

Durchflussbeiwert k_V: Kennzahl, die angibt, welche Menge Wasser (5 °C bis 30 °C) bei einem Druckverlust von $\Delta p \approx 1$ bar (genau: $\Delta p = 0{,}98$ bar) und einem gegebenen Hub H (Ventil) bzw. Stellwinkel φ (Klappe) durch eine Armatur geht (Einheit: m^3/s, m^3/h oder l/min).

k_{VS} - Wert: Vorgesehener k_V-Wert bei voller Öffnung der Armatur (Nennhub H_{100} bei Ventilen, Nennstellwinkel φ_{100} bei Klappen)

k_{V100} - Wert: Tatsächlicher k_V-Wert beim Nennhub H_{100} (Ventile) oder Nennstellwinkel φ_{100} (Klappen). Maximal zulässige Abweichung vom k_{VS}-Wert: 10 %

C_V - Wert: Durchflussbeiwert, der in Ländern mit Zollsystem verwendet wird. Es gilt: $k_V = 0{,}856 \cdot C_V$.

An Stelle der Kennzahlen werden häufig auch Druckverlustdiagramme ausgewiesen, die den Druckverlust Δp einer Armatur (mit der Nennweite DN) in Abhängigkeit vom Durchsatz $\dot V$ (→ Volumenstrom) oder in Abhängigkeit von der Ventil- oder Klappenstellung wiedergeben. Aus den strömungstechnischen Daten können die ζ-Werte nach den folgenden Formeln berechnet werden:

$$\zeta = \frac{1{,}234 \cdot \Delta p \cdot d^4}{\varrho \cdot \dot V^2} \qquad \zeta = \frac{2 \cdot \Delta p}{\varrho \cdot v^2}$$

ζ Druckverlustzahl
Δp Druckverlust der Armatur in Pa bzw. N/m^2
d Innendurchmesser der Armatur in m
ϱ Dichte des Fördermediums in kg/m^3
$\dot V$ Volumenstrom in m^3/s
v Strömungsgeschwindigkeit in m/s

$$\zeta = \frac{2 \cdot 10^5 \cdot \Delta p}{v^2 \cdot \varrho} \qquad \zeta = \frac{444 \cdot \Delta p \cdot d^4}{\dot V^2 \cdot \varrho}$$

ζ Druckverlustzahl
Δp Druckverlust der Armatur in bar
d Innendurchmesser der Armatur in mm
ϱ Dichte des Durchflussmediums in kg/m^3
$\dot V$ Volumenstrom in l/min
v Strömungsgeschwindigkeit in m/s

Für das **Bezugsmedium Wasser** (in Bereich 5 °C bis 30 °C) gilt:

$$\zeta = \frac{0{,}444 \cdot \Delta p \cdot d^4}{\dot V^2}$$

Δp in bar; $\dot V$ in l/min; d in mm

$$\zeta = \frac{0{,}0016 \cdot \Delta p \cdot d^4}{\dot V^2}$$

Δp in bar; $\dot V$ in m^3/h; d in mm

$$\zeta = \frac{200 \cdot \Delta p}{v^2}$$

Δp in bar; v in m/s

$$\zeta = \frac{0{,}442 \cdot d^4}{K_v^2}$$

d in mm; k_V in L/min

$$\zeta = \frac{d^4}{628{,}2 \cdot K_v^2}$$

d in mm; k_V in m^3/h

Ist das **Fördermedium nicht Wasser** und der Druckverlust $\Delta p \neq 1$ bar, so gilt **bei etwa gleicher *Reynolds*-Zahl:**

$$K_V = \dot V \cdot \sqrt{\frac{\Delta p_0 \cdot \varrho}{\Delta p \cdot \varrho_0}}$$

$\dot V$ Volumenstrom in m^3/h
Δp_0 1 bar (Bezugsdruckverlust)
Δp Tatsächlicher Druckverlust an der Armatur in bar
ϱ_0 1000 kg/m^3 (Dichte des Bezugsmediums Wasser)
ϱ Dichte des Durchflussmediums in kg/m^3

B Für die Baureihe eines Durchgangsventils gibt der Hersteller untenstehende Durchflusskennlinien für den voll geöffneten Zustand an.

a) Welche Nennweite ist zu wählen, wenn der Druckverlust bei $\dot V = 200\ m^3/h$ maximal $\Delta p = 0{,}3$ bar betragen soll?

b) Wie groß ist der k_{VS}-Wert für dieses Ventil?

c) Welche Druckverlustzahl ζ besitzt das Ventil?

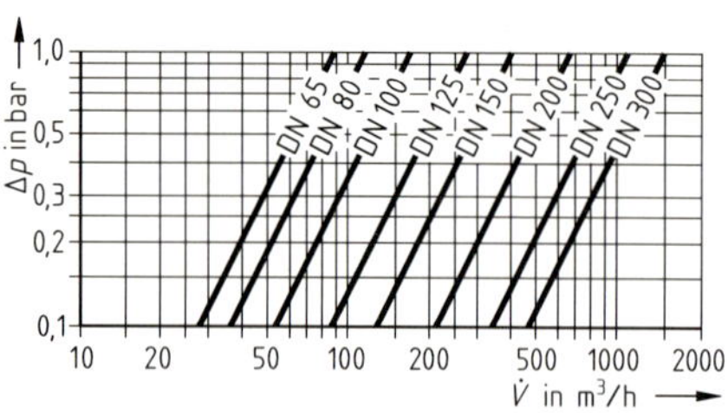

a) Nach Diagramm liegt der Punkt P (200; 0,3) zwischen den Kennlinien für die Ventile DN 125 und DN 150. Gewählt wird das nächst größere: **DN 150**

b) k_{VS}-Wert (bei $\Delta p = 1$ bar): **400 m^3/h**

c) $\zeta = 0{,}0016 \cdot \dfrac{1 \cdot 150^4}{400^2} = \mathbf{5{,}06}$

Rohrleitungen und Kanäle (Fortsetzung)

Auswahl von Druckverlustzahlen (Widerstandsbeiwerte)

Einbauteil	Schemabild	**ζ-Wert** in Abhängigkeit von Größe, Form und Oberfläche des voll geöffneten Einbauteiles	Für den Druckverlust maßgebende Strömungsgeschwindigkeit v
Normalventil	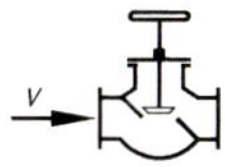	2,5 bis 6,5 fallend mit dem Durchmesser	v
Eckventil		2,0 bis 6,0 steigend mit dem Durchmesser	v
Schieber	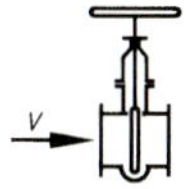	0,1 bis 0,3 fallend mit dem Durchmesser	v
Hahn	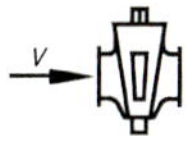	0,05 bis 2,0 fallend mit dem Durchmesser	v
Rückschlagventil	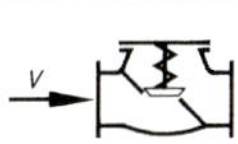	3,5 bis 8,0 fallend mit dem Durchmesser	v
Lyrabogen (Dehnungsausgleicher)	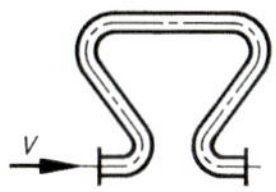	0,5 bis 1,5 ↓ ↓ glatt gefaltet	v
Wasserabscheider	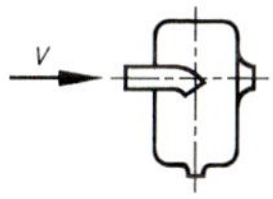	3,0 bis 8,0 steigend mit dem Durchmesser	v
Bogen 90°	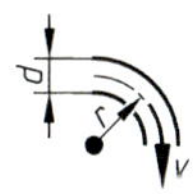	r/d – ζ 0,5 – 1,0 1,0 – 0,35 2,0 – 0,20 3,0 – 0,15	v
Erweiterung $\frac{A_1}{A_2} = 0{,}5$		β – ζ 10° – 0,10 20° – 0,15 30° – 0,20 40° – 0,25	v_1
Abzweigung (scharfkantig) $\beta = 90°$	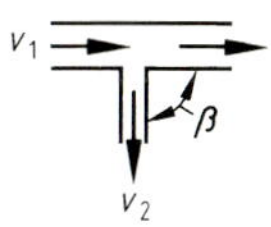	v_1/v_2 – ζ 0,5 – 4,5 1,0 – 1,5 2,0 – 0,75 3,0 – 0,65	v_2

Rohrleitungen und Kanäle (Fortsetzung)

Anmerkung: Umfangreiche **Tabellen über ζ-Werte** findet man in Technischen Handbüchern wie „Dubbel: Taschenbuch für den Maschinenbau", „Recknagel/Sprenger: Taschenbuch für Heizung und Klimatechnik", „Pohlmann: Taschenbuch der Kältetechnik", in Firmenunterlagen oder in Fachliteratur wie z. B. „Eck: Technische Strömungslehre", „Kalide: Technische Strömungslehre" u. a.

Statischer Druckverlust im Einzelwiderstand:

$$\Delta p = \zeta \cdot \frac{\varrho}{2} \cdot v^2 \quad \text{in } \frac{\text{N}}{\text{m}^2}$$

Statischer Druckverlust in einem Rohrleitungs- bzw. Kanalsystem:

$$\Delta p = \Sigma\left(\lambda \cdot \frac{l}{d} \cdot \frac{\varrho}{2} \cdot v^2\right) + \Sigma\left(\zeta \cdot \frac{\varrho}{2} \cdot v^2\right) \quad \text{in } \frac{\text{N}}{\text{m}^2}$$

ξ	Druckverlustzahl bzw. Widerstandsbeiwert	1
λ	Rohrreibungszahl bzw. Rohrwiderstandszahl	1
ϱ	Fluiddichte	kg/m³
l	Länge der geraden Rohrstücke	m
d	Durchmesser der geraden Rohrstücke (können in verschiedenen Abschnitten unterschiedlich sein)	m
v	Strömungsgeschwindigkeit	m/s

Wichtige Regel:

Wenn sich die Zustandsgrößen eines strömenden Fluids, d. h. hauptsächlich Druck und Temperatur und dadurch u. U. der Aggregatzustand (flüssig/dampfförmig) ändern, ist die Rohrleitungsberechnung in mehreren Teilabschnitten entsprechend der Realität in diesen Teilabschnitten durchzuführen.

Gleichwertige bzw. äquivalente Rohrlänge:

Unter der gleichwertigen (äquivalenten) Rohrlänge versteht man die Rohrlänge, die den gleichen Druckabfall erzeugt wie z. B. die Armatur bzw. der Fitting mit gleichem Innendurchmesser.

$$l_g = \xi \cdot \frac{d}{\lambda}$$ **gleichwertige (äquivalente) Rohrlänge eines Einbaues**

$$l_g = \Sigma \xi \cdot \frac{d}{\lambda}$$ **gleichwertige Rohrlänge aller Einbauten**

ξ	Druckverlustzahl bzw. Widerstandsbeiwert	1
λ	Rohrreibungszahl bzw. Rohrwiderstandszahl	1
d	Innendurchmesser des Rohres bzw. des Einbauteiles	m

B $\xi = 0{,}35$; $\lambda = 0{,}025$; $d = 35$ mm; $l_g = ?$

$$l_g = \xi \cdot \frac{d}{\lambda} = 0{,}35 \cdot \frac{0{,}035\ \text{m}}{0{,}025} = 0{,}49\ \text{m}$$

$\boldsymbol{l_g = 490}$ **mm**

Gleichwertige Rohrlängen erfährt man vom **Hersteller des Einbauteiles** (z. B. für Trockner, Kompensator, Expansionsventil u. a.) bzw. vom **Hersteller des Fittings** (z. B. für Bogen, T-Stück u. a.). Hier ist aus Platzgründen nur eine exemplarische Listung möglich:

Gleichwertige Rohrlängen für Reduziermuffen (auf den kleinen Durchmesser bezogen) nach **DIN EN 1254** (Auswahl)

D in mm	l_g in m	D in mm	l_g in m
Reduzierung		Erweiterung	
8 … 6	0,10	6 … 8	0,15
10 … 6	0,15	6 … 10	0,25
12 … 8	0,20	8 … 12	0,35
12 … 10	0,20	10 … 12	0,25
…………	…………	…………	…………
22 … 15	0,50	15 … 22	0,60
22 … 18	0,55	18 … 22	0,65
28 … 10	0,50	10 … 28	1,00
…………	…………	…………	…………

Gleichwertige Rohrlängen für T-Stücke nach **DIN EN 1254** (Auswahl)

D in mm	l_g in m			
	Abzweig trennend	Abzweig vereinigend	Durchgang trennend	Durchgang vereinigend
6	0,30	0,20	0,05	0,15
10	0,60	0,45	0,10	0,20
12	0,80	0,55	0,20	0,35
18	1,25	0,85	0,30	0,60
22	1,55	1,10	0,35	0,70
……	……	……	……	……

Bei T-Stücken sind auch noch die Fälle Gegenlauf trennend und Gegenlauf vereinigend möglich. Werte vom Hersteller.

$$l_{ges} = \Sigma l + \Sigma l_g \quad \text{in m}$$ **resultierende Länge**

Σl	Summe aller geraden Rohrlängen	m
Σl_g	Summe aller gleichwertigen Rohrlängen	m

Wird mit gleichwertigen Rohrlängen gerechnet, dann ergibt sich

$$\Delta p = \Sigma\left(\lambda \cdot \frac{l_{ges}}{d} \cdot \frac{\varrho}{2} \cdot v^2\right)$$ **stat. Druckverlust im System**

Kühllastberechnung

[nach **VDI 2078 ((VDI-Kühllastregeln)**, 07.96)]

Grundsätze

Die nachfolgend genannten **Tabellen A 1 ... A 24** und **B 1 ... B 8** sind als Anhänge Bestandteil der **VDI 2078**.

VDI 2078-1, 02.03 „Berechnung der Kühllast klimatisierter Gebäude bei Raumkühlung über gekühlte Raumumschließungsflächen" behandelt vorrangig Strahlungskühlsysteme (z. B. Kühldecken).
Erlaubt die Berechnung der Kühllast in einheitlicher Form und mit einheitlichen Randbedingungen, ohne dass die Vielzahl aller Randbedingungen (z. B. der Aufbau sämtlicher Wandschichten) explizit eingegeben werden muss. Es werden die Ergebnisse von thermischen Raumanalysen, d. h. von Energiebilanzen sämtlicher Strukturen in Form geeigneter Kennwerte (Kühllastfaktoren, Gewichtsfaktoren, ...) für die Berechnung herangezogen, dabei müssen die Kennwerte des Typraumes genügend genau den realen Raum widerspiegeln.

Als **erste Auslegungsrechnung** wird die Berechnung für den Fall konstanter Raumlufttemperatur (22 °C) und den eingeschwungenen Zustand bei tagesperiodischer Belastung – der **Bezugskühllast** bzw. **Basiskühllast** $\dot{Q}_{KB}$ als Grundinformation empfohlen, unabhängig von den wirklich geforderten Randbedingungen.
Die Kühllastberechnung kann auch für **veränderliche Raumlufttemperaturen** angewendet werden.
Für Räume, die – auf Grund erheblicher Unterschiede in der örtlichen Belastung – zonenweise klimatisiert werden sollen, ist die Berechnung für die einzelnen Zonen getrennt durchzuführen (→ **EDV-Verfahren**).

Die **Berechnungsunterlagen** sind, soweit sie sich auf die **äußere Wärmebelastung**, d. h. den durch **klimatologische Gegebenheiten** (→ Umweltgrundlagen, hygienische Grundlagen) verursachten Kühllastanteil beziehen, auf **mitteleuropäische Verhältnisse** zugeschnitten, bei der Sonnenstrahlung auf 50° geographischer Breite, wahre Ortszeiten (= Sonnenzeiten, entspricht **nicht** der Mitteleuropäischen Sommerzeit MESZ!) und die mittleren hier auftretenden atmosphärischen Trübungen.

Kühllast: kalorische Leistung, die zu einem bestimmten Zeitpunkt über die Raumluft dem Raum abgeführt werden muss, um vorgegebene Luftzustandswerte (z. B. konstante Raumlufttemperatur) einzuhalten. Bei Feuchteentwicklung (→ Feuchte Luft) im Raum kommt zu der fühlbaren (sensiblen) Wärme noch ein Anteil für die gebundene (latente) Wärme, die feuchte Kühllast hinzu.
Die Kühllast eines Raumes $\dot{Q}_{KR}$ bei vorgegebender Raumlufttemperatur $\vartheta_{LR,\,Soll}$ (t) und eingeschwungenem Zustand (24-h Periode) setzt sich zusammen aus der → **gebäudeinneren Kühllast** $\dot{Q}_I$ und der → **äußeren Kühllast** $\dot{Q}_A$. In der Regel sind diese Kühllastkomponenten zeitveränderlich, mit dem Maximum der **Nenn-Kühllast**. Diese bestimmt die Klimageräteleistung des Raumes bzw. den dem Raum zuzuführenden Luftstrom.
Die Zeiten der Raumkühllastmaxima sind im Allgemeinen unterschiedlich, die maximale Gebäudekühllast $\dot{Q}_{KG}$ ist daher definiert als das Maximum der Summe aller **zeitgleichen** Raumkühllasten $\dot{Q}_{KR}$ (nicht als Summe aller Raumkühllastmaxima!)

In der **VDI 2078** sind zwei Verfahren beschrieben: → **Kurzverfahren** (festgelegte Belastungsverläufe) und → **EDV-Verfahren** (wählbare Belastungsverläufe)

Kurzverfahren nach VDI 2078

Bestimmung der Kühllast eines Raumes für **fest vorgegebene Randbedingungen**:
- konstante Raumtemperatur
- periodische innere und äußere Belastung
- eingeschwungener Zustand
- 24-stündiger Anlagenbetrieb
- konstanter Sonnenschutzfaktor des gesamten Fensters

Speichereinflüsse im Raum infolge innerer und äußerer Strahlungslasten werden mittels → **Kühllastfaktoren** (früher **Speicherfaktoren** genannt), die Speichereinflüsse in den Außenwänden und Dächern mit → **äquivalenten Temperaturdifferenzen** berücksichtigt.

Kühllastfaktoren:

Kühllastfaktoren für innere Belastung S_i
Momentaner → konvektiver Wärmeeintrag an die Raumluft auf Grund direkter konvektiver Wärmebelastung sowie zeitverzögerter und gedämpfter Strahlungsbelastung innerer Wärmelasten, bezogen auf die maximale Wärmeabgabe von Personen (→ Personenwärmestrom), Beleuchtung und Maschinen. S_i hängt von der **Bauschwere** des Raumes (→ **Raumtypen**), den **Betriebszeiten** der Wärmequelle und vom Konvektivanteil der Wärmeabgabe der Wärmequelle ab. Unter Voraussetzung, dass 20% des Strahlungsanteiles der Belastung konvektiv an die Raumluft abgegeben werden (**Möblierungseinfluss**) und einer konstanten Raumlufttemperatur von 22 °C, kann S_i der **Tabelle A 5** entnommen werden.

8

Kühllastberechnung (Fortsetzung) (nach **VDI 2078**, 07.96)

Kühllastfaktoren für äußere Belastung S_a
Berücksichtigung der Verzögerung und Dämpfung der an die Raumluft übertragenen Wärme gegenüber der Wärmebelastung infolge → Sonnenstrahlung in den Raum, der **resultierende Kühllastanteil** ergibt sich aus Multiplikation der maximal möglichen **Strahlungsbelastung** (s. **Tabelle A11**) mit dem Kühllastfaktor S_a. S_a hängt von der **Bauschwere** des Raumes (→ **Raumtypen**), dem Verlauf der Sonnenstrahlung und der Anordnung der Sonnenschutzeinrichtungen ab. Bei **äußerem Sonnenschutz** kann davon ausgegangen werden, dass 95% der innen wirksam werdenden Wärmebelastung als Strahlung anfallen und 5% konvektiv unmittelbar als Kühllast wirken. Bei **innerem Sonnenschutz** verbleiben im Raum jeweils 50% als Konvektiv- bzw. Strahlungswärme. Die verbliebene Strahlung wird zum Teil an der Möblierung konvektiv frei. Es wird vorausgesetzt, dass 20% davon konvektiv an die Raumluft abgegeben werden, und dass die Wärmespeicherung nur den verbleibenden Anteil betrifft. Unter Voraussetzung einer konstanten Raumlufttemperatur von 22 °C und für feste Sonnenschutzeinrichtungen kann S_a der **Tabelle A16** entnommen werden.

Äquivalente Temperaturdifferenzen:
Kühllastanteil, der durch **instationäre Wärmeströme** durch Außenwände und Dächer entsteht, wird nach der Gleichung $\dot{Q}_W = k \cdot A \cdot \Delta\vartheta_{äq}$ berechnet, mit der äquivalenten Temperaturdifferenz $\Delta\vartheta_{äq}$.
Hierin ist berücksichtigt: die Außenlufttemperatur, die Gesamtstrahlung der Sonne und die Wärmeabstrahlung der Raumumschließungsflächen gegen Himmel und Umgebung. $\dot{Q}_W$ erfasst im thermisch eingeschwungenen Zustand und bei konstanter Raumlufttemperatur die Wärmespeichereigenschaften der Wände und Dächer korrekt.

Wand- und Dachkonstruktionen werden entsprechend ihres Dämpfungs- und Verzögerungsverhaltens (charakterisiert durch **Dämpfungsfaktor** und **Zeitverschiebung**) in **6 Bauartklassen** eingeordnet (Bautypenkatalog **Tabelle A17 für Wände** und **Tabelle A20 für Dächer**).

Die für die **Bauartklassen** ausgewiesenen $\Delta\vartheta_{äq}$ sind für mittlere Dämpfungsfaktoren und Zeitverschiebungen berechnet und gelten für **folgende Bedingungen**:
Monat Juli (und zusätzlich für September für südwärts orientierte Wände); Strahlung: Monatsmittelwert abzüglich Standardabweichung der Trübungsfaktoren; Raumlufttemperatur: 22 °C konstant, Emissionsgrad für langwellige Strahlung der Wände und Dächer $\varepsilon = 0{,}9$; Absorptionsgrad (→ Wärmestrahlung) für Sonnenstrahlung: Wände $a_s = 0{,}7$ (**Tabelle A18**) Dächer $a_s = 0{,}9$ (**Tabelle A21**). Bei abweichenden Absorptions- und Emissionsgraden der Außenoberflächen werden die äquivalenten Temperaturdifferenzen $\Delta\vartheta_{äq}$ durch additive Korrekturwerte angepasst. Diese Korrekturwerte sind analog den $\Delta\vartheta_{äq}$-Werten für die **Bauartklassen** in den **Tabellen A19 und A22** gelistet.

Klimatische Bedingungen:
Außenlufttemperaturen ϑ_{La} werden in Deutschland nach **Kühllastzonenkarte** in 5 Bereiche eingeteilt, (→ Umwelt-Grundlagen, Atmosphäre). Vorrangig wird die Berechnung auf die **Hauptauslegungsmonate Monate Juli und September** bezogen: → **Tagesgänge** der Außenlufttemperatur in den Kühllastzonen 1–4 für Juni und September sind in **Tabelle A8** (graphische Darstellung → Umwelt-Grundlagen, Atmosphäre) zu finden, in **Tabelle B1** finden sich die entsprechenden **Ganzjahreswerte** (s. a. **DIN 4710**).

Da **Großstädte** bzw. ihr jeweiliges **Umland** unterschiedliche Temperaturverhältnisse bezüglich Absolutwerte und Amplitude aufweisen können, enthält die **VDI 2078, Tabelle 1** eine Zuordnung von **ausgewählten größeren deutschen Städten zu den Kühllastzonen**.

Höchstwerte des → **Wasserdampfgehaltes** werden einheitlich mit dem mittleren Maxima des Auslegungsmonates Juli mit **x = 12 g/kg trockene Luft = konst.** festgelegt. Nur für Infiltrationen in die Gebäude/Räume in die Berechnung einzubeziehen. Genauere Berechnungen s. **DIN 4710**.

Infiltrationen (Eindringen von Außenluft in klimatisierte Räume) spielen eine untergeordnete Rolle, da die Fassaden und Fenster in der Regel dicht sind sowie an heißen Auslegungstagen die thermischen und Windkräfte eher gering sind. Sofern Infiltrationen berücksichtigt werden müssen, erfolgt dies analog zu „Stoffdurchsatz durch den Raum". Kann auch nach **DIN 4701** erfolgen, dann aber grundsätzlich für „geschützte Lagen", da geringere sommerliche → **Luftgeschwindigkeiten** auftreten.

→ **Sonnenstrahlung** (direkt und diffus):
Strahlungsbelastung auf Außenwände und Dächer können nach **Tabelle B6** (Sommermonate) und **Tabelle B7** (Wintermonate) ermittelt werden. Diese sind auf Strahlungswerte hinter Doppelverglasungen abgestimmt, der winkelabhängige Transmissionscharakter der Gläser wird korrekt erfasst (Sondergläser können abweichende Eigenschaften haben!).
Die Berechnung der **Diffusstrahlung** berücksichtigt die Himmelsrichtungsabhängigkeit während des Tagesverlaufes. Die **Trübungsfaktoren T** (→ Umwelt-Grundlagen – Sonnenstrahlung) wurden neu de-

Kühllastberechnung (Fortsetzung) (nach VDI 2078, 07.96)

finiert (bislang übliche Einteilung in Großstadt-, Industrie und reine Atmosphäre entfällt), da die Schwankungsbreite der realen Trübungen sehr groß ist. Definiert wurde als maßgeblicher Trübungsfaktor der **„Mittelwert minus → Standardabweichung"** an sonnigen Tagen, d. h. Tage mit mindestens 50% der astronomisch möglichen Sonnenscheindauer. Diese Trübungsfaktoren ergeben Werte der direkten Sonnenstrahlung, die als Belastungsgröße die äußere Kühllast wesentlich bestimmen. Zunehmende Trübung vermindert die Direkt- und Gesamtstrahlung, die diffuse Strahlung steigt dagegen an. Fälle, bei denen die Kühllast wesentlich von der Diffusstrahlung bestimmt wird (z. B. bei sehr gutem variablem Sonnenschutz), sollten unter Ansatz des **mittleren Trübungsfaktors** (Mittelwert) bearbeitet werden, sofern sich dadurch höhere Kühllasten ergeben.

VDI 2078, Tabelle 2 führt die **monatlichen Trübungsfaktoren** für „Mittelwert minus Standardabweichung" und „Mittelwert" auf, in den **Tabellen A 9 und A 10** sind die daraus resultierenden Strahlungswerte hinter Zweifachverglasung für die Hauptauslegungsmonate Juli und September aufgeführt.
Tabellen B 2 bis B 5 enthalten, in Abhängigkeit der **Normalrichtung der Sonne**, für die horizontale → Globalstrahlung und die 8 vertikalen **Haupthimmelsrichtungen** Nordost, Ost, Südost, Süd, Südwest, West, Nordwest und Nord, die vollständigen Strahlungsdaten, **B 2** (Sommermonate) und **B 3** (Wintermonate) für die klarere Atmosphäre (Mittelwert minus Standardabweichung), die Tabellen **B 4** (Sommermonate) und **B 5** (Wintermonate) die Werte mit den Trübungsmittelwerten für höhere Diffusstrahlungen.
Bei **geneigten Flächen** muss die **wirksam werdende Strahlung** errechnet werden. Diesbezügliche Angaben über die **Sonnenhöhe** (Sonnenhöhenwinkel) und den **Sonnenazimut** (Einfallwinkel der Sonne auf eine Wand oder Fensterfläche) können **Tabelle A 15** entnommen werden.

Tabelle 2: Trübungsfaktoren T nach *Linke* als Basis der Strahlungsdaten in Richtlinie **VDI 2078***)

Monat	Mittelwert T_m	Mittelwert minus Standardabweichung
Januar	3,7	2,7
Februar	4,1	3,1
März	4,6	3,3
April	5,1	3,5
Mai	5,3	3,7
Juni	6,1	4,3
Juli	6,1	4,3
August	5,9	4,1
September	5,4	3,9
Oktober	4,2	3,0
November	3,6	2,9
Dezember	3,5	2,7

*) ermittelt für sonnige Tage (Sonnenscheindauer ≥ 50% der astronomischen Sonnenscheindauer)

Tabelle A 11 enthält, als **Auszug aus Tabelle B 2 und B 3**, die **Monatsmaxima der Gesamtstrahlung** durch vertikale und horizontale Glasflächen. **Diffusionsmaxima** (im wesentlichen Nordseite) sind den **Tabellen B 4 und B 5** für die **Trübungsmittelwerte** entnommen.

Bei Strahlungsberechnungen wird eine mittlere Reflexion der Umgebung vorausgesetzt. Bei stärkerer Reflexstrahlung liegen die Strahlungsbelastungen ggf. wesentlich höher (gesonderte Berechnung nötig).
Zu beachten ist, dass die angegebenen Witterungsbedingungen sich auf klare, wolkenlose Strahlungstage beziehen, die genannten Trübungsfaktoren beschreiben die Durchlässigkeit der wolkenlosen Atmosphäre! Bei leicht bedecktem Himmel können die Diffusstrahlungen noch weiter erhöht sein, dann ggf. Berechnungswerte der Diffusstrahlung etwas anheben.

Glasflächenanteil von Fenstern und Sonnenschutz:
Im Gegensatz zur Transmissionsberechnung muss bei der Strahlungsberechnung die real existierende Glasfläche angesetzt werden. Bei bekannten Fensterkonstruktionen aus Konstruktionsdaten berechnen, ggf. in Abhängigkeit der Fenstergröße und Fensterbauart mittels Faktor g_v (**Tabelle A 12**) abschätzen. Die in den Raum einfallende Sonnenenergie und Himmelsstrahlung ist weiterhin abhängig vom **Energiedurchlassgrad** g der Kombination Fenster-Sonnenschutz und wird mittels des **Durchlassfaktors** b beschrieben (Bezug ist die durch eine Zweifachverglasung in den Raum gelangte Energie). Im Zusammenhang mit den Strahlungsdaten der **Tabellen B 2 bis B 5** gibt $\dot{Q} = I \cdot A \cdot b$ die momentan in den Raum anfallende Strahlungswärme an. In **Tabelle A 13** sind die b-Werte für unterschiedliche Glasarten und Sonnenschutzmaßnahmen getrennt aufgeführt, Kombinationen können durch Multiplikation der Einzelwerte angenähert werden (z. T. ungenügende Genauigkeit, ggf. Messungen vornehmen), äußere Sonnenschutzvorrichtungen sind besonders zu behandeln, ggf. stündliche Beschattungsrechnungen durchführen, bei beschatteten Flächen wird nur die Diffusstrahlung berechnet.
Anmerkung: Zusammenhang zwischen Energiedurchlassgrad g [s. **DIN 4108** und **DIN EN 410** (Lichttransmissionsgrade)] und Durchlassfaktor b ist näherungsweise:

$$b \approx g/0{,}8$$

Kombinierte Außentemperatur:
Bei Berechnung des → Wärmedurchganges durch Außenwände und Dächer werden Strahlung und Lufttemperatur überlagert und weitere meteorologische Einflüsse berücksichtigt, wie Ausstrahlungen der Flä-

Kühllastberechnung (Fortsetzung) (nach **VDI 2078**, 07.96)

chen gegen die Atmosphäre und die atmosphärische Gegenstrahlung. Diese Einflussgrößen werden im → **Kurzverfahren** mit den → **äquivalenten Temperaturdifferenzen** berücksichtigt und müssen nicht gesondert ermittelt werden. Für das → **EDV-Verfahren** sind die Randbedingungen vollständig anzugeben.

Raumtypen:
Für praktische Kühllastberechnungen sind die unterschiedlichen thermischen **Speicherfähigkeiten von Räumen in vier Klassen** eingeteilt worden:

XL – sehr leicht	**L** – leicht (frühere Bauart I)	**M** – mittel (frühere Bauart II)	**S** – schwer

Für jede Klasse ist ein **Typraum** mit gleicher Geometrie (Breite 3,5 m × Länge 5 m × Höhe 3 m; Grundfläche 17,5 m² und Volumen 52,5 m³, Fenster $A = 7{,}0\,m^2$) und Wärmedämmung, jedoch unterschiedlichem Wandaufbau (s. **Tabelle 3 der VDI 2078**, diverse Bauarten von Decke, Fußboden, Innenwände, Außenwände und Innentüren, je mit Dicke, → Wärmeleitfähigkeit λ, → Dichte ρ und → Wärmekapazitäten c) definiert. Für das → **Kurzverfahren** sind für diese Räume die → Kühllastfaktoren sowie die → äquivalenten Temperaturdifferenzen für sechs Außenwand- und Dachklassen angegeben. Für das → **EDV-Verfahren** sind Sätze von Gewichtsfaktoren berechnet und auf die Geometrie der Räumen normiert worden.
Tabelle 4 enthält die auf den Fußboden bzw. die Raumumschließungsflächen bezogenen wirksamen Speichermassen der Typräume:

Tabelle 4. Wärmekapazitäten und bezogene Größen der Typräume
Die Baumasse des Fensters wird vernachlässigt

Bauart Raum Typ	FB		DE		TW		IT		AW		$\sum \frac{m}{A_{FB}}$	$\sum \frac{m \cdot c}{A_{FB}}$	$\sum \frac{m}{A_{RU}}$	$\sum \frac{m \cdot c}{A_{RU}}$
	kg	$\frac{Wh}{K}$	kg	$\frac{Wh}{K}$	kg	$\frac{Wh}{K}$	kg	$\frac{Wh}{K}$	kg	$\frac{Wh}{K}$	$\frac{kg}{m^2\,FB}$	$\frac{Wh}{K\,m^2\,FB}$	$\frac{kg}{m^2\,RU}$	$\frac{Wh}{K\,m^2\,RU}$
XL	3	1	12	6	390	61	20	14	56	12	27	5	6	1
L	1168	340	150	21	2772	809	20	14	26	14	236	68	48	14
M	4410	1127	150	21	2772	809	20	14	743	190	463	123	94	25
S	917	272	6305	1839	6006	1752	28	20	1772	453	859	248	175	50
Fläche Areal	17,5		17,5		88,5		2,0		3,5		m²			

Fußbodenfläche $A_{FB} = 17{,}5\,m^2$, Fensterfläche $A_{FB} = 7\,m^2$, Raumumschließungsfläche $A_{RU} = 86\,m^2$.
Die Wärmekapazität der Raumluft beträgt zum Vergleich 17 Wh/K.

In obiger Tabelle bedeutet: FB: Fußboden, DE: Decke, TW: Trennwand, IT: Innentür, AW: Außenwand.

Vor Beginn der Kühllastberechnung ist für jeden aktuell zu berechnenden Raum mittels qualitativem Vergleich der **Raumtyp, XL, L, M, oder S festzulegen** (z. B. durch Massenbestimmung bezogen auf die Fußbodenfläche (A_{FB}). Nebenstehende Tabelle gibt hierzu die ungefähren Werte an.

Bauart	$\sum \frac{m}{A_{FB}}$ in $\frac{kg}{K\,m^2\,FB}$	$\sum \frac{m \cdot c}{A_{FB}}$ in $\frac{Wh}{K\,m^2\,FB}$
XL	bis 150	bis 50
L	150 bis 300	50 bis 100
M	300 bis 800	100 bis 200
S	> 800	> 200

Sofern eine Ähnlichkeit der Geometrien von realem Raum und Typraum nicht mehr gegeben ist, kann eine **näherungsweise Zuordnung der Bauschwerenklasse** durch Bezug der wirksamen Speichermasse auf die **gesamte Raumumschließungsfläche** A_{RU} vorgenommen werden. Bei sehr starken Abweichungen (Raumgeometrien, Wandbauart, thermische Randbedingungen), für die Berechnung sommerlicher Raumtemperaturen als Hauptaufgabe, Vergleichsrechnungen für unterschiedliche Bauarten, Einfluss der Bauart auf den Energieverbrauch etc., sollten speziell für den Raum berechnete Gewichtsfaktoren verwendet werden.

Beschattung von Fassaden und durch Nachbargebäude:
Gegliederte und zurückgesetzte Fassaden sind oft nicht vollständig der Sonnenstrahlung ausgesetzt, dies gilt ebenso bei Verschattungen durch Nachbargebäude. Die jeweils real besonnte Fläche kann mittels graphischem Verfahren bestimmt werden. Hierzu steht als Information das **Azimut** (Himmelsrichtung) und die **Sonnenhöhe** aus den **Tabellen A 14 und A 15** zur Verfügung. Ebenso ist ein Beschattungsdiagramm enthalten.

Die folgende **Tabelle 3** gibt **Daten bezüglich der Berechnung der verschiedenen Raumtypen** an:

Kühllastberechnung (Fortsetzung) (nach **VDI 2078**, 07.96)

Tabelle 3. Typ-Räume

Bauart	Aufbau	Dicke m	λ (W/(m K))	ρ kg/m³	c J/(kg K)
Raumtyp XL „sehr leicht"					
Decke und Fußboden	Teppich Filzmatte Stahlbeton Luftschicht Mineralwollmatte Deckenplatte	0,0045 0,005 0,10 – 0,020 0,020	0,072 0,047 2,035 $R = 0{,}13\ m^2K/W$ 0,047 0,05	– 78 2100 – 30 35	– 880 920 – 840 1680
Innenwände	Stahlblech Silan-Matte Stahlblech	0,001 0,078 0,001	58,0 0,047 58,0	7800 60 7800	480 840 480
Innentür	Tischlerplatte	0,040	0,14	500	2520
Außenwand	Corten-Stahl Dämmung Stahlblech	0,0015 0,071 0,001	58,0 0,047 58,0	7800 60 7800	480 1680 480
Raumtyp L „leicht"					
Decke und Fußboden	Estrich Steinwolle Beton Luftschicht Steinwolle Metalldecke	0,03 0,02 0,12 – 0,02 0,001	1,40 0,047 2,035 $R = 0{,}13\ m^2K/W$ 0,047 58,0	2200 75 2100 – 75 7800	1050 840 920 – 840 480
Innenwände	Porenbeton	0,12	0,40	1200	1050
Innentür	Tischlerplatte	0,04	0,14	500	2520
Außenwand	Brettschalung Dämmung Brettschalung	0,01 0,064 0,01	0,14 0,047 0,14	500 75 500	2520 840 2520
Raumtyp M „mittel"					
Decke und Fußboden	Beton Luftschicht Steinwolle Metalldecke	0,12 – 0,02 0,001	2,035 $R = 0{,}13\ m^2K/W$ 0,047 58,0	2100 – 75 7800	920 – 840 480
Innenwände	Porenbeton	0,12	0,40	1200	1050
Innentür	Tischlerplatte	0,04	0,14	500	2520
Außenwand	Beton Dämmung Luftschicht Fassadenplatte	0,10 0,060 – 0,025	2,035 0,047 $R = 0{,}13\ m^2K/W$ 0,45	2100 75 – 1300	920 840 – 1050
Raumtyp S „schwer"					
Decke und Fußboden	PVC-Belag Estrich Steinwolle Beton	0,002 0,045 0,012 0,15	0,21 1,40 0,06 2,035	1300 2200 50 2400	1470 1050 840 1050
Innenwände	Hohlblocksteine	0,24	0,56	1300	1050
Innentür	Buche, massiv	0,040	0,21	700	2520
Außenwand	Beton Dämmung Fassadenplatte	0,24 0,062 0,025	2,035 0,047 0,45	2100 75 1300	920 840 1050

Fenster, 2-Scheibenverglasung $7{,}0\ m^2$, $k = 2{,}1\ W/(m^2\ K)$
Außenwand $3{,}5\ m^2$, $k = 0{,}59\ W/(m^2\ K)$

mittlere k-Zahl von Außenwand und Fenster: $k_m = 1{,}6\ W/m^2\ K$

8

Kühllastberechnung (Fortsetzung) (nach **VDI 2078**, 07.96)

Innere Kühllast $\dot{Q}_I$:
besteht aus den Teilkühllasten:
- Wärmeabgaben von Personen $\dot{Q}_P$
- Wärmeabgaben von Einrichtungen $\dot{Q}_E$
- über die Rauminnenfläche von den Nachbarräumen zuströmenden Wärmen $\dot{Q}_R$
  wobei die Wärmeabgabe von Einrichtungen $\dot{Q}_E$ weiter unterteilt wird in:
- Kühllast durch Beleuchtungswärme $\dot{Q}_B$
- Kühllast durch Maschinen, Anlagen und Geräte $\dot{Q}_M$
- Wärmeaufnahmen oder -abgaben bei Stoffdurchsatz durch den Raum $\dot{Q}_G$
- sonstige Wärmezu- oder -abfuhr, z. B. durch chemische Reaktionen $\dot{Q}_C$

$$\dot{Q}_I = \dot{Q}_P + \dot{Q}_B + \dot{Q}_M + \dot{Q}_G + \dot{Q}_C + \dot{Q}_R$$

Äußere Kühllast $\dot{Q}_A$:
umfasst die über die Gebäudeumschließungskonstruktionen von außen eintretenden Energien soweit sie aus der Raumluft abgeführt werden müssen – grundsätzlich unterteilt in:
- Wärmestromwege durch Wände, Decken (nichttransparent) $\dot{Q}_W$
- Wärmestromwege durch Fenster (strahlungstransparent) $\dot{Q}_F$
- Luftwechsel durch Fugenlüftung $\dot{Q}_{FL}$
  wobei Wärmeströme durch die Fenster weiter in Transmissionswärmen $\dot{Q}_T$ und Strahlungswärmen $\dot{Q}_S$ unterschieden werden.

$$\dot{Q}_A = \dot{Q}_W + \dot{Q}_T + \dot{Q}_S + \dot{Q}_{FL}$$

Ermittelung der einzelnen Bestandteile der Inneren Kühllast $\dot{Q}_I$:

Personenwärme $\dot{Q}_P$:
setzt sich zusammen aus trockener Wärmeabgabe $\dot{Q}_{P,tr}$ und feuchter Wärmeabgabe $\dot{Q}_{P,f}$ sowie einer Wasserdampfabgabe m_D für drei unterschiedliche → Aktivitätsgrade:
- körperlich nicht tätig bis leichte Arbeit (Aktivitätsgrad I bis II)
- mäßig schwere körperliche Arbeit (Aktivitätsgrad III)
- schwere körperliche Tätigkeit (Aktivitätsgrad IV)

Aktivitätsgrade nach **DIN 1946-2** bzw. **DIN 33403-3** „Klima am Arbeitsplatz und in der Arbeitsumgebung"; s. **Tabelle A1** (→ Hygienische Grundlagen – Wärmehaushalt des Menschen)

Anmerkung: Die trockene Wärmeabgabe kann mit hinreichender Genauigkeit zu je 50% als Strahlungs- und Konvektionswärme angesetzt werden.

$$\dot{Q}_P = n \cdot q_P \cdot S_i$$

mit n = Anzahl der Personen, q_P = Wärmeabgabe des menschlichen Körpers (**Tabelle A1**) und → S_i Kühllastfaktor für innere Lasten (**Tabelle A5**, Konvektivanteil 50%)

Beleuchtungswärme $\dot{Q}_B$:

$$\dot{Q}_B = P \cdot l \cdot \mu_B \cdot S_i$$

mit P = gesamte Anschlussleistung der Leuchten, bei Entladungslampen inklusive Verlustleistungen von Vorschaltgeräten in W; l = Gleichzeitigkeitsfaktor der Beleuchtung zur betreffenden Zeit, μ_B = Raumbelastungsgrad infolge Beleuchtung und → S_i Kühllastfaktor für innere Lasten (**Tabelle A5**, abhängig vom Konvektivanteil der Leuchten)

Anschlussleistung von Beleuchtungen hängen in erster Linie von den installierten Nennbeleuchtungsstärken ab (Nennbeleuchtungsstärken für häufige Anwendungsfälle s. **Tabelle A2**). Die Anschlussleistung P wiederum ist abhängig von der → **Lichtausbeute** der Lampen η, dem Raumwirkungsgrad η_R (Formelzeichen nach **DIN 5031-4** „Strahlungsphysik im optischen Bereich und Lichttechnik, Wirkungsgrade"). Es können sich Anschlussleistungen von 20 ... 40 W/(m^2 · klx) für Leuchtstofflampen und von 200 ... 240 W/(m^2 · klx) für Allgebrauchsglühlampen bzw. 100 W/(m^2 · klx) für Halogen-Niedervoltglühlampen ergeben (s. a. **Tabelle A3**), (s. a. **DIN 5035** Beleuchtung mit künstlichem Licht).

Gleichzeitigkeitsfaktor l ist mit dem Bauherrn zur vereinbaren, gibt an welche Beleuchtungsleistungen zu Zeiten maximaler Kühllast auftreten, mit welcher → Beleuchtungsstärke und mit welcher Beleuchtungsdauer gerechnet werden muss.

Raumbelastungsgrad μ_B gibt an, welcher Anteil der Leuchtenleistung bei stationärem Betrieb in die Kühllast eingeht (s. **Tabelle A4**).

Kühllastberechnung (Fortsetzung) (nach **VDI 2078**, 07.96)

Kühllast durch Maschinen und Geräte $\dot{Q}_M$:

$$\dot{Q}_M = I \cdot S_i \cdot \Sigma (P_j/\eta) \cdot \mu_{aj})$$

mit P_j = Nennleistung (Wellenleistung) der j-ten Maschine, η = mittlerer Motorenwirkungsgrad, μ_{aj} Belastungsgrad der j-ten Maschine zur betreffenden Zeit, I = Gleichzeitigkeitsfaktor und → S_i Kühllastfaktor für innere Lasten (s. **Tabelle A 5**, mittlere Wirkungsgrade der am häufigsten eingesetzten Drehstrom-Asynchronmotoren in Abhängigkeit der Nennleistung, abhängig vom Konvektivanteil, bei Konvektivanteil = 100% ist $S_i = 1$)

Kühllast durch Stoffdurchsatz $\dot{Q}_G$:

$$\dot{Q}_G = m \cdot c \cdot (\vartheta_E - \vartheta_A) \cdot S_i$$

mit m = Masse des in der Zeiteinheit in den Raum gebrachten oder aus ihm entfernten Gutes, c = spezifische Wärmekapazität, ϑ_E = Eintrittstemperatur, ϑ_A = Austrittstemperatur und → S_i Kühllastfaktor für innere Lasten (**Tabelle A 5**, abhängig vom Konvektivanteil, bei Konvektivanteil = 100% ist $S_i = 1$)

Kühllast infolge unterschiedlicher Nachbarraumtemperaturen $\dot{Q}_R$:

$$\dot{Q}_R = k \cdot A \cdot \Delta\vartheta$$

mit k = Wärmedurchgangskoeffizient, A = Fläche und $\Delta\vartheta$ = Temperaturdifferenz
Es wird nur der stationäre Anteil des Wärmestromes berücksichtigt. Die → Wärmedurchgangskoeffizienten $k(U)$ sind nach **DIN 4108 und 4701** zu bestimmen. Die für die Bildung der Temperaturdifferenz $\Delta\vartheta$ benötigten Temperaturen der Nachbarräume kann für unklimatisierte Räume und angrenzendes Erdreich der **Tabelle A 7** entnommen werden.

Sonstige Wärmezu- und -abfuhr $\dot{Q}_C$:
Jede sonstige Wärmezu- und -abfuhr $\dot{Q}_C$ ist in ihrer Auswirkung auf das Raumklima abzuschätzen und – erforderlichenfalls getrennt nach fühlbarer und latenter Wärme – zu berücksichtigen. Bei Kenntnis des Strahlungsanteiles der Quelle darf die Kühllast mittels einer Speicherfunktion errechnet werden.

Ermittlung der einzelnen Bestandteile der Äußeren Kühllast $\dot{Q}_A$:

Kühllast durch Außenwände und Dächer $\dot{Q}_W$:
Der momentane Wärmestrom $\dot{Q}_W$ durch Außenwände AW und Dächer DA in den Raum ergibt sich:

$$\dot{Q}_W = k \cdot A \cdot \Delta\vartheta_{äq}$$

mit k = Wärmedurchgangskoeffizient, A = Fläche und → $\Delta\vartheta_{äq}$ = äquivalente Temperaturdifferenz
In den **Tabellen A 18 und A 21** sind für sechs Bauartklassen von Außenwand- und Dachkonstruktionen die → äquivalenten Temperaturdifferenzen als Funktion der Flächenorientierung und der Tageszeit angegeben.
In **Tabelle A 17 und A 20** sind übliche Außenwand- und Dachkonstruktionen zusammengestellt. Außer den **6 Bauartenklassen** enthalten die Tabellen den Aufbau, den Wärmedurchgangskoeffizienten k, die flächenbezogene Masse m_f und die sogenannte → Zeitkorrektur Δz der jeweiligen Konstruktion.

Die **Zeitkorrektur** Δz berücksichtigt das Verzögerungsverhalten von Baukonstruktionen, wenn es vom Verhalten der entsprechenden Klasse abweicht. Nimmt die Zeitkorrektur einen von 0 verschiedenen Wert an, so ist der Zeitpunkt, an dem die → äquivalente Temperaturdifferenz $\Delta\vartheta_{äq}$ bestimmt werden soll, um die angegebene Zeitkorrektur zu verändern und dort abzulesen. Bei einer Zeitkorrektur von 0 ist der Wert der → äquivalenten Temperaturdifferenz $\Delta\vartheta_{äq}$ zum Bestimmungszeitpunkt zu verwenden. Allgemein gilt:

$$\Delta\vartheta_{äq}(z) = \Delta\vartheta_{äq\,Tabelle}(z + \Delta z)\ .$$

Weichen im Berechnungsfall der Mittelwert der Außenlufttemperatur und die Raumlufttemperatur von den angegebenen Voraussetzungen ab, so wird $\dot{Q}_W$ mit einem korrigierten Wert gebildet:

$$\Delta\vartheta_{äq\,1} = \Delta\vartheta_{äq} + (\vartheta_{La,m} - 24{,}5\,°C) + (22\,°C - \vartheta_{LR}) \quad \textbf{(Juli)}$$

mit $\vartheta_{La,m}$ = wirklicher Mittelwert der Außenlufttemperatur in °C und ϑ_{LR} wirkliche Raumtemperatur in °C

Im September gilt bei der **Südwand** entsprechend:

$$\Delta\vartheta_{äq\,I\,Sept} = \Delta\vartheta_{äq} + (\vartheta_{La,m} - 18{,}5\,°C) + (22\,°C - \vartheta_{LR}) \quad \textbf{(September)}$$

s. a. **Tabelle A 25**

Haben die Außenwände und Dächer Oberflächen, deren → **Absorptionsgrad** (koeffizient) und → **Emissionsgrad** (koeffizient) von den zugrundegelegten (hellgetönte Wände und dunkles Dach) abweichen, so wird $\dot{Q}_W$ ebenfalls mit einem **korrigierten Wert** $\Delta\vartheta_{äq\,2}$ gebildet, und zwar:

- Dunkelgetönte Wand ($\varepsilon = 0{,}9$, $a_S = 0{,}9$) $\Delta\vartheta_{äq\,2} = \Delta\vartheta_{äq} + \Delta\vartheta_{äq\,a_s}$
- Weiße Wand ($\varepsilon = 0{,}9$, $a_S = 0{,}5$) $\Delta\vartheta_{äq\,2} = \Delta\vartheta_{äq} - \Delta\vartheta_{äq\,a_s}$

Kühllastberechnung (Fortsetzung) (nach **VDI 2078**, 07.96)

- Metallisch blanke Wand ($\varepsilon = 0{,}5$, $a_S = 0{,}9$) $\Delta\vartheta_{äq\,2} = \Delta\vartheta_{äq} - \Delta\vartheta_{äq\,a_s} + 2{,}0$
- Hellgetöntes Dach ($\varepsilon = 0{,}9$, $a_S = 0{,}7$) $\Delta\vartheta_{äq\,2} = \Delta\vartheta_{äq} - \Delta\vartheta_{äq\,a_s}$
- Weißes Dach ($\varepsilon = 0{,}9$, $a_S = 0{,}9$) $\Delta\vartheta_{äq\,2} = \Delta\vartheta_{äq} - 2 \cdot \Delta\vartheta_{äq\,a_s}$

Dabei ist $\Delta\vartheta_{äq\,a_s}$ der Korrekturwert bei Veränderungen des Absorptionsgrades um $\Delta a_S = 0{,}2$.
Die Korrekturwerte der → äquivalenten Temperaturdifferenz $\Delta\vartheta_{äq}$ für Außenwände sind in **Tabelle A 19** aufgeführt, die entsprechend **Tabelle A 18** aufgebaut ist. In **Tabelle A 22** sind die jeweiligen Werte für Dächer zusammengestellt. Die Korrekturwerte werden stets zu dem Zeitpunkt den Tabellen entnommen, zu dem auch die → äquivalenten Temperaturdifferenzen $\Delta\vartheta_{äq}$ abgelesen werden.

Kühllast infolge Transmission durch Fenster $\dot{Q}_T$:

$$\dot{Q}_T = k_F \cdot A_M \cdot (\vartheta_{La} - \vartheta_{LR})$$

mit k_F = Wärmedurchgangskoeffizient des Fensters, A_M = gesamte Fensterfläche (Maueröffnungsmaß); ϑ_{La} = momentane Außenlufttemperatur und $\Delta\vartheta_{LR}$ = Raumlufttemperatur

Kühllast infolge Strahlung durch Fenster $\dot{Q}_S$:

$$\dot{Q}_S = [A_1 \cdot I_{max} + (A - A_i) \cdot I_{diff,\,max}] \cdot b \cdot S_a$$

mit A_1 = besonnte Glasfläche, $A \approx g_v \cdot A_M$ = gesamte Glasfläche (bei Sonderfällen mit z. B. gefalteten Dächern ist jeweils die Projektionsfläche auf die Berechnungsrichtung einzusetzen) Glasflächenanteil der Fensterfläche ($A_M - A$ ist die Rahmenfläche); I_{max} = Maximalwert der Gesamtstrahlung für den Auslegungsmonat (s. **Tabelle A 11**), $I_{diff,\,max}$ = Maximalwert der Diffusstrahlung für den Auslegungsmonat (s. **Tabelle A 11**) b = Durchlassfaktor der Fenster und Sonnenschutzeinrichtungen (s. **Tabelle A 13**) → S_a Kühllastfaktor für äußere Strahlungslasten (s. **Tabelle A 16**).
Bei wandernden Schatten ist die besonnte Fläche zum Zeitpunkt der maximalen Gesamtstrahlung zu berechnen!
Der Kühllastfaktor S_a für die äußere Strahlungsbelastung (s. **Tabelle A 16**) ist abhängig von der → Bauschwere, von der Beschattungseinrichtung (innen oder außen) und vom Berechnungsmonat angegeben. Ist das Verhältnis $A_1/As \leq 0{,}1$, so ist S_a für die Nordrichtung einzusetzen.

Bei beweglichem Sonnenschutz setzt das Rechenverfahren voraus, dass der Sonnenschutz ganztägig gezogen ist. Ist dies nicht der Fall, d. h. der Sonnenschutz in Zeiten ohne direkte Sonneneinstrahlung nicht gezogen, ist zur Entscheidung, welche Strahlungswerte und Kühllastfaktoren einzusetzen sind, folgende Vorausberechnung durchzuführen:

$$\dot{Q}_{S,\,I\,max} = b_1 \cdot b_2 \cdot I_{ges,\,max} \cdot S_{a,\,max} \qquad \dot{Q}_{S,\,II\,max} = b_1 \cdot I_{N,\,max} \cdot S_{a,\,N\,max}$$

Die Strahlungswerte, Kühllast- und Durchlassfaktoren sind dann für die größeren Kühllastwerte anzusetzen.

Kühllast durch Infiltration $\dot{Q}_{FL}$
Dieser Kühllastanteil wird nur in Sonderfällen berücksichtigt.

Die Raumkühllast $\dot{Q}_{KR}$ ist die Summe der → inneren und → äußeren Kühllastanteile

$$\dot{Q}_{KR} = \dot{Q}_I + \dot{Q}_A$$

Die Gebäudekühllast zur Zeit t ist die Summe aller Raumkühllasten zur Zeit t. Nach Ermittelung des Zeitverlaufes über die relevanten Stunden kann das Gebäudemaximum der Kühllast angegeben werden.

B **Beispiel einer Kühllastberechnung nach dem Kurzverfahren** (dieses Beispiel ist der **VDI 2078** entnommen)
Aufgabe: Achtgeschossiges Bürogebäude ist zu klimatisieren, gesucht ist die maximale Kühllast für einen im Zwischengeschoss befindlichen Zeichensaal (Geschosshöhe 3,4 m, lichte Höhe 3,1 m, Raumvolumen 756 m³, Grundfläche 15 × 16 m) bei Raumlufttemperatur $\vartheta_{LR} = 24\,°C$.
Gegeben:
Kühllastzone 3, Bauart L, 48 Personen, eine massive Außenwand (Süd-West), 2 Fensteraußenwände (Süd-Ost und Nord-West)
Beleuchtung: Beleuchtungsstärke gefordert 750 lx
Im Gebäudekern (4 m Abstand von den Fenstern) Abluftleuchten (durchlüftete 3-Band Leuchtstofflampen 26 mm ø mit elektronischem Vorschaltgerät), Luftabsaugung im Deckenhohlraum, Zuluftzufuhr ebenfalls im Deckenbereich, Luftdurchsatz durch die Abluftleuchten je 30 m³/h je 100 W Lampenleistung, zusätzlich Zeichenbrettbeleuchtung 48 Stück à 60 W, Beleuchtungszeit 7 ... 12 Uhr und 14 ... 17 Uhr (wahre Ortszeiten)
Innenwand: 150 mm Wandbauplatten aus Schlackenbeton
Außenwand: Schwerbetonwand mit Außendämmkonstruktion (Wandkonstruktion 4b)
Fenster: Isolierglas mit 9 mm Luftzwischenraum und wärmegedämmten Metallrahmen, Innenvorhänge (Nessel).
Anmerkung: Beispiel wird auf den folgenden Seiten fortgesetzt!

Kühllastberechnung (Fortsetzung) (nach **VDI 2078**, 07.96)

Berechnungszeiträume: Für Räume mit erheblichem Anteil zeitlich veränderlicher Wärmequellen gilt es zunächst, den Zeitpunkt des voraussichtlichen Maximums abzuschätzen. Er liegt bei Räumen mit großen Fensterflächen und einer Außenwand häufig in zeitlicher Nähe des Höchstwertes der Sonnenstrahlung. Bei mehreren Fensterwänden ist die Berechnung für verschiedene Zeitpunkte durchzuführen. In diesem Beispiel werden anhand der Kühllastfaktoren für äußere Belastung (Tabelle A16) im Juli als mögliche Zeitpunkte für das Maximum 10 Uhr und 17 Uhr angenommen.
Die Berechnung wird hier für wahre Ortszeiten durchgeführt, für Sommerzeiten gelten die Werte für eine Stunde später.

Juli, 10.00 Uhr

Innere Kühllasten:
Wärmeabgabe von Personen: nach Tabelle A1 trockene Wärmeabgabe $q_{P,tr} = 75$ W/Pers. und feuchte Wärmeabgabe $q_{P,f} = 40$ W/Pers.
Kühllastfaktor für innere Lasten mit Konvektionsanteil 50% nach Tabelle A5, Raumtyp L: $S_i = 0{,}81$
$\dot{Q}_{P,tr} = 48 \cdot 75 \cdot 0{,}81 =$ **2.916 W** und $\dot{Q}_{P,f} = 48 \cdot 40 \cdot 1 =$ **1.920 W**

Kühllast infolge Beleuchtungswärme $\dot{Q}_B$
Annahme: Zur Zeit hoher Außenbelastung werden die Außenzonen des Raumes bis in jeweils 4 m Tiefe genügend ausgeleuchtet. Daher sind nur die Abluftleuchten im Gebäudekern (7 m der 15 m Raumtiefe) zu berücksichtigen.

Gleichzeitigkeitsfaktor: $l = 7/15 = 0{,}47$; Raumbelastungsgrad (Tabelle A4) $\mu_B = 0{,}7$

Aus Tabelle A3 wird der flächenbezogene Anschlusswert $p = 19\,\text{W}/(\text{m}^2 \cdot \text{klx})$ der 3-Band-Leuchtstofflampen entnommen. Daraus folgt die Anschlussleistung: $P = 0{,}75\,\text{klx} \cdot 19\,\text{W}/(\text{m}^2 \cdot \text{klx}) \cdot 240\,\text{m}^2 =$ **3.420 W**

Der Kühllastfaktor für die inneren Strahlungslasten (Konvektivanteil der Lampen = 0%) beträgt nach Tabelle A5 $S_i = 0{,}63$.
Kühllastanteil durch die Abluftleuchten ergibt sich zu: $\dot{Q}_{B1} = 3420 \cdot 0{,}47 \cdot 0{,}7 \cdot 0{,}63 =$ **709 W**
Zusatzbeleuchtung: Annahme 25% aller Zeichenbretter sind beleuchtet $\dot{Q}_{B2} = 60 \cdot 12 =$ **720 W**.
Andere innere Wärmequellen sind nicht vorhanden.

Kühllast infolge eines Wärmestromes aus dem Gebäudeinneren $\dot{Q}_R$
Von angrenzenden Räumen sei nur Raum B unklimatisiert, seine Raumtemperatur beträgt nach Tabelle A7 = 30 °C
Nach **DIN 4701** gilt für die Innentür IT mit $A = 1{,}2 \cdot 2{,}0 = 2{,}4\,\text{m}^2$; $k = 2{,}0\,\text{W}/(\text{m}^2 \cdot \text{K})$; Innenwand $A = 4{,}5 \cdot 3{,}4 - 2{,}4 =$ **12,9 m²** und $k = 1{,}66\,\text{W}/(\text{m}^2 \cdot \text{K})$, damit $\dot{Q}_{R,IT} = k \cdot A \cdot \Delta\vartheta = 2 \cdot 2{,}4 \cdot 6 =$ **29 W** und $\dot{Q}_{R,IW} = 1{,}66 \cdot 12{,}9 \cdot 6 =$ **128 W**, gesamt = **157 W**

Äußere Kühllasten:
Kühllast infolge Wärmedurchgang durch die Außenwände $\dot{Q}_W$
Nach Wandtypenkatalog (Tabelle A17) findet man den k-Wert = 0,65 W/(m² · K), die Bauartklasse 6 und die Zeitverschiebung +2 h der Schwerbetonwand mit Außendämmung. Da die Zeitkorrektur 2 h beträgt, sind die Werte für die äquivalente Temperaturdifferenz um 2 h später, d. h. um 12.00 Uhr der Tabelle zu entnehmen. Die Raumtemperatur von 24 °C ist um +2 K höher, als bei der Berechnung der äquivalenten Temperaturdifferenz vorausgesetzt wurde. Daher gilt:
$\Delta\vartheta_{äq\,l} = \Delta\vartheta_{äq} + (24{,}6 - 24{,}5) + (22 - 24) = \Delta\vartheta_{äq} - 1{,}9\,\text{K}$

Flächenberechnung:
Wandfläche lichte Breite multipliziert mit Geschosshöhe abzüglich Gesamtfensterfläche
Maueröffnungsmaß der Fenster $A_M = 3{,}1\,\text{m}^2$, daraus folgen die Wandflächen der Südost-Wand = 32,7 m², Südwest-Wand = 51,0 m², Nordwest-Wand = 32,7 m², daraus folgt der Kühllastanteil $\dot{Q}_W$ mittels der äquivalenten Temperaturdifferenzen:

Tabelle 7. Berechnung des Kühllastanteils $\dot{Q}_W$ mithilfe der äquivalenten Temperaturdifferenzen (Juliwerte)

			10 Uhr			17 Uhr		
Richtung	k	A	$\Delta\vartheta_{äq}$ (12 Uhr)	$\Delta\vartheta_{äq\,1}$	$\dot{Q}$	$\Delta\vartheta_{äq}$ (19 Uhr)	$\Delta\vartheta_{äq\,1}$	$\dot{Q}$
SO	0,65	32,7	5,1	3,2	68 W	8,4	6,5	138 W
SW	0,65	51,0	3,7	1,8	60 W	8,0	6,1	202 W
NW	0,65	32,7	1,8	−0,1	−2 W	4,2	2,3	49 W
					$\dot{Q}_W$ = **126 W**			$\dot{Q}_W$ = **389 W**

Kühllastberechnung (Fortsetzung) (nach **VDI 2078**, 07.96)

Kühllast infolge Transmission durch Fenster $\dot{Q}_T$
Wärmedurchgangskoeffizient der Fenster $k_F = 3{,}0\,W/(m^2 \cdot K)$ (nach **DIN 4108**, Tabelle 3 Konstruktion 1.3 mit wärmegedämmten Metallrahmen), als Bezugsfläche gilt das vorher bestimmte Maueröffnungsmaß $A_M = 3{,}1\,m^2$, es ergibt sich $A_{Mges} = 14 \cdot A_M = 43{,}4\,m^2$; aus Tabelle A 8 entnimmt man als Außenlufttemperatur um 10.00 Uhr 25,9 °C
$\dot{Q}_T = 3 \cdot 43{,}4 \cdot (25{,}9 - 24) =$ **247 W**

Kühllast infolge Strahlung durch Fenster $\dot{Q}_S$
Südost-Fenster:
Aus Tabelle A 9 bzw. A 11 entnimmt man das Maximum der Gesamtstrahlung im Juli um 09.00 Uhr (Zeitpunkt der maximalen Gesamtstrahlung – im Gegensatz zum infolge Speichervorgängen verzögerten Berechnungszeitraum um 10.00 Uhr!) mit $I_{max} = 481\,W/m^2$ und aus Tabelle A 10 für die Diffusstrahlung $I_{diff,\,max} = 132\,W/m^2$.

Für 09.00 Uhr ist die Beschattung zu untersuchen und die besonnte Fensterfläche A_i zu bestimmen (Beschattungsrechnung s. Formblatt 1). Aus den geometrischen Verhältnissen folgt je Fenster die sonnenbeschienene Fläche $A_i = 2{,}6\,m^2$ und mit der Gesamtfläche je Fenster $A = 2{,}7\,m^2$ bzw. $A - A_i = 0{,}1\,m^2$.
Für die sieben Fenster der Südost-Fassade gilt demnach $7 \cdot A_i = 18{,}2\,m^2$ und $7 \cdot (A - A_i) = 0{,}7\,m^2$.
Der Durchlassfaktor b des Fensters mit innerem Nesselvorhang beträgt $b = 1{,}0 \cdot 0{,}5 = 0{,}5$ (Tabelle A 13).
Kühllastfaktor für äußere Strahlungslasten $S_a = 0{,}80$ nach Tabelle A 16 (Raumtyp L, innerer Sonnenschutz, Berechnungszeitpunkt 10.00 Uhr).
Damit beträgt: $\dot{Q}_S$ **(SO)** $= (18{,}2 \cdot 481 + 0{,}7 \cdot 132) \cdot 0{,}5 \cdot 0{,}80 =$ **3.539 W**

Nordwest-Fenster:
Auch hier muss für die besonnte Fläche A_i die Fläche eingesetzt werden, die z. Z. des Maximums der Gesamtstrahlung auf diese Fläche direkt bestrahlt wird. Dies ist um 17.00 Uhr der Fall: $I_{max} = 357\,W/m^2$ und $I_{diff,\,max} = 100\,W/m^2$.
Die Beschattungsrechnung für die Nordwestfassade um 17.00 Uhr ergibt für die gesamte Fassade (s. Formblatt 1) $7 \cdot A_i = 15\,m^2$ und $7 \cdot (A - A_i) = 3{,}9\,m^2$.
Von den übrigen Größen ändert sich gegenüber der Südost-Fassade nur der Kühllastfaktor $S_a = 0{,}21$ nach Tabelle A 16 (Raumtyp L, innerer Sonnenschutz, Berechnungszeitpunkt 10.00 Uhr).
Damit erhält man: $\dot{Q}_S$**(NW)** $= (15 \cdot 357 + 3{,}9 \cdot 100) \cdot 0{,}5 \cdot 0{,}21 =$ **603 W**

Die gesamte Kühllast des Zeichensaales im Juli um 10.00 Uhr beträgt: $\dot{Q}_{KR,\,tr} =$ **9.017 W**
Die feuchte Kühllast $\dot{Q}_{KR,\,f} = \dot{Q}_{P,\,f} =$ **1.920 W** gilt für alle Berechnungszeiten.

Es ist zu prüfen, ob zu diesem Zeitpunkt tatsächlich das Maximum auftritt. Betrachtet man die Kühllastfaktoren der Südost-Richtung, so erkennt man, dass diese sehr schnell abnehmen, während die Kühllastfaktoren der Nordwest-Richtung bis ca. 14.00 Uhr etwa konstant bleiben. Da der Einfluss anderer zeitlich veränderbarer Komponenten (Beleuchtung, Wärmedurchgang durch die Fassade, Transmission durch die Fenster) relativ gering ist, steht der ermittelte Wert zumindest als Vormittagsmaximum fest.

Juli, 17.00 Uhr

Innere Kühllasten:
Kühllast infolge Wärmeabgabe von Personen $\dot{Q}_P$
$\dot{Q}_{P,\,tr} = 48 \cdot 75 \cdot 0{,}87 =$ **3.132 W**
Bei diesem Kühllastanteil und auch bei dem infolge Beleuchtung ändert sich lediglich der Kühllastfaktor für innere Strahlungslasten S_i

Kühllast infolge Beleuchtungswärmen $\dot{Q}_B$
$\dot{Q}_{B1} = 3420 \cdot 0{,}47 \cdot 0{,}7 \cdot 0{,}74 =$ **833 W** und $\dot{Q}_{B2} =$ **720 W**

Kühllast infolge Wärmestrom aus dem Gebäude $\dot{Q}_R$
$\dot{Q}_R =$ **157 W**

Äußere Kühllasten:
Kühllast infolge Wärmedurchgang durch die Außenwände $\dot{Q}_W$
$\dot{Q}_W =$ **389 W** (wurde schon berechnet, s. Tabelle 7, VDI 2078 bei Juli, 17.00 Uhr)

Kühllast infolge Transmission durch Fenster $\dot{Q}_T$
ϑ_{La} (17.00 Uhr) = 31,7 °C nach Tabelle A 8. $\dot{Q}_T = 3 \cdot 43{,}3 \cdot (31{,}7 - 24) =$ **1.003 W**

Kühllast infolge Wärmestrahlung durch Fenster $\dot{Q}_S$
$\dot{Q}_S$ **(SO)** $= 4423 \cdot 0{,}18 =$ **796 W**
$\dot{Q}_S$ **(NW)** $= 2873 \cdot 0{,}80 =$ **2298 W**

Die gesamte Kühllast im Juli um 17.00 beträgt also $\dot{Q}_{KR,\,tr} =$ **9.328 W**, liegt also höher als der Vormittagswert.

Kühllastberechnung (Fortsetzung) (nach **VDI 2078**, 07.96)

September

Unter Umständen bewirkt der tiefere Sonnenstand in der Übergangszeit eine höhere Wärmebelastung als im Juli. In der Regel wird der September als Auslegungsmonat zwar nur für die Südfassade kritisch, soll hier aber als Vergleich berechnet werden.

Innere Kühllasten:
Diese haben die selben Werte wie im Monat Juli.

Äußere Kühllasten:
Kühllast infolge Wärmedurchgang durch die Außenwände $\dot{Q}_W$
Die äquivalenten Temperaturdifferenzen des Septembers werden aus den Juli-Werten berechnet:
$\Delta\vartheta_{äq\,I} = \Delta\vartheta_{äq} + (18{,}9 - 24{,}5) + (22 - 24) = \Delta\vartheta_{äq} - 7{,}6$ K

Ergebnisse für 10.00 und 17.00 Uhr:

Ermittlung der Kühllast durch Außenwände für den Monat September								
			10 Uhr			17 Uhr		
Richtung	k	A	$\Delta\vartheta_{äq}$ (12 Uhr)	$\Delta\vartheta_{äq\,1\,Sept}$	$\dot{Q}$	$\Delta\vartheta_{äq}$ (19 Uhr)	$\Delta\vartheta_{äq\,1\,Sept}$	$\dot{Q}$
SO	0,65	32,7	5,1	−2,5	−53 W	8,4	0,8	17 W
SW	0,65	51,0	3,7	−3,9	−129 W	8,0	0,4	13 W
NW	0,65	32,7	1,8	−5,8	−123 W	4,2	−3,4	−72 W
					$\dot{Q}_W$ = **−305 W**			$\dot{Q}_W$ = **−42 W**

Kühllast infolge Transmission durch Fenster $\dot{Q}_T$
$\dot{Q}_T = 3 \cdot 43{,}3 \cdot (20{,}3 - 24) =$ **−482 W** (10.00 Uhr)
$\dot{Q}_T = 3 \cdot 43{,}3 \cdot (26{,}0 - 24) =$ **260 W** (17.00 Uhr)

Kühllast infolge Wärmestrahlung durch Fenster $\dot{Q}_S$
Südost-Fassade: $I_{max} = 565$ W/m² (10.00 Uhr)
Keine Beschattung $A_i = A = 2{,}7$ m²; Kühllastfaktoren $S_a = 0{,}80$ (10.00 Uhr) und $S_a = 0{,}13$ (17.00 Uhr), Durchlassfaktor $b = 0{,}5$
$\dot{Q}_S$ (SO) $= (18{,}9 \cdot 565) \cdot 0{,}5 \cdot 0{,}80 =$ **4.271 W** (10.00 Uhr)
$\dot{Q}_S$ (SO) $= (18{,}9 \cdot 565) \cdot 0{,}5 \cdot 0{,}13 =$ **694 W** (17.00 Uhr)

Nordwest-Fassade: $I_{max} = 154$ W/m² (17.00 Uhr) und $I_{diff,\,max} = 72$ W/m²
Beschattung (17.00 Uhr) $A_i = 1{,}5$ m² $A - A_i = 1{,}2$ m²; Kühllastfaktoren $S_a = 0{,}34$ (10.00 Uhr) und $S_a = 0{,}83$ (17.00 Uhr), Durchlassfaktor $b = 0{,}5$
$\dot{Q}_S$ (NW) $= (10{,}5 \cdot 154 + 8{,}4 \cdot 72) \cdot 0{,}5 \cdot 0{,}34 =$ **377 W** (10.00 Uhr)
$\dot{Q}_S$ (NW) $= (10{,}5 \cdot 154 + 8{,}4 \cdot 72) \cdot 0{,}5 \cdot 0{,}83 =$ **922 W** (17.00 Uhr)

Die Gesamtkühllast $\dot{Q}_{KR,\,tr}$ im September beträgt:
$\dot{Q}_{KR,\,tr}$ = **8.363 W** (10.00 Uhr)
$\dot{Q}_{KR,\,tr}$ = **6.776 W** (17.00 Uhr)

Nach dieser Beispielrechnung wäre der Zeitpunkt Juli, 17.00 mit $\dot{Q}_{KR,\,tr}$ = **9.328 W** und $\dot{Q}_{KR,\,f}$ = **1.920 W** für die Dimensionierung der klimatechnischen Einrichtung heranzuziehen.

EDV-Verfahren: (wählbare Belastungsverläufe)

Auf eine Behandlung des EDV-Verfahrens wird an dieser Stelle verzichtet und auf entsprechende Software verwiesen.
Diese ermöglicht es, **Kühllastberechnungen unter Randbedingungen** die vom → **Kurzverfahren** nicht erfasst werden, durchzuführen, wie z. B.: die Berücksichtigung

- unterschiedlicher und zeitveränderlicher Sollwerte der Raumlufttemperatur
- beliebiger Beschattung der Fensterflächen und Außenwände
- beliebiger Betätigungen des beweglichen Sonnenschutzes
- unterschiedlicher Anlagenbetriebszeiten, insbesondere eine nicht über 24 h durchgehende Betriebsweise
- sich ergebener Anfahrspitzen der Kühllast unter Auslegungsbedingungen und Normalbetrieb
- von Raumlufttemperaturen außerhalb der Anlagenbetriebszeit
- der Ankoppelung der Außenflächen an die Wärmespeicherfähigkeit des Gesamtraumes
- unterschiedlicher konvektiver Strahlungsanteile der inneren und äußeren thermischen Raumbelastung
- von Energieverbrauchsrechnungen mittels Betriebssimulation usw.

Kühllastberechnung (Fortsetzung) (nach **VDI 2078**, 07.96)

Hinweis auf Formblätter der VDI 2078:
Formblatt 1 „Bestimmung der besonnten Glasflächen, Beschattung durch Vorsprünge"
Formblatt 2 „Kühllastberechnung". Dieses ist nachfolgend abgebildet (Daten des Beispiels auf Seiten 404 bis 407):

Bauobjekt: Bürogebäude		Seite:	Raumlufttemperatur $\vartheta_{LR} = 24\,°C$
Raumbezeichnung: Zeichensaal	Ort: Berlin	Kühllastzone: 3	
Raumnummer:		Raumtyp: L	Raumvolumen $V_R = 756\,m^2$
Bearbeiter:		Datum:	

Innere Kühllast $\dot{Q}_I$

Wärmequelle	Berechnung			Monat / Zeit: Juli / 10 Uhr ($\dot{Q}$ in W)		Juli / 17 Uhr ($\dot{Q}$ in W)	
Personen	Anzahl	$\dot{Q}_{Pu}$/Pers.		S_i	$\dot{Q}_{Pu}$	S_i	$\dot{Q}_{Pu}$
$\dot{Q}_{Pu}$	48	75		0,81	2916	0,87	3130
Beleuchtung	P in W	l	M_B	S_i	$\dot{Q}_B$	S_i	$\dot{Q}_B$
$\dot{Q}_B$	3420	0,47	0,7	0,63	709	0,74	833
	60 · 48	0,25	1	1	720	1	720
Sonstiges	$\dot{Q}_{R\,IT} \cdot kA \cdot \Delta\vartheta = 2 \cdot 2{,}4 \cdot 6$				29		29
	$\dot{Q}_{R\,IW} = 1{,}66 \cdot (15{,}3 - 2{,}4) \cdot 6$				128		128
	Zwischensumme $\dot{Q}_I$ =				**4502**		**4842**

Äußere Kühllast $\dot{Q}_A$

Wärmedurchgang durch Außenwände und Dächer $\dot{Q}_W$

Rückgang	k in W/(m² K)	A in m²	12 Uhr: $\Delta\vartheta_{äq}$	$\Delta\vartheta_{äq\,l}$	$\dot{Q}_W$	19 Uhr: $\Delta\vartheta_{äq}$	$\Delta\vartheta_{äq\,l}$	$\dot{Q}_W$
SO	0,65	32,7	5,1	3,2	68	8,4	6,5	138
SW	0,65	51,0	3,7	1,8	60	8,0	6,1	202
NW	0,65	32,7	1,8	−0,1	−2	4,2	6,3	49
	Zwischensumme $\dot{Q}_W$ =				**126**			**389**

Transmission durch Fenster $\dot{Q}_T$

	k	A	$\Delta\vartheta$	$\dot{Q}_T$	$\Delta\vartheta$	$\dot{Q}_T$
	3	43,4	1,9	247	7,7	1003

Strahlungswärme durch Fenster $\dot{Q}_S$

Richtung	I_{max} · $I_{diff\,max}$ in W/m²		A_I, · $(A - A_I)$	b	S_a	$\dot{Q}_S$	S_a	$\dot{Q}_S$
SO	481		18,2	0,5	0,80	3502	0,18	788
SO		132	0,7	0,5	0,80	37	0,18	8
NW	357		15,0	0,5	0,21	562	0,80	2142
NW		100	3,9	0,5	0,21	41	0,80	156
	Zwischensumme $\dot{Q}_S$ =					4142		3094
Gesamte trockene Kühllast $\dot{Q}_I + \dot{Q}_W + \dot{Q}_T + \dot{Q}_S$ =						**9017**		**9328**

Maximum: $\dot{Q}_{KW} = 9328\,W$ Bezogen auf $\dot{V}_R$: $\dot{q} = \frac{9328}{756} = 12{,}3\,W/m^3$

Feuchte Kühllast $\dot{Q}_{Kf}$

Quelle	Berechnung		
Personen	48 · 40	1920	1920

Gesamte feuchte Kühllast $\dot{Q}_{Kf}$ = 1920 W

Kühllastberechnung (Fortsetzung) (nach **VDI 2078**, 07.96)

Normenaktualisierung der Kühllastberechnung VDI 2078:

- **DIN 4710** (01.03) Meteorologische Daten zur Berechnung des Energiebedarfes von heiz- und raumlufttechnischen Anlagen in Deutschland.
- **DIN 4701-10** (08.03) Energetische Bewertung heiz- und raumlufttechnischer Anlagen – Heizung, Trinkwassererwärmung, Lüftung; s.a. **DIN V 4701-10 Beiblatt 1** (02.02) Diagramme und Planungshilfen für ausgewählte Anlagensysteme mit Standardkomponenten; die Normen **DIN 4701, Teil 1, Teil 2 und Teil 3** wurden durch **DIN EN 12831** (08.03) Heizungsanlagen in Gebäuden ersetzt – Verfahren zur Berechnung der Norm-Heizlast (**DIN 4701** Teil 1, Teil 2 und Teil 3 konnten noch bis 08.04 angewandt werden).
- **DIN 4108-2** (07.03) Wärmeschutz und Energieeinsparung an Gebäuden – Mindestanforderungen an den Wärmeschutz.
- **DIN V 4108-6** (06.03) Wärmeschutz und Energieeinsparung an Gebäuden – Berechnung des Jahresheizwärme- und des Jahresheizenergiebedarfes.
- **DIN 4108 Beiblatt 2** (01.04) Wärmebrücken – Planungs- und Ausführungsbeispiele.
- **DIN 67507** (Gesamtenergie-Durchlassgrade *g*) ist inzwischen von der **DIN EN 410** (12.98) abgelöst worden. Die Nennwerte der Wärmedurchgangskoeffizienten für Fenster werden mittels Tabellenverfahren nach **DIN V 4108-4** (02.02) oder nach **DIN EN ISO 10077-1** (11.00) ermittelt. In **DIN EN ISO 10077-1** findet sich ein Berechnungsverfahren resp. in **DIN EN ISO 12567-1** ein Messverfahren.
- Hersteller von Isolierverglasungen haben die Nennwerte der Wärmedurchgangskoeffizienten nach **DIN EN 673** (01.01) zu berechnen bzw. nach **DIN EN 674** (01.00) zu messen.
- Nach der neuen europäischen Norm **DIN EN 410** werden die Gesamtenergie-Durchlassgrade *g* um ca. 3% höher angegeben.
- **DIN 1946-2** (01.94) Raumlufttechnik – Gesundheitstechnische Anforderungen (s. a. **VDI-Lüftungsregeln**).
- **DIN 33403-3** (06.88) Klima am Arbeitsplatz und in der Arbeitsumgebung; Beurteilung des Klimas im Erträglichkeitsbereich.
- **DIN 5031-4** (03.82) Strahlungsphysik im optischen Bereich und Lichttechnik – Wirkungsgrade.
- **DIN 5035** Beleuchtung mit künstlichem Licht, Teil 1 (06.90) Begriffe und allg. Anforderungen, Teil 2 (09.90) Richtwerte für Arbeitsstätten, Teil 3 (09.88) Krankenhäuser, Teil 4 (03.83) Unterrichtsstätten, Teil 6 (12.90) Messung und Bewertung, Teil 7 (09.88) Bildschirmarbeitsplätze, Teil 8 (05.94) Büroräume.

Weitere Informationen und Normen → Bezugsnormen der → EnEV

Von der **VDI 2078** existiert ein **Entwurf vom Januar 2002**. Dieser ist aber noch unverbindlich!!

Heizlastberechnung **DIN EN 12831** (08.03)

Die **Wärmebedarfsberechnung** nach **DIN 4701** Teil 1 bis 3 wurde am 1.04. 2004 durch die neue **Norm-Heizlastberechnung DIN EN 12831** ersetzt. In einer in der **DIN EN 12831** angegebenen Übergangsfrist kann mit dem Auftraggeber frei vereinbart werden, welche der beiden Normen zur Anwendung kommt. Es werden für die Heizlastberechnung (ebenso wie für die Kühllastberechnung) Programme angeboten, die eine Berechnung der Heizlast nach dem **vereinfachten Verfahren der DIN EN 12831** zulässt (z. B. mh-Software GmbH, Karlsruhe).

Folgende Tabelle zeigt wichtige **Formel- und Einheitenzeichen der DIN EN 12831**:

Bezeichnung der Größe	Formelzeichen nach DIN EN 12831	Formelzeichen nach DIN 4701	Einheit
Wärmestrom	Φ	$\dot{Q}$	W
Norm-Heizlast	Φ_{HL}	$\dot{Q}_N$	W
Wärmestrom-Koeffizient	H	–	W/K
Norm-Innentemperatur	$\theta_{int,I}$	ϑ_i	°C
Norm-Außentemperatur	θ_e	ϑ_a	°C
Wärmedurchgangskoeffizient	U	k	$W/(m^2 K)$
Luftvolumenstrom	V	V	m^3/s
Abschirmungskoeffizient	e_i	–	1
Höhen-Korrekturfaktor	ε	ε	1
Luftwechselrate bei 50 Pa Differenzdruck zwischen innen und außen	n_{50}	–	h^{-1}
Mindestluftwechselrate	n_{min}	β_{min}	h^{-1}

8

AT Anlagentechnik

Grundlagen Kältetechnik

Kältetechnik: Technik, um Wärme aus einem abgegrenzten (isolierten) Raum oder aus einem Fluidstrom (Luft, Gas, Flüssigkeit etc.) abzuführen und um dadurch Temperaturen unterhalb des Umgebungstemperaturniveaus des Raumes bzw. des Fluidstromes zu erzeugen und aufrecht zu erhalten.

Die Realisierung der Kältetechnik erfordert nach dem **2. Hauptsatz der Wärmelehre** die Verrichtung einer → Arbeit (→ linkslaufende Kreisprozesse).

Nach der **kinetischen Wärmetheorie** ist → **Temperatur ein Maß für die stochastische Bewegungsintensität von Molekularteilchen**. Das bedeutet:

Um Kälte zu erzeugen, muss man die Intensität der Molekularbewegungen vermindern bzw. die Energie entziehen, die für die Aufrechterhaltung dieser Bewegungsintensität nötig ist.

Wesentliche bekannte Kälteeffekte:
Aussortieren schneller, energiereicher Teilchen aus einer Flüssigkeit durch:
- Verdunstung (natürlich durch ungesättigtes Gas)
- Verdampfung (künstlich mittels eines Verdichters)

Verringerung der Teilchenenergie durch Verrichtung von Arbeit
- Entspannung mit Arbeitsabgabe (ideal: isentrop)

Umwandlung kinetischer in potentielle Energie (im realen Gas)
- Drosselung (ideal: isenthalp)

Wirbelrohreffekt
- mechanische Trennung schneller und langsamer Teilchen durch Zentrifugalkraft bei tangentialer Gaseinleitung

Schmelzen
- Übergang des festen in den flüssigen Zustand durch Wärmeaufnahme

Sublimieren
- Übergang des festen in den gasförmigen Zustand durch Wärmeaufnahme

Desorption
- Aussortieren der schnellen Teilchen eines Gases aus einem Lösungsmittel mittels eines Verdichters

Umwandlung kinetischer in gebundene chemische Energie
- Negative Lösungswärme bei der Mischung zweier Stoffe, → Kältemischungen

Thermoelektrische Effekte (endothermer Potentialsprung des Elektronenflusses auf höheres Energiepotential)
- Peltier- Effekt → Peltier-Elemente (Peltier-Koeffizient)
- Seebeck-Effekt (In einem nicht geschlossenen Kreis aus zwei Leitern, zwischen deren Enden eine Temperaturdifferenz $\Delta\vartheta$ besteht, tritt eine elektromotorische Kraft auf, die der Metallkombination eigentümlich und der Temperaturdifferenz proportional ist; differentielle Thermokraft)
- Thompson-Effekt (Ein Strom erzeugt in einem Leiterstück der Länge Δx eine Wärmemenge, die einem vorhandenem Temperaturgradienten $\Delta\vartheta/\Delta x$ und der Stromstärke proportional ist. Die physikalische Eigenart des Leiters wird durch den Thompson-Koeffizienten wiedergegeben)

Magnetokalorische Effekte
- Adiabate Entmagnetisierung

Wesentliche praktische Bedeutung haben erlangt → **Kaltdampfprozess** und → **Kaltgasprozess** (in der Regel ohne Phasenumwandlung, ggf. nur anteilige → Verflüssigung auf der Niederdruckseite).

Kaltdampfprozess

Kälteeffekt: Verdampfung (Idealprozess ohne Verluste). Geschlossener → linksläufiger Kreisprozess, bestehend aus isothermer und isobarer Verdampfung, isentroper Verdichtung, isothermer und isobarer Kondensation sowie isenthalper, ggf. auch isentroper Expansion mit Arbeitsgewinn, Entspannung eines Kreislaufmediums (→ Kältemittel = Arbeitsstoff der Kaltdampfmaschine), welches bei den relevanten Temperaturen eine Phasenumwandlung (→ Verdampfung durch Wärmeaufnahme und → Kondensation durch Wärmeabgabe) erlauben muss. Auswahlkriterium des Kältemittels ist die → Dampfdruckkurve (darüber hinaus sind weitere thermodynamische, technische, sicherheits- und umweltrelevante Eigenschaften sowie Akzeptanzkriterien zu berücksichtigen).

Prozessführung findet im Bereich des Zwei-Phasengebietes des gewählten Kältemittels statt.

Vergleichsprozess für den Kaltdampfprozess ist der → **CARNOT-Prozess**. Maß für die Annäherung des realen an den idealen Prozess ist der **Gütegrad**: $\nu = \varepsilon/\varepsilon_C$ mit $\varepsilon = \dot{Q}_0/P$ und $\varepsilon_C = T_0/(T_K - T_0)$.

Prozessdarstellung und Berechnung bevorzugt im → **lg *p,h*-Diagramm** und im → ***T-s* Diagramm** für die jeweiligen → Kältemittel.

Grundlagen Kältetechnik (Fortsetzung)

Bauarten nach dem Kaltdampfprozess:
- Kompressionskältemaschine (elektrisch/mechanisch angetriebener Verdichter)
- Absorptionskältemaschine (thermisch angetrieben, kontinuierliche Betriebsweise)
- Adsorptionskältemaschine (thermisch angetrieben, diskontinuierliche Betriebsweise)
- Dampfstrahlkälteanlage (Antrieb mittels Strahlverdichter, Impulsaustausch)

Ab ca. −90 bis −100°C keine Kältemittel mehr verfügbar, die eine Phasenumwandlung (→ Verdampfung und → Kondensation) erlauben. Übergang auf → Kaltgasprozesse nötig! (→ Stoffe für Ab- und Adsorptionsvorgänge)

Kaltgasprozess

Kälteeffekte: Entspannung oder Drosselung (Idealprozess ohne Verluste): Offene oder geschlossene → linksläufige Kreisprozesse mittels **tiefsiedendem Arbeitsgas oder Gasgemisch**, welches seinen Aggregatszustand i.d.R. nicht ändert (Ausnahme Verflüssigungsprozesse, dann ist das zu verflüssigende Gas bzw. Gasgemisch gleichzeitig das Arbeitsfluid für die Anlage).

Verflüssigung kann bei geschlossener (keine anteilige Entnahme des Arbeitsfluides = Refrigeratorbetrieb) oder in offener Prozessführung (anteilige Entnahme des Arbeitsfluides, welches dann gleichzeitig das zu verflüssigende Gas bzw. Gasgemisch ist = Verflüssigerbetrieb) erfolgen. Leistungsvergleich Kaltgas-Kaltdampfmaschine, sowie Leistungsbedarf für Verflüssiger- und Refrigeratorbetrieb → ff:

Das – meist zuvor verdichtete und rückgekühlte – Arbeitsgas wird, ggf. mittels zwischengeschalteten → Wärmeaustauschern weiter zu tieferen Temperaturen verschoben, isentrop (Entspannungsmaschine) oder isenthalp (Drosselung) entspannt. Diese Entspannung erfolgt häufig auch mehrstufig. Eigenschaften ausgewählter Arbeitsstoffe für Kaltgasmaschinen → Arbeitsstoffe Kaltgasmaschinen.
Prozesse finden meist weit im überhitzten Gasgebiet statt, lediglich bei Verflüssigungen wird der Prozess durch Vorkühlung bis an das Zwei-Phasengebiet des Arbeitsgases herangeführt und dann in das Zwei-Phasengebiet hinein entspannt.

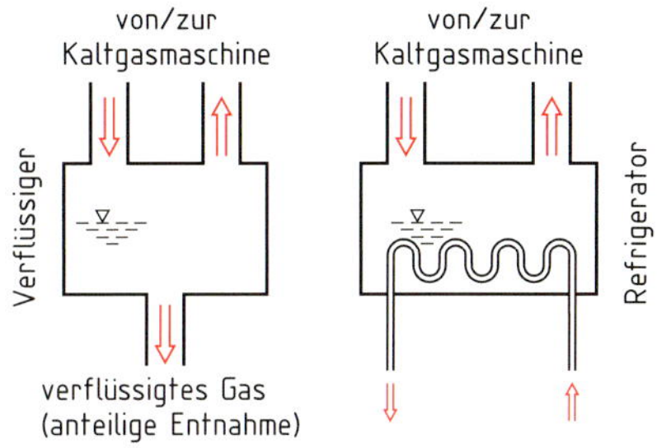

Prozessdarstellung und Berechnung bevorzugt im → ***T,s*-Diagramm** und im ***h,T*-Diagramm** für die jeweiligen Arbeitsgase.

Ohne Verflüssigung des Arbeitsmittels

Isentrope Entspannung (Kältebereitstellung bei gleitender Temperatur durch Wiedererwärmung bis auf die Umgebungstemperatur):
- Kaltluftmaschine (→ Joule-Prozess, auch Brayton-Prozess genannt)
- Gifford-McMahon-Maschine
- Pulsationsrohr

Isotherme Entspannung (als Kälteleistung steht die beim Entspannungsprozess zuzuführende Wärmemenge zur Verfügung):
- Stirling-Maschine (Philips-Prozess)
- Vuilleumier-Maschine

Mit Verflüssigung des Arbeitsmittels

Voraussetzung für eine Verflüssigung ist ein positiver → Joule-Thompson-Effekt!
Eine Temperaturänderung infolge → Drosselung tritt nur bei **realen Gasen** ein, hierzu muss Arbeit gegen die zwischenmolekularen Anziehungskräfte geleistet werden, d. h. der Joule-Thompson-Effekt muss positiv sein.

Joule-Thompson-Effekt:
positiv: Abkühlung eines realen Gases bei Druckabsenkung
negativ: Erwärmung eines realen Gases bei Druckabsenkung
Um eine weitere Abkühlung, d. h. die Verflüssigung eines Gases/Gasgemisches durch isenthalpe Drosselung in das Zwei-Phasengebiet hinein zu erreichen, ist – bei vorgegebenem Druck – die Unterschreitung einer Mindesttemperatur erforderlich. Bis zu dieser Temperatur muss vorgekühlt werden! Man beachte die Lage der Isenthalpen z. B. im *T,s*-Diagramm in der Nähe des Zwei-Phasengebietes. Nur von bestimmten Druck/Temperaturpaarungen aus gelangt man isenthalp in das Zwei-Phasengebiet und erhält eine Verflüssigung. Bei dieser Drosselung steigt die Temperatur zum Teil auch an! Es muss so weit gedrosselt werden, dass der integrale J-T-Effekt zwischen Beginn und Ende der Drosselung zwingend positiv ist, d. h. die Drosselung zu einer Temperaturabnahme führt.

Grundlagen Kältetechnik (Fortsetzung)

Isenthalpe Entspannung:
- Linde-Prozess

Auch Kombination von arbeitsleistender und isenthalper Entspannung
- Claude bzw. Claude-Heyland-Verfahren (Anm.: die arbeitsleistende isentrope Expansion wird lediglich zur weiteren Vorkühlung des Gasstromes verwendet, die eigentliche Verflüssigung erfolgt fast immer mittels isenthalper Drosselung).

Die **folgende Tabelle liefert den Vergleich** zwischen der theoretisch idealen minimalen Verflüssigungsarbeit einer Kaltgasmaschine im Verflüssigerbetrieb und der Kreisprozessarbeit eines idealen Kaltdampfprozesses gleicher Leistung und Bedingungen nach CARNOT für verschiedene Gase. Weiterhin ist der Leistungsaufwand für eine Kaltgasmaschine im Refrigeratorbetrieb angegeben:

Gas	Normal-siede-temperatur K	Verflüssiger					Refrigerator
		w_{min} kJ/kg	KWh/m³ [1])	kWh/dm³ [2])	w_C kJ/kg	w_C/w_{min}	$1/\varepsilon_C$ W/W [3])
Propan	231,2	142	0,071	0,023	158	1,11	0,30
Methan	111,7	1 096	0,196	0,129	1 540	1,41	1,70
Sauerstoff	90,2	636	0,227	0,202	945	1,48	2,33
Luft	80,9	724	0,234	0,176	1 141	1,58	2,71
Stickstoff	77,4	767	0,239	0,172	1 242	1,62	2,88
Wasserstoff	20,4	11 950	0,266	0,235	54 770	4,58	13,7
Helium	4,2	6 820	0,334	0,237	109 450	16,1	70,4

[1]) kWh je m³ Gas bei 300 K, 0,1 MPa; [2]) kWh je dm³ Flüssigkeit bei 0,1 MPa; [3]) Watt Antriebsleistung je Watt Kälteleistung
nach Jungnickel, Agsten Kraus „Grundlagen der Kältetechnik", Verlag Technik GmbH, Berlin, 3. bearbeitete Auflage 1990

Zur Erreichung tieferer Temperaturen (Druckverhältnisse zu hoch!) werden regenerative Wärmeaustauscher (Regeneratoren) zwischengeschaltet, die die Kälteleistung zu niedrigen Temperaturen verschieben. Die Bereitstellung der Kälteleistung erfolgt dann nur noch im unteren Temperaturbereich (keine Wiedererwärmung bis auf Umgebungstemperatur).

rekuperative Wärmeaustauscher:	**regenerative Wärmeaustauscher:**
Stoffströme sind räumlich voneinander getrennt. Klassische Wärmeaustauscher wie Platten-, Rohrbündel-, Spiralrohrwärmeaustauscher	Stoffströme sind zeitlich voneinander getrennt, für die Tieftemperaturtechnik werden z. B. Bronzedrahtgewebe, Schüttungen von Bleikugeln etc. eingesetzt, d. h. gasdurchlässig, mit großer Austauschoberfläche und Materialien mit hoher spez. Wärmekapazität auch bei sehr geringen Temperaturen

Anlagentechnik

AT

Bauten- und Anlagenschutz

Bauwerke und technische Anlagen sind den unterschiedlichsten physikalischen Einflüssen ausgesetzt. Begrenzt man diese Einflüsse auf Bauwerke, dann werden diese physikalischen Einflüsse auch als **Bauphysik** bezeichnet. Die entsprechenden Schutzmaßnahmen werden unter den Begriffen **Bautenschutz** bzw. **Anlagenschutz** zusammengefasst:

Wichtige Gebiete im **Bautenschutz** und **Anlagenschutz**

Wärme- und Kälteschutz	**Feuchtigkeitsschutz**	**Schallschutz**	**Brandschutz**	**Korrosionsschutz**

Wärme- und Kälteschutz

Ebenso wie der **Wärmeschutz** ist der **Kälteschutz** ein Teilbereich der **Wärmedämmung**.	Kälteschutz: Umgebungstemperatur > Anlagentemperatur Wärmeschutz: Umgebungstemperatur < Anlagentemperatur **Die Grenze liegt nicht bei 0°C!**

Wichtige technische Regeln des Wärme- und Kälteschutzes

Vorbemerkung: In den vielfältigen Normen und technischen Regeln sind viele **physikalische → Größen** unterschiedlich bezeichnet. Handelt es sich dabei um noch gültige Regelwerke, dann ist die Verwendung – so oder so – unbedenklich! Im Rahmen der Europäisierung der Normen (EN) werden viele Normen ersatzlos gestrichen, ersetzt oder teilweise ersetzt. **Nur die neuesten Ausgaben der Regelwerke sind verbindlich!**

Teilweise Ersatz für **DIN 4108-1** „Wärmeschutz im Hochbau" ist **DIN EN ISO 7345** „Wärmeschutz". Frühere – aber meist durch andere Normen und Richtlinien noch abgedeckte Formelzeichen und Größen – sind darin ersetzt oder hinzugefügt. Die folgende Tabelle zeigt die Zusammenhänge der wichtigsten Größen:

Physikalische Größe	Formelzeichen nach DIN EN ISO 7345	Formelzeichen noch üblich und verwendbar	Einheit
Wärmestrom	Φ	$\dot{Q}$	W
Wärmestromdichte	q	q	W/m^2
Wanddicke	d	s, δ	m
Wärmeleitfähigkeit	λ	λ	$W/(m \cdot K)$
Wärmedurchlasswiderstand	$R = d/\lambda$	R	$(m^2 \cdot K)/W$
Wärmedurchlasskoeffizient	$\Lambda = 1/R$	Λ	$W/(m^2 \cdot K)$
Wärmedurchgangskoeffizient	U	k Wärmedurchgangszahl **(k-Wert)**	$W/(m^2 \cdot K)$

DIN 4108-1 (08.81) „Wärmeschutz im Hochbau", Größen und Einheiten
DIN EN ISO 7345 (01.96) „Wärmeschutz", physikalische Größen und Definitionen, **ersetzt teilweise DIN 4108-1**!!
DIN 4108-2 (07.03) „Wärmeschutz und Energieeinsparung in Gebäuden", Mindestanforderungen an den Wärmeschutz
DIN 4108-3 (07.01) „Wärmeschutz und Energieeinsparung in Gebäuden", Klimabedingter Feuchteschutz
DIN 4108-7 (08.01) „Wärmeschutz und Energieeinsparung in Gebäuden", Luftdichtheit von Gebäuden
DIN EN 12831 (08.03) „Heizungsanlagen in Gebäuden", **Ersatz für DIN 4701-1, 4701-2, 4701-3**!!
DIN V 4701-10 (08.03) „Energetische Bewertung heiz- und raumlufttechnischer Anlagen"
Energieeinsparverordnung (2001), Kommentar zu **DIN V 4701-10**
VDI-Richtlinie 2055 (07.94) „Wärme- und Kälteschutz für betriebs- und haustechnische Anlagen"
AGI-Arbeitsblätter (→ Dämm- und Sperrstoffe)

Zu beachten: Die meisten technischen Regeln enthalten eine Vielzahl von **normativen Verweisen**. Diese sind gegebenenfalls zu berücksichtigen!

B Die internationale Norm **DIN EN ISO 7345** (01.96) ist Teil der folgenden Begriffsnormen für den Wärmeschutz:
ISO 7345 „Wärmeschutz – Physikalische Größen und Definitionen"
ISO 9251 „Wärmeschutz – Zustände der Wärmeübertragung und Stoffeigenschaften, Begriffe"
ISO 9346 „Wärmeschutz – Stofftransport, physikalische Größen und Definitionen"
ISO 9229 „Wärmeschutz – Wärmedämmstoffe und Wärmedämmprodukte, Begriffe"
ISO 9288 „Wärmeschutz – Wärmeübertragung durch Strahlung, physikalische Größen und Definitionen"

AT Anlagentechnik

Bauten- und Anlagenschutz (Fortsetzung)

Wärme- und Kälteschutz (Fortsetzung)

Aufbau von Dämmkonstruktionen

(→ Dämm- und Sperrstoffe, Bauzeichnungen, Wärmetransport, Behälterböden)

Wichtige Technische Regeln (TR): AGI = Arbeitsgemeinschaft Industriebau

TR	Titel
DIN 1055	Lastannahmen für Bauten
DIN 4102	Brandverhalten von Baustoffen und Bauteilen
DIN 4140	Dämmarbeiten an betriebs- u. haustechnischen Anlagen
DIN 55928	→ Korrosionsschutz
DIN EN ISO 8497	Wärmschutz-Bestimmung der Wärmetransporteigenschaften
VDI 2055	Wärme- u. Kälteschutz für betriebs- u. haustechn. Anlagen

TR	Titel
AGI-	
–Q02	Begriffe
–Q03	Ausführung von Dämmarbeiten
–Q101 **–Q103** **–Q104** **–Q111** **–Q112** **–Q135** **–Q136** **–Q152** **–Q153** **–Q154**	spezielle Themen über Wärme- und Kältedämmarbeiten

Wärmeschutz: Objekttemperatur ist größer als die Umgebungstemperatur.

Kälteschutz: Objekttemperatur ist kleiner als die Umgebungstemperatur.

Allgemeine Anforderungen:
Um das Objekt fachgerecht dämmen zu können, sind folgende Voraussetzungen zu erfüllen:

- Korrosionsschutzarbeiten am Objekt sind, falls erforderlich, ausgeführt.
- Bei Kältedämmungen **muss** das Objekt korrosionsgeschützt sein.
- Das Objekt muss trocken sein.
- Die Mindestabstände sind eingehalten (s. unten).
- Die Oberfläche weist keine groben Verunreinigungen auf.
- Halterungen zur Aufnahme der Tragkonstruktion sind nach **AGI Q153** am Objekt angebracht.
- Fundamente sind fertiggestellt.
- Dichtkragen und Dichtscheiben sind am Objekt angebracht.
- Stutzen am Objekt sind mindestens so lang, dass die Flansche außerhalb der Dämmung liegen und ohne Behinderung verschraubt werden können.
- Auflager sind so ausgeführt, dass Dämmstoffe, Dampfbremsen und Ummantelungen fachgerecht angeschlossen werden können.
- Die Dämmung kann ohne Behinderungen, z. B. durch Gerüste, aufgebracht werden.
- Schweiß- und Klebearbeiten am Objekt sind ausgeführt.

Mindestabstände (nach **DIN 4140**, 11.96):

Rohrleitungen

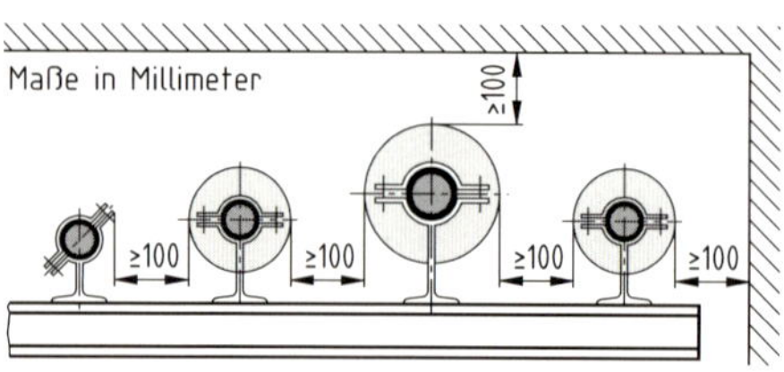

Abstände zwischen gedämmten Objekten

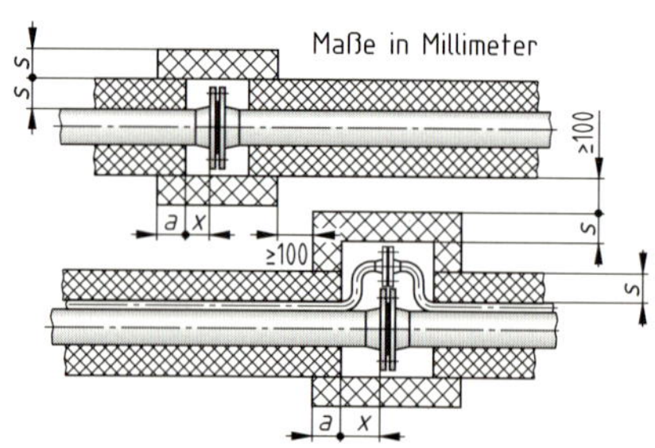

Bauten- und Anlagenschutz (Fortsetzung)

Wärme- und Kälteschutz (Fortsetzung)

Behälter, Apparate, Kolonnen, Tanks

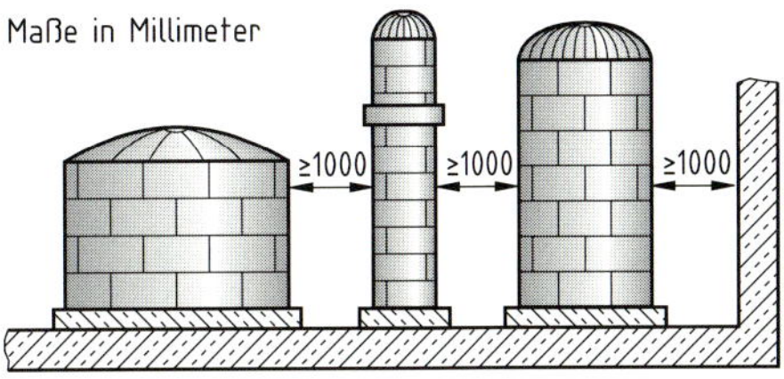

x Schraubenlänge +20 mm mm
a Überdeckung $\geq s$ mm
s Dämmschichtdicke mm

Verlegung fugendicht mit Minimum an Wärmebrücken (Kältebrücken). Bei mehrlagiger Dämmung Fugen versetzen.

Schallschutztechnische Anforderungen: (→ Akustik)

Jede Wärmedämmung besitzt **akustische Eigenschaften**, die durch folgende konstruktive Maßnahmen – einzeln oder in Kombination – beeinflusst werden können:

- Änderung des lichten Abstandes zwischen Objekt und Ummantelung;
- Änderung der Dämmschichtdicke und/oder der → Rohdichte des Dämmstoffes;
- Akustische Entkoppelung der Ummantelung vom Objekt mit elastischen Elementen in der Trag- und Stützkonstruktion (z. B. Omegafederbügel, Gummielemente, Stahlwollekissen);
- Innenseitige Beschichtung der Ummantelung mit körperschallabsorbierenden Werkstoffen wie z. B. selbstklebenden Bitumenpappen oder Spritzmassen;
- Änderung der → flächenbezogenen Masse der Ummantelung durch Werkstoffwahl oder Mehrfachaufbringung;
- Mehrschaliger Dämmaufbau mit mindestens zwei separaten Dämmschichten und Ummantelungen.

Ummantelungen:

Die Ummantelung ist ein **mechanischer Schutz** und/oder **Witterungsschutz**.

Ummantelungen sind erforderlich, wenn Umgebungseinflüsse die Eigenschaften des Dämmstoffes beeinträchtigen können.

Die Blechdicken liegen – je nach dem Ummantelungsumfang zwischen 0,5 und 1,2 mm bei vorgeschriebener **Überlappung** (**DIN 4140**).

Oberflächentemperatur für Stoffe der Ummantelung (nach **DIN 4140**, 11.96)

Lfd. Nr.	Stoffe	Oberflächentemperatur über 60 °C	bis 60 °C	bis 50 °C
1	Verzinktes Stahlblech und/oder aluminiertes Stahlblech	x	x	x
2	Nichtrostendes austenitisches Stahlblech	x	x	x
3	Aluminiumblech	x	x	x
4	Kunststoffbeschichtetes Stahlblech		x	x
5	Kunststoffbeschichtetes Aluminiumblech		x	x
6	Bitumen-Klebeband mit PE- oder Aluminiumfolie			x
7	Bandagierte Bitumenmantel			x
8	Bitumenbahnen			x
9	Bänder aus Kunststoff			x
10	Kunststofffolien			x
11	Plastische Massen			x
12	Hydraulisch abbindende Massen			x
13	Aluminiumfolie			x

Aufhängung gedämmter Leitungen: (→ Rohrleitungen und Kanäle)

Auch bei **Aufhängungen** ist eine **maximale Stauchung der Dämmung von 10 %** zugelassen (→ Dämm- und Sperrstoffe).

Bauten- und Anlagenschutz (Fortsetzung)

Wärme- und Kälteschutz (Fortsetzung)

Befestigungsmöglichkeiten für Dämmstoffe (nach **DIN 4140**, 11.96)

Dämmstoffe	Befestigung																	
	Spannband	Bindedraht	Drahthaken (Mattenhaken) vernähen mit Bindedraht	Stifte, Klipse	Klebstoff[1])	Klebeband/Klebefolie[1])	Haken oder Ösen mit Bindedraht	Klettband	Druckknöpfe	Gurt mit Schnallen	Gleitverschluss	Spiralschraubverbinder	Wickeln	Profilschienen	Drahtgeflecht	Stopfen hinter Drahtgeflecht/Ummantelung	Stopfen/Schütten hinter Doppelmantel	Einblasen/Schütten hinter Ummantelung
Mineralwolle Matten	x	x	x	x														
Bahnen, Filze	x	x		x														
Lamellenmatten	x	x		x	x	x												
Formstücke	x	x				x												
Platten	x			x	x							x		x				
Schnüre (Zöpfe)													x					
Lose Mineralwolle																x	o	
Granulierte Mineralwolle																	o	x
Gespritzte Faserstoffe				x											x			
Matratzen	x	x					x	x	x	x								
Schüttdämmstoffe																x	o	x
Hartschaumstoffe (PS, PUR) Schalen, Segmente	o				o	o												
Platten	o			x	o	o						x		o				
Kork Schalen, Segmente	o	o			o	o												
Platten	o				o	o						x		o				
Schaumglas Schalen, Segmente	o				o	o												
Platten	o			o	o													
Calciumsilicat Schalen, Segmente	x	x																
Platten	x											x						
Halbharte/weiche Schaumstoffe Schläuche					o	o					x							
Platten, Bahnen					o	o												
Mikroporöse Dämmstoffe Platten	x			x										x				
gerippt	x	x			x	x												
gesteppt			x				x											
Schnüre													x					
Schalen, Segmente	x				x	x												

x Wärmedämmung
o Wärme- und Kältedämmung

[1]) Bei Klebeverbindungen kann eine zusätzliche mechanische Befestigung erforderlich sein.

8

Bauten- und Anlagenschutz (Fortsetzung)

Wärme- und Kälteschutz (Fortsetzung)

Lage der Dampfbremse und Dehnungsmöglichkeit:
(→ Wasserdampfpartialdruck, Diffusion, Wärmedehnung von Schaumstoffen)
In der Regel vollflächig mit dem Dämmstoff verklebt. Sie müssen auch an Abschottungen, Endstellen, Einbauten, Durchdringungen, Übergängen, Abgängen und Auflagern voll wirksam sein. Die Dampfbremse (Sperrschicht) wird immer **auf der Seite des höheren Wasserdampfpartialdruckes** (i. d. R. auf der Seite der höheren Temperatur) angebracht.

Wegen der Wärmeausdehnung muss die Dämmkonstruktion eine Dehnungsmöglichkeit, meist in Form einer **Dehnfuge** erhalten.

Beispiele (nach **DIN 4140**, 11.96):

Auflager für Behälter mit ebenem Boden

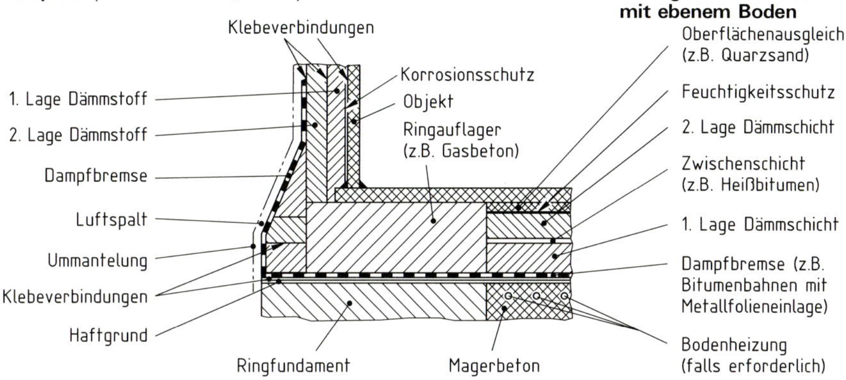

Dehnfugen bei waagerechter Anordnung von Objekten

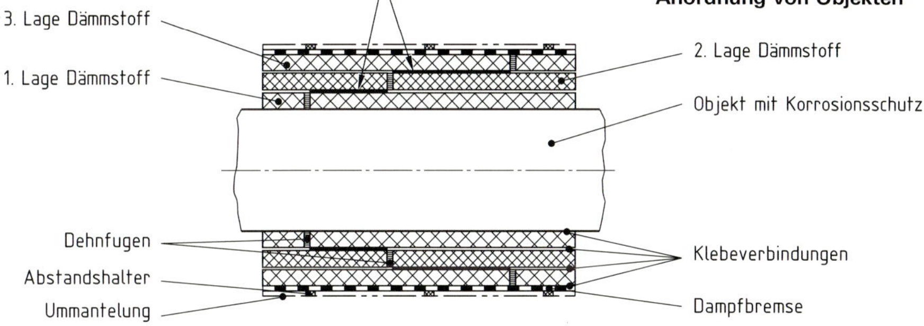

Dehnfugen bei senkrechter Anordnung von Objekten

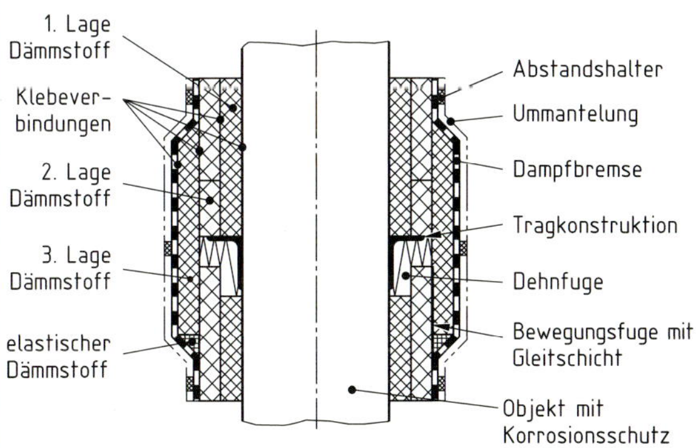

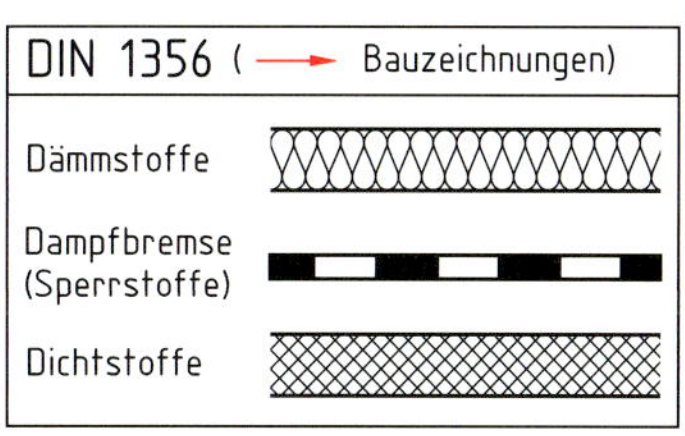

Bauten- und Anlagenschutz (Fortsetzung)

Wärme- und Kälteschutz (Fortsetzung)

Berechnung von Dämmkonstruktionen

Wärme- und Kältekontraktion:

Dämmungen werden i.d.R. bei **Umgebungstemperatur** aufgebracht. Beim Einstellen den **Betriebstemperatur** erfolgt → Wärmeausdehnung. Diese ist bei Dämmstoffen meist viel größer als bei Metallen (→ thermischer Längenausdehnungskoeffizient, Dämm- und Sperrstoffe, Wärmespannung)

Der thermische Längenausdehnungskoeffizient ist von der → Rohdichte und bei Schaumstoffen von der **Entnahmerichtung** (quer oder längs zur Schäumrichtung) abhängig.

Herstellerangaben beachten!

Es wird immer vorausgesetzt, dass die obere bzw. die untere **Anwendungstemperatur** (→ Dämm- und Sperrstoffe, Anhaltswerte; **DIN 4140**) nicht über- bzw. unterschritten wird, da sonst **irreversible Verformungen**, Versprödungen o. ä. eintreten können.

Eine zusätzliche irreversible Verformung (bei Hartschäumen) kann durch **Schwund (Schrumpf)** nach der Schaumproduktion durch Stabilisierung des Molekulargefüges (bis zu zwei Jahren) auftreten.

Nur abgelagerte Schaumstoffe verwenden! Herstellerangaben beachten!

Druckbeanspruchung:

Dämmstoffe haben nur in Ausnahmefällen eine statische Funktion (→ Statik, Festigkeitslehre). **Bodendämmungen** (s. Bild) unterliegen einer → Druckbeanspruchung. Zulässige Druckspannungen gemäß **AGI-Arbeitsblatt Q 03** (→ Dämm- und Sperrstoffe) und **DIN 4140**, Tabelle 7. Die dort angegebenen Werte beziehen sich auf eine **statisch aufgebrachte Dauerlast** (→ statische Beanspruchung).

Herstellerangaben beachten!

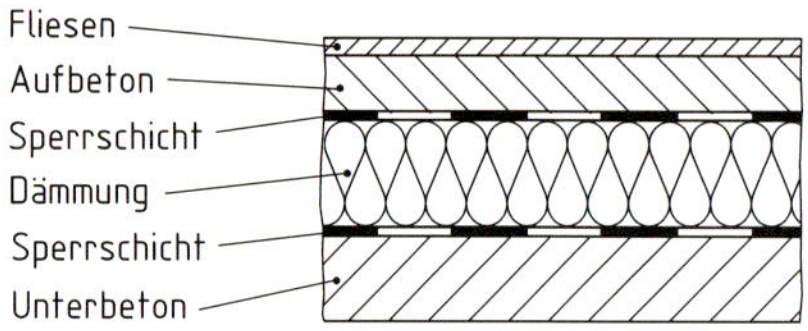

B Bei einem PUR-Hartschaum ist die zulässige Druckspannung mit $\sigma_{d\,zul}$ = 0,2 N/mm^2 angegeben. Die Gewichtskraft des eingesetzten Kühlgutes wird gleichmäßig auf die Bodenfläche übertragen. Wie groß darf die Belastung pro m^2 sein?

$$\sigma_{d\,zul} = F_{zul} / S_{vorh} \rightarrow \boldsymbol{F_{zul}} = \sigma_{d\,zul} \cdot S_{vorh} = 0{,}2\ \text{N/mm}^2 \cdot 1\,000\,000\ \text{mm}^2 = 200\,000\ \text{N} = \mathbf{200\ kN}$$

Achtung: Bei **punktförmiger Belastung** (Gabelstapler) darf die maximale Spannung den Wert für eine statisch aufgebrachte Dauerlast nicht überschreiten. Berechnung mit den → **Hertz'schen Gleichungen**.

Berechnung der Norm-Heizlast (Wärmebedarf von Gebäuden):

(→ Sonnenstrahlung, Atmosphäre, Kühllast, Kühllastzonen, Behaglichkeit, Wärmeabgabe des Menschen)

Grundlegende Norm ist die **DIN EN 12831** „Heizungsanlagen in Gebäuden – Norm Heizlast" (08/03). Diese Norm ist **Ersatz für DIN 4701-1-2-3**.

Normative Verweise der DIN EN 12831:

DIN EN 673 „Glas im Bauwesen – Bestimmung des **Wärmedurchgangskoeffizienten** (*U*-Wert = *k*-Wert) – Berechnungsverfahren"
DIN EN 12524 „Baustoffe und -produkte – Wärme- und feuchteschutztechnische Eigenschaften"
DIN EN ISO 6946 „Bauteile – Wärmedurchlasswiderstand und Wärmedurchgangskoeffizient – Berechnungsverfahren"
DIN EN ISO 10077-1 „Wärmetechnisches Verhalten von Fenstern, Türen und Abschlüssen – Berechnung des Wärmedurchgangskoeffizienten – Teil 1: Vereinfachtes Verfahren, Teil 2: Numerisches Verfahren"
DIN EN ISO 10211 „ Wärmebrücken im Hochbau – Wärmeströme und **Oberflächentemperaturen** – Teil 1: Allgemeine Berechnugsverfahren, Teil 2: Linienförmige Wärmebrücken"
DIN EN ISO 10456 „Baustoffe und -produkte – Verfahren zur Bestimmung der wärmeschutztechnischen Nenn- und Bemessungswerte"

Bauten- und Anlagenschutz (Fortsetzung)

Wärme- und Kälteschutz (Fortsetzung)

DIN EN ISO 13370 „Wärmetechnisches Verhalten von Gebäuden – Wärmeübertragung über das **Erdreich** – Berechnungsverfahren"
DIN EN ISO 14683 „Wärmebrücken im Hochbau – Längenbezogener **Wärmedurchgangskoeffizient** – Vereinfachte Verfahren und Anhaltswerte"

Randbedingungen zur Berechnung der *U*-Werte nach **DIN EN 12831**, 08.03 (früher → *k*-Wert):
Vorbemerkung: Die im Teil Technische Physik (→ Wärmetransport) aufgezeigten Gesetze werden von den Größen und Einheiten der neuen Normung nicht tangiert, da natürlich auch die neue Normung an die Gesetze der Physik gebunden ist. Auf analoge Bezeichnungen wird hingewiesen!

Formelzeichen und Einheit	Benennung der Randbedingungen	Hinweis auf die entsprechende EN-Norm
R_{si} in $(m^2 \cdot K)/W$	Wärmeübergangswiderstand innerer Oberflächen $R_{Si} = \frac{1}{\alpha_i}$ α_i = Wärmeübergangszahl innen (→ Wärmetransport)	**DIN EN ISO 6946**
R_{se} in $(m^2 \cdot K)/W$	Wärmeübergangswiderstand äußerer Oberflächen $R_{se} = \frac{1}{\alpha_a}$ α_a = Wärmeübergangszahl außen (→ Wärmetransport)	**DIN EN ISO 6946**
λ in $W/(m \cdot K)$	Wärmeleitfähigkeit (homogene Baustoffe): ● Bestimmung von geforderten Auslegungswerten (Vorgehensweise) ● Tabellenwerte für die Auslegung (Werte auf der sicheren Seite) ● Arten des Wärmeübergangs an das Erdreich ● Standort im Gelände und Feuchtebedingungen	**DIN EN ISO 10456** **DIN EN 12524** **DIN EN ISO 13370** Nationale Normen
R in $(m^2 \cdot K)/W$	Wärmedurchgangswiderstand von nichthomogenen Baustoffen	**DIN EN ISO 6946**
R_a in $(m^2 \cdot K)/W$	Wärmedurchgangswiderstände von Luftschichten oder Hohlräumen: ● Unbelüftete, leicht und gut belüftete Luftschichten ● In Verbundfenstern und Doppelfenstern	**DIN EN ISO 6946** **DIN EN ISO 10077-1**
U in $W/(m^2 \cdot K)$	Wärmedurchgangskoeffizient, Wärmedurchgangszahl (früher k-Wert): ● allgemeine Berechnungsmethode ● Fenster, Türen (berechnete Werte und Tabellenwerte) ● Rahmen (numerische Methode) ● Verglasung	**DIN EN ISO 6946** **DIN EN ISO 10077-1** **prEN ISO 10077-2** **DIN EN 673**

Wärmedurchgangswiderstand bei mehreren homogenen und ebenen Schichten (DIN EN ISO 6946)

$$R_T = R_{si} + R_1 + R_2 + \ldots + R_n + R_{se}$$

$$R_1 \ldots R_n = \frac{\delta_1}{\lambda_1} = \frac{d_1}{\lambda_1} = \ldots \frac{\delta_n}{\lambda_n} = \frac{d_n}{\lambda_n}$$

R_{si}	innerer Wärmeübergangswiderstand	$(m^2 \cdot K)/W$
R_{sa}	äußerer Wärmeübergangswiderstand	$(m^2 \cdot K)/W$
$R_1, R_2 \ldots R_n$	anteilige Wärmeleitwiderstände jeder Schicht (→ Wärmetransport)	$(m^2 \cdot K)/W$
$\lambda_1, \lambda_2 \ldots \lambda_n$	Wärmeleitfähigkeit	$W/(m \cdot K)$
$d_1, d_2 \ldots d_n$	Schichtdicke (Wanddicke)	m

Für die Schichtdicke ist auch der Formelbuchstabe *s* zulässig

Wird der Wärmedurchgangswiderstand R_T als Endergebnis angegeben, muss er auf zwei Dezimalstellen genau gerundet werden (→ Runden von Zahlen).

Wärmedurchgangskoeffizient (→ Wärmedurchgangszahl = ***k*-Wert**)

$$U = \frac{1}{R_T} \qquad U = k$$

U	Wärmedurchgangskoeffizient	$W/(m^2 \cdot K)$

Bauten- und Anlagenschutz (Fortsetzung)

Wärme- und Kälteschutz (Fortsetzung)

Randbedingungen zur Berechnung der *U*-Werte nach **DIN EN 12831**, 08.03 (früher → *k*-Wert):

λ-Werte:
immer temperaturabhängig!!! **Herstellerangaben beachten** [(→ Dämm- und Sperrstoffe, Tabelle 1 in **DIN EN 12524** (07.00)]

λ-Werte in **DIN EN 12424** für Asphalt, Bitumen, Fußbodenbeläge, Gase, Glas, Wasser, Metalle, massive Kunststoffe, Gummi, Dichtungsstoffe, Gips, Putze und Mörtel

R_{se}-Werte
bei unterschiedlichen Windgeschwindigkeiten (→ Windstärkeskala, **DIN EN ISO 6946, VDI-Richtlinie 2055**)

Windgeschwindigkeit in m/s	R_{se} in $(m^2 \cdot K)/W$	
1	0,08	
2	0,06	
3	0,05	$R_{se} = \frac{1}{\alpha_a}$
4	0,04	
5	0,04	
7	0,03	
10	0,02	

B Vergleichsrechnung ***k*-Wert** (noch in vielen technischen Regeln) – ***U*-Wert (DIN EN ISO 6946)** für eine zweischichtige ebene Wand

***k*-Wert-Berechnung** (→ Wärmetransport)

gegeben

$\alpha_a = 11{,}7\,W/(m^2 \cdot K)$, $\alpha_i = 556\,W/(m^2 \cdot K)$,

$\delta_1 = 0{,}13\,m$, $\delta_2 = 0{,}02\,m$,

$\lambda_1 = 0{,}45\,W/(m \cdot K)$, $\lambda_2 = 46{,}7\,W/(m \cdot K)$

$$k = \frac{1}{\frac{1}{\alpha_a} + \frac{\delta_1}{\lambda_1} + \frac{\delta_2}{\lambda_2} + \frac{1}{\alpha_i}} = \frac{1}{\frac{1}{11{,}7} + \frac{0{,}13}{0{,}45} + \frac{0{,}02}{46{,}7} + \frac{1}{556}} \frac{W}{m^2 \cdot K}$$

$$\mathbf{k = 2{,}6551\,\frac{W}{m^2 \cdot K}}$$

***U*-Wert-Berechnung**

$R_{se} = 1/\alpha_a = 1/11{,}7 = 0{,}0855\ (m^2 \cdot K)/W$

$R_{si} = 1/\alpha_i = 1/556 = 0{,}0018\ (m^2 \cdot K)/W$

$R_1 = d_1/\lambda_1 = 0{,}13/0{,}45 = 0{,}2889\ (m^2 \cdot K)/W$

$R_2 = d_2/\lambda_2 = 0{,}02/46{,}7 = 0{,}00043\ (m^2 \cdot K)/W$

$R_T = R_{si} + R_1 + R_2 + R_{se}$

$R_T = (0{,}0018 + 0{,}2889 + 0{,}00043 + 0{,}0855)\ (m^2 \cdot K)/W$

$R_T = 0{,}37663\ (m^2 \cdot K)/W$

$U = 1/R_T = 1/0{,}37663\ (m^2 \cdot K/W)$

$\mathbf{U = 2{,}6551\ W/(m^2 \cdot K)}$

Wärmetechnische Eigenschaften des Erdreiches (nach **DIN EN ISO 13370**, 12.98)

Kategorie	Beschreibung	Wärmeleitfähigkeit λ in $W/(m \cdot K)$	Volumenbezogene → Wärmekapazität (→ Dichte ρ mal → spez. Wärmekapazität c) in $J/(m^3 \cdot K)$
1	Ton oder Schluff	1,5	$3{,}0 \cdot 10^6$
2	Sand oder Kies	2,0	$2{,}0 \cdot 10^6$
3	homogener Felsen	3,5	$2{,}0 \cdot 10^6$

Wärmeübergangswiderstände
beim → Wärmestrom in das und aus dem Erdreich nach **DIN EN ISO 13370**:

Wärmestrom innen, und zwar von oben nach unten	$R_{si} = 0{,}17\ (m^2 \cdot K)/W$
Wärmestrom innen, und zwar waagerecht	$R_{si} = 0{,}13\ (m^2 \cdot K)/W$
Wärmestrom innen, und zwar von unten nach oben	$R_{si} = 0{,}10\ (m^2 \cdot K)/W$
Wärmestrom außen für sämtliche Fälle (alle Strömungsrichtungen)	$R_{se} = 0{,}04\ (m^2 \cdot K)/W$

Energieeinsparverordnung EnEV: (11.01)

EnEV: Verordnung über energiesparenden Wärmeschutz und energiesparende Anlagentechnik bei Gebäuden. Grundlage: Energieeinsparungsgesetz – Gesetz zur Einsparung von Energie in Gebäuden **EnEG** 07.76. Seit 1. Februar 2002 in Kraft, zuständig für die Umsetzung sind die Bundesländer. Ziel: ganzheitliche Planung von neuen bzw. die Modernisierung und Sanierung bestehender Wohnungen/Häuser zum Wohl der Umwelt durch Verbesserung des baulichen Wärmeschutzes und die Erhöhung der anlagentechnischen Effizienz.

Bauten- und Anlagenschutz (Fortsetzung)

Wärme- und Kälteschutz (Fortsetzung)

EnEV führt die ● **Wärmeschutzverordnung** WSchV (1994) und die
● **Heizanlagenverordnung** HeizAnlV (1998) zusammen.
Wärmeschutzverordnung und Heizanlagenverordnung sind mit Wirkung vom 1. Februar 2002 außer Kraft.

EnEV stützt sich auf:
- **DIN V 4108-6** „Wärmeschutz im Hochbau – Berechnung des Jahres-Heizenergiebedarfes" (11.00)
- **DIN V 4701-10** „Energetische Bewertung heiz- und raumlufttechnischer Anlagen" – Heizung, Trinkwassererwärmung, Lüftung (02.01) (primärenergetische Effizienzkennzahlen – Anlagen-Aufwandszahl).

Keine Begrenzung des zulässigen Heizwärmebedarfes (wie nach WSchV), sondern des zulässigen Primärenergiebedarfes für Heizung und Trinkwassererwärmung (d. h. Berücksichtigung der primärenergetischen Effizienz der verschiedenen Energieträger und der Effizienz der Anlagentechnik, es werden die Verluste der Anlagentechnik, des Energietransportes und der Energieumwandlung der vorgelagerten Prozesskette eingerechnet).

EnEV stellt eine Verknüpfung von Gebäude- und Anlagentechnik dar, d. h. verbesserter Wärmeschutz und effiziente Anlagentechnik sind gleichberechtigte Maßnahmen.

EnEV stellt Anforderungen an:
- Gebäude mit normalen Innentemperaturen (mehr als 4 Monate pro Jahr auf eine Innentemperatur $>19°C$ beheizt)
- Gebäude mit niedrigen Innentemperaturen (mehr als 4 Monate pro Jahr auf eine Innentemperatur $>12°C$ und $<19°C$ beheizt)

einschließlich ihrer Heizungs-, raumlufttechnischen und zur Warmwasserbereitung dienenden Anlagen.

EnEV gilt nicht für:
- Betriebsgebäude zur Aufzucht und Haltung von Tieren
- Betriebsgebäude, die großflächig und lang anhaltend offen gehalten werden müssen
- Unterirdische Bauten
- Unterglasanlagen und Kulturräume zur Aufzucht, Vermehrung und Verkauf von Pflanzen
- Traglufthallen, Zelte etc., d. h. zerlegbare und mehrfach aufbaubare Bauten.

Begriffsdefinitionen:

A = wärmeübertragende Umfassungsfläche in m^2, nach **DIN EN ISO 13789**, Anhang B (10.99), beachte a. **DIN EN 832** (12.98)
V_e = beheiztes Bauwerksvolumen in m^3, Volumen welches von der wärmeübertragenden Umfassungsfläche umschlossen wird
A_N = $V_e \cdot 0{,}32$ in m^2, Gebäudenutzfläche
A/V_e = errechnete wärmeübertragende Umfassungsfläche bezogen auf das beheizte Gebäudevolumen in m^{-1} (wird auch **Kompaktheitsgrad** genannt; aus energetischer Sicht sind kleine A/V-Verhältnisse anzustreben)
Q''_p = Jahres-Primärenergiebedarf in $kWh/(m^2 \cdot a)$ bezogen auf Gebäudenutzfläche
Q'_p = Jahres-Primärenergiebedarf in $kWh/(m^3 \cdot a)$ bezogen auf beheiztes Gebäudevolumen
H'_T = spezifischer Transmissionswärmeverlust in $W/(m^2 \cdot K)$, auf die wärmeübertragende Umfassungsfläche bezogen
H_T = spezifischer Transmissionswärmeverlust in $W/(m^2 \cdot K)$
Q_h = Jahres-Heizwärmebedarf
Q_W = Nutzwärmebedarf für Warmwasserbereitung = $12{,}5\,kWh/(m^2 \cdot a)$
H_V = spezifischer Lüftungswärmeverlust
Q_s und Q_i sind solare bzw. innere Wärmegewinne

Definitionen der Energiearten, Wärmebedarfe etc.: s. a. **DIN V 4701** Teil 10, geringe Abweichungen zu den Definitionen nach **DIN V 4108** Teil 6

Methodik der EnEV:
1. Ermittlung des A/V_e-Verhältnisses
2. Ermittlung des maximal zulässigen Jahres-Primärenergiebedarfes Q_p in $[kWh/(m^2 \cdot a)]$, im → vereinfachten Verfahren unter:
   Berechnung des Jahres-Heizwärmebedarfes Q_h für den ausgewählten Wärmedämmstandard,
   Ermittelung des Jahres-Trinkwasserwärmebedarfes Q_W,
   Bestimmung der Anlagenaufwandszahl für die ausgewählte Heiztechnik e_p.
3. Ermittlung des tatsächlichen Jahres-Primärenergiebedarfes aus Jahresheizwärmebedarf, Trinkwasserwärmebedarf und Anlagen-Aufwandszahl $\boldsymbol{Q_P = e_p\,(Q_h \cdot Q_W)}$
4. Prüfung, ob tatsächlicher Primärenergiebedarf Q_p geringer als der maximal zulässige Primärenergiebedarf ist: $Q_{p\,max} \geq Q_p$?

Bauten- und Anlagenschutz (Fortsetzung)

Wärme- und Kälteschutz (Fortsetzung)

Grundsätzliche Fragestellung: Werden mit dem gewählten Wärmedämmstandard und dem Heizsystem die Anforderungen der EnEV erfüllt? Ggf. muss die Bauausführung (Wärmedämmung) oder eine Anlagentechnik mit niedriger Aufwandszahl gewählt werden (bzw. auch Kombination beider Maßnahmen möglich).

Es werden unterschieden: → **neu zu errichtende Gebäude** und → **bestehende Gebäude**, jeweils weiter unterteilt in Gebäude mit → normalen Innentemperaturen bzw. → niedrigen Innentemperaturen

EnEV für **Neu zu errichtende Gebäude** (Neubauten):

Normale Innentemperaturen:
Bei Wohngebäuden darf der auf die Gebäudenutzfläche bezogene Jahres-Primärenergiebedarf Q_p''; bei anderen Gebäuden der auf das beheizte Gebäudevolumen bezogene Jahres-Primärenergiebedarf Q_p', sowie der spezifische (auf die wärmeübertragende Umfassungsfläche bezogene) Transmissionswärmeverlust H_T' die nachfolgenden Höchstwerte nicht überschreiten. In der Tabelle handelt es sich also um die **Höchstwerte des auf die Gebäudenutzfläche und des auf das beheizte Gebäudevolumen bezogenen Jahres-Primärenergiebedarfes und des spezifischen Transmissionswärmeverlustes in Abhängigkeit vom Verhältnis A/V_e:**

Verhältnis A/V_e	Jahres-Primärenergiebedarf			Spezifischer, auf die wärmeübertragende Umfassungsfläche bezogener Transmissionswärmeverlust H_T' in $W/(m^2 \cdot K)$	
	Q_p'' in $kWh/(m^2 \cdot a)$ bezogen auf die Gebäudenutzfläche		Q_p' in $kWh/(m^3 \cdot a)$ bezogen auf das beheizte Gebäudevolumen		
	Wohngebäude außer solchen nach Spalte 3	Wohngebäude mit überwiegender Warmwasserbereitung aus elektrischem Strom	andere Gebäude	Nichtwohngebäude mit einem Fensterflächenanteil ≤ 30% und Wohngebäude	Nichtwohngebäude mit einem Fensterflächenanteil > 30%
1	2	3	4	5	6
≤0,2	$66{,}00 + 2600/(100 + A_N)$	88,00	14,72	1,05	1,55
0,3	$73{,}53 + 2600/(100 + A_N)$	95,53	17,13	0,80	1,15
0,4	$81{,}06 + 2600/(100 + A_N)$	103,06	19,54	0,68	0,95
0,5	$88{,}58 + 2600/(100 + A_N)$	110,58	21,95	0,60	0,83
0,6	$96{,}11 + 2600/(100 + A_N)$	118,11	24,36	0,55	0,75
0,7	$103{,}64 + 2600/(100 + A_N)$	125,64	26,77	0,51	0,69
0,8	$111{,}17 + 2600/(100 + A_N)$	133,17	29,18	0,49	0,65
0,9	$118{,}70 + 2600/(100 + A_N)$	140,70	31,59	0,47	0,62
1	$126{,}23 + 2600/(100 + A_N)$	148,23	34,00	0,45	0,59
≥1,05	$130{,}00 + 2600/(100 + A_N)$	152,00	35,21	0,44	0,58

Spalte 2 $Q_p'' = 50{,}94 + 75{,}29 \cdot A/V_e + 2600/(100 + A_N)$ in $kWh/(m^2 \cdot a)$

Spalte 3 $Q_p'' = 72{,}94 + 75{,}29 \cdot A/V_e$ in $kWh/(m^2 \cdot a)$

Spalte 4 $Q_p' = 9{,}9 + 24{,}1 \cdot A/V_e$ in $kWh/(m^3 \cdot a)$

Spalte 5 $H_T' = 0{,}3 + 0{,}15/(A/V_e)$ in $W/(m^2 \cdot K)$

Spalte 6 $H_T' = 0{,}35 + 0{,}24/(A/V_e)$ in $W/(m^2 \cdot K)$

Zwischenwerte zu den nach obiger Tabelle festgelegten Höchstwerten sind **nach nebenstehenden Formeln** zu ermitteln:

Bauten- und Anlagenschutz (Fortsetzung)

Wärme- und Kälteschutz (Fortsetzung)

Wahl des Rechenverfahrens:
Jahres-Primärenergiebedarf Q_p'' bzw. Q_p' und spezifischer Transmissionswärmeverlust H_T des zu planenden Gebäudes werden berechnet:
- Wohngebäude mit Fensterflächenanteil bis 30% → **vereinfachtes Verfahren** oder → **Nachweisverfahren**
- Alle anderen Gebäude immer nach dem → **Nachweisverfahren**

Begrenzung des tabellarischen Jahres-Primärenergiebedarfs gilt nicht für Gebäude:
- die mindestens zu 70% durch Wärme aus KWK-Anlagen (**Kraft-Wärme-Kopplung**) beheizt werden,
- die mindestens zu 70% durch erneuerbare Energien mit selbsttätig arbeitenden Wärmeerzeugern beheizt werden,
- die überwiegend durch Einzelfeuerstätten für einzelne Räume oder Raumgruppen sowie durch sonstige Wärmeerzeuger ohne Regeln der Technik beheizt werden.

Für diese Gebäude darf der spezifische Transmissionswärmeverlust H_T 76% des jeweiligen Höchstwertes nach obiger Tabelle nicht überschreiten.

Nachweisverfahren: (detailliertes Monats-Bilanzverfahren)
- Ermittelung Jahres-Primärenergiebedarf nach **DIN EN 832** (12.98) in Verbindung mit **DIN V 4108-6** (11.00) und **DIN V 4701-10** (02.01), hierbei erforderlicher Jahres-Heizwärmebedarf Q_h gemäß Monatsbilanzverfahren nach **DIN EN 832** unter Beachtung der Randbedingungen nach **DIN V 4108-6** (11.00) Anhang D bestimmen, dort angegebene Vereinfachungen dürfen angewandt werden, bei **Lüftungsanlagen mit Wärmerückgewinnung** siehe **DIN V 4701-10** (02.01, Pkt. 4.1), → Primärenergiefaktor e_p,

und zwar unter:
- Berücksichtigung der Warmwasserbereitung, bei Wohngebäuden ist der Energiebedarf für Warmwasser in der Berechnung des Jahres-Primärenergiebedarfs zu berücksichtigen, es gilt als Nutz-Wärmebedarf für die Warmwasserbereitung $Q_W = 12{,}5\,\text{kWh}/(\text{m}^2 \cdot \text{a})$ [**DIN V 4701-10** (02.01)]
- Berechnung des spezifischen Transmissionswärmeverlustes H_T nach **DIN EN 832** (12.98) mit den in **DIN V 4108-6** (11.00) Anhang D genannten Randbedingungen, dort genannte Randbedingungen dürfen angewandt werden
- Beheiztes Luftvolumen V nach **DIN EN 832** (12.98) ermitteln, vereinfacht darf berechnet werden:
  $\boldsymbol{V = 0{,}76\,V_e}$ bei Gebäuden bis zu 3 Vollgeschossen,
  $\boldsymbol{V = 0{,}80\,V_e}$ in den übrigen Fällen.
- **Wärmebrücken** sind bei der Ermittelung des Jahres-Heizwärmebedarfes auf eine der nachfolgenden Arten zu berücksichtigen:
  a: Erhöhung der Wärmedurchgangskoeffizienten um $\boldsymbol{\Delta U_{WB} = 0{,}10\,W/(m^2 \cdot K)}$ für die gesamte wärmeübertragende Umfassungsfläche
  b: bei Anwendung von Planungsbeispielen nach **DIN 4108-2** (08.98) Erhöhung des Wärmedurchgangskoeffizienten um $\boldsymbol{\Delta U_{WB} = 0{,}05\,W/(m^2 \cdot K)}$ für die gesamte wärmeübertragende Umfassungsfläche
  c: durch genauen Nachweis nach **DIN V 4108-6** (11.00) in Verbindung mit weiteren Regeln der Technik
- Solare Wärmegewinne
- Aneinander gereihte Gebäude
- Fensterflächenanteil $\boldsymbol{f = A_W/(A_W + A_{AW})}$ mit A_W = Fensterfläche und A_{AW} Fläche der Außenwände
- Sommerlicher Wärmeschutz, höchstzulässige Sonneneintragskennwerte nach **DIN 4108-2**, Abschnitt 8 (03.01) einhalten
- Anrechnung **mechanisch betriebener Lüftungsanlagen**: bei mechanischen Lüftungsanlagen ist die Anrechnung der Wärmerückgewinnung oder einer regelungstechnisch verminderten Lüftungsrate nur zulässig, wenn:
  - Dichtheit des Gebäudes nachgewiesen wird → Dichtheit und Mindestluftwechsel
  - in Lüftungsanlagen die Zuluft nicht unter Einsatz elektrischer oder aus mit fossilen Brennstoffen gewonnener Energie gekühlt wird
  - der mithilfe der Anlage erreichte Luftwechsel den Werten nach → Dichtheit und Mindestluftwechsel entspricht.

Vereinfachtes Verfahren: (einfaches Heizperioden-Bilanzverfahren)
Ermittelung Jahres-Primärenergiebedarf nach $\boldsymbol{Q_p = e_p\,(Q_h \cdot Q_W)}$ mit
Q_h = Jahres-Heizwärmebedarf
Q_W = Nutzwärmebedarf für Warmwasserbereitung = $12{,}5\,\text{kWh}/(\text{m}^2 \cdot \text{a})$
e_p = Anlagenaufwandszahl
Einfluss von Wärmebrücken nach Anwendung von Planungsbeispielen nach **DIN 4108-2** (08.98) (→ Nachweisverfahren) berücksichtigen.

Bauten- und Anlagenschutz (Fortsetzung)

Wärme- und Kälteschutz (Fortsetzung)

Berechnung des Jahres-Heizwärmebedarfes Q_h nach dem vereinfachten Verfahren mithilfe der nachfolgenden Tabelle:

Zeile	Zu ermittelnde Größen	Gleichung	Zu verwendende Randbedingungen
	1	2	3
1	Jahres-Heizwärmebedarf Q_h	$Q_h = 66\,(H_T + H_V) - 0{,}95\,(Q_s + Q_i)$	
2	Spezifischer Transmissionswärmeverlust H_T	$H_T = \sum (F_{xi}\, U_i\, A_i) + 0{,}05\, A$ [1]	Temperatur-Korrekturfaktoren F_{xi} nach Tabelle 3
	bezogen auf die wärmeübertragende Umfassungsfläche	$H_T' = \frac{H_T}{A}$	
3	Spezifischer Lüftungswärmeverlust H_V	$H_V = 0{,}19\, V_e$	ohne Dichtheitsprüfung nach Anhang 4 Nr. 2
		$H_V = 0{,}163\, V_e$	mit Dichtheitsprüfung nach Anhang 4 Nr. 2
4	Solare Gewinne Q_s	$Q_s = \sum (I_s)_{j,\,HP} \sum 0{,}567\, g_i\, A_i$ [2]	Solare Einstrahlung: Orientierung — $\sum (I_s)_{j,\,HP}$ in $kWh/(m^2 \cdot a)$ Südost bis Südwest — 270 Nordwest bis Nordost — 100 übrige Richtungen — 155 Dachflächenfenster mit Neigungen $< 30°$ [3] — 225 Die Fläche der Fenster A_i mit der Orientierung j (Süd, West, Ost, Nord und horizontal) ist nach den lichten Fassadenöffnungsmaßen zu ermitteln.
5	Interne Gewinne Q_i	$Q_i = 22\, A_N$	A_N: Gebäudenutzfläche nach Nr. 1.3.4

[1]) Die Wärmedurchgangskoeffizienten der Bauteile U_i sind nach **DIN EN ISO 6946**: 11.96 und nach **DIN EN ISO 10077-1**: 11.00 zu ermitteln oder sind technischen Produkt-Spezifikationen (z. B. für Dachflächenfenster) zu entnehmen. Bei an das Erdreich grenzenden Bauteilen ist der äußere Wärmeübergangswiderstand gleich Null zu setzen.

[2]) Der Gesamtenergiedurchlassgrad g_i (für senkrechte Einstrahlung) ist technischen Produkt-Spezifikationen zu entnehmen oder nach **DIN EN 410**: 12.98 zu ermitteln. Besondere energiegewinnende Systeme, wie z. B. Wintergärten oder transparente Wärmedämmung, können im vereinfachten Verfahren keine Berücksichtigung finden.

[3]) Dachflächenfenster mit Neigungen $\geq 30°$ sind hinstichtlich der Orientierung wie senkrechte Fenster zu behandeln.

Temperatur-Korrekturfaktoren F_{xi}: (Spalte 3 in obiger Tabelle)

Wärmestrom nach außen über Bauteil *i*	Temperatur-Korrekturfaktor F_{xi}
Außenwand, Fenster	1
Dach (als Systemgrenze)	1
Oberste Geschossdecke (Dachraum nicht ausgebaut)	0,8
Abseitenwand (Drempelwand)	0,8
Wände und Decken zu unbeheizten Räumen	0,5
Unterer Gebäudeabschluss: – Kellerdecke/-wände zu unbeheiztem Keller – Fußboden auf Erdreich – Flächen des beheizten Kellers gegen Erdreich	0,6

Bauten- und Anlagenschutz (Fortsetzung)

Wärme- und Kälteschutz (Fortsetzung)

Anlagenaufwandskennzahl e_p:
Nach **DIN V 4701-10** (02.01) unter Berücksichtigung der Heizung, Trinkwassererwärmung und Lüftung

Tabellenverfahren: es werden Mindest-Effizienzwerte der Anlagenkomponenten herangezogen

Detailliertes Verfahren: Berechnung unter Berücksichtigung der tatsächlichen Komponenten-Aufwandszahlen

Diagrammverfahren: Diagramme nach **DIN V 4701-10** für typische Anlagenkonfigurationen auf Basis der beheizten Nutzfläche A_N und des Jahres-Heizwärmebedarfes Q_h

(**EDV-Programme:** zertifizierte Programme mit zertifizierten Produktdatenbanken befinden sich in der Einführung).

Beeinflusst wird die Anlagen-Aufwandszahl e_p von folgenden Faktoren:
Aufwandszahl der Anlage (Wärmeerzeugungsanlage = Wärmeerzeuger, Warmwasserspeicher und Verteilsystem, Verluste entstehen bei der Erzeugung, Speicherung, Verteilung und Übergabe der Wärme): Standart-Kennwerte aus **DIN V 4701-10** oder Produkt-Kennwerte von Herstellern.

Aufstellung bzw. Anordnung des Wärmeerzeugungssystems: Verteilungsverluste der Wärmeerzeuger, Speicher und Verteilleitungen werden nur als Verlust bewertet, wenn sie keine Heizwärmegewinne darstellen, daher Aufstellung von Wärmeerzeuger und Speicher in der beheizten Gebäudehülle, Anordnung der Wärme- und Warmwasserverteilung innerhalb der beheizten Gebäudehülle, Verwendung innenliegender Verteilleitungen.

Primärenergiefaktor der eingesetzten Energieart: die eingesetzten Energiearten (Öl, Gas, elektrische Energie) werden mit Faktoren bewertet, z. B. Erdgas Primärenergiefaktor = 1,1; Elektro-Direktheizung = 3,0

Anmerkung: Bei Gebäuden, die zu mindestens 80% durch elektrische Speicherheizungssysteme beheizt werden, darf der Primärenergiefaktor bis zum 31. Januar 2010 für den durch die Heizung und Lüftung bezogenen Strom abweichend von **DIN V 4701-10** (02.02) mit 2,0 angesetzt werden. Soweit diese Gebäude dezentrale elektrische Warmwasserbereitungen aufweisen, gilt diese Regelung auch für diesen Strom. Gilt für → Nachweisverfahren und → vereinfachtes Verfahren.

Beide Berechnungsmethoden (→ Nachweisverfahren und → vereinfachtes Verfahren) orientieren sich an gleichen Rahmenbedingungen, das vereinfachte Verfahren führt zu praktikablen Mindestwerten, das Nachweisverfahren führt in der Regel zu geringeren Anforderungen (abnehmender Investkostenaufwand).

Niedrige Innentemperaturen:
Der spezifische (auf die wärmeübertragende Umfassungsfläche bezogene) Transmissionswärmeverlust H'_T darf die Höchstwerte nebenstehender Tabelle nicht überschreiten.
Berechnung des spezifischen (auf wärmeübertragende Umfassungsfläche bezogenen) Transmissionswärmeverlust H'_T aus dem spezifischen Transmissionswärmeverlust H_T nach **DIN EN 832** (12.98) in Verbindung mit **DIN V 4108-6** (11.00), die in **DIN V 4108-6** ausgewiesenen Temperatur-Reduktionsfaktoren dürfen verwendet werden. Gebäudetrennwände bei benachbarten Gebäuden können als wärmeundurchlässig angenommen werden.
Nebenstehende Tabelle zeigt die **Höchstwerte des spezifischen Transmissionswärmeverlustes bei Gebäuden mit niedrigen Innentemperaturen**.

A/V_e [1]) in m^{-1}	Höchstwerte H'_T in $W/(m^2 \cdot K)$ [2])
≤0,20	1,03
0,30	0,86
0,40	0,78
0,50	0,73
0,60	0,70
0,70	0,67
0,80	0,66
0,90	0,64
≥1,00	0,63

[1]) Die A/V_e-Werte sind nach Anhang 1 Nr. 1.3 zu ermitteln.
[2]) Zwischenwerte sind nach folgender Gleichung zu ermitteln: $H'_T = 0{,}53 + 0{,}1 \cdot V_e/A$ in $W/(m^2 \cdot K)$

Dichtheit und Mindestluftwechsel:
Zu errichtende Gebäude sind so auszuführen, dass die wärmeübertragende Umfassungsfläche einschließlich Fugen dauerhaft luftundurchlässig entsprechend dem Stand der Technik ist. Die Fugendurchlässigkeit außenliegender Fenster, Fenstertüren und Dachflächenfenster muss den Klassen nach **DIN EN 12 207** (06.00) genügen. Die folgende Tabelle zeigt die **Klassen der Fugendurchlässigkeit**:

Zeile	Anzahl der Vollgeschosse des Gebäudes	Klasse der Fugendurchlässigkeit nach **DIN EN 12 207-1**: 06.00
1	bis zu 2	2
2	mehr als 2	3

Bauten- und Anlagenschutz (Fortsetzung)

Wärme- und Kälteschutz (Fortsetzung)

Wird hierzu die Dichtheit der Gebäude (**Blower-door-Test**) geprüft, so darf der nach **DIN EN 13829** (02.01), bei einer Druckdifferenz von 50 Pa zwischen Innen und Außen gemessene Volumenstrom – bezogen auf das beheizte Luftvolumen – bei Gebäuden:
ohne raumlufttechnische Anlagen: $3\,h^{-1}$
mit raumlufttechnischen Anlagen: $1{,}5\,h^{-1}$ nicht überschreiten.
Zu errichtende Gebäude sind so auszuführen, dass der zum Zwecke der Gesundheit und Beheizung erforderliche Mindestluftwechsel sichergestellt ist! Bei Einsatz mechanischer Lüftungseinrichtungen müssen diese einstellbar und leicht regulierbar sein. In geschlossenem Zustand müssen sie der Fugendurchlässigkeit nach **DIN EN 12207** (06.00) genügen. Gilt nicht, wenn selbsttätig regelnde Außenluftdurchlässe mit einer geeigneten Führungsgröße verwendet werden.

Die Anforderungen des Mindestwärmeschutzes nach dem Stand der Technik sind bei Bauteilen, die an Außenluft, Erdreich oder Gebäudeteile mit wesentlich niedrigeren Temperaturen angrenzen, einzuhalten.
Der Einfluss von Wärmebrücken ist so gering wie möglich zu halten. Der verbleibende Einfluss ist bei der Ermittlung des Transmissionswärmeverlustes und des Jahres-Primärenergiebedarfes zu berücksichtigen.

EnEV für **bestehende Gebäude** (Altbauten):

Die Forderungen der EnEV gelten, unter Berücksichtigung des Wirtschaftlichkeitsprinzips, in abgeschwächter Form, auch für Altbauten (vorrangig Mehrfamilienhäuser).
Unterschieden in → **Nachrüstpflicht** und → **bedingte Anforderungen**.

Nachrüstpflicht:
Zwingend erforderlich (**bis 31. Dezember 2006**):
- Nicht begehbare, aber zugängliche oberste Geschossdecken beheizter Räume: Wärmedämmung (nach Dämmung *U*-Wert $0{,}30\,W/(m^2\,K)$ vornehmen.
- Alle wärmeverteilenden oder Warmwasser-Rohrleitungen einschl. Armaturen wärmedämmen. (→ Wärmedämmung von Wärmeverteil- und Warmwasserleitungen und Armaturen)
- Heizkessel, die vor dem 1. Oktober 1978 in Betrieb genommen wurden, müssen gegen moderne Kesselanlagen ausgetauscht werden. Wurde der Brenner nach dem 1. November 1996 erneuert (d. h. hält die geltenden Abgasgesetze ein), verlängert sich die Frist zum Kesselaustausch bis 31. Dezember 2008.

Übergangsfristen nach **1. BimSchV**: Alle Heizkessel über 4 kW Nennwärmeleistung müssen ab 1. November 2004 die in der folgenden Tabelle genannten **Abgasverlust-Grenzwerte nach 1. BimSchV** einhalten:

Nennwärmeleistung in kW	Abgasverlust, zulässiger Höchstwert
über 4 ... 25	11%
über 25 ... 40	10%
über 50	9%

Die Anforderungen der **Bundes-Immisionschutzverordnung 1. BimSchV** (Verordnung über kleine und mittlere Feuerungsanlagen, 03.97) gelten unabhängig von der **EnEV**.
Nachrüstpflicht gilt nicht für Anlagen, die bereits mit Brennwert- und Niedertemperaturkessel ausgestattet sind bzw. deren Nennleistung kleiner 4 kW bzw. größer 400 kW beträgt. Für weitere Anlagen, z. B. zur reinen Warmwassererzeugung oder die mit festen Brennstoffen gefeuert werden, gelten Ausnahmenregelungen.

Weitere Forderungen an Heizungsanlagen:
- Wärmeerzeuger müssen CE-Kennzeichen tragen (**Bauproduktengesetz** 04.98),
- Niedertemperatur- oder Brennwertkessel verwenden, Standardkessel nur noch unter speziellen Bedingungen zulässig,
- selbsttätig wirkende außentemperaturabhängige oder zeitgesteuerte Heizlastregelung nötig (Nachrüstung!),
- raumweise Regelung der Raumtemperatur nötig (ggf. Gruppenregelung),
- in Heizungen über 25 kW Nennleistung müssen Umwälzpumpen in mindestens drei Stufen selbständig anpassbar sein,
- neu eingebaute Zirkulationspumpen müssen selbsttätig ein und ausschaltbar sein,
- alle Heizkessel (auch <4 kW bzw. >400 kW) müssen gegen Wärmeverluste gedämmt sein,
- auch Heizungs- oder Warmwasserspeicher sind zu dämmen.

Bauten- und Anlagenschutz (Fortsetzung)

Wärme- und Kälteschutz (Fortsetzung)

Wärmedämmung von Wärmeverteil- und Warmwasserleitungen und Armaturen (Tabelle 1):

Zeile	Art der Leitungen/Armaturen	Mindestdicke der Dämmschicht, bezogen auf eine Wärmeleitfähigkeit von 0,035 W/(m · K)
1	Innendurchmesser bis 22 mm	20 mm
2	Innendurchmesser über 22 mm bis 35 mm	30 mm
3	Innendurchmesser über 35 mm bis 100 mm	gleich Innendurchmesser
4	Innendurchmesser über 100 mm	100 mm
5	Leitungen und Armaturen nach den Zeilen 1 bis 4 in Wand- und Deckendurchbrüchen, im Kreuzungsbereich von Leitungen, an Leitungsverbindungsstellen, bei zentralen Leitungsnetzverteilern	1/2 der Anforderungen der Zeilen 1 bis 4
6	Leitungen von Zentralheizungen nach den Zeilen 1 bis 4, die nach Inkrafttreten dieser Verordnung in Bauteilen zwischen beheizten Räumen verschiedener Nutzer verlegt werden	1/2 der Anforderungen der Zeilen 1 bis 4
7	Leitungen nach Zeile 6 im Fußbodenaufbau	6 mm

1. Soweit sich Leitungen von Zentralheizungen nach den Zeilen 1 bis 4 in beheizten Räumen oder in Bauteilen zwischen beheizten Räumen eines Nutzers befinden und ihre Wärmeabgabe durch freiligende Absperreinrichtungen beeinflusst werden kann, werden keine Anforderungen an die Mindestdicke der Dämmschicht gestellt. Dies gilt auch für Warmwasserleitungen in Wohnungen bis zum Innendurchmesser 22 mm, die weder in den Zirkulationskreislauf einbezogen noch mit elektrischer Begleitheizung ausgestattet sind.
2. Bei Materialien mit anderen Wärmeleitfähigkeiten als 0,035 W/(m · K) sind die Mindestdicken der Dämmschichten entsprechend umzurechnen. Für die Umrechnung und die Wärmeleitfähigkeit des Dämmmaterials sind die in den Regeln der Technik enthaltenen Rechenverfahren und Rechenwerte zu verwenden.
3. Bei Wärmeverteilungs- und Warmwasserleitungen dürfen die Mindestdicken der Dämmschichten nach Tabelle 1 insoweit vermindert werden, als eine gleichwertige Begrenzung der Wärmeabgabe auch bei anderen Rohrdämmstoffanordnungen und unter Berücksichtigung der Dämmwirkung der Leitungswände sichergestellt ist.

Anmerkung: Freigestellt von der → Nachrüstpflicht sind Eigentümer von selbstbewohnten Ein- und Zweifamilienhäusern (Bezug vor dem 01. Jan. 2002). Erst bei Eigentümerwechsel (nach Jan. 2002) besteht für den neuen Eigentümer innerhalb von 2 Jahren nach Erwerb Nachrüstpflicht.

Bedingte Anforderungen:
Bei Erweiterung oder Sanierung von beheizten Gebäuden ist eine Verbesserung des Wärmeschutzes (bestimmte Wärmedurchgangskoeffizienten nach Anhang 3 der **EnEV**) gefordert:

1. Außenwände:
a) ersetzt, erstmalig eingebaut oder
b) äußere Bekleidungen mit Platten o. ä. oder Vorsatzschalen angebracht
c) innere Bekleidungen oder Verschalung aufgebracht
d) Dämmschichten eingebaut
e) der Außenputz einer Wand deren *k*-Wert (*U*-Wert) größer als 0,9 W/(m^2 · K) ist erneuert
f) die Ausfachung von Fachwerkwänden erneuert werden
(siehe Tabelle „Höchstwerte der Wärmedurchgangskoeffizienten, Zeile 1)

2. Fenster, Fenstertüren oder Dachfenster:
a) gesamte Bauteil ersetzt oder erstmalig eingebaut
b) Einbau zusätzlicher Vor- oder Innenfenster
c) Erneuerung der Verglasung
(siehe Tabelle „Höchstwerte der Wärmedurchgangskoeffizienten, Zeile 2 bzw. Sonderverglasungen Zeile 3)

3. Außentüren – Wärmedurchgangskoeffizient von max. 2,9 W/(m^2 · K) zulässig

Bauten- und Anlagenschutz (Fortsetzung)

Wärme- und Kälteschutz (Fortsetzung)

4.1 Steildächer
a) ersetzt, erstmalig eingebaut oder
b) Dachhaut bzw. außenseitige Bekleidung/Verschalung erneuert
c) innenseitige Bekleidung/Verschalung erneuert
d) Dämmschichten eingebaut
e) zusätzliche Bekleidungen oder Dämmschichten an Wänden zu unbeheiztem Dachraum eingebaut

(siehe Tabelle „Höchstwerte der Wärmedurchgangskoeffizienten, Zeile 4a)

4.2 Flachdächer
a) ersetzt, erstmalig eingebaut oder
b) Dachhaut bzw. außenseitige Bekleidung/Verschalung erneuert
c) innenseitige Bekleidung/Verschalung erneuert
d) Dämmschichten eingebaut
e) zusätzliche Bekleidungen oder Dämmschichten an Wänden zu unbeheiztem Dachraum eingebaut

(siehe Tabelle „Höchstwerte der Wärmedurchgangskoeffizienten, Zeile 4b)

5. Wände und Decken gegen unbeheizte Räume oder gegen Erdreich
a) ersetzt, erstmalig eingebaut oder
b) außenseitige Bekleidungen/Verschalung, Feuchtigkeitssperren oder Drainagen angebracht oder erneuert
c) innenseitige Bekleidungen/Verschalung an Wände angebracht
d) Fußbodenaufbauten auf der beheizten Seite aufgebaut oder erneuert
e) Deckenbekleidungen auf der Kaltseite angebracht
f) Dämmschichten eingebaut

(siehe Tabelle „Höchstwerte der Wärmedurchgangskoeffizienten, Zeile 5)

6. Vorhangfassaden
wenn bei beheizten Räumen Vorhangfassaden
a) ersetzt, erstmalig eingebaut oder
b) die Füllung (Verglasung oder Paneele) ersetzt werden

(siehe Tabelle „Höchstwerte der Wärmedurchgangskoeffizienten, Zeile 2c bzw. Sonderverglasung Zeile 3c)

Die folgende Tabelle ordnet den Bauteilen (1. Außenwände ... 6. Vorhangfassaden) einen **maximalen Wärmedurchgangskoeffizienten $U_{max} = k_{max}$** zu:

Zeile	Bauteil	Maßnahme nach	Gebäude mit normalen Innentemperaturen	Gebäude mit niedrigen Innentemperaturen
			maximaler Wärmedurchgangskoeffizient U_{max} in $W/(m^2 \cdot K)$	
	1	2	3	4
1 a	Außenwände	allgemein	0,45	0,75
b		Nr. 1 b, d und e	0,35	0,75
2 a	Außen liegende Fenster, Fenstertüren, Dachflächenfenster	Nr. 2 a und b	1,7	2,8
b	Verglasungen	Nr. 2 c	1,5	keine Anforderung
c	Vorhangfassaden	allgemein	1,9	3,0
3 a	Außen liegende Fenster, Fenstertüren, Dachflächenfenster mit Sonderverglasungen	Nr. 2 a und b	2,0	2,8
b	Sonderverglasungen	Nr. 2 c	1,6	keine Anforderung
c	Vorhangfassaden mit Sonderverglasungen	Nr. 6 Satz 2	2,3	3,0
4 a	Decken, Dächer und Dachschrägen	Nr. 4.1	0,30	0,40
b	Dächer	Nr. 4.2	0,25	0,40
5 a	Decken und Wände gegen unbeheizte Räume	Nr. 5 b und e	0,40	keine Anforderung
b	oder Erdreich	Nr. 5 a, c, d und f	0,50	keine Anforderung

Bauten- und Anlagenschutz (Fortsetzung)

Wärme- und Kälteschutz (Fortsetzung)

Ausnahmen:

- Sind bei solchen Sanierungsmaßnahmen weniger als 20% der jeweiligen Bauteilfläche betroffen, entfällt die Einhaltung der EnEV. Bei Fenstern und Fassaden beziehen sich die 20% auf die jeweilige Gebäudeseite (bauteilbezogene Anforderungen).
- Gilt auch als erfüllt, wenn mit den erreichten Werten des Jahres-Primärenergiebedarfes für das gesamte Gebäude die entsprechenden Werte für vergleichbare Neubauten (→ normale Innentemperaturen oder → niedrige Innentemperaturen) um nicht mehr als 40% überschritten werden (Nachweis durch Energiebedarfsrechnung – Bilanzverfahren).
- Bei Wohnflächenerweiterungen oder Dachausbau: Bei der Erweiterung des beheizten Gebäudevolumens um zusammenhängend mindestens 30 m^3 sind für den neuen Gebäudeteil die jeweiligen Vorschriften für Neubauten einzuhalten (U-Wert = k-Wert = 0,20 $W/m^2 K$).

Verschlechterungsverbot:
Neue Bauteile oder Anlagen dürfen die energetische Qualität des Gebäudes auf keinen Fall verringern.

AVV Energiebedarfsausweis (§13 EnEV) (03.02)

Energiebedarfsausweis (03.02; Allgemeine Verwaltungsvorschrift zu → Energieeinsparverordnung §13): Zu errichtende Gebäude mit normalen Innentemperaturen, Hinweis auf normierte Randbedingungen, Inhalt des Energiebedarfsausweises (Beispiel s. a. Anhang der AVV, Muster A)

Abschnitt I:	Objektbeschreibung (→ Allgemeine Angaben)
Abschnitt II:	Energiebedarf
Abschnitt III:	Weitere energiebezogene Merkmale

Abschnitt I enthält allgemeinen Angaben:

- Bezeichnung Gebäude oder Gebäudeteil, Ort mit Postleitzahl, Straße, Hausnummer und Baujahr
- Nutzungsart, insbesondere ob Wohngebäude nach EnEV (ggf. zzgl. Angabe der Wohnfläche)
- wärmeübertragende Umfassungsfläche A
- beheiztes Gebäudevolumen V_e
- Verhältnis A/V_e
- Datum der Ausstellung des Ausweises
- Name, Anschrift, Funktion oder Firma des Ausstellers mit eigenhändiger Unterschrift

Abschnitt II muss enthalten:

- Zulässiger Höchstwert des Jahres-Primärenergiebedarfes für das Gebäude
- Berechneter Höchstwert des Jahres-Primärenergiebedarfes für das Gebäude
- Wert des berechneten Endenergiebedarfes, getrennt nach eingesetzten Energieträgern, als absolute Angabe für das ganze Gebäude und als spezifischer Wert

Abschnitt III muss enthalten:

- den zulässigen Höchstwert des Transmissionswärmeverlustes für das Gebäude
- den berechneten Wert des Transmissionswärmeverlustes für das Gebäude
- Anlagenaufwandszahl e_p sowie eine Angabe über die Begrenzung der Wärmeabgabe von Wärme- und Warmwasserverteilleitungen
- die Ansätze zur Berücksichtigung von Wärmebrücken
- ob die Nachweise der EnEv eine Dichtheitsprüfung einschließen
- wie der Mindestluftwechsel erfolgt
- ob und auf welche Art der sommerliche Wärmeschutz erfolgt
- ggf. Nachweise, Ausnahmen oder Befreiungen von der EnEV

Für **Abschnitte II und III** können Anlagen beigefügt werden, wie z. B.:

- Dokumentation einer durchgeführten Dichtheitsprüfung
- Einzelberechnungen zum Wärmeschutz
- Berechnungsblätter für die Anlagentechnik
- Dokumente über die energetischen Eigenschaften wesentlicher Bauteile
- Nachweise, Ausnahmen oder Befreiungen nach En EV
- Angaben und Erläuterungen zum Wesen und Verständnis angegebener Kennwerte

Soweit solche Anlagen beigefügt sind, ist im Energiebedarfsausweis darauf hinzuweisen.

Wärmebedarfsausweis:
Für Gebäude mit niedrigen Innentemperaturen muss der Wärmebedarfsausweis wie folgt gegliedert werden (Beispiel s. a. Anhang der AVV, Muster B):

Abschnitt I:	Objektbeschreibung (→ Allgemeine Angaben)
Abschnitt II:	Transmissionswärmeverlust
Abschnitt III:	Weitere energiebezogene Merkmale

Bauten- und Anlagenschutz (Fortsetzung)

Wärme- und Kälteschutz (Fortsetzung)

Normative Verweise zur EnEV:

Norm	Titel der Norm	Bezug zur EnEV
DIN EN 832 (12.98)	Wärmetechnisches Verhalten von Gebäuden, Berechnung des Heizenergiebedarfs, Wohngebäude	Festlegungen zum Berechnungsverfahren gemäß § 3
DIN V 4108-6 (11.00)	Wärmeschutz und Energieeinsparung: Berechnung des Jahresheizenergiebedarfs	Festlegungen zum Berechnungsverfahren gemäß § 3, Randbedingungen auf der Bauseite
DIN 4108 Beiblatt 2 (08.98)	Wärmeschutz und Energieeinsparung – Wärmebrücken – Planungs- und Ausführungsbeispiele	Festlegungen zur Minimierung von Wärmebrücken nach § 6
DIN V 4701-10 (02.01)	Energetische Bewertung von heiz- und raumlufttechnischen Anlagen. Heizung, Trinkwassererwärmung, Lüftung	Festlegungen zum Berechnungsverfahren gemäß § 3, Randbedingungen auf der Anlagenseite
DIN EN ISO 6946 (11.96)	Bauteile – → Wärmedurchlasswiderstand und Wärmedurchgangskoeffizient, Berechnungsverfahren	Ermittlung von → Wärmedurchgangskoeffizienten (*U*-Wert = *k*-Wert) für opake (nicht durchsichtige) Bauteile nach Anhang 1 und Anhang 3
DIN EN ISO 10077-1 (11.00)	Wärmetechnisches Verhalten von Fenstern, Türen und Abschlüssen – Berechnung des Wärmedurchgangskoeffizienten: Vereinfachtes Verfahren	Ermittlung von Wärmedurchgangskoeffizienten für transparente Bauteile nach Anhang 1 und Anhang 3
DIN EN 673 (01.01)	Glas im Bauwesen – Bestimmung des Wärmedurchgangskoeffizienten – Berechnungsverfahren	Ermittlung von Wärmedurchgangskoeffizienten für Verglasungen nach Anhang 3
DIN EN 13829 (02.01)	Wärmetechnisches Verhalten von Gebäuden, Bestimmung der Luftdurchlässigkeit von Gebäuden, Differenzdruckverfahren	Festlegung der Nachweismethode für die Dichtheit von Gebäuden nach Anhang 4
DIN EN ISO 13789 (10.99)	Wärmetechnisches Verhalten von Gebäuden, spezifischer Transmissionswärmeverlust, Berechnung	Angaben zur Ermittlung der wärmetauschenden Hüllfläche nach Anhang 4
DIN V 4108-2 (03.01)	Wärmeschutz und Energieeinsparung in Gebäuden: Mindestanforderungen an den Wärmeschutz	Mindestwärmeschutz nach § 6, sommerlicher Wärmeschutz nach § 3
DIN EN 410 (12.98)	Glas im Bauwesen – Bestimmung der lichttechnischen und strahlungsphysikalischen Kenngrößen von Verglasungen (→ Wellenoptik und Photometrie)	Ermittlung des Gesamtenergiedurchlassgrades für transparente Bauteile nach Anhang 1
DIN EN ISO 717-1 (01.97)	Akustik-Bewertung der Schalldämmung in Gebäuden und von Bauteilen → Luftschalldämmung, Deutsche Fassung der DIN ISO 717-1:1996	Festlegung des → Schalldämmmaßes für Sonderverglasungen in Anhang 3
DIN 4102–13 (05.90)	→ Brandverhalten von Baustoffen und Bauteilen – Brandschutzverglasungen; Begriffe, Anforderungen und Prüfungen	Festlegung von Isolierglas-Sonderaufbauten in Anhang 3
DIN EN 12207- 1 (06.00)	Fenster und Türen – Luftdurchlässigkeit; Klassifizierung	Festlegung von Klassen der Fugendurchlässigkeit in Anhang 4

Bauten- und Anlagenschutz (Fortsetzung)

Wärme- und Kälteschutz (Fortsetzung)

Berechnung der Dämmschichtdicke nach wirtschaftlichen Gesichtspunkten:

Unter der **wirtschaftlichen Dämmschichtdicke** versteht man die Dicke bei der die Summe von **Investitionskosten** und **Betriebskosten** zu einem Minimum wird.

Investitionskosten pro Jahr: **Wärmeschutzkosten**
Energiekosten pro Jahr: **Wärmeverlustkosten**

VDI 2055 unterscheidet die statische von der dynamischen Berechnungsmethode (letztere mit **Dynamisierungsfaktor** f).

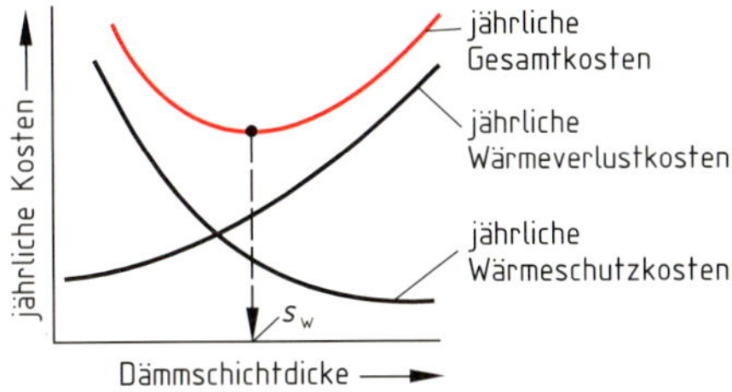

Rechnerische Methode: Wirtschaftliche Dämmschichtdicke s_W für ebene Wände

$$s_W = 0{,}19 \cdot \sqrt{f \cdot \lambda_B \cdot (\vartheta_M - \vartheta_L) \cdot \beta \cdot W} - \frac{\lambda_B}{\alpha_a} \cdot 10^3 \text{ in mm}$$

Der Term $\frac{\lambda_B}{\alpha_a} \cdot 10^3$ kann im Allgemeinen vernachlässigt werden.

$$f = \frac{S_1}{S_2}$$

$$S_1 = \frac{1 - \left(\frac{1 + p/100}{1 + z/100}\right)^n}{1 - \frac{1 + p/100}{1 + z/100}}$$

$$S_2 = \frac{1 - \left(\frac{1}{1 + z/100}\right)^n}{1 - \frac{1}{1 + z/100}}$$

Analytisch/grafische Methode: Wirtschaftliche Dämmschichtdicke s_W für Rohrleitungen (Diagramm) mithilfe von

Betriebskennzahl

$$B = \frac{\lambda_B (\vartheta_i - \vartheta_a) \cdot \beta \cdot W \cdot f}{b \cdot d_i \cdot \varkappa_0} \cdot 3{,}6 \cdot 10^{-6}$$

und

Kostenkennzahl

$$K_D = 50 \cdot \frac{d_i \cdot \varkappa'}{\varkappa_0}$$

$$s_W = \sigma \cdot d_i$$

Legende s. nächste Seite

Diagramm zur Ermittlung der wirtschaftlichen Dämmschichtdicke s_W in Abhängigkeit von Betriebskennzahl B und Kostenkennzahl K_D für Rohrleitungen

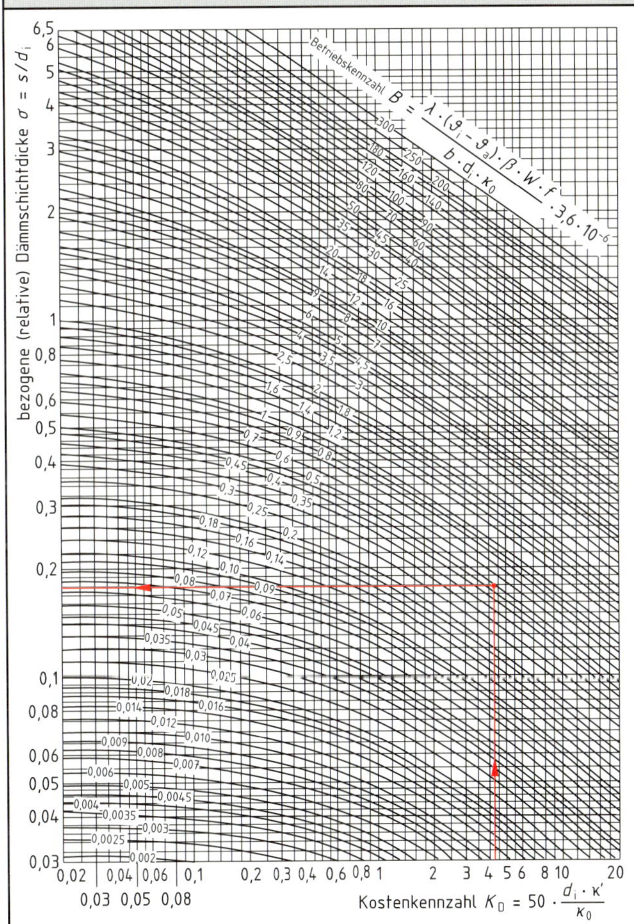

AT Anlagentechnik

Bauten- und Anlagenschutz (Fortsetzung)

Wärme- und Kälteschutz (Fortsetzung) Feuchtigkeitsschutz

f	Dynamisierungsfaktor	1
λ	Betriebswärmeleitfähigkeit	W/(m · K)
ϑ_M	Mediumtemperatur	°C
ϑ_L	Lufttemperatur	°C
β	Nutzungsdauer pro Jahr	h/a
W	Wärmepreis	€/GJ
b	Kapitaldienstfaktor	1/a, %/a
α_a	Wärmeübergangszahl außen	W/(m² · K)
S_1, S_2	s. Gleichungen Seite 362	1
p	Energiepreissteigerung	%/a
z	Zinssatz	%/a
n	Nutzungsdauer	a

ϑ_i	Innentemperatur	°C
ϑ_a	Außentemperatur	°C
d_i	Innendurchmesser	m
$\varkappa_0$	spezifische Kosten der Wärmedämmung bei $s \to 0$	€/m²
$\varkappa'$	Kostensteigerung einer Rohrdämmung von 1 m² bei Vergrößerung der Dämmschichtdicke s um 1 cm	€/(m² · cm)
σ	bezogene bzw. relative Dämmschichtdicke	1
s_W	wirtschaftliche Dämmschichtdicke	m

Feuchtigkeitsschutz

Durchfeuchtung einer Dämmung hat immer eine Minderung oder den völligen Verlust des Wärme- bzw. des Kälteschutzes zur Folge. **DIN 4108-3** unterscheidet folgende mögliche **Mechanismen der Durchfeuchtung**:

- **Tauwasserbildung bei Wasserdampfdiffusion** (→ Diffusion)
- **Kapillare Wasseraufnahme** (→ Kapillarwirkung)
- **Wasserdampfkonvektion und Belüftung**

Die normativen Verweise der **DIN 4108-3** sind zu beachten!

Durchfeuchtung der Dämmung infolge Wasserdampfdiffusion (nach DIN 4108-3, VDI 2055)

(→ Diffusion, Diffusionsstromdichte, Wärmetransport, Feuchte Luft)

Technische Begriffe zur Wasserdampfdiffusion:
Wasserdampfdiffusionswiderstandszahl μ
(→ Wasserdampfdiffusionswiderstandsfaktor, **DIN EN 12524**)

Wasserdampfdiffusionsäquivalente Luftschichtdicke:

$$S_d = \mu \cdot d$$ eine Schicht

$$S_d = \mu_1 \cdot d_1 + \mu_2 \cdot d_2 + \ldots + \mu_n \cdot d_n$$ mehrere Schichten

μ	Wasserdampfdiffusionswiderstandszahl	1
d	Schichtdicke	m
n	Anzahl der Einzelschichten	1

Diffusionsoffene Schicht: $s_d < 0{,}5\,\text{m}$

Diffusionshemmende Schicht: $0{,}5\,\text{m} < s_d < 1500\,\text{m}$

Diffusionsdichte Schicht: $s_d > 1500\,\text{m}$

Bei einer wasserdampfäquivalenten Luftschichtdicke $\boldsymbol{s_d} > \mathbf{1500\,m}$ kann die Dämmkonstruktion als **diffusionsdicht** angenommen werden!

Gegenüberstellung bisheriger Formelzeichen (z. B. VDI 2055) und der DIN 4108-3 (nur Abweichungen):

Physikalische Größe	Bisheriges Symbol (in anderen Normen und Richtlinien meist noch gültig)	Symbol nach DIN 4108-3
Dicke	s	d
Celsiustemperatur	ϑ	θ
Wärmeübergangswiderstand, innen	$1/\alpha_i$	R_{si}
Wärmeübergangswiderstand, außen	$1/\alpha_a$	R_{se}
Wärmedurchgangskoeffizient	k	U
Wasserdampfdiffusionsstromdichte	I	g

α (→ **Wärmeübergangszahl**)

Tauwasserbildung im Innern der Bauteile ist von der Größe des → **Wasserdampfpartialdruckes** und dieser von der Größe der → **Diffusionsstromdichte** abhängig.

Wenn der Wasserdampfpartialdruck (Wasserdampfteildruck) p_D im Innern eines Bauteiles den → **Wasserdampfsättigungsdruck** p_s erreicht, kondensiert der Diffusionsstrom, d.h. Tauwasserbildung.

8

Bauten- und Anlagenschutz (Fortsetzung)

Feuchtigkeitsschutz (Fortsetzung)

Die Feststellung einer Tauwasserbildung (oder nicht) erfolgt nach **DIN 4108-1** „Wärmeschutz und Energieeinsparung in Gebäuden" mit einem **Diffusionsdiagramm** (auch **Glaserdiagramm** genannt), bestehend aus der **Wasserdampfpartialdrucklinie** p_D und der **Wasserdampfsättigungslinie** p_s. Diese werden über der $\boldsymbol{\Sigma(\mu \cdot s)}$ (→ Diffusion) aufgetragen.

Ermittlung der Wasserdampfpartialdrucklinie:

$$i = \frac{D}{R_B \cdot T \cdot \mu} \cdot \frac{p_0 - p_1}{s}$$

Diffusionsstromdichte in einer Wand (→ Diffusion durch Wände)

↓

$$\Delta p_D = p_0 - p_1$$

$$\Delta p_D = \frac{i \cdot s \cdot R_B \cdot T \cdot \mu}{D}$$

Differenz des Wasserdampfpartialdruckes in der Wandschicht

In der Praxis wird i.d.R. mit der **idealisierten Wasserdampfpartialdrucklinie** gearbeitet. Dies ist die geradlinige Verbindung der Wasserdampfteildrücke an den beiden Außenbegrenzungen der Dämmung.

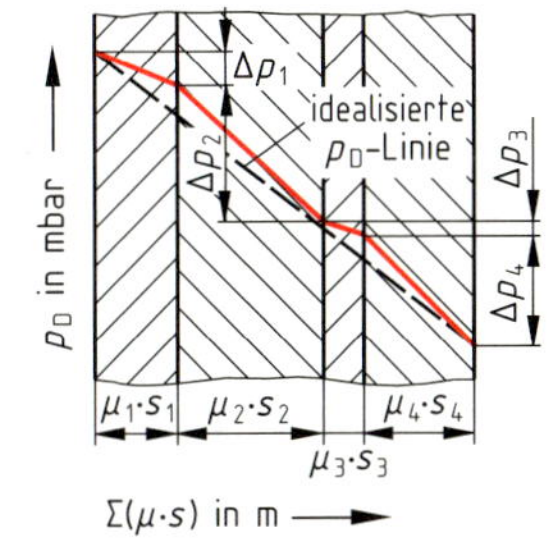

Konstruktion der Wasserdampfpartialdrucklinie

Ermittlung der Wasserdampfsättigungslinie: (→ **Verdampfen**)

Die zu den **Wandgrenztemperaturen** gehörigen Sättigungsdrücke p_s werden mit der → **Dampfdruckkurve** bzw. mit der → **Wasserdampftafel** ermittelt und in das Glaserdiagramm eingetragen.

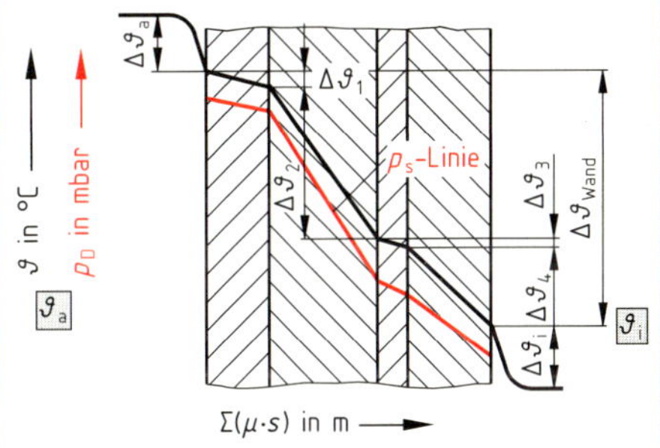

Konstruktion der Wasserdampfsättigungslinie

$$p_s = f(\vartheta_s)$$

Siedefunktion (→ Verdampfen)

$$\Delta\vartheta = \vartheta_a - \vartheta_i$$

$$\Delta\vartheta_a = k \cdot \Delta\vartheta \cdot \frac{1}{\alpha_a}$$

k = U!

$$\Delta\vartheta_1 = k \cdot \Delta\vartheta \cdot \frac{s_1}{\lambda_1}$$

$$\Delta\vartheta_2 = k \cdot \Delta\vartheta \cdot \frac{s_2}{\lambda_2}$$

. . . .

. . . .

$$\Delta\vartheta_i = k \cdot \Delta\vartheta \cdot \frac{1}{\alpha_i}$$

Temperaturdifferenzen

Glaser-Regel:

a) Berührt die Wasserdampfsättigungslinie die Wasserdampfpartialdrucklinie nicht, tritt kein Tauwasser auf.
b) Berühren oder durchdringen sich die p_s-Linie und die idealisierte p_D-Linie, tritt Tauwasser und damit Durchfeuchtung auf.

i	Diffusionsstromdichte	kg/(m² · h)
D	→ Diffusionskoeffizient	m²/h
R_D	→ Spezielle Gaskonstante	J/(kg · K)
T	absolute Temperatur	K
μ	→ Diffusionswiderstandsfaktor (für Wasserdampf)	1
p	→ Wasserdampfpartialdruck in den Diagrammen	N/m², bar mbar = hPa
s	Wanddicke (Schicht)	m
ϑ_a	Außentemperatur	°C
ϑ_i	Innentemperatur	°C
α_a	→ Wärmeübergangszahl außen	W/(m² · K)
α_i	→ Wärmeübergangszahl innen	W/m² · K)
$\Delta\vartheta$	Gesamttemperaturdifferenz	°C
k	→ Wärmedurchgangszahl	W/(m² · K)

Bauten- und Anlagenschutz (Fortsetzung)

Feuchtigkeitsschutz (Fortsetzung)

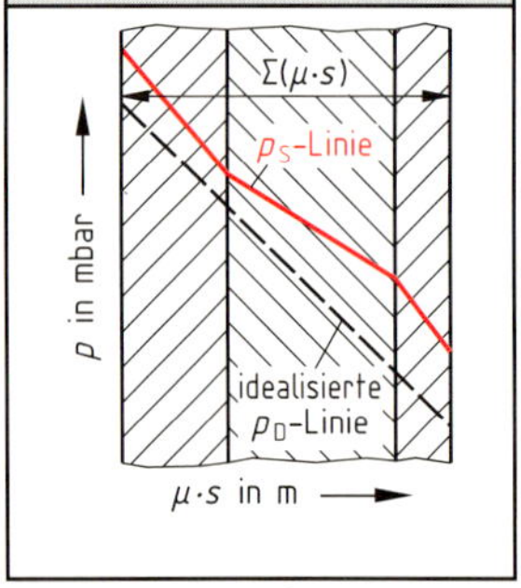

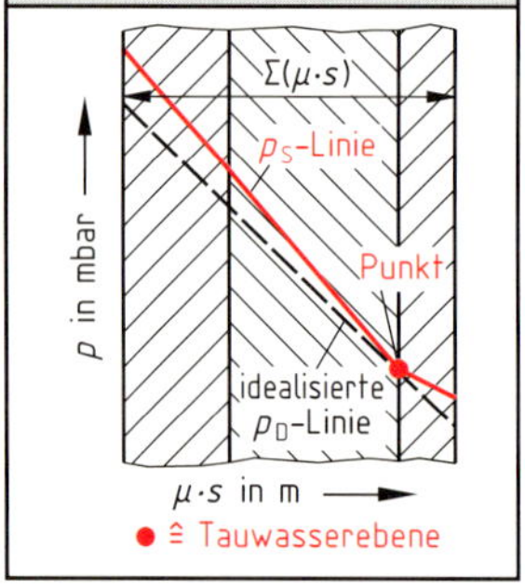

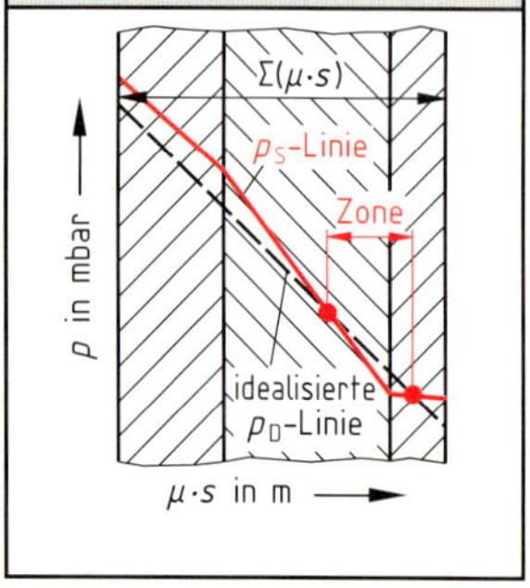

Bei einer Durchfeuchtung bleibt diese nicht auf den Punkt oder die Zone beschränkt, sondern breitet sich infolge der → **Kapillarwirkung** in der gesamten Konstruktion aus.

Bemessung der Dampfbremse:

Bei Durchfeuchtung ist der $(\mu \cdot s)$-Wert der Dampfbremse zu vergrößern. → Der **$(\mu \cdot s)$-Wert der Dampfbremse** kann rechnerisch oder grafisch ermittelt werden.

DIN EN 12524 bietet tabellierte Bemessungswerte für feuchteschutztechnische Eigenschaften (**μ-Werte**)

Durchfeuchtung der Dämmung infolge Wasserdampfkondensation

Vermeidung von Schwitzwasser an der Oberfläche einer Dämmung: (VDI 2055, DIN 4108-3)

Gleichung von Cammerer
(für Rohrdämmung)

$$\ln \frac{d_a}{d_i} \cdot d_a = \frac{2 \cdot \lambda_B}{\alpha_a} \cdot \frac{\vartheta_M - \vartheta_a}{\vartheta_a - \vartheta_L}$$

(Legende: Seite 435)

Obige Gleichung ist in nebenstehendem Diagramm nachvollziehbar.
ϑ_a entspricht der → **Taupunkttemperatur** ϑ_s

$\Delta\vartheta_{Tau}$ $= \vartheta_a - \vartheta_L$ = Differenz in K bzw. °C zwischen Luft und Oberflächentemperatur bei Beginn der Tauwasserbildung (Tabelle auf Seite 435).

d_i = Innendurchmesser der Dämmung entspricht dem Außendurchmesser der Rohrleitung.

Zur Ermittlung der Dämmschichtdicke muss der Außendurchmesser solange variiert werden, bis die linke Seite ≥ der rechten Seite der obigen Gleichung ist.

Graphische Ermittlung der Dämmschichtdicke von Rohrleitungen und ebenen Wänden bei Verhinderung von Tauwasser (→ feuchte Luft) an der Oberfläche der Dämmung

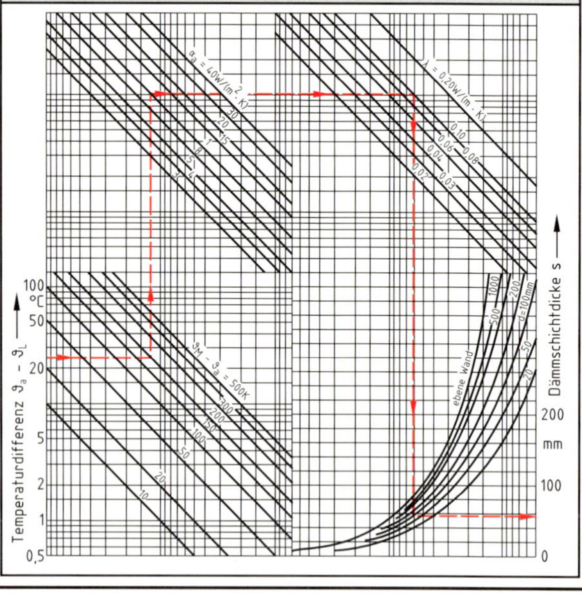

Bauten- und Anlagenschutz (Fortsetzung)

Feuchtigkeitsschutz (Fortsetzung)

Lufttemperatur °C	Maximaler Wasserdampfgehalt g/m³	Zulässige Abkühlung der Luft in °C bis zur Tauwasserbildung $\Delta\vartheta_{Tau}$ bei einer relativen Luftfeuchte von													
		30%	35%	40%	45%	50%	55%	60%	65%	70%	75%	80%	85%	90%	95%
−30	0,35	11,1	9,8	8,6	7,5	6,6	5,7	4,9	4,2	3,5	2,8	2,2	1,6	1,1	0,6
−25	0,55	11,5	10,1	8,9	7,8	6,8	5,9	5,1	4,3	3,6	2,9	2,3	1,7	1,1	0,6
−20	0,90	12,0	10,4	9,1	8,0	7,0	6,0	5,2	4,5	3,7	2,9	2,3	1,7	1,1	0,6
−15	1,40	12,3	10,8	9,6	8,3	7,3	6,4	5,4	4,6	3,8	3,1	2,5	1,8	1,2	0,6
−10	2,17	12,9	11,3	9,9	8,7	7,6	6,6	5,7	4,8	3,9	3,2	2,5	1,8	1,2	0,6
−5	3,27	13,4	11,7	10,3	9,0	7,9	6,8	5,8	5,0	4,1	3,3	2,6	1,9	1,2	0,6
0	4,8	13,9	12,2	10,7	9,3	8,1	7,1	6,0	5,1	4,2	3,5	2,7	1,9	1,3	0,7
2	5,6	14,3	12,6	11,0	9,7	8,5	7,4	6,4	5,4	4,6	3,8	3,0	2,2	1,5	0,7
4	6,4	14,7	13,0	11,4	10,1	8,9	7,7	6,7	5,8	4,9	4,0	3,1	2,3	1,5	0,7
6	7,3	15,1	13,4	11,8	10,4	9,2	8,1	7,0	6,1	5,1	4,1	3,2	2,3	1,5	0,7
8	8,3	15,6	13,8	12,2	10,8	9,6	8,4	7,3	6,2	5,1	4,2	3,2	2,3	1,5	0,8
10	9,4	16,0	14,2	12,6	11,2	10,0	8,6	7,4	6,3	5,2	4,2	3,3	2,4	1,6	0,8
12	10,7	16,5	14,6	13,0	11,6	10,1	8,8	7,5	6,3	5,3	4,3	3,3	2,4	1,6	0,8
14	12,1	16,9	15,1	13,4	11,7	10,3	8,9	7,6	6,5	5,4	4,3	3,4	2,5	1,6	0,8
16	13,6	17,4	15,5	13,6	11,9	10,4	9,0	7,8	6,6	5,5	4,4	3,5	2,5	1,7	0,8
18	15,4	17,8	15,7	13,8	12,1	10,6	9,2	7,9	6,7	5,6	4,5	3,5	2,6	1,7	0,8
20	17,3	18,1	15,9	14,0	12,3	10,7	9,3	8,0	6,8	5,6	4,6	3,6	2,6	1,7	0,8
22	19,4	18,4	16,1	14,2	12,5	10,9	9,5	8,1	6,9	5,7	4,7	3,6	2,6	1,7	0,8
24	21,8	18,6	16,4	14,4	12,6	11,1	9,6	8,2	7,0	5,8	4,7	3,7	2,7	1,8	0,8
26	24,4	18,9	16,6	14,7	12,8	11,2	9,7	8,4	7,1	5,9	4,8	3,7	2,7	1,8	0,9
28	27,2	19,2	16,9	14,9	13,0	11,4	9,9	8,5	7,2	6,0	4,9	3,8	2,8	1,8	0,9
30	30,3	19,5	17,1	15,1	13,2	11,6	10,1	8,6	7,3	6,1	5,0	3,8	2,8	1,8	0,9
35	39,4	20,2	17,7	15,7	13,7	12,0	10,4	9,0	7,6	6,3	5,1	4,0	2,9	1,9	0,9
40	50,7	20,9	18,4	16,1	14,2	12,4	10,8	9,3	7,9	6,5	5,3	4,1	3,0	2,0	0,9
45	64,5	21,6	19,0	16,7	14,7	12,8	11,2	9,6	8,1	6,8	5,5	4,3	3,1	2,1	0,9
50	82,3	22,3	19,7	17,3	15,2	13,3	11,6	9,9	8,4	7,0	5,7	4,4	3,2	2,1	0,9
55	104,4	23,0	20,2	17,8	15,6	13,7	11,8	10,2	8,6	7,1	5,8	4,5	3,2	2,1	0,9
60	130,2	23,7	20,9	18,4	16,1	14,1	12,2	10,5	8,9	7,3	5,9	4,6	3,3	2,1	0,9
65	161,3	24,5	21,6	19,0	16,6	14,5	12,6	10,8	9,1	7,6	6,1	4,7	3,4	2,1	0,9
70	198,2	25,2	22,2	19,5	17,1	15,0	13,0	11,1	9,4	7,8	6,2	4,8	3,4	2,1	0,9
75	242,0	26,0	22,9	20,1	17,7	15,4	13,3	11,4	9,6	8,0	6,4	4,9	3,5	2,2	0,9
80	293,4	26,8	23,6	20,7	18,2	15,8	13,7	11,7	9,9	8,2	6,6	5,0	3,6	2,2	0,9

$\Delta\vartheta_{Tau}$ lässt sich auch mit dem → *h,x*-Diagramm ermitteln.

B $\alpha_a = 4{,}65\ W/(m^2 \cdot K)$; $\vartheta_M = -40\,°C$; $\vartheta_L = 20\,°C$; $\lambda_B = 0{,}035\ W/(m \cdot K)$; $\varphi = 80\%$; $\rightarrow \vartheta_a = \vartheta_s = 16{,}4\,°C$ ($\Delta\vartheta_{Tau} = 3{,}6\,°C$); $d_i = 28$ mm; $d_a = ?$, $s = ?$

Lösung durch mehrmalige Schätzung und Rechnung mit Gleichung von Cammerer:

$$d_a = 0{,}144\ m = 144\ mm \rightarrow \boldsymbol{s = 58\ mm}$$

Probe: $$ln\,\frac{d_a}{d_i} \cdot d_a = \frac{2 \cdot \lambda_B}{\alpha_a} \cdot \frac{\vartheta_M - \vartheta_a}{\vartheta_a - \vartheta_L}$$

$$\ln \frac{0{,}144\ m}{0{,}028\ m} \cdot 0{,}144\ m = \frac{2 \cdot 0{,}035\ W/(m \cdot K)}{4{,}65\ W/(m^2 \cdot K)} \cdot \frac{-40\,°C - 16{,}4\,°C}{16{,}4\,°C - 20\,°C}$$

$$\mathbf{0{,}2358\ m = 0{,}2358\ m}$$

d_a	Außendurchmesser der Dämmung	m
d_i	Innendurchmesser der Dämmung = Außendurchmesser der Rohrleitung	m
λ_B	Betriebswärmeleitfähigkeit	W/(m · K)
α_a	Wärmeübergangszahl außen an der Dämmung	W/(m² · K)
ϑ_M	Mediumtemperatur	°C
ϑ_L	Raumlufttemperatur	°C
ϑ_a	Oberflächentemperatur der Dämmung bei der gerade Tauwasser entsteht = Sättigungstemperatur der → feuchten Luft (ϑ_s)	°C

B Rechnen Sie nebenstehendes Beispiel mit den gleichen Daten, jedoch für a) $\varphi = 60\%$ und b) $\varphi = 30\%$ durch!

Schallschutz

Bei der **Schallbeurteilung** muss zwischen **subjektivem Empfinden** und **objektiver Schallwahrnehmung** bzw. **Schallbewertung** unterschieden werden. Deshalb ist die Beachtung der physikalischen Gesetze (→ **Akustik)** von besonderer Bedeutung.

Bauten- und Anlagenschutz (Fortsetzung)

Wichtige Verordnungen und technische Regeln des Schallschutzes

Gerätesicherheitsgesetz (05.01)
Geräte- und Maschinenlärmschutzverordnung (08.02)
Technische Anleitung zum Schutz gegen Lärm – **TA Lärm** (08.98)
VDI-Richtlinie 2081-1 (07.01) „Geräuscherzeugung und Lärmminderung in Raumlufttechnischen Anlagen"
VDI-Richtlinie 2660 (12.83) „Persönlicher Schallschutz"
VDI-Richtlinie 2569 (01.90) „Schallschutz und akustische Gestaltung im Büro"
VDI-Richtlinie 2711 (06.78) „Schallschutz durch Kapselung"
VDI-Richtlinie 2720-1 (03.97) „Schallschutz durch Abschirmung im Freien"
VDI-Richtlinie 2720-2 (04.83) „Schallschutz durch Abschirmung in Räumen"
VDI-Richtlinie 2720-3 (02.83) „Abschirmung im Nahfeld; teilweise Umschließung"
VDI-Richtlinie 3727-1 (02.84) „Schallschutz durch Körperschalldämpfung; Physikalische Grundlagen und Abschätzungsverfahren"
VDI-Richtlinie 3727-2 (11.84) „Körperschalldämpfung; Anwendungshiweise"
DIN 4109 (11.89) „Schallschutz im Hochbau"
DIN 4109 (11.89) „Schallschutz im Hochbau", Beiblatt 1
DIN EN 12354 „Berechnung der akustischen Eigenschaften von Gebäuden
Teil 1: „Luftschalldämmung zwischen Räumen"
Teil 2: „Trittschalldämmung zwischen Räumen"
Teil 3: „Luftschalldämmung gegen Außenlärm"
Teil 4: „Schallübertragung von Räumen ins Freie"
Teil 6: „Schallabsorption in Räumen" (Norm-Entwurf)

Geräte- und Maschinenlärmschutzverordnung:
Diese Verordnung hat Ihre Grundlage im **Bundesimmissionsschutzgesetz** (05.90) und im **Gerätesicherheitsgesetz** (05.01). Sie gilt für Geräte und Maschinen, die nach Artikel 2 der **Richtlinie 2000/14/EG** des Europäischen Parlaments und des Rates (05.00) zur Angleichung der Rechtsvorschriften der Mitgliedsstaaten über **umweltbelastende Geräuschemissionen** von zur Verwendung im Freien vorgesehenen Geräten und Maschinen. Diese sind im Anhang der Maschinen- und Lärmschutzverordnung aufgelistet.

TA-Lärm: (Technische Anleitung zum Schutz gegen Lärm, 08.98)

Allgemeine Verwaltungsvorschrift mit Bezug auf das Bundesimmissionsschutzgesetz (05.90). Die **Immissionsrichtwerte** werden für Immissionsorte außerhalb und innerhalb von Gebäuden angegeben.

Immissionsrichtwerte für Immissionsorte außerhalb von Gebäuden (→ Akustik)

a) in Industriegebieten		70 dB(A)
b) in Gewerbegebieten	tags nachts	65 dB(A) 50 dB(A)
c) in Kerngebieten, Dorfgebieten und Mischgebieten	tags nachts	60 dB(A) 45 dB(A)
d) in allgemeinen Wohngebieten und in Kleinsiedlungsgebieten	tags nachts	55 dB(A) 40 dB(A)
e) in reinen Wohngebieten	tags nachts	50 dB(A) 35 dB(A)
f) in Kurgebieten, für Krankenhäuser und Pflegeanstalten	tags nachts	45 dB(A) 35 dB(A)

Die Zuordnung der Gebiete ergibt sich aus der Festlegung in den örtlichen Bebauungsplänen.
Tagzeit: 06.00–22.00 Uhr, **Nachtzeit:** 22.00–06.00 Uhr. Die Nachtzeit kann um eine Stunde hinausgeschoben oder vorverlegt werden (bei besonderer örtlicher oder zwingender betrieblicher Verhältnisse). Einzelne **kurzzeitige Geräuschspitzen** dürfen die Immissionsrichtwerte am Tage um nicht mehr als 30 dB(A) und in der Nacht um nicht mehr als 20 dB(A) überschreiten. **Tieffrequente Geräusche** und **Verkehrslärm** werden nach der TA-Lärm besonders berücksichtigt. Bei **seltenen Ereignissen** gilt generell tags 70 dB(A) und nachts 55 dB(A). Einzelne kurzzeitige Geräuschspitzen sind hier in der TA-Lärm nach oben begrenzt.

Immissionsrichtwerte für Immissionsorte innerhalb von Gebäuden

Bei Geräuschübertragung innerhalb von Gebäuden oder bei Körperschallübertragung (→ Akustik) betragen die Immissionsrichtwerte für den Beurteilungspegel für betriebsfremde schutzbedürftige Räume nach → **DIN 4109** (11.89) für alle Baugebiete einheitlich	tags nachts	35 dB(A) 25 dB(A)

Einzelne **kurzzeitige Geräuschspitzen** dürfen dabei um nicht mehr als 10 dB(A) überschritten werden! Weitergehende baurechtliche Anforderungen (Baubehörde einschalten) bleiben unberücksichtigt.

8

Bauten- und Anlagenschutz (Fortsetzung)

Schallschutz (Fortsetzung)

VDI-Richtlinie 2081-1 (07.01) „Geräuscherzeugung und Lärmminderung in RLT-Anlagen":

Definition von **Schalldruckpegel** L_p und **Schallleistungspegel** L_w (→ Akustik, Schallfeldgrößen).
Schallbewertung (→ Akustik) **von RLT-Anlagen**:

International wird meist auf der Basis der **NR- und NC-Geräuschbewertung** geplant. Von RLT-Anlagen verursachte Geräusche liegen im Mittel bei der NR- bzw. NC-Bewertung um 5 dB niedriger als der zugehörige A-Schalldruckpegel (→ Akustik, bewertete Lautstärkepegel). **Die Kennzahl der höchsten, gerade berührten Kurve** – egal bei welcher Oktav-Mittelfrequenz – **ist die dB-Maßzahl für das Geräusch.**

NR-Geräuschbewertungskurven

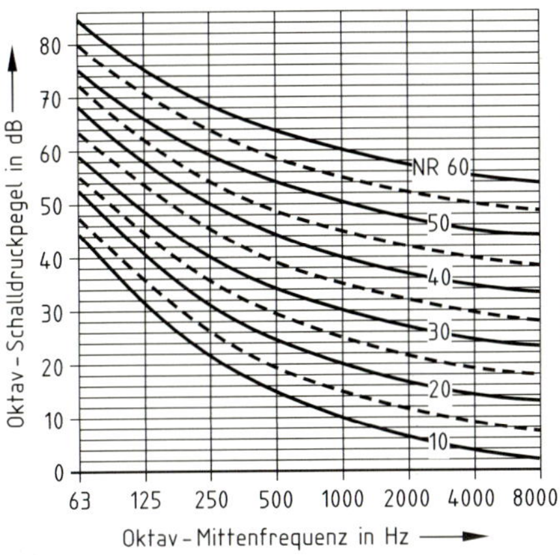

NC-Geräuschbewertungskurven

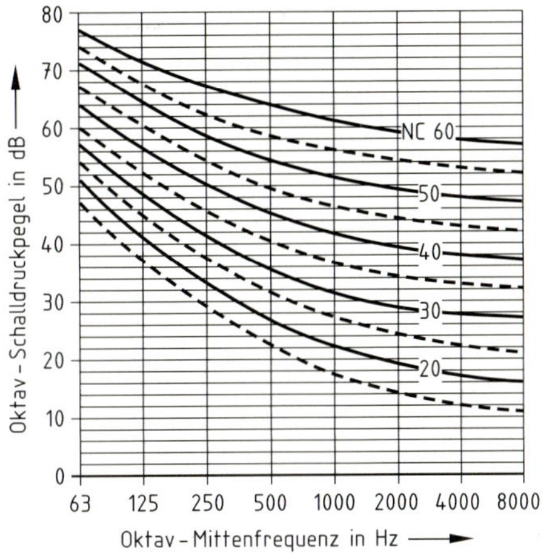

Richtwerte für Schalldruckpegel und mittlere → Nachhallzeiten von RLT-Anlagen:
Außerhalb von Räumen (→ TA-Lärm), innerhalb von Gebäuden (→ TA-Lärm und folgende Tabelle nach **VDI 2081-1**, deren Werte teilweise über die TA-Lärm hinausgehen, aber von der **Arbeitsstättenverordnung** (03.75) abgedeckt sind)
*) zeitlicher Mittelwert
) Nach **DIN 1946-7 darf dieser Wert einschließlich Abzügen nicht überschritten werden
Die durch „x" gekennzeichneten Raumarten gehören nach **DIN 4109** zu den „schutzbedürftigen Räumen"

Raumart	Beispiel	A-Schalldruckpegel in dB*) Anforderungen		Mittlere Nachhallzeit in s (aus Literatur und Messungen)
		hoch	niedrig	
Arbeitsräume	× Einzelbüro Großraumbüro Werkstätten Chemie-Labor	35 45 50 52**)	40 50 52**)	0,5 0,5 1,5 2,0
Versammlungsräume	Konzertsaal, Opernhaus Theater, Kino Konferenzraum	25 30 35	30 35 40	1,5 1,0 1,0

8

Bauten- und Anlagenschutz (Fortsetzung)

Schallschutz (Fortsetzung)

Wohnräume	× Hotelzimmer	30	35	0,5
Sozialräume	× Ruheraum, Pausenraum Wasch- und WC-Raum	30 45	35 55	1,0 2,0
Unterrichtsräume	Lesesaal × Klassen- und Seminarraum × Hörsaal	30 35 35	35 40 40	1,0 1,0 1,0
Krankenhaus gemäß **DIN 1946-4**	× Bettenzimmer, Ruheraum Operationsraum Untersuchungsraum Labore Bäder und Schwimmbäder Umkleideräume u.a. Räume s. **DIN 1946-4** Bettenzimmer, normal	30 40 40 45 50 50 35	30 40 40 45 50 50 35	1,0 2,0 2,0 2,0 2,0 2,0 1,0
Räume mit Publikumsverkehr	Museen Gaststätten Verkaufsraum Schalterhalle	35 40 45 40	40 55 60 45	1,5 1,0 1,0 1,5
Sportstätten	Turn- und Sporthallen Schwimmbäder	45 45	50 50	2,0 2,0
Sonstige Räume	Rundfunkstudio Fernsehstudio EDV-Raum Reiner Raum (Reinraum) Küche Schutzraum	15 25 45 55 50 45	25 30 60 60 60 55	0,5 0,5 1,5 1,5 1,5 2,0

Weitere Inhalte der VDI-Richtlinie 2081-1:
Ermittlung des **Ventilatorgeräusches**
Ermittlung der **Strömungsgeräusche von raumlufttechnischen Geräten und Komponenten**
Abschätzung der in der Anlage **zu erwartenden Schallpegelabsenkung** (→ Akustik)
Ermittlung der erforderlichen **Schallschutzmaßnahmen** (→ Schrifttum)

VDI-Richtlinie 2711 (6.78) „Schallschutz durch Kapselung"

Schalldämmende **Kapselung** ist als passive Schallschutzmaßnahme oft die einzige Möglichkeit zur Verminderung der Schallabstrahlung von Maschinen und Geräten. Ihre besondere Bedeutung liegt darin, dass bereits in unmittelbarer Nähe der Schallquellen der Schallpegel herabgesetzt wird

Beispiel für die Schallübertragungswege einer Kapselung (→ Schallschutzmaßnahmen)

Weg A: Luftschallübertragung über die Kapselwandung
Weg B: Luftschallübertragung über die Undichtigkeiten und unvermeidbare Öffnungen, z. B. Öffnungen zur Be- und Entlüftung, zum Materialein- und -auslauf, Durchführung von Leitungen und Maschinenteilen
Weg C: Körperschallübertragung und Abstahlung als Luftschall

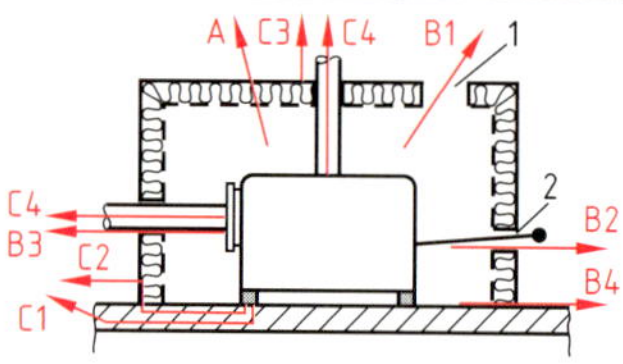

Weitere Inhalte der VDI-Richtlinie 2711:

Einsatzmöglichkeiten und **Anwendungsbereich**
Wirkungsweise und **Einflussfaktoren**
Angaben, Hinweise und Empfehlungen für die **Auslegung**

Kapselbaumuster und **integrierte Kapselung**
Beispiel für die schalltechnische Ausführung,
Konstruktionsbeispiele
Schrifttum

Bauten- und Anlagenschutz (Fortsetzung)

Brandschutz

Gesetze, Verordnungen, Technische Regeln:

In Deutschland ist die Verantwortung für den Brandschutz den Bundesländern übertragen. Diese regeln den Brandschutz durch **Verordnungen und Gesetze**. Deshalb wird der Brandschutz nur an wenigen Stellen in bundeseinheitlichen Gesetzen behandelt.

VDI-Richtlinie 3819 „Brandschutz in der Gebäudetechnik" (01.02) ermöglicht eine umfassende Übersicht (auch auf die Bundesländer bezogen) mit einer **Zusammenstellung aller relevanten Gesetze, Verordnungen und technischen Regeln.**

Wichtige technische Regeln des Brandschutzes im Kälte- und Klimaanlagenbau

VDI 3819 (s. oben) „Brandschutz in der Gebäudetechnik"
DIN 4102-1 (05.98) „Brandverhalten von Baustoffen und Bauteilen – Baustoffe"
DIN 4102-2 (09.77) „Brandverhalten von Baustoffen und Bauteilen – Bauteile"
DIN 4102-3 (09.77) „Brandverhalten von Baustoffen und Bauteilen – Brandwände und nicht tragende Außenwände"
DIN 4102-4 (03.94) „Brandverhalten von Baustoffen und Bauteilen – Zusammenstellung und Anwendung klassifizierter Baustoffe"
DIN 4102-6 (09.77) „Brandverhalten von Baustoffen und Bauteilen – Lüftungsleitungen"
DIN 4102-11 (12.85) „Brandverhalten von Baustoffen und Bauteilen – Rohrummantelungen, Rohrabschottungen, Isolationsschächte und -Kanäle, Abschlüsse von Isolationsöffnungen"
DIN EN 2 (01.93) „Brandklassen"
DIN EN 3-1 (07.96) „Tragbare Feuerlöscher"
DIN EN 1366-1 (10.99) „Feuerwiderstandsprüfungen für Installationen – Leitungen"
DIN EN 1366-2 (10.99) „Feuerwiderstandsprüfungen für Installationen – Brandschutzklappen"
MLAR (03.02) „Muster-Richtlinie über brandschutztechnische Anforderungen an Leitungsanlagen (**Muster-Leitungsanlagen-Richtlinie**)"

Ausgewählte Inhalte der DIN 4102

Baustoffklassen (DIN 4102-1)	Klasse	Bauaufsichtliche Benennung
Entsprechend ihrem Brandverhalten werden die Baustoffe in **Baustoffklassen** eingeteilt. Die Kurzzeichen und Benennungen nebenstehender Tabelle dürfen nur verwendet werden, wenn das Brandverhalten auf der Grundlage der **DIN 4102** ermittelt wurde.	**A**	Nichtbrennbare Baustoffe
	A1	
	A2	
	B	brennbare Baustoffe
Die Baustoffklassen werden ausschließlich auf der Grundlage der DIN 4102 ermittelt.	B1	schwerentflammbare Baustoffe
	B2	normalentflammbare Baustoffe
	B3	leichtentflammbare Baustoffe

Baustoffe, die nach den **Landesbauordnungen** unter den Begriff **Bauprodukt** fallen, bedürfen einer allgemeinen **bauaufsichtlichen Zulassung**. Die Ermittlung der Brandklassen erfolgt in der **Ofenprüfung** nach **DIN 4102-1** (fünf Proben 40 mm × 40 mm × 50 mm), und/oder der **Brandschachtprüfung** nach **DIN 4102-15**, und/oder der **Prüfung der Rauchentwicklung** nach **DIN 4102-1**.

Klasse	**Brandverhalten** (Tabelle 1) nach **DIN 4102-1**
A1	Wärmeabgabe unbedenklich (Anstieg der Prüf-Ofentemperatur < 50 °C), entzündbare Gase dürfen nicht entstehen, d. h. keine **Entflammung**,
A2	Wärmeabgabe und Brandausbreitung sehr gering, entzündbare Gase sehr gering, Rauchentwicklung unbedenklich,
B1	schwerentflammbar: In der Brandschachtprüfung darf sich die Brandausbreitung nicht wesentlich über einen Primärbrandbereich (z. B. Papierkorb in einer Raumecke) erstrecken,
B2	normalentflammbar: Kriterium ist die Kantenbeflammung bzw. Flächenbeflammung – hervorgerufen durch einen Brenner – vor Ende der 20. Sekunde,
B3	leichtentflammbar: brennbare Stoffe, die nicht B1 oder B2 sind gelten als B3.

Kann das Brandverhalten des Baustoffs nach **DIN 4102-1** klassifiziert werden, dann ist von einer anerkannten **Materialprüfungsanstalt** (Land oder Bund, s. Erläuterungen in **DIN 4102-3**) ein **Prüfzeugnis** zu erstellen.

Die **Kennzeichnung der Baustoffklassen** ist auf den Baustoffen selbst, auf einem Beipackzettel, oder auf der Verpackung oder auf dem Lieferschein bzw. einer Anlage zum Lieferschein anzubringen.

Bauten- und Anlagenschutz (Fortsetzung)

Brandschutz (Fortsetzung)

Brandverhalten (Tabelle 2) nach **DIN 4102-2**	**Feuerwiderstandsklasse**	Feuerwiderstandsdauer in min
Raumabschließende Bauteile müssen während der **Feuerwiderstandsdauer** den Durchgang des Feuers verhindern. Die **Prüfkriterien** der **DIN 4102-2** sind einzuhalten, z. B. die Durchbiegungsgeschwindigkeit.	F 30 F 60 F 90 F 120 F 180	≥ 30 ≥ 60 ≥ 90 ≥ 120 ≥ 180

Bei statisch bestimmt gelagerten Bauteilen, die ganz oder überwiegend auf Biegung (→ Statik, Festigkeitslehre) beansprucht werden, darf die **Durchbiegungsgeschwindigkeit** während der Feuerwiderstandsdauer (30 min, 60 min, 90 min, 120 min, 180 min) nicht überschritten werden.

Durchbiegungsgeschwindigkeit (DIN 4102-2)

$$\frac{\Delta f}{\Delta t} = \frac{l^2}{9000 \cdot h}$$

l	Stützweite	cm
h	(statische) Höhe des Bauteils	cm
Δf	Durchbiegungsintervall	cm
Δt	Zeitintervall	min
$\Delta f/\Delta t$	Durchbiegungsgeschwindigkeit	cm/min

Bei nicht unter Gebrauchslast prüfbaren **Stahlstützen** darf die Stahltemperatur an keiner Messstelle den Wert 500 °C überschreiten.

Das Zeugnis der Klassifizierung **(Prüfzeugnis)** sieht einen Abschnitt **„Besondere Hinweise“** vor. Hier sind zusätzliche verallgemeinernde oder einschränkende Angaben über die **Gültigkeit der Klassifizierung** aufzuführen. Dazu gehören insbesondere Angaben über eine mögliche Beeinträchtigung durch zusätzliche Bekleidungen.

Anmerkung: Durch übliche Anstriche oder Beschichtungen bis zu etwa 0,5 mm Dicke werden die Bauteile in ihrer Feuerwiderstandsdauer nicht beeinträchtigt.

Bei den Brandversuchen nach **DIN 4102-2** muss die mittlere Temperatur im Brandraum entsprechend der **Einheits-Temperaturzeitkurve**, kurz **ETK** (s. Tabelle und Bild) innerhalb eines in der Norm festgelegten Toleranzbereiches (bei einer Prüfdauer von 30 min ± 10%, bei längerer Prüfdauer ± 5%) ansteigen. Die ETK wird nach der folgenden Gleichung ermittelt:

$$T - T_0 = 345 \lg (8t + 1)$$

T	Brandtemperatur	K
T_0	Temperatur der Probekörper bei Versuchsbeginn	K
t	Zeit	min

T in min	$(T - T_0)$ in K
0	0
5	556
10	658
15	719
30	822
60	925
90	986
120	1029
180	1090
240	1133
360	1194

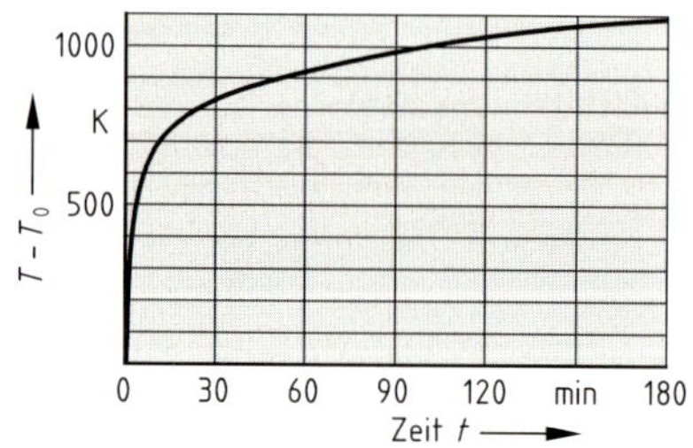

Einheits-Temperaturgrenzkurve

In der **Kurzbezeichnung** sieht **DIN 4102** eine **Kombination aus Baustoffklasse und Feuerwiderstandsklasse** vor. Außerdem können bei der Angabe der Feuerwiderstandsklasse statt dem Buchstaben F andere Buchstaben verwendet werden, und zwar:

F → Wände, Decken, Stützen, Balken, Treppen
W → nichttragende Außenwände, Brüstungen, Schürzen
T → Türen, Tore
G → Verglasungen
L → Lüftungsleitungen
K → Klappen für Lüftungsleitungen
R → Rohrleitungen
I → Installationsschächte und -kanäle

B

F 90 – A
Feuerwiderstandsklasse F 90 und aus nichtbrennbaren Baustoffen

L 120 – AB
Lüftungsleitung mit Feuerwiderstandsklasse F 120 und in wesentlichen Teilen aus nichtbrennbaren Baustoffen

T 180 – A
Brandschutztür

8

Bauten- und Anlagenschutz (Fortsetzung)

Brandschutz (Fortsetzung)

DIN 4102-4 „Brandverhalten von Baustoffen und Bauteilen" (150 Seiten) liefert eine Zusammenstellung und regelt die brandschutztechnische Anwendung von Baustoffen, Bauteilen und Sonderbauteilen. Die folgende Tabelle zeigt die **Register-Abschnittsnummerierung von DIN 4102-4**:

Allgemeines		Anwendungsbereich, Grundlagen, Brandschutzbemessung		1
Baustoffe		Klassifizierte Baustoffe		2
Massivbauteile		Bemessungsgrundlagen		3.1
Massivbauteile		Balken	statisch bestimmt gelagert	3.2
Massivbauteile		Balken	statisch unbestimmt gelagert	3.3
Massivbauteile		Platten		3.4
Massivbauteile		Hohldielen, Porenbetonplatten		3.5
Massivbauteile		Fertigteile		3.6
Massivbauteile		Rippendecken ohne Zwischenbauteile		3.7
Massivbauteile		Plattenbalkendecken		3.8
Massivbauteile		Stahlsteindecken		3.9
Massivbauteile		Rippen- und Balkendecken mit Zwischenbauteilen		3.10
Massivbauteile		Decken mit eingebetteten Stahlträgern		3.11
Massivbauteile		Dächer		3.12
Massivbauteile		Stützen		3.13
Massivbauteile		Zugglieder		3.14
Massivbauteile	**Wände**	Bemessungsgrundlagen		4.1
Massivbauteile	**Wände**	Stahlbetonwände		4.2
Massivbauteile	**Wände**	gegliederte Stahlbetonwände		4.3
Massivbauteile	**Wände**	Leichtbetonwände mit geschlossenem Gefüge		4.4
Massivbauteile	**Wände**	Mauerwerk und Wandbauplatten		4.5
Massivbauteile	**Wände**	Leichtbetonwände mit haufwerksporigem Gefüge		4.6
Massivbauteile	**Wände**	Porenbeton, bewehrt		4.7
Massivbauteile	**Wände**	Brandwände		4.8
HWL, GKF	**Wände**	Holzwolle-Leichtbauplatten-Wände		4.9
HWL, GKF	**Wände**	Gipskarton-Bauplatten-Wände		4.10
Holzbauteile	**Wände**	Fachwerkwände		4.11
Holzbauteile	**Wände**	Holztafelwände		4.12
Holzbauteile	**Wände**	Vollholz-Blockbalken-Wände		4.13
Holzbauteile		Bemessungsgrundlagen		5.1
Holzbauteile		Holztafeldecken		5.2
Holzbauteile		Holzbalkendecken		5.3
Holzbauteile		Dächer		5.4
Holzbauteile		Balken		5.5
Holzbauteile		Stützen		5.6
Holzbauteile		Zugglieder		5.7
Holzbauteile		Verbindungen		5.8
Stahlbauteile		Bemessungsgrundlagen		6.1
Stahlbauteile		Träger		6.2
Stahlbauteile		Stützen		6.3
Stahlbauteile		Zugglieder		6.4
Unterdecken		Träger- und Stahlbetondecken mit Unterdecken		6.5
Verbundbauteile		Bemessungsgrundlagen		7.1
Verbundbauteile		Verbundträger		7.2
Verbundbauteile		Verbundstützen		7.3

(Fortsetzung nächste Seite)

Bauten- und Anlagenschutz (Fortsetzung)

Brandschutz (Fortsetzung)

Sonderbauteile (Brandwände siehe Abschnitt 4.8)	nichttragende Außenwände	(W)	8.1
	Feuerschutzabschlüsse	(T)	8.2
	Fahrschachtabschlüsse		8.3
	Brandschutzverglasungen	(G)	8.4
	Lüftungsleitungen	(L)	8.5
	Installationsschächte und -kanäle	(I)	8.6
	Bedachungen		8.7

Im Folgenden werden einige für den Anlagenbau **besonders wichtige Unterpunkte der DIN 4102-4** betrachtet, und zwar im Zusammenhang mit Normen, die auf diese Unterpunkte nochmals im Speziellen eingehen, z. B. **DIN 4102-3 „Brandwände und nichttragende Außenwände"**, **DIN 4102-6 „Lüftungsleitungen"** und **DIN 4102-11 „Rohrummantelungen, Rohrabschottungen, Installationsschächte"**.

DIN 4102-3 und **DIN 4102-4** befassen sich mit **Brandwänden** und **nichtragenden Außenwänden**.

Brandwände sind Wände zur Trennung oder **Abgrenzung von Brandabschnitten**. Sie sind dazu bestimmt, die Ausbreitung von Feuer auf andere Gebäude oder Gebäudeabschnitte zu verhindern. Sie müssen mindestens **F 90 (W 90)** nach **DIN 4102-2** erfüllen.

Nichttragende Außenwände dürfen auch im Brandfall nur durch ihr Eigengewicht beansprucht werden. Sie dürfen bei einer Brandbeanspruchung von innen entsprechend ihrer Feuerwiderstandklasse nach **DIN 4102-2** (W 30, W 60, W 90, W 120, W 180) nicht zusammenbrechen.

Aussagen über das **Brandverhalten von Lüftungsleitungen** macht **DIN 4102-6**. Diese müssen alleine oder in Verbindung mit anderen Bauteilen (z. B. **Brandschutzklappen**) verhindern, dass sie während der Feuerwiderstandsdauer nach folgender Tabelle **Feuer und Rauch** in andere Geschosse oder Brandabschnitte übertragen.

Feuerwiderstandklasse von Rohren und Formstücken für Lüftungsleitungen	Feuerwiderstandsklasse von Absperrvorrichtungen gegen Brandübertragung in Lüftungsleitungen (Brandschutzklappen)	Feuerwiderstandsdauer in Minuten
L 30	K 30	≥ 30
L 60	K 60	≥ 60
L 90	K 90	≥ 90
L 120	—	≥ 120

Die Feuerwiderstandsklasse von Lüftungsleitungen muss durch Prüfzeugnis (Klassifizierung) nach **DIN 4102-6** nachgewiesen werden. Nach DIN **4102-4** (8.5.1.2) setzt die Klassifizierung voraus, dass Decken, Balken, Träger usw., an denen die Lüftungsleitungen befestigt oder aufgelagert werden, den Feuerwiderstandsklassen F 30 bis F 120 angehören.

Waagerechte Leitungen dürfen nach **DIN 4102-4** nur an Stahlbeton-Balken oder -Decken bzw. Dächern nach den Abschnitten 3.2, 3.3, 3.4, 3.6 bis 3.8 und 3.11.2 befestigt werden.
Die **Befestigungen** dürfen einen **Abstand von höchstens 1,5 m** haben.

Dübel mit branschutztechnischer Eignung sind entsprechend dem Prüfzeugnis zu verwenden. Werden jedoch Dübel ohne brandschutztechnischen Eignungsnachweis verwendet, dann müssen sie aus Stahl (mindestens M8) bestehen. Solche Dübel sind doppelt so tief wie klassifizierte Dübel – mindestens 60 mm tief – einzubauen. Zugbelastung höchstens 500 N (→ Gewichtskraft).

Aufhängungen müssen eine Mindestdicke von 1,5 mm haben und sind so zu dimensionieren, dass die vorhandenen mechanischen Spannungen (→ Festigkeitslehre) die Grenzwerte nebenstehender Tabelle nicht überschreiten.

Feuerwiderstandsklasse	L 30, L 60	L 90, L 120
Zulässige Zugspannung σ_{zzul} in allen senkrecht angeordneten Teilen in N/mm^2	9	6
Zulässige Scherspannung τ_{azul} in Schrauben der → Festigkeitsklasse 4.6 in N/mm^2	15	10

Folgende Bilder zeigen nach **DIN 4102-4** (in Verbindung mit nachfolgender Stückliste) Aufhängungen von **Rechteckleitungen** und von **Rundleitungen** jeweils mit Bandstahl und mit Gewindestange.

Die Aufhängungen sind U-förmg eng anliegend um die Leitungen herumzuführen. Sie werden von der → Dämmschicht überdeckt.

Bauten- und Anlagenschutz (Fortsetzung)

Brandschutz (Fortsetzung)

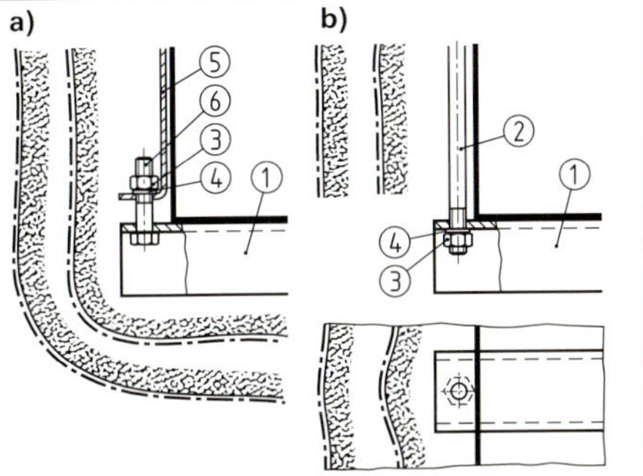

Aufhängung von Rechteckleitungen
a) mit Bandstahl b) mit Gewindestange

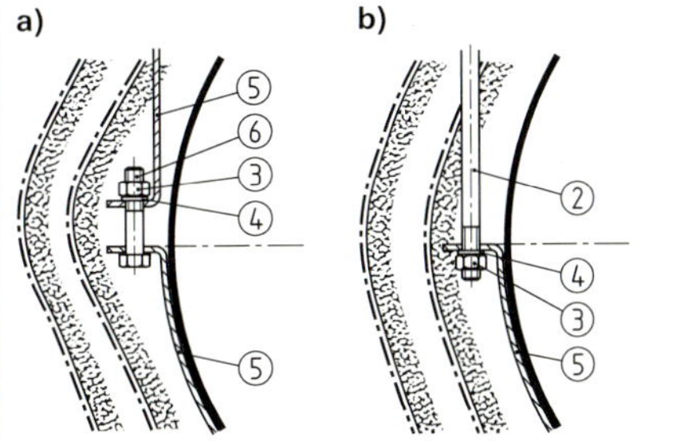

Aufhängung von runden Leitungen
a) mit Bandstahl b) mit Gewindestange

Position	Bezeichnung	Werkstoff	Werkstoff-Nr.	Maße
1	U-Profil	mind. St 37-2 (S 235 JRG 1)	1.0037	60 × 50 × 5 × 5
2	Gewindestab	mind. St 37-2 (S 235 JRG 1)	1.0037	[1])
3	Sechskantmutter (gesichert)	mind. Festigkeitsklasse 4.6	- - - -	[1])
4	Unterlegscheibe	Stahl	- - - -	[1])
5	Bandstahl (**DIN 1016**)	mind. St 37 (S 235 JRG 1)	1.0037	[1])
6	Sechskantschraube	mind. Festigkeitsklasse 4.6	- - - -	[1])

[1]) Bemessung entsprechend der zulässigen Spannungen σ_{zzul} und τ_{azul} (obige Tabelle)

DIN 4102-11 regelt den Brandschutz von Rohrummantelungen, Rohrabschottungen, Installationsschächten und Installationskanälen. Des Weiteren macht diese Norm Angaben über den Brandschutz bei Abschlüssen von **Revisionsöffnungen**.

Installationsschächte (vorwiegend senkrecht angeordnet) und **Installationskanäle** (vorwiegend waagerecht angeordnet) müssen entsprechend der Angaben für Lüftungsleitungen (**DIN 4102-4** und **DIN 4102-6**) ausgeführt werden. Sie nehmen vorwiegend Leitungen aller Art – insbesondere Elektroleitungen – auf. **Feuerwiderstandsklassen: I 30, I 60, I 90, I 120**.

Durch Schacht- bzw. Kanalwände durchgeführte **Leitungen** sind im Bereich der Wände voll einzumörteln, sofern nicht Durchführungen verwendet werden, die allgemein bauaufsichtlich zugelassen sind.

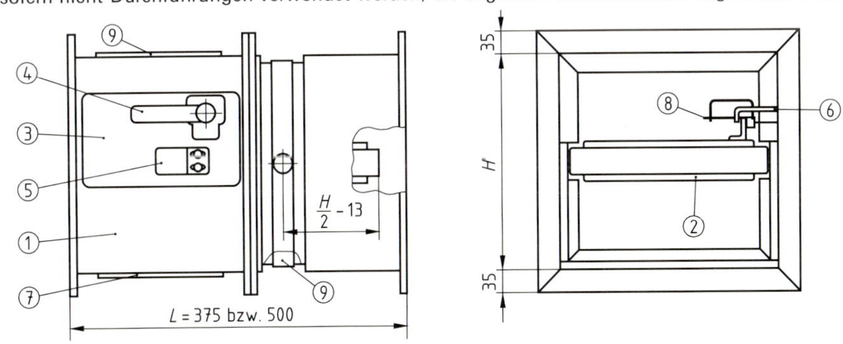

① Gehäuse ② Absperrklappe ③ Auslöseeinrichtung ④ Handhebel ⑤ Einrastvorrichtung ⑥ Antriebsgestänge ⑦ Inspektionsdeckel ⑧ Schmelzlot ⑨ Dichtstreifen

Beispiel einer Brandschutzklappe

Bauten- und Anlagenschutz (Fortsetzung)

Brandschutz (Fortsetzung)

Als Maßnahme gegen Brandübertragung bei Rohrleitungen gelten **Rohrabschottungen**. Sie sind gemäß **DIN 4102-11** an der Durchführung durch ein Bauteil (z. B. Wand oder Decke), an das Anforderungen an die Feuerwiderstandsdauer gestellt sind, eingebaut. **Feuerwiderstandsklassen: R 30, R 60, R 90, R120**. Auch **Rohrummantelungen** (vollständige oder teilweise Ummantelung oder Unterputzverlegung der Rohre) gelten nach **DIN 4102-11** als Maßnahme gegen Brandübertragung bei Rohrleitungen.

Nach **DIN 4102-6** müssen **Brandschutzklappen** (Absperrvorrichtungen gegen Brandübertragung in Lüftungsleitungen) leicht sicher und so dicht schließen, dass ein Luftvolumenstrom von 10 m^3/h je laufendem Meter Umfang des kleinsten lichten Querschnittes des Gehäuses in der Ebene der geschlossenen Absperrvorrichtung nicht überschritten wird.

Zusammenfassung DIN 4102

Bauteil		DIN 4102	Feuerwiderstandsklasse entsprechend einer Feuerwiderstandsdauer in Minuten				
			≥ 30	≥ 60	≥ 90	≥ 120	≥ 180
Wände, Decken, Stützen*)		Teil 2	F 30	F 60	F 90	F 120	F 180
Brandwände	Sonderbauteile	Teil 3	F 90 (F 120, F 180) + Stoßbeanspruchung				
Nichttragende Außenwände*), Brüstungen	Sonderbauteile	Teil 3	W 30	W 60	W 90	W 120	W 180
Feuerschutzabschlüsse (Türen, Tore, Klappen)	Sonderbauteile	Teil 5	T 30	T 60	T 90	T 120	T 180
Brandschutzverglasungen – strahlungsundurchlässig	Sonderbauteile	Teil 13	F 30	F 60	F 90	F 120	
– strahlungsdurchlässig	Sonderbauteile	Teil 13	G 30	G 60	G 90	G 120	
Rohre und Formstücke für Lüftungsleitungen	Sonderbauteile	Teil 6	L 30	L 60	L 90	L 120	
Absperrvorrichtungen in Lüftungsleitungen	Sonderbauteile	Teil 6	K 30	K 60	K 90		
Kabelabschottungen	Sonderbauteile	Teil 9	S 30	S 60	S 90	S 120	S 180
Instalationsschächte und -kanäle	Sonderbauteile	Teil 11	I 30	I 60	I 90	I 120	
Rohrdurchführungen	Sonderbauteile	Teil 11	R 30	R 60	R 90	R 120	
Funktionserhalt elektrischer Leitungen		Teil 12	E 30	E 60	E 90		

*) Für die Bewertung im bauaufsichtlichen Nachweisverfahren werden die Bezeichnungen der Feuerwiderstandsklassen mit Zusatzbezeichnungen für die verwendeten Baustoffe versehen (**DIN 4102** Teil 2 Tabelle 2 und Teil 3 Abschnitt 5.4)
- A wenn das Bauteil in dem für die Klassifizierung maßgebenden Querschnitt aus nichtbrennbaren Baustoffen besteht (z. B. F 90-A)
- AB wenn das Bauteil in den wesentlichen Teilen aus nichtbrennbaren Baustoffen besteht (als wesentlich gelten alle tragenden und aussteifenden Teile, bei raumabschließenden Bauteilen auch eine in Bauteilebene durchgehende Schicht) (z. B. F 90-AB)
- B wenn das Bauteil über die Klassifizierung AB hinausgehend brennbare Baustoffe enthält (z. B. F 30-B)

Feuerwiderstandsprüfungen für Leitungen und Brandschutzklappen erfolgen
- für **Leitungen** nach **DIN EN 1366-1** (10/99)
- für **Brandschutzklappen** nach **DIN EN 1366-2** (10/99)

Nach **DIN EN 1366** ist ein **Prüfbericht** und nach **DIN 4102-6** ein **Prüfzeugnis** zu erstellen.

Das **Prüfzeugnis** enthält
- Prüfzeugnisnummer, Antragsteller
- Gegenstand und Anwendungsbereich
- Austellungsdatum, Geltungsdauer

Kriterien für den Anwendungsbereich können sein
- Leitungswerkstoff (z. B. Kupfer, Edelstahl, Grauguss) wegen unterschiedlicher → Wärmeleitung
- Isolierung (z. B. Typ, Dicke)
- Rohraußendurchmesser
- Mörtelgruppe
- Abstände der Leitungen bzw. der Rohrabschottungen

Bei der Installation sind alle Kriterien des Prüfzeugnisses einzuhalten, da andernfalls die **Gewährleistung** entfällt.

Bauten- und Anlagenschutz (Fortsetzung)

Brandschutz (Fortsetzung)

Gesetze und Verordnungen der Bundesländer → VDI-Richtlinie 3819 (02.02)

Bundesland	Name d. Bauordnung	Kurzbezeichnung	Datum
Baden-Württemberg	Landesbauordnung für Baden-Württemb.	LBO	15.12.97
Bayern	Bayrische Bauordnung	BayBo	04.08.97
Berlin	Bauordnung für Berlin	BauOBln	03.09.97
Brandenburg	Brandenburgische Bauordnung	BbgBO	25.03.98
Bremen	Bremesche Landesbauordnung	BremLBO	27.03.95
Hamburg	Hamburgische Bauordnung	HbauO	01.07.86
Hessen	Hessische Bauordnung	HBO	18.06.02
Mecklenburg-Vorpommern	Landesbauordnung Mecklenburg-Vorp.	LbauoMV	06.05.98
Niedersachsen	Niedersächsische Bauordnung	NbauO	13.07.95
Nordrhein-Westfalen	Bauordnung für das Land Nordrh.-Westf.	BauONRW	01.03.00
Rheinland.Pfalz	Landesbauordnung Rheinland-Pfalz	LbauO	24.11.98
Saarland	Bauordnung für das Saarland	LBOSL	27.03.96
Sachsen	Sächsische Bauordnung	SächsBO	18.03.99
Sachsen-Anhalt	Bauordnung des Landes Sachsen-Anhalt	BauOLSA	23.06.94
Schleswig-Holstein	Landesbauordn. für das Land Schl.-Holst.	LBO	11.07.94
Thüringen	Thüringer Bauordnung	ThürBO	03.06.94

Diverse und **spezielle Gesetze und Vorordnungen** der einzelnen Bundesländer, die sich – ebenso wie die Bauordnugen – zum Teil sehr unterscheiden, sind zu beachten!

B **Gebäudetypen in der Bauordnung des Landes Nordrhein-Westfalen (BauONRW)** (siehe dort)

Gebäudetyp 1: Freistehendes Wohngebäude mit nicht mehr als einer Wohnung
Gebäudetyp 2: Wohngebäude mit nicht mehr als zwei Wohnungen
Gebäudetyp 3: Gebäude geringer Höhe
Gebäudetyp 4: Andere Gebäude
Hochhäuser

Der Gebäudetyp ist für die Festlegung der Feuerwiderstandsklasse maßgebend.

Gemäß LBO Hessen erfolgt die Handhabung bezogen auf z. B. NRW sehr unterschiedlich:

B **Gebäudeklassen in der Hessischen Bauordnung (HBO)** (siehe dort)

Gebäudeklasse 1: Freistehendes Gebäude bis zu 7 m Höhe mit max. 2 Nutzungseinheiten und insges. nicht mehr als 400 m^2 sowie freistehende landwirtschaftl. Gebäude
Gebäudeklasse 2: Gebäude bis 7 m Höhe mit max. 2 Nutzungseinheiten und insgesamt nicht mehr als 400 m^2
Gebäudeklasse 3: Sonstige Gebäude bis zu 7 m Höhe
Gebäudeklasse 4: Gebäude bis zu 13 m Höhe und keine Nutzungseinheit pro Geschoss größer als 400 m^2
Gebäudeklasse 5: Sonstige Gebäude bis zu 22 m Höhe
Sonderbauten: § 2 (7) z. B. Hochhäuser über 22 m Höhe, Verkaufsräume über 2000 m^2, Krankenhäuser, Kindergärten, Schulen, fliegende Bauten, Hochregalanlagen u. a.

Die **Gebäudeklasse** ist für die Festlegung der **Feuerwiderstandsklasse** (z. B. T 30) und die **Baustoffklasse** (z. B. B 2) maßgebend. Dies regelt die in § 13 der HBO – der mit „Brandschutz" überschrieben ist – erwähnte **Anlage 1**.

Muster-Leitungsanlagen-Richtlinie (MLAR)

Erlassen im März 2000 von der **Fachkommision Bauaufsicht** der **Bauministerkonferenz**, d. h. Gültigkeit auf Bundesebene. Diese **Musterrichtlinie über brandschutztechnische Anforderungen an Leitungs-**

Bauten- und Anlagenschutz (Fortsetzung)

Brandschutz (Fortsetzung)

anlagen beachtet auch die sich aus der **Richtlinie 98/35/EG** des Europäischen Parlaments und des Rates vom 22.Juni 1998 über das Gebiet der Normen und technischen Vorschriften ergebenden Verpflichtungen. In der MLAR findet man u. a. Vorschriften über die folgenden Bereiche:

- Elektrische Leitungsanlagen
- Rohrleitungsanlagen für nichtbrennbare Flüssikeiten, Dämpfe, Gase oder Stäube
- Rohrleitungsanlagen für brennbare Flüssigkeiten, brennbare oder brandfördernde Dämpfe und Gase oder brennbare Stäube
- Installationsschächte und –kanäle, Unterdecken
- Führung von Leitungen durch bestimmte Wände und Decken
- Funktionserhalt von Leitungen im Brandfall

Korrosionsschutz

(→ Korrosion, Korrosionsschutz)

Förderpumpen

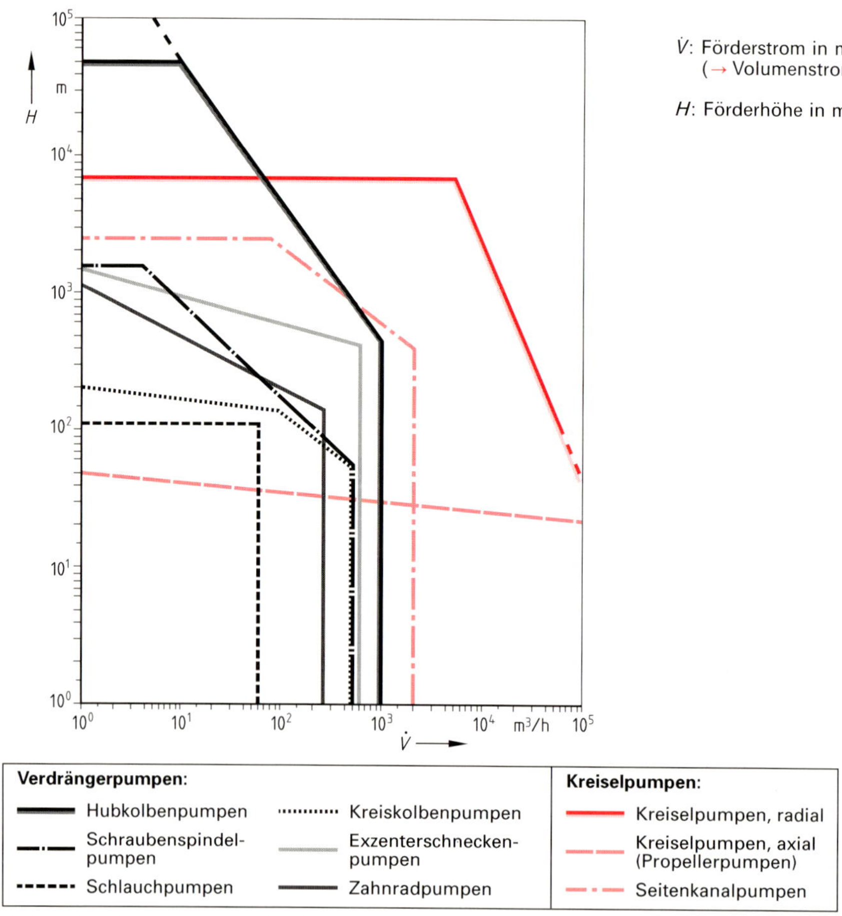

$\dot{V}$: Förderstrom in m³/h (→ Volumenstrom)

H: Förderhöhe in m

Förderpumpen (Fortsetzung)

Kreiselpumpen (nach DIN EN 22 858, 07.93)

Viele Pumpenhersteller bieten ein um einige Pumpengrößen erweitertes Grundprogramm nach **DIN EN 22 858** an.

Pumpengröße: Die Bezeichnung setzt sich aus Nennweite und Laufradnenndurchmesser zusammen. So gilt z. B. für die Pumpengröße 50 – 200: das Flanschanschlussmaß für den Austritt ist DN 50, der Laufraddurchmesser beträgt 200 mm.

Die in der folgenden Übersichtstabelle angegebenen Nennförderhöhen und Nennförderströme sind als Richtwerte zu verstehen, die genauen Werte müssen beim jeweiligen Pumpenhersteller erfragt werden.

Nennförderhöhen und Nennförderströme von Kreiselpumpen nach DIN (→ Förderhöhe)

Pumpengröße	Drehzahl $n = 1450$ min^{-1}		Drehzahl $n = 2900$ min^{-1}		Flanschanschlussmaß für den Eintritt
	Nennförderstrom $\dot{V}$ in m³/h	Nennförderhöhe H in m	Nennförderstrom $\dot{V}$ in m³/h	Nennförderhöhe H in m	DN
32 – 125 32 – 160 32 – 200 32 – 250	6,3	5 8 12,5 20	12,5	20 32 50 80	50
50 (40) – 125 50 (40) – 160 40 – 200 40 – 250 40 – 315	12,5	5 8 12,5 20 32	25	20 32 50 80 125	65
65 (50) – 125 65 (50) – 160 50 – 200 50 – 250 50 – 315	25	5 8 12,5 20 32	50	20 32 50 80 125	80
80 (65) – 125 80 (65) – 160 65 – 200 65 – 250 65 – 315	50	5 8 12,5 20 32	100	20 32 50 80 125	100
80 – 160 80 – 200 80 – 250 80 – 315 80 – 400	80	8 12,5 20 32 50	160 –	32 50 80 125 –	125
100 – 200 100 – 250 100 – 315 100 – 400	100 alternativ 125	12,5 20 32 50	200 alternativ 250 –	50 80 125 –	125
125 – 250 125 – 315 125 – 400	200	20 32 50	–	–	150
150 – 250 150 – 315 150 – 400	315 alternativ 400	20 32 50	–	–	200

Auswahl weiterer Normen zu Pumpen:

DIN 5437: Flügelpumpen
DIN 24 250: Kreiselpumpen; Benennung und Benummerung von Einzelteilen
DIN EN 12 723: Flüssigkeitspumpen – Allgemeine Begriffe für Pumpen und Pumpanlagen – Definitionen, Größen, Formelzeichen und Einheiten
DIN 24 251: Wasserhaltungspumpen
DIN 24 252: Kreiselpumpen mit Schleißwänden PN 10
DIN EN 734: Seitenkanalpumpen PN 40; Nennleistung; Hauptmaße; Bezeichnungssystem
DIN EN 733: Kreiselpumpen mit axialem Eintritt PN 10 mit Lagerträger
DIN EN 22 858: Kreiselpumpen mit axialem Eintritt PN 16 – Bezeichnung; Nennleistung; Abmessungen
DIN 24 289-1: Oszillierende Verdrängerpumpen und -aggregate; technische Festlegungen

Förderpumpen (Fortsetzung)

Berechnung der Pumpenleistung (Antriebsleistung)

Berechnungsgang:

① Ermittlung der Verlusthöhe H_{Jt} der Anlage (Rohrreibungs- und Druckverluste in Formstücken und Armaturen)

② Ermittlung der Förderhöhe H_A der Anlage (Summe aus geodätischer, Druck-, Verlust- und evtl. Geschwindigkeitshöhe)

③ Berechnung der Förderleistung P_u in Abhängigkeit vom Förderstrom $\dot{V}$, der Anlagenförderhöhe H_A und der Dichte ϱ des Fördermediums und

Berechnung der Pumpenleistung P aus der Förderleistung P_u mit Hilfe des Wirkungsgrades η

❶ Ermittlung der Verlusthöhe H_{Jt}

(→ **Kontinuitätsgleichung, Energiegleichung, Druckverluste in Rohren und Rohrleitungssystemen)**

$$H_{Jt} = \frac{v^2}{2 \cdot g} \cdot \left(\frac{\lambda \cdot L}{d_i} + \Sigma \zeta \right)$$

$$\lambda = \frac{64}{\text{Re}}$$

Für laminare Strömung (Re < 2320) und glatte (neue) Rohre:

$$\lambda = \frac{0{,}309}{\left(\lg \frac{\text{Re}}{7} \right)^2}$$

Näherungsweise (nach *Eck*) für turbulente Strömung (Re > 2320) und glatte (neue) Rohre.

$$\text{Re} = \frac{v \cdot d_i \cdot \varrho}{\eta}$$

H_{Jt}	Verlusthöhe in m
v	Strömungsgeschwindigkeit in m/s
g	Fallbeschleunigung in m/s² ($g = 9{,}81$ m/s²)
λ	Rohrwiderstandszahl, Rohrreibungszahl, Rohrreibungsbeiwert (ohne Einheit)
L	Länge der geraden Rohrleitung in m
d_i	Innendurchmesser der Rohrleitung in m
ζ	→ Druckverlustzahl für Formstücke und Armaturen
Re	→ Reynolds'sche Zahl (ohne Einheit)
ϱ	Dichte des Fördermediums in kg/m³
η	→ Dynamische Viskosität des Fördermediums in Pa · s

❷ Ermittlung der Förderhöhe H_A:

$$H_A = z + \frac{p_{A2} - p_{A1}}{\varrho \cdot g} + \frac{u_{A2}^2 - u_{A1}^2}{2 \cdot g} + H_{Jt}$$

Ein- und Austrittsdruck p_{A1} und p_{A2} entsprechen z.B. den Drücken über vorhandenen Flüssigkeitsspiegeln auf der Ein- und Austrittsseite.

Die Differenz der mittleren Geschwindigkeiten kann in der Praxis meist vernachlässigt werden. Es ergibt sich dann vereinfacht:

$$H_A = z + \frac{p_{A2} - p_{A1}}{\varrho \cdot g} + H_{Jt}$$

H_A	Förderhöhe der Anlage in m
z	Geodätische Förderhöhe in m
p_{A1}	Eintrittsdruck der Anlage (Überdruck) in Pa
p_{A2}	Austrittsdruck der Anlage (Überdruck) in Pa
u_{A1}	Mittlere Geschwindigkeit im Eintritt der Anlage in m/s
u_{A2}	Mittlere Geschwindigkeit im Austritt der Anlage in m/s
ϱ	Dichte des Fördermediums in kg/m³
g	Fallbeschleunigung in m/s² ($g = 9{,}81$ m/s²)
H_{Jt}	Gesamtverlusthöhe der Anlage in m

Ermittlung der geodätischen Förderhöhe *z* bei verschiedenen Ausführungsformen der Anlage:

a) ***Offene Behälter***

$$H_A \approx z + H_{Jt}$$

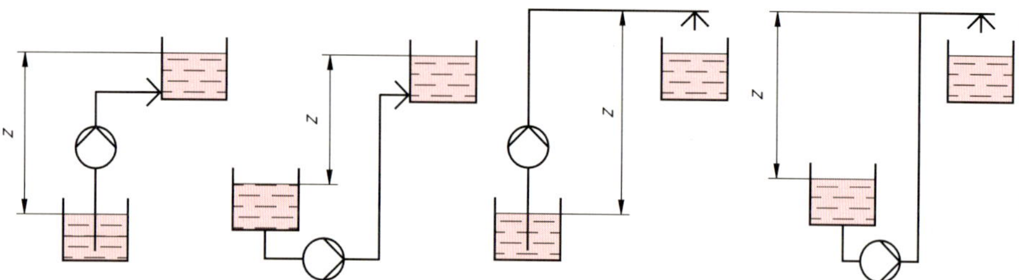

Förderpumpen (Fortsetzung)

b) ***Offener Behälter auf der Saugseite, geschlossener auf der Druckseite***

$$H_A = z + \frac{p_{A2}}{\varrho \cdot g} + H_{Jt}$$

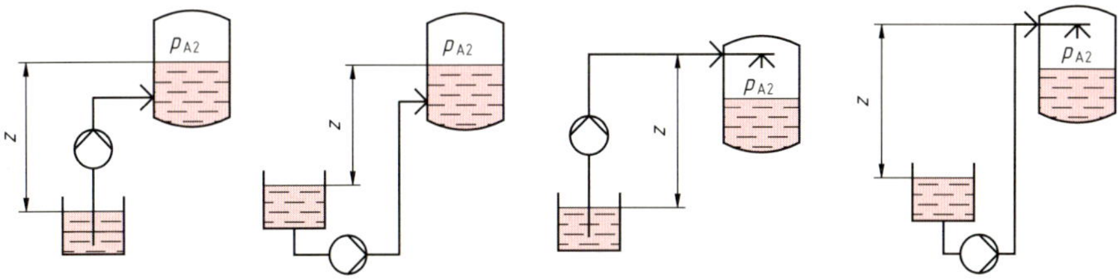

c) ***Geschlossener Behälter auf der Saugseite, offener auf der Druckseite***

$$H_A = z + \frac{p_{A1}}{\varrho \cdot g} + H_{Jt}$$

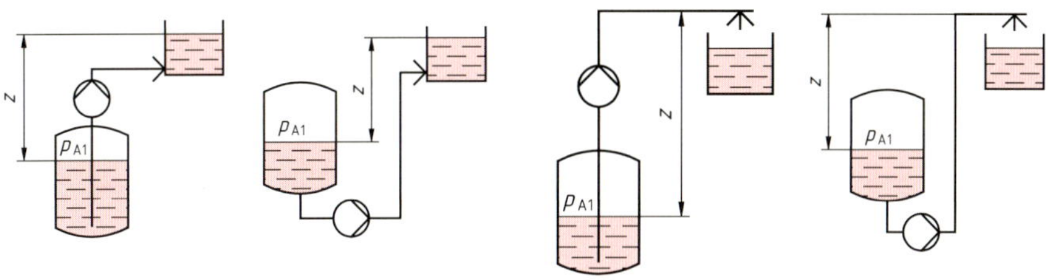

Weiter zu ②

d) ***Geschlossene Behälter auf Druck- und Saugseite***

$$H_A = z + \frac{p_{A2} - p_{A1}}{\varrho \cdot g} + H_{Jt}$$

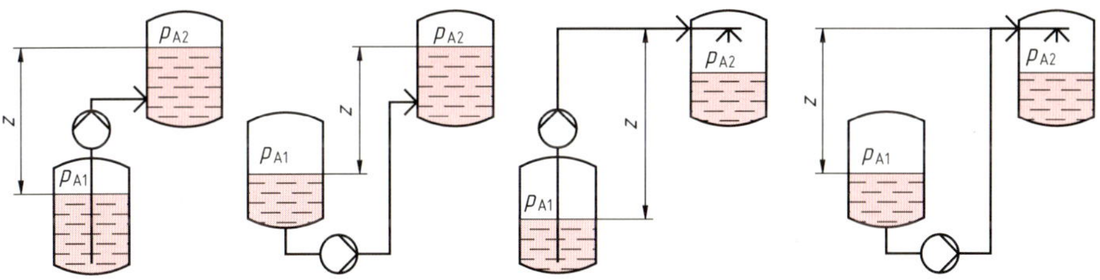

e) ***Kreislaufsysteme (Umwälzanlage),*** z. B. Heizkreislauf oder Kühlkreislauf

$$H_A = H_{Jt}$$

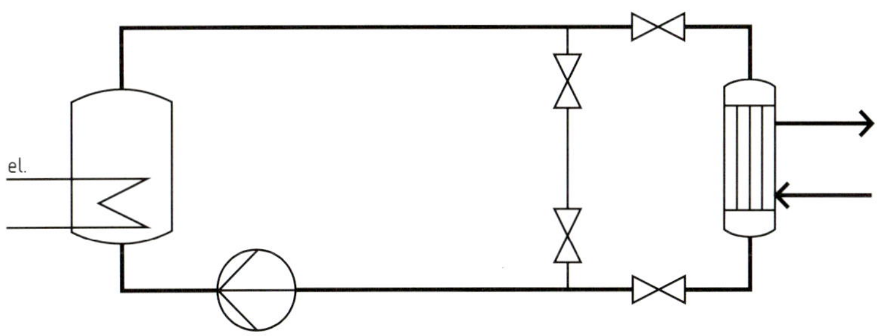

$z = 0$
$p_{A1} = p_{A2}$
$u_{A1} = u_{A2}$

Förderpumpen (Fortsetzung)

❸ Berechnung der Förderleistung P_u:

(→ Leistung, Wirkungsgrad)

$$P_u = \dot{V} \cdot \varrho \cdot g \cdot H_A$$ bzw. $$P_u = \dot{V} \cdot \varrho \cdot g \cdot H$$

Bei konstantem Förderzustand gilt $H_A = H$

Beim Anfahren der Pumpe (Beschleunigung der Flüssigkeit) ist $H > H_A$. Dann gilt:

$$H = z_1 - z_2 + \frac{p_2 - p_1}{\varrho \cdot g} + \frac{u_2^2 - u_1^2}{2 \cdot g}$$

$$P = \frac{P_u}{\eta}$$

- P Leistungsbedarf der Pumpe in W
- P_u Förderleistung der Pumpe in W
- $\dot{V}$ Förderstrom in m³/s
- ϱ Dichte des Fördermediums in kg/m³
- g Fallbeschleunigung in m/s² (g = 9,81 m/s²)
- H_A Förderhöhe der Anlage in m
- H Förderhöhe der Pumpe in m
- z_1 Höhenlage des Eintritts in die Pumpe in m
- z_2 Höhenlage des Austritts aus der Pumpe in m
- p_1 Eintrittsdruck (Überdruck) der Pumpe in Höhe von z_1 in Pa
- p_2 Austrittsdruck (Überdruck) der Pumpe in Höhe von z_2 in Pa
- u_1 Mittlere Geschwindigkeit im Eintritt der Pumpe in m/s
- u_2 Mittlere Geschwindigkeit im Austritt der Pumpe in m/s
- η Pumpenwirkungsgrad

Wirkungsgradbereiche:

Kreiselpumpen:	0,5 ... 0,9, meist 0,55 ... 0,85	Zahnradpumpen:	0,75 ... 0,92
		Exzenterschneckenpumpen:	< 0,7
Hubkolbenpumpen:	0,8 ... 0,95 (bei kleinen Pumpen bis 0,6)	Schraubenspindelpumpen:	0,65 ... 0,85
		Kreiskolbenpumpen:	0,5 ... 0,75
Seitenkanalpumpen:	0,3 ... 0,5	Schlauchpumpen:	0,15 ... 0,4

Kälte- und Wärmeträgerpumpen, Kältemittelpumpen:

Liegen die Orte des Kältebedarfs weit auseinander, dann erfolgt die Versorgung mit Kälte meist mit Hilfe von **Pumpenanlagen**. Dies kann sowohl mit umgepumpten → Kälteträgern (Kühlsolen), mit → Wärmeträgern als auch mit direkt umgepumptem → Kältemittel geschehen.

Die → Leistungszahl von **Kältemittelpumpenanlagen** ist größer als von Kälteträgerpumpenanlagen. In beiden Fällen spricht man von **Kälteversorgung durch Pumpenbetrieb.**

Bei der **Kältemittelpumpe** ist darauf zu achten, dass das Kältemittel nicht durch die Druckabsenkung am Saugrohr vorverdampft. Es muss völlig flüssig zu den einzelnen Verdampfern gelangen.

Zu den **Wärmeträgerpumpen** (→ Wärmeträger) gehören auch die **Umwälzpumpen** in Heizungsanlagen. Meist sind dies **Wasserpumpen.**

Pumpenkennlinien ($\dot{V}$-H-Kennlinien):

Oszillierende und rotierende Verdrängerpumpen

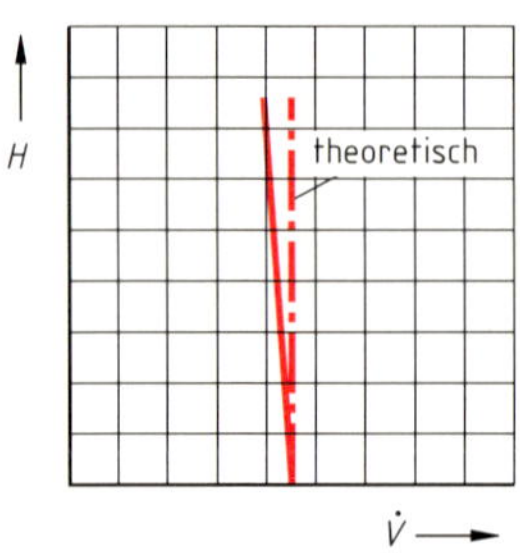

Seitenkanalpumpen

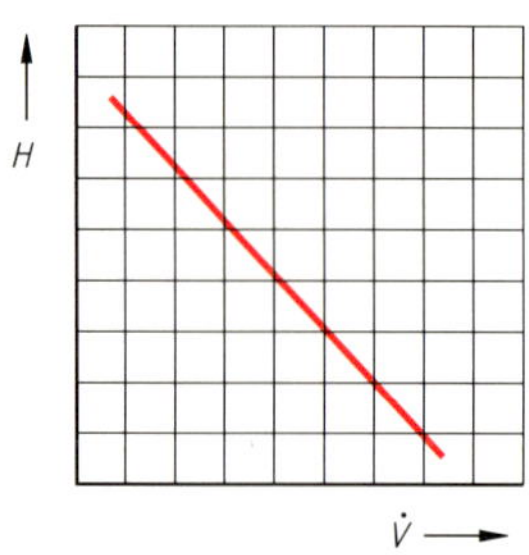

Axial- und Radialkreiselpumpen

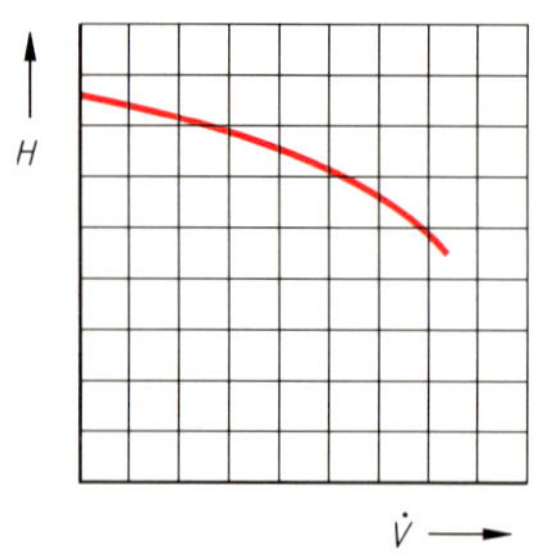

$\dot{V}$ Förderstrom in m³/h

H Förderhöhe in m

Förderpumpen (Fortsetzung)

NPSHA-Werte:
Für das **kavitationsfreie Arbeiten einer Pumpe** (d. h. ohne störende und schädigende Dampfblasenbildung) gilt die Bedingung:

$$\text{NPSHA} \geq \text{NPSHR}$$

bzw. sicherer:

$$\text{NPSHA} \geq \text{NPSHR} + 0{,}5\,\text{m}$$

Dabei gilt:

$$\text{NPSHA} = \pm\, z_1 + \frac{p_1 + p_{amb} - p_v}{\varrho \cdot g} + \frac{u_1^2}{2 \cdot g}$$

oder

$$\text{NPSHA} = \pm\, z_{A1} + \frac{p_{A1} + p_{amb} - p_v}{\varrho \cdot g} + \frac{u_{A1}^2}{2 \cdot g} - H_{JA1\text{-}1}$$

In beiden Formeln gilt + z für Zulaufbetrieb und – z für Saugbetrieb

Für Saugbetrieb und $u_{A1} \approx 0$ im Saugbehälter:

$$\text{NPSHA} = -\, z_{A1} + \frac{p_{A1} + p_{amb} - p_v}{\varrho \cdot g} - H_{JA1\text{-}1}$$

Für Zulaufbetrieb und $u_{A1} \approx 0$ im Zulaufbehälter.

$$\text{NPSHA} = +\, z_{A1} + \frac{p_{A1} + p_{amb} - p_v}{\varrho \cdot g} - H_{JA1\text{-}1}$$

Näherungsgleichungen zur Ermittlung von NPSHR bei Kreiselpumpen:

$$\text{NPSHR} = (0{,}3 \ldots 0{,}5) \cdot n \cdot \sqrt{\dot{V}}$$ nach VDMA

oder etwas genauer:

$$\text{NPSHR} = 0{,}0014 \cdot n_q^{1{,}33}$$ nach *Thoma*

$$n_q = n \cdot \frac{\sqrt{\dot{V}_{opt}}}{H_{opt}^{0{,}75}}$$ n in 1/min!

Genaue Werte erhält man vom Pumpenhersteller (Pumpenkennlinien nach Prüfstandslauf)

NPSH	Netto positive Saughöhe head (Netto-Energiehöhe, d. h. absolute Energie- bzw. Druckhöhe abzüglich der Verdampfungsdruckhöhe im Eintrittsquerschnitt der Pumpe) in m
NPSHA	Vorhandene NPSH (von Seiten der Anlage) in m
NPSHR	Erforderliche NPSH in m (kleinster NPSH-Wert, bei dem Kavitationswirkungen noch vermieden werden können)
z_1	Höhenlage des Eintritts der Pumpe, bezogen auf die Bezugsebene durch die Pumpe (z. B. Laufradmittelpunkt) in m
z_{A1}	Höhenlage des Eintritts der Anlage, bezogen auf die Bezugsebene durch die Pumpe (z. B. Laufradmittelpunkt) in m
p_1	Eintrittsdruck (Überdruck) der Pumpe (in Höhe von z_1) in Pa (→ Druck)
p_{A1}	Eintrittsdruck (Überdruck) der Anlage (in Höhe von z_{A1}, also über dem Flüssigkeitsspiegel) in Pa
p_{amb}	→ Luftdruck in der Umgebung der Pumpe in Pa
p_v	Dampfdruck bzw. Sättigungsdruck der Förderflüssigkeit (absolut) bei gegebener Temperatur am Eintritt in Pa
ϱ	→ Dichte der Förderflüssigkeit in kg/m^3
g	→ Fallbeschleunigung in m/s^2 (g = 9,81 m/s^2)
u_1	Mittlere Geschwindigkeit im Eintritt der Pumpe in m/s
u_{A1}	Mittlere Geschwindigkeit im Eintritt der Anlage (z. B. im Ansaug- bzw. Zulaufbehälter) in m/s
$H_{JA1\text{-}1}$	Eintrittsseitige Verlusthöhe (vom Eintrittsquerschnitt der Anlage bis zum Eintrittsquerschnitt der Pumpe) in m
n	Drehzahl in 1/s (für die Berechnung von n_q in 1/min)
$\dot{V}$	→ Förderstrom in m^3/s
n_q	Spezifische Drehzahl in 1/min
H_{opt}	Bestförderhöhe (Förderhöhe der Pumpe im Punkt des besten Wirkungsgrades) in m
$\dot{V}_{opt}$	Bestförderstrom (Förderstrom im Punkt des besten Wirkungsgrades) in m^3/s

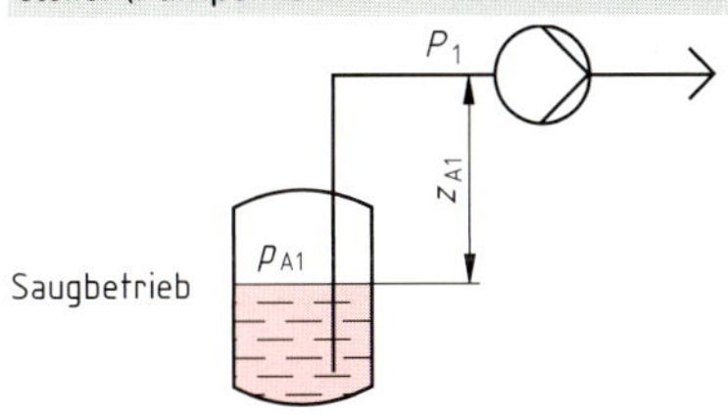

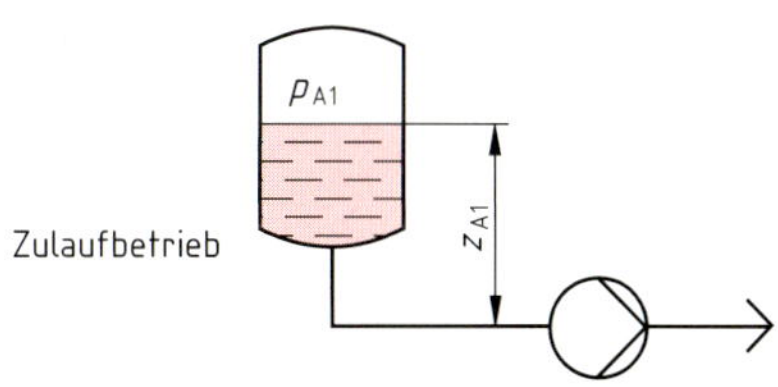

Förderpumpen (Fortsetzung)

Betriebspunkt einer Pumpe

Der Betriebspunkt einer Pumpe stellt sich jeweils dort ein, wo die Förderhöhe H_A der Anlage gleich der Förderhöhe H der Pumpe ist, wo sich also Pumpenkennlinie und Anlagenkennlinie im H-$\dot{V}$-Diagramm schneiden.

Die Pumpenkennlinien werden im allgemeinen exakt von den Pumpenherstellern vorgegeben. Die Anlagenkennlinie kann mit der folgenden Formel ermittelt werden:

$$H_A = z + \frac{p_{A2} - p_{A1}}{\varrho \cdot g} + \frac{u_{A2}^2 - u_{A1}^2}{2 \cdot g} + H_{Jt}$$

Statischer Teil:

$$H_{stat} = z + \frac{p_{A2} - p_{A1}}{\varrho \cdot g}$$

Dynamischer Teil:

$$H_{dyn} = \frac{u_{A2}^2 - u_{A1}^2}{2 \cdot g} + H_{Jt}$$

In der Regel geht man bei der Auswahl einer Pumpe vom gewünschten bzw. erforderlichen Förderstrom $\dot{V}$ aus und ermittelt daraus die erforderliche Förderhöhe H_A der Anlage oder H der Pumpe.

H Förderhöhe der Pumpe in m (siehe auch „Berechnung der erforderlichen Pumpenleistung") → Förderhöhe

H_A Förderhöhe der Anlage in m

z Geodätische Förderhöhe in m (Höhenunterschied zwischen Eintritts- und Austrittsquerschnitt der Anlage, siehe „Berechnung der erforderlichen Pumpenleistung")

p_{A1} Eintrittsdruck der Anlage (Überdruck im Eintrittsquerschnitt) in Pa

p_{A2} Austrittsdruck der Anlage (Überdruck im Austrittsquerschnitt) in Pa

u_{A1} Mittlere Geschwindigkeit im Eintritt der Anlage, z. B. im Behälter auf der Eintrittsseite) in m/s

u_{A2} Mittlere Geschwindigkeit im Austritt der Anlage z. B. im Behälter auf der Austrittsseite) in m/s

ϱ Dichte der Förderflüssigkeit in kg/m^3

g Fallbeschleunigung in m/s^2 (g = 9,81 m/s^2)

H_{Jt} Gesamtverlusthöhe der Anlage in m (siehe „Berechnung der erforderlichen Pumpenleistung")

$\dot{V}$ Förderstrom in m^3/s (auch → Volumenstrom $\dot{V}$)

Pumpenkennlinie und Betriebspunkt können durch Veränderung der Pumpendrehzahl oder durch Veränderung des Laufraddurchmessers (z. B. durch Abdrehen) verschoben werden.

Betriebspunkt einer Kreiselpumpe bei konstanter Drehzahl n:

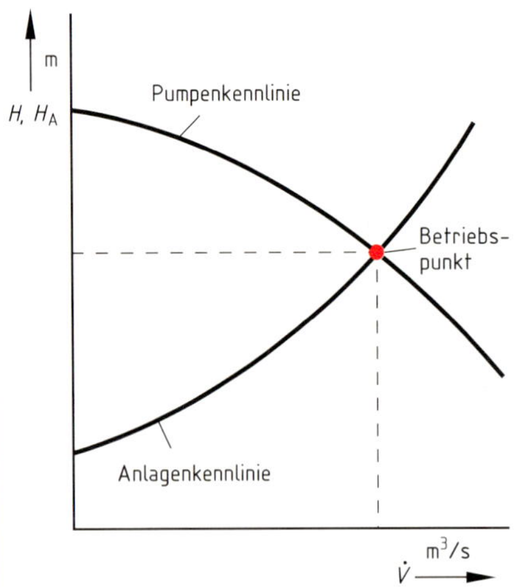

Statischer und dynamischer Teil der Förderhöhe einer Anlage

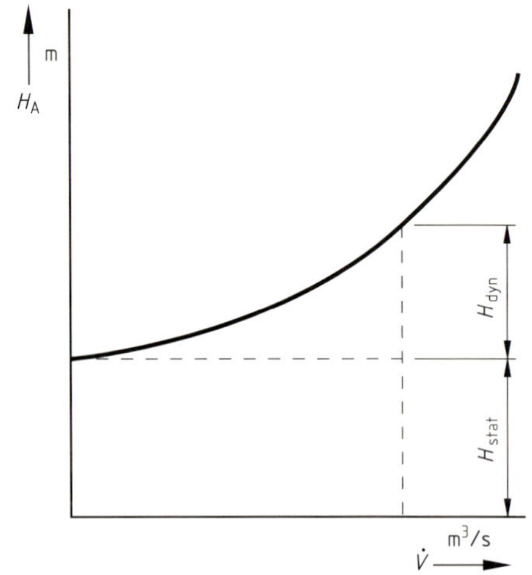

Verdichter

Thermodynamische Grundlagen: Isotherme Verdichtung

(konstante Temperatur durch Kühlung)

Theoretischer Leistungsbedarf eines Verdichters:

$$P_{th} = p_1 \cdot \dot{V}_1 \cdot \ln \frac{p_1}{p_2}$$

Gleichung für die Zustandsänderung:

$$p_1 \cdot V_1 = p_2 \cdot V_2$$

Adiabate (isentrope) Verdichtung

(Temperaturanstieg durch die bei der Verdichtung freiwerdende Wärme)

Theoretischer Leistungsbedarf eines Verdichters:

$$P_{th} = p_1 \cdot \dot{V}_1 \cdot \frac{\varkappa}{\varkappa - 1} \cdot \left[\left(\frac{p_1}{p_2}\right)^{\frac{\varkappa - 1}{\varkappa}} - 1\right]$$

$$\varkappa = \frac{c_p}{c_V}$$

Gleichung für die Zustandsänderung:

$$\frac{T_1}{T_2} = \frac{\dot{V}_1}{\dot{V}_2}$$

Werte für $\varkappa$ im Bereich von 20 °C bis 25 °C:						
Förder-medium	Zweiatomiges Gas, z. B. Luft	CO_2	CH_4	C_2H_4	He	Wasser-dampf
$\varkappa$	1,4	1,3	1,3	1,2	1,7	1,3

Polytrope Verdichtung (reale Verdichtung)

Theoretischer Leistungsbedarf eines Verdichters:

$$P_{th} = p_1 \cdot \dot{V}_1 \cdot \frac{n}{n - 1} \cdot \left[\left(\frac{p_1}{p_2}\right)^{\frac{n - 1}{n}} - 1\right]$$

Für zweiatomige Gase und Luft gilt $1{,}25 < n < 1{,}35$

Bei Kreiselverdichtern kann infolge der inneren Reibung $n > \varkappa$ sein!

Spezifische Arbeit beim Verdichten:

$$Y = \frac{n}{n - 1} \cdot \frac{p_1}{\varrho_1}\left[\left(\frac{p_2}{p_1}\right)^{\frac{n - 1}{n}} - 1\right]$$

Druckverhältnis bei der spezifischen Arbeit:

$$\frac{p_2}{p_1} = \left[1 + \frac{(n - 1) \cdot \varrho_1 \cdot Y}{n \cdot p_1}\right]^{\frac{n - 1}{n}}$$

→ Wärmeausdehnung von Gasen und Dämpfen
→ Erster Hauptsatz
→ Spezifische Wärme von Gasen
→ Thermodynamische Zustandsänderungen
→ Kreisprozesse

P_{th} Theoretischer Leistungsbedarf eines Verdichters in W

p_1 Anfangsdruck des Fördermediums (Ansaugdruck) vor dem Verdichten in Pa

p_2 Enddruck des Fördermediums nach dem Verdichten in Pa

$\dot{V}_1$ Eintrittsvolumenstrom des Fördermediums in m³/s

$\dot{V}_2$ Austrittsvolumenstrom des Fördermediums in m³/s

$\varkappa$ Adiabatenexponent des Fördermediums (ohne Einheit)

c_p Spezifische Wärmekapazität des Fördermediums bei konstantem Druck in J/(kg · K)

c_V Spezifische Wärmekapazität des Fördermediums bei konstantem Volumen in J/(kg · K)

n Polytropenexponent des Fördermediums (ohne Einheit)

Y Spezifische Arbeit eines Verdichters in J/kg

ϱ_1 Dichte des Fördermediums vor dem Verdichten in kg/m³ (Ansaugzustand)

T_1 Temperatur des Fördermediums vor dem Verdichten in K

T_2 Temperatur des Fördermediums nach dem Verdichten in K

$\dot{V}_n$ Normvolumenstrom in m³/s (bei p_n = 101 325 Pa und T_n = 273,15 K)

T_n Normtemperatur in K (T_n = 273,15 K)

ϱ_n Normdichte in kg/m³ (bei T_n = 273,15 K und p_n = 101 325 Pa)

Umrechnung des Normvolumenstroms in den Volumenstrom im Ansaugzustand:

$$\dot{V}_1 = \frac{\dot{V}_n \cdot \varrho_n}{\varrho_1}$$

$$\dot{V}_1 = \frac{\dot{V}_n \cdot p_n \cdot T_1}{p_1 \cdot T_n}$$

Verdichter (Fortsetzung)

Verdichterbauarten und Einsatzbereiche:

Das Verhältnis der → absoluten Drücke am Anfang der Verdichtung p_1 und am Ende der Verdichtung p_2 wird als **Druckverhältnis** bezeichnet.

Die **Verdichterbezeichnung** erfolgt nach verschiedenen Kriterien bezogen auf deren **Bauart** und **Arbeitsprinzip**. (→ Schubkurbel, Kurbelschleife)

Einteilung nach dem Enddruck p_2	
Vakuumpumpen[1])	$p_1 < p_{amb}$
Ventilatoren	$p_2 > 1$ bar … 1,3 bar
Gebläse	$p_2 > 1{,}3$ bar … 3,0 bar
Niederdruckverdichter	$p_2 > 3{,}0$ bar … 10,0 bar
Mitteldruckverdichter	$p_2 > 10{,}0$ bar … 100 bar
Hochdruckverdichter	$p_2 > 100$ bar … 500 bar
Höchstdruckverdichter	$p_2 > 500$ bar … 2000 bar

[1]) p_1: Absolutdruck auf der Saugseite

Verdichter-Übersicht			
Arbeitsprinzip	**Strömungsverdichter**	**Verdrängungsverdichter**	
Verdichtungsbewegung	rotierend	rotierend	oszillierend
Verdichtungsorgan	Turbolaufrad ↓ axial radial	Drehkolben ↓ Sperrschieber Drehschieber Schraubenrotor Rootslaufrad Drehspirale (Scroll)	Schwingkolben, Membran, Hubkolben ↓ Reihenverdichter V-Verdichter W-Verdichter Boxer-Verdichter Sternverdichter

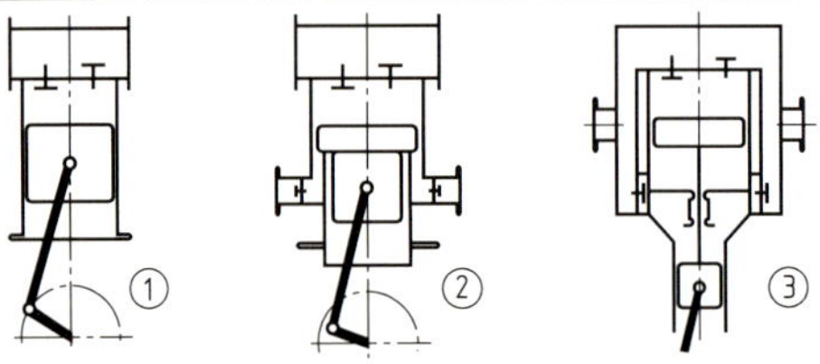

Hubkolbenverdichter

① einfachwirkend
② doppelwirkend (Stufenkolben)
③ doppelwirkend (Scheibenkolben und Kreuzkopf)

Schraubenverdichter

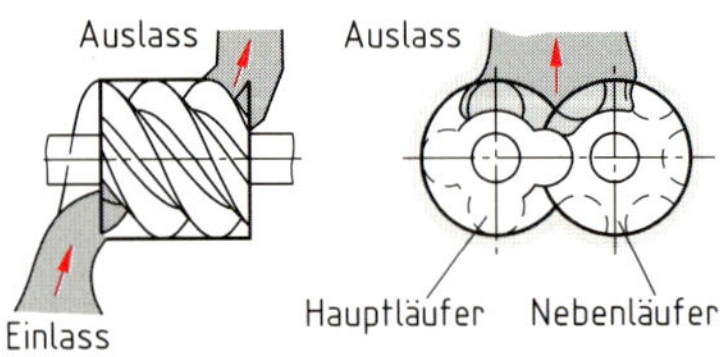

Roots-Verdichter

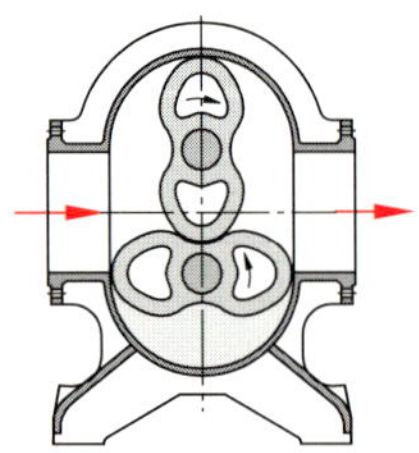

Membran-Verdichter

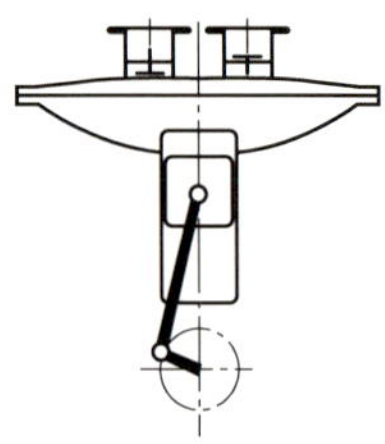

Drehschieberverdichter

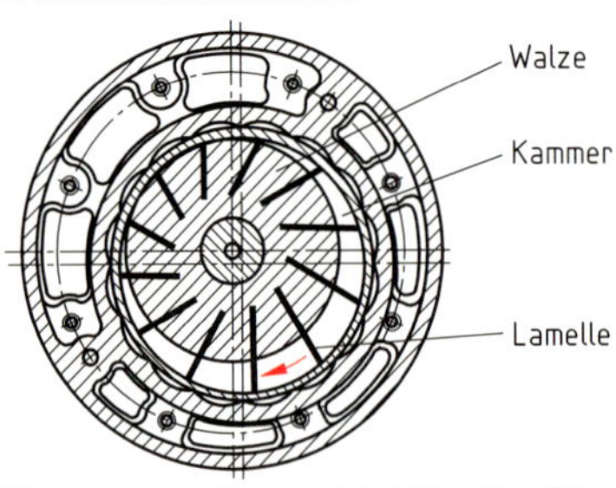

Scroll-Verdichter

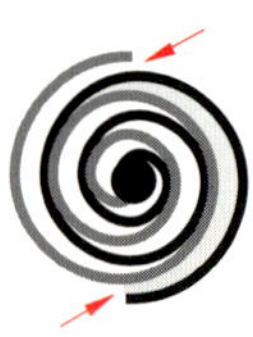

Verdichtung mit Hilfe einer **Drehspirale**

Einlass: radial
Auslass: axial

Turboverdichter
(auch **Kreiselverdichter**)

Konstruktiver Aufbau wie Turbine. Der Welle wird von einer Kraftmaschine → mechanische Energie zugeführt und über eine Beschaufelung an das strömende Medium übertragen. So entsteht → Druckenergie.

Verdichter (Fortsetzung)

Bezeichnung bezüglich der Berührung mit dem Verdichtungsmedium

Offener Verdichter	Antriebsmittel wird nicht vom Verdichtungsmedium (z. B. → Kältemittel) berührt.
Halbhermetischer Verdichter	Kombination eines Verdichters mit einem Elektromotor, die sich beide in einem mediumsdichten (z. B. kältemitteldichten) Gehäuse befinden. Am Gehäuse befinden sich abnehmbare Montageöffnungen. Der Motor arbeitet im Verdichtungsmedium, z. B. Kältemittel-Öl-Gemisch.
Vollhermetischer Verdichter	Motor und Verdichter befinden sich in einem gemeinsamen Gehäuse, welches verschweißt (nicht lösbar) ist. Dies erfordert einen wartungsfreien Betrieb während der gesamten Lebensdauer, bei Kältemittelverdichtern bis über 80.000 Stunden.

Vergleichende Betrachtung wichtiger Verdichterbauarten

Kreisel- bzw. Turboverdichter, radial	Kreisel- bzw. Turboverdichter, axial	Hubkolben- und Hubkolbenmembranverdichter
• Kombination großer Volumenströme mit relativ hohen Enddrücken möglich (bei mehrstufiger Bauweise) • Gleichmäßiger Förderstrom • Hohe Betriebssicherheit • Große Laufruhe • Hohe Standzeiten (wenig Verschleißteile) • Gutes Regelverhalten und gute Anpassung an die jeweiligen Betriebsbedingungen • Große Volumenströme in einer Maschine möglich	• Größte Volumenströme bei niedrigen Enddrücken (< 10 bar) und relativ kleinen Abmessungen der Maschinen möglich) • Durch Verstellung der Leitschaufeln und durch Drehzahländerung gut regelbar • Hohe Betriebssicherheit • Gleichmäßiger Förderstrom • Wirkungsgrad bei gleichen Betriebsdaten bis zu 10 % höher als bei radialer Bauweise (wenn $\dot{V} > 60\,000\ m^3/h$) • Große Laufruhe • Hohe Standzeiten	• Kleinste Förderströme und höchste Enddrücke möglich • Hoher Wirkungsgrad • Geringe Leckrate • Ölfreie Förderung möglich • Breiter Anwendungsbereich für vielfältige Aufgaben • Fördermengen lassen sich oft gut und energiesparend den Betriebsbedingungen anpassen • Evakuieren bis < 0,1 bar möglich • Pulsierender Förderstrom • Ventile erforderlich • Oft geräuschdämmende Maßnahmen erforderlich

Schraubenverdichter	Drehschieberverdichter
• Charakteristik des Hubkolbenverdichters aber Laufruhe wie Turboverdichter (ersetzt unter 10 bar Enddruck in weiten Bereichen den Hubkolbenverdichter) • Gleichmäßiger Förderstrom • Lange Standzeiten (auch bei staubhaltigen Gasen) • Sehr gutes Teillastverhalten bei Drehzahlregulierung	• Unempfindlich gegen Verunreinigungen im Gas, hohe Temperaturen, Erschütterungen und häufiges Ein- und Ausschalten • Große Wartungsintervalle • Verschleißteile leicht ausbaubar • Gleichmäßiger Förderstrom bei relativ kleinen Drehzahlen

Verdichter (Fortsetzung)

Unfallverhütung bei Verdichtern	
UVV	Benennung
VBG 16 **BGV D4** **BGV B7**	Verdichter Kälteanlagen (Verdichter) Sauerstoff (Verdichter)

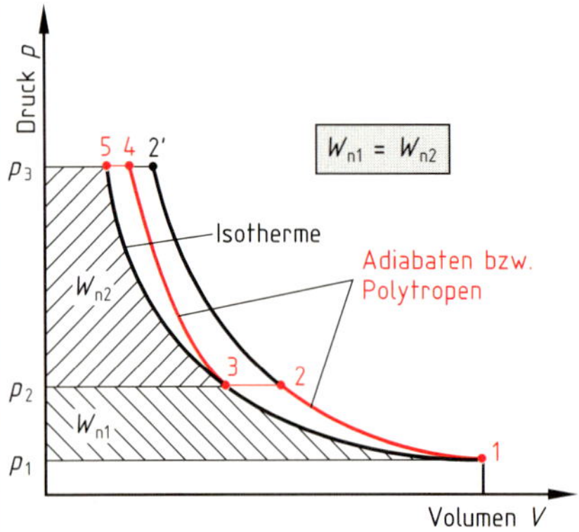

Kältemittelverdichter (Varianten)

Offene Kolbenverdichter
Halbhermetische Kolbenverdichter
Vollhermetische Kolbenverdichter
Scroll-Verdichter
Offene Schraubenverdichter
Halbhermetische Schraubenverdichter
Hermetische Schraubenverdichter
Turboverdichter

Mehrstufige Verdichtung (→ Kreisprozesse):

Es wird mehrstufig verdichtet, wenn die Endtemperatur bei einstufiger Verdichtung zu groß werden würde.

Im nebengezeichneten → p, V-Diagramm ist z. B. $\vartheta_{2'} = 250\,°C$, $\vartheta_4 = 130\,°C$, $\vartheta_5 = 20\,°C$

Das Gas bzw. der Dampf wird in der ersten Stufe nur auf einen ganz bestimmten Zwischendruck verdichtet, dann in einem **Zwischenkühler** abgekühlt, dann weiter verdichtet, wieder abgekühlt usw. Man erreicht

- Verbesserung des → Wirkungsgrades
- Verbesserung der → Leistungszahl

Ventilatoren

Axialventilator

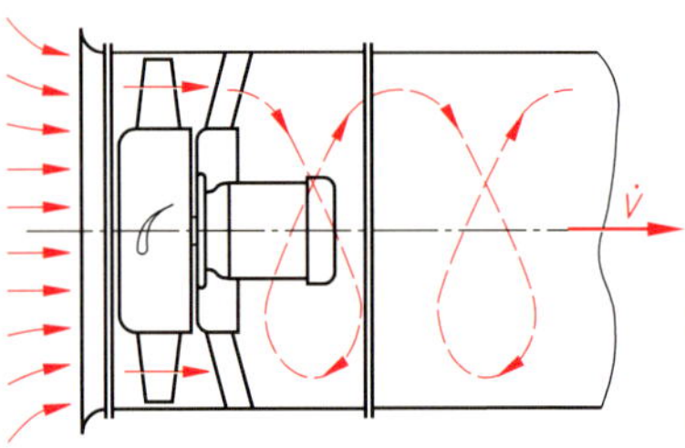

Axialventilator mit Vorleitrad

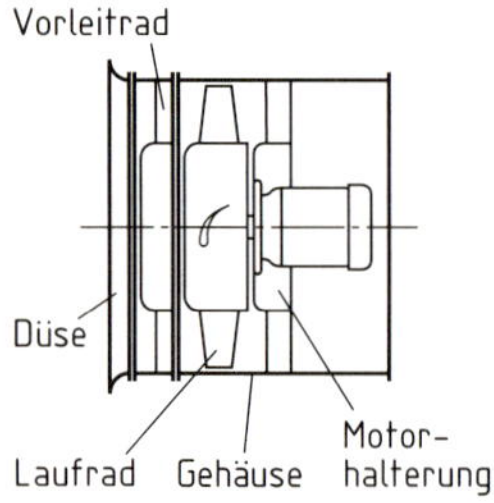

Axialventialtor mit Nachleitrad

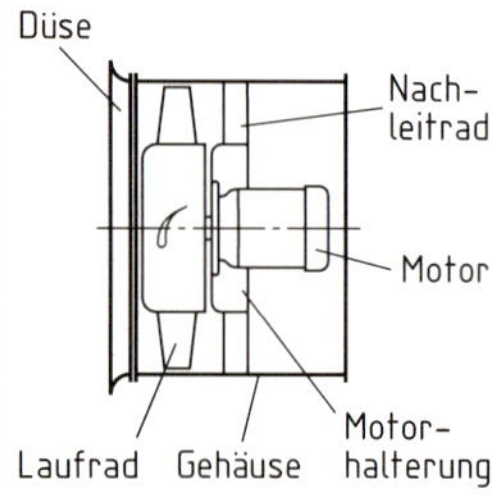

Radialventilator

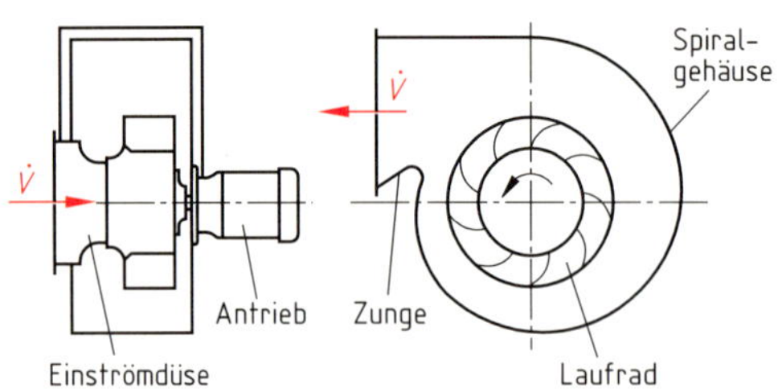

Beim Axialventilator ohne Leitrad stellt sich eine → Geschwindigkeit des Mediums ein, die spiralförmig gerichtet ist, d. h. auch eine Radialkomponente hat. Die durch diese Komponente bewirkte Geschwindigkeitsenergie wird durch Leiträder in zusätzliche → Druckenergie umgewandelt.

Mit Radialventilatoren werden höhere Drücke erreicht als mit Axialventilatoren.

Ebenso wie sich die Förderhöhe bei Pumpen aus einem statischen Teil und einem dynamischen Teil zusammensetzt, gilt auch für Ventilatoren:
Die **Gesamtdruckerhöhung** Δp_{ges} eines Ventilators setzt sich aus der statischen Druckerhöhung Δp_{stat} und der dynamischen Druckerhöhung Δp_{dyn} zusammen (→ Energiegleichung).

Verdichter (Fortsetzung)

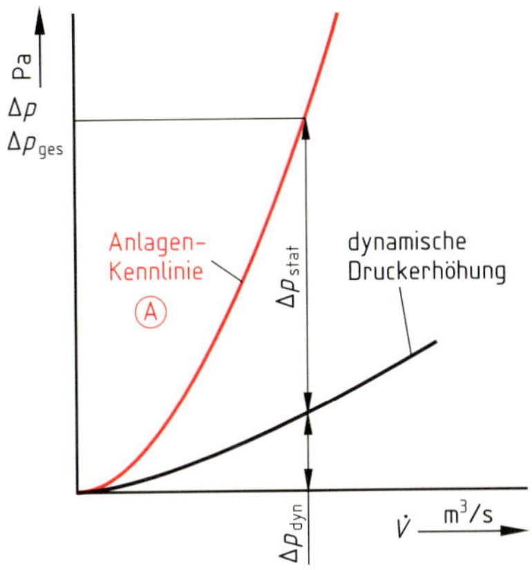

$$\Delta p_{ges} = \Delta p_{dyn} + \Delta p_{stat}$$ **Gesamtdruckerhöhung** in Pa

Δp_{dyn}	dynamische Druckerhöhung	Pa
Δp_{stat}	statische Druckerhöhung	Pa

Die Druckerhöhung bei Ventilatoren wird i.d.R. in Pa (Pascal)(angegeben.

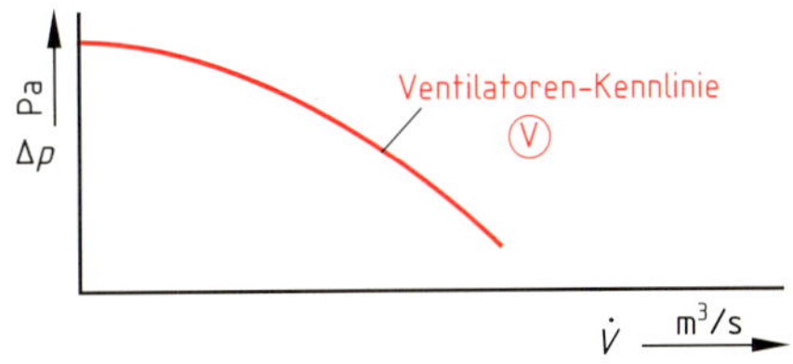

Das charakteristische Verhalten eines Ventilators wird durch seine Kennlinie, der **Ventilatoren-Kennlinie** beschrieben. Diese wird unter Normbedingungen auf dem Prüfstand ermittelt.

Proportionalitätsgesetze:

$$\frac{\dot{V}_1}{\dot{V}_2} = \frac{n_1}{n_2}$$

Der Volumenstrom $\dot{V}$ ändert sich proportional zur Drehzahl n.

$$\frac{\Delta p_{ges\,1}}{\Delta p_{ges\,2}} = \frac{n_1^2}{n_2^2}$$

Die Gesamtdruckerhöhung Δp_{ges} ist dem Quadrat der Drehzahl n^2 proportional.

$$\frac{P_1}{P_2} = \frac{n_1^3}{n_2^3}$$

Der → **Leistungsbedarf** P an der Antriebswelle ist der dritten Potenz der Drehzahl n^3 proportional.

$$\frac{\Delta p_{ges\,1}}{\Delta p_{ges\,2}} = \frac{\varrho_1}{\varrho_2}$$

Die Gesamtdruckerhöhung Δp_{ges} ist der Dichte ϱ proportional.

$$\frac{\Delta p_{ges\,1}}{\Delta p_{ges\,2}} = \frac{T_2}{T_1}$$

Die Gesamtdruckerhöhung Δp_{ges} ist der absoluten Temperatur des Mediums umgekehrt proportional.

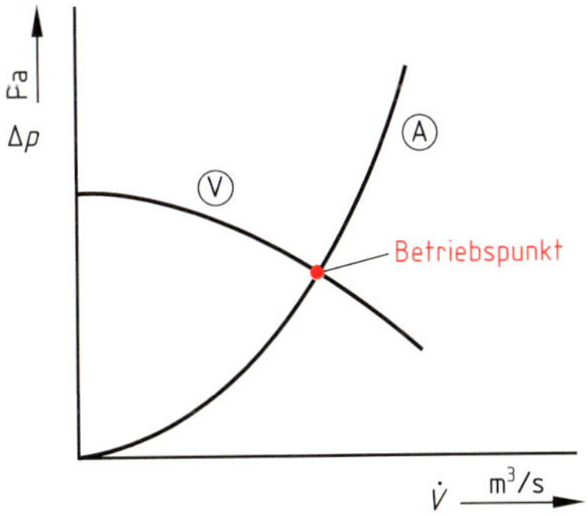

$\dot{V}$	Volumenstorm	m³/s
n	→ Drehzahl	min⁻¹
Δp_{ges}	Gesamtdruckerhöhung	Pa
P	Antriebsleistung (→ Leistung)	kW

$$p_{dyn} = \frac{\varrho}{2} \cdot v^2$$ **dynamischer Druck**

ϱ	Dichte des strömenden Mediums	kg/m³
v	Strömungsgeschwindigkeit des Mediums	m/s

Die Dichte ϱ des strömenden Mediums ist der absoluten Temperatur T derselben proportional (→ Gasgesetze).

T	→ absolute Temperatur des strömenden Mediums	K

Der **Betriebspunkt** des Ventilators in der Anlage ergibt sich durch den Schnittpunkt von Anlagen- und Ventilatorkennlinie.

Die **Anlagen-Kennlinie** ergibt sich mit Hilfe der Gesetze zur Berechnung der → Druckverluste.

Ist der geforderte Volumenstrom sehr groß, dann kann dieser Forderung durch **Parallelbetrieb** mehrerer Ventilatoren nachgekommen werden.

Sind sehr große Anlagenwiderstände zu überwinden, können auch zwei oder mehr Ventilatoren durch **Hintereinanderschaltung** den Betrieb übernehmen. Man spricht hier auch von einer **Reihenschaltung**.

MSR: Temperaturmessung

Einsatzgrenzen von Temperaturmessgeräten: (→ Temperatur)

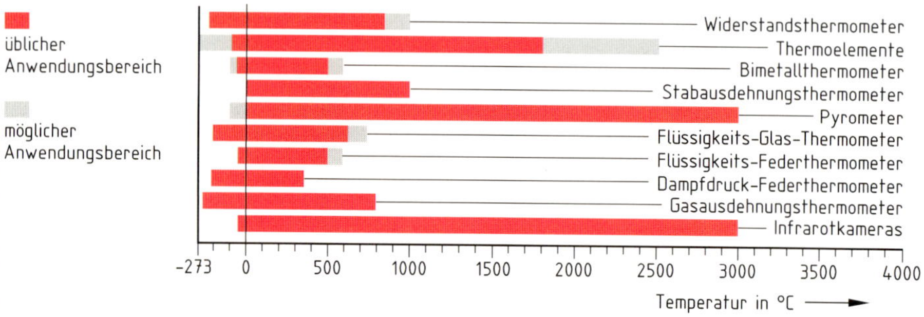

Temperaturmessgeräte im Vergleich

Widerstandsthermometer	Thermoelemente
Üblicher Anwendungsbereich: – 200 °C ... 600 °C Möglicher Anwendungsbereich: – 200 °C ... 1000 °C	Üblicher Anwendungsbereich: – 200 °C ... 1800 °C Möglicher Anwendungsbereich: – 270 °C ... 2500 °C
• Genaueste Betriebsthermometer • Erlaubte Abweichung für Pt 100 nach DIN EN 60751 vom Juni 1996: Klasse A: ± (0,15 °C + 0,002 °C · $\lvert\vartheta\rvert$) Klasse B: ± (0,3 °C + 0,005 °C · $\lvert\vartheta\rvert$) Produziert werden jedoch wesentlich genauere Geräte (bis zu 1/3 der erlaubten Abweichungen, in Spezialausführungen noch genauer) • Hochtemperatur-Widerstandsthermometer bis 1000 °C einsetzbar • Häufigstes Betriebsthermometer, wenn der Messwert fernübertragen oder für eine Regelung oder Steuerung verwendet werden soll • Für gasförmige und flüssige Medien geeignet • Für Temperaturdifferenzmessungen geeignet (günstig: Nickel-Widerstände) • Auch für Messungen nahe der Raumtemperatur geeignet (besser als Thermoelemente) • Einsatz ohne zusätzliches Messwerk möglich • Hilfsstromquelle erforderlich • Nullpunktunterdrückung nicht möglich • Größere Reaktionszeit als Thermoelemente • Bei langen Leitungen Kompensation des Leitungswiderstandes erforderlich • Meist Verwendung von Platin-Widerständen (z. B. Pt 100: R = 100 Ω bei 0 °C). NTC-Widerstände sind im Bereich von –30 °C bis 150 °C genauer	• Kurze Reaktionszeit (je nach Bauart wesentlich kürzer als bei Widerstandsthermometern) • Punktförmige Messungen möglich • Messung von Oberflächentemperaturen möglich • Für Temperaturdifferenzmessungen geeignet • Keine Hilfsstromquelle erforderlich • Fernübertragung zu einer Messwarte ohne gesondertes Messwerk möglich • Für flüssige und gasförmige Messmedien geeignet • Für steuerungs- und regelungstechnische Anlagen geeignet • Einsatz hauptsächlich im Bereich hoher Temperaturen (für Messungen nahe der Raumtemperatur weniger geeignet) • Für genaue Messungen temperierte Vergleichsmessstelle erforderlich, im Allgemeinen mit 0 °C, 20 °C oder (meist) 50 °C • Korrektur von Änderungen der Vergleichsstellentemperatur auf elektrischem Wege (Korrektions- bzw. Kompensationsdose) • Im Allgemeinen lassen sich bei Bedarf mehrere Vergleichsmessstellen in einem Thermostaten unterbringen • Fehlergrenzen meist ± 1 % ... ± 2,5 %, unter besonderen Bedingungen ± 0,2 % erreichbar • Ohne Schutzrohr kurze Reaktionszeit aber Korrosions- und Verschleißgefahr • Insbesondere bei Temperaturen bis 400 °C weniger genau als Widerstandsthermometer

MSR: Temperaturmessung (Fortsetzung)

Grundwerte und Grenzabweichungen von Widerstandsthermometern (DIN EN 60 751, 07.96)

Pt 100 Nennwert: $R_0 = 100\ \Omega$ bei $\vartheta = 0\ °C$ Werkstoff: Platin

Widerstand R_ϑ in Ω bei der Messtemperatur ϑ in °C:

Bereich: $-200\ °C \leq \vartheta \leq 0\ °C$:

$$R_\vartheta = 100\ \Omega \cdot [1 + 3{,}90802 \cdot 10^{-3} \cdot \vartheta + (-5{,}802 \cdot 10^{-7}) \cdot \vartheta^2 + (-4{,}27350 \cdot 10^{-12}) \cdot (\vartheta - 100) \cdot \vartheta^3]$$

Bereich: $0\ °C \leq \vartheta \leq 850\ °C$:

$$R_\vartheta = 100\ \Omega \cdot [1 + 3{,}90802 \cdot 10^{-3} \cdot \vartheta + (-5{,}802 \cdot 10^{-7} \cdot \vartheta^2)]$$

Grenzabweichungen $\Delta\vartheta$ in °C: **Klasse A:** $\Delta\vartheta = \pm (0{,}15 + 0{,}002 \cdot |\vartheta|)$

Klasse B: $\Delta\vartheta = \pm (0{,}3 + 0{,}005 \cdot |\vartheta|)$ $|\vartheta|$: Zahlenwert der Temperatur in °C

Temperatur ϑ in °C	Grundwert R_ϑ in Ω	**Grenzabweichung** Klasse A		**Grenzabweichung** Klasse B	
		$\Delta\vartheta$ in °C	ΔR in Ω	$\Delta\vartheta$ in °C	ΔR in Ω
– 200	18,49	± 0,55	± 0,24	± 1,3	± 0,56
– 100	60,25	± 0,35	± 0,14	± 0,8	± 0,32
– 50	80,31	± 0,25	± 0,1	± 0,55	± 0,22
0	100,00	± 0,15	± 0,06	± 0,3	± 0,12
50	119,40	± 0,25	± 0,09	± 0,55	± 0,21
100	138,50	± 0,35	± 0,13	± 0,8	± 0,30
150	157,31	± 0,45	± 0,17	± 1,05	± 0,40
200	175,84	± 0,55	± 0,2	± 1,3	± 0,48
300	212,02	± 0,95	± 0,33	± 2,3	± 0,79
500	280,90	± 1,35	± 0,43	± 3,3	± 1,06
700	345,13	Widerstandsthermometer Klasse A mit Nennwert 100 dürfen über 650 °C nicht verwendet werden.		± 3,8	± 1,17
800	375,51			± 4,3	± 1,28
850	390,26			± 4,6	± 1,34

Ni 100 Nennwert: $R_0 = 100\ \Omega$ bei $\vartheta = 0\ °C$ Werkstoff: Nickel

Widerstand R_ϑ in Ω bei der Messtemperatur ϑ in °C: (→ Elektrischer Widerstand)

$$R_\vartheta = 100\ \Omega \cdot (1 + 0{,}5485 \cdot 10^{-2} \cdot \vartheta + 0{,}665 \cdot 10^{-5} \cdot \vartheta^2 + 2{,}805 \cdot 10^{-11} \cdot \vartheta^4 - 2 \cdot 10^{-17} \cdot \vartheta^6)$$

Grenzabweichung $\Delta\vartheta$ in °C: Für $-60\ °C \leq \vartheta \leq 0\ °C$ gilt $\Delta\vartheta = \pm (0{,}4 + 0{,}028 \cdot |\vartheta|)$

Für $0\ °C \leq \vartheta \leq 250\ °C$ gilt $\Delta\vartheta = \pm (0{,}4 + 0{,}007 \cdot |\vartheta|)$

Temperatur ϑ in °C	Grundwert R_ϑ in Ω	**Grenzabweichung** $\Delta\vartheta$ in °C	ΔR in Ω	Temperatur ϑ in °C	Grundwert R_ϑ in Ω	**Grenzabweichung** $\Delta\vartheta$ in °C	ΔR in Ω
– 60	69,5	± 2,1	± 1,0	100	161,8	± 1,1	± 0,7
– 30	84,1	± 1,2	± 0,7	150	198,6	± 1,45	± 1,2
0	100,0	± 0,4	± 0,2	200	240,7	± 1,8	± 1,6
50	129,1	± 0,75	± 0,5	250	289,2	± 2,1	± 2,2

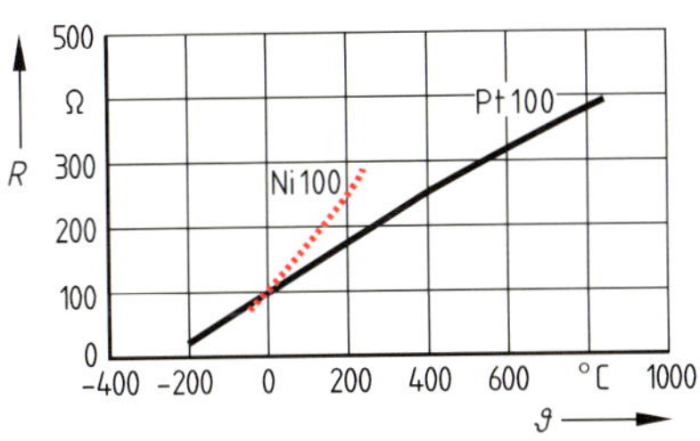

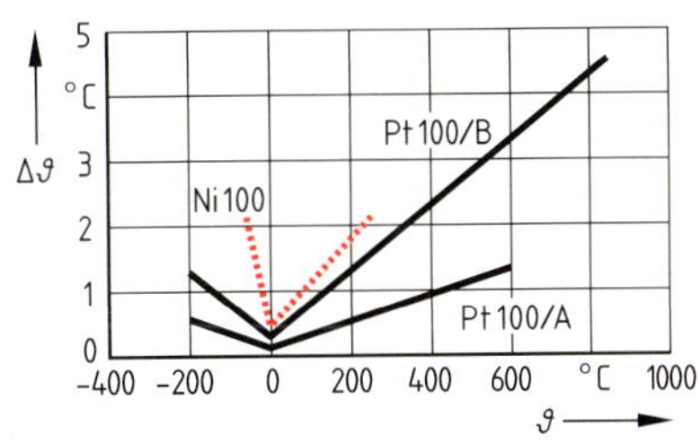

MSR: Temperaturmessung (Fortsetzung)

Thermopaar-Kennzeichnung durch (nach **DIN EN 60 584-1**, 10.96)

Kennbuchstabe	Thermopaar	Kennbuchstabe	Thermopaar
R	Platin-13 % Rhodium/Platin	T	Kupfer/Kupfer-Nickel
S	Platin-10 % Rhodium/Platin	E	Nickel-Chrom/Kupfer-Nickel
B	Platin-30 % Rhodium/ Platin-6 % Rhodium	K	Nickel-Chrom/Nickel
J	Eisen/Kupfer-Nickel	N	Nickel-Chrom-Silicium/Nickel-Silicium (→ Thermospannung)

Thermospannung der einzelnen Thermopaare in Abhängigkeit von der Temperatur

ϑ in °C	Thermospannung *U* in µV für Typ R	S	B	J	T	E	K	ϑ in °C	Thermospannung *U* in µV für Typ R	S	B	J	T	E	K
–270					– 6258	–9835	– 6458	500	4471	4234	1241	27 388		36 999	20 640
–200				– 7890	– 5603	–8824	– 5891	600	5582	5237	1791	33 096		45 085	24 902
–150				– 6499	– 4648	–7279	– 4912	700	6741	6274	2430	39 130		53 110	29 128
–100				– 4632	– 3378	–5237	– 3553	800	7949	7345	3154	45 498		61 022	33 277
–50	– 226	– 236		– 2431	– 1819	– 2787	– 1889	900	9203	8448	3957	51 875		68 783	37 325
–20	–100	– 103		– 995	– 757	– 1151	– 777	1000	10 503	9585	4833	57 942		76 358	41 269
0	0	0	0	0	0	0	0	1100	11 846	10 754	5777	63 777			45 108
50	296	299	2	2585	2035	3047	2022	1200	13 224	11 947	6783	69 536			48 828
100	647	645	33	5268	4277	6317	4095	1300	14 624	13 155	7845				52 398
150	1041	1029	92	8008	6702	9787	6137	1400	16 035	14 368	8952				
200	1468	1440	178	10 777	9286	13 419	8137	1500	17 445	15 576	10 094				
250	1923	1873	291	13 553	12 011	17 178	10 151	1600	18 842	16 771	11 257				
300	2400	2323	431	16 325	14 860	21 033	12 207	1700	20 215	17 942	12 426				
400	3407	3260	786	21 846	20 869	28 943	16 395	1800			13 585				

Grenzabweichungen der Thermopaare

Typ	Temperaturbereiche und Grenzabweichungen Δϑ in °C Klasse 1	Klasse 2	Klasse 3	Typ	Temperaturbereiche und Grenzabweichungen Δϑ in °C Klasse 1	Klasse 2	Klasse 3
T	– 40 ... 125 ± 0,5 125 ... 350 ± 0,004 · |ϑ|	– 40 ... 133 ± 1 133 ... 350 ± 0,0075 · |ϑ|	– 200 ... – 67 ± 0,015 · |ϑ| – 67 ... 40 ± 1	K	– 40 ... 375 ± 1,5 375 ... 1000 ± 0,004 · |ϑ|	– 40 ... 333 ± 2,5 333 ... 1200 ± 0,0075 · |ϑ|	– 200 ... – 167 ± 0,015 · |ϑ| – 167 ... 40 ± 2,5
E	– 40 ... 375 ± 1,5 375 ... 800 ± 0,004 · |ϑ|	– 40 ... 333 ± 2,5 333 ... 900 ± 0,0075 · |ϑ|	– 200 ... – 167 ± 0,015 · |ϑ| – 167 ... 40 ± 2,5	R,S	0 ... 1 100 ± 1 1100 ... 1600 ± [1 + 0,003 · (ϑ – 1100)]	0 ... 600 ± 1,5 600 ... 1 600 ± 0,0025 · |ϑ|	
J	– 40 ... 375 ± 1,5 375 ... 750 ± 0,004 · |ϑ|	– 41 ... 333 ± 2,5 333 ... 750 ± 0,0075 · |ϑ|		B		600 ... 1 700 ± 0,025 · |ϑ|	600 ... 800 ± 4 800 ... 1 700 ± 0,005 · |ϑ|

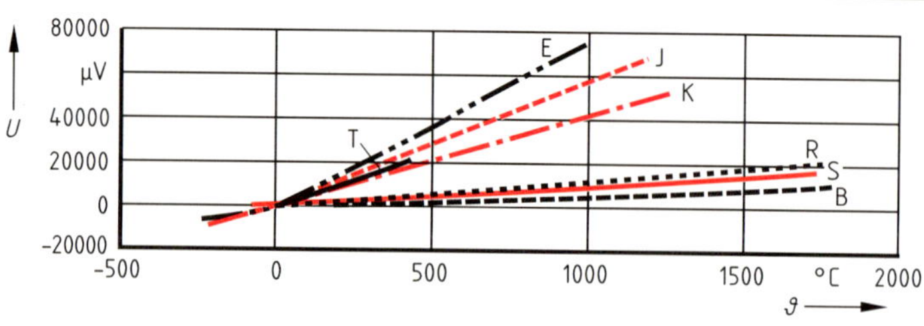

MSR: Temperaturmessung (Fortsetzung)

Temperaturmessgeräte im Vergleich (Fortsetzung)

Bimetallthermometer

Üblicher Anwendungsbereich: – 30 °C ... 500 °C
Möglicher Anwendungsbereich: –100 °C ... 600 °C

- Niedrigerer Preis als Federthermometer
- Betrieb mit induktiven Grenzsignalgebern möglich
- Keine Energieversorgung erforderlich
- Preisgünstige Alternative zu Flüssigkeitsausdehnungsthermometern
- Eichfähige Sonderausführungen verfügbar
- Fehlergrenzen zwischen 0,5 % und 3 % der Messspanne (Klasse 1)
- Ausführungen mit Messwerkdämpfung zur Verhinderung von Messwerkschwingungen unter normalen Bedingungen erhältlich
- Im allgemeinen nur örtlich ablesbar (Zeigerthermometer)
- Bei kleinen Messbereichen erschütterungsempfindlich

Gasdruck-Federthermometer

Anwendungsbereich: – 268 °C ... 800 °C

- Hohe Betriebssicherheit (z. T. pneumatische Übertragung)
- Ungiftige Füllung (Stickstoff oder Helium)
- Keine Explosionsgefahr (im Gegensatz z. T. zu elektrischen Thermometern)
- Nahezu lineare Teilung
- Kleine Temperaturfühler (kurze Reaktionszeit)
- Kapillarfernleitungen bis ca. 100 m möglich (darüber pneumatische Übertragung)
- Z. T. Verschiebung des Messbereichs möglich
- Gut geeignet für Temperaturregelungen
- Preiswerter als Flüssigkeits-Federthermometer
- Messgenauigkeit ± 0,5 % bis 1 % des Anzeigebereiches (Klasse 1)

Dampfdruck-Federthermometer

Anwendungsbereich: –180 °C ... 400 C

- Unempfindlich gegen Schwankungen der Außentemperatur
- Hohe Verstellkräfte (können z. B. direkt an einen Regler übertragen werden)
- Messbereiche 100 K bis 200 K
- Messfehler ca. 2 % des Anzeigenbereiches
- Nichtlineare Skalenteilung
- Kapillare relativ anfällig
- Bei großen Temperaturänderungen können hohe Drücke im System auftreten

Flüssigkeits-Federthermometer

Üblicher Anwendungsbereich: – 35 °C ... 500 °C
Möglicher Anwendungsbereich: – 35 °C ... 600 °C

- Einfacher und robuster Aufbau (hohe Betriebssicherheit)
- Lineare Skalenanzeige
- Kleinste Messbereiche (bis ca. 40 K) möglich
- Fehlergrenzen zwischen 1 % und 2 % des Anzeigebereiches
- Einbaulänge im allgemeinen mindestens 100 mm
- Der Einfluss durch Außentemperaturschwankungen ist zu beachten (im allgemeinen bei Kapillarleitungen > 7 m Länge erforderlich, evtl. Temperaturkompensation notwendig)
- Empfindlich gegen Knicken der Kapillarleitung

Anzeigebereiche, Messbereiche und Fehlergrenzen von Bimetall- und Federthermometern (Zeigerthermometern)

(nach **DIN EN 1319**, 03.2000)

Anzeigebereich in °C	Messbereich in °C	Fehlergrenzen in °C		Anzeigebereich in °C	Messbereich in °C	Fehlergrenzen in °C	
		Klasse 1	Klasse 2			Klasse 1	Klasse 2
– 20 ... 40	– 10 ... 30	1,0	2,0	0 ... 160	20 ... 140	2,0	4,0
– 20 ... 60	– 10 ... 50	1,0	2,0	0 ... 200	20 ... 180	2,0	4,0
– 20 ... 120	– 10 ... 110	2,0	4,0	50 ... 650	150 ... 550	10,0	15,0
– 30 ... 30	– 20 ... 20	1,0	2,0	100 ... 700	200 ... 600	10,0	15,0
– 30 ... 50	– 20 ... 40	1,0	2,0	0 ... 250	30 ... 220	2,5	5,0
– 30 ... 70	– 20 ... 60	1,0	2,0				
– 40 ... 40	– 30 ... 30	1,0	2,0	0 ... 300	30 ... 270	5,0	10,0
– 40 ... 60	– 30 ... 50	1,0	2,0				
– 100 ... 60	– 80 ... 40	2,0	4,0				
0 ... 60	10 ... 50	1,0	2,0	0 ... 400	50 ... 350	5,0	10,0
0 ... 80	10 ... 70	1,0	2,0	0 ... 500	50 ... 450	5,0	10,0
0 ... 100	10 ... 90	1,0	2,0	0 ... 600	100 ... 500	10,0	15,0
0 ... 120	10 ... 100	2,0	4,0	0 ... 700	100 ... 600	10,0	15,0

8

MSR: Temperaturmessung (Fortsetzung)

Temperaturmessgeräte im Vergleich (Fortsetzung)

Flüssigkeitsausdehnungsthermometer

Anwendungsbereich: – 200 °C ... 625 °C

Füllung:	Anwendungsbereich:
Quecksilber	– 39 °C ... 625 °C
Toluol	– 90 °C ... 100 °C
Ethanol	– 110 °C ... 100 °C
Pentangemisch	– 200 °C ... 30 °C

- Geringste Messunsicherheit (0,02 K bei Quecksilberfüllung)
- Für Eich- und Abnahmezwecke gebräuchlich
- Zuverlässig
- Niedriger Preis
- Bei Quecksilberfüllung als Kontaktthermometer für einfache Zweipunktregelungen geeignet
- Nur örtliche Anzeige (zur zentralen Messwerterfassung nicht geeignet)
- Bruchempfindlich

Pyrometer/Infrarot-Thermometer

Anwendungsbereich: –100 °C ... 3500 °C

- Messung von Oberflächentemperaturen möglich
- Berührungsloses Messen
- Für sehr hohe Temperaturen geeignet
- Günstig für Messungen an plastischen Werkstoffen und bei sehr aggressiven Medien
- Genauigkeit ca. 0,5 % ... 1,0 % vom Skalenendwert, bei preiswerteren Geräten geringer
- Geräte z. T. mit Wasserkühlmantel für den Einsatz bei sehr hohen Umgebungstemperaturen (bis ca. 200 °C) lieferbar
- Relativ hoher Preis

Emissionsfaktoreinstellungen für Pyrometer bei verschiedenen Oberflächen (→ Strahlung)

Material der Oberfläche	Emissionsfaktoreinstellung bei einem Spektralbereich des Messgerätes von			
	1,0 µm	2,2 bzw. 3,9 µm	5,1 µm	8 ... 14 µm
Aluminium, oxidiert –, nicht oxidiert		0,20 ... 0,40 0,02 ... 0,2	0,20 ... 0,40 0,02 ... 0,2	0,20 ... 0,40 0,002 ... 0,1
Asbest	0,90	0,80	0,90	0,95
Blei, oxidiert –, poliert	 0,35	0,30 ... 0,70 0,05 ... 0,20	0,20 ... 0,70 0,05 ... 0,20	0,20 ... 0,60 0,05 ... 0,10
Chrom		0,05 ... 0,30	0,03 ... 0,30	0,02 ... 0,20
Glas		0,20	0,98	0,85
Graphit		0,80 ... 0,90	0,70 ... 0,90	0,70 ... 0,80
Gummi			0,90	0,95
Gusseisen, oxidiert –, nicht oxidiert	0,70 ... 0,90 0,35	0,70 ... 0,95 0,30	0,65 ... 0,95 0,25	0,60 ... 0,95 0,20
Inconel, oxidiert –, elektropoliert	0,40 ... 0,90 0,20 ... 0,50	0,60 ... 0,90 0,25	0,60 ... 0,90 0,15	0,70 ... 0,95 0,15
Keramik	0,40	0,80 ... 0,95	0,85 ... 0,95	0,95
Kupfer, oxidiert –, poliert		0,70 ... 0,90 0,03	0,50 ... 0,80 0,03	0,40 ... 0,80 0,03
Messing, oxidiert –, poliert		0,60 0,01 ... 0,05	0,50 0,01 ... 0,05	0,50 0,01 ... 0,05
Monel	0,30	0,20 ... 0,60	0,10 ... 0,50	0,10 ... 0,14
Nickel, oxidiert –, nicht oxidiert	 0,80 ... 0,90	0,40 ... 0,70	0,30 ... 0,60	0,20 ... 0,50
Stahl, oxidiert –, rostfrei	0,80 ... 0,90 0,35	0,80 ... 0,90 0,20 ... 0,90	0,70 ... 0,90 0,15 ... 0,80	0,70 ... 0,90 0,10 ... 0,80
Titan, oxidiert		0,60 ... 0,80	0,50 ... 0,70	0,50 ... 0,60
Zink, oxidiert –, poliert	0,60 0,50	0,15 0,05	0,10 0,03	0,10 0,20
Zinn, nicht oxidiert		0,10 ... 0,30	0,05	0,05

MSR: Druckmessung (→ Druck)

Größte und kleinste Messbereiche der wichtigsten industriellen Druckmessgeräte:

Größte Messbereiche:

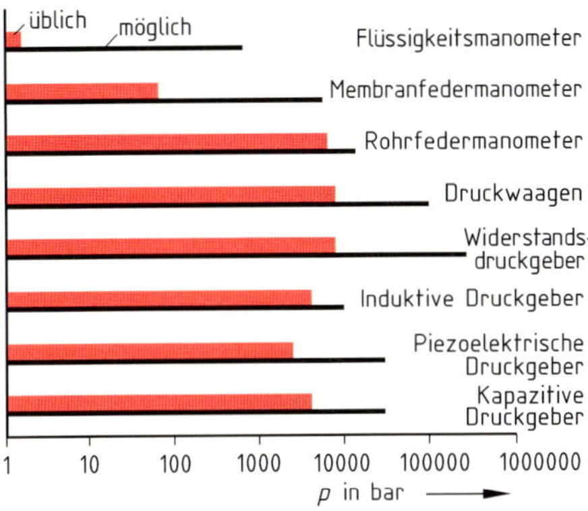

Kleinste Messbereiche:

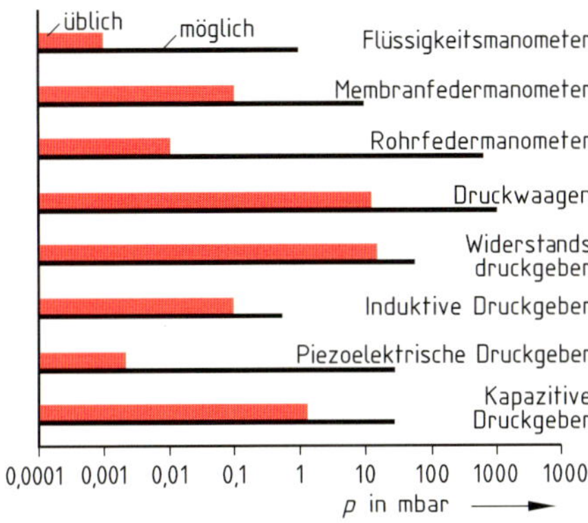

Die wichtigsten industriellen Druckmessgeräte im Vergleich

Rohr-(Kreis-, Spiral- oder Schrauben-)federmanometer	Plattenfedermanometer
Übliche Messbereiche: 600 mbar ... 7000 bar (Spezialausführungen bis 0,01 mbar) Minimaler Messfehler: 0,1 % des Messwertes, 0,06 % in Spezialausführungen Einsatztemperatur: – 25 °C ... > 100 °C	Übliche Messbereiche: 10 mbar ... 40 bar Minimaler Messfehler: 1,6 % des Skalenendwertes (0,6 % möglich) Einsatztemperatur: – 25 °C ... > 100 °C
• Für Flüssigkeiten und Gase geeignet • Lineare Skalen • Temperaturfehler kleiner als bei Plattenfedermanometer (aber größer als bei Kapselfedermanometer) • In besonderer Ausführung auch für Differenzdruckmessung geeignet • Leichter zu fertigen als Plattenfedermanometer • Einsatz in aggressiver Umgebung möglich • Größere Messwege als Plattenfedermanometer • Geräte mit elektrischem Ausgang erhältlich • Füllung mit Dämpfungsflüssigkeit (Glycerin oder Siliconöl) zur Dämpfung von Erschütterungen und schnellen Lastwechseln möglich • Für viskose und kristallisierende Messmedien weniger geeignet (evtl. Kombination mit Druckmittlern) • Empfindlich gegen Vibrationen, Erschütterungen und schnell wechselnde Drücke • Nur begrenzt gegen Überlast zu schützen (Überlastsicherheit meist bis ca. 1,3fach, möglich bis ca. 2fach) • Relativ geringe Stellkraft	• Für Flüssigkeiten und Gase geeignet • Unempfindlicher gegen Vibrationen, Erschütterungen und schnell wechselnde Drücke als Rohrfedermanometer • Durch Abfangen große Überlast (bis 10fach) möglich • Durch Beschichtung oder vorgelegte Folien besser gegen Korrosion zu schützen als Rohrfedermanometer • Je nach Konstruktion auch für hochviskose und kristallisierende Messmedien geeignet • Besonders für kleinere positive und negative Überdrücke geeignet • Relativ große Stellkraft • Kurze Einstellzeit • Zur Messung kleinerer Differenzdrücke bei relativ hohen statischen Drücken geeignet • Temperaturfehler z. T. doppelt so groß wie beim Rohrfedermanometer • Ausführungen mit Dämpfungsflüssigkeit (Glycerin oder Siliconöl) zur Dämpfung von Vibrationen, Erschütterungen und schnellen Lastwechseln

Anlagentechnik

MSR: Druckmessung (Fortsetzung)

Die wichtigsten industriellen Druckmessgeräte im Vergleich (Fortsetzung)

Kapselfedermanometer	Flüssigkeitsmanometer
Übliche Messbereiche: 2,5 mbar ... 1000 mbar Minimaler Messfehler: 0,1 % vom Skalenendwert Einsatztemperatur: bis 100 °C Mediumtemperatur	Übliche Messbereiche: 1 mbar ... ca. 1,6 bar Minimaler Messfehler: i. a. 0,3 % vom Messwert (bis 0,001 % möglich)
• Für kleine und kleinste positive und negative Überdrücke • Sehr kleiner Temperaturfehler (kleiner als bei Rohrfedermanometer) • Auch für Differenzdruckmessung geeignet • Einsatz meist für gasförmige Messmedien (für Flüssigkeiten mit Einschränkung) • Bei hochviskosen und kristallisierenden Messmedien mit vorgeschaltetem Druckmittler einsetzbar • Bis ca. 1,3fache Überlastsicherheit • Flüssigkeiten einschließlich Kondensate sollten nicht ins Messwerk gelangen (Korrosionsgefahr und vergrößerter Messfehler)	• Sehr genaue Ausführungen möglich (neben der Druckwaage genauestes Druckmesssystem) • Genaue Differenzdruckmessung auch bei hohen Absolutdrücken möglich • Für Messung kleinster Drücke geeignet • Wenig geeignet für raue Betriebsbedingungen (erschütterungs- und – in Glasausführung – bruchempfindlich) • Bei Abweichung von der Raumtemperatur aufwendige Korrekturrechnungen erforderlich • Meist auf Labor- und Technikumsbereich beschränkt
Kolbendruckwaagen	**Induktive Druckaufnehmer**
Übliche Messbereiche: 14 mbar ... > 8000 bar Minimaler Messfehler: 0,0035 % vom Messwert	Übliche Messbereiche: 0,6 mbar ... 4000 bar Minimaler Messfehler: 0,2 % vom Messwert
• Sehr genau (Einsatz vorwiegend zur Kalibrierung bzw. Eichung anderer Druckmessgeräte) • Für den Einsatz in der Produktion i. a. nicht geeignet (starker Dichtungsverschleiß im Dauerbetrieb, teuer und aufwendig) • In speziellen Ausführungen Drücke bis 100 000 bar möglich, bei Genauigkeiten bis 0,1 % • Aufwendige Konstruktion (rotierender Kolben um Reibung an der Kolbendurchführung zu vermeiden)	• Für schnell wechselnde Drücke geeignet • Bevorzugt zur Messung kleiner Drücke als Alternative zu DMS-Druckaufnehmern • Kaum mechanische Verschleißteile • Unmittelbare Erzeugung eines zur Fernübertragung geeigneten Signals • Energieversorgung erforderlich • Ex-Ausführungen möglich
Kapazitive Druckaufnehmer	**Piezoelektrische Druckaufnehmer**
Übliche Messbereiche: 1,25 mbar ... 4000 bar Minimaler Messfehler: 0,1 % vom Messwert Einsatztemperatur: – 40 °C ... 85 °C	Übliche Messbereiche: 25 mbar ... 2500 bar Minimaler Messfehler: 0,1 % vom Messwert Einsatztemperatur: – 200 °C ... 400 °C
• Langzeitstabile hohe Messgenauigkeit • Für Gase, Dämpfe und Flüssigkeiten geeignet • Temperaturfehler praktisch vernachlässigbar • Überlastsicherheit z. T. bis ca. 100fach • Kaum mechanische Verschleißteile • Unmittelbare Erzeugung eines zur Fernübertragung geeigneten Signals • Z. T. auch bei explosiblen Medien einsetzbar • Energieversorgung erforderlich	• Besonders günstig bei schnell wechselnden Drücken (z. B. bei Kavitationsuntersuchungen) • Kaum temperaturabhängig • Keine elektrische Hilfsgröße zur Erzeugung der Messgröße erforderlich • Kaum Verschleißteile • Unmittelbare Erzeugung eines zur Fernübertragung geeigneten Signals • In speziellen Ausführungen Messbereiche von 0,002 mbar bis ca. 26 000 bar möglich

MSR: Füllstandmessung

Auswahl von Füllstandmessgeräten:

1 Schwimmermethode
2 Bodendruck- bzw. hydrostatische Methode
3 Einperlmethode
4 Schau- und Standgläser
5 Kapazitive Methode
6 Ultraschallmethode
7 Mikrowellen-(Radar-)methode
8 Laser- bzw. optische Methode
9 Radiometrische bzw. radioaktive Methode

Schema zur Grobauswahl

G: geeignet   BG: bedingt geeignet   WG: weniger geeignet   N: nicht geeignet

Betriebsbedingungen	1	2	3	4	5	6	7	8	9
Füllmedium Feststoff	N	N	N	G9)	BG12)	G	G	G	G
Hochviskose und adhäsive Füllmedien	BG1)	BG	WG6)	WG	BG13)	G	G	G	G
Starkes Rühren	BG2)	WG	WG	WG10)	N	N	G17)	G	G
Schaumbildung	G	G	G	G	BG	G15)	BG18)	BG	BG19)
Druckschwankungen in der Behälteratmosphäre	G	N3)	N3)	G	G	G	G	G	BG
Bodensatz, Kristallisation	G	BG	WG7)	G	G	G	G	G	G
Temperatur- und Dichteänderungen beim Füllmedium	G	N4)	N8)	G	G	G16)	G	G	BG20)
Hoher Druck im Behälter	G	G	G	G11)	G	N	G	G	G21)
Hohe Temperatur im Behälter	G	G	G	G	G	WG	G	G	G
Trennschichtmessung	G	G5)	G5)	G9)	BG14)	WG	G	N	G22)

Anmerkungen:

1) Alle newtonschen Flüssigkeiten und Suspensionen
2) Mit Führungsrohr bzw. Führungsstange
3) Kompensation durch Differenzdruckmessung möglich
4) Kompensation möglich
5) Als Differenzdruckmessung
6) Sofern das Messgas hindurchperlen kann
7) Systeme mit Selbstreinigung durch Druckstoß möglich
8) Korrektur möglich, wenn der Verlauf der Dichteänderung bekannt ist
9) Nur bei Schauglasmessung
10) Dämpfung möglich
11) Bei Verwendung von Borosilikatglas mit Glimmerpaketen
12) Wegen Feuchteschwankungen
13) Nichtleitende Anhaftungen vernachlässigbar
14) Bei ausr. Differenz der Dielektrizitätskonst.
15) Evtl. Messung von unten durch die Flüssigkeit
16) Bei Kombination mit Temperaturfühler Kompensation möglich
17) Nur bei konstanten Rührbedingungen
18) Je nach Schaumdichte (evtl. Vorversuche erforderlich)
19) Kann bei bekannter Dichte kompensiert werden
20) Schichtdicke des Mediums muss gegenüber der Gefäßwanddicke groß genug sein
21) Behälter evtl. leer bei Betriebsdruck kalibrieren
22) Wird so eingestellt, dass die Strahlung durch das weniger dichte Medium hindurchgeht

Provisorische Installation einer Füllstandmessung nach der Bodendruckmethode (→ statische Druckhöhe)

Am unteren Behälterboden wird ein Manometer angebracht. Bei bekannter Dichte des Füllmediums kann die Füllstandhöhe nach der folgenden Formel berechnet werden:

$$h = \frac{p}{\varrho \cdot g}$$

(→ Druck)

h Füllstandhöhe in m
p Bodendruck in Pa
ϱ → Dichte des Füllmediums in kg/m^3
g → Fallbeschleunigung ($9{,}81\ m/s^2$)

Voraussetzung:
Im Behälter darf kein Überdruck herrschen.

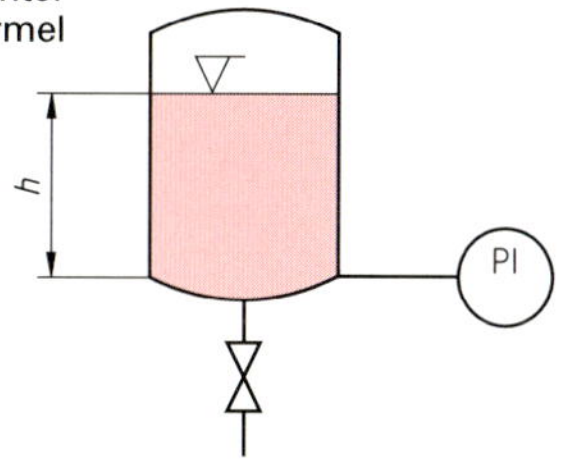

MSR: Durchflussmessung

Auswahl von Durchflussmessgeräten: (→ Kontinuitätsgleichung, Energiegleichung)

1 Schwebekörperdurchflussmesser
2 Drosselgeräte (Messblenden usw.)
3 Magn.-induktive Durchflussmesser
4 Ultraschalldurchflussmesser
5 Vortex-(Wirbel-)Durchflussmesser
6 Turbinendurchflussmesser
7 Thermische Durchflussmesser
8 Massendurchflussmesser (Coriolis-Prinzip)

Schema zur Grobauswahl

Betriebsbedingungen	1	2	3	4	5	6	7	8
Flüssiges Messmedium	G	G	G[1]	G	G	G	BG[2]	G
Gasförmiges Messmedium	G[3]	G[3]	N	G	G[3]	G	G	G
Hohe Viskosität	WG	WG	G	G	WG bis N	WG bis N	BG	G
Flussrichtung wechselnd	N	N[4]	G	G	N[4]	G[5]	BG[5]	G
Stark verschmutztes oder abrasives Messmedium	BG	WG	G	WG[6]	BG	N	WG	BG
Nichtleitendes Messmedium	G	G	N	G	G	G	G	G
Hohe Drücke	G	G	G	BG	BG	BG	G	G
Hohe Temperaturen	G	G	BG[5]	BG	BG[5]	BG[5]	G	BG
Niedrige Druckverluste gefordert	BG	WG	G	G	BG[5]	BG	G	G[5]
Sehr kleine Nennweiten	G	BG	G	BG	WG	BG	G	G
Große Nennweiten	N[7]	G	G	G	BG	BG	G	N
Nicht konstantes Strömungsprofil	BG	WG	G	WG	WG	WG	WG	G
Gasblasen im Messmedium	BG	WG	BG	WG	WG	N	—	BG

G: Geeignet BG: Bedingt geeignet WG: Weniger geeignet N: Nicht geeignet

Die Zahlenwerte der folgenden Tabelle entsprechen den Katalogangaben der wichtigsten Hersteller auf dem deutschen Markt, sie sind als Werte zu betrachten, die unter günstigen Bedingungen und evtl. von bestimmten Bauausführungen zu erreichen sind, entsprechen also meist nicht den Standardwerten (vgl. obige Tabelle).

Eigenschaften von Durchflussmessgeräten

Eigenschaften	1	2	3	4	5	6	7	8
Erreichbare Messgenauigkeit in % (M: Messwert, E: Skalenendwert)	0,3 M <1 E	0,5 M	0,2 M 0,1 E	0,5 M	0,25 M	0,25 M 0,15 E	1 M	0,15 M
Bereich $\dot{V}_{max}/\dot{V}_{min}$ (Dynamik), je nach Ausführung bis	100 : 1	30 : 1	1000 : 1	100 : 1	100 : 1	30 : 1	300 : 1	1000 : 1
Maximale Betriebsdrücke in bar	500[8]	> 100	> 350	> 250[9]	> 320	> 3000	> 400	>1000
Betriebstemperaturen in °C min. max.	– 50 500	– 40 900	– 40 250	– 200 400	– 200 500	– 100 > 350	– 50 500	– 200 420
Nennweiten (DN) min. max.	3 300	15 >12 000	1 >3000	6 > 4000	15 350	3 > 500	3 > 6000	3 200[10]
Strömungsgeschwindigkeit in m/s (Flüssigk.) min. max.	0,5 8	 8	< 0,1 12,5[9]	0,1 10	0,4 9	0,2 9	0,01 75[11]	< 0,1 10
Volumenströme (Flüssigkeiten) min. (l/min) max. (m³/h)	< 0,0003 > 200[12]	7 > 26 000	0,008 113 000	3 100 000	0,1 2500	0,1 600	0,003 5000[11]	0,002 1500

1) Mindestleitfähigkeit erforderlich
2) In der Regel nur für Gase
3) Auch für Dämpfe
4) Geeignete Ausführungen erhältlich
5) Je nach Ausführung
6) Nur Dopplerprinzip
7) Als Nebenstrommesser geeignet
8) Mit Metallkonus bzw. -zylinder
9) Vom Prinzip her nicht begrenzt
10) In besonderer Bauart bis 600
11) Gase
12) Als Hauptstrommesser

MSR: Durchflussmessung (Fortsetzung)

Durchflussmessverfahren im Vergleich

Schwebekörperdurchflussmesser

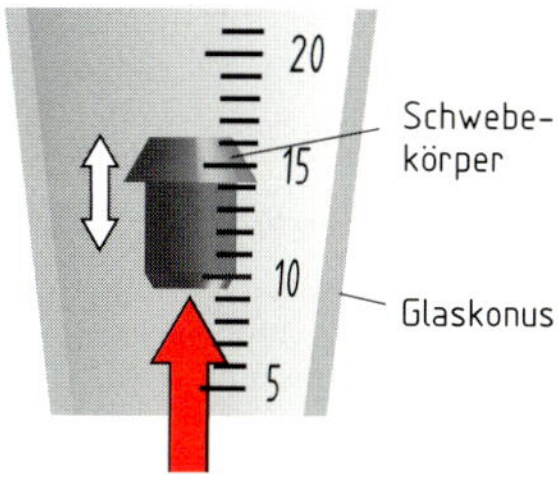

(→ statischer und dynamischer Auftrieb)

- Gut geeignet für sehr kleine Volumenströme (in Sonderausführungen bis ca. $\dot{V} = 1\ cm^3/h$)
- I. a. keine Einlaufstrecke erforderlich (Einbau unmittelbar nach Krümmern, Ventilen usw. möglich)
- Relativ geringer Druckverlust
- Als Nebenstromdurchflussmesser auch für große Nennweiten geeignet
- Gute Stabilität
- Überlastbar
- Bewährtes und häufig eingesetztes Verfahren
- Lineare Skalenteilung
- Messbereichsänderung z. T. durch Austausch des Messrohres möglich
- Bei Glasausführung Messmedium beobachtbar
- Ex-Schutz-Ausführungen möglich

- Messmethode abhängig von Dichte, Temperatur und Viskosität des Messmediums
- Strömungsrichtung festgelegt
- Für pulsierende Strömung nicht geeignet
- In Glasausführung Bruchgefahr
- Senkrechte Einbaulage gefordert (Ausnahme: Geräte, die gegen Federdruck arbeiten)

Drosselgeräte (Blenden, Düsen usw.)

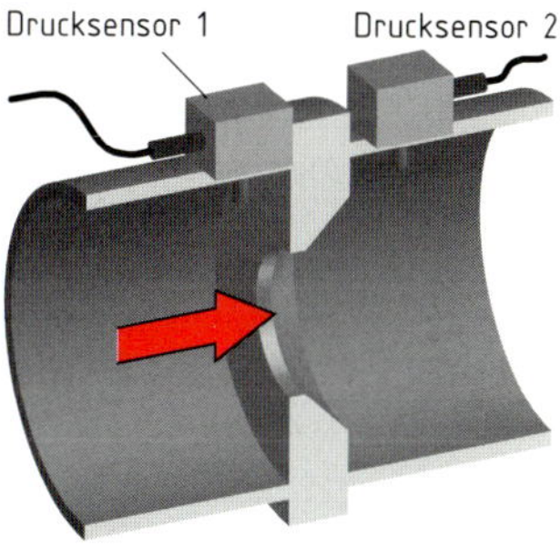

(→ Durchfluss- und Energiegleichung)

- Genormte Ausführungen von Blenden und Düsen nach **DIN EN ISO 5167** (01.04)
- Großer Nennweitenbereich
- Keine bewegten Teile
- Für die meisten Gase und Flüssigkeiten anwendbar
- Bei Blenden sehr kurze Einbaulänge und geringes Gewicht
- Blenden bevorzugt für Gase und Dämpfe
- Ex-Schutz möglich
- V-Konus-Geräte: relativ unempfindlich gegen Abnutzung, relativ geringer Druckverlust und relativ kurze Ein- und Auslaufstrecke
- Stabförmige Staudrucksonden: geringer Druckverlust, ohne Betriebsunterbrechung installierbar, z. T. ein- und ausfahrbar (um Rohrmolchen zu ermöglichen) und z. T. für Umkehrung der Strömungsrichtung geeignet
- Von den genormten Geräten besitzen die Blenden die höchste Genauigkeit. Normdüsen zeigen einen etwas geringeren Druckverlust und geringere Abriebempfindlichkeit, Normventuridüsen und -Rohre den geringsten bleibenden Druckverlust aber auch den höchsten Preis.

- Pulsationen können bei allen Geräten die Messung stören
- Z. T. hoher Druckverlust (besonders bei Blenden)
- Genauigkeit der Messergebnisse stark vom Abnutzungsgrad der Geräte abhängig
- Z. T. aufwendige Installation
- Für hohe Viskositäten weniger geeignet
- Nicht linearer Zusammenhang zwischen Durchfluss und der Messgröße Δp
- Messprinzip stark dichteabhängig
- Messprinzip sehr empfindlich gegen Störungen der Zu- und Ablaufströmung (Ein- und Auslaufstrecken erforderlich)

MSR: Durchflussmessung (Fortsetzung)

Durchflussmessverfahren im Vergleich (Fortsetzung)

Magnetisch-induktive Durchflussmesser (MID)

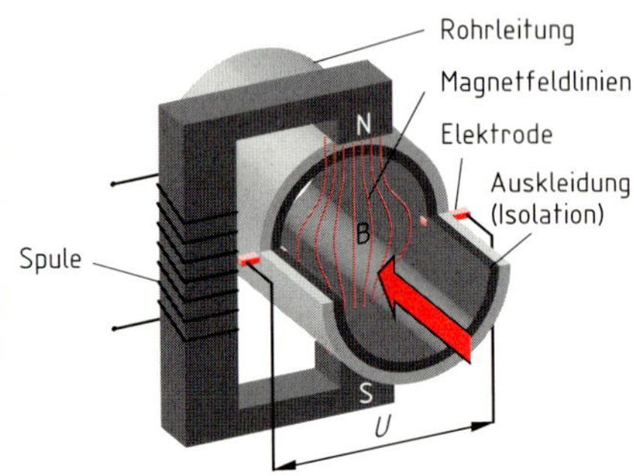

- Keine Querschnittsänderung der Rohrleitung, deshalb nahezu kein Druckverlust
- Beliebige Einbaulage
- Unabhängig von Temperatur, Druck, Dichte und Viskosität
- Minimaler Einfluss des Strömungsprofils (kurze Ein- und Auslaufstrecken)
- Großer Nennweitenbereich
- Wechsel der Strömungsrichtung möglich
- Auch für teilgefüllte Rohrleitungen einsetzbar
- Unempfindlich gegen Feststoffpartikel im Messmedium
- Anpassung an wechselnde Messmedien nicht erforderlich
- Auch für hohe Strömungsgeschwindigkeiten geeignet
- Keine bewegten Teile
- Für alle leitfähigen Medien geeignet (auch für Breie, Pasten, aggressive Medien, hochviskose Medien usw.)
- Eichamtliche Zulassung möglich
- Ex-Schutz möglich
- Auch bei pulsierenden Strömungen einsetzbar
- Hohe Genauigkeit, bei großen Nennweiten ungenauer
- Mindestleitfähigkeit von ca. 1 µS/cm beim Messmedium erforderlich
- Von Energieversorgung abhängig
- Messfehler durch Ablagerungen möglich

Ultraschalldurchflussmesser

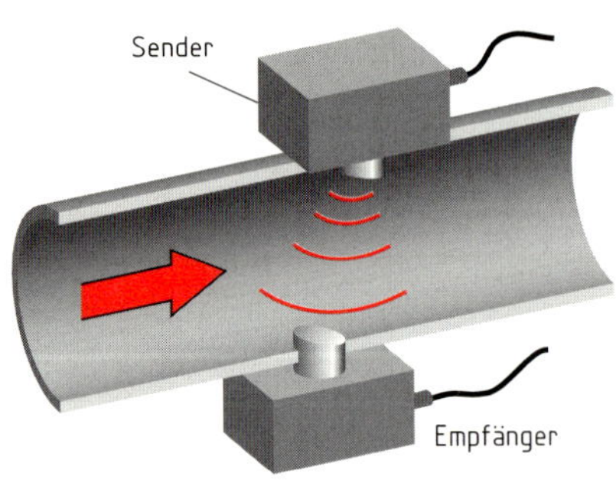

(→ Akustik)

- Nahezu kein Druckverlust (keine Querschnittsänderung der Rohrleitung, wenn auf Außenwand montiert)
- Für nachträgliche Installation (auch ohne Betriebsunterbrechung) gut geeignet
- Einsatz auch bei sehr großen Nennweiten möglich
- Hohe Lebensdauer
- Messmethode unabhängig von Dichte, Druck, Leitfähigkeit und in den meisten Fällen auch unabhängig von der Temperatur des Messmediums
- Für alle durchschallbaren homogenen Messmedien geeignet
- Auch für offene Gerinne und Wehre geeignet
- Beim Doppler-Prinzip Feststoffanteile bis $w = 15$ % möglich
- Transportable, netzunabhängige Geräte möglich
- Keine bewegten und abnutzbaren Teile
- Preisgünstig besonders bei großen Nennweiten
- Der Zustand der Rohrwand und Ablagerungen können den Messwert beeinflussen
- Ex-Schutz möglich
- Hauptsächlich für Flüssigkeiten
- Laufzeitverfahren nur für homogene Flüssigkeiten (bis max. 2 % Feststoffanteil, je nach Verfahren, Gasblasen können die Messung ebenfalls stören, je nach Aufwand der Auswertung)
- Methode ungünstig bei stark gestörtem Strömungsprofil (angewiesene Ein- und Auslaufstrecken unbedingt einhalten!)
- Bei hohen Genauigkeitsanforderungen nur bedingt geeignet

MSR: Durchflussmessung (Fortsetzung)

Durchflussmessverfahren im Vergleich (Fortsetzung)

Wirbeldurchflussmesser (Vortex-Durchflussmesser)

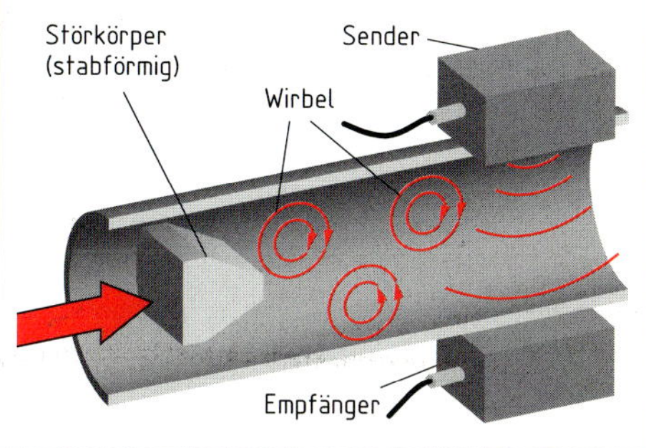

- Geeignet für Gase, Dämpfe und niedrigviskose Flüssigkeiten
- Unabhängig von Dichte, Druck, Leitfähigkeit und Temperatur
- Im üblichen Anwendungsbereich unabhängig von der Viskosität des Messmediums
- Hohe Langzeitstabilität (nur eine anfängliche Kalibrierung erforderlich) und Überlastsicherheit
- Einfacher Einbau
- Gut geeignet für Dampfleitungen mit Neigung zu Wasserschlägen
- Zunehmende Einsatzhäufigkeit bei nichtleitenden Messmedien (gute Alternative zu Messblenden)
- Keine beweglichen Teile
- Mit Zwillingssonden Strömungsrichtung umkehrbar
- Z. T. Einbaulage beliebig
- Praktisch trägheitsfreie Messwerterfassung
- Ex-Schutz möglich
- Geringer Verschleiß
- Bei stärkeren Vibrationen Systeme mit Kompensation erforderlich
- Nicht geeignet bei starken Pulsationen
- Nur für einphasige Messmedien geeignet
- Rohrleitung muss vollständig gefüllt sein
- Ungestörtes Strömungsprofil erforderlich (Ein- und Auslaufstrecke müssen beachtet werden)
- Ablagerungen am Staukörper können die Messgenauigkeit beeinflussen
- Messfehler durch zu kleine oder zu große → *Reynolds*-Zahlen

Turbinendurchflussmesser

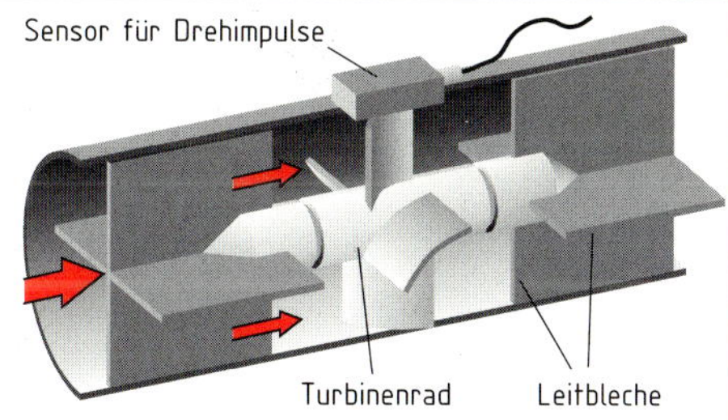

- Geringer Druckverlust
- Zum Teil keine Ein- und Auslaufstrecken erforderlich (je nach Ausführung)
- Einbaulage beliebig
- Richtungswechsel der Strömung möglich (je nach Ausführung)
- Für Messmedien mit geringen bis mittleren Viskositäten
- Hohe Genauigkeit bei konstanter Viskosität durch Präzisionsturbinen erreichbar
- Für sehr hohe Drücke geeignet
- Beheizte Ausführungen möglich
- Ex-Schutz möglich
- Bei sehr tiefen Temperaturen einsetzbar
- Die Viskosität des Messmediums muss im Allgemeinen bekannt sein
- Keine Drallströmung zulässig
- Vibrationen können den Messwert beeinflussen
- Keine Messbereichsüberschreitungen zulässig
- Das Messmedium soll möglichst keine Feststoffe, insbesondere keine Fasern enthalten (eventuell Filter vorschalten)
- Geräte, die für Flüssigkeiten vorgesehen sind, dürfen nicht für Gase verwendet werden (Gefahr des Überdrehens wegen höherer Geschwindigkeiten)

MSR: Durchflussmessung (Fortsetzung)

Weitere Geräte zur Durchflussmessung:

Dralldurchflussmesser

Prinzip: Nach Drallerzeugung durch einen Leitkörper entsteht im Fluid ein Wirbelkern und es bildet sich eine schraubenförmige Sekundärrotation. Die Frequenz der Wirbel (von einem Drucksensor aufgenommen) ist ein Maß für den Volumendurchfluss.

Bemerkungen: Für Flüssigkeiten, Gase und Dämpfe geeignet, beliebige Einbaulage, im allgemeinen unempfindlich gegen Verschmutzungen und Luftblasen (in Flüssigkeiten), unabhängig von Störungen des Strömungsprofils (sehr kurze Einlaufstrecken), Nennweitenbereich ca. DN 20 bis DN 400, Betriebsdrücke bis ca. 100 bar, Temperaturbereich ca. –40 °C bis 280 °C, erreichbare Genauigkeit < 0,5 % vom Messwert, Dynamik bis 30 : 1, Volumenströme von 0,2 m^3/h bis ca. 1800 m^3/h bei Flüssigkeiten und 5 m^3/h bis ca. 20 000 m^3/h bei Gasen, Strömungsrichtung festgelegt, Messmedium darf nicht zu viskos sein, Ex-Schutz möglich.

Paddel-, Prallscheiben- (bzw. **Stauscheiben-**) und **Kolbendurchflussmesser**

Prinzip: Die Auslenkung eines Paddels, einer Scheibe oder eines Kolbens in einer Strömung durch die aus dem Widerstandsgesetz angeströmter Körper resultierende Kraft ist ein Maß für die Anströmgeschwindigkeit und damit ein Maß für den Volumenstrom.

Bemerkungen: Für Flüssigkeiten und Gase geeignet, unabhängig von einer Energieversorgung, zum Teil Strömungsrichtung umkehrbar, beliebige Einbaulage, auch für zähe und trübe Flüssigkeiten geeignet, Nennweitenbereich von ca. DN 10 bis ca. DN 500, Betriebsdrücke bis > 100 bar, Temperaturbereich von ca. – 30 °C bis ca. 500 °C, Genauigkeit bis ca. 2 % vom Skalenendwert, unempfindlich gegen Überlast, zum Teil sehr preiswert, gut geeignet und häufig verwendet als Strömungswächter. Das Messergebnis ist dichteabhängig, der Druckverlust entspricht im allgemeinen dem von Messblenden.

Volumenmesser

Volumetrische Durchflussmesser (Ovalradzähler, Ringkolbenzähler, Treibschieberzähler, Zahnradvolumenmesser u.a.) finden insbesondere Anwendung bei kleinsten Volumenströmen (Volumenströme bis 10 ml/h möglich), hochviskosen Messmedien und wenn sehr große Messgenauigkeit gefordert wird. Sie sind andererseits empfindlich gegen verunreinigte (feststoffbeladene) und aggressive Medien, hohe Temperaturen, pulsierende Strömungen, Vibrationen (Ovalradzähler) und Überlast. Ferner sind sie relativ teuer und verursachen einen relativ hohen Druckverlust.

Durchflussgleichungen: (→ Kontinuitätsgleichung, Energiegleichung)

Schwebekörperdurchflussmesser

$$\dot{V} = \frac{\alpha \cdot d_S}{\varrho} \cdot \sqrt{g \cdot m_S \cdot \varrho \cdot \left(1 - \frac{\varrho}{\varrho_S}\right)}$$

- $\dot{V}$ Volumenstrom in m^3/h
- α Durchflusszahl (abhängig von der *Reynolds*-zahl und vom Durchmesserverhältnis d_R/d_S bei der entsprechenden Höhenlage des Schwebekörpers, nach Herstellerangaben), ohne Einheit
- d_S Größter Durchmesser des Schwebekörpers senkrecht zur Strömungsrichtung in m
- d_R Rohrdurchmesser in Höhe des größten Schwebekörperdurchmessers d_S in m
- m_S Masse des Schwebekörpers in kg
- ϱ Dichte des Messmediums in kg/m^3
- ϱ_S Dichte des Schwebekörpers in kg/m^3

Drosselgeräte (Blenden, Düsen, Venturirohr usw.)

$$\dot{V} = \alpha \cdot \varepsilon \cdot A_d \cdot \sqrt{\frac{2 \cdot \Delta p}{\varrho}}$$

Bei Blende
$\alpha = 0{,}6 \ldots 0{,}8$
$\varepsilon = 0{,}9 \ldots 1{,}0$

- $\dot{V}$ Volumenstrom in m^3/s
- α Durchflusszahl (abhängig vom Öffnungsverhältnis A_d/A_D, Geschwindigkeitsprofil der Strömung, Geometrie der Anordnung usw., im Experiment ermittelt), ohne Einheit
- ε Expansionszahl (abhängig vom Druck- und Öffnungsverhältnis und vom → Isentropenexponenten), entfällt für Flüssigkeiten, ohne Einheit
- A_d Engster Strömungsquerschnitt des Drosselgerätes in m^2
- A_D Rohrquerschnitt vor dem Drosselgerät in m^2
- ϱ Dichte des Messmediums in kg/m^3
- Δp Wirkdruck (Druckerniedrigung = Differenz zwischen dem Druck vor dem Drosselgerät und dem Druck im Drosselgerät) in Pa

MSR: Volumenmessung

Auswahl von Volumenmessgeräten (→ Volumen)

1 Turbinen(rad)zähler
2 Ringkolbenzähler
3 Ovalradzähler
4 Treibschieberzähler
5 Drehkolben(gas)zähler
6 Wirbel(gas)zähler
7 Bi-Rotorzähler

Schema zur Grobauswahl

Betriebsbedingungen	1	2	3	4	5	6	7
Flüssiges Messmedium	G	G	G	G	G	G	G
Gasförmiges Messmedium	G	N	N	N	G	G	N
Hohe Viskosität	WG-N	G	G	G	G	N	G
Einbaulage beliebig	G[1)]	G	G	G	G	G	G
Überlast möglich	BG	N	N	N	N	G	G
Erschütterungen, Vibrationen	BG	WG	WG	BG	WG	G	BG
Niedrige Druckverluste gefordert	G-BG[1)]	BG	BG	BG	BG	G	BG
Nennweite kleiner DN 10	N	G	G	N	N	N	N
Nennweite größer DN 300	G	N	G	G	G	G	G
Dichteänderungen	BG-NG[1)]	G	G	G	G	N	G
Zähler soll bei Defekt nicht blockieren	G	BG[2)]	N	N	N	G	N
Pulsationen/starke Druckschwankungen	BG[1)]	WG-N	WG-N	BG	WG	N	BG

G = Geeignet BG = Bedingt geeignet WG = Weniger geeignet N = Nicht geeignet

Die Zahlenwerte der folgenden Tabelle entsprechen den Katalogangaben der wichtigsten Hersteller auf dem deutschen Markt, sie sind als Werte zu betrachten, die unter günstigen Bedingungen und evtl. von bestimmten Bauausführungen zu erreichen sind, entsprechen also meist nicht den Standardwerten (vgl. obige Tabelle).

Eigenschaften von Volumenmessgeräten

Eigenschaften	1	2	3	4	5	6	7
Erreichbare Messgenauigkeit in %[3)] M : Messwert, E: Skalenendwert)	0,1 M	0,1 M	0,1 M	0,1 M	< 0,2 M	< 0,5 M	0,15 M
Maximale Betriebsdrücke in bar	420 (2500)	350	100 (350)	100	100	100	100
Betriebstemperaturen in °C min.	−220	−30	−200	−40	−40	−270	−29
Betriebstemperaturen in °C max.	350 (600)	300	315	240	> 65	370	233
Nennweiten (DN) min.	10	8	6	50	40	15	40
Nennweiten (DN) max.	600 (800)	100	400	400	150 (1000)	300 (800)	400
Volumenströme (Flüssigkeiten)[3)] min. (l/min)	< 0,3	0,1	0,02	0,4	22	6,7	22
Volumenströme (Flüssigkeiten)[3)] max. (m^3/h)	16 000	120	1200	2000	400[4)]	2500[5)]	2000

[1)] je nach Bauart
[2)] blockiert meist nicht
[3)] je nach Viskosität
[4)] bei Gasen 65 000 m^3/h
[5)] bei Gasen 80 000 m^3/h

MSR: Grundlagen der Steuerungs- und Regelungstechnik

Formelzeichen der Steuerungs- und Regelungstechnik (Auswahl nach DIN 19 221 und DIN 19 226)

Formelzeichen	Bedeutung	Formelzeichen	Bedeutung
e	Regeldifferenz	T_y	Stellzeit
E_0	Sprunghöhe der Eingangsgröße	U_t	Totzone
K_D	Kennwert des D-Reglers, Differenzierbeiwert	U_{sd}	Schaltdifferenz
K_I	Kennwert des I-Reglers, Integrierbeiwert	u	Eingangsgröße
K_P	Kennwert des P-Reglers, Proportionalbeiwert	v	Ausgangsgröße
K_{PM}	Proportionalbeiwert der Messeinrichtung	V_0	Kreisverstärkung
K_{PR}	Proportionalbeiwert des Reglers	v_y	Stellgeschwindigkeit
K_{PRE}	Proportionalbeiwert der Regeleinrichtung	v_g	Begrenzung
K_{PS}	Proportionalbeiwert der Strecke	v_m	Überschwingweite
K_{PST}	Übertragungsbeiwert des Stellers	w	Führungsgröße
K_R	Übertragungsbeiwert des Reglers im Beharrungszustand	W_h	Führungsbereich
Q	Ausgleichswert der Strecke	x	Regelgröße
r	Rückführgröße	X_h	Regelbereich
S	Strecke	X_P	Proportionalbereich
t	Zeit (laufend)	y	Stellgröße
t_k	Zeitpunkt ($k = 0, 1, 2, ...$)	Y_h	Stellbereich
T	Verzögerungszeit, Zeitkonstante	y_R	Reglerausgangsgröße
T_D	Differenzierzeit	z	Diskrete Bildvariable
T_g	Ausgleichszeit	z	Störgröße
T_h	Halbwertszeit	Z_h	Störbereich
T_I	Integrierzeit	λ	Eigenwert
T_n	Nachstellzeit	ω	Kreisfrequenz
T_t	Totzeit	ω_0	Kennkreisfrequenz
T_{tE}	Ersatztotzeit	ω_d	Eigenkreisfrequenz
T_u	Verzugszeit	ω_r	Resonanzkreisfrequenz
T_v	Vorhaltezeit	δ	Dämpfungsgrad

Definition der Begriffe *Steuern* und *Regeln* (nach **DIN 19 226**, T 1, 02.94):

(→ Symbole für Messen, Steuern und Regeln)

Steuern

Vorgang in einem System, bei dem eine oder mehrere Größen (Eingangsgrößen) andere Größen (Ausgangsgrößen) aufgrund der dem System eigentümlichen Gesetzmäßigkeiten beeinflussen. Kennzeichnend ist hierbei der offene Wirkungsweg, d. h. die beeinflussten Ausgangsgrößen wirken nicht über die Eingangsgrößen auf sich selbst zurück.

Regeln

Vorgang, bei dem fortlaufend eine Größe (Regelgröße) erfasst, mit einer anderen Größe (Führungsgröße) verglichen und im Sinne einer Angleichung an die Führungsgröße beeinflusst wird. Kennzeichnend ist hierbei der geschlossene Wirkungsablauf, d.h. die Regelgröße beeinflußt sich im Wirkungskreis des Regelkreises fortlaufend selbst. Dabei ist es auch als fortlaufend anzusehen, wenn sich der Vorgang aus hinreichend häufigen Wiederholungen gleichartiger Einzelvorgänge zusammensetzt (z. B. bei Abtastern und Zweipunktgliedern).

MSR: Grundtypen stetiger Regler im Vergleich

Reglertyp	Übergangsfunktion	Charakteristik/Bemerkungen
P-Regler	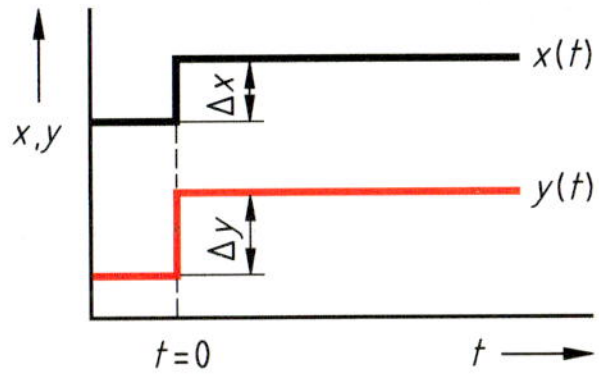 $\Delta y = K_P \cdot \Delta x$ $K_P = Y_h / X_p$ mit $Y_p = 100\%$	*Proportional-Regler* ● Jeder Regelabweichung Δx ist eine bestimmte Stellgröße Δy zugeordnet ● Schnelle Reaktion ● Paralleles Arbeiten mehrerer geregelter Anlagen möglich ● Im Allgemeinen gut geeignet für Füllstands- und Drehzahlregelungen ● Bleibende Regelabweichung muss in Kauf genommen werden (Proportionalabweichung) ● Weniger geeignet für Temperatur-, Druck- und Volumenstromregelungen
I-Regler	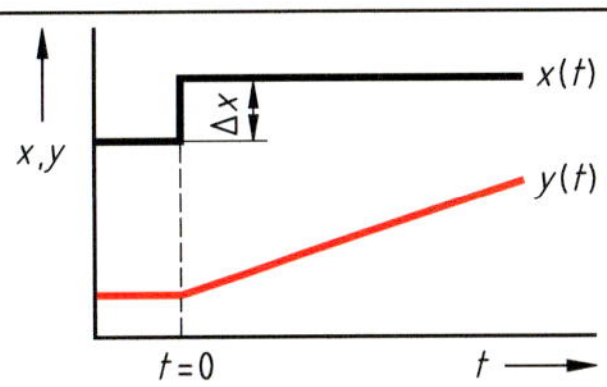 $v_y = K_I \cdot \Delta x$ oder $\Delta y = K_I \cdot \Delta x \cdot t$ mit $K_I = Y_h / (X_p \cdot T_n)$	*Integral-Regler* ● Stellgeschwindigkeit v_y proportional zur Regelabweichung Δx ● Vollständige Beseitigung der Regelabweichung ● Auch für Strecken mit Totzeit geeignet ● Lange Ausregelzeit ● Während der Ausregelzeit z. T. erhebliche Abweichungen vom Sollwert ● Neigung zur Instabilität (Aufschaukelung im Zusammenspiel mit Resonanzschwingungen) bei Regelstrecken ohne Ausgleich
PI-Regler	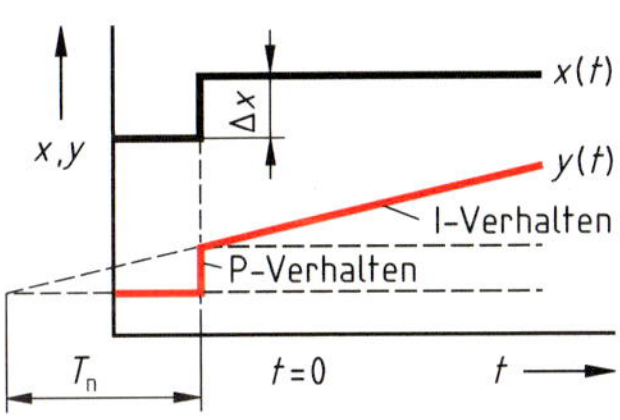 $\Delta y = K_P \cdot \Delta x + K_I \cdot \Delta x \cdot t = K_P \cdot \Delta x \cdot (1 + t/T_n)$ K_p und K_I siehe bei P- und I-Regler	*Proportional-Integral-Regler* ● Kombination aus proportionalem und integralem Verhalten (schnelle Anfangsverstellung und anschließendes Beseitigen der Regelabweichung) ● Häufigster Regler ● Höhere Regelgüte als P- und I-Regler ● Auch für komplexere Regelaufgaben geeignet (z. B. Strecken mit Verzugs- und Ausgleichszeit) ● Für Industrieöfen und Reaktoren geeignet ● Komplizierter aufgebaut als P- und I-Regler ● 2 Einstellungsvariable: T_n und K_P
PID-Regler	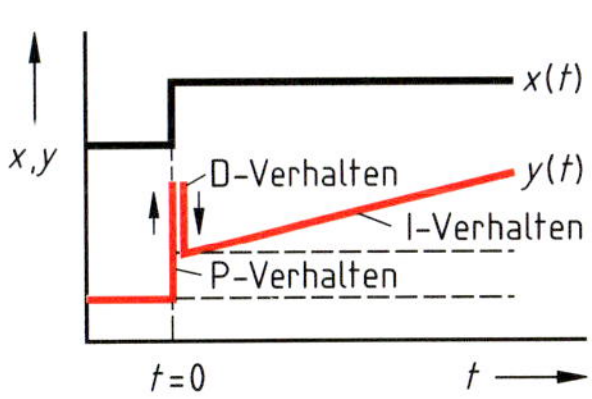 $\Delta y = K_P \cdot \Delta x \cdot (1 + t/T_n \cdot T_V/\Delta t)$ K_p siehe bei P-Regler	*Proportional-Integral-Differential-Regler* ● Kombination aus Proportional-, Integral- und Differential-Verhalten ● Starke Anfangswirkung durch schnelle Anfangsverstellung als Nadelimpuls über den Proportionalanteil hinaus (Vorhaltewirkung), dann Zurücknahme auf die Höhe des Proportionalanteils und Übergang zum I-Verhalten ● Höchste Regelgüte ● Keine bleibende Regelabweichung ● Für komplexe Regelaufgaben (Strecken hoher Ordnung) geeignet ● Für reine Totzeitstrecken unzweckmäßig ● Höchster gerätetechnischer Aufwand ● Schwierig einzustellen (3 Variable: T_V, T_n und K_P)

8

MSR: Verknüpfungsfunktionen

Verknüpfung	Symbol	Schalttabelle	Schaltfunktion
NICHT Inverter Negation (Negator)	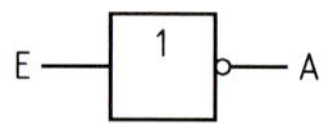	E A 0 1 1 0	$E = \bar{A}$
UND Konjunktion UND-Verknüpfung AND	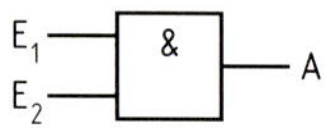	E_1 E_2 A 0 0 0 0 1 0 1 0 0 1 1 1	$A = E_1 \wedge E_2$
ODER Disjunktion Adjunktion OR	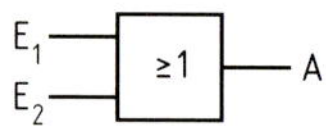	E_1 E_2 A 0 0 0 0 1 1 1 0 1 1 1 1	$A = E_1 \vee E_2$
NAND-Verknüpfung UND-NICHT	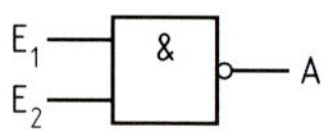	E_1 E_2 A 0 0 1 0 1 1 1 0 1 1 1 0	$A = \overline{E_1 \wedge E_2}$ oder $\bar{A} = E_1 \wedge E_2$
NOR-Verknüpfung ODER-NICHT	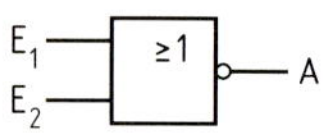	E_1 E_2 A 0 0 1 0 1 0 1 0 0 1 1 0	$A = \overline{E_1 \vee E_2}$ oder $\bar{A} = E_1 \vee E_2$
Antivalenz Exclusiv-ODER XOR-Verknüpfung	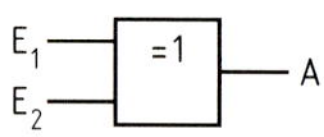	E_1 E_2 A 0 0 0 0 1 1 1 0 1 1 1 0	$A = (E_1 \wedge \bar{E}_2) \vee (\bar{E}_1 \wedge E_2)$
Äquivalenz Äquijunktion Bisubjunktion	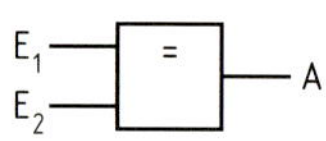	E_1 E_2 A 0 0 1 0 1 0 1 0 0 1 1 1	$A = (\bar{E}_1 \vee E_2) \wedge (E_1 \vee \bar{E}_2)$
Inhibition Sperrgatter	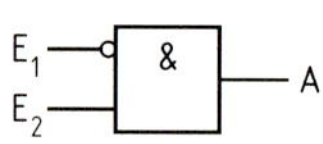	E_1 E_2 A 0 0 0 0 1 1 1 0 0 1 1 0	$A = \bar{E}_1 \wedge E_2$
Implikation Subjunktion	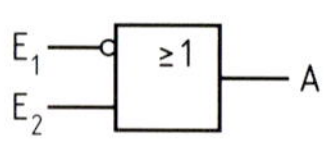	E_1 E_2 A 0 0 1 0 1 1 1 0 0 1 1 1	$A = (\bar{E}_1 \vee E_2)$
E Eingang A Ausgang o— Negation des Signalwertes		0 0-Zustand, nein, z. B. es fließt kein Strom 1 1-Zustand, ja, z. B. es fließt ein Strom	∨ oder ∧ und $\bar{E}$ Negation des Signalwertes von E $\bar{A}$ Negation des Signalwertes von A

MSR: Regler (Regelgeräte) und Regelanlagen

(→ Symbole für Messen, Steuern und Regeln)

Betriebsvorteile von Steuerungs- und Regelungsanlagen

- Verringerung des Energiebedarfs und damit der Energiekosten
- Erhöhter Komfort durch minimierten Aufwand bei der Bedienung
- Reduzierung der Umweltbelastungen
- Vergrößerung der Betriebssicherheit, etwa durch Ab- oder Einschalten im Störfall
- Simulationsmöglichkeit verschiedenster Betriebszustände
- Einhaltung der geforderten Zustandsgrößen wie Druck, Temperatur, Feuchte, Volumenstrom (→ Messgrößen)
- Einhaltung der → thermischen Behaglichkeit, d.h. des gewünschten Raumluftzustandes
- Erhöhung der Wirtschaftlichkeit u.a.

Steuerungskriterium nach ...	**Bemerkung**
... der Betriebsart	Automatik, Teilautomatik, Handsteuerung
... der Informationsdarstellung	analog, digital, binär
... dem Programm	speicherprogrammiert, verbindungsprogrammiert, austauschprogrammiert, freiprogrammiert
... der Signalverarbeitung	synchron, asynchron
... dem Ablauf	zeitabhängig, druckabhängig, prozessabhängig

Regelung von klimatechnischen und lufttechnischen Anlagen

Regler

Unmittelbare Regler	**Mechanisch-elektrische Regler**	**Elektrische Regler**	**Pneumatische Regler**
Keine **Hilfsenergie** erforderlich. Funktion beruht auf mechanischen Gesetzen. Beispiel: Luftausdehnung wirkt über eine → Kapillare auf einen Steuerkolben (thermostatisches Heizkörperventil). Auch als Druckregler. Häufiger Einsatz in **Sicherheitsregelkreisen**.	**Reaktionselemente** schließen oder öffnen einen elektrischen Umschaltkontakt. Häufig bei **Temperatur-, Druck-, Feuchtereglern**. Beispiele für Reaktionselemente: **Bimetall** bei Temperaturregelung, **hygroskopische Stoffe** bei Feuchteregelung, **Membran** bei Druckregelung.	Hilfsenergie ist → elektrischer Strom. Die zu regelnde Größe wird im **Messfühler** in ein analoges elektrisches Signal umgesetzt, welches im Regler verarbeitet wird. Reglerbauteile sind heute meist → elektronische Bauteile. Es handelt sich somit meist um **elektronische Regler**.	Hilfsenergie zur Kraftverstärkung ist Druckluft. Es muss saubere Druckluft zur Verfügung stehen. Bei großen Anlagen billiger als elektrische Regler. Man unterscheidet: direkt wirkend (d.w.) umgekehrt wirkend (u.w.) Für Temperatur-, Feuchte-, Druckregelung.
P-Regler	unstetige Regler	P-, I-, PI-, PID-Regler	P-Regler

Fühler

Fühler = **Sensor** erfasst die **Regelgröße** und formt die Messgröße in eine Größe um, die der Regler verarbeiten kann.

Temperaturfühler	**Druckfühler**	**Feuchtefühler**	**Enthalpiefühler**
(→ Temperatur) Temperaturempfindliches Element verändert Ausgang bei einer Temperaturänderung (Eingang), z.B. Bimetall, Thermoelement.	(→ Druck) Auf Druck oder Druckdifferenz (Eingang) reagierendes Element. Reaktion ist Änderung des Ausganges. Beispiele: → Potentiometer, Druckdose (z.B. Membran).	(→ Feuchte) Auf Feuchte oder Feuchtedifferenz reagierendes Element, z.B. Haare, Baumwolle etc. Auch Änderung des → elektrischen Widerstandes durch Feuchteänderung.	(→ Enthalpie) Enthalpieänderung, z.B. zwischen Ein- und Ausgangsluftstrom, ist die Eingangsgröße. Bestimmend ist die Temperatur und die Feuchte (→ *h,x*-Diagramm).

Thermostat → Schaltelement (Regler und Fühler) zur **Temperaturregelung**
Pressostat → Schaltelement (Regler und Fühler) zur **Druckregelung**
Hygrostat → Schaltelement (Regler und Fühler) zur **Feuchteregelung**

MSR: Regler (Regelgeräte) und Regelanlagen (Fortsetzung)

Regelanlagen:
Meist Kombination von mehreren Reglern in unterschiedlichster Anordnung zur

- Regelung einer **Heizungsanlage**
- Regelung einer **Lüftungsanlage**
- Regelung einer **Klimaanlage**
- Regelung einer **Kälteanlage**

} auch in kombinierter Ausführung

Wartung von MSR-Einrichtungen und Gebäudeautomatisierungssystemen

(nach **VDMA 24186**, 09.88)

Übersicht zum VDMA-Einheitsblatt 24186, Teil 4

1 **Versorgungseinrichtungen**
1.1 Unterbrechungsfreie Stromversorgung (USV-Anlagen)
1.2 Druckluftversorgung
2 **Schaltschränke, Bedientableaus, Steuerungen**
2.1 Schaltschränke und Bedientableaus
2.2 Steuerungen
3 **Messwertgeber, Sicherheits- und Behälterüberwachungseinrichtungen**
3.1 Messwertgeber (z.B. Temperatur, Druck, Feuchte)
3.2 Sicherheitseinrichtungen (z.B. Wächter, Begrenzer)
3.3 Behälterüberwachungseinrichtungen
4 **Regler, Zusatzmodule, Optimierungsgeräte**
4.1 Regler (analoge/digitale)
4.2 Zusatzmodule zu MSR-Einrichtungen
4.3 Optimierungsgeräte mit oder ohne Regelfunktion
5 **Stellgeräte**
5.1 Stellantriebe
5.2 Stellglieder (z.B. Ventile, Hähne, Klappen, Medium: Wasser)
5.3 Stellglieder (z.B. Jalousieklappen, Medium: Luft)
6 **Datenübertragungseinrichtungen, Peripheriegeräte**
6.1 Datenübertragungseinrichtungen (z.B. Modems, Gleichstromdatenübertragungseinrichtungen, Multiplexer, Bussysteme)
6.2 Externspeicher (z.B. Kassettenplattenspeicher, Diskettenlaufwerke, Bandgeräte)
6.3 Anzeiger, Plotter, Drucker, Bildschirme, Tastaturen
7 **Gebäudeleitsysteme**
7.1 Zentralen, Unterzentralen, Unterstationen
8 **Software**
8.1 Software für Zentralen, Unterzentralen, Unterstationen

Zweck dieses VDMA-Einheitsblattes ist es, die für die Wartung von MSR-Einrichtungen und Gebäudeautomatisationssystemen notwendigen Tätigkeiten bzw. Leistungen einheitlich festzulegen.

Beispiel: **7 Gebäudeleitsysteme**

Einrichtungen-Nr	Geräte-Nr	Tätigkeiten-Nr.	**Tätigkeiten an Einrichtungen und Geräten**	Ausführung periodisch	Ausführung bei Bedarf
7	1		**Zentralen/Unterzentralen/Unterstationen**		
7	1	1	Auf fach- und funktionsgerechte Installation und Umgebungsbedingungen prüfen	x	
7	1	2	Datensicherung durchführen	x	
7	1	3	Auf Verschmutzung, Korrosion und Beschädigung prüfen	x	
7	1	4	Funktionserhaltendes Reinigen		x
7	1	5	Eigenspannungsversorgung prüfen (z.B. Pufferbatterie)	x	
7	1	6	Belüftung prüfen	x	
7	1	7	Luftfilter prüfen	x	
7	1	8	Luftfilter reinigen bzw. austauschen		x
7	1	9	Anschlussverbindungen auf elektrische/mechanische Funktion prüfen	x	
7	1	10	Funktionselemente (z.B. Bedien- und Anzeigeeinrichtungen) prüfen	x	
7	1	11	Funktionselemente (z.B. Bedien- und Anzeigeeinrichtungen) einstellen, justieren, festziehen		x
7	1	12	Funktionskontrolle mit Hilfe von Testprogrammen durchführen	x	
7	1	13	Stichprobenartiger on-line-Test	x	
7	1	14	Doppel- oder Mehrfachrechner-Betrieb prüfen	x	
7	1	15	Nachjustieren		x

Weitere wichtige VDMA-Einheitsblätter:

VDMA 24186
Teil 0: Allgemeine Hinweise
Teil 1: Lufttechnische Geräte und Anlagen
Teil 2: Heiztechnische Anlagen
Teil 3: Kältetechnische Anlagen (s. nächste Seite)

Regelung von kältetechnischen Anlagen

Neben dem Erreichen einer guten **Wirtschaftlichkeit** und einer großen **Betriebssicherheit** ist als wichtigstes Ziel das **Gleichgewicht zwischen Verdampferkälteleistung und der → Kühllast**. Es werden **stetige Regler** und **unstetige Regler** verwendet.

MSR: Regler (Regelgeräte) und Regelanlagen (Fortsetzung)

Kühlstellenregelung:

Dies ist eine Temperaturregelung des → Kühlgutes. Dieses befindet sich an der Kühlstelle, d.h. am Ort des Verdampfers und seiner Umgebung. Die Kühlstellentemperatur wird dabei innerhalb eines festgelegten Temperaturbereiches gehalten, d.h. zwischen einer Minimal- und einer Maximaltemperatur.

Verdampferfüllungsregelung:

Bei dieser Art der Regelung wird sichergestellt, dass das auf → **Verdampfungsdruck** entspannte flüssige → **Kältemittel** im Verdampfer vollständig verdampft.
Die sich im Verdampfer durch → **Überhitzung** ergebende **Sauggastemperatur**, die einem bestimmten **Saugdruck** (→ log *p*,*h*-Diagramm) entspricht, darf maximal der Kühlguttemperatur entsprechen.

Schaltschema

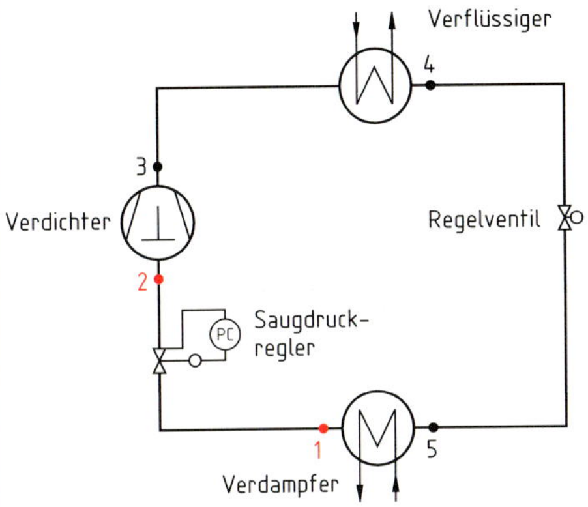

log *p*,*h*-Diagramm

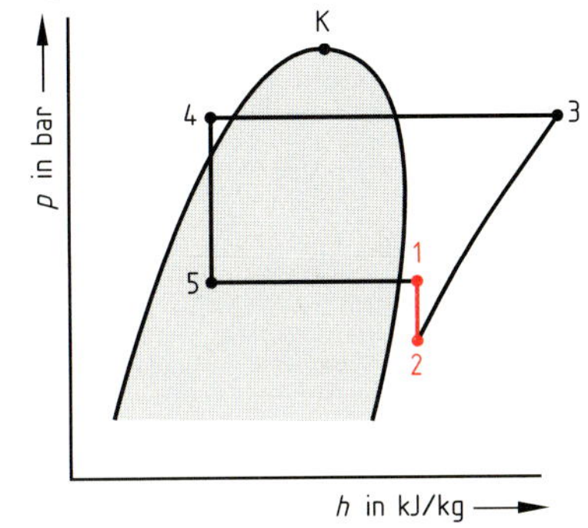

(→ linkslaufende Kreisprozesse)

Verdichterleistungsregelung:

Enthält eine Kälteanlage mehrere Kühlstellen, die unabhängig voneinander geregelt werden und die auch unabhängig voneinander in Betrieb sind, ändert sich der **Sauggasmassenstrom**. Dieser Änderung entsprechend muss die Verdichterleistung geregelt werden. Meist geschieht dies durch

- Abschaltung einzelner Zylinder in → Kolbenverdichtern,
- Verwendung mehrerer parallel arbeitender und einzeln abschaltbarer Verdichter im **Verbundbetrieb**.
- → Turboverdichter mit Saugdruckregelung,
- Verdichten gegen teilweise geschlossenen Schieber mit → Schraubenverdichter,
- Kolben- oder Schraubenverdichter mit **Drehzahlregelung** u.a.

Wartung von MSR-Einrichtungen bei kältetechnischen Anlagen (nach **VDMA 24186**, 09.88)

Teil 3 regelt diesen Komplex im Abschnitt 3: Anlagenteile (→ Kältekreislauf)

Baugruppen-Nr	Bauelemente-Nr	Tätigkeiten-Nr.	Tätigkeiten an Baugruppen und -elementen	Ausführung periodisch	Ausführung bei Bedarf
3	3		**MSR- und Sicherheitseinrichtungen**		
3	3	1	Äußerlich auf Verschmutzung, Beschädigung und Korrosion prüfen	x	
3	3	2	Auf Funktion prüfen	x	
3	3	3	Auf Auslegungsdaten einstellen	x	
3	3	4	Auf Dichtheit prüfen	x	
3	4		**Mess- und Anzeigegeräte**		
3	4	1	Äußerlich auf Verschmutzung, Beschädigung und Korrosion prüfen	x	
3	4	2	Manometer auf Anzeigegenauigkeit prüfen	x	
3	4	3	Thermometer auf Anzeigegenauigkeit prüfen	x	
3	4	4	Niveaumessgeräte auf Anzeigegenauigkeit prüfen	x	
3	4	5	Durchflussmessgeräte auf Funktion prüfen	x	
3	4	6	Auf Dichtheit prüfen	x	

Sicherheitstechnische Anforderungen regelt die **DIN EN 378** „Sicherheitstechnische Anforderungen für Gestaltung, Ausrüstung, Aufstellung und Betreiben von Kälteanlagen"

8

AT Anlagentechnik

Bezeichnungen in kältetechnischen Prozessen

(→ Formelzeichen, Einheiten, Verdampfen und Kondensieren, Linkslaufende Kreisprozesse, Fließbilder Kälteanlagen und Wärmepumpen, Kältemittel, Regler)

Formelzeichen und Einheiten für die Kältetechnik (nach **DIN 8941**, 01.82)

DIN 1304 „Formelzeichen" und **DIN 1301** „Einheiten" sind als grundlegende Normen von Wichtigkeit und uneingeschränkt anwendbar. Darüber hinaus regelt die o.g. Fachnorm **DIN 8941** das Folgende (Auswahl):

Formelzeichen	Bedeutung	SI-Einheit	Bemerkung
C	Wärmekapazität	J/K	$C = m \cdot c$
D	Diffusionskoeffizient	m^2/s	–
Δh_d	spezifische Verdampfungsenthalpie	J/kg	–
Δh_f	spezifische Schmelzenthalpie	J/kg	–
Δh_{sub}	spezifische Sublimationsenthalpie	J/kg	–
l_H	Kolbenhub	m	–
P_{Kl}	Leistungsaufnahme des elektrischen Antriebsmotors an den Klemmen gemessen	W	–
P_e	effektive Leistungsaufnahme des Verdichters (Wellenleistung)	W	–
P_g	Leistungsaufnahme der Gesamtanlage	W	–
P_i	indizierte oder innere Leistung des Verdichters	W	–
P_t	Leistungsaufnahme beim theoretischen Vergleichsprozess	W	–
p_c	Verflüssigungsdruck (absolut)	Pa, bar	–
p_o	Verdampfungsdruck (absolut)	Pa, bar	– (0: sprich Null)
p_{tr}	Druck am Tripelpunkt (absolut)	Pa, bar	–
$\dot{Q}_A$	Wärmeleistung des Absorbers	W	–
$\dot{Q}_H$	Heizleistung im Austreiber	W	–
$\dot{Q}_{WP}$	Wärmeleistung der Wärmepumpe	W	siehe **DIN EN 255, Teil 1**
$\dot{Q}_c$	Wärmeleistung (bei Verflüssigungsdruck), Verflüssigerleistung	W	–
$\dot{Q}_{cV}$	Verdichterwärmeleistung	W	–
$\dot{Q}_o$	Kälteleistung, Verdampferleistung	W	–
$\dot{Q}_{oe}$	Nutzkälteleistung	W	siehe **DIN 8976**
$\dot{Q}_{og}$	Gesamtkälteleistung	W	siehe **DIN 8976**
$\dot{Q}_{on}$	Nettokälteleistung	W	siehe **DIN 8976**
$\dot{Q}_{oV}$	Verdichterkälteleistung	W	siehe **DIN EN 13771**
q_c	massenstrombezogene Wärmeleistung	J/kg	–
q_{cvt}	volumenstrombezogene Wärmeleistung, bei Verflüssigungsdruck beim theoretischen Vergleichsprozess	J/m^3	–

8

Bezeichnungen in kältetechnischen Prozessen (Fortsetzung)

Formelzeichen	Bedeutung	SI-Einheit	Bemerkung
q_{cv}	volumenstrombezogene Wärmeleistung bei Verflüssigungsdruck	J/m^3	–
q_o	massenstrombezogene Kälteleistung	J/kg	–
t	Celsius-Temperatur	°C	$t = T - 273{,}15$ K (sonst ϑ)
$\Delta T = \Delta t$	Temperaturdifferenz	K	siehe **DIN 1345**
Δt_{Eu}	Unterkühlung des Kältemittels vor dem Expansionsventil	K	$\Delta t_{Eu} = t_c - t_{E1}$
t_a	Umgebungstemperatur	°C	–
t_c	Verflüssigungstemperatur	°C	Sättigungstemperatur bei p_c
t_{cu}	Temperatur des unterkühlten Kältemittels	°C	–
Δt_{cu}	Unterkühlung des Kältemittels im Verflüssiger	K	$\Delta t_{cu} = t_c - t_{c2u}$
t_{kr}	Kritische Temperatur	°C	–
t_i	Rauminnentemperatur	°C	–
t_o	Verdampfungstemperatur	°C	Sättigungstemperatur bei p_o
t_{oh}	Temperatur des überhitzten Saugdampfes	°C	–
Δt_{oh}	Überhitzung des Saugdampfes	°C	$\Delta t_{oh} = t_{oh} - t_o$
$\dot{V}_{V1}$	Ansaugvolumenstrom des Verdichters	m^3/s	$\dot{V}_{V1} = \dot{m}_R \cdot v_{V1}$
V_g	geometrisches Hubvolumen	m^3	–
$\dot{V}_g$	zeitbezogenes geometrisches Hubvolumen	m^3/s	–
z	Zylinderanzahl	1	–
ε	Leistungszahl	1	–
ε_C	Leistungszahl des Carnot-Prozesses	1	–
ε_K	Kälteleistungszahl der Kühlmaschine	1	–
ε_W	Wärmeleistungszahl (am Verflüssiger)	1	$\varepsilon_W = \frac{\dot{Q}_c}{P}$
ε_{WP}	Leistungszahl der Wärmepumpe	1	siehe **DIN EN 255 Teil 1** $\varepsilon_{WP} = \frac{\dot{Q}_{WP}}{P}$
ε_e	Leistungszahl bezogen auf die effektive Leistungsaufnahme	1	–
ε_g	Leistungszahl der Gesamtanlage	1	–
ε_i	Leistungszahl bezogen auf die indizierte oder innere Leistung	1	–
ε_t	Leistungszahl des theoretischen Vergleichsprozesses	1	–
ζ	Wärmeverhältnis	1	–
η	Gütegrad, Wirkungsgrad	1	–

Bezeichnungen in kältetechnischen Prozessen (Fortsetzung)

Formelzeichen	Bedeutung	SI-Einheit	Bemerkung
η_C	Gütegrad bezogen auf den Carnot-Prozess	1	–
η_e	Gütegrad bezogen auf die effektive Antriebsleistung	1	–
η_{el}	Wirkungsgrad des Elektromotors	1	–
η_{ex}	exergetischer Wirkungsgrad (thermodynamischer Gütegrad)	1	–
η_i	Gütegrad bezogen auf die indizierte oder innere Leistung	1	–
λ	Liefergrad	m^3/m^3	bei Verdrängungsverdichtern: $\lambda = \dot{V}_{V1}/\dot{V}_g$
ξ_a	Massengehalt der an Kältemittel armen Lösung	kg/kg	–
$\xi_{Öl}$	Ölmassenstrom bezogen auf den geförderten Kältemittelmassenstrom	kg/kg	$\xi_{Öl} = \frac{\dot{m}_{Öl}}{\dot{m}_R}$
ξ_r	Massengehalt der an Kältemittel reichen Lösung	kg/kg	–
$\Delta\xi$	Entgasungsbreite	kg/kg	$\Delta\xi = \xi_r - \xi_a$
σ	schädliches Volumen bezogen auf Hubvolumen	1	–
τ	Zeit	s	sonst *t*
τ_l	Laufzeit	s	–
τ_s	Stillstandszeit	s	–
τ_r	relative Laufzeit	s	$\tau_r = \frac{\tau_l}{\tau_l + \tau_s}$

Indizes für die Kältetechnik (Auswahl)

(nach **DIN 8941**, 01.82)

Nr.	Index	Bedeutung	Nr.	Index	Bedeutung
1	A	Absorber	23	WT	Flüssigkeits-Saugdampf-Wärmeaustauscher
2	B	Sammler	24	Z	Zwischenkühler
3	C	Carnot	25	c	Verflüssiger
4	D	Druckstufe	26	e	effektiv
5	E	Drosselorgan (z.B. Expansionsventil)	27	g	gesamt
6	H	Austreiber, Heizung	28	h	überhitzter Dampf
7	HD	Hochdruckstufe	29	i	indiziert bzw. innen
8	K	Kälteträger	30	o	Verdampfer (gesprochen: null)
9	Kl	bezogen auf die Klemmen	31	p	isobar
10	KR	Kühlraum	32	s	isentrop
11	L	Ventilator	33	t	theoretisch
12	M	Motor, Antriebsmaschine	34	u	unterkühlte Flüssigkeit
13	MR	Maschinenraum	35	v	isochor
14	ND	Niederdruckstufe	36	z	Zustand zwischen zwei Verdichtungsstufen
15	Öl	Kältemaschinenöl	37	1	Eintritt
16	P	Pumpe	38	2	Austritt
17	R	Kältemittel	39	I, II, III	1., 2., 3. Stufe
18	S	Saugstufe	40	′	gültig für siedende Flüssigkeit
19	T	isotherm	41	″	gültig für gesättigten Dampf
20	U	Unterkühler, Nachkühler	42	*	gültig für schmelzenden oder sublimierenden Feststoff
21	V	Verdichter	43	**	gültig für gefrierende Flüssigkeit
22	W	Wärmeträger			

Bezeichnungen in kältetechnischen Prozessen (Fortsetzung)

Bezeichnungen im log *p,h*-Diagramm und im Fließbild (nach **DIN 8941**, 01.82)

Beispiel 1: Einstufiger Verdichter-Kältekreisprozess (→ Linkslaufende Kreisprozesse)

log *p,h*-Diagramm

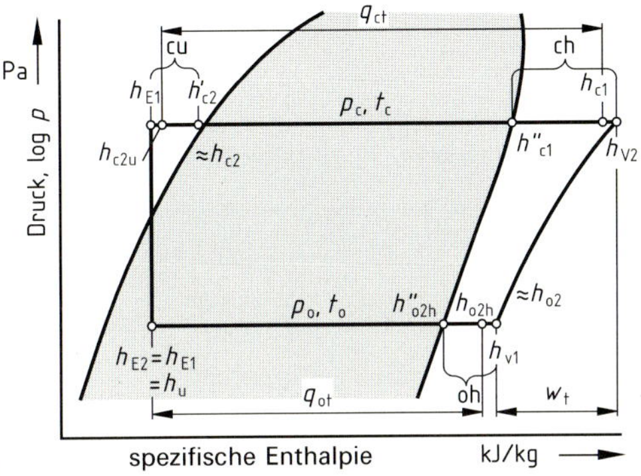

RI-Fließband

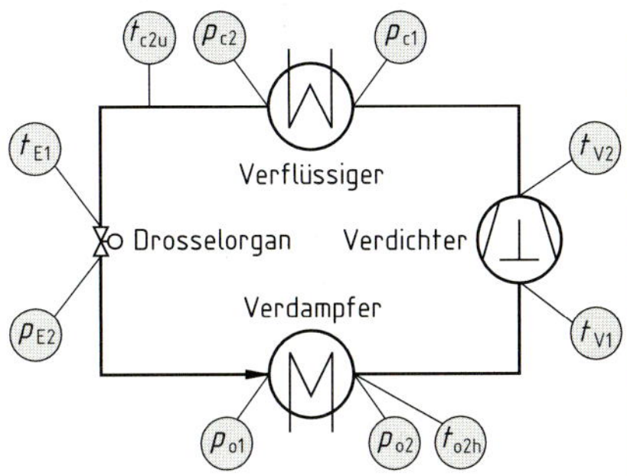

Beispiel 2: Zweistufiger Verdichter-Kältekreisprozess mit einstufiger Entspannung und Zwischenkühlung

log *p,h*-Diagramm

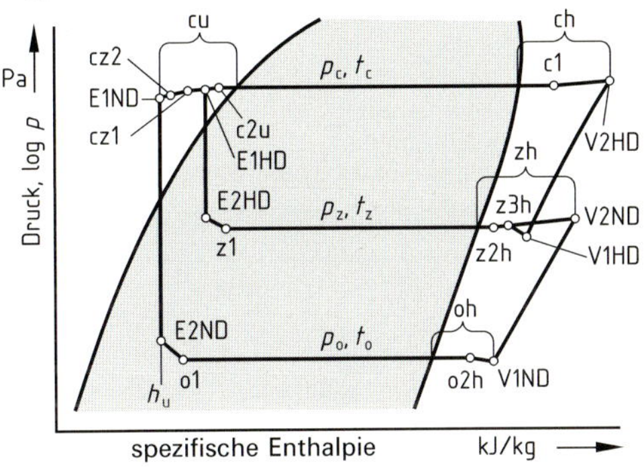

RI-Fließbild

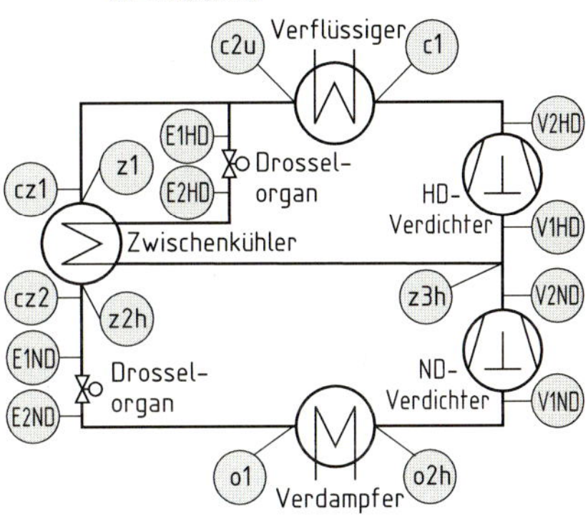

Anmerkung: In den Beispielen 1 und 2 sind Formelzeichen und Indizes (z.B. h_{v1}) eingetragen. Einige Bereiche sind auch nur durch Indizes gekennzeichnet (z.B. cu oder oh).

Formeln aus der Kälteanlagentechnik

[→ Verdampfen und Kondensieren, Linkslaufende Kreisprozesse, Kältemittel, Regelung (Kältetechnik)]

Den nun folgenden Formeln aus der Kälteanlagentechnik liegt das nebenstehend vereinfacht dargestellte **log *p,h*-Diagramm** zugrunde.

Zu beachten ist auch das → log *p,h*-Diagramm sowie das → *T,s*-Diagramm und das Schaltbild.

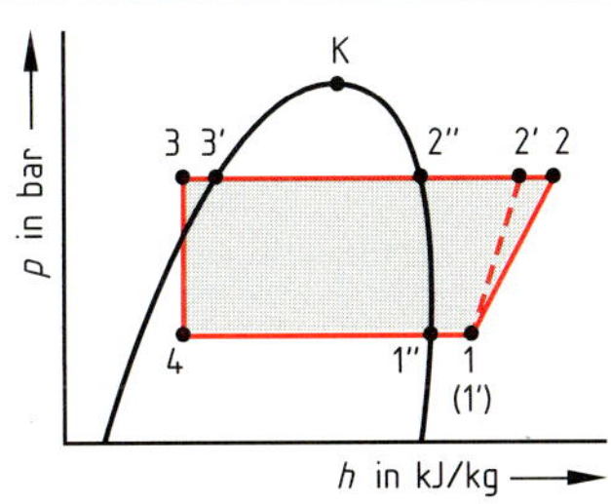

Formeln aus der Kälteanlagentechnik (Fortsetzung)

Das vereinfacht dargestellte log p, h-Diagramm auf der Vorseite (unten) zeigt die folgenden → **Zustandsänderungen**:

1 → 2′ : isentrope bzw. adiabate (theoretische) Verdichtung
1 → 2 : polytrope (praktische) Verdichtung
2 → 2″: Enthitzung im Verflüssiger
2″→ 3′ : Verflüssigung im Verflüssiger
3′ → 3 : Unterkühlung im Verflüssiger
3 → 4 : Expansion, d.h. Druckabsenkung von p_c auf p_0
4 → 1″: Verdampfung im Verdampfer
1″→ 1′ : Überhitzung im Verdampfer
1′ → 1 : Überhitzung in der Saugleitung

Formelzeichen und Indizes der **DIN 8941** beachten!

Verdampfergleichungen (→ Verdampfen, Wärmeaustauscher)

$q_0 = h_1' - h_4$	**massenstrombezogene Kälteleistung** bzw. **spezifischer Kältegewinn**
$q_{0v} = \dfrac{q_0}{v_1}$	**volumenstrombezogene Kälteleistung** bzw. **volumetrischer Kältegewinn**
$\dot{Q}_0 = \dot{m}_R \cdot q_0$	**Verdampferleistung** bzw. **Kälteleistung**
$A = A_R + A_L$	**Oberfläche eines Lamellenverdampfers**
$A_R = \pi \cdot d \cdot l$	**Rohroberfläche**
$A_L = 2 \cdot n_L \cdot (b \cdot h - n_R \cdot \dfrac{\pi}{4} \cdot d^2)$	**Lamellenoberfläche**

q_0 in kJ/kg **$\dot{Q}_0$ in kW**
q_{0v} in kJ/m³ **A in m²**

h_1'	→ spezifische Enthalpie am Verdampferende	kJ/kg
h_4	spezifische Enthalpie am Verdampferanfang	kJ/kg
v_1	→ spezifisches Volumen im Ansaugzustand	m³/kg
$\dot{m}_R$	**Kältemittelmassenstrom**	kg/s
A_R	Rohroberfläche	m²
A_L	Lamellenoberfläche	m²
d	Rohraußendurchmesser	m
l	Rohrlänge	m
n_L	Lamellenanzahl	1
n_R	Kernrohranzahl	1
b	Lamellenbreite	m
h	Lamellenhöhe	m

Verflüssigergleichungen (→ Kondensieren, Wärmeaustauscher)

$q_c = h_2 - h_3$	**massenstrombezogene Wärmeleistung** bzw. **spez. Verflüssigungswärme**
$\dot{Q}_C = \dot{m}_R \cdot q_c$ $\dot{Q}_C = k \cdot A \cdot \Delta T_m$ $\dot{Q}_C = \dot{Q}_0 + P_i$	**Verflüssigerleistung** bzw. **Wärmeleistung**

q_c in kJ/kg **$\dot{Q}_C$ in kW**

h_2	spezifische Enthalpie am Verflüssigereingang	kJ/kg
h_3	spezifische Enthalpie am Verflüssigerausgang	kJ/kg
$\dot{m}_R$	Kältemittelmassenstrom	kg/s
k	→ Wärmedurchgangszahl	W/(m²·K)
A	Verflüssigeroberfläche	m²
ΔT_m	→ mittlere logarithmische Temperaturdifferenz	K
$\dot{Q}_0$	→ Verdampferleistung	kW
P_i	indizierte → Verdichterleistung	kW

Verdichtergleichungen (→ Arbeit, Leistung, Wirkungsgrad, Verdichter)

$w_{is} = h_2' - h_1$	**spezifische Verdichterarbeit bei isentroper Verdichtung** in kJ/kg
$w_i = \dfrac{w_{is}}{\eta_i}$	**induzierte spezifische Verdichterarbeit** in kJ/kg
$w_e = \dfrac{w_{is}}{\eta_e}$	**spezifische Verdichterarbeit bei praktischer (polytroper) Verdichtung** in kJ/kg

h_2'	spezifische Enthalpie am Ende der isentropen Verdichtung	kJ/kg
h_1	spezifische Enthalpie im Ausgangszustand	kJ/kg
η_i	indizierter (innerer) Wirkungsgrad	1
η_e	effektiver Wirkungsgrad	1

Der effektive Wirkungsgrad ist das Produkt aus indiziertem und mechanischem Wirkungsgrad.

Formeln aus der Kälteanlagentechnik (Fortsetzung)

$$\eta_e = \eta_m \cdot \eta_i$$ **effektiver Wirkungsgrad**

$$w_M = \frac{w_e}{\eta_ü \cdot \eta_{el}}$$ **spezifische Motorarbeit**

η_m	→ mechanischer Wirkungsgrad	1
η_i	indizierter Wirkungsgrad	1
w_e	spezifische Verdichterarbeit bei praktischer (polytroper) Verdichtung	kJ/kg
$\eta_ü$	Übertragungswirkungsgrad	1
η_{el}	→ elektrischer Wirkungsgrad	1

Mit dem **Übertragungswirkungsgrad** werden die Energieverluste von Elementen, die dem Motor und Verdichter zwischengeschaltet sind, z. B. → Getriebe oder → Riementrieb, berücksichtigt. Direktantrieb: $\eta_ü = 1$

Wird der Verdichter mit einer Verbrennungskraftmaschine angetrieben, dann ist auch der → thermische Wirkungsgrad zu berücksichtigen.

$$P_{is} = \dot{m}_R \cdot w_{is}$$
$$P_i = \dot{m}_R \cdot w_i$$
$$P_e = \dot{m}_R \cdot w_e$$
Verdichterleistung in kW

$$P_M = \dot{m}_R \cdot \frac{w_e}{\eta_ü}$$ **Motornennleistung** in kW

$$P_K = \dot{m}_R \cdot \frac{w_e}{\eta_ü \cdot \eta_{el}}$$ **Klemmenleistung** des E-Motors

is: isentrop   i: indiziert   e: effektiv

w	spezifische Verdichterarbeit	kJ/kg
$\dot{m}_R$	Kältemittelmassenstrom	kg/s
$\eta_ü$	Übertragungswirkungsgrad	1
η_{el}	elektrischer Wirkungsgrad	1

Zur Berechnung der → Verflüssigerleistung (Wärmeleistung) ist die indizierte Verdichterleistung maßgebend.

$$V_g = \frac{\pi}{4} \cdot d^2 \cdot l_H \cdot z$$ **geometrisches Hubvolumen** in m^3

$$\dot{V}_g = V_g \cdot n$$ **zeitbezogenes geometrisches Hubvolumen** in m^3

$\dot{V}_g$ wird auch als **geometrischer Hubvolumenstrom** bezeichnet.

$$\dot{Q}_0 = \dot{V}_g \cdot q_{0v} \cdot \lambda$$ **Kälteleistung**

$$\tau_e = \frac{\dot{Q}}{\dot{Q}_0}$$ **Verdichterlaufzeit**

$$\lambda = \frac{V}{V_g} = \frac{\dot{m}_R \cdot v_1}{\dot{V}_g}$$ **Liefergrad**

d	Zylinderdurchmesser	m
l_H	Kolbenhub	m
z	Anzahl der Zylinder	1
n	→ Umdrehungsfrequenz	s^{-1}
q_{0v}	→ volumetrischer Kältegewinn	J/m^3
λ	**Liefergrad** des Verdichters	1
$\dot{Q}$	→ **Kältebedarf**	kW
$\dot{Q}_0$	Kälteleistung, Verdampferleistung	kW
V	tatsächlich angesaugtes Volumen	m^3
V_g	geometrisches Hubvolumen	m^3
$\dot{V}_g$	zeitbezogenes geometrisches Hubvolumen	m^3/s

Zur **Ermittlung des λ-Wertes** können diverse empirische Gleichungen verwendet werden. Eine wichtige Arbeitsunterlage ist auch das **DKV-Arbeitsblatt 3-01** (nur für Ammoniak NH_3).

Druckabfall am Drosselorgan (→ Druckverluste)

$$\Delta p_E = p_C - (p_0 + \Delta p_{Fl} + \Delta p_h + \Delta p_{Fv})$$

p_C	Verflüssigungsdruck	Pa, bar
p_0	Verdampfungsdruck	Pa, bar
Δp_{Fl}	Druckabfall in der Flüssigkeitsleitung	Pa, bar
Δp_h	→ geodätischer Druckverlust	Pa, bar
Δp_{Fv}	Druckabfall im Flüssigkeitsverteiler	Pa, bar

Leistungszahl und Gütegrad (→ Kreisprozesse)

$$\varepsilon_{is} = \frac{q_0}{w_{is}}$$
$$\varepsilon_e = \frac{q_0}{w_e}$$
$$\varepsilon_C = \frac{T_0}{T_C - T_0}$$
Leistungszahl (→ linkslaufende Kreisprozesse)

$$\eta_G = \frac{\varepsilon_e}{\varepsilon_C}$$ **Gütegrad**

is: isentrop   e: effektiv   C: → Carnot

w	spezifische Verdichterarbeit	kJ/kg
q_0	massenstrombezogene Kälteleistung (spez. Kältegewinn)	kJ/kg
T_0	→ Verdampfungstemperatur	K, °C
T_C	→ Kondensationstemperatur	K, °C

AT Anlagentechnik

Abfuhr von Wärmeströmen

(→ Sonnenstrahlung, Atmosphäre, Wärmehaushalt des Menschen, Behaglichkeit, Feuchte Luft, Wärmetransport)

Kühllast (→ Klima)

Berechnungsgrundlagen sind **DIN 1946** „Raumlufttechnik"
→ **VDI Richtlinie 2078** „Berechnung der Kühllast klimatisierter Räume" (**VDI-Kühllastregeln**)

Kühllast ist der → **Wärmestrom**, der aus einem Raum abgeführt werden muss, um einen angestrebten Luftzustand zu erreichen.

zu unterscheiden sind **sensible Kühllast** und **latente Kühllast**

Die **sensible Kühllast** ist der Wärmestrom, der bei konstanter → Luftfeuchte aus dem Raum abgeführt werden muss, um eine angestrebte Lufttemperatur aufrecht zu erhalten.

Die **latente Kühllast** ist der Wärmestrom, der erforderlich ist, um einen Dampfmassenstrom bei Lufttemperatur zu → kondensieren, so dass bei konstanter Temperatur eine angestrebte Luftfeuchte aufrecht erhalten wird.

Des Weiteren unterscheidet man die **innere Kühllast** $\dot{Q}_I$, erzeugt von Wärmequellen im Raum, d. h. **innere Wärmequellen** von der **äußeren Kühllast** $\dot{Q}_A$, d. h. äußere Wärmequellen.

$\dot{Q}_K = \dot{Q}_I + \dot{Q}_A$ **Kühllast** in W

$\dot{Q}_I = \dot{Q}_P + \dot{Q}_E + \dot{Q}_R$ **Innere Kühllast** in W

mit $\dot{Q}_E = \dot{Q}_B + \dot{Q}_M + \dot{Q}_G + \dot{Q}_C$

$\dot{Q}_A = \dot{Q}_W + \dot{Q}_F + \dot{Q}_{Fl}$ **Äußere Kühllast** in W

mit $\dot{Q}_F = \dot{Q}_T + \dot{Q}_S$

Berechnungsgleichungen für die einzelnen Wärmeströme (Kühllastkomponenten) befinden sich in der **VDI-Richtlinie 2078**.

Die Kühllastkomponenten sind in der Regel zeitveränderlich.

(→ Strahlungsanteile)

$\dot{Q}_P$	Personenwärmestrom	W
$\dot{Q}_E$	Wärmestrom der Einrichtungen	W
$\dot{Q}_R$	Wärmestrom aus Nachbarräumen (→ Wärmetransport)	W
$\dot{Q}_B$	Beleuchtungswärmestrom	W
$\dot{Q}_M$	Maschinen- und Gerätewärmestrom	W
$\dot{Q}_G$	Wärmestrom eines Stoffdurchsatzes (z. B. Kühlwasser)	W
$\dot{Q}_C$	sonstige Wärmeströme (z. B. durch chemische Reaktionen)	W
$\dot{Q}_W$	Wärmestrom durch Wände	W
$\dot{Q}_F$	Wärmestrom durch Fenster	W
$\dot{Q}_{Fl}$	Wärmestrom durch Fugenlüftung	W
$\dot{Q}_T$	Transmissionswärmestrom	W
$\dot{Q}_S$	Strahlungswärmestrom (→ Wärmestrahlung)	W

Kältebedarf

$\dot{Q} = \dot{Q}_K + \dot{Q}_E + \dot{Q}_B + \dot{Q}_L + \dot{Q}_P + \dot{Q}_H + \dot{Q}_V$ **Kältebedarf eines Kühlraumes in Watt**

(→ Wärmemenge, → Wärmestrom)

⇩

$\dot{Q} = \frac{Q}{\tau}$

τ gemäß DIN 8941, sonst t!

Der Wärmestrom errechnet sich aus dem Quotienten von Wärmemenge und Zeit.

zu unterscheiden sind → **latente Wärme**
→ **sensible Wärme**

$\dot{Q}_K$	Kühlgutwärmestrom (→ **Kühlguttabelle**)	W
$\dot{Q}_E$	Wärmestrom durch Einstrahlung (→ Wärmestrahlung, → Sonnenstrahlung)	W
$\dot{Q}_L$	Wärmestrom durch Luftwechsel	W
$\dot{Q}_B$	Beleuchtungswärmestrom	W
$\dot{Q}_P$	Personenwärmestrom (→ **Wärme- und Wasserdampfabgabe des Menschen**)	W
$\dot{Q}_H$	Abtauwärmestrom	W
$\dot{Q}_V$	Ventilatorwärmestrom	W

Gleichungen für $\dot{Q}_B$, $\dot{Q}_P$, $\dot{Q}_H$ und $\dot{Q}_V$ befinden sich auf Seite 431.

Abfuhr von Wärmeströmen (Fortsetzung)

$$\dot{Q}_B = P_B \cdot \frac{\tau}{24\,h}$$ **Beleuchtungswärmestrom**

$$\dot{Q}_P = n \cdot \dot{q} \cdot \frac{\tau}{24\,h}$$ **Personenwärmestrom**

Mittelwert für $\dot{q} \approx$ **220 Watt**

$$\dot{Q}_H = P_H \cdot \frac{\tau}{24\,h}$$ **Abtauwärmestrom**

$$\dot{Q}_V = P_V \cdot \frac{\tau}{24\,h}$$ **Ventilatorwärmestrom**

Alle Wärmeströme in W

τ	Tägliche Einschaltdauer	h
P_B	Elektrische → Nennleistung der Beleuchtung	W
P_H	Heizleistung der Abtauheizung	W
P_V	Motor-Nennleistung des Ventilators	W
n	Anzahl der Personen	1
$\dot{q}$	Wärmestrom pro Person (→ Wärme- und Wasserdampfabgabe des Menschen)	W

Kälteleistung einer Kälteanlage

$$\dot{Q}_0 = \dot{Q} \cdot \frac{24\,h}{\tau}$$ **Kälteleistung**

$\dot{Q}$	Kältebedarf	W
τ	Tägliche Einschaltdauer (Laufzeit)	h

Kühlguttabelle (kleine Auswahl von Nahrungsmitteln)

Nahrungsmittel	Lagertemperatur ϑ in °C	Lagerfeuchte φ in %	höchster Gefrierpunkt ϑ_{sch} in °C	spez. Wärme c vor dem Erstarren in kJ/(kg·K)	spez. Wärme c nach dem Erstarren in kJ/(kg·K)	spez. Schmelzwärme q in kJ/kg
Aale	+4	50–60	–2	2,93	1,63	213
Äpfel	–1/–3	90	–2	3,64	1,88	281
Bananen	+12	90	–1	3,35	1,76	250
Bier	+5	–	–2	3,85	–	–
Bohnen, grün	+4/+6	95	–1	3,81	1,97	298
Butter, frisch	0/+4	80–85	–6	2,38	1,25	153
Eier, frisch	0	85–90	–2	3,18	1,68	235
Eis (Speiseeis)	–18	–	–2	2,93	1,63	207
Erbsen, grün	0	90–95	–1	3,31	1,76	246
Fische, frisch	+1	90–95	–2	3,26	1,74	245
Fische, gefroren	–18	90–95	–	–	–	–
Fische, geräuchert	+4/+9	50–60	–2	2,93	1,63	213
Fleisch, frisch (Schwein)	0	85–95	–2	2,13	1,30	128
Fleisch, gefroren (Schwein)	–18	90–95	–	–	–	–
Fleisch, frisch (Rind)	0	85–90	–2	3,25	1,76	235
Fleisch, gefroren (Rind)	–18	90–95	–	–	–	–
Geflügel (frisch)	0	85–90	–3	3,30	1,76	246
Geflügel (gefroren)	–18	90–95	–	–	–	–
Honig	+8	–	–	1,47	1,10	60
Käse	–1	65–70	–2	2,10	1,30	126
Kartoffeln	+3/+9	90	–1	3,43	1,80	258
Kohl	0	90–95	–1	3,94	1,97	307
Margarine	+2	60–70	–5	2,34	1,25	151
Milch	+1	–	–3	3,77	2,51	290
Sahne, frisch	0	–	–3	3,25	1,76	242
Sahne, gefroren	–18	–	–	–	–	–
Speck, frisch	+1/–4	85	–2	1,53	1,20	68
Speck, gefroren	–18	90–95	–	–	–	–
Tomaten	+7/+9	85–90	–1	3,94	2,05	312
Weintrauben	–1/0	85–90	–2	3,60	1,84	270
Wurst, frisch	0	85–90	–2	3,72	2,34	216
Wurst, gefroren	–18	90–95	–	–	–	–
Zitronen	+14	85–90	–1	3,81	1,93	295
Zwiebeln	0	65–70	–1	3,77	1,93	288

In der einschlägigen Literatur findet man ausführliche Tabellen bezüglich der **Lagerung von Kühlgütern** ($\vartheta > -18\,°C$) **und Tiefkühlgütern** ($\vartheta \leq -18\,°C$) sowie dem **Transport von Kühlgütern und Tiefkühlgütern**.

Normen und andere Regelwerke

Die in diesem Tabellenbuch verwendeten und genannten Normen bzw. andere Regelwerke sind im **Fettdruck** besonders hervorgehoben!

Diese Vorschriften stellen nur einen Bruchteil der **Gesetzes- und Regelwerke im Bereich Wärme · Kälte · Klima** dar. Der Fachmann ist deshalb stets gehalten, den gesamten Komplex über **Normen und technische Regelwerke** sowie **Gesetze und Verordnungen**zu beobachten und für seine Bedürfnisse zu aktualisieren. Hierbei kann das folgende Werk gute Dienste leisten:

Verlag Europa-Lehrmittel

EUROPA LEHRMITTEL

Klaus-Peter Schmidt

Energie- und Gebäudetechnik

Richtlinien, Normen, Einheitsblätter und Vorschriften

- Arbeitsschutz
- Bauwesen
- Be- und Entwässerung
- Brandschutz
- Energietechnik
- Gastechnik und Brennstoffe
- Gebäudetechnik
- Heizungs- und Wärmetechnik
- Hygiene
- Kanalisation
- Lüftungs- und Klimatechnik
- Kälte- und Kryotechnik
- Santärtechnik
- Solaranlagen
- Umweltschutz
- Windkraftanlagen

In dieser wichtigen Arbeitsunterlage werden – nummerisch geordnet – Kurzbezeichnungen und Titel der Regelwerke, sowie ihr Erscheinungsdatum genannt.

Bezugsquellen f. Gesetze, Verordnungen, Technische Regeln

AD-Merkblätter Carl Heymanns Verlag KG Luxemburger Straße 449 50939 Köln	**AGI-Arbeitsblätter** Vincentz Verlag Schiffgraben 41–43 30175 Hannover	**Bundesgesetzblätter** Bundesanzeiger Verlag Bonn Postfach 1320 53003 Bonn
DIN-Normen DIN Deutsches Institut für Normung e.V. Burggrafenstraße 6 10787 Berlin	**DKV-Arbeitsblätter** Verlag C. F. Müller GmbH Postfach 102869 69018 Heidelberg	**DVGW-Richtlinien** Deutscher Verein des Gas- und Wasserfaches Bahnstraße 8 65205 Wiesbaden
EG-Richtlinien Bundesanzeiger Verlagsgesellschaft Breite Straße 78–80 50667 Köln	**Gesetze/Verordnungen** Carl Heymanns Verlag KG Luxemburger Straße 449 50939 Köln	**Technische Regeln Druckbehälter (TRB)** Carl Heymanns Verlag KG Luxemburger Straße 449 50939 Köln
Technische Regeln Druckgase (TRG) Carl Heymanns Verlag KG Luxemburger Straße 449 50939 Köln	**Technische Reglen Rohrleitungen (TRR)** Carl Heymanns Verlag KG Luxemburger Straße 449 50939 Köln	**Unfallverhütungs-vorschriften** Carl Heymanns Verlag KG Luxemburger Straße 449 50939 Köln
VDE-Vorschriften VDE-Verlag Bismarckstraße 33 10625 Berlin	**VDI-Vorschriften** DIN Deutsches Institut für Normung e.V. Burggrafenstraße 6 10787 Berlin	**VDMA-Richtlinien** Verband Deutscher Maschinen- und Anlagenbau e.V. Fachgemeinschaft Allgemeine Lufttechnik Lyoner Straße 18 60528 Frankfurt/Main

Abkürzungen f. Verbände/Organisationen/Zeitschriften etc.

AD	Arbeitsgemeinschaft Druckbehälter im Deutschen Dampfkesselausschuss
ASHRAE	American Society of Heating, Refrigeration and Air-Conditioning Engeneers
BAM	Bundesanstalt für Materialprüfung
BGBl	Bundesgesetzblatt
BGI	Berufsgenossenschaftliche Information
BGR	Berufsgenossenschaftliche Regeln
BGV	Berufsgenossenschaftliche Vorschriften (früher UVV)
BHKS	Bundesverband Heizung – Klima – Sanitärtechnik e.V.
BIV	Bundesinnungsverband
BSE	Bundesverband Solarenergie e.V.
BVOG	Bundesverband Energie, Umwelt, Feuerungen e.V.
BWK	Zeitschrift Brennstoff – Wärme – Kraft
CCI	Zeitschrift Clima – Comerce – International
CEN	Europäisches Komitee für Normung
DDA	Deutscher Dampfkesselausschuss
DGS	Deutsche Gesellschaft für Sonnenenergie e.V.
DIN	Deutsches Institut für Normung e.V.
DKV	Deutscher Kälte- und Klimatechnischer Verein e.V.
DVGW	Deutscher Verein des Gas- und Wasserfaches e.V.
EG	Europäische Gemeinschaft
FGK	Fachinstitut Gebäude – Klima
FLT	Forschungsvereinigung für Luft- und Trockungstechnik e.V.
FNHL	Fachnormenausschuss Heizung und Lüftung
FNKä	Fachnormenausschuss Kälte
FWI	Zeitschrift Fernwärme International
HLH	Zeitschrift Heizung – Lüftung – Haustechnik
Kl	Zeitschrift Luft- und Kältetechnik
Ki	Zeitschrift Klima – Kälte – Heizung
KK	Zeitschrift Die Kälte- und Klimatechnik
KKA	Zeitschrift Kälte Klima Aktuell
NHRS	Normenausschuss Heizungs- und Raumlufttechnik
PTB	Physikalisch-Technische Bundesanstalt
SHT	Zeitschrift Sanitär- und Heizungstechnik
TAB	Zeitschrift Technik am Bau
UVV	Unfallverhütungsvorschriften (BGV)
VDI	Verband Deutscher Ingenieure e.V.
VDKF	Verband Deutscher Kälte-Klima-Fachleute e.V.
VDMA	Verband Deutscher Maschinen- und Anlagenbau (verschiedene Fachgemeinschaften)
VOB	Verdingungsordnung für Bauleistungen
WT	Zeitschrift Wärmetechnik, Versorgungstechnik
ZVSHK	Zentralverband Sanitär – Heizung – Klima e.V.

Sachwortverzeichnis

A

B

C

D

Sachwortverzeichnis

Sachwortverzeichnis

Sachwortverzeichnis

T

U

V

W